생화학 포커스

T.A. Brown

대표역자 김순영

권오식 · 김성태 · 김진호 · 민계식 · 손대영
이곤호 · 이용호 · 임재원 · 장유신 · 정원교 공역

BIO BIOSCIENCE (주)바이오사이언스출판

이 도서의 국립중앙도서관 출판예정도서목록(CIP)은 서지정보유통지원시스템 홈페이지(http://seoji.nl.go.kr)와 국가자료종합목록시스템(http://www.nl.go.kr/kolisnet)에서 이용하실 수 있습니다.
(CIP제어번호 : CIP2018026269)

생화학 포커스

초판 인쇄: 2018년 9월 1일
초판 발행: 2018년 9월 15일

저 자: T.A. BROWN
역 자: 김순영 · 권오식 · 김성태 · 김진호 · 민계식 · 손대영
이곤호 · 이용호 · 임재원 · 장유신 · 정원교
발행인: 문정구
발행처: (주)바이오사이언스출판
본 사: 14040 경기도 안양시 동안구 전파로 107(호계동)
서울 사무소: 06569 서울특별시 서초구 도구로 115, 1층(방배동)
전 화: (02)581-4057~8
팩 스: (02)581-4059
이메일: inquiry@biosciencepub.com
홈페이지: http://www.biobooks.co.kr
ISBN: 978-89-6824-082-9 93470

등록번호: 제22-3079호

값 28,000원

(주)바이오사이언스출판

차례 개요

차 례

제 2 부 에너지 생성과 대사

서문

생화학은 생물 과학의 모든 학위 과정에서 필요한 학문이다. 분자나 세포 측면에 초점을 두는 생물학 과목에서 생화학은 항상 중요하였지만, 구조 생물학, 대사체학, 그 외 관련된 과목에서 생화학적 방법의 발전으로 동물학, 식물학, 생태학, 환경 생물학과 같은 여러 과목에서도 생화학은 점차 중요하게 되었다. 생물학의 모든 분야에서 생화학에 대한 탄탄한 기초 지식의 필요성은 그 어느 때보다 커졌다. 생물학에 흥미를 느끼는 학생들은 화학과 같은 자연 과학을 어렵게 느끼기 때문에 생화학은 생물학 전공 학생이나 교수에게 도전이 된다. 그러므로 명칭만으로도 화학적 배경이 필요함을 알 수 있는 생화학은 생물학 전공 학생들에게 어려운 과목으로 인식될 수 있다. 이것은 매우 유감스러운 일이다. 왜냐하면 생화학은 흥미를 가지고 공부를 하면 가장 만족을 느끼는 과목 중 하나이며, 분자 생물학에 대한 통찰력을 주어 생물학의 모든 측면에 대한 이해를 증진시킬 수 있도록 하기 때문이다.

생화학 분야에서는 여러 좋은 교재들이 많다. 이런 도서 대부분은 학부 수준 전체와 일부 대학원 수준까지 다루고 있어 상세하고 포괄적인 교과서들이다. 이런 교재들은 생화학 전공 학생들에게는 좋은 교재이지만, 한 학기의 생화학 입문 과정을 수강하는 학생들에게는 큰 도움이 되지 않을 뿐만 아니라 어떤 면에서는 다소 부담이 될 수 있다. 저자는 이 생화학 책을 후자의 학생들의 요구에 부응하기 위하여 썼다. 그러므로 이 생화학 책은 각 주제에서 기본적인 내용만을 다루고 있다. 그래서 이 책은 생화학의 전문 연구를 위한 내용을 서술하지 않고, 대신에 광범위한 학습 과정의 일부로 생화학 분야의 탄탄한 배경을 갖출 필요가 있는 학생들을 돕는 것을 목표로 한다. 특히, 광범위한 기본 화학 원리를 가정하지 않고 독자들이 생화학을 공부하면서 필요하다고 여겨질 때 관련된 화학 원리들을 같이 소개하였다. 게다가 이 책의 전체를 통하여 본문 속이나 box로 특정한 예를 제시하여 생화학을 통하여 생물학의 여러 다른 분야의 기초를 이해하도록 노력하였다.

이 책을 쓰면서 저자는 운이 좋게도 통찰력 있는 많은 비평을 받았으며, 이는 최종본을 완성하는 데 크게 도움이 되었다. 특히, 이 책을 전체적으로 검토하고 강조하지 않거나 혹은 단순한 개념을 지나치게 복잡해 보이도록 설명한 것을 지적한 David Hames에게 감사의 마음을 전한다. 멋진 삽화는 Matthew McClements의 작품이다. Scion Publishing의 Jonathan Ray, Simon Watkins, Clare Boomer는 집필 과정 내내 지원을 아끼지 않았으며, 몇 주 혹은 몇 달씩 마감일을 지키지 못할 때도 참을성 있게 기다려 주었다. 또한 때로는 힘든 마감일을 지키기 위해 주말 저녁이나 휴가 전체를 사용할 때도 인내심을 보여준 아내 Keri에게 감사한 마음을 전한다.

역자 소개

대표역자 및 감수

김순영 안동대학교 자연과학대학 생명과학과
kimsy@anu.ac.kr

권오식 계명대학교 자연과학대학 생명과학전공
biv@kmu.ac.kr

김성태 인제대학교 BNIT융합대학 제약공학과
stkim@inje.ac.kr

김진호 경북대학교 생태환경대학 식물자원환경전공
kimjinho@knu.ac.kr

민계식 경남과학기술대학교 생명과학대학 간호학과
g-min@gntech.ac.kr

손대영 경상대학교 농업생명과학대학 식물의학과
dyson@gnu.ac.kr

이곤호 경상대학교 의과대학 미생물학교실
lkh@gnu.ac.kr

이용호 대구가톨릭대학교 생명화학부 의생명과학전공
ylee325@cu.ac.kr

임재원 대구한의대학교 의과학대학 임상병리학과
jaewon330@dhu.ac.kr

장유신 경상대학교 농업생명과학대학 농화학식품공학과
jangys@gnu.ac.kr

정원교 부경대학교 공과대학 의공학과
wkjung@pknu.ac.kr

역자 서문

생화학은 생물학뿐만 아니라 의학, 농학, 약학, 식품학 등과 같은 생명 관련 분야의 학문을 연구하는 데 기초가 되므로 여러 대학에서 생화학 강의가 많이 개설되어 있고, 시중에 이를 위한 교재도 많이 있다. 그러나 역자는 수년간 생화학 과목을 강의하면서 입문용 교재 선택에 어려움이 많았다. 시중에 있는 대부분의 교재는 내용이 너무 많아 한 학기용으로는 적합하지 않았다. 여러 교재를 검토하다가 우연히 이 책을 접하게 되었다. 이 책은 분량도 방대하지 않고, 설명도 체계적으로 되어 있어 학부 학생들에게 적합한 교재라고 생각되어 여러 교수님들과 분담하여 기쁜 마음으로 번역에 참여하였다.

이 책은 최근 빠르게 발전하는 생명 과학 분야의 최신 연구 기법도 알기 쉽게 설명을 하고 있으며, 본문과 별도로 box를 활용하여 기본 개념, 개념의 발달 과정, 기본 개념을 이해하는 데 도움이 되는 과학적 예를 제시하여 생화학에 대한 이해를 높이고, 각 주제에 흥미를 갖도록 구성을 하였다. 각 장의 끝에는 여러 유형의 문제를 제시하여 스스로 학습 내용을 다시 검토할 수 있도록 하였다.

과학 서적을 번역하는데 가장 어려운 점은 용어 선택과 각 역자들 사이의 용어 통일이다. 용어 선택은 생물학과 생화학에서 주로 사용되는 용어를 기준으로 하였다. 한국생물과학협회 편 생물학 사전을 기본으로 참고하고, 시중에 발간된 생화학 및 생물학 교재도 참고하였다. 특히 효소 명칭의 경우 그 효소의 기능을 설명할 수 있는 명칭을 쓰려고 노력하였다. 화합물의 명칭도 가능하면 화합물의 성질을 설명할 수 있는 용어를 선택하였다. 이러한 노력에도 불구하고 번역에 있어 미진한 부분이 있을까 염려된다. 이는 앞으로 신판이 나올 때마다 보완해야 할 부분이라고 생각한다.

이 책을 통하여 학생들이 생화학에 흥미를 느끼고, 더 나아가 본인의 전공을 더 잘 이해하게 된다면 역자들은 큰 보람을 느낄 것이다. 끝으로 이 좋은 책이 출판될 수 있도록 애써주신 (주)바이오사이언스출판 문정구 대표님과 편집부에 깊은 감사를 드린다.

2018년 8월

대표역자 **김순영**

이 책의 사용법

좋은 교과서가 되려면 가능한 한 '학생 친화적'이어야 한다. 그러므로 이 책은 학생을 돕고 강의에 더 효과적이 되도록 여러 방법을 사용하였다.

책의 구성

이 책은 4부로 구성되어 있다.

제1부 – 세포, 생물체, 생체분자에서는 생화학에 생물학적 맥락을 제공하며 시작되는데, 2장의 목적은 생명체에 대한 세포의 기초를 설명하고 진핵세포가 어떻게 독특한 생화학적 활성을 가지고 있는 구획으로 나누어지는지 설명하는 것이다. 3장~6장에서는 생체분자의 4가지 주요 유형, 즉 단백질, 핵산, 지질, 탄수화물의 구조적 특징과 주요 기능을 다루고 있다. 생화학 입문 과정에서 생체분자가 대사 반응에 어떻게 관련되어 있는지 설명하기 전에 이들 구조와 기능을 설명하는 것이 중요하다. 화학을 잘 모르는 학생도 생물학적 촉매나 에너지 생성의 기초가 되는 화학적 원리를 배우기 전에 결합, 이온화, 극성과 같은 주제에 집중하고 이해할 수 있다.

제2부 – 에너지 생성과 대사에서는 구조-기능 주제에서 생화학의 중심 주제인 에너지 생성과 생체분자의 합성과 분해에 관여하는 대사 경로의 본질로 주제를 전환하여 설명한다. 2부는 효소 작용의 역할과 유형을 설명하며 시작되는데, 생화학 반응에 대한 열역학 기초, 반응 속도에서 기질 농도의 효과, 다른 유형의 억제제의 영향 등을 포함하고 있다. 3개의 장은 에너지 생성에 할애하여, 8장은 해당과정, 9장은 TCA 회로와 전자전달사슬, 10장은 광합성에 대하여 설명한다. 그 다음 장은 주요 대사 경로를 설명하는데, 탄수화물 대사(11장), 지질 대사(12장), 질소 대사(13장)로 나누어진다. 마지막 3개의 장에서 각 화합물이 어떻게 분해되는지 설명하기 전에 어떻게 합성되는지를 설명한다. 예를 들면, 12장은 지방산과 트리아실글리세롤의 합성으로 시작하고 이어서 이 화합물의 분해를 설명한다. 이런 순서로 설명하는 것은 저자의 개인적인 선호 사항이기도 하지만, 화합물이 분해되고 합성되는 것보다는 합성되고 분해되는 논리적 순서를 많은 학생들이 가지고 있다. 2부 전체에 걸쳐, 각 장 사이에 물질 사이의 구분을 정확하게 하기 위해 많은 시간을 들였으며, 어떤 경우에는 다른 교과서에 있는 것과 순서가 다르다. 예를 들면, 8장과 9장에서 해당과정, TCA 회로, 전자전달사슬을 통한 기질의 이동에 초점을 두는 것이 중요하다고 생각하여 탄수화물 대사의 한 측면으로 글루코오스신생합성에 관한 주제를 설명하고, 11장에서 자세히 설명하였다. 비슷한 맥락으로 케톤체의 형성은 지질보다는 케톤생성 아미노산 분해 때 설명하였다.

제3부 – 생물학적 정보의 저장과 단백질의 합성에서는 주제를 DNA 복제 및 수선(14장), RNA 합성(15장), 단백질 합성(16장), 유전자 발현 조절(17장)로 나누어 전통적인 순서를 유지한다. 각 장에서 DNA 복제와 유전자 조절의 분자 유전학적 측면보다는 DNA, RNA, 단백질의 합성 과정의 역할에 더 집중하였다. 이러한 이유로, RNA와 단백질 가공, 단백질 표적화, RNA와 단백질의 회전율과 같은 주제는 유전학 교과서로도 적절할 정도로 강조를 하였다. 3부의 주제를 생화학 수업에서 강의하든지 유전학 수업에서 강의하든지 아니면 두 수업에서 나누어 강의하든지 하는 것은 어려운 결정 중 하나이다.

제4부 – 생체분자의 연구에서는 생화학에서 사용되는 여러 방법의 중요성에 대한 개요를 설명하고 있다. 가장 어려운 점은 방법을 결정하는 것이다. 몇몇 기법이 앞에서 설명한 것을 염두에 두고, 18장에서 지질과 탄수화물을 위한 기법의 개요와 함께, 단백질 연구를 위한 면역학적 방법, 단백질체학 방법, 구조적 방법에 초점을 두었으며, 19장에서는 PCR, 서열 결정, 클로닝과 함께 DNA 방법에 초점을 두었다. 그러므로 각 장은 생화학적 연구 도구의 광범위한 조사를 하는 것이 아니라, 생물학 연구의 모든 분야에서 일반적으로 사용되는 생화학적 기법(예를 들면, 면역분석법, PCR)과 생물학자들이 직접 수행하지는 않지만 연구의 일부분으로 알아야 하거나 혹은 종종 사용하는 다른 기법(예를 들면, 단백질 구조 분석, 차세대 DNA 서열 결정)을 다루고 있다.

각 장의 구성

가능한 한 교과서를 사용하기 쉽게 만들기 위해 노력했을 뿐만 아니라, 각 장의 구성은 학생들의 체계적인 학습을 돕도록 하였다.

학습목표

각 장은 일련의 학습목표로 시작한다. 학습목표는 2가지 역할을 한다. 첫째, 학습목표는 각 장에 포함된 내용의 개요를 제공하기 때문에, 학생들이 각 장의 핵심 사항을 기억하는지 확인하기 위해 빨리 점검하는 데 사용할 수 있다. 둘째로, 학습목표는 학생들이 각 장을 읽음으로써 대사 경로를 설명하거나 두 개 이상의 관련 있는 과정을 구별하거나 혹은 경로를 있는 그대로 이해하는 것과 같이 습득해야 하는 지식의 수준과 유형, 경로를 설명하도록 하는 것이다. 각 장에서 학생들이 학습해야 할 주제를 정확히 알고 그 자료를 만족스럽게 학습하였는지 알도록 하였다.

화학의 원리, 연구 요약, 그 외 다른 box 자료

Box에 포함된 추가적인 정보로 각 장의 주요 본문은 내용이 지원 및 확장되었다. 3종류의 box가 있는데, 내용에 따라 다른 색으로 표시하였다.

화학의 원리(주황색)는 생화학에서 화학적 기초의 주요 측면을 설명하는 box이다. 본문에서 모든 화학 정보를 제거하는 것은 가능하지도, 그리고 바람직하지도 않지만, 이러한 주제들을 box로 다루는 것에는 장점이 있다고 생각한다. 왜냐하면 이것은 기초적인 화학 개념을 별도로 설명하여 본문의 정보 흐름을 방해하는 것을 피할 수 있기 때문이다. 또한 주요 화학적 원리를 따로 떼어 독립된 box로 설명하는 것은 그 정보를 본문에서 삭제할 필요 없이 학생이 알아야 할 특정 화학 주제에 대하여 집중하도록 한다.

Box 1.3	**원자, 동위원소 그리고 분자량**
Box 3.2	**물의 이온화와 pH 범위**
Box 3.3	**화학결합의 유형들**
Box 3.4	**펩타이드 결합의 특이한 특징들**
Box 4.1	**염기 중첩**
Box 4.3	**당 주름**
Box 7.2	**산화 반응과 환원 반응**
Box 8.1	**에너지 단위**
Box 9.3	**산화-환원 전위**
Box 10.2	**원자 궤도**
Box 15.4	**에스테르교환반응**

연구 요약(적색)은 의학과 생명공학의 광범위한 적용과 같이 생화학 연구에서 사용하는 전략을 설명하고 있다. 각 연구 요약은 몇몇 연구 논문에 기초를 두고 있고, 실제 연구가 수행되는 방법을 설명하고 생화학 주제의 정보를 어떻게 얻는지를 보여주는 것이 목적이다.

Box 2.3 세균은 생물막 내에서 서로 의사소통을 한다
Box 3.6 폴리펩타이드의 2차구조를 아미노산 서열로부터 예측하기
Box 3.7 멸종동물을 확인하기 위한 콜라겐 구조의 활용
Box 3.9 단백질 접힘 연구
Box 4.2 이중나선 구조의 발견
Box 5.7 낭포성 섬유증의 생화학
Box 6.3 일부 사람들은 최근 우유를 소화시키는 능력을 발달시켰다
Box 7.5 바이오연료 생산을 위한 내열성 효소의 개발
Box 9.1 미토콘드리아의 피루브산 운반 단백질의 확인
Box 9.6 F_oF_1 ATP가수분해효소의 회전
Box 10.6 작물의 광합성 능력을 증가시키기
Box 11.6 피타고라스는 5탄당인산경로 때문에 잠두콩을 금지시켰을까?
Box 12.5 로렌조 오일의 생화학
Box 13.3 방향족 아미노산 합성을 방해하는 제초제-저항성 유전자변형 작물
Box 14.4 Tus 단백질과 리플리솜 사이의 상호작용
Box 14.5 말단소체복원효소와 암
Box 16.4 세균의 리보솜을 표적으로 하는 항생제
Box 17.1 전사체학 - 유전자 발현 양상의 변화를 연구
Box 19.3 네안데르탈인과 현대인 사이에 이종교배가 이루어졌을까?
Box 19.5 재조합 인자 Ⅷ 단백질의 합성

포괄적인 box(녹색)는 본문의 흐름을 방해하지 않도록 강조하거나 본문에서 설명하지 않은 화학의 원리를 포함하고 있다. 일부 box는 본문의 주제를 더 자세하고 확장된 설명을 제공하고, 다른 box는 중요하지 않지만 학생들이 질문을 할 수 있고, 몇몇은 단순히 흥미롭고 교육적이기 때문이다. 예를 들면 9장에는 본문에서 TCA 회로와 전자전달사슬을 설명하는 4개의 포괄적인 box가 있다. 이 중에서 2개는 숙시닐 CoA 합성효소와 전자전달사슬의 위치에 관한 내용으로 위에서 언급한 3개의 범주에서 첫 번째에 해당하는 것으로 본문에서 다룬 주제를 보다 광범위하고 자세히 설명하고 있다. 세 번째 box는 ATP를 합성하는 효소를 ATP가수분해효소(ATPase)라고 하는 이유를 설명하고 있는데, 두 번째 범주에 해당되며 에너지 생성을 이해하는 데 필수적이지는 않지만, 치밀한 성격의 학생은 질문을 할 주제이다. 마지막으로 앉은부채(skunk cabbage)에 관한 box는 기본적인 전자전달사슬의 다양성에 대한 중요한 점을 설명하는 흥미로운 범주에 해당된다. 저자는 변형된 전자전달사슬의 흥미로운 예에 관한 문헌을 조사한 후에 이 box에 포함시켰으며 앉은부채를 발견하였을 때 기뻤다. 물론 후에 앉은부채가 모든 교과서에 포함되는 기본적인 예시라는 것을 알게 되었다.

참고문헌

각 장에서 설명하는 주제에 관한 서적, 논문, 연구 논문 등의 참고문헌 목록이 있다. 제목이 논문의 관련성을 명확히 하지 못하는 경우, 중요성을 언급하는 한 줄 요약을 첨부하였다. 참고문헌은 모두 포함하지 않으므로 다른 책이나 논문을 인터넷에서 조사하기를 권한다. 검색은 흥미로운 사실을 발견하는 가장 좋은 방법이다.

자가 평가 문제

각 장에는 3종류의 자가 평가 문제가 있다.

객관식 문제는 일반적인 형식으로 각 문제당 정답은 한 개다. 정답은 웹사이트 www.scionpublishing.com/biochemistry에서 찾아볼 수 있다.

단답식 문제는 100~500개 단어 정답이나, 주석이 달린 도표나 표가 요구된다. 문제는 간단한 방식으로 각 장의 전체 내용을 포함하므로 부가적인 읽을거리가 필요하지 않다. 그래서 각 정답은 본문의 관련 부분과 비교하여 간단히 표시할 수 있다. 학생들은 단답식 문제를 각 장 전체에 걸쳐 체계적으로 공부하는 데 사용하거나 특별한 주제에 대한 문제를 정답을 쓸 수 있는 능력을 평가하기 위하여 선택할 수 있다. 단답식 문제는 시험에 사용할 수도 있다.

주관식 문제는 종류와 난이도가 다르다. 계산이나 부가적인 읽을거리 혹은 형식에 얽매이지 않는 조사가 필요하다. 어떤 문제는 단순하여 문헌 조사만 필요한데, 이 문제의 의도는 학생들이 이 책을 벗어나 몇 단계를 배우도록 하는 것이다. 어떤 경우에, 이 유형의 문제는 이 책의 후반부를 미리 알려주어서 학생들이 책을 읽고, 강의 전에 특정 개념을 준비하도록 한다. 일부 질문은 학생들이 진술 또는 가설을 평가할 것을 요구하는데, 이는 주제를 읽고 알 수 있지만, 어느 정도의 생각과 비판적인 인식을 불러일으킬 것이다. 어떤 문제는 확실한 답이 없을 정도로 매우 어렵다. 이 문제들은 활발하게 토론과 추측을 하여 각 학생의 지식을 늘리고 그들의 설명에 대해 신중하게 생각하도록 고안되었다. 주관식 문제의 대부분은 문제 기반 학습이나 개별지도 시간에 그룹 토론을 하는 데 적합하다. 책 후반부에 정답은 없다. 학생들이 스스로 정답을 찾아야 한다.

용어 해설

저자는 학습 보조 도구로서 용어 해설을 선호하여 이 책에서 생화학에 대한 광범위한 용어를 설명하였다. 본문에서 굵게 강조된 모든 용어는 용어 해설에서 정의되어 있으며, 참고문헌의 책이나 논문을 참조할 때 학생이 우연히 발견할 수 있는 몇몇 다른 용어도 포함되어 있다. 참고로, 학생들을 혼란스럽게 하지 않기 위해서 용어 해설의 정의는 일반적으로 본문에서 그 용어의 사용만을 반영하였다. 용어 해설의 정의는 생화학 사전에서 볼 수 있는 것과 같이 포괄적이고 상세한 설명을 보여주기 위함은 아니다.

제1장

현대의 생화학

학습목표

이 장을 공부한 후:

- '생화학'이 무엇을 의미하는지 이해하게 된다.
- 생물과학 내에서 생화학이 차지하는 중심위치를 알게 된다.
- 생화학을 이해하기 위해서는 또한 화학의 기본원리를 이해할 필요가 있다.
- 4가지 유형의 큰 분자들—단백질, 핵산, 지방 그리고 탄수화물—이 생화학에서 특히 중요함을 알게 된다.
- 대사는 모든 살아 있는 생물체에서 중요한 역할을 한다.
- 대사는 분자들을 분해하여 에너지를 생산하는 이화과정과 작은 분자들로부터 보다 더 큰 분자들을 만들어 내는 동화작용을 포함한다.
- 생물정보는 DNA에 저장되어 있으며 유전자 발현으로 불리는 과정을 통해 세포에 이용될 수 있다.
- 생화학은 하나의 실험과학으로서 연구사업들에서 사용되는 방법들에 대한 이해는 생화학자가 되는 하나의 핵심적인 부분임을 알게 된다.

여러분이 **표 1.1**에 있는 요리법을 사용하여 몇 킬로그램의 산소, 탄소, 수소, 질소, 칼슘 그리고 인을 알루미늄으로부터 지르코늄에 이르기까지 보다 적은 양의 일부 53개의 다른 원소들을 함께 혼합했다고 상상해 보자. 여러분은 무엇을 가질까? 고체, 액체 및 기체 화학원소들로 이루어진 오히려 기이한 혼합물로서 이는 평균 성인이 같은 비율의 동일한 원소들로 이루어져 있다는 사실로 미루어 볼 때 의아하다고 할 수 있다. 하지만 컬트 영화의 세계 밖인 현실 세계에서는, 아무리 많은 양의 열, 전기 자극 또는 방사선을 쪼여도 그 혼합물을 살아 있는 인간으로 변화시킬 수 없을 것이다. **생화학(biochemistry)**이 우리에게 그 이유를 말해 준다.

1.1 생화학이란 무엇인가?

이전에 대학에서 생화학을 배울 때에는 그 단어 내에 하이픈을 삽입하여 생-화학으로 쓰여지는 것이 아주 흔한 일이었다. 보다 더 긴 용어인 **'생물화학(biological chemistry)'**은 오늘날 여전히 사용되고 있다. 즉, 생화학은 생물학에 응용된 화학 또는 '생명의 화학'인 단순히 두 가지 주제의 결합이 함축된 의미이다. 이것이 생화학을 여섯 단어로 정의하기 위한 하나의 적절한 방법이지만, 현대 생화학은 실제로 살아 있는 생물체에 존재하는 화합물들에 대한 단순한 연구 이상의 의미를 갖는다. 우리가 의미하는 '생화학'이 무엇인지 정확히 탐색해 보자.

표 1.1 평균 성인의 원소성분

원소	70kg 인간 내 양
산소	43 kg (61%)
탄소	16 kg (23%)
수소	7 kg (10%)
질소	1.8 kg (2.5%)
칼슘	1.0 kg (1.4%)
인	780 g (1.1%)
칼륨	140 g (0.20%)
황	140 g (0.20%)
나트륨	100 g (0.14%)
염소	95 g (0.14%)
마그네슘	19 g (0.03%)
철	4.2 g
불소	2.6 g
아연	2.3 g
실리콘	1.0 g
루비디움	0.68 g
스트론티움	0.32 g
브로민	0.26 g
납	0.12 g
미량(각 100 mg 이하)의 구리, 알루미늄, 카드뮴, 세륨, 요오드, 주석, 티타늄, 붕소, 니켈, 셀레늄, 크롬, 망간, 비소, 리튬, 세슘, 수은, 게르마늄, 몰리브덴, 코발트, 안티몬, 은, 니오븀, 지르코늄, 란타늄, 갈륨, 텔루륨, 이트륨, 비스무스, 탈륨, 인듐, 금, 스칸듐, 탄탈륨, 바나듐, 토륨, 우라늄, 사마륨, 베릴륨 및 텅스텐	

붉은색으로 표시된 원소들은 인체의 생화학에 역할을 하는 것으로 알려져 있다. 다른 원소들의 대부분은 환경으로부터 흡수되지만 신체 내 알려진 기능은 없다.
자료출처: **Emsley J** (1998) *The Elements, 3rd edn.* Clarendon Press, Oxford.

1.1.1 생화학은 생물학의 중심영역이다

지금 흔히 불리는 주제로서의 생화학은 **생물학(biology)** 또는 **생명과학(life science)**의 한 부분이다. 생명과학 내에서 생화학은 중심적 위치를 차지한다. 이는 생화학이 생물체를 구성하는 분자들의 합성과 구조 그리고 화학작용들이 생존을 위해 필요한 에너지를 생물체에 공급하는 방식에 관심을 두기 때문이다. 따라서 생화학은 표 1.1에 설명된 원소들의 혼합이 어떻게 서로 결합하여 살아 있고 기능을 하는 인간을 만들 수 있는지를 설명한다. 그렇게 함으로써 생화학은 생물학의 모든 측면에 대한 우리의 이해를 뒷받침하고, 자신을 생화학자로 여기지 않는 생물학자들은 여전히 그 주제를 이해해야 하며 종종 그들 자신의 연구에서 생화학을 이용하여야 한다.

생명과학의 일부 분야에서 왜 생화학에 대한 지식이 중요한지를 아는 것은 매우 쉬운 일이다. 예를 들어, 살아 있는 세포의 구조와 성질을 연구하는 생물학자들은 그러한 세포내 함유된 분자들을 고려하지 않고는 그들의 연구에서 멀리 진전할 수 없다. 이러한 분자들은 세포의 구조를 형성하고 각 세포의 독특한 성질들에 관여한다(**그림 1.1**). 따라서 생화학과 세포생물학 사이에는 상당히 겹치는 부분이 많다. 또한 유전자에 함유된 유전정보에 초점을 두는 유전학과도 마찬가지다. 유전자는 DNA로 이루어지며 유전자가 어떻게 작동하는지를 이해하는 것은 DNA의 구조와 DNA가 함유한 정보가 세포에 의해 이용될 수 있도록 다른 분자들과 상호작용하는 방식을 배우는 것을 의미한다. 이러한 것들이 생화학자들이 흥미를 갖는 정확히 동일한 질문들이며 유전학의 한 큰 부분이 'DNA의 생화학'으로 설명될 수 있다.

현대 생화학은 또한 우리가 세포가 아닌 생물체와 연관시키고 있는 생물학 분야를 뒷받침한

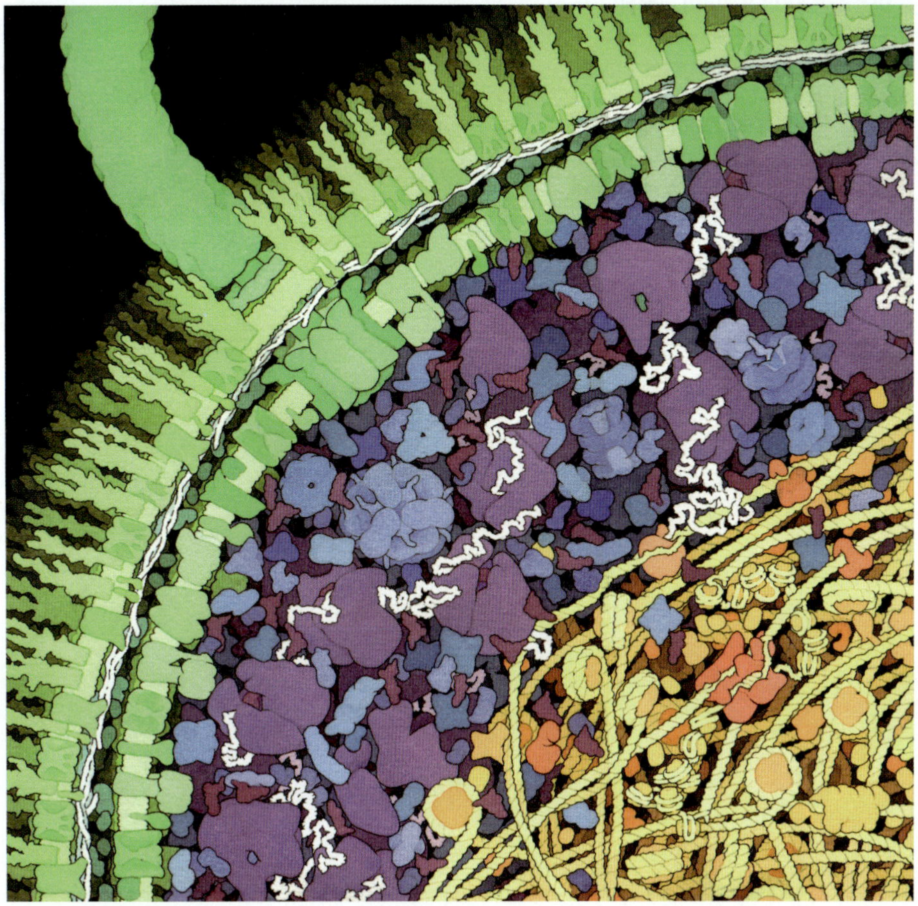

그림 1.1 세균인 대장균세포의 대표적 부위 주로 탄수화물과 단백질로 구성된 세포벽은 세포막과 세포벽으로부터 확장된 하나의 편모와 마찬가지로 초록색으로 나타나 있다. 편모는 단백질들로 구성되어 있으며 세균으로 하여금 초당 100 μm까지의 속도로 헤엄칠 수 있도록 하는 하나의 프로펠러과 같이 회전한다. 세포내 길고 노란 가닥들은 세균 DNA 분자들의 일부로서 장소에 따라서는 역시 노란색으로 나타낸 원통모양의 단백질 주위를 감싸고 있다. 노란색 구조는 DNA 분자내 유전자들의 RNA 복사본을 만들고 있는 효소들이다. 전령 RNA로 불리는 이러한 복사본들은 흰색으로 나타나 있다. 그들은 자주색 리보솜(RNA와 단백질로 이루어진)으로 이동하여 새로운 단백질의 합성을 지시한다. 이러한 단백질들은 세균 내에서 일어나는 생화학적 반응들을 촉매하는 푸른색으로 표시된 효소들을 포함한다.
삽화는 Scripps Research Institute의 David S. Goodsell에 의해 만들어졌으며 승인을 받고 재생됨.

다. 예를 들어, 생태학에서 생태계는 광합성에 의해 발생되는 에너지가 초식동물을 거쳐 최상위 육식동물에 이르는 하나의 먹이사슬 위로 운반되는 **먹이 그물(food web)**에 관하여 종종 기술된다(**그림 1.2**). 에너지의 생산은 생화학과 생태계의 이러한 측면에서 하나의 중요한 주제이다. 생태학은 실제로 개별 생물체들보다는 다른 종들로 이루어진 하나의 지역사회에 적용되는 생화학이다. 유사하게, 우리는 진화를 논의할 때 즉시 생화학을 생각하지는 않는다. 그러나 종들 사이의 진화적 관계는 이제 그러한 종들의 형태와 그들의 뼈 구조를 비교함으로써만 연구되지는 않는다. 오늘날 그러한 관계는 생물체 내 함유되어 있는 분자들의 구조를 비교함으로써 탐색될 가능성이 더 높다(**그림 1.3**). 따라서 진화생물학자들은 그러한 분자구조들을 알아내기 위하여 생화학적 기법을 배워야 하며, 그들이 하는 비교가 합리적인 원리에 기초한 것임을 보장하기 위하여 생화학을 이해하여야 한다.

생화학은 생명과학에 너무도 핵심적이기 때문에 분자들과 생화학적 반응에 대해 우리가 배우는 맥락을 제공하기 위해 생물학의 핵심원리에 대한 간단한 조사와 함께 이 책을 시작하고자 한다. 이것을 2장에서 다루어 지구상의 다양한 생명체를 살펴보고 세포의 구조를 관찰함으로써 어떻게 생명체의 광대한 다양성이 발생했는지를 고려해 본다.

1.1.2 화학은 또한 생화학에서 중요하다

비록 생화학이 생명과학의 일부이지만, 이는 **화학(chemistry)**의 원리와 분석방법에 매우 의존한다. 실로, 생화학은 화학자들이 살아 있는 생물체들에서 일어나는 화학반응을 연구하는 데 처음

그림 1.2 아프리카 사바나의 먹이 그물을 통한 에너지 이동
태양으로부터 온 에너지는 제1차 생산자들에서 일어나는 광합성에 의해 포획된다. 초식동물은 제1차 생산자를 섭취하여 에너지를 얻고, 다시 육식동물에 의해 포식된다. 따라서 태양광으로부터 유래한 에너지는 먹이사슬 위로 단계별로 이동한다.

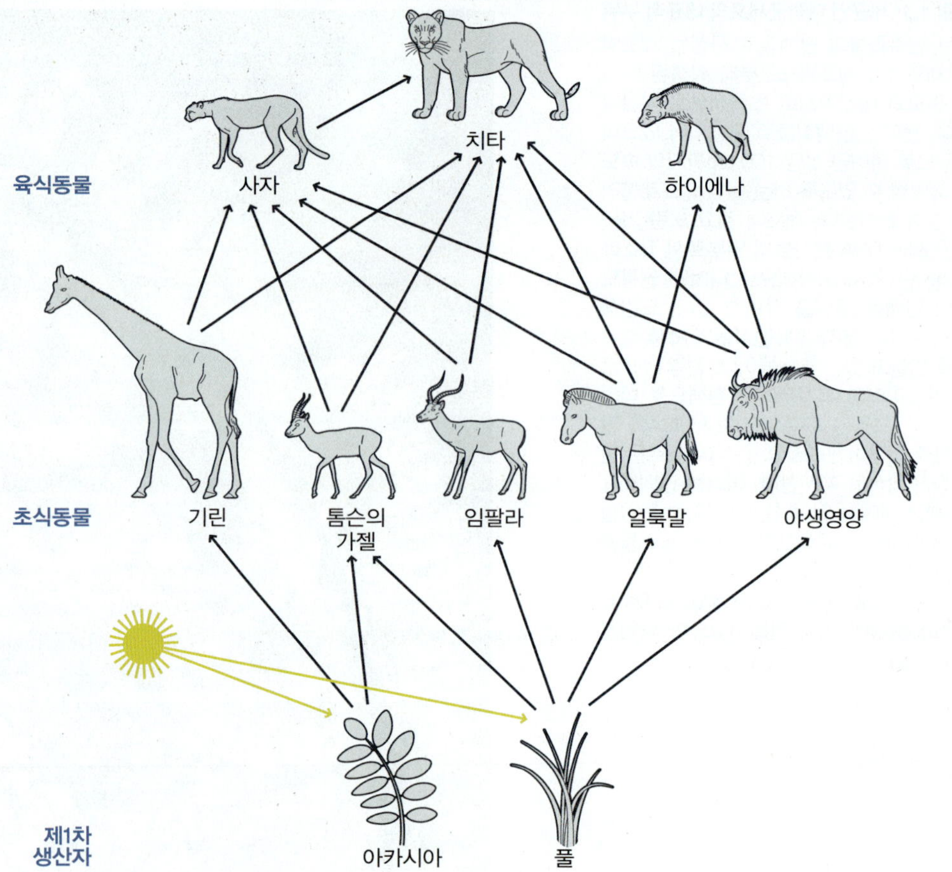

그림 1.3 포유동물 사이의 진화적 관계
이와 같은 계보는 형태학적 정보로부터 구성되곤 했지만, 오늘날은 연구되는 종들로부터 유래한 단백질 또는 DNA 분자들의 구조를 비교하여 유추할 가능성이 더 높다.

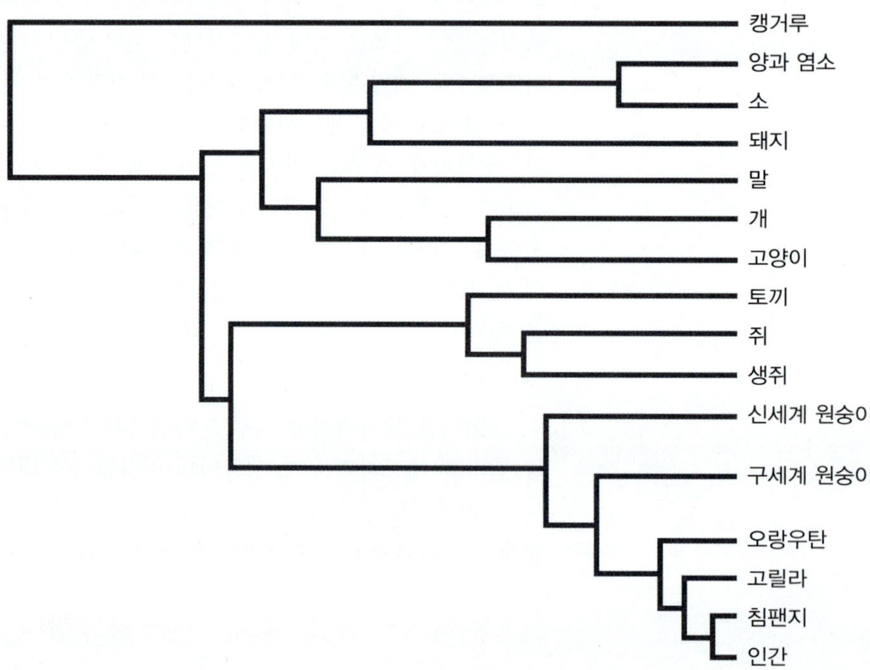

Box 1.1 생화학의 기원

독일 화학자 Carl Neuberg는 생화학의 아버지로 추대되고 있다. Neuberg는 1903년 '생화학'이란 용어를 처음 도입하였으며, 생화학에 헌신하는 최초의 저널이자 지금은 *FEBS* 저널로 불리는 *Biochemische Zeitschrift*를 구축하고 편집함으로써 생화학을 하나의 별개의 주제로 발전시켰다. 그러나 생화학의 기원은 과학자들이 살아 있는 생물체에서의 화학물질과 화학공정을 처음 연구하기 시작했던 1700년대 중반으로 훨씬 더 멀리 거슬러 올라간다. 이러한 연구는 살아 있는 개체는 화학적 또는 물리적 용어로 설명될 수 없는 '활력'을 함유한다고 하는 오래된 생각을 점진적으로 뒤집었다. 1900년대에 이르러 살아 있는 생물체는 무생물과 동일한 화학적 및 물리적 법칙을 따른다는 사실을 확립함으로써, 생화학뿐만 아니라 모든 분야의 생물학을 오늘날 익숙한 엄격한 과학교육 훈련분야로 발전할 수 있게 하였다.

1900년 이전 생화학의 발달에서 핵심적인 단계는 다음과 같다:

1770년대 Carl Wilhelm Scheele은 레몬으로부터 시트르산, 사과로부터 말산, 그리고 우유로부터 락트산을 추출하였다. 이러한 탄수화물들은 밝혀진 최초의 유기화합물들에 속한다.

1780년대 Antoine Lavoisier와 Pierre Laplace는 호흡 동안 생성되는 열과 이산화탄소의 양은 연소 중 생성되는 양과 동일하다는 사실을 보였다. Lavoisier는 또한 광합성 중 식물은 이산화탄소를 섭취하여 산소를 방출한다고 제안하였다. 이러한 실험들은 살아 있는 생물체 내의 에너지 생성이 화학반응에서의 에너지 생성과 동일한 화학법칙을 따른다는 것을 말해주었다.

1811~1823 Michel Eugène Chevreul은 동물지방의 화학을 연구하였다. 그의 연구는 어떠한 유형의 생체분자에 대해 적용한 최초의 화학적 및 물리적 분석이었다.

1820년대 William Prout는 다른 유형의 음식을 사카린형, 알부민형 및 유성형으로 구분하였는데, 이는 탄수화물, 단백질 및 지방과 대략 동일하다.

1827 Hans Fischer는 포피린을 합성하였으며, 이러한 화합물들은 적혈구 세포 내에서 산소와 결합함을 보였다.

1833 Anselm Payen과 Jean Francois Persoz는 최초의 효소인 '디아스테이스'를 분리하고 연구하였으며, 이는 지금 녹말가수분해효소로 부르며 녹말을 당으로 전환한다. 이것의 연구는 7.1절에서 보다 상세히 살펴볼 것이다.

1850년대 Claude Bernard는 글리코겐이 간에서 글루코오스로부터 합성된다는 사실을 보였다. 이는 동물이 생체분자들을 분해할 뿐만 아니라 합성할 수 있음을 보여주는 첫 증명들 중의 하나이다.

1877 Moritz Traube는 효소가 단백질의 한 유형임을 제안하였다.

1880~1900 Emil Fischer는 글루코오스의 16가지 다른 이성질체와 DNA 및 RNA의 구성성분인 퓨린을 포함한 다수의 중요한 생체분자들의 구조를 규명하였다. 이후 그는 아미노산들이 어떻게 서로 결합하여 폴리펩타이드를 형성하는지를 보였다.

1895~1900 첫 번째 호르몬이 발견되었다. 아드레날린(에피네프린으로도 불림)이 Napoleon Cybulski, Jokichi Takamine 및 다른 사람들에 의해 규명되었다.

흥미를 가지면서 시작되었다. 화학자들은 이전 19세기에 생화학이 자체의 고유한 도전을 제시한다는 사실을 발견하였다. 이들 중 가장 중요한 것은 살아 있는 세포내 존재하는 분자혼합물의 복잡성이다. 화학자들은 이전에도 그랬고 지금도 여전히 화학적 구성성분이 정확히 알려진 비교적 단순한 용액에서 일어나는 반응을 연구하는 데 더 익숙해 있다. 세포와 세포로부터 준비된 추출물들은 여러 가지 다른 유형의 화합물을 함유하며, 혼합물 중 어떤 부분들이 특정한 생화학적 반응에 관여하는지를 이해하는 것이 진정한 문제이다. 이러한 문제의 해결은 생화학에 고유한 풍미를 주는 새로운 방법과 과학적 접근의 개발을 필요로 하였다. 한편, 화학은 무기, 유기 및 물리화학의 전통적인 분리 주위에서 체계를 계속 갖추어 왔다. 생화학은 이러한 부류의 어디에도 맞지 않아 자체적인 한 분야가 되었다.

비록 생화학이 하나의 독립된 분야로 성장해 왔지만, 화학의 기본적 원리를 이해하지 않고서는 생화학을 연구하거나 생화학자가 된다는 것은 가능하지 않다. 일부 젊은 생화학자들에게는, 특히 생물학에 대한 흥미 때문에 이 분야에 이끌린 사람들에게는 화학을 배운다는 것은 벅찬 기회가 될 수 있다. 내가 대학에 다닐 때 첫 번째 강의는 물리화학 과목에서 슈뢰딩거 방정식에 관한 것이었다. 그 수업은 칠판에 그 방정식(혹은 그들 중의 하나, 여러 개의 종류가 있음)을 쓰는 강의로 시작하였다. 내가 벅찼다고 말하는 것은 그때에는 하나의 절제된 표현이었을 것이다. 나는 심지어 기호의 절반이 무엇을 의미하는지도 이해하지 못했다. 첫해에 그 교과목인 물리화학을 이수한 이후 나는 결코 다시는 슈뢰딩거의 방정식을 참고할 필요가 없었다는 것을 말하는 것 또한 사실일 것이다. 이 책에서 우리는 나의 학부 경험을 따르지 않고 화학의 깊은 곳으로 곧장 뛰어들어 갈 것이다. 대신 여기서는 생화학에서 중요한 화학의 측면만을 다룰 것이며, 적절할 때에 모든 '화학의 원리' box에 대한 목록은 xix페이지를 참고하라.

만 그러한 주제들을 다룰 것이다. 이러한 화학적 주제들의 대부분은 책을 통해 진행해 가면서 적절한 장소에서 주황색 box인 '화학의 원리'에서 제시될 것이다.

Box 1.2 슈뢰딩거(Schrödinger)와 생물학

Erwin Schrödinger가 양자이론에 대한 연구로 가장 잘 알려져 있지만, 생물학에도 예리한 흥미를 가졌던 20세기 초반의 여러 물리학자들 중의 한 사람이다. 이들 중의 한 사람인 Max Delbruck은 도중에 그의 전공분야를 이론물리학에서 유전학으로 바꾸었으며, 유전자가 DNA로 구성되어 있다는 발견으로 이끈 **박테리오파지**(박테리아를 감염시키는 바이러스)로 선구적인 연구를 수행하였다.

Schrödinger는 물리학자로 남았지만, 1944년 '생명이란 무엇인가(What is Life?)'란 단편 서적을 썼는데, 거기서 그는 유전과 유전자의 구조에 관해 추측하였다. 오늘날 그 책을 읽으면, Schrödinger 생각들의 다수가 설득력이 떨어져 보인다. 그는 유전자가 결정체 구조라고 결론지으며, 살아 있는 생물체는 알려지지 않은 물리법칙을 이용할 수 있다고 제시하면서 곳곳에서 21세기 이전 생물학의 '활력'을 되살리는 것에 다가간다. 오류에도 불구하고, 한 측면에서는 생명이란 무엇인가?는 20세기 생화학의 발달에서 하나의 중요한 지표였다. 유전자가 한 생물체의 발달계획과 그것이 수행할 수 있는 생화학적 반응들을 명시하는 정보를 함유한다는 사실은 이미 확립되어 왔었다. Schrödinger는 이러한 정보가 그 생물체의 유전자 구조 내에 암호화되어야 한다는 사실을 주장했다. 다시 말하면, 이러한 암호체계가 어떻게 작동하는지에 관한 그의 특이적 생각은 맞지 않았지만, 생물체가 그의 유전자 내 정보를 읽기 위해 사용하는 어떤 종류의 유전암호는 반드시 있어야 한다는 생각은 다음 20년에 걸친 유전자 연구에 대한 의제를 제시한 하나의 중요한 통찰이었다. 16.1절에서 정보가 하나의 유전자 내에서 어떻게 암호화되는지와 이 정보가 어떻게 이용되는지를 탐구할 것이다.

1.1.3 생화학은 매우 큰 생체분자들의 연구를 포함한다

초기 생화학자들이 살아 있는 세포내 분자들의 복잡한 혼합물을 관찰하기 시작했을 때, 이러한 분자들의 일부는 실로 매우 크다는 사실을 빠르게 알아냈다. 한 분자의 크기는 **달톤(Dalton, Da)**으로 측정되는 그 분자의 **분자 질량(molecular mass)**으로 표시되는데 1 Da은 한 탄소원자의 질량의 1/12과 같다. 자연에 알려진 화합물의 대부분과 화학자들에 의해 합성된 인위적인 화합물들의 대부분은 1,000보다 훨씬 작은 분자량을 갖는다. 예를 들어, 물은 18.02 Da의 분자량을 가지며, 에탄올은 46.07 Da, 그리고 페놀은 94.11 Da을 가진다. 말라리아 치료에 사용되는 퀴닌과 같은 하나의 복잡한 유기화합물조차도 단지 324 Da의 분자량밖에 되지 않는다. 한편, 살아 있는 세포에서는 분자량이 **킬로달톤(kiloDalton, kDa)**으로 불리는 수천 달톤으로 측정되는 분자들도 많이 있다. 이러한 **거대분자(macromolecule)**들의 비교적 적은 예들은 혈액응고에 관여하며 분자량이 약 37,400 Da 혹은 37.4 kDa인 **트롬빈(thrombin)**과 타액에서 분비되어 식용 **녹말(starch)**을 55.4 kDa의 분자량을 갖는 **당(sugar)**으로 분해하기 시작하는 **알파-녹말가수분해효소(alpha-amylase)**이다. 녹말 자체는 어떤 종류의 식물에서 유래하는가에 따라 190 kDa으로부터 227,000 kDa의 범위까지 크기가 다양하다.

이러한 거대 생체분자들의 대부분은 **단량체(monomer)**로 불리는 동일 또는 매우 유사한 화학단위체들의 긴 사슬들로 이루어진 화합물인 **중합체(polymer)**들이다(그림 1.4). 녹말에서 단량체 단위는 **글루코오스(glucose)** 분자이며, 중합체는 글루코오스 단량체들을 분지사슬에서 서로 연결시켜 만들어진다. 글루코오스 단위의 수가 클수록, 녹말 분자의 분자량은 더 크다. 단지 190 kDa의 분자량을 가진 보다 작은 녹말 분자들 중의 하나는 약 1050개의 글루코오스 단위를 함유하는 반면, 보다 더 큰 분자들은 1백만 개 이상을 가진다.

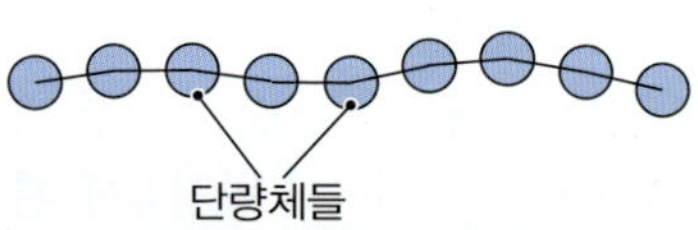

그림 1.4 하나의 선형 중합체

녹말은 글루코오스 또는 유사한 당분자들로 구성된 하나의 중합체인 **다당류(polysaccharide)**의 한 예이다. 다당류는 살아 있는 세포에서 2가지 주요 역할을 갖는다. 첫째, 녹말(식물에서)과 **글리코겐(glycogen**, 동물에서)과 같은 다당류들은 에너지의 저장물질로 작용한다. 이는 그들이 함유한 당 단위들이 중합체로부터 방출될 수 있으며 화학에너지를 생성하기 위해 더욱 더 분해되기 때문이다. 다당류의 두 번째 역할은 구조적이다. 곤충과 게 및 가재와 같은 동물의 외골격의 일부를 형성하는 **키틴(chitin)**과 마찬가지로 식물세포에 견고성을 부여하는 **셀룰로오스(cellulose)**는 다당류의 한 유형이다(그림 1.5).

다당류뿐만 아니라 생화학에서 중요한 세 가지 다른 부류의 거대 생체분자들이 있다. 이들 중의 첫째는 **아미노산(amino acid)**들의 분지하지 않는 중합체인 **단백질(protein)**이다. 단백질은 살아 있는 생물체에서 광범위한 역할을 수행하며, 생화학적 반응들을 촉매하는 대부분의 **효소(enzyme)**들은 단백질이다. 녹말로부터 글루코오스 단위들의 방출에 관여하는 화학반응을 촉매하는 알파-녹말가수분해효소는 효소의 한 예이다. 또 다른 예는 트롬빈으로서, 이는 피브리노겐(자체가 하나의 단백질)을 혈액응고 과정의 일부로서 서로 결합하는 불용성 피브린 중합체로 전환하는 반응을 촉매한다(그림 1.6).

세 번째 유형의 거대 생체분자는 **디옥시리보핵산(deoxyribonucleic acid)** 또는 **DNA**와 **리보핵산(ribonucleic acid)** 또는 **RNA**의 두 가지 유형이 있는 **핵산(nucleic acid)**이다. DNA는 염색체에 존재하며 생물학적 정보를 함유한다. 즉, 유전자는 DNA로 구성되어 있다. RNA는 DNA에 함유된 정보가 세포에 의해 해독되는 방식에 관여한다. 마지막으로, 다당류와 같이 구조적 역할과 에너지 저장원으로 작용할 뿐만 아니라, 조절기능을 포함한 다수의 다른 기능들을 갖는 하나의 다양한 거대 생체분자군인 **지질(lipid)**이 있다—다수의 **호르몬(hormone)**들은 지질이다.

이러한 4가지 유형의 생체분자의 구조와 기능을 이해하는 것이 3~6장의 목적이고, 단백질, 핵산, 지질 및 **탄수화물(carbohydrate)**을 차례로 다룰 것이며 이들 중 탄수화물은 다당류를 포함하는 생화학 분자의 유형이다.

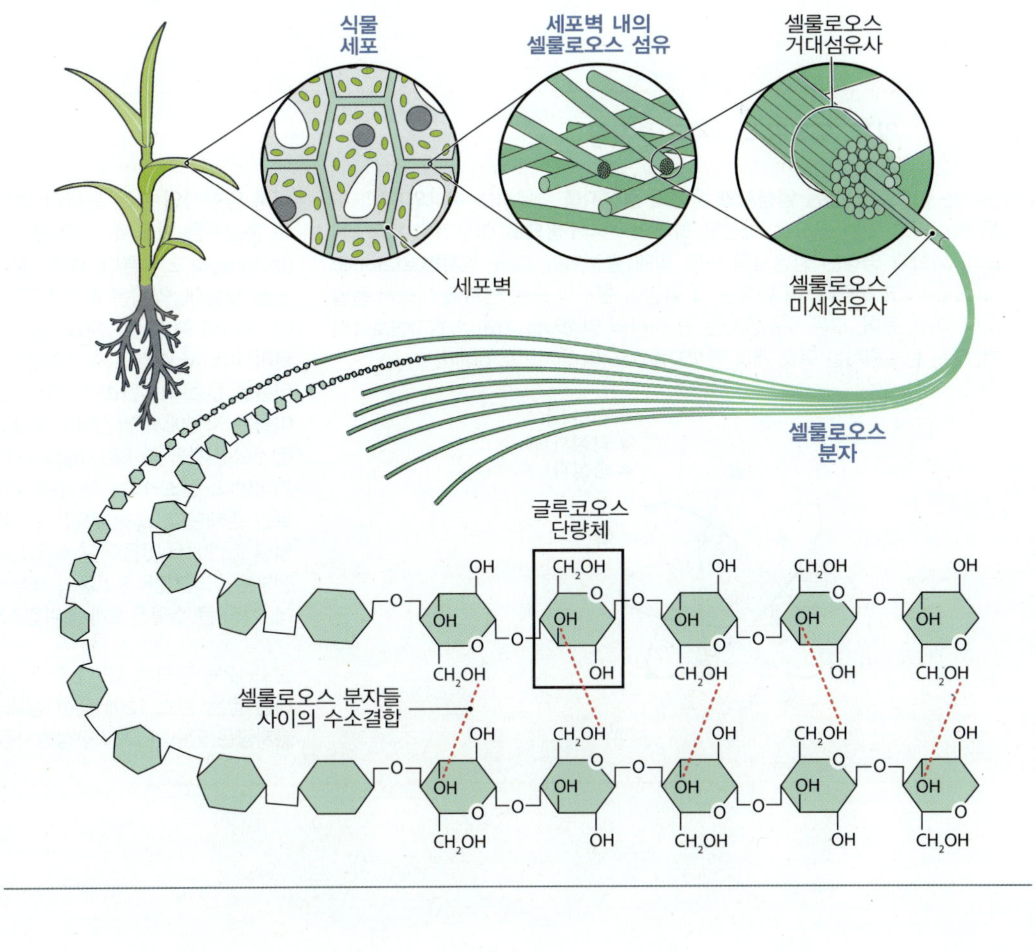

그림 1.5 식물세포벽 내 셀룰로오스의 구조적 역할
셀룰로오스 분자들은 나란히 줄을 이루어 배열하고 서로 부착되어 미세섬유사들을 생성하며, 이들은 다시 식물세포벽에 견고성을 제공하는 하나의 망을 형성한다.

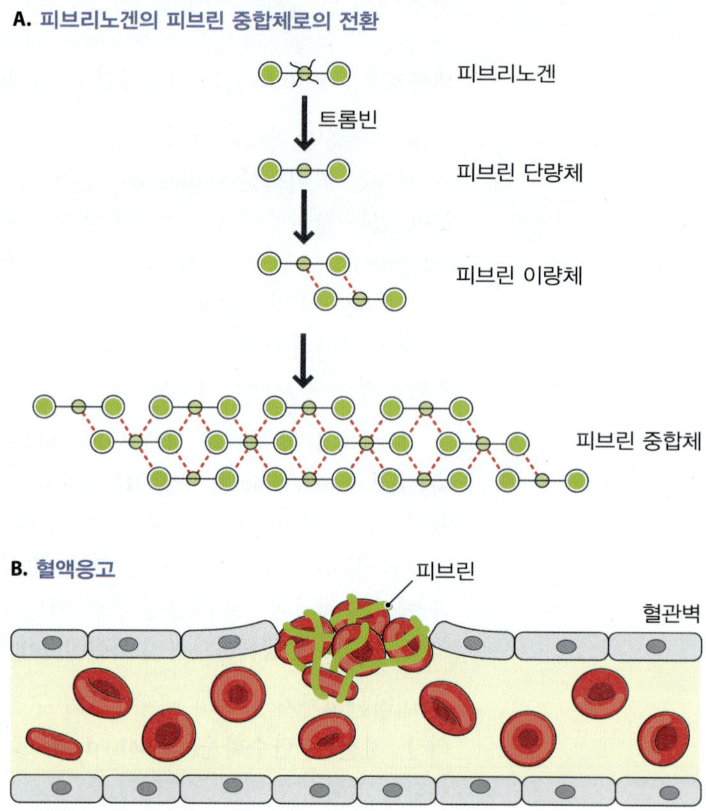

그림 1.6 혈액응고의 형성에서 트롬빈, 피브로넥틴 및 피브린의 역할

(A) 트롬빈은 피브리노겐의 구조를 변화시켜 피브린으로 전환하는 생화학적 반응을 촉매한다. 피브린 분자들은 이후 서로 결합하여 중합체를 형성한다. (B) 피브린 중합체는 혈관 내 파열 부위에서 망을 형성하여 혈구세포를 가둔다. 이러한 구조는 혈액응고를 형성한다.

Box 1.3 원자, 동위원소 그리고 분자량

화학의 원리

원자는 양으로 하전된 양성자와 중성의 중성자를 함유하는 하나의 핵과 이를 둘러싸고 있는 음으로 하전된 하나의 전자구름으로 이루어져 있다. 원소의 화학적 명칭은 양성자의 수에 의해 결정되며, 이를 **원자번호(atomic number)**라고 부른다. 이 번호는 그 특정한 원소의 모든 원자에 대해서 동일하다. 예를 들어, 모든 수소원자는 단 하나의 양성자를 가지며 원자번호 1이며, 모든 탄소원자는 여섯 개의 양성자를 가지며 원자번호 6이다.

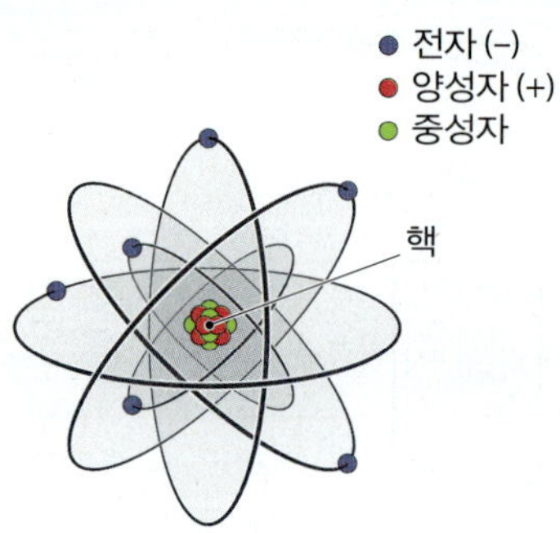

비록 양성자의 수는 변함이 없지만, 동일한 원소의 다른 원자들은 다른 수의 중성자를 가질 수 있다. 한 원소에 대한 이러한 다른 유형들을 **동위원소(isotope)**라고 부른다. 예를 들어, 탄소는 3개의 자연에서 나타나는 동위원소를 갖는데, 각각은 6개의 양성자를 갖지만 6, 7 및 8개의 중성자를 가진다. 하나의 핵 내 양성자와 중성자의 총 수를 **질량수(mass number)**라고 부르며, 따라서 탄소의 세 가지 동위원소들은 12, 13 및 14의 질량수를 가지고 이들을 탄소-12, 탄소-13 및 탄소-14 또는 ^{12}C, ^{13}C 그리고 ^{14}C라고 부른다. 이들은 자연에서 발견되는 탄소의 동위원소들이다. 탄소-12는 존재하는 모든 탄소원자들 중 98.93%를 차지하며, 탄소-13은 나머지 1.07%의 대부분에 기여한다. 탄소-14는 매 수조 개의 탄소원자들 중의 약 하나로 단지 미량으로만 존재한다. 또한 환경 내에서는 측정가능한 양으로 존재하지 않지만 실험실 조건에서 만들어질 수 있는 ^{8}C로부터 ^{22}C까지 12개의 동위원소가 있다. 전부는 아니지만 원소들의 대부분은 자연적으로 나타나는 동위원소를 갖는데, 가장 큰 수들은 9개 동위원소의 제논과 10개의 주석이 있다.

탄소-12는 정확히 12 Da의 분자량을 갖는 것으로 간주된다. 다른 원자들에 대한 값은 탄소-12에 대한 상대적인 질량에 따라서 계산된다. 한 화합물의 분자량은 단순히 그의 구성원자들의 질량을 서로 합하여 구할 수 있다.

1.1.4 생화학은 또한 대사에 관한 연구이다

살아 있는 생물체, 그리고 그들을 구성하는 세포들은 역동적인 구조들이다. 이는 그들의 다양한 활동에 동력을 제공하기 위한 에너지를 제공할 뿐만 아니라 필요할 때 새로운 생체분자들을 합성할 수 있어야 한다. 이러한 것들이 '생명'을 구성하는 과정들이다. 생화학의 근본적인 원리는 이러한 '생명과정들'이 화학반응들이라는 점이다. 거기에는 수많은 처리과정들이 있으며 복잡한 경로들에서 서로 연결되어 있지만(**그림 1.7**), 그러한 반응들을 개별적으로 연구함으로써 생명의 분자적 기초에 대한 이해를 축적하는 것이 가능하다. 이것이 2부에서의 목표가 될 것이다.

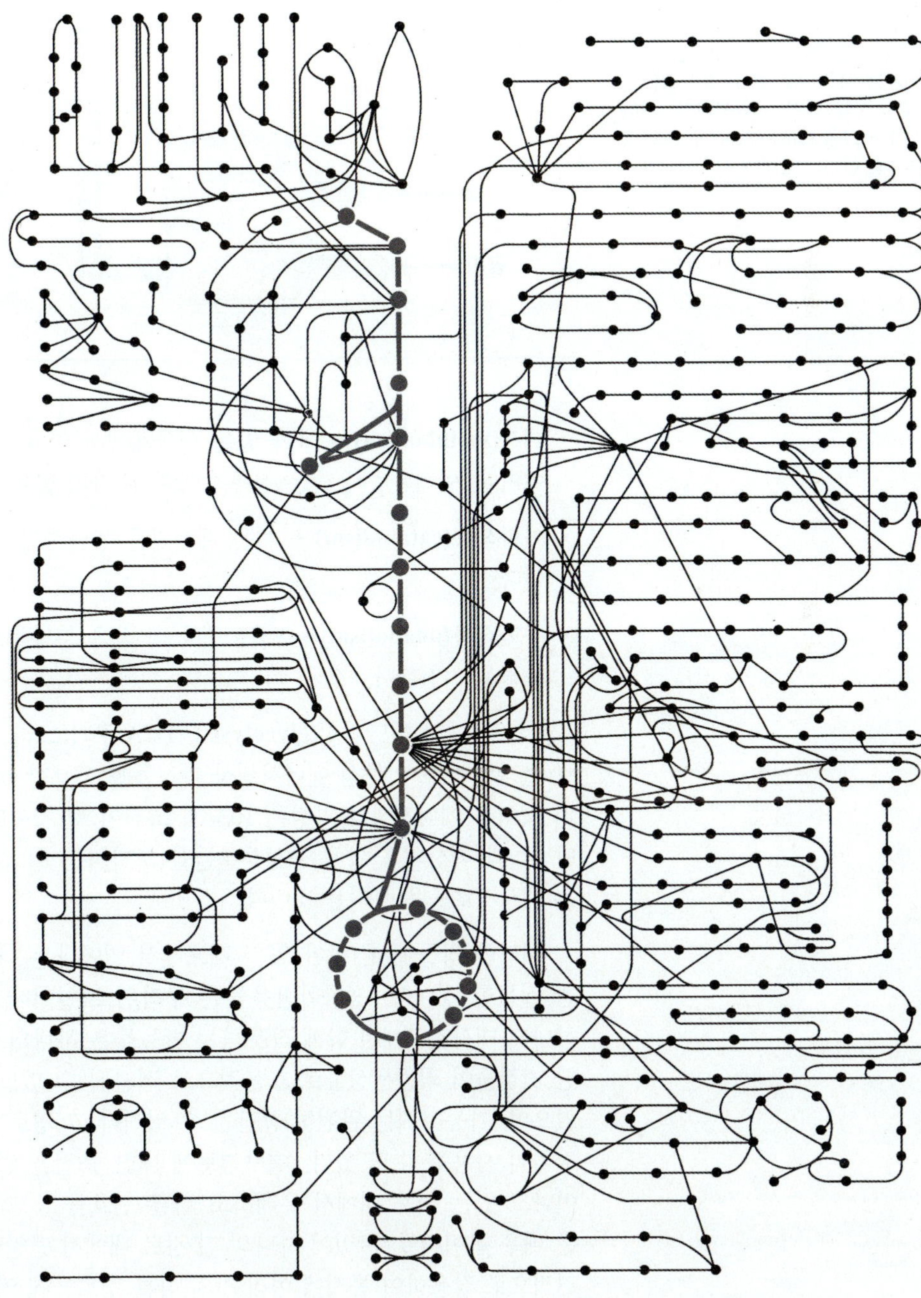

그림 1.7 전형적인 동물세포의 대사경로 각 점은 하나의 다른 생화학적 화합물을 대표한다. 선들은 그물에서의 단계들을 지칭하며, 각 단계는 한 화합물을 다른 화합물로의 전환을 초래한다.
복사권 2014년 Albert 등에 의한 *Essential Cell Biology*, 4th으로부터. Garland Science /Taylor & Francis LLC의 승인에 의해 복사되었음.

어떠한 화학반응도 자발적으로 일어날 수 있지만, 그 비율은 매우 느릴 것이다. 화학반응이 하나의 시험관에서 수행될 때, 그 반응의 속도를 증가시키기 위해 **촉매(catalyst)**가 종종 첨가된다. 예를 들어, 접촉과정에 의한 이산화황과 산소로부터 황산의 산업적인 생산에서 산화바나듐의 사용이다(그림 1.8). 반응률이 증가하는 이유는 두 기체반응물(이산화황과 산소)이 촉매제의 표면 위에 흡수되어 그 분자들을 서로 가까이 가져와 결합을 촉진시켜 삼산화황을 형성하게 되고 이는 물과 반응하여 황산을 생성한다. 생물학적 반응들 또한 촉매제를 사용하지만, 이들은 금속이 아니다. 그들은 효소라고 불리며, 대부분은 단백질 분자들이지만 RNA로 이루어진 소수도 있다. 7장에서는 효소가 어떻게 촉매제로 작용하는지를 발견할 것이다.

그림 1.8 촉매의 역할
접촉과정에서, 이산화황과 산소는 산화바나듐 입자들의 층들을 통해 지나간다. 두 기체는 입자들 표면으로 흡수되어 결합을 촉진함으로써 삼산화황을 형성한다. 산화바나듐은 그 반응을 촉매하지만 그 과정 동안 스스로 소비되지는 않는다.

- **대사(metabolism)**는 살아 있는 생물체에서 일어나는 화학반응을 설명하기 위해 사용되는 용어이다. 이러한 반응들은 전통적으로 두 가지 넓은 군으로 나뉜다:
- **이화작용(catabolism)** – 이는 에너지를 생산하기 위하여 화합물의 분해에 기여하는 대사부분이다.
- **동화작용(anabolism)** – 이는 보다 더 작은 분자들로부터 더 큰 분자들을 만드는 생화학적 반응들을 지칭한다.

8장과 9장에서 **해당과정(glycolysis)**, **TCA 주기** 그리고 **전자전달사슬(electron transport chain)**로 불리는 세포의 중심 에너지생성 과정들을 공부할 것이다. 광합성에 의한 태양으로부터의 하나의 특이적 에너지생성 과정은 10장의 초점이 될 것이다. 11~13장에서는 탄수화물, 지방 그리고 단백질과 핵산의 단량체 구성성분들을 포함하는 질소-함유 생화합물들의 합성과 분해를 초래하는 대사경로들을 살펴볼 것이다.

이러한 장들에서, 살아 있는 세포에서 일어나는 다양한 대사반응들이 어떻게 조절되는지 또한 질문할 것이다. 생화학반응들은 무작위로 일어나지 않는다. 개별반응들은 신중히 조절되어 하나의 대사경로에서 함께 작용하는 반응들은 하나의 조화로운 방식으로 작동하여 그 경로에 대한 기질들이 최종생성물로 효율적으로 전환될 수 있도록 해 준다. 생성물의 합성률은 조절될 수 있으며, 가능하게는 완전히 중단될 수 있거나 그 경로가 조정되어 가용가능한 것에 따라 다른 기질들이 사용될 수도 있다. 대사경로에 대한 조절을 일으키는 신호들 중의 일부는 그 경로가 일어나고 있는 세포 내에서 유래하고 다른 신호들은 그 세포외부로부터 유래한다. 그러한 신호들은 매우 특이적일 수 있어 하나의 긴 경로 내에서 단일반응률을 변화시키거나, 아니면 보다 더 보편적으로 작용하여 동시에 여러 가지 다른 경로들에 영향을 줄 수 있다. 이러한 다양한 작용들을 8~13장에서 살펴볼 것이다.

1.1.5 생물학적 정보의 저장과 이용은 생화학에서 하나의 중요한 부분이다

생화학적 반응들 중의 한 부류는, 엄밀히 말하면 동화작용의 한 부분이지만, 특별한 특징을 갖는 것으로 간주되기 때문에 보통 세포의 대사로부터 분리하여 고려된다. 이러한 반응들은 DNA, RNA 및 단백질의 합성에 관여하는 것들이다. 여기에서 생화학과 유전학이 겹치는데, 이는 동일한 반응들이 유전자 내에 함유된 **생물학적 정보(biological information)**들의 복제와 이용에 관여하기 때문이다. 이는 생물체가 발달하고, 생식하며 모든 대사반응들을 수행하기 위하여 필요한 정보이다. 이러한 것들이 현대 유전학의 중심 주제들이며, 이 책의 3부에서 보게 되겠지만, 생화학은 이를 연구하기 위해 사용된다.

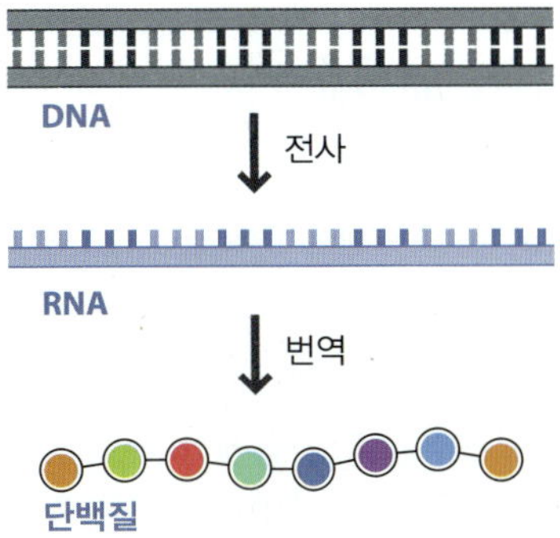

그림 1.9 유전자 발현
한 유전자의 DNA 사본은 하나의 RNA 분자로 전사된다. 단백질-암호 유전자에 대하여 RNA는 다시 단백질로 번역된다.

먼저, 우리는 세포가 분열할 때 또는 생물체가 생식할 때마다 모든 유전자의 정확한 복사본이 만들어질 수 있도록 어떻게 DNA 분자들이 복제되는지를 살펴볼 것이다. 이는 14장의 초점이 될 것이다. 다음 질문으로는 유전자 내 함유된 생물학적 정보가 어떻게 세포에 가용되는가이다. 이러한 과정은 **유전자 발현(gene expression)**으로 불리며, 모든 유전자들에 대하여 이는 RNA 분자의 합성으로 시작된다(그림 1.9). 15장에서, DNA와 RNA가 매우 유사한 유형의 분자이기 때문에 유전자 발현에서 **전사(transcription)**로 불리는 이 단계는 화학적 용어로 아주 간단함을 발견하게 될 것이다. 또한 전사에 의해 만들어지는 RNA 분자들은 그들의 기능에 기초하여 다른 군들로 나뉘어짐을 배우게 될 것이다. 이러한 군들 가운데는 **번역(translation)**으로 불리는 한 과정에 의해 단백질의 합성을 지시하는 **전령 RNA(messenger RNA, mRNA)**가 있다. 단백질 합성은 16장의 주제가 될 것이다.

세포내 유전자들의 모두가 항상 활성을 갖지는 않는다. 많은 유전자들은 오랫동안 침묵상태로 존재하다가 유전자 산물을 필요로 하는 특별한 경우에만 RNA와 단백질로 전환된다. 모든 생물체들은 따라서 유전자들의 발현을 조절할 수 있으며, RNA 또는 단백질 산물들이 특정한 시기에 필요로 하지 않는 것은 발현이 차단된다. 유전자 발현이 조절될 수 있는 매우 다양한 과정들을 17장에서 공부하게 될 것이다.

1.1.6 생화학은 하나의 실험과학이다

1~3부에서는 생화학의 사실들을 배우게 될 것이다. 4부에서는 그러한 사실들이 어떻게 발견되었는지를 살펴볼 것이다. 생화학은 지금도 그렇지만 항상 실험적인 과학이었으며, 신입생 대상의 매력 중 하나는 자신의 생화학 연구과제를 하루 만에 수행할 수 있다는 것이다. 이 책의 1~3부에 걸쳐서, 우리는 생화학에 대한 우리의 이해를 축적해 온 주요한 실험들 중의 일부를 언급할 것이

Box 1.4 -체(-omes)는 생체분자들의 집합체들이다

단백질체—한 세포 또는 조직 내 단백질들의 집합체—는 단지 생화학자들이 연구하는 여러 생체분자 군들 중의 하나이다. 이러한 집합체들은 '체('omes)로 불리는데, 특정한 예들은:

- 생물체 유전자들의 모두를 함유하는 한 세포내 전체 DNA 분자들인 **유전체(genome)**,
- 한 세포 또는 조직 내 RNA 분자들의 집합체인 전사체; '**전사체(transcriptome)**'란 이름은 RNA 분자들이 유전자의 복사본 또는 **전사물(transcript)**이라는 사실로부터 유래한다.
- **지질체(lipidome)**는 한 세포 또는 조직의 총 지방내용물이다.
- **당질체(glycome)**는 탄수화물 내용물이다.

마지막으로, **대사체(metabolome)**가 있는데, 이는 보다 더 복잡한 구성성분을 갖는다. 대사체는 하나의 특정한 상태에서 세포내 존재하는 대사물질들의 총체이다. 대사체들은 세포 내에서 일어나는 모든 이화 및 동화반응들의 기질, 생성물 그리고 중간대사산물들이다. 대사체는 따라서 세포의 생화학적 활성을 반영한다. 이러한 활성은 단백질체에 의해 특정되며, 최소한 어느 정도까지는 지질체, 당체 및 전사체들의 구성성분에 의존한다. 따라서 한 세포의 생화학은 다양한 체들 사이의 상호작용으로부터 초래되는 것으로 볼 수 있다.

다. 4부에서는, 현대 생화학의 가장 활발한 분야에서 사용되는 방법과 연구전략들을 보다 더 특별히 살펴볼 것이다.

이 주제들 중의 첫 번째는 거대 생체분자들, 특히 단백질들에 대한 분석이다. 이는 효소로서의 단백질의 역할 때문에 하나의 중요한 연구분야이다. 효소의 세부적인 구조를 밝혀내는 것은 그 효소가 어떻게 특이적인 생화학적 반응을 촉매하는지와 어떻게 효소의 활성 따라서 그 생화학적 반응이 세포 내부와 외부로부터 오는 화학적 신호들에 반응하여 조절되는지를 이해하기 위하여 종종 가장 좋은 방법이 된다. 수년에 걸쳐, 생화학자들은 단백질 구조를 연구하기 위하여 **핵자기 공명(nuclear magnetic resonance, NMR)**과 **X선 결정학(X-ray crystallography)**과 같은 정교한 방법들을 개발해 왔다. 18장에서 이러한 기술들을 살펴볼 것이다.

또한 18장에서 세포 또는 조직 내 존재하는 단잭질의 집합체인 단백질체를 규명하기 위해 사용되는 다양한 방법들을 살펴볼 것이다. **단백질체(proteome)**의 구성성분은 한 세포의 생화학적 능력을 정의하며, 따라서 한 단백질체의 개별적인 구성성분들을 규명하기 위해 사용되는 방법들인 **단백질체학(proteomics)**은 생화학적 연구의 하나의 중요한 부분이다. 단백질체학에 대한 우리의 탐구를 보완하기 위하여, 세포의 지방과 탄수화물 내용물을 분류하기 위해 사용되는 동등한 기술들에 대해 간단히 살펴보면서 18장을 마무리할 것이다.

우리가 살펴볼 두 번째 부류의 생화학적 연구방법들은 DNA와 RNA 분자들을 연구하기 위해 사용되는 것들이다. 이들에 대한 중심적인 것은 DNA 분자 내 유전자의 구조와 유전자의 조직을 결정하기 위해 사용되는 기술인 **DNA 염기서열분석(DNA sequencing)**이다. 염기서열분석은 생물체가 지니고 있는 유전정보의 성질과 그것이 발현되는 방식을 이해하기 위해 사용된다. 두 번째 중요한 기술은 **DNA 클로닝(DNA cloning)**인데, 이는 한 종으로부터 다른 종으로 유전자를 이동시키고, 인간 인슐린과 같은 중요한 조제약 단백질들을 유전적으로 조작된 미생물에 의해 합성 가능하게 한다. DNA와 RNA를 연구하기 위해 사용되는 이들과 다른 방법들은 19장에 설명되어 있다.

참고문헌

Coley NG (2001) History of biochemistry. *Encyclopedia of Life Sciences*. Wiley Online Library DOI: 10.1038/npg.els.0003077.

Dronamraju KR (1999) Erwin Schrödinger and the origins of molecular biology. *Genetics* **153**, 1071–6.

Hui D (2012) Food web: concept and applications. *Nature Education Knowledge* **3(12)**: 6.

Hunter GK (2000) *Vital Forces: the discovery of the molecular basis of life*. Academic Press, London. ***An account of the history and development of biochemistry***.

Patti GJ, Yanes O and Sluzdak G (2012) Metabolomics: the apogee of the omics trilogy. *Nature Reviews Molecular Cell Biology* **13**, 263–9.

Springer MS, Stanhope MJ, Madsen O and de Jong WW (2004) Molecules consolidate the placental family tree. *Trends in Ecology and Evolution* **6**, 430–8. ***Explains how comparisons of molecular structures are used to construct evolutionary trees***.

제 2 장

세포와 생물체

학습목표

이 장을 공부한 후:

- 생명체는 비록 다양하지만, 제한된 수의 주제들 위에서 만들어지며 모든 종들에서 유사한 생물학적 과정들이 일어난다는 사실을 이해하게 된다.
- 원핵생물과 진핵생물의 핵심적인 자별적 특징들을 기술할 수 있다.
- 원핵생물은 세균과 고세균으로 불리는 두 가지 다른 유형들의 생물체를 포함한다는 사실을 알 수 있다.
- 원핵생물의 세포는 광범위한 내부구조를 결핍하고 있음을 알게 될 것이다.
- 진핵생물 세포의 주요한 구조적 성분들을 인식하고 그러한 성분들의 기능을 기술할 수 있다.
- 세포구조 내막의 중요성을 이해하기 시작할 것이다.
- 바이러스는 숙주세포를 감염시킴으로써 단지 번식할 수 있는 절대기생체라는 사실을 인식한다.
- 지구상의 생명 기원과 관련한 현재의 이론들을 알 수 있다.
- 모든 종들의 구조와 생화학에 의해 나타나는 공통적인 주제는 그러한 종들이 하나의 단일한 공통기원으로부터 진화했음을 지적한다는 사실을 이해할 수 있다.

지구는 생명체로 풍부하다. 최근의 추정에 따르면 약 870만 종의 동물, 식물 및 곰팡이가 있으며 최소 1000만 종의 세균이 있다고 한다. 이 두 숫자는 대략적인 추정치인데, 이는 대부분의 종들이 과학계에 알려지지 않았기 때문이다. 1,200가지 이상의 다른 유형의 딱정벌레들이 파나마의 단지 19개 나무들에서 세어졌으며 그 중 거의 1,000개는 새로운 종들이었다. 지구상에는 최소 10^{11} 개체의 동물들이 살아 있으며, 한 연구에 의하면 10^{30}개의 세균이 살아 있다. 그 수는 너무나 천문학적이어서 거의 이해하기 불가능하다.

이 많은 숫자는 심각한 측면이 있다. 연구해야 할 그러한 거대한 수의 다른 종들이 있을 때, 생화학자는 어떻게 살아 있는 생물체들 내에서 일어나는 화학적 반응들을 이해할 희망을 가질 수 있을까? 다행히, 생명체의 광대한 다양성은 제한된 수의 주제들 위에서 만들어진다. 생화학을 생물학적 문맥상에 위치시키기 위해서는, 이러한 주제들을 조사하고 지구상 수많은 생물체들 사이의 차이점보다는 유사점들을 이끌어내어야 한다.

2.1 세포–생명체의 구성요소

모든 살아 있는 생물체는 세포로 구성되어 있다. 어떤 생물체들은 단지 하나의 단일세포로 구성된 **단세포(unicellular)**인 반면, 많은 다른 생물체들은 **다세포(multicellular)**들이다. 후자는 육

Box 2.1 측정단위

길이에 대한 표준 SI(국제 단위체계로부터) 단위는 미터(m)이다. 더 작은 단위들은 다음과 같다:

1 cm = 10^{-2} m (1 m 내 100 cm)
1 mm = 10^{-3} m (1 m 내 1,000 mm)
1 μm = 10^{-6} m (1 m 내 1,000,000 μm)
1 nm = 10^{-9} m (1 m 내 1,000,000,000 μm)

생화학은 때때로 길이에 대한 두 가지 비SI 단위들을 사용한다.

1마이크론 = 1 μm
1옹스트롬 (Å) = 10^{-10} m (1 μm 내 10 Å)

다른 측정단위들은 동일한 SI 접두사를 사용한다.

- 부피에 대한 표준은 리터(l)이며, 더 작은 부피들은 ml, μl 등이다.
- 무게에 대한 표준은 그램(g)이며, 더 작은 무게들은 mg, μg 등이다.

안으로 볼 수 있는 사실상 모든 거시적 생물체들을 포함한다. 이것은 세포는 매우 작은 구조로서 대부분의 단세포 생물체가 너무 작아 확대하지 않고는 관찰될 수 없기 때문이다. 예를 들어, 연못과 강바닥과 같은 담수환경에서 발견되는 흔한 짚신벌레는 아주 큰 단세포 생물체이지만, 여전히 단지 120 μm의 길이이다. 1 μm(마이크로미터 또는 마이크론)는 1 mm의 천분의 일이기 때문에 120 μm는 단지 0.12 mm이다.

따라서 세포는 모든 생물체들의 기본적인 구성성분이며, 우리가 생명체의 다양성에 기저를 이루고 있는 주제들을 조사하기 시작해야 하는 것이 바로 이 세포들이다.

2.1.1 두 가지 유형의 세포구조가 있다

지구상의 수많은 생물체들은 세포의 구조에 기초하여 두 군으로 나뉠 수 있다. 이 군들은 **원핵생물(prokaryotes)**과 **진핵생물(eukaryotes)**로 불린다. 전자현미경적 사진을 관찰하면, 두 가지 세포유형의 구별이 분명해진다(그림 2.1). 원핵생물 세포는 세포의 DNA를 함유하는 **핵양체(nucleoid)**로 불리는 엷게 염색되는 중심 부위 이외에는 눈으로 보이는 내부 특징들을 거의 갖고 있지 않다. 이와는 대조적으로, 전형적인 진핵생물 세포는 더 크고 복잡하며, DNA의 대부분을 함유하는 막으로 둘러싸인 하나의 **핵(nucleus)**과 **미토콘드리아(mitochondria)** 그리고 **골지체(Golgi apparatus)**와 같은 다른 막성 **소기관(organelle)**들을 갖고 있다.

비록 일부 종들에서는 개별 세포들이 서로 연합하여 더 큰 구조를 형성하지만, 대부분의 진핵생물은 단세포이다. 한 예는 아나베나에 의해 형성되는 세포의 사슬들이다(그림 2.2). 진핵생물은 단세포 또는 다세포일 수 있다. 따라서 진핵생물은 식물, 동물 및 곰팡이와 같은 거시적 형태의 생명체를 구성한다.

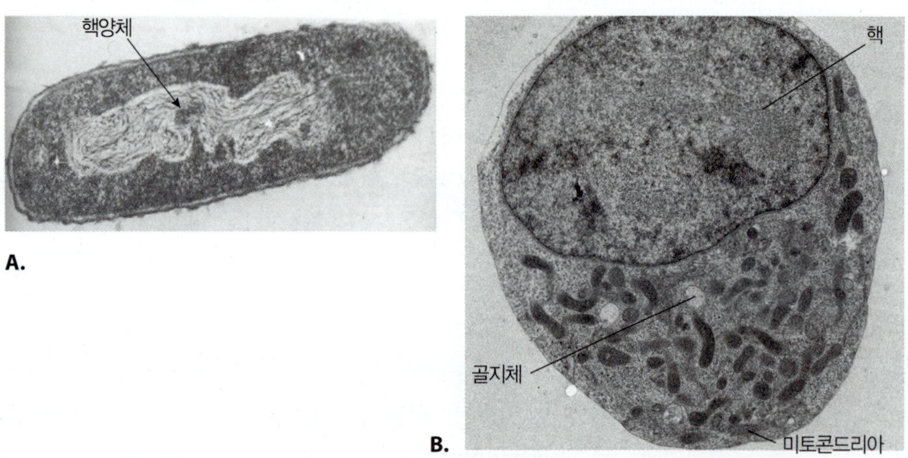

그림 2.1 (A) 원핵세포와 (B) 진핵세포의 투사전자현미경 사진

그림 2.2 세포들이 사슬을 형성하는 하나의 원핵세포인 아나베나
허락을 받고 Culture Collection of Autotrophic Organisms(CCALA)로부터 복사됨.

1977년까지는 모든 원핵생물이 서로 유사하다고 생각했다. 그 군은 생물체들의 큰 다양성을 포함하지만, 그 차이들이 동일한 기본적 주제에 대한 다양성으로 생각되었다. 이 가정은 뒤바뀌었으며, 이제 원핵세포에는 두 가지 뚜렷한 군인 **세균(bacteria)**과 **고세균(archaea)**이 있다는 사실을 알게 된다. 세균은 병원성세균인 사람에서 결핵을 일으키는 *Mycobacterium tuberculosis*와 콜레라의 원인이 되는 *Vibrio cholerae*와 같은 질병을 일으키는 생물체들로 우리에게 익숙한 원핵생물의 대부분을 구성한다. 또한 토양, 초목의 표면, 공기 중에 등, 사실상 모든 곳에서 살아가는 다수의 무해한 박테리아 종들도 존재한다.

고세균은 또한 넓은 범위의 서식처에서 산다. 이들은 호수바닥과 물의 다른 부분들의 침전물, 온도가 섭씨 60° 또는 그 이상될 수 있는 온천, 사해와 같은 염수연못과 고염호수, 그리고 오래된 탄광 작업장으로부터 나타나는 산성 시냇물을 포함한다. 이들 환경의 다수는 대부분의 다른 형태의 생명체에는 적대적이다.

세균과 고세균 모두는 원핵생물의 유형들이며 그들의 세포는 매우 유사해 보인다. 다음에 살펴보겠지만, 그 차이는 생화학에 있다. 즉 지구상의 모든 수많은 살아 있는 생물체들은 단지 세 가지 군인 세균, 고세균 및 진핵생물로 나눌 수 있다. 분류학적으로, 이들은 생명체의 세 **영역(domain)**으로 불린다. 각 군은 다른 모습, 서식지 및 그들 자체의 특징들을 가진 다양한 종들을 함유하지만, 각 군 내에서는 또한 특히 생화학적 수준에서 하나의 상당한 수준의 통일성이 존재한다.

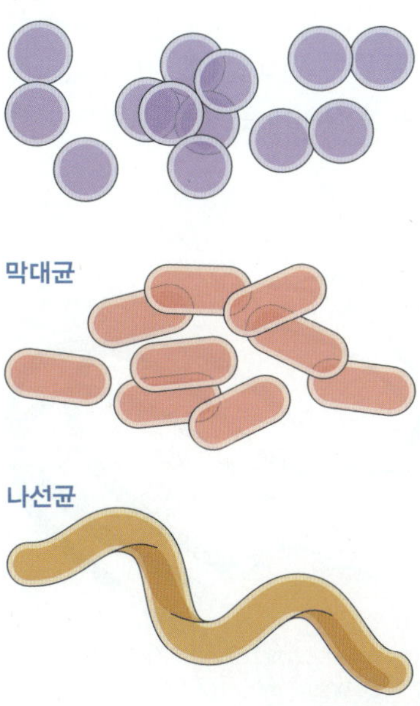

그림 2.3 세 가지 유형의 원핵세포 모양

2.1.2 원핵생물

대부분의 원핵세포들은 **구균(cocci)**(단수는 **coccus**), **막대균(bacilli)**(단수는 **bacillus**), 또는 **나선균(spirilla)**(단수는 **spirillum**)이다(그림 2.3). 크기는 10 μm보다 거의 크지 않다. 예를 들어, 대장균(*Escherichia coli*)은 약 0.5 μm의 직경과 2.0 μm의 길이를 갖는 막대형이다. 이것은 때때로 식

Box 2.2 종 이름

단지 세균뿐만이 아니라 모든 생물체들에 대한 종 이름은 **이명법(binomial nomenclature)**을 사용한다. 이름의 첫 부분은 그 종이 속하는 **속(genus)**명(예: *Mycobacterium*, *Vibrio*, *Homo*)이며 이름의 두 번째 부분은 그 종을 확인한다(예: tuberculosis, cholerae, sapiens). 이탤릭체는 이명의 속과 종 부분의 모두에 대해 사용되며, 속명의 첫 글자는 항상 이탤릭체로 주어진다. 예는 *Mycobacterium tuberculosis*, *Vibrio cholerae*, 그리고 *Homo sapiens* 등이며, 이는 속명이 앞에서 전체로 보인 이후에는 단순성을 위해서 *M. tuberculosis*, *V. cholerae* 및 *H. sapiens*로 축약될 수 있다.

중독을 유발하면서 사람을 포함한 온혈동물들의 장 내부에서 사는 박테리아의 한 종이다. 대장균의 무해한 품종은 생물학자들이 하나의 **모형 생물체(model organism)**로 부르는 하나의 '전형적'인 세균으로 연구 실험실에서 사용된다. 따라서 대장균의 생화학은 광범위하게 연구되어 왔는데, 이는 생화학적 경로들이 대부분의 다른 세균종들에서의 그것들과 크게 다르지 않을 것이라는 가정에서 이루어진 것이다. 일반적으로, 이것은 어떤 다른 세균들이 대장균이 할 수 없는 광합성을 하거나 **항생제(antibiotics)**를 만드는 능력과 같은 중요한 특성들을 가진다는 사실과 이는 따라서 다른 종들에서 연구되어야 한다는 사실을 우리가 명심한다면, 하나의 안전한 가정이다.

원핵세포는 광범위한 내부구조가 결핍되어 있다

막 구조는 **5.2절**에 기술되어 있다.

세균세포는 지질과 단백질들로 구성되어 있으며 세포의 내부 부위들과 외부환경 사이에 하나의 장벽으로 작용하는 하나의 **세포(cell)** 또는 **원형질막(plasma membrane)**에 의해 둘러싸여 있다 (그림 2.4). 세포막은 **메소솜(mesosome)**으로 불리는 작은 함몰들로 나타낼 수 있는데, 이는 다양한 역할들을 지정받아 왔지만 대부분의 미생물학자들이 이제는 실제로 존재하지 않는 것으로 믿고 있다. 대신, 이러한 메소솜들은 세균이 전자현미경 관찰을 위해 준비될 때 사용되는 화학적 처리의 결과로 생기는 인공물들인 것으로 여겨진다. 의심의 여지가 없는 것은 대부분의 세균도 세포막 외부 표면에 있는 **세포벽(cell wall)**으로 주로 **펩티도글리칸(peptidoglycan)**이라 불리는 변형된 유형의 다당류로 이루어져 있다. 어떤 종들에서는, 세포벽의 바깥표면에 두 번째 세포막이 존재한다. 세포막을 구성하는 원형질막, 외막 및 세포벽을 구성하는 전체 구조는 **세포피막(cell envelope)**으로 불린다. 피막은 세포에 견고성을 제공하고 세균의 특징적인 모양을 준다. 그것은 또한 세포 안과 밖으로 향한 더 큰 분자들의 이동에 대한 하나의 장벽으로 작용한다. 그러나 세포피막은 통과 불가능한 장벽은 아닌데, 이는 당과 같은 영양성분들이 필요할 때, 세포 안으로 운반될 수 있기 때문이다. 이것은 세포피막이 세균과 살고 있는 환경 사이의 관계를 조절하는 데 중요한 역할을 함을 의미한다.

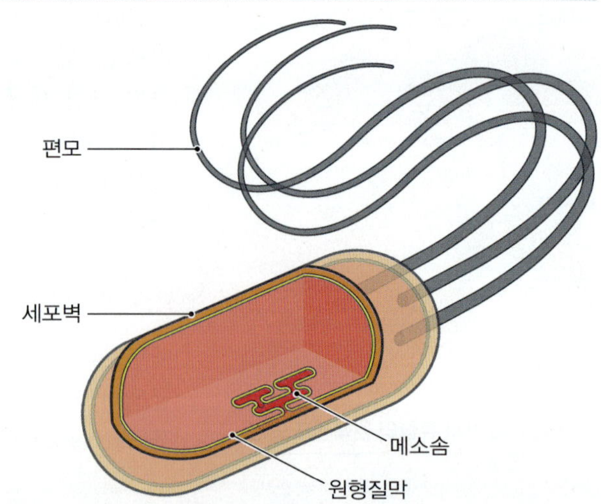

그림 2.4 세균의 세포피막
세포피막은 원형질막과 세포벽으로 구성되어 있다. 어떤 종들에서는, 세포벽의 바깥 표면에 하나의 두 번째 세포막이 존재한다.

세균의 어떤 종들은 표면에 부착된 추가적인 구조들을 갖는다. 이들 중 가장 분명한 것은 하나 또는 그 이상의 **편모**(단수: **flagellum**)이다. 편모는 플라젤린(flagellin)으로 불리는 하나의 단백질로 이루어진 긴 필라멘트로서, 종종 세포의 길이보다 훨씬 더 길다. 또한 세균에 대한 추진의 한 수단으로, 액체 또는 반액체 매질을 통해 헤엄을 칠 수 있도록 해준다. 각 편모의 기저에는 내부 세포막에 박혀 있는 하나의 회전모터가 부착되어 있다(그림 2.5). 편모가 회전할 때, 하나의 나선구조를 취하여 마치 프로펠러와 유사한 작용으로 세포를 전진시킨다. 하나의 편모는 1,000 rpm까지 회전할 수 있어 세균으로 하여금 초당 100 μm의 속도로 헤엄칠 수 있도록 한다.

선모(pili)와 **핌브리아(fimbriae)**는 일부 세균종들의 표면에 부착된 다른 유형의 필라멘트들이다(그림 2.6). 이들은 필린(pilin)으로 불리는 단백질들로 이루어져 있으며 편모보다 더 짧다. 선모는 하나의 세포가 DNA 일부를 두 번째 세포로 전달할 때, **접합(conjugation)**으로 불리는 과정 동안 세균으로 하여금 서로 부착하도록 해준다. 한때는, DNA가 하나의 빈 관처럼 작용하는 선모의 내부 좁은 통로를 빠져나가는 것으로 생각되었지만, 이것은 결코 입증되지 못하였다. 핌브리아는 세균으로 하여금 다른 세균들을 포함하는 다양한 표면들에 부착하도록 해준다. 때때로, 이는 서로간과 보통 끈적끈적한 기질에 묻힌 단단한 표면에 부착된 세균들의 한 집합체인 하나의 **생물막(biofilm)**을 형성하도록 한다. 생물막들은 자연에서 흔하며 병원에서 문제를 일으키는데, 이는 생물막이 유치도관과 같은 의료도구들 내부에 형성할 수 있어 환자들 사이에 전파되는 감염의 위험성을 증가시키기 때문이다.

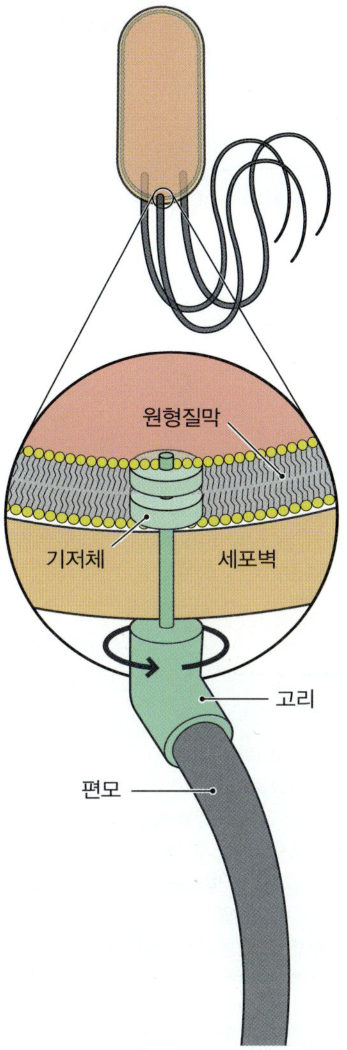

그림 2.5 세균의 편모
편모 기저에 있는 구조는 원형질막에 박혀 있는 하나의 회전모터이다.

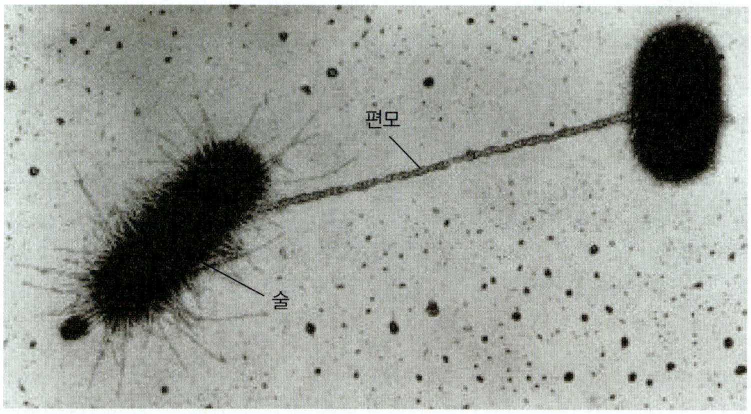

그림 2.6 선모와 핌브리아
http://theultimatebacteria.blogspot.co.uk로부터 복사됨.

세균의 가장 뚜렷한 특징은 세포가 전자현미경으로 관찰될 때, 어떤 가시적인 내부구조의 부재이다. 세포의 내부는 하나의 보다 더 밝은 중심 부위를 둘러싸고 있는 단순히 하나의 어두운 과립 부위로 나타난다(그림 2.1 참조). 어두운 부분은 세포의 생화학적 반응들의 다수가 일어나는 **세포질(cytoplasm)**이다. 더 밝은 부위는 핵양체이다. 이것은 유전자들을 함유하는 DNA가 위치한 곳이다. DNA 분자들은 매우 길고 가늘며(DNA 분자는 대장균에서 1.6 mm 길이임), 핵양체에 들어맞게 하기 위해 DNA 분자는 단단히 감겨 감긴 고리를 제자리에 고정하는 단백질들에 부착되어 있다.

고세균은 뚜렷한 생화학적 특성을 갖는다

한때는, 모든 고세균들이 온천과 산성 시냇물과 같은 살기 어려운 환경에서 살아가는 **극한생물(extremophile)**들이라고 생각하였다. 이제는 고세균이 훨씬 더 흔하며 사람의 장을 포함하여 다수의 극한적이 아닌 환경들에서 존재한다는 것을 알고 있다. 이것은 많은 연구가 세균들과 다른 점이 무엇인지를 알기 위해 고세균을 사용하여 수행되어 오고 있음을 의미한다.

세포해부 측면에서 고세균과 세균들 사이에 큰 차이는 없는데, 두 유형의 생물체 모두 원핵세

연구 요약

Box 2.3 세균은 생물막 내에서 서로 의사소통을 한다

생물막 내에서, 세균들은 구조를 유지하기 위하여, 그리고 군집밀도가 너무 높게 되면 생물막으로부터 세균들의 이탈을 조정하기 위하여 서로 의사소통을 한다. 예를 들어, *Vibrio cholerae* 세균에 의한 콜레라의 원인에 있어서 하나의 핵심적인 단계는 환자의 장 내 생물막의 형성이다. 그 생물막은 환자의 면역체계에 대항하여 그리고 또한 어느 정도 그 질병을 통제하기 위한 수단으로 투여된 항생제들의 작용에 대항하여 세균들을 보호한다. 항생제 분자들은 세균에 도달하기 위하여 그 끈적끈적한 세포외기질을 단순히 통과할 수 없다. 생물막 내 군집밀도가 특정 크기에 도달하면, 세포들은 장으로 방출되고 배출되어 다른 사람들을 계속 감염시킨다.

세균은 생물막 내 군집밀도가 분산이 일어나야 하는 중요한 지점에 도달했을 때를 어떻게 아는가? 그 답은 세균이 **정족수감지(quorum sensing)**로 불리는 한 과정에 의해 서로 의사소통을 한다는 것이다. 세포들은 **자가유도물질(autoinducer)**로 불리는 신호화합물을 방출한다. 환경 내 자가유도물질의 농도를 감지하여, 각 세균은 근처의 군집밀도를 평가할 수 있다. 다른 종들은 자가유도물질로서 다른 유형들의 화합물을 사용한다. 일부 종들에서, 이들 분자는 **올리고펩타이드(oligopeptide)**로 불리는 작은 단백질들이며, 다른 종들에 대해서 그것은 *N*-아실호모세린 락톤으로 불리는 한 부류의 화합물들이다.

세균은 자가유도물질에 결합하는 **수용체 단백질(receptor protein)**을 갖고 있기 때문에 존재를 탐지할 수 있다. 올리고펩타이드 유도물질들은 세포막을 가로지를 수 있으며, 수용체 단백질은 세포 내에 위치해 있다. 락톤은 세포 내부로 들어갈 수 없기 때문에 세포표면에 있는 수용체에 결합하여 세포막의 바깥면에 부착한다. 군집밀도가 낮을 때에는, 비교적 자가유도물질이 환경에 거의 존재하지 않아 어떠한 개별 세균의 내부나 표면에 있는 대부분의 수용체들은 결합되어 있지 않다. 반대로, 만일 군집밀도와 자가유도물질 농도가 모두 높다면, 수용체들은 결합하게 된다. 수용체에 대한 자가유도물질의 결합은 세포 내에서 일어나는 생화학적 반응들에 영향을 미친다. 생물막 내에서, 그 결과로 생기는 생화학적 변화들은 그 구조로부터 일부 세균들의 이탈을 초래한다.

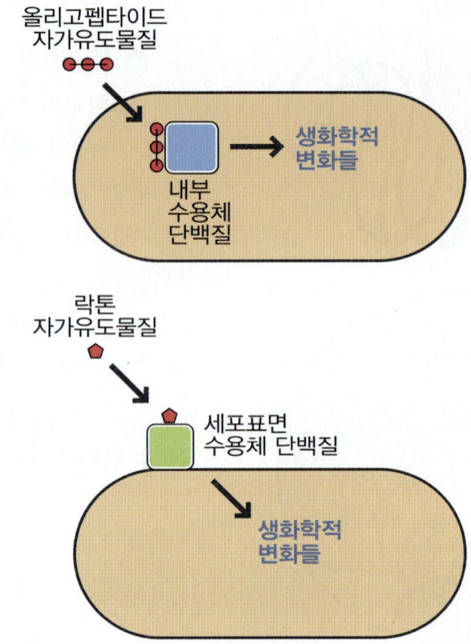

정족수감지는 단지 다른 세균들 사이에서뿐만 아니라 동물과 같은 다세포 생물체들 내 세포들 사이에서도 일어나는 신호과정들의 핵심적인 성질들을 예시한다. 동물 내 세포들의 다수는 다양한 유형들의 수용체를 갖고 있어, 세포들이 다양한 종류의 신호 화합물의 존재에 반응할 수 있게 한다. 이들 화합물은 신체의 지방과 탄수화물 저장원으로부터 에너지의 방출을 조절하는 인슐린과 글루카곤과 같은 **호르몬(hormone)**들과 세포분열과 같은 활동을 조절하는 **사이토카인(cytokine)**들을 포함한다. 후반부 장들에서, 세포-세포 신호가 다세포 생물체들 내 생화학적 활동을 조절하는 방식에 대한 여러 가지 예들을 접할 것이다.

포로 분류되기 때문이다. 어떤 고세균은 구형이고, 어떤 것은 막대모양이며, 또 어떤 것은 여러 가지 다양한 형태를 갖는다. 대부분의 고세균들은 평균적인 세균보다 더 작아 가장 큰 것이 직경 1.0 μm보다 더 작지만, 세균들에 대해 방금 기술해왔던 그 이외의 다른 구조적 특징들은 고세균들에도 같이 적용된다.

그 두 군의 원핵세포들 사이의 차이는 구조적 특징들보다는 생화학적 특징들에 있다. 이들은 세포막과 세포벽 모두에서의 생화학적 차이들을 포함한다. 세균과 진핵세포의 막은 매우 유사한 생화학적 구성성분들을 갖지만, 고세균 막에 존재하는 지질은 뚜렷한 구조를 갖는다. 이러한 구조들은 고세균 지질에 더 큰 정도의 열 안정성을 제공하여, 일부 종들로 하여금 온천과 같은 극한 환경에서 살 수 있도록 해 주는 인자들 중의 하나가 될 수 있다. 고세균의 세포벽은 세균 내 세포벽에서 주요 구성성분인 펩티도글리칸을 함유하지 않기 때문에도 구별된다. 대부분의 고세균에서, 동등한 생체분자는 **슈도뮤레인(pseudomurein)**인데, 이 또한 하나의 변형된 다당류이지만 약간 다른 화학적 구조를 갖는다. 마지막으로, 고세균의 편모는 다른 단백질들로 구성되며 하나의 다른 방식으로 조립된다.

Box 2.4 미생물체

사람의 장에 존재하는 고세균들은 인간 미생물체로 불리는 세균, 고세균 및 곰팡이로 구성된 더 넓은 지역사회의 구성원들이다. 이들은 인체의 표면 또는 내부에 사는 **미생물체(microbiome)**들이다. 미생물체는 1000종 이상을 구성하며 총 체중의 3%까지 기여한다. 대부분의 종들은 무해하며, 병원성 세균들은 개인이 특정 감염을 가질 때에만 미생물체에 중요한 기여를 한다. 그러나 미생물체는 건강한 개인에서는 무해하지만 질병 동안 또는 면역체계가 충분히 효과적으로 작동하지 않을 때 감염을 일으킬 수 있는 세균들인 기회감염병원체 종들의 다수를 포함한다.

수년 동안, 미생물체는 중요하지 않은 것으로 간주되었지만, 증가하는 증거들은 최소한 일부의 종들이 그들의 숙주를 위한 유용한 활동을 수행하는 것으로 제시하고 있다. 소화관에서, 세균은 일부 유형들의 탄수화물을 장 세포들에 의해 더 소화될 수 있는 대사산물들로 분해하는 것으로 여겨진다. 세균 활동이 없으면, 인간숙주는 이들 탄수화물을 영양소로 사용할 수 없을 것이다. 오늘날, 인간 미생물체는 존재하는 종들을 목록화하고, 이들이 다른 사람들과 세상의 다른 곳에서 어떻게 다른지를 도표화하며, 미생물체가 인간의 건강에 어떻게 영향을 미치는지를 이해하기 위한 목표로 집중적으로 연구되고 있다.

그러한 것들은 세균과 고세균의 생화학들 사이에 주된 차이점이다. DNA 복제와 유전자 발현의 과정들을 조사하면, 다른 차이점들이 분명해진다. 고세균의 DNA 복제는 세균보다 진핵세포에서의 것들과 더 유사한 일련의 사건들에 의해 일어나며, 유전자 발현 경로의 일부 단계들에 대해서도 동일하다. 따라서 미생물학자들로 하여금 처음에 고세균과 세균을 서로 밀접히 연관된 것으로 바라보게 했던 유사한 세포구조에도 불구하고, 기저에 있는 생화학적 및 유전적 특징들은 그 두 군의 원핵세포들이 사실상 매우 다른 유형들의 생물체임을 분명히 한다.

2.1.3 진핵생물

전형적인 진핵세포의 특징을 정의하는 것은 더욱 어려운데, 대부분의 다세포 생물체들에서의 개별 세포들이 특별한 구조적 해부에 의해 반영되는 특이적인 기능들을 가지기 때문이다. 예를 들어, 성인에 존재하는 10^{13}개의 세포들은 400가지 이상의 특이적 유형들로 이루어져 있다. 우리는 심지어 크기와 같은 기본적인 특징을 고려할 때에도 조심스러워야 하지만, 대부분의 진핵세포가 원핵세포 보다 더 크며 대다수는 10에서 100 μm 범위의 직경을 가진다는 사실은 일반적으로 옳다. 10 μm로부터 100 μm로의 구형의 직경증가는 부피에 있어서 100배의 증가를 초래하기 때문에, 가장 큰 진핵세포는 평균적인 세균보다 상당히 더 크다.

진핵세포는 복잡한 구성을 가진다

모든 진핵세포는 하나의 막에 의해 둘러싸여 있으며, 식물, 곰팡이 및 조류들 또한 하나의 세포벽을 가지고 있다. 식물세포벽은 다당류와 무관한 하나의 강하고 교차연결된 중합체인 리그닌을 함유하는 하나의 추가적인 내부층과 함께, 셀룰로오스, 헤미셀룰로오스 및 펙틴을 포함한 다양한 다당류들로 구성된 하나의 복잡한 구조이다. 식물의 특징적인 견고한 구조를 제공하는 것은 세포벽의 단단함이다. 곰팡이의 세포벽은 다른 유형들의 다당류로 이루어진 동일하게 복잡한 구조인데, 그들 중의 하나는 키틴으로 곤충의 외골격에도 존재한다. 대부분의 조류 세포벽 역시 다당류로 이루어져 있지만, 규조류의 세포벽은 다르다. 이 단세포 생물체들은 규소로 이루어진 세포벽을 가지고 있기 때문에, 생체분자보다는 무기물 기반이다.

전자현미경으로 진핵세포를 관찰할 때, 원핵세포와 비교하여 가장 분명한 차이는 집합적으로 **소기관(organelle)**들로 불리는 다양한 구조들로 구성된 하나의 내부구성의 존재이다(그림 2.1 참조). 대부분의 소기관들은 하나의 막에 의해 둘러싸여 있으며, 일부는 다른 막 안쪽에 하나로 된 두 개의 막들로 둘러싸여 있고, 만일 세포가 조심스럽게 파괴되어 열린다면 다수가 손상되지 않고 회복될 수 있다. 세포 내에는 각각 자신의 기능을 가진 다수의 다른 유형들의 소기관이 존재한다(**그림 2.7**). 이러한 기능들의 일부는 매우 특화되어 있으며, 그들을 수행하는 소기관들

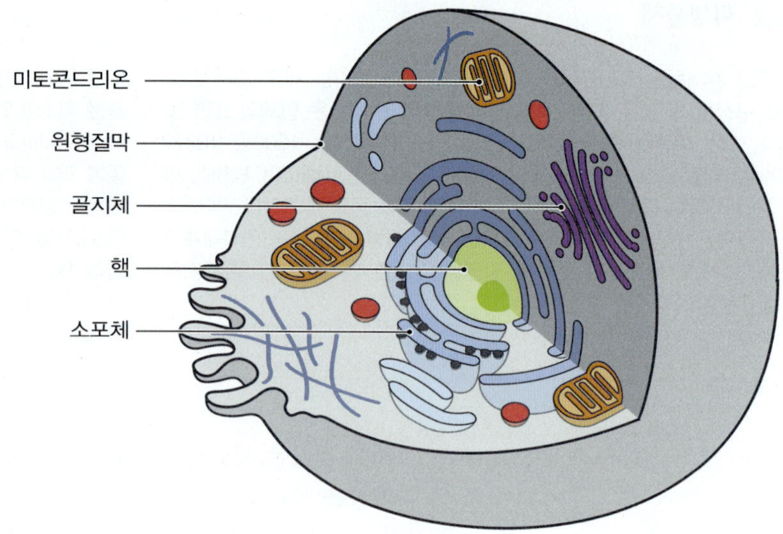

그림 2.7 **중요한 소기관들을 보여주는 동물세포**

은 단지 특정한 유형들의 세포에만 존재한다. 다른 소기관들은 모든 또는 대부분의 세포들에 의해 필요한 기능들을 갖는다. 이들 소기관 중 가장 중요한 것은 세포의 DNA 대부분을 함유하는 **핵**, 에너지를 발생시키는 **미토콘드리아(mitochondria)**(단수는 **미토콘드리온**), **골지체** 및 **소포체(endoplasmic reticulum)**, 그리고 식물에서 광합성을 수행하는 **엽록체(chloroplast)**들이다. 다음에서 이들 중요한 유형들의 소기관에 대한 구조와 활동을 살펴볼 것이다.

세포핵은 DNA를 함유한다

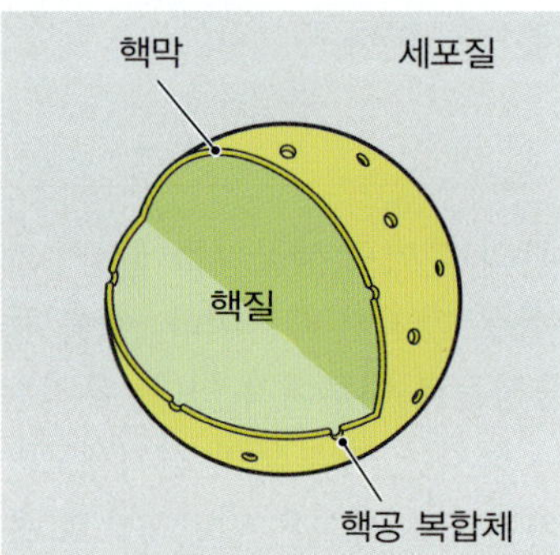

그림 2.8 **세포핵**

핵은 대부분의 진핵세포에서 가장 큰 소기관으로, 세포부피의 1/10을 차지한다. 핵은 하나의 **이중막(double membrane)**인 **핵막(nuclear envelope)**에 의해 둘러싸여 있으며, 이 두 개의 막은 다른 막 안쪽에 하나가 존재하는 것이다. 피막은 핵 외부의 세포질과 그 내부의 **핵질(nucleoplasm)**을 연결하는 작은 통로인 **핵공복합체(pore complex)**들로 점점이 찍혀 있다(그림 2.8).

어떻게 DNA 분자가 하나의 염색체 안으로 응축되는지에 관한 자세한 내용은 **4.2절**을 참고하라.

핵은 세포 DNA의 대부분을 함유한다. 원핵세포에서와 마찬가지로, 이들 DNA 분자의 각각은 세포의 직경보다 훨씬 더 길기 때문에, 핵 내부에 들어맞기 위해서는 단백질에 결합하여 포장되어야 한다. 진핵세포에서, 포장 단백질은 **히스톤(histone)**으로 불리며, 단백질들과 하나의 단일 DNA 사이의 복합체는 하나의 **염색체(chromosome)**를 구성한다. 세포가 분열하지 않는

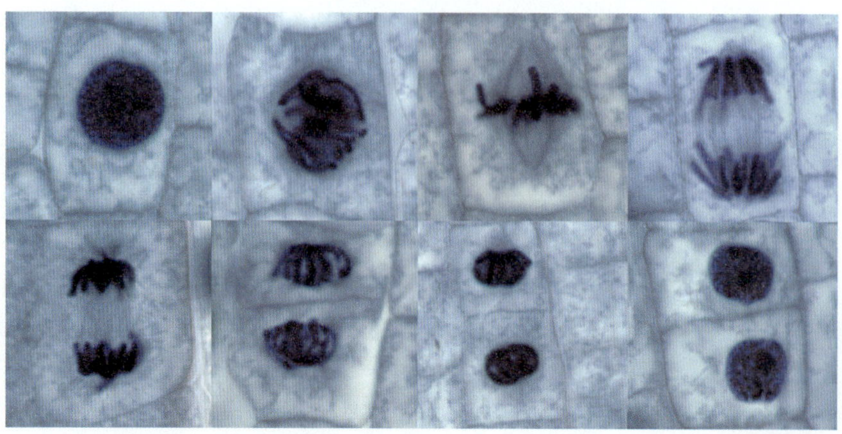

그림 2.9 **염색체가 보이는 분열하는 세포**
세포분열(유사분열)을 하고 있는 양파(*Allium* sp.)로부터 유래한 뿌리 첨단 부위 세포들의 광학현미경 사진.
Science Photo Library(Steve Gschmeissner)로부터 허락을 받아 복사됨.

한, 염색체는 단순히 하나의 무형의 덩어리로 보이며, 비록 염색체가 **염색체 영역(chromosome territory)**들로 불리는 핵 내부에 자신의 특정한 지역들을 차지하고 있는 것으로 알려져 있지만, 개별적인 염색체들은 구별될 수 없다. 세포가 분열할 때에는, 염색체가 더욱 압축되어 광학현미경으로도 관찰될 수 있다(**그림 2.9**).

다른 염색체들의 수, 따라서 다른 DNA 분자들의 수는 각 종들의 특징이지만 그 생물체의 생물학적 특징과는 무관하다(**표 2.1**). 일부 단세포 진핵생물은 16개를 갖고 있는 효모인 *Saccharomyces cerevisiae*와 같이 다수의 다른 염색체들을 갖지만, 일부 다세포 생물체들은 비교적 소수의 염색체를 가진다. 개미 *Myrmecia pilosula*는 단지 하나의 염색체만을 갖고 있으며 인디언 문착사슴은 단지 4개의 다른 염색체만을 가진다. 사람은 24개의 염색체를 가진다(표 2.1 참조). 이들 DNA 분자들의 각각은 다르다—각각은 다른 세트의 유전자들을 가지고 있다. 함께 그들은 생물체의 **유전체(genome)**를 구성한다.

표 2.1 다양한 진핵세포에 대한 염색체의 수

주어진 수는 각 종에 대한 다른 염색체들의 수이다. 예로 사람에서는 염색체 1~22와 X, Y 성염색체.

종	생물체의 유형	염색체의 수
Saccharomyces cerevisiae	효모	16
Myrmecia pilosula	개미	1
Agrodiaetus shahrami	나비	135
Gallus gallus	닭	40
Arabidopsis thaliana	식물	5
Muntiacus muntjak	사슴	4
Pan troglodytes	침팬지	25
Homo sapiens	사람	24

핵은 세포의 DNA를 위한 저장고일 뿐만 아니라, 유전자 발현의 첫 단계 동안 DNA 분자 내 유전자들이 RNA로 복사되는 소기관이다. 이 복사과정은 **전사(transcription)**로 불리며, 특정 유전자들에 대한 복사는 **인(nucleoli)**(단수는 **nucleolus**)으로 불리는 핵의 뚜렷한 부위들에서 일어난다. 전자현미경 사진에서, 이들은 어두운 부위들로 나타나는데(**그림 2.10**), 이는 더 높은 배율로 확대해 관찰할 때 하나의 미소섬유 구조를 가진 것으로 발견된다. 또한 주의깊은 관찰은 때때로 핵 내부에서 카잘몸체, 보석 그리고 반점들과 같이 주어진 이름들의 추가적인 작은 구조들을 드러낼 수 있다. 이들 소체의 대부분은 전사 또는 RNA 분자가 핵으로부터 빠져나와 유전자 발현의 두 번째 단계인 단백질 합성이 일어나는 장소인 세포질로 들어가기 전 이들에 대한 구조적 변형을 하는 데 관여한다.

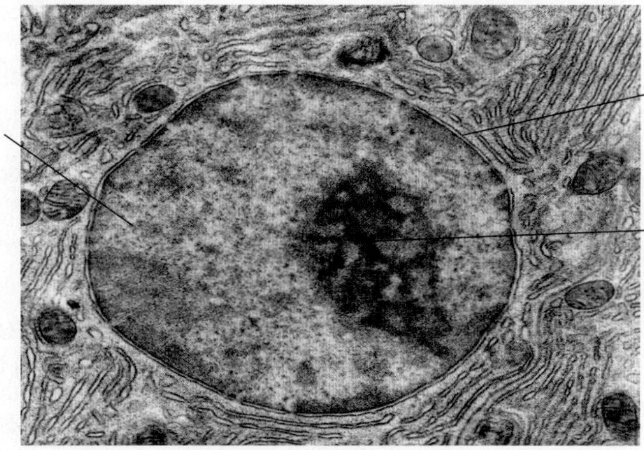

그림 2.10 인을 보여주는 동물세포 핵의 투사전자현미경 사진

박쥐 *Myotis lucifugus*의 췌장으로부터 유래한 선포세포의 핵.
Science Photo Library(Don Fawcett)로부터 허가를 받아 복사됨.

미토콘드리아는 세포의 에너지를 생성하는 동력실이다

진핵세포의 전자현미경적 사진을 관찰할 때, 미토콘드리아는 핵 다음으로 가장 뚜렷한 소기관이다(그림 2.1 참조). 미토콘드리아는 막대형 구조로, 약 1.0 μm의 직경과 2.0 μm의 길이를 가진다. 미토콘드리아 수는 세포에 따라 다르다. 일부의 단세포 진핵생물은 단지 하나의 미토콘드리온을 갖지만, 대부분의 동물세포들은 500~2,000개를 가져 총 세포부피의 약 20%를 차지한다.

각 미토콘드리온은 두 개의 막을 가진다(그림 2.11). **미토콘드리아 외막(outer mitochondrial membrane)**은 소기관의 외부표면을 형성하며 구조에 막대 모양을 제공한다. **미토콘드리아 내막(inner mitochondrial membrane)**은 안으로 접혀 **크리스테(cristae)**를 형성하는데, 이는 단면에서 얇은 손가락들처럼 보이지만 실제로는 판모양의 구조로서 미토콘드리아의 큰 부분을 채운다. 두 막 사이의 부분은 **막사이공간(intermembrane space)**으로 불리며 내막에 의해 둘러싸인 중심부위는 **미토콘드리아 기질(mitochondrial matrix)**로 불린다.

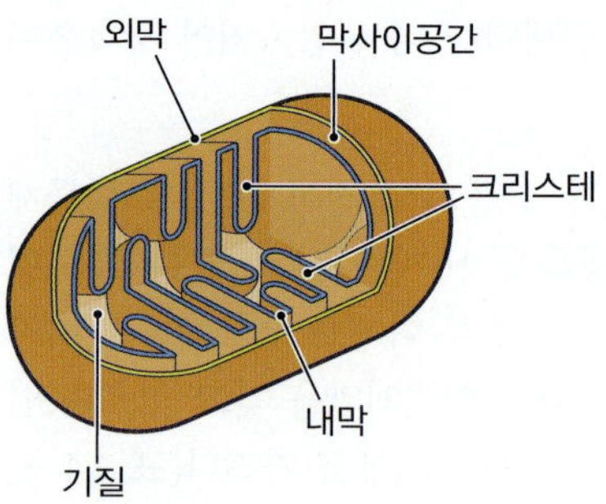

그림 2.11 미토콘드리온

미토콘드리아 내 에너지 생산에 관여하는 생화학적 사건들은 9장에 기술되어 있다.

ATP와 다른 에너지 운반분자들에 대한 정보를 위해서는 **8.1절**을 참고하라.

미토콘드리아의 주된 기능은 세포를 위해 에너지를 생성하는 것이다. 미토콘드리아 내에서 일어나는 생화학적 반응들은 산소를 소비하고 이산화탄소를 생성하기 때문에 **세포호흡(cellular respiration)**으로 일컬어진다. 그들은 또한 세포를 위한 주된 에너지 저장원인 **아데노신 5′-삼인산(adenosine 5′-triphosphate, ATP)**의 합성을 초래한다. ATP의 합성은 에너지를 가두고 이는 이후 이 화합물이 다시 분해될 때 방출될 수 있다. 따라서 미토콘드리아에서 생성된 에너지는 ATP로 저장되고, 에너지가 방출되어 생화학적 반응들을 추진하기 위해 사용되는 세포의 다른 부위들로 운반될 수 있다.

ATP 합성을 초래하는 반응들은 미토콘드리아 내막에 박혀 있는 단백질들을 포함하며, ATP는 초기에 미토콘드리아 기질로 방출된다. 크리스테로의 내막 함몰은 내막의 표면적을 증가시켜 ATP 합성을 위한 능력을 증가시킨다. 이것은 에너지 생산에 대한 가장 큰 요구성을 갖는 세포들은 가장 큰 수의 미토콘드리아를 가질 뿐만 아니라 가장 밀도있게 포장된 크리스테를 가진 미토콘드리아를 가진다는 것을 의미한다. 예를 들어, 사람의 간세포에서 미토콘드리아 내막의 표면적은 외막 표면적의 약 5배이다.

우리가 고려해야 할 미토콘드리아에 대한 한 가지 마지막 측면이 있다. 각 미토콘드리온은 세

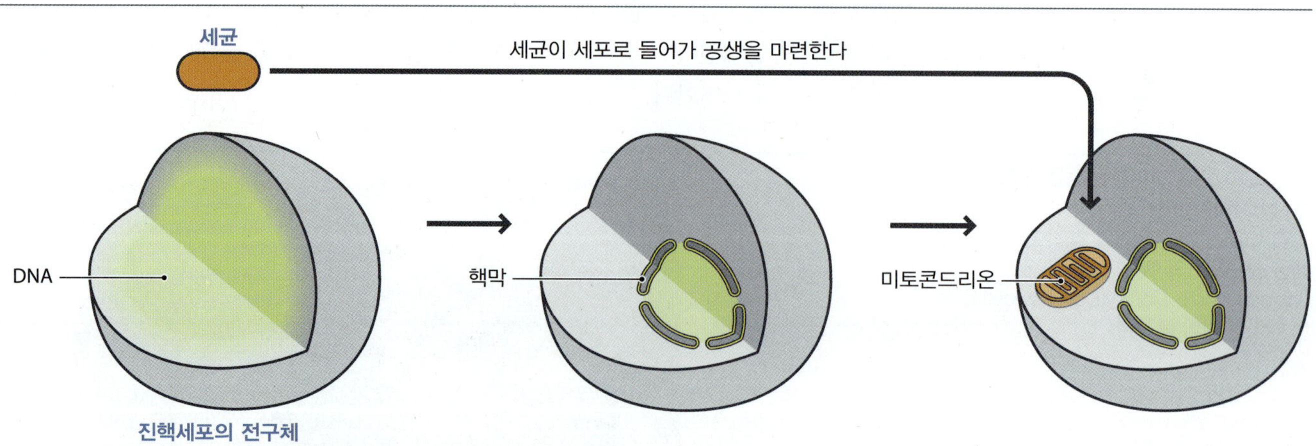

그림 2.12 미토콘드리아의 기원에 대한 세포공생기원설
그 이론은 진화의 한 초기 단계에서, 진핵세포의 전구체가 DNA가 함유되는 하나의 핵을 개발했다고 제안한다. 그 세포는 이후 하나의 독립생활을 하는 세균을 포식하여, 하나의 공생을 마련하였다. 다수의 세포분열 이후, 그 세균의 후손은 우리가 지금 미토콘드리아로 알고 있는 것으로 진화하였다.

포핵 내 염색체에 존재하지 않는 한 세트의 유전자들을 보유하는 다수 복사본의 한 작은 DNA 분자를 함유한다. 유전자들의 수는 아주 적어 핵 내의 45,500개와 비교하여 사람 미토콘드리아 DNA는 단지 37개이지만, ATP 생성에 관여하는 일부 중요한 단백질들을 특정한다. 미토콘드리아 내 DNA의 존재는 이들 소기관이 진화의 가장 초기 단계 동안 진핵세포의 전구체와 하나의 공생적 관계를 형성했던 독립생활을 하는 세균의 유물이라는 제안을 하게 하였다(**그림 2.12**). 이 **세포공생기원설(endosymbiont theory)**에 대한 지지는 미토콘드리아에서 보이는 것들보다 덜 진보한 내부공생의 단계들을 나타내는 것으로 보이는 생물체들의 발견으로부터 왔다. 한 예는 *Pelomyxa*인데, 이는 미토콘드리아가 결핍되어 있지만 대신 공생세균을 함유하는 한 유형의 아메바로서, 세균이 아메바에 에너지를 공급한다는 것이 결코 확실하지는 않다.

광합성은 엽록체에서 일어난다

10장에서 광합성을 배울 것이다.

식물의 가장 독특한 생화학적 특징은 **광합성(photosynthesize)** 능력이다. 이것은 햇빛을 녹말과 같은 탄수화물에 저장되는 화학적 에너지로 전환하는 것이다. 식물에서, 광합성은 **엽록체(chloroplast)**로 불리는 특별한 소기관에서 일어난다(**그림 2.13**).

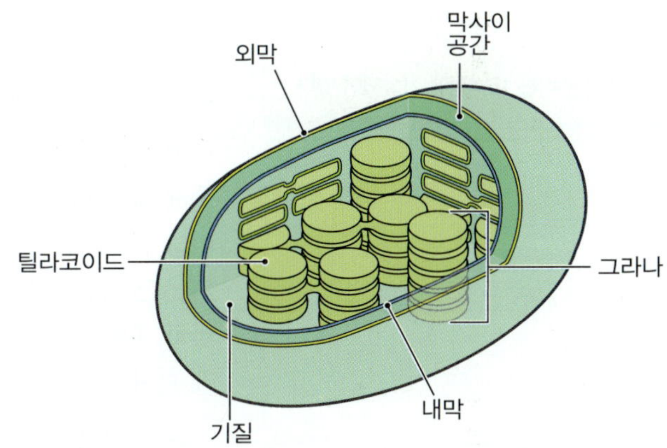

그림 2.13 엽록체

엽록체는 미토콘드리아보다 더 커, 약 2.5 μm의 직경과 5.0 μm의 길이를 가지며, 수는 더 적어 하나의 단일세포 내 100개 이상이 되는 경우가 거의 없다. 미토콘드리아처럼, 엽록체는 내막과 외막 그리고 기질로 불리는 하나의 내부 공간인 **스트로마(stroma)**를 가진다. 미토콘드리아와는 달리, 기질 내에 **틸라코이드(thylakoid)**로 불리는 상호 연결되는 구조를 형성하는 하나의 세 번째 막 체계가 있는데, 이는 접시더미처럼 서로 포개져 **그라나(grana)**로 불리는 구조를 형성한다. 틸라코이드는 실제로 광합성이 일어나는 부위이다. 틸라코이드는 흡수된 에너지를 ATP로 전환하는 다양한 단백질들과 함께 태양광을 흡수하는 **엽록소(chlorophyll)**와 같은 색소를 함유한다.

엽록체는 다른 방식에서 미토콘드리아와 유사하다. 또한 엽록체는 보통 200개 남짓의 유전자를 가지는 DNA 분자를 가지며, 한때 독립생활을 하는 세균이었던 것으로 생각된다. 엽록체를 초래했던 내부공생에서의 한 초기 단계는 원생동물인 *Cyanophora paradoxa*에 의해 제시될 수 있는데, 시아넬라로 불리는 그 광합성 구조는 엽록체와는 다르고 대신 박테리아와 유사하다. 이것은 우리에게 식물이 광합성을 할 수 있는 유일한 생물체가 아니라는 사실을 일깨워 준다. 여러 유형의 원핵생물은 광합성을 수행할 수 있다. 이들은 **남세균(cyanobacteria)**을 포함하는데, 이는 식물세포의 틸라코이드와 유사한 하나의 접혀진 막구조 위에 존재하는 피코시아닌으로 불리는 하나의 푸른색을 흡수하는 색소를 함유한다. *Cyanophora*의 시아넬라는 섭취된 남세균일 가능성이 충분히 있다. 진핵생물인 조류(algae)는 식물과 유사한 방식으로 광합성을 한다. 이들은 엽록체와 엽록소를 함유하며, 때로는 세포를 붉게 보이게 하는 추가적인 색소들을 갖기도 한다.

골지체와 소포체는 단백질 처리와 분비에 관여한다

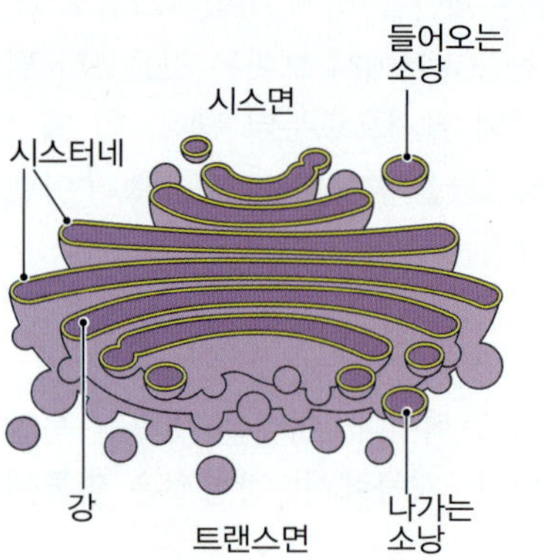

그림 2.14 **골지체**

골지체는 진핵세포의 전자현미경 사진에서 **시스터네(cisternae)**로 불리는 막성 접시들의 더미들처럼 보인다(그림 2.14). 동물세포는 전형적으로 약 50개의 더미들을 가지며, 각 더미는 5~10개의 시스터네를 갖는다. 종종 전자현미경 사진에서, 하나의 더미는 소낭으로 불리는 작은 막결합 구에 의해 둘러싸여 있다. 살아 있는 세포에서, 이들 소낭은 시스면으로 불리는 더미의 한쪽에서 시스터네와 계속 융합하고, 트랜스면인 반대편 쪽에서 시스터네로부터 분리되어 발아한다. 더미와 융합하는 소낭들은 시스터네로부터 시스터네로 운반되어 점진적으로 더미를 통과하는 새롭게 합성된 단백질들을 운반한다. 더미를 통한 운반 동안, 단백질들은 새로운 생화학적 기의 부착으로 변형된다. 많은 단백질들은 **글리코실화(glycosylation)**로 불리는 한 과정으로 첨가된 짧은 사슬들의 당을 가진다. 그 결과로 생기는 단백질-당 혼합물은 **당단백질(glycoprotein)**로 불린다. 이러한 분자들은 골지더미에서 처리된 많은 다른 단백질들과 함께 세포에 의해 분비된다. 당단백질이 더미의 트랜스면에 도달할 때, 세포의 가장자리로 이동하여 세포막과 융합하는 소낭으로 들어가, 내용물이 세포의 바깥공간으로 운반된다.

단백질 분비는 **16.4절**에 기술되어 있다.

일부 분비된 단백질들은 세포바깥 공간에 머물러 **세포외기질(extracellular matrix)**을 형성한다. 이것은 조직에 구조를 제공하고 세포들 사이에 신호를 운반하는 하나의 섬유성 망이다. 다른 단백질들은 그들이 만들어진 세포로부터 멀리 이동한다. 하나의 예는 펩신으로, 이는 위 내벽의 **주세포(chief cell)**로부터 만들어져 위로 분비되어 동물이 섭취한 음식물에서 단백질을 분해한다. 이들 분비되는 단백질뿐만 아니라, 골지체는 또한 원형질막을 통과하기보다는 그곳 안으로 주입되는 단백질들을 처리한다. 세포막 단백질의 일부는 세포의 안과 밖으로 작은 분자들의 운반을 돕고, 다른 단백질들은 세포표면 수용체들로 작용하여 세포로 하여금 외부신호에 반응할 수 있게 한다.

골지더미의 시스면과 융합하는 것들인 원래의 단백질-함유 소낭들은 어디서 오는가? 그 답은 단백질이 합성되는 장소인 **조면소포체(rough endoplasmic reticulum)**이다(그림 2.15). 조면소포체는 전체 세포에 만연한 막성 덮개로 이루어진 하나의 광범위한 망이다. '조면(과립)'이란 말은 덮개의 바깥표면에 있는 **리보솜(ribosome)**으로 불리는 작은 구조들의 존재로부터 유래한다. 리보솜은 소포체 안에 놓이는 단백질을 만든다. 소낭은 소포체로부터 떨어져 발아하여 골지체로 단백질을 운반한다. 또한 **활면소포체(smooth endoplasmic reticulum)**가 존재하는데, 이는 접시보다 더욱 관처럼 보이며 이름이 의미하듯이, 어떠한 부착된 리보솜도 가지고 있지 않다. 활면소포체는 단백질 합성에 관여하지 않으며, 대신 일부 유형의 지질의 합성과 저장을 포함하는 다양한 역할을 한다.

그림 2.15 **조면소포체**

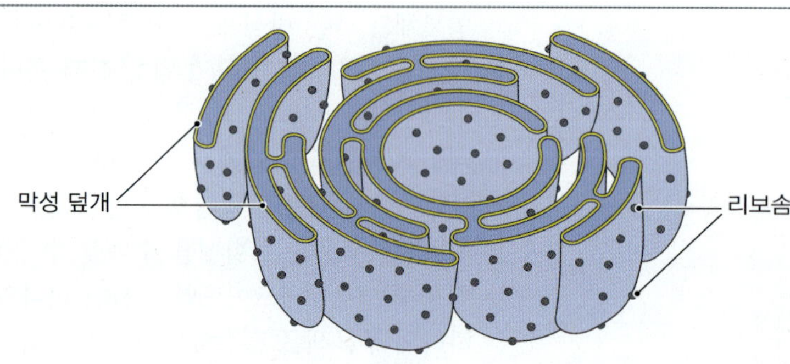

2.1.4 바이러스는 어떨까?

이 장의 앞에서, 모든 살아 있는 생물체들은 세포로 구성되어 있다고 진술하였다. 이는 만일 바이러스가 살아 있지 않다는 입장을 취한다면 사실이다. 대부분의 생물학자들은 이 입장에 동의할 것인데, 부분적으로는 바이러스가 세포로 이루어져 있지 않기 때문이지만, 주된 이유는 바이러스 생활사의 성질 때문이다. 바이러스는 가장 극단적인 종류의 절대기생생물이다. 바이러스는 단지 숙주세포를 감염시킴으로써만 번식할 수 있으며, 자기의 복제주기를 완성하기 위해서 숙주 생체 분자들의 다수를 이용한다. 이러한 이유로 인하여, 대부분의 바이러스는 특별한 숙주 종에 대하여 매우 특이적인데, 이는 바이러스가 어떤 다른 유형의 생물체로부터 생체분자를 사용할 수 없기 때문이다. 바이러스는 HIV/AIDS(인간면역결핍바이러스 감염/후천성면역결핍증후군), 일부 유형의 암, 그리고 흔한 감기와 같은 다수의 질병에 관여하기 때문에, 생물학에서 중요하다. 그러므로 우리는 바이러스의 구조와 다른 핵심적인 특징들에 대해 익숙해져야 한다.

바이러스는 두 가지 구성성분인 단백질과 핵산으로부터 주로 구성된다. 바이러스는 안에 유전자들을 갖고 있는 핵산이 함유된 피복 또는 **캡시드(capsid)**를 형성한다. 핵산은 생물체에서 종종 DNA이지만, 일부 바이러스에서는 RNA이다.

세 가지 흔한 캡시드 구조가 있다(**그림 2.16**).

- **정이십면체(icosahedral)**, 여기에서는 개별 단백질 소단위들(**프로토머, protomer**)이 핵산을 둘러싸는 하나의 3차원 기하학적 구조로 배열되어 있다. 그 이름에도 불구하고, 이 유형의 많은 바이러스들은 캡시드 내 다수의 프로토머는 가지고 있어 구형으로 보인다. 정이십면체 바이러스의 예로는 헤르페스와 소아마비 바이러스를 들 수 있다.
- **미세섬유상(filamentous)**, 여기에서는 프로토머가 하나의 나선으로 배열되어 막대모양의 구조를 생성한다. 담배모자이크 바이러스가 하나의 예이다.
- **머리와 꼬리(head-and-tail)**, 이는 박테리아를 감염시키는 바이러스인 **박테리오파지(bacteriophage)**에서만 발견된다. 이 구조는 핵산을 함유하는 하나의 정이십면체 머리와 세균 안으로 핵산의 진입을 촉진하는 하나의 미세섬유상 꼬리로 구성된다. 대장균 박테리오파지 T4가 소유하는 '다리'와 같이 다른 성분들도 존재할 수 있다.

일부의 진핵생물 바이러스에서, 캡시드는 새로운 바이러스 입자가 세포를 떠날 때 숙주로부터 유래되고, 바이러스-특이적 단백질들의 주입에 의해 변형되는 하나의 막에 의해 둘러싸여 있다.

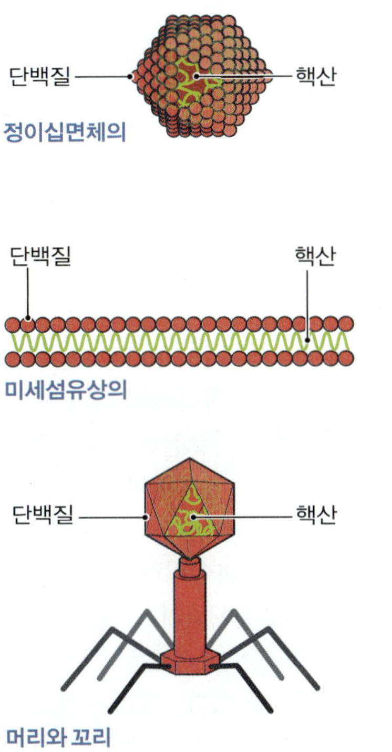

그림 2.16 바이러스 캡시드 구조의 세 가지 흔한 유형

Box 2.5 감염성 입자들의 특별한 유형

바이러스만이 유일한 유형의 비세포 감염성 입자는 아니다. 생물학자들은 4가지 유형의 **소바이러스 입자(subviral particle)**들을 인식하고 있다:

- **위성 RNA 바이러스(satellite RNA virus)**와 **바이루소이드(virusoid)**는 짧은 RNA 분자들이다. 이것들은 어떠한 캡시드 단백질들을 만들기 위한 유전자들을 갖고 있지 않으며, 대신 보조바이러스의 캡시드 내에서 세포와 세포를 이동한다. 위성 RNA 바이러스는 보조 바이러스의 유전체와 함께 캡시드를 공유하는 반면, 바이루소이드 RNA 분자는 그 자체의 캡시드 안에 싸이게 된다. 이것들은 주로 식물에서 발견된다.
- **바이로이드(viroid)**는 어떠한 유전자도 함유하지 않는 작은 RNA 분자들이다. 바이로이드는 캡시드에 싸여 있지 않으며, 맨 DNA 상태로 숙주세포들 사이에서 퍼져나간다. 이것들도 주로 식물에서 발견된다.
- **프리온(prion)**은 오로지 단백질만으로 구성된 감염성 질병-유발 입자들이다. 이것은 양과 염소에서 스크레피, 그리고 사람에서 크루츠펠트–야곱병을 유발한다. 프리온 단백질은 두 가지 형태로 존재한다. 그 기능이 알려져 있지 않지만, 정상적인 형태는 포유동물의 뇌에서 발견된다. 감염성 형태는 약간 다른 구조를 갖고, 감염된 조직에서 보이는 미세섬유성 집합체를 형성한다. 일단 세포 내로 들어오면, 감염성 분자는 정상적인 단백질들을 감염성 형태로 전환할 수 있다. 따라서 하나 또는 그 이상의 감염성 단백질을 새로운 동물로 전달하면, 뇌에서 추가적인 감염성 단백질들의 축적을 초래하여 질병을 전파하게 된다.

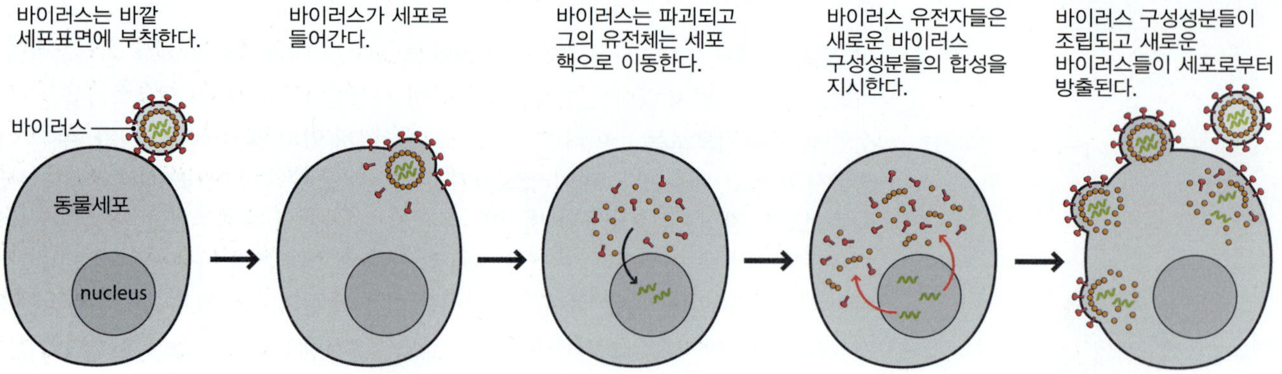

그림 2.17 전형적인 바이러스 생활주기
이 예시에서는, 감염을 일으키는 바이러스가 세포로 들어간다. 다른 바이러스들은 세포막을 가로질러 DNA 또는 RNA를 주입한다.

바이러스는 세포보다 훨씬 더 작아, 대부분의 정이십면체 바이러스의 직경은 20~25 nm이다. 바이러스 생활주기는 다른 유형들이 존재하지만, 기본적인 전략은 모두 동일하다(**그림 2.17**). 바이러스는 세포 바깥표면에 부착하여 그 자체가 세포로 들어가거나 세포막을 가로질러 DNA 또는 RNA 유전체를 전달한다. 바이러스 유전자들은 즉시 활성화되어, 바이러스 유전체와 캡시드 단백질들의 복사본을 만들어 그들로부터 새로운 바이러스들이 조립될 수 있도록 하기 위하여, 숙주세포의 DNA 복제와 단백질 합성 과정들을 와해시킬 수 있다. 이 새로운 바이러스들은 세포로부터 방출되어, 세포를 파열시키고, 다른 세포들을 감염시키기 위해 계속 진행한다. 그렇지 않으면, 바이러스 유전체는 하나의 독립된 DNA 또는 RNA 분자로 혹은 숙주의 염색체들 중의 하나에 주입되어, 일정 기간 동안, 가능하게는 수년간, 세포 내에 남아 있을 수 있다. 세포는 계속적으로 새로운 바이러스들을 만들도록 강요될 수 있거나, 바이러스가 갑자기 감염주기를 재개하여 새로운 조의 바이러스들을 만들 때까지 완전히 휴지상태로 있을 수 있다.

2.2 생명의 진화와 통일성

모든 살아 있는 생물체들은 광대한 다양성에도 불구하고, 세포들의 구조에 기초하여 두 군으로 나뉠 수 있다는 사실을 보아왔다. 그러나 원핵생물과 진핵생물을 더 가까이 관찰하면, 특히 생화학을 조사할 때, 두 유형의 생물체 모두가 동일한 일반적 계획에 따라 만들어졌음을 보게 된다. 세포수준에서처럼, 분자수준에서도 원핵생물과 진핵생물을 구별짓는 분명한 특징들이 있지만, 기본적인 설계는 같다. 모든 살아 있는 생물체들은 유전정보를 저장하기 위하여 DNA를 사용하고, 그 정보는 유전자들로 조직화되어 있으며 매우 유사한 방식으로 세포에 의해 해독된다. 에너지가 생성되는 과정들은 단백질, 핵산, 지방 및 탄수화물의 합성을 위한 경로들과 마찬가지로, 매우 유사하다. 심지어 고세균의 독특한 특징들도 단지 동일한 계획의 변형들이다.

모든 살아 있는 생물체들에 의해 공유되는 근본적인 유사성들은 생물학자들에게 두 가지를 말해준다. 첫째, 모든 생명체는 하나의 동일한 기원으로부터 내려왔다. 둘째, 그 기원 이후, 진화적 과정들이 종의 다양성을 초래해 왔다. 생화학을 향한 생물학적 맥락에서 완성하기 위하여, 생명의 기원과 그의 뒤따르는 진화를 살펴볼 것이다.

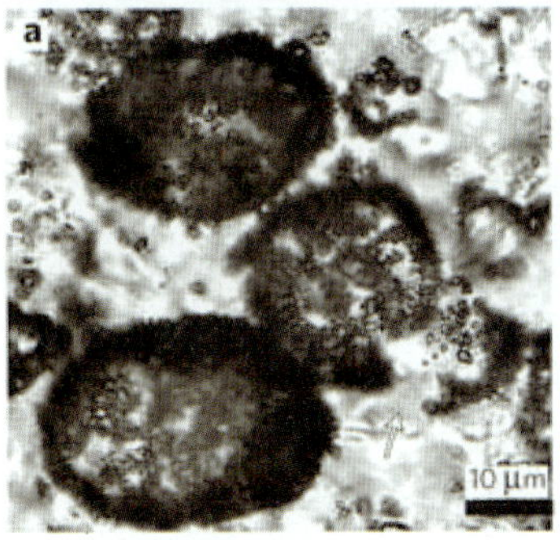

그림 2.18 가장 초기의 알려진 화석
가장 초기 원핵세포들 중의 일부의 잔여물인 것으로 생각되는 이들 미화석은 호주 서쪽의 34억 년 된 바위들에서 발견되었다. Macmillan 출판사로부터 허락을 받고 복사된 사진: Wacey 등. (2011) 호주 서쪽의 34억 년 된 바위들 내 황을 대사하는 세포들의 미화석들. *Nature Geoscience*, **4**:698.

2.2.1 생명은 40억 년 전에 시작되었다

우주학 이론에 따르면, 우리가 알고 있는 우주는 약 137억 년 된 것으로 생각되고 있다. 처음에, 우주는 하나의 형체가 없는 팽창하는 기체구름 이상의 어떤 것도 아니었지만, 약 40억 년이 지난 이후, 은하계가 형성되기 시작하였다. 그러한 은하계 내에서, 기체들이 응축되어 별과 행성을 형성하였다. 태양과 태양계는 이러한 방식으로 약 46억 년 전에 시작되었다.

처음에 지구는 물에 덮여 있었고, 첫 번째 땅 덩어리는 또 다른 10억 년 동안 나타나지 않았다. 이 시기 동안, 첫 번째 세포가 그 행성의 바다에서 발달하였다. 우리는 이러한 추측이 맞을 것으로 믿고 있는데, 이는 세균을 닮은 구조들의 아주 작은 미화석들이 호주에서 유래한 34억 년 된 바위에서 발견되었기 때문이다(**그림 2.18**). 바위 내 자연적인 현미경적 특징을 한 세포의 화석화된 잔존물로 오인하기 쉽기 때문에, 매우 초기의 화석기록은 해석하기 어렵지만, 이들 및 다른 발견들은 과학자들로 하여금 살아 있는 세포들이 지구역사의 첫 10억 년 동안 진화했을 것이라는 확신을 심어주었다. 어떻게 이것이 가능할 수 있었을까?

그 답은 초기 지구의 대기의 화학적 조성에 있다. 이것은 오늘날의 대기와는 매우 달랐는데, 그 주된 이유는 산소함량이 훨씬 더 낮았으며, 첫 광합성 생물체들이 수백만 년 이후에 나타났을 때까지 실로 낮게 유지되었기 때문이다. 초기 대기에서는 아마도 메탄과 암모니아가 가장 풍부한 기체들이었으며, 바다 또한 이들 기체를 용해된 형태로 함유했을 것이다. 이러한 초기 화학적 조건들을 재창조하는 실험들은 메탄, 암모니아, 수소 및 수증기의 혼합물에서 전기적 방전이, 예를 들어 번개, 단백질이 만들어지는 단량체 단위들인 여러 가지 유형들의 아미노산의 자발적인 합성을 초래할 수 있다는 것을 보여주었다(**그림 2.19**). 시안화수소와 포름알데하이드를 포함하는 다른 생성물들도 형성되는데, 이는 더 나아가 추가적인 화학적 반응들을 시작할 수 있어, 더 많은 유형들의 아미노산들과 핵산이 만들어지는 뉴클레오타이드들의 부분들을 형성하는 퓨린과 피리미딘들을 생성할 수 있다. 당류 또한 이러한 방식으로 만들어졌을 가능성이 있다. 당류는 첫 번째 세포들에서 진화된 에너지생성경로들을 위한 기질이기 때문에 특히 중요하다.

그림 2.19 초기 대기의 화학적 조건들을 재창조하는 실험
1952년 Stanley Miller와 Harold Urey에 의해 수행된 이 실험에서, 메탄, 암모니아, 수소 및 수증기(이들 중의 마지막은 끓는 물로부터)의 혼합물이 번개를 가장하는 전기적 방전에 노출시켰다. 생성물들은 기체혼합물을 응축기를 통해 통과시켜 수집되었다. 그 결과 생긴 용액에 대한 분석은 두 아미노산들인 글리신과 알라닌의 존재를 보여주었다. 더 민감한 기술들을 사용하여, 2007년 그 용액에 대한 재분석은 20가지 이상의 아미노산들을 탐지하였다.

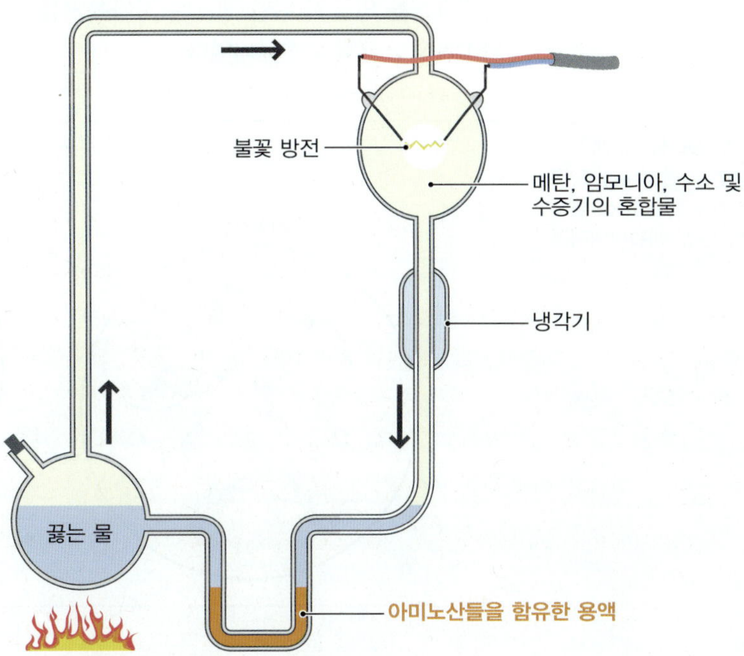

따라서 살아 있는 생물체들에서 발견되는 중합체의 생체분자들을 구성하는 화합물들의 다수는 초기 지구의 대기와 바다에서 일어나는 화학적 반응들에 의해 만들어질 수 있었을 것이다. 중합체 분자들의 조립은 바다에서 가능했거나 해저의 침전물로 흡수되었던 단량체들 사이에서 일어났을 수 있다. 후자의 이론이 매력적인데, 그 이유는 바다 자체에서 구성성분들의 농도는 매우 낮아져서, 그 분자들을 함께 가져오는 어떤 방식이 필요했을 것이기 때문이다. 고체입자들에 대한 흡수는 이것을 성취할 수 있었을 것이다(그림 2.20). 그렇지 않으면, 중합은 구름 내 물방울들의 반복적인 냉각과 건조에 의해 촉진되었을 수도 있다.

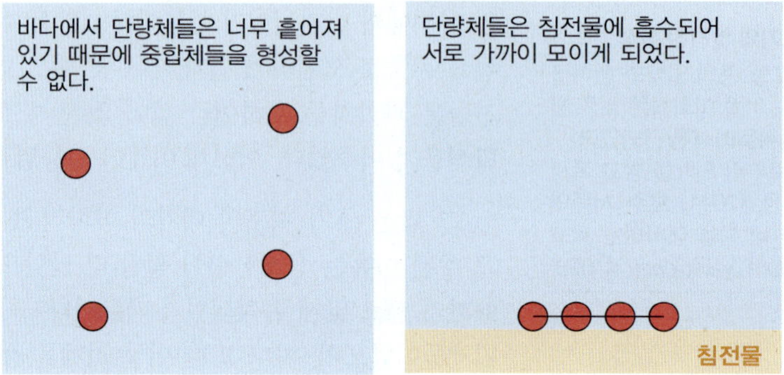

그림 2.20 초기 지구의 바다에서 생체분자들의 중합이 일어났을 수 있는 한 가지 가능한 방식

물론 중합 생체분자들의 합성은 세포생명의 진화에서 단지 첫 단계에 불과하다. 생체분자들은 지질결합 구조들 내에서 적절한 비율로 조립되어야 하며, 이 구조들은 에너지를 생산하고 번식할 수 있는 능력을 획득하여야 한다. 오늘날의 생각은 첫 번째 세포의 생화학적 체계는 지질소낭 내에 에워싸인 자가복제를 할 수 있는 RNA 분자들로 구성되었을 것이라는 사실이다. 이들 RNA 분자들은 오늘날의 세계에서 RNA의 주된 기능인 단백질 합성을 특정하는 능력을 개발해 왔을 것이다(그림 2.21). 점진적으로, 이들 초기 세포들은 에너지의 방출과 함께 당류를 분해할 수 있는 것들을 포함한 유용한 단백질들의 한 집합체를 개발해 왔을 것이다. 어떤 시점에서, 그러한 단백질들을 만들기 위한 정보는 자가복제를 할 수 있는 RNA 분자로부터 원시 유전체를 형성했던 DNA 중합체로 전달되었다.

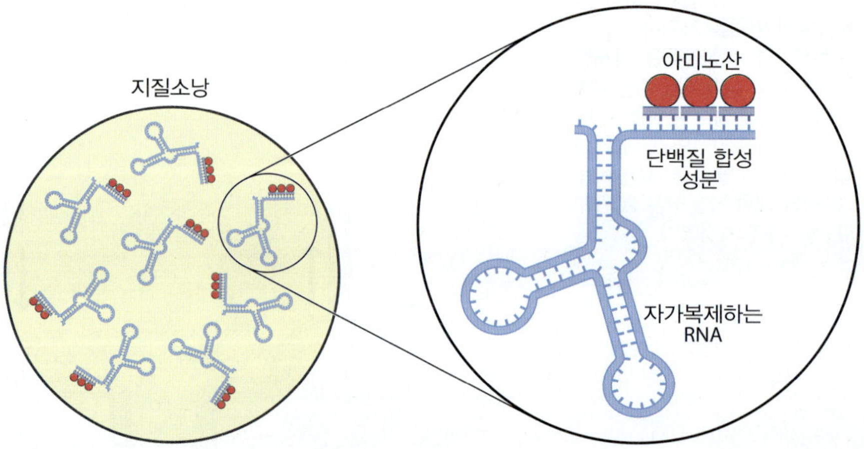

그림 2.21 초기 유형의 세포 생화학계? 아미노산들을 단백질로 중합하는 능력을 개발해 왔던 자가복제가 가능한 RNA 분자들은 하나의 지질소낭 안에 에워싸여지게 되었다.

2.2.2 35억 년의 진화

19세기 초반, 생물학자들은 점점 다른 동물들의 체제 사이의 유사성들을 알게 되었다. 사람의 팔, 고래의 지느러미 그리고 새의 날개와 같이 보기에는 유사하지 않은 것 같은 구조들이 동일한 세트의 뼈들로부터 만들어졌다는 사실을 인식하게 되었다(**그림 2.22**). 이것은 일부 선견지명이 있는 과학자들로 하여금 관련된 종들이 하나의 공통조상으로부터 진화해 왔다는 사실을 제시하게 하였으며, 점차적으로 하나의 '생명의 계보' 개념이 유행하게 되었다. 따라서 오늘날 살아 있는 모든 종들과 화석기록으로부터 알려진 모든 종들은 하나의 큰 진화적 계획안에서 함께 연결되어 있다.

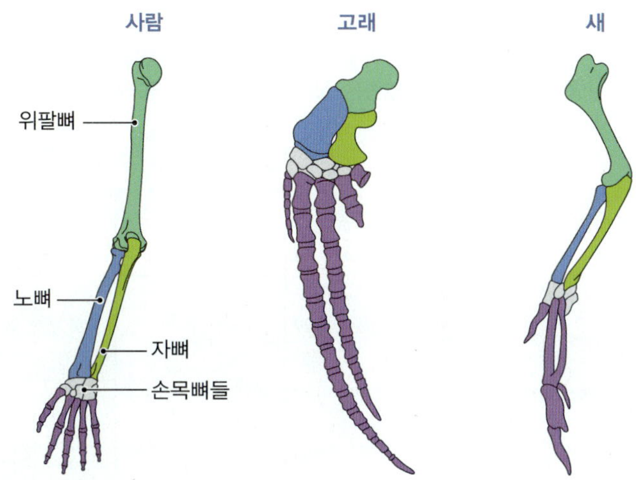

그림 2.22 사람 팔, 고래 지느러미 그리고 새 날개의 뼈들

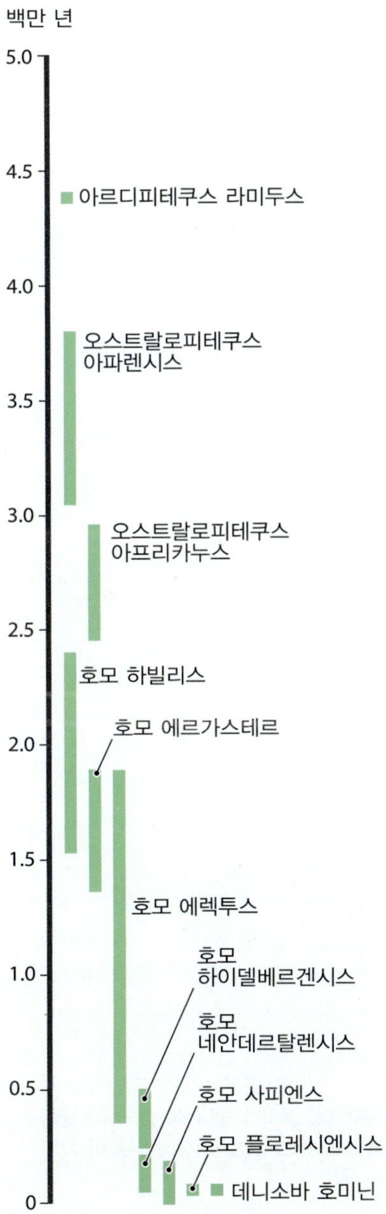

그림 2.23 사람진화에 대한 연대표

만일 우리가 34억 년 전의 초기 미화석으로부터 시간의 경과에 따라 진화기록을 따랐다면,첫 번째 진핵세포들이 나타나기까지 약 20억 년의 간격이 있음을 알 수 있다. 이들은 광합성을 할 수 있는 능력을 개발하여 대기의 산소함량을 증가시키고 우리가 오늘날 알고 있는 것들과 많이 다르지 않는 상태로 이끌었던 여러 가지 유형들을 아마도 포함했던 단세포 조류를 닮은 구조들이다. 다세포 조류는 약 9억 년 전의 화석기록에서 처음 나타나며, 다세포 동물들은 6억4000만 년 전의 화석기록에서 처음 나타나지만, 동물들이 이보다 더 전에 살았다는 것을 제시하는 수수께끼 같은 땅속에 사는 동물들이 있다. 무척추동물 생명체가 다수의 독창적인 형태들로 증식했던 때인 캄브리아 변혁은 5억300만 년 전에 일어났으며, 수백만 년 이후 그러한 새로운 형태들의 다수의 소멸과 함께 종식되었다. 그 이후, 진화는 다양화가 증가되면서 빠르게 계속되어 왔으며, 상이한 규모의 집단멸종들에 의해 간간히 중단되기도 하였다. 최초의 육상 곤충, 동물 및 식물들은 3억5000만 년 전에 확립되었으며, 공룡은 6500만 년 전 백악기의 말까지 존재했다가 사라졌고, 5000만 년 전에는 포유동물이 지구상의 지배적인 유형의 동물이 되었다.

우리 종은 어땠을까? 사무엘 윌버포스 주교는 찰스 다윈의 지지자들 중의 한 사람인 토마스 헉슬리에게 원숭이 혈통이 어머니 또는 아버지 쪽인지를 묻는 한때 유명한 질문을 하였다. 그 답은 양쪽 모두이며, 사람과 침팬지는 대략 600만 년 전에 살았던 하나의 공통조상으로부터 내려왔다. 이 분리 이후, *Homo sapiens*로 이르는 진화적 계보는 일련의 종들을 거쳐왔으며, 점차적으로 우리가 독특하게 인간으로 여기는 속성들을 발달시켜 왔다(**그림 2.23**). 침팬지의 관절보행 운동과는 대조적으로, 직립보행 능력은 4400만 년 전 동아프리카에서 살았던 아르디피테쿠스 라미두스에 의해 처음 지니게 되었다. 첫 번째 돌 도구들은 약 250만 년 전 *Homo habilis*에 의해 제조되었으며, 우리 자신의 속인 *Homo sapiens*의 가장 초기 구성원은 195,000년 전쯤 아프리카에서 처

Box 2.6 집단멸종 사건

캄브리아기 동안 발달했던 독창적인 무척추동물 종들 중의 다수가 5억1700만 년, 5억200만 년 및 4억8500만 년 전의 시기에 일련의 집단멸종의 결과로 사라졌다. 이들 시기에 대한 화석증거가 너무 드물어 지질학자들이 그 멸종들에 대한 이유를 찾을 수 없지만, 바다에서의 산소결핍이 하나의 요인일 수 있었다—이 시기에 사실상 모든 종들은 바다에서 살았다.

캄브리아기 이후, 다섯 번의 주요한 집단멸종이 있었으며, 각각은 바다와 지상에서 종들의 지배적인 군들에 있어서 극적인 변화를 초래하였다.

- **오르도비스–실루리아 사건**은 4억4300만 년 전, 그 당시 살고 있던 종들의 65%의 멸종을 초래하였다. 그것은 하나의 지구 냉각기 동안 일어나, 광범위한 빙하작용, 해수면의 감소 및 해양화학의 변화들을 초래하였다.
- **후기 데본기의 집단멸종**은 장기간의 시기인 3억7500만~3억5500만 년 전 동안 일어났으며, 종들의 70% 소실을 초래하였다. 그 원인은 알려져 있지 않지만, 소행성 충돌을 포함한 일련의 사건들이 있었을 수 있다.
- **페름기 집단멸종**은 2억5000만 년 전 단지 4%의 종들만 살아남은 알려진 가장 큰 사건이다. 또한 다수의 요인들이 관여했을 가능성이 높은데, 한 가지 가능성은 유독한 기체들을 대기 중으로 방출한 증가된 화산활동이다.
- **트라이아스–쥐라기 사건**은 2억 년 전 역시 다수의 사건들, 아마도 소행성 충돌과 화산활동의 조합에 기인할 가능성이 있다. 약 75%의 종들이 사라졌다.
- **백악기–3기 집단멸종**은 공룡의 멸종을 초래하였기 때문에, 가장 유명한 사건이다. 그것은 6600만 년 전에 일어났으며, 멕시코만의 칙술루브 분화구를 초래한 소행성 충돌에 널리 기인한다. 또한 약 75%의 종들이 멸종했던 것으로 생각된다.

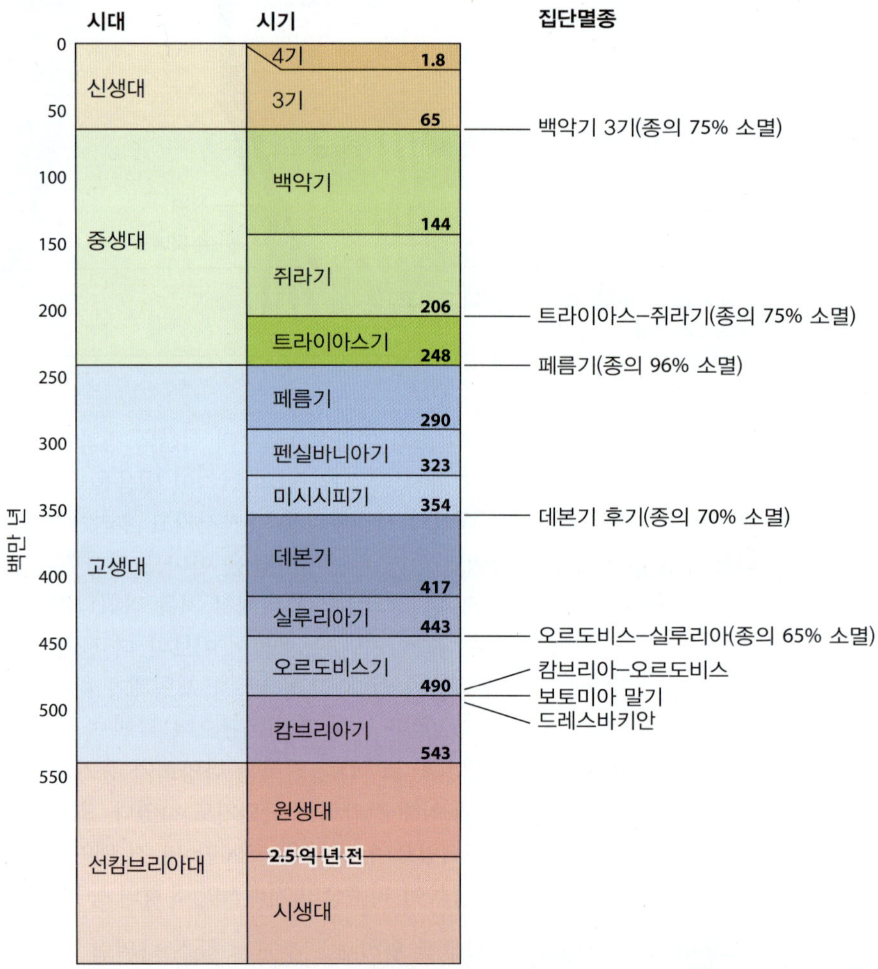

비록 재앙이지만, 집단멸종은 생명의 진화를 위한 중요한 가속점으로 간주된다. 상당히 많은 종들을 제거함으로써, 하나의 집단멸종은 살아남은 종들로 하여금 비어 있게 된 생태학적 자리를 차지하기 위하여 다양화할 수 있도록 해 준다. 가장 좋은 예는 백악기 3기 사건 동안 공룡의 멸종으로, 이는 그 이후의 포유동물의 진화를 촉진시켰다. 백악기 동안, 공룡은 가장 지배적인 육상 종들이었으며, 포유동물은 훨씬 덜 흔했다. 그러나 보다 작은 포유동물들의 다수가 그 집단멸종으로부터 살아남았으며, 그 이후 이전에 공룡이 차지했던 육상자리를 장악할 수 있었다.

음 나타나 점차적으로 전지구로 퍼져나갔다. 우리는 언제 말이 진화했는지는 알지 못하지만, 인간은 실용적인 목적보다는 예술적인 목적을 위하여 약 5만 년 전 돌을 조각하기 시작하였으며, 같은 시기에 음악을 만들었을 것이다. 그리고 약 130년 전, 인간은 처음으로 생화학을 연구하기 시작하였다.

참고문헌

Aguzzi A and Lakkaraju AKK (2016) Cell biology and prions and prionoids: a status report. *Trends in Cell Biology* **26**, 40–51.

Benton ML (2015) *When Life Nearly Died: the greatest mass extinction of all time*. Thames and Hudson, London.

Butler PJG and Klug A (1978) The assembly of a virus. *Scientific American*, **239**(5), 52–9. ***Describes the basic features of virus structure***.

Cela-Conde CJ and Ayala FJ (2007) *Human Evolution: trails from the past*. Oxford University Press, Oxford.

Diener TO (1984) Viroids. *Trends in Biochemical Sciences* **9**, 133–6.

Donlan RM (2002) Biofilms: microbial life on surfaces. *Emerging Infectious Diseases* **8**, 881–90.

Macnab RM (1999) The bacterial flagellum: reversible rotary propellor and type III export apparatus. *Journal of Bacteriology* **181**, 7149–53.

Paleos CM (2015) A decisive step towards the origin of life. *Trends in Biochemical Sciences* **40**, 487–8. ***Summarizes recent research into this topic***.

Sifri CD (2008) Quorum sensing: bacteria talk sense. *Clinical Infectious Diseases* **47**, 1070–6.

Soto C (2011) Prion hypothesis: the end of the controversy. *Trends in Biochemical Sciences* **36**, 151–8.

Ursell LK, Metcalf JL, Parfrey LW and Knight R (2012) Defining the human microbiome. *Nutrition Reviews* **70**, S38–44.

Ward BB (2002) How many species of prokaryotes are there? *Proceedings of the National Academy of Sciences USA* **99**, 10234–6.

Woese CR and Fox GE (1977) Phylogenetic structure of the prokaryotic domain: the primary kingdoms. *Proceedings of the National Academy of Sciences USA* **74**, 5088–90. ***One of the first descriptions of the distinction between bacteria and archaea***.

Zimorski V, Ku C, Martin WF and Gould SB (2014) Endosymbiotic theory for organelle origins. *Current Opinion in Microbiology* **22**, 39–48.

자가 평가 문제

객관식 문제

각 문제에 대한 정답은 한 개이며, 정답은 웹사이트 www.scionpublishing.com/biochemistry에서 찾을 수 있음.

1. 지구상에는 약 몇 종의 동물, 식물 및 곰팡이가 있는 것으로 믿어지는가?
(a) 870만
(b) 1억
(c) 87억
(d) 1천억

2. 단세포 생물체인 짚신벌레 한 세포의 길이는 약 얼마인가?
(a) 1.2 μm
(b) 12 μm
(c) 120 μm
(d) 120 mm

3. 핵양체에 관한 다음 진술 중 옳지 않은 것은?
(a) 핵양체는 DNA를 함유한다.
(b) 핵양체는 원핵세포에서 가볍게 염색되는 부위이다.
(c) 핵양체는 하나의 막에 의해 둘러싸여 있다.
(d) 핵양체는 전자현미경으로 세포를 관찰할 때 볼 수 있다.

4. 이들 중 어느 것이 세포들의 사슬을 형성하는 원핵생물의 한 예인가?
(a) 아나베나
(b) 대장균
(c) 마이코빅테리움
(d) 비브리오

5. 고세균과 관련한 다음 진술 중 옳은 것은?
(a) 고세균은 진핵생물의 한 유형이다.
(b) 그들이 사는 환경들의 다수는 다른 형태의 생명체에는 적대적이다.
(c) 그들의 세포는 세균의 것들과 매우 다르게 보인다.
(d) 그들은 *Mycobacterium tuberculosis*와 *Vibrio cholerae* 종들을 포함한다.

6. 다음 중 어느 것이 원핵생물에 대한 전형적인 세포모양을 기술하는가?
(a) 막대, 구형 그리고 편모
(b) 막대, 구형 그리고 나선
(c) 막대, 장세균 그리고 나선
(d) 정이십면체 및 미세섬유

7. 세균의 세포벽에 존재하는 펩티도글리칸은 이들 구조/화합물들 중 어느 것의 한 유형인가?
(a) DNA
(b) 지질
(c) 막
(d) 다당류

8. 생물막과 관련한 다음 진술 중 옳지 않은 것은?
(a) 생물막은 카테터와 같은 의료도구 내부에 형성할 수 있다.
(b) 생물막 내 세균들은 보통 끈적끈적한 기질에 박혀 있다.
(c) 편모를 갖는 세균들만 생물막을 형성할 수 있다.
(d) 생물막 내에서, 세균들은 정족수감지에 의해 서로 의사소통을 한다.

9. 사람세포에 관한 다음 진술 중 옳은 것은?
(a) 400개 이상의 분화된 유형들로 구성된 성인 내에 존재하는 세포는 10^{10}이다.
(b) 1000개 이상의 분화된 유형들로 구성된 성인 내에 존재하는 세포는 10^{10}이다.
(c) 400개 이상의 분화된 유형들로 구성된 성인 내에 존재하는 세포는 10^{13}이다.
(d) 1000개 이상의 분화된 유형들로 구성된 성인 내에 존재하는 세포는 10^{13}이다.

10. 핵공복합체들은 진핵세포 소기관의 어느 유형의 한 특징인가?
(a) 엽록체
(b) 골지체
(c) 미토콘드리아
(d) 핵

11. 핵 내에서, 염색체들은 어느 특정한 부위들을 차지하는가?
(a) 카잘체
(b) 인
(c) 반점
(d) 영역

12. 미토콘드리아 내막은 안으로 접혀 무엇으로 불리는 접시-유사 구조들을 형성하는가?
(a) 크리스테
(b) 기질
(c) 틸라코이드
(d) 미토콘드리아 기질

13. ATP 합성에 관여하는 단백질들은 미토콘드리아의 어느 부분에 위치하는가?
(a) 미토콘드리아 외막
(b) 막사이공간
(c) 미토콘드리아 내막
(d) 미토콘드리아 기질

14. 엽록체 내 틸라코이드의 더미를 무엇이라고 부르는가?
(a) 엽록소
(b) 시스터네
(c) 그라나
(d) 기질

15. 골지체를 구성하는 막성 접시더미를 무엇이라고 부르는가?
(a) 시스터네
(b) 그라나
(c) 강
(d) 소낭

16. 골지체에서 일어나는 글리코실화는 다음 진술 중 어느 것에 의해 가장 잘 기술되는가?
(a) 골지 내막에 대한 짧은 당사슬들의 첨가
(b) 일부 단백질들에 대한 짧은 당사슬의 첨가
(c) 녹말과 같은 다당류로부터 당 단위들의 제거
(d) 위의 모두 아님

17. 골지체의 시스면과 융합하는 소낭들은 어디로부터 유래하는가?
(a) 미토콘드리아
(b) 다른 골지 구조들
(c) 조면소포체
(d) 활면소포체

18. 바이러스 주위의 피복을 형성하는 단백질을 무엇이라고 부르는가?
(a) 박테리오파지
(b) 캡시드
(c) 프로토머
(d) 비루소이드

19. 다음 중 프리온의 특징이 아닌 것은?
(a) 프리온은 오로지 단백질만으로 구성된다.
(b) 감염성 프리온은 정상적인 형태를 감염성 형태로 전환할 수 있다.
(c) 정상적인 형태의 프리온은 포유동물의 뇌에서 발견된다.
(d) 프리온의 감염성 형태와 정상적인 형태의 구조들은 구별할 수 없다.

20. 세균을 닮은 구조들의 아주 작은 미화석은 몇 년 된 바위들에서 발견되어 왔는가?
(a) 340만 년
(b) 3400만 년
(c) 3억4000만 년
(d) 34억 년

21. 1952년 밀러와 우레이에 의해 수행된 실험은 메탄, 암모니아, 수소 및 수증기로부터 어느 유형의 생화학적 화합물의 합성을 초래하였는가?
(a) 아미노산
(b) 핵산
(c) RNA
(d) 당

22. 첫 번째 다세포 조류는 화석기록에서 언제 나타났는가?
(a) 34억 년 전
(b) 9억 년 전
(c) 6억4000만 년 전
(d) 캄브리아 변혁 동안의 5억3000만 년 전

23. 공룡의 멸종을 초래했던 집단멸종은 무엇이라고 부르는가?
(a) 캄브리아 변혁
(b) 백악기 3기 사건
(c) 페름멸종
(d) 트라이아스-쥐라기 사건

24. *Homo sapiens*는 언제 아프리카에서 처음 나타났는가?
(a) 440만 년 전
(b) 250만 년 전
(c) 195,000년 전
(d) 기원전 4004년 10월 22일 18시

단답식 문제

아래 문제는 추가 자료 없이 답이 가능함.

1. 전자현미경으로 원핵세포와 진핵세포를 관찰할 때, 보이는 세포 구조 내 주요한 차이들을 기술하라.

2. 세균과 고세균 사이의 유사점들과 차이점들은 무엇인가?

3. 원핵세포 구조를 나타낼 때, '세포피막'이란 용어의 의미는 무엇인지 설명하고, 세포피막의 구성성분들을 기술하라.

4. 세균의 편모, 선모 및 핌브리아의 기능적 역할들 사이를 구별하라.

5. 진핵세포 핵의 구조를 기술하라. 만일 있다면, 진핵세포 핵과 원핵세포 핵양체의 구조들 사이에 어떤 유사점들이 있는가?

6. 미토콘드리아와 엽록체의 구조를, 유사한 기능들을 갖는 두 소기관 유형의 구성성분들을 지적하여 기술하라.

7. 골지체의 역할에 대한 개요를 서술하라.

8. 바이러스에 의해 드러나는 캡시드 구조의 다른 유형들 사이를 구별하라.

9. 첫 번째 중합 생체분자들이 초기 지구에서 발생한 과정들과 관련한 현재의 이론들은 무엇인가?

10. 지구상의 진화는 집단멸종들에 의해 어떻게 영향을 받아왔는가?

주관식 문제

아래 문제는 계산, 추가 자료, 인터넷 조사 등을 필요로 함.

1. 한때, 고세균은 온천과 고염호수와 같은 극한 환경들에서 주로 생존한 원핵세포의 한 원시적 유형으로 간주되었다. 이러한 관점은 어느 정도까지 세균과 고세균에 대한 우리의 현재 지식에 의해 지지되는가?

2. 세균 편모의 회전모터 성분은 아주 복잡하고, 특화되어 있으며, 살아 있는 세포내 다른 구조들과 너무도 관련성이 없기 때문에, 그것은 진화에 의해 나타났을 수 없으며 지적설계의 증거를 제공한다는 사실이 주장되어오고 있다. 이 제안을 논의하라.

3. 미토콘드리아와 엽록체 내 DNA 분자들의 존재는 이들 소기관이 진핵세포 전구체와 하나의 공생적 관계를 형성했던 독립적으로 생활하는 세균의 유물들이라는 제안을 하게 하였다. 그러나 이들 DNA 분자는 전형적인 세균 내 수천 개의 유전자들과 비교하여, 기껏해야 수백 개의 유전자들을 함유한다. 유전자 수에서의 이러한 불일치는 세포공생기원설이 틀리다는 것을 제시하는가?

4. 바이러스는 생명의 한 형태로 간주될 수 있는가?

5. 19세기 초, 생물학자들은 사람 손, 고래 지느러미 및 새 날개와 같은 유사하지 않는 것으로 보이는 구조들이 모두 동일한 조의 뼈들로부터 구성되었다는 사실을 인식하였다. 이러한 상동원리는 생체분자들까지 확장될 수 있는가?

제 3 장

단백질

학습목표

이 장을 공부한 후:

- 단백질은 아미노산으로 구성되어 있다는 사실을 이해하고, 아미노산의 일반적 구조를 알 수 있다.
- 아미노산 곁사슬의 다양성은 다른 생화학적 성질을 갖는 단백질들이 구성될 수 있도록 한다는 사실을 인식할 수 있다.
- 아미노산의 핵심적인 구조적 및 화학적 특징들을 논의할 수 있다: 거울상이성질체쌍, 이온화 성질 및 극성
- 단백질 합성 이후 일어날 수 있는 아미노산 구조에 대한 다양한 변화들을 알 수 있다.
- 단백질 구조를 언급할 때, 1차, 2차, 3차 및 4차란 용어들 사이의 차이를 알게 된다.
- 펩타이드 군의 구조와 한 폴리펩타이드의 구조를 결정하는 데 있어 *psi* 및 *phi* 결합각의 중요성을 알 수 있다.
- 알파-나선과 베타-병풍 2차구조들을 설명할 수 있다.
- 섬유상 및 구형의 단백질들의 구조적인 특성을 이해하고 두 유형에 대한 예시들을 설명할 수 있다.
- 4차구조는 두 가지 또는 그 이상의 폴리펩타이드들의 결합을 포함한다는 사실을 인식하고, 4차구조를 갖는 단백질들의 예시에 대한 주요한 특징들을 설명할 수 있다.
- 단백질들이 어떻게 접히는지를 알고, 취하는 구조들은 아미노산 서열에 의해 결정됨을 알게 된다.
- 단백질의 화학적 다양성과 살아 있는 생물체 내에서 단백질이 수행하는 다른 역할들의 범주들 사이의 연관성을 설명할 수 있다.

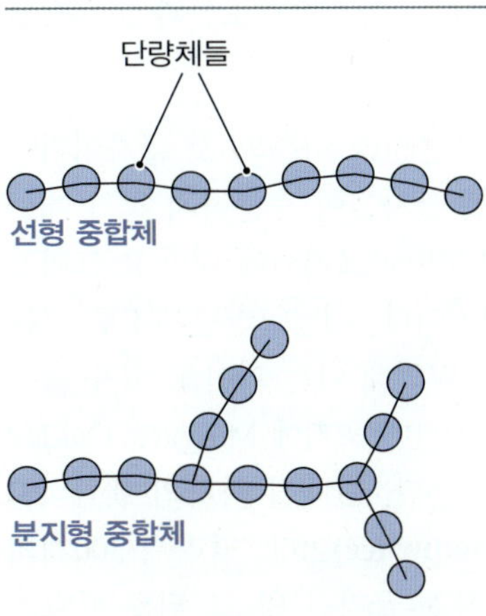

그림 3.1 **선형 및 분지형 중합체들**

앞장에서 살아 있는 생물체의 다양성과 원핵세포와 진핵세포의 중요한 특징들을 살펴보았다. 이제 우리는 그러한 세포들 내 생체분자들을 더 자세히 살펴보아야 한다.

4가지 유형의 생체분자들이 있다: 단백질, 핵산, 지방 및 다당류. 각각은 단량체 단위들을 선형 또는 분지된 사슬들로 서로 연결하여 만들어진 하나의 중합구조를 갖는다(**그림 3.1**). 단량체 단위들의 화학적 특징은 아주 달라 각 유형의 생체분자로 하여금 자체적인 뚜렷한 성질을 제공한다. 알게 되겠지만, 이러한 성질들은 살아 있는 세포 내에서 생체분자들이 하는 특이적인 역할들에 대한 기초가 된다.

3.1 단백질은 아미노산으로 구성된다

단백질에서 단량체 단위들은 아미노산들이다. 아미노산은 서로 연결되어 **폴리펩타이드(polypeptide)**로 불리는 비분지형 사슬을 형성한다. 비록 가장 짧은 것은 50개 아미노산보다 적은 수를 가지며 [이들은 보다 더 정확히 **펩타이드(peptide)**로 불린다] 알려진 가장 긴 것인 타이틴(titin)으로 불리는 사람근육 단백질은 33,445개의 아미노산을 갖지만, 대부분의 폴리펩타이드들은 수백 개의 아미노산 길이를 갖는다(**표 3.1**).

표 3.1 사람 단백질들의 예

단백질	아미노산 수	기능
사르코리핀	31	근육세포 내로 칼슘이온의 운반
소마토트로핀	51	성장호르몬
리보핵산가수분해효소 A	124	RNA 분자의 분해
탄산탈수소효소	130	조직으로부터 이산화탄소의 제거
베타-글로빈	146	혈류 내 산소를 운반하는 헤모글로빈의 구성성분
미오글로빈	154	근육조직에 의한 산소의 이용
조직 플라스미노겐활성인자	527	혈액응고체계의 부분
Hsp70	641	분자 샤페론, 다른 단백질들로 하여금 그들의 정확한 구조를 취할 수 있도록 도움
케라틴 유형 II	644	머리카락과 세포골격의 구성성분
유형 I 콜라겐	1464	힘줄, 인대 및 뼈의 구성성분
디스트로핀	3685	근육세포의 내부골격의 부분
타이틴	33445	근육의 구조적 성분

3.1.1 20개의 다른 아미노산들은 단백질을 만들기 위해 사용된다

폴리펩타이드들은 20개의 다른 아미노산들의 혼합물을 함유한다(**표 3.2**). 생화학자들은 아미노산들에 대하여 항상 공통적인 이름을 사용하며, 이들의 대부분은 개별 아미노산들이 처음 발견되었을 때 정해졌다. 예를 들어, 아스파라긴은 아스파라거스로부터 유래되었는데, 이는 훨씬 이전인 1806년 아스파라거스 잎으로부터 처음 추출되었기 때문이다. 이것의 완전한 화학적 명칭은 2-아미노-3-카르바모일프로파논산이다. 또한 각 아미노산은 세 글자 및 한 글자 약어로 표시된다. 세 글자 약어는 대부분의 아미노산에 있어서 완전한 이름의 단순한 첫 세 글자이기 때문에 기억하기 쉽다. 트립토판에 대해서는 'trp' ('try'로 하지 않는 이유는 티로신에 대한 'tyr'과 혼동되기 때문이다) 그리고 아스파라긴과 글루타민에 대한 'asn'과 'gln' ('asp'와 'glu'는 아스파르트산과 글루탐산에 대해 사용된다) 등은 예외들이다.

표 3.2 아미노산

	약어	
아미노산	세 글자	한 글자
알라닌	Ala	A
아르기닌	Arg	R
아스파라긴	Asn	N
아스파르트산	Asp	D
시스테인	Cys	C
글루탐산	Glu	E
글루타민	Gln	Q
글리신	Gly	G
히스티딘	His	H
이소류신	Ile	I
류신	Leu	L
리신	Lys	K
메티오닌	Met	M
페닐알라닌	Phe	F
프롤린	Pro	P
세린	Ser	S
트레오닌	Thr	T
트립토판	Trp	W
티로신	Tyr	Y
발린	Val	V

한 글자 약어는 배우기 더 어려울 수 있다. 이들 중 11가지는 완전한 이름의 첫 글자이지만(예: 알라닌에 대하여 A), 9가지는 그렇지 않은데 이는 돌아갈 첫 글자들이 충분하지 않기 때문이다. 2가지 아미노산에 대해서는 명칭의 두 번째 글자가 사용되지만(아르기닌에 대한 R 그리고 티로신에 대한 Y), 다른 아미노산들에 대하여는 논리가 더 가변적이다. 페닐알라닌은 F로 이는 마치 그 글자로 시작하는 것처럼 소리나기 때문이다. 트립토판은 W인데 이는 아마도 혀가 짧은 사람이 트윕토판으로 부를 것이기 때문이다. 이러한 약어들은 1960년대 초기에 Margaret Oakley Dayhoff 박사에 의해 정해졌으며, 하나의 매우 중요한 목적을 갖는다. 단백질 하나의 핵심적인 특징은 그 폴리펩타이드 사슬 내 아미노산들의 순서 또는 **서열(sequence)**이다. 따라서 300개의 아미노산 길이를 갖는 폴리펩타이드는 메티오닌-글리신-알라닌-류신-글리신 및 그 뒤를 따르는 다른 295개의 아미노산들을 가질 수 있다. 만일 이러한 서열을 컴퓨터에 입력하고자 한다면(예: 한 관련 단백질의 서열과 비교하기 위하여), 아미노산들의 전체 명칭 또는 심지어 세 글자 약어

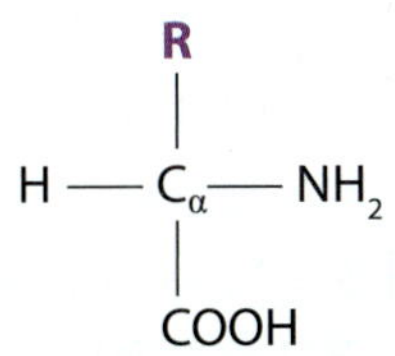

그림 3.2 아미노산의 일반적 구조
중심의 탄소는 알파-탄소로 불린다.

(met-gly-ala-leu-gly-)들을 타이핑한다는 것은 매우 많은 시간을 소요할 것이다. 따라서 우리는 더 빠르게 타이핑할 수 있는 MGALG로 그 서열을 축약한다. 이것이 Dayhoff가 한 글자 약어들을 고안해 낸 정확한 이유이다. 그녀는 최초의 **생물정보학자(bioinformatician)**들 중의 한 사람이자 단백질 서열을 연구하기 위하여 컴퓨터를 사용한 최초의 사람이었다.

각 아미노산은 동일한 일반적 구조를 가진다(**그림 3.2**). 이는 알파-탄소로 불리는 하나의 중심 탄소원자와 그곳에 4개의 화학기들이 결합하는 것으로 구성된다. 이들은 수소원자(−H), 카르복실기(−COOH), 아미노기(−NH_2), 그리고 각 아미노산에 따라 다른 **R기(R group)** 또는 곁사슬이다. 그 R기들은 복잡성에 있어서 매우 다양하다. 글리신에 대한 R기는 단순히 수소원자이지만, 페닐알라닌, 트립토판 및 티로신에 대한 R기들은 큰 유기구조들이다(**그림 3.3**). 프롤린은 알파-탄소에 결합된 아미노기의 질소를 포함하는 하나의 특별한 곁사슬을 가지고 있음을 유의하라. 이러한 특별한 구조 때문에, 프롤린은 폴리펩타이드 사슬에 하나의 굽이(kink)를 도입한다.

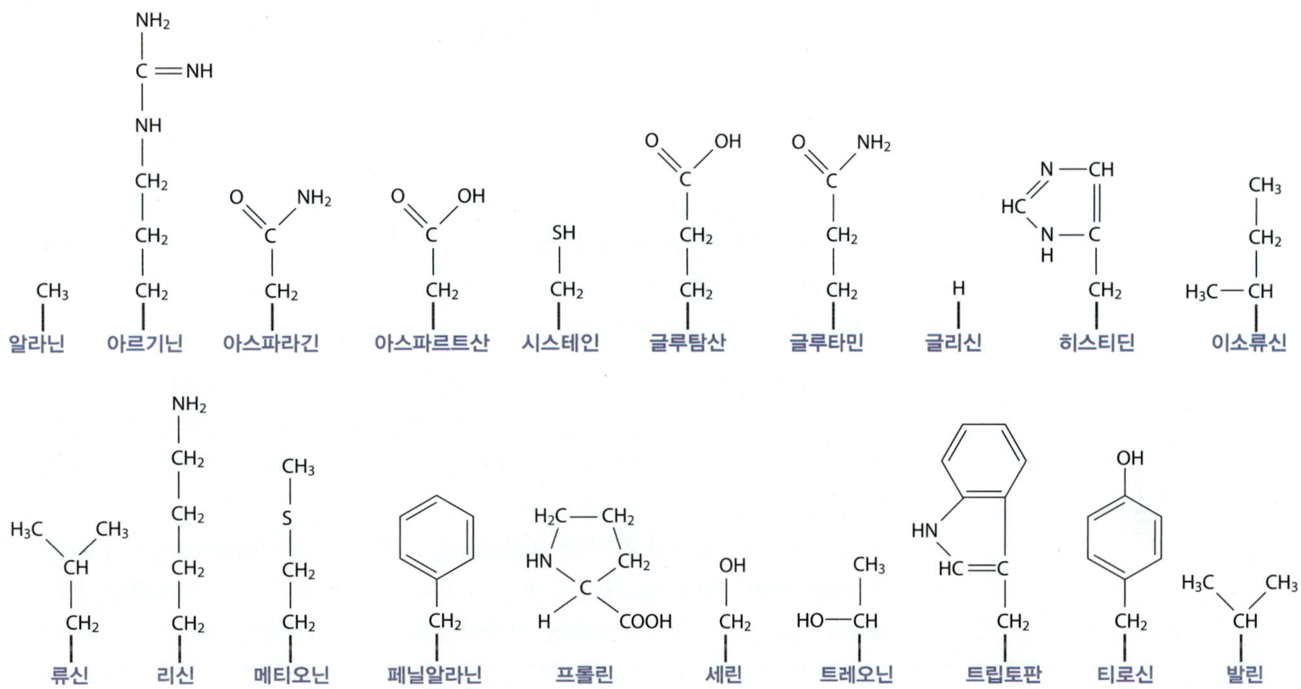

그림 3.3 아미노산 R기들의 구조
프롤린은 단지 R기뿐만 아니라 전체 구조를 나타냄을 유의하라. 이는 R기가 알파-탄소뿐만 아니라 이 탄소에 결합된 아미노기와도 결합을 형성하는 프롤린의 특별한 구조를 볼 수 있게 해 준다.

3.1.2 아미노산의 생화학적 특징

곁사슬들 사이의 차이는 비록 모든 아미노산들이 동일한 일반적 구조를 갖지만 각각은 그 자체의 특이적인 화학적 성질을 가짐을 의미한다. 이러한 사실은 아미노산들을 다른 서열로 서로 결합함으로써 매우 다른 화학적 특징을 갖는 단백질들이 만들어질 수 있음을 의미하기 때문에 생화학에서 근본적인 중요성을 갖는다. 이 장의 후반부에서 우리는 살아 있는 세포에서 이렇게 다른 화학적 특징들이 단백질들로 하여금 어떻게 광범위한 역할들을 수행할 수 있게 하는지를 살펴볼 것이다. 먼저 우리는 아미노산의 성질들을 더 자세히 이해해야 한다.

각 아미노산은 L-형 및 D-형으로 존재한다

우리가 고려해야 할 아미노산의 첫 번째 특징은 정확한 구조이다. 그림 3.2에서 하나의 평면그림으로 나타나 있지만, 실제로 각 아미노산은 3차원 배열을 가진다. 이러한 배열을 이해하기 위하여 화학결합들이 하나의 탄소원자 주위에서 지향되는 방식을 고려해야 한다. 탄소는 **4원자가(valency)**를 가지기 때문에 4개의 단일결합을 형성할 수 있다. 이러한 결합들은 하나의 사면체 배열을 가진다. 이것은 탄소주위의 4가지 기의 위치가 다른 두 형태의 아미노산이 있음을 의미한다(**그림 3.4A**). 이들 두 형태는 거울상이기 때문에 실로 달라, 단순히 그 분자를 회전하여 한 배열로부터 다른 배열로 가는 것은 가능하지 않다.

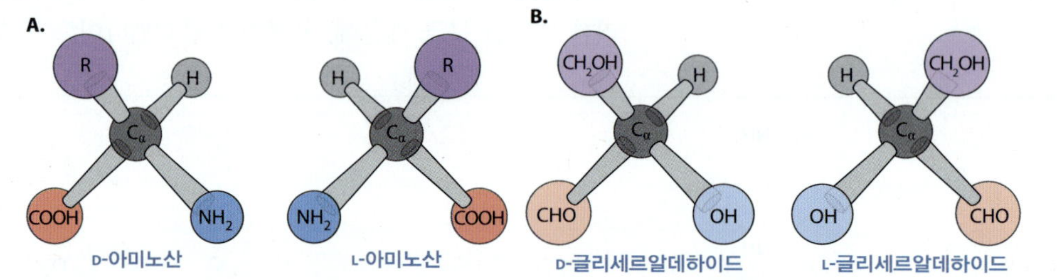

그림 3.4 D-와 L- 이성질체
(A) 한 아미노산과 (B) 글리세르알데하이드의 D-와 L- 광학이성질체들을 보여준다. 광학이성질체들의 각 쌍은 거울상들이며 겹쳐질 수 없다.

동일한 화학적 구성성분을 갖지만 다른 구조를 가진 두 분자를 **이성질체(isomer)**라고 부른다. 아미노산의 대체 형태들과 같이, 만일 이성질체들이 거울상이면 그 분자들은 **광합이성질체(optical isomer)** 혹은 **거울상이성질체(enantiomer)**라고 한다.

한 아미노산의 두 가지 광학이성질체들은 L-과 D-형으로 불린다. 이러한 지정을 사용하는 이유는 다음과 같다. 처음으로 연구된 광학이성질체는 글리세르알데하이드였는데, 이는 하나의 중심 탄소원자에 수소, 하이드록실(−OH), 포밀(−CHO) 그리고 하이드록시메틸(CH_2OH)기로 결합된 구조로 구성되어 있다(**그림 3.4B**). 광학이성질체의 모든 쌍들과 마찬가지로, 글리세르알데하이드의 두 형태는 동일한 화학적 구성성분을 가지며 그들 사이를 구별하기 위하여 특별한 기술들을 사용하여야 한다. 한 가지 방법은 그 화합물 용액을 통하여 평면-편광 빛을 비추는 것이다(**그림 3.5**). 글리세르알데하이드의 한 광학이성질체는 빛의 평면을 왼쪽으로 회전시키고 다른 이성질체는 오른쪽으로 회전시킨다. 전자는 laevo- 또는 L-글리세르알데하이드(*laevus*는 '왼쪽'에 대한

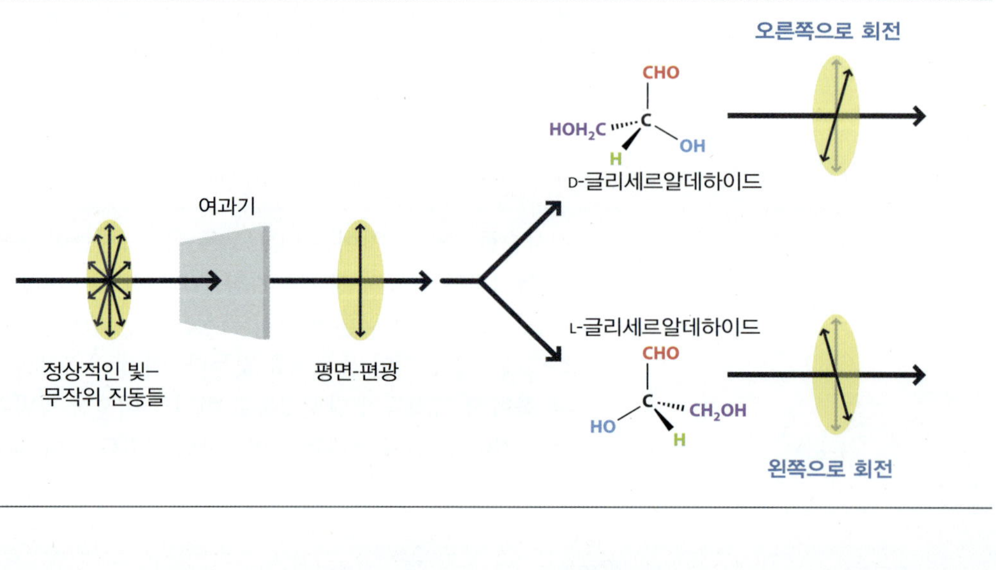

그림 3.5 D-형과 L-형의 글리세르알데하이드 사이의 구별
정상적인 빛에서 파동은 모든 방향으로 무작위로 진동한다. 한 특별한 유형의 여과기를 통해 빛을 통과시키면, 단일 평면상에서만 진동하는 광파들만 남긴다. 이러한 평면-편광이 하나의 광학이성질체 용액을 통과할 때, 그 평면은 그림의 윗부분에서 보여주는 것처럼 오른쪽으로 회전되거나 아니면 아래에 보여주는 것처럼 왼쪽으로 회전된다. D-글리세르알데하이드는 오른쪽으로 회전을 일으키고 L-글리세르알데하이드는 왼쪽으로 회전을 일으킨다.

Box 3.1 모든 아미노산은 두 가지 형태가 있는가?

키랄분자의 정의는 4개의 다른 기가 결합되어 겹쳐지지 않는 거울상을 갖는 것이다. 이런 경우, 그 탄소는 키랄탄소로 불린다. 그러나 중심 알파-탄소가 4개의 다른 기들에 결합되지 않는 하나의 아미노산이 있기 때문에, 모든 아미노산들이 키랄 탄소원자들을 갖지는 않는다. 이것은 아미노산들 중 가장 단순한 글리신으로, 그의 R기는 수소원자이다. 글리신에서, 알파-탄소에 결합된 4개의 기들은 카르복실기(−COOH), 아미노기(−NH_2), 수소원자(−H) 그리고 두 번째 수소원자(−H)이다. 따라서 글리신은 키랄이 아니며 한 쌍의 광학이성질체들로 존재하지 않는다. 글리신은 단지 글리신이며 D- 또는 L-글리신과 같은 것은 없다.

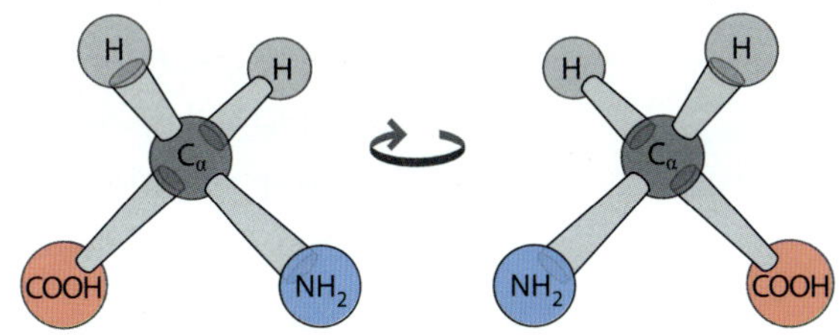

그림 3.4A에서 보여주는 D- 및 L-아미노산과 동등하게 두 가지 방향으로 그려진 글리신. 한 형태는 수직축 주위로 회전하여 다른 형태로 전환될 수 있기 때문에, 이러한 두 개의 글리신 분자는 광학이성질체가 아니다.

라틴어임)이며 후자는 dextro- 또는 D-글리세르알데하이드(*dexter*는 '오른쪽'에 대한 라틴어임)이다. 글리세르알데하이드에서와 같이, 4개의 다른 기가 결합되어 있는 하나의 탄소원자는 '손'이란 뜻의 그리스어에서 유래한 **키랄(chiral)**로 불린다.

결사슬들의 복잡한 영향 때문에, 평면-편광의 회전에 미치는 아미노산 용액의 효과를 직접 측정하는 것은 D-와 L-형의 아미노산을 구별하기 위한 신뢰할 만한 방법이 아니다. 대신, 그림 3.4에서 보여주는 것처럼 글리세르알데하이드의 키랄탄소 주위 기들의 방향과 함께 아미노산의 알파-탄소 주위의 기들의 방향을 비교함으로써 구별이 이루어진다.

비록 L- 및 D-형의 아미노산 모두 살아 있는 세포에서 발견되지만, 단지 L-형만이 단백질 합성에 이용된다. 한 개 또는 그 이상의 D-아미노산을 함유한 빅테리아 세포벽 내에서 발견되는 일부 작은 펩타이드와 같이, 이러한 규칙에 대한 단지 소수의 특별한 예외들이 있다.

모든 아미노산은 이온화될 수 있는 기들을 갖는다

우리가 고려해야 할 아미노산의 두 번째 특징은 모든 아미노산들에 존재하는 최소 두 개의 이온화 가능 기들이다. 화학에서, **이온화(ionization)**란 전하를 갖지 않는 원자 또는 분자가 **이온(ion)**으로 불리는 하나의 전기적 전하를 갖는 형태로의 전환을 뜻한다. 이온화는 하나의 양성자 또는 전자를 첨가하거나 제거하여 일어날 수 있다. 예를 들어, 하나의 양성자는 하나의 양전하를 가지기 때문에, 한 분자에 하나의 양성자를 첨가하면 +1의 양전하를 갖는 그 분자의 한 이온화 형태를 초래할 것이다. 하나의 양성자를 제거하면, −1의 음전하를 갖는 한 이온을 남길 것이다.

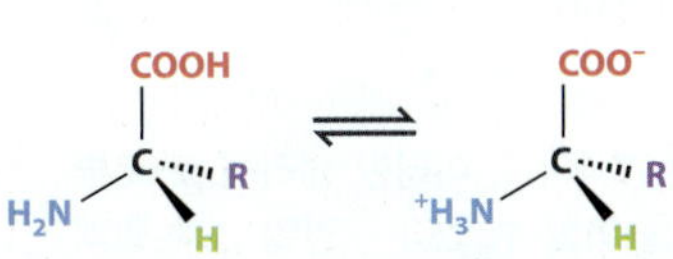

그림 3.6 아미노산의 이온화

그림 3.1에 나타나 있는 아미노산 구조는 2개의 이온화 가능한 기를 갖는다. 카르복실기(−COOH)는 하나의 양성자를 잃어 음이온(−COO^-)이 될 수 있으며, 아미노기(−NH_2)는 하나의 양성자를 얻어 양이온(−NH_3^+)이 될 수 있다(그림 3.6). 두 개의 이온화 기를 갖지만 순수 전하가 없는 분자를 **양성이온(zwitterion)**이라고 한다. 화학적 용어로, 하나의 아미노산에서 이온화 가능한 카르복실기와 아미노기의 존재는 이러한 화합물들이 약산과 약염기 모두로 작용할 수 있음을 의미한다. 우리는 이들을 **양쪽성(amphoteric)**을 띠는 것으로 일컫는다.

한 아미노산의 카르복실기와 아미노기가 이온화되는지의 여부는 pH에 달려 있다. 그림 3.7은 글리신에 대한 이러한 점을 예시한다. 대략 pH 4와 8 사이에서, 모든 글리신 분자들은 카르복실기와 아미노기 모두 이온화된 양성이온임을 알 수 있다. 이러한 범위의 중간을 **등전점(isoelectric point)** 또는 **pI**라고 부르며, 이러한 pH에서 그 분자들은 전하를 띠지 않는다. pH 4 아래에서는 일부 분자들이 하나의 양성자를 다시 얻어 −COO^-기를 −COOH로 전환한다. 따라서 이러한 분자들은 하나의 양전하를 갖는다. 이온화된 것과 이온화되지 않은 카르복실기를 갖는 분자의 수가 동일한 상태에 있을 때의 pH를 (이 시점에서 카르복실기를 절반 해리되었다고 말한다) 그 카르복실기의 **pK_a**라고 부른다. 더 낮은 pH 값에서는, 이온화되지 않는 형태의 카르복실기를 갖는 분자들이 우세하기 시작한다. 이제 pH 범위의 반대쪽 끝으로 이동해 보자. pH 8 이상에서는, 아미노기의 일부가 추가적인 양성자를 잃어 하나의 음전하를 갖는 분자를 형성한다. 아미노기에 대한 pK_a에서, 이온화된 아미노기를 가진 것과 갖지 않는 분자들의 수는 동일하며, pK_a보다 높은 pH 값에서 이 기의 이온화되지 않는 형태가 지배적이다.

인간과 식물 조직의 대부분은 7.4의 pH를 갖는다. 이러한 생리적 pH에서, 한 아미노산의 어느 이온화된 형태가 존재할까? 그림 3.7에 나타나 있는 전형적인 아미노산인 글리신에 대하여, pH 7.4는 양성이온이 지배적인 범위 내에 잘 맞는다. 이것은 카르복실기와 아미노기들에 대한 pK_a 값에 의해 표시되듯이, 모든 20가지의 아미노산에 대해서도 마찬가지이다(표 3.3). 이들 값

Box 3.2 물의 이온화와 pH 범위

화학의 원리

물은 이온화할 수 있는 분자들 중의 하나이다. 그 화학반응은 다음과 같이 기술될 수 있다:

$$H_2O \rightarrow H^+ + OH^-$$

실제로, 하나의 양성자인 H^+ 이온은 즉시 두 번째 물분자와 결합하여 **하이드로늄 이온(hydronium ion)**인 H_3O^+가 된다.

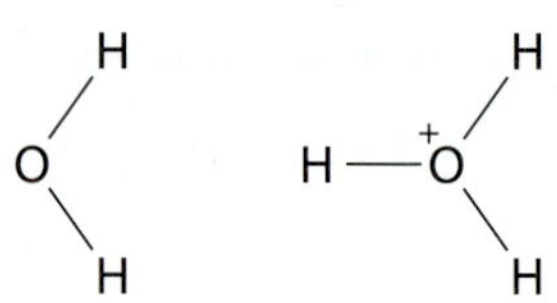

물분자　　하이드로늄 이온

25℃의 순수한 물에서는 매 10^9 분자들 중 약 2개는 이온화된다. 이는 10^{-7} M의 하이드로늄 이온 농도와 일치한다.

산(acid)은 수용액 안으로 추가적인 H^+ 이온들을 방출하는 화합물이다. 예는 양성자와 염소이온으로 이온화하는 염산이다.

$$HCl \rightarrow H^+ + Cl^-$$

따라서 산은 한 용액의 하이드로늄 이온 농도를 증가시킨다.

염기(base)는 용액의 하이드로늄 이온 농도를 감소시키는 반대적인 효과를 가진다. 어떤 염기들은 하이드로늄 이온에 결합하여 직접 이것을 행한다. 암모니아가 하나의 예로서, 암모니아(NH_3)와 하나의 하이드로늄 이온 사이의 결합이 암모니움 이온(NH_4^+)을 형성한다.

$$NH_3 + H_3O^+ \rightarrow NH_4^+ + H_2O$$

다른 염기들은 하이드로늄 이온 농도에 간접적인 효과를 갖는다. 예를 들어, 수산화나트륨은 이온화될 때 하이드록실이온을 방출한다.

$$NaOH \rightarrow Na^+ + OH^-$$

이들 추가적인 하이드록실이온들은 하이드로늄 이온들과 결합하여 이온화되지 않은 물분자들을 생성한다:

$$H_3O^+ + OH^- \rightarrow 2H_2O$$

한 용액의 **pH**는 그 용액의 하이드로늄 이온 농도에 대한 하나의 역수 값이다:

$$pH = -\log_{10}[H_3O^+]$$

여기서 $[H_3O^+]$는 '하이드로늄 이온의 농도'를 의미한다: 따라서 10^{-7} M의 하이드로늄 이온 농도를 갖는 순수한 물은 7의 pH를 가진다. 순수한 물보다 더 높은 하이드로늄 이온 농도를 갖는 산성용액은 7보다 작은 pH를 가진다. 더 낮은 하이드로늄 이온 농도를 갖는 염기성 용액은 7보다 더 큰 pH를 가진다.

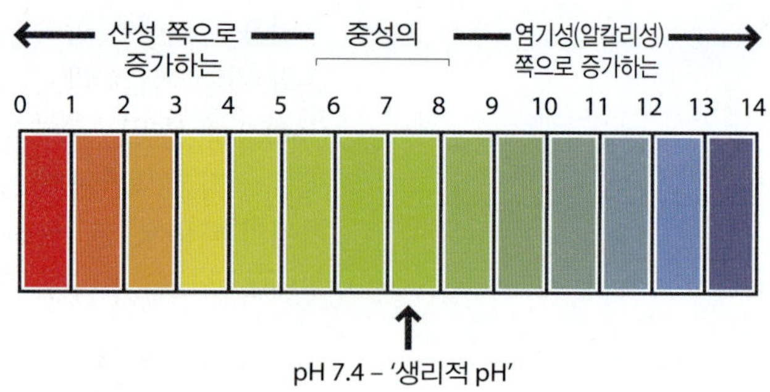

인체 내 대부분 조직의 pH인 '생리적 pH'는 7.4이다. 이러한 생리적 pH로부터 약간만 벗어나더라도 매우 유해한 영향을 미칠 수 있다 – 만일 인체 혈액의 pH가 6.9~7.9 범위 밖으로 이동하면, 그 결과는 혼수 또는 사망이다. 우리가 이 책을 통해 점점 진행해 가면서 알게 되듯이, 살아 있는 조직의 pH가 왜 그렇게 중요한지에 대해서는 여러 가지 이유들이 있다. 아마 가장 중요하게도, pH의 변화는 단백질을 포함한 생체분자들의 3차구조에 관여하는 결합들의 다수를 포함하는 일부 유형들의 화학결합의 안정성에 영향을 미친다. 따라서 pH의 변화는 단백질 구조의 붕괴를 초래하여 세포 내에서 그러한 단백질들이 그들의 기능을 수행할 수 없도록 할 수 있다.

그림 3.7 다른 pH 값에서의 아미노산 이온화
그래프는 0~14의 pH 값에서 글리신의 3가지 이온화 형태들의 상대적인 양을 보여준다.

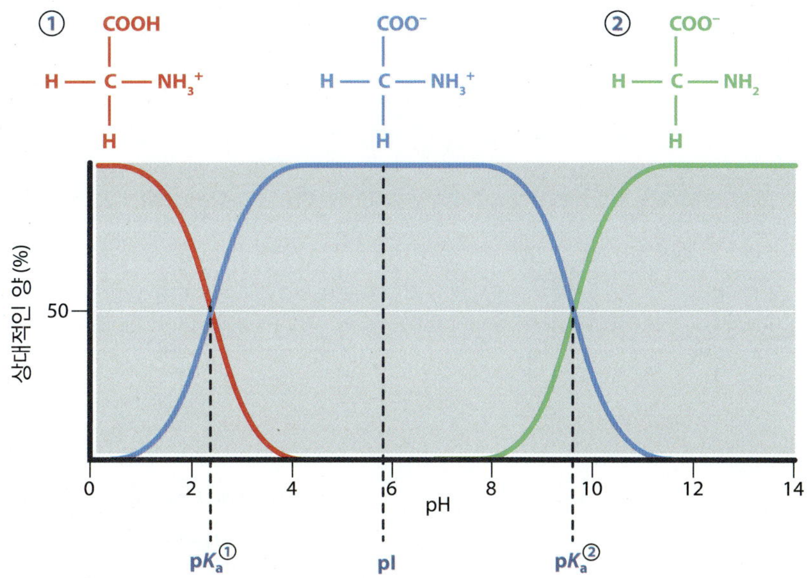

은 곁사슬의 구조에 의해 영향을 받기 때문에 모두 동일하지는 않지만, 카르복실기에 대해서는 1.8~2.6의 범위 그리고 아미노기에 대해서는 8.9~10.6의 범위에 모두 있다. 이것은 이러한 아미노산 모두에 대하여 카르복실기와 아미노기들에 대한 이온화 양상들이 그림 3.7에 나타나 있는 것들과 유사하다는 것을 지적한다. 그러나 표 3.3은 문제가 있음을 알려준다. 일곱 개의 아미노산은 또한 이온화 가능한 곁사슬들을 갖고 있으며, pH 7.4에서 잠재적으로 양전하 또는 음전하

표 3.3 아미노산 pK_a 값

아미노산	pK_a		
	카르복실기	아미노기	곁사슬
알라닌	2.34	9.69	
아르기닌	2.01	9.04	12.48
아스파라긴	2.02	8.80	
아스파르트산	2.10	9.82	3.86
시스테인	2.05	10.25	8.00
글루탐산	2.10	9.47	4.07
글루타민	2.17	9.13	
글리신	2.35	9.78	
히스티딘	1.82	9.17	6.00
이소류신	2.32	9.76	
류신	2.33	9.74	
리신	2.18	8.95	10.53
메티오닌	2.28	9.21	
페닐알라닌	2.58	9.24	
프롤린	2.00	10.60	
세린	2.21	9.15	
트레오닌	2.09	9.10	
트립토판	2.38	9.39	
티로신	2.20	9.11	10.07
발린	2.29	9.72	

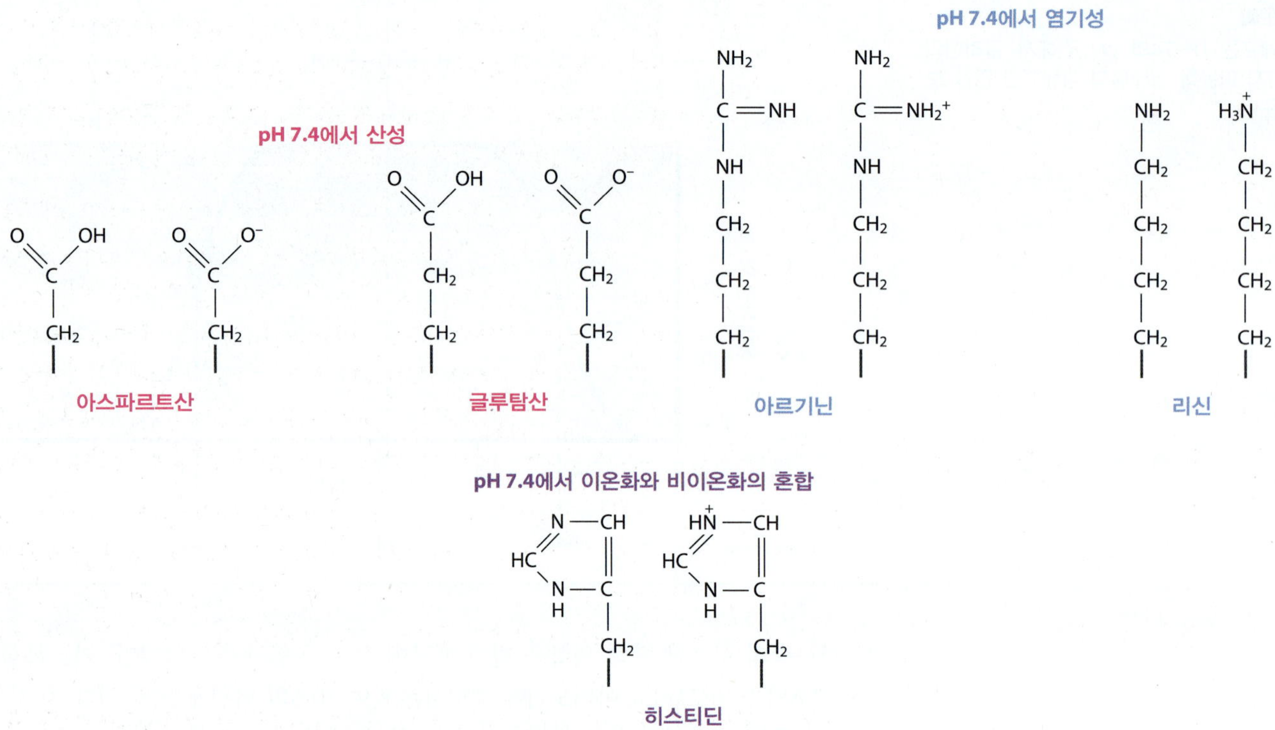

그림 3.8 pH 7.4에서 결사슬이 이온화되는 아미노산

를 지닐 수 있다(**그림 3.8**). 이들 아미노산 중 2가지인 아스파르트산과 글루탐산은 양성자를 제공하기 위해 이온화할 수 있는 그들의 곁사슬 내 카르복실기 때문에 산성 성질을 갖는다. 이들 카르복실기는 낮은 pK_a 값을 가지기 때문에(각각 3.86과 4.07), pH 7.4(생리적 pH)의 수용액에서 완전히 이온화된다. 그러나 단백질의 소수성 내부 또는 단백질 내 인접한 음전하 가까이 위치하게 되면, pK_a 값을 6 또는 그 이상으로 이동시켜 양성자 수용체로 기능할 수 있게 한다.

한편, 아르기닌과 리신은 곁사슬이 양성자를 받을 수 있기 때문에 염기성 성질을 갖는다. pH 7.4인 수용액에서, 두 곁사슬 모두 이미 양성자를 받았다. 그러나 단백질의 소수성 내부 또는 단백질 내 인접한 양전하 가까이 위치하게 되면, pK_a 값을 6 이하로 이동시켜 양성자 공여자로 기능할 수 있게 한다. 시스테인과 티로신의 곁사슬 또한 이온화할 수 있는 기를 갖지만, pH 7.4에서 대체적으로 비이온화되어 있다. 따라서 이들 두 아미노산은 생리적인 조건하에서 전하를 띠지 않는다. 히스티딘은 이온화될 수 있는 곁사슬을 가진 아미노산들의 목록에서 마지막인데, 이것은 흥미롭다. pH 7.4에서, 그 곁사슬의 이온화된 형태와 이온화되지 않은 형태 모두 상당한 양으로 존재한다. 따라서 단백질 분자 내 히스티딘은 양성자의 기부자와 수용자로서 모두 작용할 수 있는데, 이는 다수의 중요한 생화학반응에서 활용되는 성질이다.

일부 아미노산들은 극성 곁사슬을 갖는다

일부 아미노산들은 자기의 곁사슬에 이온화할 수 있는 기를 갖고 있기 때문에 독특한 화학적 성질을 가짐을 살펴보았다. 일부 R기들의 두 번째 독특한 특징은 그것들의 **극성(polarity)**이다.

만일 전자들이 R기를 따라 골고루 분포되지 않는다면, 극성이 발생한다. 극성 아미노산의 예는 세린과 트레오닌인데, 이들은 모두 하나의 하이드록실기(−OH)를 포함하는 곁사슬을 갖는다.

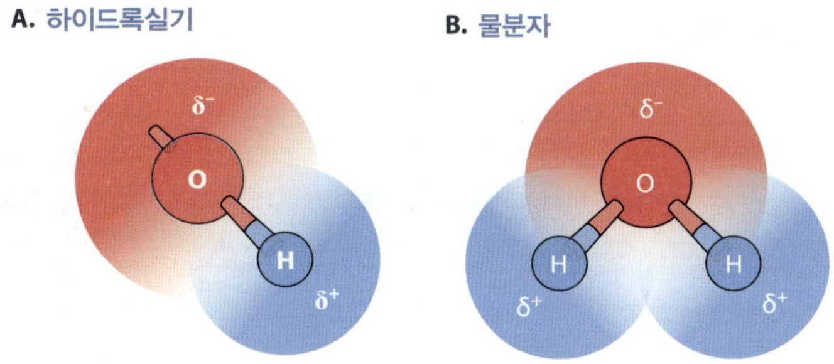

그림 3.9 (A) 하이드록실기와 (B) 물분자의 극성
산소원자는 수소(들)로부터 전자를 잡아당기는 경향이 있다. 따라서 산소는 약간 전기적 음성을 띠게 되고(δ⁻로 표시), 수소는 약간 전기적 양성(δ⁺)을 띤다.

산소원자는 수소로부터 전자를 끌어당기는 경향이 있기 때문에, 하이드록실기는 극성이다. 따라서 산소는 약간 음성이 되고 수소는 약간 양성이 되어, 극성을 형성한다(**그림 3.9A**). 극성은 이온화와 같지 않다는 사실을 인식하는 것이 중요하다. 하이드록실기는 이온화되기 위해 해야 할 필요가 있을 전자를 상실하지 않았다. 전자의 수는 동일하게 남아 있으며, 차이는 분포에 있다.

물분자는 하나의 산소에 결합된 두 개의 수소로 이루어져 있다. 마찬가지로, 산소는 수소들로부터 전자를 끌어당겨 전기적 음성이 됨으로써, 물은 자체로 하나의 극성 분자이다(**그림 3.9B**). 극성 분자들은 서로 잘 연결된다. 이는 극성 곁사슬을 갖는 아미노산들이 **친수성(hydrophilic)**임을 의미한다; 이는 물을 좋아하여 쉽게 용해된다. 세린 및 트레오닌과 마찬가지로, 극성 아미노산은 극성 티올기(−SH)를 갖는 시스테인과 곁사슬에 아마이드(−$CONH_2$)를 함유하는 아스파라긴과 글루타민을 포함한다.

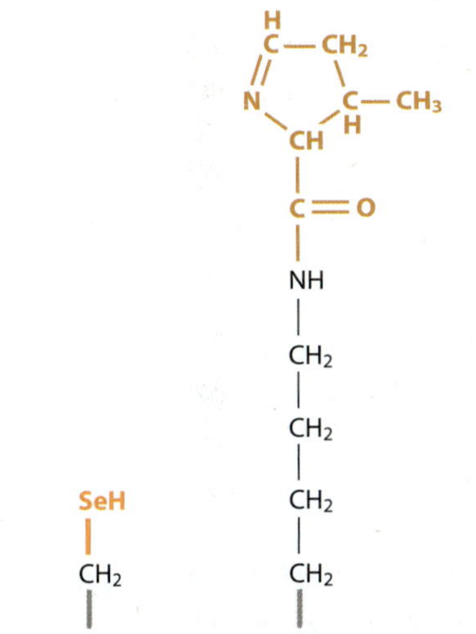

그림 3.10 셀레노시스테인과 피로리신의 R기 구조
갈색으로 표시된 부분들은 이들 아미노산과 각각의 시스테인 그리고 리신 사이에서 차이를 가리킨다.

비극성 아미노산은 곁사슬에 고르게 분포된 전자를 가진 것들이다. 이들은 알라닌, 글리신, 이소류신, 류신, 메티오닌, 페닐알라닌, 프롤린, 트립토판, 티로신 및 발린이다. 비극성 화합물들은 **소수성(hydrophobic)** 또는 '물을 무서워 한다'. 이러한 아미노산들은 물에 노출될 단백질의 표면에 있지 않는 경향을 지닌다. 대신, 아미노산들은 폴리펩타이드가 3차원 구조로 접힐 때 물과 떨어져 단백질 내부에 밀집한다.

3.1.3 어떤 아미노산들은 단백질 합성 이후 변형된다

우리가 지금까지 배운 20개의 아미노산은 **유전암호(genetic code)**에 의해 특정되는 것들이다. 유전암호는 세포에 의해 사용되어 세포의 유전자들에 함유된 정보를 세포가 합성하는 단백질들의 아미노산 서열로 번역한다. 따라서 이들 20개의 아미노산은 단백질 합성 동안 사용될 수 있는 것들이다. 실제로, 유전암호는 22개의 아미노산을 특정하지만, 다른 2개는 거의 사용되지 않기 때문에 보통 '표준' 세트에 포함되지 않는다. 이들 2가지 흔하지 않는 아미노산은 셀레노시스테인과 피로리신이다(**그림 3.10**). 셀레노시스테인을 함유한 단백질들은 사람을 포함하는 대부분의 종들에서 발견되지만, 피로리신은 단지 고세균들에 의해서만 사용되는 것으로 여겨진다.

16.1절에서는 유전암호가 한 단백질의 아미노산 서열을 특정하는 방식을 공부할 것이다.

이러한 변형들은 **16.3.2절**에서 설명되어 있다.

단백질 합성 이후, 그 아미노산들 중 일부는 새로운 화학기들의 첨가에 의해 변형될 수 있다. 합성 후 변형의 가장 단순한 유형들은 하이드록실(−OH), 메틸(−CH_3) 또는 인산(−PO_4^{3-})과 같은 하나의 작은 화학기를 보통 아미노산 곁사슬에 첨가하는 것을 포함한다. 이러한 변형들은 단백질 내 알려진 아미노산 유형들의 수를 150개 이상 증가시킨다. 이러한 방식으로 변형된 아미노산은 다소 변화된 화학적 성질을 가질 것이며, 이는 단백질의 기능에 미묘한 변화를 초래할 수 있다. 이러한 유형의 다수의 변형들은 일시적이며, 추가적인 화학기 또한 쉽게 제거되어 단백질은 원래 기능으로 되돌아간다. 따라서 아미노산 변형은 단백질의 활성을 조절하기 위한 한 가지 방법이다. 그러나 소수의 단백질에서 변형된 아미노산들은 하나의 영구적인 특징이며 단백질로

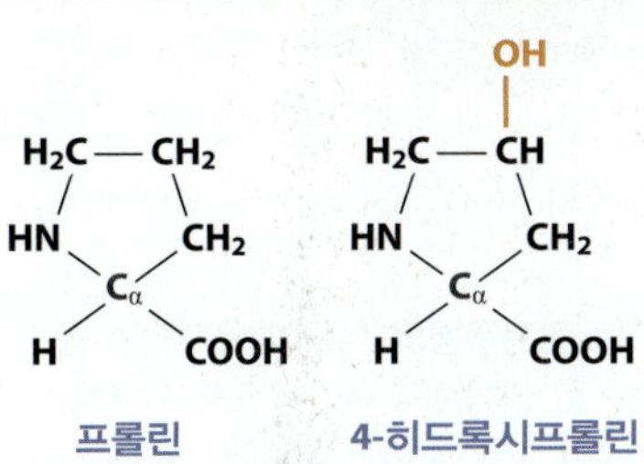

그림 3.11 프롤린과 4-하이드록시프롤린

Box 3.3 화학결합의 유형들

화학의 원리

화학결합은 생화학에서 중요한 모든 분자적 구조들의 내재적이고 필수적인 구성성분들이다.

- 화학결합은 아미노산 또는 단백질과 같은 분자 내 원자들을 서로 결합시킨다.
- 화학결합은 중합분자의 다른 부위들 사이의 상호작용을 형성하도록 한다. 이로 인해 중합체가 나선 또는 다른 구조를 취할 수 있다. 유사한 상호작용들은 중합체를 더욱더 복잡한 3차원 구조로 접히게 할 수 있다.
- 화학결합은 둘 또는 그 이상의 분자들이 서로 결합할수 있도록 하여 다단위체 단백질을 이룬다. 단백질과 다른 생체분자들의 구조를 공부할 때 다양한 다른 유형들의 화학결합을 만나게 될 것이다. 이러한 결합들의 가장 중요한 것들이 여기에 설명되어 있다.

공유결합

한 아미노산 내 함유된 결합들의 모두는 펩타이드 연결 내 결합과 같이 공유결합들이다. 공유결합은 또한 핵산, 지질 및 다당류 내 결합의 지배적인 유형이다. 공유결합은 생화학에서 아주 흔하기 때문에, '결합'이란 말이 어떠한 형용사도 없이 사용된다면 그 결합은 공유결합으로 추정할 수 있다.

공유결합은 두 원자가 전자를 공유할 때 형성한다. 만일 두 원자가 서로 충분히 가까이 간다면, 둘 또는 그 이상의 전자쌍들이 그 두 원자 사이에서 공유될 수 있다. 화학적 용어로, 그 공유된 전자들은 두 원자의 **궤도(orbital)**를 차지한다. 그 두 원자는 서로 단단히 붙어 결합을 형성한다.

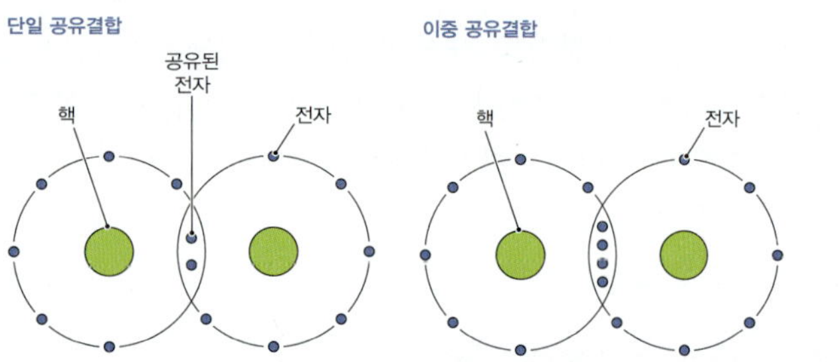

만일 한 쌍의 전자가 공유되면, **단일결합(single bond)**이 형성된다. 그 원자들 모두는 단일결합 주위를 회전할 수 있어 그러한 원자들이 형성한 어떤 다른 결합들의 방향을 변화시킨다. 한편, **이중결합(double bond)**은 두 쌍의 공유된 전자들을 포함하며 어떠한 회전도 하지 않는다.

공유결합의 세기는 그것을 깨뜨리는 데 필요한 에너지량의 한 측정값인 **결합에너지(bond energy)**에 의존한다. 그 세기는 서로 연결되는 원자들의 정체성에 의존하며 이중결합이 단일결합보다 더 강하다. 두 탄소원자 사이의 단일결합(C−C)은 348 kJ/mole의 결합에너지를 갖는 반면, 탄소–탄소 이중결합(C=C)은 614 kJ/mol^{-1}의 에너지로서 1.75× 더 강하다. C−H 결합은 413 kJ/mol의 에너지를 가지며 C–N 결합의 에너지는 308 kJ/mol이다.

정전기결합

정전기결합은 양극과 음극으로 하전된 화학기들 사이의 상호작용이다. 단백질에서, 정전기결합은 양극으로 하전된 곁사슬을 가진 아미노산(리신 또는 아르기닌과 같은)과 음극으로 하전된 곁사슬을 가진 아미노산(아스파르트산 또는 글루탐산) 사이에서 형성된다. 정전기결합은 공유결합보다 현저히 낮은 6~12 kJ/mole의 결합에너지를 갖는다. 단백질 내 구조를 안정화할 뿐만 아니라, 정전기결합은 다중소단위 단백질의 다양한 폴리펩타이드들을 서로 결합시키는 단백질 표면에서도 중요하다.

수소결합

수소결합은 극성기 내 약간의 전기적 양성을 띠는 수소원자와 동일분자 또는 완전히 다른 분자 내에 존재할 수 있는 전기적 음성을 띠는 원자 사이에서 형성되는 상호작용이다. 전기적 양성을 띠는 원자위의 전하는 δ^+로 표시하고 전기적 음성을 띠는 원자위의 전하는 δ^-로 표시한다.

수소원자가 두 기 사이에서 공유된다. 수소원자가 더 단단히 연결된 기는(예: −NH기) '공여'기로 불리고, 수소원자가 덜 단단히 연결된 기(예: −CO기)는 '수용'기로 불린다. 수소결합은 관여하는 원자들에 따라 그 세기가 다르지만, 대부분은 비교적 약하다. 생체분자들 내 수소결합들은 8~29 kJ/mole의 에너지를 가진다. 두 분자 또는 한 분자의 두 부위 사이의 동일한 상호작용에서 종종 다수의 수소결합들이 관여한다. 따라서 개개의 수소결합은 비교적 약할지라도, 그 결과로 초래되는 구조는 생리적인 온도에서 안정화될 수 있다. 그러한 구조들의 예는 단백질의 알파-나선과 베타-병풍 그리고 DNA의 이중나선이다.

반데르발스 힘

반데르발스 힘은 기체와 액체 내에서 그들을 처음 연구했던 네덜란드 물리학자 Johannes van der Waals(1837~1923)의 이름을 딴 약한 끌림이다. 반데르발스 힘은 한 원자주위의 전자들의 분포에 있어서 무작위적인 유동 때문에 일어나는 일시적인 전하를 포함한다. 보통, 전자들은 균등히 분포되며, 이 경우 원자는 전하를 갖지 않는다. 그러나 우연히, 전자구름이 불균등해져, 더 많은 전자들이 다른 쪽에 비해서 원자의 한쪽에 모일 수 있다. 이것은 원자의 한 쪽은 약간 전기적 양성을 띠고 다른 쪽은 약간 전기적 음성을 띠게 되는 하나의 **쌍극자(dipole)**를 초래한다.

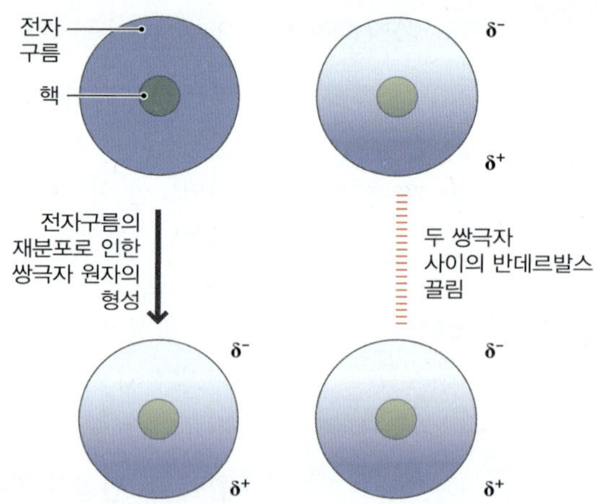

만일 두 쌍극자 원자들이 서로 충분히 가까이 있다면, 약 2~4 kJ/mol의 결합에너지로 서로 끌어당길 것이다.

반데르발스 끌림은 쌍극자들을 유발시키는 전자구름의 유동이 유지되는 동안만 지속될 것이다. 그러나 단백질과 같은 한 생체분자 내에서 어떤 한 시간에 존재하는 쌍극자 화학기들이 너무도 많이 있을 것이기 때문에, 생체분자의 구조를 안정화시키기 위한 서로 충분히 가까운 쌍들이 항상 존재한다. 쌍극자 쌍들의 정체는 끊임없이 변하겠지만, 그들은 항상 많이 존재할 것이다.

하여금 그의 정확한 3차원 구조를 취할 수 있도록 하기 위해 요구된다. 한 가지 예는 동물의 뼈와 힘줄에서 발견되는 하나의 단백질인 콜라겐에 존재하는 4-하이드록시프롤린(**그림 3.11**)으로 불리는 프롤린의 변형된 형태이다. 이 장의 후반부에서는 콜라겐 구조 내의 4-하이드록시프롤린의 역할을 살펴볼 것이다.

3.2 단백질 구조의 1차 및 2차 수준

단백질은 전통적으로 네 가지 뚜렷한 수준의 구조를 가지는 것으로 여겨지고 있다. 이들 수준은 계층적 체계로서, 각 단계의 구조가 그 아래 단계에 의존하면서 단백질은 단계별로 구축된다(**그림 3.12**).

그림 3.12 단백질 구조의 네 가지 계층적 수준

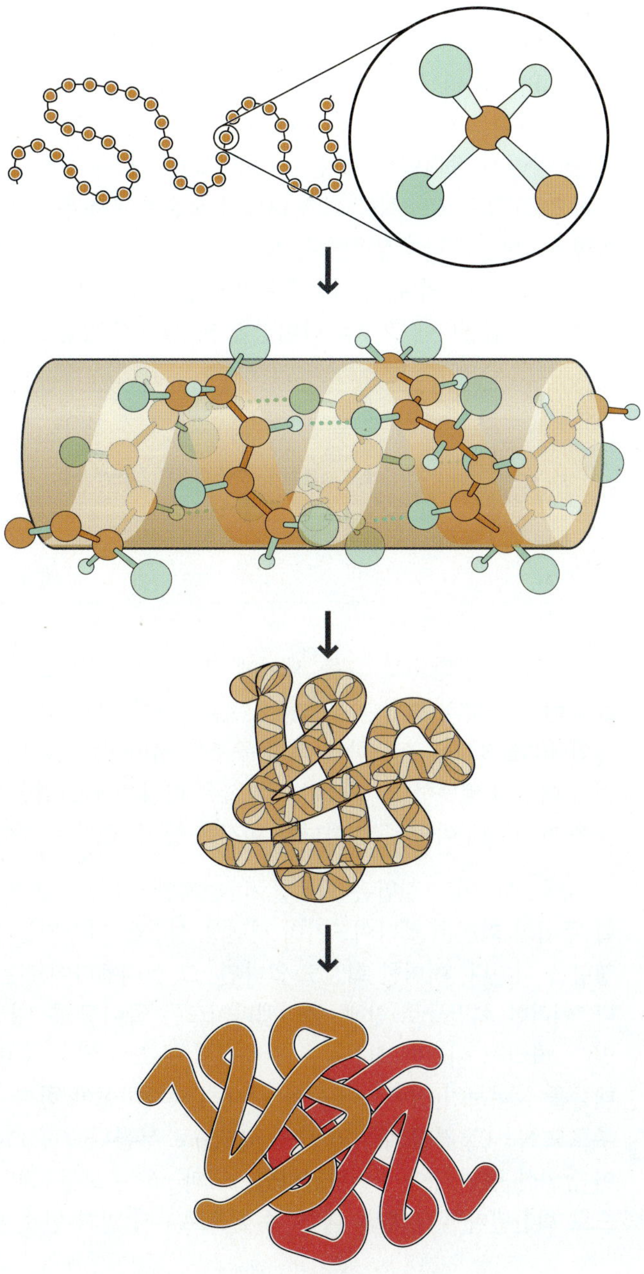

- **1차구조(primary structure)**는 폴리펩타이드 내 아미노산들의 순서이다.
- **2차구조(secondary structure)**는 폴리펩타이드의 다른 부위들에 의해 수용될 수 있는 나선, 병풍 및 회전들을 포함하는 일련의 형태들을 일컫는다.
- **3차구조(tertiary structure)**는 단백질의 전체적인 3차원 형태이다.
- **4차구조(quaternary structure)**는 하나의 다중소단위 단백질을 형성하기 위한 다른 폴리펩타이드들 사이의 결합이다.

이 절에서는 단백질 구조의 수준들 중 첫 두 가지를 살펴볼 것이다.

3.2.1 폴리펩타이드들은 아미노산들의 중합체들이다

폴리펩타이드는 **펩타이드 결합(peptide bond)**에 의해 아미노산들을 서로 연결함으로써 만들어진다(**그림 3.13**). 각 펩타이드 결합은 한 분자의 물을 제거하는 **축합(condensation)**반응에 의해 인접한 아미노산들의 카르복실기와 아미노기 사이에서 형성된다. 이것은 폴리펩타이드의 두 말단이 화학적으로 구별됨을 의미한다. 하나는 유리 아미노기를 갖고 있어 **아미노, NH_2−, 또는 N-말단**으로 불린다. 다른 쪽은 유리 카르복실기를 갖고 있어 **카르복실, COOH−, 또는 C-말단**으로 불린다. 따라서 폴리펩타이드는 N→C(그림 3.13에서 보여주는 디펩타이드에 대하여 왼쪽에서 오른쪽으로) 또는 C→N(그림 3.13에서 오른쪽에서 왼쪽으로)으로 표현될 수 있는 하나의 화학적 방향을 갖는다. 단백질 합성은 N→C 방향으로 일어나는데, 이는 각 새로운 아미노산이 신장하는 폴리펩타이드의 유리 카르복실기에 첨가됨을 의미한다. 따라서 우리는 하나의 아미노산 서열을 쓰거나 컴퓨터에 그것을 타이핑할 때, N→C 방향을 사용한다.

그림 3.13 펩타이드 결합에 의해 두 개의 아미노산이 서로 연결되는 화학반응

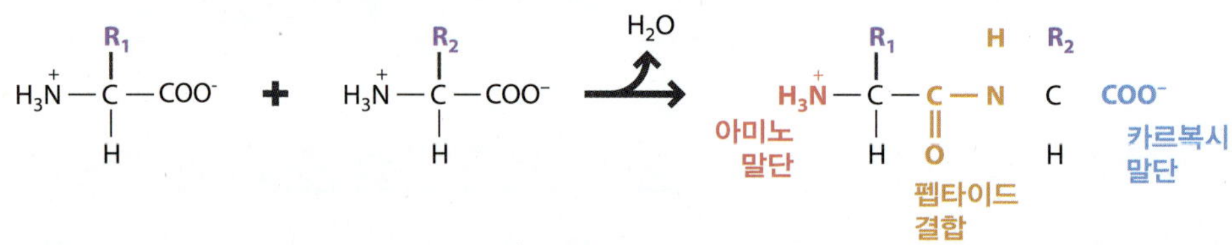

2개의 알파-탄소와 그들 사이에 C, O, N 그리고 H 원자들로 구성된 **펩타이드기(peptide group)**는 하나의 편평한 구조를 갖는다. 다른 말로 말하면, 모든 6개의 원자는 동일한 평면상에 놓인다(**그림 3.14A**). 이러한 납작한 구조는 펩타이드 결합 자체 주위에서 회전을 위한 기회가 거의 없기 때문에 뻣뻣하다. 펩타이드 결합은 하나의 단일결합으로 그려지지만, 이중결합의 일부 특징들을 가지는데 이들 중의 하나는 회전을 할 수 없다는 것이다.

비록 펩타이드 결합은 회전할 수 없지만, 양쪽 측면에 있는 결합들은 회전가능하다. 이들 결합 주위의 회전은 펩타이드기의 평면상 성질을 바꾸지는 않지만, 전체적인 폴리펩타이드 사슬에 영향을 미친다. 어떠한 회전도 없다면, 그 폴리펩타이드는 하나의 뻣뻣한 선형의 사슬이 될 것이다. 이러한 회전들로 인해, 폴리펩타이드는 굽어질 수 있고 다양한 2차구조의 형태들을 취할 수 있다. 따라서 이러한 회전들은 단백질의 구조에 매우 중요하며 폴리펩타이드가 취할 수 있는 형태들을 살펴보기 전에 그것들을 자세히 이해하여야 한다. $C_\alpha-C$ 결합 주위의 회전각은 *psi*(ψ)로 부르고 $N-C_\alpha$ 결합 주위의 각은 *phi*(ϕ)로 부른다(**그림 3.14B**). 만일 두 개의 인접한 펩타이드기들이 동일한 평면 내에서 지향된다면, *psi*와 *phi*는 모두 180°이다. 만일 어느 한 쪽 결합이 시계방향으로 회전된다면 (결합의 다른 쪽 끝으로부터 알파-탄소 방향으로 쳐다볼 때) *psi* 또는 *phi*에 할

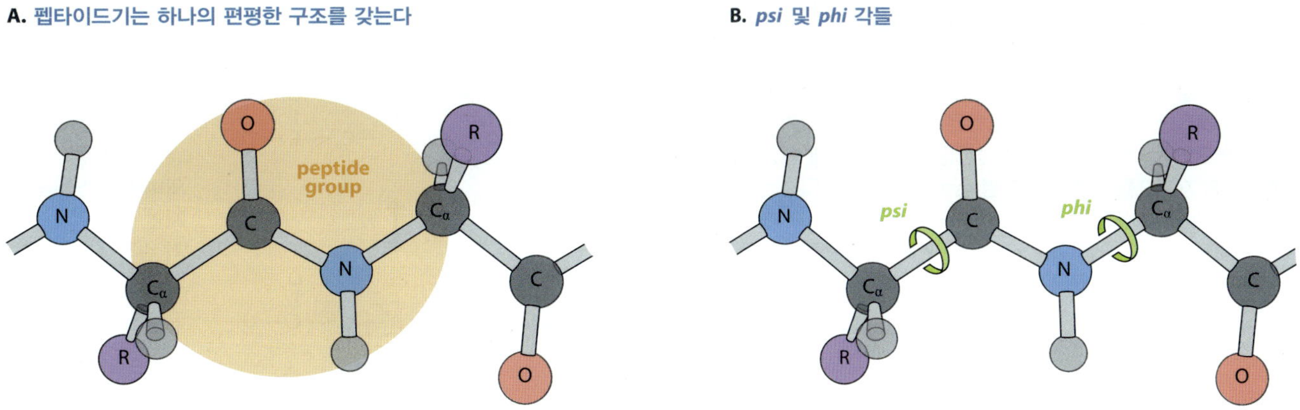

그림 3.14 펩타이드 결합의 중요한 특징들

당된 각은 증가한다. 만일 그 회전이 시계반대 방향이면, 그 각은 감소한다. 알파-탄소의 어느 쪽에서든 *psi*와 *phi*에 대한 각들의 정확한 조합은 폴리펩타이드의 길이를 따라 그 지점에서 그 폴리펩타이드의 형태를 결정한다.

*psi*와 *phi*의 가능한 조합들 중 77%는 **입체효과(steric effect)** 때문에 결코 일어나지 않는 것으로 나타났다. 이러한 효과들은 두 원자가 서로 너무 가까이 하는 것을 방지하며 어떠한 분자가 취할 수 있는 가능한 형태들을 제한한다. 허용되는 *psi*와 *phi*의 조합들은 1963년 이 그림에서 요약된 정보를 처음으로 해결한 팀을 이끌었던 G.N. Ramachandran의 이름을 따서 붙여진 **라마찬드란 도면(Ramachandran plot)**(그림 3.15)에 의해 보인다.

그림 3.15 라마찬드란 도면
도면의 암청색과 붉은 영역들은 입체효과들을 일으키지 않고 가능한 *psi*와 *phi*의 조합들을 가리킨다. 붉은 영역들은 가장 선호되는 부위들로서, 그 내부에서 실제 폴리펩타이드들에서 발견되는 결합각들의 대부분의 조합들이 위치한다. 도면의 다른 부위들 내 결합각들로부터 초래되는 2차구조의 유형들이 표시되어 있다.

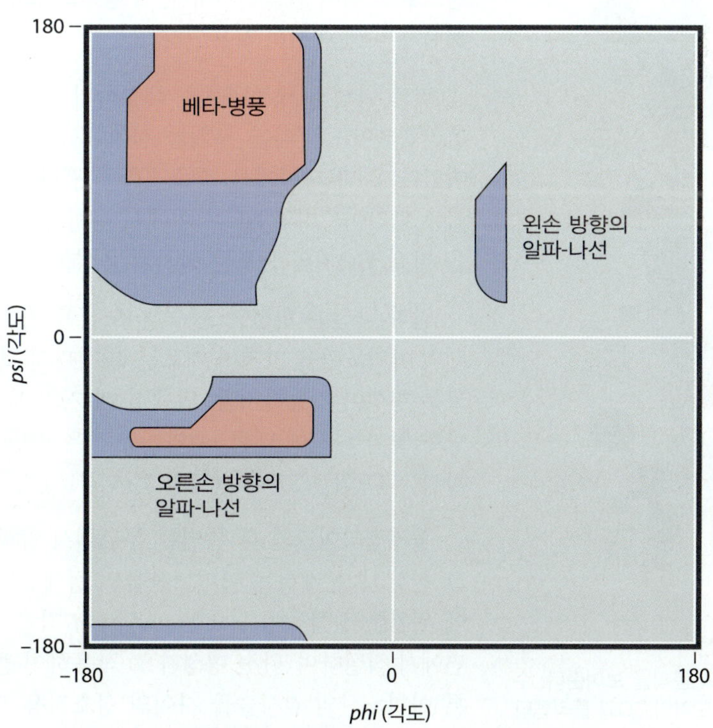

화학의 원리

Box 3.4 펩타이드 결합의 특이한 특징들

펩타이드 결합은 보통 하나의 단일결합으로 그려지지만 이중결합의 일부 특징들을 갖는다. 특히, 펩타이드 결합은 회전을 할 수 없기 때문에 펩타이드기의 평면모형에 기여한다. 이러한 성질들은 한 분자 내 인접한 원자들 사이의 전자들의 재분포를 포함하는 **공명(resonance)**으로 일컫는 하나의 과정으로부터 일어난다. 이것은 단일결합이 이중결합으로 그리고 그와 반대로의 교체를 초래할 수 있다. 펩타이드 결합의 두 가지 공명구조는 오른쪽 도해에서 보여준다:

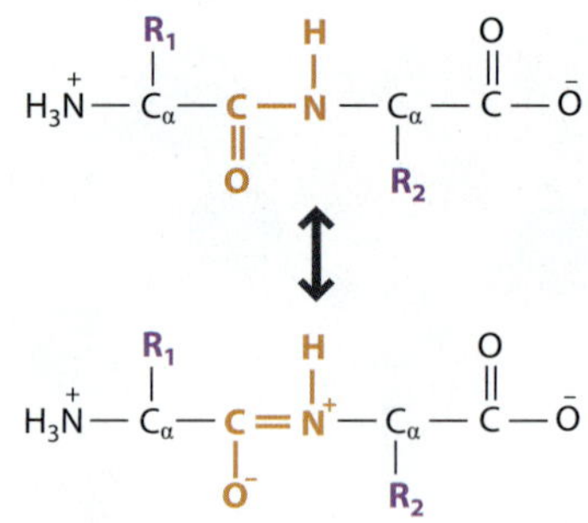

두 구조 사이의 연속적 공명은 펩타이드 결합이 단일결합과 이중결합 특징들 사이에서 진동함을 의미한다. 단일결합이 지배적이지만, 이중결합은 회전을 방지하기 위해 충분히 만연되어 있다.

18.1.3절에는 X선 결정학이 어떻게 단백질 구조를 연구하는 데 사용되는지를 살펴볼 것이다.

3.2.2 폴리펩타이드는 규칙적인 구조들을 취할 수 있다

만일 알파-탄소의 어느 쪽에서든지 *psi*와 *phi* 각들 중의 하나 또는 모두가 180°와 다르다면, 그 폴리펩타이드는 그 지점에서 방향을 바꿀 것이다. 이러한 효과를 실증하기 위하여, 알파-나선과 베타-병풍으로 불리는 단백질 내에서 발견되는 2차구조의 두 가지 가장 흔한 유형을 배울 것이다.

알파-나선은 2차구조의 흔한 유형이다

알파-나선은 1940년대 후반 Linus Pauling, Robert Corey 그리고 Herman Branson에 의해 발견되었다. 이는 실험적 근거에 완전히 기초하지 않았기 때문에 그 당시 이것은 이상한 유형의 발견이었다. X선 결정체학은 어떤 종류의 나선구조는 다수 단백질들의 하나의 흔한 특징이었음을 제시하였다. Pauling은 처음에 한 장의 종이 위에 폴리펩타이드 사슬을 단순히 그려서 모델을 만듦으로써 그 나선의 구조를 해결할려고 결정하였다. 오늘날은 종이가 아닌 정교한 컴퓨터 프로그램으로 모델이 만들어지지만, **모형구축(model-building)**은 X선 결정체 연구로부터 나온 자료를 해석하는 데 여전히 사용된다.

알파-나선의 세부내용을 해결하기 위해 Pauling과 그의 동료들이 사용했던 핵심적인 특징은 폴리펩타이드의 다른 부위들 사이에서 형성하는 수소결합들에 의해 그 구조가 안정화되는 방식이었다. 알파-나선에서, 수소결합은 펩타이드기의 CO와 그 폴리펩타이드를 따라 네 번째 위치에 있는 펩타이드기의 NH 사이에서 형성된다(그림 3.16). NH기는 극성으로서 이 수소는 전기적 양성을 띠고, CO기의 산소는 전기적 음성을 띠어 수소결합 형성을 위한 필요조건을 제공한다.

알파-나선은 회전당 3.6 아미노산을 가지고 곁사슬은 외부로 향하며, 각 나선은 보통 10~20개의 아미노산을 가지며 때로는 40개까지 갖는 경우도 있다. 오른손 방향과 왼손 방향 알파-나선 모두 형성이 가능하지만, 단백질 내 거의 모두는 오른손 방향으로서 다소 더 안정적이다. 오른손 방향 알파-나선에 대한 *psi*와 *phi* 각은 라만찬드란 도면 구성의 유리한 부위들 중의 하나 내에서 각각 −47°와 −57°이다(그림 3.15 참조).

폴리펩타이드의 한 특별한 부위에서 알파-나선의 형성 여부를 무엇이 결정하는가? 그 해답은 그 신장 내 존재하는 아미노산들의 정체성에 놓여 있다. 곁사슬의 성질은 알파-탄소의 양쪽 측면에 위치한 결합들이 필요한 *psi*와 *phi* 각을 취하는 능력에 영향을 미친다. 알라닌은 특히 이러한 면에서 적절하며 '나선 형성자'로 작용하여 폴리펩타이드를 알파-나선으로 접히도록 촉진한다. 다른 아미노산의 곁사슬들 사이의 상호작용 또한 나선형성을 촉진할 수 있으며 일단 형성된 나선을 안정화시킨다. 그러한 상호작용이 일어나기 위해서는, 두 곁사슬이 나선의 동일한 면에 있어

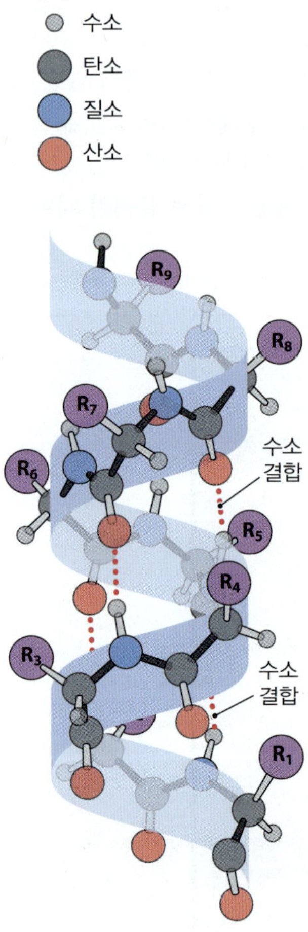

그림 3.16 알파-나선
폴리펩타이드 사슬의 윤곽을 보여준다. 수소결합은 한 펩타이드기의 CO와 폴리펩타이드를 따라 4개의 위치에 있는 펩타이드기의 NH 사이에서 일어난다.

Box 3.5 왼손 방향과 오른손 방향 나선 사이의 차이는 무엇인가?

이 질문에 답하기 위한 가장 쉬운 방법은 그 나선이 하나의 나선형 계단이며 여러분이 그 계단을 오르고 있다고 상상해 보라. 만일 그 나선이 오른손 방향이라면, 여러분은 바깥쪽 난간을 여러분의 오른손으로 잡을 것이다. 만일 그것이 왼손 방향 나선이라면, 바깥쪽 난간은 여러분의 왼손 가까이 있을 것이다. 요셉 성인에 의해 기적적으로 건축된 것으로 주장되고 있는 New Mexico 주 Santa Fe의 Loretto 예배당에 있는 그 유명한 나선형 계단은 왼손 방향 나선이다. 1932년, Giuseppe Momo에 의해 설계된 바티칸 박물관의 유명한 그 나선형 계단은 오른손 방향이다.

야 하며 따라서 그들은 폴리펩타이드 내에서 3~4개의 아미노산만큼 떨어져 있어야 한다. 이러한 방식으로 떨어져 있는 아미노산들의 양과 음으로 하전된 곁사슬들 사이의 정전기결합은 종종 알파-나선을 안정화시킨다.

다른 아미노산들은 '나선 차단자'로서 알파-나선의 형성을 방해하거나 형성하는 것의 길이를 제한한다. 프롤린은 나선 차단자의 주요한 예로서, 그의 독특한 곁사슬 구조(그림 3.3 참조)가 N-C_α 결합 주위에서 회전을 허용하지 않는다. 따라서 프롤린 다음의 *phi* 각은 불변하여 알파-나선을 형성하기 위해 필요한 회전의 정도를 취할 수 없다. 종종 프롤린은 알파-나선의 한쪽 또는 다른쪽 말단에서 발견되는데 나선형성이 종결되어야 하는 곳의 지점을 표시한다.

베타-병풍은 또 다른 흔한 2차구조이다

베타-병풍 또한 모형구축 실험 이후 Pauling과 그의 동료들에 의해 예측되었다. 알파-나선과 마찬가지로, 베타-병풍은 다른 펩타이드기들의 CO와 NH 부위들 사이에서 수소결합들에 의해 서로 붙어 있다. 차이점은 베타-병풍에서는 수소결합에 참여하는 펩타이드기들이 폴리펩타이드 내에서 서로 가까이 있지 않다는 사실이다. 사실상 그들의 떨어진 거리는 중요하지 않다. 중요한 것은 일련의 수소결합들이 폴리펩타이드의 두 부위 사이에서 형성하여 그들 영역들이 서로 나란

Box 3.6 폴리펩타이드의 2차구조를 아미노산 서열로부터 예측하기 연구 요약

특히 아미노산 서열은 유전암호의 규칙들을 사용하여 한 유전자의 DNA 서열로부터 추론될 수 있기 때문에, 한 단백질의 아미노산 서열을 알아내는 것이 그의 3차원 구조보다 더 용이하다. 19.2절에서 발견하게 되듯이, DNA 염기서열 결정은 비교적 쉬운 반면, X선 결정학과 핵자기공명(NMR)분광학(18.1.3절)과 같은 한 단백질의 3차원 구조를 결정하는 데 필요한 방법들은 더욱 어렵고 많은 시간을 소요한다. 이것은 아미노산 서열이 알려진 단백질들은 상당수가 있지만 3차원 구조는 규명되지 않고 있다는 것을 의미한다. 세포 내에서 아미노산 서열은 그 단백질의 3차원 구조를 특정한다. 그렇다면 우리가 단순히 아미노산 서열을 검토함으로써 그 3차원 구조를 예측할 수 있는 어떤 방법이 있을까?

생화학자들은 1960년대 이후 단백질 구조를 예측하기 위한 규칙들을 고안하기 위해 시도해 왔다. 초기 방법들은 그 당시 구조가 사실상 알려진 적은 수의 단백질들 내에서 다른 아미노산들이 나선들에서 존재하는 빈도들에 관한 실제적인 지식과 함께 어떤 아미노산들이 나선 형성자들이고 나선 차단자들인지에 관한 이론적 정보를 활용하여 하나의 폴리펩타이드 사슬 내 알파-나선들의 위치를 추론하기 위한 노력에 집중하였다. 이러한 방식으로 60~70%의 정확도로 알파-나선들의 위치를 규명하는 것이 가능한 것으로 입증되었다. 유사한 접근은 약간 더 낮은 신뢰도로 베타-병풍이 규명될 수 있도록 하였다.

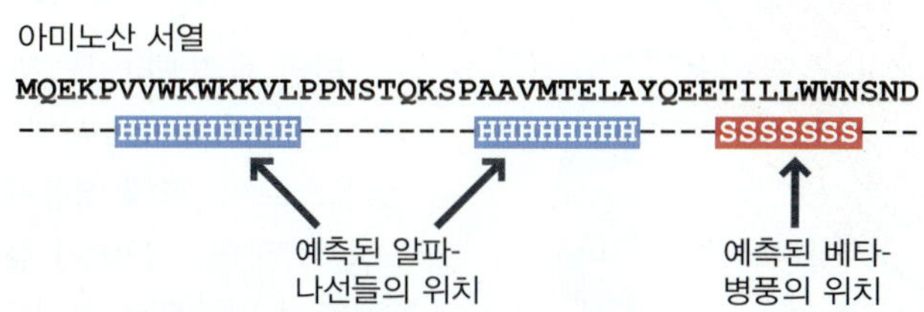

이러한 방법들은 단백질의 2차구조를 어떠한 수준의 신뢰도를 갖고 단지 추론할 수 있게 할 뿐이다. 알파-나선과 베타-병풍을 함유한 폴리펩타이드가 3차원적 3차구조로 접히는 방식을 예측하는 것은 훨씬 더 어려운 것으로 입증되었다. 점차적으로, 구조가 밝혀진 단백질들의 수는 관련 단백질들의 실제 구조를 유사한 서열과 비교할 수 있는 단계까지 증가하였다. 이렇게 되자, 새로운 아미노산 서열을 모든 알려진 단백질 구조들과 비교하는 컴퓨터 프로그램들을 고안할 수 있게 되었으며, 유사한 서열을 갖는 전체 단백질 또는 단백질의 일부분들을 확인하고 그러한 단백질들의 구조를 사용하여 새로운 아미노산 서열에 의해 취해진 구조를 예측할 수 있게 되었다. 심지어 오늘날도 이러한 방법은 여전히 전적으로 정확하진 않지만, 완전한 X선 결정체학 또는 NMR 분석의 결과들이 얻어지기 전에 한 단백질의 중요한 구조적 특징들을 밝혀내는 하나의 신속한 방법을 제공한다.

그림 3.17 베타-병풍
R기가 제거된 폴리펩타이드 사슬의 윤곽을 보여준다. 오른쪽과 중간 가닥들은 폴리펩타이드들이 반대방향으로 달리는 하나의 역평행 베타-병풍을 형성한다. 중간과 왼쪽 가닥들은 하나의 평행 병풍을 형성한다. 병풍의 주름진 모습을 주목하라.

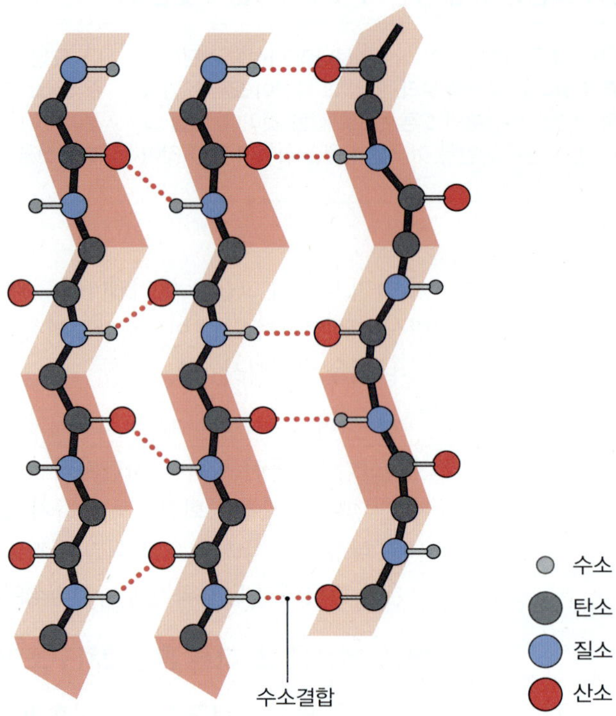

히 붙어 있게 하는 것이다(그림 3.17). 더 많은 영역들의 추가는 각 가닥이 15개의 아미노산까지 함유하는 10개 또는 그 이상의 가닥들로 구성될 수 있는 하나의 병풍 같은 구조를 초래한다. **평행 베타-병풍(parallel β-sheet)** 내에서는 모든 가닥들이 같은 방향으로 달리는 반면 (N→C 또는 C→N), **역평행(antiparallel)** 형태에서는 인접한 가닥들이 반대방향으로 달린다. 두 가지의 혼합 또한 하나의 단일 병풍 내에서 가능하다. 병풍 자체는 오른손 방향 뒤틀림의 형태에서 어느 정도의 만곡을 나타낼 수 있다.

만일 폴리펩타이드가 완전히 신장되면 인접한 가닥 사이에 안정적인 수소결합이 형성되지 않는데, 이 때 *psi*와 *phi*의 회전 각도는 모두 180이다. 대신, 알파-탄소들 주위결합들의 일부 회전이 있음으로써, 평행 병풍에서는 *psi*가 약 113° 그리고 *phi*가 약 −119°가 되고 또는 역평행 병풍에서는 135°와 −139°가 될 수 있도록 해야 한다. 이러한 회전들은 폴리펩타이드에게 갈지자 모양을 주며 병풍으로 하여금 주름진 모습을 띠게 한다(그림 3.17 참조). 곁사슬들은 병풍 평면에 대한 직각으로 바깥으로 향한다.

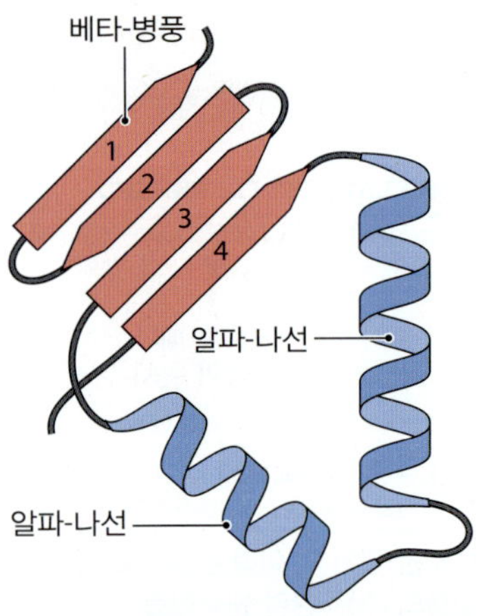

그림 3.18 베타-병풍과 알파-나선의 전형적인 복합체
이 예에서는 하나의 4가닥 베타-병풍이 있다. 1~3가닥들은 두 개의 짧은 급회전에 의해 연결된 하나의 역평행 병풍을 형성한다. 가닥 3과 4는 두 개의 알파-나선을 함유한 하나의 긴 연결서열을 가진 평행 병풍을 형성한다.

개별 또는 분리된 가닥들 내의 다른 아미노산들의 곁사슬들 사이에는 상호작용이 거의 없는데, 이는 알파-나선과는 달리 어느 아미노산들이 베타-병풍에 참여할 수 있거나 없는지에 관한 규칙이 거의 없다는 것을 의미한다. 프롤린은 선호되지 않으며, 만일 존재한다면 가장자리 가닥들 중의 하나에 제한될 가능성이 높으며 보다 큰 곁사슬을 가진 아미노산들은 병풍의 중앙을 향하여 위치되는 경향이 있다. 또한 한 가닥의 끝과 다음 가닥의 시작 사이에 있는 아미노산들의 수에 관한 규칙도 거의 없다. 최소는 보통 4개인데, 이는 이 수의 아미노산들이 폴리펩타이드의 급격한 회전을 수행하는 데 필요되기 때문이다. 그러나 사이에 있는 부분은 훨씬 더 길 수 있으며 알파-나선 또는 하나의 두 번째 별개의 병풍에 참여하는 심지어 베타-가닥들과 같은 다른 구조적 모양들을 함유할 수 있다(그림 3.18).

3.3 섬유형 및 구형의 단백질

단백질은 넓게 두 가지 유형인 **섬유형(fibrous)**과 **구형(globular)**으로 나뉠 수 있다. 구형의 단백질들은 흔히 수용성으로 살아 있는 세포 내에서 수많은 다른 기능들을 수행한다. 구형 단백질의 구조를 공부할 때, 알파-나선과 베타-병풍들로 구성되어 복잡한 삼차원적 **3차구조(tertiary structure)**들로 접혀 있음을 알게 될 것이다. 섬유형 단백질들은 불용성으로 보통 더 특이적인 구조적 역할들을 가진다. 이러한 단백질들은 3차구조로 접히지 않는다. 대신 2차구조가 최고 수준의 조직이다.

3.3.1 섬유형 단백질들: 케라틴, 콜라겐 및 실크

케라틴, 콜라겐 및 실크는 섬유형 단백질들의 세 가지 예이다. 케라틴은 동물의 머리카락, 뿔, 손발톱 및 피부에 존재한다. 그 단백질은 2개의 폴리펩타이드로 구성되어 있는데, 이들 각각은 회전당 3.6개의 아미노산 대신 3.5개를 갖는 알파-나선이 하나의 약간 압축된 형태로 이루어져 있다. 이러한 압축은 오른손 방향 알파-나선에 하나의 왼손 방향 **초나선(superhelix)** 형태를 제공한다(그림 3.19). 초나선의 배열은 두 개의 케라틴 폴리펩타이드들이 **반데르발스 힘(van der Waals force)**으로 불리는 약한 결합과 두 폴리펩타이드 내 인접한 위치들을 차지하고 있는 시스테인 잔기들 사이에서 형성하는 공유결합인 **이황화결합(disulfide bond)**들에 의해 서로 결합된 채로 서로의 주위를 감을 수 있도록 되어 있다(그림 3.20). 그 결과적 구조는 엄밀히 말하자면 **꼬인 코일(coiled coil)**로 불리는데, 다른 꼬인 코일들과 함께 미세사를 형성할 수 있으며 이들은 더욱더 연합하여 높은 인장력을 가진 미세섬유들을 형성하는데, 이는 말단 부위들을 잡아당겨 끊기 어려움을 의미한다. 따라서 케라틴 폴리펩타이드의 나선구조는 그 단백질이 발견되는 머리카락과 다른 구조들의 물리적 성질에 대한 직접적인 원인이 된다.

콜라겐 또한 하나의 나선구조를 가지지만 우리가 지금까지 접하지 않았던 새로운 특징들을 보여준다. 하나의 콜라겐 폴리펩타이드는 글리신-X-Y 서열의 다수 반복들로 이루어진 하나의 비교적 단순한 1차구조를 가지는데, 여기서 X는 흔히 프롤린이며 Y는 4-하이드록시프롤린으로 불리는 프롤린의 변형된 형태이다(그림 3.11 참조). 따라서 반복서열은 글리신-프롤린-프롤린으로 합성되어 연속된 서열 내 두 번째 프롤린은 그 폴리펩타이드가 만들어진 이후 4-하이드록시프롤린으로 전환된다. 높은 프롤린 함량은 부분적으로는 프롤린의 N-C_α 결합주위에 어떠한 회전도 있을 수 없기 때문이며, 부분적으로는 프롤린 곁사슬들이 서로 밀쳐내어 가능한 멀리 떨어지도록

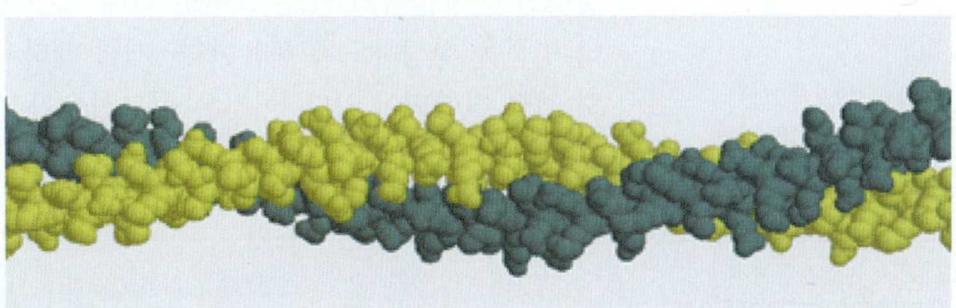

그림 3.19 케라틴
개별 폴리펩타이드들은 암밀한 알파-나선 구조를 취함으로써 그 가닥으로 하여금 하나의 초나선 구조를 제공한다. 이 도형은 서로의 주위를 감는 두 폴리펩타이드를 보여준다. John Wiley and Sons 법인의 허락으로 Pratt 등에 의한 *Essential Biochemistry*로부터 발췌한 영상.

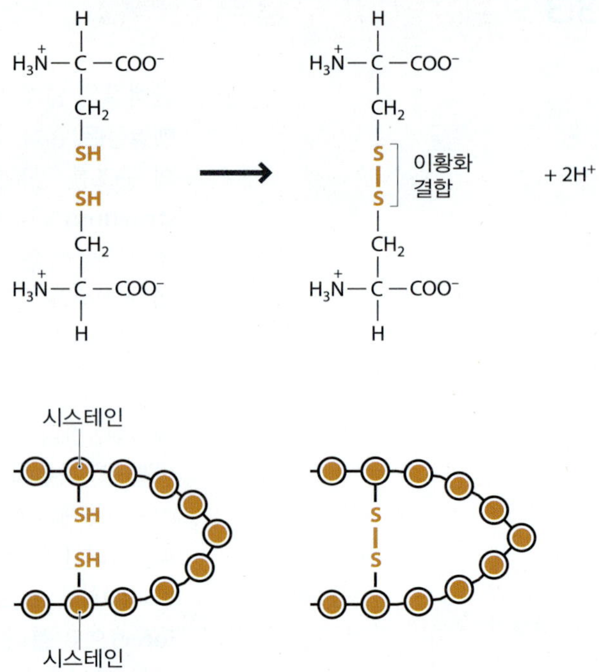

그림 3.20 이황화결합
위의 그림은 이황화결합의 화학적 구조를 보여준다. 아래는 이황화결합의 형성이 폴리펩타이드의 구조에 미칠 수 있는 영향이다.

하려 하기 때문에, 회전당 3.3 아미노산들을 갖는 폴리펩타이드 상에서 하나의 왼손 방향 나선구조를 제공한다. 이들 나선의 폴리펩타이드 3개가 다시 서로의 주위를 감아 하나의 오른손 방향 **삼중나선(triple helix)**을 만든다(그림 3.21). 그 구조는 각 폴리펩타이드 내 세 번째 아미노산마다 삼중나선의 중심부위에 가까이 놓여지도록 요구한다. 이러한 이유 때문에 매 세 번째 아미노산은 글리신이다. 매우 작은 곁사슬을 가진 이 아미노산은 들어맞을 수 있는 유일한 것이다. 그 삼중나선은 하나의 폴리펩타이드 내 글리신의 NH와 다른 두 폴리펩타이드 중 하나에서 펩타이느기의 CO 사이의 수소결합에 의해 서로 결합되어 있다. 케라틴에서와 마찬가지로, 콜라겐 삼중나선의 무리들은 서로 모아져 뼈와 힘줄을 포함한 결합조직들에서 구조적 역할을 하는 데 필요한 힘을 콜라겐에 제공하는 미세사를 형성한다.

실크는 좀 다르다. 이 섬유는 다양한 곤충들에 의해 생성되어 인간에 의해 정교한 천을 만드는 데 이용된다. 실크의 섬유성 성분은 피브로인으로 불리는 단백질이지만, 이는 나선구조를 가지지 않는다. 대신, 각 피브로인 폴리펩타이드는 높은 글리신 및 알라닌 함량을 가져 글리신과 알라닌 곁사슬들의 작은 크기로 인해 매우 밀접한 쌓기로 서로의 위에 층을 이루는 광범위한 베타-병풍을 형성하도록 허용한다. 개별 베타-병풍은 인장력을 제공하지만, 병풍의 층들은 덜 단단히 서로 결합되어 있다. 이것은 실크섬유가 강할 뿐만 아니라 유연함을 의미한다.

그림 3.21 콜라겐
콜라겐은 3개의 폴리펩타이드로 이루어진 하나의 삼중나선으로, 각각은 왼손 방향 나선구조를 가진다.
John Wiley and Sons 법인의 허락으로 Pratt 등에 의한 *Essential Biochemistry*로부터 발췌한 영상.

연구 요약

Box 3.7 멸종동물을 확인하기 위한 콜라겐 구조의 활용

콜라겐은 뼈, 힘줄 그리고 다른 구조적 조직들에 존재하면서, 척추동물에서 가장 중요한 단백질들 중의 하나이다. 뼈에서 콜라겐 미세사는 건조중량의 약 20%를 차지하며 생인회석(bioapatite)으로 불리는 무기물 기질 내에 박혀 있다. 콜라겐은 쉽게 파괴되지 않아 동물이 사망한 이후 종종 뼈에 보존되는 매우 안정된 단백질이다. 심지어 6800만 년 전으로부터 유래한 공룡의 다리뼈 화석에서 확인되는 적은 양의 콜라겐에 대한 보고들도 있다.

비록 콜라겐 폴리펩타이드들은 주로 글리신, 프롤린 그리고 4-하이드록시프롤린으로 구성된 하나의 규칙적인 구조를 가지지만, 화석 뼈들을 확인할 수 있을 정도로 다른 종들의 콜라겐 분자들 사이에 충분한 차이들이 존재한다. 그 방법은 **콜라겐 지문(collagen fingerprinting)**으로 불린다. 최근에는, 이를 이용하여 낙타들이 한때 북극에서 살았다는 것을 보여주었다. 350만 년 전의 것으로 추정되는 작은 뼈조각들이 캐나다의 북극권에 위치한 Ellesmere 섬에서 발견되었다. 콜라겐 지문을 통하여 그들은 지구역사상 하나의 온화한 시기였던 선신세 중기 동안 지금의 북극에서 살았던 거대 낙타의 한 멸종된 종으로부터 온 것이라는 사실을 보여주었다. 북극은 그 당시에도 여전히 겨울 눈보라와 깊은 눈으로 매우 추웠지만, 큰 동물들을 위한 먹이와 피난처를 제공한 숲도 있었다. 그럼에도 불구하고, 낙타들이 거기에 살았다는 발견은 빙하기 직전 시기에 북미에서 존재했던 종의 유형들에 관한 생각들을 뒤흔들었다.

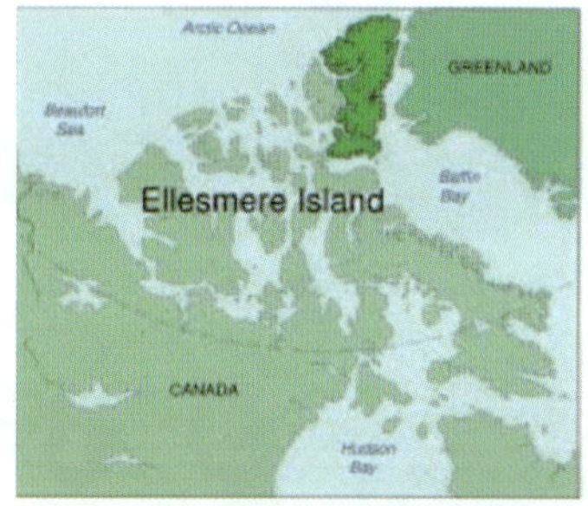

화가 Julius Csotonyi의 허락으로 복사된 Ellesmere 섬의 낙타들의 영상

3.3.2 구형의 단백질들은 3차 및 4차의 구조들을 가진다

구형의 단백질들은 가늘고 긴 섬유형보다는 구형의 구조들을 가지며, 대부분은 수용성이다. 구형의 단백질들은 다양한 생화학적 역할을 하며, 동일하게 다양한 구조들을 갖는다. 사실 지난 20년에 걸친 생화학의 주요 목표는 다른 구형의 단백질들 내에서 공통적인 구조적 특징들을 규명하고, 그러한 특징들을 개별 단백질들의 기능과 연관시키기 위한 것이었다.

구형 단백질과 섬유형 단백질 사이의 가장 중요한 구조적 차이는 구형 단백질은 최소 하나 그리고 가능하게도 두 개의 더 높은 수준의 조직화를 나타낸다는 것이다. 이들은 **3차 및 4차 구조(tertiary and quaternary structure)**들로 불리며, 그것을 이해하는 것은 생화학에서 구형 단백질들의 중요성을 이해하는 데 핵심이다.

3차 수준의 구조는 단백질의 삼차원적 형태이다

구형 단백질의 3차구조는 폴리펩타이드의 2차구조의 성분들이 하나의 삼차원적 형태로 접힘으로써 생겨난다. 대부분의 단백질들에 대하여, 2차구조의 성분들은 알파-나선들과 베타-병풍들의 혼합으로 구성된다. 하나의 예는 5개의 알파-나선들에 의해 둘러싸인 하나의 10가닥 베타-병풍을 갖는 효소인 탄산탈수소효소이다(**그림 3.22A**). 소수의 단백질들은 보다 더 균일한 3차원 구조들을 가진다. 예를 들어, 미오글로빈은 8개의 알파-나선들과 무베타-병풍으로 구성되어 있으며(**그림 3.22B**), 콘카나발린 A는 전적으로 베타-병풍으로 구성되어 있다(**그림 3.22C**). 조합이 무엇이든간에, 2차구조의 구성성분들은 폴리펩타이드의 덜 조직화된 영역들에 의해 연결되는데, 이는 그럼에도 불구하고 그 폴리펩타이드의 경로를 특이적인 방향으로 전환을 초래하는 구조들을 포함할 수 있다. 한 가지 예는 베타-회전으로 종종 글리신과 프롤린을 포함하는 4개의 아미노산으로 구성된다. 이러한 4개의 아미노산은 첫 번째 펩타이드기의 CO와 세 번째 NH 사이의 수소결합에 의해 고정되어 하나의 180° 회전을 실행한다(**그림 3.23**). 이러한 유형의 회전은 종종 베타-병풍에서 가닥

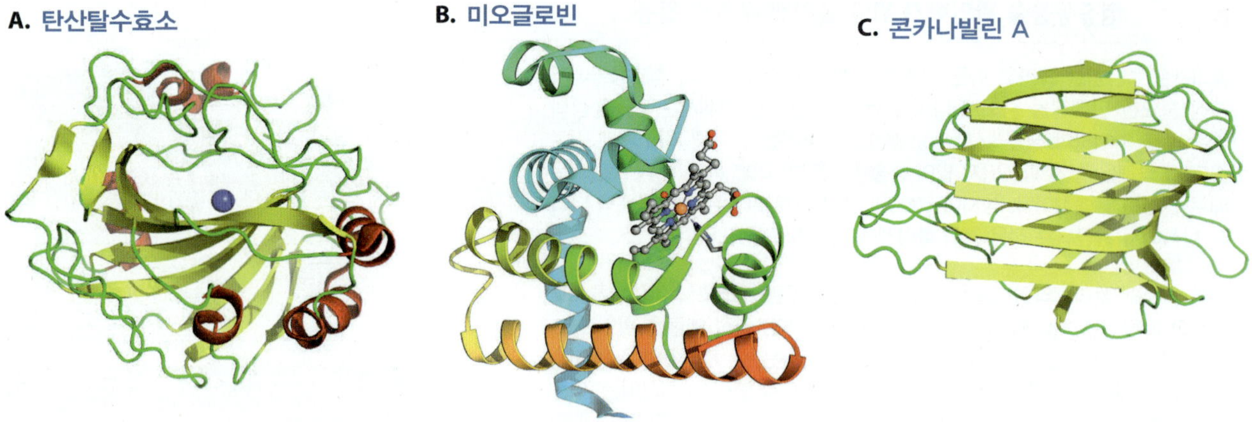

그림 3.22 3개의 구형 단백질

(A) 탄산탈수효소. 이 단백질은 5개의 알파-나선(분홍색과 붉은색)에 의해 둘러싸인 하나의 10가닥 베타-병풍(노란색)을 구성한다. 그것은 또한 푸른색으로 표시된 하나의 아연원자를 함유한다. (B) 미오글로빈. 2차구조들은 모두 알파-나선들이다. 그것은 또한 하나의 헴분자를 함유한다. (C) 콘카나발린 A. 2차구조는 전적으로 베타-병풍이다.

(A) University of Maine으로부터 허락으로 Raymond Fort Jr.에 의해 복사됨(http://chemistry.umeche.maine.edu/CHY431.html). (B) Science Photo Library의 허락으로 복사됨. (C) 저작물공동허가서(Creative Commons License)에 의해 Wikipedia로부터 복사됨.

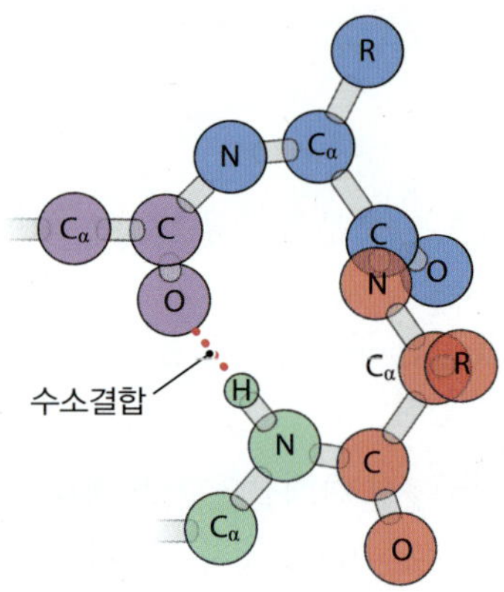

그림 3.23 베타-회전

회전에 관여하는 4개의 아미노산은 다른 색깔들로 나타나 있다. 명료성을 위하여, 수소결합에 참여하는 것을 제외한 수소원자들은 생략되었다.

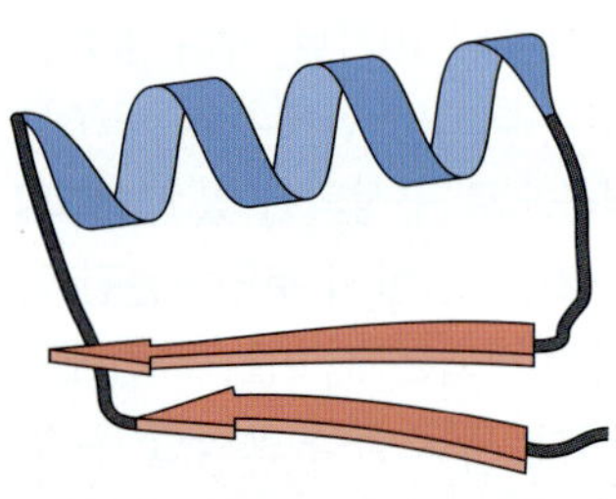

그림 3.24 βαβ 고리

들의 쌍들을 연결하며, 구형 단백질의 표면 또는 그 가까이 위치하는 경향이 있다.

비록 구형 단백질들의 구조가 매우 다양하지만, 특정한 공통적인 특징들이 확인될 수 있다. 이러한 특징들 중 가장 일관성 있는 것은 폴리펩타이드 사슬의 '소수성'과 '친수성' 부위들의 분포이다. 대부분의 구형 단백질에서, 비극성 아미노산 곁사슬들의 모두는 구조의 내부에 위치한다. 이것은 정확히 우리가 기대하는 바인데, 왜냐하면 이들 곁사슬은 소수성으로 3차원 구조로 접힐 때 단백질 내부에 묻히게 되는 경향을 가질 것이기 때문이다. 유사하게, 폴리펩타이드의 극성과 전하를 띤 부위들은 보통 표면에 있게 되어, 단백질이 세포 내부와 같은 하나의 수용성 환경에 있다고 가정할 때, 물분자들과 접촉할 수 있도록 한다. 폴리펩타이드의 극성 부위들은 단지 아미노산 곁사슬들뿐만 아니라, 알파-나선 또는 베타-병풍에서처럼 수소결합을 형성하지 않는 한, 펩타이드 연결들의 CO와 NH기들 또한 포함한다. 따라서 수소결합에 참여하지 않는 펩타이드기들은 단백질의 표면 위에 있게 되는 경향을 가질 것이다. 이러한 다양한 힘들은 폴리펩타이드가 3차구조로 접히는 방식을 지시한다. 일단 접히게 되면, 그 구조는 반데르발스 힘들과 같은 다양한 상호작용 그리고 가능하게도 시스테인 아미노산들 사이에 이황화 다리들의 형성에 의해 안정화될 것이다.

구형 단백질들의 다른 공통적인 특징들은 2차구조 단위들의 조합들을 조사할 때 관찰된다. 하나의 특별한 방식으로 접힌 단위들의 어떤 조합들은 여러 다른 단백질들에서 관찰된다. 이러한 **모티프(motif)**들 중의 가장 흔한 것은 하나의 베타-병풍의 두 평행가닥이 하나의 알파-나선에 의해 분리된 것으로 구성된 **βαβ 고리**이다(**그림 3.24**). 두 번째 예는 **αα 모티프**로서, 곁사슬들이 딱 들어맞을 수 있는 방식으로 두 개의 알파-나선들이 역평행 방향으로 나란히 놓여 있다. 각 유형의 모티프는 다양한 기능들을 가진 다른 단백질들의 범주에서 발견되는데, 이는 그 모티프들이 기능적인 단위들이라기보다는 구조적 단위들이라는 것을 제시한다.

일부 더 큰 구형의 단백질들에서는, 3차구조가 **영역(domain)**들로 불리는 분리된 부분들로 갈

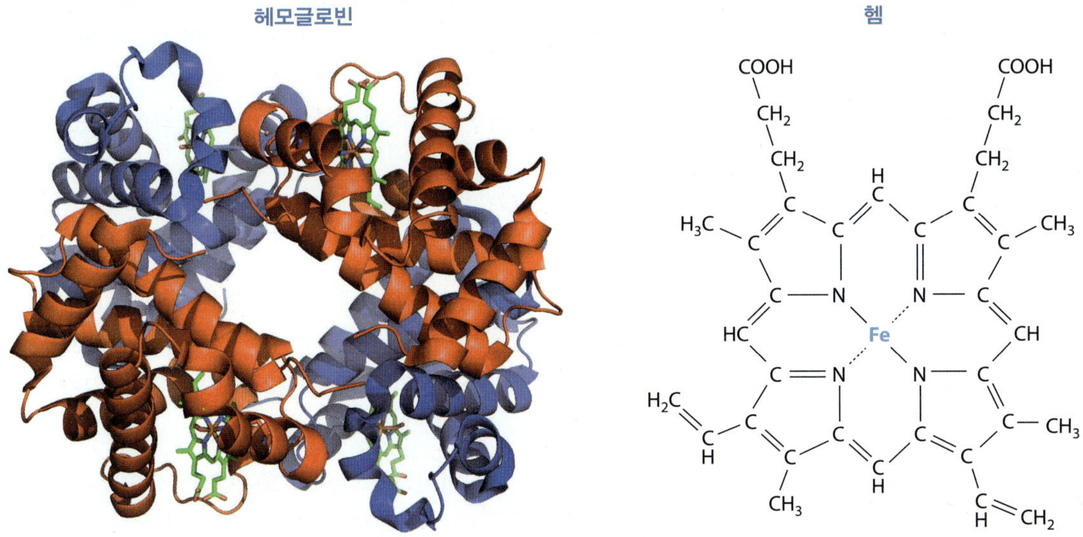

그림 3.25 헤모글로빈

이 단백질은 두 개의 동일한 α 소단위들과 두 개의 동일한 β 소단위들로 이루어진 사량체이다. 헴기들은 단백질 구조에서 초록색으로 보여준다. 헴은 산소와 가역적으로 결합하여 적혈구 세포내 헤모글로빈으로 하여금 폐로부터 신체의 다른 부위들로 산소를 운반할 수 있도록 하는 철원자를 함유하는 유기화합물이다.
(A) CC BY SA 저작권에 의해 Wikipedia로부터 복사된 Zephyris에 의한 헤모글로빈 영상.

라지는데, 이들은 보통 조직화되지 않은 폴리펩타이드의 짧은 부분들에 의해 연결된다. 그 영역들은, CD4로 불리는 포유동물 세포표면 단백질의 4개의 영역에 대한 경우에서처럼, 동일하거나 유사한 구조들을 가질 수 있다. 다른 단백질들에서는, 그 영역들이 구조상으로 다른데, 각각은 가능하게도 단백질의 전반적인 기능 중 하나의 다른 부분에 기여할 수 있다.

4차구조는 다중소단위 단백질들로 폴리펩타이드들의 연합이다

단백질 구조의 4차수준은 각각이 그의 3차구조로 접힌 상태에서 둘 또는 그 이상의 폴리펩타이드가 하나의 다중소단위(multisubunit) 단백질로의 연합을 포함한다. 모든 단백질이 4차구조를 형성하지는 않지만, 복잡한 기능을 가진 다수 단백질의 한 특징이다. 일부 4차구조들은 다른 폴

Box 3.8 영역들의 혼합을 가진 단백질의 예

혈액응고에 관여하는 사람 조직플라스미노겐 활성자(TPA)는 다영역 단백질의 하나의 좋은 예이다. TPA는 5개의 영역들을 가진다:

- TPA로 하여금 다른 단백질들과 결합하고 또한 혈액응고 과정에서 중개자들로 작용하는 지질들에 결합할 수 있도록 해 주는 두 개의 동일한 '크링글' 구조들. 각 크링글 구조는 3개의 이황화결합들에 의해 안정화되는 하나의 큰 고리이다.
- 혈액응고에서 발견되는 하나의 섬유성 단백질인 피브린에 결합하는 하나의 작은 베타-병풍 구조인 하나의 '손가락' 모듈.
- 두 개의 이황화결합들에 의해 고정되는 3개의 고리로 구성된 하나의 성장인자 모듈. 이 모듈은 상처치유반응의 일부로서 TPA로 하여금 세포증식을 자극하도록 한다.
- 하나의 베타-병풍과 알파-나선으로 구성된 하나의 큰 단백질분해효소 영역. 단백질분해효소 영역의 기능은 플라스미노겐으로 불리는 하나의 불활성 단백질을 플라스민으로 불리는 그의 활성형태로 전환하는 것이다. 그 단백질분해효소는 플라스미노겐 폴리펩타이드 내 하나의 단일한 펩타이드 결합을 절단함으로써 이를 수행한다. 플라스민은 사용되지 않은 피브린을 파괴하여 응고물이 혈류 안으로 퍼지지 않도록 해 준다.

이러한 영역들 모두는 또한 다른 단백질들에서 매우 유사한 구조들과 함께 발견된다. 크링글과 손가락 영역들은 혈액응고에 관여하는 단백질들에서 공통적이며, 성장인자 영역들은 세포성장을 자극하는 다수의 단백질들에서 발견된다. 이들 중의 하나인 표피성장인자는 단순히 하나의 단일한 성장인자 영역으로 이루어져 있다.

그림 3.26 담배모자이크 바이러스 캡시드

리펩타이드들 사이의 이황화결합에 의해 서로 고정되어, 그의 구성 부분들로 쉽게 분해될 수 없는 하나의 안정된 다중소단위 단백질을 형성한다. 다른 4차구조들은 수소결합과 같은 비교적 약한 상호작용들에 의해 안정화되는 보다 느슨한 소단위들 연합을 구성한다. 이러한 단백질들은 세포의 기능적 요구성에 따라 구성성분 폴리펩타이드들로 되돌아가거나 소단위 구성성분을 변화시킬 수 있다.

헤모글로빈은 4차구조를 가진 단백질의 한 예이다. 이것은 폐로부터 신체의 다른 조직들로 산소를 운반하는 척추동물 적혈구세포 내 단백질이다. 그것은 2개의 동일한 α 소단위들과 2개의 동일한 β 소단위들로 구성된 네 폴리펩타이드의 사량체이다(**그림 3.25**). 그 폴리펩타이드들은 글로빈으로 불리는데, 따라서 소단위들은 α-글로빈과 β-글로빈들이다. 각 글로빈은 산소와 결합하는 하나의 비단백질 화합물인 부착된 헴기를 가진다. 그 4차구조는 글로빈 소단위들 사이에서 수소와 정전기결합들에 의해 안정화된다.

큰 4차구조들은 바이러스의 외피 또는 캡시드를 구성하는 단백질들에 의해 형성된다. 예를 들어, 담배모자이크 바이러스(TMV)는 2,130개의 동일한 소단위들로 구성되어 있다. 각 소단위는 4개의 알파-나선을 포함하는 3차구조로 접히는 158 아미노산들로 구성된 작은 구형 단백질이다. 소단위들은 회전당 16.3 소단위들로 이루어진 하나의 단단히 포장된 나선구조로 배열되어 있는데, 이는 바이러스가 RNA 유전체를 둘러싼다. TMV 캡시드는 사실상 단일 다중소단위 4차 단백질이다(**그림 3.26**). TMV는 선형바이러스의 한 예이지만, 동일한 원리가 정20면체 바이러스의 캡시드에도 적용된다. 인간 소아마비 바이러스는 20면을 가진 하나의 정20면체 캡시드이다. 각 면은 12개의 폴리펩타이드 소단위들로 이루어져 있으며, 각 3개씩의 VP1, VP2, VP3 및 VP4를 함유한다. 따라서 캡시드는 전체적으로 4개 VP 소단위들의 각각 60개씩으로 이루어진 240 소단위들을 갖는다.

3.4 단백질 접힘

구형 단백질에 관한 하나의 기본적인 생각은 2차 및 3차구조들은 폴리펩타이드의 아미노산 서열에 의해 명시된다는 것이다. 다시 말하면, 특정한 아미노산 서열은 다른 어떤 것도 아닌 단지 한 가지만의 3차구조로만 접히게 된다는 것이다. 이것은 1950년대 수행된 실험들에 의해 처음 증명되었으며, 접힘과정과 다른 단백질들의 접힘을 도와주는 단백질인 세포내 **분자샤페론(molecular chaperone)**의 역할에 대한 상세한 모델을 만들게 되었다.

3.4.1 작은 단백질들은 알맞는 3차구조로 자발적으로 접힌다

아미노산 서열은 폴리펩타이드가 그의 알맞은 3차구조로 접히는 데 필요한 모든 정보를 함유하고 있다는 생각은 1950년대 Christian Anfinsen에 의해 수행된 실험들로부터 유래한다. 그는 3차구조가 알파-나선과 베타-병풍의 혼합이며 폴리펩타이드의 다른 부위들 내 시스테인 아미노산들 사이에 4개의 이황화결합을 포함하는 124 아미노산들로 이루어진 작은 단백질인 RNA 분해효소를 연구하였다. Anfinsen은 젖소 췌장으로부터 정제된 RNA 분해효소를 사용하였으며 수용성 완충용액에 재부유하였다. 수소결합을 붕괴하는 화합물인 요소의 첨가는 RNA 분자를 그들의 단량체 소단위들로 자르는 능력을 검사하여 측정되는 효소의 활성을 감소시켰다(**그림 3.27**). 동시에, 그 용액의 점성도가 증가하였는데, 이는 단백질이 비조직화된 폴리펩타이드 사슬로 풀려 **변성(denatured)**되었음을 가리킨다.

그런 다음 요소는 **투석(dialysis)**에 의해 용액으로부터 제거되었다. 점성도는 감소하였으며 단

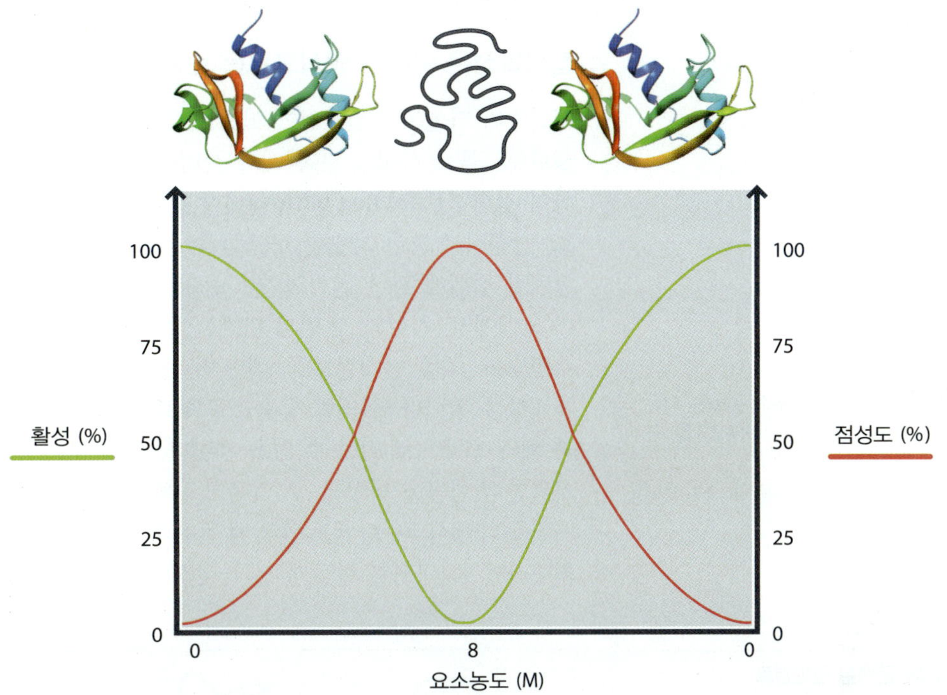

그림 3.27 RNA 분해효소의 변성과 자발적인 복원

그래프는 요소농도가 증가하거나 감소될 때 일어나는 RNA 분해효소의 활성과 용액 점성도의 변화를 보여준다. 요소농도가 8 M로 증가할 때, 그 단백질은 풀려 변성된다. 그의 활성은 감소하고 용액의 점성도는 증가한다. 투석에 의해 요소가 제거될 때, 이 작은 단백질은 그의 접혀진 구조를 다시 채택한다. 단백질의 활성은 원래의 수준으로 다시 증가하며, 용액의 점성도는 감소한다.

백질은 점진적으로 RNA를 절단하는 능력을 회복하였다. 따라서 그 단백질은 변성제가 제거될 때 자발적으로 다시 접히게 된다.

요소는 이황화결합을 붕괴하지 않기 때문에, 방금 서술한 실험에서 이러한 결합들은 온전히 남아 있다. 두 번째 실험에서, 요소는 이황화결합을 절단하는 하나의 환원제인 베타-메르캅토에탄올과 함께 사용되었다. 요소가 용액으로부터 제거될 때, 동일한 결과가 얻어진다: 단백질 활성은 여전히 돌아온다. 이것은 이황화결합이 단백질의 다시 접힐 수 있는 능력에 중요하지 않으며, 일단 채택되었을 때 그 3차구조를 단지 안정화시킨다는 사실을 보여준다.

3.4.2 단백질 접힘 경로들

일단 단백질이 자발적으로 3차구조를 채택한다는 사실이 분명해지자, 생화학자들은 그들의 주목을 접힘과정 자체로 돌렸다. 그 과정은 무작위적으로 될 수 없음이 빠르게 인식되었다. 단백질이 마침내 알맞은 것에 도달할 때까지 취할 수 있는 모든 가능한 구조들을 단순히 탐색한다는 것은 가능하지 않다. 이러한 사실은 1969년 Cyrus Levinthal에 의해 분명해졌으며, 그의 주장은 다음과 같다. 단백질의 3차구조는 그 폴리펩타이드의 삼차원적 구조에 의해 정해진다. 이것은 다시 그의 폴리펩타이드 사슬을 따라 알파-탄소들의 양쪽 측면 결합들에 대한 *psi*와 *phi* 값들에 의해 정해진다. 단지 이들 결합주위의 회전에 의해서만 폴리펩타이드가 방향을 바꿀 수 있다는 사실을 기억하라. Levinthal은 각각의 *psi*와 *phi* 각에 대하여 최소 3가지 가능한 값들이 존재할 것이라는 사실을 주장하였는데, 이는 거의 분명히 과소평가이다. 이것은 100개의 아미노산들로 된 폴리펩타이드가 3^{198}가지의 다른 구조들을 취할 수 있음을 의미한다—이는 약 10^{100}에 해당한다. 비록 단백질이 초당 10^{13}가지의 구조들을 탐색할 수 있다고 할지라도(과대평가의 가능성이 높다), 이는 모든 구조들을 살피는데 약 10^{87}초가 걸릴 것이라는 것을 의미한다. 이것은 엄청난 양의 시간으로, 심지어 우주의 나이보다 더 길다(사실상, 훨씬 더 길다). 따라서 단백질은 단지 무작위적인 탐색에 의해 알맞은 3차구조를 찾을 수 없다. 이러한 문제는 **레빈탈의 역설(Levinthal's paradox)**

로 불려져 왔다.

접힘과정은 어떠한 방식으로든 순서대로 이루어져야 한다

레빈탈의 역설은 접힘과정이 어떤 방식으로든 순서대로 이루어져야 한다는 것을 보여준다. 이는 생화학자들로 하여금 각 단계가 폴리펩타이드의 단지 한 작은 부분을 포함하는, 각 단백질에 대하여 **접힘경로(folding pathway)**가 존재한다는 결론에 이르게 하였다(그림 3.28). 이러한 방식으로, 단백질은 모든 가능한 구조들을 시험할 필요없이, 알맞은 구조를 찾을 수 있을 것이다. 이는 단백질 접힘에 관한 실험적 연구들과 함께 **용융소구체(molten globule)** 모델에 이르게 하였다. 이 모델에서, 접힘의 첫 번째 단계는 물을 피하기 위한 소수성 아미노산 곁사슬들의 바람에 의해 추진되어, 최종 단백질보다 약간 더 큰 치수를 갖는 하나의 소형구조로 폴리펩타이드가 신속히 붕괴하는 것이다. 이러한 용융소구체로의 붕괴는 폴리펩타이드의 일부를 자동적으로 알파-나선과 베타-병풍으로 접을 수 있을 것이다. 그 소구는 '용융'되기 때문에, 신속히 구조를 변화시켜 추가적인 접힘들을 파악할 수 있음으로써 알맞은 3차구조가 점진적으로 나타난다. 보다 더 큰 단백질에 대해서, 이 단계는 알맞게 접힌 하부영역들의 구축을 포함할 수 있으며, 이는 다시 합쳐져 최종적인 3차구조를 만들게 된다. 전체 과정은 단지 몇 초만 소요될 수 있다.

열역학 용어에서, 무작위의 감소는 자유에너지의 감소를 동반한다(**7.2.1절** 참조)

그림 3.28 단백질 접힘경로

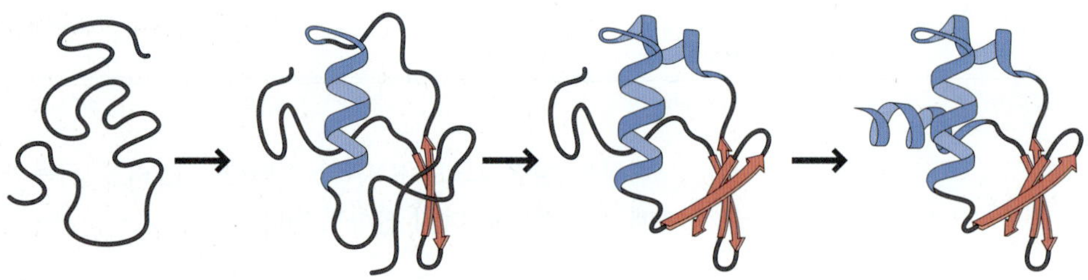

Box 3.9 단백질 접힘 연구

연구 요약

생화학자들은 개별 단백질들이 접히는 방식을 어떻게 연구할까? Anfinsen의 실험들은 그 시기에는 획기적이었지만, 그것은 60년 전이었으며 그가 할 수 있는 모든 것은 단백질의 풀림과 접힘을 추적하기 위해 RNA 분해효소 용액들의 점성도와 효소의 활성을 측정하는 것이었다. 그는 접힘경로 자체에 관한 어떠한 특별한 정보도 유추할 수 없었다.

생화학자들은 오늘날 단백질 접힘을 연구하기 위하여 3가지 주된 접근을 사용한다.

- 일부 단백질에 대해서는, 특정한 시점에서 접힘경로를 정지할 수 있는데, 그런 다음 핵자기공명을 이용하여 그 중간형태를 직접 연구할 수 있다. 이것은 접힘경로에 관한 매우 특정한 정보를 제공하지만, 지금까지 단지 소수의 단백질에만 사용되어 왔으며, 경로중지가 항상 가능하지는 않기 때문에 일반적으로 적용되지 못할 수 있다.
- 접힘정도는 **원편광 이색성(circular dichroism)**과 같은 방법들에 의해 실시간으로 추적될 수 있다. 원리적으로, 이것은 Anfinsen에 의해 사용되었던 접근과 동일하지만, 현대적 변형들로 훨씬 더 유익한 정보를 제공한다. 원편광 이색성은 단백질에 의한 편광의 흡수를 측정한다. 알파-나선과 베타-병풍과 같은 2차구조들은 편광을 흡수하기 때문에, 원편광 이색성은 이들 구조가 형성되는 비율을 측정한다. Anfinsen의 실험에서와 마찬가지로, 이러한 유형의 연구는 변성되고 점차적으로 접힌 구조들을 재형성하는 단백질들을 사용하여 보통 수행된다. 그러나 현대의 방법들은 복구과정을 훨씬 더 주의깊게 조절할 수 있기 때문에, 용액 내 모든 단백질들은 정확히 같은 시간에 접히기 시작한다. 이것은 그 과정이 동기화되며 따라서 연구하기 훨씬 더 용이하다는 것을 의미한다. 심지어 개별 분자들을 조작하기 위해 사용될 수 있는 하나의 레이저 장치인 **광학 족집게(optical tweezer)**를 사용하여 초기에는 하나의 선상구조로 된 단일 분자의 접힘을 연구하는 것도 가능하다.
- 세 번째 접근은 단백질의 아미노산 서열을 바꾸어 이것이 접힘경로에 무슨 효과를 갖는지를 보는 것이다. 서열 내의 변화는 그 단백질을 암호화하는 유전자 내로 하나의 **돌연변이(mutation)**를 도입하여 보통 초래된다(19.1.2절 참조). 이러한 방식으로, 단백질의 한 특정 부위가 그의 구조를 취하는 접힘경로 내 단계가 밝혀질 수 있다. 예를 들어, 하나의 특별한 알파-나선이 접힘경로 초기에 형성될지를 시험하고 싶다고 상상해 보라. 이를 위하여 우리는 나선의 핵을 심는 데 중요한 것으로 예상되는 하나의 아미노산을 나선의 형성을 방해하게 될 아미노산으로 변경시킬 것이다. 만일 우리의 가설이 맞고, 알파-나선이 접힘경로의 초기에 실로 중요하다면, 그 변형된 단백질은 그 단계를 지나서 접힐 수 없을 것이다.

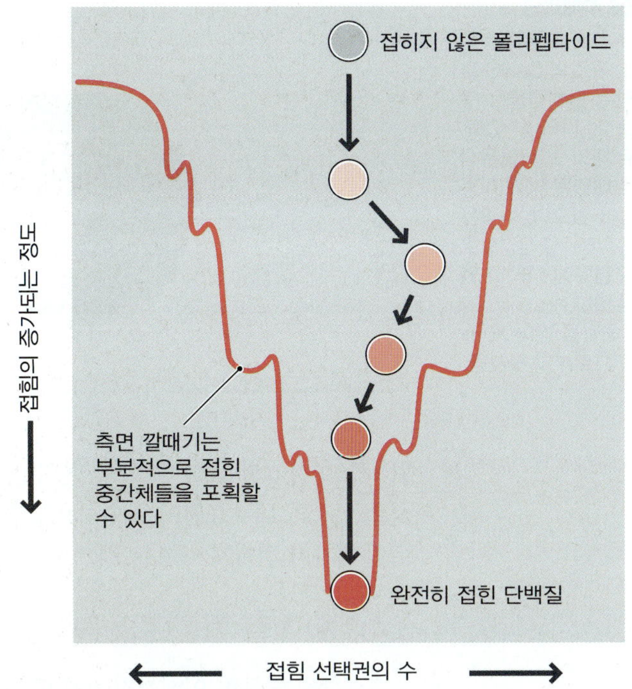

그림 3.29 접힘 깔대기
깔때기의 꼭대기는 넓은데, 이는 접히지 않은 폴리펩타이드가 초기에는 다수의 초기 중간구조들 중에서 어떠한 것도 취할 수 있기 때문이다. 단백질이 더 접히게 되고 이후 접힘에 대한 선택권이 감소되면서 깔때기는 점차 좁아진다. 점차 그러한 선택권은 감소하고 단백질은 더욱 완전히 접히게 되며, 완전히 접힌 단백질은 아래의 주둥이로부터 나타난다. 측면 깔때기들은 막다른 곳으로 이른다. 만일 단백질이 이들 측면 깔때기들 중의 하나로 들어오면, 이는 주 깔때기로 되돌아가기 위해 부분적으로 풀려야 한다.

단백질 접힘에 대한 용융소구체와 다른 모델들의 더욱 정교한 반복은 단백질이 관통해 지나가면서 최종 구조에 도달할 때까지 점차적으로 덜 무작위적인 구조를 취하는 **접힘 깔대기(folding funnel)**를 상상한다(그림 3.29). 또한 단백질이 방향을 바꾸어 알맞지 않는 구조로 이끌게 할 수 있는 측면 깔때기들도 있다. 만일 알맞지 않는 구조가 충분히 불안정하면, 부분적이거나 완전한 풀림이 일어날 수 있어, 단백질로 하여금 주 깔때기로 되돌아갈 수 있도록 하여 그의 알맞은 구조를 향한 생산적인 경로를 따를 수 있도록 한다.

살아 있는 세포에서, 단백질 접힘은 분자샤페론들에 의해 도움을 받는다

정제된 단백질을 이용한 실험은 단백질 접힘에 관한 이해를 돕는 데 매우 유용했지만, 이러한 형태의 체외 시험관 실험은 두 가지 한계를 가진다. 첫째, 단지 덜 복잡한 구조를 가진 보다 작은 단백질들만이 시험관 내에서 자발적으로 접힌다. 더 큰 단백질은 알맞지 않게 접히지만 너무 안정적이어서 어떠한 상당한 정도까지 풀릴 수 없는 중간 형태로 갇히는 경향이 있다. 둘째, 완전한 폴리펩타이드의 접힘은 생체 내 접힘과 동일하지 않을 수 있는데, 이는 세포내 단백질은 완전히 합성되기 전에 접히기 시작할 수 있기 때문이다.

세포내 단백질 접힘에 대한 연구는 다른 단백질의 접힘을 도와주는 단백질의 발견을 이끌어내었다. 여기에는 두 가지 유형의 **분자샤페론(molecular chaperone)**들이 존재한다. 그 첫 번째는 **Hsp70 단백질(Hsp70 protein)**이다. 이들은 여전히 합성되고 있는 단백질을 포함한 접히지 않은 단백질의 소수성 부위들에 결합한다. 이것은 접혀진 단백질 내에서 상호작용을 형성하는 폴리펩타이드의 부위들 사이에서 연계를 조절함으로써 단백질을 개방된 구조로 유지하여 접힘을 도와준다. 정확히 어떻게 이것이 이루어지는지는 이해되고 있지 않지만, Hsp70 단백질의 반복적인 결합과 분리를 포함한다.

두 번째 유형의 분자샤페론은 **샤페로닌(chaperonin)**으로서, 이의 주요한 형태는 **GroEL/GroES 복합체**이다. 이것은 하나의 중심강을 가진 속이 패인 탄두같이 보이는 하나의 다중소단

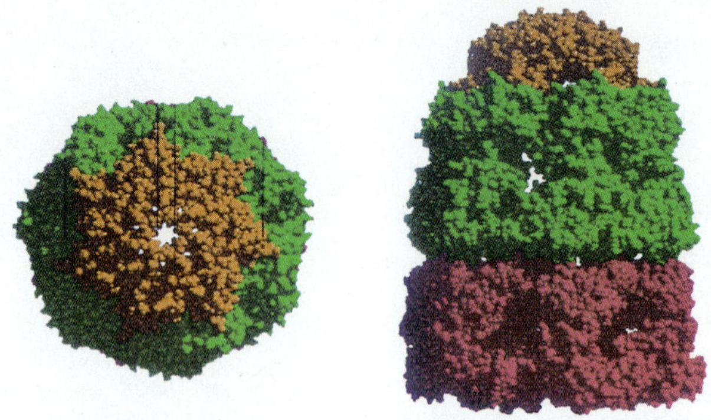

그림 3.30 GroEL/GroES 샤페로닌
왼쪽 것은 위에서 볼 것이고, 오른쪽 것은 측면에서 바라본 것이다. 구조의 GroES 부위는 7개의 동일한 소단위 단백질들로 구성되어 있으며, 금색으로 나타나 있다. GroEL 구성성분들은 두 개의 고리(붉은색과 초록색으로 보여줌)로 배열된 14개의 동일한 단백질들로 구성되어 있으며, 각각은 7개의 소단위들을 함유한다. 중심강으로 진입하는 주 출입구는 오른쪽에 나타나 있는 구조의 바닥을 통하여 있다.
Mcmillan 출판사로부터 허락을 받아 Xu *et al.* (1997) *Nature*, 388:741로부터 복사됨.

위 구조이다(그림 3.30). 아마도 단백질 내 소수성 아미노산들의 조절된 매장을 촉진하기 위한 방식으로 강의 내부표면이 소수성으로부터 친수성으로 바뀌기 때문에, 접히지 않은 단백질이 강으로 들어가서 접혀져 나오는 것으로 생각된다.

3.4.3 단백질 접힘은 생물학의 기본적 원리들 중의 하나이다

접힘과정을 충분히 이해하지 못한다 하더라도, 폴리펩타이드의 아미노산 서열이 더 높은 수준의 단백질 구조를 취하는 데 필요한 모든 정보를 함유한다는 사실은 분명하다. 그 필연적 결과는 다른 아미노산 서열들을 특정지음으로써, 한 생물체의 유전자들은 다른 구조와 따라서 다른 특이적 기능을 갖는 단백질들의 합성을 지시할 수 있다는 것이다. 이러한 기능들은 서로 합쳐질 때, 우리가 생명으로 부르는 현상을 구성한다.

생명에 대한 이러한 해석의 핵심은 단백질의 기능적 다양성이다. 다른 아미노산 서열들을 갖는 단백질들은 매우 다른 화학적 성질을 가진 아주 다른 구조를 취하고, 이는 다른 단백질들로 하여금 살아 있는 체계들에서 다양한 역할을 할 수 있도록 해 준다. 이미 어떻게 일부 아미노산 서열들이 한 생물체의 골격에 구조와 견고성을 부여하는 케라틴과 콜라겐과 같은 질긴 섬유성 단백질들을 초래하는지를 보아왔다. 다른 단백질들은 유연한 구조를 초래하는 아미노산 서열들을 가진다. 이들 **운동 단백질(motor protein)**은 모양을 바꿀 수 있어 생물체가 주위를 이동할 수 있도록 해 준다. 근육 단백질 미오신은 섬모와 편모에서의 다이네인과 마찬가지로 하나의 운동 단백질이다.

다른 유형의 단백질들은 아주 다른 기능을 가진다. 효소는 그의 아미노산 서열들이 대사에 관여하는 반응들과 같은 생화학적 반응들을 촉매할 수 있도록 해 주는 단백질이다. 다른 단백질들은 수송기능을 가져 화합물을 신체 주위로 운반한다. 우리는 이미 폐로부터 다른 조직들로 산소를 운반하는 헤모글로빈을 배웠다. 두 번째 예는 혈장 알부민으로, 이는 지질의 구성요소일 뿐만 아니라 에너지원으로도 사용되는 지방산을 운반한다.

어떤 단백질들은 생물체가 미래에 사용하기 위해 분자들을 저장하는 데 도움을 준다. 예로는 난백 내 아미노산을 저장하는 난백알부민과 간에 철을 저장하는 페리틴이 있다. 하나의 큰 무리의 단백질들은 외부 단백질들과의 복합체를 형성하여 바이러스 및 박테리아와 같은 감염성 인자들에 대한 몸을 보호하는 포유동물의 면역글로불린과 같이 보호적 기능을 가진다.

또한 세포 및 생리적 활동을 조절하는 **조절 단백질(regulatory protein)**들이 있다. 이들은 척추동물에서 글루코오스 대사를 조절하는 인슐린과 두 성장호르몬인 소마토스타틴과 소마토트로핀과 같은 잘 알려진 호르몬들을 포함한다. 비록 세포 내에서 만들어지지만, 호르몬은 분비되어 신체주위를 다니면서 다른 세포들에 조절신호를 전달할 수 있다. 다른 조절 단백질들은 아마도 세포외부의 호르몬으로부터 오는 신호에 반응하여, 합성되는 세포 내에서 전적으로 작동한다. 이에 대한 예로는 외부신호에 반응하여 세포분열과 같은 활동을 조절하는 MAP kinase 경로의 구성성분들이다.

이러한 다양한 기능은 모두 개별 단백질의 화학적 성질에 의해 특정되며, 이는 다시 3차원 구조와 아미노산 서열에 의해 특정된다. 따라서 단백질 접힘에 의한 그러한 알맞은 3차원 구조의 채택은 생물학의 근본적인 초석들 중의 하나이다.

참고문헌

Bragulla HH and Homberger DG (2009) Structure and functions of keratin proteins in simple, stratified, keratinized and cornified epithelia. *Journal of Anatomy* **214**, 516–59.

Covington AK, Bates RG and Durst RA (1985) Definition of pH scales, standard reference values, measurement of pH and related terminology. *Pure and Applied Chemistry* **57**, 531–42. ***Everything that you will ever need to know about this subject.***

Eisenberg D (2003) The discovery of the α-helix and β-sheet, the principal structural features of proteins. *Proceedings of the National Academy of Sciences USA* **100**, 11207–10.

Jungck JR (1985) Margaret Oakley Dayhoff, "harnessing the computer revolution". *The American Biology Teacher* **47**, 9–10. ***A review of the work of one of the first bioinformaticians.***

Klug A (1999) The tobacco mosaic virus particle: structure and assembly. *Philosophical Transactions of the Royal Society of London*, series B **354**, 531–5.

Mayer MP (2013) Hsp70 chaperone dynamics and molecular mechanism. *Trends in Biochemical Sciences* **38**, 507–14.

Pauling L and Corey RB (1951) The pleated sheet, a new layer configuration of polypeptide chains. *Proceedings of the National Academy of Sciences USA* **37**, 251. ***The first description of the b-sheet.***

Pauling L, Corey RB and Branson HR (1951) The structure of proteins: two hydrogen-bonded helical configurations of the polypeptide chain. *Proceedings of the National Academy of Sciences USA* **37**, 205–11. ***The first description of the a-helix.***

Ramachandran GN, Ramakrishnan C and Sasisekharan V (1963) Stereochemistry of polypeptide chain configurations. *Journal of Molecular Biology* **7**, 95–9. ***Describes the psi and phi angles and the Ramachandran plot.***

Römer L and Scheibel T (2008) The elaborate structure of spider silk. *Prion* **2**, 154–61.

Rost B (2001) Protein secondary structure prediction continues to rise. *Journal of Structural Biology* **134**, 2014–18.

Rybczynski N, Gosse JC, Harington R, Wogelius RA, Hidy AJ and Buckley M (2013) Mid-Pliocene warm-period deposits in the High Arctic yield insight into camel evolution. *Nature Communications* **4**, 1550. ***An Arctic camel identified by collagen fingerprinting.***

Shoulders MD and Raines RT (2009) Collagen structure and stability. *Annual Review of Biochemistry* **78**, 929–58.

Yébenes H, Mesa P, Muñoz IG, Montoya G and Valpoesta JM (2011) Chaperonins: two rings for folding. *Trends in Biochemical Sciences* **36**, 424–32.

자가 평가 문제

객관식 문제

각 문제에 대한 정답은 한 개이며, 정답은 웹사이트 www.scionpublishing.com/biochemistry에서 찾을 수 있음.

1. 알려진 가장 긴 폴리펩타이드인 타이틴은 몇 개의 아미노산을 가지는가?
- **(a)** 1,464
- **(b)** 3,685
- **(c)** 21,075
- **(d)** 33,445

2. 어느 아미노산이 한 글자 약자인 'A'로 주어지는가?
- **(a)** 알라닌
- **(b)** 아르기닌
- **(c)** 아스파라긴
- **(d)** 아스파르트산

3. 알파-탄소에 결합된 아미노기의 질소를 포함하는 하나의 특별한 곁사슬을 가진 아미노산은?
- **(a)** 아스파라긴
- **(b)** 프롤린
- **(c)** 트립토판
- **(d)** 티로신

4. 한 아미노산의 D-와 L-형은 무엇의 예들인가?
- **(a)** 거울상이성질체들
- **(b)** 이성질체들
- **(c)** 광학이성질체들
- **(d)** 위의 모든 것

5. 두 개의 이온화된 기를 가진 분자를 무엇이라고 부르는가?
- **(a)** 광학이성질체
- **(b)** 친수체
- **(c)** 양성전해질
- **(d)** 위의 어느 것도 아님

6. 한 아미노산의 등전점과 관련된 다음 진술 중 옳지 않은 것은?
- **(a)** 그것은 아미노산이 어떠한 전하도 갖지 않는 pH이다.
- **(b)** 등전점에서는 카르복실기와 아미노기 모두 이온화된다.
- **(c)** 그것은 아미노기의 pK_a보다 더 큰 pH 값이다.
- **(d)** 글리신에 대한 등전점은 pH 6.0 바로 아래에 있다.

7. 어느 두 아미노산이 pH 7.4에서 양으로 하전된 곁사슬들을 가지는가?
- **(a)** 아르기닌과 리신
- **(b)** 아스파르트산과 글루탐산
- **(c)** 시스테인과 티로신
- **(d)** 히스티딘과 프롤린

8. 극성기 내 약간 전기적으로 양성인 수소원자와 전기적 음성 원자와의 사이에 형성하는 화학결합의 유형에 주어진 이름은 무엇인가?
- **(a)** 공유결합
- **(b)** 정전기결합
- **(c)** 수소결합
- **(d)** 반데르발스결합

9. 다음 진술 중 소수성 아미노산의 특징은?
- **(a)** 그들은 쉽게 용해된다.
- **(b)** 그들은 보통 단백질 표면에서 발견된다.
- **(c)** 그들은 비극성 곁사슬을 갖는다.
- **(d)** 그들은 종종 다른 소수성 아미노산들과 수소결합을 형성한다.

10. 다음 화합물들 중 콜라겐에서 발견되는 변형된 아미노산은?
- **(a)** 4-하이드록시프롤린
- **(b)** 피로리신
- **(c)** 셀레노시스테인
- **(d)** 셀레노프롤린

11. 펩타이드 결합과 관련된 다음 진술 중 옳지 않은 것은?
- **(a)** 펩타이드 결합은 회전할 수 있다.
- **(b)** 펩타이드 결합은 축합반응에 의해 형성된다.
- **(c)** 펩타이드 결합은 인접한 아미노산들의 카르복실기와 아미노기 사이에서 형성한다.
- **(d)** 펩타이드 결합은 단일결합이지만, 공명 때문에 일부 이중결합의 특징을 가진다.

12. 입체효과 때문에, *psi*와 *phi* 결합각의 가능한 조합들 중 어떤 비율이 결코 일어나지 않는가?
- **(a)** 7%
- **(b)** 57%
- **(c)** 77%
- **(d)** *psi*와 *phi*의 모든 조합들이 가능하다.

13. 알파-나선은 어떤 유형의 상호작용에 의해 안정화되는가?
- **(a)** 시스테인 아미노산들 사이의 공유결합
- **(b)** 상보적인 아미노산들 사이의 수소결합
- **(c)** 폴리펩타이드를 따라 4개의 위치에 떨어져 있는 펩타이드기들 사이의 수소결합
- **(d)** 폴리펩타이드를 따라 4개의 위치에 떨어져 있는 펩타이드기들 사이의 소수성 상호작용

14. 베타-병풍은 어떤 유형의 상호작용들에 의해 안정화되는가?
(a) 베타-병풍의 시작과 끝 지점을 표시하는 프롤린 아미노산들 사이의 공유결합
(b) 상보적 아미노산들 사이의 수소결합
(c) 그러한 영역들이 나란히 함께 결합되어 고정될 수 있도록 폴리펩타이드의 두 부분 사이의 수소결합
(d) 베타-병풍의 다른 부위들 사이의 소수성 상호작용

15. 콜라겐 폴리펩타이드는 2차구조의 어떤 유형을 형성하는가?
(a) 알파-나선
(b) 베타-병풍
(c) 이중나선
(d) 왼손 방향 나선

16. 실크 피브로인과 관련한 다음 진술 중 옳지 않은 것은?
(a) 피브로인은 광범위한 베타-병풍을 형성한다.
(b) 피브로인은 높은 글리신과 알라닌 함량을 가진다.
(c) 그것은 조밀하게 포장된 구조를 가진다.
(d) 피브로인 폴리펩타이드는 인장력을 제공하는 삼중나선을 형성한다.

17. 두 알파-나선이 역평행 방향으로 나란히 놓여 곁사슬들이 딱 들어맞는 구조를 무엇이라고 부르는가?
(a) αα 형태
(b) βαβ 고리
(c) β 회전
(d) CD4 영역

18. 이들 단백질 중 4차구조를 가지는 것은?
(a) 탄산탈수소효소
(b) 콘카나발린 A
(c) 헤모글로빈
(d) 미오글로빈

19. 담배모자이크바이러스 캡시드는 몇 개의 소단위로 구성되어 있는가?
(a) 158
(b) 240
(c) 2,130
(d) 5,200

20. 단백질의 풀림을 무엇이라고 부르는가?
(a) 변성
(b) 투석
(c) 산화
(d) 복구

21. 단백질 접힘을 위한 용융소구체 모델은 무엇을 진술하는가?
(a) 소구는 용융되기 때문에, 신속히 구조를 바꿀 수 있다.
(b) 용융소구체로의 붕괴는 폴리펩타이드의 일부를 알파-나선과 베타-병풍으로 자동적으로 접을 수 있다.
(c) 접힘의 초기 단계는 소형구조로 폴리펩타이드를 신속히 붕괴시키는 것이다.
(d) 위 진술 모두는 용융소구체 모델의 부분이다.

22. Hsp70 단백질들은 무엇의 예시들인가?
(a) 샤페로닌
(b) Hsp70 단백질
(c) 용융소구체
(d) 운동 단백질

24. 다음 중 저장 단백질은?
(a) 다이네인
(b) 페리틴
(c) 인슐린
(d) 케라틴

단답식 문제

아래 문제는 추가 자료 없이 답이 가능함.

1. 아미노산의 일반적인 구조를 그리고 펩타이드 결합의 형성에 관여하는 화학기들을 표시하라.
2. 아미노산의 L-형과 D-형 사이를 구별하고 어떻게 그 두 구조들이 실험적으로 확인되는지를 설명하라.
3. 용어 pK_a를 정의하고, 왜 일부 아미노산은 2개의 pK_a 값을 갖고 다른 아미노산들은 3개를 갖는가? 어떻게 이들 pK_a 값은 다른 아미노산들의 화학적 성질에 영향을 미치는가?
4. 공유결합, 정전기결합 및 수소결합들 사이의 차이점들을 설명하라.
5. 어떻게 라마찬드란 도면이 다른 폴리펩타이드 구조를 초래하는 *psi*와 *phi* 결합각들의 조합들을 확인할 수 있도록 해주는지를 설명하라.
6. 알파-나선과 베타-병풍 구조들 사이를 구별하라.
7. 피브로인 단백질의 구조를 기술하고 어떻게 이 구조가 실크로 하여금 강하고 유연하게 할 수 있는지를 설명하라. 피브로인 구조는 어느 정도로 다른 섬유 단백질들의 구조를 대표하는가?
8. 예시를 사용하여, 구형 단백질의 구조와 관련한 '3차'와 '4차'의 용어들이 무엇을 의미하는지 설명하라.
9. 단백질 접힘에 대한 용융소구체 모델을 요약하라.
10. 단백질 접힘에 있어서 Hsp70 단백질과 샤페로닌의 역할을 기술하라.

주관식 문제

아래 문제는 계산, 추가 자료, 인터넷 조사 등을 필요로 함.

1. 헨더슨-하셀발크(Henderson-Hasselbalch) 방정식은 pH와 pK_a 사이의 관계를 정의한다.

$$\mathrm{pH} = \mathrm{p}K_a + \log \frac{[\mathrm{A}^-]}{[\mathrm{HA}]}$$

여기서, $[A^-]$와 [HA]는 각각 화학기의 이온화되고 이온화되지 않는 형태의 농도들이다. 헨더슨-하셀발크 방정식이 그림 3.7에 나타나 있는 글리신에 대한 이온화그래프와 어떻게 관련되는지를 설명하라.

2. 다른 pH 값들에서 아르기닌의 다른 이온화된 형태들의 상대적인 양들을 보여주는 그래프를 그리시오. 카르복실기, 아미노기 그리고 곁사슬 각각에 대한 적절한 pK_a 값들은 2.01, 9.04 및 12.48이다.
3. 대부분의 단백질들은 약 50℃ 이상의 온도에서 변성하는데, 이는 그 열이 2차 및 3차구조를 안정화시키는 화학결합들에 대해 갖는 파괴적 효과 때문이다. 그렇지만 어떤 박테리아는 예를 들어 온천에서와 같은 높은 온도에서 살며, 단백질은 90℃까지의 온도에서도 3차구조를 유지한다. 단백질이 그러한 고온에서 견딜 수 있도록 해주는 구조적 혁신들의 성질에 관해 추측해보라.
4. 380 kDa의 분자량을 가진 한 단백질이 베타-머캡토에탄올로 처리된다. 분자량을 다시 측정해보니 이제 190 kDa으로 나타났다. 이 결과들에 대한 하나의 설명을 제시하라.
5. 분사샤페론의 존재는 폴리펩타이드의 아미노산 서열이 그 폴리펩타이드로 하여금 알맞은 3차구조로 접히도록 하는 데 필요한 정보를 함유한다는 진술과 모순되는가?

제 4 장

핵산

학습목표

이 장을 공부한 후:

- 살아 있는 세포에서 생물학적 정보의 저장소로서의 DNA의 중요성을 이해한다.
- 핵산은 폴리뉴클레오타이드(polynucleotide)이고 뉴클레오타이드(nucleotide)의 기본 구조를 묘사할 수 있음을 이해한다.
- 다른 뉴클레오타이드 간의 다양성은 질소 염기의 구조에 따라 부여됨을 인식한다.
- 인산디에스테르(phosphodiester)결합의 구조를 묘사할 수 있어야 하고, 이 결합에 의한 폴리뉴클레오타이드의 두 말단이 어떻게 화학적으로 구별되는지 설명할 수 있어야 한다.
- DNA에 대한 이중나선 구조의 주요 특징을 알고, '염기쌍'이 의미하는 바가 무엇인지, 왜 염기쌍이 생물학에서 근본적으로 중요한지 이해한다.
- 이중나선의 다른 형태가 있으며 이들 사이의 구조적 다양성을 설명할 수 있어야 한다.
- RNA 분자는 종종 분자 내 염기쌍을 형성하고 염기쌍 RNA 분자의 예에 대해 인식하게 된다.
- 화학적 변형이 RNA 분자 내 뉴클레오타이드의 가변성을 어떻게 증가시킬 수 있는지 이해한다.
- DNA 분자는 그것이 포함된 염색체(chromosome)보다 훨씬 길다는 것을 인식한다.
- 히스톤과 DNA의 관계와 30 nm 염색질 미세섬유와 같은 고차원적인 배치를 통해 어떻게 DNA 포장(DNA packaging) 문제를 해결했는지 이해한다.

핵산(nucleic acid)은 우리가 공부할 두 번째 유형의 생체분자(biomolecule)이다. 살아 있는 세포에는 **디옥시리보핵산(deoxyribonucleic acid, DNA)**과 **리보핵산(ribonucleic acid, RNA)**이라는 두 가지 형태의 핵산이 있다. DNA는 모든 세포 생명체와 많은 바이러스 내 유전정보(genetic information)의 저장소이다. RNA는 일부 바이러스에서 유전정보를 저장하는 곳이지만, 더 중요한 것은 모든 생물체에서 DNA와 단백질 합성(protein synthesis) 사이에 중간체 역할을 한다는 것이다.

4.1 DNA와 RNA의 구조

DNA와 RNA의 구조는 매우 유사하기 때문에 그것들을 함께 다룰 수 있다. 우리는 두 가지 질문을 해야 한다. 먼저, DNA 또는 RNA 중합체(polymer)의 분자 구조(molecular structure)는 무엇인가? 둘째, 살아 있는 세포 내에서 이러한 중합체의 3차원 구조(three-dimensional)는 무엇인가? 두 번째 질문에 대한 답은 제임스 왓슨(James Watson)과 프란시스 크릭(Fracis Crick)이 1953년 발견한 유명한 DNA의 구조인 **이중나선(double helix)** 구조이며 이것은 20세기 동안 생물학 분야에서 가장 중요한 돌파구였다.

4.1.1 폴리뉴클레오타이드 구조

핵산은 **뉴클레오타이드(nucleotide)**라 불리는 단량체 단위(monomeric unit)로 구성된 중합체 분자이다. 뉴클레오타이드는 함께 연결이 되어 수천 개 단위의 RNA나 수백만 개 단위의 DNA와 같은 **폴리뉴클레오타이드(polynucleotide)** 사슬을 형성한다.

뉴클레오타이드는 핵산 분자의 단량체 단위이다

뉴클레오타이드는 3개의 별개의 구성요소로 이루어져 있다: 이것들은 당(sugar), 질소성 염기(nitrogenous base), 그리고 인산기(phosphate group)이다(**그림 4.1**).

그림 4.1 **DNA 뉴클레오타이드의 구성 성분**

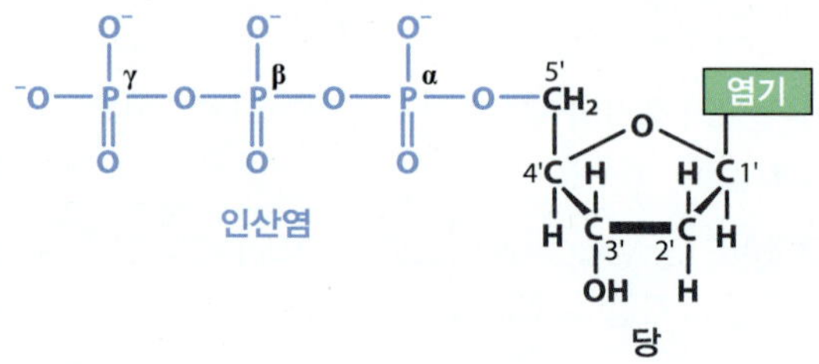

오탄당(pentose)의 구조와 관련된 당류를 **6.1.1절**에서 볼 것이다.

뉴클레오타이드의 당 성분은 **오탄당(pentose)**이다. 오탄당은 5개의 탄소원자를 가지며, 뉴클레오타이드에서 1′에서 5′까지 번호가 매겨진다. (′)은 프라임(prime)이라 하며 숫자는 '1-프라임', '2-프라임'과 같은 식으로 읽는다. 프라임은 1, 2, 3 등으로 번호가 매겨진 질소성 염기의 탄소 및 질소 원자로부터 당 내 탄소원자를 구별하기 위해 사용한다. RNA 뉴클레오타이드는 리보오스(ribose)라 불리는 오탄당을 포함하고, DNA는 2′-디옥시리보오스(2′-deoxyribose)를 포함하고 있다. 2′-디옥시리보오스란 이름은 2′-탄소원자의 하이드록실기(hydroxyl group, −OH)가 수소(hydrogen group, −H)로 치환되어 리보오스의 구조가 변경되었음을 나타낸다(**그림 4.2**).

그림 4.2 **리보오스(ribose)와 2′-디옥시리보오스(2′-deoxyribose)**
이 두 당류의 차이점은 2′-탄소에 붙어있는 작용기이다. 리보오스의 경우 하이드록실기(−OH)이며 2′-디옥시리보오스는 수소 원자가 붙어 있다.

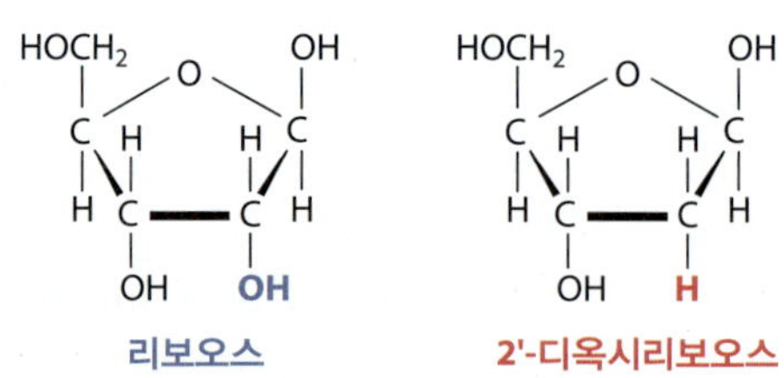

뉴클레오타이드의 두 번째 부분은 질소성 염기이다. 이들은 당의 1′-탄소에 결합되어 있는 단일 또는 이중 고리 구조이다. DNA에서는 4개의 다른 질소성 염기 중 하나가 이 위치에 부착되어 있다. 이것들은 **이중 고리 구조**(퓨린 구조, **purine**)인 **아데닌(adenine)** 및 **구아닌(guanine)**, 그리고 **단일 고리 구조**(피리미딘 구조, **pyrimidine**)인 **시토신(cytosine)** 및 **티민(thymine)**이다. 이 중 세 가지—아데닌, 구아닌 그리고 시토신—는 RNA에서도 발견되지만, 네 번째 염기인 티민은 **우라실(uracil)**이라는 다른 피리미딘으로 대체된다. 다섯 가지 염기의 구조가 **그림 4.3**에 나와 있다. 염기는 피리미딘의 1번 질소 또는 퓨린의 9번 질소가 **β-*N*-글리코시드 결합(β-*N*-glycosidic bond)**을 형성하며 당에 결합한다.

염기가 결합된 당을 포함하는 분자를 **뉴클레오사이드(nucleoside)**라 부른다. 이것은 당의 5′-탄소에 인산기가 붙어 뉴클레오타이드로 전환된다. 최대 3개의 개별적인 인산염(phosphate)이

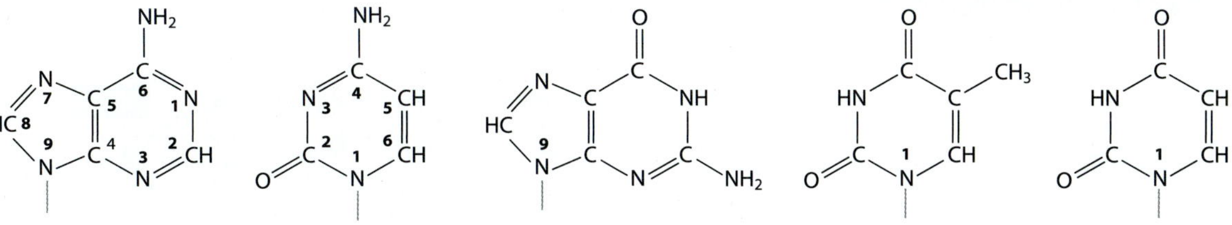

그림 4.3 DNA와 RNA에 존재하는 5가지 질소성 염기

표 4.1 핵산 분자에 존재하는 뉴클레오타이드

뉴클레오타이드	염기 성분	약어표기		핵산
		3-글자	1-글자	
2′-디옥시아데노신 5′-삼인산	아데닌	dATP	A	DNA
2′-디옥시구아노신 5′-삼인산	구아닌	dGTP	G	DNA
2′-디옥시시티딘 5′-삼인산	시토신	dCTP	C	DNA
2′-디옥시티미딘 5′-삼인산	티민	dTTP	T	DNA
아데노신 5′-삼인산	아데닌	ATP	A	RNA
구아노신 5′-삼인산	구아닌	GTP	G	RNA
시티딘 5′-삼인산	시토신	CTP	C	RNA
유리딘 5′-삼인산	우라실	UTP	U	RNA

연속적으로 결합할 수 있다. 이 인산기는 α(alpha), β(beta) 및 γ(gamma)로 표시되며, α-인산염(α-phosphate)은 당에 직접 부착된다(그림 4.1 참조).

뉴클레오타이드의 전체 이름은 **표 4.1**에 나열되어 있다. 일반적으로 DNA의 경우에는 dATP, dGTP, dCTP 및 dTTP와 같은 약어를 사용하며, RNA의 경우에는 ATP, CTP, GTP 및 UTP를 사용한다. 만약에 우리가 DNA 또는 RNA 분자의 뉴클레오타이드 서열(nucleotide sequence)을 쓴다면, DNA의 경우에는 A, C, G 및 T와 같은 한 글자 약어를 사용하며, RNA의 경우에는 A, C, G 및 U와 같은 약어를 사용한다. 두 가지 형태의 뉴클레오타이드(DNA를 구성하는 뉴클레오타이드와 RNA를 구성하는 뉴클레오타이드)에 대해 동일한 약어를 사용하는 것은 뉴클레오타이드 서열상에서 T와 U의 존재가 DNA 또는 RNA인지 여부를 확인시켜 거의 혼동을 일으키지 않기 때문이다. 예를 들어, ATCGAGCGACGT와 같은 서열을 가지는 경우 확연하게 DNA임을 알 수 있다.

뉴클레오타이드는 인산디에스테르결합에 의해 연결된다

핵산 분자의 구조를 구축하는 다음 단계는 각각의 뉴클레오타이드를 연결하여 중합체(polymer)를 형성하는 것이다. 이 중합체는 폴리뉴클레오타이드(polynucleotide)라 하며, 인산기를 이용하여 하나의 뉴클레오타이드에 다른 뉴클레오타이드를 결합시킴으로써 만들어진다.

3개의 개별적인 뉴클레오타이드를 포함하는 짧은 DNA 삼중-뉴클레오타이드(trinucleotide) 분자의 구조가 **그림 4.4**에 나와 있다. RNA 폴리뉴클레오타이드는 RNA를 구성하는 뉴클레오타이드가 사용되는 것을 제외하고는 동일한 구조를 갖는다. 뉴클레오타이드 단량체(monomer)는 하나의 뉴클레오타이드 내 5′-탄소에 결합된 α-인산기가 다음에 위치한 뉴클레오타이드의 3′-탄소에 결합함으로써 사슬 형태로 연결된다. 일반적으로 폴리뉴클레오타이드는 뉴클레오사이드-5′-삼인산(nucleoside-5′-triphosphate)의 소단위로부터 만들어지므로, β-인산염 및 γ-인산염은 중합

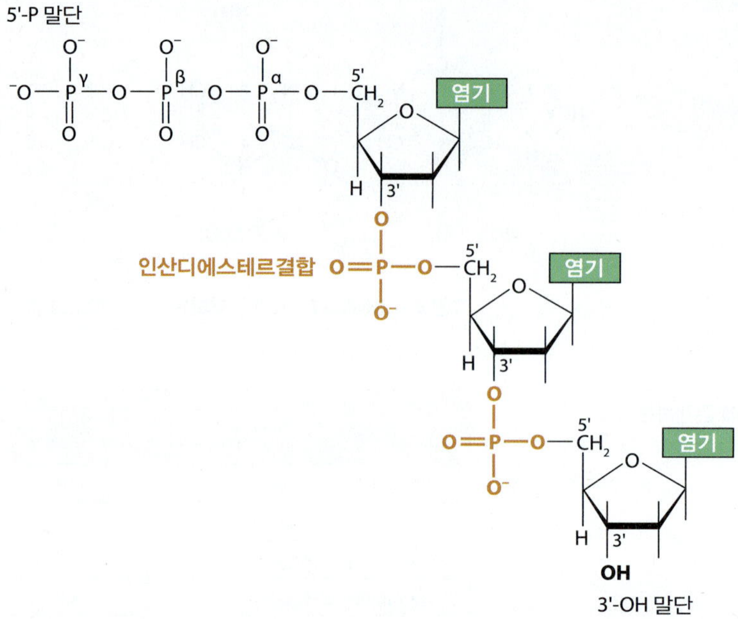

그림 4.4 DNA 삼중뉴클레오타이드의 구조

폴리뉴클레오타이드의 합성과정에 대해서는 **14.1.2절**에서 좀 더 자세히 볼 것이다.

과정에서 절단된다. 두 번째 뉴클레오타이드의 3′-탄소에 부착된 하이드록실기(−OH)도 소실된다. 그 결과로 생긴 결합을 **인산디에스테르결합(phosphodiester bond)**이라 하며, ‘phospho’는 인(phosphorus)원자를, 그리고 ‘diester’는 각 결합에 존재하는 두 개의 에스테르(ester, C-O-P) 결합을 나타낸다. 정확하게 말하자면, 우리는 이것을 3′-5′ 인산디에스테르결합이라고 부르며, 당 내 어느 탄소원자가 결합에 참여하는지 혼동하지 말아야 한다.

폴리뉴클레오타이드의 중요한 특징은 분자의 두 말단 부분이 동일하지 않다는 것이다. 이는 그림 4.4에 명확하게 나와 있다. 이 폴리뉴클레오타이드의 상부는 5′-탄소에 부착된 삼인산(triphosphate)기가 인산디에스테르결합에 관여하지 않고 β-인산염 및 γ-인산염이 여전히 존재한다. 이 말단은 **5′-말단(5′-end)** 또는 **5′-P 말단(5′-P terminus)**이라 한다. 폴리뉴클레오타이드 분자구조에서 반대쪽 말단에 반응을 하지 않는 작용기는 3′-하이드록실기이다. 이 말단은 **3′-말단(3′-end)** 또는 **3′-OH 말단(3′-OH terminus)**으로 불린다.

두 말단 간의 화학적 구별은 폴리뉴클레오타이드가 5′→3′(그림 4.4 아래 방향) 또는 3′→5′(그림 4.4 위 방향)을 향하는 방향성을 갖는다는 것이다. 또한 말단의 차이는 DNA 또는 RNA 중합체(poymer)를 5′→3′ 방향으로 연장시키기 위해 필요한 반응이 3′→5′ 방향으로 연장할 때 필요한 반응과 다르다는 것을 의미한다. 살아 있는 세포 내에서 폴리뉴클레오타이드는 3′-말단에 뉴클레오타이드를 첨가함으로써 항상 5′→3′ 방향으로 연장이 된다. 현재까지 3′→5′ 방향으로 DNA 또는 RNA를 만드는 데 필요한 화학 반응을 촉매할 수 있는 효소는 발견되지 않았다.

폴리뉴클레오타이드를 형성하기 위해 연결될 수 있는 뉴클레오타이드의 수에 대한 제한은 명백하게 존재하진 않는다. 수천 개의 뉴클레오타이드를 포함하는 RNA 분자가 알려져 있으며, 염색체의 DNA 분자는 훨씬 길며 때로는 수백만 개의 뉴클레오타이드가 포함되어 있다. 또한 DNA 또는 RNA 분자의 서로 다른 뉴클레오타이드의 순서에는 화학적인 제한이 없다.

4.1.2 DNA와 RNA 2차 구조

DNA와 RNA 분자는 서로 다른 폴리뉴클레오타이드끼리 또는 단일 폴리뉴클레오타이드 내 일부 부분에서의 화학적 상호작용을 통해 2차 구조를 형성한다. DNA에서 이러한 2차 구조는 1953년 제임스 왓슨(James Watson)과 프란시스 크릭(Francis Crick)이 발견한 유명한 이중나선 구조이다. 이중나선 구조는 복잡한 구조이지만 핵심적인 부분은 이해하기 어렵지 않다.

이중나선 구조의 특징

이중나선에서 두 개의 폴리뉴클레오타이드 내에 당-인산염(sugar-phosphate) '골격(backbone)'이 나선의 바깥쪽에 위치하고 염기(base)는 내부에 위치하도록 배열이 된다(**그림 4.5**). 염기들은 접시더미 또는 나선형 계단의 계단처럼 서로 겹쳐져서 쌓여 있는 형태로 위치한다. 두 개의 폴리뉴클레오타이드는 **역평행(antiparallel)** 상태이며, 하나는 5′→3′ 방향을 향하고 나머지 하나는 3′ →5′ 방향을 향하며 서로 다른 방향으로 진행한다. 폴리뉴클레오타이드는 안전한 나선형 구조를 형성하기 위해 역평행 구조를 가지게 되며, 자연계에 두 개의 폴리뉴클레오타이드가 같은 방향으로 전개되는 분자구조는 아직까지 알려져 있지 않다. 이중나선은 오른손 방향(right-handed)을 가지지만, 모든 이중나선이 그렇지는 않다. 대신, 나선의 길이를 따라 두 종류의 홈(groove)이 나선형으로 나타난다. 이 홈 중 하나는 상대적으로 넓고 깊으며 **큰 홈(major groove)**이라 부르며, 다른 홈은 좁고 덜 깊으며 **작은 홈(minor groove)**이라고 한다. 이 두 개의 홈(groove) 구조는 그림 4.5에 명확하게 나와 있다.

나선형 구조는 두 가지 유형의 화학적 상호작용에 의해 안정화된다. 첫 번째는 나선의 두 가닥에서 서로 인접한 염기 사이에 형성되는 수소결합(hydrogen bond)이다. 이러한 **염기쌍 형성(base pairing)**은 한 가닥의 아데닌(adenine)과 다른 가닥의 티민(thymine) 사이 또는 시토신(cytosine)과 구아닌(guanine) 사이에서만 발생할 수 있다(**그림 4.6**). 오직 이 결합만 가능한 이유는 뉴클레오타이드 염기의 기하학적인 구조와 수소결합에 참여할 수 있는 원자의 상대적인 위치 선정 때문이고, 다른 이유는 퓨린-피리미딘 쌍만 가능하기 때문이다; 퓨린-퓨린 쌍은 나선 구조

그림 4.5 DNA의 이중나선 구조
각 폴리뉴클레오타이드의 당-인산(sugar-phosphate) 골격이 회색 리본의 형태로 그려져 있으며, 염기쌍은 녹색으로 표시된 이중나선이 왼쪽에 그려져 있다. 오른쪽에는 3개의 염기쌍에 대한 화학 구조가 표시되어 있다.

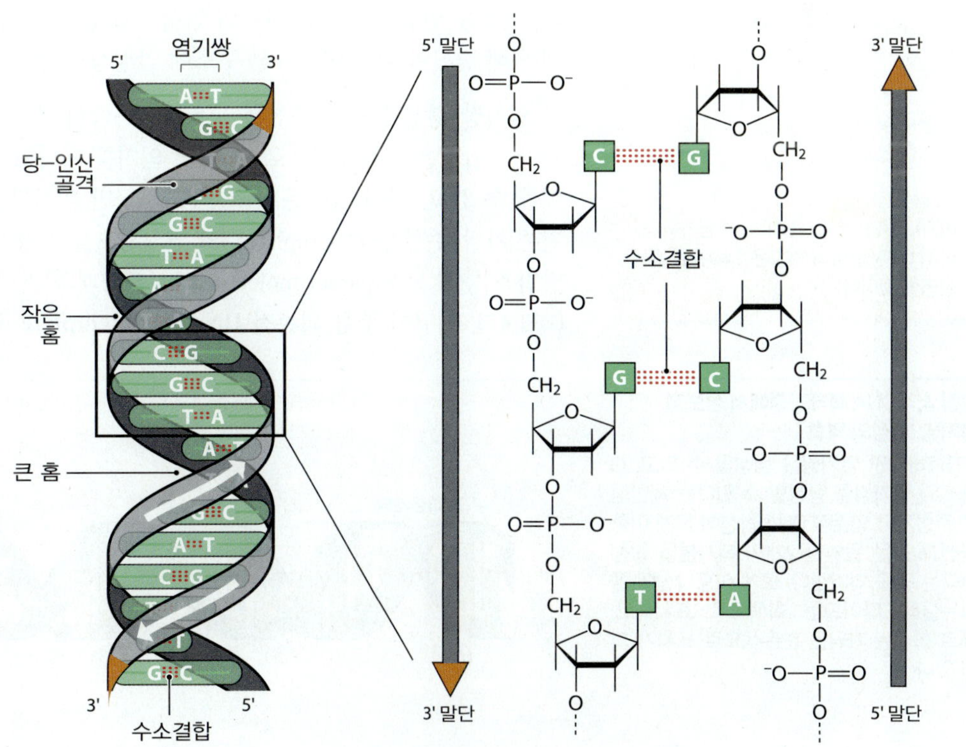

화학의 원리

Box 4.1 염기 중첩

이중나선 내에서 발생하는 염기 중첩(base stacking)은 뉴클레오타이드 염기의 방향족 고리 사이의 인력 때문이다. 이러한 끌림 현상은 인접한 링이 동일한 평면에 있을 때 가장 크지만 나선형 구조에서 발생하는 경우에는 수직으로 약간 위치가 변하게 된다.

염기 중첩에 포함된 끌림 현상의 근본적인 것은 분명하지 않다. 이 현상을 때로는 pi-중첩(pi stacking)이라고도 하며, 이중 또는 삼중 결합에 관련된 p-전자(p electron)를 포함하는 것에 기초한다. 염기 중첩은 원래 인접한 방향족 고리에서 p-전자 간의 상호작용 때문에 발생한다고 생각되었다. 이 가정은 아직 의문의 여지가 있으며 염기 중첩이 일종의 정전기적 상호작용을 포함할 가능성에 대해 탐구하고 있다.

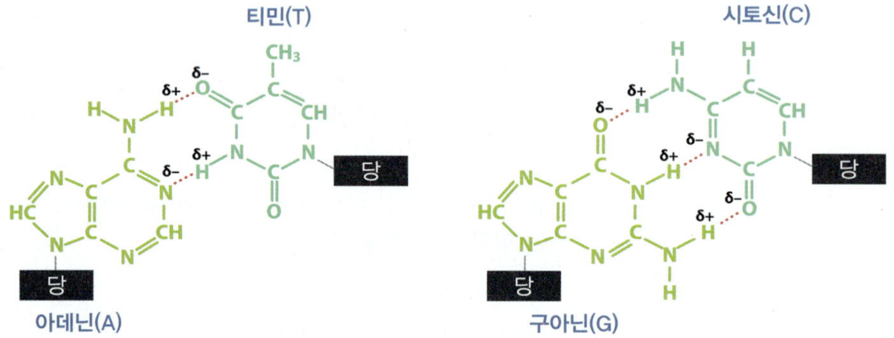

그림 4.6 염기쌍 형성(base pairing)
수소결합은 붉은색 점선으로 표시되어 있다. G–C 염기쌍은 3개의 수소결합을 가지고, A–T 염기쌍은 단지 2개의 수소결합을 가지고 있음을 주목하라.

내에 들어가기에 너무 크고, 피리미딘-피리미딘 쌍은 너무 작다. 염기쌍으로 인해 나선 구조에서 2개의 폴리뉴클레오타이드의 서열(sequence)은 서로 **상보적(complementary)**이며, 하나의 폴리뉴클레오타이드의 서열은 다른 폴리뉴클레오타이드의 서열과 상보적으로 일치한다(그림 4.5).

이중나선을 함께 유지하는 두 번째 상호작용을 **염기 중첩(base stacking)** 상호작용이라고 한다. 이것은 인접한 염기쌍 사이의 인력을 포함하고, 일단 폴리뉴클레오타이드 가닥끼리 수소결합에 의해 결합이 되면 이중나선 구조에 안정성을 추가하게 된다.

염기쌍 형성과 염기 중첩은 모두 두 가닥의 폴리뉴클레오타이드 결합을 유지하는 데 중요하지만 염기쌍은 생물학적으로 또 다른 의미를 지니고 있다. 아데닌(A)은 티민(T)과 오직 염기쌍을 이룰 수 있고, 구아닌(G)은 시토신(C)하고만 염기쌍을 이룰 수 있다는 제한점은 DNA 복제에서 기존 가닥(주형가닥, 'templates')의 염기서열을 사용하여 새로운 가닥의 서열을 결정하는 간편한 방법을 통해 모체(parent molecule)로부터 2개의 완벽한 복제본을 만들 수 있다는 것을 의미한다(그림 4.7). 이것이 **주형-의존적 DNA 합성(template-dependent DNA synthesis)**이며 세포 내에서

이중나선의 복제과정에서 주형가닥 의존적 DNA 합성의 역할은 **14.1.2절**에서 설명할 것이다.

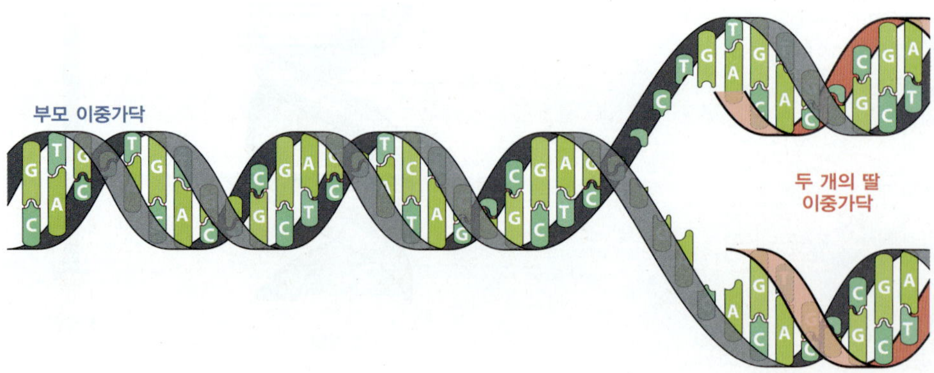

그림 4.7 DNA 복제과정에서 상보적 염기쌍 형성의 역할
A가 T하고만 염기쌍을 형성할 수 있고, G가 C와 염기쌍을 형성할 수 있다는 제한점은 주형가닥 의존적 DNA 합성이 모계 이중나선과 같은 완벽한 2개의 복사본을 합성한다는 것을 의미한다. 모계 이중나선의 폴리뉴클레오타이드는 회색으로 표시되고, 새로 합성된 가닥은 분홍색으로 표시가 되어 있다.

연구 요약

Box 4.2 이중나선 구조의 발견

1953년 영국 캠브리지 대학(Cambridge University)의 제임스 왓슨(James Watson)과 프란시스 크릭(Francis Crick)의 이중나선 구조의 발견은 20세기 생물학 분야에서 가장 중요한 돌파구였다. 1953년에 이르는 동안, 유전자가 DNA로 구성되어 있다는 것이 밝혀졌다. 유전자의 중요한 특성 중 하나는 복제 능력이며, 복제물은 세포분열 동안 딸세포(daughter cell)로 전달되어, 복제과정에서 자손에게 전달될 수가 있다. 따라서 유전자가 DNA가 유전자로 구성되어 있다면 DNA 분자는 복제가 가능해야만 한다. 이중나선 구조가 밝혀지기 전에는 이 복제과정이 완전히 신비스러운 것이었지만, 이중나선 구조가 밝혀지면서 두 가닥이 상보적인 염기쌍으로 결합되어 있어, 복제과정에 대해 명백히 알 수 있게 되었다.

왓슨과 크릭이 연구를 시작했을 때, 뉴클레오타이드의 구조와 폴리뉴클레오타이드를 형성하기 위해 어떻게 연결이 되는지 연결 방식은 이미 알려졌다. 알려지지 않은 것은 살아 있는 세포에서 DNA의 구조였다. 단일 폴리뉴클레오타이드인지, 아니면 DNA 분자에 두 개 이상의 폴리뉴클레오타이드가 있는지 알아내기 위해 시도를 하였다. 이 문제를 해결한 한 가지 방법은 DNA 용액을 소금과 혼합할 때 얻어지는 반 결정 섬유(semi-crystalline fibers)에서 DNA의 밀도를 측정하는 것이었다. DNA 섬유 밀도에 대한 측정 결과가 여럿 보고되었지만 그 값이 일치하지 않았다. 일부 측정 결과에서는 단일 분자 내에 3개의 폴리뉴클레오타이드가 존재한다 제안하였고 다른 하나는 2개가 존재한다고 제안하였다. 이전에 폴리펩타이드의 α-나선(α-helix) 및 β-병풍(β-sheet) 구조를 연구한 라이너스 폴링(Linus Pauling)은 삼중나선(triple helix) 구조를 고안했다. 그리고 왓슨과 크릭은 DNA 분자에 2개의 가닥이 존재할 가능성이 더 높다고 주장했다.

X선 회절(X-ray diffraction) 분석을 통한 DNA 구조 연구

DNA 내에 개별 분자들은 규칙적인 배열을 하고 있다. 이것은 **X선 회절 분석**으로 그 구조를 연구할 수 있음을 의미한다. 이 기술에서 DNA는 X선에 충격을 받으며, 일부는 DNA 분자의 원자에 의해 굴절된다. 광선을 가로질러 배치된 X선 감광성 사진 필름에는 X선 회절 패턴이라고 불리는 일련의 반점이 나타나게 된다. 이 패턴의 위치와 강도의 특징을 통해 DNA의 구조에 대한 정보를 추론할 수 있다.

X선 회절 패턴은 런던의 킹스 칼리지(King's college)의 로잘린 프랭클린(Rosalind Franklin)에 의해 DNA로부터 얻어낼 수 있었다. 이 패턴은 DNA가

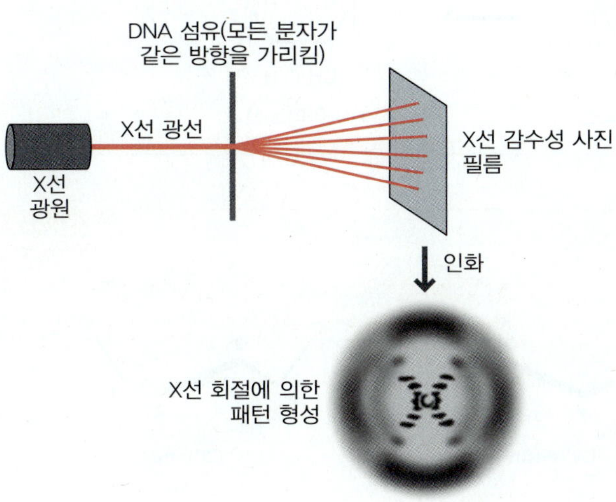

나선형 구조를 가지고 있음을 보여주었고 또한 DNA의 일부 치수를 알게 되었다. 각 염기쌍의 거리가 0.34 nm의 주기를 가지고 나선이 1회전할 때 필요한 거리는 3.4 nm 주기였다. 이 모델을 제작함으로써 왓슨과 크릭은 이러한 차원의 나선이 단지 2개의 폴리뉴클레오타이드를 포함한다면 당-인산 골격이 분자의 바깥에 위치해야 하고, 각각의 가닥은 역평행이어야 하며, 나선은 반드시 오른손 방향이어야 했다. 이것이 다양한 원자가 적절하게 간격을 두고 배치되기 위한 유일한 방법이었다.

샤가프의 염기 비율(Chargaff's base ratio)의 중요성

프랭클린은 이중나선 구조를 해결하는 데 매우 가까이 왔지만, 왓슨과 크릭은 이 퍼즐을 완성한 사람이었다. 왜냐하면 그들은 두 가닥이 상보적인 염기쌍으로 묶여 있어야 한다는 것을 깨달았기 때문이다. 미국의 컬럼비아 대학교(Columbia University)의 어윈 샤가프(Erwin Chargaff)는 여러 출처에서 얻은 DNA에 있는 4개의 뉴클레오타이드의 양을 보여주는 결과를 발표했다. 이를 위해 DNA 추출물을 약산으로 처리하여 DNA 분자를 뉴클레오타이드로 분해하였다. 그는 그 다음 각각의 뉴클레오타이드를 **종이 크로마토그래피(paper chromatography)**로 분리하였다. 이 방법에서 뉴클레오타이드 혼합물을 종이 스트립의 한쪽 말단에 놓고 *n*-부탄올(*n*-butanol)과 같은 유기 용매에 종이 스트립을 담갔다. 용매가 움직일 때마다 뉴클레오타이드가 운반되어 이동하지만, 각 뉴클레오타이드가 종이 스트립과 얼마나 친화성을 가지냐에 따라 이동 속도가 달라지게 된다. 따라서 각각의 뉴클레오타이드는 종이 스트립에 서로 다른 점을 형성한다. 그 점으로부터 뉴클레오타이드를 추출한 후, 자외선 분광광도계를 사용하여 시료 내 각각의 뉴클레오타이드의 상대적 양을 확인하였다.

종이 크로마토그래피

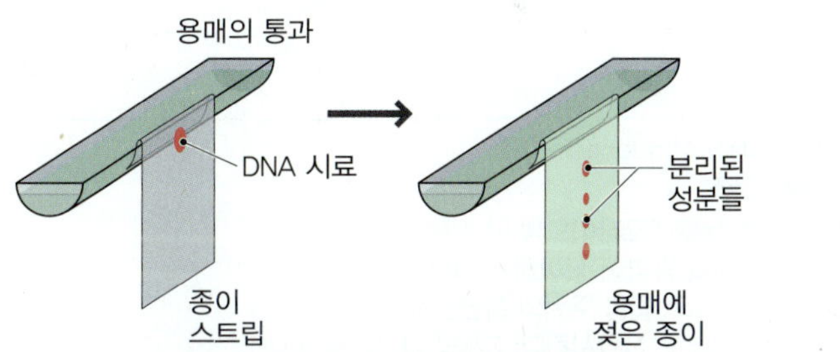

샤가프 실험에 의해 얻은 일반적인 결과

인간 세포

	염기 비
A : T	1.00
G : C	1.00

대장균

	염기 비
A : T	1.09
G : C	0.99

이 실험은 DNA 시료에서 뉴클레오타이드의 비율 사이의 단순한 관계를 밝혀냈다. 그 관계는 아데닌의 수가 티민의 수와 같고(A = T), 구아닌의 수는 시토신의 수와 같다(G = C)는 것이다.

이 관계는 이중나선 구조를 푸는 열쇠였다. 왓슨은 1953년 3월 7일 토요일 아침에 아데닌–티민과 구아닌–시토신에 의해 형성되는 염기쌍이 거의 동일한 모양을 가진다는 것을 깨달았다. 이 쌍들은 나선 내부에 깔끔하게 끼워져 팽창이 없는 규칙적인 나선을 만들어 냈다. 만약 이들이 허용된 유일한 쌍이면 A의 양은 T의 양과 같을 것이고 G는 C와 같을 것이다. 이로써 모든 것들이 제자리로 들어가고 생물학의 가장 큰 신비인 '어떻게 유전자가 복제될 수 있을까'라는 궁금증은 해결될 수 있었다.

새로운 DNA 분자를 만드는 모든 효소가 이용하는 방식이다.

이중나선은 여러 가지 다른 형태로 존재한다

그림 4.5의 이중나선은 **B형(B-form)** DNA라고 한다. 그 특징은 2.37 nm의 나선형 직경, 염기쌍당 0.34 nm 상승, 3.4 nm의 나선회전(pitch)당 길이(즉 나선이 완벽히 1회전을 했을 때 거리)로 이것은 회전당 10개의 염기쌍에 해당된다. 살아 있는 세포에서 DNA는 B형이 우세하게 나타나는 것으로 생각되지만 DNA 분자의 구조가 완벽하게 균일하지는 않다. 이것은 주되게 나선의 각 뉴클레오타이드가 약간 다른 분자 형태를 취할 수 있는 유연성을 가지고 있기 때문이다. 이러한 다른 형태를 취하기 위해 뉴클레오타이드 내 원자의 상대적 위치가 약간 변화해야 한다. 중요한 몇 가지 가능성들은 아래와 같다.

- β-*N*-글리코시드 결합을 중심으로 회전하여 당에 대한 염기의 방향을 변화시키고(**그림 4.8**), 두 폴리뉴클레오타이드의 상대적인 위치에 영향을 준다.
- 당의 3차원 구조에 영향을 주는 **당 주름(sugar pucker)**은 C2′-endo 또는 C3′-endo 형태 중 하나의 형태로 배치될 수 있다. 이러한 상대적 배치는 당-인산 골격에 영향을 미칠 수 있다.

따라서 개별 뉴클레오타이드의 구조적 변화는 나선의 전반적인 구조를 크게 변화시킬 수 있다. 1950년대 이래 DNA 분자를 함유한 섬유소(fiber)가 상대적으로 서로 다른 습도에 노출되었을 때 이중나선의 크기가 변하는 것을 알게 되었다. 예를 들어, **A형(A-form)**이라고 불리는 이중나선의 변형된 형태(**그림 4.9**)에서는 2.55 nm의 직경을 가지며, 염기쌍당 0.23 nm의 상승과 2.5 nm의 나선회전 길이를 가지며, 이는 회전당 11개의 염기쌍에 해당된다(**표 4.2**). B형과 마찬가지로 A-DNA는 오른손 방향 나선구조 이고 염기는 당에 대해 anti-입체구조(anti-confirmation)를 형성한다. 가장 큰 차이점은 당 주름으로, B형 DNA의 당에서는 C2′-endo 배치이고 A형에서는 C3′-endo 배치인 것이다. 이러한 배치의 변화는 당-인산 골격의 입체구조를 변화시키며 A-DNA의 큰 홈은 B형에 비해 더 깊게 되고, 작은 홈은 더 얕고 넓어지게 된다.

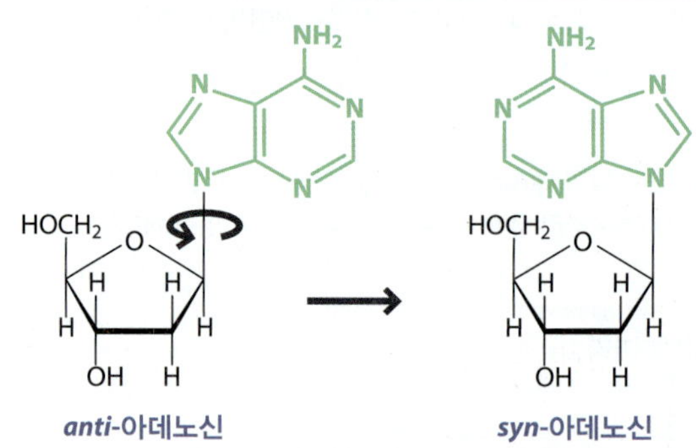

그림 4.8 아데노신(adenosine)의 *anti-/syn-*구조
2개의 구조는 뉴클레오타이드의 당 성분에 대한 염기의 배치 방향이 상이하게 나타난다. β-*N*-글리코시드 결합 주위의 회전은 한 형태를 다른 형태로 전환시킨다. 3개의 다른 뉴클레오타이드 또한 *anti-/syn-*구조 중 한 형태를 지닌다.

Box 4.3 당 주름(sugar pucker) — 화학의 원리

당 주름은 리보오스 당이 평면 구조를 가지고 있지 않기 때문에 발생한다. 측면에서 보았을 때 탄소원자 중 하나 또는 두 개가 당의 평면 위 또는 아래에 있다. C2′-endo 구조에서 2′-탄소는 평면 위, 3′-탄소는 약간 아래에 있고, C3′-endo 구조에서는 3′-탄소가 평면과 2′-탄소 위에 위치한다. 3′-탄소가 인접 뉴클레오타이드와 인산디에스테르결합에 참여하기 때문에, 두 가지 주름 배열은 당-인산 골격의 구조에 영향을 미치게 된다.

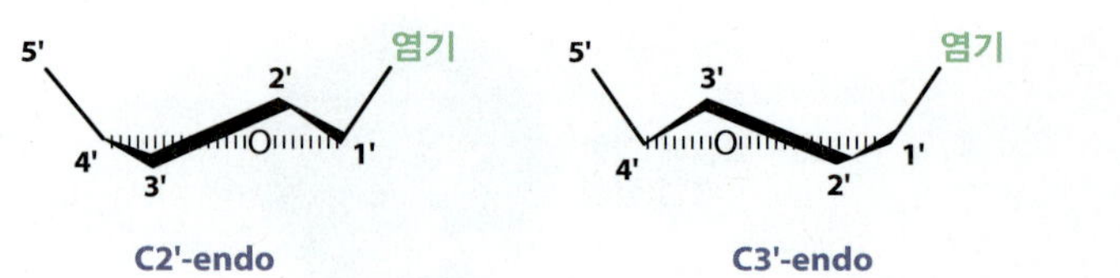

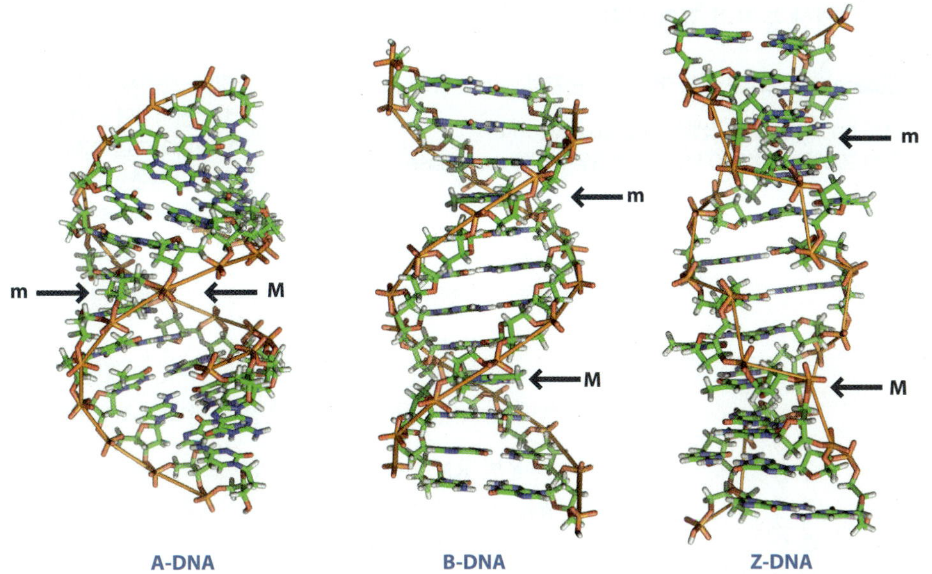

그림 4.9 이중나선의 A-, B- 및 Z-형 형태
각 이중나선 분자의 큰 홈과 작은 홈은 각각 'M' 및 'm'으로 표기하였다.
Creative Commons 라이선스에 따라 http://en.wikipedia.org/wiki/Z-DNA에서 발췌하였다.

표 4.2 DNA 이중나선의 다른 형태의 특징

특징	A형	B형	Z형
나선의 형태	오른손 방향	오른손 방향	왼손 방향
염기 방향	*anti*	*anti*	혼합
당 주름	C3′-endo	C2′-endo	혼합
회전당 염기쌍의 개수	11	10	12
염기쌍 간의 거리(nm)	0.23	0.34	0.38
1회전당 거리(nm)	2.5	3.4	4.6
직경(nm)	2.55	2.37	1.84
큰 홈	좁고 깊음	넓고 깊음	평평함
작은 홈	얕음	좁고 얕음	좁고 깊음

세 번째 유형인 **Z-DNA**는 더 현저하게 다른 형태를 가진다. 이 구조에서 나선구조는 A형이나 B형 DNA처럼 오른손 방향이 아닌 왼손 방향으로 나타난다. 당-인산 골격은 불규칙한 지그재그 형태를 취하는데, 두 개의 홈 중 하나는 사실상 존재하지 않고 다른 하나는 매우 좁고 깊게 나타난다(그림 4.9). Z-DNA는 회전당 12개의 염기쌍(base pair, bp)과 1.84 nm의 직경을 가지며 보다 단단하게 감긴 형태이다(표 4.2). Z-DNA는 GC 모티프(GC motif)의 반복을 포함하는 이중나선의 영역에서 발생하는 것으로 알려져 있다(즉, 각 가닥의 서열은…GCGCGCGC…). 이 영역에서 각각의 G 뉴클레오타이드는 *syn*-형태와 C3′-endo 형태를 가지며, 각각의 C 뉴클레오타이드는 *anti*-형태와 C2′-endo 형태를 가진다. Z-DNA는 유전자에서 RNA가 전사될 때, B-DNA 형태인 세포 DNA가 풀리는 과정에서 형성되는 것으로 생각된다. 이러한 풀림은 비틀림 응력(torsional stress)을 유발하며 좀 더 조밀한 형태의 Z-형태의 나선구조는 풀림에 의한 응력을 어느 정도 완화할 수 있다(그림 4.10).

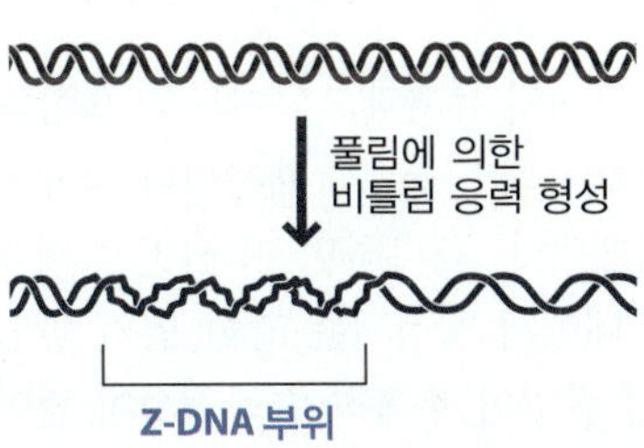

그림 4.10 세포 내에서 Z-DNA의 가능한 기능
Z-DNA 영역은 생성된 비틀림 응력을 완화하기 위해 B-DNA 부분에 인접하여 형성될 수 있다.

RNA 분자는 종종 분자 내 염기쌍을 지닌다

RNA 분자의 뉴클레오타이드 또한 염기쌍을 형성할 수 있으며, A는 U와, G는 C와 결합하여 염기쌍을 형성한다. 일부 RNA 이중나선이 알려져 있지만, 다른 폴리뉴클레오타이드와 크게 다르지 않다. 대신, 전형적인 RNA 분자는 같은 분자 내에서 뉴클레오타이드끼리 형성되는 염기쌍에

단백질 합성 과정에서 tRNA의 역할에 대해서는 **16.1.2절**에서 공부하게 될 것이다.

Box 4.4 핵산 분자의 길이 단위(unit)

염기쌍(base pair, bp)은 이중가닥 DNA 분자의 길이 단위이다.

- 1,000 bp = 1킬로염기쌍(1 kilobase pair, 1 kb)
- 1,000,000 bp = 1,000 kb = 1 메가염기쌍(1 megabase pair, 1 Mb)

많은 자연계의 DNA 분자는 길이가 1 Mb 이상이다. 예를 들어, 인간의 1번 염색체의 단일 DNA 분자 길이는 247 Mb이다. 대부분의 RNA 분자는 단일가닥이므로 길이는 단순히 '뉴클레오타이드'로 표시된다. 극소수의 RNA 분자만 수천 개의 뉴클레오타이드만큼 길기 때문에 '킬로뉴클레오타이드(kilonucleotides)'와 같은 단어는 거의 사용되지 않는다.

의해 결합되어 접힌 구조를 형성한다. 이것을 설명하기 위해 모든 생물체에 존재하고 단백질 합성에 관여하는 RNA의 일종인 **운반 RNA(transfer RNA, tRNA)**의 구조를 살펴볼 것이다.

운반 RNA 분자는 상대적으로 작으며, 대부분 74~95개의 뉴클레오타이드 길이를 가진다. 각 생물체는 다수의 서로 다른 tRNA를 합성하며, 각각은 여러 개의 복사본을 가진다. 그러나 모든 생물체의 거의 모든 tRNA 분자는 **'클로버 잎(cloverleaf)'**이라고 불리는 유사한 염기쌍 구조로 접힐 수가 있다(**그림 4.11**). '클로버 잎' 구조에는 중심에서 방사되어 있는 4개의 '잎'을 가지고 있다. 이 잎 중 3개는 그 자체로 폴리뉴클레오타이드 사슬을 구부려서 형성된 형태의 '줄기-고리(stem-loop)' 구조이며, 짧은 쌍의 염기쌍은 함께 형태를 유지하는 '줄기'를 구성한다(**그림 4.12**). 이것이 일어나기 위해서는 '줄기'의 두 부분에 있는 염기서열이 서로 상호보완적이어야 한다. '클로버 잎'과 같은 복잡한 구조를 생성하기 위해, 이들 염기쌍의 상보적인 서열 부분은 RNA 염기서열 내에서 특징적인 순서로 배열되어야 한다.

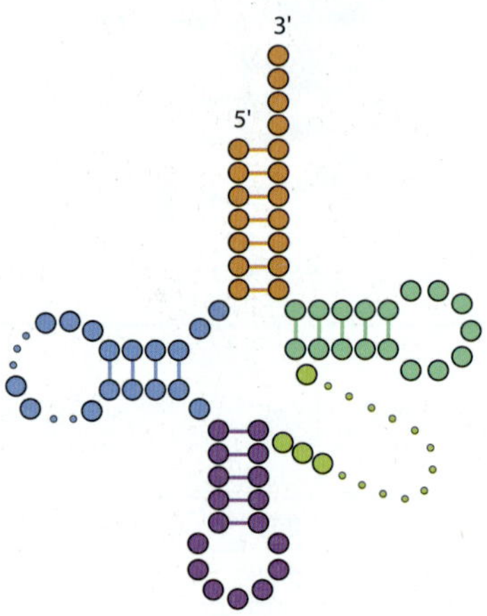

그림 4.11 tRNA 분자의 염기쌍 '클로버 잎' 구조
4개의 기본 쌍 구조는 다른 색상으로 표시하였다. 작은 점은 다른 tRNA에서 뉴클레오타이드의 수가 변하는 영역을 나타낸다. 진한 녹색 부분의 뉴클레오타이드는 4번째 '고리'를 형성하지만, 이 고리는 염기쌍을 형성하지는 않는다.

'줄기-고리' 구조는 여러 종류의 RNA에서 발견되며 '줄기'는 단지 3~4개의 염기쌍에서부터 최대 100개 정도까지 있다. 더 긴 '줄기' 구조에서는 모든 염기쌍이 상보적일 필요가 없다. 왜냐하면 구조적 불안정 없이 몇 개의 **불일치(mismatch)**는 용인될 수 있기 때문이다. 수소결합은 G와 U 뉴클레오타이드 사이에서도 발생하여 부적합한 염기쌍을 초래할 수 있으며, 또한 일부 구조에서는 하나 이상의 뉴클레오타이드가 없는 쌍을 형성하여 약간 불규칙해질 수도 있다. 이러한 특징은 **그림 4.13**에 나와 있는 유전자 발현을 조절하는 RNA의 한 유형인 마이크로RNA(microRNA, miRNA)의 구조에서 볼 수 있다.

miRNA가 유전자 발현을 조절하는 방법은 **17.2.1절**에 설명되어 있다.

'고리'는 또한 전체 구조의 안정성에 기여한다. 고리는 최소한 3개의 뉴클레오타이드를 포함해야 하는데, 이는 폴리뉴클레오타이드가 180° 회전하기 위해 필요한 최소량이기 때문이다. 4개의 뉴클레오타이드 서열을 가지는 5′-UUCG-3′가 특히 일반적인 형태이다. 왜냐하면 이 서열에 의해 형성되는 **'테트라루프(tetraloop)'**라 불리는 구조가 이 염기서열 내에서 형성되는 강한 염기 쌓임에 대해 상대적으로 안정적이기 때문이다. 고리가 커질수록 염기 쌓임이 부족하여 안정성이 떨어지게 된다.

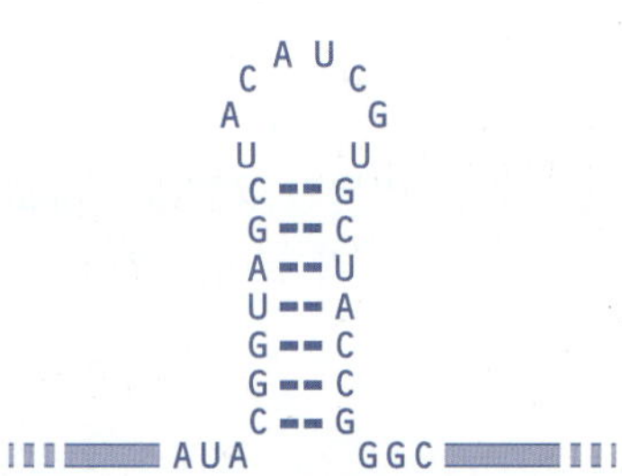

그림 4.12 일반적인 RNA 줄기-고리(stem-loop) 구조

'클로버 잎'은 tRNA의 구조를 그리기 위한 편리한 방법이지만, 그것은 단지 표현일 뿐이며, 세포 내에서 tRNA는 다른 3차원적인 구조를 가지고 있다. 이 구조는 X선 결정학(X-ray crystallography)에 의해 규명되었으며 **그림 4.14**에 나와 있다. 클로버 잎의 '줄기'의 염기쌍은 여전히 3차원적인 구조에서 존재하지만 클로버 잎에서 광범위하게 나타나는 여러 '고리'에 위치한 뉴클레오타이드 사이에 몇 개의 추가적인 염기쌍이 형성된다. 이것은 분자를 조밀한 'L자(L-shaped)' 형태로 접는다. 다른 RNA 분자들에 대해서도 마찬가지로, '줄기'와 '고리'가 있는 깔끔한 형태의 2차 구조로 그릴 수 있지만 실제로는 3차원적인 구조로 훨씬 더 복잡하게 존재한다.

그림 4.13 인간 miRNA의 구조
miRNA는 '줄기-고리' 구조를 가지고 있다. '줄기'에는 두 개의 불일치 염기(녹색으로 표시)와 불규칙한 염기쌍(보라색)에 대한 예가 있다. 또한 3 개의 비표준 G–U 염기쌍이 존재한다.

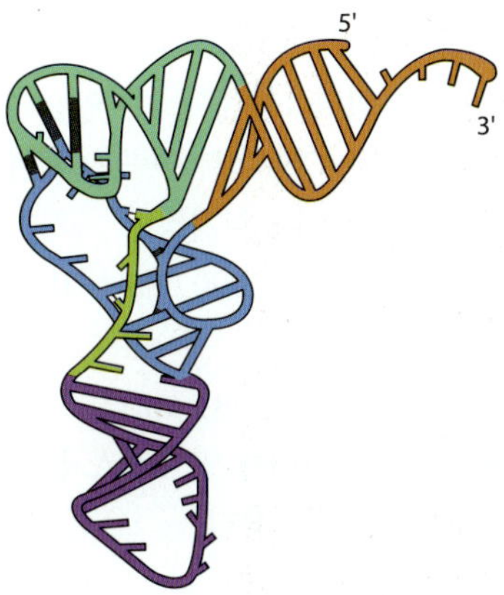

그림 4.14 tRNA의 3차원 구조
tRNA의 각 부분은 그림 4.11과 같은 방식으로 색으로 표시하였다

4.1.3 RNA는 다양한 화학적 변형을 나타낸다

운반 RNA는 우리가 이 시점에서 고려해야 할 RNA 분자의 두 번째 일반적인 특징을 보여준다. tRNA의 일부 뉴클레오타이드는 폴리뉴클레오타이드 합성 후 다양한 화학적 변형에 의해 변경이 된다. 이것은 다양한 형태의 RNA 분자가 우리가 지금까지 마주쳤던 4개의 표준 뉴클레오타이드보다 더 많은 형태를 포함한다는 것을 의미한다.

가장 일반적인 변형 유형은 다음과 같다(그림 4.15):

- **메틸화반응(methylation)**: 뉴클레오타이드의 염기 또는 당 성분에 하나 이상의 메틸기($-CH_3$)를 첨가하는 것을 포함한다. 보기는 구아닌의 7-메틸구아닌(7-methylguanine)으로의 전환이다.
- **탈아미노반응(deamination)**: 이것은 아미노기($-NH_2$)를 제거하는 것이다. 탈아미노반응은 아데닌을 하이포크산틴(hypoxanthine)으로 전환시키고, 구아닌은 크산틴(xanthine)으로 전환시킨다. 또한 시토신을 우라실로 전환시킬 수 있다. 티민과 우라실은 아미노기를 갖지 않으므로 탈아미노반응을 할 수 없다.
- **티오 치환(thio substitution)**: 산소원자가 황(surfur)으로 치환되는 반응이다. 티오-치환된 염기의 예로는 우라실의 황 치환으로 형성된 4-티오우라실(4-thiouracil)이다.
- **염기 재배치(base rearrangement)**: 이것은 퓨린이나 피리미딘 구조 내 원자의 위치가 변경되는 것이다. 가장 일반적인 예는 우라실을 슈도우라실(pseudouracil)로 전환시키는 것이다.
- **이중결합 포화(double bond saturation)**: 이것은 염기의 이중결합이 단일결합으로 변환되는 것을 포함한다. 이것도 우라실에서 일어날 수 있으며, 디하이드로우라실(dihydrouracil)로 전환된다.

RNA의 화학적 변형에 대해서는 **15.2.3절**에서 좀 더 자세히 공부하게 될 것이다.

지금까지 RNA의 종류에 따라 50가지가 넘는 화학적 변형이 발견되었다. 이러한 변형을 수행하는 효소는 RNA 분자에서 특정 뉴클레오타이드 서열 또는 염기쌍 구조를 인식하거나 또는 가

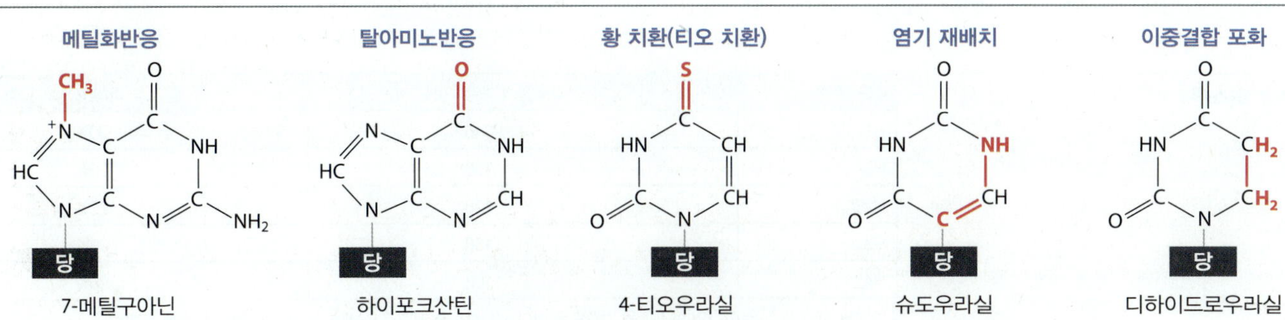

그림 4.15 RNA 분자에서 발생하는 화학적으로 변형된 염기의 예
기존의 표준 염기와 변형된 염기의 차이는 붉은색으로 표시하였다.

능하다면 두 가지를 모두 인식하여 적절한 뉴클레오타이드만을 변형시키기 위한 것으로 생각된다. 이러한 역할이 일부 특정 경우에 한정되지만, 많은 뉴클레오타이드 변형 부분의 이유는 아직 알지 못한다. tRNA에서 일부 변형된 뉴클레오타이드는 tRNA 분자의 3′-말단에 아미노산을 부착시키는 효소에 의해 인식된다. 이 반응은 tRNA가 단백질 합성 중에 하는 중간 역할의 핵심이다. 적합한 아미노산이 적합한 형태의 tRNA에 부착되어야 하며, tRNA 내에서의 뉴클레오타이드의 화학적 변형은 이것이 일어날 수 있는 특이성을 제공하는 것으로 여겨진다.

4.2 DNA의 포장

앞서 보았듯이, DNA 분자는 수백만 개의 뉴클레오타이드로 구성되어 있다. 예를 들어, 인간의 유전체(genome)는 24종류(상염색체 22종류, 성염색체 2종류)의 이중가닥 DNA 분자를 포함한다. 이 중에서 가장 짧은 것은 47 Mb이고 가장 긴 것은 247 Mb이다. B형 DNA 염기쌍당 차지하는 길이가 0.34 nm인 것을 고려하여 계산을 하면 47 Mb DNA 분자의 길이는 47,000,000 × 0.34 nm이며 이는 대략 1.6 cm와 같다. 실제로, 24개의 인간 DNA 분자의 평균 길이는 4 cm 이상이다. 각각의 DNA 분자는 세포분열 중에 단지 길이가 수 마이크로미터(micrometres, μm)인 조밀한 구조로 염색체(chromosome)에 포함되어 있다. 그러나 그러한 작은 구조 내에 긴 DNA 분자를 맞추기 위해서는 고도로 조직화된 포장 시스템(packaging system)이 있어야 한다.

4.2.1 뉴클레오솜과 염색질 섬유

DNA가 염색체에 포장되는 방식에 대한 우리의 이해를 뒷받침하는 연구는 DNA 구조가 알려지기 전부터 시작되었다. 19세기 말, 세포학자들은 특정 유형의 염료로 진하게 염색되는 핵 성분을 발견했다. 그들은 이 성분을 그리스어로 ‘color’을 뜻하는 ‘chroma’라는 의미로 **‘염색질(chromatin)’**이라 불렀다. ‘염색체’라는 용어도 문자 그대로 ‘colored body’를 의미하는 동일한 어원에서 비롯되었다.

염색질은 나중에 DNA와 단백질 복합체 형태인 것으로 알려졌다. 이 단백질은 기다란 DNA 분자를 작은 염색체 형태로 압착할 수 있는 포장 시스템을 제공한다.

히스톤은 DNA 결합 단백질이다

염색질의 단백질 성분은 주로 **히스톤(histone)**이라 불리는 단백질로 이루어져 있다. 이 단백질은 길이가 100~220 아미노산 서열을 가지는 매우 짧은 단백질군으로, 각각 상대적으로 높은 염기성 아미노산 함량을 가지고 있다(표 4.3).

표 4.3 히스톤

히스톤	아미노산의 개수	염기성 아미노산의 함량
H1	194~346	30%
H2A	130	20%
H2B	126	22%
H3	136	23%
H4	103	25%

‘아미노산의 개수’는 인간의 히스톤을 기준으로 한다. H1 히스톤 계열로서 H1a–H1e, H1°, H1t와 H5를 포함한다.
‘염기성 아미노산의 함량’은 각 단백질 내 리신, 히스티딘 및 아르기닌의 양이다.

그림 4.16 정제된 염색질을 이용한 핵산가수분해효소 보호 실험의 결과

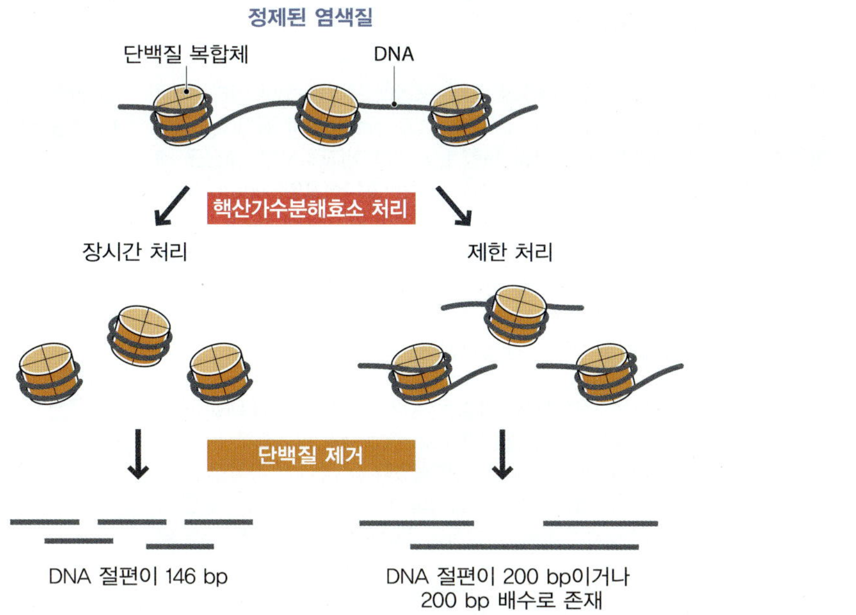

히스톤 단백질이 염색질에서 DNA와 결합되는 방식은 **핵산가수분해효소(nuclease)** 보호 실험에 의해 규명되었다. 이 실험과정에서 DNA-단백질 복합체(DNA-protein complex)는 인산디에스테르결합을 절단하는 효소인 **핵산내부가수분해효소(endonuclease)**로 처리된다. 대표적으로 소의 췌장(pancreas)에서 정제된 디옥시리보핵산가수분해효소 I(deoxyribonuclease I) 또는 DNA 분해효소 I(DNase I)가 있다. DNA 분해효소 I은 DNA 내부의 인산디에스테르결합을 절단하므로 장기간 처리하면 DNA가 그 구성 성분인 뉴클레오타이드로 분해된다. 그러나 DNA 분해효소가 DNA를 분해하기 위해선 DNA 분자구조에 접근해야 한다. 이때 DNA의 일부가 단백질에 부착되어 보호받게 되면, 분해효소는 DNA 분자구조에 접근하지 못하게 된다. 따라서 보호받는 DNA 영역은 핵산내부분해효소 처리에 영향을 받지 않으며, 분해효소가 불활성화되고, DNA에 부착된 단백질이 DNA로부터 제거된 후에도 온전하게 유지가 된다.

다양한 조건에서 염색질을 핵산가수분해효소로 처리하게 되면 히스톤 배열의 두 가지 중요한 특징을 추론할 수 있다(그림 4.16):

- 장기간 핵산가수분해효소의 처리는 146 bp 길이의 DNA 단편(DNA fragment)을 형성한다. 이 결과는 각각의 히스톤 또는 히스톤 집단이 146 bp 길이의 DNA 절편과 밀접하게 연관되어 있음을 나타낸다.
- DNA에서 소수의 인산디에스테르결합을 절단하기 위해 제한적으로 핵산가수분해효소를 처리하게 되면, 약 200 bp 길이 또는 그 배수 형태의 DNA 단편이 형성된다. 이 결과로부터 우리는 히스톤이 규칙적인 방식으로 각 히스톤 또는 히스톤 집단이 200 bp 간격으로 펼쳐지면서 DNA 내에 배치되어 있음을 알 수 있다.

이 두 가지 추론 중 두 번째는 염색질의 전자현미경 연구에 의해 입증되었다. 이 복합체는 DNA 분자를 따라 약 200 bp 간격으로 벌어져 있는 단백질 구슬(bead)로 연결된 **구슬-끈(bead-on-a-string)** 구조로 밝혀졌다. 그 구슬을 **뉴클레오솜(nucleosome)**이라고 한다. 각각의 뉴클레오솜은 8개의 히스톤 단백질을 포함하고 있고, 히스톤 H2A, H2B, H3 및 H4가 2개씩 배럴 모양(barrel-shaped)의 **핵심 8량체(core octamer)**를 형성한다. 핵심 8량체와 밀접하게 연관된 146 bp

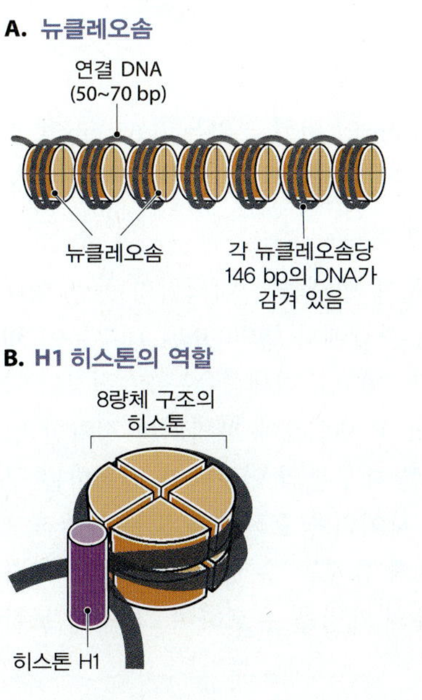

그림 4.17 뉴클레오솜
(A) 뉴클레오솜은 DNA의 '구슬-끈(bead-on-a-string) 구조'를 형성한다. (B) 연결 히스톤.

Box 4.5 세균의 DNA 포장

세균 또한 자신의 DNA를 상대적으로 작은 공간에 포장을 해야 한다. 대장균(*Escherichia coli*)의 핵종(nucleoid)은 약 1.6 mm의 외곽 길이(즉, 원주 형태)에 상응하는 4639 kb의 단일 원형 분자이다. 비교하자면, 대장균 세포의 크기는 약 1 μm X 2 μm이다. DNA 분자는 **초나선꼬임(supercoiling)**에 의해 단단히 접히는데, DNA 이중나선에 회전이 추가되거나(양성 초나선꼬임, positive supercoiling) 회전이 제거되면서(음성 초나선꼬임, negative supercoiling) 이런 현상이 일어나게 된다. 원형 DNA 분자는 그 자체가 감기면서 보다 조밀한 구조를 형성함으로써 초나선꼬임에 반응하게 된다. 따라서 초나선꼬임은 원형 분자를 작은 공간에 포장하는 이상적인 방법이다.

초나선꼬임 세균 DNA은 세포로부터 방출된 각각 10~100 kb의 DNA를 포함하는 루프(loop) 부분이 단백질 중심부(protein core)에 결합하게 된다. 다양한 포장 단백질(packaging protein)이 규명되었다. 이 중에서 가장 많은 것은 HU라고 불리며, 약 60 bp의 DNA가 감기며 4량체(tetramer)를 형성한다. *E. coli* 세포 하나당, 60,000개의 HU 단백질이 있어 DNA 분자의 약 1/5를 덮을 만큼 충분하지만, 4량체 구조가 DNA를 따라 균등하게 간격을 두고 있거나 핵종의 중심 부분에 제한되게 분포하는지는 알려져 있지 않다.

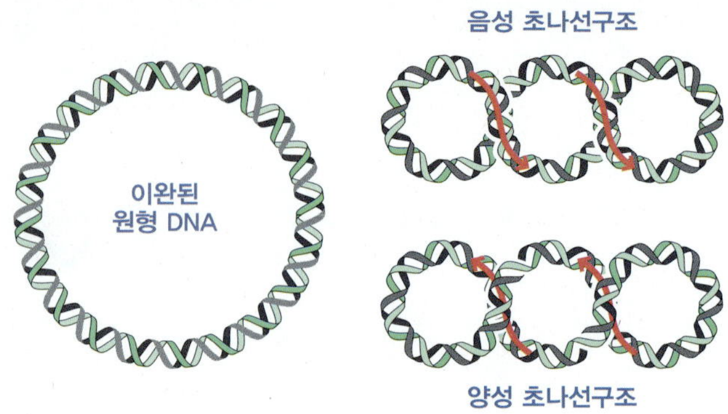

길이의 DNA가 뉴클레오솜의 바깥 둘레를 두 번씩 감고 있으며, 각 뉴클레오솜은 외부로 노출된 50~70 bp 길이의 **연결 DNA(linker DNA)**에 의해 구분이 된다(그림 4.17A).

핵심 8량체의 히스톤뿐 아니라, 뉴클레오솜의 바깥에 부착된 추가적인 히스톤 H1이 존재한다. 구조 연구에 의하면 이 히스톤은 뉴클레오솜에 감겨 있는 DNA가 풀리는 것을 방지해주는 죔쇠(clamp) 역할을 한다고 알려져 있다(그림 4.17B). 우리는 이제 히스톤 H1이 단일 단백질이 아니라 서로 밀접하게 관련되어 있는 형태이며 **연결 히스톤(linker histone)**이라 부리는 단백질 그룹의 집합체임을 알고 있다. 척추동물에는 H1a-H1e, H1°, H1t 및 H5라고 하는 히스톤이 포함이 된다.

그림 4.18 **30 nm 염색질 미세섬유(30 nm chromatin fiber)에 대한 솔레노이드 모델** 뉴클레오솜은 DNA 분자가 미세섬유 내 꼬여 있는 방식을 보여주기 위해 그림에는 빠져 있다. 왼쪽 그림은 측면에서 관찰한 경우고, 오른쪽 그림은 섬유축을 따라 본 그림이다.
Macmillian publisher LTd. 허락을 받아 증쇄: *Nature Structural and Molecular Biology*, 12:6, ©2005.

고차원적인 DNA 포장

구슬-끈 구조는 DNA 분자의 길이를 약 1/6으로 줄여주므로 4 cm의 선형 분자는 0.67 cm의 효율적인 길이로 감소될 것이다. 그러나 여전히 염색체의 길이보다는 훨씬 긴 형태이다. 따라서 분명히 더 고차원적인 DNA 포장(DNA packaging)이 있어야 한다.

우리는 이제 구슬-끈 구조가 살아 있는 세포의 핵 안에 드물게 발생하는 염색질의 풀린 형태라고 알고 있다. 덜 조밀한 형태의 크로마틴에 대한 전자현미경 관찰에서 핵의 DNA 대부분이 **30 nm 미세섬유(30 nm fiber)**의 형태로 나타나는 것을 볼 수 있다. 30 nm 미세섬유는 그 직경이 약 30 nm이기 때문에 이렇게 이름 붙여졌다. 뉴클레오솜이 30 nm 미세섬유에 배열되는 정확한 방법은 알려져 있지 않지만 '솔레노이드(solenoid)' 모델(그림 4.18)은 대부분의 연구자가 선호하는 구조이다. 30 nm 미세섬유 내의 개별 뉴클레오솜은 연결 히스톤 사이의 상호작용과 또는 뉴클레오솜 바깥에 확장된 N-말단 부위에 의한 접촉에 의해 구조가 함께 유지될 수 있다(그림 4.19). 후자의 가설은 이들 N-말단 부위의 화학적 변형이 30 nm 미세섬유의 개방을 유도하여 그 안에 포함된 유전자를 활성화할 수 있기 때문에 매력적이다.

히스톤 변형이 유전자 발현에 어떻게 영향을 미치는지에 대한 자세한 내용은 **16.3.2절**에 나와 있다.

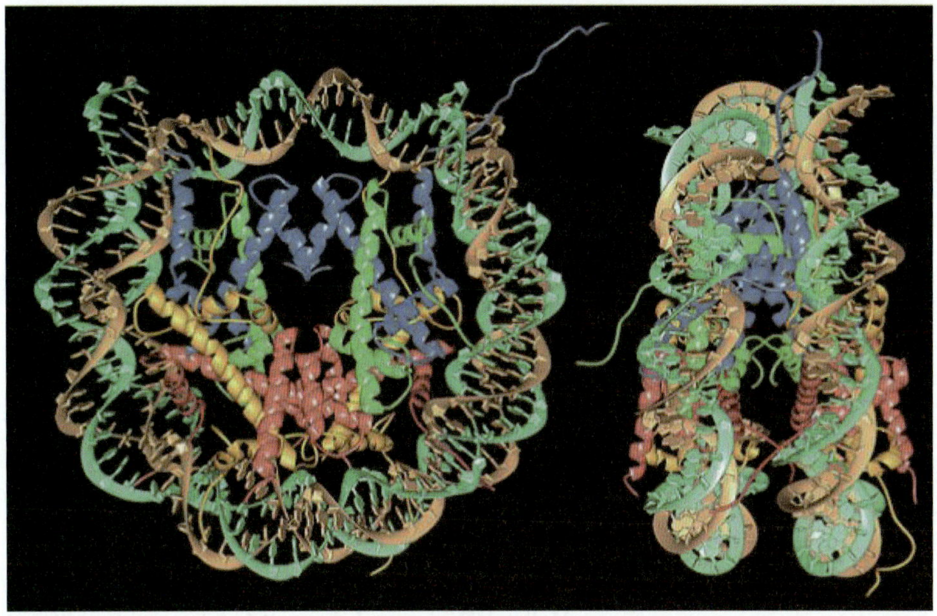

그림 4.19 뉴클레오솜 핵심 8량체의 구조 왼쪽은 배럴 모양(barrel-shaped)의 8량체를 위에서 내려다본 것이며, 오른쪽은 측면에서 바라본 것이다. 8량체 주위를 감싸는 DNA 이중나선의 두 가닥은 갈색과 진한 녹색으로 표시하였다. 각각의 히스톤 색은 다음과 같다; H2A 노란색, H2B 붉은색, H3 파란색, H4 밝은 녹색. 히스톤 단백질의 N-말단 꼬리가 핵심 8량체로부터 밖으로 노출된 것을 볼 수 있다. Macmillian publisher LTd. 허락을 받아 증쇄: *Nature*, 389:251, ©1997.

30 nm 미세섬유 구조는 구슬-끈 구조의 길이를 약 1/7로 줄이므로 4 cm에서 시작된 선형 DNA 분자는 이제 약 1 mm를 차지하게 된다. 이 길이를 염색체의 크기로 줄이는 추가적인 고차원적 포장(packaging)은 이작 잘 알려져 있지 않다. 하나의 가능성은 30 nm 미세섬유의 서로 다른 '루프(loop)'에 있는 히스톤 단백질이 구조를 보다 조밀한 구조로 끌어들이기 위해 서로 상호작용을 한다는 것이다. 세포가 분열되는 중기(metaphase) 염색체가 보일 때에만 이러한 수준의 응축된 고차원적 DNA 포장이 발생한다. 이들은 광학현미경으로 볼 수 있는 구조로 일반적으로 '염색체'라는 단어와 관련되어 있다(그림 4.20). 세포분열 사이 기간인 **간기(interphase)** 동안은 DNA는 덜 조밀한 형태로 대부분 30 nm 미세섬유 형태로 존재한다.

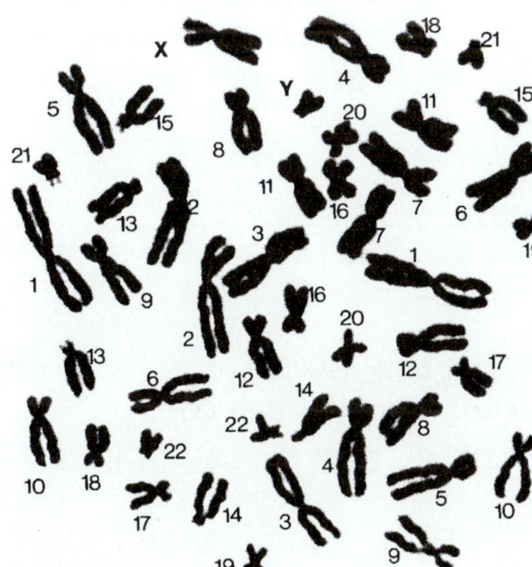

그림 4.20 인간세포 분열 중기 (metaphase) 염색체 중기 염색체는 각 염색체가 가장 조밀한 형태를 취하고 있으며, 세포분열 중에만 나타난다. 1~22번 염색체가 각 한 쌍씩 존재하고, X와 Y 염색체도 존재한다. www.contexo.info/DNA_Basics/chromosomes.htm에서 발췌하였다.

참고문헌

Altona C and Sundaralingam M(1972) Conformational analysis of the sugar ring in nucleosides and nucleotides: a new description using the concept of pseudorotation. *Journal of the American Chemical Society* **94**, 8205–12. ***Information on sugar pucker.***

Björk GR, Ericson JU, Gustafsson C, *et al.*(1987) Transfer RNA modification. *Annual Review of Biochemistry*, **56**, 263–87. ***Information on modified nucleotides in tRNAs.***

Clark BFC(2001) The crystallization and structural determination of tRNA. *Trends in Biochemical Science* **26**, 511–14. ***Determination of the three-dimensional structure of a tRNA.***

Cutter AR and Hayes JJ(2015) A brief review of nucleosome structure. *FEBS Letters* **589**, 2914–22.

Hagerman PJ(1991) RNA 'tetraloops': living in *syn*. *Current Biology* **1**, 50–2.

Harshman SW, Young NL, Parthun MR and Freitas MA(2013) HI histones: current perspectives and challenges. *Nucleic Acids Research* **41**, 9593–609.

Holley RW, Apgar J, Everett GA, *et al.*(1965) Structure of a ribonucleic acid. *Science*, **147**, 1462–5. ***The discovery of the cloverleaf structure of tRNA.***

Rich A and Zhang S(2003) Z-DNA: the long road to biological function. *Nature Reviews Genetics* **4**, 566–72.

Robinson PJJ and Rhodes D(2006) Structure of the '30 nm' chromatin fibre: a key role for the linker histone. *Current Opinion in Structural Biology* **16**, 336–43. ***Reviews models for the structure of the 30 nm fiber.***

Watson JD(1968) *The Double Helix*. Atheneum, London. ***The most important discovery of 20th century biology, written as a soap opera.***

Watson JD and Crick FHC(1953) Molecular structure of nucleic acids: a structure for deoxyribose nucleic acid. *Nature*, **171**, 737–8. ***The scientific report of the discovery of the double helix structure of DNA.***

Yakovchuk P, Protozanova E and Frank-Kamenetskii MD(2006) Base-stacking and base-pairing contributions into thermal stability of the DNA double helix. *Nucleic Acids Research* **34**, 564–74.

자가 평가 문제

객관식 문제

각 문제에 대한 정답은 한 개이며, 정답은 웹사이트 www.scionpublishing.com/biochemistry에서 찾을 수 있음.

1. DNA 구조의 디옥시리보오스의 어느 탄소에 하이드록실기가 붙어 있는가?

(a) 1′
(b) 2′
(c) 3′
(d) 4′

2. DNA 분자 내에서 찾을 수 있는 두 가지 퓨린 형태는?

(a) 아데닌과 시토신
(b) 아데닌과 구아닌
(c) 아데닌과 티민
(d) 시토신과 티민

3. 질소성 염기와 뉴클레오타이드의 당 성분을 연결하는 결합을 무엇이라 하는가?
(a) 염기쌍
(b) β-*N*-글리코시드 결합
(c) 수소결합
(d) 인산디에스테르결합

4. DNA에는 있지만 RNA에는 없는 질소성 염기는 무엇인가?
(a) 아데닌
(b) 구아닌
(c) 티민
(d) 우라실

5. 폴리뉴클레오타이드에서 인접한 뉴클레오타이드 사이의 결합은 어느 한 쌍의 탄소 사이에 형성이 되는가?
(a) 1′과 2′
(b) 1′과 3′
(c) 1′과 5′
(d) 3′과 5′

6. DNA 이중나선 구조를 규명하는 연구에서 다음 기술 중 사용되지 않은 기술은 무엇인가?
(a) 모형구축
(b) 핵자기 공명 분광법
(c) 종이 크로마토그래피
(d) X선 회절 분석

7. 보기 중 어느 것이 DNA 나선 구조의 두 가닥 사이의 쌍을 형성하게 작용하는가?
(a) 공유결합
(b) 이온결합
(c) 수소결합
(d) 소수성 힘

8. 아래 보기 중 어느 것이 염기 중첩에 관하여 올바르게 설명하는가?
(a) 염기 쌓임은 아데노신의 *anti*-구조와 *syn*-구조를 형성한다.
(b) 염기 쌓임은 리보오스(ribose) 당이 평면 구조를 가지지 않기 때문에 발생한다.
(c) 염기 쌓임은 A와 T 염기, 그리고 G와 C 염기 사이에서만 발생한다.
(d) 염기 쌓임은 뉴클레오타이드 염기의 방향족 고리(aromatic rings) 사이의 끌림에 의해 형성된다.

9. 뉴클레오타이드의 C2′-endo 또는 C3′-endo 구조가 나타나는 원인은 무엇인가?
(a) 염기쌍
(b) 염기 쌓임
(c) 폴리뉴클레오타이드 간의 상보성
(d) 당 주름

10. 어떤 형태의 DNA가 회전당 12 bp이고 직영이 1.84 nm인 왼손 방향(left-handed) 나선을 형성하는가?
(a) A형(A-form)
(b) B형(B-form)
(c) Z-DNA
(d) 해당 사항 없음

11. 1,000,000개의 염기쌍의 DNA를 언급할 때, 어떤 약어가 사용이 되는가?
(a) kb
(b) Mb
(c) Gb
(d) 1,000,000개의 염기쌍을 가진 DNA 분자는 존재하지 않음

12. tRNA와 관련하여 다음 중 옳지 않은 것은?
(a) 각각의 생물은 다수의 상이한 tRNA를 합성한다.
(b) G-T 염기쌍은 tRNA에서 발생할 수 있다.
(c) 대부분의 tRNA는 74~95 뉴클레오타이드 길이를 지닌다.
(d) 대부분의 tRNA 분자는 '클로버 잎' 구조로 접힐 수 있다.

13. 4개의 뉴클레오타이드 서열 5′-UUCG-3′은 비교적 안정한 구조를 형성하여 무엇이라 불리는가?
(a) 마이크로 RNA
(b) 줄기-고리
(c) 테트라루프
(d) tRNA

14. 다음 중 tRNA 분자에서 볼 수 있는 일반적인 화학적 변형이 아닌 것은?
(a) 염기 재배치
(b) 탈아미노반응
(c) 이중결합 포화
(d) 인산화반응

15. 47 Mb DNA 분자의 길이는 얼마인가?
(a) 6 μm
(b) 1.6 mm
(c) 6 mm
(d) 1.6 cm

16. 단백질이 염색질(chromatin) 내 DNA와 연관되어 있음을 보여주는 실험에 사용된 효소는?
(a) 핵산내부가수분해효소
(b) 핵산말단가수분해효소
(c) 췌장효소
(d) 단백질가수분해효소

17. 염색질을 형성하기 위한 구슬-끈(bead-on-a-string) 구조에서 '구슬'을 구성하는 단백질의 이름은?
(a) 히스톤
(b) 핵산가수분해효소
(c) 뉴클레오솜
(d) 8량체

18. H1a-H1e, H1°, H1t 그리고 H5라고 불리는 척추동물 단백질은 무엇인가?
 (a) 핵심 8량체 단백질
 (b) 연결 히스톤
 (c) 뉴클레오솜
 (d) HU 단백질 유형

19. 다음 중 옳은 것은 무엇인가?
 (a) 간기 동안 DNA의 대부분은 30 nm 염색질 미세섬유 형태로 존재한다.
 (b) 30 nm 염색질 미세섬유는 뉴클레오솜을 포함하지 않는다.
 (c) 30 nm 염색질 미세섬유는 '구슬-끈 구조'의 길이를 약 6배 감소시킨다.
 (d) '클로버 잎'은 30 nm 염색질 미세섬유 구조의 일반적인 모델이다.

20. 박테리아의 핵양체(nucleoid)에서 DNA는 어떤 과정에 의해 조밀한 구조로 접혀 있는가?
 (a) 변성
 (b) 히스톤 변형
 (c) 중합반응
 (d) 초나선꼬임

단답식 문제

아래 문제는 추가 자료 없이 답이 가능함.

1. 다양한 탄소, 질소 및 인산 원자의 번호를 포함하여 뉴클레오타이드의 구조를 그려라.

2. 왜 인산디에스테르결합의 구조가 폴리뉴클레오타이드의 두 말단이 화학적으로 구별되는 것에 의미를 부여할 수 있는지 설명하라.

3. DNA 이중나선 구조의 주요 특징과 특히 생물학적 정보의 저장소로서 DNA의 역할에 중요한 기능에 대해 설명하라.

4. 왓슨과 크릭이 이중나선 구조를 발견하게 된 연구에서 사용한 여러 유형의 실험 결과를 설명하고, 나선 구조의 세부적인 부분을 이해할 때 이들 각 결과가 어떻게 기여하였는지 요약하라.

5. '염기쌍 형성(base pairing)'과 '염기 중첩(base stacking)'이라는 용어를 구별하고 이중나선 구조에서 두 유형의 상호작용에 대해 설명하라.

6. A형, B형 및 Z형 DNA의 주요 특징을 나열하라.

7. 운반 RNA(transfer RNA)의 구조에 초점을 맞추어, RNA 구조에서 분자 내 염기쌍 형성의 역할에 대해 짧게 서술하라.

8. RNA 분자 내 뉴클레오타이드에 의해 나타나는 화학적 변형의 여러 유형에 대해 요약하라.

9. 뉴클레오솜의 구조에 대해 기술하라.

10. 30 nm 미세섬유의 구조와 고차원적 DNA 포장(packaging)에 대한 우리의 현재 지식을 설명하라.

주관식 문제

아래 문제는 계산, 추가 자료, 인터넷 조사 등을 필요로 함.

1. 이중나선 구조가 DNA의 올바른 구조로서 즉각적으로 보편적 수용을 얻게 된 이유에 대해 토론하라.

2. 폴리펩타이드가 다양한 구조를 취할 수 있는 반면 폴리뉴클레오타이드는 그렇지 못한 이유에 대해 토론하라.

3. tRNA가 5′-GGGCGUGUGGCGUAGUCGGUAGCGCGCUCCCUUAGCAUGGGAGAGGUCUCCGGUUCGAUUCCGGACUCGUCCACCA-3′와 같은 뉴클레오타이드 서열을 갖는다. 이 tRNA가 나타낼 수 있는 '클로버 잎' 구조를 그려라.

4. 길이가 75 뉴클레오타이드인 RNA 분자는 2개의 '줄기-고리'를 형성할 수 있다. 이 구조 중 하나는 15 bp 길이의 '줄기'를 가지며 ('루프'를 포함하여) 15~51개의 뉴클레오타이드를 포함한다. 두 번째 구조는 뉴클레오타이드 40~64개로 구성된 9 bp의 줄기-고리를 형성한다. 이 두 구조의 줄기는 유사한 GC 함량을 가지고 있으며 불일치 또는 G-U 염기쌍을 포함하지 않는다. 두 개의 구조체가 겹치기 때문에 동시에 두 가지 형태를 모두 형성할 수는 없다. 정상적인 상황에서 두 개의 줄기-고리 중 어느 것을 형성하겠는가? 세포 내에서, 어떤 작용이 다른 줄기-고리 형성을 초래할 수 있는가?

5. 뉴클레오솜의 존재가 개별 유전자의 발현에 미칠 수 있는 영향에 대해 토론하라.

제 5 장

지질과 생물학적 막

학습목표

이 장을 공부한 후:

- 지질(lipid)은 다양한 생화학적 역할을 가진 다양한 그룹으로 구성되어 있다는 것을 알게 된다.
- 지방산(fatty acid)의 기본 구조를 묘사할 수 있어야 한다.
- 포화(saturated) 지방산과 불포화(unsaturated) 지방산의 차이점을 이해하고 건강한 사람의 식단에 특정 지방산이 필요한 이유를 이해한다.
- 지방산이 결합되어 트리아실글리세롤(triacylglycerol)을 생성하는 방법을 알고, 비누(soap)와 왁스(wax)가 어떻게 트리아실글리세롤에서 유도되는지 이해한다.
- 글리세로인지질(glycerophospholipids) 및 스핑고지질(sphingolipids)과 같은 지방산 유도체의 주요 구조적 특성을 이해한다.
- 테르펜(terpenes), 스테롤(sterols) 및 스테로이드(steroids)의 구조를 묘사할 수 있어야 하며, 생물학에서 이러한 화합물의 중요성을 알아야 한다.
- 아이코사노이드(eicosanoids)와 지용성 비타민(lipid vitamins)의 구조와 기능에 대해 잘 알고 있어야 한다.
- 특정 지질의 양친매성(amphiphilic) 성질이 어떻게 지질 막 이중층(membrane bilayers)을 형성할 수 있는지 이해한다.
- 막 구조의 유동모자이크모형(fluid mosaic model)을 설명하고 그 구조 내 지질 뗏목(lipid rafts)의 중요성에 대해 인식할 수 있어야 한다.
- 내재성 막단백질(integral membrane protein)과 주변성 막단백질(peripheral membrane protein)의 차이점을 알고 두 유형의 예를 설명할 수 있어야 한다.
- 수송 단백질(transport protein)을 이용하거나 또는 이용하지 않고 화합물이 막을 통과할 수 있는 다양한 방법을 구별할 수 있어야 한다.
- 수용체 단백질(receptor protein)이 세포막을 통해 세포 밖 신호를 전달하는 방법을 알고 있어야 한다.

지질은 지방(fat), 오일(oil), 왁스(wax), 스테로이드(steroid) 및 다양한 수지(resin)를 포함하는 광범위한 화합물 그룹이다. 지질은 자연계에서 다양한 기능을 가지고 있는데, 특히 이중 두 가지는 생화학 분야에서 중요하다. 그 중 첫 번째는 인간과 같은 동물뿐 아니라 많은 종류의 생물체에 필요한 에너지의 상당 부분을 차지하는 지방과 오일의 이화작용을 동반한 에너지 저장이다. 이것은 물론 특정 지질의 영양 섭취가 우리의 생활 방식에 따른 에너지 요구량을 초과할 때 우리가 '뚱뚱한(fat)' 이유이다. 지질의 두 번째 중요한 기능은 막의 구조적 구성요소라는 점이다. 막은 본질적으로 어디에나 존재하기 때문에 이것은 모든 종을 포함하며, 막 구성은 여러 유형의 생물체에서 다양하게 나타나고, 모든 막은 한 종류 또는 다른 종류의 지질을 함유한다.

에너지 저장과 막 구조는 지질의 가장 중요한 두 가지 역할이지만, 유일한 것은 아니다. 왁스는 탈수와 곤충과 같은 작은 약탈자의 공격으로부터의 보호하기 위해 식물의 잎과 열매의 표면에서 분비가 되며, 일부 동물과 새는 모피와 깃털에서 유사한 보호 기능을 가지는 왁스 및 기타 지질을 분비한다. 많은 중요 호르몬은 지질 성분이며 비타민 A, D, E 및 K도 마찬가지이다. 하나의 단일 그룹 지질인 **테르펜(terpene)**은 가장 큰 종류의 천연 합성물이며 식물에 의해 주로 합성되는 약 25,000종의 서로 다른 화합물을 포함한다. 이 화합물은 질병에 대한 저항성, 신호 전달 및 포식자 공격에 대한 방어 등 다양한 기능을 가지고 있으며, 광합성과 같은 중요한 생리적 과정에도 관여한다.

5.1 지질의 구조

대부분의 지질은 소수성(hydrophobic) 및 친유성(lipophilic)이다. 즉, 물에는 녹지 않으나 아세톤이나 톨루엔 같은 유기 용매에는 용해가 된다. 그 이상으로, 지질의 구조와 화학적 성질에 대해 일반적인 특성을 진술하는 것은 어렵다. 왜냐하면 이러한 것들은 다양한 종류의 지질이 갖는 기능만큼 다양하게 존재한다. 그러나 매우 중요한 지질의 대부분은 **지방산(fatty acid)** 또는 지방산의 유도체이다. 이러한 유도체는 에너지 저장뿐 아니라 생물학적 막에서 발견되는 지질도 포함한다. 따라서 우리는 먼저 이 중요한 지질군부터 살펴볼 것이다.

5.1.1 지방산 및 그 유도체

지방산은 단백질(protein)과 핵산(nucleic acid)보다 훨씬 작지만 지방산 또한 고분자 구조(polymeric structure)를 가지고 있다. 앞의 두 개의 장에서 살펴본 단백질과 핵산 중합체(polymer)에서 단량체 단위(monomeric units)는 그 자체로 복잡한 분자 구조를 지니고 있다: 단백질의 아미노산(amino acid)과 DNA와 RNA의 뉴클레오타이드(nucleotide). 지방산 중합체는 수소원자가 붙어 있는 4~36개의 탄소로 이루어진 단순한 **탄화수소(hydrocarbon)** 사슬 구조로 훨씬 덜 복잡하다(그림 5.1).

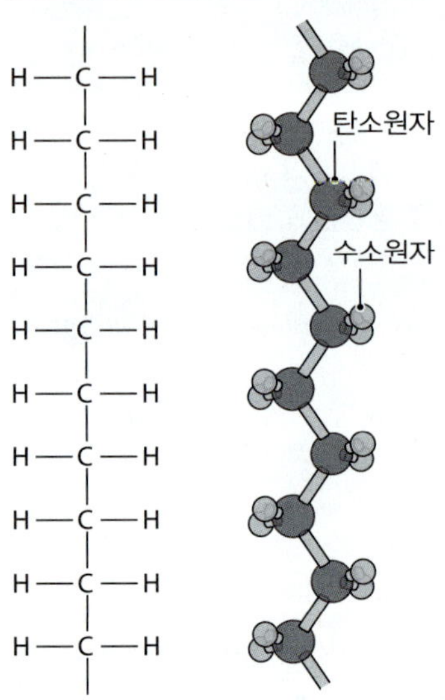

그림 5.1 탄화수소 사슬의 일부분
왼쪽 그림은 탄화수소 사슬의 일부분을 단순한 표현으로 보여주며, 오른쪽 그림은 탄소와 수소 원자의 상대적 위치를 보여준다. 탄소원자 주위의 4 개의 결합은 사면체 배열을 가지고 있음을 기억하라.

지방산은 탄화수소 중합체(hydrocarbon polymer)

화학적인 면에서 지방산은 일종의 카르복실산(carboxylic acid)이다. 이것은 중심 탄소원자에 산소원자가 이중결합에 의해 부착되어 카르보닐기(carbonyl group, C=O)를 형성하고, 하이드록실기(hydroxyl group, −OH)가 단일결합에 의해 부착되며, 각각의 카르복실산마다 다른 형태의 R기(R group)가 결합하여 형성이 된다(그림 5.2A). 따라서 일반적인 화학식은 R−COOH이며 COOH기를 카르복실기(carboxylic group)라고 부른다. 가장 단순한 형태의 카르복실산은 개미와 벌침에 존재하는 포름산(formic acid; R기가 수소 원자인 H−COOH)과 식초에 존재하는 아세트산(acetic acid, CH_3−COOH)과 같은 친숙한 천연 물질이다. 물론 이것들은 수용성 화합물이며 지질은 아니다. 지방산에서 R기는 탄화수소 사슬(hydrocarbon chain) 형태이다. 이러한 고도의 소수성 성질을 지닌 R기 때문에 지방산은 대부분 물에 용해되지 않지만 많은 유기 용매에는 쉽게 용해된다.

지방산은 탄화수소 사슬의 구조에 따라 2종류로 나뉜다. 인접한 탄소 사이의 모든 연결이 단일결합(single bond)인 경우, 즉 중합체 사슬의 모든 탄소가 2개의 수소원자를 지니는 경우, 그 지방산은 **포화(saturated)** 상태라고 한다(그림 5.2B). 반면, 이중결합(double bond)에 의해 연결된 탄소 쌍이 하나 이상 존재한다면, 이 지방산은 **불포화(unsaturated)** 상태이다(그림 5.2C).

그림 5.2 **지방산 구조**

A. 카르복실산의 일반적인 구조

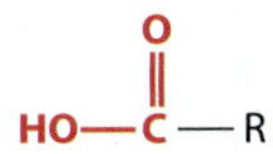

B. 포화 지방산 – 라우르산

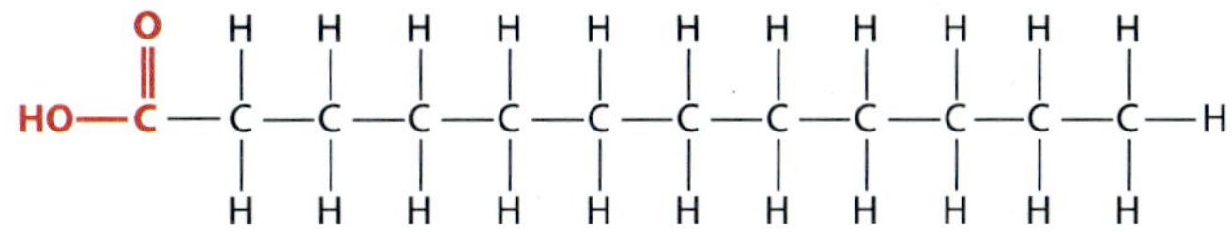

C. 불포화 지방산 – 올레산

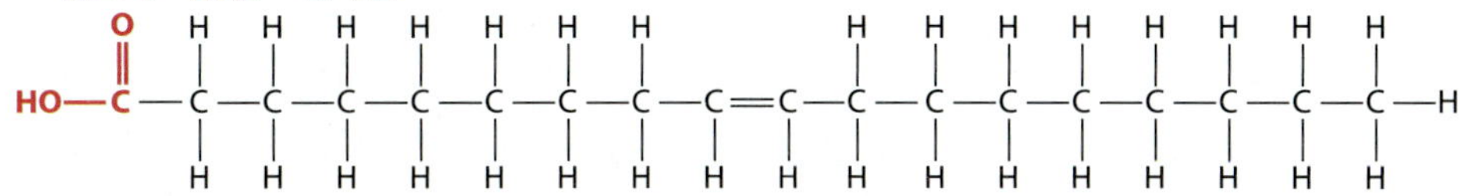

이중결합이 없다는 것은 포화 지방산의 탄화수소 사슬이 선형 구조를 갖는다는 것을 의미한다(**그림 5.3A**). 이 선형 분자들은 서로 밀접하게 결합을 할 수 있다. 이 단단한 결합의 결과는 대부분의 포화 지방산이 40℃ 이상의 융점(melting point)을 가지게 하고 이에 따라 많은 포화 지방산은 실온에서 고체 상태를 유지한다. 이중결합의 존재는 탄화수소 사슬을 비틀린(kink) 형태로 바꾸어(**그림 5.3B**), 불포화 지방산 분자가 밀접하게 배열되어 결합되는 것을 방지한다. 따라서 불포화 지방산은 융점이 더 낮게 나타나고 대부분의 불포화 지방산은 실온에서 액체 상태로 존재한다.

지방산은 다양한 형태로 존재할 수 있지만, 모든 가능한 구조가 자연계에서 발견되는 것은 아니다. 대부분의 지방산은 두 개의 탄소 단위를 연결하는 생화학적 합성 방식을 반영하여 짝수 개의 탄소를 가지고 있다. 지방산이 불포화된 경우, 탄화수소 사슬에 4개 이상의 이중결합은 거의 존재하지 않으며, 대부분 사슬의 9번째, 12번째 또는 15번째 탄소 이후에 이중결합이 위치하고 있다(**그림 5.4**).

지방산이 합성되는 과정은 **12.1.1절**에서 설명할 것이다.

그림 5.3 **포화 지방산 및 불포화 지방산의 구성**

이중결합의 존재는 탄화수소 사슬에서 비틀림을 나타낸다. 탄소원자는 짙은 회색으로, 수소는 밝은 회색으로, 산소는 적색으로 표시하였다.

A. 포화 지방산 – 라우르산

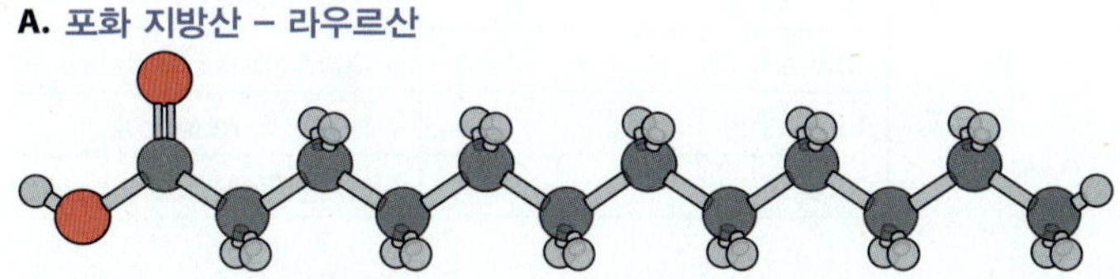

B. 불포화 지방산 – 올레산

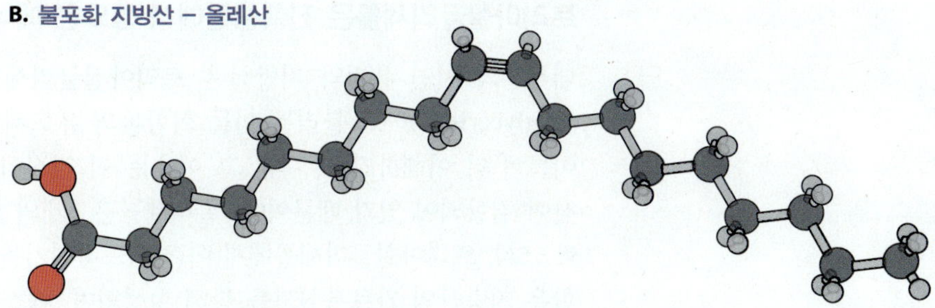

그림 5.4 지방산의 탄소에 대한 번호 체계
이중결합은 주로 사슬의 9번째, 12번째 또는 15번째 탄소 다음에 발생한다.

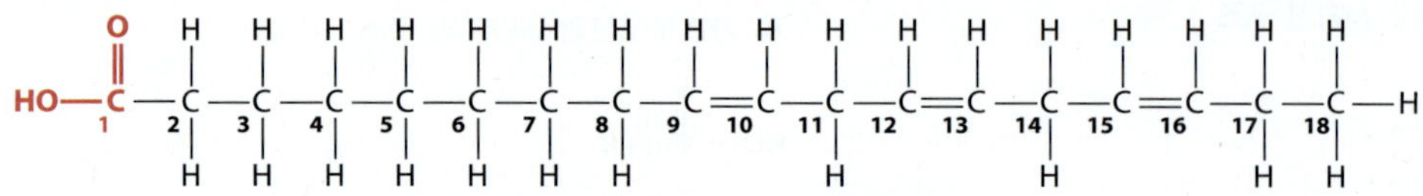

지방산의 몇 가지 예가 **표 5.1**에 나와 있다. 이들 각각은 흔히 지방산이 유래된 천연 상태의 물질을 반영하는 공통된 이름을 가지고 있다. 예를 들어 라우르산(lauric acid)은 월계수 나무(laurel tree)의 꼬투리에서 추출한다. 다른 여러 지방산들은 M:N($\Delta^{a,b,\cdots}$) 공식에 따른 유용한 명명법으로 구별이 된다. 이 공식에서 M은 사슬 내의 탄소의 개수이고 N은 이중결합의 수이다. 라우르산은 탄소가 12개이고 이중결합이 없으므로 12:0으로 표시된다. 하나 이상의 이중결합이 존재하는 경우, 이중결합 바로 앞에 있는 탄소의 수를 나타내는 a, b, …와 같은 숫자와 함께($\Delta^{a,b,\cdots}$) 부분이 포함이 된다. 올리브유의 주성분인 올레산(oleic acid)은 18:1(Δ^9)이다. 왜냐하면 올레산은 18개 탄소로 구성된 사슬을 가지고 있고 9번 탄소 뒤에 하나의 이중결합을 가지고 있기 때문이다. 다양한 식물유에서 발견되는 리놀레산(linoleic acid)은 18:2($\Delta^{9,12}$)이므로 18개의 탄소와 2개의 이중결합이 있으며, 이중결합은 9번째 탄소와 12번째 탄소 다음에 위치한다.

표 5.1 지방산

구조식	이름
포화	
12:0	라우르산(lauric acid, dodecanoic acid)
14:0	미리스트산(myristic acid, tetradecanoic acid)
16:0	팔미트산(palmitic acid, hexadecanoic acid)
18:0	스테아르산(stearic acid, octadecanoic acid)
20:0	아라키드산(arachidic acid, eicosanoic acid)
22:0	베헨산(behenic acid, docosanoic acid)
24:0	리그노세르산(lignoceric acid, tetracosanoic acid)
단일불포화	
16:1(Δ^9)	팔미톨레산(palmitoleic acid)
18:1(Δ^9)	올레산(oleic acid)
다중불포화	
18:2($\Delta^{9,12}$)	리놀레산(linoleic acid)
18:3($\Delta^{9,12,15}$)	α-리놀렌산(α-linolenic acid)
18:3($\Delta^{6,9,12}$)	γ-리놀렌산(γ-linolenic acid)
20:4($\Delta^{5,8,11,14}$)	아라키돈산(arachidonic acid)

트리아실글리세롤은 진핵생물에서 중요한 에너지 저장 화합물이다

대부분의 천연 유지와 지방산은 **트리아실글리세롤(triacylgycerol, TG)** 또는 **트리글리세리드(triglycerides)**라고 불리는 이들 화합물의 유도체와 지방산의 혼합물이다. 이들 지질의 첫 번째 이름이 더 이해하기 쉬운데, 그 이유는 이 지질이 1개의 글리세롤(glycerol) 분자에 3개의 지방산이 결합되어 있기 때문이다. 글리세롤은 3개의 하이드록실기를 가진 작은 유기 화합물이다(**그림 5.5A**). 트리아실글리세롤에서 이 하이드록실기들은 지방산이 결합하는 위치에 존재한다. 그 결합은 지방산의 카르복실기를 통해 형성되며, 에스테르 결합(ester linkage)을 통해 연결된다(**그림 5.5B**).

Box 5.1 지방산의 구조 표기법

지방산 구조를 나타내기 위해 본문에서 사용된 M:N(Δ$^{a,b,\cdots}$) 표기법은 그림 5.4에서와 같이 카르복실기의 탄소가 1로 지정된 표준 방식을 기반으로 한다. **오메가(ω)체계(omega system)**이라고 하는 다른 명명법은 탄화수소 사슬의 메틸 말단(methyl end)에 있는 탄소를 1로 지정한다.

오메가(omega, ω) 번호 방식

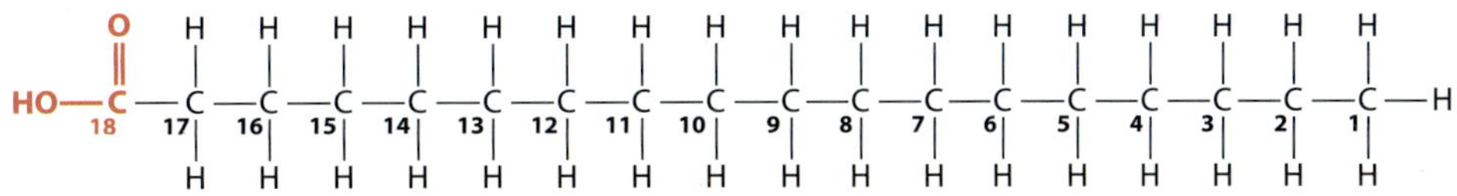

이 방식에서 올레산(oleic acid)은 18:1ω9이고 이중결합은 메틸 말단의 9번째 탄소 바로 뒤에 위치한다. 리놀레산(linoleic acid)은 18:2ω6,ω9이며 오메가-6 지방산 계열의 일부이며 첫 번째 이중결합은 메틸 말단의 6번째 탄소 직후에 위치한다. 또한 이중결합의 탄소가 *cis* 형태인지 *trans* 형태인지 여부를 구별하는 것이 매우 중요하다. 왜냐하면 이것은 탄화수소 사슬의 형태에 영향을 미치기 때문이다.

cis 배치

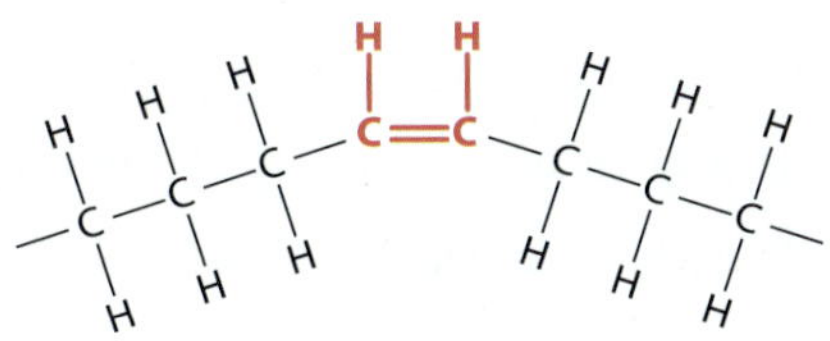

trans 배치

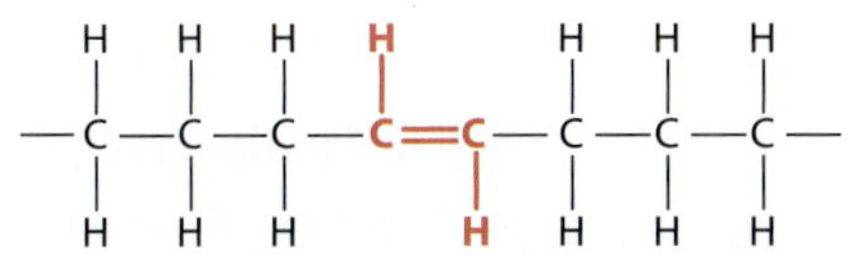

cis 구성은 탄화수소 사슬에 비틀림이 나타나지만 *trans*형은 그렇지 않다. 올레산은 18:1(*cis*-Δ^9)이고 γ-리놀렌산은 18:3(*cis,cis,cis*-Δ^{6,9,12})이다. 모든 이중결합이 *cis* 구조라면 '*all-cis*'라는 표기가 사용이 된다: 따라서 γ-리놀렌산은 *all-cis*-9,6,12-octadecatrienoic acid라고 한다.

일부 트리아실글리세롤에서 3개의 지방산 사슬은 동일하다. 예를 들어 3개의 16:0 사슬을 갖는 트리팔미틴(tripalmitin)과 3개의 18:1(Δ^9) 사슬을 포함하는 트리올레인(triolein)이 있다(표 5.2). 이것들은 **단순 트리아실글리세롤(simple triacylglycerol)**이라 한다. 예로 든 트리아실글리

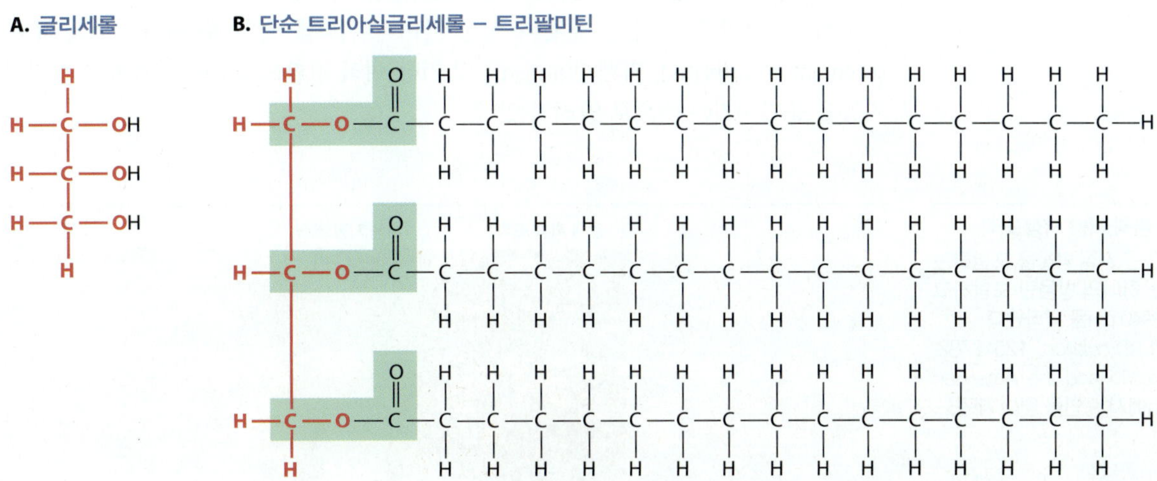

그림 5.5 트리아실글리세롤 구조

그림 A는 글리세롤의 구조, 그림 B는 단순 트리아실글리세롤의 구조를 보여준다. 글리세롤 단위와 3개의 지방산 사이의 에스테르 결합은 음영으로 나타내었다.

표 5.2 트리아실글리세롤

지방산 구성	이름
단순 트리아실글리세롤	.
12:0, 12:0, 12:0	트리라우린(trilaurin)
16:0, 16:0, 16:0	트리팔미틴(tripalmitin)
18:0, 18:0, 18:0	트리스테아린(tristearin)
18:1(Δ^9), 18:1(Δ^9), 18:1(Δ^9)	트리올레인(triolein)
복합 트리아실글리세롤	
18:1(Δ^9), 18:1(Δ^9), 16:0	올리브유 성분

세롤은 자연계에 알려져 있긴 하지만 각각의 탄화수소 사슬 형태가 다른 **복합 트리아실글리세롤(complex triacylglycerol)**보다는 덜 일반적이다. 유리 지방산(free fatty acid, FFA)의 경우와 마찬가지로 완전히 포화된 상태의 트리아실글리세롤은 비교적 높은 융점을 가지고 있으며 일부는 실온에서 고체 형태이다. 하나 이상의 불포화 사슬을 가지고 있는 경우는 일반적으로 액체 상태이다.

트리아실글리세롤은 대부분의 동물과 많은 식물에서 중요한 에너지 저장 화합물이다. 동물은 **지방세포(adipocyte)**라 불리는 지방 저장 세포를 가지고 있고, 지방세포는 흰색과 갈색 형태의 지방 조직에 존재한다. 백색 지방세포(white fat cell)는 지방과 기름의 단순 방울형태이나, 갈색 지방세포(brown fat cell)는 여러 개의 막에 연결된 방울을 가지고 있다(**그림 5.6**). 백색 지방세포는 비만 상태가 나타남에 따라 그 크기와 수가 늘어나는 세포이다. 식물에서 트리아실글리세롤은 씨앗에 저장되고 발아 후 새로운 묘목에 사용되는 에너지를 제공한다.

또한 식물 씨앗에 저장된 트리아실글리세롤과 지방산은 우리가 영양소로 사용하는 식물성 기름의 성분이다. 다양한 형태의 식물성 지질뿐 아니라 우리가 섭취를 통해 얻을 수 있는 동물성 지질 성분으로 얻게 되는 유익하고 또는 유해한 효과에 대해서 널리 논의가 되고 있다. 포화지방(saturated fat)은 지방산 사슬에 이중결합이 없으며, 육류와 우유의 주성분 중 하나인 포화지방은 심혈관 질환의 위험을 증가시킴으로써 나쁘다는 인식이 있다. 지방에 다수의 이중결합을 갖는 다중불포화 지방(polyunsaturated fat)은 일반적으로 양호한 것으로 여겨지지만 어떤 것이 더 좋은지에 대해선 아직 논란의 여지가 있다. 이러한 다중불포화 지방은 식물과 어유에서 더 흔하게 볼 수 있으며, 심장 질환과 심장 마비의 위험을 줄일 뿐 아니라, 암, 류마티스성 관절염(rheumatoid arthritis), 자폐증(autism) 및 기타 여러 질환으로부터 보호하고 심지어 어린아이들의 지능을 증가시키는 것으로 알려져 있다.

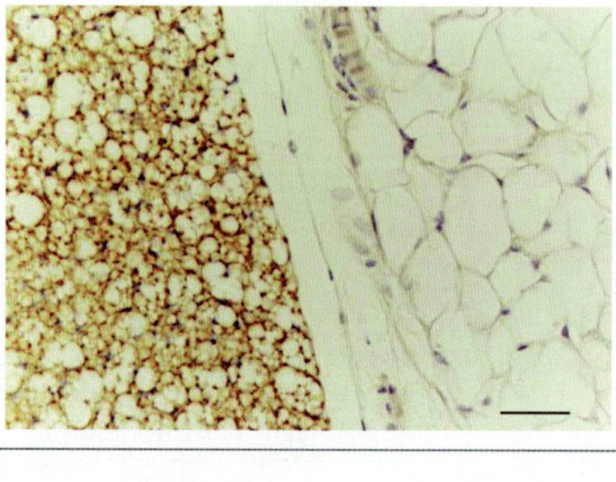

그림 5.6 갈색과 흰색 지방 저장 조직
갈색 지방세포는 많은 지질 방울을 포함하는 반면, 흰색 세포는 하나의 방울만 포함하고 있다. 눈금 막대는 40 μm를 나타낸다. Tam *et al.*(2012). *Circulation*, **125**:2782, Wolter Kluwer Health and the American Heart Association에서 승인을 얻어 제공.

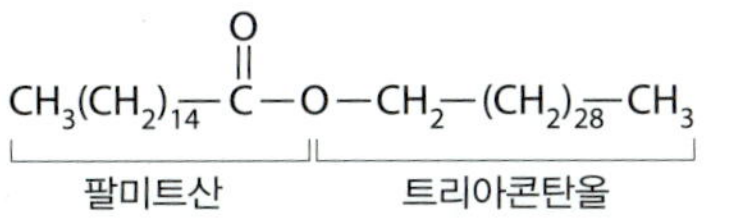

그림 5.7 **밀랍**

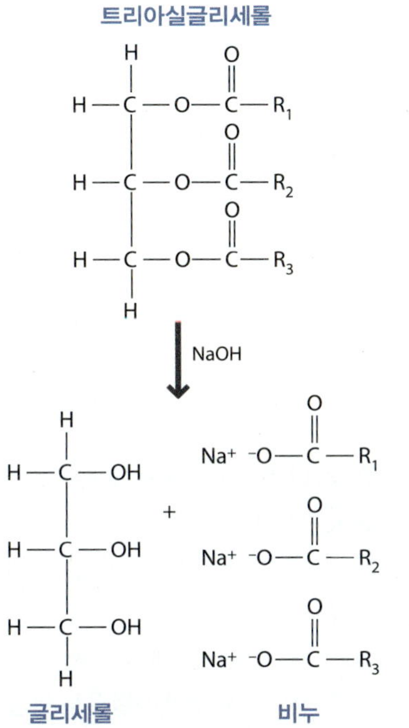

그림 5.8 **비누(soap)의 형성**
지방산 탄화수소 사슬은 R_1, R_2 및 R_3로 표시된다.

왁스와 비누는 트리아실글리세롤의 유도체

트리아실글리세롤은 지방산의 유일한 중요 유도체는 아니다. 지방산 또한 긴 사슬 알코올 화합물과 반응할 때 생성물을 형성한다. 알코올은 $R-CH_2-OH$란 일반적인 구조를 갖는 화합물이다. 가장 간단한 알코올은 메탄올(methanol, $H-CH_2-OH$)이고 그 다음으로 복잡한 것은 발효 및 증류에 의해 형성되는 에탄올(ethanol, CH_3-CH_2-OH)이다. 지방산과 반응하는 알코올은 트리아콘탄올(triacontanol)과 같은 훨씬 더 긴 R기를 가지며, 그 화학식은 $CH_3-(CH_2)_{28}-CH_2-OH$이다. 알코올은 지방산의 카르복실기와 에스테르 결합을 형성한다. 트리아콘탄올과 팔미트산(palmitic acid, 16:0 지방산) 사이의 에스테르 반응에 의한 생성물은 밀랍(beeswax)이며(**그림 5.7**), 이것은 벌이 새로운 벌집을 만들 때 사용이 된다. 왁스(wax)는 일반적으로 지방산이나 트리아실글리세롤보다 융점이 높다. 대부분 60~100℃ 범위이다.

비누(soap) 또한 트리아실글리세롤과 수산화나트륨(sodium hydroxide)과 같은 알칼리에 열을 가하여 형성된 지방산 유도체이다. 이 과정을 **비누화(saponification)** 과정이라고 한다. 이 과정은 에스테르 결합을 끊고 트리아실글리세롤을 다시 알칼리 양이온과 염을 형성하는 지방산으로 전환시킨다. 이 경우에는 수산화나트륨의 나트륨(sodium)이 그 역할을 한다(**그림 5.8**). 첫 번째 비누는 약 4,000년 전에 동물성 지방으로 만들어졌다. 비누들은 최근 수세기 동안 올리브유에서 나온 '캐스틸 비누(castile soap)'와 올리브유, 소나무 기름, 팜유를 기반으로 하는 액체 비누와 같은 식물성 기름으로 만든 고급 비누로 대체되었다.

비누에서, 양이온의 존재는 지방산의 카르복실기 말단의 친수성을 증가시키며, 이는 지방산 말단이 물에 친화성을 갖는다는 것을 의미한다. 지방산의 탄화수소 사슬은 친유성을 유지한다. 따라서 비누 분자는 **양친매성체(amphiphile)**인데, 이것은 친수성(water-linking, hydrophilic)과 소수성(water-fearing, hydrophobic) 성질을 모두 지닌 화합물 유형이다(**그림 5.9**). 이러한 양친매성 성질로 인해, 비누는 **미셀(micelle)**이라고 불리는 응집체를 형성할 수 있다. 이것은 표면은 카르복실기로 덮여 있고, 탄화수소 사슬은 주변의 물을 피하기 위해 구조 내에 파묻혀 있는 구체

Box 5.2 필수 지방산

사람과 포유류는 일정 범위의 지방산을 합성할 수 있지만(section 12.1.1절 참조) 탄화수소 사슬의 메틸 말단에서부터 3번째와 4번째 탄소 또는 6번째와 7번째 탄소 사이에는 이중결합을 만들 수 없다.

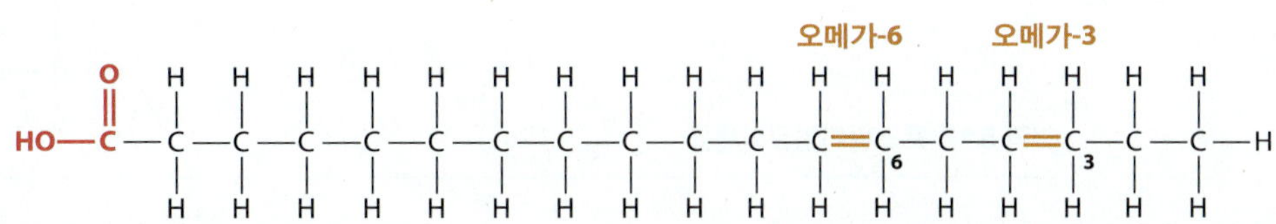

이것은 인간이 오메가-3계열과 오메가-6계열의 다중불포화 지방산을 만들 수 없다는 것을 의미한다. 여기에는 오메가-3계열의 α-리놀렌산(18:3ω3,ω6,ω9)과 오메가-6계열의 리놀레산(18:2ω6,ω9) 및 γ-리놀렌산(18:3ω6,ω9,ω12)가 해당이 된다. 오메가-3 지방산 및 오메가-6 지방산은 아리키돈산과 아이코사노이드를 포함하는 중요 지질의 전구체이다. 따라서 리놀렌산과 리놀레산은 인간이 반드시 섭취해야 하는 필수 지방산이다. 이것은 주로 녹색 야채와 다양한 종류의 식물성 기름에서 얻어지며 식단이 일반적으로 건강에 해로운 것이 아니라면, 이러한 지방산의 결핍은 발생하지 않는다.

사람은 리놀렌산과 리놀레산을 아라키돈산과 아이코사노이드 전구체로 전환시킬 수 있지만, 이 전환과정은 그리 효율적이지는 않다. 따라서 영양학자들은 인간도 자신의 식단에서 아라키돈산과 아이코사노이드 전구체를 섭취할 것을 권고한다. 육류나 가금류, 계란 등은 아리키돈산을 제공하지만 아이코사노이드 전구체는 기름진 생선에서 얻을 수 있다. 그러나 통조림 참치(통조림 가공과정에서 기름이 제거됨)에는 아이코사노이드 전구체가 포함되지 않아 많은 사람들이 아이코사노이드 결핍의 위험에 처해 있다. 오메가-3와 오메가-6 식이보충제의 엄청난 인기는 이러한 요소에 기인을 한다. 생선유 성분이 포함된 보충제만이 필수 및 반필수(semi-essential) 지방산을 제공한다는 점에 유의해야 한다.

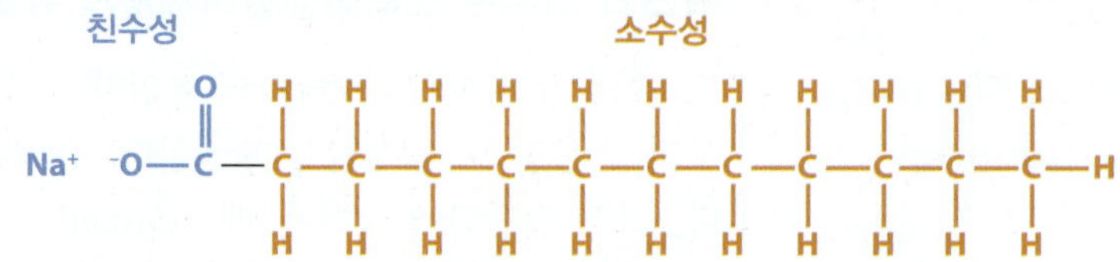

그림 5.9 **비누 분자는 양친매성체이다.**

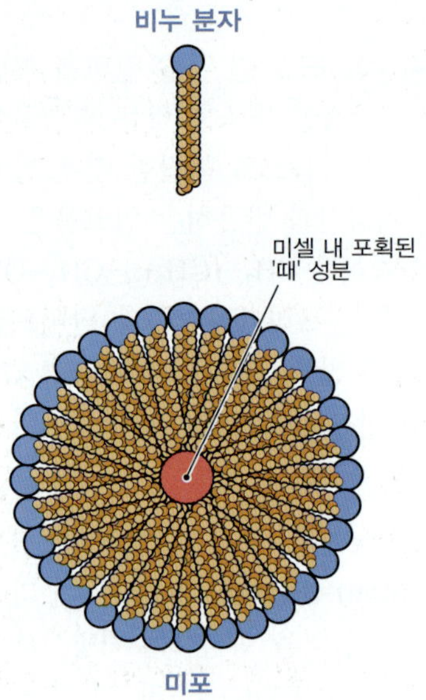

그림 5.10 **비누 분자는 미셀을 형성할 수 있다.**

형태이다(**그림 5.10**). 비누의 세정 특성은 용액으로부터 물에 녹지 않는 화합물인 '때(dirt)' 성분을 미포 내에 포획하는 능력에 기인한다.

글리세로인지질과 스핑고지질은 양친매성 지질

비누는 양친매성 성질을 갖는 유일한 지방산 유도체 형태가 아니다. **글리세로인지질(glycerophospholipid)**과 **스핑고지질(sphingolipid)**이라 불리는 두 가지 중요 지질군도 양친매성 물질이다. 이들은 주로 막에서 발견되는 지질이다.

글리세로인지질은 트리아실글리세롤과 유사하나, 지방산 중 하나가 인산디에스테르결합(phosphodiester bond)에 의해 친수성 작용기(hydrophilic group)로 대체된다(**그림 5.11**). 이 친수성 작용기는 분자의 머리 부분에 위치하면서 두 지방산 사슬에 붙어 있기 때문에 이것을 '머리 작용기(head group)'라고 한다. 가장 간단한 글리세로인지질은 머리 작용기가 수소원자인 **포스파티드산(phosphatidic acid)**이다. 머리 작용기가 아미노산 중 하나인 세린으로 구성된 **포스파티딜세린(phosphatidylserine)**과 같은 것은 훨씬 더 복잡하다. **포스파티딜글리세롤(phosphatidylglycerol)**은 추가적인 구조를 가지도록 할 수 있는 글리세롤 머리 작용기를 갖기 때문에 특히 중요하다(**그림 5.12**).

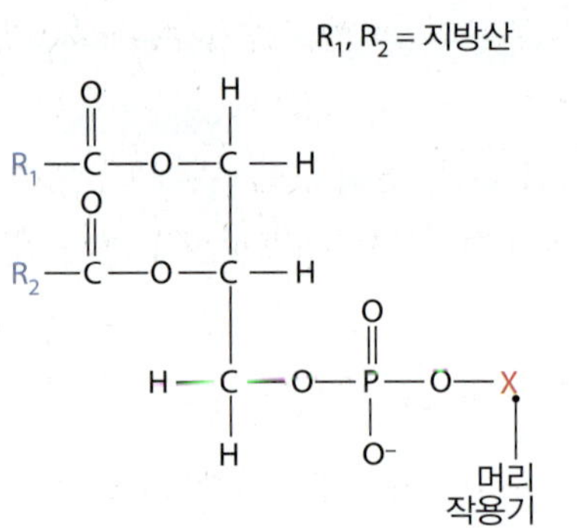

그림 5.11 **글리세로인지질의 일반적인 구조**
R_1 및 R_2는 2개의 지방산 탄화수소 사슬이고 X는 친수성 머리 작용기이다.

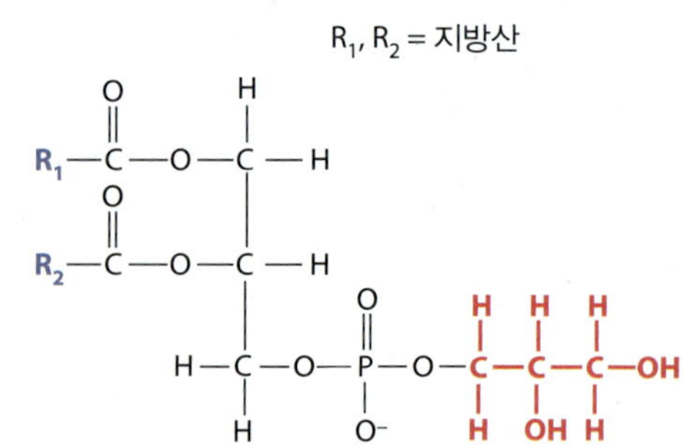

그림 5.12 **포스파티딜글리세롤**

스핑고지질은 글리세로인지질과 모양이 비슷하지만 다른 화학적 구조를 가지고 있다. 스핑고지질의 기본 단위는 내부 하이드록실기를 갖는 긴 사슬 탄화수소 유도체인 **스핑고신(sphingosine)**이다(**그림 5.13**). 스핑고지질에서는 친수성 머리 작용기가 사슬의 마지막 탄소에 결합하고 지방산은 그 다음 탄소에 결합한다. 따라서 스핑고지질 분자는 친수성 머리(hydrophilic head)와 2개의 소수성 꼬리(hydrophobic tail)를 가지며 꼬리 부분은 지방산과 스핑고신 성분으로 구성되어 있다. 머리 작용기는 포스포콜린(phosphocholine)과 같은 인산염 함유 화합물, 글루코오스와 같은 단순한 형태의 당 또는 보다 복잡한 구조의 당 구조 등으로 구성된다. 단순한 형태

그림 5.13 **스핑고신과 스핑고지질**

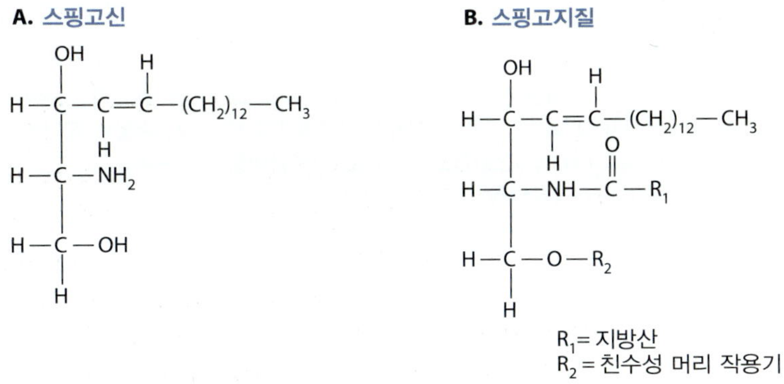

의 당류가 결합한 경우 **세레브로시드(cerebroside)**라 불리며, 보다 복잡한 형태의 당류가 결합한 것은 **강글리오시드(ganglioside)**라 한다.

5.1.2 다양한 기능을 가진 다양한 지질

이제 우리는 지방산 및 지질의 다른 유형에서부터 멀리 이동하여, 다양한 지질의 구조와 기능, 그리고 중요성에 대해 접하게 될 것이다.

자연계에 널리 퍼져 있는 테르펜

먼저 테르펜에 대해 알아보자. 이것은 이미 알려진 화합물의 종류가 25,000가지가 넘으며 모든 유형의 천연물 중 가장 다양하다. 대부분의 테르펜은 식물에 의해 만들어지며 많은 것들이 특정한 종 또는 작은 종 무리에 대해 특이적으로 존재한다. 나무 및 다른 식물에 의해 분비되는 수지(resin)는 주로 테르펜을 포함하며, 이러한 화합물은 접착제, 광택제 및 일부 향수와 같은 제품의 중요한 구성요소이다.

테르펜은 매우 가변적인 화합물이지만 **이소프렌(isoprene)**이라는 작은 탄화수소를 기본으로 한다(**그림 5.14A**). 다른 테르펜은 함유하고 있는 이소프렌 단위의 개수에 따라 구분된다. 헤미테르펜(hemiterpene)에는 한 개, 모노테르펜(monoterpene)에는 두 개, 폴리테르펜(polyterpene)에는 수백 개까지 존재할 수 있다. 후자는 고무 및 구타-페르카(gutta-percha)와 같은 두꺼운 수지 물

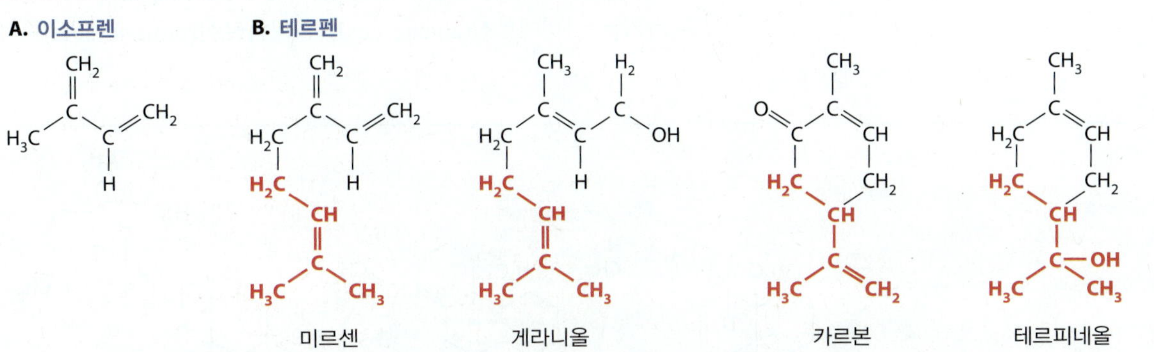

그림 5.14 테르펜
(A) 이소프렌은 테르펜 구조의 기본 단위이다. (B) 4개의 모노테르펜, 각각 2개의 변형된 이소프렌 단위로 구성된다. 각 분자에서 2개의 단위는 다른 색으로 표시된다.

Box 5.3 폴리테르펜

폴리테르펜은 많은 이소프렌 단위로 구성된 긴 사슬 고분자 화합물이다. 고무 및 구타-페르카(gutta-percha)가 그 예이다. 남아메리카와 아프리카에 서식하는 여러 나무에서 얻은 고무는 10,000~200,000개의 이소프렌 단위를 함유한 개별 분자로 구성된 *cis*-1,4-polyisoprene 구조를 가지고 있다. 구타-페르카는 동남아시아에서 발견되는 *Palaquium* 속의 나무에서 유래한다. 구타-페르카는 *trans*-1,4-polyisoprene이다. 따라서 고무 및 구타-페르카는 단지 중합체 골격에 존재하는 탄소-탄소 이중결합에 의한 방향만 상이하게 나타난다.

천연 고무(*cis*-1,4-polyisoprene)

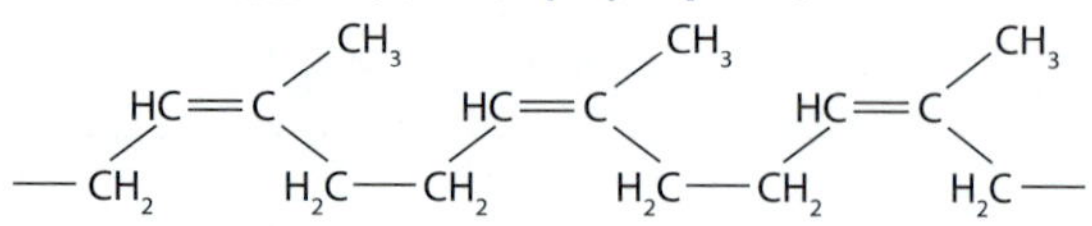

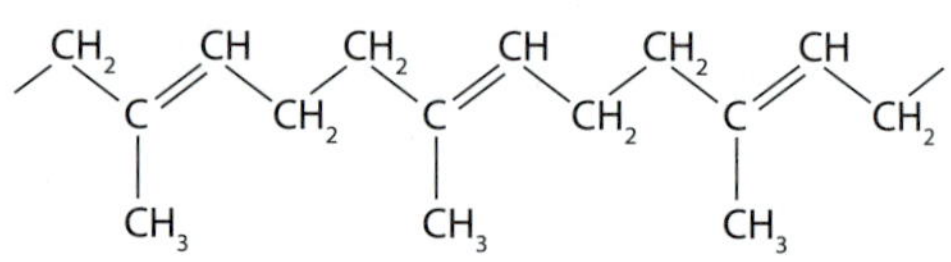

구타-페르카(*trans*-1,4-polyisoprene)

고무 및 구타-페르카는 주로 상처에 대한 반응으로 분비되는 나무 삼출액 형태의 **라텍스(latex)**로 초식동물에 의한 공격으로부터 나무를 보호한다. 일부 라텍스에는 독성 화학물질이 포함되어 있지만, 삼출물의 끈적한 성질에 의한 방어 기능은 곤충과 다른 작은 초식동물이 나무의 손상된 부분에 접근하는 것을 방지한다.

라텍스는 수집한 후 응고 및 건조시킬 수 있다. 이러한 방식으로 생산된 고무는 많은 유용한 성질을 지니지만 여전히 끈적거리며 저온 상태에서는 부서지기 쉽다. **가황처리(vulcanization)**는 개별 사슬 사이에 가교결합이 형성되어 탄성과 기계적인 안정성이 향상된다. 자동차 타이어, 호스 및 볼링공과 같은 일상적으로 사용되는 대부분의 고무 제품은 가황처리 소재로 만들어진다. 구타-페르카는 비가황처리 고무보다 탄력있고 생물학적으로 불활성이다. 초기 대서양 횡단 전선을 포함한 극한의 환경에서 전기 절연체로 사용이 되었다. 지난 세기 동안 이러한 천연 제품은 부분적으로 플라스틱 및 석유화학 제품으로 만든 합성 고무와 같은 합성 대체품으로 대체되었다.

질을 포함한다. 다양한 사슬의 길이는 이들 화합물의 다양성의 한 부분을 차지하지만, 각 종류의 테르펜에 존재하는 광범위한 구조적 유도체로 인해 추가적인 변이성이 발생한다. 예를 들어, 몇 가지 일반적인 모노테르펜을 살펴보자. 각각은 두 개의 이소프렌 단위로 구성되는 것을 볼 수 있다(**그림 5.14B**). 미르센(myrcene)과 게라니올(geraniol)은 월계수(bay)와 장미 나무의 기름에서 얻은 향기로운 화학물질로 구조가 비교적 간단하며 이소프렌 단위를 쉽게 식별할 수 있다. 하지만 캐러웨이(caraway)로부터 유도된 카르본(carvone)과 소나무 기름으로부터 유도된 테르피네올(terpineol)과 같이, 유도체가 탄화수소 고리 성분을 갖는 테르펜을 형성하면 이소프렌 단위를 구분하는 것은 쉽지 않다.

특정 테르펜들은 선사시대 사람들이 사용한 최초의 생물학적 제제 중 하나였다. 그 테르펜은 소나무, 가문비나무(spruce), 자작나무(birch)의 수지 테르펜이다. 소나무와 가문비나무의 수지는 주로 4개의 이소프렌 단위를 포함한 디테르펜(diterpene)으로 구성되어 있다. 이 중 가장 중요한 두 가지는 아비에트산(abietic acid)과 피마르산(pimaric acid)이다(**그림 5.15**). 이 두 화합물은 밀

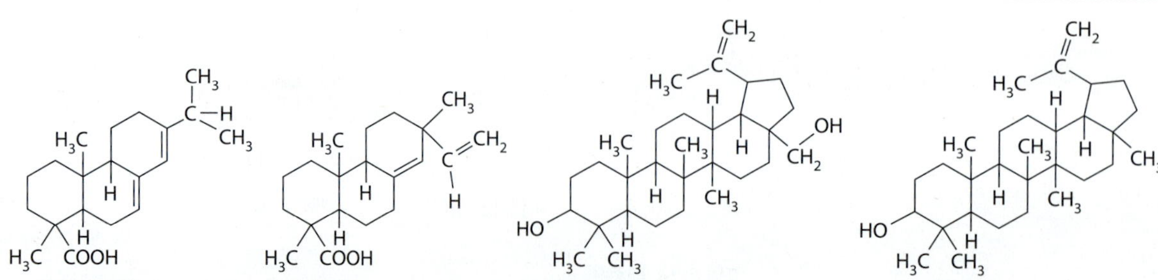

아비에트산 피마르산 베툴린 루페올

그림 5.15 나무 수지(tree resin)에서 유래된 주요 테르펜

접한 관계가 있으며 두 가지 모두 4 단위 이소프렌 골격에서 유래된 3개의 육각형 탄화수소 고리(6-membered hydrocarbon-ring)를 포함한다. 자작나무 껍질의 수지에는 5개의 고리 구조를 포함하는 베툴린(betulin), 루페올(lupeol)과 같은 트리테르펜(triterpene)이 포함되어 있다. 무산소 상태에서 목재를 고온으로 가열하여 나무 수지로 만든 타르 및 천연 역청을 만드는 것은 1만 년도 더 전에 시작된 일이다. 이것은 금속 재련이 일어나기 전에 화학 산업이 시작된 것을 의미한다. 타르는 여러 목적으로 사용되었으며, 특히 석재 화살촉은 나무 화살대에 부착하는 접착제로 사용되었다. 오늘날, 베툴린 및 관련 화합물은 항염증제로서 임상적으로 이용되고 있다. 이것은 또한 선사시대에 일부 집단에 의해 같은 목적으로 사용되었을 수도 있다.

스테롤과 스테로이드는 테르펜 유도체

12.3.1절에서 스테롤 합성의 복잡한 반응과정에 대해 살펴볼 것이다.

방금 확인한 테르펜 복합 고리 유도체는 우리가 다음으로 고려해야 할 유형의 지질과 관련이 있다. **스테롤(sterol)**은 스쿠알렌(squalene)의 고리화에 의해 형성되며, 스쿠알렌은 6개의 이소프렌 단위를 포함하는 트리테르펜이다. 스쿠알렌 고리화에 의해 생성된 중심 스테롤 구조는 4개의 탄화수소 고리를 가지며, 그 중 3개는 6개의 탄소를 가지고 나머지 하나는 5개의 탄소가 존재한다(그림 5.16).

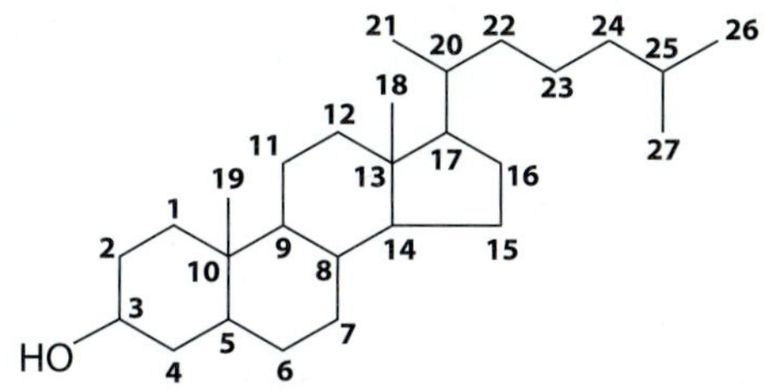

그림 5.16 중심 스테롤의 구조
탄소에 번호를 매겨 표시하였다.

스테롤은 세포막의 또 다른 주요 지질 구성 성분이다. 다른 막 성분과 마찬가지로, 스테롤은 3번 탄소에 부착된 하이드록실기에 의해 제공되는 친수성 머리 작용기와 분자구조의 반대쪽 끝의 R기에 해당하는 20에서 27번 탄소까지 전부 또는 일부를 포함하는 소수성 탄화수소 사슬을 갖는 양친매성 물질이다. 가장 잘 알려져 있는 동물성 스테롤인 **콜레스테롤(cholesterol)**은 이 유형의 지질 중 가장 대표적인 예이며 8개의 탄소로 구성된 탄화수소 사슬 형태의 R기에 사슬 부분에 6개의 탄소를 포함하고 다른 2개의 탄소는 짧은 가지를 형성한다(그림 5.17). 식물에서 이와 유사한 화합물은 **스티그마스테롤(stigmasterol)**이며, 이것의 R기는 콜레스테롤과 크기는 비슷하나 탄화수소의 구성이 약간 다르다. 스테롤은 막의 구성 성분일 뿐 아니라, 일부 스테롤은 친수성 R기를 가지며 물에 쉽게 용해된다. 여기에는 **담즙산(bile acid)**도 포함되며, 담즙산은 카르복실

그림 5.17 콜레스테롤(cholesterol)과 스티그마스테롤(stigmasterol)

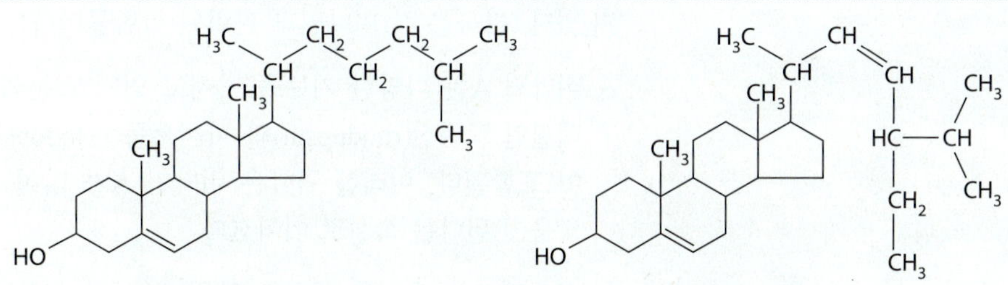

콜레스테롤 스티그마스테롤

기로 종결되는 곁사슬을 가지고 있다. 가장 간단한 예는 **콜산(cholic acid)**이다. **글라이코콜산염(glycocholate)**과 **타우로콜산염(taurocholate)**과 같은 콜산 유도체는 간에서 합성되어 소장으로 분비되어 식이 지방을 유화시켜 분해를 도와주는 역학을 한다.

스테로이드(steroid)는 그 자체로 또 다른 종류의 지질이며, 스테롤의 유도체이다. 기본적인 스테로이드 단위는 3번 탄소(C3)에 붙어 있는 하이드록실기가 다른 화학 작용기로 대체된다는 점을 제외하고는 스테롤과 거의 동일하다. 이 다른 작용기는 스테로이드에서 매우 다양하기 때문에, 스테롤은 엄밀하게 말하면 스테로이드의 하위 단위이며 두 이름은 간혹 혼용되기도 한다. 스테로이드에 결합한 R기는 일반적으로 친수성이며 이들 분자는 수용성 상태를 나타낸다. 남성과 여성의 성 호르몬을 비롯하여 인간과 다른 포유류에 중요한 여러 호르몬이 스테로이드에 많이 포함된다(표 5.3). 현대 사회에서 잘 알려진 근육 강화 스테로이드(anabolic steroids)에는 **테스토스테론(testosterone)**과 뼈와 근육 합성 조절에 중요한 역할을 하는 여러 천연 호르몬이 포함된다.

표 5.3 스테로이드 호르몬

유형	예	합성 장소	기능
당질코르티코이드(glucocorticoids)	코티솔(cortisol), 코르티손(cortisone)	부신피질	신진 대사와 관련한 다양한 효과
전해질코르티코이드(mineralcorticoids)	알도스테론(aldosterone)	부신피질	신체의 전해질과 물의 균형을 조절
에스트로겐(estrogens)	에스트론(estrone), 에스트라디올(estradiol), 에스트리올(estriol)	부신피질, 생식샘	여성 호르몬
안드로겐(androgens)	테스토스테론(testosterone)	부신피질, 생식샘	남성 호르몬
프로게스틴(progestins)	프로게스테론(progesterone)	난소, 태반	월경주기 조절 임신

아이코사노이드와 지용성 비타민(lipid vitamin)

중요한 지질 종류의 대부분을 다루었으므로 중요한 생물학적 기능을 가진 두 가지 유형을 간략하게 살펴보자.

첫 번째로 **아이코사노이드(eicosanoid)**는 20:4($\Delta^{5,8,11,14}$) 지방산인 아라키돈산(arachidonic acid)으로부터 유도된 화합물이다. 아이코사노이드는 호르몬 자극에 반응하여 막 글리세로인지질에서 방출된 아리키돈산 분자로부터 합성되며, 호르몬과 유사하게 작용하여 재생과 통증 반응을 비롯한 많은 생물학적 반응을 조절한다. 일반적인 진통제인 아스피린(aspirin)과 이부프로펜(ibuprofen)은 특정 유형의 아이코사노이드의 형성을 막음으로써 작용하게 된다. 그러나 아이코사노이드는 호르몬처럼 혈류에서 신체의 먼 부분으로 순환하여 작용하지 않고 합성된 조직 내에 머물러 있기 때문에 진정한 의미의 호르몬은 아니다. **프로스타글란딘(prostaglandin)**과 **트롬복산(thromboxane)**이 그 예이다.

비타민 A, D, E 및 K는 지질 성분이다(**그림 5.18**). 비타민 A, E 및 K는 테르페노이드(terpenoid)와 관련이 있으며, 비타민 D는 스테로이드 구조를 가지고 있지만 탄화수소 고리 중 하나가 끊어져 있다. 다음은 각 비타민과 관련된 화합물이다:

- 비타민 A는 다양한 기능을 가지고 있지만 눈의 망막에 존재하는 광수용체(photoreceptor) 단백질인 로돕신(rhodopsin)과 아이오돕신(iodopsin)의 합성에 필요한 레티놀(retinol)에 가장 많이 포함된다. 이러한 역할은 비타민 A가 많이 포함된 당근을 섭취하면 어둠 속에서 보는 데 도움이 된다는 속설로 이어졌다.
- 비타민 D는 음식물 섭취로 얻을 수 있으며 또한 햇빛에 반응하여 피부에서 합성된다. 이것의 기능은 건강한 뼈의 발달과정과 관련이 있으며, 비타민 D의 결핍은 구루병(ricket)이라 부르는

그림 5.18 비타민 A, D, E 및 K의 구조
각각의 비타민은 유사 분자들의 집단으로 구성이 된다. 여기에 표시된 것은 레티놀(retinol; 가장 흔한 형태의 비타민 A), 에르고칼시페롤(ergocalciferol; 비타민 D_2), 토코페롤(tocopherol; 비타민 E) 및 필로퀴논(phylloquinone; 비타민 K_1)이다.

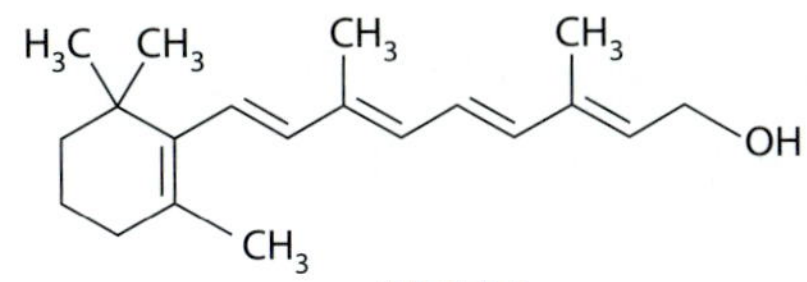

비타민 A

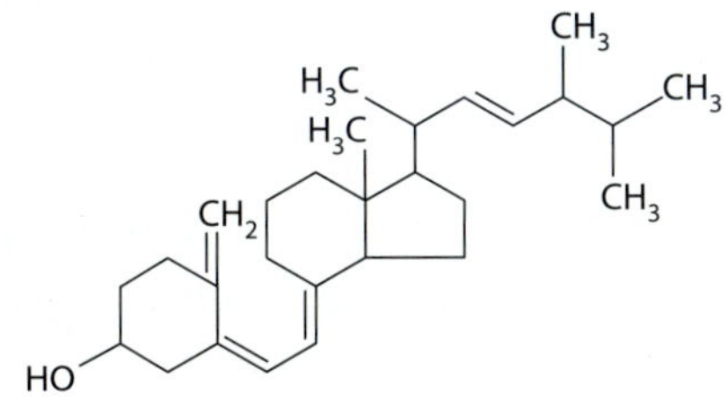

비타민 D

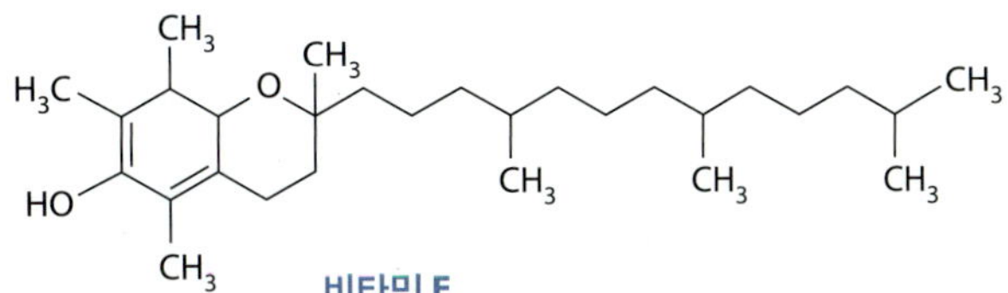

비타민 E

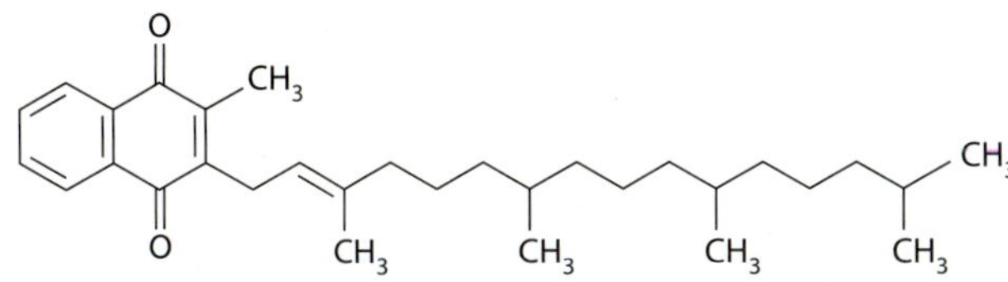

비타민 K

유년기 뼈 질환과 관련이 있다. 구루병과 관련된 최근 사례는 자외선 차단제의 남용으로 인한 것이다.

Box 5.4 프로스타글란딘

프로스타글란딘은 5-탄소 방향족 고리와 탄화수소 꼬리가 달린 아이코사노이드 화합물군이다.

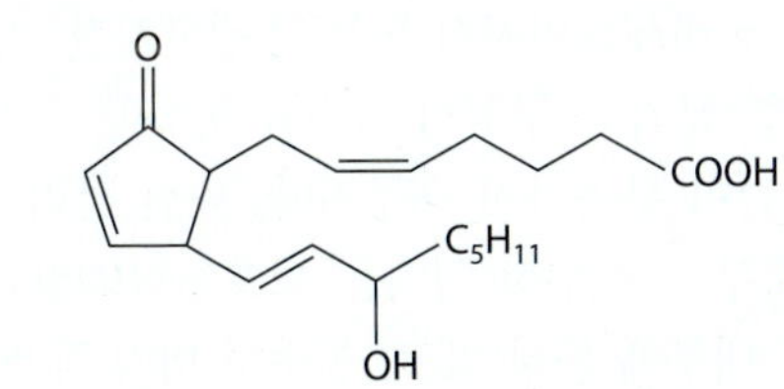

프로스타글란딘 A_2

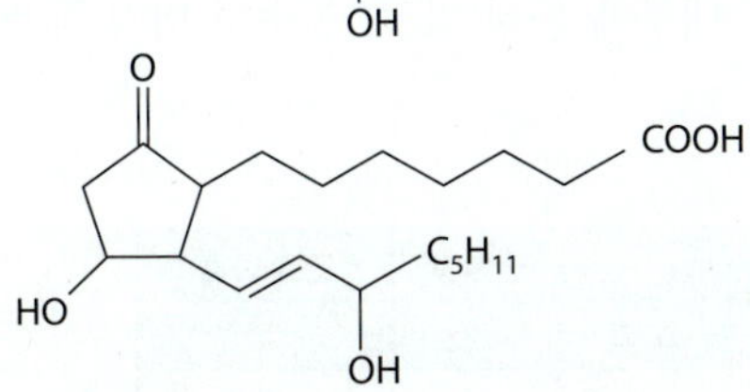

프로스타글란딘 E_1

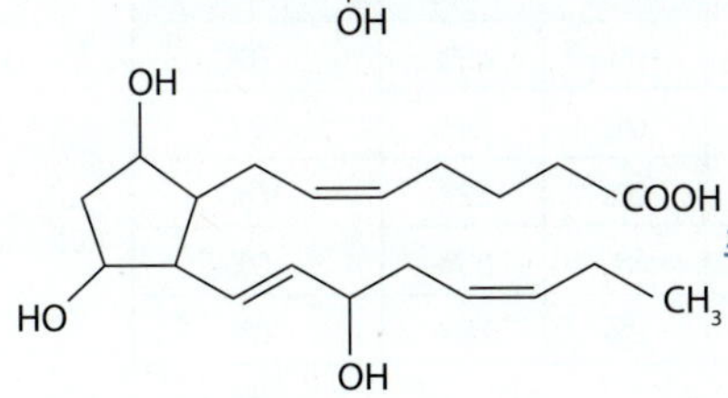

프로스타글란딘 $F_{3\alpha}$

프로스타글란딘은 합성된 세포 밖으로 배출되어 같은 조직에 있는 다른 세포 표면의 수용체 단백질에 결합한다. 수용체에 결합하면 표적세포 내부에서 일련의 생화학적 작용이 활성화된다. 우리는 세포 표면 수용체 단백질의 일반적인 특징과 프로스타글란딘과 같은 신호 분자의 결합이 세포 내부의 기전에 어떻게 영향을 미치는지 이 장의 뒷부분에서 살펴볼 것이다. 프로스타글란딘의 다양한 유형이 결합할 수 있는 프로스타글란딘 수용체는 적어도 10가지 유형이 존재한다. 상이한 수용체가 서로 다른 세포내 작용을 자극하기 때문에, 프로스타글란딘은 혈관 확장, 혈액 응고, 염증, 배란 및 위산 분비를 비롯한 다양한 생화학 및 생리적 작용을 조절할 수 있다.

비록 프로스타글란딘은 동물에서 발견되지만 자스몬산(jasmonic acid)이라고 하는 관련 화합물을 식물에서 합성된다.

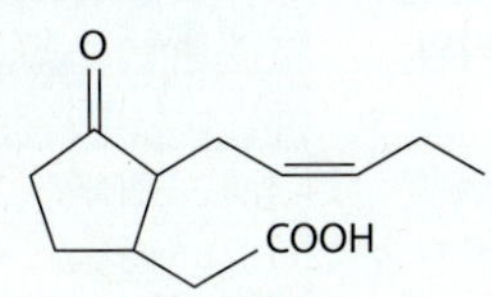

자스몬산

자스몬산 또한 신호 화합물의 일종으로 개화, 잎 분리 및 상처에 대한 반응과 같은 다양한 식물 작용의 조절에 관여한다.

- 비타민 E는 세포내 산화적 손상 예방과 관련이 있다. 비타민 E 집단은 일반적으로 야채에 많이 포함되어 있어 결핍은 거의 나타나지 않는다. 그러나 유전적 결함에 의해 위장관계 비타민 E 섭취에 영향이 있을 수 있고, 이것이 치료되지 않으면 신경계에 결함을 나타낼 수 있다.
- 비타민 K는 많은 잎 채소에서 일반적으로 존재하며 양배추가 우리에게 유익한 이유 중 하나이다. 혈액 응고 반응이 올바르게 작용하기 위해서는 비타민 K가 필요하다.

5.2 생물학적 막

막은 세포 안, 바깥쪽으로의 분자 이동을 제어하고 또한 세포소기관을 안팎으로 이동시키는 선택적인 투과성 장벽 역할을 하는 모든 생명체 시스템의 기본 요소이다. 막은 지질, 단백질 그리고 경우에 따라 탄수화물을 함유하고 있다. 먼저 막의 구조를 살펴보고 다음으로 막이 선택적 장벽으로 작용하는 방식에 대해 알아볼 것이다.

5.2.1 막 구조

막의 지질, 단백질 및 탄수화물의 상대적인 양은 막의 기능에 따라 가변적이다(**표 5.4**). 예를 들어 미토콘드리아의 내막은 외막의 단백질 함량보다 약 50% 더 큰 함량을 가지고 있다. 이 차이는 에너지 생성과 관련된 전자전달사슬의 단백질이 미토콘드리아 내막에 위치하다는 것을 반영한다. 또한 막에 존재하는 글리세로인지질, 스핑고지질, 스테롤 및 기타 유형의 지질의 구성 성분과 상대적인 비율에도 변동이 있다. 우리가 물어야 할 첫 번째 질문은 '이러한 다양한 형태의 지질이 어떻게 서로 결합하여 막을 형성하는가' 이다.

막은 지질 이중층

글리세로인지질, 스핑고지질 및 스테롤이 공유하는 주요 특징은 이러한 유형의 지질들은 각각이 양친매성 물실이라는 점이다. 양친매성 분자는 소수성 및 친수성 성분을 모두 가지고 있음을 기억하라. 글리세로인지질과 스핑고지질의 소수성 꼬리는 물을 멀리하고 지질이 풍부한 환경에 묻혀 있는 것을 선호한다. 비누는 미셀을 형성함으로써(그림 5.10 참조), 이러한 성질을 나타낸다. 하지만 비누 분자는 하나의 소수성 꼬리를 가지지만 글리세로인지질 또는 스핑고지질 분자는 두 개의 꼬리를 가지고 있다. 두 개의 꼬리가 있는 이러한 분자는 구형의 미셀을 형성할 수 없다. 왜냐하면 미셀 내부에 모든 꼬리가 배치될 수 있는 공간이 부족하기 때문이다. 대신 글리세로인지질과 스핑고지질은 **이중층(bilayer)**을 형성하여 물로부터 소수성 영역을 보호한다(**그림 5.19**). 이들의 소수성 꼬리는 주변의 물과 떨어져 있는 이중층 내부에 묻혀 있고, 친수성 머리 작용기 부분

표 5.4 사람 세포에서 질량비에 따른 막의 조성

막의 종류			지질			단백질	탄수화물
	전체	GPP	스핑고지질	스테롤	그 외		
적혈구 원형질막	43%	19%	8%	10%	6%	49%	8%
간세포 원형질막	36%	23%	7%	6%	0%	54%	10%
소포체막	28%	17%	1%	1%	9%	62%	10%
미토콘드리아 내막	45%	41%	0%	0%	3%	55%	0%
미토콘드리아 외막	22%	20%	0%	0%	2%	78%	0%

GPP, 글리세로인지질

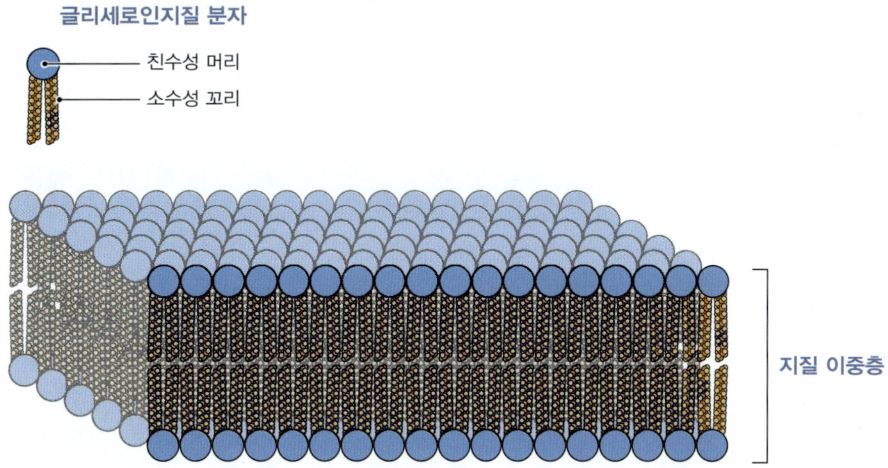

그림 5.19 지질 이중층

은 위 또는 아래 표면에 위치한다. 따라서 생물학적 막은 글리세로인지질, 스핑고지질 및 스테롤과 같은 여러 가지 다양한 양친매성 지질로 구성된 지질 이중층이다.

막에 존재하는 각각의 개별 지질은 서로 간에 강한 결합을 형성하지 않는다. 세포내 및 세포사이 공간에서 나타나는 친수성 환경에서 벗어나기 위해 주로 소수성 꼬리는 그 자리에 고정되어 있다. 이러한 소수성 효과는 이중층 내 두 지질층을 서로 가깝게 유지할 만큼 강하므로 탄성과 유연성을 모두 갖춘 안정된 구조를 형성한다. 막은 2~4%까지 찢어지지 않고 늘일 수가 있으며 진핵세포 내부에 막 구조를 형성하는 구형의 소낭과 관도 쉽게 구부러질 수 있다.

지질 분자가 막의 한 면에서 다른 면으로 이동하는 것은 어렵다. 왜냐하면 이것은 친수성 머리 작용기가 이중층을 통과해야 하기 때문이다. 그러나 자체 층 내에서 지질 분자의 움직임에는 거의 제한이 없다(**그림 5.20**). 따라서 막의 각 단일 층은 2차원 유체로 간주될 수 있으며, 그 내부에서 지질은 끊임없이 움직인다. 이것은 1972년에 싱거(Singer)와 니콜슨(Nicholson)이 처음 제안한 막 구조의 **유동모자이크모형(fluid mosaic model)**의 기초이다. 인공 막에 대한 연구에 따르면 개별 지질 분자는 2 μm/초에 근접한 속도로 움직일 수 있다. 이것은 1분 이내에 진핵세포의 외막 전체를 순회할 만큼 충분히 빠른 것이다. 확산 속도는 지질의 구조를 포함한 여러 요인에 달려 있다. 더 긴 소수성 꼬리를 가진 지질은 서로 밀접한 결합을 형성하게 되고 따라서 더 작은 유체 막을 만들게 된다. 반대로 꼬리에 하나 이상의 이중결합이 존재하면 결합을 불안정하게 하는 비틀림이 생겨 더 느슨한 유체 막을 형성하게 된다.

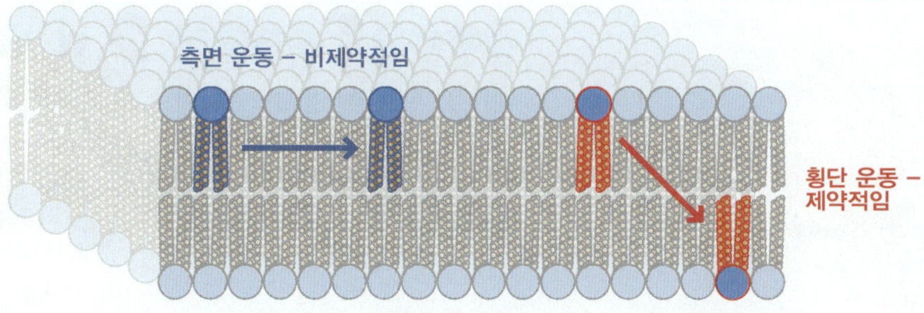

그림 5.20 막에서 지질의 측면 운동(lateral movement) 및 횡단 운동(transverse movement)
막에서 측면 운동에 대한 제한은 거의 없지만, 횡단 운동은 지질의 친수성 부분이 막을 통과해야 하기 때문에 잘 일어나지 않는다.

막에는 단백질도 포함

지질 이중층은 생물학적 막의 중요한 구조적 특징이지만 막은 지질로만 만들어진 것은 아니다. 대부분 단백질을 포함하고 있다. 막 구조에 대한 유동모자이크모형에서 '모자이크(mosaic)' 부분은 이러한 단백질을 의미한다. 단백질은 지질 분자보다 훨씬 적은 수로 존재하지만, 크기가 클수록 막 전체 질량에 중요한 기여를 한다. 예를 들어, 대부분의 인간 세포의 원형질막(plasma membrane)에서 무게 면에서는 지질보다 많은 단백질이 더 많은 비중을 차지하지만, 지질 분자의 수는 50배에 달한다.

우리는 지질 이중층에 대한 부착력의 강도에 따라 막단백질을 두 종류로 구별한다. 첫 번째로 **내재성 막단백질(integral membrane protein)**이 있다. 이 단백질은 단단하게 막에 결합되어 있으며, 이중층 구조를 파괴해야 만 막으로부터 제거할 수 있다. 실험적으로 이것은 도데실 황산 나트륨(sodium dodecyl sulfate, SDS)과 같은 **계면활성제(detergent)**로 처리하였을 때 막을 포함하는 세포 추출물에서 얻을 수 있다(**그림 5.21**). 계면활성제는 그 자체로 비누와 비슷한 지방산 유도체로서 소수성 꼬리 및 강한 친수성 머리 작용기를 가지고 있다. 이것은 소수성 꼬리가 지질 이중층을 관통한다. 그리고 충분한 양이 존재한다면, 계면활성제 분자가 포함된 혼합물이 미포를 형성하여 막 지질을 희석시킨다. 따라서 지질 이중층이 파괴되고 내재성 막단백질이 방출되게 된다. 대조적으로 **주변성 막단백질(peripheral membrane protein)**은 막과 더 느슨한 결합을 형성하고, 계면활성제 없이 이중층을 파괴하지 않고, 부드러운 세척 과정만으로 추출물로부터 얻을 수 있다.

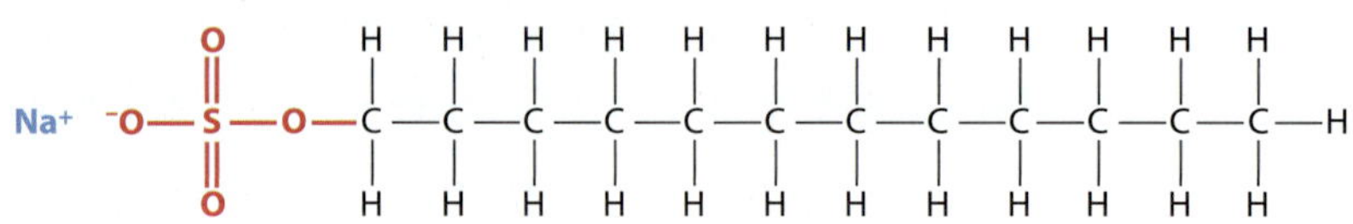

그림 5.21 도데실 황산 나트륨(sodium dodecyl sulfate)

모두 그런 것은 아니지만, 대부분의 내재성 막단백질은 전체 지질 이중층에 걸쳐 존재하며, 단백질의 소수성 아미노산 잔기(residue)가 막 내부 지질의 지질 아실기(fatty acyl group)와 상호 작용한다. 이러한 **막관통 단백질(transmembrane protein)** 중 일부는 배럴-유사 구조(barrel-like structure)를 가지고 있으며 배럴의 벽은 β-병풍(β-sheet) 구조로 이루어져 있다(**그림 5.22**). 다른 것들은 하나 또는 하나 이상의 α-나선(α-helix) 구조가 막에 걸쳐 있다. 막관통 단백질의 내부에서는 종종 주변성 막단백질과 함께 결합한 형태인 경우도 있다. 다른 주변성 막단백질은 지질 이중층의 한쪽 면 또는 다른쪽 면에 α-나선 구조 또는 다른 구조를 통해 이중층에 끼어들기도 하

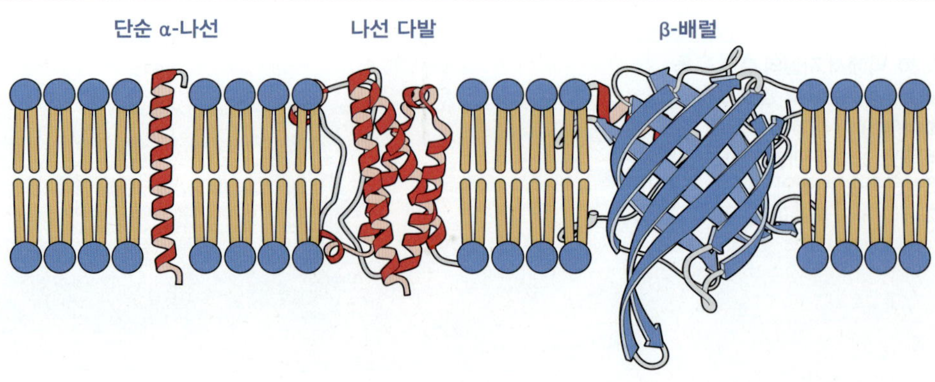

그림 5.22 내재성 막단백질(integral membrane protein)의 일반적인 3가지 유형

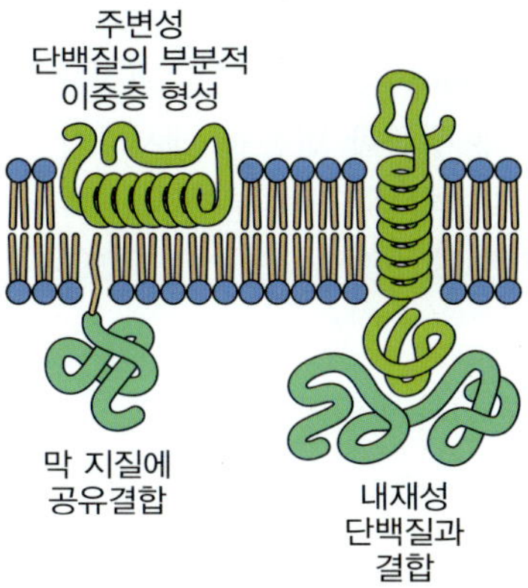

그림 5.23 주변성 단백질이 막과 결합하는 여러 형태

며, 또는 막 지질에 직접 공유결합된 형태로 결합한다(**그림 5.23**). 후자는 **지질 연결 단백질(lipid-linked protein)**이라고도 하며 공유결합에 의해 결합하므로 생화학자 중 일부는 대부분이 지질 이중층에 통합되기보다는 막 표면에 위치하는 내재성 막단백질로 분류하기도 한다.

유동모자이크모형은 지질의 바다에 떠 있는 단백질을 예상하게 되지만, 확실히 이것은 단백질 중 일부에 문제를 일으킬 수 있을 것이다. 우리가 알고 있는 것처럼 2개 이상의 막단백질이 함께 작용하여 생화학적 역할을 수행해야 하는 경우, 단백질들이 무작위로 이동을 하면 매우 비효율적일 것이다. 만약 이것이 허용된다면, 생화학적 기능은 단백질이 서로 근접하여 떠다니는 경우에만 발생할 것이다. 유동모자이크모형이 1970년대에 처음 제안되었을 때, 함께 작용하는 단백질 군집이 함께 위치할 수 있도록 막에는 상대적으로 안정적인 영역(domain)이 있어야 할 것이라 추정하였다. 이 영역은 **지질 뗏목(lipid rafts)**이라고 불리며, 지름이 약 10~100 nm인 이중층의 작은 영역으로 여겨지며, 서로 밀집한 형태의 지질 형태를 많이 포함하고 있다(**그림 5.24**). 스테롤 분자는 두 개의 불포화 글리세로인지질 사이의 공간에 딱 들어맞기 때문에 스테롤은 지질 뗏못에서 특히 많이 나타난다. 따라서 지질 뗏목은 일반적인 막 부분보다 전체적으로 안정성이 높기 때문에 더 유동적인 이중층의 나머지 부분에 떠 다니는 형태이다.

그림 5.24 지질 뗏목

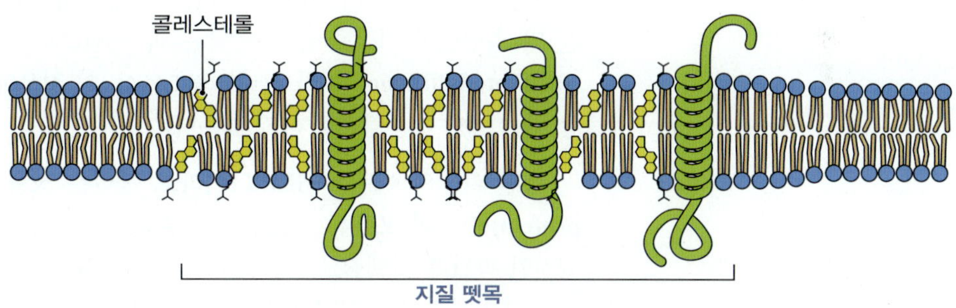

5.2.2 선택적 장벽으로서 막

매우 적은 화합물만 지질 이중층을 통과할 수 있다. 막 내부의 소수성 영역을 직접 통과하기 위해서는 분자가 작고 비극성 상태여야 한다. 다른 화합물은 내재성 막단백질 중 하나의 도움으로 막을 통과할 수 있다. 따라서 생물학적 막은 **선택적 장벽(selective barrier)**이며 일부 화합물은 통과시키지만 다른 화합물은 차단한다. 이것은 세포막이 세포 내부의 화학적 조성을 조절할 수 있음을 의미한다. 또한 세포소기관 주위에 막이 존재하면 세포소기관 내부 환경이 존재하는 세포

Box 5.5 막의 탄수화물 성분

대부분의 원형질막과 내부 막은 탄수화물 성분을 가지고 있다(표 5.4 참조). 탄수화물은 원형질막의 세포 바깥쪽 표면에 위치하고 있으며, 막 지질과 단백질에 공유결합 형태로 고정되어 **당지질(glycolipid)**과 **당단백질(glycoprotein)**을 형성한다.

우리는 이미 세레브로시드(cerebroside) 및 강글리오시드(ganglioside)로 알려진 당 머리 작용기와 스핑고지질로 형성된 막 당지질에 대해 잘 알고 있다. 이 당지질의 이름은 둘 다 뇌의 신경세포 막에 공통적으로 존재한다는 것을 나타낸다. 당단백질에서, 탄수화물 성분은 세린(serine), 트레오닌(threonine) 또는 아스파라긴(asparagine) 아미노산에 결합된 짧은 당사슬 형태이다. 6.1.3절에서 당단백질에 대해 더 자세히 살펴볼 것이다.

세포 바깥쪽 표면의 탄수화물 덮임(coating)은 세포를 보호하며 세포–세포 인식(cell–cell recognition)을 돕는다. 후자는 조직이 발달하는 동안 세포 간의 상호 작용을 근간으로 하며, 또한 감염에 대한 신체 방어 기전의 일부로 외래 세포를 인식하고 파괴할 수 있다.

질의 내부 환경과 다를 수 있다.

막을 통과할 수 없는 일부 화합물은 **신호 전달(signal transduction)**이라고 불리는 과정에 의해 세포내 대사에 영향을 줄 수 있다. 이 화합물은 일련의 세포내 생화학 반응을 개시하기 위해 막관통 **수용체 단백질**(transmembrane **receptor protein**)에 결합하는 조절 분자(regulatory molecule)이다. 예를 들어, 일부 성장인자(growth factor)는 세포분열(cell division)을 유도하기 위해 수용체 단백질에 결합한다.

우리는 이제 수송 및 신호 전달에서의 막의 역할에 대해 보다 자세하게 알아볼 것이다.

에너지를 필요로 하지 않는 확산에 의존하는 수송과정

생화학 반응에 관련있는 분자 중 물, 일부 기체(예: 산소, 질소 및 이산화탄소), 요소(urea) 및 에탄올을 포함한 소수의 유기 분자는 수송 단백질을 사용하지 않고 지질 이중층을 통과할 수 있다. 이 분자들은 막의 양면에 있는 화합물의 농도 차에 비례하는 속도로 확산을 통해 막을 통과한다.

지질 이중층을 통과할 수 없는 생화학 물질에는 Na^+ 및 K^+와 같은 이온뿐 아니라 아미노산 및 당도 포함된다. 이 분자들은 내재성 막단백질에 의해 막을 가로질로 운반된다. 이러한 수송과정 중 가장 간단한 형태는 **단일수송체(uniporter)**라 불리는 단백질에 의해 기질 농도가 높은 막 측면에서 기질을 농도가 낮은 막 측면으로 이동시키는 이동 방식이고 이것을 **촉진 확산(facilitated diffusion)**이라 한다(**그림 5.25A**). 이 경우에는 농도 기울기에 따른 고유한 에너지 외에는 다른 에너지는 필요로 하지 않는다.

촉진 확산의 예로는 GLUT1이라고 불리는 **적혈구 수송체 단백질(erythrocyte transporter protein)**에 의한 포유류 적혈구의 글루코오스 수송이 있다. 이것은 12개의 α-나선으로 구성된 전형적인 막관통 단백질로, 각각은 적혈구의 원형질막(plasma membrane)에 걸쳐 있다. 적혈구의 외부 표면에 노출된 GLUT1의 한 부분에 글루코오스 분자가 결합하면 단백질 구조에 변화가 생겨 단백질 구조에 포함된 통로(channel) 안으로 글루코오스를 이동시킨다(**그림 5.25B**). 이 통로는 적혈구 내부로 연결되어 이제 글루코오스 분자는 지질 이중층의 꿰뚫을 수 없는 소수성 부분을 마주치지 않고 막을 통과할 수 있다.

글루코오스 수송과정은 가역적이므로 적혈구 내 글루코오스 농도가 주변 혈장(blood plasma)의 글루코오스 농도를 초과하면 글루코오스가 세포 밖으로 이동하게 된다. 그러나 세포내 유입

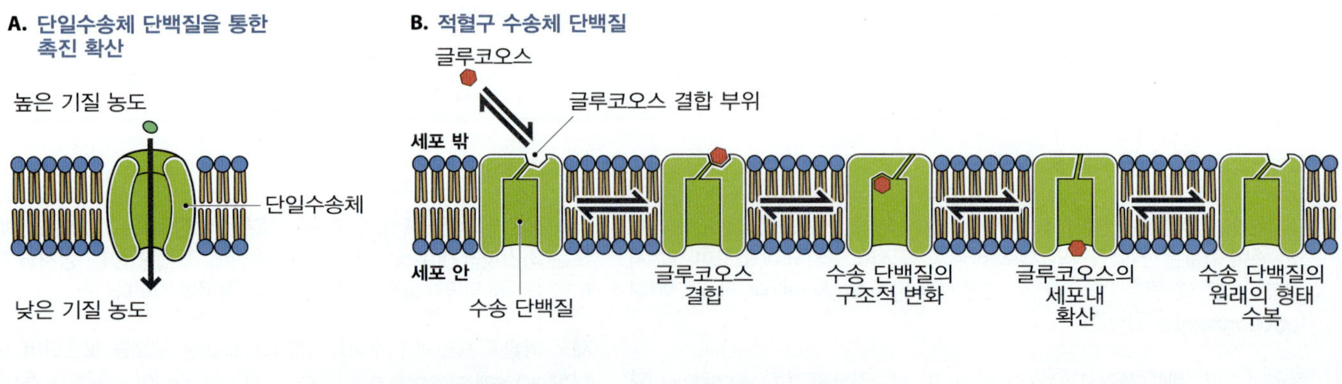

그림 5.25 단일수송체 단백질을 통한 막을 가로지르는 촉진 확산
(A) 단일수송체의 일반적인 작용. (B) 적혈구 수송체 단백질을 통한 적혈구 내로 글루코오스 수송.

표 5.5 일반적인 포유동물 세포에서 세포 내부 및 세포 외부 이온 농도

이온	내부 농도 (mM)	외부 농도 (mM)
K^+	140	5
Na^+	10	145
Ca^+	4	110
Cl^-	0.0001	5

Box 5.6 전압-작동 이온 통로 및 신경 자극

Na^+/K^+ ATPase는 **막 전위(membrane potential)**를 유지하는 데 도움을 준다. 막 전위는 막을 가로지르는 전기 전하이다. ATPase는 3개의 Na^+ 이온이 나올 때마다 2개의 K^+ 이온을 세포 안으로 이동시키기 때문에 세포 외부의 양전하 이온 농도가 내부보다 더 크게 나타나며 막 전위가 막을 가로질러 발생하게 된다. 따라서 세포 내부는 일반적으로 세포 외부와 비교하여 −40에서 −80 mV 사이의 음전압을 갖게 된다.

대부분의 세포에서 막 전위는 시간에 따라 달라지지 않는다. 신경세포는 **전압-작동 이온 통로(voltage-gated ion channel)**라고 불리는 막관통 단백질을 가지고 있기 때문에 예외적인데, 이는 전하에 대한 반응으로 변화가 가능하다. 활성화된 상태에서 단백질은 Na^+ 또는 K^+ 이온의 농도 구배를 낮춤으로써 이온들이 막을 가로질러 방해받지 않고 흘러갈 수 있도록 통로를 연다.

Na^+ 이온이 세포내 음전하의 균형을 맞춰주기 때문에 Na^+ 통로가 열리면 막이 탈분극(depolarization)을 하게 된다. 실제로, Na^+ 이온의 유입은 너무 빠르므로 중립점(neutral point)을 넘겨버려 셀 내부가 밀리세컨드(millisecond) 내에 대략 −60 mV에서 +40 mV로 변화하는 양전하 값을 가지게 된다. 세포 내부의 양전하가 이제 K^+ 통로 단백질의 개방을 자극하므로 K^+ 이온이 이제 세포 밖으로 방출이 된다. 이것은 세포 내를 음전하 상태로 빠르게 회복시킨다.

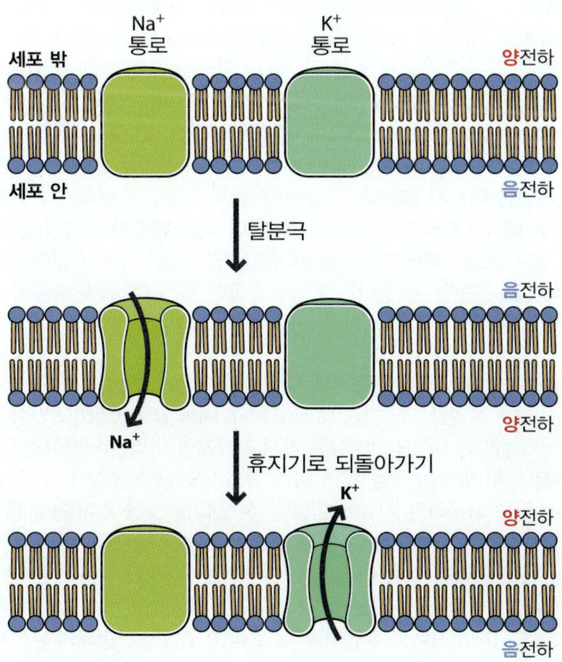

Na^+ 통로가 닫힌 후 잠시 동안, 이 통로는 막 전위에 둔감하게 반응한다. 즉, 세포내 음전하가 회복이 되면 동일한 통로가 즉시 다시 열리지는 않는다. 이것은 뉴런(neuron)의 축삭돌기(axon)를 따라 신경 자극(impulse)을 전달하는 기초이다. 축삭돌기는 길고 얇은 원통형 구조이며 신경 자극은 주 세포 몸체에서 축삭돌기의 맨 끝까지 이동한다. 방향성은 이러한 탈분극 파동 또는 활동전위(action potential)가 세포체 쪽으로 되돌아올 수 없기 때문에 설정이 된다. 이것은 일시적으로 멈춰진 Na^+ 통로를 재개한다는 것을 의미하기 때문이다.

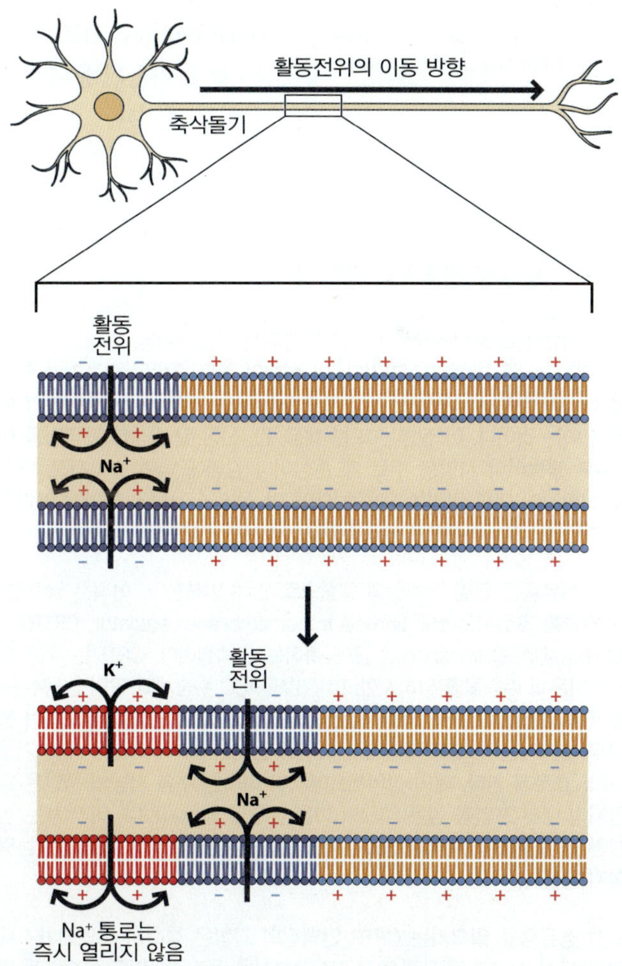

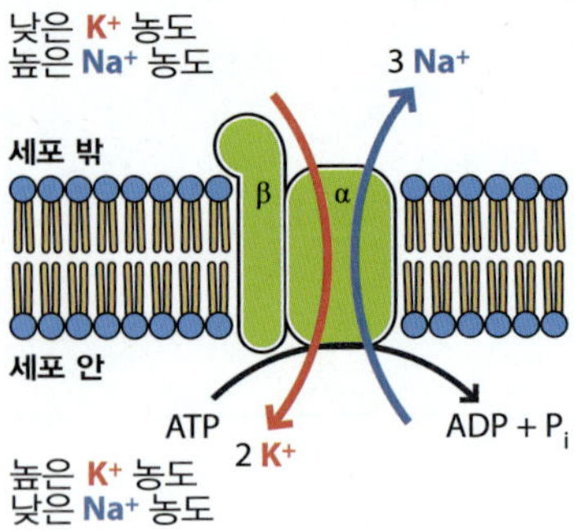

그림 5.26 Na^+/K^+ ATPase에 의한 원형질막을 가로지르는 능동수송

ATPase는 α와 β 단위로 구성된 이량체 단백질이다.

우리는 **8.1.1절**에서 능동수송 및 기타 생화학적 공정을 위한 ATP의 가수분해 에너지가 어떻게 방출되는지 알아볼 것이다.

된 글루코오스가 즉시 에너지를 생성하기 위해 대사되기 때문에 이런 상황은 거의 발생하지 않는다. 따라서 세포 내부의 글루코오스 농도는 낮게 유지되고 글루코오스는 적혈구 내로 지속적으로 운반되어 세포에 지속적으로 에너지를 공급하게 된다. GLUT1과 유사한 단일수송체는 대부분의 포유동물 세포의 원형질막에 존재하며 다양한 당 및 아미노산을 농도 구배로 운반할 수 있다.

능동수송 과정에는 에너지가 필요

확산에 기초한 과정은 수송 방향이 농도 기울기에 따라 막을 가로질러 분자를 수송하게 된다. 그러나 세포 또는 세포소기관이 농도 기울기에 거슬러 분자 또는 이온을 운반해야 하는 경우도 존재한다. 이것은 세포 내에서 올바른 이온 균형을 유지하는 데 있어 가장 중요하다. 예를 들어, 포유류의 세포는 세포 외 환경에 비해 높은 K^+ 내부 농도를 유지하고, Na^+, Ca^{2+} 및 기타 이온의 세포내 농도는 낮게 유지한다(**표 5.5**). 이러한 차이를 유지하기 위해 세포는 농도 기울기에 역행하여 세포막을 가로질러 이온을 이동시켜 K^+ 이온을 세포 내로 유입시키고 Na^+ 및 Ca^{2+} 이온을 세포 외부로 배출해야 한다. 이것을 **능동수송(active transport)**이라 하며 이것은 에너지를 필요로 한다.

능동수송을 위한 에너지는 두 가지 다른 방법으로 얻을 수 있다. 첫 번째는 ATP 가수분해(ATP hydrolysis)로, 이 뉴클레오타이드를 ADP와 무기 인산염으로 전환시키는 것이다. 두 번째는 농도 기울기에 역행하는 첫 번째 이온의 이동을 농도 차에 따라 이동하는 두 번째 이온과 결합하는 것이다.

Box 5.7 낭포성 섬유증의 생화학

연구 요약

낭포성 섬유증(cystic fibrosis, CF)은 영국에서 약 8,000명, 그리고 미국에서 약 30,000명에게 발생한 질환이다. 이 질환의 주요 증상은 호흡기가 막히는 것을 피하기 위해 지속적으로 제거가 되어야 하는 점액(mucus) 성분이 폐에 축적이 되는 것이다. 이 질병은 또한 췌장, 간, 신장 및 소장에도 영향을 미친다. 회복 불능이나 사망은 주로 폐 손상이나 감염에 의한 것이지만, 낭포성 섬유증 환자에 대한 관리는 2010년대에 이 질병을 가지고 태어난 어린이의 기대 수명을 50세 이상으로 늘려주었다.

낭포성 섬유증은 단일 단백질의 결함으로 인해 발생한다. 이것은 **낭포성 섬유증 막관통 조절자(cystic fibrosis transmembrane regulator, CFTR)**이며, ABC 수송체(ABC transporter) 군에 속하는 단백질이다. CFTR은 세포 밖으로 Cl^- 이온의 수송을 담당하지만, 대부분의 ABC 수송체와 달리 능동수송 과정을 거치지 않는다. 대신, ATP 결합이 단백질 구조의 변화를 유도하여 통로가 열려 Cl^- 이온이 세포 내부에서 외부로 전기화학(electrochemical) 기울기에 따라 흐르게 한다. 폐의 상피세포에서의 이러한 수송 기능의 중단은 호흡기관지의 내부 표면을 덮는 액체의 이온 균형을 변화시킨다. 이 액체는 점점 점성이 생겨 점액이 축적이 되고, 폐를 세균 감염으로부터 보호하는 능력이 떨어지게 된다.

낭포성 섬유증을 일으키는 CFTR 단백질의 결함은 정확히 무엇인가? 대부분의 낭포성 섬유증 환자에서 CFTR 단백질은 폴리펩타이드 508번째 위치에 있는 페닐알라닌 아미노산이 결핍되어 있다—CFTR 단백질은 모두 1480개의 아미노산으로 구성되어 있다. 이 변화는 ΔF508이라고 하며, 이는 508번째 위치에서 페닐알라닌(F)의 손실(Δ)을 나타낸다. 이 아미노산의 손실은 CFTR이 정확하게 접히는 것(folding)을 방지하고, 잘못 접힌 단백질은 원형질막에 삽입되기 전에 분해되어 버린다. 따라서 이 유형의 낭포성 섬유증은 단백질의 부재로 인해 Cl^- 수송 기능이 상실되기 때문에 발생한다. 두 번째 유형의 낭포성 섬유증은 전체 발생 인구에서 훨씬 덜 일반적인 G551D라고 하며, 폴리펩타이드 551번 위치에 정상적으로 존재하는 글리신(glycine, G)이 아스파르트산(aspartic acid, D)으로 대체되어 나타나는 것을 의미한다. 이 변화는 단백질 접힘 및 CFTR 단백질이 원형질막에 올바른 방식으로 삽입되는 것에는 영향을 미치지 않는다. 그러나 Cl^- 통로가 열리고 닫히는 과정이 영향을 받으며 ATP가 단백질에 결합이 될 때 더 이상 통로가 열리지 않는다. 이 통로는 영구적으로 폐쇄되지는 않는다(정상 단백질은 ATP가 없더라도 소량의 Cl^- 이온을 운반할 수 있다). 그러나 결함이 있는 CFTR 단백질의 활성이 실질적으로 감소하여 질병 증상이 나타나게 된다.

여러 다른 유형의 낭포성 섬유증에 대한 생화학적 기초를 이해하는 것이 이 질병에 대한 치료법을 고안하는 데 중요하다. 예를 들어, G551D 변성이 있는 환자는 원형질막에 CFTR 단백질을 가지고 있지만 이러한 단백질의 Cl^- 통로가 대부분 닫혀 있다는 것을 알면 이 유형의 낭포성 섬유증이 CFTR 증진제(potentiator)를 사용하는 치료에 반응할 수 있다는 것을 의미한다. 증진제는 CFTR 단백질에 직접 결합하여 통로가 열리게 하는 화합물이다. 원형질막에 CFTR 단백질 결핍에 의해 이 질환이 발생하는 ΔF508 유형의 환자는 분명이 이 치료에는 반응하지 않을 것이다. 이러한 환자에게는 흡입기를 통한 흡입에 의한 CFTR의 올바른 유전자를 폐 조직에 도입하는 형태의 **유전자 치료(gene therapy)**가 적용될 수 있다.

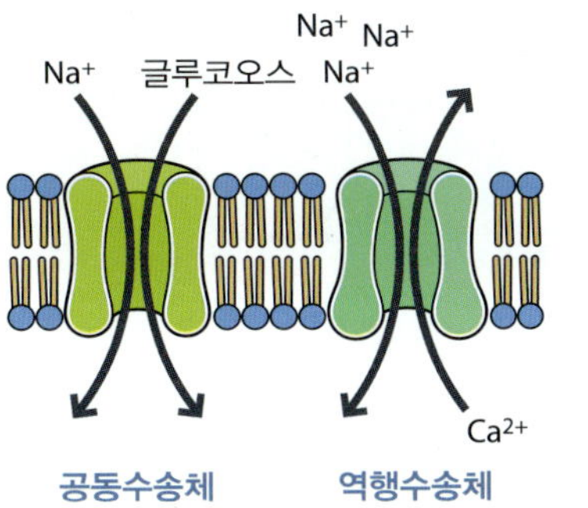

그림 5.27 **공동수송체와 역행수송체의 역할**

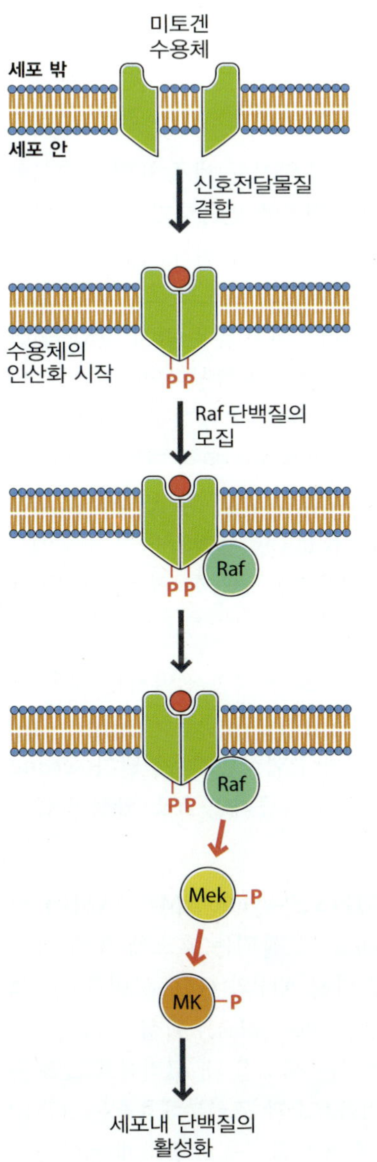

그림 5.28 **MAP 인산화효소(MAP kinase) 신호전달 경로**

ATP의 가수분해는 일부 효소가 농도 기울기에 역행하여 막을 통과하는 이온의 이동과 같은 생화학 반응을 일으킬 수 있는 에너지를 방출한다. ATP-의존성 수송 단백질에는 두 가지 중요한 유형이 존재한다:

- **P-유형 펌프(p-type pump)**. 이것은 ATP 가수분해에 의해 방출된 인산염이 수송 단백질과 일시적인 결합을 형성한다. 중요한 예는 세포 내에서 높은 칼륨과 낮은 나트륨 이온 농도를 유지하는 포유류의 **Na^+/K^+ ATP가수분해효소(Na^+/K^+ ATPase)**이다. 이것은 사용하는 모든 ATP에 대해, ATP가수분해효소 반응 시 2개의 K^+ 이온을 세포 내로 이동시키고, 3개의 Na^+ 이온을 세포 밖으로 이동시킨다(**그림 5.26**).
- **ABC 수송체(ATP-binding cassette(ABC) transporter)**는 여러 작은 분자를 세포막을 가로질러 세포 내로 전달하거나 드물게는 세포 밖으로 운반하는 역할을 한다. 사람의 경우, 48가지의 서로 다른 ABC 수송체를 가지고 있는데, 각각은 서로 다른 화합물이나 또는 관련 화합물 군에 특이적인 것으로 알려져 있다. 다른 종은 더 많은 종류가 존재한다 — 식물의 경우 아마도 150개 정도인 것으로 알려져 있다.

능동수송을 위해 에너지를 얻을 수 있는 두 번째 방법은 농도 기울기에 역행하는 분자 또는 이온의 수송을 두 번째 이온(일반적으로 H^+ 또는 Na^+)의 농도 차에 따른 이동과 함께 결합하는 것이다. 농도 차에 의한 이온의 이동에 의해 방출되는 에너지는 함께 결합된 동시수송 시스템(coupled transport system)을 활성화시키기 위해 사용된다(**그림 5.27**). 수송 단백질이 **공동수송체(symporter)**라면, 두 물질은 모두 막을 가로질러 같은 방향으로 움직인다. 대표적인 예는 **Na^+/글루코오스 수송체(Na^+/glucose transporter)**이다. 이 단백질은 장 내부에서 농도 차에 의한 나트륨의 소장세포 내 확산을 연결하여 섭취한 글루코오스를 같은 세포에서 세포 내로 수송을 한다. 반대로 **역수송체(antiporter)**는 두 구성요소를 다른 방향으로 이동시킨다. 많은 세포가 낮은 칼슘 이온 함량을 유지하기 위해 역수송체를 이용한다. 예를 들어, **Na^+/Ca^{2+} 교환 단백질(Na^+/Ca^{2+} exchange protein)**은 세 개의 Na^+ 이온이 세포 내로 확산될 때 유도되는 에너지를 이용하여 하나의 Ca^{2+} 이온을 세포 밖으로 배출한다.

수용체 단백질은 세포막을 가로질러 신호를 전달

많은 세포 밖 화합물은 지질 막에 침투하기에는 친수성 성질을 가지고 있어 세포 안으로 들어갈 수 없으며 세포는 그것을 받아들이기 위한 수송 메커니즘이 부족하다. 어떤 경우에는 이러한 화합물이 신호전달이라는 과정에 의해 세포 내부에 여러 작용에 영향을 줄 수 있다. 이 범주에 속하는 세포 밖 화합물에는 신체의 탄수화물 및 지방 대사를 조절하는 인슐린(insulin) 및 글루카곤(glucagon)과 같은 호르몬 물질 및 세포분열을 비롯한 많은 세포 활동을 조절하는 **사이토카인(cytokine)**이라고 하는 화합물이 포함된다.

이러한 화합물 중 하나가 막관통 수용체 단백질(transmembrane receptor protein)의 바깥쪽 표면에 부착되면 구조적인 변화, 수용체의 이합체화가 일어나며 두 개의 소단위(subunit)가 결합하여 단일 구조를 형성하게 된다. 이것은 막단백질의 측면 이동을 허용하는 세포막의 유동적 특성 때문에 가능하며, 이 단위들이 지질 뗏목에 포함되어 있어도 수용체의 두 개의 소단위가 세포 밖 화합물의 존재 또는 부재에 반응하여 결합 또는 해리될 수가 있다. 수용체 구조의 변화는 세포질 내 단백질에 인산기를 부착시키는 것과 같은 세포내 생화학적 반응을 유도한다. 이러한 인산화(phosphorylation)는 호르몬 또는 사이토카인에 의해 자극받은 세포 활동의 변화를 야기하는 일련의 반응을 일으키게 된다.

MAP 인산화효소 시스템(MAP kinase system)은 신호전달 경로(signal transduction

대사 조절에 있어서 cAMP 역할의 중요한 예는 포유동물의 '싸움 또는 비행(fight or flight)' 반응에서 볼 수 있다 (**11.1.2절** 참조).

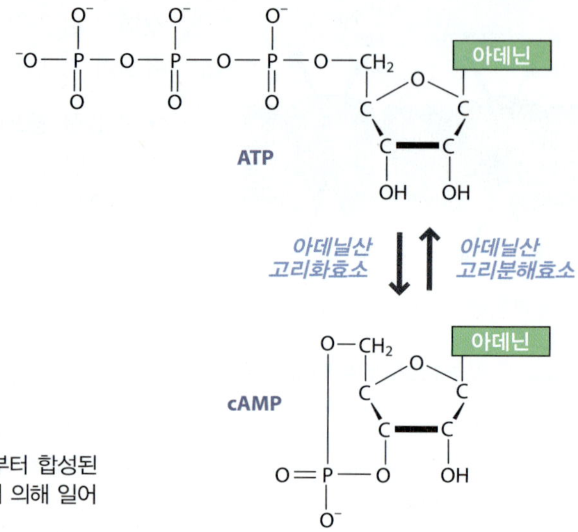

그림 5.29 고리 AMP
고리 AMP는 아데닐산 고리화효소에 의해 ATP로부터 합성된다. 다시 ATP로의 전환은 아데닐산 고리분해효소에 의해 일어난다.

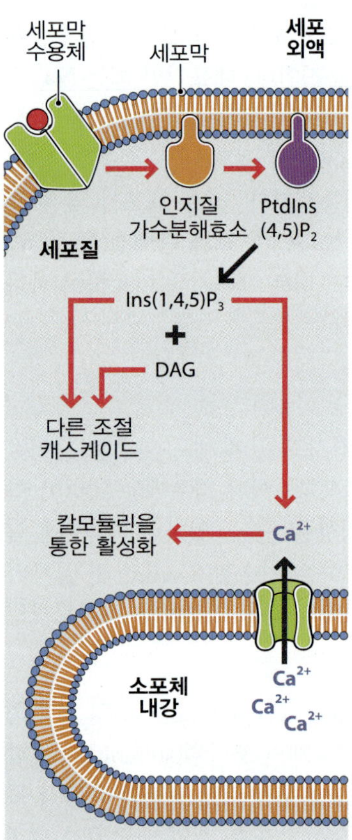

그림 5.30 칼슘에 의한 2차전달자 방식의 유도
약어: DAG, 1,2-diacylgycerol; Ins(1,4,5)P_3, inositol-1,4,5-triphosphate; PtdIns(4,5)P_2, phosphatidylinositol-4,5-bisphosphate.

pathway)의 전형적인 예이다. 'MAP'는 'mitogen activated protein'의 약자로 세포 표면의 수용체가 세포 분열을 자극하는 조절 분자의 일종인 미토겐(mitogen)의 결합에 반응한다는 것을 나타낸다. 미토겐의 결합은 수용체 단백질의 이합체화를 초래하며, 이는 각 소단위가 인산화되는 것을 수반한다(**그림 5.28**). 인산화는 수용체 내부면에 Raf라 불리는 단백질의 부착을 촉진한다. 일단 부착되면, Raf는 Mek라고 불리는 제3의 단백질에 인산염을 첨가하는데 이것은 다시 MAP 인산화효소에 인산염을 첨가하게 된다. 인산염을 첨가하면 MAP 인산화효소가 활성화되어 막에서 멀어지며 세포 내의 다른 단백질을 활성화시킨다. 이들 단백질 중 일부는 주요 생화학적 경로를 촉매하는 효소이며, 다른 것들은 특정 유전자군의 발현을 촉진 또는 억제하는 조절 단백질이다. 따라서 미토겐이 수용체 단백질에 결합하면 세포 내에서 일어나는 다양한 생화학적 변화를 초래하는 일련의 반응이 시작된다. MAP 인산화효소 경로(MAP kinase pathway)는 척추동물 세포에서 주로 사용되지만, 포유동물에서 확인된 것과 유사한 중간체를 사용하는 동등한 경로는 다른 생물체에도 알려져 있다.

다른 신호전달 시스템은 단백질 캐스케이드(cascade)를 따라 신호를 직접 전달하는 것을 포함하지 않고, 대신 세포 내에서 생화학적 황성에 영향을 미치는 직접적인 방법을 사용하는 것이다. 세포 밖 화합물인 '1차전달자(first messenger)'이 막 수용체에 결합하면 **2차전달자(second messenger)**의 농도가 일시적으로 증가한다. 두 번째 전령의 농도가 급증하면 효소 활성이 급속히 변하여 세포 활동에 원하는 변화가 생긴다.

중요한 두 번째 전령으로는 뉴클레오타이드 **3′,5′-고리 AMP(3′,5′-cyclic AMP, cAMP)** 및 **3′,5′-cyclic GMP(cGMP)**가 포함된다. 이들은 고리화효소(cyclase)라 불리는 효소에 의해 각각 ATP와 GTP로부터 합성되고, **고리분해효소(decyclase)**에 의해 다시 ATP와 GTP로 변환된다(**그림 5.29**). 일부 세포 표면 수용체는 구아니딜산 고리화효소(guanidylate cyclase) 활성을 가지므로 GTP를 cGMP로 전환시킨다. 그러나 이 계열의 대부분의 수용체는 세포질 내 고리화효소 또는 고리분해효소에 영향을 주어 간접적으로 작용한다. 이러한 고리화효소와 고리분해효소는 cGMP와 cAMP의 세포내 농도를 결정하고 이것에 따라 다양한 표적 효소의 활성을 조절하게 된다.

다른 두 번째 전령은 소포체(endoplasmic reticulum, ER)에 위치한 칼슘 수송 단백질을 활성화시켜 세포질 내 Ca^{2+}의 농도에 영향을 미친다. 소포체 내강(lumen) 내의 Ca^{2+}의 농도는 세포의 나머지 부분보다 높으며 이 통로를 열면 Ca^{2+}가 세포질 내로 방출되게 된다. 이 시스템에서 첫 번째 전령은 인지질가수분해효소(phospholipase) 효소를 활성화시키는 세포 표면 수용체에 결합한다. 이때 세포막 지질 성분인 포스파티딜이노시톨-4,5-비스인산(phosphatidylinositol-4,5-bisphosphate(PtdIns(4,5)P_2)을 절단하여 이노시톨-1,4,5-삼인산(inositol-1,4,5-triphosphate (Ins(1,4,5)P_3, IP_3)과 1,2-디아실글리세롤(1,2-diacylglycerol(DAG)을 형성한다. Ins(1,4,5)P_3는 칼슘 수송 단백질을 활성화시킨다(그림 5.30). 세포질로 방출된 Ca^{2+} 이온은 다양한 다른 효소를 조절하는 **칼모듈린(calmodulin)**이라는 단백질과 결합하고 이를 활성화시켜 생화학적인 반응을 변화시킨다. 또한 Ins(1,4,5)P_3와 DAG는 다른 조절 캐스케이드에 작용할 수 있다.

참고문헌

Atlas D (2014) Voltage-gated calcium channels function as Ca^{2+}-activated signaling receptors. *Trends in Biochemical Sciences* **39**, 45–52.

Bobadilla JL, Macek M, Fine JP and Farrell PM (2002) Cystic fibrosis: a worldwide analysis of *CFTR* mutations – correlation with incidence data application to screening. *Mutation Research* **19**, 575–606.

Claypool SM and Koehler CM (2012) The complexity of cardiolipin in health and disease. *Trends in Biochemical Sciences* **37**, 32–41. ***A detailed review of the role of one particular type of glycerophospholipid.***

Dennis EA and Norris PC (2015) Eicosanoid storm in infection and inflammation. *Nature Reviews Immunology* **15**, 511–23. ***The latest findings regarding the physiological role of eicosanoids.***

Kusumi A, Suzuki KGN, Kasai RS, Ritchie K and Fujiwara TK (2011) Hierarchical mesoscale domain organization of the plasma membrane. *Trends in Biochemical Sciences* **36**, 604–15. ***Describes different levels of protein association in membranes.***

Lee AG (2011) Biological membranes: the importance of molecular detail. *Trends in Biochemical Sciences* **36**, 493–500. ***Discusses the interactions between lipids and proteins in membranes.***

Nicholson GA (2014) The fluid-mosaic model of membrane structure: still relevant to understanding the structure, function and dynamics of biological membranes after more than 40 years. *Biochimica et Biophysica Acta* **1838**, 1451–66.

Schengrund C-L (2015) Gangliosides: glycerophospholipids essential for normal neural development and function. *Trends in Biochemical Sciences* **40**, 397–406.

Seifert R (2015) cCMP and cUMP: emerging second messengers. *Trends in Biochemical Sciences* **40**, 8–15.

Simopoulos AP (2008) The importance of the omega-6/omega-3 fatty acid ratio in cardiovascular disease and other chronic diseases. *Experimental Biology and Medicine* **233**, 674–88.

Singh B and Sharma RA (2015) Plant terpenes: defense responses, phylogenetic analysis, regulation and clinical applications. *3 Biotech* **5**, 129–51.

ter Beek J, Guskov A and Slotboom DJ (2014) Structural diversity of ABC transporters. *Journal of General Physiology* **143**, 419–35.

자가 평가 문제

객관식 문제

각 문제에 대한 정답은 한 개이며, 정답은 웹사이트 www.scionpublishing.com/biochemistry에서 찾을 수 있음.

1. 보기 중 전형적인 지질에 대해 설명한 것은?
(a) 친수성(hydrophilic) 및 친유성(lipophilic)
(b) 친수성(hydrophilic) 및 소유성(lipophobic)
(c) 소수성(hydrophobic) 및 친유성(lipophilic)
(d) 소수성(hydrophobic) 및 소유성(lipophobic)

2. 지방산과 관련하여 다음 중 옳지 않은 것은?
(a) 지방산은 일종의 카르복실산이다.
(b) 지방산은 대부분 물에 불용성이지만 많은 유기 용매에 쉽게 용해된다.
(c) 지방산의 중합체 부분은 탄화수소 사슬로 구성되어 있다.
(d) 위의 보기는 모두 정확하다.

3. 불포화 지방산과 관련하여 다음 중 옳지 않은 것은?
(a) 낮은 융점을 가지므로 실온에서 액체이다.
(b) 탄화수소 사슬은 적어도 하나의 이중결합을 포함한다.
(c) 불포화 지방산은 함께 밀집할 수 있는 선형 분자를 형성한다.
(d) 위의 보기는 모두 정확하다.

4. 보기의 화합물 중 오메가-6 지방산의 예는?
(a) 라우르산
(b) 리놀레산
(c) α-리놀렌산
(d) 팔미트산

5. 단순하고 복잡한 트리아실글리세롤의 차이점은 무엇인가?
(a) 단순한 트리아실글리세롤은 3개의 지방산이 동일하고 복잡한 것은 다르다.
(b) 단순한 트리아실글리세롤은 3개의 지방산이 포화되어 있고, 복잡한 것은 불포화되어 있다.
(c) 단순한 트리아실글리세롤은 지방산이 모두 16:0 사슬이며, 복잡한 것은 18:1(Δ^9) 사슬이다.
(d) 위의 보기 중 답이 존재하지 않는다.

6. 트리아실글리세롤을 수산화나트륨과 같은 알칼리와 함께 가열하여 생성되는 화합물은?
(a) 기름
(b) 비누
(c) 스핑고지질
(d) 왁스

7. 글리세로인지질과 다른 트리아실글리세롤의 차이점은?
(a) 글리세로인지질은 스핑고신을 포함한다.
(b) 글리세로인지질은 트리아실글리세롤의 알칼리 유도체이다.
(c) 글리세로인지질은 트리아실글리세롤과 트리아콘탄올(triacontanol) 사이의 에스테르화 생성물이다.
(d) 글리세로인지질에서 지방산 중 하나는 인산디에스테르결합에 의해 글리세롤 분자에 부착된 친수성기로 대체된다.

8. 글리세로인지질의 예가 아닌 것은?
(a) 포스포스핑고신
(b) 포스파티딘산
(c) 포스파티딜글리세롤
(d) 포스파티딜세린

9. 강글리오시드란 무엇인가?
(a) 복잡한 형태의 당 머리 작용기가 결합한 스핑고지질
(b) 단순한 형태의 당 머리 작용기가 결합한 스핑고지질
(c) 스핑고신이 결여된 스핑고지질
(d) 아미노산 머리 작용기가 결합한 스핑고지질

10. 테르펜은 어떤 작은 탄화수소 화합물을 기반으로 하는가?
(a) 아비에트산
(b) 이소프렌
(c) 모노테르펜
(d) 스쿠알렌

11. 기본적인 스테롤 구조의 구성은?
(a) 4개의 탄화수소 고리, 그 중 3개는 6개의 탄소로 구성되고 하나는 5개의 탄소로 구성
(b) 4개의 탄화수소 고리, 그 중 3개는 5개의 탄소로 구성되고 하나는 6개의 탄소로 구성
(c) 4개의 탄화수소 고리, 그 중 3개는 6개의 탄소로 구성되고 하나는 5개의 탄소로 구성
(d) 4개의 탄화수소 고리, 그 중 2개는 6개의 탄소로 구성되고 2개는 5개의 탄소로 구성

12. 다음 중 스테로이드 호르몬이 아닌 화합물은?
(a) 안드로겐
(b) 아이코사노이드
(c) 당질코르티코이드
(d) 프로게스틴

13. 비타민 D 결핍으로 인한 질병은?
(a) Rackets
(b) Rickets
(c) Rockets
(d) Pickets

14. 단백질 함량이 가장 높은 유형의 진핵세포 막은?
(a) 소포체
(b) 내부 미토콘드리아막
(c) 외부 미토콘드리아막
(d) 원형질막

15. 1972년 Singer와 Nicholson이 제안한 막 구조 모델은 무엇이라고 불렸는가?
(a) 유동모자이크모형
(b) 지질 이중층 모델
(c) 지질 뗏목 모델
(d) 단백질 연결 모델

16. 내재성 막단백질과 관련하여 다음 중 옳은 것은?
(a) 이중층 구조를 파괴해야 막으로부터 제거할 수 있다.
(b) 막과 함께 밀접하게 결합하여 있다.
(c) 지질 이중층 전체를 관통하고 있다.
(d) 위의 보기는 모두 정확하다.

17. β-병풍으로 구성된 배럴(barrel) 벽에 의한 배럴 유사 구조(barrel-like structure)는 어떤 일반적인 특징을 지니는가?
(a) 지질 연결 단백질
(b) 주변성 막단백질
(c) 막관통 단백질
(d) 해당 사항 없음

18. 적혈구 수송 단백질은?
(a) 역수송체
(b) P-유형 펌프
(c) 공동수송체
(d) 단일수송체

19. 포유동물의 Na^+/K^+ ATPase 단백질은 어떤 것인가?
(a) 역수송체
(b) P-유형 펌프
(c) 공동수송체
(d) 단일수송체

20. 포유동물의 Na^+/글루코오스 수송체 단백질은?
(a) 역수송체
(b) P-유형 펌프
(c) 공동수송체
(d) 단일수송체

21. Na^+/Ca^{2+} 교환 단백질은?
(a) 역수송체
(b) P-유형 펌프
(c) 공동수송체
(d) 단일수송체

22. 가장 흔한 낭포성 섬유증 돌연변이는?
(a) ΔF508
(b) G542X
(c) G551D
(d) N1303K

23. MAP 인산화효소 시스템에서 캐스케이드의 개별 단백질은 무엇에 의해 활성화되는가?
(a) Ca^{2+}의 첨가
(b) 지질 작용기의 첨가
(c) 메틸화
(d) 인산화

24. 다음 중 칼모듈린(calmodulin)과 관련하여 옳지 않은 것은?
(a) Ca^{2+} 이온에 의해 활성화
(b) 포스파티딜이노시톨-4,5-비스인산 절단에 영향을 받음
(c) 내재성 막단백질의 한 종류
(d) 다양한 효소를 조절

단답식 문제

아래 문제는 추가 자료 없이 답이 가능함.

1. 예를 들어서 포화 지방산과 불포화 지방산의 구조를 구별하라.
2. 지방산 구조를 언급할 때 '오메가-3'과 '오메가-6'이라는 용어의 의미를 설명하라. 왜 우리는 식이 섭취 시 이러한 유형의 지방산이 필요한가?
3. (a) 단순 트리아실글리세롤, (b) 복합 트리아실글리세롤, (c) 비누, (d) 왁스의 구조를 묘사하라.
4. 글리세로인지질, 스핑고지질 및 아이코사노이드의 주요 특징에 대해 간단하게 설명하라.
5. 스테롤과 스테로이드가 왜 테르펜 유도체로 분류되는지 설명하라.
6. 여러 지질이 함께 결합하여 막 이중층을 형성하는 방식을 설명하라.
7. 막 구조에 대한 유동모자이크모형의 주요 특징을 간단하게 설명하라. '지질 뗏목'이란 무엇인가?.
8. 내재성 막단백질과 주변성 막단백질의 특징을 설명하라.
9. 단백질이 막 이중층을 가로질러 작은 분자의 수송을 돕는 여러 가지 유형에 대해 예를 들어 요약하여 설명하라.
10. 막관통 수용체 단백질에 세포 밖 화합물의 결합에 의한 자극으로 나타날 수 있는 다양한 세포내 작용에 대해 설명하라.

주관식 문제

아래 문제는 계산, 추가 자료, 인터넷 조사 등을 필요로 함.

1. 몇 년 전, 코코넛유는 높은 포화 지방산 함량 때문에 건강에 좋지 않은 것으로 간주되었다. 그러나 이제 코코넛유는 광택있는 머리부터 질병에 대한 저항성 증진과 같은 장점이 많은 '슈퍼 푸드(super food)'로 여겨진다. 코코넛유의 가치에 관한 의견 변화의 이유에 대해 설명하라.
2. 싱크대 배관의 막힘을 뚫기 위한 상용화 제품에 왜 알칼리가 포함되는지 설명하라.
3. 아래 그림의 테르펜에서 이소프렌 단위를 확인하라.

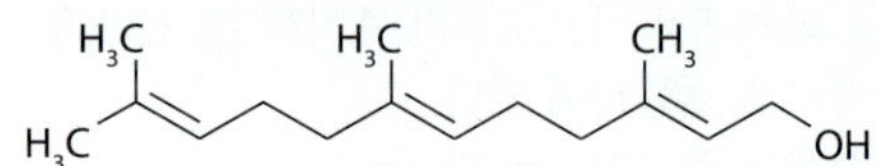

farnesol

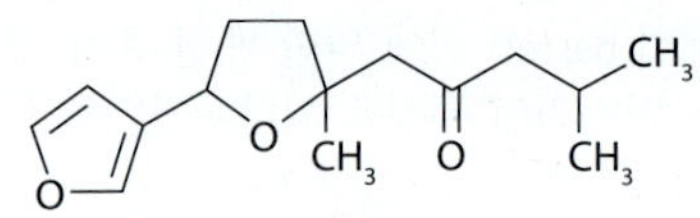

ngaione

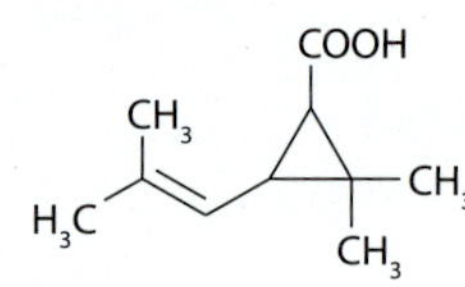

chrysanthemic acid

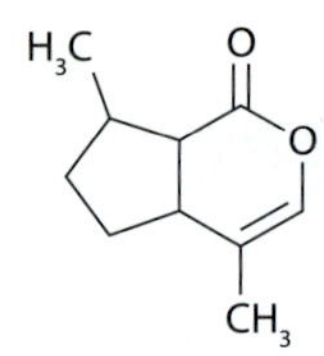

nepetalactone

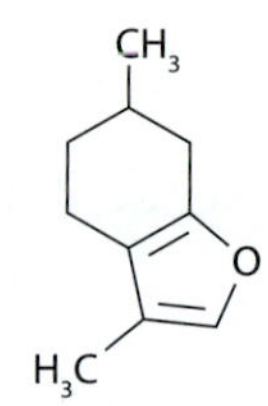

menthofuran

4. 동물세포의 원형질막의 외부 표면에 노출된 막관통 단백질을 확인하기 위해 어떤 방법을 사용할 수 있는가?
5. MAP 인산화효소 캐스케이드는 인산화가 단백질의 활성을 변화시키는 생화학적 경로의 한 예이다. 인산화는 또한 다른 상황에서도 단백질 활성을 조절하는 데 사용되며, 특히 해당과정(glycolysis)과 같은 대사 경로에 있는 효소의 조절에 매우 중요하다. 일반적으로 인산화되는 아미노산은 세린, 트레오닌, 티로신 또는 히스티딘 중 하나이다. 왜 이러한 아미노산 중 하나에 인산염기를 추가하는 것이 단백질의 활성에 중요한 영향을 미칠 수 있는지 설명하라.

제 6 장

탄수화물

학습목표

이 장을 공부한 후:

- '단당류(monosaccharide)', '이당류(disaccharide)', '올리고당(oligosaccharide)'과 '다당류(polysaccharide)'의 차이점을 이해할 수 있다.
- 선형 및 고리형 구조를 포함하여 다른 사슬 길이로 이루어진 알도오스(aldose)와 케토오스(ketose) 단당류들을 구별할 수 있다.
- 탄수화물 구조에 적절한 입체 이성질체의 다양한 용어를 이해한다.
- 어떻게 단당류에서 이당류, 그리고 더 긴 사슬 구조들이 함께 결합되는지 이해한다.
- 몇 가지 종류의 단백질들이 곁사슬에 결합된 형태인 올리고당, 즉 당단백질의 중요성을 인지한다.
- 단순(homo) 다당류(plysaccharides)와 복합(hetero) 다당류(polysaccharides)의 사이를 구별할 수 있고, 두 다당류들의 예시를 들 수 있다.
- 에너지 저장 공간과 식물 및 동물 조직의 구성요소로서 다당류가 수행하는 중요한 역할을 인지한다.

탄수화물은 살아 있는 세포에서 발견되는 생체분자의 일종이며, 이들은 식물과 동물의 중요한 에너지 저장소인 녹말(starch)과 글리코겐(glycogen)으로 각각 저장된다. 탄수화물은 체내 구조의 지지 역할을 가지며, 가장 널리 알려진 예로는 식물의 구조적 강도를 제공하는 다당류인 셀룰로오스(cellulose)이다. 곤충 외골격을 구성하는 키틴(chitin)은 동물 조직 내 세포들 사이에서 세포외 기질(extracellular matrix)을 형성하는 탄수화물이다.

6.1 단당류, 이당류와 올리고당

엄밀히 말하자면, 탄수화물은 2:1의 비율로 수소와 산소로 구성된 물과 같이 탄소, 수소 와 산소로 구성된 물질이다. 생화학에서 주요 생체분자인 탄수화물이란 용어는 사탕수수(saccharum)를 뜻하는 용어인 당류(saccharide)라 불린다. 녹말과 같은 중합 탄수화물들을 **다당류(polysaccharides)**라고 하며, 그들의 단량체는 **단당류(monosaccharides)**라고 한다. 글루코오스(glucose)과 갈락토오스(galactose)와 같은 단당류는 생명현상을 유지하는 주요 에너지원으로써 매우 중요한 성분이다. 단당류 2개가 결합된 **이당류(disaccharides)**는 락토오스(lactose), 수크로오스(sucrose)와 같은 중요한 천연 당류를 포함한다. **올리고당(oligosaccharides)**이라 불리는 짧은 중합 탄수화물들은 몇몇의 단백질들이 결합하는 곁사슬을 형성하기 때문에 중요하다.

그러므로 우리는 긴 사슬을 구성하는 거대분자인 중합 탄수화물들뿐만 아니라 그들을 구성하는 단당류와 짧은 사슬의 이당류, 올리고당들까지 집중해야 한다. 이러한 다양한 화합물들 사이의 관계를 이해하는 가장 쉬운 방법은 가장 작은 단위분자인 단당류로부터 시작하여 녹말과 셀룰로오스와 같은 거대분자로 차근차근 이해하는 것이 가장 바람직하다.

6.1.1 단당류들은 탄수화물의 기본 구성요소이다

단당류는 DNA와 RNA를 구성하는 리보오스(ribose)와 2′-디옥시리보오스(2′-deoxyribose), 그리고 에너지 생성의 중심 경로인 해당과정(glycolysis)의 주요 기질인 글루코오스와 같은 친숙한 화합물을 포함하고 있다.

먼저 단당류를 구성하고 있는 작용기를 기준으로 단당류를 두 가지로 크게 구분할 수 있다(알도오스 vs 케토오스)

단당류는 3개 이상의 탄소 원자를 갖는 탄수화물이며, 탄소 하나는 산소(= O)에 결합하고 나머지 탄소들은 하이드록실기(hydroxyl group, −OH)와 결합되어 있다. 이 중요한 점을 이해하기 위해, 두 개의 가장 단순한 단당류인 글리세르알데하이드(glyceraldehyde)와 디하이드록시아세톤(dihydroxyacetone)의 구조를 살펴볼 것이다. 둘 다 3개의 탄소 원자를 가지고 있다(**그림 6.1**). 먼저 글리세르알데하이드는 산소가 제일 위쪽 탄소와 결합되어 알데하이드 작용기(aldehyde, −CHO)를 형성한다. 그러므로 글리세르알데하이드는 **알데하이드(aldehyde)** 당 또는 알도오스로 분류되며 3개의 탄소 원자를 갖는 **알도오스(aldose)**이기에 **알도트리오스(aldotriose)**이다.

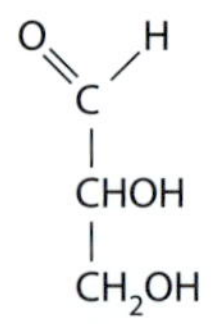

글리세르알데하이드

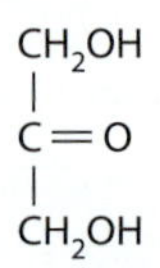

디하이드록시아세톤

그림 6.1 글리세르알데하이드와 디하이드록시아세톤

한편, 디하이드록시아세톤은 중심 탄소에 산소가 결합된 **케톤(ketone)** 작용기(C=O)를 형성하는 케톤 당 또는 **케토오스(ketose)**이다. 따라서 디하이드록시아세톤은 3개의 탄소 원자를 가지는 **케토트리오스(ketotriose)**이다.

우리는 아미노산의 광학 이성질체 또는 거울상 이성질체를 학습할 때, 글리세르알데하이드를 봤다(3.1.2절). 그림 6.1에서는 평면 구조로 나타냈지만, 실제로 글리세르알데하이드는 사면체 형태를 갖는다. 중심의 탄소 원자에 −H, −OH, −CHO 및 $-CH_2OH$ 작용기 그룹이 결합된 구조이다(**그림 6.2**). 이러한 구조는 아미노산과 마찬가지로 4개의 그룹이 중심의 키랄성(chiral) 탄소 주위에 두 가지 다른 입체적 배열을 가질 수 있다. 두 배열은 서로 거울상이며, 하나는 D(덱스트로, dextro)-거울상 이성질체(enantiomer)이고 다른 하나는 L(라보, laevo)-거울상 이성질체이다. D-글리세르알데하이드와 L-글리세르알데하이드의 두 가지 형태는 동일한 화학적 특성을 가지며 평면 편광에 대한 광학적 성질만 다르다(그림 3.5 참조).

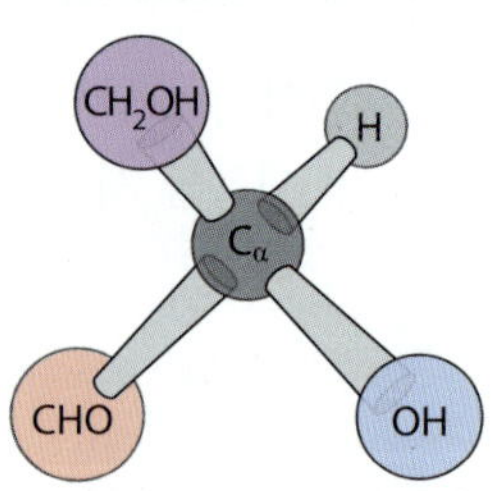

D-글리세르알데하이드

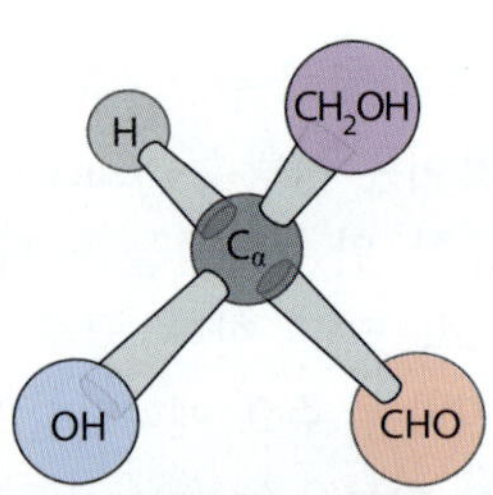

L-글리세르알데하이드

그림 6.2 D-글리세르알데하이드와 L-글리세르알데하이드

키랄성 탄소를 가지지 않는 디하이드록시아세톤은 거울상 이성질체를 가지지 않는다. 따라서 디하이드록시아세톤은 글리세르알데하이드와 다를 뿐만 아니라 다른 모든 단당류와도 다른 단당류이다. 알도오스 또는 케토오스와 상관없이 4개 이상의 탄소를 가진 모든 단당류들이 적어도 하나의 키랄성 탄소를 가지고 있으며 입체 이성질체를 가지고 있다. 우리는 여러 개의 키랄 중심의 존재로 인해 발생하는 구조적 복잡성에 대해 알아볼 것이다.

대부분의 단당류는 거울상 이성질체와 부분 입체 이성질체로 존재한다

우리는 이제 한 수준 위로 올라가 4개의 탄소 원자를 포함하고 있는 **알도테트로오스(aldotetrose)**에 대해 알아볼 것이다. 이들 화합물은 하나 이상의 키랄성 탄소(chiral carbon)를 가지고 있는 **부분 입체 이성질체(diasteromer)**들이다. 알도테트로오스는 2개의 키랄성 탄소를 가지며, 이는 2쌍의 거울상 이성질체를 포함하는 4가지 가능한 배열이 있음을 의미한다. 화합물은 D-와 L-에리트로오스(erythrose) 및 D-와 L-트레오스(threose)로 각각 불린다(**그림 6.3**). 에리트로

그림 6.3 알도테트로오스
알데하이드 그룹은 파란색으로 표시하고 각 분자의 비대칭 중심은 빨간색으로 표시하였다. 탄소 원자의 번호는 왼쪽에 표시되어 있다.

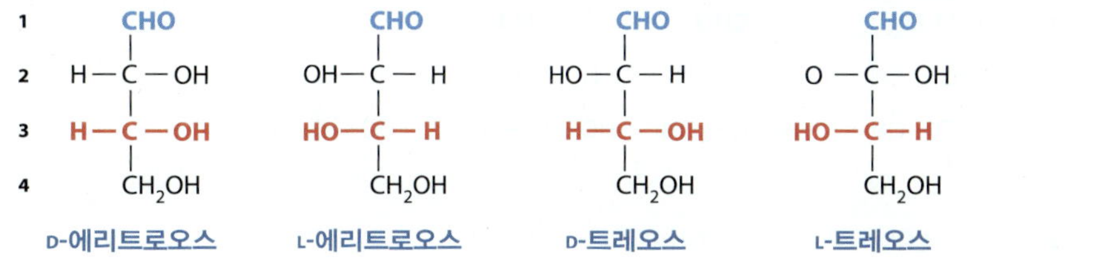

오스와 트레오스의 구조는 하이드록실 그룹의 상대적 위치가 다르기 때문에 구조 자체는 거울상이 아니다. 따라서 에리트로오스와 트레오스는 독특한 화학적 성질을 갖는 다른 화합물이다.

다음 단계에서는 5개 탄소를 가지는 알도오스인 **알도펜토오스(aldopentoses)**가 있다(그림 6.4). 이들 각각은 3개의 키랄성 탄소를 가지므로 4쌍의 거울상 이성질체를 가진다. 알도펜토오스의 대표적인 예로는 리보오스[ribose, 뉴클레오타이드 구성당], 아라비노오스(arabinose) 및 자일로오스(xylose)를 들 수 있다. 아라비노오스는 L-거울상 이성질체로서 주로 발생하는 유일한 단당류다. 자연에서 생물의 대사과정을 거쳐 만들어지는 대부분의 단당류의 경우 D-형태로 존재한다. 다음으로 6개의 탄소로 구성된 단당류인 글루코오스, 만노오스(mannose) 및 갈락토오스 등 8개의 **알도헥소오스(aldohexose)** 거울상 이성질체가 존재한다. 이외에도 자연에서 발견되는 단당류들로 7, 8, 9 및 10개의 탄소를 가지는 알도헵토오스(aldoheptose), 알도옥토오스(aldooctose), 알도논노오스(aldononose) 및 알도데코오스(aldodecose)가 있다.

알도오스와 마찬가지로, 탄소수 4~6개의 케토오스도 존재하며, 이들은 케톤의 탄소-산소

Box 6.1 단당류 구조의 표현

탄소 원자 주위의 작용기들의 사면체 배열로 인해, 단당류의 구조는 평평한 종이 위에 그릴 때 정확하게 묘사될 수 없다. **피셔 투영식(Fischer projection)**이라는 표현은 이 문제를 해결하는 것을 목표로 한다. 화합물이 피셔 투영식으로 그려지면 중심 탄소에서 수평으로 그려지는 역삼각형 모양의 결합은 사면체 배열에서 종이 평면 위로 돌출하는 결합이고 수직으로 그려지는 점선 삼각형 결합은 종이 평면 아래에 돌출하는 결합이다. 실선의 경우는 평면에 놓인 결합이다.

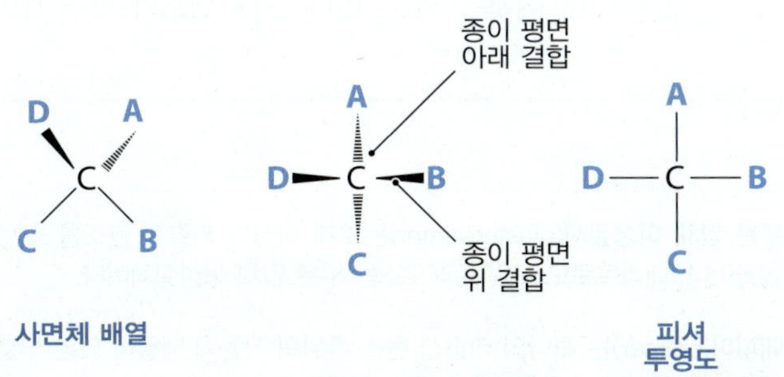

따라서 글리세르알데하이드의 두 가지 거울상 이성질체는 다음과 같이 그려진다:

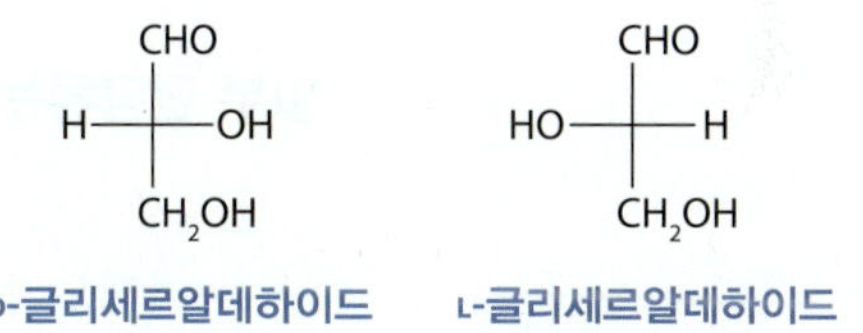

단당류가 2개의 키랄성 탄소를 갖는 경우, 알도오스인 경우 알데하이드 그룹으로부터 가장 멀리 떨어진 탄소 주위의 작용기, 케토오스인 경우 케톤 그룹으로부터 가장 멀리 떨어진 탄소 주위 작용기의 배열을 통해 거울상 이성질체를 구분한다. 이 탄소를 비대칭 중심이라고 한다. D-거울상 이성질체는 이 탄소의 오른쪽에 하이드록실로 묘사되고, L-거울상 이성질체는 왼쪽에 하이드록실기로 묘사된다. 따라서 알도테트로오스 에리트로오스의 D- 및 L- 버전은 다음과 같이 그려진다. :

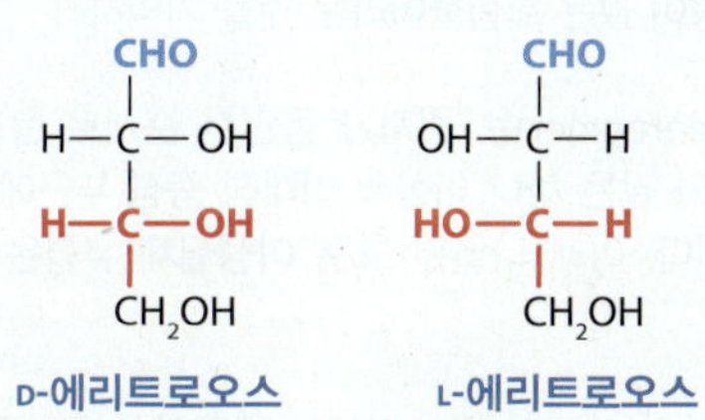

이 도면에서 알데하이드 그룹은 파란색으로 표시되고 비대칭 중심은 빨간색으로 표시된다.

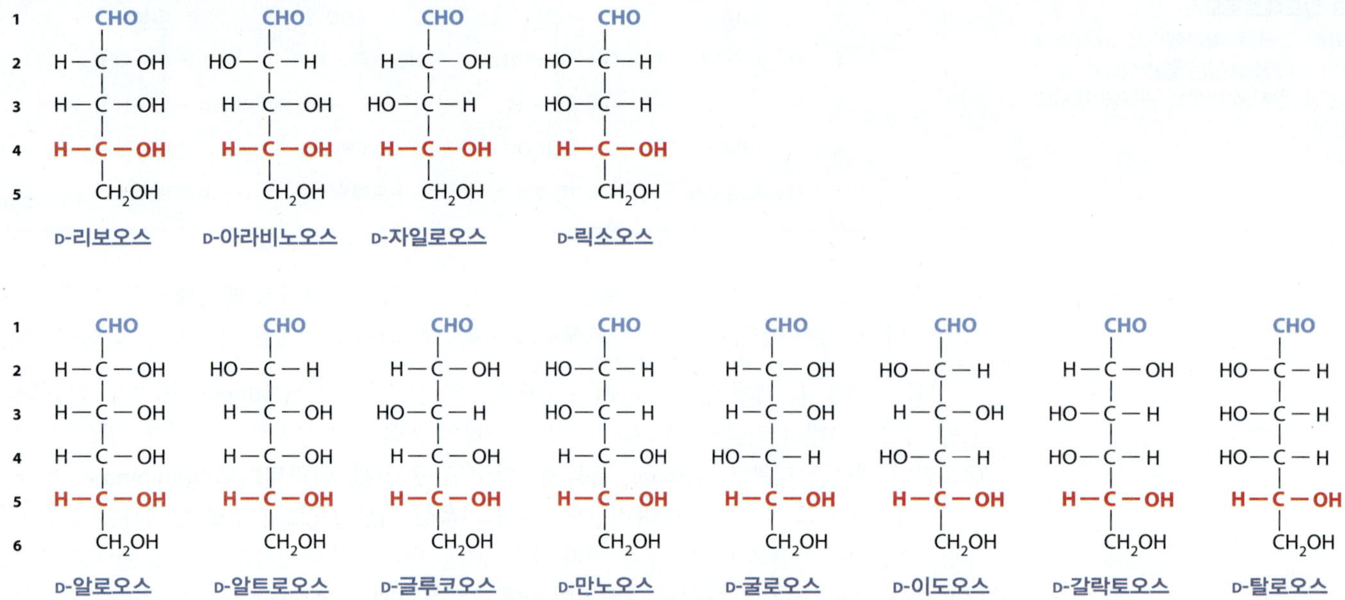

그림 6.4 알도펜토오스와 알도헥소오스
알데하이드 그룹은 파란색으로 표시하고 각 분자의 비대칭 중심은 빨간색으로 표시하였다. 탄소 원자의 번호는 왼쪽에 표시하였다. 각 화합물의 L-거울상 이성질체는 여기에 도시되지 않았다.

간 이중결합에 기인하여 알도오스에 비해 키랄성 탄소가 하나 적기 때문에 이성질체 수와 종류가 덜 복잡하다. 케토오스 이성질체를 예로 들면, D-와 L-에리트룰로오스(erythrulose) 2개의 **케토테트로오스(ketotetrose)**, 리불로오스(ribulose)와 자일루로오스(xylulose)와 같은 **케토펜토오스(ketopentose)**, 프룩토오스(fructose) 등 네 개의 **케토헥소오스(ketohexose)**가 있다(그림 6.5). 프룩토오스는 알도오스인 글루코오스와 같이 많은 과일과 채소에서 얻어지는 중요한 식이당이다.

일부 단당류는 고리 구조로도 존재한다

지금까지 학습한 선형 구조뿐만 아니라 탄소가 5개 이상인 단당류는 고리형 분자를 형성할 수 있다. 뉴클레오타이드에 존재하는 오탄당인 리보오스의 형태가 그림 6.4에 보이는 선형 사슬이 아니라 고리 분자(그림 4.1 참조)라는 사실은 이미 이것을 알고 있다. 리보오스와 같은 고리형태

Box 6.2 탄수화물 구조와 관련된 이성질체의 다른 유형

탄수화물에 의해 표시되는 이성질체는 다른 이성질체 유형에 의해 혼동되기 쉽다. 다음은 중요한 이성질체 관련 용어의 요약이다. 정의상 이성질체는 화학적 조성과 분자량이 같은 화합물이라는 것을 기억하라.

- **입체 이성질체(stereomer)**는 원자가 동일한 순서로 함께 결합되어 있지만, 키랄성 탄소와 같은 하나 이상의 비대칭 중심 부근에서 원자의 배열이 다른 이성질체이다. 아래 나열된 모든 이성질체 유형은 입체 이성질체의 범주이다.
- **거울상 이성질체(enantiomer)**는 입체적 구조가 서로 대칭인 입체 이성질체(stereomer)이다. D-글리세르알데하이드 및 L-글리세르알데하이드는 거울상 이성질체이다.
- **부분 입체 이성질체(diastereomer)**는 2개 이상의 키랄성 탄소를 갖는 화합물이다. 에리트로오스 및 트레오스는 부분 입체 이성질체이다.
- **에피머(epimer)**는 하나의 키랄성 탄소 주위의 작용기 배열이 다른 부분 입체 이성질체이다. D-글루코오스 및 D-갈락토오스는 에피머다.
- **아노머(anomer)**는 아노머 탄소 주위의 작용기 배열이 입체적으로 다른 고리형 단당류다. 알도오스의 경우 1번 탄소이고, 케토오스의 경우 2번 탄소가 아노머 탄소이다. 예로는 α-D-글루코피라노오스(glucopyranose)와 β-D-글루코피라노오스가 있다.

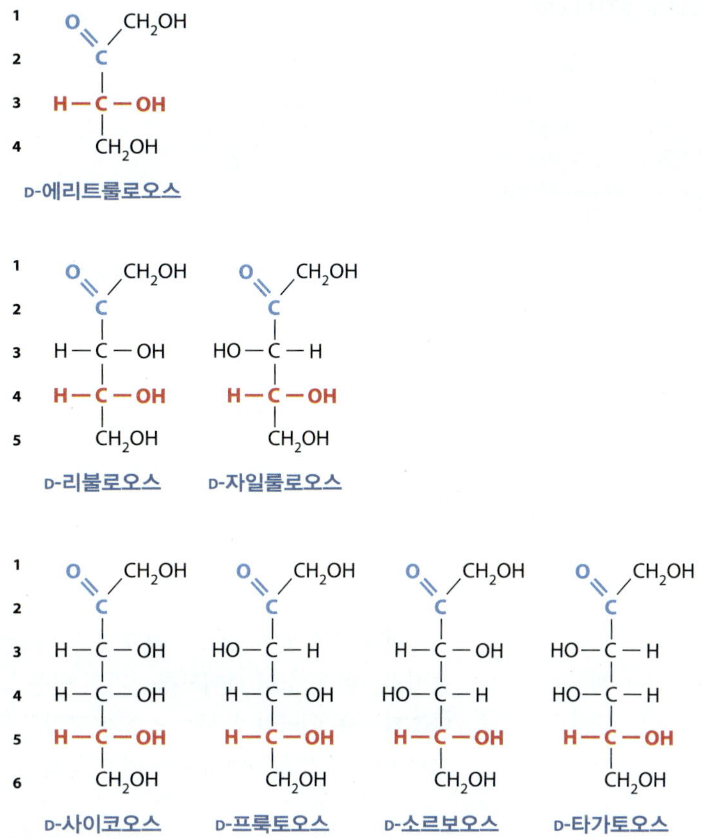

그림 6.5 4~6개의 탄소를 가지는 케토오스 당
케톤 그룹은 파란색으로 표시하고 각 분자의 비대칭 중심은 빨간색으로 표시하였다. 탄소 원자의 번호는 왼쪽에 표시되었고 각 화합물의 L-거울상 이성질체는 여기에 도시되지 않았다.

의 5개의 탄소로 이루어진 당은 유기 화합물 퓨란(furan)과의 구조적 유사성 때문에 **푸라노오스(furanose)**로 불린다. 1번 탄소의 알데하이드 그룹과 4번 탄소의 하이드록실기 사이의 반응으로 리보오스의 고리가 형성된다(**그림 6.6**). 글루코오스와 같은 알도헥소오스에 대해서도 유사한 반응이 일어날 수 있다. 알도헥소오스의 고리형은 피란(pyran)이라고 불리는 유기 화합물과 구조적으로 유사하기 때문에 **피라노오스(pyranose)**라고 불린다. 따라서 글루코오스의 고리형에 대한 공식적인 화학명은 글루코피라노오스(glucopyranose)이다.

고리 형성은 단당류의 구조에 변화를 일으킬 수 있는 더 많은 기회를 제공한다. 예를 들어, D-글루코오스의 고리 형태는 1번 탄소에 결합된 하이드록실기의 위치에 따라 α 및 β 형태를 가질 수 있다(**그림 6.7**). 두 가지 구조인 α-D-글루코피라노오스와 β-D-글루코피라노오스는 약간 다른 광학적 성질을 가지고 있지만 화학적 성질은 거의 동일하다. 이들 이성질체를 **아노머(anomer)**라고 부르며, 수용액에서 α 및 β 형으로 쉽게 전환될 수 있으며, 그 반대도 고리형에서 선형으로도 변환 가능하다. 이러한 상호 변환을 **변광 회전(mutarotation)**이라 한다.

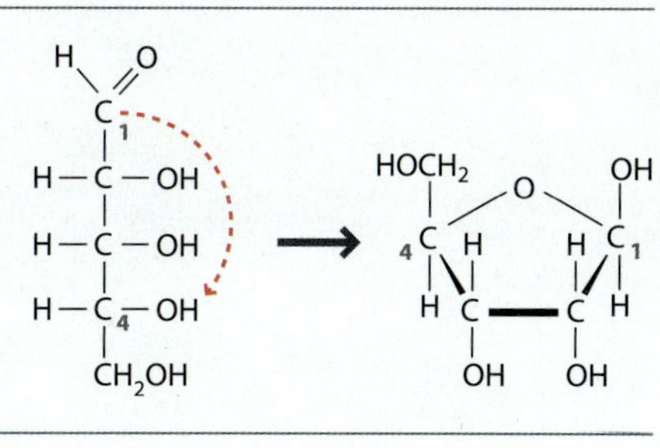

그림 6.6 리보오스의 고리 형성
고리는 1번 탄소의 알데하이드 작용기와 4번 탄소의 하이드록실기 사이의 반응에 의해 고리가 형성된다.

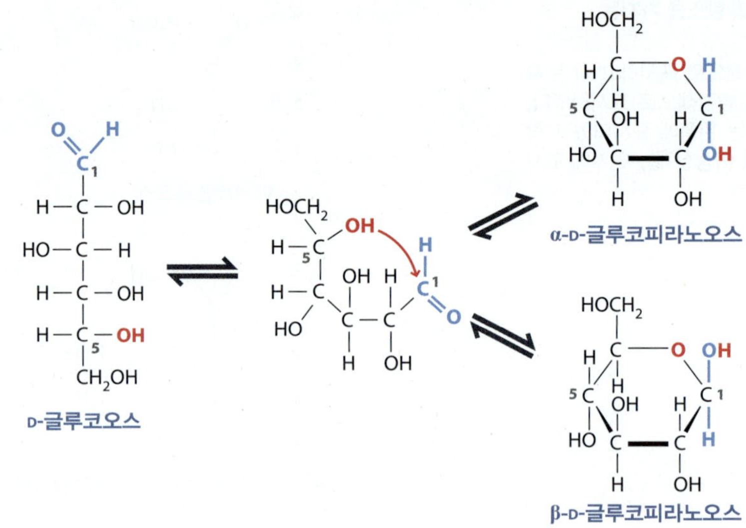

그림 6.7 글루코오스의 두 가지 아노머 이성체 형성
고리는 1번 탄소(파란색)의 알데하이드 작용기와 5번 탄소(빨간색)의 하이드록실기 사이의 반응에 의해 형성된다. 이 과정은 5번 탄소 주위의 작용기들에 대해 두 가지의 다른 배향을 가져와, α 및 β 아노머 형태를 형성한다. 본 고리화 반응은 가역적이며, 아노머 이성체가 형성될 확률이 동일하기 때문에, D-글루코스 용액은 두 개의 고리형 아노머와 선형 분자의 혼합물로 존재한다.

5번 탄소와 6번 탄소의 케토오스 단당류는 고리 구조를 형성할 수 있다. 2번 탄소의 케톤 작용기와 5번 탄소의 하이드록실기의 반응으로 인해 오탄당으로 구성된 푸라노오스 고리를 형성한다(**그림 6.8**). 이러한 프룩토오스의 고리형 유도체는 프룩토푸라노스라고 불린다. 글루코피라노오스와 마찬가지로, α와 β 아노머 이성질체가 형성될 수 있다.

6.1.2 이당류는 단당류들의 쌍이 뭉쳐 만들어진다

이제부터 고리형 단당류가 더 긴 사슬의 탄수화물로 결합 혹은 중합되어 만들어지는 과정에 대해 알아본다. 두 개의 단당류가 결합되어 형성되는 당을 **이당류(disaccharides)**라고 한다. 몇몇의 이당류는 자연계에 흔히 존재한다(**표 6.1**). 여기에는 사탕수수나 사탕무에서 얻어지며 일부 사람들이 커피에 넣는 수크로오스가 포함된다. 수크로오스는 글루코오스와 프룩토오스로 이루어져 있다. 우유 유래 락토오스는 글루코오스와 갈락토오스로, 맥아에서 유래된 말토오스(maltose)는 두 개의 글루코오스로 이루어져 있다.

이당류 내의 두 단당류의 사이의 결합은 ***O*-글리코시드(glycosideic) 결합**이라 한다. 이 유형의

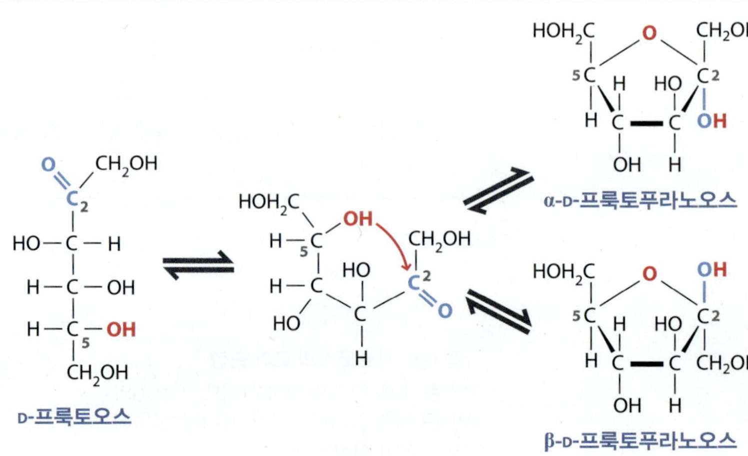

그림 6.8 프룩토오스의 고리형 형성
고리는 2번 탄소(파란색)의 케톤 작용기와 5번 탄소(빨간색)의 하이드록실기 사이의 반응에 의해 형성된다. 글루코오스와 마찬가지로, 2개의 아노머를 형성할 수 있다.

표 6.1 이당류의 예

이당류	구성 단당	특징
수크로오스	글루코오스 + 프룩토오스	사탕수수 및 사탕무
락토오스	글루코오스 + 갈락토오스	유당
말토오스	글루코오스 + 글루코오스	발아 곡물
트레할로오스(trehalose)	글루코오스 + 글루코오스	식물과 곰팡이로부터
셀로비오스(cellobiose)	글루코오스 + 글루코오스	섬유소의 분해 생성물

결합은 하이드록실기 쌍 사이에 형성되어 매우 다양한 결합이 가능하다. 2개의 글루코오스로 구성되는 말토오스의 경우, 1번 탄소에 붙어 있는 하이드록실기와 다른 글루코오스의 4번 탄소의 글루코피라노오스가 결합한다(**그림 6.9**). 이 결합은 1′→4′ 를 의미한다. 1번 탄소는 아노머 탄소이기에 α와 β 형태인지를 구별해야 한다. 말토오스에서는 α-결합으로 이루어져 있으므로 이 이당류의 정확한 화학 이름은 α-D-글루코프라노오실(glucopyranosyl)-(1→4)-D-글루코피라노오스다.

말토오스의 경우, 두 번째 글루코피라노오스는 1번 탄소가 글리코시드 결합에 관여하지 않기 때문에 α와 β 이성질체 사이에서 자유롭게 전환되지만, 항상 그렇지만은 않다. 예를 들어, 트레할로오스 또한 2개의 글루코오스로 이루어져 있지만 이당류의 결합이 1번 탄소 쌍 사이에 존재한다(**그림 6.9**). 따라서 트레할로오스(trehalose)는 α-D-글루코프라시노실-(1→1)-α-D-글루코프라노

연구 요약

Box 6.3 일부 사람들은 최근 우유를 소화시키는 능력을 발달시켰다

우유와 유제품은 현대 서구식 식단에서 아주 중요한 부분을 형성한다. 우유는 락토오스가 풍부하지만, 락토오스는 구성요소 단당류인 글루코오스와 갈락토오스 사이의 β 결합이 분해된 후에만 영양분으로 사용될 수 있다. 이 반응은 소장 내벽의 상피 세포에 존재하는 락토오스분해효소에 의해 촉매화된다. 포유류들은 대부분의 영양분 섭취를 어머니의 모유에 의존하는 생후 몇 주 동안만 락토오스분해효소를 합성한다. 모유 섭취 이후, 락토오스분해효소는 더 이상 만들어지지 않아 락토오스를 분해할 수 없어 우유를 소화하는 능력이 점차 사라진다. 따라서 대부분의 성인은 락토오스분해효소를 합성하지 않으므로 락토오스분해효소결핍증을 앓고 있다.

오늘날, 성인 인구의 약 65%는 락토오스분해효소결핍증을 앓고 있다. 만약 락토오스분해효소결핍증을 앓는 환자가 우유나 락토오스가 제거되지 않은 유제품을 섭취한다면, 그들은 장 운동 부족 및 위경련을 겪을 수 있다. 그러나 지도에 나타난 바와 같이, 북부 유럽, 아프리카 일부, 중동, 남아시아(그리고 이들 혈통의 사람들)와 같은 많은 사람들은 우유를 소화할 수 있다. 왜냐하면 이들은 모유 섭취 시기 이후에도 계속해서 락토오스분해효소를 생산하기 때문이다. 이를 **락토오스 내성(lactose tolerance)** 또는 **락토오스소화효소 지속성(lactose persistence)**이라 부른다.

락토오스분해효소는 락토오스 내성과 락토오스분해효소결핍환자 모두에게서 동일한 구조를 가지므로, 우리는 락토오스소화효소 지속성의 원인을 찾기 위해 해당 단백질에 대해 연구해야 한다. 이 차이는 유전자 인접의 DNA(디옥시리보핵산) 서열과 일치하며, 해당 DNA 서열의 변화는 락토오스분해효소의 발현 유전자 양상을 바꾸므로, 모유 섭취 이후 발현 유전자를 차단하는 정상적인 조절과정이 작동하지 않는다. 유전자는 항상 활성 상태로 유지되어 성인기에도 락토오스분해효소가 합성된다.

서로 다른 사람들의 조절 부위 DNA 서열 비교는 락토오스분해효소 지속성과 진화실의 일부를 조사할 수 있었다. 이러한 연구 결과에 의해 유럽인들의 락토오스분해효소 지속성을 생기게 하는 중요한 서열 변화는 12,500년 전이나 7,500년 전부터 일어났다는 점을 확인할 수 있었으며, 이 시기는 9,000년 전부터 조리 및 저장 항아리의 파편에 흡수된 낙농 지질의 흔적에서 발견한 다른 조사 결과와도 일치한다. 따라서 락토오스분해효소 지속성의 근원은 예상한 대로 최초의 대규모 우유 사용과 일치하는 것으로 보인다. DNA 서열 변화는 발칸 반도나 중부 유럽의 초기 농경 인구에게서 일어난 것으로 여겨지며, 그 후 점차 북유럽으로 확산되고 있다. 이는 낙농업의 광범위한 확산이 락토오스분해효소 지속성 매우 유리하게 될 것이라는 예상과 일치한다.

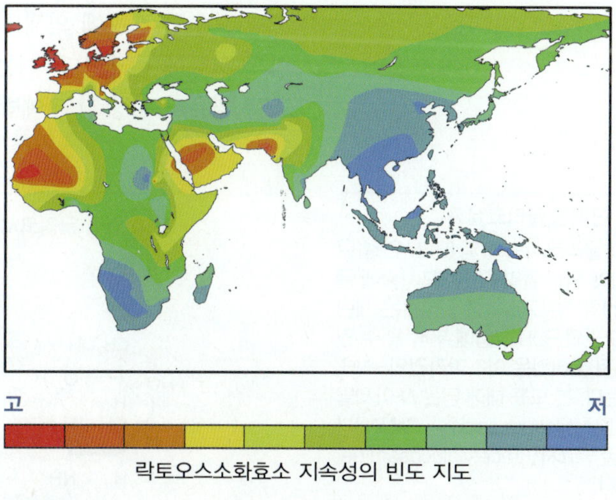

락토오스소화효소 지속성의 빈도 지도

Image reproduced from *BMC Evolutionary Biology*, 2010; **10**:36.

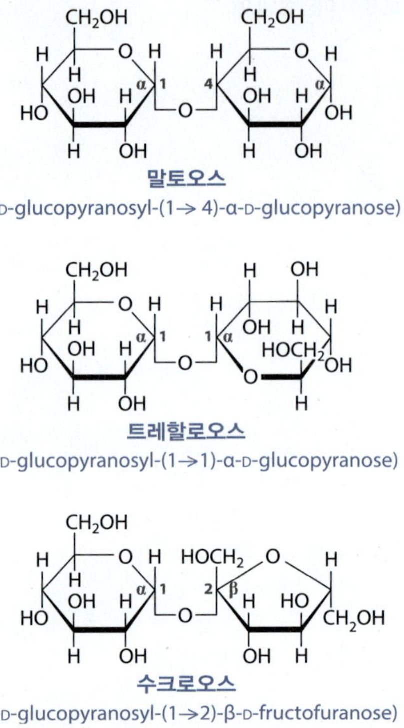

그림 6.9 세 가지 종류의 이당류
말토오스의 α 아노머를 나타냄.

오스이다. 물론 2개의 단당류는 항상 글루코오스이지 않아도 된다. 수크로오스는 α-D-글루코프라시노실-(1→2)-β-D-프룩토푸라노오스(fructofuranose)이며, α 형태의 글루코스 1번 탄소와 β 형태의 프룩토오스 2번 탄소 간 결합으로 이뤄져 있는 이당류이다(그림 6.9 참조).

6.1.3 올리고당은 짧은 단당류 중합체이다

이당류는 가장 짧은 유형의 소당, 즉 **올리고당(oligosaccharide)**이며, 2~20개의 단당류로 이루어진 짧은 중합체 탄수화물을 올리고당이라 부른다. 프룩토오스 또는 자일로오스로 구성된 올리고당은 일부 식물에 의해 합성된다. 그리고 글루코오스 단위를 갖는 갈락토오스 올리고당은 사람의 모유에 존재한다. 이들의 탄수화물은 건강상 이점 때문에 자주 거론되며, 올리고 갈락토오스는 영유아 위장 감염 예방에 영향을 미친다.

그림 6.10 단백질 글리코실화
(A) *O*-연결 글리코시드화 및 (B) *N*-연결 글리코시드화에 의한 폴리펩타이드 사슬에 글리칸(glycan) 부착. *O*-결합형 글리칸은 세린 또는 트레오닌의 –OH 그룹에 부착 될 수 있다. *N*-연결된 글리칸은 아스파라긴의 $-NH_2$ 그룹에 붙는다. 본 도표 내에 담은 *N*-아세틸갈락토사민(acetylgalactosamine, GalNAc)과 *N*-아세틸글루코사민(acetylglucosamine, GlcNAc)이다.

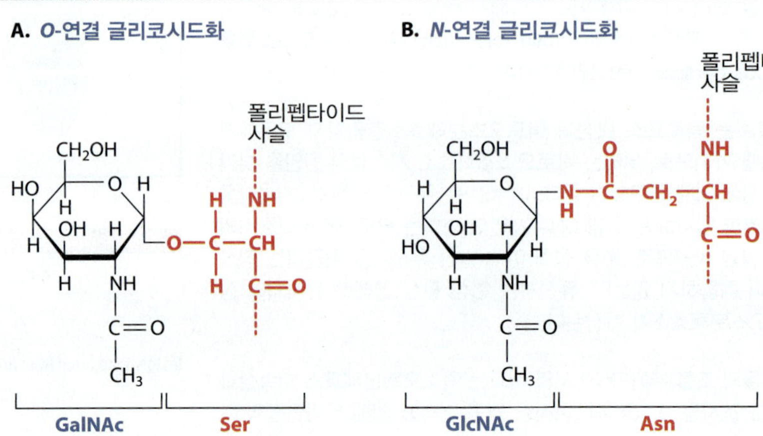

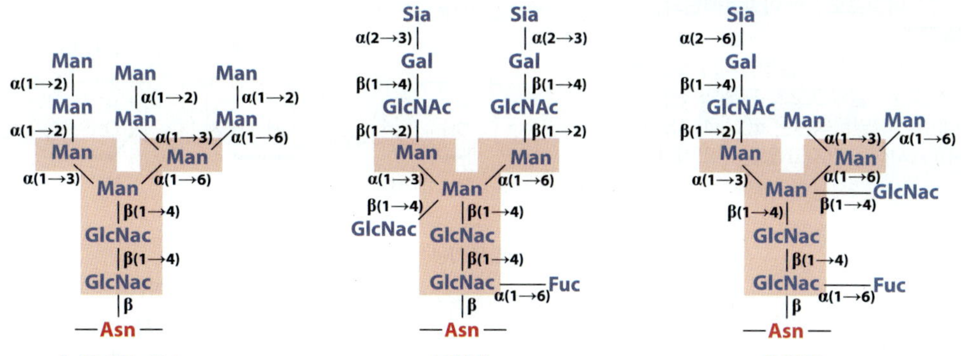

그림 6.11 대표적인 *N*-결합형
글리칸 3개의 모든 *N*-연결 글리칸 계열은 동일한 5개 단당류 코어를 가지는 반면, 대부분의 *O*-연결 글리칸은 4개의 당보다 더 작은 수로 구성된다.
약어: Fuc, 프룩토오스; Gal, 갈락토오스; GalNAc, *N*-아세틸갈락토사민; GlcNAc, *N*-아세틸글루코사민; Man, 만노오스; Sia, 시알산.

생화학적으로 올리고당은 몇몇의 단백질에 부착된 곁사슬 형태이기에 중요하다. 이것은 **글리코실화(glycosylation)**라고 불리고, 폴리펩타이드 사슬이 결합된 후에 진핵생물 세포의 골지체에서 일어난다. 이러한 올리고당 또는 **글리칸(glycan**; 모든 종류의 당을 통칭하는 용어)은 세린, 트레오닌 아미노산의 하이드록실기 또는 아스파라긴의 아미노기 중 어느 하나와 결합되어 있다(**그림 6.10**). 이들은 ***O*-연결**과 ***N*-연결** 글리코실화(***O*-linked** and ***N*-linked** glycosylation) 두 가지 형태로 불린다.

글리칸 구조는 복잡하며 구조적 변화가 심하다. 그 대표적인 예가 **그림 6.11**이다. 오랜 연구를 통해 일부 단당류는 알도오스와 케토오스의 기본 구조를 가지고 있지 않다는 것을 알아냈다. 그들은 하나 또는 그 이상 하이드록실이 다른 화학 작용기로 대체된 변형 단당류로 구분된다. 예를 들어 글루코사민(glucosamine)은 2번 탄소에 결합된 하이드록실기가 아미노기로 치환된 글루코오스 변형 단당류이다. 아세틸(acetyl) 그룹을 더 추가하면 글루코사민이 *N*-아세틸글루코사민으로 전환된다(그림 6.10 참조). 갈락토오스의 *N*-아세틸기 치환은 유사한 방식으로 형성되고, 시알산(sialic acid)이라도 불리는 *N*-아세틸 뉴라민산(acetylneuraminic acid)은 9탄당 케토오스 뉴라민산(neuraminic acid)으로 알려져 있다.

우리는 단백질의 글리코실화의 기능을 완전히 이해하지 못한다. 일부 단백질의 경우 부착된 글리칸은 우편번호로 작용하여 해당 당단백질을 세포내 특정 위치로 향하게 한다. 또한 글리코실화는 단백질을 안정화시켜 단백질분해효소에 의해 분해되는 속도를 늦춘다. 일부 단백질 호르몬이 혈류에서 활성 상태로 유지되는 시간은 글리코실화에 의해 크게 영향을 받으며 일부 경우 글리칸은 호르몬 활동에 필수적이다.

글리코실화의 다른 흥미로운 기능은 동결 방지이다. 극지방의 많은 물고기 종들은 *O*-결합형 β-갈락토실(galactosyl)-(1→3)-α-*N*-아세틸갈락토사민(acetylgalactosamine) 단위로 글리코실화된 부동액 단백질을 함유하고 있다. 그 결과, 해당 당단백질은 어느점에서도 혈류를 순환시키고 물고기 내에서 날카롭고 조그만 얼음결정의 형성을 억제함으로써 동결에 의한 조직손상을 방지하는 것으로 추측하고 있다.

6.2 다당류

이제부터 우리는 탄수화물 중 가장 거대한 탄수화물인 다당류에 대해 살펴볼 것이다. 다당류는 글리코시드 결합에 의해 연결된 고리형 단당류 단위로 구성된다. 사슬은 선형 또는 분

그림 6.12 아밀로오스와 아밀로펙틴의 중합체 구조
아밀로오스는 α(1→4) 글리코시드 결합에 의해 연결된 D-글루코오스 단위의 선형적 중합체이다. 아밀로펙틴은 α(1→4) 사슬과 α(1→6) 가지점을 가지고 있는 구조이다.

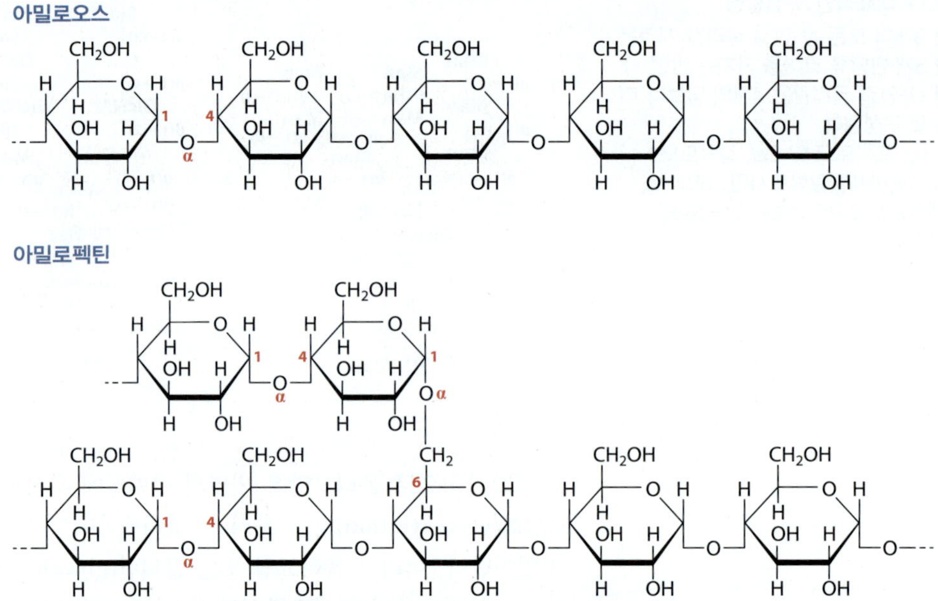

지형 일 수 있으며, 한 가지 종류 혹은 다양한 종류의 단당류로 구성될 수 있다. 단위가 동일하면 그 화합물은 **동질 다당류(homopolysaccharide)**이고, 혼합된다면 그것은 **이질 다당류(heteropolysaccharide)**이다.

6.2.1 녹말, 글리코겐, 셀룰로오스와 키틴은 호모다당류이다

녹말은 하나의 동일한 단당체인 D-글루코오스가 선형으로 결합하여 전체가 만들어져 있다. 녹말의 분자는 **아밀로오스(amylose)**와 **아밀로펙틴(amylopectin)**이라 불리는 두 가지 타입으로 있다. 두 분자의 차이점은 아밀로오스는 α-글리코시드 결합에 의해 연결된 D-글루코오스 단위의 선형적 중합사슬인 반면에 아밀로펙틴은 α 사슬과 α 가지점을 가지고 있는 구조이다. 가지점은 각각의 선형적인 사슬을 따라서 24~30 단위체마다 존재한다(그림 6.12). 모든 식물들은 아밀로오스와 아밀로펙틴 두 분자 모두 합성한다.

다당류는 다양한 길이를 가진다. 아밀로오스 사슬들은 수백에서 2,500개 글루코오스를 가지고 있으며, 아밀로펙틴은 비슷한 개수의 단당체인 글루코오스 분자를 가지는데, 평균적으로 더 높은 분자량을 가진다. 가장 큰 분자에 있어서는 대략 6,000개의 단당체를 가지고 있다.

다당류인 녹말은 다양한 형태를 가질 수 있다. 가장 안정한 형태를 유지하는 α 나선형 사슬은 치밀한 곡선형태를 유지한다. 그러므로 아밀로오스와 아밀로펙틴은 더 작은 나선 구조를 가진다. 이것들은 구형의 입자 안에서 단단하게 싸인 분자형태로 존재할 수 있다. 주로 식물의 광합

그림 6.13 녹말의 환원성과 비환원성 말단

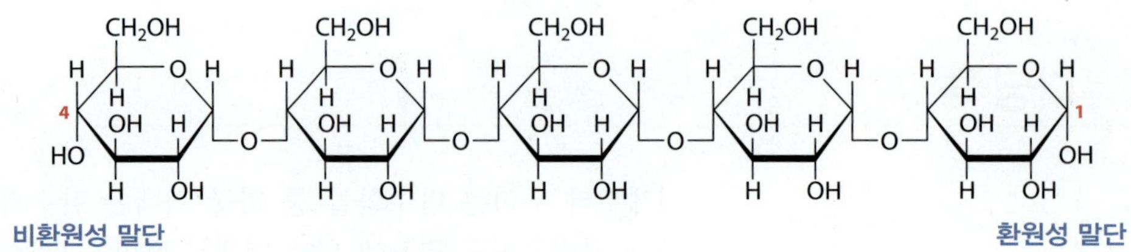

Box 6.4 녹말의 환원성과 비환원성 말단

녹말 분자가 환원되는 말단은 아노머 탄소로 종결된다. 환원과정을 통해 오른쪽 말단 고리형 글루코오스에 존재하는 알데하이드 그룹이 열리거나 혹은 산화과정을 통해 닫히는 가역적 변환이 가능하다.

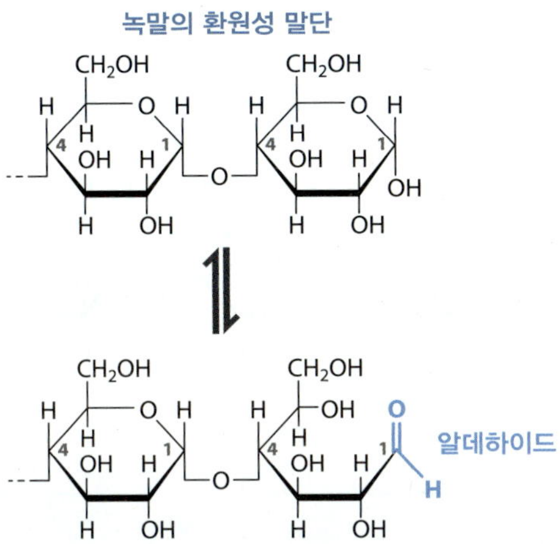

알데하이드 그룹은 환원제로서 역할을 한다. 이는 다른 화합물에 전자를 줄 수 있다는 것을 의미한다. 예를 들어서 당의 환원과정에서 발생하는 전자의 제공을 통해 펠링(Feling's) 및 베네딕트(Benedict's) 시약에 존재하는 구리 2가 양이온은 구리 1가 양이온으로 변화된다. **환원당(reducing suger)**은 사슬 형태의 말단에 존재하는 환원 역할을 가지는 당이다.

반면 녹말 복합체의 비환원성 말단은 비아노머(non-anomeric) 탄소의 4번 위치에서 종결된다. 말단 글루코오스의 4번 탄소는 단단한 결합에 의해 반응에 참여할 수 없고 또한 환원성을 가질 수 없다.

녹말은 환원성과 비환원성 말단을 포함한 다당류이다. 마찬가지로 이당류 혹은 소당류 또한 환원성 및 비환원성 말단을 가지고 있다. 이들 모두는 자유(유리) 아노머 탄소를 포함한 환원당으로 종결된다. 우리가 학습한(그림 6.3, 6.4) 단순한 알도오스 단당류는 말단에 알데하이드 작용기가 존재하는 환원당이다. 케토오스의 경우, 아래 그림과 같은 가역적 이성질화 현상에 따라 알도오스로 전환될 수도 있다.

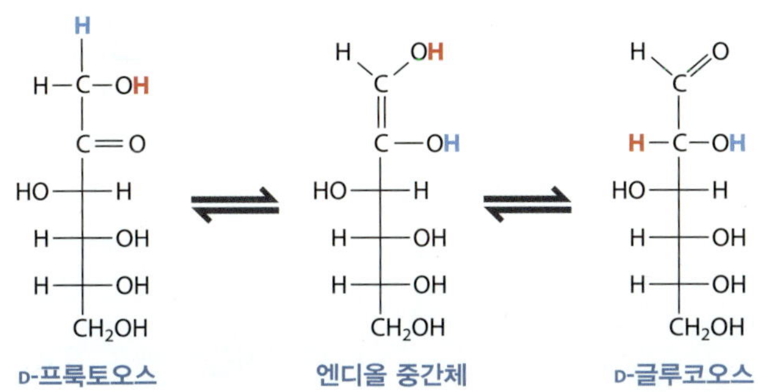

이러한 상호 변환은 높은 pH와 생리학적 조건에서는 쉽게 일어나지 않으나, 케토오스 당 수용액은 알도오스로 상호 변환하기도 한다. 그러므로 케토오스는 그것들 스스로 환원당이 되지 않지만, 일부 케토오스 당 수용액은 환원역할을 하는 것으로 보인다.

성을 담당하는 부위에서 발견된다.

녹말은 저장 다당류이다. 단당류인 글루코오스는 아밀로오스와 아밀로펙틴 분자들의 말단에서 분해된 후 에너지 생성에 사용된다. 비환원성 말단은 비아노머 고리(제일 왼쪽 고리) 4번 탄소의 자유 하이드록실 그룹에서 종결되는 말단이다(**그림 6.13**). 선형 사슬인 아밀로오스는 한 개의 환원성 말단과 비환원성 말단을 가진다. 그러나 아밀로펙틴은 많은 가지를 가지므로 많은 비환원성 말단 분자들이 존재한다. 비환원성 말단은 β-녹말가수분해효소(amylase)와 다른 효소들에 의해서 공격을 받는다. 이러한 효소의 분해작용은 말토오스 이당류와 말토트리오스(maltotriose), 그리고 글루코오스 단당류 분자를 방출시킨다. 말토트리오스는 α(1→4)결합으로 연결된 세 개의 글루코오스 단위를 포함하는 삼당류이다.

동물의 저장 다당류인 글리코겐은 아밀로펙틴과 유사한 구조를 가지고 있다. 그러나 더 복잡한 구조와 많은 가지점을 포함한다. 셀룰로오스 또한 선형의 D-글루코오스로 구성된 동질다당류이다. 이들은 β 결합 또한 포함한다(**그림 6.14A**). 이 미묘한 차이는 아밀로오스와 비교해서 완전히 다른 성질을 가진 분자로 만든다. 셀룰로오스의 가장 안정화된 형태는 곧은 사슬이다. 아밀로오스 분자의 나선구조보다는 각각의 셀룰로오스 사슬은 수소결합에 의해 나란히 배열되어 있다. 이러한 구조적 특징은 식물 세포벽에서 단단한 결합을 통해 중요한 역할을 한다. 키틴은 *N*-아세틸글루코사민(글루코오스의 아세틸 아미노 변형 단당류)의 동일 중합체로써 β 결합을 통해 긴 사슬 구조를 가진다(**그림 6.14B**). 아세틸 아미노 그룹들은 추가적인 수소결합에 참여한다. 따라서 키

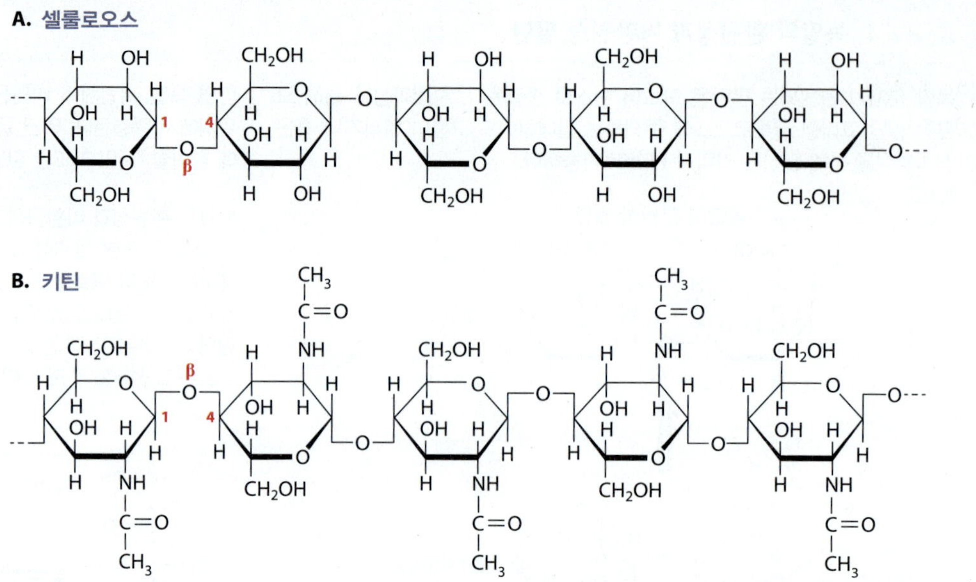

그림 6.14 (A) 셀룰로오스와 (B) 키틴의 중합체 구조
셀룰로오스는 D-글루코오스가 β(1→4) 글리코시드 결합된 선형 중합체이다. 키틴은 *N*-아세틸글로코사민이 β(1→4) 글리코시드 결합된 선형 중합체이다.

틴 분자들은 매우 견고한 결합을 통해 셀룰로오스보다 더 단단한 구조를 가진다. 키틴은 갑각류와 같은 곤충과 다른 절지동물들의 외골격에 존재한다.

6.2.2 이질 다당류는 세포외기질과 박테리아의 세포벽에서 발견된다

이질다당류는 살아 있는 생물들에게 공통적으로 존재한다. 동물에서 이질다당류는 세포외기질의 중요한 구성요소이다. 세포외기질은 탄수화물, 단백질, 지질 등 다른 분자들과의 혼합체로서 세포들 사이의 공간을 채우고 조직과 기관의 구조를 유지한다. 세포외기질에 존재하는 이질다당류의 주요한 예로는 **히알루론산(hyaluronic acid)**이 있다. 이는 관절의 윤활액 속에 존재하며 안구를 채우고 있는 투명한 겔(gel) 물질인 유리체액의 주 구성성분이기도 하다. 히알루론산은 *N*-아

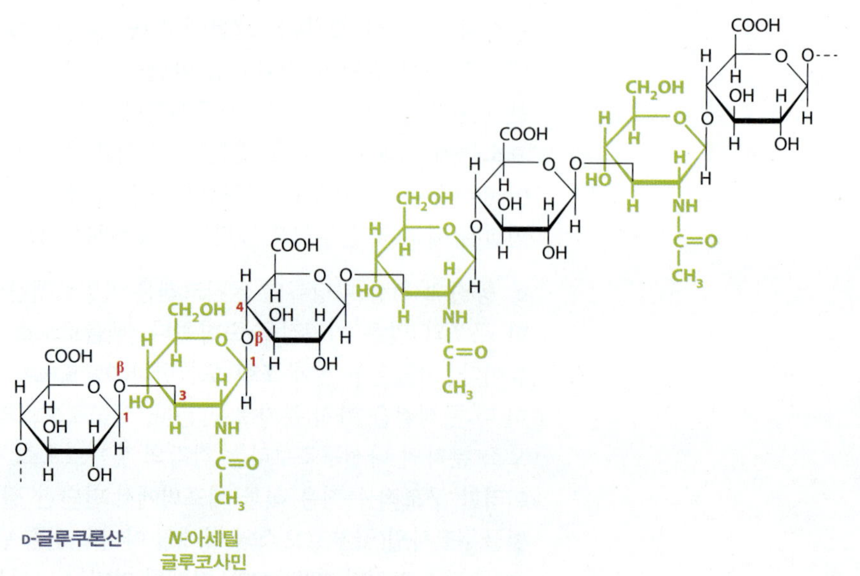

그림 6.15 히알루론산의 중합체 구조
히알루론산은 β(1→3)와 β(1→4) 연결을 가진 D-글루쿠론산과 *N*-아세틸글루코사민 두 가지 단당류가 번갈아 결합되어 있는 구조이다.

세틸글로코사민과 D-글루쿠론산(glucuronic acid) 단위체의 교차로 이루어져 있다. 후자는 탄소 6개가 카르복실기(carboxyl group)로 전환된 글루코오스 분자이다(**그림 6.15**). 이들 다당체는 100,000개의 단위체(*N*-아세틸글로코사민 및 D-글루쿠론산)를 가질 수 있으며 관절 사이 액체처럼 윤활 특성을 가진다.

히알루론산은 **글리코사미노글리칸(glycosaminoglycan)**이라 불리는 광범위한 세포외기질 다당류의 한 종류이다. 다당류인 글리코사미노글리칸 대부분은 *N*-아세틸 및 카르복실화 단당류 단위로 구성된 이당류를 단위체로 가진다. 일부는 카르복실화된 단위와 마찬가지로 음전하를 갖는 황산기를 부착시킨다. 음전하는 다당류의 길이에 영향을 미치며 밀어내는 힘에 의해 자연스럽게 서로 떨어져 있으려고 한다. 이런 분자는 결론적으로 막대의 연장된 형태를 이루게 된다. 이러한 형태는 단백질과의 가교결합을 통한 조직과 기관의 단단함에 기여한다.

마지막으로, 진핵생물에서 벗어나 세균(박테리아)에서의 예를 살펴보자. 세균의 세포벽을 주로 구성하고 있는 다당류는 **펩티도글리칸(peptidoglycan)** 성분이다. 펩티도글리칸은 *N*-아세틸글루코사민과 *N*-아세틸뮤라민산(acetylmuramic acid) 단위체를 교대로 갖는다. 후자는 탄소 3개가 지방산과의 반응에 의해 *N*-아세틸글루코사민으로부터 얻어진다(**그림 6.16**). 이들 다당 분자들은 짧은 펩타이드에 의해 서로 부착되어 전체 박테리아를 둘러싸는 거대한 기질을 형성한다. 실제로 세포벽은 하나의 거대한 분자이다. 눈물과 침, 점액에 존재하는 라이소자임(lysozyme)은 세균 세포벽의 펩티도글리칸 β(1→4) 결합을 파괴하여 세균 감염을 막는다. 페니실린은 펩타이드 가교결합의 합성을 방해하여 세균의 성장을 막아 항균 작용을 한다. 원핵생물인 고세균류 또한 펩티도글리칸 세포벽을 가지지만, 이들 원핵생물의 경우에는 *N*-아세틸글루코사민과 *N*-아세틸뮤라민산으로 단위체를 형성한다.

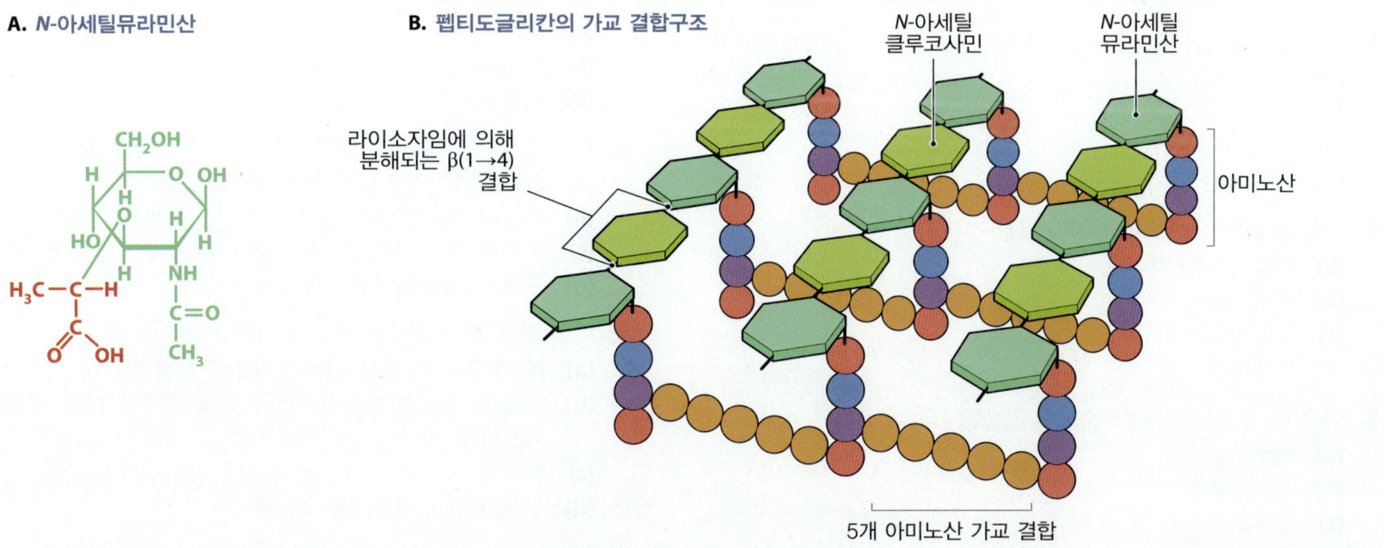

그림 6.16 펩티도글리칸
(A) *N*-아세틸뮤라민산 구조. (B) 펩티도글리칸은 다당류와 짧은 펩타이드 사슬 간의 가교결합으로 이루어진다. 다당류 속의 β(1→4) 결합은 세포소기관인 라이소자임에 의해 잘린다.

참고문헌

Bang JK, Lee JH, Murugan RN, *et al.* (2013) Antifreeze peptides and glycopeptides, and their derivatives: potential uses in biotechnology. *Marine Drugs* **11**, 2013–41.

Itan Y, Powell A, Beaumont MA, Burger J and Thomas MG (2009) The origins of lactase persistence in Europe. *PLoS Computational Biology* **5**(8): e1000491.

Martínez JP, Falomir MP and Gozalbo D (2014) Chitin: a structural biopolysaccharide with multiple applications. *eLS* DOI: 10.1002/9780470015902.a0000694.pub3

Moremen KW, Tiemeyer M and Nairn AV (2012) Vertebrate protein glycosylation: diversity, synthesis and function. *Nature Reviews Molecular Cell Biology* **13**, 448–62.

Mouw JK, Ou G and Weaver VM (2014) Extracellular matrix assembly: a multiscale deconstruction. *Nature Reviews Molecular Cell Biology* **15**, 771–85. ***Describes the components and organization of the extracellular matrix.***

Pérez S and Bertoft E (2010) The molecular structures of starch components and their contribution to the architecture of starch granules: a comprehensive review. *Starch* **62**, 389–420.

Vollmer W, Blanot D and de Pedro MA (2008) Peptidoglycan structure and function. *FEMS Microbiology Reviews* **32**, 149–67.

자가 평가 문제

객관식 문제

각 문제에 대한 정답은 한 개이며, 정답은 웹사이트 www.scionpublishing.com/biochemistry에서 찾을 수 있음.

1. 글리세린 알데하이드란 무엇인가?
- **(a)** 알데하이드 당
- **(b)** 알도트리오스
- **(c)** 3탄수화물
- **(d)** 위의 모든 것

2. 이들 화합물 중 탄소를 가지지 않는 것은?
- **(a)** 디하이드록시아세톤
- **(b)** 에리트로오스
- **(c)** 글리세르알데하이드
- **(d)** 트레오스

3. 이들 당 중에서 알도펜토오스인 것은?
- **(a)** 에리트로오스
- **(b)** 갈락토오스
- **(c)** 글루코오스
- **(d)** 리보오스

4. 이들 당 중에서 알도헥소오스가 아닌 것은?
- **(a)** 갈락토오스
- **(b)** 글루코오스
- **(c)** 만노오스
- **(d)** 리불로오스

5. 다음 설명 중 거울상 이상질체를 가장 잘 나타낸 것은?
- **(a)** 2개 이상의 키랄성 탄소를 갖는 화합물
- **(b)** 그들의 키랄성 탄소 중 하나에서 구조가 다른 입체 이성질체
- **(c)** 아노머 탄소 주위 그룹의 배열이 다른 주기 단당류
- **(d)** 구조가 서로 대칭인 이성질체

6. 다음 설명 중 아노머를 가장 잘 나타낸 것은?
- **(a)** 두 개 혹은 더 많은 키랄성 탄소를 가진 화합물
- **(b)** 그들의 키랄성 탄소들 중 구조가 하나만 다른 부분 입체 이성질체
- **(c)** 아노머 탄소 주위 그룹의 배열이 다른 주기 단당류
- **(d)** 구조가 서로 대칭인 이성질체

7. 에리트로오스를 나타내는 것은?
- **(a)** 아노머
- **(b)** 부분 입체 이성질체
- **(c)** 거울상 이성질체
- **(d)** 에피머

8. D-글루코오스와 D-갈락토오스를 나타내는 것은?
- **(a)** 아노머
- **(b)** 부분입체 이성질체
- **(c)** 거울상 이성질체
- **(d)** 에피머

9. 글루코오스의 α, β 아노머 사이의 변환은?
- **(a)** 고리화
- **(b)** 에피화
- **(c)** 글리코실화반응
- **(d)** 변광회전

10. 락토오스분해효소 지속성에 관하여 틀린 설명은?
- **(a)** 7500년에서 12500년 전 유럽에서 발생하였다.
- **(b)** 성인이 락토오스를 소화할 수 있게 해준다.
- **(c)** 그것은 또한 락토오스 불내성이라고도 불린다.
- **(d)** 그것은 락토오스분해효소 유전자의 발현 양상의 변화에 기인한다.

11. 이당류에서 두 단당류 단위 사이의 연결 고리는 무엇이라 불리는가?
- **(a)** 에스테르 결합
- **(b)** *N*-글리코시드 결합
- **(c)** *O*-글리코시드 결합
- **(d)** 인산디에스테르(Phosphodiester)결합

12. 말토오스의 화학명으로 올바른 것은?
- **(a)** α-D-글루코프라노오실-(1→4)-D-글루코피라노오스
- **(b)** β-D-글루코프라노오실-(1→4)-D-글루코피라노오스
- **(c)** α-D-글루코프라노오실-(1→6)-D-글루코피라노오스
- **(d)** β-D-글루코프라노오실-(1→4)-D-글루코피라노오스

13. 수크로오스는 어떤 두 가지 화합물로 구성되어 있는 이당류인가?
- **(a)** 글루코오스와 갈락토오스
- **(b)** 글루코오스와 프락토오스
- **(c)** 글루코오스와 리보오스
- **(d)** 두 개의 글루코오스 단위

14. 단백질에서 *O*-결합된 글리칸은 어떤 두 개의 아미노산으로 결합되어 있는가?
- **(a)** 아스파라긴과 트레오닌
- **(b)** 글리신과 류신
- **(c)** 글리신과 이소류신
- **(d)** 세린과 트레오닌

15. 다음 중 글리칸에서 발견된 변형 단당류가 아닌 것은?
- **(a)** *N*-아세틸글루코사민
- **(b)** 셀로비오스
- **(c)** 글루코사민
- **(d)** 시알산

16. 녹말의 가지 형태를 가진 것은?
- **(a)** 아밀로펙틴
- **(b)** 아밀로오스
- **(c)** 히알루론산
- **(d)** 말토트리오스

17. 녹말의 가지 지점은 어떤 유형의 연결로 이루어져 있는가?
- **(a)** α(1→4)
- **(b)** α(1→6)
- **(c)** β(1→4)
- **(d)** β(1→6)

18. 녹말 분자의 환원 말단부는 어떻게 종결되는가?
- **(a)** 탄소 번호 4
- **(b)** 탄소 번호 6
- **(c)** 아노머 탄소
- **(d)** 비아노머 탄소

19. 키틴은 어떤 당의 동질 다당류인가?
- **(a)** *N*-아세틸글루코사민
- **(b)** 갈락토오스
- **(c)** 글루코오스
- **(d)** 시알산

20. 이질 다당류인 것은?
- **(a)** 셀룰로오스
- **(b)** 글리코오겐
- **(c)** 히알루론산
- **(d)** 녹말

단답식 문제

아래 문제는 추가 자료 없이 답이 가능함.

1. 알도오스와 케토오스 당의 차이점은?
2. 키랄성 탄소의 위치를 나타내고 거울상 이성질체 쌍을 형성하는 구조를 가진 단당류의 알도테트로오스 계열의 구조를 그려라.
3. 리보오스의 선형적이고 주기적인 구조를 비교해라.
4. 단당류에 의해 표시되는 4가지 유형의 입체 이성질체를 예를 들어 설명하여라.
5. 말토오스, 트레할로오스와 수크로오스의 구조를 그리고 이러한 이당류의 화학명이 어떻게 이러한 구조를 기술하는지 설명해라.
6. *O*-, *N*-연결 글리칸의 주요 특징을 구분지어서 그려라.
7. 아밀로오스와 아밀로펙틴의 구조적 차이점은 무엇인가?
8. 녹말 분자의 두 말단이 환원 및 비환원 말단으로 불리는 이유를 설명해라.
9. 글리코겐, 셀룰로오스와 키틴의 구조를 묘사해라.
10. 이질 다당류의 생물학적 역할에 대해 짧게 써라.

주관식 문제

아래 문제는 계산, 추가 자료, 인터넷 조사 등을 필요로 함.

1. 다음 단당류의 키랄성 탄소와 비대칭 중심을 확인하라.

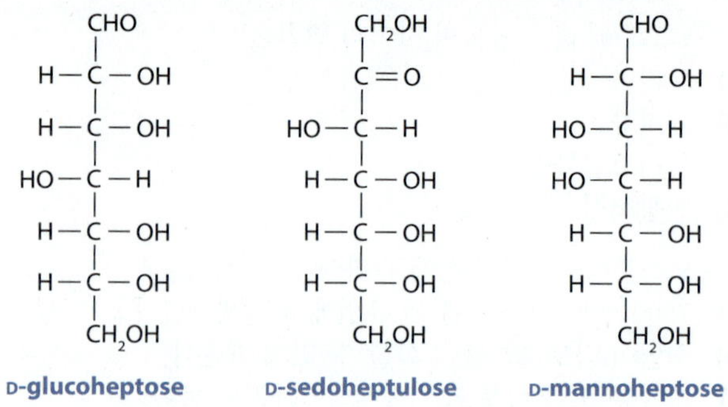

2. α와 β 아노머로의 (a) 갈락토오스와 (b) 타가토오스(tagatose) 선형적 형태의 전환을 도면으로 그려라.
3. 다음 이당류의 구조를 그려라.
   - 이소말토오스(Isomaltose): α-D-글루코프라노오실-(1→6)-α-D-글루코피라노오스
   - 소포로오스(Sophorose): β-D-글루코프라노오실-(1→2)-α-D-글루코피라노오스
   - 투라노오스(Turanose): α-D-글루코프라노오실-(1→3)-α-D-프락토프라노오스
   - 멜리비오스(Melibiose): α-D-글루코프라노오실-(1→6)-β-D-글루코피라노오스
   - 루티노오스(Rutinose): α-L-람노프리노오실(rhamnopyranosyl)-(1→6)-β-D-글루코피라노오스
4. 다음 이당류 중 어느 것이 환원당인가: 말토오스, 트레할로스, 수크로오스, 락토오스.
5. 녹말가수분해효소는 여러 가지 방법으로 녹말을 분해시키는 효소 계열이다. α-녹말가수분해효소(amylase)는 녹말 중합체 내부의 α-결합을 깰 수 있고, 반면에 β-녹말가수분해효소는 각각의 비환원성 말단으로부터 두 번째 α-결합을 끊고, 말토오스 이당류 분자를 생성한다. 아밀로펙틴을 (a) α-녹말가수분해효소, (b) β-녹말가수분해효소, (c) 두 효소의 조합인 것으로의 장기간 치료한 결과는 무엇일까?

제 7 장

효소

학습목표

이 장을 공부한 후:

- 생화학 반응에서 효소가 촉매로서 매우 중요한 역할을 한다는 것을 알게 된다.
- 단백질 효소와 RNA 효소를 설명할 수 있다.
- 효소-촉매 반응에서 보조인자(cofactor)의 역할을 이해하고, 다른 유형의 보조인자의 예를 들 수 있다.
- 생화학 반응의 유형에 따라 효소를 어떻게 분류하는지 알게 된다.
- 자유에너지감소반응과 자유에너지증가반응으로 구분되는 생화학 반응에서 일어나는 자유에너지 변화를 설명할 수 있다.
- 효소가 어떻게 전이상태의 자유에너지를 낮추어 생화학 반응 속도에 영향을 미치는지 이해한다.
- 열역학 용어인 ΔG와 $\Delta G^{\ddagger}$의 차이를 알고, 이 용어의 생화학적 관련성을 설명할 수 있다.
- 자유에너지감소반응에서 방출되는 에너지가 자유에너지감소반응이 일어나도록 에너지가 어떻게 짝지어지는지 알게 된다.
- 온도와 pH가 효소-촉매 반응 속도에 영향을 주는 일반적인 방법을 이해한다.
- 기질 농도가 반응 속도에 미치는 효과를 이해하고, V_{max}와 K_m의 의미를 설명할 수 있다.
- 효소-촉매 반응에서 라인웨버-버크 도면(Lineweaver-Burk plot)이 어떻게 V_{max}와 K_m의 의미를 그래프에 부여하는지 이해한다.
- 비가역적 효소 억제제와 가역적 효소 억제제를 구별하고 두 유형의 예를 제시할 수 있다.
- 경쟁적 억제와 비경쟁적 억제가 효소-촉매 반응의 반응속도론에 미치는 다른 효과를 알게 된다.

이제 생명체에서 일어나는 주요 생화학 반응을 살펴보자. **대사(metabolic)**반응은 다음과 같이 2개의 그룹으로 나눈다.

- **이화작용(catabolism)**은 에너지를 생성하기 위하여 화합물을 분해하는 대사과정이다.
- **동화작용(anabolism)**은 작은 분자로 큰 분자를 만드는 생화학 반응이다.

세포의 대사활동을 이루는 생화학 반응은 다양하며, 크고 다양한 화합물이 관여한다. 이 화합물은 단백질, 핵산, 지질, 탄수화물뿐만 아니라, 에너지를 생성하고 보다 큰 생명분자를 만드는 데 관여하는 반응에서 기질, 중간물질, 생성물로 작용하는 수많은 분자가 있다. 이 책의 다음에 있는 7개의 장을 통하여 여러 화합물 중에서 가장 중요한 화합물을 알아보자.

방대한 범위의 분자와 다양한 목적을 수행하는 수많은 생화학 반응이 있어서, 공통적인 주제를 찾는 것이 어려울 것이라고 생각할 수 있다. 그러나 사실상 하나의 공통적인 주제가 있는데, 그것은 모든 대사를 통합하고 기초를 이루는 역할을 하는 것이 **효소(enzyme)**이다. 효소는 아주

그림 7.1 효소는 생화학 경로에서 여러 단계를 촉매한다.
해당과정의 처음 3단계를 나타낸다. 살아 있는 세포에서 에너지 생성 경로의 첫 번째 단계이다. 각 단계는 서로 다른 효소로 촉매된다.

드물게 RNA 분자도 있지만 대부분 단백질이며 생화학 경로에 있는 각 단계를 촉매한다(**그림 7.1**). 세포의 안과 밖에서 오는 신호에 반응하기 위하여 효소는 각 생화학 반응이 일어나는 속도를 정한다. 이러한 방법으로 세포의 전체적인 대사 활성을 조절하는데, 만일 이 세포가 단일 생물이라면 이 활성은 세포의 환경에 적합하고, 만일 세포가 다세포 생물의 일부라면 이 활성은 특화된 기능에 적합할 것이다.

그러므로 효소와 효소의 작용 방식을 학습하며 이 책의 2부를 시작한다.

7.1 효소란 무엇인가?

현재와 같은 효소의 개념은 1833년에 이루어졌다. 1833년에 프랑스 화학자인 페이앙(Anselm Payen)과 페르소(Jean-François Persoz)는 양조에 사용하기 위하여 발아시킨 곡류인 맥아에서 수용성 추출물을 준비하였다. 추출물에 알코올을 처리하여 흰색 침전물을 얻었다. 이 침전물은 녹말을 당으로 전환시킬 수 있는데, 조제과정에서 열을 가하면 이 능력이 사라졌다. 이 활성을 그리스어의 '분리'라는 뜻으로 '디아스테이스(diastase)'라고 했는데, 이는 녹말에서 당이 '분리'되는 것이라고 관찰하였기 때문이다.

페이앙과 페르소의 연구는 시대를 훨씬 앞섰지만, 디아스테이스가 실제로 무엇인지는 알지 못하였다. 현재의 지식으로 되돌아보면, 맥아 침전물에 알코올을 첨가하여 얻은 흰색 침전물은 알코올에 녹지 않는 단백질이다. 그리고 단백질의 효소 활성은 3차 구조에 의해 결정되는데, 열을 가하면 변성이 되어 활성을 잃게 된다. 그러므로 디아스테이스는 **녹말가수분해효소(amylase)**라고 하는 단백질이다. 그러나 현재 우리는 페이앙과 페르소가 얻은 흰색 침전물에는 알코올에 녹지 않는 단백질과 더불어 여러 다양한 효소를 비롯하여 수많은 단백질이 포함되어 있다는 것을 알고 있다.

한 세기가 지나서야 추출물에서 단백질과 다른 분자를 분리하고 순수한 형태의 효소를 얻는 기술이 발전되었다. 처음 이 연구를 한 사람은 코넬대학교의 섬너(James Sumner)이며, 그는 1926년에 작두콩에서 **요소가수분해효소(urease)**를 정제하여 이 효소가 요소를 이산화탄소와 암모니아로 전환시키는 단백질이라는 것을 밝혔다. 그 후 10년 동안 섬너와 다른 생화학자들은 여러 가지 다른 효소를 정제하고 이들 효소는 단백질이라는 것을 증명하였다. 1946년에 섬너가 노벨상을 수상하며 효소가 단백질이라는 사실은 과학적 정설이 되었다.

7.1.1 대부분의 효소는 단백질이다

여러 과학적 정설과 마찬가지로 효소가 단백질이라고 하는 것은 부분적으로 옳다는 것이 판명되었다. 수많은 효소는 실제 단백질이지만, 몇몇 효소는 RNA 분자이다.

단백질로 구성된 효소의 예

우선 실제로 단백질로 구성된 효소의 예를 살펴보자. 단백질 효소는 크기가 다양한데, 가장 작은 단백질 효소는 150개 이하의 아미노산으로 구성되어 있다. 단백질의 변성과 재생에 대하여 설명한 3.4.1절에서 살펴본 **리보핵산가수분해효소 A(ribonuclease A)**는 124개 아미노산을 가진 전형적인 작은 효소이다. 이 효소가 촉매하는 생화학 반응은 RNA 내부에 있는 인산디에스테르(phosphodiester)결합을 잘라 중합체인 RNA 분자를 2개의 짧은 분자로 전환하는 것이다(**그림 7.2A**). 이 반응이 계속 일어나면 RNA는 결국 구성 성분인 뉴클레오타이드로 분해된다. 리보핵산

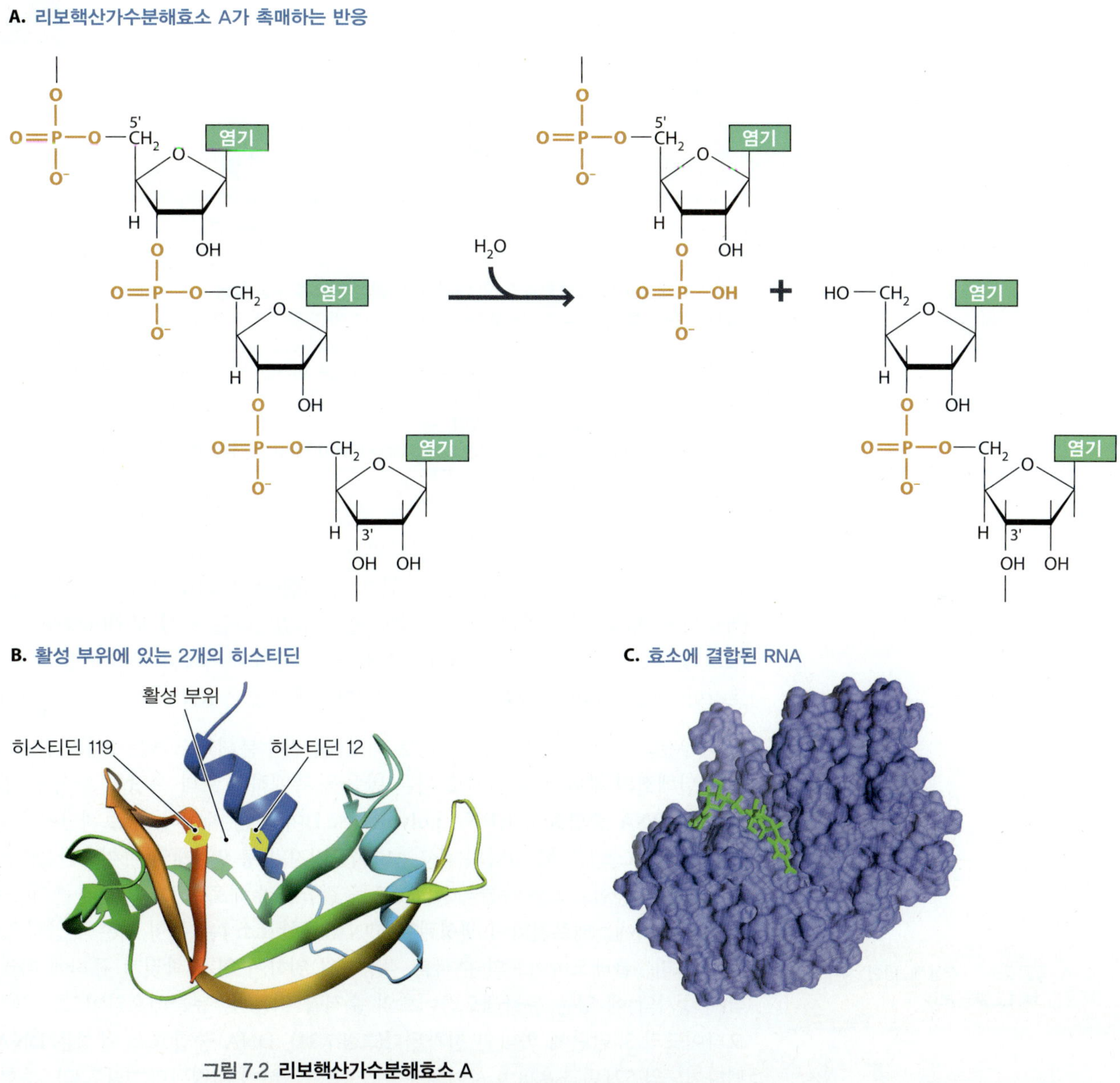

그림 7.2 리보핵산가수분해효소 A

(A) 리보핵산가수분해효소 A가 촉매하는 생화학 반응. 이 반응에는 물분자가 필요하며, 인산디에스테르결합과 인접한 뉴클레오타이드의 5′-탄소 사이가 끊어진다. (B) 활성 부위 옆에 있는 2개의 히스티딘의 위치를 보여주는 효소 구조. (C) 효소(청색)와 활성 부위에 결합한 RNA(녹색)의 모델. 이 컴퓨터 생성 모델은 4차 구조에서 모든 원자의 반경과 상대적 위치를 근거로 하여 효소의 실제 모양을 나타낸다.

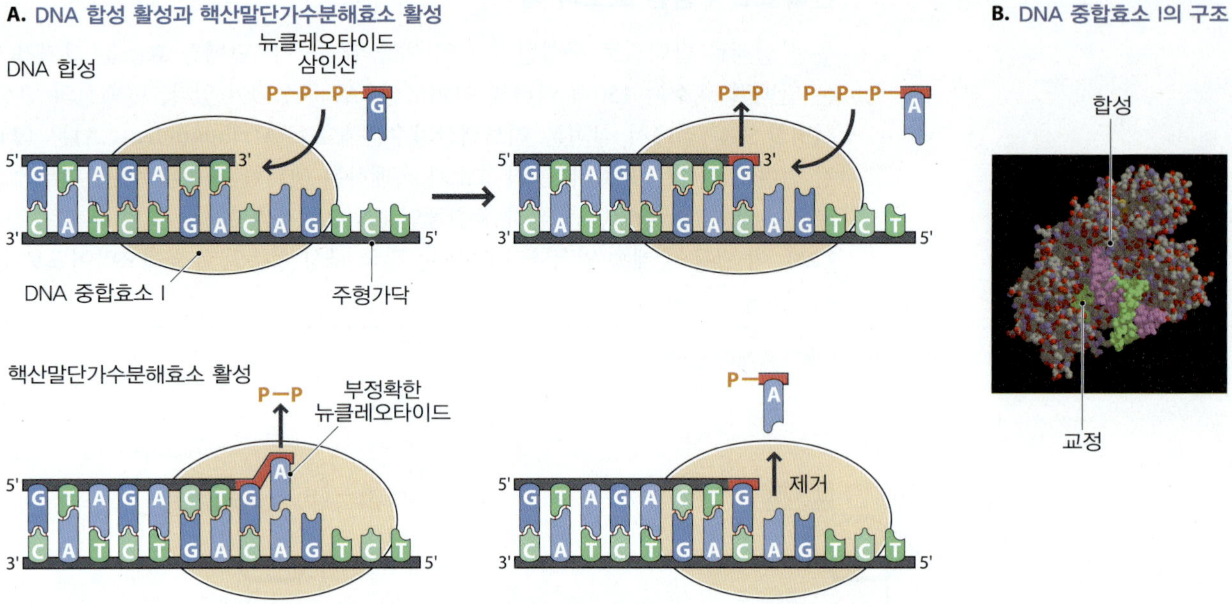

그림 7.3 대장균 DNA 중합효소 I의 DNA 합성 활성과 오류 수정 활성
(A) DNA 중합효소 I은 생성되는 폴리뉴클레오타이드의 3'-말단에 뉴클레오타이드를 첨가하여 새로운 DNA 가닥을 합성한다. 효소는 뉴클레오사이드 삼인산을 사용하여 뉴클레오타이드가 첨가될 때 인산기 2개를 방출한다. 핵산말단가수분해효소 활성은 효소가 오류로 첨가된 뉴클레오타이드를 제거한다. (B) 중합효소와 핵산말단가수분해효소는 DNA 중합효소 I 단백질의 다른 부분으로 지정된다. 이 그림에서 짧은 DNA 조각이 효소에 붙어 있으며 주형가닥은 적색으로 새롭게 합성된 가닥은 녹색으로 표시하였다.
The scripps research Institute에 있는 David Goodsell이 제작한 그림(B)는 대장균에 있는 DNA 중합효소 I을 나타낸다.

가수분해효소 A의 4차 구조를 관찰하면 α-나선구조(α-helices)와 β-병풍구조(β-sheets)가 혼합되어 U자를 형성하고 있는 것을 볼 수 있다. 폴리펩타이드의 12와 119 위치에 있는 2개의 히스티딘('his-12'와 'his-119'로 언급함)은 생화학 반응이 일어나는 **활성 부위(active site)**의 옆에 있다(그림 7.2B). RNA는 활성 부위로 들어가서 2개 히스티딘이 관여하는 화학 반응에 의하여 인산디에스테르결합이 끊어진다(그림 7.2C). 끊어질 때마다 2개의 짧은 RNA 분자는 효소에서 분리된다.

DNA 중합효소의 작용에 관한 자세한 내용은 **14.1.2절**을 보라.

대부분의 작은 효소와 마찬가지로 리보핵산가수분해효소 A는 1개의 반응만 촉매한다. 큰 효소는 단백질의 부위에 따라 서로 다른 반응을 촉매하여 보다 복잡한 활성을 가지고 있다. 대장균에 있는 **DNA 중합효소 I(DNA polymerase I)**이 좋은 예이다. 리보핵산가수분해효소 A와 같이 DNA 중합효소 I은 한 가닥의 폴리펩타이드이지만 총 928개의 아미노산을 가진 매우 긴 단백질이다. DNA 중합효소는 뉴클레오타이드를 결합하여 새로운 DNA 분자를 만드는 효소이다. 그러므로 인산디에스테르결합이 생성된다. DNA 중합효소 I은 주형-의존적 방식으로 작용하는데, 새로운 폴리뉴클레오타이드의 순서를 결정하기 위하여 염기 짝짓기 규칙에 따라 기존의 DNA 가닥(주형가닥)에 있는 뉴클레오타이드의 순서를 읽는다. 뉴클레오타이드는 생성되는 폴리뉴클레오타이드의 3'-말단에 하나씩 첨가된다(그림 7.3A). DNA 중합효소 활성은 DNA 중합효소 I 폴리펩타이드의 521번과 928번 사이의 아미노산에 의하여 지정된다(그림 7.3B). 주형을 복사하는 것은 매우 정확하지만 때때로 9000개 뉴클레오타이드가 첨가될 때마다 오류가 일어나 부정확한 뉴클레오타이드를 붙인다. 효소는 부정확한 뉴클레오타이드의 인산디에스테르결합을 분해하여 오류를 수정한다. 이렇게 오류를 수정하는 것은 완전히 다른 생화학 반응으로 **핵산말단가수분해효소(exonuclease)** 활성이라고 하며 폴리뉴클레오타이드 말단에서 뉴클레오타이드를 제거하는 것이다. 핵산말단가수분해효소는 324~517 사이의 아미노산으로 지정된다. 그러므로 DNA 중합효소 I은 폴리펩타이드의 다른 부분에서 다른 활성을 수행하는 다기능 효소이다.

페닐알라닌, 티로신, 트립토판 합성 경로는 **13.2.1절**에서 설명하고 있다.

다른 다기능 효소는 여러 개의 소단위(subunit)를 가지고 있으며, 각 소단위는 서로 다른 효소 반응에 관여한다. 예를 들면 대장균에 있는 **트립토판 합성효소(tryptophan synthase)**이다. 명칭에서 알 수 있듯이 트립토판 합성효소는 아미노산인 트립토판을 합성하는 동화 경로에 관여한다. 이 경로는 **코리습산(chorismate)**이라고 하는 방향족 화합물부터 시작하는데, 트립토판을 합성하는 경로뿐만 아니라 페닐알라닌과 티로신을 합성하는 가지 경로가 있다. 트립토판 합성 경로의 마지막 두 단계는 트립토판 합성효소에 의해 촉매된다. 첫 번째 반응에서 인돌-3-글리세롤인산(indole-3-glycerol phosphate)은 3번 탄소에 붙어 있는 곁사슬인 글리세롤인산이 제거되어 인돌(indole)로 전환된다. 두 번째 반응에서 세린은 트립토판을 형성하기 위하여 이 위치에 붙어 있다(그림 7.4A). 트립토판 합성효소는 4개의 소단위로 구성되어 있으며 2개는 α, 다른 2개는 β라고 한다. α-소단위는 8개의 α-나선구조로 둘러싸인 8개의 β-병풍구조로 구성된 통 모양의 구조를 가지고 있다. 인돌-3-글리세롤인산 분자는 이 통으로 들어가서 49번째와 60번째에 있는 글루타민산과 아스파르트산에 연결된다. 그 다음 분해되어 인돌과 3-글리세르알데하이드인산(3-glycealdehyde phosphate)을 생성한다. 3-글리세르알데하이드인산은 방출되고 인돌은 약 2.5 nm 떨어진 β-소단위의 활성 부위로 가는 터널을 통과한다(그림 7.4B). 이제 세린 분자는 인돌에 부착되어 트립토판이 된다. 두 단계의 생화학 반응에서 중간 산물이 한 소단위에서 다른 소단위로 가는 것은 다기능 효소에서 볼 수 있는 일반적인 방법이며, 이는 중간 산물이 효소 밖으로 확산되는 것을 막아 다음 단계로 바로 가도록 하는 것이다.

일부 효소는 RNA 분자이다

1980년대 초까지 모든 효소는 단백질이라고 생각하였다. 이 원칙은 예일대학교의 알트만(Sidney Altman)과 콜로라도 대학교의 체크(Thomas Cech)가 처음 **리보자임(ribozyme)**을 발견하면서 뒤집어졌다. 리보자임은 RNA로 구성된 효소이다.

대부분의 리보자임이 효소 기능을 수행하기 위하여 단백질과 결합하여 작용하지만 현재까지 알려진 모든 예를 살펴보면 촉매 활성 자체는 RNA에 한정되어 있다. 좋은 예로서 세균성 **리보핵**

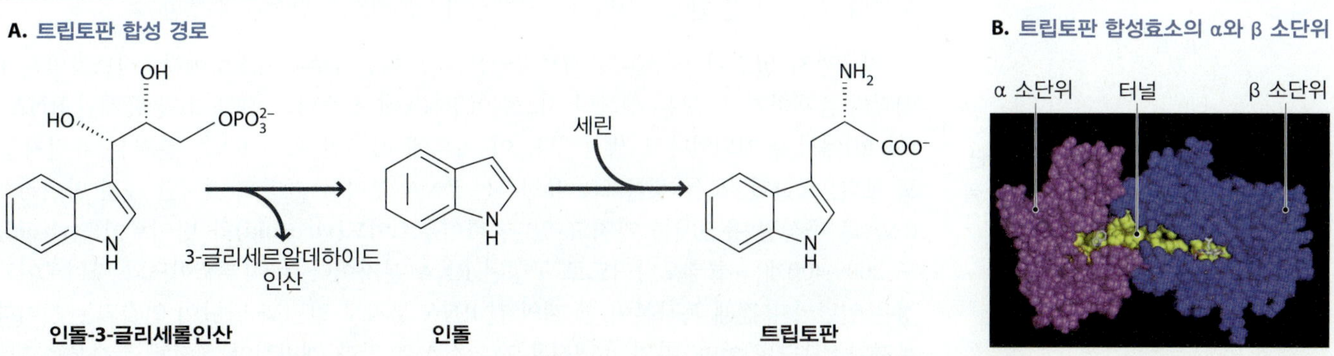

그림 7.4 트립토판 합성효소
(A) 트립토판을 합성하는 생화학 경로의 마지막 2단계. (B) 대장균 트립토판 합성효소의 α-소단위와 β-소단위의 구조인데, 두 소단위 사이에 있으며 인돌이 지나가는 터널을 나타내고 있다. 트립토판 합성효소는 4개 소단위를 가지고 있는데, 2개는 α, 2개는 β라는 것을 주목하자. 그러므로 2단계 반응이 각각 α와 β 이량체에서 동시에 일어난다.
그림 (B)는 John Wiley and Sons의 허가로 Pratt *et al*의 *Essential Biochemistry*에서 복사하였다.

산가수분해효소 P(ribonuclease P)가 있다. 이 효소는 앞에서 살펴본 단백질 리보핵산가수분해효소 A와 다른 효소이다. 리보핵산가수분해효소 P는 RNA 분자를 무작위로 자르지 않고 얼마 안되는 세포 RNA 분자의 특정 위치를 한번 자른다. 이 분자에는 tRNA가 포함되는데, 이는 단백질 합성을 돕는 성숙한 tRNA보다 길이가 긴 전구 RNA로 만든다. pre-tRNA 분자는 클로버잎 모양 구조의 각 측면에서 추가로 늘어진 폴리뉴클레오타이드를 제거하는 리보가수분해효소 가공 효소에 의해 처리된다. 리보핵산가수분해효소 P가 가공 효소 중 하나이며 성숙 tRNA의 5′-말단을 자른다(**그림 7.5A**).

tRNA 가공과정에서 리보핵산가수분해효소 P의 역할은 **15.2.1절**에서 살펴볼 것이다.

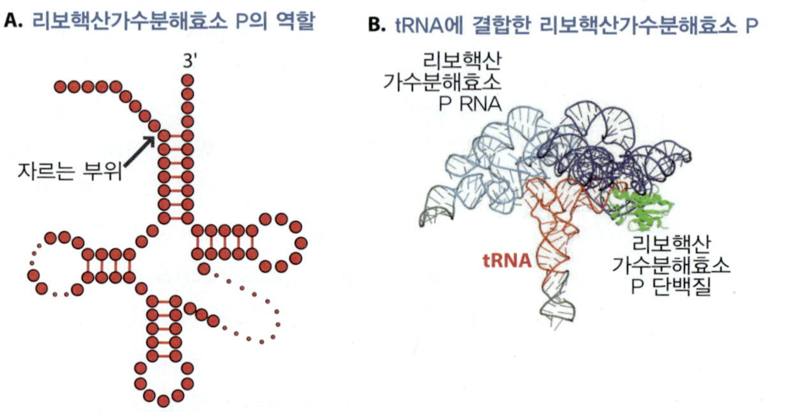

그림 7.5 리보핵산가수분해효소 P
(A) 리보핵산가수분해효소 P의 역할. (B) tRNA에 결합한 리보핵산가수분해효소 P. 리보핵산가수분해효소 P의 RNA 성분은 청색/회색, 단백질 성분은 녹색, tRNA는 적색/회색으로 표시하였다.
그림 (B)는 Macmillan Publishers Ltd: *Nature*, 2010; 468:784에서 허가를 받아 복사하였다.

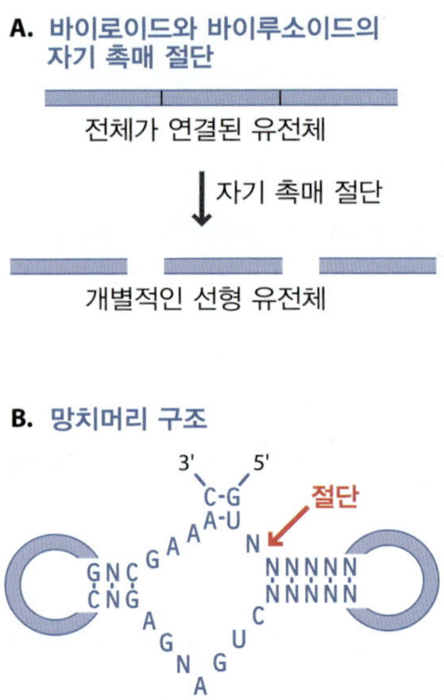

그림 7.6 바이로이드와 바이루소이드의 복제 중에 연결된 유전체의 자기 촉매 절단
(A) 복제 경로. (B) 망치머리 구조이며 각 절단 자리에서 형성되고 효소 활성을 가지고 있다. N 일반적인 뉴클레오타이드.

리보핵산가수분해효소 P는 2개의 소단위를 가지고 있다. 하나는 120개 아미노산으로 구성된 단백질이고, 다른 하나는 약 400개 뉴클레이타이드로 구성된 RNA 분자이다. RNA는 pre-tRNA를 연결하고 자르는 3차원 구조로 접히도록 분자 내 염기쌍을 형성한다(**그림 7.5B**). 박테리아에서 전구체 tRNA를 자르기 위하여 RNA와 단백질 단위체 모두 필요하다. 그러나 시험관 내(*in vitro*) 실험에서 촉매 활성은 RNA 단위체에 있다는 것이 밝혀졌다. 단백질 단위체는 효소와 pre-tRNA 사이의 상호작용을 안정화시키며 리보핵산가수분해효소 활성을 수행할 수 없다.

지금까지 발견된 대부분의 리보자임은 리보핵산가수분해효소이다. 리보자임은 DNA와 단백질이 존재하기 전 모든 생화학 시스템이 RNA에 집중되는 진화 초기 단계인 **RNA 세계(RNA world)**에서 유래되었다고 생각된다. 이 이론에 따르면 초기 RNA 분자는 유전자를 운반하기도 했다. 오늘날, 모든 생물체의 유전자는 DNA 분자를 가지고 있지만 몇몇 바이러스는 아직도 RNA로 구성된 유전체를 가지고 있다. **바이루소이드(virusoid)**와 **바이로이드(viroid)**의 유전체도 200~400개 뉴클레오타이드로 구성된 RNA 분자이다. 바이루소이드와 바이로이드의 복제과정은 일련의 유전체 복사본이 한 개의 긴 RNA 분자로 말단과 말단이 연결되는 것이다. 이 RNA 분자가 리보자임이며, 자기 촉매작용으로 스스로 잘라 개별적인 유전체 복사본을 방출한다(**그림 7.6A**). 리보핵산가수분해효소 P와 같이 효소 활성은 분자 내 염기쌍에 의해 형성된 3차원 구조 내에 있다. 이러한 구조는 모든 바이루소이드와 바이로이드에서 같지 않지만 공통적인 유형은 **망치머리형(hammerhead)**이다(**그림 7.6B**).

자기 복제 RNA 분자를 가지고 있을 것이라고 예측되는 최초 세포의 기원은 **2.2.1절**에서 설명하였다.

7.1.2 어떤 효소는 보조인자가 필요하다

우리는 효소가 촉매하는 생화학 반응에서 효소의 특정 아미노산이 어떻게 중요한 역할을 하는지 살펴보았다. 예를 들면, 리보핵산가수분해효소 A에서 12번째와 119번째 위치에 있는 2개의 히스티딘이 인산디에스테르결합을 끊는다. 이와 유사하게 트립토판 합성효소의 α-소단위에 있는 glu-49와 asp-60은 인돌-3-글리세롤인산을 인돌과 3-글리세르알데하이드인산으로 절단하는 데 관여한다. 대부분의 다른 효소에서 단백질 내에 있는 특정 아미노산에 존재하는 화학 그룹만이 촉매 활성을 제공한다. 항상 그렇지는 않지만 대부분의 효소는 촉매기능을 위하여 **보조인자(cofactor)** 라고 하는 부수적인 이온이나 분자가 필요하다.

가장 일반적인 보조인자는 금속 이온인데 알려진 효소의 1/3이 금속 이온이 필요하다(표 7.1). 금속 이온에는 Cu^{2+}, Fe^{2+}, Fe^{3+} Mg^{2+}, Mn^{2+} Cu^{2+}, Fe^{2+} Ni^{+}, Zn^{2+} 등이 있다. 금속 이온은 효소의 특정한 위치에 붙어 있는데, 주로 활성 부위나 그 근처에 있어 촉매과정에 직접적으로 관여할 수 있다. 금속 이온을 함유하고 있는 효소를 **금속 효소(metalloenzyme)**라고 하고 인간 세포의 어느 곳에나 존재하기 때문에 음식에서 미량원소가 필요한 이유이다.

표 7.1 보조인자의 예

보조인자	보조인자가 필요한 효소
금속 이온 보조인자	
Cu^{2+}	시토크롬 산화효소
Fe^{2+}, Fe^{3+}	과산화수소분해효소(catalase), 질소고정효소
Mg^{2+}	육탄당 인산화효소
Mn^{2+}	아르기닌분해효소(arginase)
Ni^{+}	요소가수분해효소
Zn^{2+}	카르복시말단펩타이드가수분해효소, 탄산무수화효소
유기 보조인자(조효소)	
NAD^{+}	산화환원효소
$NADP^{+}$	지방산 합성효소
FAD	숙신산탈수소효소
FMN	NADH 탈수소효소
조효소 A	지방산 합성효소
아스코르브산	항산화 방어효소

또 다른 보조인자로는 유기 화합물이 있다. 대부분 식이 비타민에서 얻는다. 비타민은 다음과 같다.

- **니아신**(비타민 B_3)은 보조인자인 **니코틴아미드아데닌디뉴클레오타이드(nicotinamide adenine dinucleotide, NAD^{+})**와 **니코틴아미드아데닌디뉴클레오타이드인산(nicotinamide adenine dinucleotide phosphate, $NADP^{+}$)**의 전구체이다(그림 7.7A). NAD^{+}와 $NADP^{+}$는 에너지 생성과 동화작용에 각각 필요하다.
- **리보플라빈**(비타민 B_2)은 **플래빈아데닌디뉴클레오타이드(flavin adenine dinucleotide, FAD)**와 **플래빈모노디뉴클레오타이드(flavin mononucleotide, FMN)**(그림 7.7B). NAD^{+}, $NADP^{+}$와 비슷한 기능을 한다.
- **판토텐산(pantothenic acid**, 비타민 B_5)은 조효소 A로 전환된다(그림 7.7C). 지질 대사뿐만 아니라 에너지 생성에 관여한다.

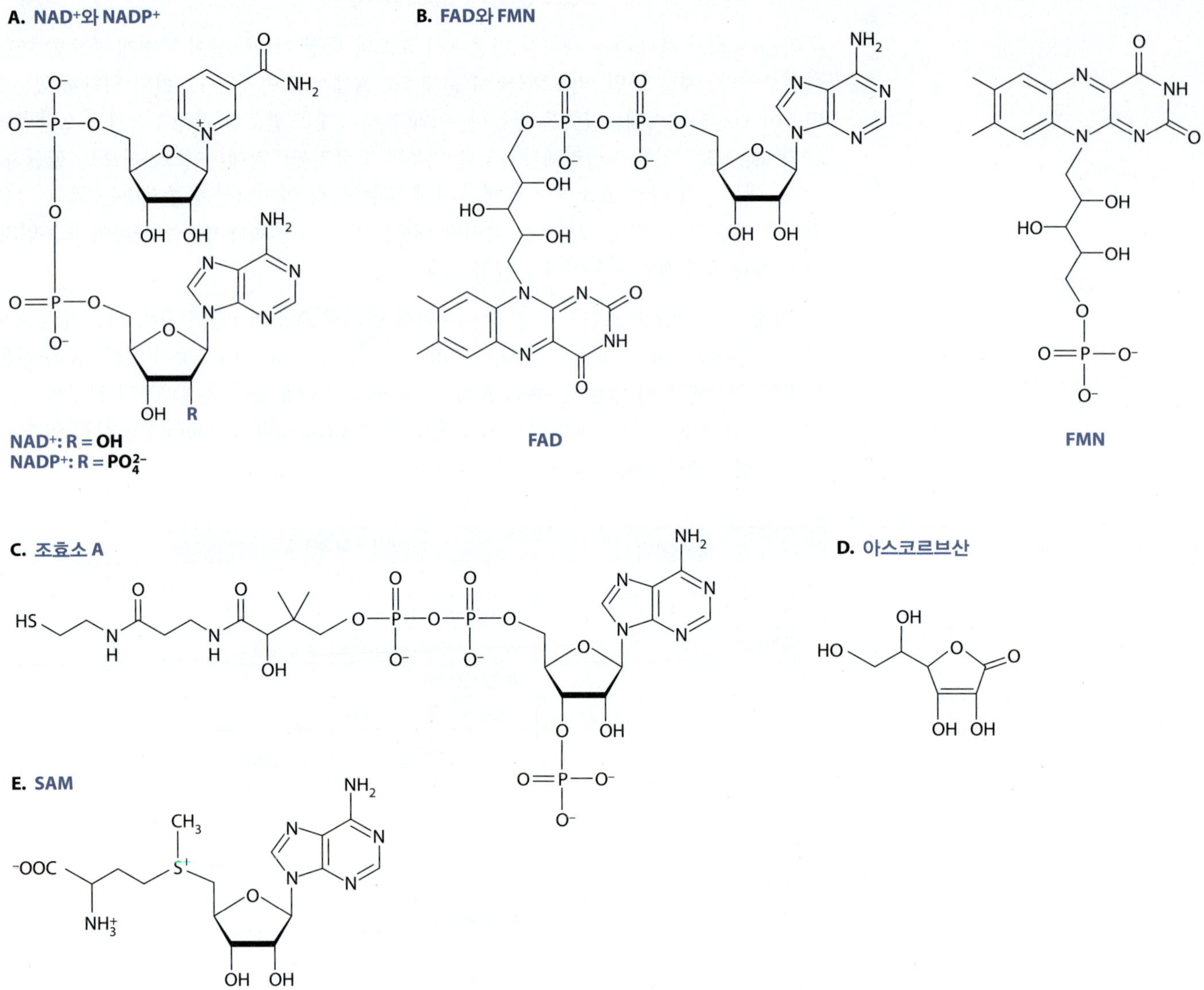

그림 7.7 여러 가지 유기 보조인자의 구조

- **아스코르브산(ascorbic acid**, 비타민 C; **그림 7.7D**)은 그 자체가 보조인자이며 특히 콜라겐 폴리펩타이드에서 아미노산을 변형시키는 효소 반응에 작용하여 폴리펩타이드가 힘줄, 인대, 연골, 뼈 등과 같은 결합조직에 사용되도록 3중 나선 구조를 형성한다. 비타민 C가 결핍되면 이 효소의 작용이 제한되어 콜라겐 3중 나선 구조가 정확하게 형성될 수 없다. 결함이 있는 콜라겐 소섬유는 결합조직에 심각한 영향을 주어 괴혈병이 일어난다.

인간 단백질의 보조인자는 우리 세포에서 만들 수 있다. 이러한 보조인자로 변형된 아미노산인 ***S*-아데노실 메티오닌(SAM)** 등이 있다.

효소 반응을 위한 보조인자인 유기 화합물은 종종 **조효소(coenzyme)**라고도 한다. 어떤 조효소는 도와줄 효소에 일시적으로 붙어 있으면서 촉매 작용에 관여한다. 다른 조효소는 영구적 혹은 반영구적으로 결합하여 효소 구조의 본질적인 부분이 된다. 후자를 **보결 분자단(prosthetic group)**이라고 한다. 대부분의 금속 이온 보조인자는 효소 구조의 본질적인 부분이고 보결 분자

Box 7.1 금속단백질과 금속 효소

금속 이온은 촉매 기능이 없어 효소가 아닌 많은 여러 유형의 **금속단백질(metalloprotein)**에 존재한다. 대부분의 금속단백질에서 금속 이온은 1개 이상의 **배위결합(coordinate bond)**으로 고정된다. 배위결합은 금속 이온과 히스티딘, 시스테인, 글루탐산의 곁사슬에 있는 질소, 산소, 혹은 황 사이에 형성된 특수한 유형의 공유결합이다. 예를 들면, 카르복시말단펩타이드가수분해효소(췌장에서 분비되는 단백질 분해 효소)에 있는 Zn^{2+}은 2개의 히스티딘과 1개의 글루탐산에 배위결합으로 고정되어 있고, 오른쪽 그림에서 보는 바와 같이 물 분자에 붙어 있다.

이 구조를 **배위권(coordination sphere)**이라고 하는데 금속 이온은 **배위중심(coordination center)**을 형성한다.

몇몇 금속단백질에서 금속 이온은 비단백질 유기 화합물의 일부를 형성하는데 가장 일반적인 예는 헴이라고 하는 철을 포함하는 포르피린이다(그림 3.25 참조). 헴 분자는 4개의 피롤 소단위가 원형으로 연결되어 있고, 중심에 Fe^{2+}이 있다. 헴은 적혈구세포에서 산소 운반 단백질인 헤모글로빈(3.3.2절 참조)과 전자전달사슬의 성분 중 하나인 시토크롬에 있다(9.2.2절 참조).

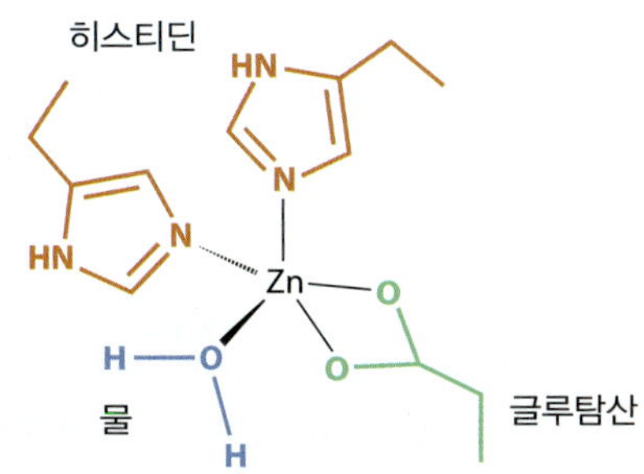

단으로 분류된다.

보조인자가 있는 효소를 **완전효소(holoenzyme)**라고 한다. 보조인자가 없으면 **아포효소(apoenzyme)**라고 한다. 단백질 효소만 보조인자가 필요한 것은 아니다. 리보핵산가수분해효소 P를 포함한 몇몇 리보자임은 효소 반응을 수행하기 위하여 Mg^{2+}이 필요하다.

7.1.3 효소는 기능에 따라 분류된다

얼마나 많은 효소가 있을까? 1833년 페이양과 페르소가 발견한 보리 맥아의 녹말가수분해효소가 밀이나 귀리와 같이 다른 곡류의 녹말가수분해효소와 다르다고 생각하면 수십억 개가 있다. 그러나 만일 우리가 독특한 효소 활성을 고려하여 보리, 밀, 귀리와 상관없이 모든 녹말가수분해효소를 하나의 효소로 간주하면 얼마나 많은 효소가 있을까? 이 기준을 사용하면 약 3200개의 다른 효소가 있다.

수년간 모든 효소를 분류하는 다양한 방법이 제시되었다. 오늘날에는 1961년 국제 생화학 분자 생물학 연합(International Union of Biochemistry and Molecular Biology)에서 처음 제정한 단일 기준 제도를 사용한다. 이 분류에 따르면 3200개 유형의 효소는 우선 6개의 그룹으로 나뉜다.

- 효소그룹1(EC1)은 **산화-환원효소(oxidoreductase)**로 구성되어 있다. 산화 반응과 환원 반응을 촉매하는 효소이다.
- 효소그룹2(EC2)는 **전달효소(transferase)**로, 한 화합물에서 다른 화합물로 화학그룹을 운반하는 효소이다.
- 효소그룹3(EC3)은 **가수분해효소(hydrolase)**로 물의 작용으로 화학 결합을 분해하는 가수분해 반응을 수행한다.
- 효소그룹4(EC4)는 **분해효소(lyase)**로, 산화와 가수분해 외에 화학 결합을 분해하는 효소이다.
- 효소그룹5(EC5)는 분자 내에서 원자를 재배열하는 효소이다. 이 재배열을 **이성질화(isomerization)**라고 하고 이 효소를 **이성질화효소(isomerase)**라고 한다.
- 효소그룹6(EC6)은 **연결효소(ligase)**로 분자를 서로 연결한다.

화학의 원리

Box 7.2 산화 반응과 환원 반응

산화-환원효소가 촉매하는 산화 반응과 환원 반응은 생화학의 여러 분야에서 중요하다. 특히 산화와 환원은 8장과 9장에서 살펴볼 탄수화물과 지질에서 에너지를 방출하는 생화학 과정의 기본 반응이다.

화학에서 산화는 종종 물질이 산소를 얻고 환원은 산소를 잃는 것으로 정의된다. 예를 들면, 산화구리(copper oxide)에 금속 마그네슘과 열을 가하면 다음 반응이 일어난다.

$$CuO + Mg \rightarrow Cu + MgO$$

금속 마그네슘은 산소를 얻어 산화된 반면, 산화구리는 산소를 잃어 환원되었다. 대부분의 산화 환원 반응에서 한 물질은 산소를 잃고 다른 물질은 산소를 얻는 방식으로 연결되어 있다. 그래서 이것을 **산화-환원 반응(redox reaction)**이라고 한다.

생화학에서는 약간 다른 방법으로 산화-환원 반응을 관찰한다. 산소 이동에 초점을 맞추기보다는 반응 중에 전자의 획득과 손실을 고려한다. 예를 들면 산화물 부분을 배제하고 산화구리와 마그네슘 사이의 반응을 다음과 같이 다시 쓸 수 있다.

$$Cu^{2+} + Mg \rightarrow Cu + Mg^{2+}$$

이 반응이 나타내는 것은 다음과 같다.

- 산화되는 부분은 마그네슘에 의해 2개의 전자를 잃고, Mg 원자는 Mg^{2+}가 된다.
- 환원은 Cu^{2+} 이온이 2개의 전자를 얻어 Cu 원자로 전환되는 것이다.

유용한 기억 방법은 다음과 같다.

석유 굴착장치(OIL RIG)

산화는 잃는 것, 환원은 얻는 것(Oxidation Is Loss, Reduction Is Gain)

이 그룹은 각 효소가 가지고 있는 고유의 4자리 **EC 번호(EC number)**로 더 세분화된다. 예를 들면, 페이앙과 페르소가 발견한 녹말가수분해효소는 EC 3.2.1.2이다. 이 숫자는 효소 활성의 본질을 나타낸다(**그림 7.8**).

- EC 3은 녹말가수분해효소가 화학 결합을 끊기 위하여 물을 사용하는 가수분해효소인 EC 그룹 3의 하나라는 것이다. 이것은 페이앙과 페르소가 관찰한 것과 같이 보리의 맥아에서 녹말이 당으로 전환되는 생화학 반응의 기본적인 본질이다.
- EC 3.2는 녹말가수분해효소가 글리코시드 결합을 끊는 **글리코시드가수분해효소(glycosidase)**라는 것을 나타낸다. 글리코시드 결합은 2개의 당 단위나 1개의 당과 다른 분자를 연결하는 결합이다. 이 EC 번호는 녹말가수분해효소와 다른 유형의 가수분해효소, 즉 예를 들면 에스테르 결합(EC 그룹 3.1이며 RNA에서 인산디에스테르결합을 끊는 리보핵산가수분해효소가 포함된다)이나 펩타이드 결합(EC 3.4, 이 그룹은 단백질에서 펩타이드 결합을 끊는 단백질가수분해효소를 포함한다)에 작용하는 가수분해효소와 구별한다.

그림 7.8 β-녹말가수분해효소 반응 (EC 3.2.1.2)

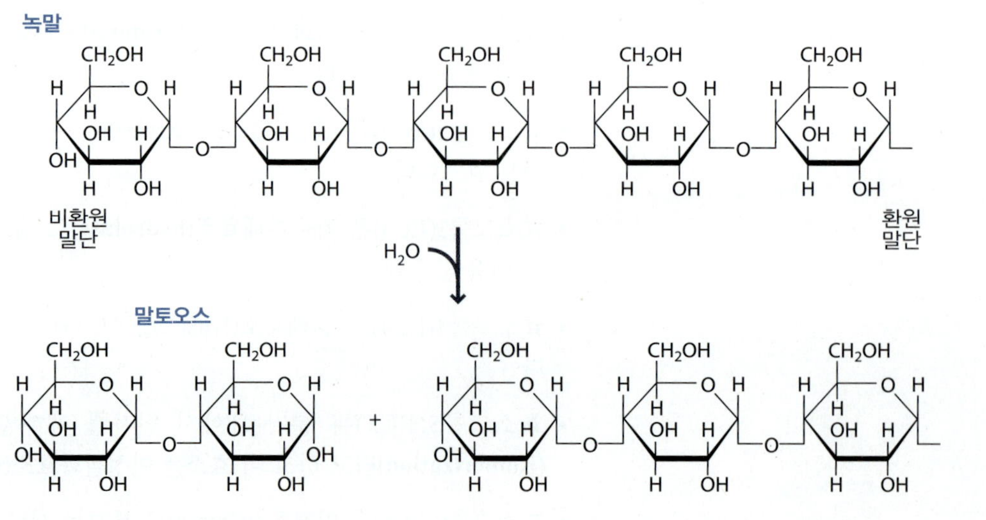

- EC 3.2.1은 *O*- 혹은 *S*-글리코시드 결합을 가수분해하는 글리코시드가수분해효소의 하위그룹을 나타낸다. 이 글리코시드 결합은 당과 산소 혹은 황 원자를 포함하는 분자 사이를 연결한다. 이 수준에서 두 번째 하위그룹인 3.2.2는 질소 원자와 연결된 *N*-글리코시드 결합에 작용하는 효소이다. 그러므로 하위그룹 3.2.2에 있는 효소는 당과 뉴클레오타이드에 있는 염기 사이의 결합을 끊는다.
- EC 3.2.1.2는 β-녹말가수분해효소를 나타내는 고유번호이며, 이 효소는 녹말, 글리코겐, 기타 다당류에서 글루코오스 단위체 사이에 있는 α(1→4) *O*-글리코시드 결합을 가수분해하는 효소이다.

EC 3.2.1 하위그룹에 있는 효소는 대체로 135개의 효소가 있는데, 이들 모두 당 단위체 사이 혹은 당과 다른 분자 사이의 *O*- 혹은 *S*-글리코시드 결합을 끊는 가수분해효소이다. 이 목록에서 첫 번째에 있는 EC 3.2.1.1은 α-녹말가수분해효소이며 이 효소는 녹말과 다른 α(1→4) 글루코오스 다당류에 있는 α(1→4) *O*-글리코시드 결합을 가수분해한다. 그러나 중합체 사슬 내에서 비환원말단에서 보다는 무작위로 이 결합이 끊어진다. α-녹말가수분해효소는 인간과 포유류의 타액과 췌장액에 존재하고 있어서 우리가 음식에 있는 올리고당류와 다당류를 소화시킬 수 있다.

α-녹말가수분해효소와 β-녹말가수분해효소의 차이는 EC 분류 제도의 중요성을 나타낸다. 우리가 한 생물체에서 다른 효소를 구별할 뿐 아니라 다른 생물체에 있으며 같은 기능을 하는 **상동(homologous)**효소도 구별할 수 있게 한다. β-녹말가수분해효소는 효소를 추출한 곡류의 종류와 상관없이 상동효소로 간주된다. 박테리아에도 β-녹말가수분해효소를 가지고 있는데 이 효소도 EC 3.2.1.2라고 한다. α-녹말가수분해효소는 촉매하는 생화학 반응이 다르기 때문에 분리 효소의 유형으로 여겨진다. 그러므로 다른 EC 번호를 가지고 있고 이 번호는 다시 다른 종에 있는 α-녹말가수분해효소를 위하여 사용된다.

7.2 효소는 어떻게 작용할까?

이제 우리는 효소가 무엇이고 효소가 생화학 활성에 따라 어떻게 분류되는지 알았으므로 세포에서 효소가 작용하는 방식을 공부해보자. 먼저 우리는 생물학적 촉매로 작용할 수 있는 효소의 기본적인 특징을 알아볼 것이다.

7.2.1 효소는 생물학적 촉매이다

이미 효소가 생물학적 촉매라는 것이 밝혀졌다. 촉매는 화학반응 속도를 증가시키지만 반응의 결과로 없어지지 않는다. 효소는 생물체에서 촉매작용을 하는 것을 제외하면 다른 유형의 촉매와 같다.

효소가 어떻게 작용하는지 이해하기 위하여 촉매 원리를 알아야 한다. 촉매 원리를 알기 위하여 에너지 생성 반응과 관련된 생화학 반응이 일어나는 동안, 특히 **에너지학(energetics)**과 관련 있는 과정을 살펴보자.

대부분의 생화학 반응에서는 자유에너지가 변한다

우리는 화학 그룹이 한 화합물에서 다른 화합물로 운반시키는 전달효소(EC 그룹 둘 중 하나)가 촉매하는 전형적인 생화학 반응을 살펴볼 것이다(**그림 7.9**). 이 반응의 화학반응식은 다음과 같이 쓸 수 있다.

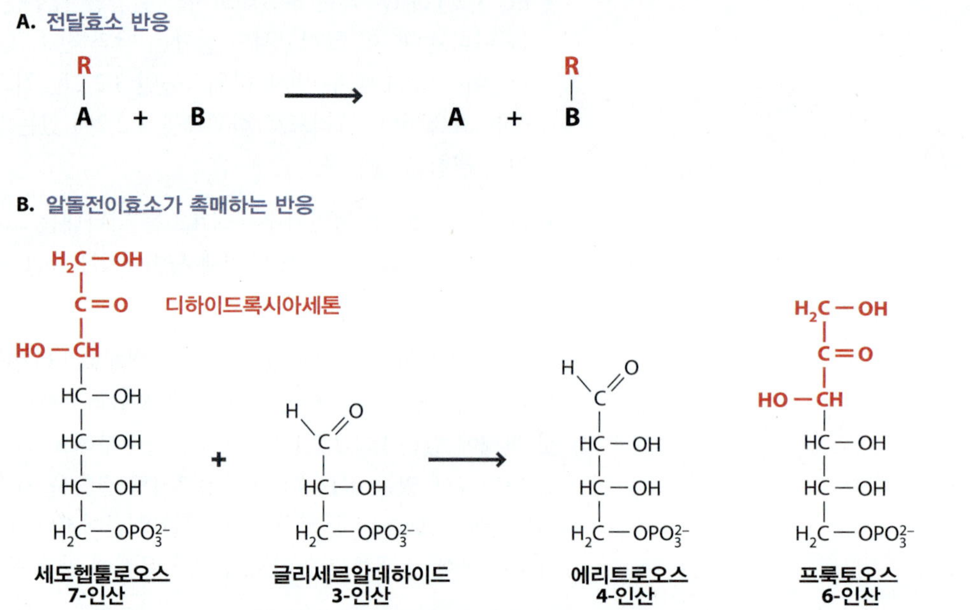

그림 7.9 전달효소 반응
(A) 전달효소 반응에 대한 일반식. (B) 5탄당인산경로(pentose phosphate pathway)에서 일어나는 전달효소 반응의 예(11.3절). 알돌전이효소는 세도헵툴로오스 7-인산(sedoheptulose 7-phosphate)에서 글리세르알데하이드 3-인산(glyceraldehyde 3-phosphate)으로 디하이드록시아세톤(dihydroxyacetone)의 운반을 촉매한다.

$$A\text{–R} + B \rightarrow A + B\text{–R}$$

화학반응식에서 화학적 그룹 'R'은 화합물 'A'에서 화합물 'B'로 운반된다. 반응의 시작 화합물인 A–R과 R은 이 반응에서 **기질(substrate)**이며, A와 B–R은 **생성물(product)**이다.

우리가 적은 화학 반응식은 일어나는 반응을 요약했지만 실제로 일어나는 반응에 대하여 많은 것을 말하지 않는다. 반응의 본질을 더 깊게 알아보기 위하여 **자유에너지(free energy)**가 변화하였는지 생각할 필요가 있다. G로 표시하는 **깁스 자유에너지(Gibbs free energy)**는 1873년 미국 과학자인 깁스(Josiah Willard Gibbs)가 고안한 유용한 열역학 함수이다. 쉽게 설명하면 '계(system)'의 에너지 함량을 측정하는 것이다. 낮은 에너지를 가지고 있는 계는 낮은 G 값은 가지며 높은 G 값과 높은 에너지를 가지고 있는 계보다 더 안정하다. 전형적인 생화학 반응에서 2개의 '계'는 기질인 A–R + B와 생성물인 A + B–R이다.

생화학 반응에서 우리의 관심은 기질과 생성물의 실제 G 값이 아니라 두 값의 차이이다. 두 G 값의 차이를 표시하기 위하여 그리스 문자 Δ(대문자 'delta')로 표시한다. 그러므로 생화학 반응 중에 일어나는 자유에너지 변화는 ΔG로 표시한다.

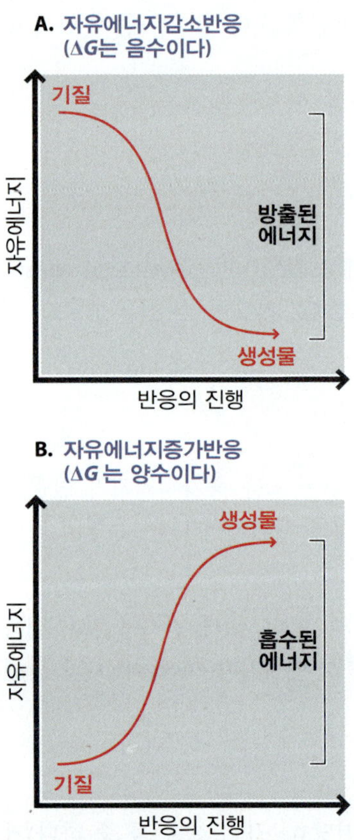

그림 7.10 자유에너지감소반응과 자유에너지증가반응의 차이

만일 ΔG가 음수이면 생성물의 자유에너지가 기질의 자유에너지보다 적다(그림 7.10A). 이 반응은 자발적으로 일어나며 ΔG 값에 해당하는 에너지가 방출된다. 이 반응을 **자유에너지감소반응(exergonic reaction)**이라고 한다. 어떤 화학 반응은 높은 음수의 ΔG 값을 가지고 있으며 에너지감소성이다. 예를 들면 고등학교 화학 시간에 많이 하는 실험 중에서 나트륨과 물의 반응이 있다. 수산화나트륨(sodium hydroxide)이 생성물이며, 질소 가스와 많은 에너지가 열로 방출되어 수소가 점화되고 금속성 나트륨이 비커의 수면으로 이동하여 불꽃이 일어난다. 대부분의 생화학 반응은 음수의 ΔG 값을 가지고 있기 때문에 반응이 일어나면 에너지가 방출된다. 이것이 에너지 생성을 하는 대사의 일부분인 이화작용의 기본이다.

만일 산물의 자유에너지가 기질보다 높으면 어떻게 될까(그림 7.10B)? 이 경우 ΔG는 양수이고 반응은 에너지가 요구되는 **자유에너지증가반응(endergonic reaction)**이다. 생화학에서 대부분의 동화작용은 자유에너지증가반응이다. 이 반응은 작은 분자로 큰 분자를 합성한다. 자유에너지

증가반응은 항상 에너지를 투입해야 되기 때문에 자발적으로 일어날 수 없다.

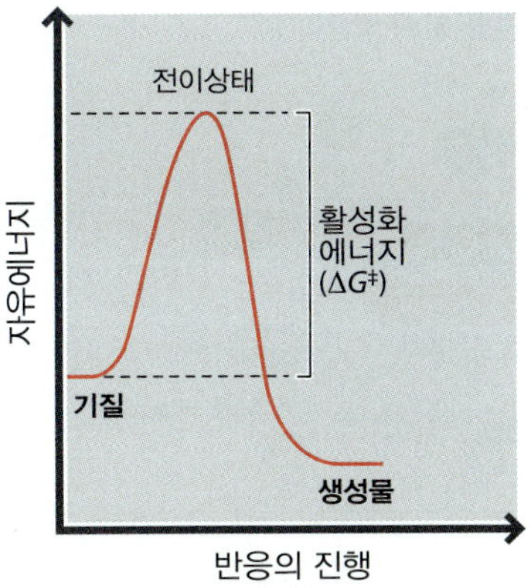

그림 7.11 전이상태와 전이상태의 에너지적 의미
전이상태로 나타나는 장벽을 넘도록 반응을 추진하려면 활성화 에너지가 필요하다.

기질과 생성물 사이에 에너지 장벽이 있다

화학 반응에서 기질과 생성물의 자유에너지 값의 차이를 ΔG로 어떻게 표시하는지 살펴보았다. 우리가 고려할 다음 주제는 반응과정 중에 형성되는 중간체 구조가 가지고 있는 자유에너지이다. '중간체 구조'는 여러 단계 과정 중에 형성되고 분리되는 실제 화합물을 의미하는 것이 아니다. 단일 반응의 도중에 형성되는 구조를 의미한다.

이 중요한 부분을 명확하게 하기 위하여 전형적인 전이효소 반응을 살펴보자. 이 화학 반응의 반응식을 다음과 같이 쓴다.

$$A\text{–R} + B \rightarrow A + B\text{–R}$$

이 반응을 주의 깊게 살펴보면 그룹 R이 A 분자에서 B 분자로 매우 빠르게 형성되는 중간체 구조가 포함된다는 것을 알 수 있다. 이 구조의 존재를 나타내기 위하여 반응식을 다음과 같이 다시 써야 한다.

$$A\text{–R} + B \rightarrow A\cdots\text{R}\cdots B \rightarrow A + B\text{–R}$$

점선인 '···'은 R 그룹이 A 분자와 B 분자와 연결된 결합이 끊어지는 중($A\cdots$R의 경우)이거나 형성되는 중(R$\cdots B$)을 나타내는 것이다. 이 중간체 구조는 매우 불안정하기 때문에 높은 자유에너지를 가지고 있다. 우리는 이 구조가 **전이상태(transition stage)**를 형성하는 반응 경로의 연결점이라고 한다.

전이상태가 존재한다는 것은 반응 중에 단순히 기질과 산물을 비교하여 얻어진 ΔG 값 이외의 자유에너지 변화를 생각하여야 한다는 것을 의미한다. 그래서 우리는 기질과 전이상태 사이의 두 번째 ΔG를 고려해야 한다(**그림 7.11**). 이 자유에너지 차이를 **활성화 에너지(activation energy)**라고 하고 $\Delta G^{\ddagger}$라고 표기한다. 종종 $\Delta G^{\ddagger}$가 ΔG보다 훨씬 크고 반응이 진행되기 위하여 극복하여야 할 커다란 장벽을 형성한다. 대부분 생화학 반응의 속도를 제한하는 에너지 장벽이 존재한다.

효소는 전이상태의 자유에너지를 낮춘다

이제 우리는 효소나 촉매가 어떻게 화학 반응 속도를 촉진하는지 이해하였다. 촉매는 기질과 생성물의 자유에너지 값에 영향을 주기 않기 때문에 ΔG가 변하지 않는다. 대신에, 촉매는 전이상태에 형성되는 중간체 구조를 안정화시켜 $\Delta G^{\ddagger}$를 감소시킨다(**그림 7.12**). 그러므로 촉매는 기질을 생성물로 전환하기 위해 극복해야 하는 에너지 장벽의 크기를 감소시킨다. 에너지 장벽을 쉽게 극복하기 때문에 반응 속도는 증가한다.

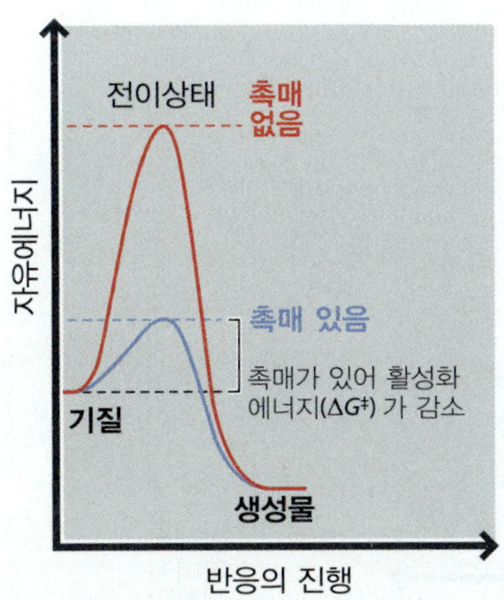

그림 7.12 촉매는 전이상태의 자유에너지를 감소시킨다.

효소가 촉매하는 반응의 전이상태를 어떻게 안정화시킬까? **엔트로피(entropy)**를 감소시켜 안정화시킨다. 열역학에서 엔트로피는 계의 무질서도를 측정하는 것이다. 엔트로피는 자유에너지 값에 기여한다. 그래서 효소는 전이상태의 엔트로피를 감소시켜 $\Delta G^{\ddagger}$ 값을 감소시킨다. 이것은 복잡하게 들릴지 모르지만 사실 근본적인 원리는 매우 간단하다. 계에 질서를 부여하여 엔트로피는 감소한다. 우리가 잘 알고 있는 생화학 반응에서

$$A\text{–R} + B \rightarrow A\cdots\text{R}\cdots B \rightarrow A + B\text{–R}$$

반응의 초기에 '계'는 A–R + B이다. 세포에 아마 100개의 A–R와 100개의 B가 있으며 수용성인 세포질에 서로 매우 가깝게 있을 것이다. 그러나 A–R과 B 분자는 서로 친화력이 없어 효소가 없으면 다른 분자와 충돌할 기회에 따라 무작위 방향으로 확산된다(**그림 7.13A**). 가끔 전이상태 구조를 형성하기 위하여 적절한 방식으로 A–R 분자는 B 분자를 만나 A + B–R로 전환이 일어나게

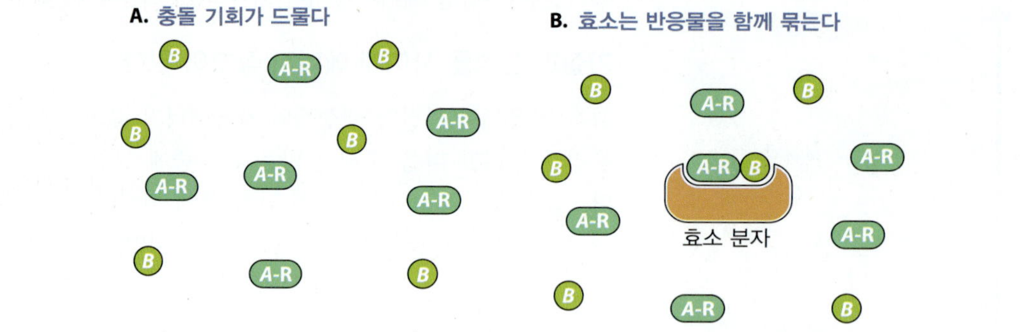

그림 7.13 효소는 반응에서 전이상태를 안정화시킨다.
(A) 반응물이 무작위로 혼합된 상태에서 전이상태를 형성하기 위하여 충돌 기회가 필요하다. (B) 효소는 반응물에 결합하여 계의 엔트로피를 낮추고, 반응물이 생성물로 전환되는 속도를 증가시킨다.

Box 7.3 가역적인 반응

수많은 생화학 반응이 가역적이다. 이것은 반응의 생성물이 서로 반응하여 기질을 재생성하는 것을 의미한다. 그러므로 가역적인 전달효소 반응은 두 부분으로 구성되는데, 이것을 **정반응**과 **역반응**이라고 한다.

$$\text{정반응: } X\text{–R} + Y \rightarrow X + Y\text{–R}$$
$$\text{역반응: } X + Y\text{–R} \rightarrow X\text{–R} + Y$$

일반적으로 전체 반응이 가역적이라는 것을 나타내기 위하여 양방향 화살표를 사용하여 두 개의 부분 반응을 단일 반응식으로 묶는다.

$$X\text{–R} + Y \rightleftarrows X + Y\text{–R}$$

가역적인 반응에서 생성물이 형성되는 속도는 생성물이 기질로 전환되는 속도로 상쇄된다. 반응이 진행됨에 따라 평형점에 도달한다. 평형점에 도달한 후 특정 시간 동안에 생성물로 전환된 기질 분자의 수는 가역 반응에 의해 재형성된 기질 분자 수와 같다. 정반응과 역반응이 계속 일어나지만, 기질과 생성물의 상대적인 농도는 더 이상 변하지 않는다.

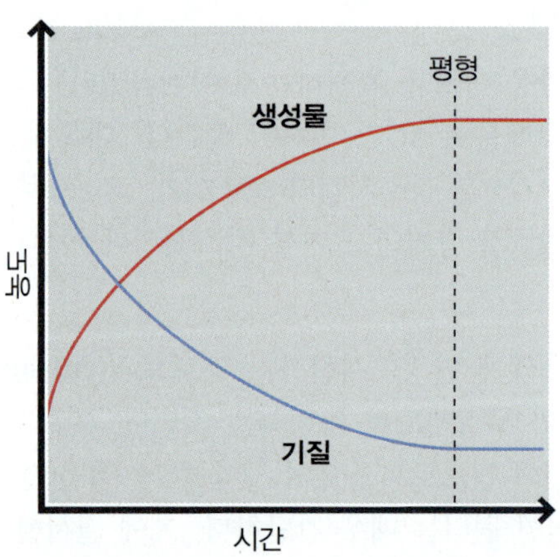

평형점에서 기질에 대한 생성물의 비는 정반응과 역반응의 상대 속도에 의존한다. 만일 정반응이 역반응보다 훨씬 빠르다면, 평형점에서 기질 농도는 적을 것이다. 한편, 만일 정반응과 역반응 속도가 차이가 없다면, 평형점에서 기질과 생성물의 농도는 비슷할 것이다. 대부분의 역반응은 기질과 생성물 사이의 자유에너지 차이가 비교적 적어서 정반응은 역반응보다 약간 더 선호된다.

가역적인 반응에 효소를 첨가하면 어떤 효과가 있을까? 효소는 평형점에 영향을 주지 않는다. 비록 두 반응에 대한 $\Delta G^‡$ 값이 달라도 정반응과 역반응이 같은 전이상태를 갖기 때문이다.

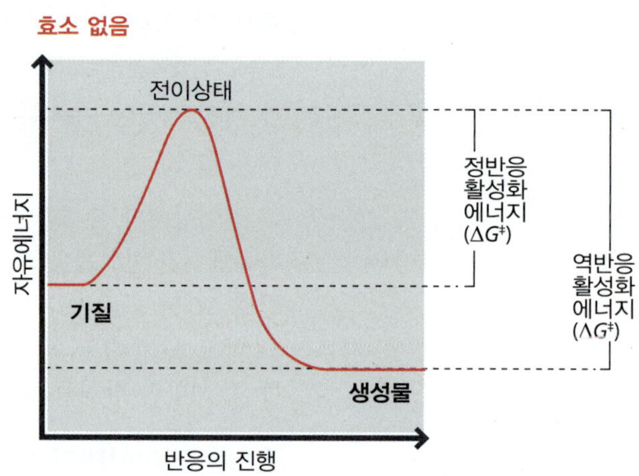

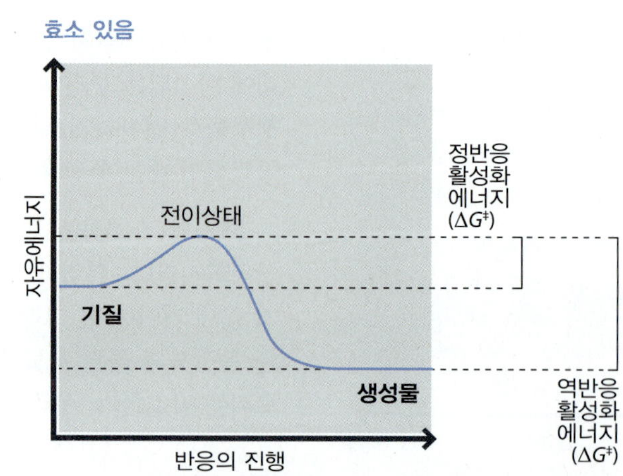

효소를 첨가하면 전이상태의 자유에너지를 낮추어 정반응과 역반응에 대한 $\Delta G^‡$ 값에 동등한 영향을 미친다. 그러므로 효소는 정반응과 역반응의 속도를 증가시키지만 기질과 생성물 사이의 평형에 영향을 미치지 않는다.

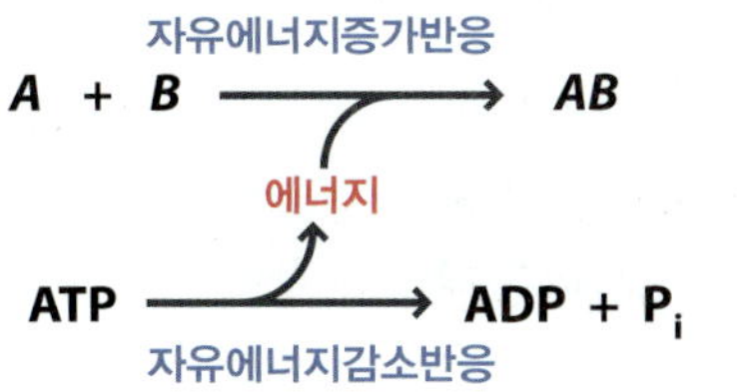

그림 7.14 에너지 짝지움
이 예에서, 반응물 A와 B가 생성물 AB를 형성하기 위해 결합하는 자유에너지증가반응에 필요한 에너지는 ATP가 ADP와 무기인산(P_i)으로 가수분해되어 공급된다.

8.1.1절에서 ATP가 어떻게 에너지를 저장하는지 학습한다.

할 수 있다. 그러나 계의 무질서 때문에(높은 엔트로피) 만날 수 있는 기회는 아주 드물다. *A*–R + *B*가 *A* + *B*–R로 전환되는 반응 속도는 매우 느리다.

이제 이 반응을 촉매하는 전달효소가 계에 있다고 하자. 효소는 2개의 기질이 전이상태 구조를 형성하는 데 필요한 적절한 상대적 위치와 방향으로 1개의 *A*–R 분자와 1개의 *B* 분자에 결합하여 엔트로피를 감소시킨다(**그림 7.13B**). 기질이 이러한 방법으로 효소와 결합하여 계에 질서를 도입하여 엔트로피를 감소시켜 $\Delta G^{\ddagger}$ 값을 감소시킨다. 그러므로 *A*–R + *B*가 *A* + *B*–R로 전환되는 속도는 증가한다.

그러므로 효소는 기질과 전이상태 사이에 있는 에너지 장벽을 낮추지만 기질과 생성물의 자유에너지 값을 변화시키지 않는다. 열역학으로 표현하면 효소는 $\Delta G^{\ddagger}$를 낮추지만 ΔG에는 영향을 주지 않는다. 만일 반응이 음수의 ΔG인 자유에너지감소반응이면 반응이 진행됨에 따라 에너지가 방출된다. 그러나 만일 산물이 기질보다 더 높은 에너지를 가져서 반응이 자유에너지 증가반응이면 어떻게 될까? 자유에너지감소반응은 반응이 끝나기 위하여 에너지 투입이 필요하다. 자유에너지 감소반응이 에너지를 발생하는 두 번째 반응과 짝지어져 대부분의 효소가 에너지를 얻는다. 이것을 **에너지 짝지움(energy coupling)**이라고 한다. 종종 두 번째 반응은 ADP와 무기인산이 나오는 뉴클레오타이드인 ATP 가수분해 반응이다(**그림 7.14**). 자유에너지감소반응에서 방출되는 자유에너지는 짝지어진 자유에너지증가반응을 촉진하는 효소가 사용한다.

7.2.2 효소-촉매 반응 속도에 영향을 주는 요인

촉매 원리에 대한 학습을 통하여 우리는 효소가 기질과 생성물 사이의 에너지 장벽을 낮추어 반응 속도를 증가시킨다는 것을 배웠다. 촉매가 없으면, 대부분의 생화학 반응의 속도는 무시할 정도이고 생성물 생성은 매우 느리다. 효소가 반응을 촉매하면 똑같은 반응이 훨씬 빨리 진행되고 생성물은 세포가 필요한 만큼 충분히 생성된다. 그러나 이 사실이 생화학 반응이 효소가 없기 때문에 스위치가 꺼지거나, 효소가 촉매하기 때문에 스위치가 켜지는 단지 2개의 속도만 있다는 것을 의미하지 않는다. 촉매 반응은 주어진 시간에 얼마나 빠르게 생성물을 생성하는지 결정하는 여러 가지 요인에 영향을 받는다. 이러한 요인과 각 요인이 효소-촉매 생화학 반응에 주는 영향을 살펴볼 것이다.

Box 7.4 기질결합의 특이성

효소 대부분은 높은 기질 특이성을 가지고 있어 유사한 구조를 가진 분자를 구별하여 효소가 촉매하는 반응에 적절한 기질과 결합한다. 이러한 특이성의 기본 원리는 무엇일까?

초기에 에밀 피셔(Emil Fisher)는 기질과 효소 사이의 상호작용은 열쇠와 자물쇠가 맞는 방법과 유사하다고 제안하였다. 이 **자물쇠–열쇠 모델(lock and key model)**에서 효소 표면에 있는 결합 주머니는 기질과 정확하게 일치하는 모양을 가지고 있다. 다른 화합물이 아닌 기질만 결합 주머니에 맞는 모양을 가지고 있기 때문에 특이성이 나타난다.

더 최근에 제안된 모델은 효소 결합자리는 고정된 구조가 아니라 유연함을 가지고 있다. 기질이 결합하면 결합 주머니에 변화가 일어나서 효소는 기질을 더 정확하게 둘러싼다. 정확한 구조만 결합 주머니 구조의 변화를 유도하여 기질에 대한 효소의 특이성이 증가한다. 이것을 **유도적합 모델(induced fit model)**이라고 한다.

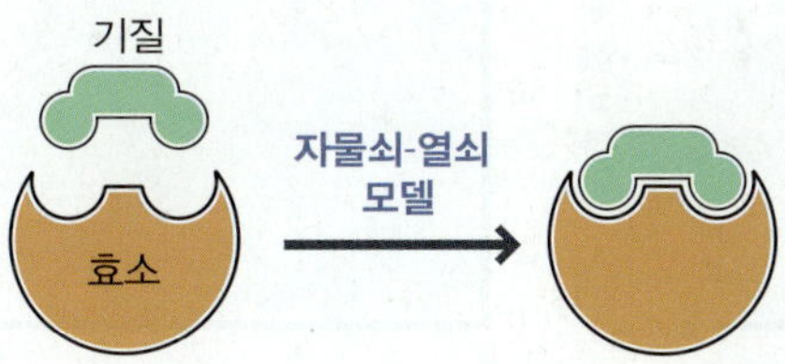

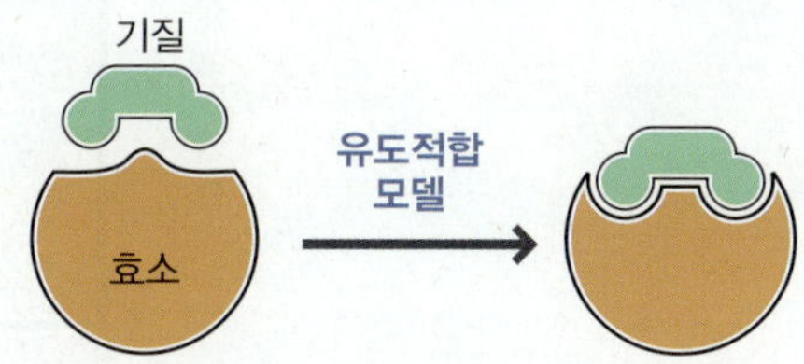

온도와 pH는 효소-촉매 반응 속도에 영향을 준다

모든 화학 반응은 열에 영향을 받는데, 높은 온도에서 더 빠르게 반응이 일어난다. 이것은 열을 가하면 열에너지가 증가하기 때문이며, 이것은 기질이 더 빠르게 움직여 서로 접촉하는 빈도가 증가된다. 열역학적 설명에서, 열에너지가 가하여지면 기질이 전이상태의 에너지 장벽을 극복하도록 돕는다. 이 점에서 효소-촉매 반응은 다른 화학 반응과 차이가 없고 온도가 증가하면 보다 빠르게 일어난다. 그러나 이것은 비교적 낮은 온도에서만 일어나며, 높은 온도에서 두 번째 요인이 작용한다. 특히 온도는 단백질 분자 내에서 2차 구조를 이루는 비교적 약한 수소결합의 안정성에 영향을 미친다. 온도가 높아짐에 따라 수소결합은 끊어지고 단백질의 2차 구조가 풀어져서(변성) 효소 활성이 소실된다. 그러므로 높은 온도는 요소(urea)와 같은 화학적 변성제와 같은 방식으로 단백질을 변성시킨다. 그러므로 전형적인 효소-촉매 반응은 온도가 증가함에 따라 서서히 빨라져서 최적의 온도를 넘어서면 활성이 감소하는데, 작은 온도 증가도 효소의 구조를 비교적 크게 파괴를 하여 매우 빠르게 활성을 감소시킨다(그림 7.15A).

3.4.1절에서 요소가 단백질 활성에 미치는 영향을 살펴보았다.

척추동물에 있는 대부분의 효소는 약 37°C가 **최적 온도(temperature optimum)**이며, 이는 온혈동물 조직 내의 온도이다. 척추동물의 몸에 살고 있는 세균의 효소도 유사한 최적 온도를 가지고 있다. 그러나 다른 환경에서 살고 있는 세균은 매우 다르다. 주로 온천에 서식하고 있는 호열성 세균이 좋은 예이다. 온천의 온도는 끓는점에 가까워서 세균에 있는 단백질은 높은 온도를 견뎌야 한다. 일반적으로 이 세균에 있는 **열안정(thermostable)** 효소는 75~80°C의 최적 온도를 가지고 있다.

단백질은 또한 극단적인 pH 값에서 변성되지만 반응 속도에 대한 pH의 영향은 효소의 구조를 단순히 파괴하는 것보다 미묘하다. 효소의 활성 자리에서 아미노산은 이온화되는 곁사슬을 가지고 있으며, 이 곁사슬은 어떤 식으로든지 효소 반응에 관여한다. 아미노산에서 이온화되는 곁사슬이 pH에 어떻게 영향을 받는지 상기하면 pH 변화가 효소 반응 속도에 얼마나 중요한지 바로 알 수 있다. 대부분의 효소는 6.8~7.4 정도의 **최적 pH**를 가지고 있으며 이는 살아 있는 세포와 조직의 생리적 pH와 일치한다(그림 7.15B). 온도의 영향과 같이 예외가 있다. 위에서 단백질을 분해하는 효소인 펩신의 최적 pH는 2.0인데, 이는 효소가 작용하는 강한 산성 환경을 반영한다.

아미노산의 이온화에 대한 영향은 **3.1.2절**에서 설명하였다.

기질 농도는 반응 속도에 중요한 영향을 미친다

비록 pH와 온도가 효소-촉매 반응의 속도에 중요한 영향을 미치지만 대부분의 생물체는 세포 안의 pH를 일정하게 유지하는 기작이 있고, 또한 척추동물은 내부 온도를 조절하여 37°C에서 벗어나는 경우는 드물다. 그래서 온도와 pH는 생화학 반응이 일어나는 곳에서 실제 속도를 결정하는

그림 7.15 **온도(A)와 pH(B)가 효소-촉매 반응 속도에 미치는 영향**

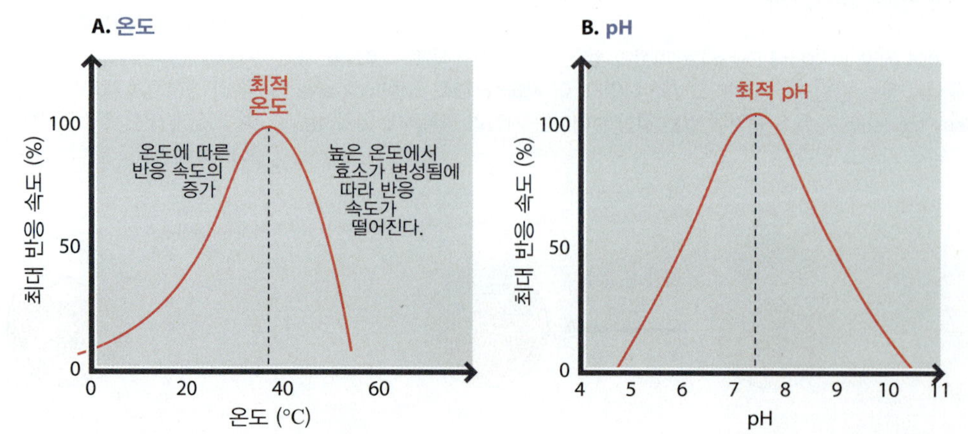

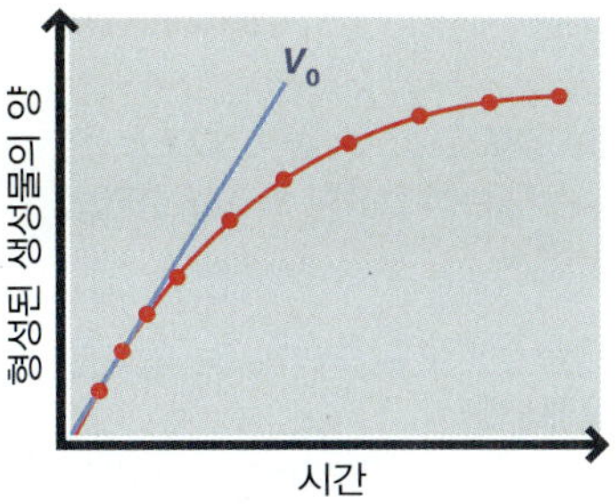

그림 7.16 전형적인 효소-촉매 반응의 시간에 따른 과정
초기 속도(V_0)는 반응의 선형 부분의 외삽으로 나타낸다.

중요한 요인이 아니다. 반응에 대한 기질의 가용성이 훨씬 더 중요하다.

기질 농도의 중요한 영향을 설명하기 위하여 단일 기질과 단일 생성물이 있는 가장 단순한 생화학 반응을 생각해보자. 이것은 EC 그룹 5의 이성질화 효소가 촉매하는 반응이다. 이 반응을 다음과 같이 쓸 수 있다.

$$S \rightarrow P$$

여기서 S는 기질이고 P는 생성물이다. 우리가 이 이성질화 효소를 분리하여 기질과 혼합했다고 상상해보자. 효소는 기질이 생성물이 되는 반응을 촉매하기 시작하고 연속적인 시간 간격으로 존재하는 생성물의 양을 측정하여 반응을 살펴본다. 결과를 그래프로 그리면 **그림 7.16**에서 보이는 패턴을 볼 수 있다. 이 곡선의 형태가 우리에게 암시하는 것은 초기에 반응이 선형 비율로 진행되며 이를 **초기 속도(initial velocity, V_0)**라고 한다. 그러나 추가적인 생성물이 생성되지 않아 그래프가 안정기가 되는 시점, 즉 반응 속도가 0이 되는 시점까지 서서히 반응 속도는 감소한다.

그림 7.16에 나타난 곡선에서 수평에 대한 가장 간단한 설명은 모든 기질이 사용되어 생성물 생성이 중지된 것이다. 완벽한 설명은 아니지만, 잠시 우리 목적에 맞는 설명으로 충분하다. 중요한 점은 그래프가 기질의 양이 감소함에 따라 반응 속도가 서서히 감소한다는 것을 나타내는 것이다. 다른 말로 하면 반응 속도는 기질 농도에 의존한다.

기질 농도의 영향은 효소의 작용 방식에 대한 특징을 나타낸다

기질 농도와 반응 속도 사이의 관계는 **효소 반응 속도론(enzyme kinetics)**의 기본이다. 효소가 작용하는 방법을 추론하기 위하여 효소-촉매 반응의 반응 속도론을 사용하기 때문에 매우 중요한 주제이다.

우선 다른 기질 농도에서 반응이 속도를 비교하는 일정한 방법이 필요하다, 그림 7.16에서 설명한 실험은 우리가 어떻게 할 수 있는지 나타낸다. 다른 기질 농도에서 반응 속도를 비교하기 위하여 단순하게 동일한 효소와 기질의 농도가 다른 일련의 실험을 준비하여 각 기질 농도에서 V_0를 측정한다(**그림 7.17A**). 이 결과를 그래프로 그리면 쌍곡선이 될 것이다(**그림 7.17B**). 이 곡선은 효소 활성에 관한 2가지 주요 변수를 나타낸다.

- 최대 속도인 $\boldsymbol{V_{max}}$는 곡선이 결국 안정기에 도달할 때 달성된다. 이 변수는 효소가 반응을 수행할 수 있는 최대 속도를 나타낸다.
- $\boldsymbol{K_m}$ 혹은 **미카엘리스 상수(Michaelis constant)**는 반응 속도가 최대값의 절반($0.5 \times V_{max}$)인 기질 농도이다. 어떤 효소라도 K_m 값을 알 수 있다. 그러나 K_m이 효소에 관하여 우리에게 무엇을 알려주는가? K_m은 효소-기질 복합체의 안정성 혹은 더 정확하게 효소의 기질에 대한 '친화력'을 측정하는 것이다. 이것은 역수 관계이다. 즉, 낮은 K_m은 높은 친화력을, 그리고 높은 K_m은 낮은 친화력을 나타낸다.

1913년 미카엘리스(Leonor Michaelis)와 멘텐(Maud Menten)이 기질 농도, V_{max}, K_m 사이의 정확한 관계를 처음으로 계산하였다. **미카엘리스-멘텐 등식(Michaelis-Menten equation)**은 다음과 같다.

$$V_0 = \frac{V_{max} \times [S]}{K_m + [S]}$$

이 등식에서 대괄호는 '농도'를 나타낸다. 그래서 $[S]$는 기질 농도를 나타낸다.

효소의 V_{max}와 K_m을 어떻게 측정할까? 그림 7.17B의 그래프는 곡선이 V_{max}에 정확하게 도달

연구 요약

Box 7.5 바이오연료 생산을 위한 내열성 효소의 개발

순수 분리된 효소는 여러 해 동안 산업 공정에 사용되었다. 예를 들면, 송아지의 위벽에서 추출한 단백질가수분해효소인 키모신(chymosin; rennin이라고도 함)은 치즈 생산에 사용되며, 효모에서 분리한 전화효소(invertase)는 수크로오스를 글루코오스와 프룩토오스로 분해하는데, 이는 사탕 생산을 위한 시럽을 만드는 데 사용된다. 최근에 생물산업과학자는 대부분의 단백질이 변성되는 높은 온도가 필요한 산업 공정에 내열성 효소를 적용할 방법을 개발하였다. 예를 들면, 식물에서 **바이오연료(biofuel)**를 생산하는 것이다.

바이오연료는 화석연료가 아니며 오염물질이 적은 친환경 에너지를 찾는 연구로 관심이 높아지고 있다. 다양한 바이오연료는 전 세계 여러 곳에서 생산되지만 가장 광범위하게 사용되는 유형은 식물의 탄수화물을 분해하여 에탄올을 얻는 것이다. 이 바이오연료를 생산하기 위하여 식물의 셀룰로오스를 글루코오스로 전환하고 글루코오스를 에탄올과 이산화탄소로 분해한다. 보다 자세한 사항은 8.2.2절에서 자세히 학습할 것이다.

식물에 섬유소분해효소(cellulase)를 첨가하여 셀룰로오스를 글루코오스로 전환시킨다. 섬유소분해효소는 여러 효소가 섞여 있는데 중요한 효소를 살펴보면 다음과 같다.

- 엔도글루카네이스(endoglucanase)는 셀룰로오스의 β-글루코시드 결합을 분해하여 다당체를 보다 작은 조각으로 분해한다.
- 셀로비오하이드로레이스(cellobiohydrolase)는 엔도글루카네이스 처리로 분해된 조각에서 셀로비오스(cellobios) 단위체를 제거한다. 셀로비오스는 2개의 글루코오스가 β(1→4) 결합으로 연결된 이당류이다.
- β-글루코시드가수분해효소(β-glucosidase)는 β(1→4) 결합을 분해하는데, 셀로비오스를 글루코오스로 전환시킨다.

이 세 효소는 함께 작용하여 셀룰로오스를 글루코오스로 분해한다.

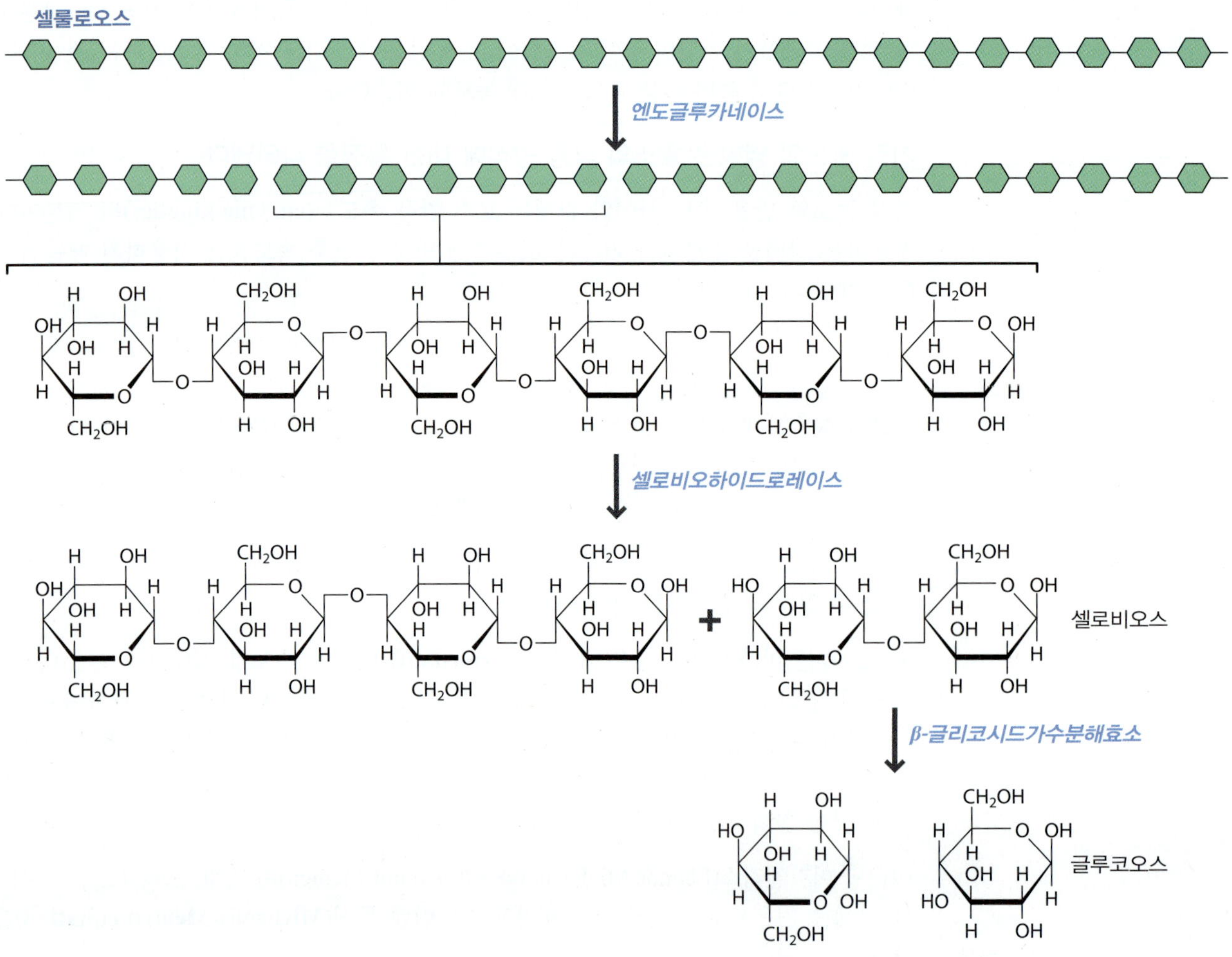

현재 바이오연료에 사용하는 섬유소분해효소는 균류(fungi)에서 추출하는데 열 저항성이 없다. 그러므로 60℃ 이상에서 변성된다. 글루코오스로 분해되지 않는 리그닌 같은 다당체에서 셀룰로오스로 분해하기 위하여 식물 재료에 75℃로 가열하기 때문에 산업 공정이 복잡하다. 그러므로 각각 다른 생물반응장치가 필요한 2개의 단계가 필요하다. 첫 번째 단계에서 식물 재료에 열을 가하여 셀룰로오스를 분리하고 두 번째 단계에서 셀룰로오스를 글루코오스로 전환시키기 위하여 차가운 추출물에 섬유소분해효소를 첨가한다. 이 과정을 완전히 마치기 위하여 2단계 시간을 연장해야 하므로 전체 비용이 증가한다.

그러므로 내열성 섬유소가수분해효소를 사용하면 단일 단계 과정으로 셀룰로오스를 분해하기 때문에 비용을 줄일 수 있다. 적절한 내열성 효소는 호열성 세균 중에서 일반적은 아니지만, 대안으로 몇 가지 효소가 균류 효소에서 연구되었다. 호열성 세균을 키우고 효소를 추출하는 비용이 경제적인지가 주된 문제이다.

또 다른 가능성은 균류의 섬유소가수분해효소의 열 안정성을 증가시키기 위하여 단백질 공학을 이용하는 것이다. **단백질 공학(protein engineering)**은 단백질의 아미노산 서열을 변화시키는데, 우리가 Box 19.2에서 학습할 기술을 이용하는 것이다. 이 기술의 목적은 효소가 열에 더 저항성을 갖도록 균류의 셀룰로오스-분해 효소의 아미노산 서열을 변화시키는 것이다. 이 방법의 문제는 열에 안정한 효소가 왜 변성이 일어나지 않고 높은 온도를 견딜 수 있는지 우리가 정확하게 이해하지 못하는 것이다. 다양한 형태의 구조적 혁신이 열 저항성을 설명할 수 있는 다양한 내열성 효소에서 확인되었다. 그러나 이 특징은 이러한 유형의 모든 효소에 존재하지 않는다. 구조적 혁신은 루프나 회전으로 풀어져 있기보다는 α-나선과 β-병풍구조로 접혀진 폴리펩타이드의 비율이 높아 압축된 형태를 가지고 있다. 종종 다른 2차 구조 단위가 비내열성 단백질에 존재하는 것보다 많은 수의 수소결합과 반데르발스 상호작용으로 서로 연결되어 붙어 있다. 내열성 단백질의 표면 특징은 또한 중요한데, 단백질이 주변 물분자와 어떻게 상호작용하는지에 따라서 결정될 것이며, 결국 더 높은 온도에서 단백질이 풀어지는 것에 영향을 미칠 것이다. 내열성 효소의 중요한 특징을 알아낼 수 있어도, 이러한 유형의 구조적 변화를 일으키기 위하여 비내열성 효소의 아미노산 순서를 어떻게 만들어야 하는지 알아내는 것은 어렵다.

어떤 아미노산 변화가 균류 섬유소분해효소를 만드는지 예측하기 어렵기 때문에 **방향성 진화(directed evolution)**하고 하는 다른 유형의 단백질 공학을 개발하고 있다. 이 방법에서 단백질의 아미노산 서열에 무작위 변화가 일어나며 이렇게 생긴 변형이 개선된 특징을 가지고 있는지 검사를 한다. 바이오 연료 생산을 위하여 균류 섬유소분해효소에 무작위 변화가 일어나게 하고 새로운 변이체가 열 내성이 증가된 것이 있는지 검사를 한다. 열 내성 증가가 작아도 변형체에서 무작위 변화가 더 잘 일어나고, 가장 열 저항이 있는 변형체가 각 단계를 진행하면 결국 우리는 단일 단계 바이오 연료 생산 과정에 사용할 수 있는 열에 안정한 섬유소분해효소를 얻을 수 있다.

하지 않기 때문에 곡선이 진행되는 것으로 추정해야만 한다. K_m은 V_{max}의 절반이어서 또한 K_m도 추정을 해야 한다. 보다 많은 기질로 계속 실험을 할 수 있지만, V_{max}를 정확하게 측정하기 위하여 수많은 기질 농도가 필요하며, 이는 불가능한 일이다. 다행스럽게도 그림 7.17B의 곡선을 초

그림 7.17 여러 기질 농도에서 효소-촉매 반응의 속도 비교
(A) 다른 기질 농도(2.5 mM, 5 mM, 10 mM)에서 V_o의 측정. (B) 효소의 V_{max}와 K_m을 계산하기 위하여 V_o를 이용.

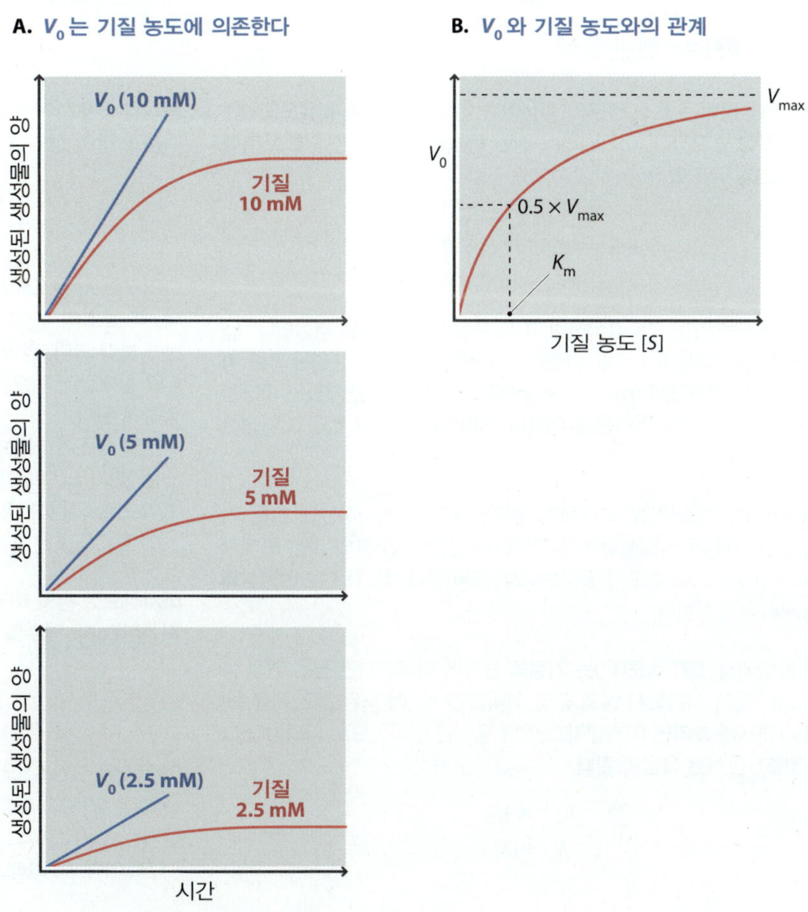

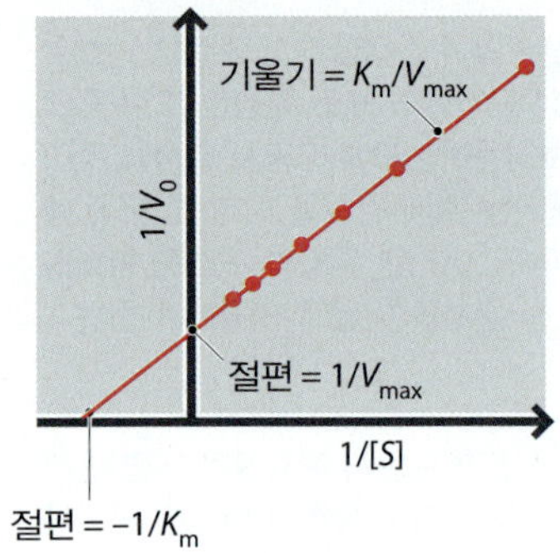

그림 7.18 라인웨버-버크 도면

기 속도와 기질 농도를 역수로 그리면 직선으로 전환할 수 있다(**그림 7.18**). 이것이 **라인웨버-버크 도면(Lineweaver-Burk plot)**이다. 직선 그래프의 장점은 정확하게 추정할 수 있다는 것인데 이 경우에 x축과 만나는 점을 K_m으로, y축 절편은 V_{max}로 계산할 수 있다.

7.2.3 효소 억제제와 그 영향

효소의 작용 방식을 이해하기 위하여, 효소가 **억제제(inhibitor)**에 의해 어떻게 영향을 받는지 알아보자. 억제제는 효소의 활성을 방해하여 촉매 속도를 감소시키는 화합물이다. 이와 같이 여러 효소의 활성에 영향을 미치는 다양한 화합물이 있지만, 억제 작용이 가역적인지 아닌지에 따라 2개의 그룹으로 나눌 수 있다. 먼저 효과가 영구적으로 나타나는 **비가역적 억제제(irreversible inhibitor)**를 살펴보자.

비가역적 억제제는 효소 활성을 영구적으로 감소시킨다

대부분의 비가역적 효소는 효소와 기질을 결합하지 못하게 하여 효소의 활성 부위를 변화시키는 화합물이다. 종종 억제 화합물이 단순히 활성 부위의 아미노산 한 개와 공유결합을 하여 활성 부위를 막아 기질이 들어가지 못하게 하는 것이다. 이 억제는 일반적으로 영구적이고, 비가역적 변화인데, 이는 효소의 폴리펩타이드 사슬에 결합된 공유결합을 분해해야 억제제가 제거되기 때문이다. 곁사슬에 −OH나 −SH 그룹을 가지고 있는 아미노산은 비가역적 억제제의 표적이 되어서 효소 활성 부위의 세린, 트레오닌, 티로신, 시스테인이 특히 이러한 억제에 민감하다.

Box 7.6 미카엘리스–멘텐 등식

미카엘리스-멘텐 등식은 효소 연구의 핵심이며 이 등식이 어떻게 유도되었는지 이해하는 것이 중요하다. 미카엘리스-멘텐 등식은 다음과 같은 효소 촉매의 개념에 기초를 두고 있다.

$$E + S \underset{k_2}{\overset{k_1}{\rightleftharpoons}} ES \xrightarrow{k_3} E + P$$

이 식에서 효소 E는 기질 S와 결합하여 효소-기질 복합체 ES를 형성한다. ES 복합체는 분리되어 다시 $E + S$를 형성하거나 진행되어 E와 생성물 P를 형성한다. k_1, k_2, k_3는 **속도상수(rate constant)**이고 각 단계와 관계있는 속도를 설명한다. $E + P \rightarrow ES$의 역반응에 대하여 의미있는 속도가 없다고 가정한다.

이 모델에 따르면, 효소-기질 복합체의 농도는 $[ES]$로 표시하는데 모든 기질이 사용될 때까지 거의 일정하게 유지된다. 이것은 대부분의 과정 중에서 ES 합성 속도와 ES 소모 속도가 같다는 것을 의미한다. 즉, $[ES]$는 **안정상태(steady state)**를 유지한다.

낮은 기질 농도에서 초기 속도(V_0)는 기질의 농도에 비례하지만 높은 기질 농도에서 속도는 $[S]$에 의존하지 않고 결국 최대값인 V_{max}에 도달한다. V_0를 $[S]$에 대하여 그래프를 그리면 미카엘리스-멘텐 등식은 쌍곡선으로 나타난다(그림 7.17B 참조). 등식은 다음과 같다.

$$V_0 = \frac{V_{max} \times [S]}{K_m + [S]}$$

등식을 유도하여 미카엘리스와 멘텐은 새로운 상수인 미카엘리스 상수 K_m을 다음과 같이 정의하였다.

$$K_m = \frac{k_2 + k_3}{k_1}$$

그러므로 K_m은 ES의 분해 속도($k_2 + k_3$)를 ES의 합성 속도(k_1)로 나눈 것과 같다. 즉 효소의 K_m은 ES 복합체의 안정도를 나타낸다. 그러나 많은 효소의 k_2는 k_3보다 크다. 만약 그렇다면 K_m은 ES 형성과 분해에 대한 속도상수인 k_1과 k_2의 상대값에 의존한다. 이 상황에서 K_m은 기질에 대한 효소의 친화도를 측정하게 된다.

- 만일 효소가 기질에 대하여 약한 친화도를 가지면 k_2(ES가 E와 S로 분리되는 것)가 k_1(E와 S가 ES 형성하는 것)에 대하여 우세하다.
- 역으로, 기질에 대하여 강한 친화도를 가진 효소는 낮은 K_m을 나타내는데, 이 효소의 k_1은 k_2에 대하여 우세할 것이다.

마지막으로 만일 미카엘리스-멘텐 등식을 역수로 취하면 어떤 일이 일어나는지 살펴보자. 역수를 취하면 다음과 같다.

$$\frac{1}{V_0} = \frac{K_m + [S]}{V_{max}\,[S]} = \frac{K_m}{V_{max}}\frac{1}{[S]} + \frac{1}{V_{max}}$$

이 등식은 1934년에 라인웨버(Hans Lineweaver)와 버크(Dean Burk)가 제시하였다. $1/[S]$에 대한 $1/V_0$의 그래프는 직선을 나타내게 된다. 이 직선의 기울기는 K_m/V_{max}이고 y축 절편($1/[S] = 0$)은 $1/V_{max}$이고 x축 절편($1/V_0 = 0$)은 $-1/K_m$이다. 이 그래프를 라인웨버–버크 도면이라고 한다(그림 7.18 참조).

그림 7.19 **디이소프로필 플루오로인산염(DIFP)과 세린 사이의 반응**

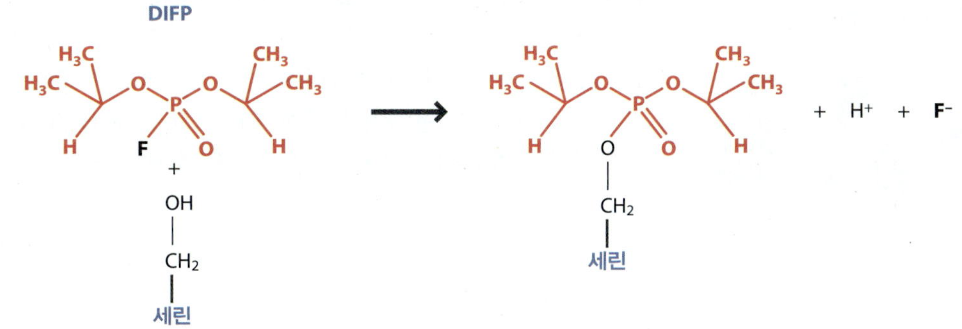

그림 7.20 **키모트립신**

키모트립신의 활성 부위는 3개의 아미노산, 즉 세린, 히스티딘, 아스파르트산으로 '촉매 3작용기'로 구성된다. 세린과 DIFP 사이의 반응은 키모트립신의 비가역적 억제를 일으킨다. 이미지는 CC BY-SA 3.0 허가를 받아 Wikimedia에서 재구성됨.

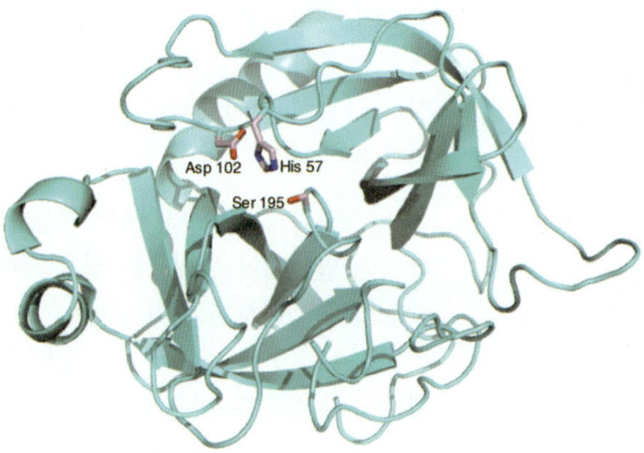

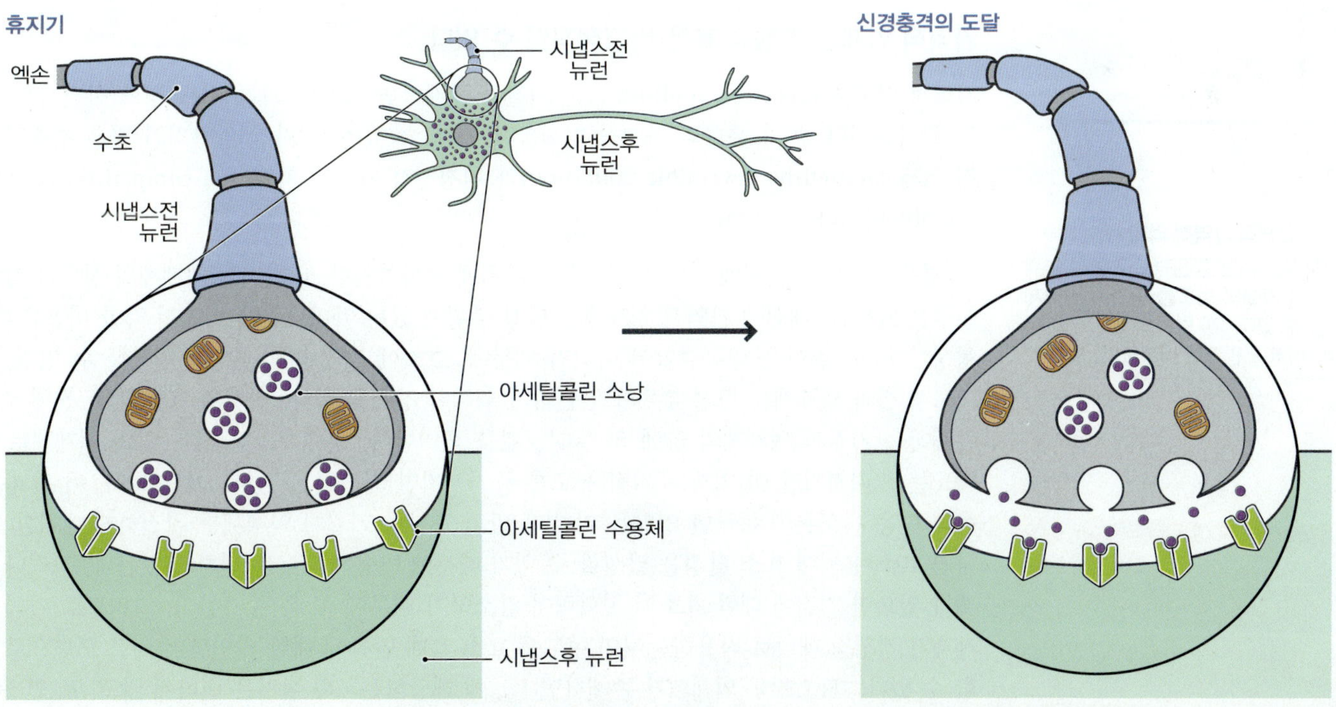

그림 7.21 **콜린작동성 시냅스**

신경충격이 도달하면 신경전달물질인 아세틸콜린이 시냅스전 뉴런에서 방출이 촉진된다. 시냅스전 뉴런 표면에서 아세틸콜린 분자가 수용체 단백질에 결합하면 시냅스를 가로질러 신경충격이 전달된다. 전달된 즉시 아세틸콜린 분자는 아세틸콜린에스테르분해효소에 의해 분해되어 시냅스는 휴지기 상태로 돌아간다.

A. 기질 농도의 효과

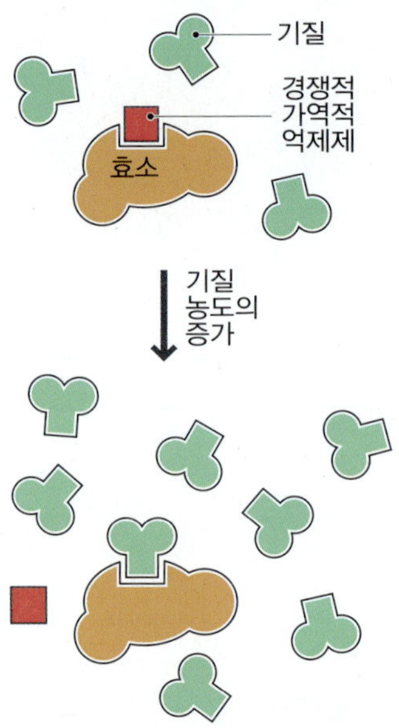

B. V_{max}와 K_m의 효과

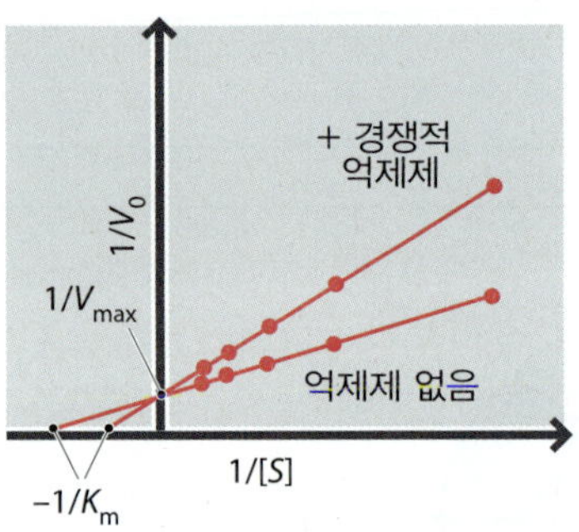

그림 7.22 **경쟁적 가역적 억제**
(A) 기질과 억제제는 경쟁적으로 활성 부위에 접근해서 기질의 농도를 증가시켜 억제를 극복할 수 있다. (B) 반응의 V_{max}와 K_m은 라인웨버-버크 도면으로 나타냈다.

디이소프로필 플루오로인산염(didisopropyl fluorophosphate, DIFP)은 비가역적 억제제이다. DIFP는 세린과 같이 하이드록실기를 포함하는 많은 화합물과 반응한다(그림 7.19). DIFP가 활성 부위에 있는 세린과 결합하여 기질이 들어오는 것을 막고 효소가 촉매하는 생화학 반응에서 세린 곁사슬이 작용하지 못하게 한다. 그러므로 DIFP가 결합한 효소 분자의 활성은 비가역적으로 완전히 억제된다. DIFP는 활성 부위에 세린을 가지고 있는 많은 단백질가수분해효소(펩타이드 결합을 끊어 폴리펩타이드를 아미노산으로 분해하는 효소)를 억제한다. 이자에서 분비되어 십이지장에서 단백질 소화에 관여하는 **키모트립신(chymotrypsin)**이 그 예이다(그림 7.20).

DIFP는 또한 신경세포에서 아세틸콜린을 분해하는 **아세틸콜린에스테르분해효소(acetylcholinesterase)**를 억제한다. 아세틸콜린은 신경전달물질로서 이웃한 신경세포나 **뉴런(neuron)** 사이의 **시냅스(synapse)**를 가로질러 신경충격을 전달하는 화합물이다(그림 7.21). 신경충격이 전달되면 신경전달물질은 분해되어야 하며, 그렇지 않으면 신경세포는 다른 신경세포에 계속 신호를 전달한다. DIFP가 아세틸콜린에스테르분해효소를 억제하면 시냅스에서 신경전달물질로 작용하는 아세틸콜린의 분해를 막아 신경계를 방해한다. DIFP는 신경가스의 성분으로 악명이 높다.

비가역적 억제와 열, pH, 변성제에 의해 영향을 받는 효소 활성의 일반적인 비활성화를 신중하게 구별하여야 한다. 두 경우 모두 결과는 같은데, 효소 활성이 완전히 소실된다. 차이는 열, pH, 화학적 변성제는 비특이적으로 작용한다. 이들의 방식은 단백질의 3차원 구조를 안정화시키는 비공유결합을 방해하기 때문에 모든 효소에 영향을 미친다. 한편 억제제는 활성 부위의 구조 때문에 반응할 수 있는 단일 효소 혹은 유사한 효소에 특이적인 영향을 미친다. 똑같은 화합물은 활성 부위가 다른 구조를 가진 다른 효소에 반응할 수 없어서 다른 효소에는 억제 효과를 보이지 않을 것이다.

가역적 억제는 경쟁적 혹은 비경쟁적일 수 있다

가역적 억제제(reversible inhibitors)는 기질이 존재하면 억제 효과를 어느 정도 반전시킬 수 있는 화합물이다. 여러 유형의 가역적 억제를 구별할 수 있는데, 가장 일반적인 것은 **경쟁적 가역적 억제(competitive reversible inhibition)**와 **비경쟁적 가역적 억제(non-competitive reversible inhibition)**이다.

경쟁적 가역적 억제에서 억제제는 활성 부위에 결합하지만, 비가역적 억제제의 경우와 같이 영구적은 아니다. 대신에 가역적 억제제는 활성 부위에 있는 아미노산에 비교적 약한 비공유결합을 형성한다. 이 결합은 공유결합이 아니기 때문에, 효소에 기질이 억제제를 대체할 수 있다. 그러므로 기질과 억제제는 활성 부위에 접근하기 위하여 경쟁을 한다. 이것은 효소 반응 진행 속도는 존재하는 기질과 억제제의 양에 의존하는 것을 의미한다. 상대적으로 많은 양의 억제제로 반응 속도는 느려지지만 이 억제는 기질 농도를 증가시키면 회복될 수 있다(그림 7.22A). 이 관계는 반응의 반응 속도론에 독특한 영향을 미친다. 만일 충분한 기질이 억제제를 완전하게 대치할 수 있다면 효소가 최대 효소 활성을 달성할 수 있기 때문에 반응의 V_{max}는 변하지 않는다. 그러나 억제제가 있으면 기질에 대한 효소의 친화력이 감소하기 때문에 K_m은 증가한다. 그러므로 가역적 억제제가 경쟁적 매너로 작용하는지의 여부를 효소-촉매 반응에 대한 라인웨버-버크 도면으로 결정할 수 있다(그림 7.22B). 억제제가 존재하면 V_{max}에 해당하는 y축 절편은 변하지 않고, K_m인 x축 절편의 위치는 이동한다.

보통 활성 부위에서 멀리 떨어진 효소의 다른 부분에 결합하기 때문에 **비경쟁적 가역적 억제제(non-competitive reversible inhibitor)**는 기질과 직접 경쟁하지 않는다. 이것을 **알로스테릭 억제(allosteric inhibition)**라고 하고 억제제의 결합 위치를 알로스테릭 부위라고 한다. 억제제가

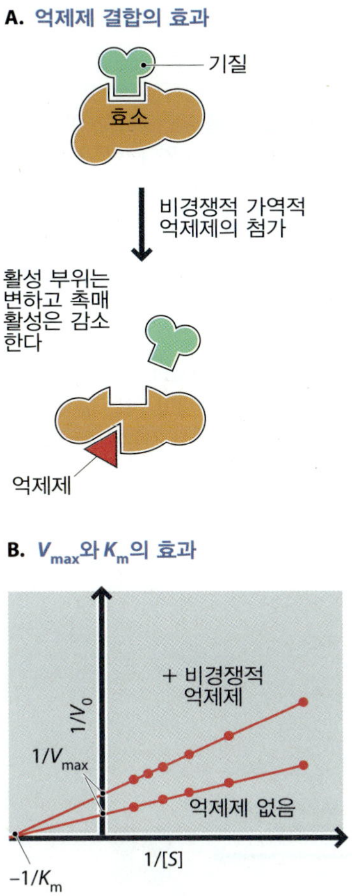

그림 7.23 비경쟁적 가역적 억제
(A) 효소의 다른 부위에 억제제가 결합하면 활성 부위가 변하여 촉매 활성이 감소한다. (B) 반응의 V_{max}와 K_m은 라인웨버-버크 도면으로 나타냈다.

알로스테릭 부위(allosteric site)에 결합하면 효소의 촉매 활성이 감소하는 구조적 변화가 일어난다(**그림 7.23A**). 기질에 대한 효소의 친화도는 변하지 않지만(그래서 K_m은 변하지 않는다), 촉매 활성의 감소로 V_{max}는 감소한다. 기질만이 활성 부위로 들어가기 때문에 기질과 억제제 사이에 경쟁이 없어서 이 억제 유형은 비경쟁적 억제이다. 또한 라인웨버-버크 도면으로 이 유형의 억제를 확인할 수 있다(**그림 7.23B**).

알로스테릭 억제는 대사과정 조절에 중요하다

가역적 억제는 세포 안에서 대사과정을 조절하여 정확하게 최종 생성물이 합성되도록 하는 자연적인 조절의 중요한 부분이다. 많은 과정이 **되먹임 조절(feedback regulation)**의 유형으로 조절되는데 이는 최종 생성물이 초기 단계를 촉매하는 효소의 가역적 억제제로 작용하여 합성 속도를 조절하는 것이다(**그림 7.24A**). 일반적으로 생성물의 구조는 첫 단계의 기질과 매우 달라 첫 번째 효소의 활성 부위에 들어갈 수 없어서 경쟁적 가역적 억제를 할 수 없다. 이 조절 유형은 거의 항상 알로스테릭 효과를 나타낸다.

되먹임 조절은 일반적으로 대사 경로의 **투입 단계(commitment step)**에서 작동한다. 이 단계가 경로에 독특한 중간 산물을 생산하는 첫 번째 단계이기 때문에 이 중간 산물의 합성은 문제가 되는 경로에만 영향을 주고 세포에서 일어나는 대사의 다른 부분에는 영향을 주지 않는다. 에너지 관점에서 필요하지 않은 중간 산물을 합성하여 에너지를 낭비하지 않기 때문에 가장 경제적인 전략이다.

만일 경로가 여러 가지로 갈라져 초기 기질이 여러 개의 최종 생성물로 전환된다면 되먹임 조절이 특히 유용하다. 알로스테릭 억제는 특정 최종 생성물의 적절한 양이 존재할 때 경로의 한 가지를 정지시켜 기질 전부 두 번째 가지의 생성물을 합성하도록 한다(**그림 7.24B**). 만일 두 가지의 최종 생성물의 양이 충분하면 분기점 바로 직전에 중간 생성물이 축적된다. 이 중간 생성물은 이전의 투입 단계를 억제하여 전체 경로를 정지시킨다. 다음 장에서 각 대사 경로를 학습하면서 여러 가지 되먹임 조절의 예를 볼 수 있을 것이다.

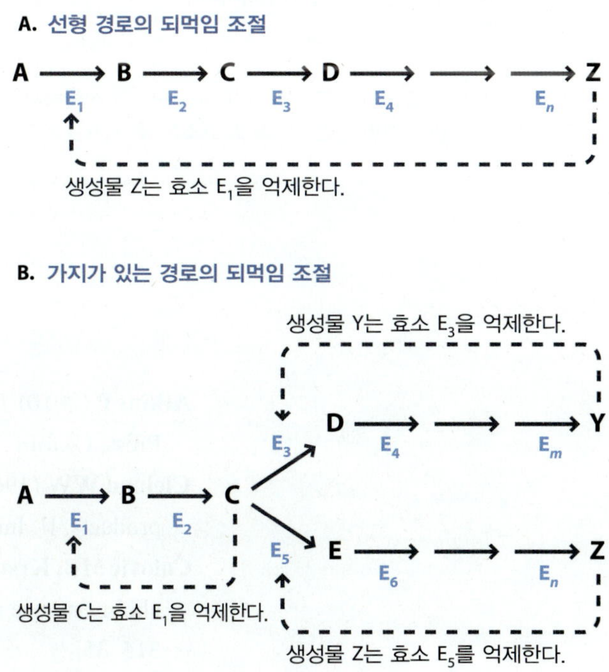

그림 7.24 생화학 경로의 되먹임 억제
(A) 선형 경로의 조절. 최종 생성물 Z는 경로의 초기 단계를 촉매하는 효소 E_1의 가역적 억제제로 작용하여 자신의 합성 속도를 조절한다. (B) 가지가 있는 경로의 조절. 최종 생성물 Y는 효소 E_3의 가역적 억제제로 작용하여 자신의 합성 속도를 조절하고 최종 생성물 Z는 효소 E_5에 작용하여 합성을 조절한다. 만일 Y와 Z 모두 충분한 양이 있으면 중간 생성물 C가 축적되어 가지가 있는 경로 전체의 추입 단계에 있는 효소 E_1을 억제한다.

Box 7.7 알로스테릭 효소

알로스테릭 억제는 **작동인자(effector)** 분자가 효소에 결합하여 조정되는 광범위한 일련의 조절과정 중 하나이다. 비경쟁적 가역적 억제에서 살펴본 것과 같이, 많은 작동인자는 표적 효소의 활성에 음성적 영향을 미친다. 그러나 알로스테릭 자리에 결합하여 효소 활성을 촉진하는 양성적 영향을 미치는 작동인자도 있다. **알로스테릭 효소(allosteric enzyme)**는 그 효과가 효소 활성을 촉진하든지(**양성 알로스테릭 조절, positive allosteric control**) 혹은 억제하든지(**음성 알로스테릭 조절, negative allosteric control**) 상관없이 알로스테릭 작동인자가 활성에 영향을 미치는 효소이다.

양성 알로스테릭 조절은 기질의 유용성에 작은 변화에 대하여 민감도가 증가하는 효소에 사용된다. 이 효소에서 기질 분자가 한 활성 부위에 결합하면 효소의 다른 활성 부위에 기질의 결합을 촉진하는 구조적 변화가 일어난다. 그러므로 기질결합은 **협동적(cooperative)**이다. 이 효과를 설명하기 위하여 2가지 모델이 제안되었다. 두 모델 모두 알로스테릭 효소는 다단위체 단백질이라고 가정한다.

- 모노(Jacques Monod), 와이만(Jeffreis Wyman), 찬듀(Jean-Pierre Changeux)는 처음으로 **협조모델(concerted model)**을 제안하였다. 이 모델에서 효소의 각 단위체는 2개 구조 중 하나를 취할 수 있다. 한 구조는 기질에 낮은 친화도를 가진 '긴장형' 구조이고 다른 하나는 기질에 더 높은 친화도를 나타내는 '이완형' 구조이다. 기질이 없으면, 각 단위체는 긴장형 구조로 존재한다. 한 단위체에 기질이 결합하면 즉시 모든 단위체가 이완형 구조로 전환된다. 그러므로 첫 번째 기질이 결합하면 다른 기질 분자에 대한 효소의 친화도가 증가한다.
- 코쉬랜드(Daniel Koshland)가 처음 제안한 **순차모델(sequential model)**도 긴장형과 이완형 구조를 가진다고 가정하였다. 처음 결합한 기질 분자는 효소의 모든 단위체에 영향을 주기보다는 이웃한 단위체의 기질 친화도만 영향을 주는 것이 협조모델과의 차이점이다.

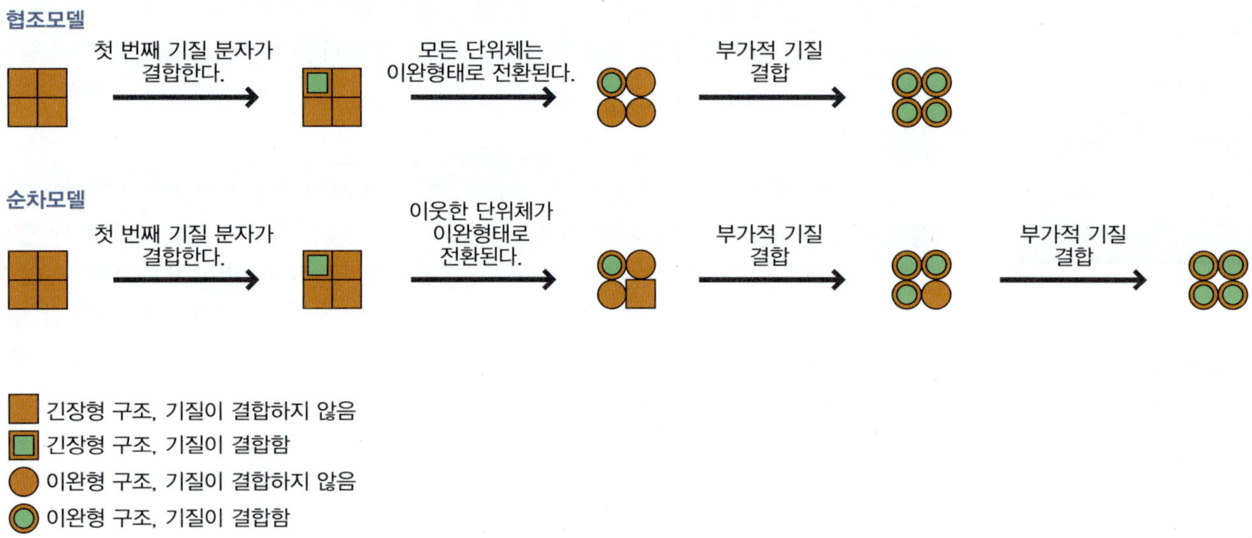

많은 알로스테릭 효소의 연구를 통하여 어느 모델도 정확하지 않으며, 협조모델과 순차모델 사이의 중간 방식으로 효소는 초기 기질 분자의 결합에 반응한다는 것이 제안되었다.

참고문헌

Atkins P (2010) *The Laws of Thermodynamics: a very short introduction*. Oxford University Press, Oxford.

Cleland WW (1963) The kinetics of enzyme-catalyzed reactions with two or more substrates or products. II. Inhibition: nomenclature and theory. *Bichimica et Biophysica Acta* **67**, 173–87.

Čolović MB, Krstić DZ, Lazarević-Pašt TD, Bondžić AM and Vasić VM (2013) Acetylcholinesterase inhibitors: pharmacology and toxicology. *Current Neuropharmacology* **11**, 315–35.

Cornish–Bowden A (2014) Current IUBMB recommendations on enzyme nomenclature and kinetics. *Perspectives in Science* **1**, 74–87. ***Describes the EC classification for enzyme nomenclature, and also gives extensive details of enzyme kinetics.***

Cornish–Bowden A (2014) Understanding allosteric and cooperative interactions in enzymes. *FEBS Journal* **281**, 621–52.

Hashim OH and Adnan NA (1994) Coenzyme, cofactor and prosthetic group – ambiguous biochemical jargon. *Biochemical Education* **22**, 93–4. ***Discusses the confusion that has arisen regarding the precise meaning of these terms.***

Jimenez RM, Polanco JA and Luptak A (2015) Chemistry and biology of self-cleaving ribozymes. *Trends in Biochemical Sciences* **40**, 648–61.

Johnson KA and Goody RS (2011) The original Michaelis constant: translation of the 1913 Michaelis–Menten paper. *Biochemistry* **50**, 8264–9.

Koshland DE (1995) The key–lock theory and the induced fit theory. *Angewandte Chemie* **33**, 23–4. ***Models for enzyme–substrate binding.***

Kumar S and Nussinov R (2001) How do thermophilic proteins deal with heat? *Cellular and Molecular Life Sciences* **58**, 1216–33.

Lineweaver H and Burk D (1934) The determination of enzyme dissociation constants. *Journal of the American Chemical Society* **56**, 658–66.

Yennamalli RM, Rader AJ, Kenny AJ, Wolt JD and Sen TZ (2013) Endoglucanases: insights into thermostability for biofuel applications. *Biotechnology for Biofuels* **6**: 136.

자가 평가 문제

객관식 문제

각 문제에 대한 정답은 한 개이며, 정답은 웹사이트 www.scionpublishing.com/biochemistry에서 찾을 수 있음.

1. 효소가 단백질이라는 것을 보여준 첫 번째 효소는?
- **(a)** 녹말가수분해효소
- **(b)** 디아스테이스
- **(c)** 리보핵산가수분해효소 A
- **(d)** 요소가수분해효소

2. 리보핵산가수분해효소 A의 활성 부위에 있는 2개의 같은 아미노산은?
- **(a)** 글리신
- **(b)** 히스티딘
- **(c)** 이소류신
- **(d)** 류신

3. 트립토판 합성효소에 대한 설명으로 옳은 것은?
- **(a)** 생화학 반응에서 중간 산물은 효소의 두 단위체 사이로 전달된다.
- **(b)** 2개의 동일한 단위체의 이량체이다.
- **(c)** 핵산말단가수분해효소 활성이 있다.
- **(d)** 코리슴산을 기질로 사용한다.

4. RNA 효소를 무엇이라고 하는가?
- **(a)** 리보솜
- **(b)** 리보자임
- **(c)** 운반RNA
- **(d)** 모든 효소는 단백질로 구성되어 있어서 함정이 있는 문제이다.

5. 시토크롬 산화효소에 있는 금속 이온 보조인자는?
- **(a)** Cu^{2+}
- **(b)** Fe^{2+}
- **(c)** Mg^{2+}
- **(d)** Zn^{2+}

6. 리보플라빈(비타민 B_2)은 어떤 유기 보조인자의 전구물질인가?
- **(a)** 조효소 A
- **(b)** FAD와 FMN
- **(c)** NAD^+와 $NADP^+$
- **(d)** *S*-아데노실 메티오닌

7. 보조인자가 있는 효소의 명칭은?
(a) 아포효소
(b) 완전효소
(c) 다중소단위 효소
(d) 리보자임

8. 산화-환원 반응에 관한 설명으로 옳은 것은?
(a) 산화 반응과 환원 반응 모두 전자를 얻는다.
(b) 산화 반응과 환원 반응 모두 전자를 잃는다.
(c) 산화는 전자를 잃고, 환원은 전자를 얻는다.
(d) 환원은 전자를 잃고, 산화는 전자를 얻는다.

9. 다른 생물체에서 동일한 기능을 하는 효소는?
(a) 알로스테릭 효소
(b) 상동효소
(c) 이소자임
(d) 유사효소

10. 에너지를 방출하는 효소 반응을 설명하는 용어는?
(a) 자유에너지 증가
(b) 에너지 결합의
(c) 자유에너지 감소
(d) 가역적인

11. 효소 반응의 기질과 전이상태 사이의 에너지 차이를 나타내는 용어는?
(a) ΔG
(b) $\Delta G^{\ddagger}$
(c) $\Delta G'$
(d) $\Delta G^{\circ\prime}$

12. 다음 중 옳지 않은 설명은?
(a) 효소는 기질과 생성물의 ΔG 값을 변화시킨다.
(b) 효소는 반응 속도를 증가시킨다.
(c) 효소는 전이상태의 자유에너지를 감소시킨다.
(d) 정답 없음

13. 계에서 무질서 정도를 측정하는 열역학 용어는?
(a) 카오스
(b) 엔탈피
(c) 엔트로피
(d) 자유에너지

14. 자물쇠-열쇠 모델과 유도적합 모델은 효소의 어떤 측면에 관한 것인가?
(a) 협동적 기질결합
(b) 비가역적 억제
(c) 전이상태의 자유에너지 감소
(d) 기질결합의 특이성

15. 열안정 효소에 대한 설명으로 옳지 않은 것은?
(a) 변성이 일어나지 않고 높은 온도를 견딜 수 있다.
(b) 호열성 세균에서 얻는다.
(c) 적정 온도는 75~80℃이다.
(d) 정답 없음

16. 효소 반응 속도가 최대값의 절반인 기질 농도를 나타내는 용어는?
(a) k_1
(b) K_m
(c) $[S]$
(d) V_o

17. 라인웨버-버크 도면에서 x축 절편은 무엇인가?
(a) K_m
(b) $\frac{1}{V_{max}}$
(c) $-\frac{1}{K_m}$
(d) $\frac{1}{K_m}$

18. 디이소프로필 플루오로인산염(DIFP)은 어떤 유형의 효소 억제제인가?
(a) 알로스테릭
(b) 경쟁적
(c) 비가역적
(d) 비경쟁적

19. DIFP에 의해 억제되고 신경충격의 전달에 관여하는 효소의 이름은?
(a) 아세틸콜린에스테르분해효소
(b) 키모트립신
(c) 뉴라미니데이스(neuraminidase)
(d) 시냅세이스(synapsase)

20. V_{max}는 같고, K_m은 증가하는 억제의 유형은 무엇인가?
(a) 경쟁적 가역적
(b) 비가역적
(c) 비경쟁적 가역적
(d) 일어나지 않음

21. V_{max}는 감소하고 K_m은 같은 억제의 유형은 무엇인가?
(a) 경쟁적 가역적
(b) 비가역적
(c) 비경쟁적 가역적
(d) 일어나지 않음

22. 알로스테릭 부위는 효소에서 어떤 일을 하는 부분인가?
(a) 억제제나 다른 작동인자 분자가 결합
(b) 기질이 결합
(c) 효소에 의해 방출되기 전에 생성물과 결합
(d) 효소의 2개 단위체 사이에 중간 생성물을 보냄

23. 경로에 독특한 중간 산물을 만드는 대사 경로에서 첫 단계의 명칭은?
(a) 알로스테릭 단계
(b) 투입 단계
(c) 협조 단계
(d) 협동 단계

24. 협조모델과 순차모델은 효소의 어떤 측면에 관한 것인가?
  (a) 협동적 기질결합
  (b) 비가역적 억제
  (c) 전이상태의 자유에너지 감소
  (d) 기질결합의 특이성

단답식 문제

아래 문제는 추가 자료 없이 답이 가능함.

1. 리보핵산가수분해효소 A, DNA 중합효소, 트립토판합성효소의 구조를 비교하고 각 경우에 구조가 효소 활성에 어떻게 관계가 있는지 설명하시오.

`**2.** 리보핵산가수분해효소 P의 구조에서 특이한 점은 무엇인가?

3. 효소 보조인자의 주요 범주를 설명하고 가능한 많은 예를 드시오.

4. EC 효소 분류체계를 요약하시오.

5. '자유에너지'의 의미와 자유에너지감소반응과 자유에너지증가반응의 기질과 생성물 사이의 자유에너지 차이를 설명하시오.

6. 효소 촉매 반응에 대한 논의의 중심에 있는 전환 상태의 자유에너지가 왜 존재하는가?

7. 기질 농도가 효소 촉매 반응의 속도에 어떻게 영향을 미치는가?

8. 어떻게 라인웨버-버크 그래프가 미카엘리스-멘텐 등식에서 유도되었는지 설명하고, (a) 경쟁적 가역적 억제제와 (b) 비경쟁적 가역적 억제제가 있을 때와 없을 때 예상되는 라인웨버-버크 도면을 그리시오.

9. 디이소프로필 플루오로인산염이 왜 신경충격의 전달을 방해하는지 설명하시오.

10. '알로스테릭 억제'를 정의하고 왜 알로스테릭 억제가 대사 경로의 조절에 중요한지 설명하시오.

주관식 문제

아래 문제는 계산, 추가 자료, 인터넷 조사 등을 필요로 함.

1. 리보자임의 존재는 RNA가 단백질 전에 진화했다는 증거로 고려하므로 동시에 진화의 초기 단계 동안에 모든 효소는 RNA로 만들어졌다. 이 가설이 옳다고 가정하고 왜 어떤 리보자임이 현재까지 유지되는지 설명하시오.

2. (a) 리보핵산가수분해효소 A, (b) DNA 중합효소 I, (c) 트립토판합성효소에 대한 EC 번호를 알아보시오.

3. 다음은 2개의 다른 효소가 촉매하는 반응의 속도 상수이다. 각 효소의 K_m을 계산하고 어느 효소가 기질에 더 강한 친화도를 가지고 있는지 알아보시오.

	k_1	k_2	k_3
효소 A	5×10^6 M^{-1} sec^{-1}	2×10^3 sec^{-1}	5×10^2 sec^{-1}
효소 B	2×10^7 M^{-1} sec^{-1}	5×10^3 sec^{-1}	2×10^2 sec^{-1}

4. 효소-기질 복합체 형성의 속도 상수인 k_1이 M^{-1} sec^{-1}로 표시하는 반면, 효소-기질 복합체 분해의 속도 상수인 k_2와 k_3이 sec^{-1}로 표시하는 이유를 설명하시오.

5. 초기 속도는 여러 기질 농도에서 2개의 다른 억제제의 존재하거나 존재하지 않을 때 효소-촉매 반응에서 측정된다. 다음 표의 데이터를 사용하여 억제제가 존재하거나 존재하지 않는 효소의 V_{max}와 K_m 값을 결정하고 각 경우에 일어나는 억제 유형을 알아보시오.

기질 농도	초기 속도 (μM sec^{-1})		
(mM)	억제제 없음	억제제 1	억제제 2
1.0	2.0	1.1	1.0
2.0	3.3	2.0	1.7
5.0	5.9	4.0	3.0
10.0	7.7	5.9	4.0
20.0	10.0	8.3	5.0

제 8 장

에너지 생성: 해당과정

학습목표

이 장을 공부한 후:

- 에너지 저장에 있어서 활성화된 수송체 분자들의 역할을 이해하고, 이러한 수송체들을 설명할 수 있다.
- 생화학적 에너지 생성을 위한 경로는 두 단계로 되어 있다는 것을 알게 될 것이며, 각 단계에서 ATP, NADH, $FADH_2$의 양을 열거할 수 있다.
- 해당과정 경로의 단계들을 설명할 수 있을 것이며, 각 단계에 포함된 기질, 생성물, 효소들에 대해서도 알 수 있다.
- 해당과정 초기에 ATP가 사용되지만, 다음 단계들에서 결국엔 ATP를 얻는다는 것을 알게 될 것이다.
- 산소가 없는 상태에서 몇몇 생명체들이 어떻게 해당과정을 수행하는지를 알게 될 것이고, 이러한 생명체들이 해당과정의 결과로 얻어진 NADH를 재산화하는 방법을 설명할 수 있다.
- 글루코오스 이외의 당들이 어떻게 해당과정으로 들어가는지 설명할 수 있다.
- 포스포프룩토오스 인산화효소(phosphofructokinase)에 의해 촉매되는 단계가 해당과정에서 매우 중요한 조절 부위라는 것을 이해할 수 있을 것이고, 이러한 효소의 활성이 어떻게 ATP, AMP, 시트르산(citrate), 수소이온(hydrogen ion) 등에 의해 조절되는지 설명할 수 있다.
- 프룩토오스 6-인산(fructose 6-phosphate)이 또한 포스포프룩토오스 인산화효소를 어떻게 조절하는지를 설명할 수 있을 것이며, 이런 조절 효과가 혈액 내 글루코오스의 양에 어떻게 반응하는지도 설명할 수 있다.
- 육탄당인산화효소(hexokinase)와 피루브산인산화효소(pyruvate kinase)가 해당과정에서 추가적 조절 부위로서 중요하다는 사실에 감사할 것이다.

세포의 생리적 활동 및 성장, 분열을 위해 필요한 에너지를 제공하는 대사반응들은 매우 중요하다. 인간을 비롯한 많은 동물들은 음식물로서 섭취한 유기분자들을 분해하는 과정을 통해 에너지를 얻는다. 탄수화물(특히 글루코오스), 지질, 아미노산들은 모두 에너지 공급원으로 사용될 수 있다.

이번 장과 다음 장에서는, 글루코오스 내 결합에 포함된 자유에너지가 어떻게 방출되는지 그리고 세포에 의해 어떻게 사용되는지 알아보고자 한다. 이러한 과정은 다양한 효소들과 글루코오스가 서서히 분해되는 동안 형성되는 다양한 중간화합물이 연계된 다양한 단계로 구성된 대사경로이다. 우리들이 대사경로 안에 있는 각각의 단계들을 공부하는 것도 중요하지만, 전반적으로 이러한 경로들의 전체적인 지향점을 망각하지 않는 것도 매우 중요하다. 따라서 전체적인 과정을 살펴보는 것으로 시작으로 다음 두 장에서는 각각의 반응들에 대한 전후맥락을 보다 폭넓게 살펴보고자 한다.

8.1 에너지 생성의 개요

글루코오스 한 분자가 완전히 분해되면 6분자의 이산화탄소와 6분자의 물분자가 생산된다.

$$C_6H_{12}O_6 + 6O_2 \rightarrow 6CO_2 + 6H_2O$$

반응하는 동안 산소가 사용되기 때문에 화학적 용어로 이 과정은 산화(oxidation)라고 한다.

글루코오스의 산화는 자유에너지감소반응이며, 글루코오스가 분해될 때 몰당 2,870 kJ의 에너지가 생성된다. 자유에너지증가반응인 효소촉매반응이 단지 1몰의 기질을 1몰의 생산물로 전환할 때 약 10 kJ의 에너지를 사용한다는 점을 고려해볼 때, 이는 생화학적으로 상당한 양에 해당한다. 따라서 세포가 글루코오스를 서서히 분해할 때, 다양한 단계에서 더 작은 단위의 에너지를 방출한다. 이러한 에너지는 **활성 수송분자(activated carrier molecule)**에 저장된다.

Box 8.1 에너지 단위 화학의 원리

생화학에서, 에너지의 양은 **몰당 킬로줄(kilojoules per mole)**로 표현되고, kJ mol^{-1}로 쓴다. 킬로줄과 몰은 국제단위(SI unit)이며 다음과 같이 정의된다.

- 킬로줄은 1,000**줄**이며, 1줄은 힘의 방향으로 작용점이 1미터 움직였을 때, 1뉴턴의 힘에 의한 일을 의미한다.
- 1몰은 탄소12의 0.012 kg에 있는 원자의 개수와 같은 수의 원자, 분자, 이온 등 물질입자를 포함하는 물질량이다.

글루코오스가 완전히 산화되면 2,870 kJ mol^{-1}의 에너지가 생성된다. 다시 말하면 이 반응의 ΔG는 −2,870 kJ mol^{-1}이며 음의 값은 이 반응이 에너지 방출반응이라는 것을 의미한다(7.2.1절 참조).

8.1.1 활성화된 수송분자들은 생화학적 반응들에 필요한 에너지를 저장한다

7.2.1절에서, 자유에너지증가반응으로 가는 데 필요한 에너지는 종종 ATP 분자의 가수분해에 의해 얻어진다는 점을 배운 바 있다. ATP는 활성화된 수송분자의 대표적인 예이며, 글루코오스와 다른 유기분자들의 분해에 의해 방출되는 자유에너지의 일시적인 저장소로서 역할을 하는 분자이다.

ATP는 가장 생물학적인 에너지 수송체이며, 전형적인 인간세포의 경우 약 10^9의 ATP 분자를 포함하고, 몇몇 세포는 수 분마다 ATP를 완전히 소진한다(그리고 새로운 ATP 분자에 의해 대체된다). ATP가 가수분해되면 30.84 kJ mol^{-1}의 에너지를 방출하고 그 결과 ADP와 무기인산(inorganic phosphate)이 만들어진다(**그림 8.1**).

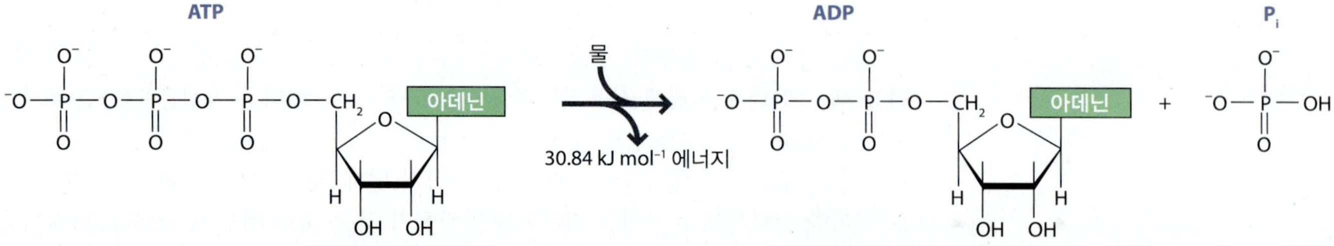

그림 8.1 APT의 가수분해
약어: ATP, 아데노신 5′-삼인산; ADP, 아데노신 5′-이인산; P_i, 무기인산

ATP가 가수분해될 때 끊어지는 인산-인산 결합은 종종 높은 에너지 결합으로 불리지만, 이는 다소 애매한 표현일 뿐만 아니라 부정확한 설명이다. 왜냐하면 방출되는 에너지는 인산-인산 결합이 끊어지면서 직접 생산되는 것이 아니며, 연결을 위한 결합에너지와 정확히 일치하지 않는다. 대신, 반응물과 생성물 간의 ΔG 때문에 모든 화학반응에서처럼 자유에너지가 발생한다. 이런 경우, ATP와 ADP의 공명 및 용매화 특성 간의 차이 때문에 상대적으로 반응물(ATP, 물)과 생성물(ADP, 무기인산) 사이의 ΔG는 크다. 이러한 공명 및 용매화의 차이 때문에 ADP는 열역학적으로 ATP보다 더 질서도가 있고 그로 인해 더 낮은 자유에너지 양을 가지고 있다. 따라서 ATP에서 ADP로의 전환은 에너지를 방출시킨다.

단백질 합성에서 GTP의 역할을 **16.2.2절**에서 살펴볼 것이다.

살아 있는 세포 내에서 ATP는 아마 더 중요한 활성화된 수송분자로 여겨지지만, ATP만이 유일한 화합물은 아니다. 핵산의 두 번째 형태인 GTP 역시 단백질 합성반응에서 에너지 수송분자로서 역할을 한다.

몇몇 효소 보조인자(cofactor)도 활성화된 수송분자이며 NAD^+, $NADP^+$가 여기에 속한다. 이들은 NADH나 NADPH 같이 분자들을 환원된 형태로 전환하기 위해 전자(electrons)나 양성자(proton) 형태의 에너지를 수송하는 역할을 한다. NAD^+와 $NADP^+$의 환원을 위한 화학식은 다음과 같다.

$$NAD^+ + H+ + 2e^- \rightarrow NADH$$

$$NADP^+ + H+ + 2e^- \rightarrow NADPH$$

NADH와 NADPH의 구조는 **그림 7.7A**에, FAD와 FMN의 구조는 **그림 7.7B**를 참고한다.

이 화학반응의 역반응은 저장된 에너지를 방출하는 것이며, NADH는 에너지 생성 경로에 있는 서로 다른 성분 간에 에너지 수송체로서 역할을 하는 것이다. 반면, NADPH는 아래에서 볼 수 있듯이 작은 유기분자로부터 큰 유기분자를 합성하는 동화반응(anabolic reaction)에 주로 이용된다.

FAD와 FMN 역시 비슷한 방식으로 역할을 하지만 두 개의 양자와 반응한다는 점이 다르다.

$$FAD + 2H^+ + 2e^- \rightarrow FADH_2$$

$$FMN + 2H^+ + 2e^- \rightarrow FMNH_2$$

NAD^+처럼, FAD와 FMN 둘 다 에너지 생성 경로와 연관되어 있다.

8.1.2 생화학적 에너지 생성은 두 단계 과정이다

글루코오스 분자에 포함된 에너지를 차츰 방출하는 일련의 반응들은 두 단계 과정으로 기술할 수 있다(**그림 8.2**). 첫 번째 단계는 **해당과정(glycolysis)**이라 하며 이 과정을 통해 6개의 탄소를 가지고 있는 글루코오스 분자는 각각 3개의 탄소를 가지고 있는 2분자의 **피루브산(pyruvate)**으로 나누어진다. 해당과정은 산소를 필요로 하지 않으며 대부분의 생명체의 세포 내에서 일어날 수 있다. 그러나 실제 글루코오스 내 에너지의 7%만을 방출하며 이러한 방출된 에너지는 2분자의 APT를 합성하는 데 사용된다. 또한 두 분자의 NADH가 대사되는 글루코오스 분자당 생성된다.

TCA 회로는 시트르산 회로(citrate cycle) 혹은 1937년 이 회로를 서술한 Hans Krebs가 이 회로를 서술한 이후 크렙스 회로(Krebs cycle)로도 불린다. **9.1절**에서 TCA 회로를 공부할 것이고 **9.2절**에서 전자전달사슬에 대해 배울 예정이다.

두 번째 단계는 산소를 요구하기 때문에, 호흡을 수행할 수 있는 세포들에 한해서 호기성 조건에서 일어난다. 이 단계는 두 개의 연계된 경로로 이루어져 있다. 우선, 첫 번째 경로인 **트리카르복실산 회로(tricarboxylic acid cycle, TCA cycle)**는 해당과정을 거쳐 생성된 피루브산 분자가 분해되는 과정을 통해 완성된다. TCA 회로로 들어가기 전에 피루브산은 NADH 분자를 생성하는 **아세틸 CoA(acetyl CoA)**로 전환된다. 그 후, TCA 회로를 통해 아세틸 CoA를 분해하는데, 1분자의 아세틸 CoA는 3분자의 NADH와 2분자의 $FADH_2$, 그리고 1분자의 ATP를 형성한

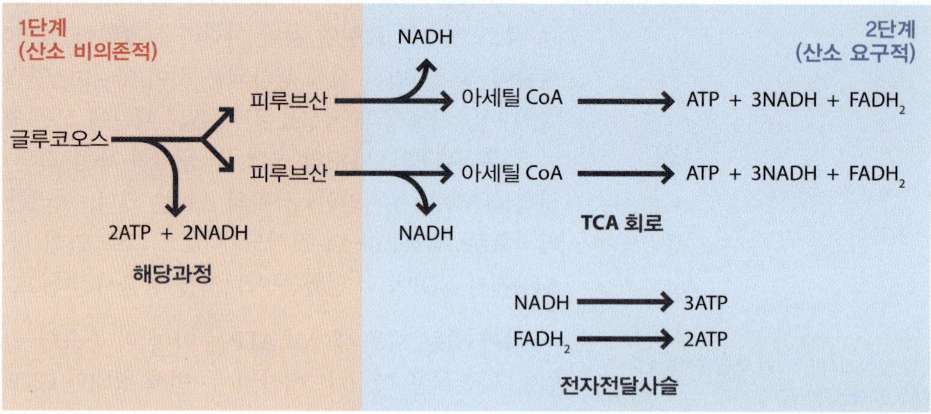

그림 8.2 생화학적 에너지 생성과정의 두 단계

다. 이러한 아세틸 CoA는 지질분해에 의해서도 얻어질 수 있는데 이는 TCA 회로가 다른 에너지 저장형태로부터도 에너지를 이용할 수 있음을 의미한다. 두 번째 경로는 **전자전달사슬(electron transport chain)**로서 NADH 및 $FADH_2$ 분자에 포함된 에너지를 사용하는데 NADH로부터 3분자의 ATP를 $FADH_2$ 로부터 1분자의 APT를 합성할 수 있다.

요약하자면, 글루코오스 한 분자당 38분자의 ATP가 생산된다.

- 해당과정의 결과 8분자의 ATP가 얻어진다 — 해당과정회로를 거쳐 직접 2분자의 ATP가, 그리고 이 과정에서 생성되는 NADH로부터 6분자의 ATP가 얻어진다.
- 또 다른 6분자의 ATP는 2분자의 피루브산이 2분자의 아세틸 CoA로 전환될 때 생성되는 2분자의 NADH로부터 얻어진다.
- TCA 회로를 거쳐 2분자의 ATP가 얻어지며, 이는 2분자의 아세틸 CoA 분자에서 각각 1개의 ATP가 얻어진다.
- 나머지 22분자의 ATP는 NADH, $FADH_2$ 분자들로부터 TCA 회로를 거쳐 얻어진다.

38분자의 ATP는 1,173 kJ mol^{-1}(= 38×30.84)에 해당한다. 이는 한 분자의 글루코오스로부터 얻어진 총 에너지량의 41%에 해당한다. 그렇다면, 나머지들은 어떻게 될까? 열로써 소실되는데 이는 인간처럼 정온동물의 경우 체온을 유지하는 데 도움이 된다.

8.2 해당과정

앞에서 언급한 바와 같이, 글루코오스로부터 에너지를 방출하는 과정의 첫 단계는 해당과정이라 한다. 이 장의 남은 부분에서는 이러한 과정을 4가지 측면에서 생각해보고자 한다. 첫 번째로, 해당경로의 세부 단계들을 살펴보고자 하며, 특히 에너지를 ATP 분자로 전달한다는 점을 강조하고자 한다. 두 번째로, 혐기성 생물체에서 해당과정의 역할에 대하여 알아볼 것인데, 혐기성 생물체는 호흡을 할 수 없으므로 주요 에너지 공급원이 해당과정에 의존할 수밖에 없다. 세 번째로, 글루코오스가 아닌 당들이 어떻게 해당경로로 들어가는지를 알아보고자 한다. 네 번째로, 소모되는 글루코오스의 양이 세포가 필요한 에너지를 얻는 데 적절하도록 하기 위해, 어떻게 해당과정이 조절되는지를 알아보고자 한다.

8.2.1 해당경로

해당경로는 **그림 8.3**에서 대략적인 개요를 보여주며 이를 통해 각각의 단계들을 살펴본 뒤 좀 더 자세히 알아보고자 한다.

그림 8.3 해당과정 개요
해당경로의 각 단계를 촉매하는 효소들의 이름들은 이탤릭체로 표시하였다.

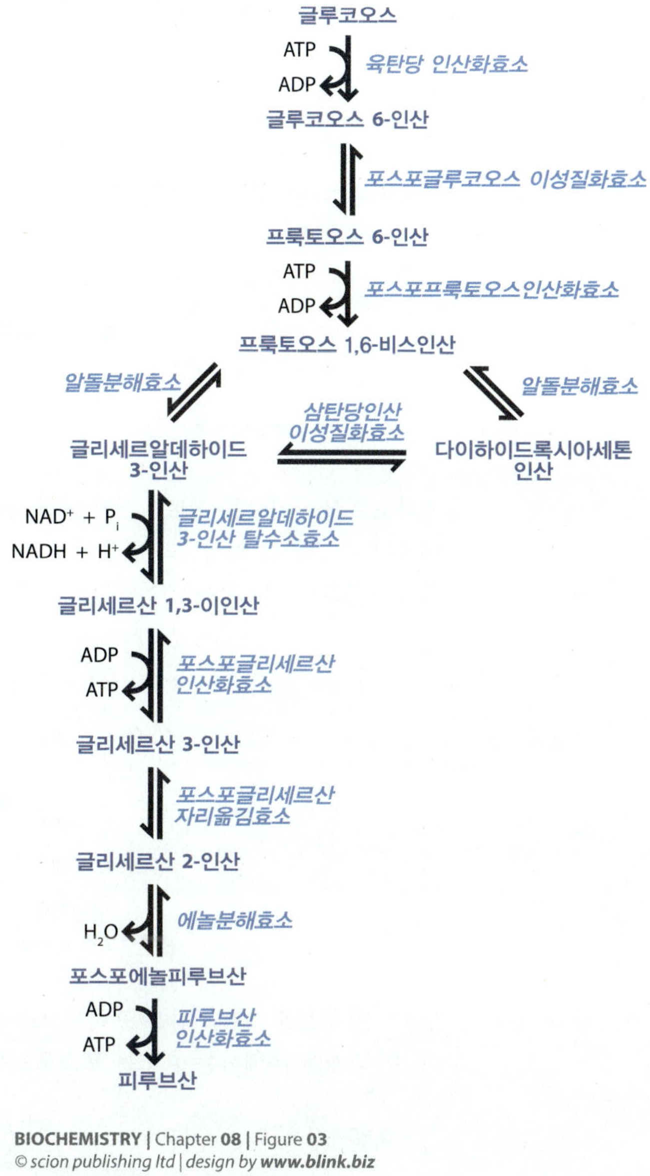

해당과정은 한 분자의 글루코오스를 2분자의 피루브산으로 전환시킨다

해당과정의 각 단계는 다음과 같다.

1단계. 해당경로를 시작할 때, 글루코오스는 글루코오스 6-인산과 ADP를 형성하기 위해 ATP에 의해 인산화된다. 이 과정은 **육탄당인산화효소(hexokinase)**에 의해 촉매된다.

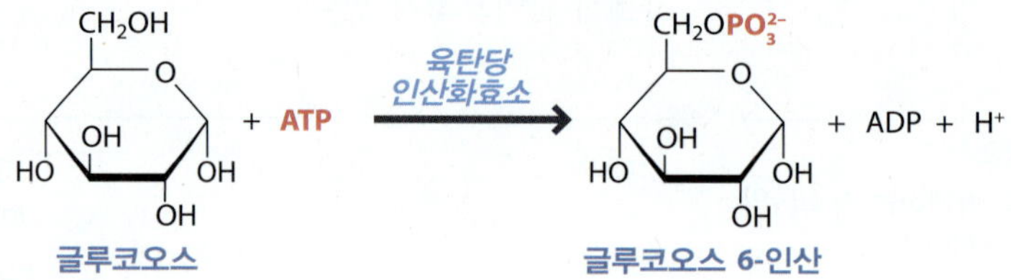

2단계. 글루코오스 6-인산은 **포스포글루코오스 이성질화효소(phosphoglucoisomerase)**에 의해 프룩토오스 6-인산으로 전환된다.

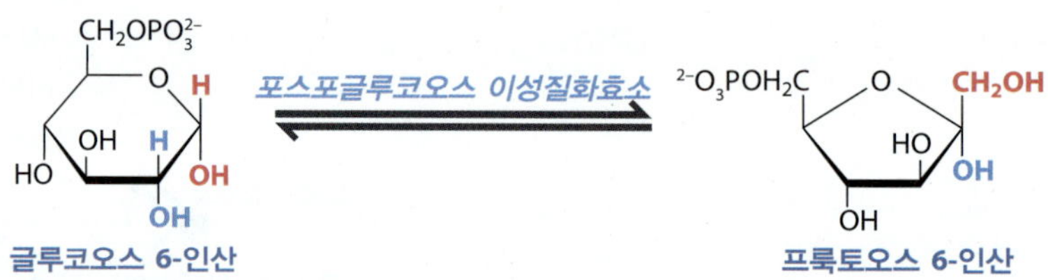

프룩토오스 6-인산은 케토오스인 반면, 글루코오스 6-인산은 알도오스(aldose)이다. 그렇기 때문에 이러한 전환은 이성질화 반응이며, 이는 두 화합물을 선형 형태로 살펴볼 때 좀 더 쉽게 시각화할 수 있다.

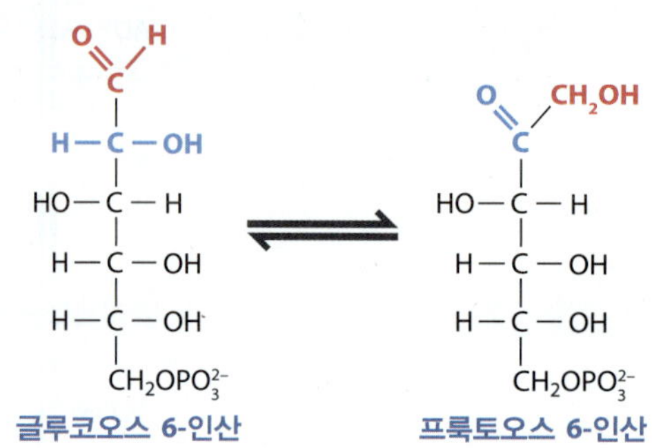

3단계. 프룩토오스 6-인산은 프룩토오스 1,6인산과 ADP를 형성하기 위해 ATP에 의해 인산화된다. 이 과정을 촉매하는 효소는 **포스포프룩토오스인산화효소(phosphofructokinase)**이다.

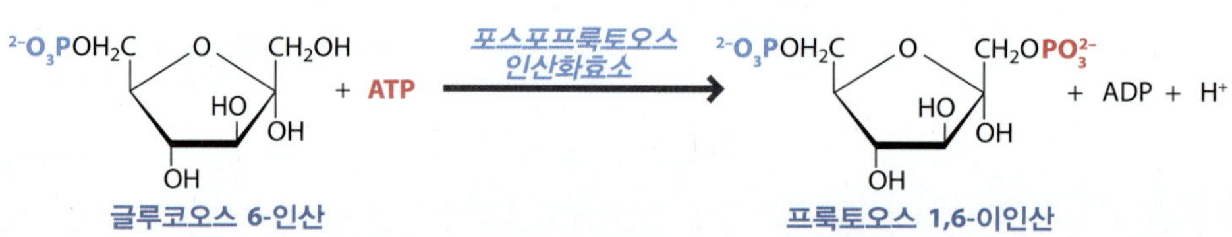

4단계. **알돌분해효소(aldolase)**는 6탄당인 프룩토오스 1,6-이인산을 2분자의 삼탄당 화합물로 나눈다. 이때, 이러한 화합물들은 글리세르알데하이드 3-인산과 디하이드드록시아세톤인산이다.

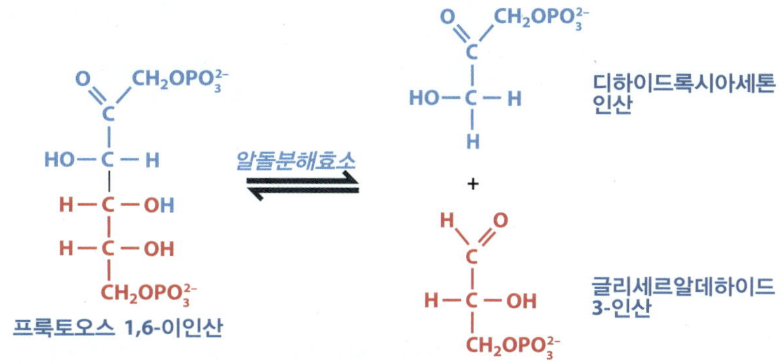

5단계. 디하이드드록시아세톤인산은 그 자체만으로는 해당경로의 나머지 단계에서 사용될 수 없다. 따라서 **삼탄당인산 이성질화효소(triose phosphate isomerase)**에 의해 촉매되는 이성질화 반응에 의해 글리세르알데하이드 3-인산으로 전환된다.

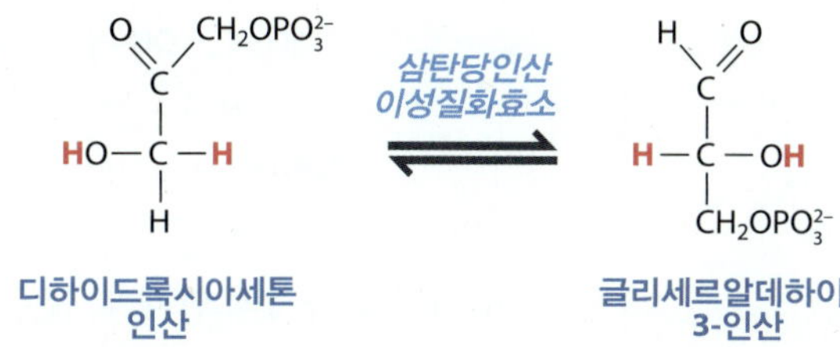

6단계. 글리세르알데하이드 3-인산은 1,3-비스포스포글리세르산으로 전환된다. 이 반응은 **글리세르알데하이드 3-인산 탈수소효소(glyceraldehyde 3-phosphate dehydrogenase)**에 의해 촉매되며 이 과정에서 무기인산(P_i)과 NAD^+를 사용된다. NADH 한 분자를 생성하고 이런 이유로 첫 단계가 된다. 글루코오스 분자의 에너지의 일부는 활성 수송체에 저장된다.

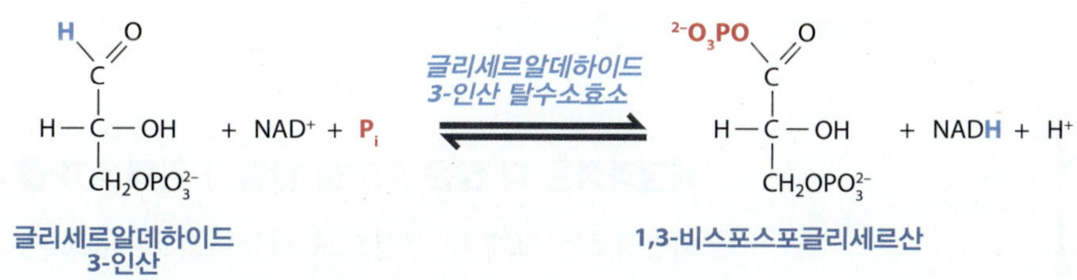

7단계. **포스포글리세르산 인산화효소(phosphoglycerate kinase)**는 1,3-비스포스포글리세르산으로부터 ADP로 인산기를 이동시킨다. 그 결과 ATP와 글리세르산 3-인산을 생성한다.

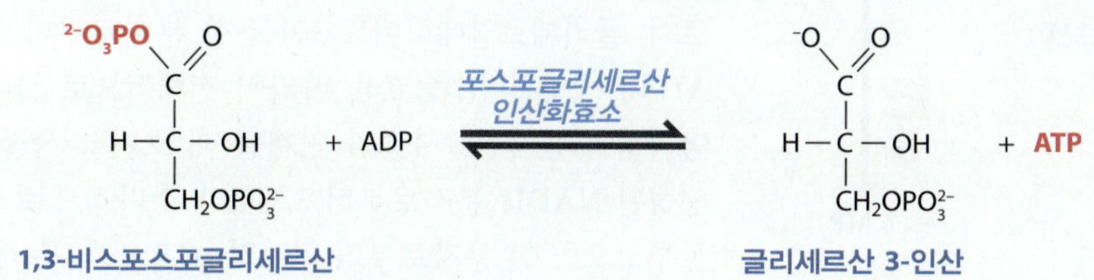

8단계. 글리세르산 3-인산은 **포스포글리세르산 자리옮김효소(phosphoglycerate mutase)**에 의해 글리세르산 2-인산으로 전환된다. 이 반응은 글리세르산 3-인산에 존재하는 인산을 같은 분자 내의 다른 위치의 탄소로 이동시킨다.

9단계. **에놀분해효소(enolase)**는 글리세르산 2-인산으로부터 물분자를 제거하는 반응을 촉매하며 그 결과 포스포에놀피루브산이 형성된다.

10단계. 이 과정의 마지막 단계에서는, **피루브산 인산화효소(pyruvate kinase)**는 ATP와 피루브산을 생성하기 위 포스포에놀피루브산으로부터 인산기를 옮기는 과정을 촉매한다.

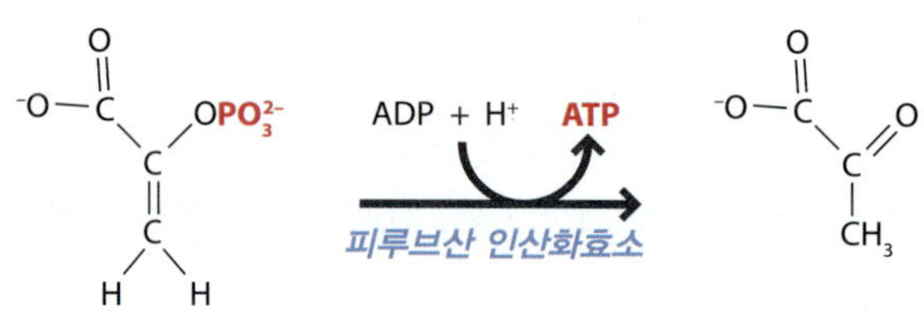

해당과정은 더 많은 ATP를 만들기 위해 ATP를 사용한다

해당경로는 크게 두 부분으로 나누어볼 수 있으며, 글리세르알데하이드-3인산 합성으로 끝나는 1~5단계로 구성된 전기와 글리세르알데하이드 3인산이 피루브산으로 대사되는 과정인 6~10단계로 이루어진 후기로 이루어져 있다. 전기는 ATP를 생성하는 단계는 아니다. 한 분자의 글루코오스(인산기 없음)가 두 분자의 글리세르알데하이드-3인산(각각 1개의 인산기를 가짐)으로 전환되기 위해서는 2분자의 ATP가 필요하기 때문이다. 해당과정의 후기는 ATP를 생산하는 과정으로서, 글리세르알데하이드-3인산 한 분자로부터 2ATP, 즉 한 분자의 글루코오스로부터 4분자의 ATP가 생성된다(그림 8.4). 따라서 전체적으로 글루코오스 한 분자당 총 2ATP가 만들어진다. 해당과정이 전자전달사슬과 연계될 때 호기성 생물체의 경우 8ATP로 증가할 수 있다. 6단계에서 생성된 NADH 분자로부터 3ATP가 추가적으로 합성될 수 있다. 다시 말하면, 개시 단계에서의 글루코오스 한 분자로부터 얻어진 ATP 양의 두 배가 될 수 있다.

해당과정의 전기에 사용되는 2분자의 ATP는 포스포에놀피루브산이 피루브산으로 전환되는

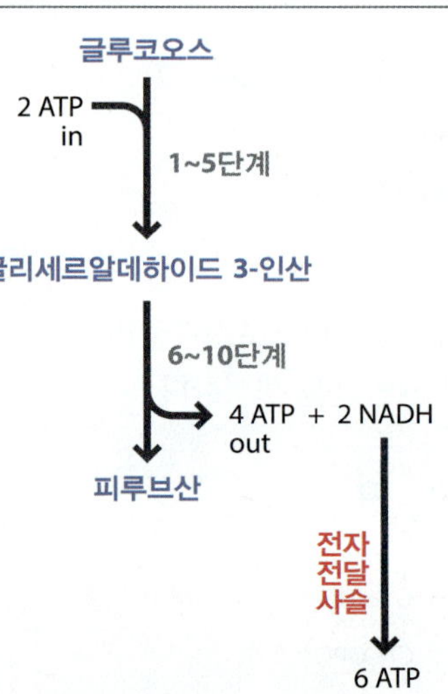

그림 8.4 해당경로에서 에너지 균형

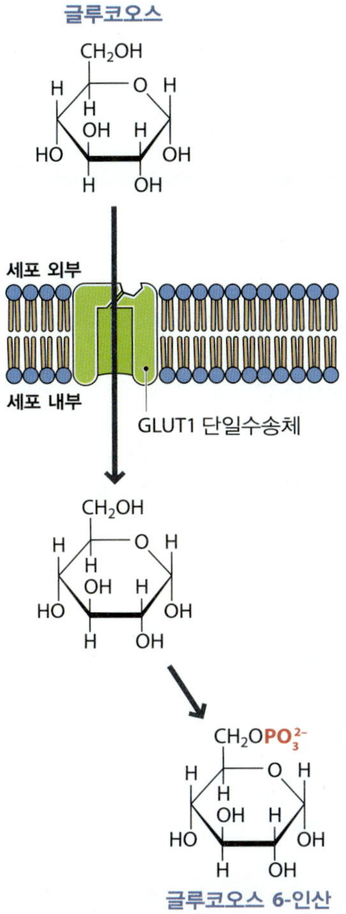

그림 8.5 인산화는 세포 안에서 글루코오스를 포획한다.
세포 내부로 이동한 즉시, 글루코오스는 글루코오스 6-인산으로 전환된다. 글루코오스 6-인산은 GLUT1 단일수송체를 통해 이동할 수 없으며, 심지어 외부 글루코오스 농도가 감소함에도 불구하고 세포 내부에 남아 있다.

마지막 단계에서 회복된다. 그렇다면, 결국엔 마지막 단계에서 다시 회복되는 해당과정의 전기에서는 왜 2분자의 ATP를 소모할까? 그 이유는 두 가지이다. 첫째, 초기 인산화는 글루코오스가 계속해서 세포 내부로 흘러 들어가게 해준다. 5.2.2절에서 GLUT1 단일수송체는 글루코오스가 어떻게 세포막을 통과해서 이동하는지에 대해 배웠던 것을 떠올려 보자. 글루코오스 수송체는 촉진적 확산의 예이며, 세포 내로 이동한 내부 글루코오스 농도는 세포 외부보다는 낮아야만 한다. 글루코오스에서 GLUT1 단일수송체의 기질이 아닌 글루코오스 6-인산으로의 전환된다는 것은 즉시 혹은 수송 후 글루코오스의 농도가 낮게 유지된다는 것을 의미한다(**그림 8.5**). 사실상, 인산화는 세포 내부에 에너지 공급원을 붙잡아두는 것이며, 이는 만약 외부 글루코오스 농도가 떨어지지 않는 한 지속된다.

초기 인산화에 대한 두 번째 이유는 6, 7단계에서 일어나는 반응들에 호의적이기 때문이다. 이러한 두 단계의 결과, 글리세르알데하이드-3인산이 글리세르산 3-인산으로 전환되며 이때 1분자의 ATP와 1분자의 NADH를 형성한다. 따라서 순 에너지획득이 달성될 때이기 때문에 해당과정에서 매우 중요한 부분이다. 이름에서도 알 수 있듯이 글리세르알데하이드 3-인산은 알데하이드이며 글리세르산 3-인산은 일종의 카르복실산이다. 이러한 전환은 산화반응이다. 전환반응과 관련된 두 효소 중 첫 번째 효소인 글리세르알데하이드 3-인산 탈수소효소는 산화를 수행할 때 필요한 산소의 공급원으로서 무기인산을 사용하며 (6단계, 위) 1,3-비스포스포글리세르산을 생성한다. 치환된 수소는 NAD^+를 NADH로 환원시키는 데 사용되는데 이는 산화반응에 의해 방출된 에너지의 일정부분을 포획한다. 1,3-비스포스포글리세르산 분자는 즉시 두 번째 효소인 포스포글리세르산 인산화효소(phosphoglycerate kinase)로 넘어가게 되며, 인산기를 ADP에 전달함으로써 ATP로 전환된다(7단계, 위). 이러한 반응들은 아마 기질로서 글리세르알데하이드 3-인산 대신에 글리세르알데하이드가 가능할 것으로 생각될 수도 있지만, 글리세르알데하이드만으로는 산화반응을 종결하기 위해 극복해야 할 에너지 장벽이 더 높다. 글리세르알데하이드를 산화시키기 위해 필요한 더 많은 에너지의 유입은, 불충분한 에너지가 ATP 혹은 NADH 분자를 생성하기 위해 아마 남겨질 정도까지, 이러한 두 단계의 에너지 균형을 감소시킬지도 모른다. 따라서 해당과정 전기에 속하는 두 가지 인산화반응은 ATP와 NADH 분자의 생산을 촉진시키는 산화과정 동안에 에너지장벽을 낮춤으로써 에너지 방출을 가능하게 한다.

8.2.2 산소가 없을 때 해당과정

해당과정은 산소분자를 필요로 하지 않기 때문에 혐기성 조건에서도 일어날 수 있다. 해당과정의 결과 ATP가 만들어지는 것처럼, 혐기성 조건에서도 세포는 에너지를 생산할 수 있다. 이러한 조건에서 앞서 말한 6단계에서 생성된 NADH 분자들에 포함된 추가 에너지를 생산할 수는 없다. 이러한 사실도 단점일 수 있지만, 혐기성세포가 처한 중대한 문제는 만약 이러한 NADH 분자들이 재산화되지 않는다면 공급되는 NAD^+의 양이 적어지게 된다는 점에 있다. NAD^+가 해당과정 6단계에 필요한 기질인 것처럼 이러한 화합물들의 부족은 해당과정을 ATP를 얻어내는 단계들에 도달하기 전에 멈추게 한다. 앞으로 언급할 부분이지만, 다양한 생물체들이 NADH를 다시 NAD^+로 전환시키기 위해 다양한 전략을 세우도록 진화하고 있다.

운동 중인 근육에서는 피루브산이 락트산으로 전환된다

오랜 운동 후, 동물의 근육에서는 산소가 부족해질 수 있다. 이때, TCA 회로와 전자전달사슬은 최고 속도로 해당과정을 유지하는 데 필요한 NAD^+를 충분히 빠르게 생산하지 못하게 되며 전반적으로 빠르게 작동할 수 없게 된다. 이러한 문제들을 완화하기 위해 근육세포에 축적된 피루브산은 일부 **락트산탈수소효소(lactate dehydrogenase)**에 의해 락트산(lactate)으로 전환된다.

Box 8.2 ATP의 생화학적 합성

ATP는 가장 중요한 활성화된 수송분자이며 합성반응은 세포에 원활한 에너지 공급을 유지하는 데 매우 중요하다. ATP가 생성되는 두 가지 방법은 **기질수준 인산화(substrate-level phosphorylation)**와 **산화적 인산화(oxidative phosphorylation)**이다.

기질수준의 인산화에서는, ADP로부터 ATP를 생성하기 위해 인산이 사용되는데 이때 반응의 기질 중에 하나인 인산화된 중간물질로부터 유래한다. 우리는 이러한 중간물질을 $R\text{–}OPO_3^{2-}$로 표기할 수 있으며 여기에서 'R'은 이 화합물의 당 성분이다.

인산기가 중간물질로부터 떨어져나올 때 발생하는 에너지는 보존되며 인산기를 ADP에 전달해주는 데 이용된다. 해당과정의 7단계와 10단계는 둘 다 기질수준 인산화이다.

산화적 인산화에서는, ATP 합성효소(ATP synthase)가 ADP와 무기인산(P_i)으로부터 ATP를 합성한다.

$$ADP + P_i \longrightarrow ATP$$

이 반응에 필요한 에너지는 NADH 혹은 $FADH_2$의 산화에 의해 얻어진다. 이러한 과정은 9.2.3절에서 자세히 공부할 예정이다.

호흡하는 세포들은 대부분의 ATP를 산화적 인산화 과정을 통해 얻는다. 기질수준의 인산화는 산소가 부족한 환경에서 사는 생명체와 산소가 고갈된 조직에서 더 중요하다.

피루브산 락트산

피루브산에서 락트산으로의 전환은 환원이며 NADH가 NAD^+로 산화되는 반응과 연결된다. 이때, NAD^+의 세포 공급은 해당과정이 계속되기에 충분한 것으로 확인되었다.

그렇다면, 생산된 락트산에는 어떤 일이 일어나는가? 락트산은 다른 유용한 화합물로 대사될 수 없기 때문에, 이를 제거하기 위한 유일한 방법은 다시 피루브산으로 전환되는 것이다. 이러한 역반응 역시 락트산탈수소효소에 의해 촉매되지만, 근육에서 이 과정이 일어나면 NAD^+ 분자들을 소모될지도 모른다. 따라서 근육에서 일어나는 대신에, 락트산은 혐기성 근육환경으로부터 혈액을 통해 간으로 이동하게 된다. 간세포는 운동에 의해 영향을 받지 않으며 여전히 호기성 환경에서 작동을 하기 때문에, 락트산은 간에서 락트산탈수소효소에 의해 다시 피루브산으로 산화된다.

글루코오스신생합성은 **11.2절**에서 서술할 예정이다.

간에서 피루브산은 TCA 회로로 들어갈 수 있지만, 일반적으로 이런 일은 일어나지 않는다. 그 이유는 간은 피루브산의 유입 없이 자체적으로도 충분한 양의 에너지를 생산할 수 있기 때문이다. 대신에, **글루코오스신생합성(gluconeogenesis)**이라 불리는 과정이 피루브산을 다시 글루코오스로 전환하며, 이들이 혈액을 통해 유입되어 다시 다른 조직에 의해 사용된다. 만약 이러한 과정을 개시하는 운동기간이 오랫동안 지속되고 심해지면, 이러한 과정이 유지되는 것은 이러한 근육세포에 의존될지도 모른다. 간에서의 피루브산과 글루코오스의 재생성(regeneration)과 연관된 근육세포 내에서의 해당과정과 락트산생성을 합친 것을 **코리회로(Cori cycle)**라 부른다(그림 8.6). 이 회로는 ATP의 손실이 있기 때문에 무기한 계속 지속될 수는 없다. 이는 글루코오스신생합성이 글루코오스로 전환되는 피루브산 분자당 6ATP를 소모하기 때문이며, 이러한 ATP 중 2ATP는 글루코오스가 해당경로를 거쳐 피루브산으로 전환될 때 다시 회수되기 때문이다.

Box 8.3 혐기성과 호기성 생물체

미생물들은 산소 요구 정도에 따라 구분될 수 있다.

- **절대호기성 생물(obligate aerobe)**은 성장을 위해서 반드시 산소가 필요하다. 이들은 산화적 인산화로부터 ATP를 얻으며, 그렇기 때문에 산소가 요구된다. 대부분의 균류(fungi)와 조류(algae)는 대부분의 박테리아처럼 절대호기성 생물이다.
- **조건혐기성 생물(facultative anaerobe)**은 ATP를 만들기 위해 산소를 사용할 수 있지만 산소가 없는 상황에서도 성장을 할 수 있다. 효모인 *Saccharomyces cerevisae*는 전형적인 조건혐기성 생물이다. 만약 산소를 사용할 수 없다면 효모는 NAD^+를 생성하기 위해 발효를 이용할 수 있다. 이는 효모가 해당과정 동안에 기질수준의 인산화를 통해 지속적으로 ATP를 얻어낼 수 있도록 한다.
- **절대혐기성 생물(obligate anaerobe)**은 절대 산소를 사용하지 않는다. 완전혐기성 생물은 효소나 생체막에 산화적 손상을 야기하는 과산화물(superoxide, O_2^-)과 과산화수소(H_2O_2) 같은 화합물을 해독할 수 없기 때문에 실제 산소는 오히려 이들에게 치명적이다. 몇몇 절대혐기성 생물은 해당과정으로부터 피루브산을 락트산으로 혹은 해당과정에 필요한 NAD^+가 생성되는 데 관여하는 다른 화합물로 전환시킨다. 또한 몇몇 절대혐기성 생물은 NAD^+를 재생하고 변형된 형태의 전자전달사슬을 통해 ATP를 합성하는데 이러한 변형된 전자전달사슬에서는 산소보다는 다른 화합물이 최종 전자 받개로 사용된다. 예를 들면, *Desulfobacter*는 황산염을 최종전자 받개로 사용하며, 그렇기 때문에 이들은 황산염-환원 박테리아의 일종으로 분류된다.

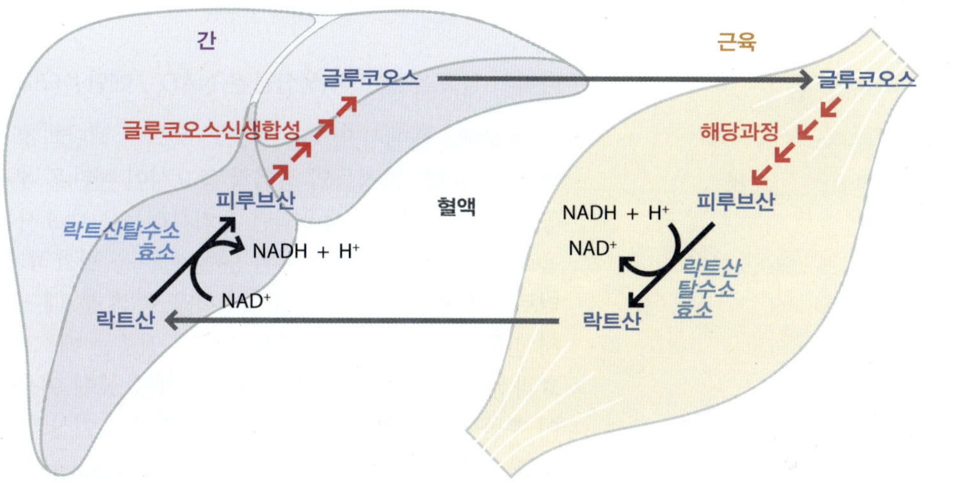

그림 8.6 코리회로
운동 중인 근육에 의해 합성된 락트산은 간으로 이동되며, 여기서 락트산탈수소효소에 의해 피루브산으로 전환되고 글루코오스신생합성경로에 의해 글루코오스로 전환된다. 극심한 운동기간 중에는 글루코오스가 근육세포에서 해당과정을 유지하기 위해 다시 근육세포로 보내질 수 있다.

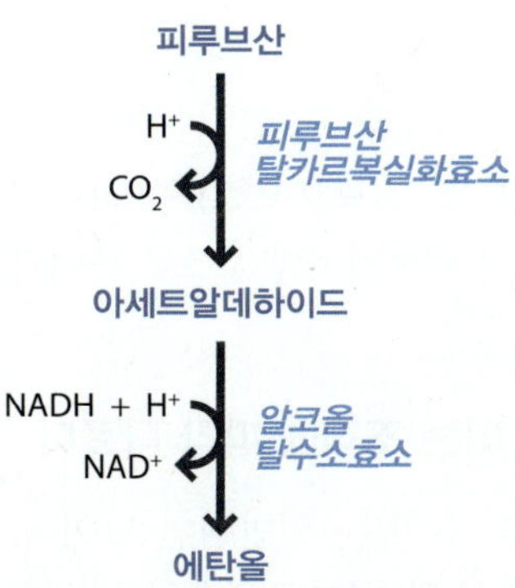

그림 8.7 알코올 발효

효모는 피루브산을 알코올과 이산화탄소로 전환한다

효모인 *Saccharomyces cerevisiae*를 포함한 다양한 미생물들은 산소가 부족한 자연환경에서 살 수 있다. 따라서 이러한 미생물들을 **조건혐기성 생물(facultative anaerobe)**이라 불리며 성장을 위해 산소가 필요한 **절대호기성 생물(obligate aerobe)**들과 다르다. 산소를 이용할 수 있을 때, 효모는 TCA 회로와 전자전달사슬을 포함한 전체 에너지 생성경로를 수행한다. 하지만 산소공급이 일정 수준 이하로 떨어질 때 TCA 회로와 전자전달사슬은 일시적으로 사용 중단되고, 효모는 단지 ATP 공급을 위해 해당과정에 의존하게 된다.

혐기성 조건하에서, 효모는 알코올 발효라 불리는 2단계 과정에 의해 해당과정의 결과로 얻어지는 NADH를 생산한다(그림 8.7).

1단계. 피루브산은 **피루브산 탈카르복실화효소(pyruvate decarboxylase)**에 의해 아세트알데하이드(acetaldehyde)로 전환된다.

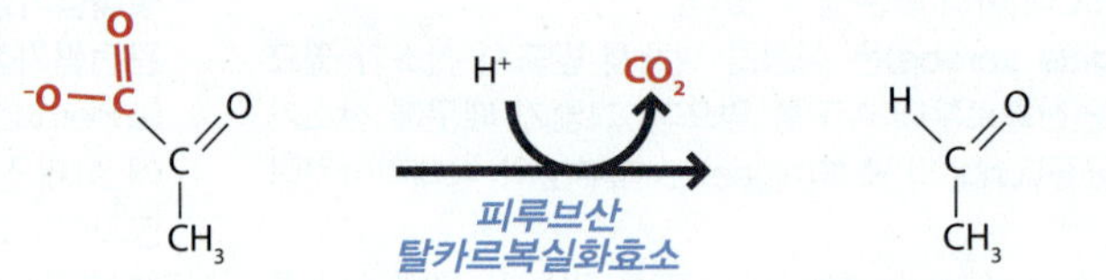

2단계. 아세트알데하이드는 **알코올탈수소효소(alcohol dehydrogenase)**에 의해 에탄올로 전환된다.

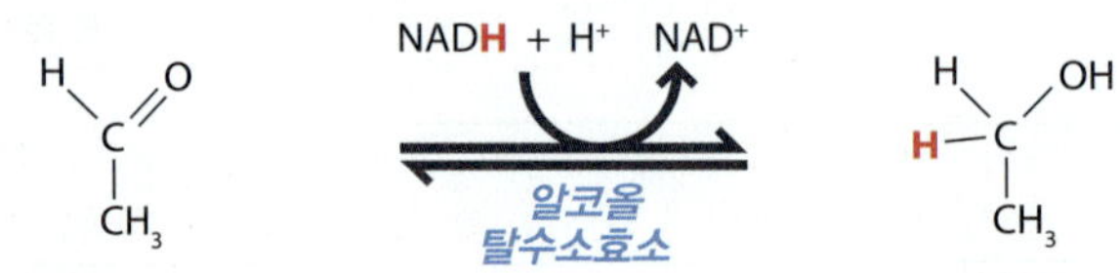

따라서 알코올 발효의 생산물은 NAD^+, 에탄올(ethanol), 이산화탄소(CO_2)이다.

효모세포들에서 알코올 발효의 목적은 해당과정에 사용되는 NAD^+를 재생하는 데 있다. 사람에게는 이러한 과정들의 상업적 중요성이 에탄올 부산물을 합성하는 것이며, 효모의 사용은 생명공학의 역사 이전에 사용되던 초기사례들을 대표하는 이러한 화합물을 생산하는 것이다. 알코올 음료들은 자연산물에 포함된 당을 알코올 발효하게 함으로써 얻어지는데, 포도로부터 와인, 보리로부터 맥주를 얻었다. 고대기록을 통해 볼 때, 일종의 쌀을 이용한 와인은 9000년 전 중국에서 만들어지고 있었으며 같은 시기에 맥주는 메소포타미아 지역에서 양조되고 있었다. 알코올 발효과정에서 생성되는 이산화탄소는 제빵 중에 이용된다. 효모를 밀가루에 첨가하면 밀가루 반죽이 부풀어서 탄력있는 빵이 되는 과정에서 이산화탄소를 발생시킨다. 빵을 굽는 동안 이산화탄소를 발생시키는 베이킹소다(sodium bicarbonate) 같은 화학물질이 효모 대신에 사용될 수도 있다. 효모나 베이킹소다 같이 밀가루 반죽을 부풀어 오르게 하는 제품을 발효제라고 하며 이를 통해 만들어진 빵을 발효시킨 빵이라 한다. 고대 이집트 사람들은 2500년 전에 효모와 함께 빵을 발효시켜 왔으며, 이런 방식의 제빵은 이보다 1000년 전 그리스에서도 이미 수행되었다는 증거도 있다. 오늘날, 이러한 알코올 음료와 빵의 생산은 전 세계적으로도 중요한 산업이다.

8.2.3 글루코오스보다는 다른 당들로부터 시작되는 해당과정

글루코오스는 소화 후 혈액으로 흡수될 수 있는 세 가지 당(프룩토오스, 갈락토오스) 중 하나이다. 지금까지는 글루코오스에 대해 살펴본 것처럼 이제는 다른 당들이 어떻게 해당경로로 들어가는지를 살펴보아야만 한다.

프룩토오스는 두 가지 경로를 통해 해당과정으로 들어가는데, 이는 조직에 따라 다르다

프룩토오스(fructose)는 많은 과일, 뿌리채소 등 우리 식단에서 볼 수 있는 일반적인 당이며, 또한 꿀에 들어 있는 주요한 당 성분이다. 수크로오스는 프룩토오스와 글루코오스의 이당류(disaccharide)이며 그렇기 때문에, 수크로오스는 프룩토오스의 주요 식이공급원이라 할 수 있다.

대부분의 조직에서 글루코오스보다 프룩토오스의 존재는 아무런 어려움을 일으키지는 않는다. 이는 글루코오스를 글루코오스 6-인산으로 전환시키는 과정을 촉매하는 육탄당인산화효소(hexokinase) 또한 프룩토오스를 기질로 사용할 수 있기 때문이다(**그림 8.8**). 그 결과 만들어진 프

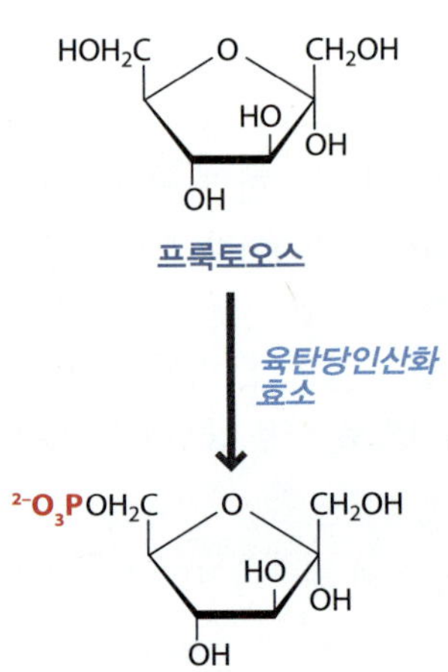

그림 8.8 육탄당인산화효소에 의한 프룩토오스에서 프룩토오스 6-인산으로의 전환

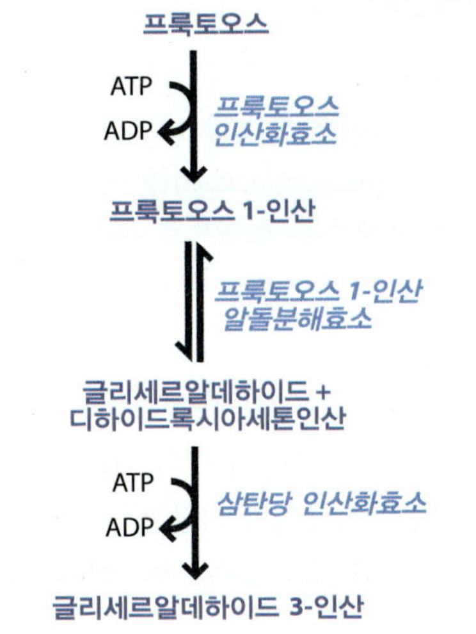

그림 8.9 **프룩토오스 1-인산 경로**

룩토오스 6-인산은 해당과정의 **3단계**로 들어가게 된다.

간세포에서는 어려움이 발생한다. 이는 간세포가 인산화된 글루코오스를 대체수단으로 이용하여 사용하기 때문인데, 육탄당인산화효소 대신 **글루코오스인산화효소(glucokinase)**를 사용된다. 글루코오스인산화효소는 프룩토오스를 기질로 인식하지 않으며 그렇기 때문에 간세포에서는 프룩토오스는 다른 경로를 통해 해당과정으로 들어가야만 한다. 이는 **프룩토오스 1-인산경로(fructose 1-phosphate pathway)**에 의해 이루어지며(**그림 8.9**), 3단계로 구성되어 있다.

1단계. **프룩토오스인산화효소(fructokinase)**는 프룩토오스를 프룩토오스 1-인산으로 인산화한다.

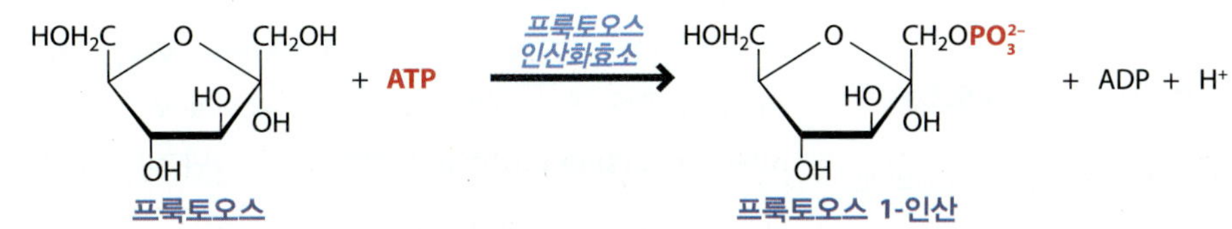

2단계. **프룩토오스 1-인산 알돌화효소(fructose 1-phosphate aldolase)**는 프룩토오스 1-인산을 글리세르알데하이드(glyceraldehyde)와 디하이드록시아세톤인산(dihydroxyacetone phosphate)으로 나눈다.

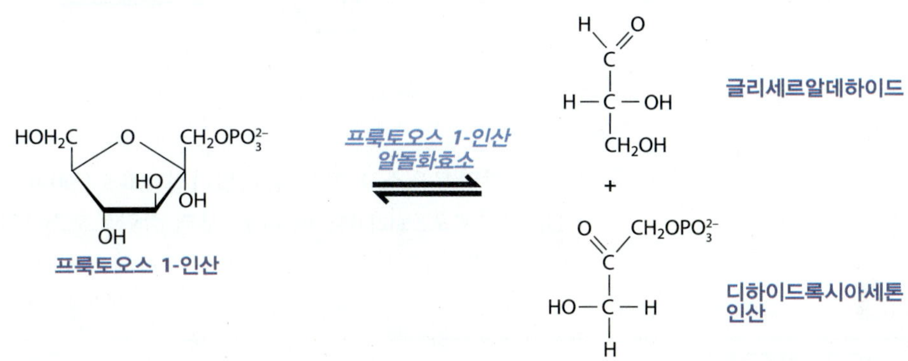

디하이드록시아세톤은 해당과정 **5단계**로 들어가며 글리세르알데하이드 6-인산으로 삼탄당 인산 이성질화효소(triose phosphate isomerase)에 의해 전환된다.

3단계. **삼탄당 인산화효소(triose kinase)**는 글리세르알데하이드 3-인산을 만들기 위해 글리세르알데하이드를 인산화한다.

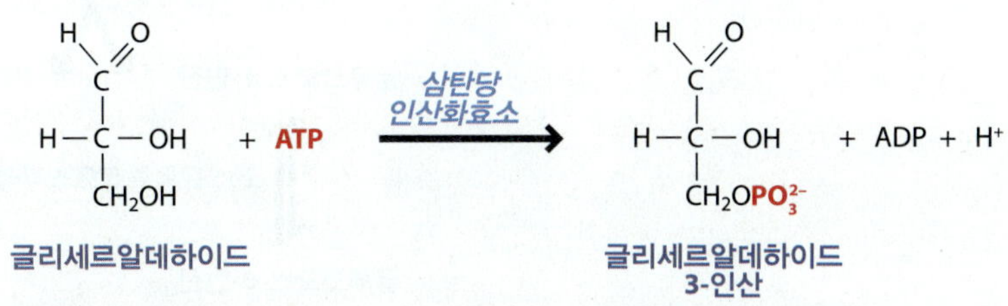

따라서 프룩토오스 1-인산 경로는 표준화된 해당과정의 전기에서처럼 2분자의 글리세르알데하이드 3-인산을 생산한다.

락토오스분해효소 지속성(lactase persistence)의 진화에 대해 자세히 설명한 Box 6.3을 참고한다.

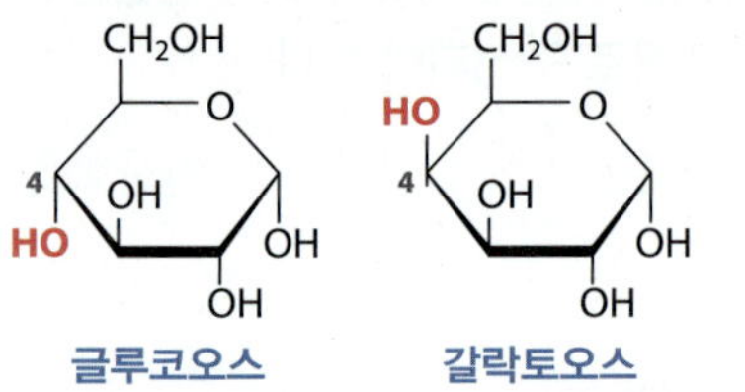

그림 8.10 글루코오스과 갈락토오스는 에피머이다.
두 당은 4번째 탄소 주위에 -H, -OH의 배열만 다르다.

갈락토오스는 해당과정에 사용되기 전에 글루코오스로 전환된다

갈락토오스는 사탕무에는 존재하지만 일반적으로 과일과 채소에서 글루코오스나 프룩토오스보다는 드물게 존재한다. 우리 식단에서 갈락토오스의 주요 공급원은 갈락토오스와 글루코오스로 구성된 락토오스가 함유된 우유와 유제품이다. 아기들은 락토오스분해효소(lactase)를 이용하여 락토오스를 분해할 수 있으며, 그 결과 생성된 글루코오스와 갈락토오스는 혈액으로 흡수된다. 성인이 되어서도 여전히 락토오스분해효소가 활성화되어 있는 락토오스분해효소에 내성을 가지는 사람은 이런 방식으로 락토오스를 대사할 수 있다.

갈락토오스와 글루코오스의 분자적 구조는 4번째 탄소주위에 −H기와 −OH기의 배열만이 다르다(**그림 8.10**). 따라서 이러한 전환은 이성질화 반응(isomerization)을 요구하며 특히 이러한 이성질화 반응을 에피머화(epimerization)라 한다. 에피머화에서는 화학 작용기가 키랄 탄소(chiral carbon) 주위에서 재배열을 한다. **갈락토오스-글루코오스의 상호전환 경로(galactose-glucose interconversion pathway)**(**그림 8.11**)는 4단계의 에피머화를 수행한다.

1단계. **갈락토오스인산화효소(galactokinase)**는 갈락토오스를 갈락토오스 1-인산으로 인산화한다.

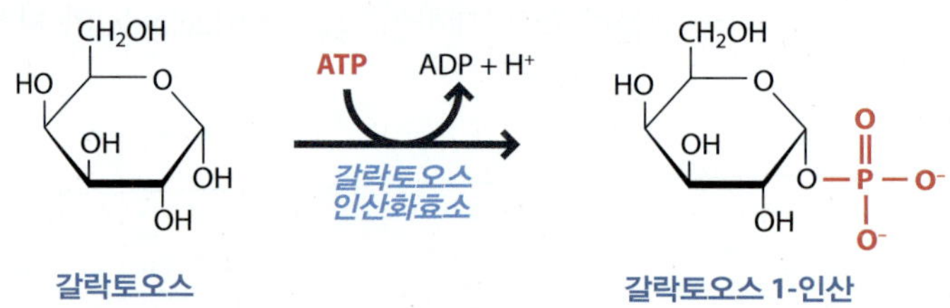

2단계. **갈락토오스 1-인산 유리딜기전달효소(galactose 1-phosphate uridylyl transferase)**는 UDP-글루코오스(UDP-glucose)로부터 갈락토오스 1인산까지 유리딘기(uridine group)를 전달한다. 한 분자의 UDP-갈락토오스와 한 분자의 글루코오스 1-인산이 만들어진다.

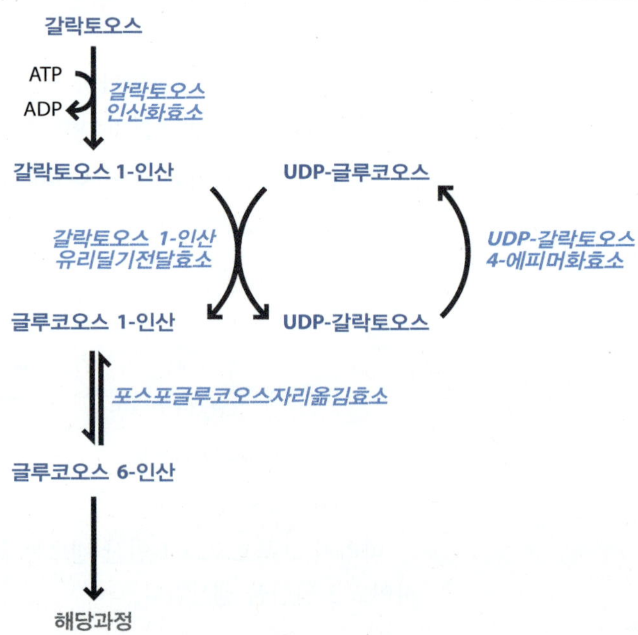

그림 8.11 갈락토오스-글루코오스 상호전환 경로

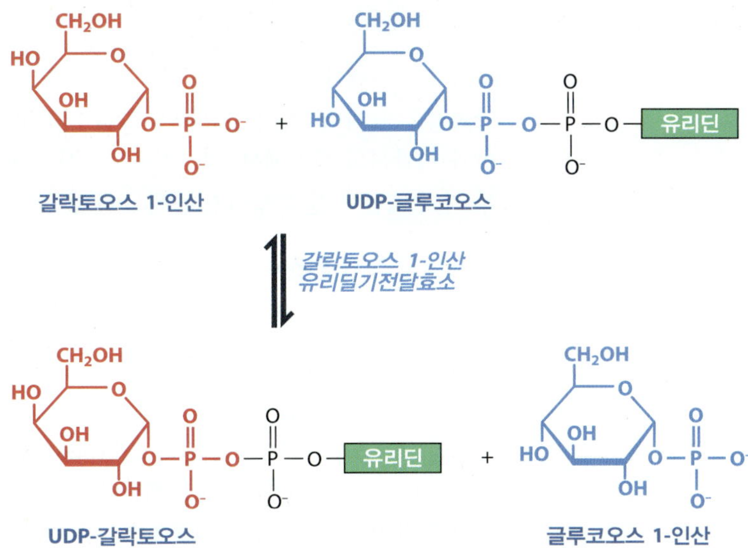

3단계. **UDP-갈락토오스 4-에피머화효소(UDP-galactose 4-epimerase)**는 UDP-갈락토오스를 UDP-갈락토오스로 전환한다. 따라서 이 과정은 2단계에서 사용한 UDP-갈락토오스를 재생한다.

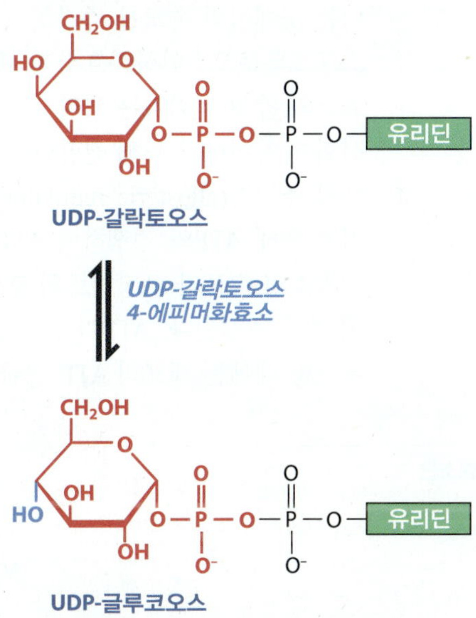

4단계. **포스포글루코오스 자리옮김효소(phosphoglucomutase)**는 글루코오스 1-인산분자에 인산기의 위치를 변경한다.

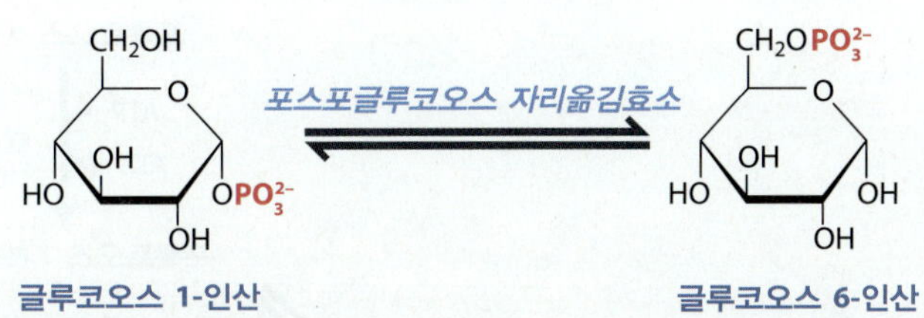

이 반응은 글루코오스 6-인산을 생성하며, 생성된 글루코오스 6-인산은 표준 해당과정의 2단계로 들어갈 수 있다.

8.2.4 해당과정의 조절

우리가 고려해야 할 해당과정의 마지막 측면은 이 경로가 어떻게 조절되는지에 대한 것이다. 해당과정은 크게 두 가지 중요한 역할을 가지고 있다. ATP를 얻기 위해 글루코오스를 분해하는 역할과 지방산의 합성에서처럼, 전구체로서 작용하는 중간체를 생산하는 역할이다. 따라서 이러한 두 가지 역할이 잘 수행되기 위해서 해당과정은 조절되어야만 한다.

프룩토오스 6-인산이 프룩토오스 1,6-이인산으로의 전환은 해당과정에서 중요한 조절 위치이다

해당경로에서 주요한 조절 부위는 **3단계**인데 이 단계에서는 프룩토오스 6-인산이 프룩토오스 1,6-이인산과 ADP를 만들기 위해 ATP에 의해 인산화된다. 진핵생물에서는 이 단계를 촉매하는 효소인 포스포프룩토오스인산화효소(phosphofructokinase)가 해당과정의 생성물인 ATP, 시트르산(citrate), 수소이온에 의해 저해된다. 이 세 가지 생성물은 해당과정이 서로 다른 생리적 상태에 따라 전반적으로 조절한다(**그림 8.12**).

7.2.3절에서 알로스테릭 억제제가 효소 활성을 어떻게 조절하는지 알아보았다.

해당과정의 처음 5단계에서 포스포프룩토오스인산화효소에 의해 촉매되는 단계는 강조하여 표시하였다. 포스포프룩토오스인산화효소를 저해하기 위한 가장 직접적이고 간단한 방법은 ATP에 의해 이루어진다. 좀 더 명확하게는, 세포가 ATP가 부족할 때 세포는 역으로 해당과정이 일어나는 곳에서의 속도를 증가하려고 한다. 반면 ATP가 충분할 때, 해당경로는 느려지는데 이는 포스포프룩토오스인산화효소의 표면에 붙는 ATP에 의해 이루어진다. 이러한 효소-ATP의 결합은 효소의 활성 부위와는 거리가 멀리 떨어져서 일어나며, 이곳에서 ATP는 효소에 의해 촉매되는 인산화에 참여하기 위해 결합한다(**그림 8.13**). 그래서 ATP는 포스포프룩토오스인산화효소의 알로스테릭 조절자(allosteric regulator)로서 작용한다. AMP는 알도스테릭 부위(allosteric site)에 결합하기 위해 ATP와 경쟁하며 ATP의 억제효과를 반전시킨다. 이런 이유로, 포스포프룩토오스인산화효소의 속도와 해당경로의 후속단계들을 통해 대사체들의 흐름은 AMP와 ATP의 상대적인 양에 따라 조절된다. ATP가 충분할 때에는 ATP가 과잉이 되지 않기 위해 속도는 감소하고, ATP가 부족할 때에는 세포의 ATP 공급을 보충하기 위해 속도가 증가한다.

그림 8.12 포스포프룩토오스인산화효소는 해당과정의 주요한 조절 부위이다.

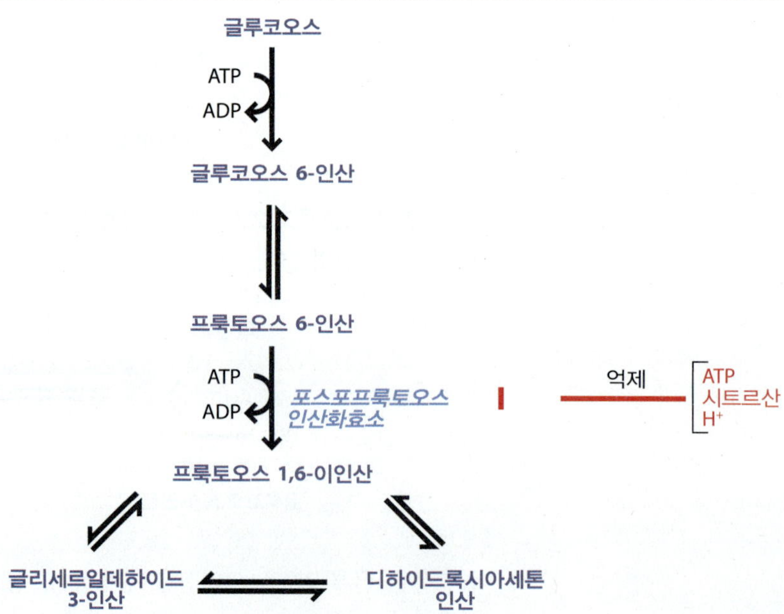

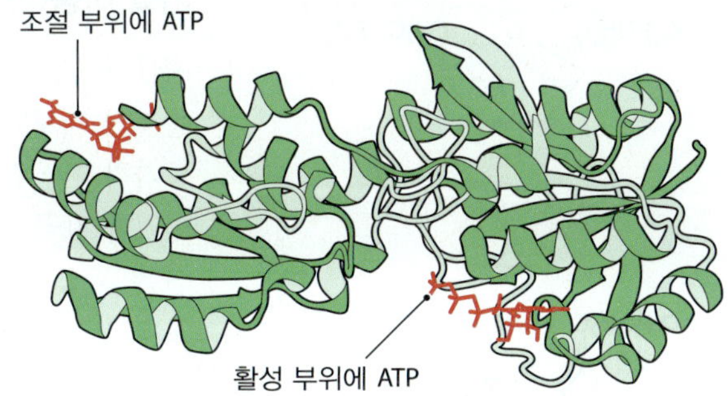

그림 8.13 포스포프룩토오스인산화효소의 활성 부위와 조절 부위에 ATP 결합
포스포프룩토오스인산화효소는 4개의 동일한 소단위로 구성되어 있으며, 그 중 한 개를 그림에서 나타내보았다.

시트르산은 포스포프룩토오스인산화효소의 알로스테릭 부위에 ATP의 결합을 촉진함으로써, 포스포프룩토오스인산화효소의 활성에 영향을 미친다. 따라서 시트르산 수준이 증가되면 포스포프룩토오스인산화효소의 활성을 감소하게 되고 그로 인해 해당과정은 느려진다. 시트르산이 TCA 회로의 중간체 중 하나이기 때문이며, 시트르산이 세포 내에 축적된다는 것은 전반적으로 에너지 생성경로가 과잉되었다는 것을 의미한다. 그러나 살아 있는 세포 내에서 시트르산 저해의 역할에 대해서는 다소의 의구심은 존재한다. 포스포프룩토오스인산화효소에 대한 영향은 시험관 내에서 연구된 것이지만 세포 내에서는 TCA 회로의 결과 생성된 초과된 시트르산은 즉시 지방산 합성을 위한 아세틸 CoA(acetyl CoA)의 공급원으로 사용될 가능성이 있다. 만약 이런 경우라면, 시트르산은 포스포프룩토오스인산화효소의 활성에 중대한 영향을 미칠 만큼 충분히 축적될 것 같지는 않다.

12.1.1절에서 TCA 회로와 지방산 합성 간의 연관성에 대해 공부할 예정이다.

수소이온 역시 ATP의 알로스테릭 효과를 증가시키는 것에 의해 포스포프룩토오스인산화효소를 저해한다. 이는 낮은 pH에서 포스포프룩토오스인산화효소의 활성이 감소되고 해당과정이 느려지는 것을 의미한다. 그렇다면, 왜 pH가 해당과정의 속도에 중요한 영향을 미치는가? 그 해답은 활동성이 있는 근육세포에 락트산(lactate)의 축적에서 찾아볼 수 있다. 과도한 양의 락트산은 근육조직에 해를 미칠 수 있고 또한 혈액의 pH가 위험할 정도로 낮아질 때 산증(acidosis)을 가져올 수 있다. 수소이온에 의한 포스포프룩토오스인산화효소가 저해되면 낮은 pH에서 해당과정이 느려지게 되고, 그로 인해 적은 양의 락트산이 생성되고 락트산에 의한 위험성이 개선된다. 이러한 사실이 과도한 운동이 무한정 계속될 수 없는 이유들 중 하나이다. 비록 근육세포는 산소공급이 제한될 때 혐기성 호흡으로 전환될 수 있지만, 생성된 락트산의 일부는 간으로 이동될 수 있으며 다시 피루브산과 글루코오스로 전환될 수 있다. 어떤 시점에서는 락트산이 축적되는 속도는 신체의 적응속도를 앞지를 것이며 에너지 생산은 수소이온 효과 때문에 감소하게 될 것이다.

Box 8.4 포스포프룩토오스인산화효소는 왜 ADP가 아닌 AMP에 의해 조절되는가?

ATP 가수분해의 산물은 AMP가 아니라 ADP이다. 따라서 ADP가 포스포프룩토오스인산화효소의 양성조절자(positive regulator)라는 것이 논리적일지도 모른다. ADP의 수준이 항상 세포의 에너지 요구량을 정확히 나타내는 것은 아니기 때문에 AMP가 이러한 역할을 하게 된다. 이는 ADP가 **아데닐산 인산화효소(adenylate kinase)**에 의해 직접 ATP로 전환될 수 있기 때문이다.

$$\text{ADP} + \text{ADP} \xrightleftharpoons{\text{아데닐산 인산화효소}} \text{ATP} + \text{AMP}$$

ATP가 빠르게 소진되었을 때 일어나는 이러한 전환은 ATP가 요구되는 상황에서 세포내 ADP의 양을 감소시킨다. 따라서 ATP가 필요할 때 ADP 농도가 감소하기 때문에, ADP는 포스포프룩토오스인산화효소의 양성조절자로서 작용하게 된다. 다시 말하면, 아데닐산 인산화효소에 의해 생성되는 AMP는 일반적으로 세포 내에 존재하는 이런 화합물들의 아주 적은 양 보충한다. AMP 농도가 상당히 증가된다는 점은 AMP가 양성조절자로서 작용할 수 있으며, 이는 알로스테릭 부위를 점유함에 있어서 ATP를 압도하며, 해당경로를 통해 대사체의 흐름을 촉진한다. 이러한 이유로 ATP 합성이 증가한다.

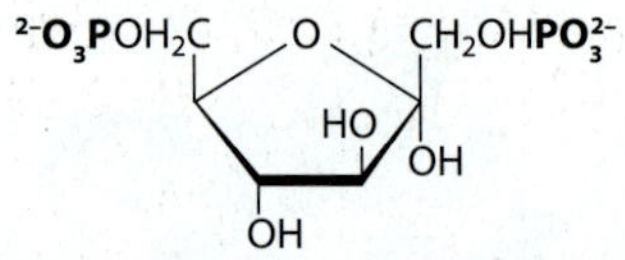

프룩토오스 1,6-이인산

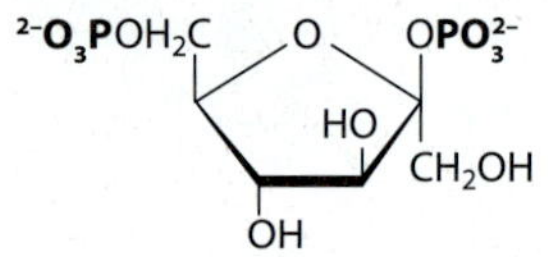

프룩토오스 2,6-이인산

그림 8.14 프룩토오스 1,6-이인산과 프룩토오스 2,6-이인산의 구조

기질 이용성도 포스포프룩토오스인산화효소의 활성을 조절한다

지금까지 포스포프룩토오스인산화효소의 활성이 해당과정의 생산물에 의해 어떻게 저해될 수 있는지 살펴보았다. 해당경로를 통해 ATP, 시트르산, 혹은 락트산의 양에 따라 대사체의 흐름도 증가하거나 감소한다. 포스포프룩토오스인산화효소 역시 존재하는 기질의 양에 의해 조절된다. 이러한 자극적 영향은 프룩토오스 2,6-이인산에 의해 매개되는데, 여기에서 프룩토오스 2,6-이인산은 포스포프룩토오스인산화효소의 활성에 의해 생산되는 프룩토오스 1,6-이인산과 구조적으로 약간 다른 인산화된 당이다(**그림 8.14**).

프룩토오스 2,6-이인산은 **포스포프룩토오스인산화효소 2(phosphofructokinase 2)**라 불리는 효소에 의해 프룩토오스 6-인산으로부터 합성된다. 이는 해당과정에 연관된 포스포프룩토오스인산화효소와 다른 효소이지만 비슷한 반응을 촉매한다.

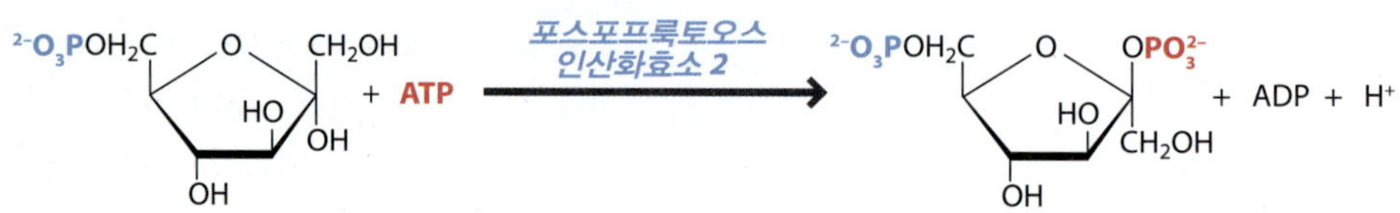

프룩토오스 6-인산 프룩토오스 2,6-이인산

두 종류의 포스포프룩토오스인산화효소의 활성 있어서 유일한 차이는 인산기(phosphate group)가 결합하는 탄소의 수가 다르다는 점이다. 포스포프룩토오스인산화효소 2는 인산(phosphate)을 2번 탄소에, 반면 포스포프룩토오스인산화효소는 1번 탄소를 이용한다.

프룩토오스 2,6-이인산이 프룩토오스 6-인산으로 전환되는 역반응(reverse reaction)은 **프룩토오스이인산가수분해효소 2(fructose bisphosphatase 2)**에 의해 촉매된다.

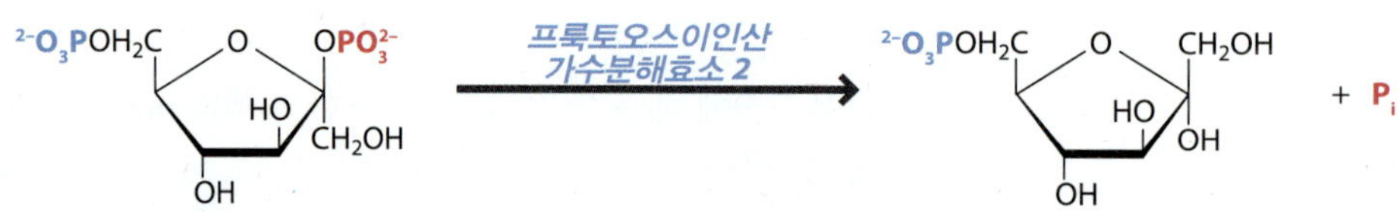

프룩토오스 2,6-이인산 프룩토오스 6-인산

비록 포스포프룩토오스인산화효소 2와 프룩토오스이인산가수분해효소 2는 다른 효소활성을 가지지만 둘 다 같은 단백질에 의해 촉매된다. 이런 단백질의 활성은 프룩토오스 6-인산(fructose 6-phosphate)에 의해 두 가지 방식으로 조절된다(**그림 8.15**).

- 프룩토오스 6-인산은 포스포프룩토오스인산화효소 2의 활성을 **자극**하고 프룩토오스 2,6-이인산으로의 전환을 촉진한다.
- 프룩토오스 6-인산은 프룩토오스이인산 가수분해효소 2의 활성을 **저해**하고 프룩토오스 2,6-이인산으로부터의 합성을 감소시킨다.

이러한 두 가지 조절활성의 결과는 프룩토오스 6-인산이 세포 내에서 농도를 넘을 때 자가조절된다. 프룩토오스 6-인산이 증가할 때, 초과되는 양은 ATP를 과잉생산하는 해당경로를 진행하기보다는 프룩토오스 2,6-이인산으로 전환된다. 만약 프룩토오스 6-인산의 수준이 감소한다면, 프룩토오스 2,6-이인산으로부터 더 많은 양이 얻어지게 되고, 그렇게 함으로써 해당과정의 속도는 유지된다.

프룩토오스 6-인산은 해당과정의 1~2단계에 있는 글루코오스의 생산물이며 그렇기 때문에

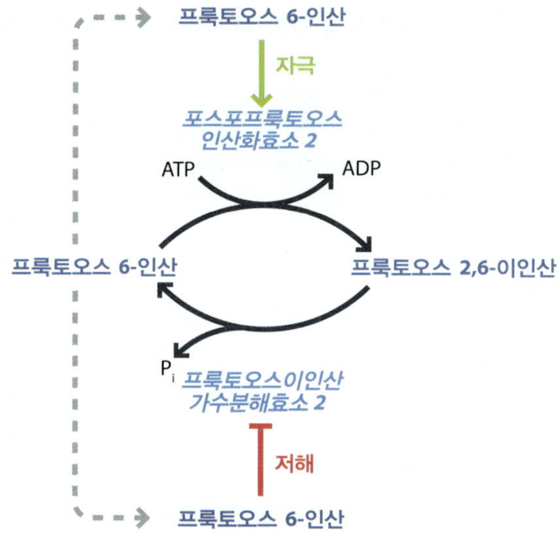

그림 8.15 프룩토오스 6-인산의 세포내 농도를 자가 조절한다.

프룩토오스 6-인산과 프룩토오스 2,6-이인산에 의한 조절은 세포 안에 이용 가능한 글루코오스의 양에 반응한다. 글루코오스 또한 조절네트워크 상에서 더 직접적인 영향을 미친다. 혈액 내 글루코오스의 양이 감소할 때 **글루카곤(glucagon)**이라 불리는 호르몬이 췌장에서 방출된다. 글루카곤은 포스포프룩토오스인산화효소 2/프룩토오스이인산가수분해효소 2의 변경을 야기하는 일련의 반응들을 작동시킨다. 변경된 단백질은 프룩토오스이인산가수분해효소 2의 증가된 활성과 포스포프룩토오스인산화효소 2의 감소된 활성을 지니게 된다(**그림 8.16**). 이는 더 많은 프룩토오스 2,6-이인산이 프룩토오스 6-인산으로 전환되는 것을 의미하며, 이는 글루코오스의 이용률이 낮게 되더라도 해당과정의 속도를 유지시켜준다.

포스포프룩토오스인산화효소 2/프룩토오스이인산가수분해효소 2의 조절시스템은 해당과정 조절에 중요한 부분일 뿐만 아니라, 생명체 내에서 나타날 수 있는 조절네트워크 시스템이기 때문에 좀 더 자세히 알아보고자 한다. 글루코오스와 프룩토오스 6-인산은 이러한 두 가지 기능을 하는 효소에 미치는 직접적, 간접적 영향은 세포가 해당과정의 속도를 정밀하게 설정할 수 있게 해주며, 세포가 사용할 수 있는 기질의 양을 가장 효율적으로 사용할 수 있게 해 준다.

그림 8.16 글루카곤은 프룩토오스이인산 가수분해효소 2의 활성을 증가시키고 포스포프룩토오스인산화효소 2의 활성을 감소시킨다.

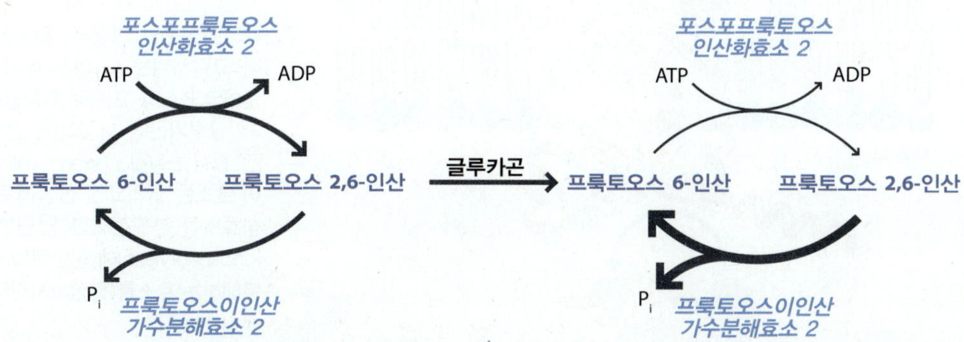

Box 8.5 글루카곤에 의한 프룩토오스 6-인산 수준의 조절

글루카곤(glucagon)이 세포의 프룩토오스 6-인산의 양을 조절하는 과정은 신호전달경로의 전형적인 예이다(5.2.2절). 글루카곤은 세포 외 신호전달물질이며, 세포막으로부터 표적효소까지의 신호는 cAMP를 수반한 2차 전령을 통해 전달된다.

신호전달경로의 첫 단계는 세포 외 신호전달물질이 세포 바깥쪽에 결합하는 것이다. 글루카곤은 글루카곤 수용체에 결합하는데 이러한 수용체는 세포막에 걸쳐져 있는 배럴모양의 구조를 형성하는 7개의 알파나선(α-helices)을 가지는 막관통 단백질(transmembrane protein)이다.

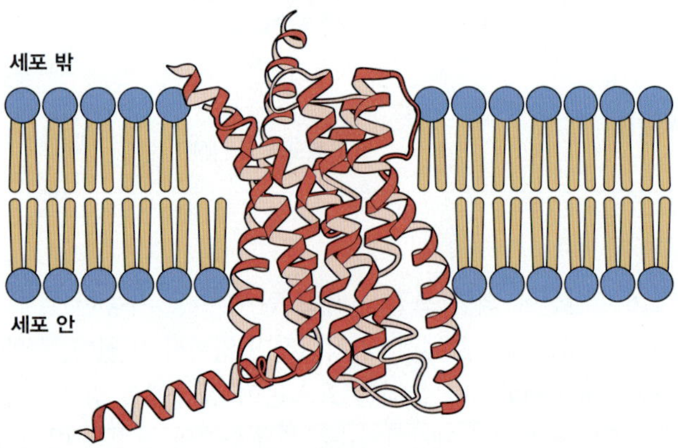

이러한 구조 때문에 이런 부류의 수용체는 **7-막관통-나선(seven transmembrane-helix)** 또는 **7TM 단백질(7TM protein)**이라 불린다.

글루카곤이 수용체 외부표면에 결합하는 것은 단백질 내부에 있는 고리(loop)의 위치를 잡는데 있어서 구조적 변화를 가져온다. 이는 차례로 수용체와 연관된 **G 단백질(G protein)**을 활성화한다. G 단백질은 GDP 혹은 GTP와 결합하는 작은 단백질이다. GDP가 결합할 때 G 단백질은 불활성화된다. 글루카곤 수용체의 구조적 변화는 GDP가 GTP에 의해 대체하도록 야기시키며 이는 G 단백질을 불활성화한 형태로 전환시킨다.

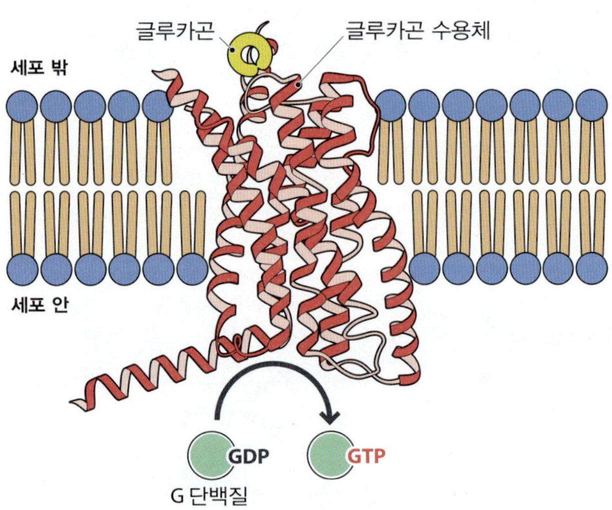

글루카곤 수용체의 G 단백질에 의해 일어나기 때문에 **G-단백질 연결 수용체(G-protein coupled receptor)**라 불린다.

일단 활성화되면, G 단백질은 아데닐산 고리화효소(adenylate cyclase)와 결합하는데 이 효소는 수용체 단백질처럼 안쪽에 활성 부위를 가지는 세포막에 달라붙는다. G 단백질과의 결합은 아데닐산 고리화효소의 구조를 변형시키고 이는 이 효소를 활성화 상태로 변화시키고 ATP를 cAMP로 전환시킨다(그림 5.29 참조). cAMP의 세포내 증가는 차례로 **단백질인산화효소 A(protein kinase A)**를 활성화시키는데, 이는 포스포프룩토오스인산화효소 2/프룩토오스이인산가수분해효소 2의 세린(serine) 중 하나에 인산기(phosphate group)를 첨가한다. 이러한 인산화는 프룩토오스이인산가수분해효소 2의 활성을 증가시키고 포스포프룩토오스인산화효소 2의 활성을 감소시키는 변화이다.

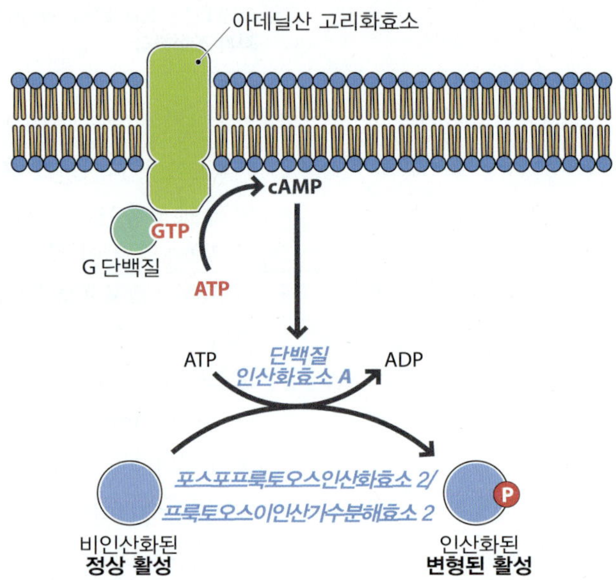

혈액의 글루코오스 수준이 증가할 때, 글루카곤은 췌장에서 더 이상 분비되지 않고 신호전달도 멈추게 된다. **인산가수분해효소(phosphatase)**는 글루코오스로부터 인산을 제거하고 감소된 프룩토오스이인산가수분해효소 2의 활성과 증가된 포스포프룩토오스인산화효소 2를 가지는 선택적 상태(alternative state)로 되돌아간다.

해당과정뿐만 아니라, 글루카곤은 세포의 글루코오스 수준을 증가시키거나 고갈시키는 또 다른 대사경로를 조절한다. 뒤에서 다룰 예로 동물에서 글루코오스의 고분자 저장상태인 글리코겐(glycogen)의 합성과 분해가 있다. 글루카곤에 대응하여, 단백질인산화효소 A(protein kinase A)는 글리코겐 합성효소(glucogen synthase)를 인산화하는데, 이름에서 알 수 있듯이 이 효소는 글리코겐 합성과 관련한 중요한 효소이다. 인산화는 글리코겐 합성효소를 불활성화한다. 단백질인산화효소 A는 글리코겐 가인산분해효소(phosphorylase)에 정반대의 효과를 가지고 있다. 이는 글리코겐(11.1.2절)을 분해하는 효소를 활성화시킨다. 따라서 글리코겐은 혈당 수준을 보충하기 위해 이용된다.

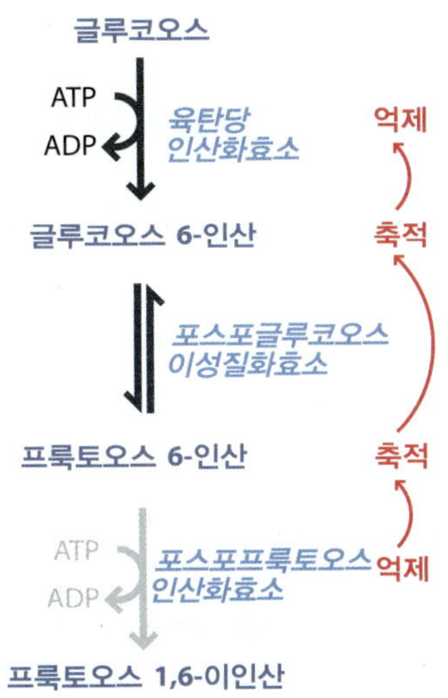

그림 8.17 글루코오스의 해당경로 유입에 대한 통제
포스포프룩토오스 인산화효소가 저해될 때, 프룩토오스 6-인산과 글루코오스 6-인산이 축적된다. 후자는 추가적으로 글루코오스가 해당경로로 유입되지 않기 위해 육탄당인산화효소를 저해한다.

이러한 글루코오스의 대체사용은 **11.1.1절** (글리코겐 합성)과 **11.3절**(오탄당인산경로)에서 서술할 예정이다.

아미노산 합성에 대한 자세한 내용은 **13.2.1절**을 보라.

육탄당인산화효소와 피루브산도 해당과정의 조절 부위이다

비록 포스포프룩토오스 인산화효소는 해당과정의 주요한 조절 부위지만, 이 경로를 조절하는 데 있어서는 다른 두 효소도 중요한 역할을 한다. 이들은 처음과 마지막 단계를 촉매하는 육탄당인산화효소(hexokinase)와 피루브산 인산화효소(pyruvate kinase)이다. 육탄당인산화효소는 글루코오스 6-인산에 의해 저해된다. 해당과정의 **2단계**, 즉 글루코오스 6-인산이 프룩토오스 6-인산으로 포스포글루코오스 이성질화효소(phosphoglucoisomerase)에 의해 전환되는 단계는 가역적 반응이다. 이는 세포 내에서 글루코오스 6-인산과 프룩토오스 6-인산의 양이 균형을 이루고 있다는 것을 의미하며, 상대적인 양은 이들의 상호전환의 가역적 특징에 의해 평형을 유지한다. 따라서 이 경로의 **3단계** 효소인 포스포프룩토오스 인산화효소가 저해되고 프룩토오스 6-인산이 축적될 때, 글루코오스 6-인산도 축적된다. 그 후, 후자는 육탄당인산화효소를 저해하게 되는데 이 효소는 추가적인 글루코오스가 필요할 때까지 이 경로로 들어가지 않게 하기 위하여, 이들의 합성을 책임지고 있는 육탄당인산화효소를 저해한다(그림 8.17).

해당과정의 주요 조절 부위는 왜 첫 번째 효소인 육탄당인산화효소가 아니라 포스포프룩토오스 인산화효소인가? 그 답은 글루코오스 6-인산은 해당과정의 기질로서만 사용되지 않기 때문이다. 글루코오스 6-인산은 글리코겐을 합성하기도 하고, 지방산과 그 이외의 생체분자들을 합성하는 데 필요한 NADPH를 생성해내는 5탄당인산경로(pentose phosphate pathway)에 의해 사용되기도 한다. 만약 육탄당인산화효소가 해당과정의 주요한 조절부위였다면, 글루코오스 6-인산의 이용 여부가 조절 대상이었을 것이다(그림 8.18). 따라서 포스포프룩토오스 인산화효소가 해당과정의 첫 번째 헌신적인 단계이며 이런 이유로 주요 조절단계이다.

해당과정의 마지막 단계를 촉매하는 피루브산 인산화효소는 해당과정과 피루브산이 이산화탄소와 물로 완전히 나뉘기 전에 들어가는 TCA 회로 사이의 합류점을 조절하는 것으로 보인다. 해당과정의 조절에 있어서 기질과 생산물의 예상되는 영향에 대해서 지금까지 배워온 것을 바탕으로 예상할 수 있는 것처럼, 피루브산 인산화효소는 프룩토오스 1,6-이인산에 의해 활성화되며, ATP에 의해 저해된다. 피루브산 인산화효소는 또한 글루카곤에 의해 저해되는데, 이 호르몬은 혈당이 낮을 때 해당과정의 속도가 느려지게 하는 두 번째 부위이다. 마지막으로, 피루브산 인산화효소는 아미노산인 알라닌(alanine)에 의해 저해된다. 아미노산은 TCA 회로에서 합성되는 중간체들로부터 만들어진 생체분자 중 하나이다. 상대적으로 많은 양의 알라닌은 세포가 충분히 생체분자를 공급한다는 점을 나타내는데 TCA로 공급될 피루브산의 필요성이 감소한다.

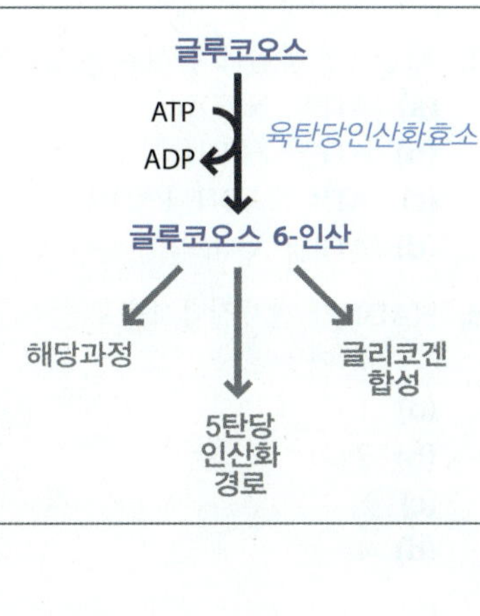

그림 8.18 글루코오스 6-인산은 3가지 중요한 대사경로의 기질이다.

참고문헌

Authier F and Desbuquois B (2008) Glucagon receptors. *Cellular and Molecular Life Sciences* **65**, 1880–99.

Guo X, Li H, Ku H, *et al.* (2012) Glycolysis in the control of blood glucose homeostasis. *Acta Pharmaceutica Sinica* **2**, 358–67.

Lenzen S (2014) A fresh view of glycolysis and glucokinase regulation: history and current status. *Journal of Biological Chemistry* **289**, 12189–94.

Li X-B, Gu J-D and Zhou G-H (2015) Review of aerobic glycolysis and its key enzymes – new targets for lung cancer therapy. *Thoracic Cancer* **6**, 17–24. ***Discusses the Warburg effect (see Box 9.1) and how this might be exploited in the design of cancer drugs.***

Müller M, Mentel M, van Hellemond JJ, *et al.* (2012) Biochemistry and evolution of anaerobic energy metabolism in eukaryotes. *Microbiology and Molecular Biology Reviews* **76**, 444–95.

Scrutton MC and Utter MF (1968) The regulation of glycolysis and gluconeogenesis in animal tissues. *Annual Review of Biochemistry* **37**, 249–302.

Sola-Penna M, Da Silva D, Coelho WS, Marinho-Carvalho MM and Zancan P (2010) Regulation of mammalian muscle type 6-phosphofructo-1-kinase and its implication for the control of metabolism. *IUBMB Life* **62**, 791–806.

자가 평가 문제

객관식 문제

각 문제에 대한 정답은 한 개이며, 정답은 웹사이트 www.scionpublishing.com/biochemistry에서 찾을 수 있음.

1. 1몰의 글루코오스가 완벽하게 산화함에 의해 얼마나 많은 에너지가 생성되는가?
(a) 287 cal
(b) 287 kJ
(c) 2870 cal
(d) 2870 kJ

2. 해당과정 동안에 합성된 활성화된 수송분자는?
(a) ATP와 NADH
(b) ATP와 $FADH_2$
(c) ATP, NADH, $FADH_2$
(d) ATP와 NADPH

3. NADH가 전자전달사슬로 들어갈 때, 얼마나 많은 ATP가 생성될 수 있는가?
(a) 1
(b) 2
(c) 3
(d) 4

4. 해당과정에서는 얼마나 많은 ATP를 얻을 수 있는가?
(a) 2
(b) 4
(c) 6
(d) 8

5. 해당경로의 첫 단계를 촉매하는 효소는?
(a) 알돌분해효소
(b) 에놀분해효소
(c) 육탄당인산화효소(hexokinase)
(d) 포스포글루코오스 이성질화효소

6. 어떤 화합물이 글리세르알데하이드 3-인산과 디하이드록시아세톤인산(dihydroxyacetone phosphate)으로 나누어지는가?
(a) 프룩토오스 1,6-이인산
(b) 프룩토오스 2,6-이인산
(c) 프룩토오스 6-인산
(d) 글루코오스 6-인산

7. 어떤 화합물이 피루브산 인산화효소에 의해 피루브산으로 전환되는가?
   (a) 아세틸 CoA
   (b) 2-포스포글리세르산
   (c) 3-포스포글리세르산
   (d) 포스포에놀피루브산

8. 포스포글리세르산 인산화효소(phosphoglycerate kinase)에 의한 ATP의 생산은 무엇이라 불리는가?
   (a) 활성화
   (b) 인산화
   (c) 산화적 인산화(oxidative phosphorylation)
   (d) 기질수준 인산화(substrate-level phosphorylation)

9. 운동 중인 근육세포에서 초과된 피루브산은 무엇으로 전환되는가?
   (a) 아세틸 CoA
   (b) 알코올과 이산화탄소
   (c) 락트산
   (d) 포스포에놀피루브산

10. 코리회로(Cori cycle)에 대한 다음 설명 중 맞는 것은?
   (a) 아세틸 CoA가 기질로 사용된다.
   (b) 근육으로부터 락트산이 글루코오스로 전환되는 간으로 이동된다.
   (c) 효모에 의한 알코올 생산을 책임진다.
   (d) ATP 분자를 얻는다.

11. *Saccharomyces cereviesiae*는 무엇의 예인가?
   (a) 조건혐기성 미생물
   (b) 절대호기성 미생물
   (c) 절대혐기성 미생물
   (d) 답 없음

12. 알코올 발효와 관련된 두 효소는?
   (a) 락트산 탈수소효소와 알코올 탈수소효소
   (b) 락트산 탈수소효소와 피루브산 탈카르복실화효소
   (c) 피루브산 탈카르복실화효소와 알코올 탈수소효소
   (d) 피루브산 탈카르복실화효소와 삼탄당 인산화효소

13. 해당과정에 사용되는 프룩토오스는 우선 무엇으로 전환되는가?
   (a) 프룩토오스 1,6-이인산
   (b) 프룩토오스 1-인산
   (c) 프룩토오스 6-인산
   (d) 글루코오스

14. UDP-글루코오스와 관련이 있는 것은?
   (a) 프룩토오스가 해당과정으로의 유입
   (b) 갈락토오스-글루코오스 상호전환 경로
   (c) 해당과정 조절
   (d) 코리회로

15. 해당과정의 주요 조절 부위는 무엇의 합성 결과인가?
   (a) 프룩토오스 1,6-이인산
   (b) 프룩토오스 6-인산
   (c) 글루코오스 6-인산
   (d) 피루브산

16. 포스포프룩토오스 인산화효소의 저해제가 아닌 것은?
   (a) ADP
   (b) ATP
   (c) 시트르산
   (d) 수소이온

17. 다음 중 어떤 화합물이 기질의 이용에 따라 프룩토오스인산 인산화효소의 활성을 조절하는가?
   (a) 프룩토오스 1,6-이인산
   (b) 프룩토오스 2,6-이인산
   (c) 글루코오스 6-인산
   (d) 글루코오스 1,6-이인산

18. 글루카곤 수용체 단백질은 다음 중 무엇의 예인가?
   (a) G 단백질 연결 수용체
   (b) 내재성 막단백질
   (c) 7-막관통-나선
   (d) 위 전부 다

19. 육탄당인산화효소는 다음 화합물 중 어떤 것에 의해 저해되는가?
   (a) ADP
   (b) 글루코오스
   (c) 글루코오스 1-인산
   (d) 글루코오스 6-인산

20. 피루브산 인산화효소의 조절은 다음 중 어떤 것과 연관되는가?
   (a) ATP에 의한 활성화와 프룩토오스 1,6-이인산에 의한 저해
   (b) 프룩토오스 1,6-이인산에 의한 활성화와 ATP에 의한 저해
   (c) ATP와 프룩토오스 1,6-이인산에 의한 활성화
   (d) ATP와 프룩토오스 1,6-이인산에 의한 저해

단답식 문제

아래 문제는 추가 자료 없이 답이 가능함.

1. 활성화된 수송분자들의 생화학적 역할을 예를 들어 서술하시오.
2. 한 분자의 글루코오스가 어떻게 38 ATP를 만들어내는지 자세히 설명하시오.
3. 각 단계에서 기질, 생산물, 효소를 보여주면서 해당과정 경로의 개요를 그려보시오.
4. ATP를 소비하거나 생성하는 해당과정의 단계들을 자세히 서술하시오. 이를 바탕으로, 왜 해당과정의 결과 글루코오스 한 분자로부터 2분자의 ATP를 얻는지 설명하시오.
5. 해당과정에서 단일수송체인 GLUT1의 역할은 무엇인가?
6. 운동 중인 근육에서 해당과정의 특성과 혐기성 조건에서 자라는 효모의 특성을 설명하시오.
7. 프룩토오스과 갈락토오스가 어떻게 해당경로로 들어가는지 대략적으로 설명하시오.
8. 프룩토오스 6-인산이 프룩토오스 1,6-인산으로의 전환이 왜 해당과정에서 주요한 조절 부위인지 설명하시오.
9. 기질의 이용가능성이 어떻게 포스포프룩토오스 인산화효소의 활성을 조절하는지 설명하시오.
10. 글루카곤이 세포내 프룩토오스 6-인산의 수준에 영향을 줄 수 있는 신호전달경로에 대해 설명하시오.

주관식 문제

아래 문제는 계산, 추가 자료, 인터넷 조사 등을 필요로 함.

1. 비록 해당과정, TCA 회로, 전자전달사슬이 글루코오스 한 분자당 38 ATP를 산출해내지만, 대부분의 세포는 글루코오스 한 분자당 30~32 ATP를 생성해 내는 것으로 추정된다. 이러한 차이가 나는 이유는 무엇인가?
2. 해당경로로 들어가는 글루코오스 분자의 1번, 4번 탄소에 대응하는 피루브산의 탄소는 어떤 것인지 확인하시오. 이러한 질문에 대답하기 위해서는 어떤 추정이 있어야 하는가?
3. 비산염이온(AsO_4^{3-})은 글리세르알데하이드 3-인산 탈수소효소에 의해 촉매되는 반응을 포함하여 많은 생화학 반응에서 인산을 대체할 수 있다. 그 결과로 만들어진 화합물은 불안정하며, 글리세르산-3인산을 만들기 위해 즉시 깨질 수 있다. 해당과정 중에 비산염이온이 에너지를 생성한다는 점에 대해 설명하시오.
4. 피루브산 인산화효소 결핍(pyruvate kinase deficiency, PKD)은 코카시안 100만 명당 51명에게 영향을 주는 것으로 추정된다. 이러한 질환을 가진 사람은 널리 알려진 것처럼 빈혈 등의 증상을 보인다. 치료 없이는 환자가 심각한 치사합병증을 경험할 수 있다. 하지만 만약 빈혈만 관리된다면, 대부분의 환자들은 상대적으로 건강하게 지낼 수 있다. PKD가 약한 환자들은 어떤 증상도 보이지 않을지도 모른다. 피루브산 인산화효소가 해당과정에서 필수적인 역할을 한다는 점을 명심하고, 왜 PKD는 모든 환자들에게 치명적이지 않은지에 대해 설명하고 또한 이런 질환이 왜 심각하거나 약한 경우가 있는지 설명하시오.
5. 코리회로에서 얻어진 정보로부터(8.2.2절과 그림 8.6), 만약 해당과정과 글루코오스신생합성이 동일세포에서 동시에 작용한다면 어떤 일이 일어나는지 예상해 보시오.

제 9 장

에너지 발생: TCA 회로와 전자전달사슬

학습목표

이 장을 공부한 후:

- TCA 회로와 전자전달사슬이 결합된 작용으로 어떻게 ATP가 발생되는지 이해한다.
- 피루브산(pyruvate)이 어떻게 아세틸 CoA로 전환되는지 설명할 수 있고, 이 전환이 일어나기 전에 피루브산이 미토콘드리아로 이동하는 것을 알게 된다.
- TCA 회로의 각 단계에 있는 기질, 생성물, 효소를 알고 특히 ATP, NADH, $FADH_2$가 발생되는 단계를 표시할 수 있다.
- 피루브산탈수소효소복합체가 TCA 회로 조절의 주요 표적이며, 아세틸 CoA, NADH, ATP, 피루브산이 이 효소 복합체를 어떻게 조절하는지 설명할 수 있다.
- 전자전달 과정에서 산화환원 전위 차이의 중요성을 이해하고, 한 분자의 NADH와 $FADH_2$의 산화로 여러 개 ATP 분자를 생산하는 이유를 설명할 수 있다.
- 전자전달사슬의 구성요소를 알고 NADH와 $FADH_2$가 들어가는 위치를 표시할 수 있다.
- 양성자 펌프 활동이 전기화학 기울기를 확립하는 방법을 이해한다.
- 전기화학 기울기가 어떻게 ATP를 합성하는 데 사용되는지 설명할 수 있고, 특히 F_oF_1 ATP가수분해효소의 구조와 이 구조의 요소가 ATP를 합성할 때 어떻게 작용하는지 알 수 있다.
- ADP 유용성이 전자전달사슬을 따라 전자 흐름 조절에 작용하는 역할을 이해한다.
- 전자전달의 억제제와 짝풀림제의 예를 들 수 있다.
- 미토콘드리아 셔틀이 해당과정 중 합성된 NADH 분자에 있는 에너지가 ATP 합성에 어떻게 사용하는지 알 수 있다.

에너지 발생 경로의 두 번째 단계에서 해당과정에서 생성된 피루브산이 이산화탄소와 물로 분해되고 ATP가 생산된다. 이 두 번째 단계는 두 부분으로 나눌 수 있다. 첫 번째 부분은 TCA 회로로 피루브산을 완전히 분해하여 1분자 ATP, 3분자 NADH, 1분자 $FADH_2$의 에너지를 생산한다. 두 번째 부분은 전자전달사슬로 NADH와 $FADH_2$를 산화하여 부가적인 ATP를 생산한다.

9.1 TCA 회로

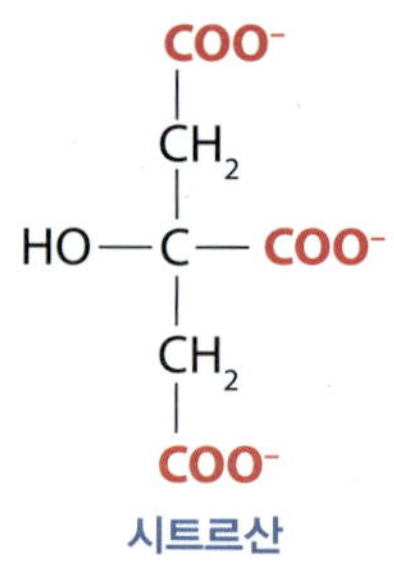

그림 9.1 시트르산은 트리카르복실산이다.

경로의 첫 번째 단계에서 3개의 카르복실기를 가지고 있어 트리카르복실산인 시트르산을 만들어 **트리카르복실산 회로(tricarboxylic acid cycle)**라고 명명하였다(**그림 9.1**). 또한 이 경로를 **시트르산 회로(citric acid cycle)** 혹은 1937년 처음 이 회로를 설명한 사람인 크렙스 경(Sir Hans Krebs)의 이름을 붙여 **크렙스회로(Krebs cycle)**라고도 한다.

TCA 회로를 이해하기 위하여 3가지 질문을 해야 한다. 첫 번째, 해당과정에서 발생한 NADH 분자가 어떻게 TCA 회로로 들어갈까? 두 번째, TCA 회로 동안에 어떤 반응이 일어나고 이 반응이 무엇을 하는가? 세 번째, 회로는 어떻게 조절되는가?

9.1.1 피루브산이 TCA 회로로 들어간다

해당과정의 최종 산물은 피루브산으로 6탄당 글루코오스 1분자에서 2분자의 3탄당 피루브산이 생성된다(그림 8.3 참조). TCA 회로로 들어가기 전에 피루브산 분자는 세포의 한 부분에서 다른 부분으로 이동해야 한다.

TCA 회로는 미토콘드리아 안에서 일어난다

TCA 회로에 관여하는 대부분의 효소는 진핵세포의 미토콘드리아 기질에 있으며, **숙신산탈수소효소(succinate dehydrogenase)**만 미토콘드리아 내막에 붙어 있다(**그림 9.2**). 한편 해당과정은 세포질에서 일어난다. 피루브산 분자가 TCA 회로로 들어가기 전에 세포질에서 미토콘드리아 안으로 들어가야 한다.

피루브산은 음전하가 있어 이중막의 소수성 지역을 직접 통과할 수 없다. 미토콘드리아 외막에는 막관통 단백질인 **포린(porin)**이 있어 통과할 수 있는데, 포린은 통 모양 구조이며 막을 통과하는 채널을 형성하여 피루브산과 같이 전하를 띤 분자가 통과할 수 있다(**그림 9.3**). 이 이동은 확산으로 일어난다.

미토콘드리아 내막을 통과하는 것은 더 어렵다. 미토콘드리아 기질은 중요한 생화학 반응이 일어나는 특수한 지역이다. 그러므로 미토콘드리아 내막은 미토콘드리아 안쪽에서 필요한 특정 화합물이 기질에 접근하는 것을 제한하는 선택적인 경계막이다. 이러한 이유로, 미토콘드리아 내막은 포린이 없는데, 많은 다른 유형 화합물은 자유롭게 통과하고 대신에 몇 개의 화합물만

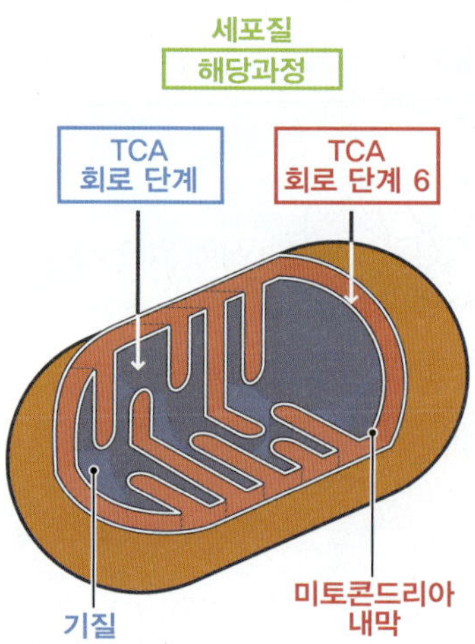

그림 9.2 해당과정과 TCA 회로의 세포내 위치
해당과정은 세포질에서 일어나고, TCA 회로는 미토콘드리아에서 일어난다. TCA 회로의 대부분의 단계는 미토콘드리아 기질에서 일어나지만, 단계 6을 촉매하는 숙신산탈수소효소는 미토콘드리아 내막에 붙어 있다.

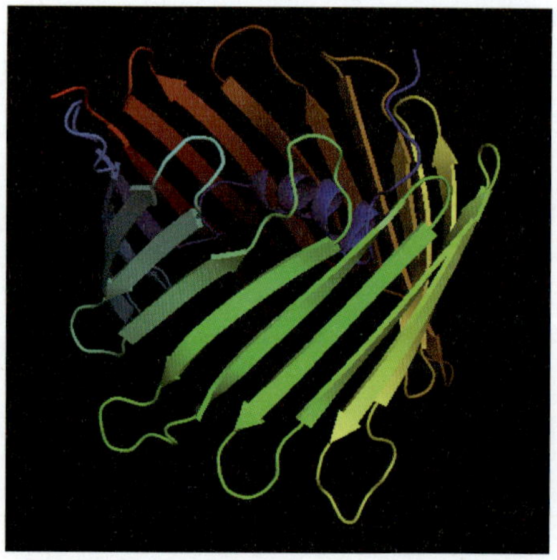

그림 9.3 포린의 구조
인간 세포의 미토콘드리아 외막에 있는 포린이다. 통 모양의 β-병풍구조로 구성되어 있는데, 피루브산과 같은 대사물질이 통과할 수 있는 구멍을 형성한다.
CCBY-SA 3.0 허가로 Wikipedia에서 복사; Plee579로 이미지 제작.

들어오게 하는 특수화된 운반 단백질이 있다. **미토콘드리아의 피루브산 운반체(mitochondrial pyruvate carrier)**는 그런 단백질 중 하나이다. 최근의 연구 결과에 의하면, 2개의 작은 단백질 소단위의 여러 개의 복사본으로 구성되어 있고, 각 소단위는 크기가 약 15 kDa이다. 조립된 소단위는 막에 걸쳐 있는 내재성 단백질을 형성하여 외부에서 피루브산과 결합하고 내부 표면에 전달하여 미토콘드리아 기질로 방출된다.

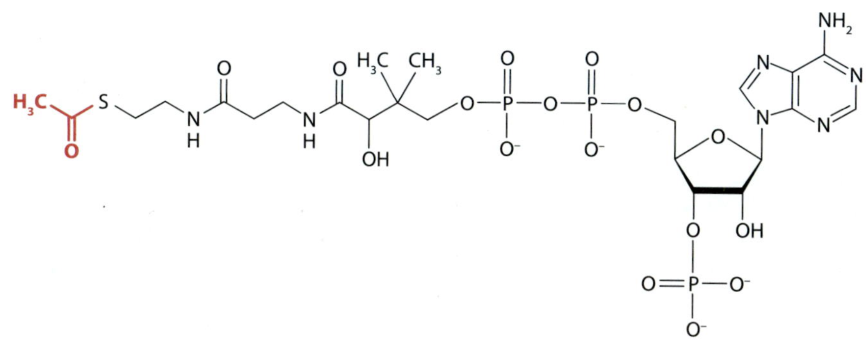

그림 9.4 아세틸 CoA
아세틸 그룹을 적색으로 표시하였다.

피루브산은 TCA 회로로 들어가기 전에 아세틸 CoA로 전환된다

미토콘드리아의 내부에서 피루브산은 **아세틸 CoA**로 전환된다(**그림 9.4**). 아세틸 CoA는 판토텐산(비타민 B_5)에서 유래한 조효소 A가 붙어 있는 아세틸 그룹(CH_3CO-)으로 구성되어 있다. 이 반응에서 1분자의 이산화탄소가 나오고 1분자의 NAD^+가 NADH로 전환된다.

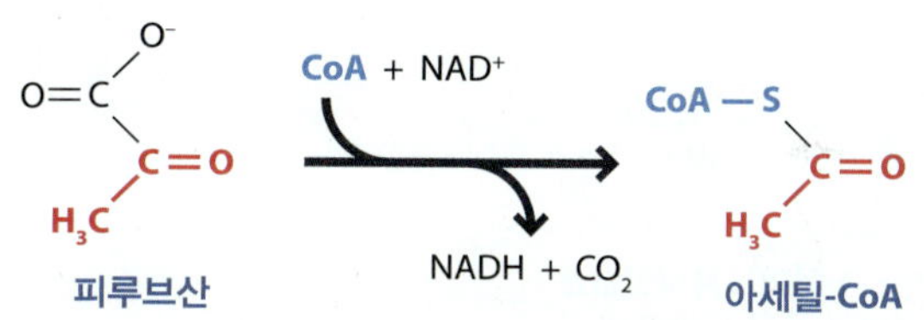

NADH의 생산은 에너지가 포획되는 에너지 발생과정의 중요한 단계 중 하나이다. NADH는 전자전달사슬에서 3개의 ATP를 생산하여 글루코오스 1분자당 6개의 ATP를 생산한다. 해당과정 전체에서 글루코오스당 ATP가 8개 생산되는 것과 비교된다.

피루브산이 아세틸 CoA로 전환되는 과정은 **피루브산탈수소효소복합체(pyruvate dehydrogenase complex)**가 촉매하는데, 이 효소는 함께 작용하는 3개의 다른 효소로 구성되어 있다. 3가지 효소의 역할은 다음과 같다.

- **피루브산탈수소효소**는 피루브산을 아세트산으로 전환시키고 이산화탄소를 방출한다.
- **디하이드로리포일 아세틸기전달효소(dihydrolipoyl transacetylase)**는 피루브산탈수소효소에서 아세틸을 모아서 조효소 A에 붙여 아세틸 CoA를 형성한다.
- **디하이드로리포일 탈수소효소(dihydrolipoyl dehydrogenase)**는 1쌍의 전자를 사용하여 피루브산이 아세트산으로 전환되는 동안 1분자의 NADH를 만든다.

그러므로 이 반응은 **산화적 탈카르복실화(oxidative decarboxylation)**의 유형으로, 기질인 피루브산은 산화되고(1쌍의 전자를 잃는다), 탈카르복실화(CO_2 손실)가 일어난다.

연구 요약

Box 9.1 미토콘드리아의 피루브산 운반 단백질의 확인

피루브산이 미토콘드리아로 이동하는 것은 진핵세포의 에너지 발생 경로에서 중요한 단계이며, 세포질에서 일어나는 해당반응과 미토콘드리아 내부에서 일어나는 TCA 회로와 연결시킨다. 피루브산 이동이 매우 중요한 것을 생각하면, 운반 단백질이 연구가 시작된 지 40년이 지난 2012년까지 확인되지 않았다는 것은 놀라운 일이다.

1970년대로 돌아가 첫 번째 의문점은 피루브산이 미토콘드리아로 들어가는데 실제로 특수한 운반 단백질이 필요한지에 대한 것이다. 해리되지 않은 피루브산은 도움 없이 막을 통과할 수 있어 처음에 운반 단백질이 필요하지 않다고 생각하였다. 그 후 대부분의 피루브산은 양전하를 띤 이온 형태이어서 막을 통하여 단순확산이 되지 않는다는 것이 밝혀졌다. 피루브산 흡수의 반응 속도론에 대한 연구를 통하여 피루브산의 이동에는 운반 단백질이 관여한다는 것이 증명되었다. 연구의 요점은 피루브산과 구조적으로 유사한 α-시아노-4-하이드록시신남산(α-cyano-4-hydroxycinnamate)이 미토콘드리아에서 피루브산이 이동하는 것을 방해한다는 것이다. 이 억제제의 효과는 피루브산이 막을 단순히 확산하는 것이 아니라 어떤 종류의 운반 단백질에 의해 이동된다는 것을 강하게 암시한다.

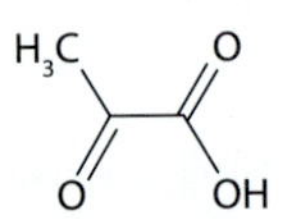

피루브산(해리되지 않은)
미토콘드리아 내막을 통하여 통과할 수 있다.

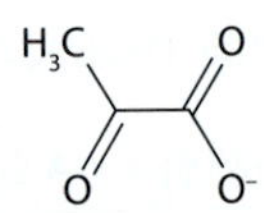

피루브산(이온화된)
미토콘드리아 내막을 통하여 통과할 수 없다.

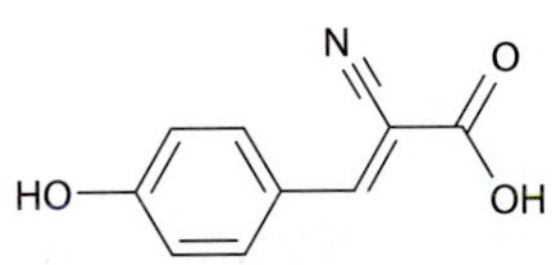

α-시아노-4-하이드록시신남산
피루브산 운반 단백질의 특이 억제제

1980년대에 리포솜 재구성 분석을 이용하여 피루브산 운반체를 확인하는 과정이 진행되었다. 이 기술에서 부분적으로 분리된 단백질과 지질을 혼합하여 수용성 내부를 가지며 지질이중층으로 구성된 **리포솜(liposome)**을 만들어 단백질 기능을 추론하는 데 사용한다. 피루브산을 흡수할 수 있는 리포솜은 소의 심장 조직과 피마자에서 재구성되었지만, 두 경우 모두 초기 단백질 혼합체는 복잡하였다. 피마자의 경우 최소한 6개 주요 부분으로 구성되었다. 그 당시에 사용할 수 있는 방법으로 이 초기 결과를 더 진행할 수 없었다.

피루브산 구조를 정확하게 알지 못해서 미토콘드리아의 피루브산 운반체를 확인하는 것은 어려웠다. 원형질막에도 세포 안으로 피루브산이 들어오게 하는 피루브산 운반체가 있는데, α-시아노-4-하이드록시신남산 억제에 민감하다. 이 결과는 원형질막과 미토콘드리아 운반체 단백질은 유사하다는 것을 나타낸다. 원형질막에 대한 추가 연구로 원형질막 운반체는 미토콘드리아 단백질에 영향이 없는 화합물에 의해 억제된다는 것을 알았다. 그러므로 두 막은 서로 구별되며 원형질막에서 얻은 지식은 미토콘드리아 운반체를 확인하는데 거의 소용이 없었다.

결국 2012년에 두 연구 그룹은 독자적으로 미토콘드리아 피루브산 운반체를 확인하였다. 두 그룹 모두 우연히 발견하였고 어느 그룹도 특이 운반체를 찾아내기 위하여 특별히 준비하지 않았다. 한 프로젝트에서 인간, 효모, 초파리에서 구조는 유사하지만 기능이 알려지지 않은 미토콘드리아 단백질을 확인하였다. 다른 종에서 유사한 구조를 가진 단백질은 중요한 생화학적 역할을 한다. 그 후 Mpc1과 Mpc2라고 불리는 이 두 단백질은 세포질의 피루브산이 미토콘드리아로 이동하는 데 필요한 아세틸 CoA로 전환하는 데 관여한다는 것이 알려졌다. 아스파르트산을 글리신으로 변화시키는 Mpc1의 돌연변이가 α-시아노-4-하이드록시신남산 억제에 저항성이 있는 효모 균주를 만들어 그 결과를 설명하였다.

미토콘드리아에 있는 피루브산 운반체 단백질의 확인은 해당과정과 TCA 회로 사이의 연결을 이해하기 위해서만 중요한 것은 아니다. 이 발견은 또한 암 연구에도 엄청난 영향을 미쳤다. 1927년에 바르부르크(Otto Warburg)는 대부분의 암세포가 에너지를 해당과정에서 얻기 때문에 암세포는 피루브산을 미토콘드리아로 보내어 TCA 회로와 전자전달사슬에서 에너지를 얻기보다는 세포질에서 피루브산을 락트산으로 전환시켜 에너지를 얻는다는 것을 발견하였다.

"바르부르크 효과(Warburg effect)"로 피루브산 운반체의 역할이 단백질 구조가 알려지지 전보다 더 직접적으로 연구될 수 있었다. 이 주요 대사 변화에서 운반체 역할을 이해하는 것은 암 형성에 대한 생화학적 기초에 새로운 빛을 비추고 암 발달을 막는 치료에 대한 연구에 도움이 된다.

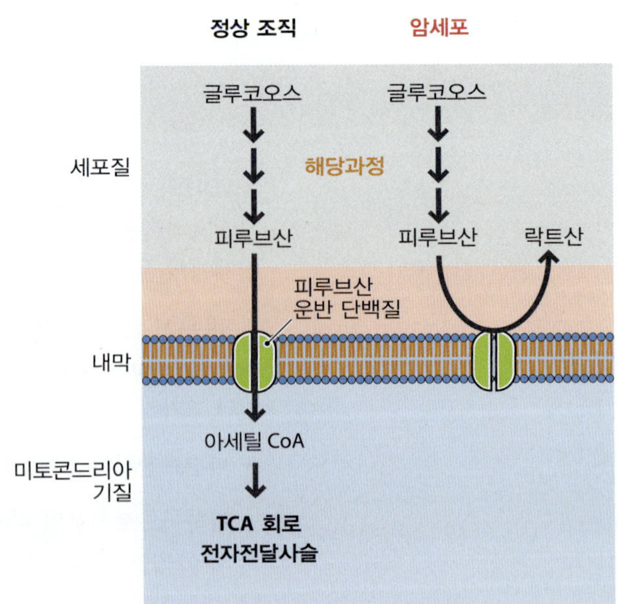

9.1.2 TCA 회로의 단계

TCA 회로는 순환 경로로, 기질의 하나인 **옥살로아세트산(oxaloccetate)**이 각 회전이 끝날 때에 재생성된다(**그림 9.5**). 이 회로는 8단계로 구성된다.

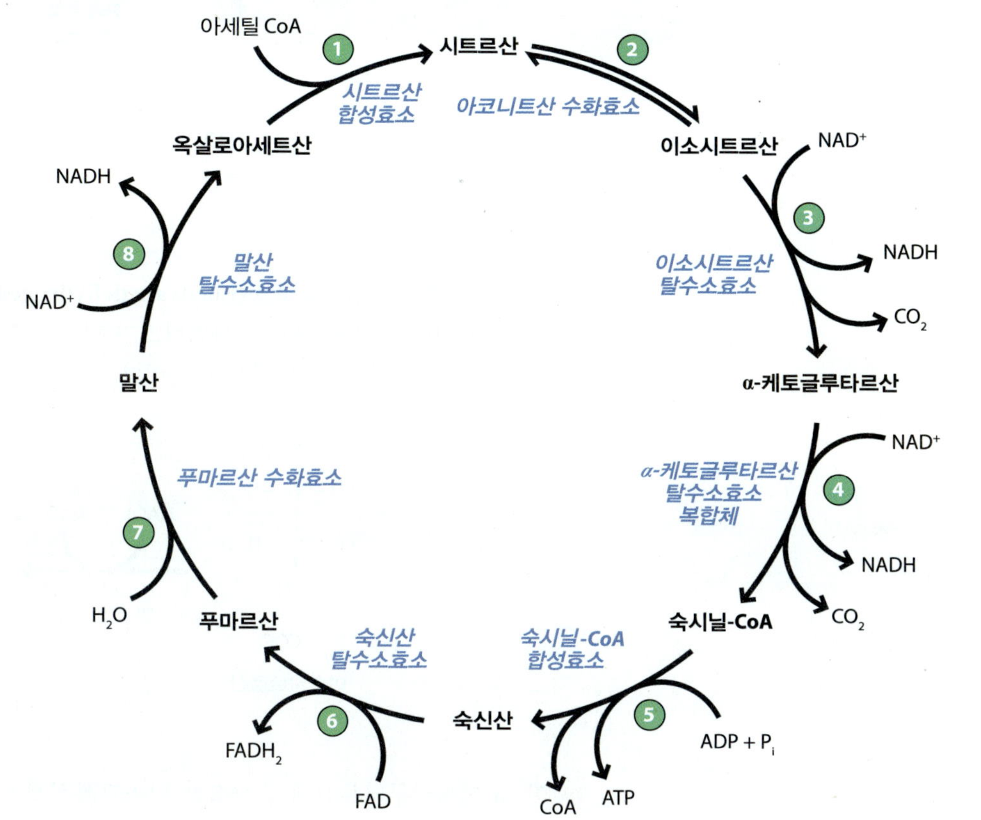

그림 9.5 TCA 회로
본문에서 설명한 바와 같이 경로의 단계는 녹색 원으로 표시하였다.

1단계. 피루브산에서 유래한 아세틸 CoA로 운반되는 아세트산 그룹은 옥살로아세트산이라고 하는 4-탄소 디카르복실산으로 전달되어 6-탄소 트리카르복실산인 시트르산이 생성된다. **시트르산 합성효소(citrate synthase)**가 이 단계를 촉매한다.

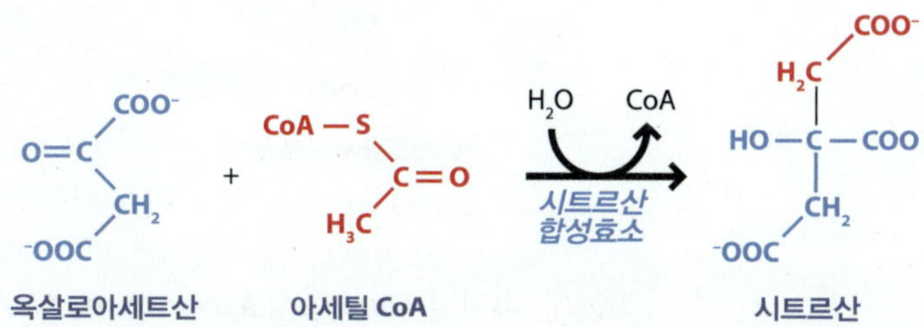

2단계. **아코니트산 수화효소(aconitase)**가 촉매하는 이성질화 반응으로 시트르산은 이소시트르산(isocitrate)으로 전환된다.

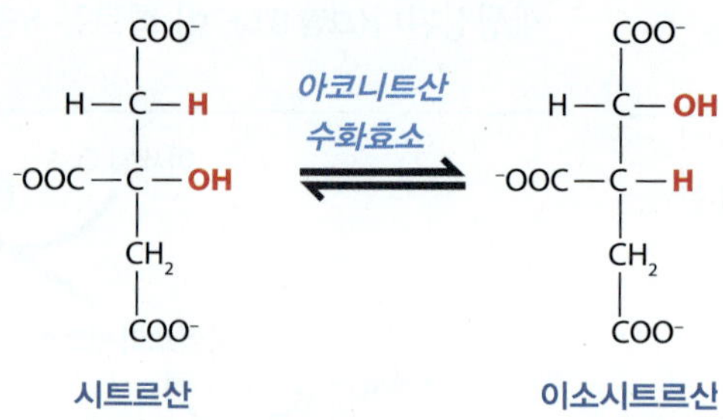

3단계. **이소시트르산탈수소효소(isocitrate dehydrogenase)**는 이소시트르산을 α-케토글루타르산으로 산화시킨다. 이 반응에서 이산화탄소가 방출되고 NAD^+ 1 분자가 NADH로 전환된다. 그러므로 산화적 탈카르복실화 반응의 하나이다.

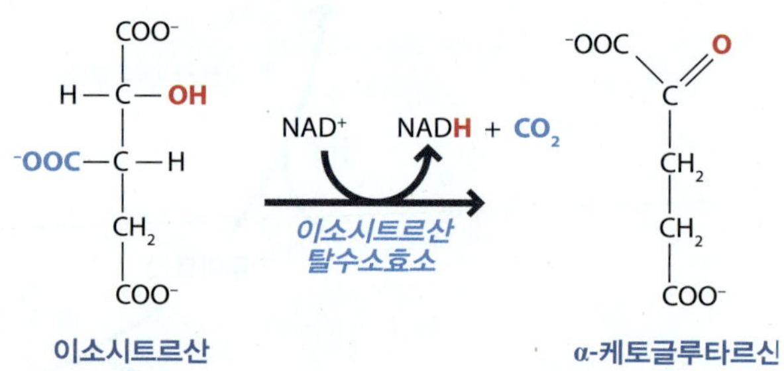

4단계. α-케토글루타르산에서 산화적 탈카르복실화가 일어나 숙시닐 CoA로 전환되며 NADH가 발생하는데, 이 과정은 **α-케토글루타르산탈수소효소 복합체(α-ketoglutarate dehydrogenase complex)**가 촉매하며, 이 효소는 3개의 다른 효소가 합쳐진 것이다.

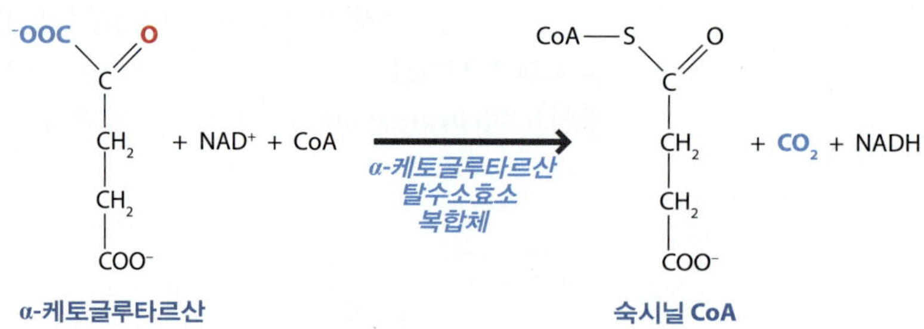

5단계. **숙시닐 CoA 합성효소(succinyl CoA synthetase)**는 숙시닐 CoA를 숙신산으로 전환시킨다. 이 효소의 명칭은 숙시닐 CoA가 숙신산에서 합성되는 가역 반응도 수행할 수 있는 것을 나타낸다. TCA 회로에서 이 효소는 숙신산-CoA 연결을 끊어 ADP를 인산화하여 ATP를 생성하는 충분한 에너지를 방출한다.

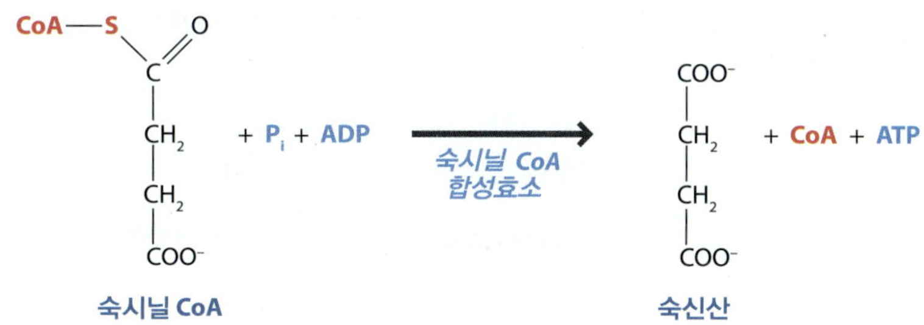

이 반응은 GDP에서 GTP를 생성할 수 있다. 그래서 이 반응은 뉴클레오타이드 에너지 운반체를 생산하는 두 번째 유형의 방법이다. TCA 회로에서 두 번째 탈카르복실화가 일어나 4-탄소 화합물이 된다. 원래의 피루브산은 완전히 분해되어 3개의 탄소 모두 CO_2로 방출되는데, 이 세 단계는 피루브산탈수소효소 단계, 이소시트르산탈수소효소 단계, α-케토글루타르산탈수소효소 단계이다. 그러나 피루브산 분해로 방출되는 에너지의 일부가 숙신산에 저장되어 있다. 이 에너지는 회로의 나머지 단계에서 활용된다.

6단계. 숙신산탈수소효소(succinate dehydrogenase)는 FAD를 $FADH_2$로 전환시키면서 숙신산을 푸마르산(fumarate)으로 산화시킨다.

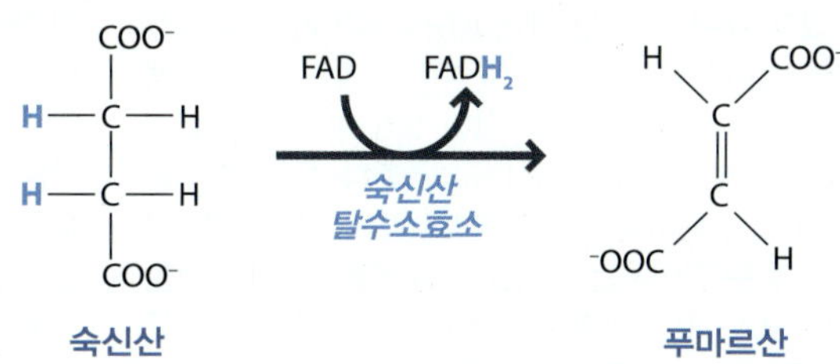

7단계. 푸마르산 수화효소(fumarase)는 푸마르산을 말산(malate)으로 전환시키는데, 이 반응은 물분자 첨가가 필요한 수화 반응이다.

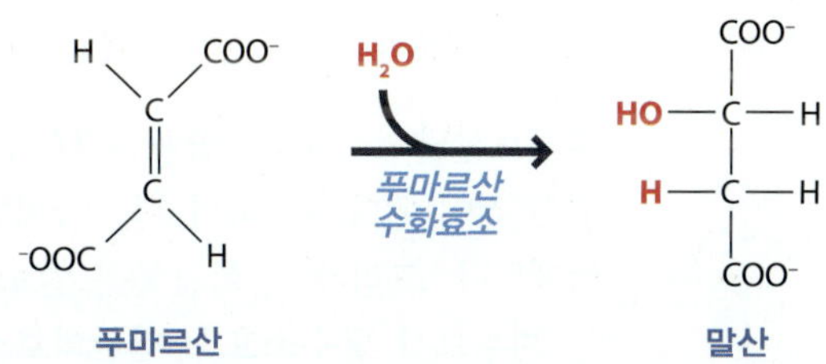

8단계. 말산탈수소효소(malate dehydrogenase)는 말산을 산화시켜 옥살로아세트산을 형성하며 NADH 분자를 생산한다.

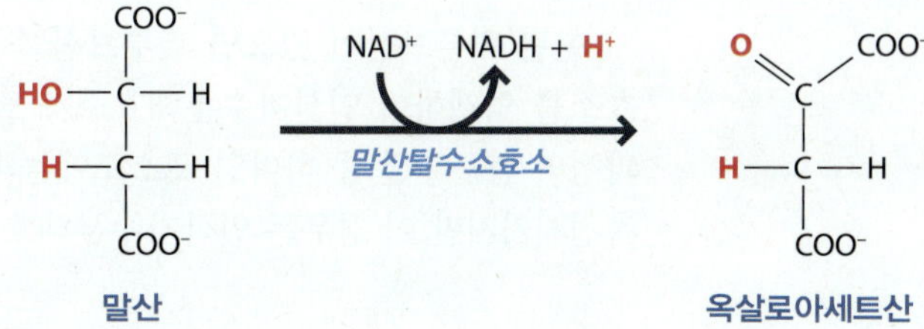

최종 단계는 이 회로의 시작 단계에서 사용하는 옥살로아세트산을 재생성한다. 그러므로 이 회로는 아세틸 CoA 두 번째 분자로 다른 순환과정을 진행할 수 있다. 이 회로에서 한 분자의 GTP 혹은 ATP, 3분자의 NADH, 1분자의 $FADH_2$가 생산된다. 전자전달사슬은 각 NADH에서 3개의 ATP를, $FADH_2$에서 2개의 ATP를 생산한다.

TCA 회로는 에너지 발생의 역할뿐만 아니라, 많은 생합성 경로를 위한 중요한 시작점으로 작용한다.

- 옥살로아세트산은 아스파르트산, 다른 아미노산, 퓨린, 피리미딘의 생산을 위한 출발점이다.
- 시트르산은 지방산 합성을 위한 아세틸 CoA의 공급물질로 사용된다.
- α-케토글루타르산은 글루탐산, 다른 아미노산, 퓨린의 기질이다.
- 숙시닐 CoA는 헴(heme)과 엽록소와 같은 포르피린(porphyrin)의 출발점이다.

생합성 경로는 이 책의 뒷부분에서 학습할 예정이다. 지방산 합성은 **12.1.1절**, 아미노산 합성은 **13.2.1절**, 테트라피롤 합성은 **13.2.3절**을 보라.

Box 9.2 숙시닐 CoA 합성효소

숙시닐 CoA 합성효소에 의해 촉매되는 기질수준 인산화 반응은 기질로 ADP와 GDP를 모두 사용할 수 있다. 대부분의 세포에서 ATP와 GTP가 모두 생산되지만, 상대적인 양은 다르다. 근육에서는 GTP보다 ATP가 훨씬 더 많이 생산되지만, 간세포에서는 ATP보다 GTP가 월등히 많이 생산된다. GTP 합성에 대한 ATP의 균형은 세포의 전체적인 대사 활성에 의존한다. 특히 운동 중인 근육에서는 에너지 요구가 많아 숙시닐 CoA 합성효소가 ATP를 합성하여 에너지 필요성을 충족시킨다. 한편 간에서는 숙시닐 CoA 합성효소가 생산할 수 있는 글루코오스 1분자당 부가적인 2개의 ATP가 필요 없을 정도로 적은 에너지가 필요하다. 대신에, 이 효소는 기질로 GDP를 사용하여 GTP를 생신하는데 이는 단백질 합성을 위한 에너지 공급에 필요하다(16.2.2절).

숙시닐 CoA 합성효소의 2가지 활성은 서로 관계가 깊지만 다른 2개의 효소에 의해 결정된다. 모두 숙시닐 CoA 합성효소라고 불리는데, 이유는 두 효소 모두 뉴클레오타이드 이인산염의 기질수준 인산화 반응을 수행하여 숙시닐 CoA를 숙신산으로 전환하는 똑같은 생화학 반응을 촉매하기 때문이다. 약간 다른 아미노산 서열을 가지고 있어 다른 기질 특이성을 나타낸다. 이 2개의 숙시닐 CoA 합성효소를 **동위효소(isozyme)**라고 한다. 많은 효소는 동위효소로 존재하는데, 이들은 다른 조직에서 활성을 나타내거나(숙시닐 CoA 합성효소의 경우와 같이) 혹은 다른 발달 단계에서 활성을 나타낸다.

9.1.3 TCA 회로의 조절

피루브산탈수소효소복합체는 TCA 회로의 진입 지점에서 중요한 역할을 하므로 조절을 위한 주된 표적이 된다. 이 복합체는 아세틸 CoA와 NADH와 같이 바로 생성되는 산물과 ATP에 의해 억제된다. 그러나 이 화합물은 알로스테릭 억제의 영향을 나타내지 않는다. 대신에 이 억제 효과는 **피루브산 탈수소효소 인산화효소(pyruvate dehydrogenase kinase)**와 **피루브산 탈수소효소 인산가수분해효소(pyruvate dehydrogenase phosphatase)**에 의해 조정된다. 이 두 효소는 피루브산탈수소효소에 있는 3개의 세린에 각각 인산기를 더하거나 제거하는 효소이다. 피루브산탈수소효소가 인산화되면 비활성화가 된다. 아세틸 CoA, NADH, ATP는 인산화효소를 촉진하여 피루브산탈수소효소를 비활성화시킨다(**그림 9.6**).

한편 피루브산이 있으면 피루브산탈수소효소의 활성을 촉진시킨다. 이는 피루브산이 인산화효소를 억제하여 인산가수분해효소가 탈인산화시켜 피루브산탈수소효소를 활성화시킨다. 해당과정의 전구물질 중 하나인 포스포에놀피루브산(phosphoenolpyruvate)도 피루브산탈수소효소를 촉진시키지만 이 경우는 인산가수분해효소를 활성화시켜 일어난다.

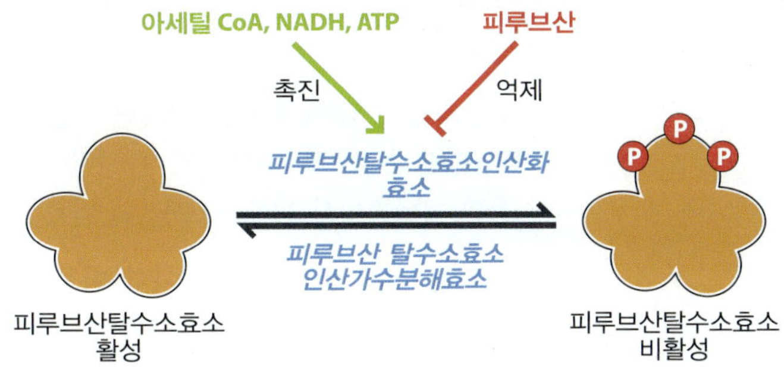

그림 9.6 아세틸 CoA, NADH, ATP, 피루브산에 의한 피루브산탈수소효소의 조절
아세틸 CoA, NADH, ATP는 피루브산탈수소효소인산화효소의 활성을 촉진하는데, 인산화되면 피루브산탈수소효소가 비활성화된다. 피루브산은 피루브산탈수소효소인산화효소를 억제한다.

TCA 회로의 세 지점에서 합성에 관여하는 효소에 생성물이 되먹임 억제 효과를 나타낸다(**그림 9.7**).

- 시트르산합성효소는 시트르산과 ATP에 의해 억제된다.
- 이소시트르산탈수소효소는 NADH와 ATP에 의해 억제된다.
- α-케토글루타르산탈수소효소는 숙시닐 CoA와 NADH에 의해 억제된다.

다양한 조절과정의 전체적인 효과는 다음과 같다. 세포에 ATP와 NADH가 축적되어 적절한 에너지가 공급되면 TCA 회로는 느려지고, 회로 안으로 아세틸 CoA가 들어오고 3개의 조절 지점을 지나 회로의 진행이 억제된다.

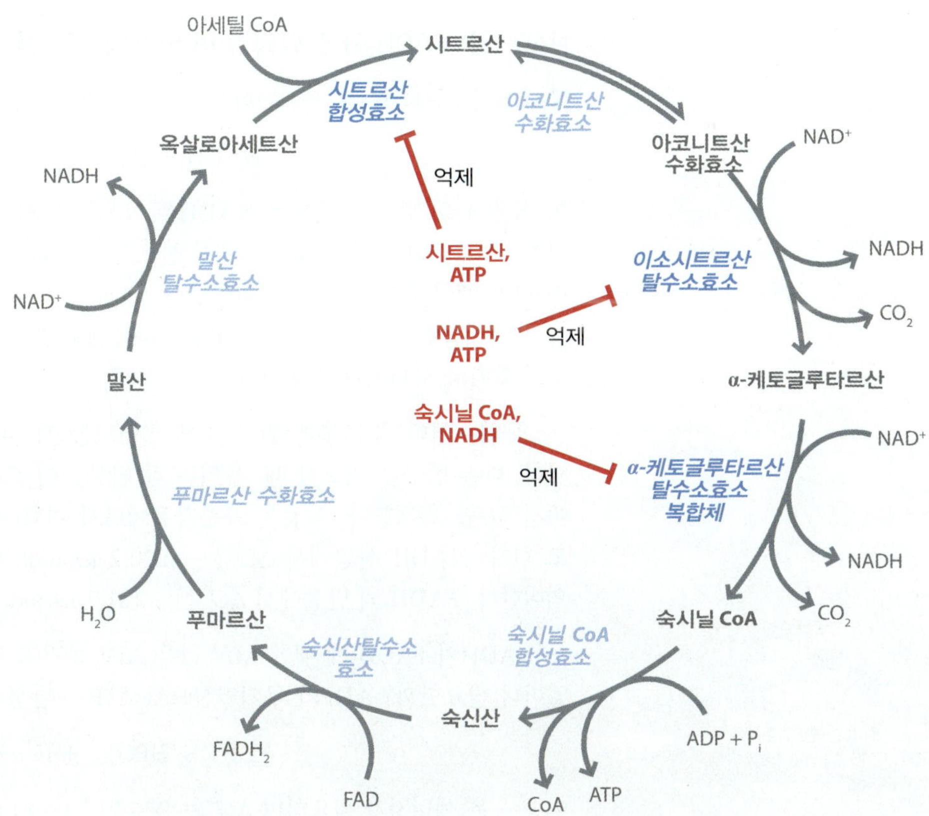

그림 9.7 TCA 회로 내의 조절 지점

9.2 전자전달사슬과 ATP 합성

해당과정과 TCA 회로를 거치면서 글루코오스 1분자가 완전히 분해되면 4분자의 ATP, 10분자의 NADH, 2분자의 $FADH_2$가 합성된다. 전자전달사슬은 NADH와 $FADH_2$ 분자에 일시적으로 저장된 에너지에서 34개 ATP를 더 얻을 수 있다. 그 과정은 다음과 같다.

- 8개의 NADH 분자는 이미 미토콘드리아에 있고 여기서 24개의 ATP가 생산된다—1개의 NADH에서 3개의 ATP.
- 2개의 $FADH_2$ 분자도 이미 미토콘드리아에 있고 4개의 ATP를 생산한다—1개의 $FADH_2$에서 2개의 ATP.
- 마지막으로 해당과정에서 생산된 2개의 NADH 분자는 세포질에 있다. 미토콘드리아 내막으로 들어올 수 없어서 세포질에 있지만, 전자전달사슬을 간접적으로 사용하는 경로를 통하여 6개의 ATP(NADH당 3개 ATP)를 생산할 수 있다.

이제 전자전달사슬에서 ATP를 합성하는 이 3가지 경로, 즉 미토콘드리아에 있는 NADH 경로, $FADH_2$ 경로, 세포질에 있는 NADH 경로를 살펴볼 것이다. 우선 과정에 대한 일반적인 개요부터 살펴보자.

9.2.1 전자가 전자전달사슬을 따라 지나가면 에너지가 방출된다

전자전달사슬이 어떻게 ATP를 생산하는지 이해하기 위하여 먼저 기본적인 생화학 반응의 에너지론을 살펴보자.

NADH와 $FADH_2$가 산화되면 여러 개의 ATP를 생산할 수 있는 에너지가 나온다

NADH가 NAD^+로 전환되는 화학식은 다음과 같다.

$$NADH + H^+ + \frac{1}{2}O_2 \rightarrow NAD^+ + H_2O$$

이 식은 산화-환원 반응으로 NADH는 NAD^+로 산화되고, 산소는 물로 환원된다. 그러므로 이 반응에서 2개의 전자가 NADH에서 산소로 이동한다. NADH가 산소보다 전자에 대한 친화도가 더 낮기 때문에 전자 이동이 일어난다. 그래서 전자 공여체인 NADH에서 전자수용체인 산소로 전자가 이동한다. 전자가 공여체에서 수용체로 이동하는 중에 공여체와 수용체 사이의 친화도 차이에 따라 에너지가 방출된다.

우리는 이미 효소-촉매 반응 중에 일어나는 자유에너지 변화를 나타내는 ΔG에 대하여 알고 있다. 다른 반응을 비교할 때, 우리는 각 반응물이 같은 몰 양이 존재하고 pH가 7.0인 표준 조건에서 ΔG를 측정한다. 이것을 **표준자유에너지 변화(standard free energy change)** 혹은 $\Delta G^{o\prime}$라고 한다. NADH 산화에서 $\Delta G^{o\prime}$는 -220.2 kJ mol^{-1}이다(그림 9.8). 음수의 ΔG는 에너지 방출을 의미한다. $FADH_2$의 반응에서 $\Delta G^{o\prime}$는 -181.7 kJ mol^{-1}이다.

NADH와 $FADH_2$에 대한 $\Delta G^{o\prime}$ 값은 ATP 분자를 만들 수 있는 에너지 양을 나타낸다. 실제로 얼마나 필요할까? ADP와 무기인산으로 ATP를 합성하는 식은 다음과 같다.

$$ADP^{3-} + HPO_4^{2-} + H^+ \rightarrow ATP^{4-} + H_2O$$

이 반응은 에너지가 필요하며 $\Delta G^{o\prime}$는 양수인 30.6 kJ mol^{-1}이다.

화학의 원리

Box 9.3 산화-환원 전위

NADH와 같은 화합물의 전자 친화도를 **산화-환원 전위(redox potential)**라고 하며 상대적인 수소의 산화-환원 전위로 측정한다.

- 양수의 산화-환원 전위는 화합물이 수소보다 더 높은 친화도를 가지고 있어 수소로부터 전자를 받아들일 수 있다는 것을 의미한다.
- 음수의 산화-환원 전위는 화합물이 수소보다 더 낮은 친화도를 가지고 있어 H^+에 전자를 주어 수소를 형성하는 것을 의미한다.

$$NADH + H^+ + ½O_2 \rightarrow NAD^+ + H_2O$$

위 반응에서 NADH는 음수의 산화-환원 전위를 가지고 있는 강력한 환원제이며 전자를 준다. 산소는 양수의 산화-환원 전위를 가지고 있는 강력한 산화제이며 전자를 받는다. 그러므로 전자전달은 NADH에서 산소로 일어난다.

화합물의 **표준 산화-환원 전위(standard redox potential, *Eo′*)**는 pH 7인 표준 조건에서 측정하고 볼트로 표시한다. pH 7에서 표준 자유에너지 변화($\Delta G^{o\prime}$)는 기질과 생성물의 산화 환원 전위($\Delta E_o'$)의 변화로 계산할 수 있다.

$$\Delta G^{o\prime} = -nF\Delta E_o'$$

n은 전달되는 전자의 수이고, F는 패러데이 상수(96.485 $kJV^{-1}mol^{-1}$)이다. 이 등식의 오른쪽이 마이너스이기 때문에 양수의 $\Delta E_o'$인 반응은 음수의 $\Delta G^{o\prime}$ 값을 가지며 자유에너지감소반응이다. NADH에서 산소로 전자가 전달될 때, $\Delta E_o'$ 값은 1.14 V이고, $\Delta G^{o\prime}$값은 −220.2 kJ mol^{-1}이다.

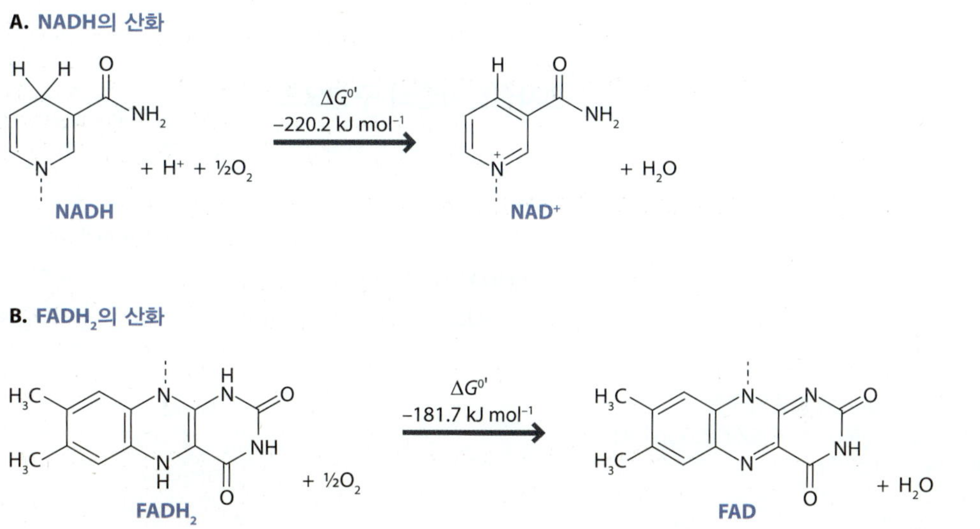

그림 9.8 (A) NADH와 (B) $FADH_2$의 산화
이 화합물의 완전한 구조는 그림 7.7 참조.

NADH와 $FADH_2$의 산화로 방출되는 에너지는 30.6 kJ mol^{-1}보다 훨씬 크기 때문에 여러 개의 ATP 분자를 합성하는 데 충분하다. 실제로 에너지 이동의 비효율성으로 열로 손실되기 때문에 이 에너지가 모두 활용되지는 않는다. 평균적으로 1분자의 NADH가 산화되면 3개의 ATP를, 1분자의 FADH가 산화되면 2개의 ATP를 생산할 수 있다. NADH와 $FADH_2$의 산화로 ATP가 합성되는 연계 반응을 **산화적 인산화(oxidative phosphorylation)**이라고 한다.

NADH와 $FADH_2$에서 산소까지 전자가 전달되는 것은 중간 산물을 경유하여 일어난다

NADH와 $FADH_2$가 산화되는 중에 만일 전자가 직접 산소로 전달되면 모든 가용한 에너지가 한 번에 방출될 것이다. 이 에너지의 일부는 ATP 생성에 사용될 수 있지만, 대부분은 손실될 것이다. 이러한 이동은 너무 비효율적이어서 1분자의 NADH 혹은 $FADH_2$의 산화로 1개의 ATP도 생성할 수 없게 될 것이다.

효율성을 개선하기 위하여 전자가 직접 산소로 전달되지 않고 전자전달사슬로 들어간다. 사슬은 여러 화합물로 구성되고 사슬을 따라 이동할 때 전자 친화도가 증가하는 순서로 배열되어 있다(그림 9.9). 그러므로 사슬을 따라 전자가 전달되는 각 단계는 적은 양의 에너지를 방출하고 결국 사슬의 마지막 단계에 전자는 산소에 전달되고 산화과정은 완료된다. 전자전달사슬을 따라 조절되고 증가된 에너지는 NADH와 $FADH_2$의 산화로 ATP를 합성한다.

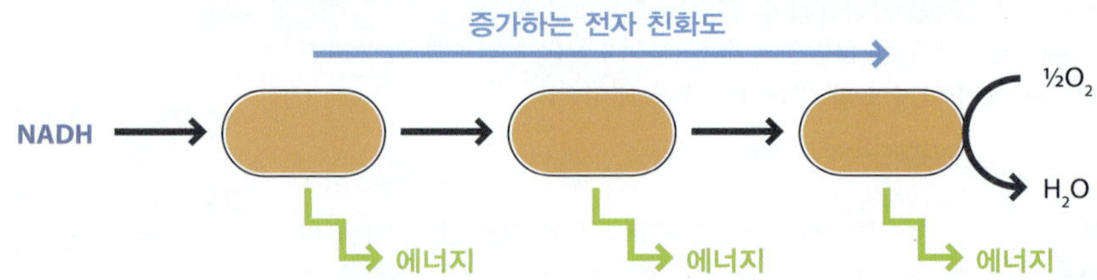

그림 9.9 전자전달사슬의 원리
사슬은 전자 친화도가 증가하는 순서로 배열된 다양한 화합물로 구성된다. 사슬을 따라 전자가 전달되는 각 단계에서 적은 양의 에너지가 방출된다.

9.2.2 전자전달사슬의 구조와 기능

이제 전자전달사슬의 구성요소를 살펴보고 어떻게 전자가 NADH나 $FADH_2$의 공여체에서 사슬을 따라 통과하는지 알아보자.

전자전달사슬의 구성요소

전자전달사슬은 복합체 I ~ IV라고 하는 4개의 큰 구조로 구성되어 있으며 미토콘드리아 내막에 위치하고 있다. NADH의 전자는 복합체 I을, $FADH_2$의 전자는 복합체 II를 경유하여 들어온다(그림 9.10). 복합체 I이나 II에서 복합체 III까지의 전자전달에는 **유비퀴논(ubiquinone)**이나 **조효소 Q(coenzyme Q, CoQ)**라고 하는 중간 전달체 분자가 필요하고, 복합체 III에서 복합체 IV까지의 전달은 **시토크롬 *c*(cytochrome *c*)**를 경유한다. 복합체 IV의 전자는 산소로 전달된다.

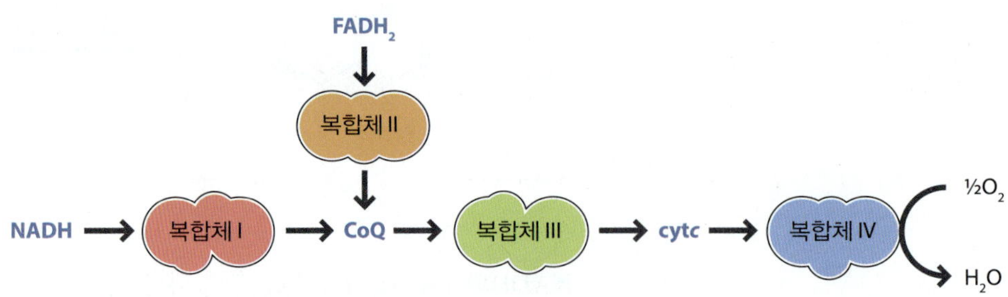

그림 9.10 전자전달사슬의 구조
2개의 중간 전달체는 조효소Q(CoQ)와 시토크롬 *c*(cytc)이다.

4개의 복합체는 다단위체 단백질인데, 복합체 II의 4개 단위체부터 복합체 I의 44 단위체까지 존재한다. 그러나 전자전달을 고려하면 단백질 자체는 복합체에서 중요한 부분이 아니다. 몇몇 아미노산은 전자 수용체와 공여체로 작용할 수 있지만, 폴리펩타이드 사슬 내에 있는 아미노산은 에너지를 방출하는 데 필요한 전자 친화력이 없다. 대신에, 복합체의 전자결합 요소는 비단백질성 보결분자단이다. 이들은 다음과 같다.

- 복합체 I은 플라빈 모노뉴클레오타이드(flavin mononucleotide, FMN)와 8개의 **철-황** 혹은 **FeS 무리(iron-sulfur or FeS cluster)**이다. FeS 무리는 무기 황원자와 복합체의 폴리펩타이드 단위체 중 1개에 있는 시스테인 곁사슬의 황과 조화를 이루는 철원자로 구성되어 있다(그림 9.11). 철-황 무리를 포함하고 있는 폴리펩타이드는 **철-황** 혹은 **FeS 단백질(iron-sulfur** or **FeS**

Box 9.4 전자전달사슬의 위치

진핵생물에서 전자전달사슬에 있는 4개의 복합체는 미토콘드리아 내막에 위치하고 있다. 막은 지질과 단백질의 유동 모자이크 구조이다(5.2.1절). 만일 4개의 복합체와 중간 운반체가 독립적 구조라면 특별한 순서로 서로 붙어 있기보다는 막 주변에 떠 있을 것이다. 전자전달은 공여체-수여체 쌍(예: 복합체 I과 CoQ)이 접촉할 때만 일어난다는 것을 의미한다. 이것은 전자전달의 효율성에 제한이 될 수 있다. 막이 전자전달사슬 구성요소의 농도가 높아도 필요한 쌍 사이에서 충돌할 기회는 비교적 드물다.

함께 작용하는 막 단백질 그룹이 지질 뗏목에 떠 있는 것과 같이 공존한다는 인식은 전자전달사슬을 위한 새로운 모델을 이끌어냈다. 이제 우리는 복합체 I, III, IV(NADH 산화에 필요한 것 중 하나)와 중간 운반체 CoQ와 시토크롬 *c*는 거대분자복합체(supercomplex) 혹은 **레스피라솜(respirasome)**이라고 하는 구조로 조립되어 있다는 것을 알고 있다. 그림에서 보는 바와 같이 레스피라솜 내에 CoQ와 시토크롬 *c*의 이동에 의해 조정되는 복합체 쌍 사이에 전자전달이 일어나도록 복합체는 특정 방향으로 위치하고 있다.

레스피라솜에서 복합체 II($FADH_2$ 전자가 들어가는 지점)도 복합체 III과 IV와 같이 위치하고 있는지는 분명하지 않다. 효모에서 복합체 II와 III 사이에 안정된 관계가 있지만 분명하지 않고 포유동물 세포에서 아직 재현되지 않았다.

많은 원핵생물도 TCA 회로와 전자전달사슬을 경유하여 에너지를 만들어낸다. 전자전달사슬의 복합체 구성요소는 진핵생물과는 다르고, 절대 혐기성인 종은 최종 전자 수용체로 산소가 아닌 화합물을 사용한다(Box 8.3 참조). 미토콘드리아가 없는 원핵생물은 어디에 이 경로가 있을까? TCA 회로의 효소는 원핵세포의 세포질에 존재하고, 전자전달사슬의 구성요소는 원형질막에 존재한다. ATP를 합성하는 F_0F_1 ATP가수분해효소도 원형질막에 있고 막 외부에서 양성자가 세포로 다시 돌아온다. 진핵생물에서와 같이 원핵생물의 전자전달사슬의 각 개별적인 요소는 레스피라솜으로 조립되어 있다고 생각된다.

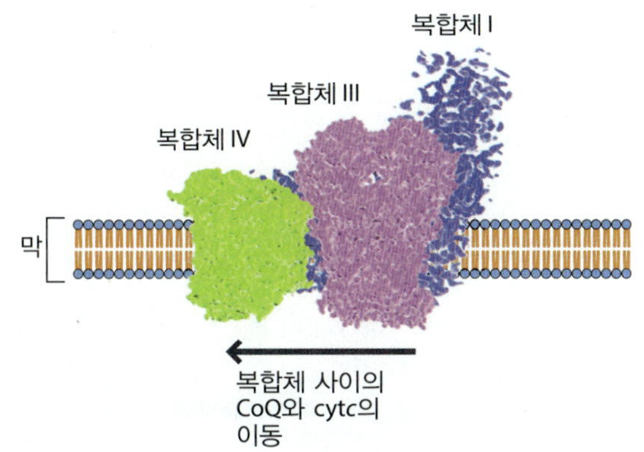

PNAS 2011; 108(37) 15196에서 허가를 받아 복사한 복합체의 이미지

protein)이라고 한다.

- 복합체 II는 3개의 FeS 무리가 있는 1개의 FeS 단백질을 포함하고 있다.
- 복합체 III은 3개의 시토크롬(cytochrome)뿐만 아니라 단일 FeS 단백질을 가지고 있다. 시토크롬은 1개 이상의 헴 보결분자단을 포함하고 있는 단백질이다. 폴리펩타이드의 아미노산 서열과 헴 그룹의 정확한 구조에 따라 다양한 유형의 시토크롬이 존재한다. 복합체 III에 있는 것을 시토크롬 b_{562}와 시토크롬 b_{566}이라고 하며 모두 2개의 헴 그룹을 가지고 있고, 시토크롬 c_1은 1개의 헴을 가지고 있다.

그림 9.11 철-황 구조
전자전달사슬의 복합체는 모두 (A) 2Fe-2S와 (B) 4Fe-4S 무리를 포함한다.

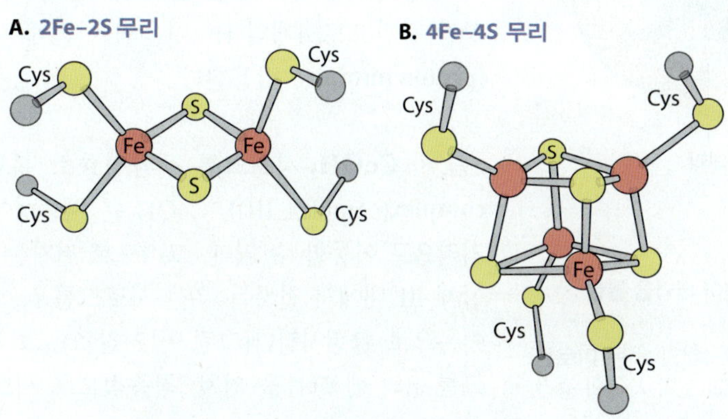

- 복합체 IV는 시토크롬 a와 시토크롬 a_3인 2개의 시토크롬을 포함하는데, 시토크롬 a는 2개 구리이온과 관련 있어 CU_A로 표시하고 시토크롬 a_3은 3번째 구리이온과 관련 있어 CU_B로 표시한다.

전자전달사슬을 통한 전자 이동

전자전달사슬은 복합체 I-III과 II-III 사이의 전자 이동을 중재하는 CoQ와 복합체 III과 복합체 IV 사이의 전자 이동을 중재하는 시토크롬 c와 함께 4개 복합체로 구성되어 있다(그림 9.10 참조). 이제 이 경로를 자세히 살펴보자. 이 경로를 3단계로 나눌 수 있고, 각 단계는 다른 복합체와 관계가 있다(그림 9.12).

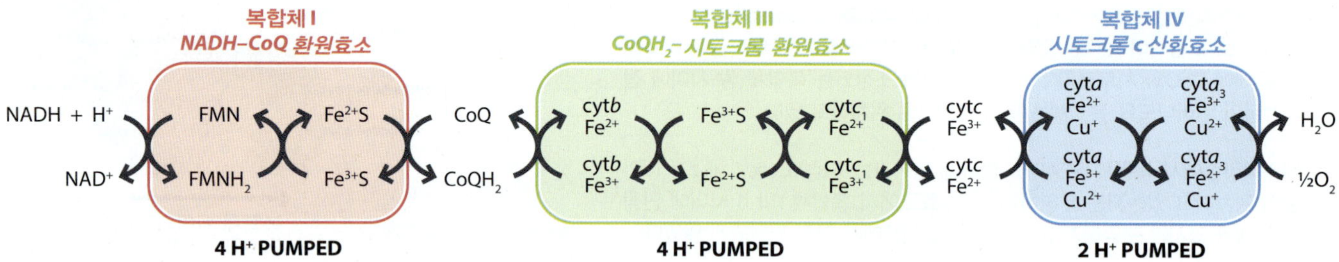

그림 9.12 전자전달사슬 내에서 일어나는 전자 이동
모식도의 복잡성을 줄이기 위하여 몇몇 단계는 합쳐졌다. 복합체 III에서 시토크롬 b 회로는 시토크롬 b_{562}와 시토크롬 b_{566}이 있고, 복합체 IV에서 시토크롬 a의 Cu 이온에서 이 시토크롬의 Fe 이온으로 전자가 이동하여, 시토크롬 a_3의 Cu 이온과 Fe 이온으로 전달된다.

1단계. NADH-CoQ 환원효소 복합체(복합체 I)(NADH-CoQ reductase complex(complex I)**).** NADH는 복합체 I에 결합하여 2개의 전자를 방출하고 FMN으로 보내서 FMN을 $FMNH_2$로 환원시킨다. 각 전자 이동은 수용성인 미토콘드리아 기질에서 H^+ 이온 흡수를 동반한다. 전자는 복합체 I에 있는 FeS 무리에 보내서 Fe^{3+}(3가철) 이온을 Fe^{2+}(2가철) 이온으로 환원시킨다. 동시에 FMN은 $FMNH_2$에서 재생성된다. 최종적으로, 전자는 FeS 무리에서 CoQ로 들어가 **유비퀴놀(uniquinol, $CoQH_2$)**이라고 하는 CoQ의 환원형태를 만든다. 그러므로 1단계의 전체 반응은 1개의 H^+는 NADH에서, 다른 1개의 H^+는 기질에서 CoQ로 이동하는 것이다.

$$NADH + CoQ + H^+ \rightarrow NAD^+ + CoQH_2$$

이 반응의 $\Delta G^{o\prime}$는 -69.5 kJ mol^{-1}이며, 이는 미토콘드리아 내막을 거쳐 미토콘드리아 기질에서 막간 공간으로 4개의 H^+ 이온의 이동에 사용된다(그림 9.13). 그러므로 복합체 I은 **양성자 펌프(proton pump)**로 작용한다.

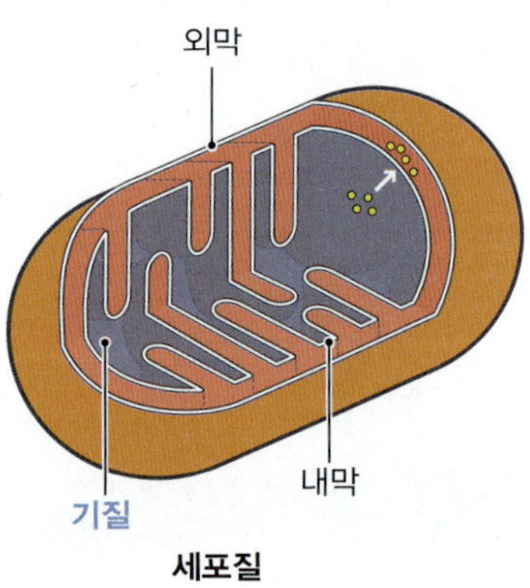

그림 9.13 미토콘드리아 내막을 통한 양성자 펌핑
노란색 점으로 표시한 4개의 H^+는 미토콘드리아 기질에서 내막과 외막 사이의 공간으로 이동된다.

2단계. $CoQH_2$-시토크롬 c 환원효소 복합체(복합체 III)($CoQH_2$-cytochrome c reductase complex(complex III)**).** $CoQH_2$는 지용성이기 때문에 미토콘드리아 내막에서 한 지역에서 다른 지역으로 이동할 수 있다. 그러므로 전자는 사슬의 다음 구성요소인 복합체 III으로 운반된다. 복합체 III 내에서 전자는 우선 시토크롬 b_{562}의 헴 그룹으로 전달되어 헴에 있는 Fe^{3+} 이온을 Fe^{2+} 이온으로 환원시킨다(그림 9.12 참조). 그 후 전자는 시토크롬 b_{566}, 복합체 III의 FeS 무리, 시토크롬 c_1의 헴 그룹을 거쳐, 최종적으로 시토크롬 c로 흘러간다. 그러므로 전체 반응식은 다음과 같다.

$$\mathrm{CoQH_2 + 2cyt}c^{3+} \rightarrow \mathrm{CoQ + 2H^+ + 2cyt}c^{2+}$$

여기에서 cytc^{3+}와 cytc^{2+}는 각각 시토크롬 c의 산화와 환원 형태이다. 2단계에서 방출되는 에너지는 미토콘드리아 내막을 가로질러 4개 이상의 H^+ 이온을 펌프하기에 충분하다.

3단계. 시토크롬 *c* 산화효소(복합체 IV). 시토크롬 c는 복합체 III과 복합체 IV를 연결한다. 전자는 Cu_A로 이동하여 Cu^{2+}(제2구리)이 Cu^+(제1구리)로 환원된다(그림 9.12 참조). 그 후 전자는 시토크롬 a의 헴을 거쳐 Cu_B 이온을 거쳐 시토크롬 a_3를 지나 최종적으로 산소에 전달되어 물이 된다. 전체 반응은 다음과 같다.

$$\mathrm{2cyt}c^{2+} + \mathrm{2H^+} + \tfrac{1}{2}\mathrm{O_2} \rightarrow \mathrm{2cyt}c^{3+} + \mathrm{H_2O}$$

NADH 분자가 완전히 산화되는 이 반응은 더 많은 에너지를 방출하여 미토콘드리아 내막을 가로질러 2개의 H^+가 이동하는 데 충분하다.

이제 전자전달사슬의 처음으로 돌아가 $FADH_2$가 어떻게 경로로 들어오는지 살펴보자. 이것을 1단계*라고 하자.

1단계*. 숙신산-CoQ 환원효소 복합체(복합체 II)(succinate-CoQ reductase complex(complex II)). TCA 회로(그림 9.5 참조)의 6단계에서 숙신산은 숙신산탈수소효소에 의해 푸마르산으로 산화된다. 이 효소는 미토콘드리아 내막에 위치하며 복합체 II와 가깝게 있다. 숙신산의 산화로 방출된 전자 2개는 복합체 II의 FeS 무리로 전자를 즉시 전달하여 $FADH_2$를 생성한다(**그림 9.14**). FeS 무리를 지나 전자는 NADH 경로와 똑같이 CoQ를 거쳐 복합체 III과 복합체 IV로 흘러간다. 숙신산 탈수소효소와 복합체 II 사이 밀접하게 연결되어 있기 때문에 $FADH_2$가 전자전달사슬로 들어오는 전체 반응은 다음과 같다.

$$\text{숙신산} + \mathrm{CoQ} \rightarrow \text{푸마르산} + \mathrm{CoQH_2}$$

이 반응에서 에너지는 나오지만 미토콘드리아 내막을 가로질러 H^+ 이온을 이동시키기에 충분하지 않다. 복합체 II에서 막을 가로질러 전자를 보내지 못하기 때문에 NADH와 비교하여 $FADH_2$에서 발생하는 ATP의 개수가 다르다.

그림 9.14 전자전달사슬의 $FADH_2$에서 복합체 II로 전자의 이동

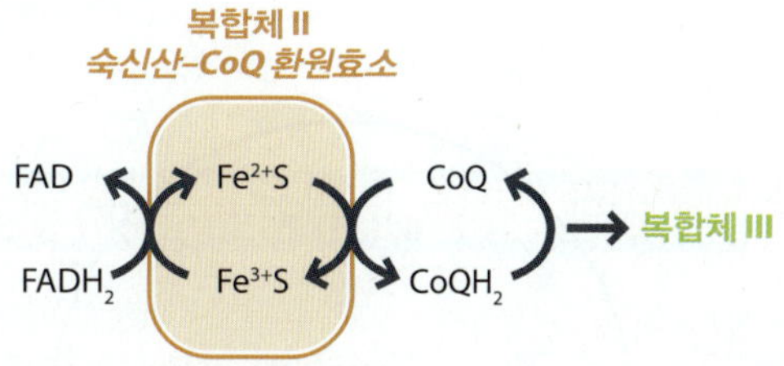

9.2.3 ATP 합성

지금까지 4개의 복합체에서 에너지 방출이 증가하도록 전자가 전자전달사슬을 따라 어떻게 흐르는지 살펴보고, 방출된 에너지가 어떻게 미토콘드리아 내막을 가로질러 양성자를 내보내는 데 사용되는지 알아보았다. 이제 이 과정이 어떻게 ATP 분자를 합성하는지 알아보자.

양성자 펌핑은 전기화학 기울기를 발생시킨다

여러 해 동안, 전자전달사슬을 따라 전자가 이동하여 어떻게 ATP를 합성하는지 알지 못하였다.

생화학자는 에너지 이동으로 방출되는 에너지가 ATP 분자를 만드는 데 사용되기 전에 고에너지 화합물에 저장될 것이라고 생각하였다. 미토콘드리아에 많은 양이 존재하여야 하는 이 고에너지 화합물은 검출되지 않았다. 1961년에 피터 미셸(Peter Mitchell)은 **화학삼투설(chemiosmotic theory)**이라고 하는 급진적이고 새로운 아이디어를 제안하였다. 미셸은 미토콘드리아 내막을 가로질러 일어나는 양성자 펌핑은 ATP를 합성하는 **전기화학 기울기(electrochemical gradient)**를 만든다고 제안하였다.

화학삼투설이 처음 제안되었을 때 논란이 많았다. 특히 그 당시, 실제 전자가 전자전달사슬의 복합체 I, III, IV를 따라 흐를 때, 어떻게 H^+ 이온이 미토콘드리아 내막을 가로질러 이동하는지 알 수 없었다. 이제 이 가설이 ATP 합성에 대한 옳은 생각이며, 미셸은 20세기 생화학 분야에서 위대한 인물 중 한 사람으로 간주된다.

전기화학 기울기는 전하를 띤 이온이 다른 지역과 비교하여 한 지역에 높은 농도로 균일하지 않게 분포할 때 형성된다. 균일하지 않은 분포는 두 지역 사이에 전하 차이가 있다는 것을 의미한다. 전자전달사슬을 따라 일어나는 양성자 펌핑의 결과로 전기화학 기울기는 미토콘드리아 내막을 걸쳐 형성된다(그림 9.15A). 양성자 펌핑으로 미토콘드리아 기질과 비교하여 외막과 내막 사이의 공간에 H^+ 이온의 농도가 더 높게 된다.

전기화학 기울기가 평형 상태로 되돌아가는 것은 자연적인 경향이며, 이 경우에 막 사이 공간에 있는 여분의 양성자가 미토콘드리아 기질로 되돌아가 미토콘드리아 내막의 양쪽 면의 전하가 같아지는 것을 의미한다. 미토콘드리아 기질로 다시 들어오기 위하여 양성자는 **F_oF_1 ATP가수분해효소(F_oF_1 ATPase)**라고 하는 다단위체 단백질을 통하여 이동한다(그림 9.15B). ATP가수분해효소를 통하여 양성자가 이동하면 ATP가 합성된다. 전자가 NADH와 $FADH_2$에서 전자전달사슬로 계속 지나감에 따라, 더 많은 양성자가 미토콘드리아 기질 밖으로 나가 기울기를 유지하여 양성자가 계속 ATP가수분해효소를 경유하여 기질로 되돌아오게 한다. 그러므로 ATP가수분해효소는 NADH와 $FADH_2$의 산화에 직접적으로 반응하여 ATP를 만든다.

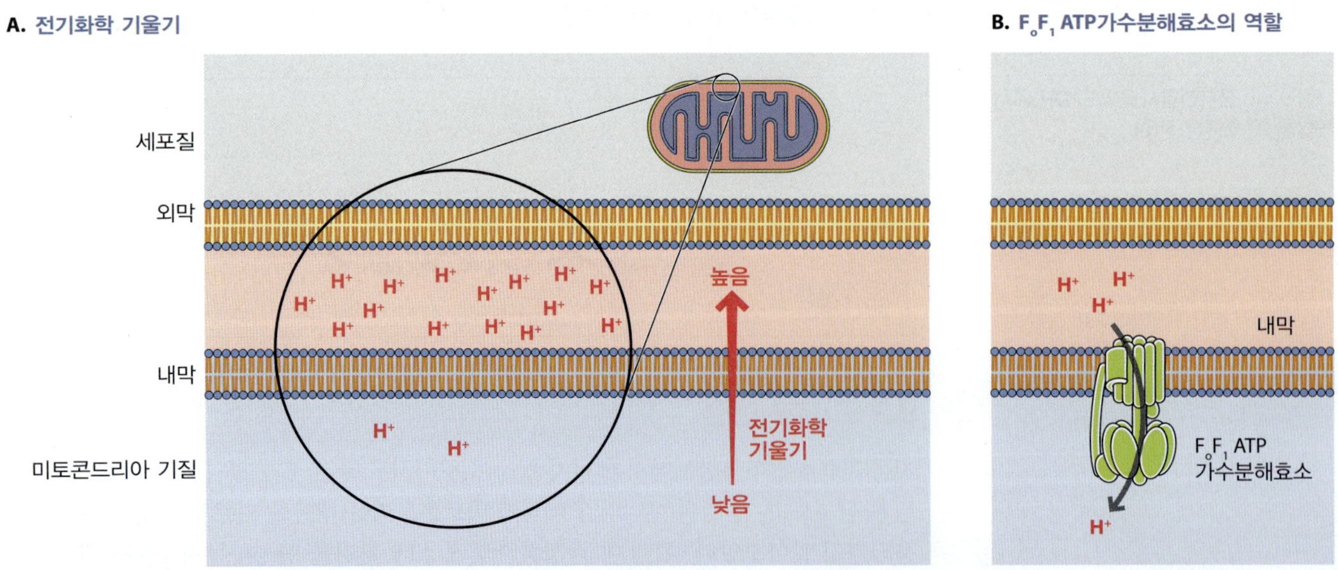

그림 9.15 양성자 펌핑으로 미토콘드리아 내막을 가로질러 전기화학 기울기가 형성된다.
(A) 전기화학 기울기. (B) 양성자는 F_oF_1 ATP가수분해효소를 경유하여 미토콘드리아 기질로 다시 들어온다.

Box 9.5 왜 ATP를 만드는 단백질을 ATP가수분해효소라고 하는가?

ATP가수분해효소(ATPase)는 ATP hydrolase의 약어로서, ATP를 ADP와 무기인산으로 분해하는 효소이다. 이것은 F_oF_1 ATP가수분해효소가 촉매하는 반응의 역반응이므로 우리는 ATP 합성효소(ATP synthase)라고 불러야 한다. 그런데 왜 ATP가수분해효소라고 하는가?

그 답은 F_oF_1 ATP가수분해효소를 발견하는 일련의 실험에서 찾아볼 수 있다. 살아 있는 세포에서 미토콘드리아를 분리하여 음파 파쇄로 미토콘드리아를 분해하였다. 이 처리로 구 형태의 F_oF_1 구조가 밖으로 향하는 미토콘드리아 부분 소포(submitochondrial vesicle)가 형성되었다.

1960년에 오스트리아 생화학인 랙커(Efraim Racker)는 이 소포에서 떨어져 나온 구가 ATP를 ADP로 전환시키는 ATP가수분해효소 활성이 있는 것을 밝혀냈다. 이 구가 완전한 다중단백질 구조의 F_1 요소이어서 이 활성을 F_1 ATP 가수분해효소라고 하였다. F_o 부분이 붙어 있을 때만 F_1 요소의 촉매 활성이 역방향으로 작용해서 ATP가수분해효소는 ATP 합성효소가 되었다.

ATP를 만드는 생리적인 기능 때문에 혼란을 피하기 위하여 F_oF_1 ATP가수분해효소는 종종 F_oF_1 ATP 합성효소라고 하였다. 그러나 이는 생화학적으로 옳은 명칭이 아니다. 막에 걸쳐 있는 F_o에 붙어 있는 F_1 ATP가수분해효소로 이루어져 있기 때문에 F_oF_1 ATP가수분해효소라는 명칭이 더 정확하다.

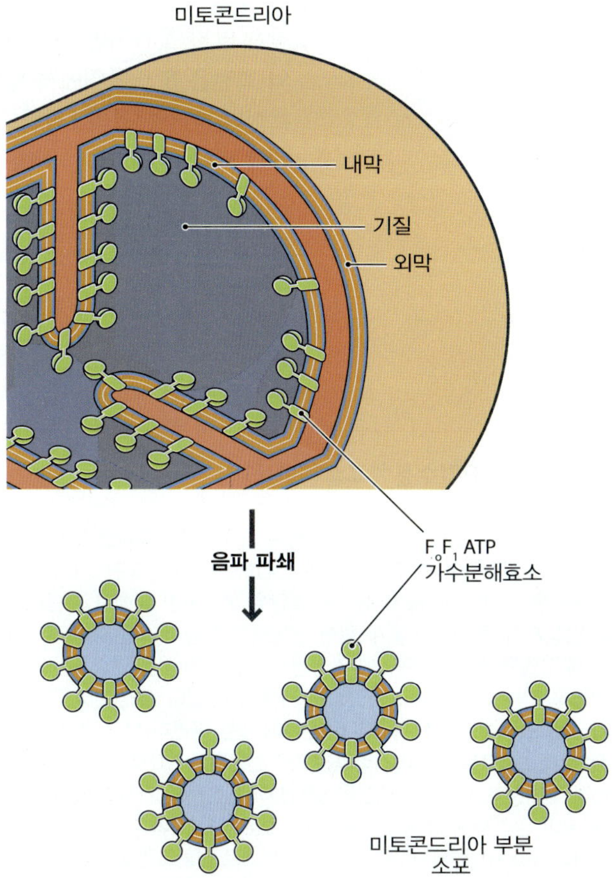

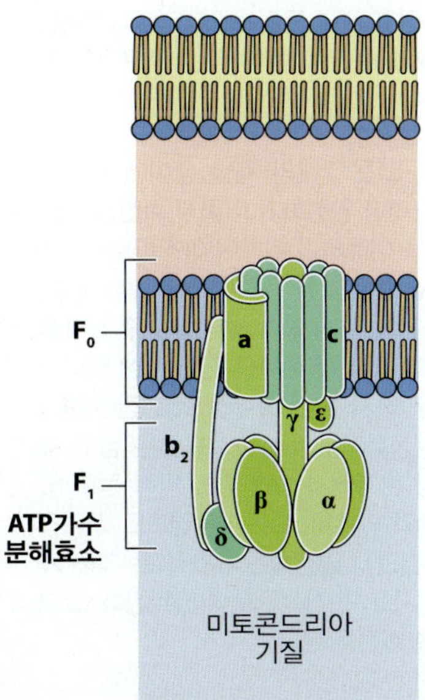

그림 9.16 F_oF_1 ATP가수분해효소
다른 단위체를 표시하였다. 2개의 소단위 β가 서로 가깝게 있는데, 그림에서는 1개만 보여주고 있다.

F_oF_1 ATP가수분해효소는 양성자에 의해 구동되는 분자 모터이다

ATP를 만들기 위해 에너지가 필요하다. 그래서 다음 문제는 어떻게 ATP가수분해효소(ATPase)가 에너지를 얻는지에 관한 것이다. 그 답은 놀라운 F_oF_1 ATP가수분해효소 단백질의 구조에 있다.

F_oF_1 ATP가수분해효소는 여러 개의 단백질 단위체로 구성된 2가지 구성요소인 F_o와 F_1으로 이루어져 있다. F_o 구성요소는 10개에서 14개의 단위체 c로 구성되어 있으며 미토콘드리아 내막에 걸쳐 통 모양을 형성한다(**그림 9.16**). 이 통은 막 안에서 회전을 할 수 있다. 단일 단위체 α가 통 옆에서 막에 걸쳐 있다. 단위체는 양성자가 미토콘드리아 기질로 돌아가는 통로를 형성한다.

ATP가수분해효소의 F_1 구성요소는 공-막대 구조이고, 막대는 통 모양의 F_o에 들어맞으며, 공은 막의 내부인 미토콘드리아 기질 내에 있다. 이 구성요소에서 가장 중요한 부분은 단위체 α와 β이며 이들 6개(각 3개씩)는 공 구조를 만든다. 공은 δ 소단위에 붙어 있어 F_o 통에서 F_1 구성요소를 붙들고 있는 막대를 형성한다. F_o 통이 회전할 때, δ 소단위도 회전할 수 있다. 그러나 αβ 통은 회전할 수 없다. 왜냐하면 2개의 소단위 β와 1개의 소단위 γ로 구성된 구조에 의해 고정되기 때문이다.

공이 아니라 막대가 회전하는 것이 ATP가수분해효소 구조의 중요한 특징이다. 위에서 언급한 바와 같이, 양성자는 소단위 a를 경유하여 막을 통과한다. 이것은 통의 c 소단위와 통에 붙어 있는 γ 막대가 회전하게 한다. 움직이지 않는 공의 αβ 내에서 γ 소단위의 회전은 ATP가수분해효소가 ADP와 무기인산으로 ATP를 만드는 데 사용하는 기계적인 에너지를 발생시킨다. 정확한 기작은 알지 못하지만 현재 모델은 **결합 전하 메커니즘(binding charge mechanism)**이며, γ 소단위의 회전은 β 소단위에서 형태 변화의 순환이 일어나 ADP 결합, 인산화, ATP 방출의 과정을 반복한다. γ 소단위의 1회전당 3개의 ATP 분자가 생성되며, 움직이지 않는 공 구조에서 β 소단위에 대해 1개가 생성된다. 최대 회전 속도는 초당 300번 회전한다고 예측되었다.

그러므로 F_oF_1 ATP가수분해효소는 분자 모터이며 양성자에 의해 구동되고 ATP를 발생시킨다. 에너지 발생 경로의 마지막 지점이며, 글루코오스와 다른 영양분에 들어 있는 에너지를 사용할 수 있는 형태로 방출하는 사건을 마무리한다.

Box 9.6 F_oF_1 ATP가수분해효소의 회전

연구 요약

F_oF_1 ATP가수분해효소의 주요 특징은 F_o 통과 F_1 ATP가수분해효소에 붙어 있는 γ 소단위가 회전하여, ADP를 ATP로 전환하는 데 사용되는 기계적 에너지를 방출하는 것이다. F_o 통의 회전은 소단위 a를 통한 양성자 흐름으로 구동된다. 양성자의 흐름이 어떻게 회전 운동으로 전환이 되는지 알려지지 않았다. 현재 모델은 소단위 a와 c에서 양성자 흐름과 회전을 연결하는 가장 중요한 역할을 하는 아미노산의 확인에 근거를 두고 있다. 돌연변이 연구를 통하여 가장 중요한 것은 소단위 c의 61번째에 있는 아스파르트산이라는 것이 알려졌다. 아스파르트산이 아스파라긴으로 전환되면 ATP가수분해효소는 전혀 회전하지 않는다. 아스파르트산은 곁사슬에 음전하를 가지고 있기 때문에 이 곁사슬이 양성자 수용체로 작용할 수 있다. 양성자가 ATP가수분해효소를 통과하여 asp-61을 일시적으로 양성화 형태로 전환하면 양성자 흐름이 F_o 통의 회전 운동으로 전환되는 것이 이 모델의 요점이다.

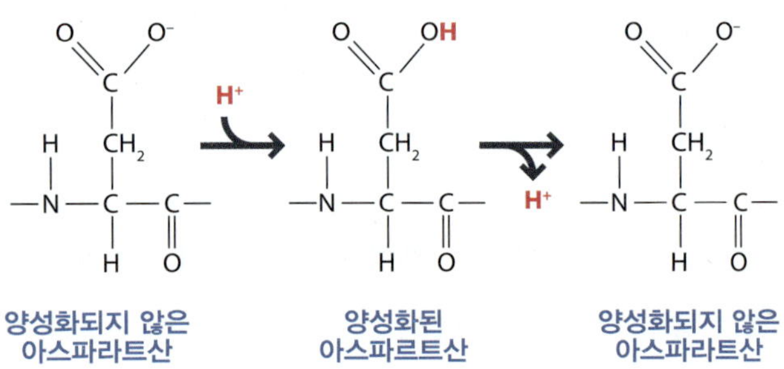

c 소단위는 서로 평행하게 있는 1쌍의 α-나선으로 구성되어 있으며, 이 나선 하나의 중앙에 asp-61이 위치하고 있다. F_oF_1 ATP가수분해효소에서 이 나선은 3번째 나선과 가깝게 놓여 있고, 하나는 소단위 a 안에 위치하고 있다. 한 모델에 따르면, 양성화된 asp-61은 c 소단위 나선의 구조를 변화시킨다. 이러한 구조적 변화는 c 소단위 나선을 근처에 있는 소단위 a의 나선을 밀어서 통의 c 단위체가 회전하도록 한다.

두 번째 모델은 F_o 통 회전에 대하여 다른 기작을 제안하였다. 소단위 a에 의해 형성된 채널은 양성자가 지나가며, 연속적이 아니다. 대신에 이 채널은 두 부분으로 되어 있으며, 내부 막 공간에 있는 입구 통로는 미토콘드리아 기질로 이끄는 출구 채널과 비교하여 약간 간격이 떨어져 있다.

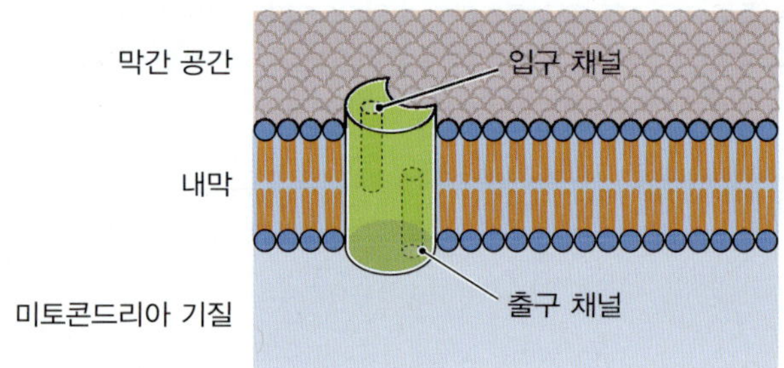

이 간격이 떨어져 있어서 양성자가 입구 채널의 끝에서 출구 채널의 시작점까지 점프를 못하면 통과할 수 없다. F_o 통이 회전하면 각 c 소단위의 asp-61이 소단위 a의 출구 채널의 시작점을 지나서 입구 채널 끝으로 이동한다. 그러므로 이 제안은 c 소단위의 asp-61이 입구 채널 근처에 있을 때 양성화된다는 것이다. F_o 통이 완전히 회전하면 asp-61은 다음에 있는 출구 채널에 위치하며, 양성자가 떨어지고 미토콘드리아 기질로 이동한다.

그래서 asp-61은 2개의 채널 사이에 다리를 형성한다. 그러나 양성화가 어떻게 회전을 유도할까? 이것을 이해하기 위하여 아스파르트산의 특성 중 양성화 효과에 대하여 생각해야 한다. 아스파르트산의 곁사슬의 양성화는 음전하를 중성화시킨다. 따라서 전하를 띤 친수성 아미노산이 전하를 띠지 않은 소수성으로 전환된다. 그러므로 양성화되면 아스파르트산은 입구 채널의 친수성 환경에서 밀려나고, 막에 묻혀 있는 소단위 a와 F_o통의 소수성 환경으로 끌려간다. 밀고 당기면서 양성화된 asp-61은 입구 채널에서 멀어지고 막 환경으로 가까워진다. 그러므로 F_o 통은 회전을 한다.

ATP 합성의 조절

해당과정과 TCA 회로를 학습하면서 에너지 발생 경로를 통하여 대사물질의 흐름을 조절할 수 있는 특이한 조절 지점을 확인할 수 있었다. 전자전달사슬과 F_oF_1 ATP가수분해효소의 속도도 기질, 특히 ADP의 유용성에 영향을 받지만, 조절과정은 주요 효소의 단순한 알로스테릭 억제보다 더 복잡하다.

이 조절과정의 기본은 전자전달사슬을 따라 흘러가는 전자와 ATP 합성 사이의 밀착 결합이다. 이 사실은 분리한 미토콘드리아에서 볼 수 있다. ADP를 첨가하면, 미토콘드리아에서 산소 사용 속도가 증가하고 ADP가 ATP로 모두 전환될 때까지 높은 수준을 유지한다. 그리고 산소 사용량은 감소한다(**그림 9.17A**). 이 실험에서 ADP 유용성이 전자전달사슬을 따라 흘러가는 전자를 조절하는 것을 볼 수 있다. ADP가 있어 ATP를 만들기 위하여 인산화가 일어날 수 있을 때, 전자는 사슬을 따라 흘러간다. 반대로 ADP가 없으면, 전자는 흘러가지 않고 산소 이용은 감소된다(**그림 9.17B**). 화학삼투설은 이 관찰을 다음과 같이 설명한다.

- ADP가 있으면 전자전달사슬이 활성화되고, 미토콘드리아 내막을 가로질러 양성자가 펌핑되어 막간 공간으로 들어간다. 이렇게 형성된 전기화학 기울기는 양성자가 F_oF_1 ATP가수분해효소를 통하여 다시 미토콘드리아 기질로 들어오면서 ADP를 사용하여 ATP를 발생시킨다.
- ADP가 고갈되면 ATP를 합성할 수 없고 F_oF_1 ATP가수분해효소를 통한 양성자의 이동도 일어나지 않는다. 양성자 이동이 없으면 양성자는 막간 공간에 축적이 되어 전기화학 기울기는 증가한다. 이 기울기가 더욱 가파르게 되어 더 이상 양성자 펌핑이 불가능하게 되고, 양성자를

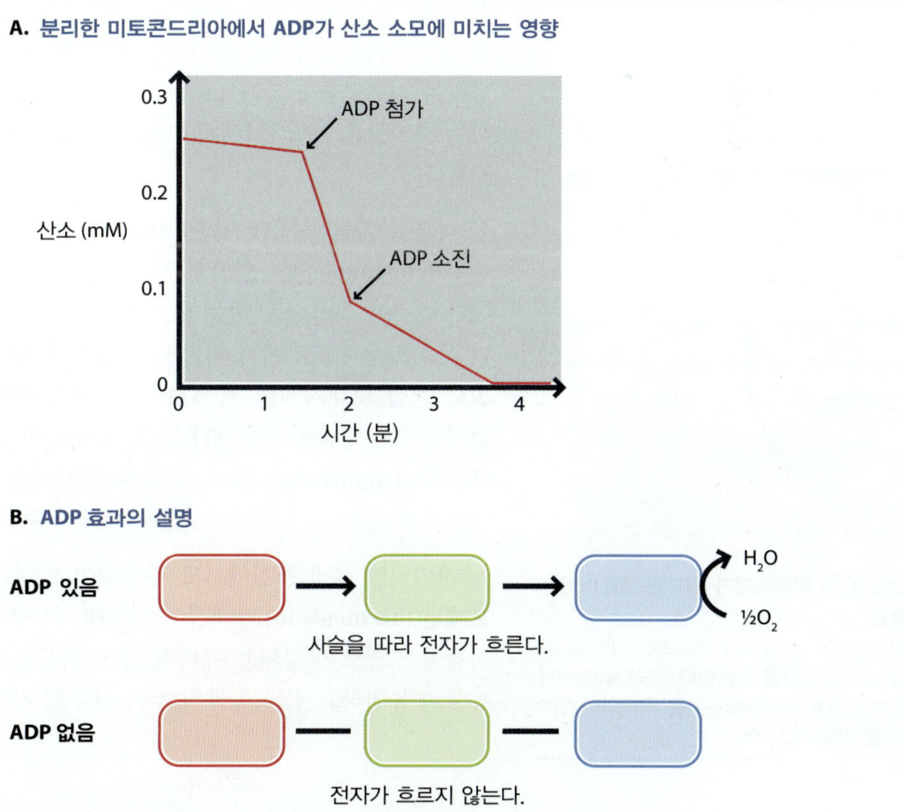

그림 9.17 분리된 미토콘드리아에서 ADP가 산소 소모에 미치는 영향
(A) 분리된 미토콘드리아에 ADP를 첨가하면 산소 사용 속도가 증가한다. (B) ADP가 있으면 전자는 전자전달사슬을 따라 흐르고 산소가 소모된다. ADP가 없으면 전자의 흐름이 일어나지 않는다.

펌프질하는 데 사용할 수 있는 에너지가 부족하기 때문에 양성자가 증가하는 막간 농도 기울기를 증가시킬 수 없다. 양성자 펌핑이 중지되면 전자전달사슬을 통한 전자의 흐름도 중지된다.

ADP 유용성에 의한 전자전달사슬의 조절을 **호흡(respiration)** 혹은 **수용체 조절(acceptor control)**이라고 하는데, 수용체 조절은 ADP의 역할을 나타내는 명칭으로 인산기를 '받아들여' ATP를 생성한다는 것이다. 호흡 조절로 전자 흐름을 억제하면 NADH와 $FADH_2$ 수준이 증가하고, 시트르산이 축적된다(**그림 9.18**). 결과적으로 해당과정과 TCA 회로 모두 억제된다.

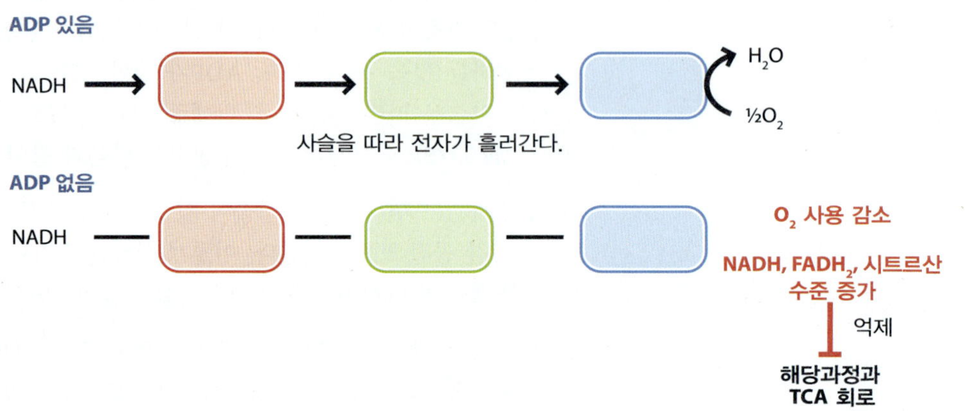

그림 9.18 호흡 조절
ADP의 유용성은 사슬을 따라 전자의 흐름을 조절한다. ADP가 없으면 전자 흐름은 정지하고, NADH, $FADH_2$, 시트르산의 축적이 일어나고 해당과정과 TCA 회로가 억제된다.

9.2.4 전자전달사슬의 억제제와 짝풀림제

전자전달사슬의 단계를 억제하는 대부분의 화합물은 강력한 독성이 있다. 가장 악명이 높은 것은 살인추리소설작가가 좋아하는 시안화물인데, 이는 시토크롬 a_3의 헴 그룹 내에 있는 철에 결합하여 시토크롬 c 산화효소를 억제하여 복합체 IV에서 전자전달을 중지시킨다. 살충제로 사용하는 로테논은 복합체 I에서 CoQ로 전자전달을 방해하여 $FADH_2$가 아니라 NADH의 산화를 억제한다.

다른 화합물은 NADH와 $FADH_2$의 산화와 ATP 생산의 짝풀림으로 전자전달을 방해한다. **짝풀림제(uncoupler)**는 일반적으로 H^+ 이온과 결합할 수 있는 작은 지용성 화합물이다. 지용성이기 때문에 막을 통과하여 양성자와 결합을 한다. 이 유형의 화합물은 **이온운반체(ionophore)**이다. 미토콘드리아에서 이들은 양성자를 ATP가수분해효소 채널을 우회하여 미토콘드리아 기질로 직접 보내기 때문에 ATP 합성과 전자전달이 짝풀리게 한다(**그림 9.19**). 에너지는 전자전달사슬에서 방출되지만 ATP를 발생시키지 않고 열로 소멸된다. 짝풀림제인 **2,4-디니트로페놀(2,4-dinitrophenol)**은 과거 독성 부작용이 잘 알려지지 않았을 때 체중 감량 보조제로 사용되었다.

자연적인 생리 조건에서도 짝풀림이 일어난다. 갈색지방조직에서 미토콘드리아 내막에는 **터모제닌(thermogenin)** 단백질이 있는데, 이 단백질은 양성자 펌핑의 효과를 역전시키고 전자전달사슬에서 열로 방출되는 에너지 발생 비율을 높인다. 갈색지방조직에서 생산된 열은 갓 태어난 동물과 동면하고 있는 동물의 저온 감수성 기관을 보호하는 역할을 한다.

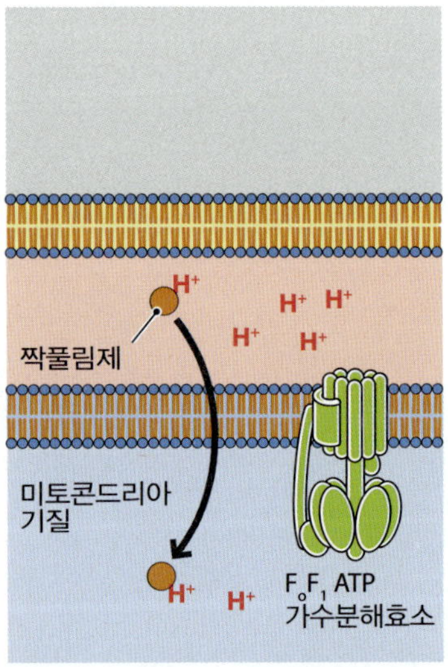

그림 9.19 짝풀림제가 ATP 합성에 미치는 영향
짝풀림제는 직접 미토콘드리아 내막을 가로질러 양성자를 운반한다. 그래서 양성자는 F_oF_1 ATP가수분해효소를 우회하여 ATP가 합성되지 않는다.

9.2.5 세포질의 NADH는 전자전달사슬에 접근할 수 없다

에너지 발생 경로에 대한 설명을 마치기 전에 좀 더 알아볼 것이 있다. 아직까지 해당과정에서 생산된 NADH 분자에 대한 설명을 하지 않았다. 1분자의 글루코오스에서 2개의 NADH가 생성된다. 해당과정이 세포질에서 일어나기 때문에 2분자의 NADH는 미토콘드리아 외부에 있다. 미토콘드리아 내막은 NADH가 미토콘드리아 기질로 들어오는 것을 방해하기 때문에, 해당과정에서 생성된 NADH는 직접 전자전달사슬로 들어갈 수 없다. NADH가 가지고 있는 에너지는 어떻게 ATP 합성에 사용되는가?

그 답은 NADH 분자의 전자가 미토콘드리아 내막을 통과할 수 있는 분자로 전달되는 것이다. **미토콘드리아 셔틀(mitochondrial shuttle)** 분자의 산화로 미토콘드리아 기질 안쪽에서 NADH와 $FADH_2$가 발생하여 전자전달사슬로 들어갈 수 있다(**그림 9.20**).

말산-아스파르트산 셔틀은 대부분의 포유동물에서 작동한다

가장 중요한 미토콘드리아 셔틀은 **말산-아스파르트산 셔틀(malate-aspartate shuttle)**인데, 말산, 옥살로아세트산, 아스파라트산이 관여한다. 세포질에서 **말산탈수소효소(malate dehydrogenase)**는 NADH를 사용하여 말산을 옥살로아세트산으로 환원시킨다(**그림 9.21**). 말산과 α-케토글루타르산에 작용하는 운반 단백질에 의해 미토콘드리아 내막을 가로질러 말산은 운반된다. 미토콘드리아 기질로 들어오면 말산 분자는 세포질 역반응을 촉매하는 미토콘드리아의 말산탈수소효소에 의해 다시 옥살로아세트산으로 산화된다. 이 산화는 미토콘드리아에 있는 NAD^+가 NADH로 전환이 되어 전자전달사슬로 들어간다.

회로가 완성되기 위하여 미토콘드리아에서 생산된 옥살로아세트산은 세포질로 다시 돌아가야 한다. 그러나 미토콘드리아 내막에는 옥살로아세트산에 작용하는 운반 단백질이 없다. 대신에 옥살로아세트산은 아스파르트산으로 전환되어 글루탐산-아스파르트산 운반 단백질(glutamate-aspartate carrier protien)의 덕분으로 미토콘드리아 내막을 가로질러 갈 수 있다. 옥살로아세트산이 아스파르트산으로 전환되는 것은 **아미노기전달(transamination)**으로, 옥살로아세트산에 있는 카르보닐(carbonyl) 그룹이 아미노 그룹으로 대체된다(**그림 9.22**). 이 아미노기전달반응에 관여하는 효소는 **아스파르트산아미노기전달효소(aspartate aminotransferase)**이며, 미토

그림 9.20 미토콘드리아 셔틀의 작용 모드

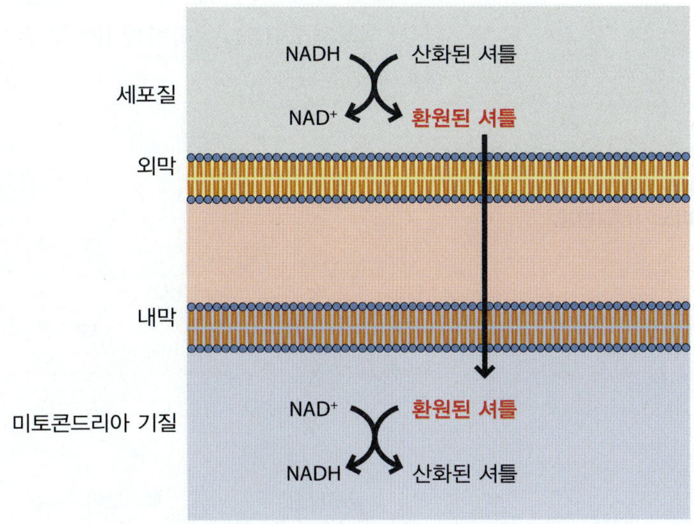

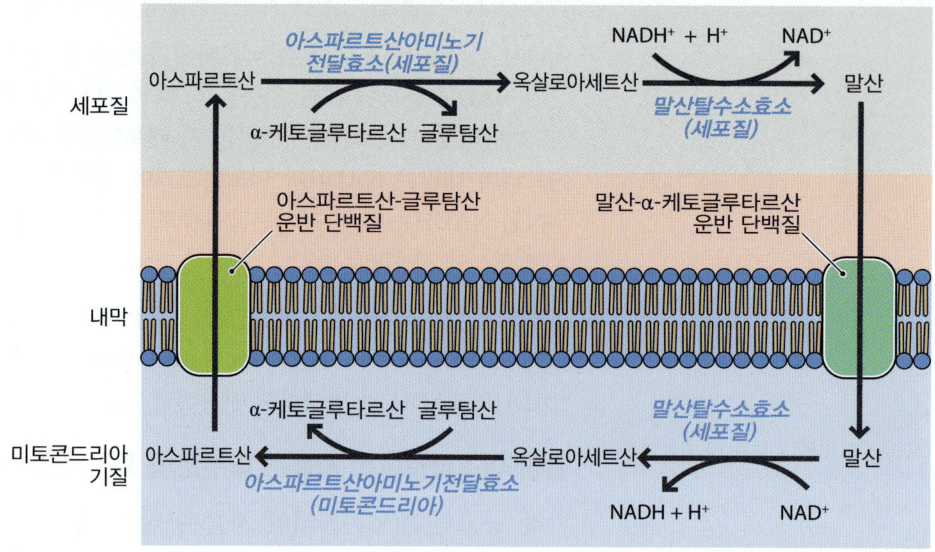

그림 9.21 말산-아스파르트산 셔틀 말산과 아스파르트산은 외막에 있는 포린을 통하여 자유롭게 통과할 수 있기 때문에 미토콘드리아 내막만 표시하였다.

콘드리아에서 아스파르트산을 합성하고 세포질에서 역반응으로 옥살로아세트산을 재생성한다.

미토콘드리아에서 아미노기전달반응은 글루탐산의 아미노 그룹을 사용하는데 글루탐산은 α-케토글루타르산으로 전환된다. α-케토글루타르산은 옥살로아세트산이 재생성될 때 아미노 그룹의 수용체로 작용하기 위하여 세포질로 이동하여야 한다. 이때 생긴 글루탐산은 미토콘드리아로 다시 돌아와서 회로는 계속 일어날 수 있다.

글리세롤 3-인산 셔틀은 갈색지방조직에만 존재한다

두 번째 미토콘드리아 셔틀은 **글리세롤 3-인산 셔틀(glycerol 3-phosphate shuttle)**로서 갈색지방조직에서만 일어난다. 세포질에서 **글리세롤 3-인산 탈수소효소(glycerol 3-phosphate dehydrogenase)**는 NADH에서 전자를 운반하여 디하이드록시아세톤인산을 글리세롤 3-인산으로 전환한다(**그림 9.23**). 글리세롤-3-인산은 미토콘드리아에 있는 글리세롤 3-인산 탈수소효소가 미토콘드리아 내막의 바깥 표면에 위치하고 있기 때문에 운반 단백질이 필요하지 않다. 미토콘드리아에 있는 효소는 효소에 연결된 FAD 그룹에 전자를 전달하여 디하이드록시아세톤을 재생성한다. 생성된 $FADH_2$는 복합체 II에서 전자전달사슬로 들어가고 디하이드록시아세톤인산은 세포질로 확산된다.

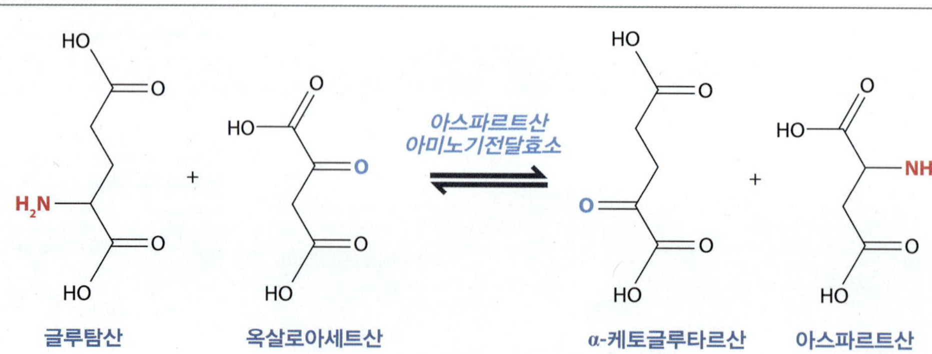

그림 9.22 아스파르트산아미노기전달효소가 촉매하는 아미노기전달반응

그림 9.23 **글리세롤 3-인산 셔틀**

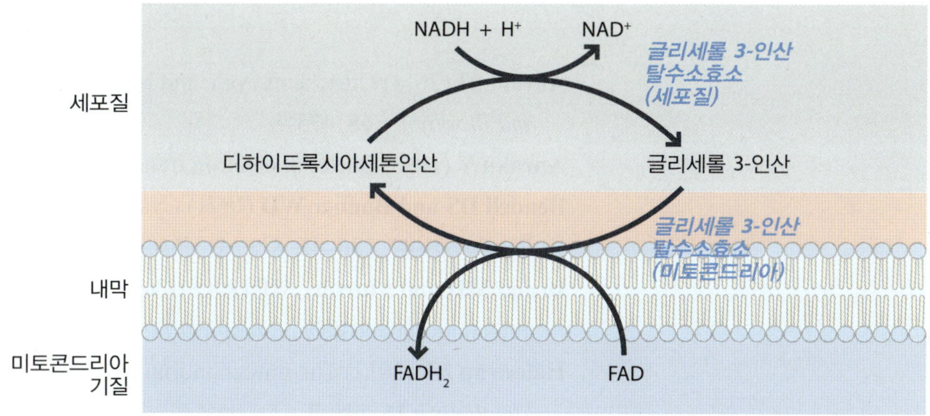

$FADH_2$가 전자전달사슬로 전자를 직접 전달하는 공여체이기 때문에, 2개의 ATP가 발생한다. 그러나 에너지는 단순히 소멸되지 않는데, 글리세롤 3-인산 셔틀은 말산-아스파르트산 셔틀보다 더 많은 열을 생산한다. 전자전달사슬이 짝풀림이 될 때, 글리세롤 3-인산 셔틀에서 생긴 열은 갈색지방조직이 신체의 저온 감수성 부분이나 동면하고 있는 동물을 보호한다.

Box 9.7 앉은부채(skunk cabbage)의 냄새

앉은부채(*Symplocarpus foetidus*)는 북미 습지에서 자란다. 이름이 암시하듯이, 좋은 향기보다는 자극적인 향기(이황화메틸이 풍부하다)를 생산하지만, 파리나 벌과 같은 수분매개자를 유인한다.

냄새만이 앉은부채의 특징이 아니다. 열을 생산하는 매우 희귀한 식물의 하나이다. 앉은부채에서 발생하는 열은 토양 온도를 주위 온도보다 10~30℃ 이상 올려 아직 땅이 얼어 있는 계절 초기에 유식물이 발아하고 꽃이 피도록 한다. 일찍 개화를 하는 식물은 수분매개자를 포함하여 계절의 후반부까지 발아하지 않는 종이 접근할 수 없는 자원을 찾을 수 있다. 식물이 생산하는 열은 방향성 화합물을 확산시켜 수분매개자를 유인하는 데 도움을 준다.

앉은부채나 다른 식물에서 열이 발생하는 것은 전자전달사슬의 변형 때문이다. NADH와 $FADH_2$에서 나온 전자는 복합체 I 혹은 II와 복합체 III 사이에 있는 중간 운반체인 CoQ로 전달된다. 그러나 열발생 식물에서 CoQ는 전자를 복합체 III에 주지 않고 직접 산소에 전달하는데, '선택적 산화효소(alternative oxidase)'라고 하는 단백질이 중개를 한다. 이러한 전자전달사슬은 사이토크롬 a_3가 있는 복합체 IV를 우회하기 때문에 **시안화물 저항 호흡(cyanide-resistant respiration)**이라고 한다. 시안화물은 헴 그룹에 결합하여 이 사이토크롬을 비활성화시켜서 전자전달사슬에 온전히 의존하는 인간과 같은 생물체에 극심한 독성 효과를 나타낸다. 복합체 III과 IV를 우회하는 것은 시안화-저항성 경로를 사용하는 식물에서 ATP 합성이 감소하는 것을 의미한다. ATP를 만드는 데 사용되지 않은 에너지는 열로 소실되며 식물의 열 발생 특징을 나타낸다.

The Quantum Biologist에서 복사한 이미지

참고문헌

Akram M (2014) Citric acid cycle and role of its intermediates in metabolism. *Cell Biochemistry and Biophysics* **68**, 475–8.

Anraku Y (1988) Bacterial electron transport chains. *Annual Review of Biochemistry* **57**, 101–32.

Bendell DS and Bonner WD (1971) Cyanide-insensitive respiration in plant mitochondria. *Plant Physiology* **47**, 236–45. ***Skunk cabbage.***

Brand MD and Murphy MP (2008) Control of electron flux through the respiratory chain in mitochondria and cells. *Biological Reviews* **62**, 141–93.

Halestrap AP (2012) The mitochondrial pyruvate carrier: has it been unearthed at last? *Cell Metabolism* **16**, 141–3.

Kornberg H (2000) Krebs and his trinity of cycles. *Nature Reviews Molecular Cell Biology* **1**, 225–8.

Kühlbrandt W and Davies KM (2016) Rotary ATPases: a new twist to an ancient machine. *Trends in Biochemical Sciences* **41**, 106–16.

Mitchell P (1961) Coupling of phosphorylation to electron and hydrogen transfer by a chemi-osmotic type of mechanism. Nature **191**, 144–8. ***The chemiosmotic theory.***

Palou A, Picó C, Bonet ML and Oliver P (1998) The uncoupling protein, thermogenin. *International Journal of Biochemistry and Cell Biology* **30**, 7–11.

Patel MS, Nemeria NS, Furey W and Jordan F (2014) The pyruvate dehydrogenase complexes: structure-based function and regulation. *Journal of Biological Chemistry* **289**, 16615–23.

Saier MH (1997) Peter Mitchell and his chemiosmotic theories. *ASM News* **63(1),** 13–21.

Sazanov LA (2015) A giant molecular proton pump: structure and mechanism of respiratory complex I. *Nature Reviews Molecular Cell Biology* **16**, 375–88.

Schell JC and Rutter J (2013) The long and winding road to the mitochondrial pyruvate carrier. *Cancer and Metabolism* **1,** 6.

Winge DR (2012) Sealing the mitochondrial respirasome. *Molecular and Cellular Biology* **32**, 2647–52.

자가 평가 문제

객관식 문제

각 문제에 대한 정답은 한 개이며, 정답은 웹사이트 www.scionpublishing.com/biochemistry에서 찾을 수 있음.

1. TCA 회로에서 피루브산이 생산하는 것은?
- **(a)** 1분자의 ATP, 1분자의 NADH, 1분자의 $FADH_2$
- **(b)** 1분자의 ATP, 3분자의 NADH, 1분자의 $FADH_2$
- **(c)** 3분자의 ATP, 3분자의 NADH, 1분자의 $FADH_2$
- **(d)** 3분자의 ATP, 1분자의 NADH, 1분자의 $FADH_2$

2. TCA 회로에 관여하는 효소는 미토콘드리아의 어느 부분에 있는가?
- **(a)** 미토콘드리아 내막
- **(b)** 미토콘드리아 내막과 막간 공간
- **(c)** 미토콘드리아 내막과 미토콘드리아 기질
- **(d)** 미토콘드리아 기질

3. 피루브산은 미토콘드리아 외막을 어떻게 통과하는가?
   (a) 직접 지질 이중층을 통하여
   (b) 미토콘드리아 피루브산 운반 단백질로 이동된다.
   (c) 포린을 통하여
   (d) 정답 없음

4. 피루브산은 미토콘드리아 내막을 어떻게 통과하는가?
   (a) 직접 지질 이중층을 통하여
   (b) 미토콘드리아 피루브산 운반 단백질로 이동된다.
   (c) 포린을 통하여
   (d) 정답 없음

5. 다음 중 피루브산탈수소효소 복합체에 의해 피루브산이 전환되는 것은?
   (a) 아세틸 CoA
   (b) 시트르산
   (c) 이소시트르산
   (d) 옥살로아세트산

6. 다음 중 TCA 회로에서 ATP를 발생시키는 효소는?
   (a) 이소시트르산탈수소효소
   (b) 숙신산탈수소효소
   (c) 숙시닐 CoA 합성효소
   (d) 모두 정답

7. 다음 중 TCA 회로의 첫 단계에서 사용되는 옥살로아세트산을 발생시키는 효소는?
   (a) 아코니트산 수화효소
   (b) 푸마르산 수화효소
   (c) 말산탈수소효소
   (d) 숙신산탈수소효소

8. 다음 중 TCA 회로에서 글루탐산, 다른 아미노산, 퓨린의 생산에 기질로 사용되는 중간 산물은?
   (a) 시트르산
   (b) α-케토글루타르산
   (c) 옥살로아세트산
   (d) 숙시닐 CoA

9. 다음 중 피루브산탈수소효소인산화효소의 촉진제인 것은?
   (a) 아세틸 CoA, ATP, NADH
   (b) 아세틸 CoA, ATP, 피루브산
   (c) 아세틸 CoA, ATP, 옥살로아세트산
   (d) 아세틸 CoA, NADH, 옥살로아세트산

10. 다음 중 피루브산탈수소효소인산화효소의 억제제는?
   (a) 아세틸 CoA
   (b) ATP
   (c) 옥살로아세트산
   (d) 피루브산

11. 다음 중 표준 자유에너지를 표시하는 기호는?
   (a) G
   (b) $\Delta G^{\ddagger}$
   (c) $\Delta G'$
   (d) $\Delta G^{\circ\prime}$

12. 다음 중 NADH 산화에 대한 표준 자유에너지 전하는?
   (a) −220.2 cal mol^{-1}
   (b) 220.2 cal mol^{-1}
   (c) −220.2 kJ mol^{-1}
   (d) 220.2 kJ mol^{-1}

13. NADH는 전자전달사슬의 어느 복합체로 들어가는가?
   (a) 복합체 I
   (b) 복합체 II
   (c) 복합체 III
   (d) 복합체 IV

14. $FADH_2$는 전자전달사슬의 어느 복합체로 들어가는가?
   (a) 복합체 I
   (b) 복합체 II
   (c) 복합체 III
   (d) 복합체 IV

15. 다음 중 1개 이상의 FeS 단백질을 포함하고 있는 것은?
   (a) 복합체 I
   (b) 복합체 II
   (c) 복합체 III
   (d) 모두 정답

16. NADH 분자가 전자전달에서 산화되면 얼마나 많은 양성자를 방출하는가?
   (a) 4
   (b) 8
   (c) 10
   (d) 12

17. 양성자 펌핑으로 양성자가 이동하는 곳은?
   (a) 막간 공간에서 세포질
   (b) 미토콘드리아 기질에서 세포질
   (c) 막간 공간에서 미토콘드리아 기질
   (d) 미토콘드리아 기질에서 막간 공간

18. 다음 중 미토콘드리아 내막에 걸쳐서 F_oF_1 ATP가수분해효소가 통을 형성하는 10개에서 14개의 소단위는?
   (a) 소단위 a
   (b) 소단위 b
   (c) 소단위 c
   (d) 소단위 d

19. 다음 중 ATP 합성 속도를 조절하는 화합물은?
   (a) ADP
   (b) 시트르산
   (c) NADH
   (d) 피루브산

20. 전자전달사슬의 전형적인 짝풀림제에 대한 설명으로 옳지 않은 것은?
   (a) H^+ 이온과 결합할 수 있다.
   (b) 미토콘드리아 내막을 통하여 이동할 수 있다.
   (c) 작은 지용성 화합물이다.
   (d) ATP의 과생산을 촉진한다.

21. 다음 중 전자전달사슬의 짝풀림제 화합물은?
(a) 시안화물
(b) 디이소프로필 플루오로인산
(c) 2,4-디니트로페놀
(d) 글리세롤 3-인산

22. 터모제닌 단백질에 대한 설명으로 옳은 것은?
(a) 운동하는 동안 ATP 합성을 촉진하는 데 중요하다.
(b) 양성자 펌핑의 효과를 역전시키는 양성자 전달 단백질이다.
(c) 근육에 존재한다.
(d) 합성은 글루카곤에 의해 조절된다.

23. 말산-아스파르트산 셔틀에서 어느 효소가 세포질에서 옥살로아세트산을 말산으로 전환시키는가?
(a) 아스파르트산아미노기전달효소
(b) 말산탈수소효소
(c) 말산합성효소
(d) 옥살로아세트산탈수소효소

24. 다음 중 글리세롤 3-인산 셔틀이 일어나는 조직은?
(a) 갈색지방조직
(b) 간
(c) 근육
(d) 백색지방조직

단답식 문제

아래 문제는 추가 자료 없이 답이 가능함.

1. 피루브산이 어떻게 미토콘드리아로 이동하는지 설명하시오.

2. 피루브산탈수소효소복합체의 구조를 요약하고, 이 효소가 에너지 발생에 중요한 역할을 하는 이유를 설명하시오. 답안에는 피루브산탈수소효소 활성의 조절에 대한 설명이 포함되어야 한다.

3. 각 단계의 기질, 생성물, 효소가 표시된 TCA 회로를 요약하여 그리시오.

4. 왜 숙시닐 CoA 합성효소는 ATP와 ADP를 모두 합성할 수 있을까?

5. 전자전달사슬의 작동에 산화-환원 전위의 중요성에 대하여 설명하시오.

6. 전자전달사슬의 구조가 나타나는 모식도를 그리고, NADH와 $FADH_2$의 입구 지점을 표시하고 각 단계에서 내보내는 양성자의 수를 나타내시오.

7. 어떻게 양성자 펌핑이 ATP 합성을 하는지 설명하시오.

8. F_oF_1 ATP가수분해효소의 구조를 설명하고 이 분자 모터를 작동하는 모델을 요약하시오.

9. 전자전달사슬을 따른 전자 흐름이 어떻게 ADP에 의해 조절되는지 설명하시오. 2,4-디니트로페놀과 같은 짝풀림제가 어떻게 전자전달사슬의 작동에 영향을 미치는가?

10. 해당과정 중 합성된 2개의 NADH에 포함된 에너지가 어떻게 ATP 합성에 사용되는가?

주관식 문제

아래 문제는 계산, 추가 자료, 인터넷 조사 등을 필요로 함.

1. 왜 미토콘드리아의 피루브산 운반 단백질을 확인하는데 오랜 시간이 걸렸나?

2. 각기병(beriberi; 비타민 B_1 혹은 티아민 결핍증) 환자는 종종 혈액과 소변에 피루브산 농도가 높다. 이 현상을 설명하시오.

3. 1937년에 노벨상을 받은 센트죄르지(Albert Szent-Györgyi)는 TCA 회로에 대한 실험을 많이 수행하였다. 한 실험에서 비둘기 가슴 근육 추출물에 숙신산을 첨가하면 CO_2 생산이 촉진되었다. 숙신산 1몰을 첨가하면 많은 양의 CO_2가 생산되었다. 다시 말하면, 생성된 CO_2의 양은 첨가한 숙신산이 분해된 것보다 많았다. 이 관찰에 대한 설명으로 옳은 것은?

4. 숙신산탈수소효소는 3-탄소 화합물인 말론산과 퀴논과 유사한 여러 화합물에 의해 억제된다. 이렇게 다른 화합물이 숙신산탈수소효소를 억제할 수 있는 이유를 설명하시오.

5. 전자전달사슬의 여러 요소를 분리하고 다양한 조합으로 인공막에 재구성하였다. 만일 (a) NADH, 혹은 (b) 숙신산을 첨가하면, 다음 각 조합에서 무엇이 최종 전자 수용체가 될지 예상하시오.
- 복합체 1, 복합체 2, 복합체 3, 복합체 4, 시토크롬 *c*, 유비퀴논
- 복합체 1, 복합체 3, 복합체 4, 시토크롬 *c*, 유비퀴논
- 복합체 2, 복합체 3, 복합체 4, 시토크롬 *c*, 유비퀴논
- 복합체 1, 복합체 2, 복합체 3, 복합체 4, 시토크롬 *c*
- 복합체 1, 복합체 2, 복합체 3, 복합체 4, 유비퀴논
- 복합체 1, 복합체 2, 복합체 3, 시토크롬 *c*, 유비퀴논

제10장

광합성

학습목표

이 장을 공부한 후:

- 모든 생물이 사용하는 에너지 원천으로서 광합성의 중요성을 이해할 수 있다.
- 광합성의 명반응과 암반응 과정에서 일어나는 일을 구분할 수 있다.
- 광합성 과정의 중요한 차이를 알게 될 것이다.
- 광합성에서 엽록소와 기타 광수확 색소들의 역할을 이해할 수 있다.
- 두 광계의 구조를 기술할 수 있을 것이며, 빛에너지가 이 광계에 의해 어떻게 포획되는지 설명할 수 있다.
- 광합성 전자전달사슬의 구조를 알게 될 것이고, 전자전달이 어떻게 NADP와 ATP를 합성하게 되는지 설명할 수 있다.
- 순환적 광인산화 경로의 특징을 기술하고 이 경로를 통해 이루어지는 일을 설명할 수 있다.
- 탄소고정 과정에서 리불로오스 이인산 카르복실화(ribulose bisphosphate carboxylase)효소가 수행하는 중심 역할을 이해하고 이 효소의 활성이 어떻게 조절되는지 알게 될 것이다.
- 캘빈회로의 각 단계에서 발생하는 기질, 생성물 및 효소 등을 포함한 주요 반응에 대해 알게 될 것이고, 특히 캘빈회로가 어떻게 이산화탄소를 글리세르알데하이드 3-인산(glyceraldehyde 3-phosphate)으로 변환시키는지 설명할 수 있다.
- 캘빈회로의 조절과정에서 페레독신(ferredoxin)의 역할을 기술할 수 있다.
- 글리세르알데하이드 3-인산에서 어떻게 수크로오스와 녹말이 합성되는지 기술할 수 있다.
- 리불로오스 이인산 카르복실화의 촉매작용으로 일어나는 산화반응이 야기하는 어려움에 대해 알게 될 것이고, C4 식물과 CAM 식물이 이 어려움을 어떻게 피할 수 있는지 기술할 수 있다.

생물이 사용하는 대부분의 에너지의 궁극적인 원천은 햇빛이다. **광합성(photosynthesis)**을 할 수 있는 생물은 빛에너지를 직접 사용한다. 광합성을 하는 식물, 조류 및 일부 세균은 **1차 생산자(primary producer)** 혹은 **독립영양생물(autotroph)**이라 불리며, 지구에 존재하는 모든 종의 5% 미만을 차지한다. 다른 생물들은 빛에너지를 간접적으로 이용한다. 1차 생산자를 먹거나, 혹은 더 간접적으로 **먹이사슬(food chain)**을 통해서 그렇게 한다(그림 1.2 참조).

따라서 광합성은 우리가 이전의 두 장에서 공부한 에너지 생성과정의 예비 단계라고 볼 수 있다. 광합성을 하는 동안 태양에너지는 이산화탄소와 물로 탄수화물을 합성하는 연속적인 에너지 흡수반응을 일으키는 데 사용된다. 이렇게 합성된 탄수화물은 나중에 광합성 생물이나 이들을 먹는 다른 생물에 의해 해당작용, TCA 회로, 전자전달사슬을 거쳐 사용될 수 있는 에너지 저장고로서의 역할을 한다.

10.1 광합성의 개요

광합성의 생화학적 기초를 자세히 들여다보기 전에, 그것이 무슨 일을 해내고, 세포의 어느 부분에서 일어나는지 살펴본다.

10.1.1 광합성은 빛으로 탄수화물을 생산하는 과정이다

광합성 생물은 햇빛을 이용하여 탄수화물을 합성한다. 그 전반적인 반응과정은 다음과 같은 식으로 나타낼 수 있다.

$$CO_2 + H_2O \xrightarrow{\text{햇빛}} (CH_2O)_n + O_2$$

이 반응식에서 $(CH_2O)_n$은 탄수화물을 나타내는 일반적인 화학식이며, 화살표 위의 '햇빛'은 이 반응에 태양에너지의 투입이 필요함을 나타낸다.

광합성은 **명반응**과 **암반응**의 두 단계로 나누어진다. 이 명칭은 전통적으로 사용해 온 것으로 우리도 이 명칭을 사용하겠지만, 사실은 광의존 반응과 광비의존 반응으로 불러야 옳다. 왜냐하면 암반응(광비의존 반응)은 사실 암 상태에서 일어날 필요가 없어, 빛의 투입이 필요하지 않기 때문이다. 광합성의 이 두 단계는 결과가 아주 다르다(**그림 10.1**).

명반응	암반응
빛에너지가 ATP와 NADPH를 만들기 위해 사용된다.	ATP와 NADPH가 이산화탄소와 물로 탄수화물을 합성하는 데 사용된다.

그림 10.1 광합성의 명반응과 암반응

- **명반응(light reaction)** 단계에서 빛에너지는 ATP와 NADPH를 만들기 위해 사용된다.
- **암반응(dark reaction)** 단계에서는 이들 ATP와 NADH 분자에 들어 있는 에너지가 이산화탄소와 물로 탄수화물을 합성하는 데 사용된다.

암반응의 생성물에는 글루코오스 1-인산(glucose 1-phosphate)과 프룩토오스 6-인산(fructose 6-phosphate)이 들어 있는데, 이들이 결합하여 수크로오스를 만든다. 수크로오스는 식물의 주요 에너지 공급원으로 광합성 조직에서 식물의 다른 부분으로 수송되어 그곳에서 글루코오스와 프룩토오스로 분해된 뒤 해당과정(glycolytic pathway)으로 들어간다. 남아 도는 글루코오스는 녹말로 중합되어 후일의 사용을 위해 식물에 저장된다. 풀을 먹는 초식 동물은 식물의 수크로오스와 저장된 녹말을 사용하여 필요한 에너지를 얻는데, 여기에서 먹이사슬이 시작되어 생태계 꼭대기의 육식 동물에 이르게 된다.

10.1.2 광합성은 특별한 세포소기관에서 일어난다

식물과 조류에서 광합성은 엽록체라고 하는 특별한 세포소기관에서 일어난다. 미토콘드리아와 같이 엽록체는 투과성 외막과 대부분 불투과성인 내막을 가지고 있으며, 엽록체 안에 있는 스트로마라고 하는 내부 기질(internal matrix)을 둘러싸고 있다(**그림 10.2**). 미토콘드리아와는 달리, 스트로마 안에는 세 번째 막 시스템이 있는데, 이것이 **틸라코이드(thylakoid)**라고 불리는 상호 연결된 구조를 형성한다. 각각의 틸라코이드는 원반 모양이며, 틸라코이드막으로 완전히 둘러싸인 내부 공간(**틸라코이드 공간, thylakoid space**)을 포함하고 있다. 각 틸라코이드는 접시 더미처럼 겹겹이 쌓아 올려져 **그라나(grana)**라 불리는 구조를 형성한다. 광합성의 명반응은 틸라코이드에서, 암반응은 스트로마에서 일어난다.

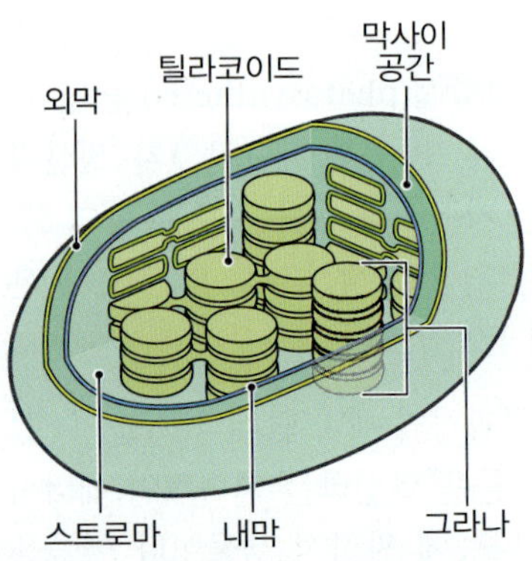

그림 10.2 엽록체
광합성에 중요한 구조적 구성요소가 표시되어 있다.

엽록체와 미토콘드리아에는 그 밖에도 여러 유사점들이 있는데 그에 대해서는 우리가 명반응과 암반응을 자세히 공부할 때 보게 될 것이다. 유사점 가운데 하나는 광합성이 전자전달사슬을 수반한다는 것인데, 이것은 틸라코이드막에 위치하고 있다. 이 전자전달사슬을 따라 전자가 이동하면 양성자가 펌핑하게 되어 틸라코이드 공간에 과도한 수소이온(H^+)이 생성된다. 양성자는

ATP 분자를 생성하는 ATP가수분해효소를 통해 틸라코이드 공간에서 다시 스트로마로 흐른다. 그래서 비록 이러한 과정이 다른 구조에서 일어나긴 하지만, 우리가 이미 여러 기본 과정에 대해 잘 알고 있으므로 광합성에 대해 자신감을 가지고 접근할 수 있다.

많은 종류의 세균도 광합성을 할 수 있다. 그러한 세균에는 과거에 남조류(blue-green algae)라고 불렸던 **남세균(cyanobacteria**; 조류는 이제 진핵생물로만 간주하기 때문에 이름이 바뀌었다), **자색세균(purple bacteria)**, **녹색세균(green bacteria)**도 포함된다. 이들 세균의 이름은 색채를 가지고 있음을 나타내는데 이는 우리가 곧 다루게 될 광합성 생물의 특징이다. 남세균은 틸라코이드에 해당하는 내막구조를 가지고 있지만, 자색과 녹색세균에서는 명반응이 원형질막에서 일어난다. 자색세균에서는 원형질막이 주름이 잡혀 **색소체(chromatophore)**라고 하는 함입(invagination)을 형성한다(그림 10.3).

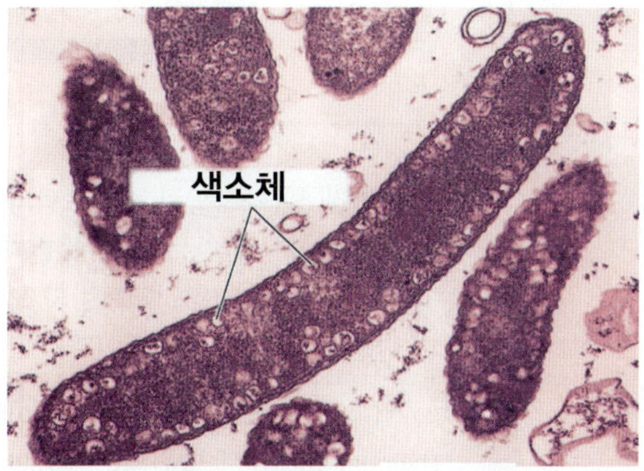

그림 10.3 색소체
자색세균의 세포는 광합성의 명반응이 일어나는 막으로 된 함입을 보여주고 있다. HS Pankratz와 RL Uffen의 사진을 미시건주립대학교 생물 사진 서비스(Biological Photo Service)에서 허가를 받아 수록하였다.

10.2 명반응

명반응이 일어나는 동안, 햇빛은 고에너지 전자의 생성에 사용되는데 이 고에너지 전자는 틸라코이드막에 위치한 전자전달사슬을 거쳐가면서 점점 더 많은 에너지를 방출한다. 방출되는 에너지의 일부는 ATP 합성을 유도하는 전기화학 기울기(electrochemical gradient)를 확립하는 데 사용되고, 다른 일부는 $NADP^+$를 NADPH로 전환하는 데 사용된다. 따라서 우리는 명반응의 두 가지 측면, 곧 햇빛이 포획되어 고에너지 전자를 발생시키는 데 쓰이는 방식과, 전자전달사슬과 ATP가수분해효소(ATPase)의 구성요소와 기능 방식을 살펴보아야 한다.

10.2.1 햇빛은 광합성 색소에 의해 수확된다

광합성을 하려면, 식물과 기타 광합성 생물은 태양으로부터 에너지를 흡수하여야 한다. 이것을 **광수확(light harvesting)**이라고 하며, 이 활동은 광합성 조직 안에 빛을 흡수하는 색소가 존재함으로써 가능해진다.

엽록소는 식물의 주요 광수확 색소이다

우리는 모두 식물이 초록색임을 알고 있고, 많은 사람들이 식물이 초록색이어서 광합성이 가능하다는 사실을 알고 있다. 식물의 색채와 광합성 능력을 연결시켜주는 것은 식물 조직 안에 있는 **엽록소(chlorophyll)**의 존재인데, 이 화합물이 빛을 흡수한다. 구체적으로 말하면, 엽록소는 가시광선 스펙트럼의 두 끝인 적색-주황색-황색 영역과 청색-남색-자색 영역에서 빛을 흡수한다(그림 10.4).

그림 10.4 **엽록소 *a*와 엽록소 *b*의 흡광도 스펙트럼**

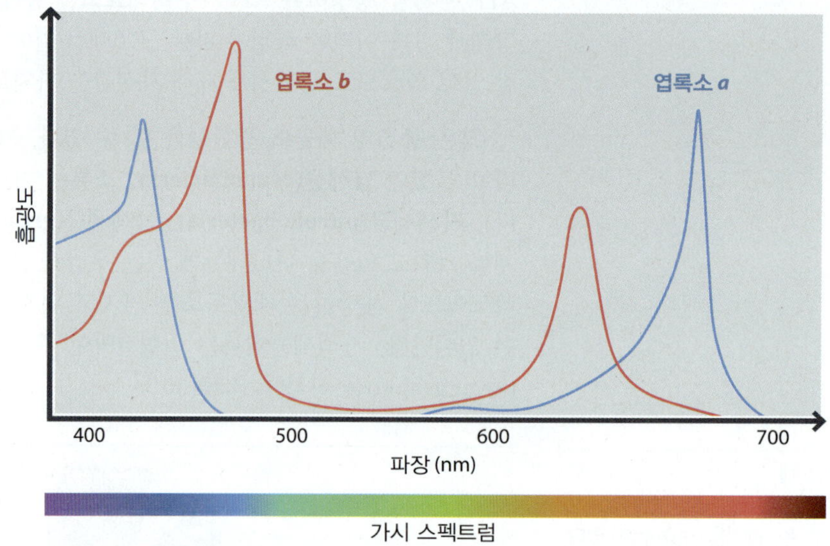

이는 녹색 빛(가시광선 스펙트럼의 가운데 있는)은 흡수되지 않고 반사되어 우리 눈에 식물이 녹색으로 보이게 한다는 것을 뜻한다. 우리는 엽록소의 빛 수확 능력이 가진 이 한계를 고맙게 여길 수 있다. 만약 빛 스펙트럼의 모든 부분이 흡수된다면 식물은 검은색으로 보일 것이고 세상은 더 슬픈 장소로 여겨질 것이다.

엽록소는 **포르피린(porphyrin)**의 한 유형으로, 시토크롬(cytochrome) 단백질과 헤모글로빈(hemoglobin)에서 발견되는 헴(heme)과 같은 종류의 화합물이다. 헴에서는 포르피린이 그 중심에 철원자를 가지고 있지만, 엽록소에서는 이 원자가 마그네슘이다. 엽록소에는 몇 가지 유형이 있어, 서로 약간 다른 구조와 다른 빛 흡수스펙트럼을 가진다. 식물에서 두 가지 주요 유형은 엽록소 *a*와 *b*이다(그림 10.5). 일부 조류 역시 유형 *c*1과 *c*2와 함께 엽록소 *b*를 가지고 있다. 광합성 세균에서 이에 해당하는 화합물은 **세균엽록소(bacteriochlorophyll)**이다(표 10.1).

그림 10.5 **엽록소 *a*와 엽록소 *b*의 구조**

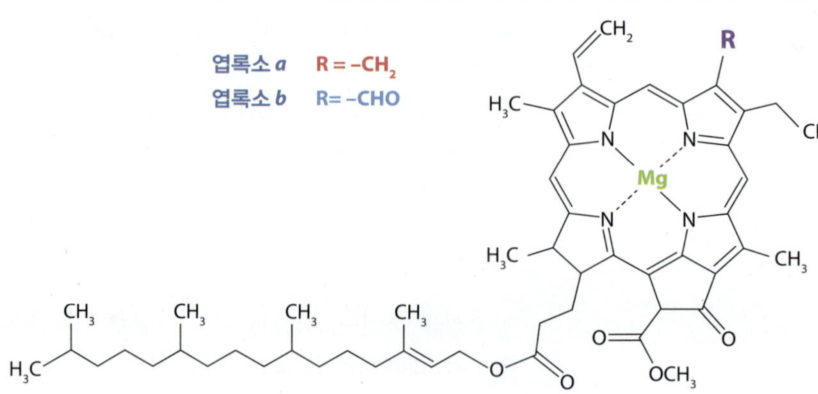

표 10.1 **다른 생물체에 존재하는 엽록소의 유형**

생물체	광수확 색소
식물, 남조류	엽록소 *a*, 엽록소 *b*
홍조류	엽록소 *a*
갈조류, 규조	엽록소 *a*, 엽록소 *c1*, 엽록소 *c2*
일부 광합성 세균	세균엽록소

Box 10.1 가을 색조

가을철에 잎의 색은 초록색에서 주황, 빨강, 노란색의 다양한 색조로 바뀌게 되는데 이는 이들 잎에 보조색소가 있기 때문이다. 대부분의 식물종에서 엽록소가 가장 풍부한 색소여서 나뭇잎은 녹색으로 보인다. 늦여름 동안 잎의 엽록소 양은 감소하기 시작하지만, 많은 보조색소는 잎이 시들어 나무에서 떨어질 때까지 안정적으로 유지된다. 엽록소 양이 감소하면서 보조색소가 드러나는 과정이 북미와 유럽 북부와 같은 온대 지역의 낙엽림 지대의 가을 풍경을 장관으로 만들어 준다.

사진은 알래스카에서 삼림 지대를 공중에서 본 풍경이다: Frans Lanting의 사진은 과학 사진 라이브러리(Science Photo Library)의 허가를 받아 수록하였다.

식물은 빛스펙트럼의 녹색 영역에서 빛을 포획하여 부분적으로 엽록소의 한계를 보완하는, 일부 색소를 포함하는 **보조색소(accessory pigment)**라고 불리는 다른 광수확 화합물도 가지고 있다. 이들 보조색소에는 **β-카로틴(β-carotene)**과 **잔토필(xanthophyll)**과 같은 **카로티노이드(carotenoid)**도 있는데, 이들은 각각 빨간색과 노란색을 띤다(그림 10.6). 카로티노이드는 이소프렌 단위들로 만들어지므로 지질의 일종이다. 또 다른 유형의 카로티노이드인 **푸코잔틴(fucoxanthin)**은 일부 해조류와 갈조류에서 발견되는 갈색빛의 광수확 색소이다. 많은 광합성 세균들 역시 **피코빌린(phycobilin)**을 가지고 있는데, 이것은 엽록소와 유사하지만 금속 이온을 가지고 있지 않다.

그림 10.6 β-카로틴과 잔토필의 구조

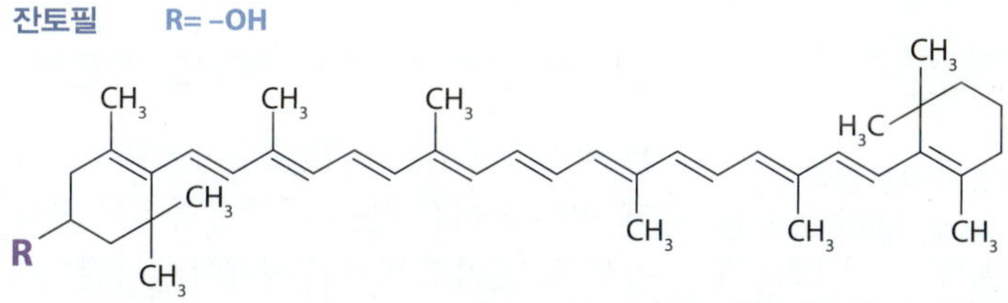

태양에너지는 두 개의 광계에 위치한 엽록소에 의해 포획된다

엽록소와 보조색소 카로티노이드는 **광계(photosystem)**라 불리는 거대한 다중 소단위 단백질 복합체(multisubunit protein complex)에 위치하고 있으며, 이것은 틸라코이드막에 묻혀 있다. 식물에는 **광계 I(photosystem I)**과 **광계 II(photosystem II)**의 두 가지 다른 광계가 있다. 광계 I이 더 크지만 두 단백질 복합체의 전체 구조는 매우 비슷하다. 두 유형의 광계는 **반응중심(reaction center)**과 **안테나복합체(antenna complex)**라고 불리는 두 개의 구성요소로 이루어져 있다. 안테나복합체는 엽록소와 보조색소를 풍부하게 가지고 있고 햇빛으로부터 에너지를 포획하기 위해 진짜 안테나처럼 틸라코이드막의 표면에 자리 잡고 있다(그림 10.7A). 이름에서 알 수 있듯 반응중심은 안테나의 가운데 위치한다.

빛에너지는 처음에 안테나 복합체에 있는 엽록소와 카로티노이드 분자에 의해 포획된다. 햇빛

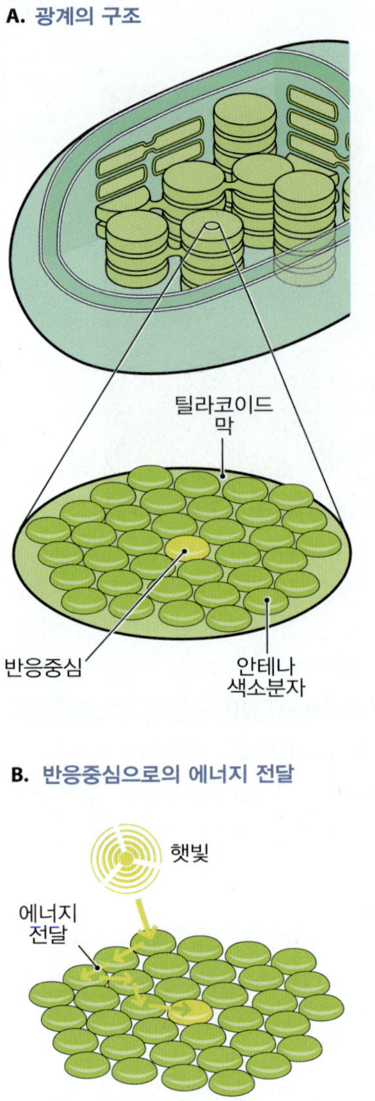

그림 10.7 광계의 구조와 작용 양식
(A) 광계는 광수확 색소를 포함하고 있는 단백질 복합체이다. 녹색으로 나타낸 안테나 복합체가 반응중심을 둘러싸고 있다. (B) 햇빛에서 포획된 에너지가 안테나 복합체를 통해 반응중심으로 이동한다.

의 광자가 안테나 복합체에 충돌하면, 그 광자에 포함되어 있는 에너지가 엽록소 분자로 전달될 수 있다. 에너지의 양자가 특정 크기이면 엽록소 분자의 전자를 들뜨게 할 수 있다. 그러면 이 전자는 에너지를 얻어서 전자껍질에 있는 더 높은 궤도(orbital)로 이동한다. 그러고 나서 이 에너지는 인접한 엽록소 분자로 전달되어 단계적으로 반응중심으로 이동하게 된다(**그림 10.7B**). 이 에너지 전이는 다음의 두 가지 방식 중 하나로 이루어진다.

- **들뜬자 이동(exciton transfer)**이라고도 불리는 **공명에너지 전달(resonance energy transfer)** 방식. 양자에너지가 하나의 엽록소 분자에서 다른 엽록소 분자로 단순히 전달되는 방식이다. 에너지를 받은 엽록소는 들뜨게 되고 에너지를 준 엽록소는 바닥상태로 되돌아간다.
- **직접 전자전달(direct electron transfer)**. 고에너지 전자가 스스로 인접 엽록소에 전이되어 저에너지 전자가 되는 방식이다.

보조색소 분자 역시 엽록소 분자와 다른 파장의 빛을 흡수함으로써 들뜨게 되어 안테나 복합체의 에너지 포획 능력을 키울 수 있다. 보조색소가 들뜨게 되면, 에너지 양자를 가장 가까운 엽록소 분자로 전달하여 반응중심으로의 왕복 과정을 시작하게 된다.

반응중심은 바로 인접한 한 쌍의 엽록소 분자를 포함하고 있는데, 이는 보통 엽록소 *a*가 약간 변형된 것이다. 광계 I의 반응중심에 있는 분자는 700 nm의 파장에서 가장 효율적으로 빛을 흡수한다. 이 특성 때문에 광계 I의 반응중심을 **P700**이라고 부른다. 비슷한 이유로 광계 II의 반응중심은 **P680**이라고 부른다. 정상적인 조건에서, 각 반응중심에 있는 한 쌍의 엽록소는 안테나 색소가 햇빛으로부터 수확한 에너지 양자를 받아들이기 위한 최고의 수용체이다. 그러나 빛의 강도가 높으면, 과도한 에너지는 광계의 손상을 막기 위해 카로티노이드로 전달된다.

10.2.2 전자전달과 광인산화

P680과 P700 반응중심에서 들뜬 엽록소 분자는 전자전달사슬에 참여하여 NADPH와 ATP를 합성한다. 이 과정은 빛에 의해 유도되기 때문에 이 경로로 이루어진 ATP 합성을 **광인산화(photophosphorylation)**라고 한다.

전자는 광계 II에서 NADPH로 흐른다

P680 반응중심은 광합성 전자전달사슬의 출발점을 이룬다. 그것이 광계 II의 반응중심이다. 그렇게 이름 붙여진 것은 그 반응중심이 전자수송에서 광계 I 다음에 작용해서가 아니라 두 광계 가운데 두 번째로 발견된 광계이기 때문이다.

들뜬 P680, 곧 광수확 색소로부터 안테나 복합체를 따라 전달받은 에너지로 생성된 P680은 P680*로 표기된다. P680*에서 시작되는 일련의 전자전달사슬의 활동은 다음과 같다(**그림 10.8**).

1A단계. 고에너지 전자가 P680*에서 **플라스토퀴논(plastoquinone, PQ)**으로 전달된다. 이것은 틸라코이드막 안에서 움직일 수 있는 변형된 벤젠 고리(**그림 10.9**)를 포함하는 지용성 화합물이다. 두 개의 전자와 한 쌍의 수소이온이 플라스토퀴논을 PQH_2 형태로 환원시킨다.

$$P680^{*} + PQ + 2H^{+} \rightarrow P680^{+} + PQH_2$$

PQ에 전자를 내준 P680*은 이제 가지고 있어야 할 전자 한 개가 줄었다. 이 형태를 $P680^{+}$로 표시한다.

1B단계. $P680^{+}$는 잃어버린 전자를 물 전자 하나로 대체해서 P680을 생성한다. 네 개의 $P680^{+}$ 분자가 물로부터 4개의 전자를 빼앗으면 산소가 생산되는데 이것이 광합성의 특징 중 하나이다.

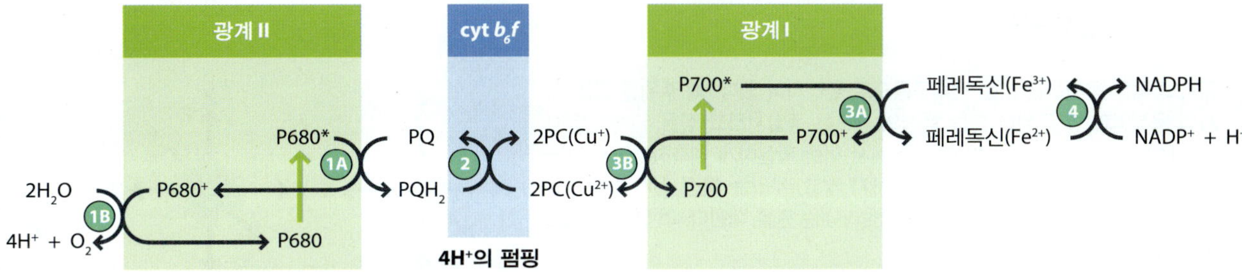

그림 10.8 광계 II에서 NADPH로의 전자전달
본문에서 설명하고 있는 전자전달 과정의 각 단계는 진한 녹색 동그라미로 표시하였다. 수직의 녹색 화살표는 P680과 P700 반응중심의 자극을 나타낸다. 약어: PC, 플라스토시아닌(plastocyanin); PQ, 플라스토퀴논(plastoquinone).

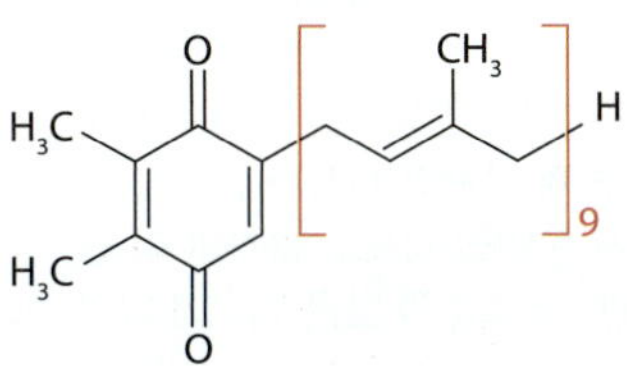

그림 10.9 플라스토퀴논
괄호 안 구조는 아홉 번 반복된다.

$$2H_2O \rightarrow 4e^- + 4H^+ + O_2$$

2단계. 전자전달사슬로 되돌아가, PQH_2는 **시토크롬 b_6f 복합체(cytochrome b_6f complex)**에 자신의 전자를 내준다. 이 복합체는 두 개의 철 함유 시토크롬인 시토크롬 b_6와 시토크롬 f 및 철-황(FeS) 단백질로 구성되어 있다. 전자는 이 복합체로부터 구리 함유 단백질인 **플라스토시아닌(plastocyanin, PC)**으로 이동하게 된다.

$$PQH_2 + 2PC(Cu^{2+}) \rightarrow PQ + 2PC(Cu^+) + 2H^+$$

3A단계. P700은 안테나 복합체로부터 고에너지 전자를 받아들여 들뜬 형태인 P700*으로 변환된다. 이것은 FeS 단백질의 한 유형인 **페레독신(ferredoxin)**에 전자 하나를 주고 $P700^+$ 양이온이 된다.

$$P700^* + \text{페레독신}(Fe^{3+}) \rightarrow P700^+ + \text{페레독신}(Fe^{2+})$$

3B단계. P700은 2단계에서 형성된 PC(Cu^+)가 전자 한 개를 $P700^+$에 전달함으로써 재생된다.

4단계. 그런 다음 NADPH를 만든다. **NADP 환원효소(NADP reductase)**가 환원된 형태의 페레독신으로부터 두 개의 전자를 얻어 $NADP^+$를 NADPH로 변환시킨다.

$$2\text{페레독신}(Fe^{2+}) + NADP^+ + H+ \rightarrow 2\text{페레독신}(Fe^{3+}) + NADPH$$

그림 10.10 엽록체에서의 양성자 펌핑과 ATP 합성
시토크롬 b_6f 복합체는 양성자를 틸라코이드막을 가로질러 틸라코이드 안으로 펌핑한다. ATPase를 통해 양성자가 나가면 ATP가 합성된다.

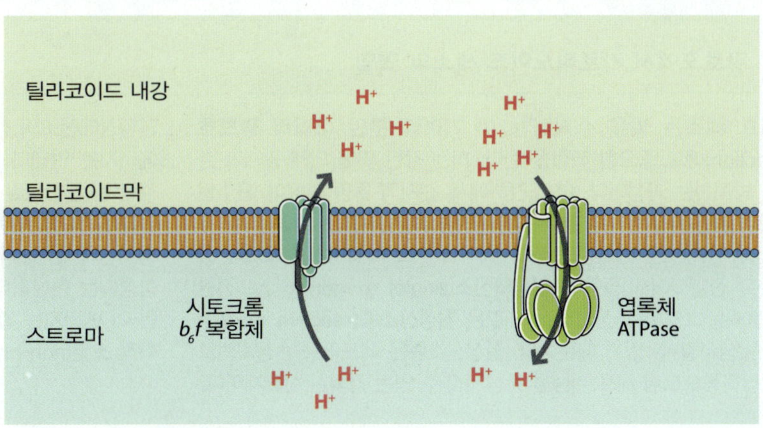

화학의 원리

Box 10.2 원자 궤도

원자의 핵은 음전하를 띠는 전자구름으로 둘러싸여 있다. 핵 주위를 도는 전자의 움직임과 별 주위를 도는 행성의 궤도를 동일시하고 싶은 유혹이 있지만, 개별 전자의 궤적이 훨씬 더 복잡해서 이를 확실하게 예측하기는 불가능하다. 개별 궤적을 정확히 규정하려 하지 않고, 우리는 특정 전자가 발견될 가능성이 있는 핵 주위의 공간 영역을 찾아내는 편을 택한다. 이 영역을 **궤도(orbital)**라고 부른다.

가장 간단한 원자는 수소원자이며, 이것은 단 하나의 전자를 가지고 있다. 이 전자는 1s 궤도를 사용한다. 1s란 명칭은 이 궤도가 에너지 준위 1(가장 낮은 에너지 준위)을 나타내고 중심에 핵을 둔 구형임을 나타낸다. 2s 궤도 역시 구형이지만, 에너지 준위가 더 높기 때문에 핵에서 더 멀리 떨어져 있다. 1s에서 2s 궤도로 이동하려면 전자가 **들뜬(excited)** 에너지를 얻어야만 한다. 전자가 나중에 1s 궤도로 되돌아오면 에너지를 잃게 된다. p 궤도들도 있는데, 이것은 한 쌍의 풍선과 같은 모양으로 핵의 양쪽에 하나씩 있다. p 궤도의 최저 에너지 준위는 2이다. 높은 에너지 준위에서는 풍선이 더 커진다.

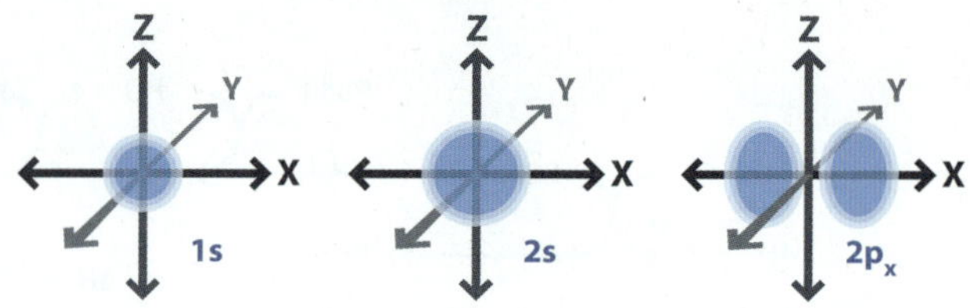

두 원자의 궤도가 서로 겹칠 정도로 근접하게 되면, 두 원자는 하나 이상의 전자를 공유할 수 있다. 이 원자들은 결합을 형성하게 되고(Box 3.3 참조) 공유된 전자는 이제, 원자 궤도처럼 특유의 형태를 지니고 서로 다른 에너지 준위로 존재할 수 있는 분자 궤도를 사용하게 된다.

빛을 수확하는 광합성 단계에서, 엽록소 분자 안에 있던 전자 하나가 햇빛의 광자로부터 에너지를 얻어 원래의 분자 궤도에서 더 높은 에너지 수준으로 뛰어오를 수 있다. 공명 에너지가 인접 엽록소 분자로 전달되면 전자는 원래의 궤도로 돌아가게 되고, 그와 함께 이제 두 번째 분자의 전자가 들뜨게 된다. 또는 전자 이동이 직접 이루어질 경우, 전자는 인접 엽록소 분자의 더 높은 수준의 궤도로 직접 뛰어오르고, 그와 함께 이 엽록소의 낮은 궤도에 있던 전자는 반대 방향으로 움직인다.

광합성 전자전달은 전기화학 기울기를 발생시킨다

미토콘드리아 전자전달사슬을 공부할 때, 우리는 미토콘드리아 내막을 가로지르는 수소이온의 이동이 전기화학 기울기를 만들어 이후 ATP 합성에 동력을 공급하는 데 이용된다는 사실을 알게 되었다. 광인산화(광합성 과정 동안의 ATP 합성)도 전자전달 과정에서 만들어진 전기화학 기울기에 의해 이루어진다. 한 가지 중요한 차이가 있다면 이 화학적 기울기가 생성되는 방식이다.

광합성 전자전달사슬의 한 구성요소인 시토크롬 b_6f 복합체는 미토콘드리아 호흡사슬의 I, III, IV 복합체와 유사한 방식으로 양성자 펌프 역할을 한다. 시토크롬 b_6f 복합체는 수소이온을 스트로마에서 틸라코이드 안의 공간으로 이동시킨다(**그림 10.10**). 이 복합체는 틸라코이드막을 가로질러 수소이온을 능동적으로 수송할 수 있는 광합성 전자전달사슬의 유일한 구성요소이지만, 이때의 기울기는 전자전달 과정에서 일어나는 두 가지 다른 반응에 의해 보충된다.

Box 10.3 광보호에서 카로티노이드 색소의 역할

카로티노이드 색소는 빛을 수확하는 데 기여할 뿐만 아니라 **광보호(photoprotection)**에도 중요한 역할을 한다. 이는 강한 빛에 의해 광계가 손상되는 것을 방지하는 과정이다. 이 조건하에서, 전자의 들뜸 현상이, 흡수된 모든 에너지가 반응센터로 전달될 수 없을 만큼 빠른 속도로 일어날 수 있다. 이러한 상황은 해로울 가능성이 있다. 왜냐하면 그 에너지가 엽록체에 있는 산소분자로 전달되어 이들을 **단일상태산소**(singlet oxygen, O*)로 전환시키고, 이번에는 그것이 과산화수소와 같은 **활성산소종(reactive oxygen species)**을 발생시킬 수 있기 때문이다. 활성산소종은 세포막을 손상시키고 효소를 불활성화함으로써 세포 기능을 손상시킬 수 있는 강력한 산화제이다.

단일상태산소의 생성을 막기 위해, 빛이 강할 때 엽록소에 의해 흡수된 과잉 에너지는 안테나 복합체 안, 혹은 그것에 인접한 카로티노이드로 전달된다. 강한 빛은 **잔토필 회로(xanthophyll cycle)**를 유도하며, 이 과정에서 특정 카로티노이드의 화학적 변형물이 나와 에너지 소멸 특성을 가진 유도체를 발생시킨다. 한 예가 비올라잔틴(violaxanthin)으로부터 제아잔틴(zeaxanthin)이 합성되는 현상이다. 에너지가 들뜬 엽록소 분자로부터 제아잔틴으로 전달되면 이 에너지는 열로서 안전하게 소실된다. 이 과정의 기술적 명칭은 **비광화학적 소멸(non-photochemical quenching)**이다.

Box 10.4 Z 체계

광합성 전자전달사슬은 때로 **Z 체계(Z scheme)**라고 불리기도 한다. 이 이름은, P680 반응중심의 초기 들뜸 현상에서 시작하여 NADP 환원효소에 의해 $NADP^+$가 NADPH로 환원되면서 끝나는 경로를 따라 발생하는 산화환원전위(redox potential)의 변화를 묘사하는 그래프의 모양을 가리킨다. 산화환원전위는 여기에서 보는 것처럼 보통 *y*축에 표시되는데, 이는 그래프의 결과가 Z형보다는 N형임을 뜻한다. 이 그래프는 산화환원전위가 P680의 들뜸 현상에 따라 처음에는 증가하다가 이어서 전자가 플라스토퀴논, 시토크롬 b_6f 복합체, 그리고 플라스토시아닌으로 이동함에 따라 점진적으로 감소하는 것을 보여준다. 이 지점에서 그래프는 P700이 들뜸에 따라 산화환원전위가 두 번째로 증가하다가, 이후 전자가 페레독신과 NADP 환원효소로 흐르면서 다시 한 번 감소하는 것을 보여주고 있다.

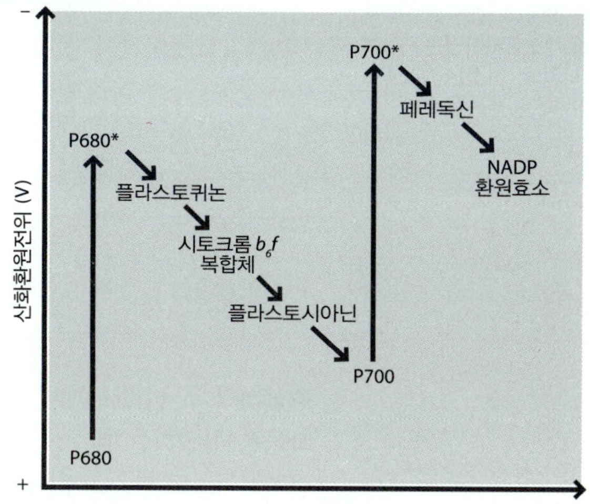

- 물이 $P680^+$에 의해 산화될 때 방출되는 수소이온(위의 **1B단계**)은 틸라코이드막 내부에 축적되어, 틸라코이드막 내측의 순 양전하를 증가시킨다.
- NADP 환원효소가 $NADP^+$를 NADPH로 변환하기 위해 소비하는 수소이온(**4단계**)은 스트로마로부터 가져오므로, 틸라코이드막의 스트로마 측이 순 음전하가 되게 한다.

시토크롬 b_6f 복합체의 양성자 펌핑과 함께, 물의 산화와 $NADP^+$의 환원 작용은 ATP를 생성하기에 충분한 가파른 전기화학 기울기를 만든다.

ADP와 무기인산으로부터 ATP가 생성되는 방식은 미토콘드리아에서 생성되는 방식과 똑같다. 엽록체의 ATP 합성효소는 미토콘드리아 F_0F_1 ATPase와 구조적으로 매우 비슷하며, 양성자가 틸라코이드 공간에서 스트로마로 이동하는 운동에 의해 추동되는 분자 모터로 작용한다.

광인산화는 NADPH 합성과 분리될 수 있다

지금까지 우리가 보아온 시스템은 ATP 합성과 NADPH 합성을 연결시켜 주고 있다. $NADP^+$를 NADPH로 환원시키지 않고 광인산화를 위한 전기화학 기울기를 생성하는 일은 그림 10.8에서 보여주는 도식에서는 불가능하다. 여기에 문제가 있다. 엽록체의 $NADP^+$ 공급이 낮을 때, 그래서 의미 있는 정도로 NADPH를 만들 수 없는 경우가 있을 수 있기 때문이다. 그러나 여전히 ATP 합성은 필요할 수 있다. 이 문제를 어떻게 피할 수 있을까?

답은 다른 전자전달사슬로 전환하는 방법이다. 광인산화를 NADPH 합성에서 분리될 수 있도록 하는 것이다. 이 방법은 **순환적 광인산화(cyclic photophosphorylation)**라 불리며, **그림 10.11**이 그 방법을 보여주고 있다. 이 시스템에서 들뜬 상태의 P700 반응중심(P700*)은 비순환경로에서처럼 고에너지 전자를 페레독신으로 전달하지만, 전자는 페레독신에서 시토크롬 b_6f 복합체로 흐르고, 거기에서 다시 플라스토시아닌으로 흐른다. 그런 다음 전자는 $P700^+$로 되돌려져 반응중심을 바닥상태로 돌아가게 한다. 이것은 시토크롬 b_6f 복합체의 양성자 펌프가 여전히 작동하고 있고, 전기화학 기울기가 만들어질 수 있기 때문에 ATP가 여전히 생성될 수 있음을 뜻한다. 전자를 플라스토시아닌에서 NADP 환원효소로 돌려보내지 않고 $P700^+$로 돌려보내면 $NADP^+$가 전혀 소모되지 않는다. 더 나아가 여기에는 P680 광계가 관여하지 않기 때문에, 순환적 광인산화는 산소를 발생시키지 않는다.

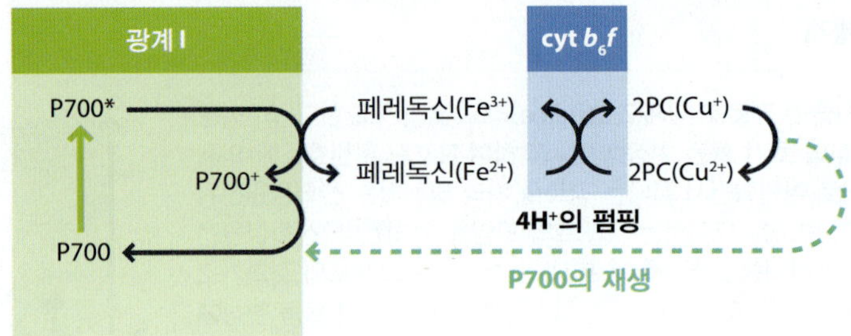

그림 10.11 순환적 광인산화
이 경로에서 전자는 시토크롬 b_6f 복합체를 통해 페레독신에서 플라스토시아닌으로 흐르기 때문에 양성자 펌핑이 일어나며 ATP가 합성될 수 있다. 플라스토시아닌은 $P700^+$에서 P700을 재생시키며, 이것은 NADPH 합성이 일어나지 않는다는 것을 뜻한다.

10.3 암반응

광합성의 두 번째 단계에서 명반응에 의해 만들어진 NADPH와 ATP는 이산화탄소와 물로 탄수화물을 합성하는 데 사용된다. 이것은 무기 형태의 탄소(이산화탄소)를 유기 형태(탄수화물)로 전환시키므로 **탄소고정(carbon fixation)**이라고 한다. 이 과정은 스트로마에서 일어나며 최종 산물은 수크로오스와 녹말이다.

10.3.1 캘빈회로

암반응의 중심에는 **캘빈회로(Calvin cycle)**라고 불리는 순환 경로가 있는데, 이 명칭은 버클리 대학의 멜빈 캘빈(Melvin Calvin)이 그의 동료 앤드루 벤슨(Andrew Benson), 제임스 바샴(James Bassham)과 함께 1949년과 1953년 사이에 발표한 일련의 획기적인 논문에서 처음으로 그 경로를 기술하였기 때문에 그 이름을 따서 붙여진 것이다. 캘빈회로는 세 분자의 이산화탄소로부터 한 분자의 삼탄당 글리세르알데하이드 3-인산을 생성한다. 이 탄소고정을 하는 데 필요한 에너지는 6분자의 NADPH와 9분자의 ATP로부터 얻어진다. 따라서 전체 반응은 다음과 같다.

$$3CO_2 + 6NADPH + 9ATP \rightarrow \text{글리세르알데하이드 3-인산} + 6NADP^+ + 9ADP + 8P_i$$

여기에서 P_i는 평소대로 무기인산이다. 생성된 글리세르알데하이드 3-인산은 수크로오스와 녹말을 만드는 데 사용된다.

캘빈회로의 출발점은 흔히 줄여서 **루비스코(Rubisco)**라 말하는 **리불로오스 이인산 카르복실화효소(ribulose bisphosphate carboxylase)**라는 효소가 촉매작용을 하는 반응이다. 이 반응이

Box 10.5 세균에서의 광합성

광합성 활동은 식물과 조류의 엽록체에서만 이루어지는 것이 아니다. 몇몇 유형의 세균도 빛에너지를 화학에너지로 전환할 수 있다.

남세균에서 이루어지는 이 과정은 엽록체에서 일어나는 과정과 매우 유사하다. 남세균은 틸라코이드와 비슷한 내막 구조를 가지고 있고, 피코시아닌(phycocyanin)이라고 불리는 푸른 색소로 빛을 포획한다. 이들은 식물과 조류가 가진 것과 거의 같은 광계 I, II 반응중심과 전자전달사슬을 가지고 있다. 이 유사성 때문에 엽록체는 진화의 초기 단계에서 진핵세포의 전구체와 공생 관계를 가졌던 남세균으로부터 유래한 것일지도 모른다는 의견이 제시되어 왔다(2.1.3절 참조).

다른 광합성 원핵생물은 자색과 녹색세균 및 헬리오박테리아(heliobacteria)과의 세균들을 포함한다. 이들 종은 세균엽록소(bacteriochlorophyll)라고 하는 한 개 이상의 포르피린(porphyrin)을 가지고 있는데, 이것은 엽록체의 엽록소와 유사한 구조를 가지고 있지만, 그보다 더 넓은 파장 범위의 빛을 흡수한다. 에너지는 퀴논과 시토크롬으로 구성된 전자전달사슬에 연결된 단 하나의 광계로 전달되고, 그와 함께 양성자는 원형질막을 통해 펌핑되어 ATP가 합성될 수 있도록 전기화학 기울기를 생성한다. 한 가지 중요한 차이점은 이들 세균은 광계의 재생을 위한 전자 공여체로 물을 사용하지 않는다는 점이다. 이는 이들 세균이 산소를 만들지 않기 때문에 **비산소발생 광합성(anoxygenic photosynthesis)**을 수행한다는 것을 뜻한다. 이름에서 알 수 있듯이 자색과 녹색유황세균은 둘 다 황화수소를 주요 전자 공여자로 사용하며, 황 원소를 합성하는 것이 특징이다. 다른 종에서는 수소 가스나 철이온이 전자 공여체 구실을 한다.

바로 탄소고정과 직접 관계된 단계이다. 캘빈회로를 전체적으로 개괄해 보고 수크로오스와 녹말이 글리세르알데하이드 6-인산으로부터 합성되는 방식을 살펴보기 전에 먼저 이 반응을 검토해 보기로 한다.

탄소는 리불로오스 이인산 카르복실화효소에 의해 고정된다

암반응의 핵심 단계는 탄소고정에 직접적인 책임이 있는 단계이다. 이 단계에서, 이산화탄소 한 분자가 오탄당인 리불로오스 1,5-이인산(ribulose 1,5-bisphosphate)과 결합한다(**그림 10.12**). 이것은 3-케토-2-카르복시아라비니톨-1,5-이인산(3-keto-2-carboxyarabinitol-1,5-bisphosphate)이라고 불리는 불안정한 육탄당을 만들어내는데, 즉시 삼탄당인 3-포스포글리세르산(3-phosphoglycerate) 두 분자로 분해된다.

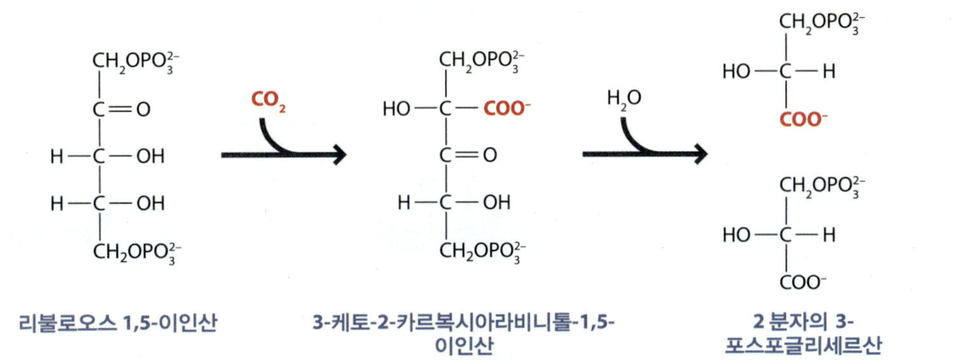

그림 10.12 루비스코의 촉매반응

리불로오스 이인산 카르복실화효소는 이 반응의 촉매 역할을 하는 효소인데 8개의 큰 소단위(혹은 L 소단위)와 8개의 작은 소단위(혹은 S 소단위), 모두 16개의 소단위를 가지고 있다. 모든 큰 소단위에는 이산화탄소가 리불로오스 1,5-이인산과 결합할 수 있는 활성 부위가 있다. 활성 부위의 일부는 카르복실기를 첨가하여 변형된 리신, 곧 리신의 **카르바모일(carbamoyl)** 유도체이다(**그림 10.13**). 이 리신은 마그네슘이온(Mg^{2+})과 결합하는데, 그것이 반응물을 활성 부위로 가져와서 탄소고정 반응이 일어날 수 있도록 제 위치에 정확하게 배치하는 데 중심적인 역할을 한다.

루비스코는 매우 천천히 작동하며 25°C에서 초당 단지 3회만 반응한다. 이러한 이유 때문에, 탄소고정의 전체 속도를 적정 수준으로 유지하기 위해서는 각 엽록체에 많은 효소가 존재해야 한다. 효소가 가진 이러한 특징은 생물학의 더 놀라운 사실을 만나게 한다. 루비스코는 엽록체에 들어 있는 총 단백질의 15~50%를 차지하며, 지구상에서 가장 풍부한 단백질임이 거의 확실하다는 사실이다. 한 추정치에 따르면 생물권에서 매초 1,000 kg의 루비스코가 합성되며, 이는 살아 있는 모든 사람에 대해 44 kg의 루비스코가 합성되고 있는 셈이 된다.

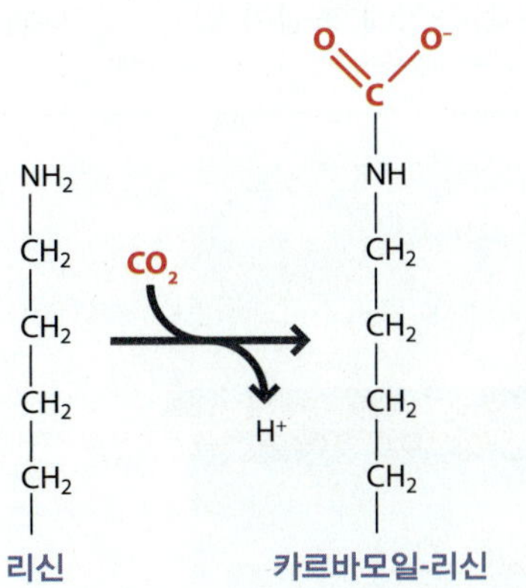

그림 10.13 리신의 카르바모일 유도체의 형성

루비스코에 관한 이러한 놀라운 사실들이 정확한가의 문제를 두고는 논쟁의 여지가 있다. 더 분명한 것은 루비스코가 암반응의 주요 조절점이라는 것, 특히 햇빛의 양에 반응한다는 것, 그리하여 햇빛의 양이 적을 때는 덜 활동적이라는 사실이다. 바로 이러한 반응력이 암반응에 의한 탄수화물 합성이 명반응에 의한 NADPH와 ATP의 생산과 균형을 이루도록 해 주고 있다.

빛의 양이 적은 조건에서는 루비스코의 활성 부위가 차단된다. 이 일은 두 가지 다른 방식으로 일어날 수 있다. 새로 합성된 루비스코는, 활성 부위에 있는 리신이 아직 이산화탄소에 의해 카르바모일화되지 않은 상태에서, 리불로오스 1,5-이인산과 결합하지만 비생산적이다. 다시 말해, 5-포스포글리세르산으로의 전환이 일어나지 않는다(**그림 10.14A**). 빛의 양이 많아지면, **루비스코 활성화효소(Rubisco activase)**라 불리는 두 번째 효소가 리불로오스 1,5-이인산을 제거하여

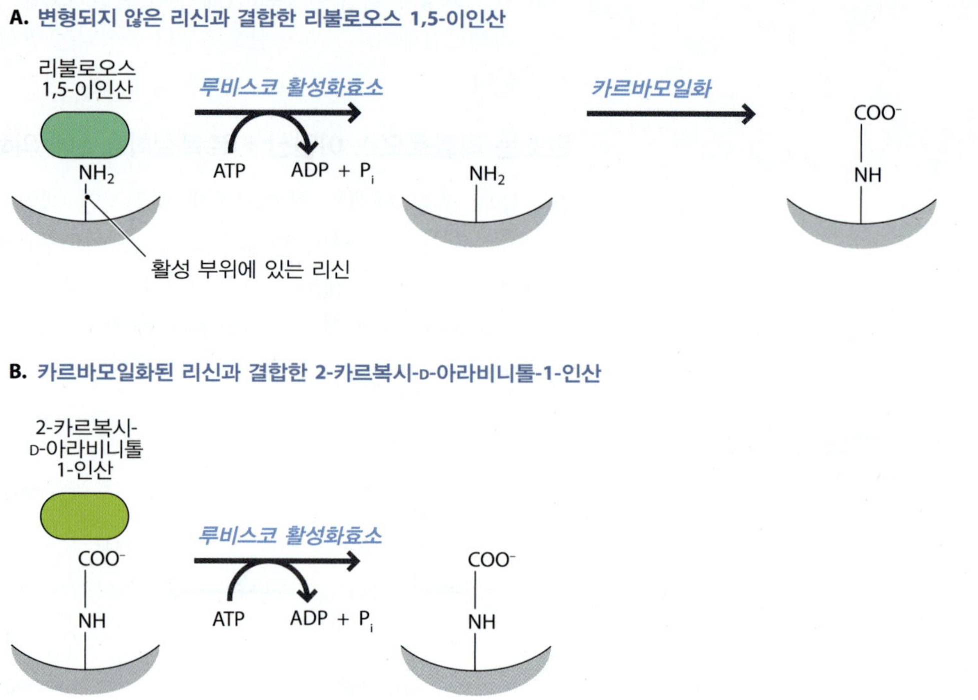

그림 10.14 낮은 조도 조건에서 루비스코의 저해
(A) 새로 합성된 루비스코 활성 부위에 있는 변형되지 않은 리신과 리불로오스 1,5-이인산의 비생산적인 결합에 의한 저해작용. (B) 2-카르복시-D-아라비니톨 1-인산과 이미 카르바모일화되어 있는 리신의 비생산적 결합. 이 두 가지 유형의 저해작용은 빛의 강도가 증가하게 되면 루비스코 활성화효소에 의해 해소될 수 있다.

리신에 변형이 일어나고 그에 따라 리불로오스 1,5-이인산과의 생산적인 결합이 일어날 수 있다. 활성 부위에 카르바모일화된 리신을 가진 루비스코는 유사한 방식으로 비활성화될 수 있지만, 리불로오스 1,5-이인산에 의해서는 비활성화되지 않는다. 차단 화합물은 루비스코 활성의 중간산물로 생성된 불안정한 육탄당의 안정한 유사체인 2-카르복시-D-아라비니톨 1-인산(2-carboxy-D-arabitinol 1-phosphate)이다(**그림 10.14B**). 루비스코 활성화효소는 또 다시, 결합된 2-카르복시-D-아라비니톨 1-인산을 적절한 시간에 제거한다. 루비스코 활성화효소가 차단 화합물을 제거하기 위해서는 ATP가 ADP로 전환되어야 한다. 따라서 효소활성은 엽록체 스트로마에 존재하는 ATP의 양에 좌우된다. 빛의 양이 적고 광인산화가 거의 일어나지 않아서 ATP 양이 적으면, 루비스코 활성화효소의 활성이 억제되어 차단 화합물이 루비스코 활성 부위에서 제거되지 않는다. 빛의 양이 많아지고 ATP 수준이 높아지게 되면, 루비스코 활성화효소가 활성화되어 차단 화합물이 제거된다.

루비스코에 대한 두 번째 규제 체제는 마그네슘이온의 이용 가능성에 초점이 있다. 마그네슘

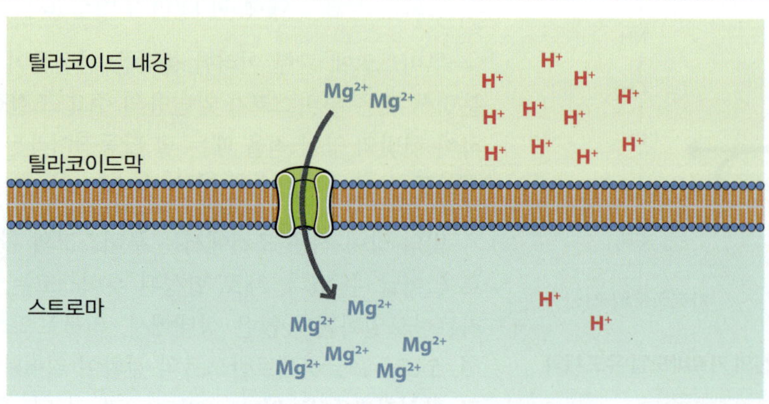

그림 10.15 마그네슘이온은 양성자 펌핑에 의해 만들어진 전기화학 기울기에 반응하여 스트로마로 들어간다.
틸라코이드막은 마그네슘이온이 막을 가로질러 이동할 수 있도록 하는 수송 단백질을 함유하고 있을 것으로 추정되지만, 이 단백질은 아직 분리되지 않은 상태이다.

이온은 루비스코 활성에 필수적인 보조인자이다. 그것이 활성 부위에서 기질과의 결합을 위해 필요하기 때문이다. 루비스코가 위치한 스트로마의 마그네슘이온 함량은, 명반응에 의해 만들어진 양성자 기울기에 영향을 받는다. 틸라코이드 공간에 비해 스트로마가 순 음전하이면, 마그네슘이온은 틸라코이드 공간에서 스트로마로 이동하여 루비스코 활성을 위해 지속적으로 공급된다(**그림 10.15**). 반대로, 명반응의 활성이 낮으면 스트로마 안의 순 음전하량도 적어지므로, 결과적으로 마그네슘이온의 유입이 줄어들어 루비스코 활성에도 제한이 생긴다. 따라서 마그네슘이온의 이용은 루비스코 활성을 명반응의 활성과 연결하는 두 번째 방법이 된다.

캘빈회로의 단계들

위에서 설명한 대로 캘빈회로는 이산화탄소 3개로부터 글리세르알데하이드 3-인산 한 분자를 합성한다. 전체 회로는 **그림 10.16**에 나타내었다. 캘빈회로에서 각 단계의 **화학량론(stoichiometry)**

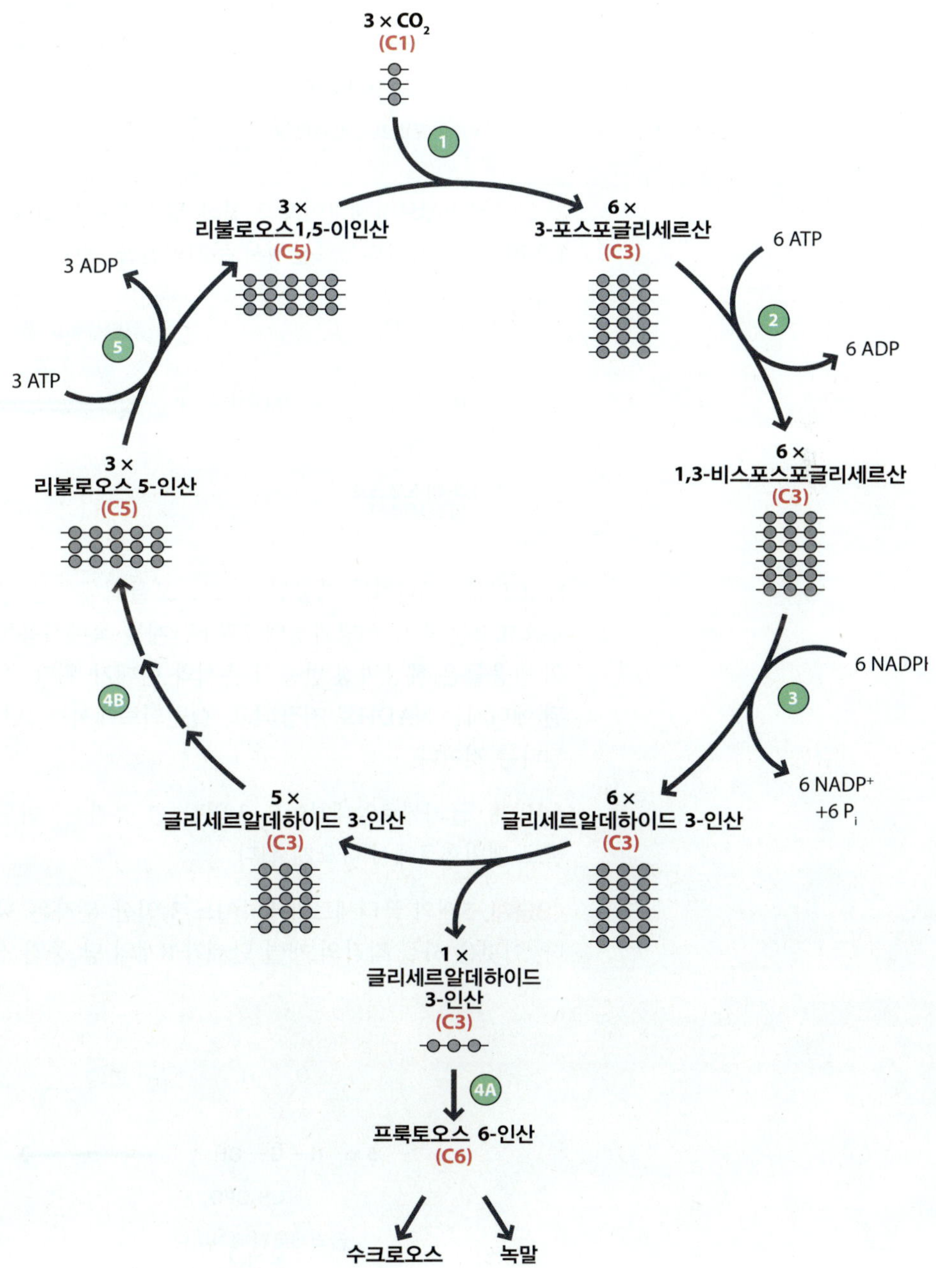

그림 10.16 캘빈회로
본문에서 설명한 대로 회로의 단계들은 녹색 원으로 표시하였다. 약어 C3, C5 및 C6은 서로 다른 당 화합물 안에 있는 탄소 수를 나타낸다.

을 고려하는 것이 중요하다는 점에 주목하라. 화학량론이란 사용된 각 반응물의 분자 수와 만들어진 각 생성물의 분자 수를 지칭한다. 화학량론이 중요한 이유는 최종적으로 글리세르알데하이드 3-인산 한 분자를 생성하기 위해서 3회의 루비스코 반응을 통하여 세 분자의 이산화탄소를 고정해야 하기 때문이다.

캘빈회로의 각 단계는 다음과 같다.

1단계. 루비스코가 탄소고정 단계를 수행한다. 이 단계는 그림 10.12에 설명되어 있다.

2단계. 3-포스포글리세르산 분자는 **포스포글리세르산 인산화효소(phosphoglycerate kinase)**에 의해 1,3-비스포스포글리세르산으로 인산화되는데, 이때 각각의 3-포스포글리세르산 분자에 한 분자의 ATP를 사용한다.

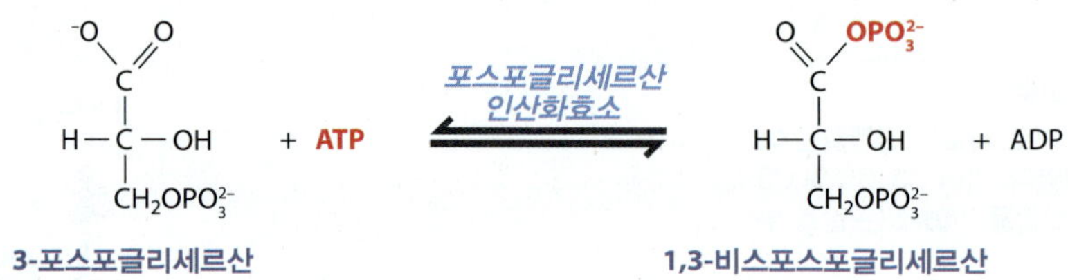

3단계. **글리세르알데하이드 3-인산 탈수소효소(glyceraldehyde 3-phosphate dehydrogenase)**는 1,3-비스포스포글리세르산에서 무기인산을 떼내어 글리세르알데하이드 3-인산으로 전환시킨다.

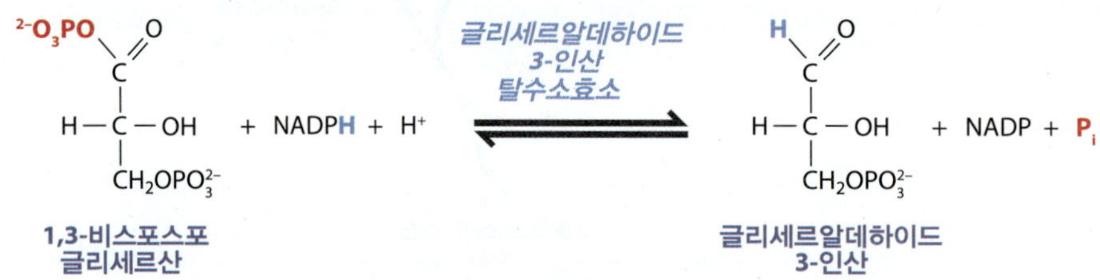

NADPH는 에너지를 제공한다. 포스포글리세르산 인산화효소와 글리세르알데하이드 3-인산 탈수소효소는 각각 해당과정의 7과 6단계를 촉매작용하면서 이 과정에 관여한다. 따라서 캘빈회로의 반응들은 해당과정 반응의 순서와 반대가 된다. 유일한 차이점은 해당과정의 6단계에서 방출된 에너지는 NADH로 저장되고, 캘빈회로에서는 3단계에 필요한 에너지가 NADPH에 의해 제공된다는 것이다.

4A단계. 글리세르알데하이드 3-인산 한 분자는, 이후 수크로오스와 녹말 생산에 사용되는 생성물로 캘빈회로에서 나오게 된다.

4B단계. 5개의 글리세르알데하이드 3-인산 분자는 3분자의 오탄당 리불로오스 5-인산으로 바뀐다. 이것은 사실 각각의 개별 단계가 8개의 당 중간 산물을 포함하는 일련의 복잡한 과정으로서,

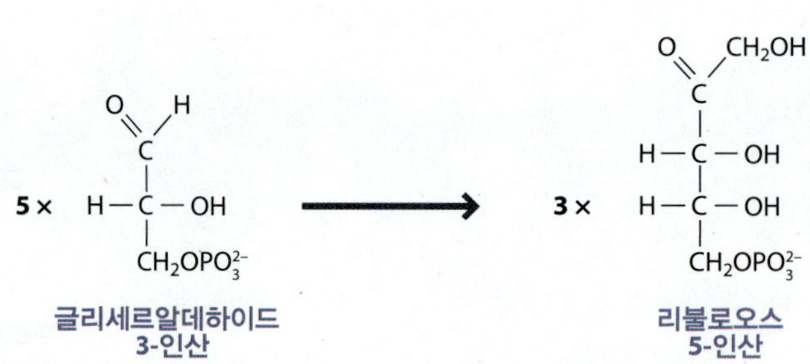

이 과정은 알돌분해효소(aldolase), 케톨전달효소(transketolase) 및 5개의 다른 효소의 촉매작용으로 일어난다. 중간 산물들을 무시하면 이 반응은 위와 같이 요약할 수 있다.

5단계. 리불로오스 5-인산은 **리불로오스 5-인산 인산화효소(ribulose 5-phosphate kinase)**에 의해 리불로오스 1,5-이인산으로 인산화된다. ATP가 소모된다.

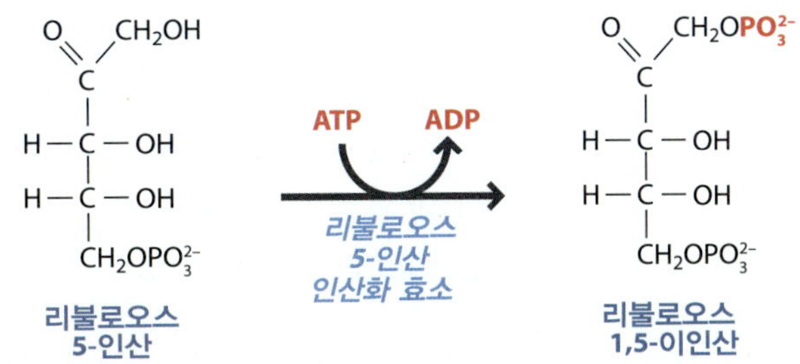

이로써 우리는 또 다른 회로에 필요한 리불로오스 1,5-이인산을 재생하였다.

명반응 경로의 페레독신은 캘빈회로를 조절한다

우리는 루비스코가 촉매작용을 하는 탄소고정 단계가 루비스코 활성화효소와 스트로마의 마그네슘이온 함량을 통해 햇빛에 의해 어떻게 간접적으로 조절되는지 이미 보았다. 캘빈회로 주위에서 이루어지는 대사산물의 연속적인 흐름은 이 경로에 관련된 몇몇 다른 효소의 활성을 제어함으로써 조절된다. 이 효소들에는 다음과 같은 것들이 포함된다.

- 포스포글리세르산 인산화효소와 글리세르알데하이드 3-인산 탈수소효소는 각각 2와 3단계의 촉매로서 작용한다.
- 리불로오스 5-인산 인산화효소는 5단계의 촉매로서 작용한다.
- 프룩토오스 1,6-이인산 가수분해효소(fructose 1,6-bisphosphatase)와 세도헵툴로오스 1,7-이인산 가수분해효소(sedoheptulose 1,7-bisphosphatase) 두 효소는 4B단계를 구성하는 일련의 복잡한 반응에 관여한다.

이들 각 효소의 촉매활동은 추가적인 이황화결합(disulfide bond)이 형성됨으로써 억제될 수 있다. 이 결합 자체가 효소의 활성 부위에 있는 것은 아니지만, 이 결합이 존재하면 이것이 활성

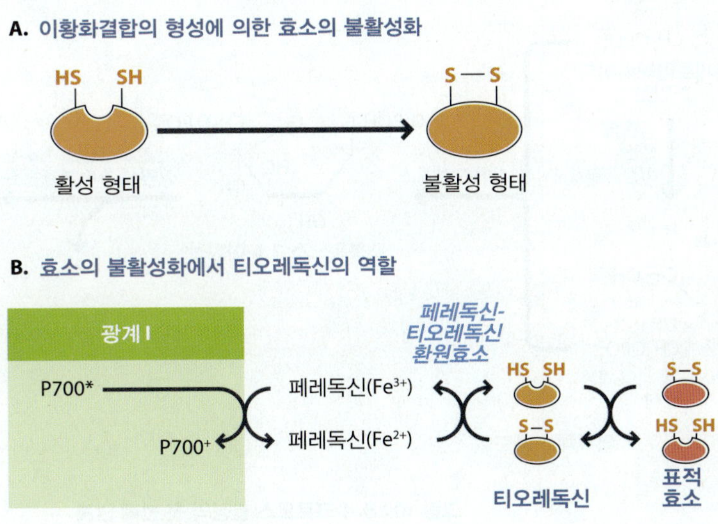

그림 10.17 이황화결합 형성에 의한 캘빈회로 효소의 조절
(A) 일부 효소는 추가적인 이황화결합을 형성하여 불활성화된다. (B) 이황화결합의 형성은 페레독신(Fe^{2+})에 의해 매개되고, 이것은 이황화결합을 절단함으로써 티오레독신을 환원시킨다. 환원된 티오레독신은 표적 효소의 저해 이황화결합을 절단할 수 있다.

부위를 차단하기 때문에 촉매반응이 더 이상 일어날 수 없다(그림 10.17A). 따라서 이 이황화결합의 존재 여부를 제어하는 것이 효소활성을 조절하는 수단이 된다.

명반응에서 P700*의 바로 아래쪽에 있는 전자운반체인 페레독신은, 캘빈회로 효소들에서 이러한 억제 이황화결합의 존재에 간접적으로 영향을 미친다. 명반응이 활성화될 때 생성되는 환원형 페레독신(Fe^{2+})은 **페레독신-티오레독신 환원효소(ferredoxin-thioredoxin reductase)**에 의해 촉매되는 반응에 의해 **티오레독신(thioredoxin)** 단백질을 환원된 형태로 전환시킨다(그림 10.17B). 환원된 티오레독신은 저해 이황화결합을 절단하여, 캘빈회로 효소의 활성이 명반응의 활성에 따라 조정되도록 한다. 다른 효소들이 끊임없이 이황화결합을 다시 형성하려고 시도하기 때문에 티오레독신의 활동은 계속되어야 한다. 이것은 명반응의 속도가 느려지자마자 곧 결합 형성이 일어나서 캘빈회로의 속도 역시 느려진다는 것을 뜻한다.

10.3.2 수크로오스와 녹말의 합성

암반응의 마지막 차례에서 캘빈회로에 의해 생성된 글리세르알데하이드 3-인산 분자는 프룩토오스 6-인산과 글루코오스 6-인산을 합성하는 데 사용되는데, 이들은 더 많은 대사과정을 거쳐 수크로오스와 녹말을 생성하게 된다. 수크로오스는 식물 여기저기로 운반되어 즉각적인 에너지 공급원으로 사용되며, 녹말의 형성은 여분의 에너지를 저장하는 수단이 된다.

수크로오스는 세포질에서 합성된다

캘빈회로에 의해 생성된 글리세르알데하이드 3-인산 분자의 대부분은 수크로오스를 만드는 데 사용된다. 이 과정의 첫 번째 단계는 엽록체에서 일어나는데, 그곳에서 글리세르알데하이드 3-인산 일부가 삼탄당인산 이성질화효소(triose phosphate isomerase)에 의해 디하이드록시아세톤 인산으로 전환된다(그림 10.18). 이 반응은 해당과정의 5단계와 순서가 반대이다. 그 다음에 글리세르알데하이드 3-인산 및 디하이드록시아세톤 인산 분자는 엽록체 밖으로 이동하여 세포질로 들어간다. 엽록체 내막을 통과하려면 특별한 막 내재 수송 단백질(membrane-spanning transport protein)이 필요하지만, 외막은 투과성이 더 높아 두 화합물이 직접 통과할 수 있다.

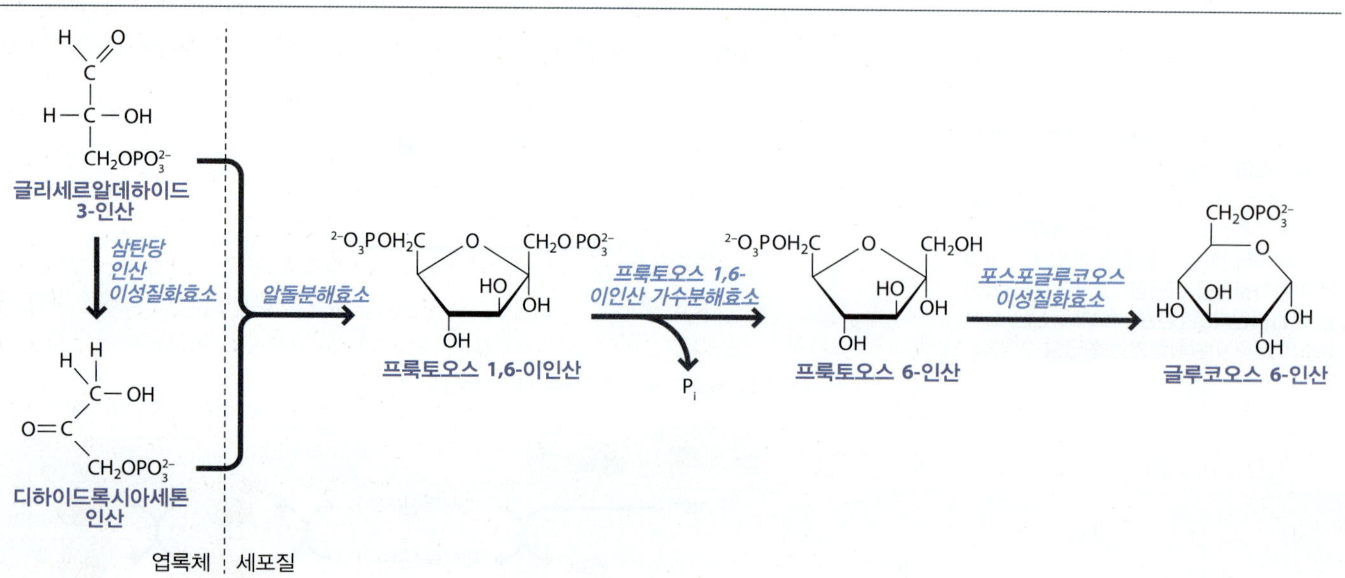

그림 10.18 수크로오스 합성의 첫 번째 단계

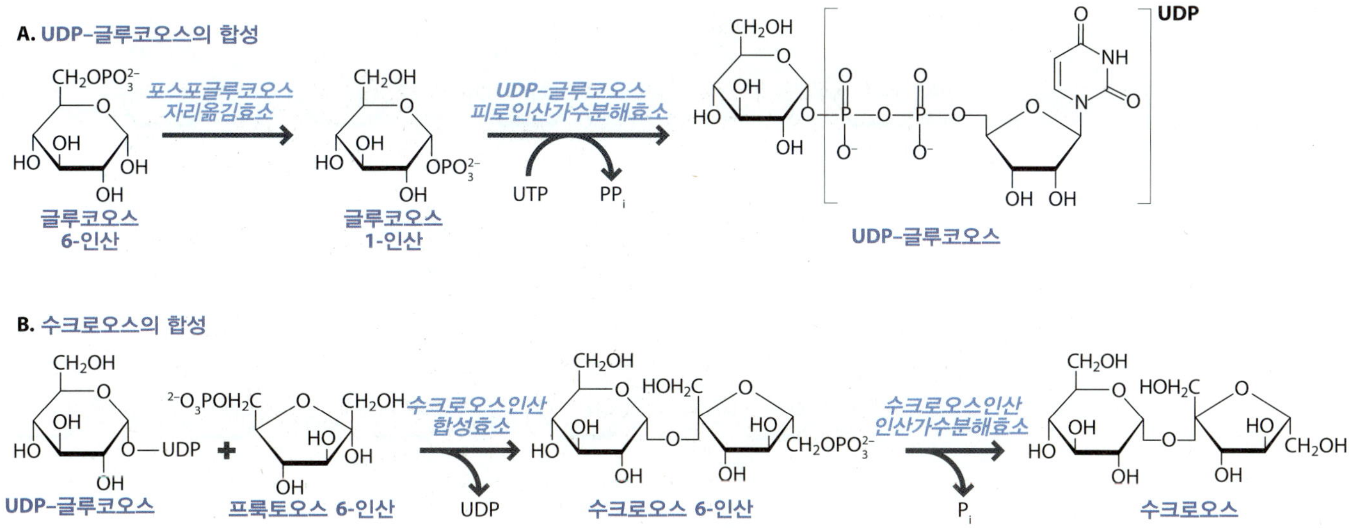

그림 10.19 수크로오스 합성의 마지막 두 단계

세포질에서 알도분해효소는 글리세르알데하이드 3-인산과 디하이드록시아세톤 인산을 결합시켜 **프룩토오스 1,6-이인산(fructose 1,6-bisphosphate)**을 형성하며, 이것을 프룩토오스 1,6-이인산 인산가수분해효소가 프룩토오스 6-인산으로 전환하고, 포스포글루코오스 이성질화효소(phosphoglucoisomerase)는 재배열하여 글루코오스 6-인산을 만들어낸다. 이들 반응은 해당과정의 일부를 역방향으로 재현하는데, 이 경우에는 4단계에서 2단계가 해당된다.

해당과정에서는 볼 수 없는 두 가지 단계가 있다. 글루코오스 6-인산의 인산기는 탄소번호 6에서 1로 이동하여 글루코오스 1-인산을 만든다(그림 10.19A). 이 반응은 **포스포글루코오스 자리옮김효소(phosphoglucomutase)**의 촉매작용에 의해 일어난다. 그런 다음 인산은 **UDP-글루코오스 피로인산가수분해효소(UDP-glucose pyrophosphorylase)**에 의해 유리딘이인산(UDP)으로 교체된다. 이렇게 생성된 활성 형태의 글루코오스는 경로의 초기에 생성된 프룩토오스 6-인산과 결합하여 이당류인 수크로오스 6-인산을 만들고, 이것은 이제 인산기가 떨어져 나가 최종 생성물인 수크로오스가 된다(그림 10.19B). 이 두 단계의 효소들은 각각 **수크로오스인산 합성효소(sucrose phosphate synthase)**와 **수크로오스인산 인산가수분해효소(sucrose phosphate phosphatase)**이다.

녹말은 엽록체와 녹말체에서 합성된다

녹말 역시 활성화된 글루코오스의 중간 산물로부터 합성된다. 그러나 이것은 주로 **ADP-글루코오스(ADP-glucose)**, 때로는 CDP- 혹은 GDP-글루코오스이지, UDP-글루코오스는 아니다. ADP-글루코오스는 세포질에서 일어나는 동시 반응(parallel reaction) 경로에 의해 생성된 글루코오스 1-인산으로부터 엽록체의 스트로마에서 만들어진다. 그런 다음 ADP-글루코오스 분자는 **녹말합성효소(starch synthase)**에 의해 길어지는 녹말 분자의 말단에 첨가된다(그림 10.20). 생화학의 이러한 측면은 최근 논란의 여지가 있는 문제임이 입증되었다. 사슬이 아노머 탄소 1(환원성 말단)로 끝나는지, 아니면 비아노머 탄소 4(비환원성 말단)로 끝나는지의 여부에 따라, 한 개의 녹말 분자에 환원과 비환원으로 기술되는 두 개의 다른 말단이 존재하기 때문이다. 오랫동안 녹말합성효소는 환원 말단에 글루코오스 단위를 첨가하는 것으로만 생각되어 왔지만, 이제는 이 효소가 비환원 말단으로 전달을 촉매할 수도 있다는 것이 입증되었다. 또한 녹말의 분지형 구조인 아밀로펙틴(amylopectin)을 만들어 주는 α(1→6) 연결을 합성할 수 있는 **녹말 분지효소(starch branching**

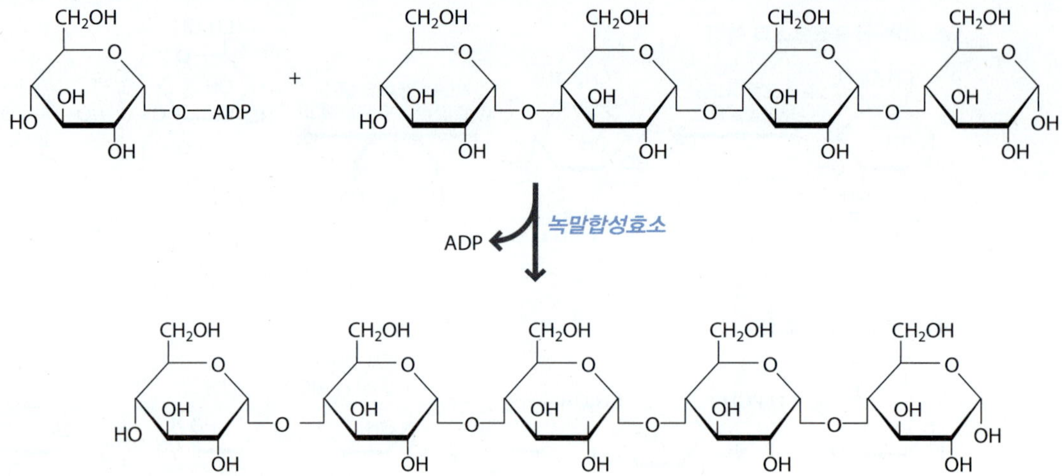

그림 10.20 **녹말의 합성**
녹말 중합체의 비환원성 말단에 글루코오스 단위가 첨가되는 것을 보여주고 있다.

enzyme)도 있다(그림 6.12 참조).

엽록체에서 일어나는 이러한 현상을 **일시적 녹말 합성(transient** or **transitory starch synthesis)**이라고 부른다. 이렇게 형성된 저장 녹말은 수명이 짧고, 대부분 암기 동안 식물에 에너지를 공급하기 위해 사용된다. 반대로, **저장 녹말 합성(stored starch synthesis)**은 엽록체가 아니라 뿌리, 발달 중인 종자, 과일과 괴경과 같은 저장 기관에 존재하는 **녹말체(amyloplast)**라고 불리는 관련 조직에서 일어난다. 저장 녹말을 생산하는 데 사용되는 글루코오스는 잎과 식물의 다른 지상부에 있는 광합성 장소로부터 이들 조직으로 수송된다.

10.3.3 C4와 CAM 식물에 의한 탄소고정

루비스코의 주요 기능은 리불로오스 1,5-이인산에 이산화탄소를 결합시켜 2분자의 3-포스포글리세르산을 생산하는 것이다. 그러나 이 효소는 이산화탄소 대신 산소를 결합시켜 2-포스포글리콜산(2-phosphoglycolate) 한 분자와 함께 단 한 개의 3-포스포글리세르산 분자를 합성하는 다른 반응을 수행할 수도 있다(**그림 10.21**). 2-포스포글리콜산은 캘빈회로의 일부 효소의 기능을 저해하기 때문에 이 효소의 형성은 식물에 문제가 된다. 이산화탄소를 발생시키기 때문에 **광호흡(photorespiration)**이라고 불리는 긴 일련의 반응이, 2-포스포글리콜산을 3-포스포글리세르산으로 전환하지만, 이 경로는 ATP와 NADH를 소모하므로 에너지가 낭비된다.

그림 10.21 **2-포스포글리콜산을 합성하는 광호흡의 첫 번째 단계**

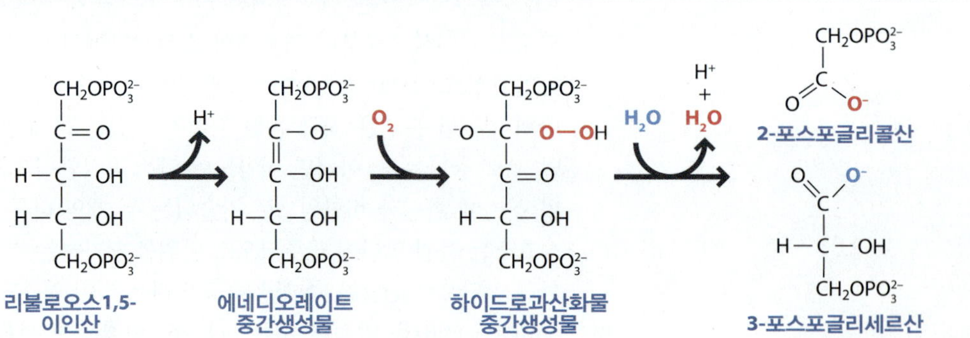

연구 요약

Box 10.6 작물의 광합성 능력을 증가시키기

식물학자들은 루비스코가 대체 산소 반응을 수행하는 이유를 분명히 알지 못한다. 루비스코는 대기의 산소 함량이 매우 낮았던 지구의 지질학적 선사 시대의 단계에서 진화했기 때문에 원시의 루비스코는 산소와 이산화탄소를 구별할 필요가 없었을지도 모른다. 설명이 어떻든 간에, 그 결과 오늘날 지구상의 광합성은 본질적으로 비효율적인 과정이 되고 말았다. 자연환경에서 대부분의 식물은 산소 반응에 루비스코 기능의 약 25%를 잃는 것을 감수할 수 있다. 농업 환경에서는 상황이 다르다. 여기에서는 광합성의 비효율성이 작물 생산성을 제한하는 중요한 요소로 간주된다. 따라서 식물 생명공학자들은 루비스코 활성이 재배면적 1에이커당 얻을 수 있는 식물 단백질의 양을 증가시키는 데 도움이 될 것이라는 희망을 가지고 이를 개선하는 방법을 찾고 있다.

작물의 루비스코 활성을 개선하기 위한 한 가지 전략은 남세균의 루비스코 효소가 식물보다 촉매 기능 속도가 더 높다는 사실을 발견한 데 근거를 두고 있다. 남세균 효소는 진핵생물보다 더 빠르게 3-포스포글리세르산을 합성할 수 있다. 유전공학(19.3.1절 참조)이 남세균 루비스코의 큰 소단위와 작은 소단위 유전자들을 식물로 옮기는 데 사용될 수 있다면, 유전자가 조작된 식물은 더 빠른 속도로 광합성 작용을 하여 생산력을 더 높일 가능성이 있다. 이 가설을 실험하기 위해, *Synechococcus elongates*의 루비스코 효소 유전자가 담배로 옮겨졌다. 서로 다른 양의 중탄산나트륨을 포함하고 있는 추출액에서 잎 조각을 균질화하여 유전자 조작이 이루어진 작물의 광합성 활성을 테스트하였다.

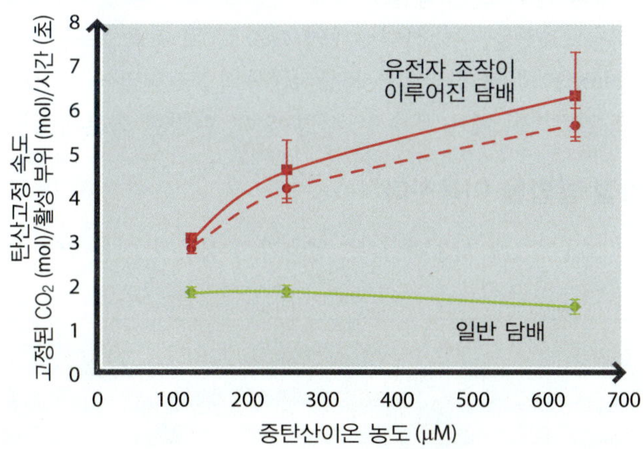

이 분석 결과(왼쪽 아래에 있는 그래프)는 유전자 조작이 이루어진 식물의 이산화탄소 고정 속도가 일반 담배의 최대 3배에 이르며, 남세균 효소는 새로운 숙주에서 발현되더라도 높은 촉매작용 속도를 유지한다는 것을 보여준다. 그러나 이것은 프로젝트의 끝과는 거리가 멀다. 유전자 조작이 이루어진 담배 품종은 완전히 자라고 나면, 일반 식물보다 늦게 발달하고 생산성 증가를 보이지 않는다. 이 결과가 예상되지 않았던 것은 아니다. 남세균의 경우, 루비스코 활성과 특이성 사이에는 균형이 있다는 사실이 알려져 있다. 다시 말해, 산소와 이산화탄소의 차이가 적을 때에는 촉매작용의 활성이 높다는 것이다. 이것은 남세균 루비스코가 식물 효소보다 더욱 빠르게 일을 하지만, 그것이 촉매작용을 하는 반응의 더 큰 부분을 차지하는 것은 생산성이 없는 산화반응임을 뜻한다. 남세균은 **카르복시솜(carboxysome)**이라고 불리는 구조에 루비스코효소를 둠으로써 이 문제를 완화시킨다. 이들은 중탄산이온(이산화탄소가 물에 녹아서 만들어지는)을 이산화탄소로 전환시키는 효소인 탄산탈수효소(carbonic anhydrase)도 포함하고 있는 단백질 구체이다. 남세균 안에서 중탄산염은 카르복시솜으로 확산되어 이산화탄소로 전환된다. 따라서 카르복시솜 안의 CO_2 농도가 상대적으로 높기 때문에, 루비스코효소에 의해 촉매되는 반응의 대부분은 카르복실화 반응이다. 이는 이용 가능한 산소보다 이산화탄소가 훨씬 많이 있다는 이유 때문이다.

따라서 유전자 조작으로 이루어진 작물에서 남세균 광합성의 효율을 완전히 활용하기 위해서는, 루비스코 유전자를 작물로 옮겨야 할 뿐만 아니라 카르복시솜 단백질과 남세균의 탄산탈수효소 유전자도 옮겨야 할 필요가 있다. 이것은 훨씬 더 어려운 제안이긴 하지만, 카르복시솜 단백질이 유전자 조작으로 이루어진 식물에서 합성될 수 있고, 이들 단백질은 남세균에 존재하는 카르복시솜과 유사한 구조로 조립된다는 사실은 이미 밝혀진 바 있다. 따라서 남세균 루비스코 시스템을 사용하여 작물의 생산성을 향상시키는 일은 장차 가능한 일이 될지도 모른다.

산소와 이산화탄소는 루비스코 활성 부위를 차지하기 위해 경쟁하는데, 효소반응의 약 75%는 이산화탄소를 사용하고 나머지는 광호흡 경로를 따라간다. 이 비율은 대부분의 식물에서 받아들여질 수 있는 정도이지만, 일부 종은 루비스코가 이산화탄소뿐만 아니라 산소를 사용할 수 있는 능력이 일으키는 문제를 더 크게 하는 환경에 살고 있다. 식물의 **C4**와 **CAM** 그룹을 구성하는 이들 종은, 루비스코에 이산화탄소를 전달하는 다른 방식을 진화시켜 왔다.

C4 식물은 고정된 탄소를 서로 다른 유형의 세포 사이로 왕래시킨다

루비스코가 사용하는 이산화탄소와 산소의 비율 75:25는 대기 중의 이산화탄소와 산소의 상대적 양에 따른 것으로 이것은 당연히 전 세계 모든 지역에서 동일하다. 그러나 더운 지방에서는 식물이 물을 보전해야 하는데, 이렇게 할 수 있는 한 가지 방법은 잎의 기공을 일시적으로 닫는 것이다(**그림 10.22**). 기공을 닫음으로써 물 손실을 줄일 뿐만 아니라, 식물 내부와 외부 환경 사이의 가스 교환도 방지한다. 그 결과 공기 공급이 차단된 상태에서 광합성이 계속되면서 이산화탄소가 고갈되어 광호흡이 촉진된다.

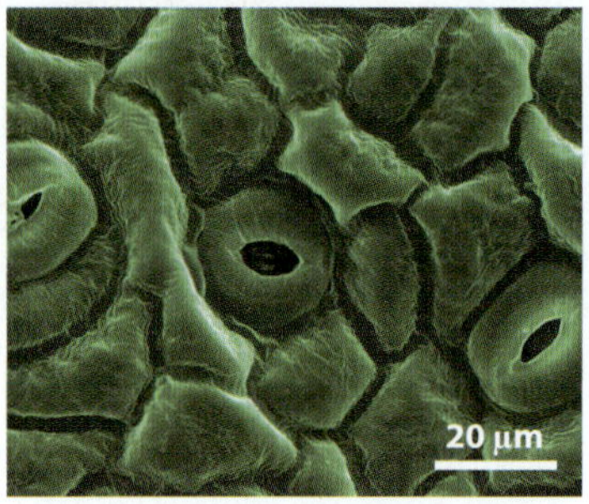

그림 10.22 열리고 닫힌 벚나무 잎의 기공
www.deviantart.com에서 복사한 사진.

이처럼 광호흡이 증가하는 것을 피하기 위해, 일부 식물은 캘빈회로 반응이 **유관속초세포(bundle sheath cell)**로 구성된 특수 조직에서만 이루어지도록 제한하고 있다. 유관속초세포는 **엽육세포(mesophyll cell)**에 둘러싸여 있다(그림 10.23). 엽육세포에서 이산화탄소는 **포스포에놀피루브산 카르복실화효소(phosphoenolpyruvate carboxylase)**에 의해 고정되며, 이산화탄소는 포스포에놀피루브산에 첨가되어 옥살로아세트산(oxaloacetate)이 된다. 산소는 포스포에놀피루브산 카르복실화효소에 의한 이산화탄소 고정에 아무런 영향을 미치지 못하므로, 이 반응은 이산화탄소 수준이 낮을 때에도 잘 일어난다. 생산된 옥살로아세트산은 **NADP-말산 탈수소효소(NADP-linked malate dehydrogenase)**에 의해 말산으로 전환되어 엽육세포에서 유관속초세포로 수송된다. 그곳에서 **NADP-말산효소(NADP-linked malate enzyme)**는 이산화탄소를 방출하고, 이산화탄소는 루비스코에 의해 수집되어 3-포스포글리세르산을 만들기 위해 다시 고정되며, 그럼으로써 캘빈회로의 반응이 시작된다. 이산화탄소가 루비스코로 직접 전달되면, 유관속초세포 내에서는 식물의 나머지 조직 안의 주변 이산화탄소 수준이 낮더라도 캘빈회로가 최대 속도로 작동할 수 있음을 뜻한다.

이 이산화탄소 셔틀 시스템을 완성하기 위해 NADP-말산효소 반응의 두 번째 생성물인 피루브산은 엽육세포로 다시 수송되어, 그곳에서 **피루브산-P_i 이중인산화효소(pyruvate-P_i dikinase)**에 의해 인산화되어 초기 탄소고정에 사용되는 포스포에놀피루브산을 재생시킨다. 이 셔틀을 사용하는 종은 이산화탄소가 처음에 4개의 탄소로 된 옥살로아세트산으로 고정되기 때문에 C4 식물이라고 불린다. 루비스코가 초기 탄소고정을 수행하여 3개의 탄소로 된 3-포스포글리세르산 분자를 생성하는 종을 **C3 식물(C3 plant)**이라고 한다. 총 육상식물종의 5% 미만에 해당하는 약 7,500종의 C4 식물종들이 있으며, 그 일반적인 예는 옥수수, 사탕 수수, 다양한 화본과식물이다.

CAM 식물은 탄소고정에 시간 조절 방법을 이용한다

선인장과 난초를 포함한 일부 열대식물종은 C4 식물과 같은 생화학적 경로를 이용하여 미리 고

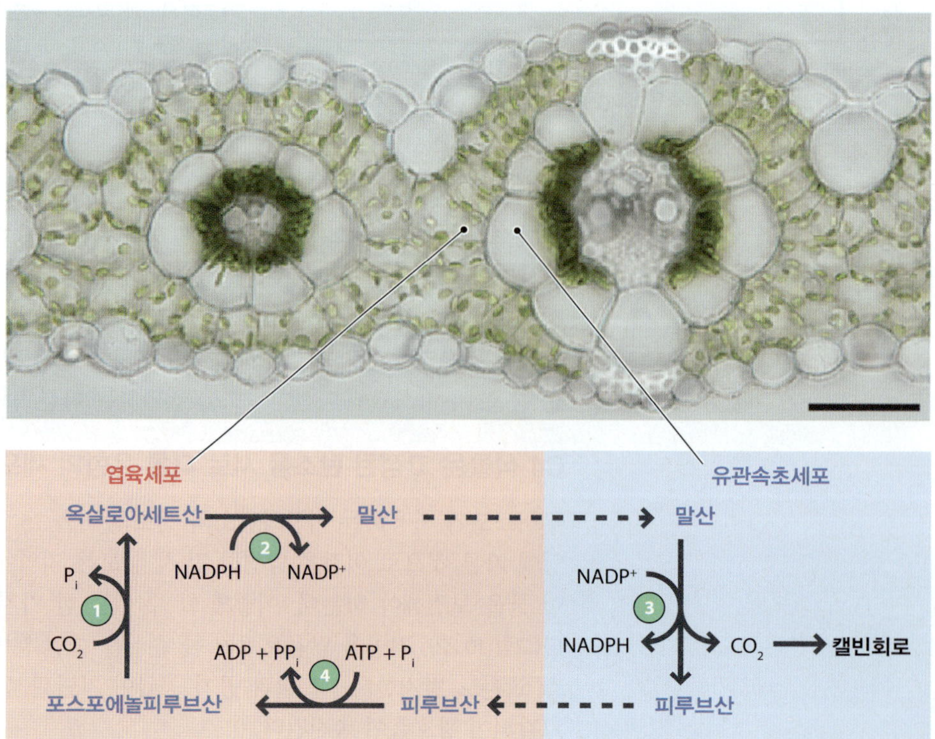

그림 10.23 C4 경로
손가락 기장(전형적인 C4 식물)의 잎 단면은 엽육세포로 둘러싸인 유관속초세포를 보여주고 있다. C4 경로의 각 단계를 촉매 작용하는 효소는 다음과 같다.
1. 포스포에놀피루브산 카르복실화효소;
2. NADP-말산 탈수소효소;
3. NADP-말산효소;
4. 피루브산-P_i 이중인산화효소. 이 경로는 4단계에서 ATP 한 분자를 사용하기 때문에 에너지 비용이 비싸다. 스케일 바는 50 μm이다.
식물세포생리학지(*Plant and Cell Physiology*) 2009년 **50**호 1736 페이지에서 복사한 사진. 옥스퍼드대학교 출판부의 허락을 받아 수록하였다.

정된 이산화탄소를 루비스코에 전달하지만, 이 과정에서 세포 간 말산셔틀을 할 필요가 없다. 대신 경로의 두 부분은 하루의 서로 다른 시간에 작동한다. 온도가 낮은 밤 시간에 이들 식물의 기공이 열려 이산화탄소가 들어갈 수 있게 된다. 이 이산화탄소는 즉시 고정되어 말산이 되고, 말산은 식물 세포 내부의 액포에 저장된다. 말산은 기공이 닫히는 낮 시간에 이산화탄소가 방출되는 엽록체로 옮겨져 루비스코에 의해 다시 고정된다.

이 시스템을 사용하는 종을 CAM 식물이라고 부른다. 'CAM'은 '크레슐산 대사(crassulacean acid metabolism)'의 약어인데, 생화학 교과서에서는 크레슐산의 구조와 특성에 대한 설명을 찾아봐야 찾을 수 없을 것이다. 대신 이 이름은 돌나물과(Crassulaceae family) 식물에 있는 산 대사(acid metabolism)를 가리키는데, 중심에 말산이 있는 이 과정이 이 식물군에서 처음 발견되었다.

참고문헌

Allen JF (2003) Cyclic, pseudocyclic and noncyclic photophosphorylation: new links in the chain. *Trends in Plant Science*, **8**, 15–19.

Andersson I and Backlund A (2008) Structure and function of Rubisco. *Plant Physiology and Biochemistry* **46**, 275–91.

Cogdell RJ, Isaacs NW, Howard TD, McLuskey K, Fraser NJ and Prince SM (1999) How photosynthetic bacteria harvest solar energy. *Journal of Bacteriology* **181**, 3869–79.

Denning-Adams B and Adams WW (1992) Photoprotection and other responses of plants to high light stress. *Annual Review of Plant Physiology and Plant Molecular Biology* **43**, 599–626.

Law CJ, Roszak AW, Southall J, Gardiner AT, Isaacs NW and Cogdell RJ (2004) The structure and function of bacterial light-harvesting complexes. *Molecular Membrane Biology* **21**, 183–91.

Lin MT, Occhialini A, Andralojc PJ, Parry MAJ and Hanson MR (2014) A faster Rubisco with potential to increase photosynthesis in crops. *Nature* **513**, 547–50.

Nelson N and Ben-Shem A (2004) The complex architecture of oxygenic photosynthesis. *Nature Reviews Molecular and Cell Biology* **5**, 971–82. ***The photosynthetic electron transport chain.***

Portis AR, Li C, Wang D and Salvucci ME (2008) Regulation of Rubisco activase and its interaction with Rubisco. *Journal of Experimental Botany* **59**, 1597–604.

Tetlow IJ and Emes MJ (2014) A review of starch-branching enzymes and their role in amylopectin biosynthesis. *IUBMS Life* **66**, 546–58.

Vinyard DJ, Ananyev GM and Dismukes GC (2013) Photosystem II: the reaction center of oxygenic photosynthesis. *Annual Review of Biochemistry* **82**, 577–606.

Yamori W, Hikosaki K and Way DA (2014) Temperature response of photosynthesis in C3, C4 and CAM plants: temperature acclimation and temperature adaptation. *Photosynthesis Research* **119**, 101–17.

자가 평가 문제

객관식 문제

각 문제에 대한 정답은 한 개이며, 정답은 웹사이트 www.scionpublishing.com/biochemistry에서 찾을 수 있음.

1. 다음 용어들 가운데 '1차 생산자'라는 용어와 동의어인 것은?
(a) Amphitroph
(b) Antitroph
(c) Autotroph
(d) Auxotroph

2. 엽록체 전자전달사슬이 위치한 곳은?
(a) 엽록체 내막
(b) 스트로마
(c) 틸라코이드막
(d) 틸리코이드 공간

3. 아래 열거된 유형의 세균들 가운데 광합성을 할 수 있는 세균은?
(a) 남세균
(b) 녹색세균
(c) 자색세균
(d) 앞의 모든 세균

4. 식물과 녹조류의 주요 광수확 색소는?
(a) 엽록소 a와 b
(b) 엽록소 a와 c
(c) 엽록소 b와 c
(d) 엽록소 d와 f

5. 다음 화합물 중 보조색소가 아닌 것은?
(a) β-카로틴
(b) 페레독신
(c) 푸코잔틴
(d) 잔토필

6. 하나의 엽록소 분자에서 다른 분자로 에너지 양자가 전달되는 과정을 무엇이라고 하는가?
(a) 직접 전자전달
(b) 궤도 이동
(c) 포토닉스(photonics)
(d) 공명에너지 전달

7. 광계 I 반응중심은?
(a) P600
(b) P680
(c) P690
(d) P700

8. 광계 II 반응중심은?
(a) P600
(b) P680
(c) P690
(d) P700

9. 잔토필 회로는 어떤 과정에 관여하는가?
(a) 빛수확
(b) 광인산화
(c) 광보호
(d) 잔토필 합성

10. 광합성 전자전달사슬에서 광시스템 II와 I 사이의 중간 화합물은?
(a) 페레독신
(b) 플라스토시아닌
(c) 플라스토퀴논
(d) 잔토필

11. 순환적 광인산화에 관한 다음 설명 중 올바르지 않은 것은?
(a) 전자는 페레독신에서 시토크롬 b_6f 복합체로 흐른다.
(b) 산소가 생성된다.
(c) 시토크롬 b_6f 복합체 양자 펌프는 여전히 작동한다.
(d) P700 반응중심의 들뜬 상태는 고에너지 전자를 페레독신에 전달한다.

12. 아래 열거된 오탄당 중 루비스코가 이산화탄소와 결합시키는 것은?
(a) 리불로오스 1,2-이인산
(b) 리불로오스 1,5-이인산
(c) 리불로오스 1,6-이인산
(d) 리불로오스 2,5-이인산

13. 루비스코의 활성 부위에는 어떤 과정에 의해 변형된 리신이 들어가게 되는가?
(a) 카르바모일화
(b) 메틸화
(c) 산화
(d) 인산화

14. 루비스코 활성을 조절하는 효소는?
(a) 포스포리불로오스 인산화효소
(b) 루비스코 활성화효소
(c) 루비스코 조절효소
(d) 루비스코 활성은 기질과 생성물에 의해서만 조절되기 때문에 이것은 함정 질문이다.

15. ATP를 사용해서 리불로오스 1,5-이인산을 만드는 효소는?
(a) 글리세르알데하이드 3-인산 탈수소효소
(b) 포스포글리세르산 인산화효소
(c) 리불로오스 5-인산 인산화효소
(d) 포스포글루코오스 자리옮김효소

16. 캘빈회로 효소 분자들의 활성을 저해하는 이황화결합을 절단하여 활성화시키는 화합물은?
(a) 산화된 페레독신
(b) 환원된 페레독신
(c) 산화된 티오레독신
(d) 환원된 티오레독신

17. 수크로오스는 식물 세포의 어느 부분에서 합성되는가?
(a) 녹말체
(b) 엽록체
(c) 세포질
(d) 미토콘드리아

18. 녹말합성에서 사용되는 활성화된 중간 산물은?
(a) ADP-글루코오스
(b) ADP-프룩토오스
(c) UDP-글루코오스
(d) UDP-프룩토오스

19. 저장된 녹말합성은 식물 세포의 어느 부분에서 일어나는가?
(a) 녹말체
(b) 엽록체
(c) 세포질
(d) 미토콘드리아

20. C4 식물에 관한 다음 설명 중 옳지 않은 것은?
(a) 캘빈회로 반응은 유관속초세포에서 일어난다.
(b) 이산화탄소는 엽육세포에서 고정된다.
(c) 이산화탄소는 포스포에놀피루브산 카르복실화효소에 의해 고정된다.
(d) 탄소고정과 캘빈회로는 하루의 다른 시간에 일어난다.

단답식 문제

아래 문제는 추가 자료 없이 답이 가능함.

1. 엽록체의 내부 구조를 나타내는 그림을 그리고 엽록체에서 광합성의 각각 다른 단계가 일어나는 곳을 표시하시오.

2. 광합성에서 엽록소와 보조색소의 역할이 가진 차이를 말하시오.

3. 광계의 안테나 복합체가 빛에너지를 어떻게 포획해서 반응중심으로 전달하는지 기술하시오.

4. 광인산화에서 광계 I과 II가 맡는 역할의 차이를 말하시오.

5. 순환적 광인산화는 무엇이며 왜 중요한가?

6. 루비스코가 촉매작용을 하는 반응을 기술하고 이 중요한 효소의 활성이 어떻게 조절되는지 개략적으로 기술하시오.

7. 캘빈회로의 개요도를 그려서, 중요한 각 단계의 기질, 생성물 및 효소를 나타내시오.

8. 페레독신이 TCA 회로 효소들의 활성을 어떻게 조절하는지 기술하시오.

9. 식물 세포에서 (a) 수크로오스와 (b) 녹말 합성을 하는 생화학 경로를 구별하시오.

10. 루비스코가 산소를 기질로 사용하는 능력이 광합성에 미치는 영향은 무엇이며, C4와 CAM 식물은 이 문제를 어떻게 해결하는가?

주관식 문제

아래 문제는 계산, 추가 자료, 인터넷 조사 등을 필요로 함.

1. '적조'는 바닷물에서 와편모조류(dinoflagellates)와 다른 조류들이 증식함으로써 발생한다. 이들 조류에 들어 있는 주요 광수확 색소들의 예상 흡수 스펙트럼을 약술하시오.

2. 입증되지는 않았지만 제아잔틴을 생산하는 식물을 많이 포함한 식이 요법은 눈의 질병에 속하는 여러 유형의 노인성 황반변성을 막을 수 있다고 주장되어 왔다. 이 주장을 지지할 수 있는 설명을 해 보시오.

3. 틸라코이드막은 미토콘드리아 내막보다 마그네슘과 염소이온을 더 잘 투과한다. 그 결과 광합성 전자전달 과정 동안 양성자가 틸라코이드막을 통과할 때는 일정량의 마그네슘과 염소이온도 함께 막을 통과한다. ATP 합성을 유도하는 전기화학 기울기가 엽록체에 설치되는 방식에 이들 이온의 이동이 미치는 영향에 대해 논하시오.

4. 9.2.4절에서 미토콘드리아 전자전달사슬의 다양한 저해제의 효과에 대해 설명하였다. (a) 시안화물과 (b) 2,4-디니트로페놀이 광인산화에 미치는 영향은 무엇이라고 예측할 수 있는가?

5. C3 식물과 C4 식물이 적절한 양의 영양분과 수분을 함유한 화분에 심어져 적절한 조명 조건하의 밀폐된 용기 안에서 나란히 재배된다면, C3 식물은 점차적으로 죽게 되는 반면, C4 식물은 계속 자랄 것이다. 이 관찰 결과에 대하여 설명해 보시오.

제11장

탄수화물 대사

학습목표

이 장을 공부한 후:

- 글리코겐의 합성과 분해에 대한 경로를 설명할 수 있다.
- 글리코겐 대사는 호르몬과 알로스테릭 통제에 의해 어떻게 조절되는지 이해한다.
- '무익회로(futile cycle)'가 무엇이며 세포가 무익회로를 피하는 이유를 안다.
- 기아와 심한 운동을 할 때 글루코오스의 공급원으로 글루코오스신생합성(gluconeogenesis)의 역할을 이해한다.
- 글루코오스신생합성경로의 각 단계를 설명할 수 있다.
- 다양한 기질이 글루코오스신생합성으로 들어가는 지점을 알 수 있다.
- 글루코오스신생합성과 해당과정이 어떻게 조정되는지 알 수 있다.
- 5탄당인산경로(pentose phosphate pathway)의 다양한 역할을 안다.
- 5탄당인산경로의 산화적 단계와 비산화적 단계를 구별할 수 있다.
- 5탄당인산경로의 단계를 설명할 수 있다.

다음 3개의 장에서 살아 있는 세포에서 일어나는 탄수화물, 지질, 단백질과 핵산을 포함한 질소 함유 화합물의 대사 경로에 대하여 학습할 것이다. 이 장에서는 탄수화물에 대하여 설명할 것이다.

사실, 우리는 탄수화물 대사와 관련하여 많은 양의 정보를 이미 다루었다. 해당과정과 TCA 회로가 탄수화물을 분해하는 대사 경로이고, 광합성의 암반응은 탄수화물을 합성하는 대사경로이다. 그러나 탄수화물 대사에서 아직 학습하지 않은 3가지 중요한 측면이 있다.

- 동물세포에서 글리코겐을 합성하고 분해하는 경로로 구성된 **글리코겐 대사(glycogen metabolism)**.
- 탄수화물이 아닌 전구체에서 글루코오스를 합성하는 **글루코오스신생합성(gluconeogenesis)**.
- 다양한 기능이 있지만, 세포에서 NADPH의 주요 근원인 **5탄당인산경로(pentose phosphate pathway)**.

11.1 글리코겐 대사

식물이 글루코오스를 녹말로 저장하는 방법과 유사하게 동물은 글루코오스를 고분자 글리코겐으로 저장한다. 글리코겐 저장물은 근육과 간에 있으며, 근육에서 글리코겐은 근육 활동을 위한 에너지 공급원으로 사용되고, 간에 저장된 글리코겐은 신체의 다른 부분을 위한 에너지를 제공한다. 그래서 글리코겐이 간과 근육에서 합성되고 분해되는 경로를 살펴보고, 글리코겐의 합성과 분해 회로를 조절하는 조절과정을 자세히 살펴보자. 이러한 조절과정은 근육 조직과 뇌와 같은 기관에 끊임없이 적절한 에너지를 공급하기 때문에 중요하다.

11.1.1 글리코겐의 합성과 분해

글리코겐은 α(1→4) 사슬과 α(1→6) 분기점으로 구성된 가지가 있는 다당류이며, 가지는 각 선형 사슬을 따라 10개의 글루코오스마다 나타난다(**그림 11.1**). 그러므로 글리코겐 구조는 녹말의 아밀로펙틴(amylopectin)과 유사하며, 글리코겐 합성과 분해과정도 아밀로펙틴과 유사하다.

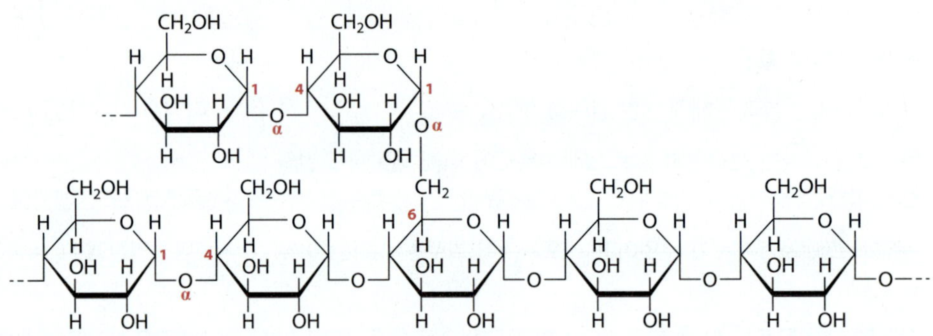

그림 11.1 글리코겐의 중합체 구조
글리코겐의 구조는 아밀로펙틴의 구조와 같지만, 분기점이 더 많다.

글리코겐은 활성화된 글루코오스로부터 합성된다

엽록체에서 녹말 합성에 대하여 공부할 때, 중합체는 활성화된 글루코오스 중간물질인 ADP-글루코오스로 만들어진다는 것을 학습하였다. 글리코겐 합성도 마찬가지인데, 활성화된 분자는 UDP-글루코오스이다. UDP-글루코오스는 UDP-글루코오스 가피로인산분해효소(UDP-glucose pyrophosphorylase)에 의해 글루코오스-1-인산과 UTP를 사용하여 합성된다. 수크로오스 합성에 사용되는 UDP-글루코오스를 만드는 반응과 같다(그림 10.19A 참조). 활성화된 글루코오스 구성단위는 녹말 합성과 유사한 방법으로 **글리코겐합성효소(glycogen synthase)**에 의해 커지고 있는 글리코겐 분자의 비환원말단(non-reducing end)에 첨가된다(그림 10.20 참조).

녹말과 글리코겐 합성의 두 번째 차이는 녹말합성효소(starch synthase)의 경우 처음 몇 개의 글루코오스 구성단위를 서로 연결하여 녹말 중합체를 만들기 시작하는 반면, 글리코겐합성효소는 기존의 분자에서만 더 길게 만들 수 있다. 기존의 분자가 필요한 경우, 글리코겐 합성은 어떻게 시작될까? 그 해답은 **글리코제닌(glycogenin)**이라고 하는 별도의 효소가 있는데, 이 효소는 동일한 소단위로 구성된 이량체이며 각 소단위는 최소 8개의 글루코오스가 선형으로 구성된 **프라이머(primer)**를 만든다. 2개 프라이머의 비환원말단이 글루코오스 중합반응의 시작점이며 이 반응은 1쌍의 글리코겐합성효소에 의해 촉매된다. 프라이머는 글리코제닌 단백질에 붙어 있으며, 글리코겐 분자를 길게 만드는 글리코겐합성효소는 분자의 중심에서 글리코제닌과 물리적인 접촉을 할 수 있을 때만 완전히 활성화된다. 글리코겐 분자가 특정 크기에 도달하여 글리코겐합성효소와 글리코제닌의 접촉이 떨어지면 중합 반응이 정지된다. 그러므로 글리코겐 분자의 크기는 글리코제닌과 글리코겐합성효소 사이의 접촉 여부에 따라 제한된다(**그림 11.2**).

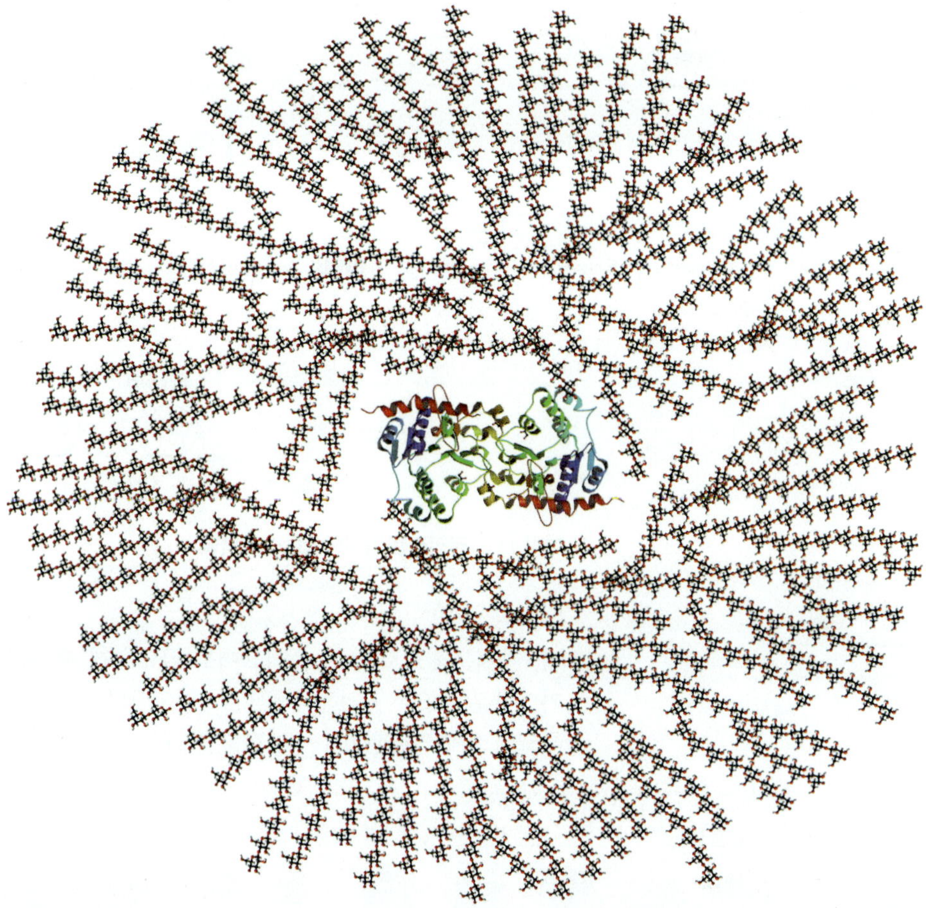

그림 11.2 글리코겐 분자의 단면도
글리코겐 합성을 준비하는 이량체인 글리코제닌 단백질은 분자의 중심에 있다. 글리코겐합성효소가 글리코제닌과 접촉을 하는 것에 의해 분자 크기가 제한된다.

글리코겐은 가지가 있는 중합체이며, **글리코겐 가지형성효소(glycogen branching enzyme)**가 각 분기점에 α(1→6) 결합을 형성한다. UDP-글루코오스가 가지형성효소의 기질이 아니라, 대신에 글리코겐 분자가 커지는 말단에서 7개의 글루코오스 사슬이 분리되어, 내부에 다시 α(1→6) 결합이 붙어 가지를 형성한다(**그림 11.3**). 이동 중에 떨어진 사슬은 글리코겐 가지형성효소 내에서 아스파르트산과 일시적인 공유결합을 형성하여 사슬이 없어지지 않는다.

글리코겐 분해는 해당과정을 위한 글루코오스를 제공한다

사실상 글리코겐의 분해 경로는 합성의 반대 과정이다. 글루코오스 구성단위는 **글리코겐가인산분해효소(glycogen phosphorylase)**에 의해 글리코겐 분자의 비환원말단(non-reducing end)에서 하나씩 제거된다. 효소 명칭이 나타내듯이, 인산이 관여하며, 각 글루코오스 구성단위에 무기인산을 첨가하여 글루코오스 1-인산을 형성한다.

글리코겐인산가수분해효소는 α(1→4) 연결만 끊고, α(1→6) 결합에 도달하면 정지한다. α(1→6) 결합에 도달할 때까지 4~6개 글루코오스의 짧은 사슬이 남는다(**그림 11.4**). 이 결합은 **글리코겐 가지분해효소(glycogen debranching enzyme)**가 작용하며 가지형성효소의 합성 활성과 유사하지만 반대로 일어난다. 우선 글리코겐 가지분해효소는 분기점에서 멀리 떨어진 첫 번째와 두 번째 글루코오스 사이의 α(1→4) 결합을 끊는다. α(1→6) 결합으로 글리코겐 분자에 붙어 있는 1개의 글루코오스를 남겨, 3~5개 구성단위의 올리고머는 아직 α(1→4) 결합으로 연결되어 있

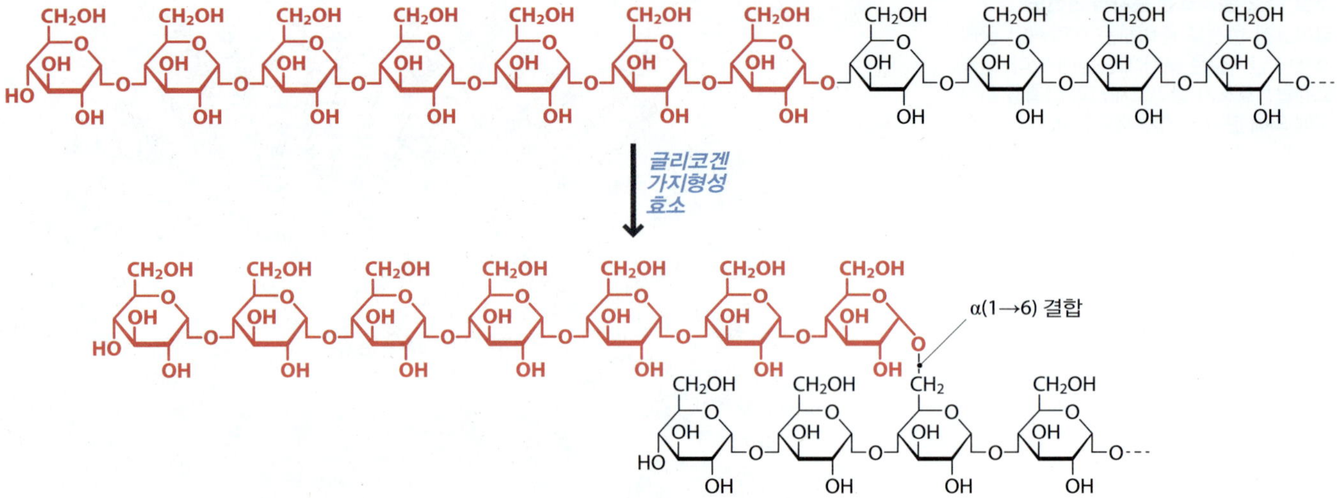

그림 11.3 **글리코겐 가지형성효소의 역할**

다. 가지분해효소가 이 올리고머를 글리코겐 분자의 비환원말단에 붙이는데, 이곳에서 글리코겐 가인산분해효소에 의해 탈중합이 일어난다. 최종적으로 가지분해효소는 주 사슬에서 마지막 글루코오스와 연결된 α(1→6) 결합을 끊는다. 이제 가지는 완전히 분해된다.

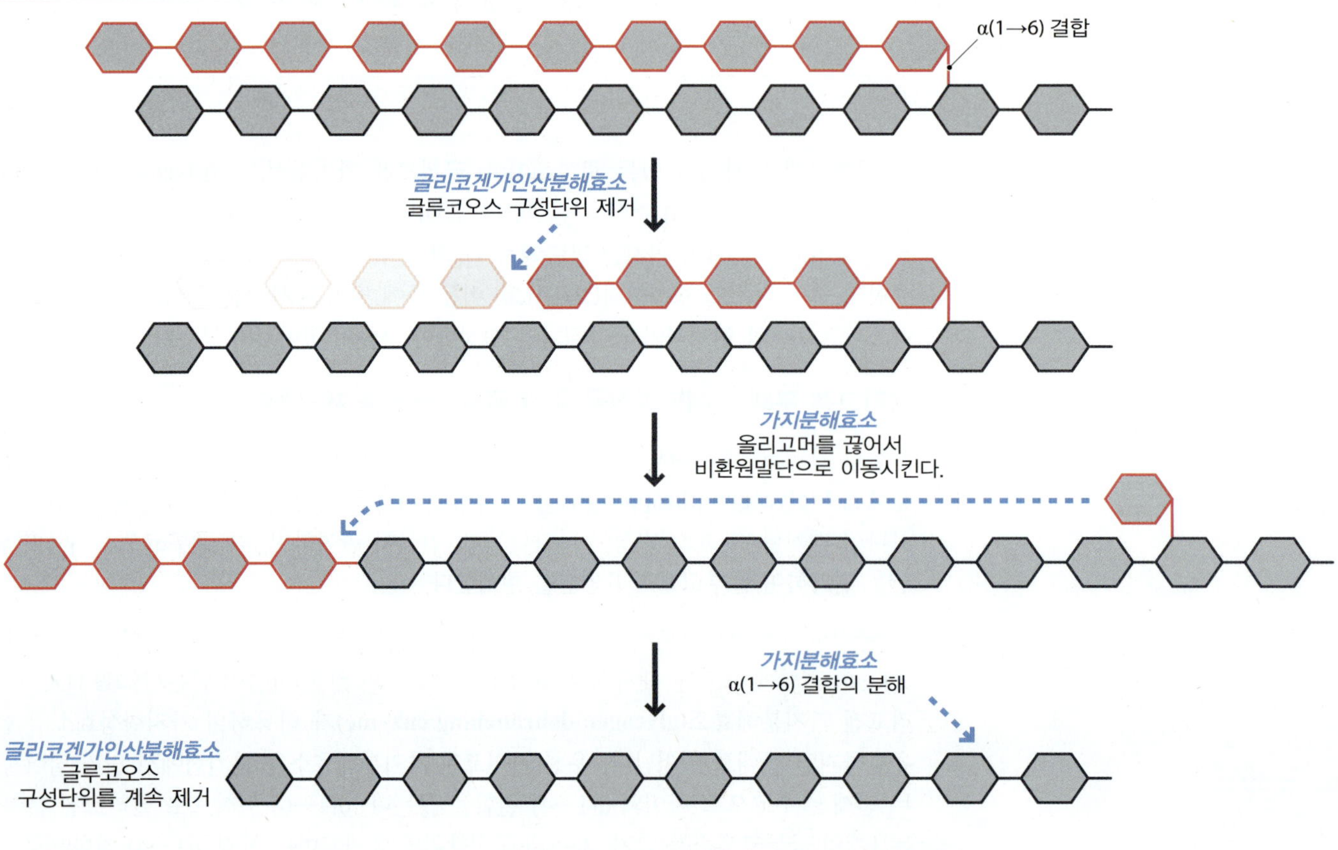

그림 11.4 **글리코겐가인산분해효소와 가지분해효소에 의한 글리코겐의 분해**

그러므로 가지분해효소는 2가지의 독특한 촉매 활성을 가지고 있다.

- 가지에서 글루코오스 구성단위의 올리고머를 두 번째 비환원말단으로 전달하는 **전달효소(transferase)**.
- 실제 분기점에서 글루코오스를 제거하는 **α(1→6) 글루코시드가수분해효소(glucosidase)**.

두 번째 활성이 가인산분해효소(phosphorylase)가 아니라 글루코오스분해효소이기 때문에, 가지분해효소에 의해 α(1→6) 결합이 끊어져 방출되는 글루코오스 구성단위는 글루코오스 1-인산이 아니라 글루코오스 자체로 방출된다.

글리코겐을 분해하는 목적은 해당과정에서 에너지 발생에 사용되는 글루코오스를 제공하는 것이다. 글리코겐 분해로 생긴 글루코오스 1-인산은 **포스포글루코오스 자리옮김효소(phosphoglucomutase)**에 의해 글루코오스 6-인산으로 전환된다(**그림 11.5**). 근육세포에서 자신의 글리코겐을 에너지 공급원으로 사용하며, 글루코오스 6-인산은 해당과정의 2단계로 들어간다(그림 8.3 참조). 간세포에서는 글리코겐이 간의 에너지 공급보다는 다른 조직에 더 많이 사용된다. 그러므로 간세포에서 글루코오스 6-인산은 **글루코오스 6-인산가수분해효소(glucose 6-phosphatase)**에 의해 글루코오스로 전환된다. 글루코오스는 에너지원을 간에 의존하는 조직으로 전달하기 위하여 혈류로 들어간다.

그림 11.5 다른 조직에서 글루코오스 1-인산의 운명

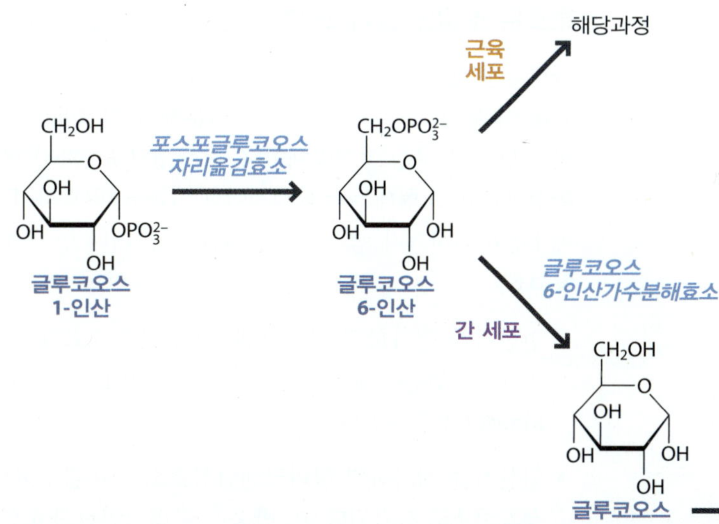

11.1.2 글리코겐 대사의 조절

글리코겐의 합성과 분해의 균형은 에너지 생성에 유용한 글루코오스의 양이 중요한 결정인자이다. 그러므로 글리코겐 대사는 엄격하게 조절되어야 하며, 호르몬과 알로스테릭 조절의 조합으로 조절된다. 호르몬 조절은 다음과 같다.

- **인슐린(insulin)**과 **글루카곤(glucagon)**은 모두 혈액 글루코오스 수준이 식후에 일시적으로 급격하게 증가하지만 정상 범위인 75–110 mg dl^{-1} 내에서 유지하도록 한다.
- **에피네프린(epinephrine)**은 **아드레날린(adrenaline)**이라고도 하며 이 호르몬이 조정하는 '투쟁 도피(fight or flight)' 반응의 일부로 글루코오스 유용성을 증가시킨다.

호르몬 조절은 신체 전반에 걸쳐 광범위하게 작용한다. 한편 알로스테릭 조절은 근육세포나 간세

Box 11.1 혈당

혈당의 수준은 혈액에 있는 글루코오스의 농도로 측정하는 데 일반적으로 mg dl^{-1}로 표시한다. 건강한 성인에서 글루카곤과 인슐린의 상호효과로 혈당 수준은 75~110 mg dl^{-1}로 유지되는 데 식후에 갑자기 혈당 수준이 더 높아진다.

정상보다 높거나(**고혈당증, hyperglycemia**) 혹은 낮은(**저혈당증, hypoglycemia**) 혈당은 다양한 질병 상태를 나타내기 때문에 혈당 측정은 임상적 측면에서 유용한 정보를 제공한다. 고혈당의 가장 흔한 원인은 **당뇨병(diabetes mellitus)**인데, 제I형 당뇨병은 이자가 충분한 인슐린을 생산하지 못하여 혈당 수준을 조절하지 못하는 것이고, 제II형 당뇨병은 인슐린은 생산되지만 표적세포가 인슐린에 덜 민감하게 되는 것이다. 두 경우 모두 인슐린 주사로 치료가 되지만, 적용량과 시기는 세심하게 조절되어야 한다. 실제로, 저혈당증이 간이나 신장병의 증세이기도 하지만, 고혈당의 가장 흔한 원인은 당뇨병을 치료하면서 과도하게 인슐린을 투여하는 것이다.

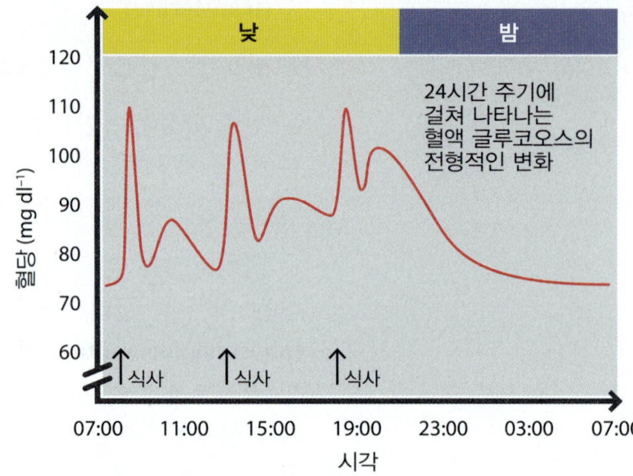

포에서 글루코오스 6-인산, AMP, ATP 등과 같은 대사물질의 수준에 따라 국부적으로 작용한다.

호르몬 조절은 글리코겐가인산분해효소와 글리코겐합성효소의 조절이 수반된다

글리코겐 대사의 조절을 위한 2개의 주요 표적은 글리코겐가인산분해효소와 글리코겐합성효소인데 이 두 효소는 각각 글리코겐 분해와 합성에 중요한 역할을 한다. 두 효소 모두 2개의 동일한 소단위로 구성된 이량체이며, 모두 *a*와 *b* 2가지 형태로 존재한다. 간단히 설명하면, *a* 형태는 활성적이고, *b* 형태는 비활성적이다. *a*와 *b* 형태 사이의 전환은 각 소단위에 있는 1개의 아미노산에 1개의 인산기가 첨가되면 일어난다. 그러나 인산기 첨가의 효과는 두 효소에서 매우 다르다(**그림 11.6**).

- 인산기를 첨가하면 글리코겐가인산분해효소가 활성화되어 글리코겐가인산분해효소 *b*가 글리코겐가인산분해효소 *a*로 전환된다. 이 반응은 **가인산분해효소인산화효소(phosphorylase kinase)**가 촉매한다.
- 인산기를 첨가하면 글리코겐합성효소는 비활성화되는데, 글리코겐합성효소 *a*가 글리코겐 합성효소 *b*로 전환된다. 이 반응은 **단백질인산화효소 A(protein kinase A)**가 촉매한다.

단백질인산가수분해효소(protein phosphatase)는 두 효소에서 인산기를 제거하는 역반응에 관여하여 글리코겐가인산분해효소를 비활성화시키고, 글리코겐합성효소를 활성화시킨다.

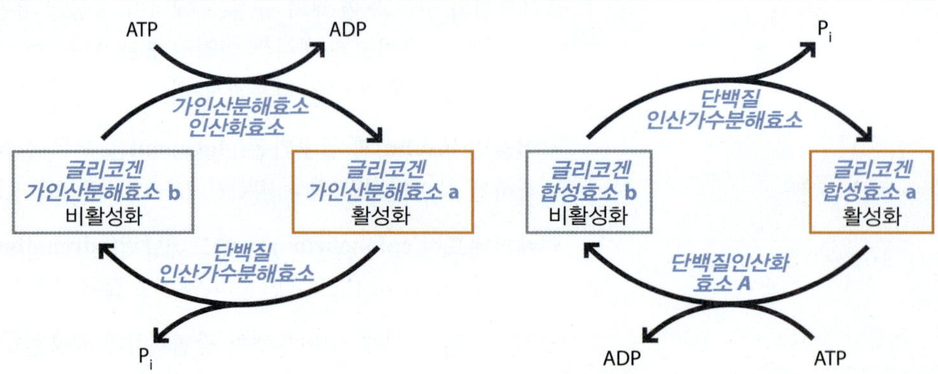

그림 11.6 인산기를 첨가하는 인산화 반응에 의한 글리코겐가인산분해효소와 글리코겐합성효소의 조절

'투쟁 도피' 반응의 일부로 에피네프린은 글리코겐 합성을 감소시키고 글리코겐 분해를 증가시켜 신체에 사용가능한 글루코오스를 증가시킨다. 이 과정은 호르몬이 세포 표면에 있는 **β-아드레날린성 수용체(β-adrenergic receptor)**에 붙으면 신호전달 과정을 거쳐 일어난다. 수용체 단백질은 아데닐산 고리화효소(adenylate cyclase)를 활성화시키는 구조에 변화가 일어나 세포 내부에 cAMP 수준을 증가시키고, 다시 단백질인산화효소 A를 활성화시킨다(**그림 11.7**). 활성화가 되면 단백질인산화효소 A는 2가지 일을 한다.

- 글리코겐합성효소를 비활성화시켜 글리코겐 합성이 멈춘다.
- 글리코겐가인산분해효소에 간접적으로 작용하여 가인산분해효소인산화효소에 인산기를 붙여서 활성화시키고 비활성화 형태인 글리코겐가인산분해효소 *b*를 활성화 형태인 글리코겐가인산분해효소 *a*로 전환시킨다.

최종적으로 글리코겐 분해가 증가하여 간세포에 글루코오스 수준이 증가하고 근육세포에 글루코오스 6-인산이 더 많아진다. 근육에 글루코오스 6-인산이 더해지면 해당과정이 일어나 여분의 에너지를 방출하여 동물은 싸우거나 혹은 재빨리 도망갈 수 있다. 간에서 글루코오스는 혈류를 거쳐 뇌와 같은 기관으로 이동한다. 위기가 지나가면 에피네프린 수준은 떨어지고 수용체는 원래 형태로 돌아간다. 아데닐산 고리화효소는 더 이상 촉진되지 않아 cAMP은 AMP로 전환되어 cAMP 수준이 떨어진다. 결국 단백질인산화효소 A는 비활성화되어 단백질인산가수분해효소는 글리코겐합성효소와 가인산분해효소인산화효소에서 인산기를 제거하여 글리코겐 합성과 분해의 본래 균형을 회복한다.

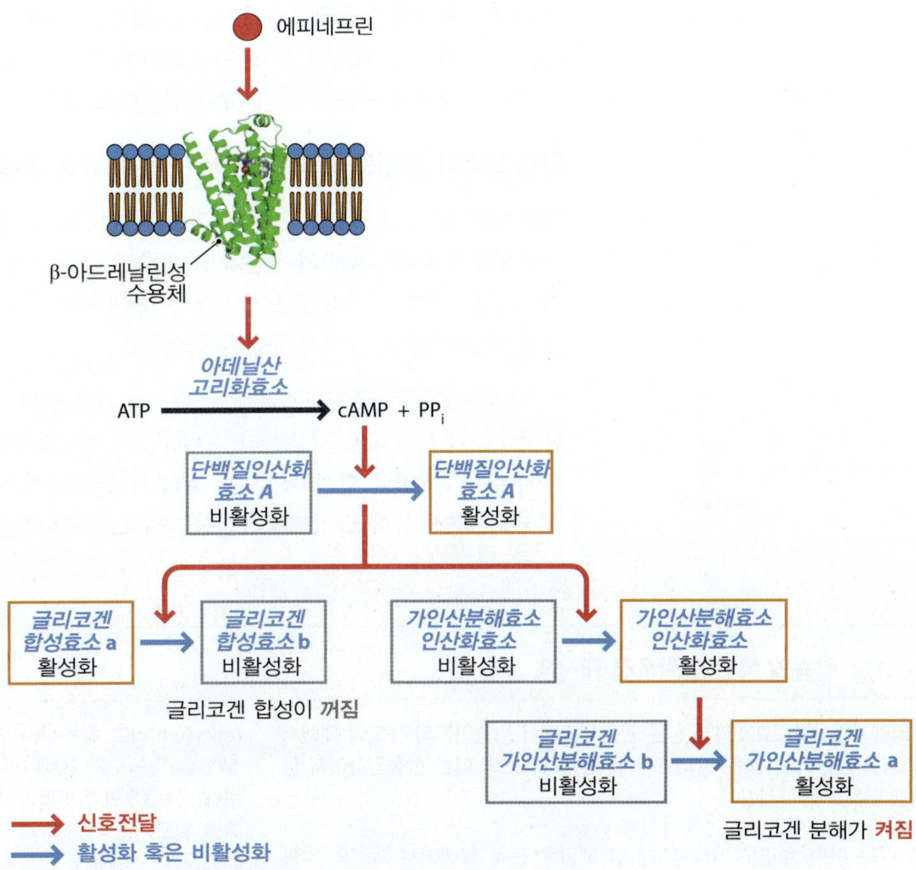

그림 11.7 에피네프린이 글리코겐 합성을 감소시키고 글리코겐 분해를 촉진시키는 신호전달경로
이 모식도는 연쇄 효과를 나타낸다. 1분자의 에피네프린이 결합하여 수많은 cAMP가 합성되어 단백질인산화효소 A를 활성화시킨다. 적은 양의 호르몬이 세포의 글리코겐 대사에 주요 효과를 나타낸다.

Box 11.2 무익회로 피하기

글리코겐 대사를 조절하는 과정은 에너지 발생이 가능한 글루코오스의 양을 조절하는 것뿐만 아니라 **무익회로(futile cycle)**의 발생을 막는다. 2개의 대사 경로가 반대 방향으로 작동하면 무익회로가 일어날 수 있다. 글리코겐 대사에서 만일 세포가 글루코오스로 글리코겐을 합성하는 동시에 글리코겐을 글루코오스로 분해하면 무익회로가 작동하는 것이다. 글리코겐 합성 동안에 UTP가 소모되는데, 글리코겐 분해 동안에는 회복되지 않기 때문에 글리코겐 무익회로는 에너지를 낭비하는 것이다.

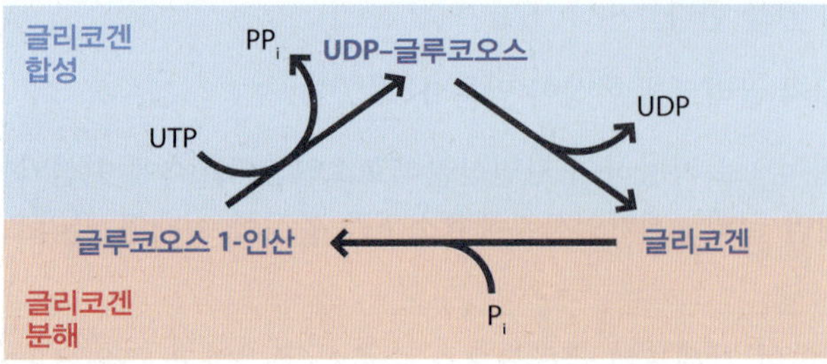

여러 개의 무익회로의 예가 있다. 이 장의 뒤에서 글루코오스신생합성이 피루브산을 글루코오스로 어떻게 전환시키는 살펴볼 예정인데, 이 과정은 해당경로의 역과정이다. 글리코겐 대사에서 살펴본 것과 같이, 해당과정이나 글루코오스신생합성에 독특한 효소는 특정 시기에 한 경로만 작동하도록 조절된다(그림 11.16 참조).

글루카곤은 혈당이 허용 수준 아래로 떨어지는 것을 막는 생리과정의 일부분으로 에피네프린과 같은 방법으로 작용하지만 스트레스의 갑작스러운 때만 반응하기보다는 계속적으로 반응한다. 인슐린은 반대로 상호보완으로 작용하여 과다한 글루코오스가 글리코겐으로 전환시켜 너무 높은 혈당 수준을 막는다. 이 과정은 간세포에 결합하여 단백질인산가수분해효소가 표적인 **인슐린 반응 단백질인산화효소(insulin-responsive protein kinase)**를 활성화시켜 일어난다(그림 11.8). 그래서 인산가수분해효소를 활성화시키는 인산화효소가 활성화되어, 인슐린은 글리코겐 합성효소를 활성화시키고 글리코겐가인산분해효소는 비활성화시킨다. 이 과정의 조합으로 글리코겐 합성은 증가하고 글리코겐 분해는 감소되어, 혈액으로 들어가는 글루코오스의 양을 낮춘다. 그러므로 글루카곤과 인슐린 효과 사이의 조화로 정상 범위에서 혈당 수준을 유지한다.

알로스테릭 조절도 글리코겐가인산분해효소와 글리코겐합성효소에 작용한다

글루카곤, 인슐린, 에피네프린에 의해 나타나는 글리코겐 대사의 광범위한 조절뿐만 아니라, 근육세포에서 AMP, ATP의 상대적인 수준도 글리코겐가인산분해효소와 글리코겐합성효소의 활성에 영향을 미친다. 근육세포에서 운동 중에 에너지 공급은 재빨리 늘어나고, 운동이 끝나서 에너지가 덜 소비될 때 에너지 공급은 줄어든다.

이 알로스테릭 조절과정은 일반적으로 비활성화 형태인 글리코겐가인산분해효소와 글리코겐 합성효소의 *b* 형태에 작용한다. 근육(간이 아니라)에서 글리코겐가인산분해효소의 *b* 형태는 높은 수준의 AMP로 활성화되지만, ATP와 글루코오스 6-인산이 많은 휴식 중인 근육에서는 반대가 된다. 휴식 중에 글리코겐가인산분해효소 *b*는 비활성화되고, 운동 중에 ATP와 글루코오스 6-

Box 11.3 칼슘에 의한 글리코겐 대사의 조절

글리코겐가인산분해효소의 활성은 근육세포에서 칼슘이온의 농도에 의해서도 영향을 받는다. 칼슘은 글리코겐가인산분해효소의 다른 활성인자여서 글리코겐 분해를 증가시킨다.

왜 Ca^{2+}은 이런 효과를 나타낼까? 그 해답은 근육 활성에서 Ca^{2+}의 역할에 있다. 근육세포가 신경충격에 자극을 받으면, **근소포체(sarcoplasmic reticulum)**라고 하는 특수한 형태의 활면 소포체에서 Ca^{2+}이 방출되어 세포질에 Ca^{2+} 농도가 10배 정도 증가된다. 칼슘은 **트로포닌(troponin)** 단백질을 구성하는 3개의 폴리펩타이드의 구조를 변화시킨다. 이 형태 변화는 근육 수축을 일으키는 일련의 사건을 개시한다. 근육 수축은 에너지가 필요하고 글리코겐가인산분해효소의 직접적인 촉진 효과에 의하여 증가된 Ca^{2+} 농도는 에너지가 필요한 시기에 글루코오스의 공급을 증가시킨다.

그림 11.8 인슐린이 글리코겐 합성을 촉진하고 글리코겐 분해를 감소시키는 신호전달경로
인슐린 수용체 이미지는 David Goodsell이 제작하고 Protein Data Bank(doi: 10.2210/rcsb_pdb/mom_2015_2)에서 복사하였다.

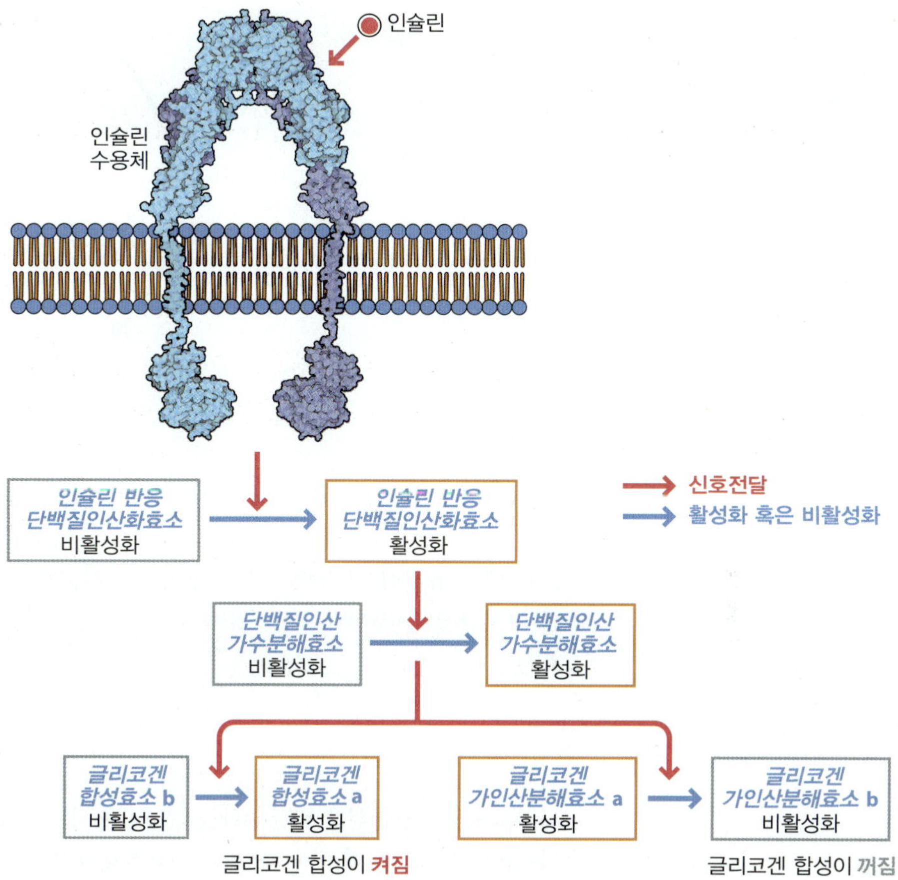

인산이 고갈되어 AMP가 많아질 때, 가인산분해효소 *b*는 글리코겐에서 더 많은 글루코오스 6-인산을 방출하기 위해 촉진되어 에너지 공급을 증가시킨다(**그림 11.9**). 예상대로, 글리코겐합성효소에 대한 조절은 반대로 작용한다. 휴식하는 동안 높은 농도의 글루코오스 6-인산은 글리코겐 합성을 증가시키기 위하여 글리코겐합성효소 *b*를 촉진한다. 운동을 시작하면, 글루코오스 6-인산의 고갈이 글리코겐합성효소 *b*를 비활성화시켜 글루코오스는 해당과정에서 사용할 수 있게 남아 있고 글리코겐 합성으로 가지 않는다. 근육이 수축하는 동안 더 많은 에너지를 발생하는 글리코겐 분해도 칼슘에 의해 촉진된다.

글리코겐 대사의 알로스테릭 조절은 호르몬 조절과 다르며 *b* 형태의 글리코겐가인산분해효소와 글리코겐합성효소에 인산기를 첨가하거나 제거하지 않는다. 대신에 알로스테릭 화합물이 글리코겐가인산분해효소에 결합하면 2개 소단위가 약간 위치 조정을 일으켜 '이완된' 활성 구조

Box 11.4 간세포에서 글리코겐 대사의 알로스테릭 조절

간에서 글리코겐가인산분해효소 *b*는 AMP에 의해 활성화되지 않는다. 이것은 근육과 달리 간에서 일어나는 글리코겐 분해는 세포의 에너지 상태에 반응하지 않는다는 것을 의미한다. 대신에 글리코겐가인산분해효소 *a*는 글루코오스에 의해 억제된다. 이것은 간세포에서 혈액 내 글루코오스 수준을 유지하는 데 사용하는 저장물인 글리코겐의 역할과 일치한다. 글루코오스 수준이 증가하면 글리코겐가인산분해효소 *a*가 억제되어 글리코겐 분해가 일어나지 않는다. 글루코오스 수준이 떨어지면 역반응이 일어나 글루코겐 분해가 다시 일어난다.

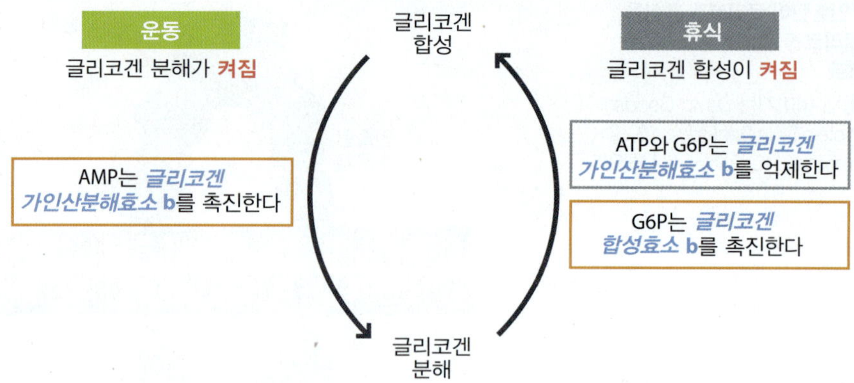

그림 11.9 운동하거나 휴식할 때 근육에서 글리코겐 합성과 분해에 대한 알로스테릭 조절
약어: G6P, 글루코오스 6-인산.

와 '긴장된' 비활성 구조 사이에 전이가 일어난다. 긴장된 구조에서 기질은 효소의 활성 부위로 들어가지 못한다. 글리코겐합성효소의 알로스테릭 조절은 세부적인 것까지 알지 못하지만 두 효소는 매우 유사한 구조를 가지고 있어서 글리코겐합성효소도 유사한 이완된 구조와 긴장된 구조를 가지고 있을 것이다.

11.2 글루코오스신생합성

글루코오스신생합성은 비탄수화물 전구체에서 글루코오스를 합성하는 경로이다. 이 경로는 기아나 심한 운동을 하여 탄수화물의 공급이 낮아질 때 에너지 발생을 위해 신체에 글루코오스 공급을 유지하도록 한다. 간은 12시간의 굶주림 동안 뇌에 에너지를 공급하는 글리코겐만을 저장할 수 있다. 12시간 후 간은 가능한 오랫동안 뇌가 작동하도록 글루코오스신생합성을 한다. 글루코오스신생합성은 생화학적으로 매우 중요한 과정이므로 경로에 조절에 대한 단계를 살펴보자.

11.2.1 글루코오스신생합성 경로

글루코오스신생합성은 피루브산으로 시작하여 글루코오스로 끝나는 다단계 경로이다. 실제로 여러 개의 글루코오스신생합성의 기질로 사용되는 비탄수화물 화합물은 피루브산을 거쳐 대사되지 않고, 뒷 단계에서 경로로 들어간다. 그러므로 피루브산이 글루코오스신생합성의 글루코오스로 되는 것을 먼저 살펴보고 다른 기질이 들어가는 지점을 살펴볼 것이다.

피루브산이 글루코오스로 전환되는 과정은 부분적으로 해당과정의 역과정이다

글루코오스신생합성을 피루브산이 글루코오스로 되는 경로로 간주하는 이유는 글루코오스가 피루브산으로 전환되는 과정의 역반응으로 해당과정과 직접적인 비교를 할 수 있기 때문이다. 따라서 우리는 종종 글루코오스신생합성이 해당과정의 반대 과정이라고 생각하는데 이는 일부분만 옳다. 그 이유를 이해하기 위하여 해당과정과 반대되는 단계와 그렇지 않은 단계의 차이를 이해하여야 한다(**그림 11.10**). 이제 해당과정에서 프룩토오스 1,6-이인산(fructose 1,6-bisphosphate)으로 시작하여 포스포에놀피루브산(phosphoenolpyruvate)으로 끝나는 일련의 반응을 살펴보는데, 각 단계의 ΔG는 거의 0에 가깝다. 이 단계에서 반응물과 생성물 사이의 평형은 거의 1:1이며, 같은 효소가 정반응과 역반응을 모두 촉매할 수 있다. 이 반응들은 글루코오스신생합성에서 역방향으로 사용될 수 있다.

그림 11.10 해당과정에서 가역적인 반응 색이 있는 화살표로 강조한 반응은 ΔG 값이 0에 가까운데, 이것은 반응물과 생성물 사이의 평성이 1:1에 가깝고 같은 효소가 정방향 반응과 역방향 반응 모두 촉매를 할 수 있다는 의미이다.

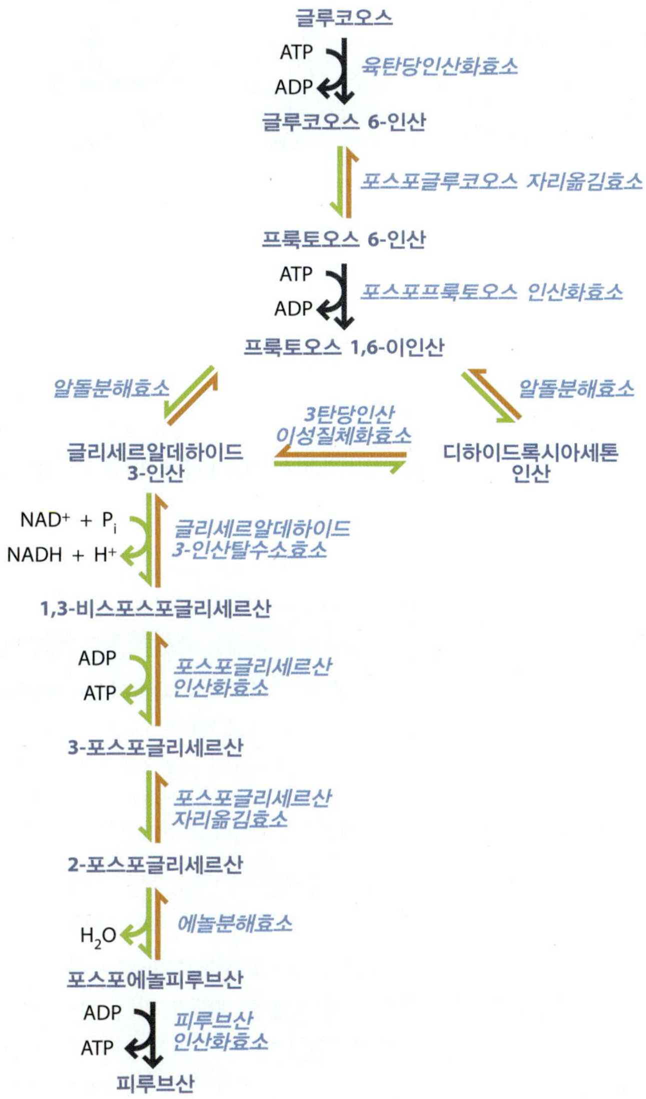

그러므로 '해당과정의 역과정'은 포스포에놀피루브산이 프룩토오스 1,6-이인산으로 전환되는 글루코오스신생합성 경로의 일부분이다. 그러나 진행 방향일 때(즉 해당과정 동안 진행되는 방향) 해당과정에서 3개의 단계는 높은 음수의 ΔG 값을 가진다. 그러므로 이 반응은 비가역적이다. 이 중 2개의 단계는 해당과정의 시작점으로 육탄당인산화효소에 의해 글루코오스가 글루코오스 6-인산으로 전환되는 단계와 포스포프룩토오스 인산화효소에 의해 프룩토오스 6-인산이 프룩토오스 1,6-이인산으로 전환되는 단계이다. 세 번째 비가역적 반응은 피루브산인산화효소에 의해 촉매가 되며, 해당과정의 마지막 단계인 포스포에놀피루브산이 피루브산으로 전환되는 단계이다. 만일 이 세 단계가 해당과정 방향으로 진행된다면, 우리는 어떻게 글루코오스신생합성에서 역전되는 결과를 얻을 수 있을까?

해답은 다른 화학물질로 교대반응을 이용하여 이 단계를 우회하는 것이다. $B \rightarrow A$ 결과를 얻을 수 있는 과정은 $A \rightarrow B$일 때 포함되는 화학물질과 다른 단계를 이용한다. 두 등식, $B \rightarrow A$와 $A \rightarrow B$는 이제 다른 화학 반응이고 정방향과 역방향은 같은 반응이 아니다. 이들은 다른 반응이기 때문에 다른 ΔG 값을 가지고 있다. 그래서 이제 비록 $A \rightarrow B$가 높은 음수 ΔG이고 비가역적

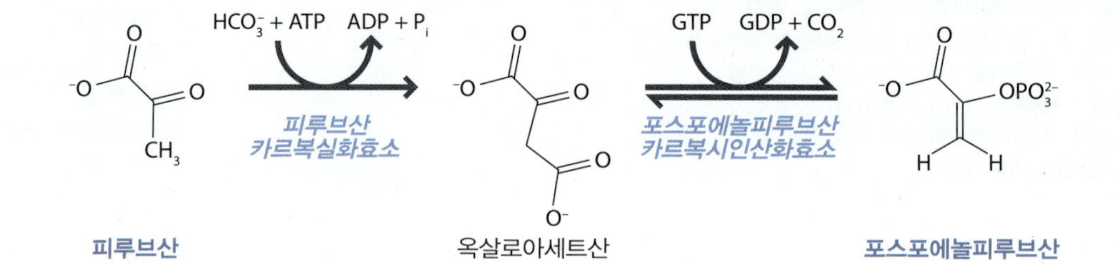

그림 11.11 글루코오스신생합성 경로 중에 피루브산에서 포스포에놀피루브산의 합성

이라고 해도, $B \rightarrow A$는 처리할 수 있는 ΔG를 가지고 있어 적절한 효소로 촉매될 때 진행될 수 있다. 이것이 글루코오스신생합성 경로에서 일어나는 것이다.

해당과정에서 비가역적 반응은 글루코오스신생합성 경로를 우회한다

우선 피루브산이 포스포에놀피루브산으로 전환될 때, 글루코오스신생합성에서 피루브산이 글루코오스로 전환되는 경로에서 1단계를 생각해보자. 해당과정에서 피루브산인산화효소는 포스포에놀피루브산에서 ADP로 인산기를 전달하여 피루브산과 ATP를 생산한다. 글루코오스신생합성 경로에서 포스포에놀피루브산은 **피루브산카르복실화효소(pyruvate carboxylase)**와 **포스포에놀피루브산 카르복시인산화효소(phosphoenolpyruvate carboxykinase)**가 촉매를 하는 2개의 반응으로 피루브산과 인산기로부터 만들어진다. 인산기는 GTP가 공여하고 에너지는 ATP의 가수분해로 얻는다. 전체 반응은 다음과 같다.

$$\text{피루브산} + GTP + ATP + H_2O \rightarrow \text{포스포에놀피루브산} + GDP + ADP + P_i + 2H^+$$

이 등식에는 이 반응과정 중에 일어나는 다양하고 중요한 사건이 숨어 있다. 옥살로아세트산이 중간 산물로 형성되는데, 이것이 이 2개의 효소를 카르복실(−COOH)기를 첨가하거나 제거하는 카르복실화효소라고 하는 이유이다(**그림 11.11**). 카르복실기는 중탄산염(bicrbonate, HCO_3^-) 이온으로 용액에 존재하고 있는 이산화탄소에서 온 것인데, 이 이온은 보결분자단으로 피루브산카르복실화효소에 붙어 있는 **비오틴**(비타민 B_7)에 결합되어 있다.

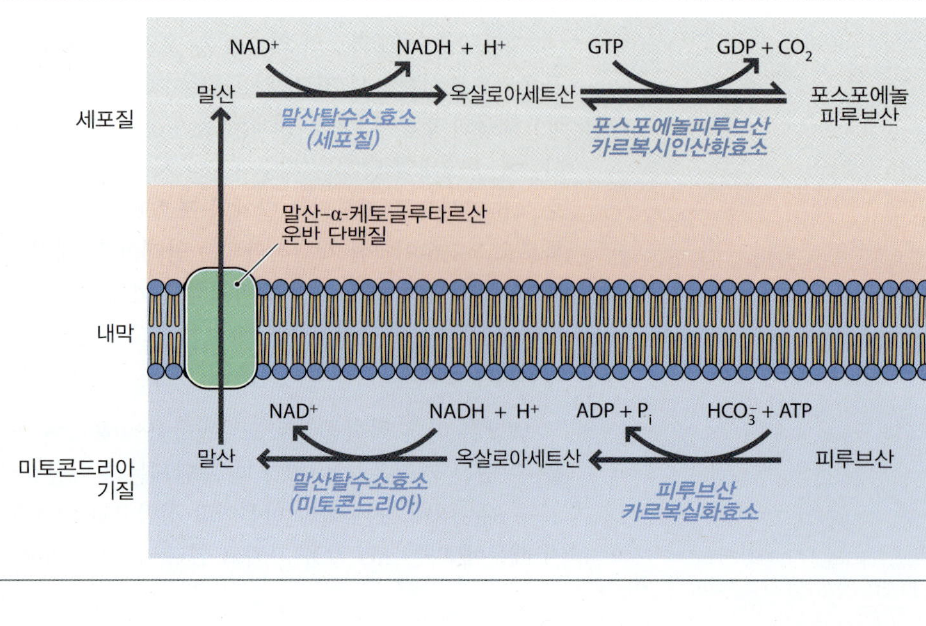

그림 11.12 글루코오스신생합성 동안 말산의 이동

피루브산카르복실화효소에 의해 형성된 옥살로아세트산은 미토콘드리아에 있는 말산탈수소효소에 의해 말산으로 전환되어 말산-α-케토글루타르산 운반 단백질을 거쳐 미토콘드리아 밖으로 이동한다(그림 9.21 참조). 말산은 세포질에 있는 말산탈수소효소에 의해 옥살로아세트산으로 다시 전환된다.

그림 11.13 **글루코오스신생합성 중에 프룩토오스 1,6-이인산 인산가수분해효소와 글루코오스 6-인산 인산가수분해효소에 의해 촉매되는 반응**

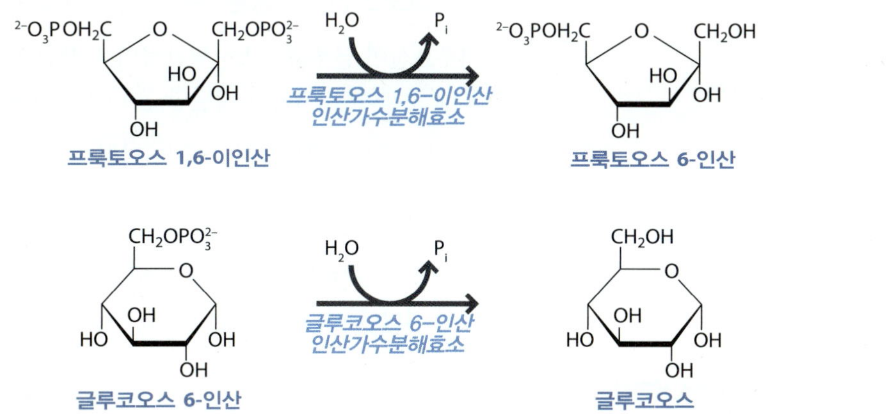

피루브산카르복실화효소는 미토콘드리아에 있는 효소이므로 이 반응의 일부는 미토콘드리아 기질에서 일어난다. 형성된 옥살로아세트산은 미토콘드리아에서 세포질로 이동하여야 하는데, 세포질에서 옥살로아세트산의 탈카르복실화반응으로 포스포에놀피루브산이 되는 글루코오스신생합성의 나머지 반응이 일어난다. 옥살로아세트산은 미토콘드리아 내막을 가로질러 이동할 수 없다. 대신에 말산으로 전환된 후 말산 전달 단백질을 거쳐 밖으로 나갈 수 있다(**그림 11.12**). 세포질에서 말산은 옥살로아세트산으로 재전환되는데, 옥살로아세트산은 포스포에놀피루브산 카르복시인산화효소에 의해 탈카르복실화되어 포스포에놀피루브산이 된다.

이제 글루코오스신생합성 경로의 마지막 부분인 해당과정 중에 육탄당인산화효소와 포스포프룩토오스 인산화효소에 의해 촉매가 되는 2개의 반응을 살펴보자. 이 두 효소는 ATP에서 기질로 인산기를 전달한다. 글루코오스신생합성 경로 동안에 인산기를 ADP로 전달하는 불리한 반응은 일어나지 않는다. 대신에 인산기는 가수분해로 제거되어 무기인산이 된다(**그림 11.13**). 효소는 **프룩토오스 1,6-이인산 인산가수분해효소(fructose 1,6-bisphosphatase)**와 글루코오스 6-인산 인산가수분해효소(glucose 6-phosphatase)이다. 이 단계의 두 번째는 소포체 루멘에서 일어난다. 생산된 글루코오스는 소낭에 둘러싸여 원형질막과 합쳐지거나, 세포질로 다시 전달되어 글루코오스 전달 단백질에 의해 원형질막을 가로질러 이동된다. 밖으로 나온 글루코오스는 뇌나 다른 기관으로 이동한다. 에너지 위기가 지나가면, 글루코오스신생합성 경로는 글루코오스 6-인산 합성으로 종결되고 간 세포의 세포질에 글리코겐으로 다시 저장된다.

Box 11.5 글루코오스신생합성 경로의 에너지 예산

글루코오스신생합성 경로에서 다음 단계는 에너지가 필요하다.

- 피루브산이 옥살로아세트산으로의 전환(피루브산카르복실화효소에 의해 촉매)은 1개 ATP를 사용한다.
- 옥살로아세트산이 포스포에놀피루브산으로의 전환(포스포에놀피루브산 카르복시인산화효소에 의해 촉매)은 1개 GTP를 사용한다.
- 3-포스포글리세르산이 1,3-비스포스포글리세르산으로의 전환(포스포글리세르산인산화효소에 의해 촉매)은 1개 ATP를 사용한다.

또한 글루코오스신생합성 방향으로 작동할 때, 글리세르알데하이드 3-인산 탈수소효소는 세포질의 NADH 1분자를 사용하는데, 1분자의 NADH는 전자전달사슬을 경유하여 3개의 ATP를 생성한다(9.25절 참조).

2개의 피루브산 분자는 글루코오스 1분자를 만드는 데 필요하다. 그래서 글루코오스신생합성으로 1개의 글루코오스 분자를 만들기 위하여 필요한 에너지를 계산하려면 위 숫자를 2배로 해야 한다. 그러므로 전부 10 ATP + 2 GTP가 필요하다. 반면에 해당과정은 단지 2개의 ATP를 생산한다. 그러므로 세포는 상당한 양의 에너지가 소비되기 때문에 해당과정-글루코오스신생합성 무익회로(Box 11.2 참조)는 피해야 한다.

글루코오스신생합성을 위한 주요 기질은 다른 지역에서 경로로 들어간다

피루브산이 글루코오스신생합성의 시작점으로 생각되지만, 주요 기질은 다른 비탄수화물로서 세포에 존재하며, 기아나 격렬한 운동으로 신체에 더욱더 에너지 공급이 필요할 때 사용된다.

글루코오스신생합성의 주요 기질은 락트산, 아미노산, 트리아실글리세롤이다. 락트산은 산소가 결핍되어 혐기성 호흡을 하면 근육에서 생산된다. 그래서 글루코오스신생합성 경로가 필요한 스트레스의 하나인 과도한 운동 중에 유용하다. 그러므로 락트산은 근육에서 간으로 전달되고, 간에서 락트산탈수소효소에 의해 피루브산으로 전환된다(그림 8.6 참조). 그리고 피루브산은 위에서 설명한 바와 같이 글루코오스신생합성 경로로 들어갈 수 있다(**그림 11.14**).

그림 11.14 글루코오스신생합성을 위한 주요 기질에 대한 입구
글루코오스신생합성 경로는 주황색으로 글루코오스신생합성에 특이한 효소와 함께 '해당과정 역반응'으로 나타내고 있다. 락트산, 아미노산, 트리아실글리세롤의 입구를 표시하였다.

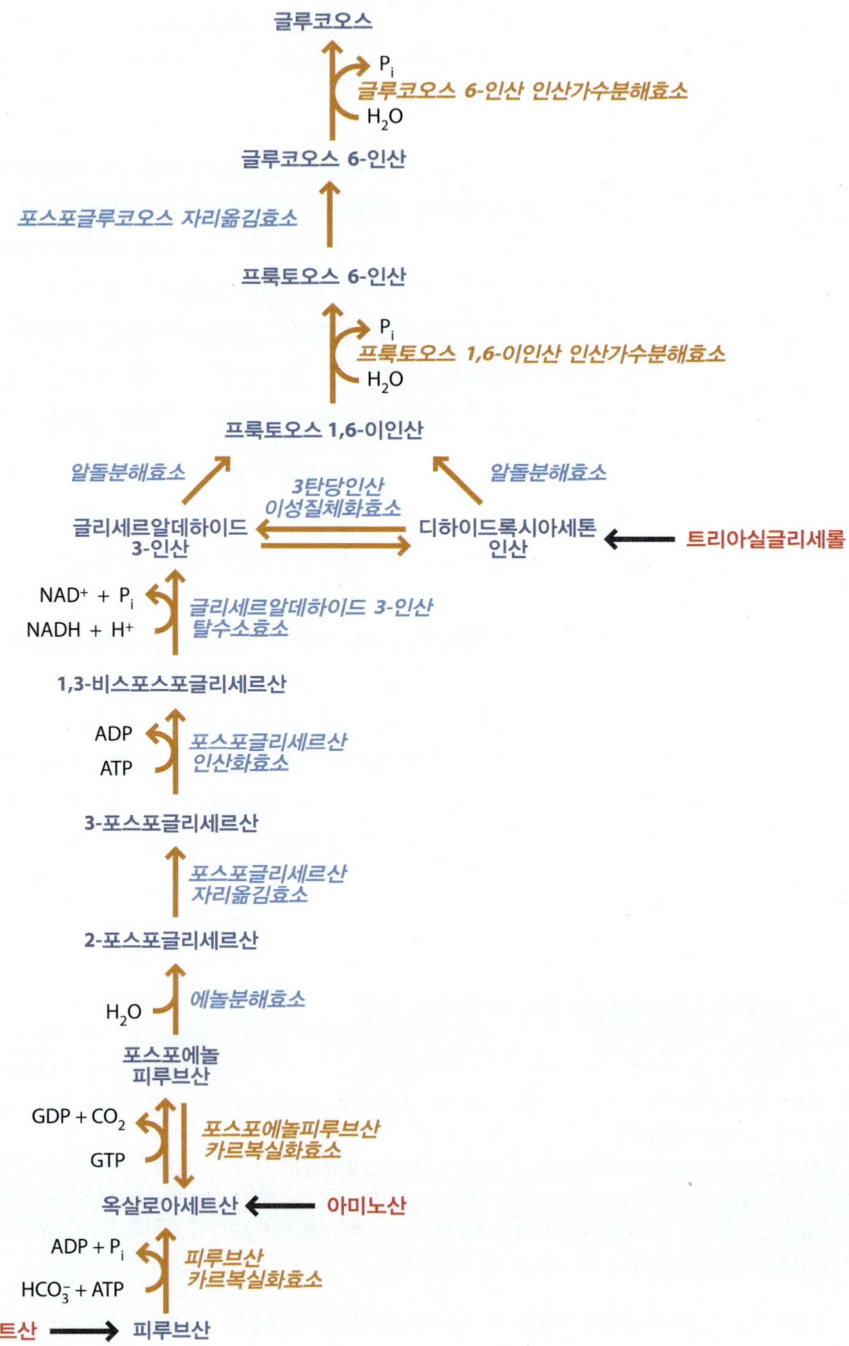

글루코오스신생합성을 위한 아미노산은 음식이나 근육에 있는 단백질을 분해하여 얻는다. 20개의 표준 아미노산은 옥살로아세트산으로 전환되어 포스포에놀피루브산카르복실화효소가 촉매를 하는 단계에서 글루코오스신생합성 경로로 들어간다. 어떤 아미노산의 경우 옥살로아세트산 경로로 바로 가지만, 다른 아미노산은 TCA 회로에 중간 산물의 하나로 된다. 그리고 TCA 회로 효소는 이 중간 산물을 옥살로아세트산으로 전환한다.

최종적으로 트리아실글리세롤은 지방산과 글리세롤로 분해된다. 지방산은 글루코오스신생합성에 사용될 수 없지만 글리세롤은 글리세롤인산화효소에 의해 글리세롤 3-인산으로 대사되고 글리세롤 3-인산탈수소효소에 의해 디하이드록시아세톤 인산으로 대사가 일어난다(**그림 11.15**). 디하이드록시아세톤 인산은 비교적 나중 단계인 프룩토오스 1,6-이인산 합성 직전에 글루코오스신생합성 경로로 들어간다.

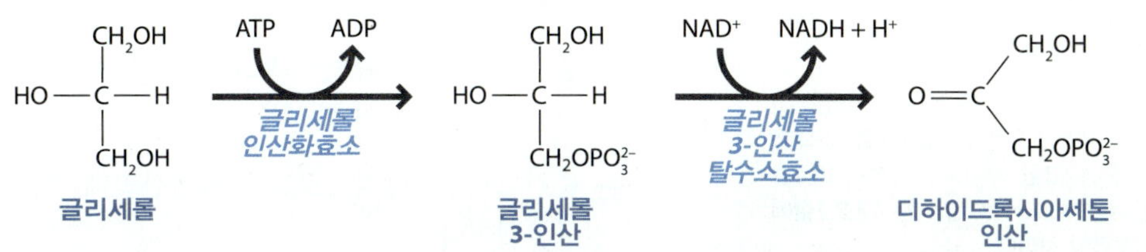

그림 11.15 글리세롤에서 디하이드록시아세톤 인산의 합성
이 반응으로 트리아실글리세롤 분해 산물이 글루코오스신생합성에 들어갈 수 있다.

11.2.2 글루코오스신생합성의 조절

글루코오스신생합성은 에너지가 고갈되면 경로가 작동하고 간은 합성한 글루코오스를 뇌로 보내는 방법으로 조절된다. 그러므로 글루코오스신생합성 조절은 해당과정과 협조하여 글루코오스신생합성이 작동할 때 해당과정은 억제되도록 한다.

글루코오스신생합성과 해당과정의 조정은 포스포프룩토오스 인산화효소와 프룩토오스 1,6-이인산 인산가수분해효소가 작용하는 상호 조절과정으로 이루어진다. 이 두 효소는 해당과정과 글루코오스신생합성에서 각각 프룩토오스 6-인산과 프룩토오스 1,6-이인산의 상호 전환에 관여한다. 해당과정의 조절에서 포스포프룩토오스 인산화효소는 AMP에 의해 촉진되고 ATP와 시트르산에 의해 억제된다는 것을 배웠다. 그러므로 에너지 공급이 낮을 때, 즉 AMP의 농도가 높을 때 해당과정 속도는 증가하고, ATP와 시트르산의 농도가 높아 에너지 공급이 적절할 때는 감소한다. 그러므로 AMP와 시트르산은 글루코오스신생합성에 상호 보완적 효과를 나타낸다. AMP는 프룩토오스 1,6-이인산 인산가수분해효소를 억제하여 해당과정이 작동할 때 글루코오스신생합성 경로를 정지시키고 시트르산은 프룩토오스 1,6-이인산 인산가수분해효소를 촉진하여 해당과정이 억제될 때 글루코오스신생합성 경로가 일어나도록 한다(**그림 11.16**).

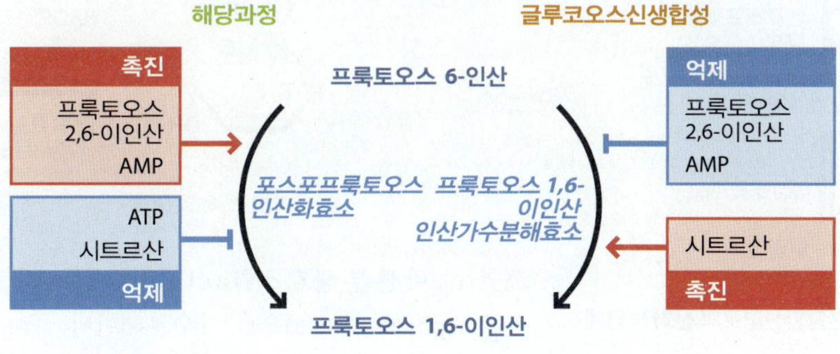

그림 11.16 해당과정과 글루코오스신생합성 경로의 상호 조절

조절분자인 프룩토오스 2,6-이인산(8.2.4절 참조)은 유사한 방법으로 해당과정과 글루코오스 신생합성을 조정한다. 이 분자는 포스포프룩토오스 인산화효소를 촉진하고 프룩토오스 1,6-이인산 인산가수분해효소를 억제한다. 굶주리면 글루카곤은 혈액으로 방출된다. 글루카곤이 증가하면 프룩토오스 2,6-이인산이 분해되어 글루코오스신생합성이 해당과정보다 우세하게 일어난다.

11.3 5탄당인산경로

5탄당인산경로는 **6탄당1인산 분로**(hexose monophosphate shunt) 혹은 **포스포글루콘산경로 (phosphogluconate pathway)**라고도 하며, 세 가지 중요한 역할을 한다.

- 지방산과 스테롤을 합성하는 중요한 생화학 반응에서 에너지 운반체로 사용되는 NADPH의 주요 공급처이다.
- 경로 중간 산물의 하나는 리보오스 5-인산인데, 이것은 뉴클레오타이드의 합성과 아미노산인 히스티딘과 트립토판의 합성을 위한 전구물질이다.
- 다른 중간 산물은 에리트로오스 5-인산인데, 이것은 페닐알라닌, 트립토판, 티로신 합성을 위한 전구물질이다.

이 경로들은 다음 두 장에서 설명할 것인데, 지방산 합성은 **12.1.1절**, 스테롤 합성은 **12.3절**, 아미노산 합성은 **13.2.1절**, 뉴클레오타이드 합성은 **13.2.2절**에서 설명할 것이다.

5탄당인산경로는 세포질에서 일어나는데, 특히 유선, 부신피질, 지방조직 등과 같이 지방산이나 스테로이드 호르몬을 합성하는 조직의 세포에서 일어난다.

11.3.1 5탄당인산경로의 산화적 단계와 비산화적 단계

5탄당인산경로는 2단계로 나눌 수 있다. 첫 번째는 글루코오스 6-인산에서 2분자의 NADPH와 리보오스 5-인산을 합성하는 산화적 단계이다. 이어서 3탄당~7탄당을 생산하는 비산화적 혹은 합성 단계가 일어난다.

산화적 단계에서 NADPH를 합성한다

5탄당인산경로의 산화적 단계의 전체 반응은 다음과 같다.

$$\text{글루코오스 6-인산} + 2NADP^+ + H_2O \rightarrow \text{리보오스 5-인산} + 2NADPH + 2H^+ + CO_2$$

이 경로는 **그림 11.17**에 요약되어 있다. 단계의 상세한 설명은 다음과 같다.

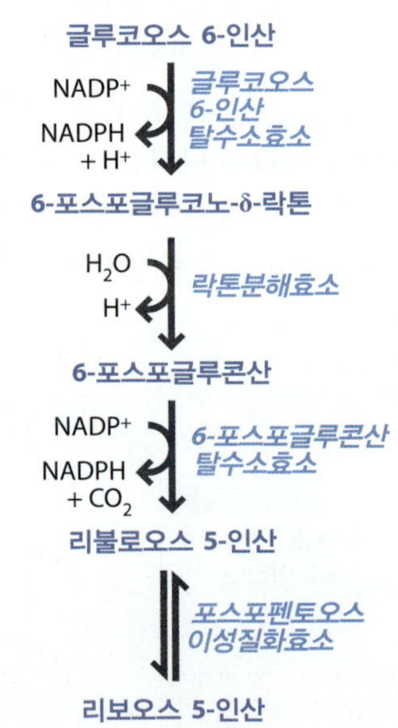

그림 11.17 5탄당인산경로의 산화적 단계

1단계. 글루코오스 6-인산은 **글루코오스 6-인산 탈수소효소(glucose 6-phosphate dehydrogenase)**에 의해 **6-포스포글루코노-δ-락톤(6-phosphoglucono-δ-lactone)**으로 산화된다. 이 반응에서 1분자의 NADPH가 생산된다.

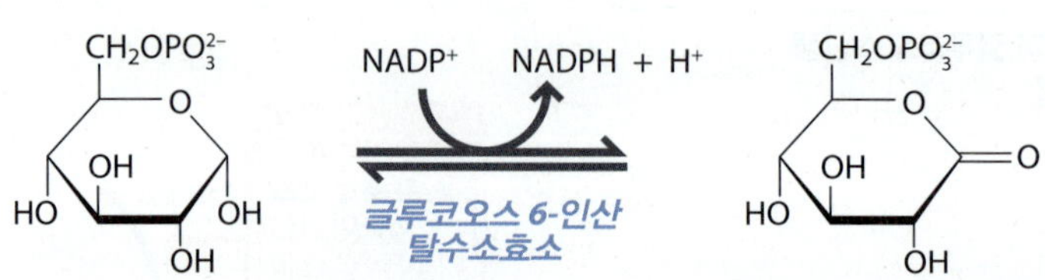

글루코오스 6-인산　　　　6-포스포글루코노-δ-락톤

2단계. **락톤분해효소(lactonase)**는 6-포스포글루코노-δ-락톤을 6-포스포글루콘산(6-phosphogluconate)으로 가수분해한다.

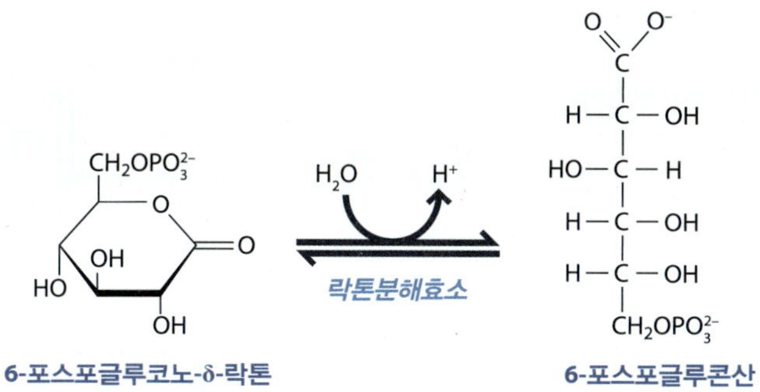

3단계. **6-포스포글루콘산탈수소효소(6-phosphogluconate dehydrogenase)**에 의해 촉매되는 산화적 탈탄산반응으로 6-포스포글루콘산(6탄당)은 리불로오스 5-인산(ribulose 5-phosphate; 5탄당)으로 전환되고 1분자의 NADPH가 생산된다.

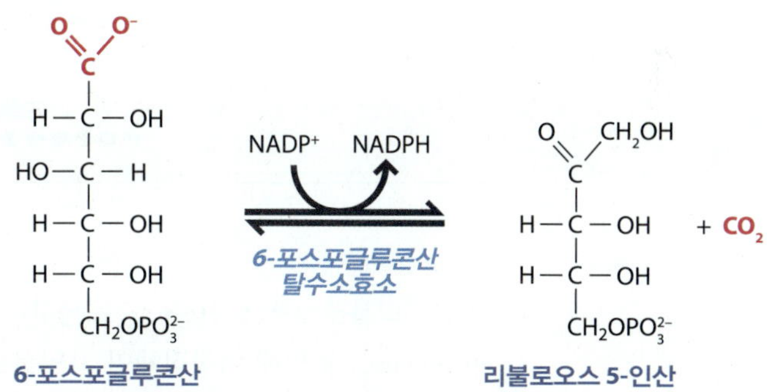

4단계. **포스포펜토오스 이성질화효소(phosphopentose isomerase)**에 의해 촉매되어 리불로오스 5-인산은 이성질체화되어 리보오스 5-인산(ribose 5-phosphate)으로 전환된다.

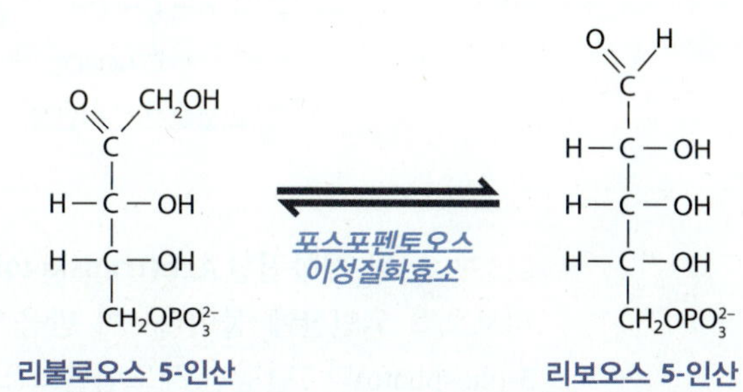

5탄당인산경로의 마지막 단계에서 2개의 주요 목적, 즉 지방산과 스테롤 합성을 위한 NADPH의 생산과 뉴클레오타이드와 아미노산을 만드는 데 사용되는 리보오스 5-인산을 합성하는 것을 달성하였다.

비산화적 단계는 다양한 산물을 생산한다

만일 산화적 5탄당인산경로에 의해 생성된 리보오스 5-인산이 뉴클레오타이드나 아미노산의 합성에 모두 사용되지 않으면, 비산화적 단계가 작동할 수 있다. 이 두 번째 단계는 다양한 탄수화물 중간 산물과 최종 생성물을 만든다(그림 11.18).

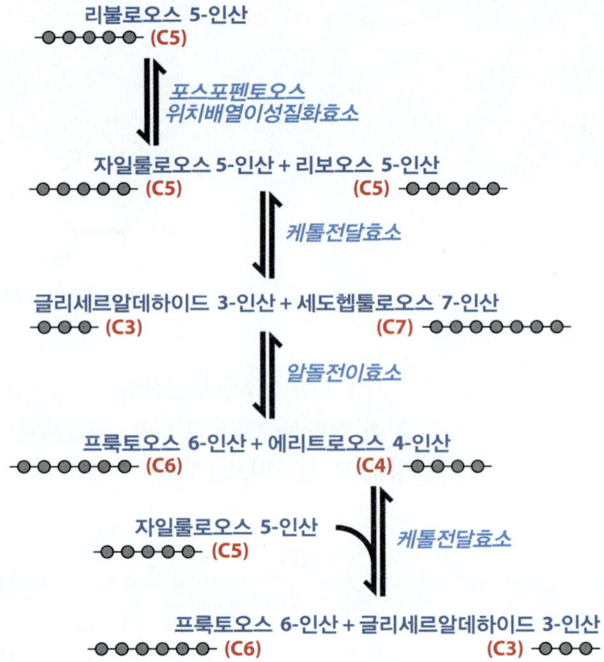

그림 11.18 5탄당인산경로의 비산화적 단계
C3, C4, C5, C6, C7은 각 당에서 탄소의 수를 나타낸다.

5단계. 리불로오스 5-인산(3단계에서)은 **포스포펜토오스 위치배열이성질화효소(phosphopentose epimerase)**에 의해 이성질체인 자일룰로오스(xylulose)로 전환된다.

6단계. 이제 **케톨전달효소(transketolase)**는 2개의 탄소를 자일룰로오스 5-인산에서 전달하여 리보오스 5-인산에 붙인다. 이 반응으로 3탄당인 글리세르알데하이드 3-인산(glyceraldehyde 3-phosphate)과 7탄당인 세도헵툴로오스 5-인산(sedoheptulose 7-phosphate)이 생긴다.

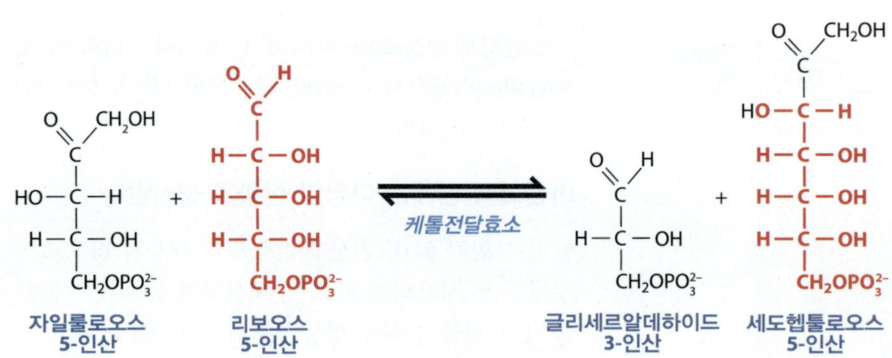

7단계. **알돌전이효소(transaldolase)**는 다른 중간 산물을 전달하여 글리세르알데하이드 3-인산과 7탄당인 세도헵툴로오스 5-인산을 프룩토오스 6-인산(6탄당)과 에리트로오스 4-인산(erythrose 4-phosphate, 4탄당)으로 전환시킨다.

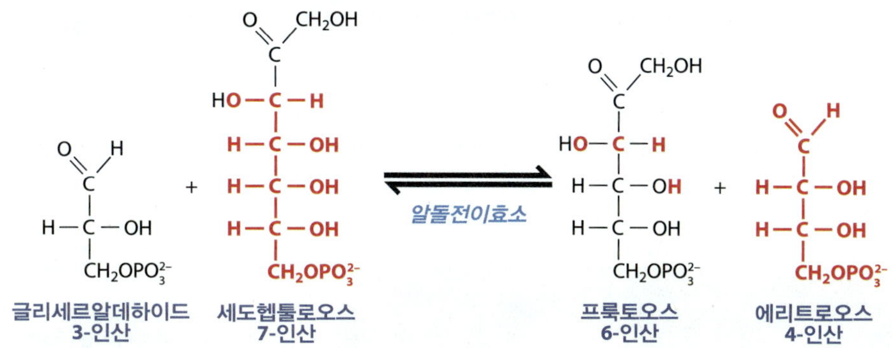

8단계. 마지막으로 케톨전달효소는 에리트로오스 4-인산과 자일룰로오스 5-인산(**5단계**로부터) 사이의 반응을 촉진하여 프룩토오스 6-인산을 생산하고 글리세르알데하이드 3-인산을 재생성한다.

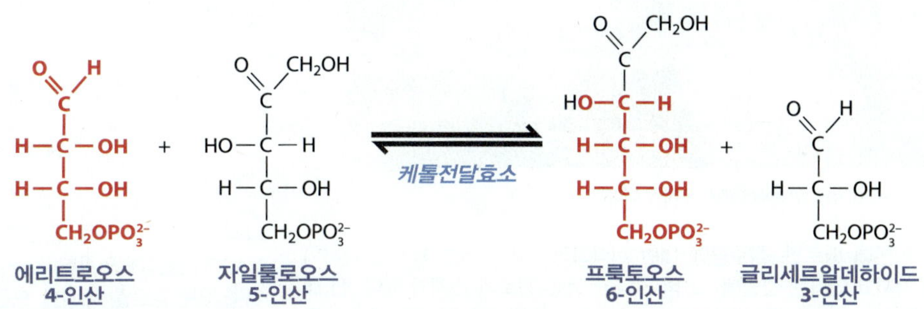

그러므로 이 경로의 비산화적 단계는 다음과 같다.

2 자일룰로오스 5-인산 + 리보오스 5-인산 →
  2 프룩토오스 6-인산 + 글리세르알데하이드 3-인산

에리트로오스 4-인산을 포함한 중간 산물은 방향성 아미노산을 합성하는 데 사용된다. 생성물인 프룩토오스 6-인산과 글리세르알데하이드 3-인산은 해당과정의 중간 산물로 해당과정으로 들어갈 수 있다. 케톨전달효소와 알돌전이효소는 가역적이어서 5탄당인산경로의 비산화적 단계는 뒤로 진행될 수 있어서 리보오스 5-인산의 합성을 위한 기질로 해당과정 중간 산물을 사용한다. 이것은 NADPH를 만들지 않고 리보오스 5-인산을 만드는 방법으로 만일 세포에 NADPH는 많지만 뉴클레오타이드와 아미노산생합성을 위한 리보오스 5-인산이 부족한 경우 매우 유용하다.

연구 요약

Box 11.6 피타고라스는 5탄당인산경로 때문에 잠두콩을 금지시켰을까?

그리스 철학자 피타고라스는 빗면의 제곱에 대한 고찰로 잘 알려져 있지만, 그는 수학, 천문학, 의학 및 여러 과학적 분야에 많은 공헌을 하였다. 그에 대한 진술이 많이 있지만, 불가사의한 것 중 하나는 "잠두콩을 피하라"이다. 그 시대의 학자는 이 말의 이유에 대하여 언쟁을 벌였다. 아마도 잠두콩은 죽은 영혼의 피난처로 생각하거나, 혹은 콩 모양과 남성 신체 일부와 비슷한 형태 때문에 불결하다고 생각하거나, 혹은 속이 부글거리는 것이 철학적 사고에 해롭다고 생각하였다. 이유가 무엇이든지간에, 피타고라스의 잠두콩에 대한 혐오감은 너무 커서 암살자들의 추격으로 죽기 전에도 콩 밭으로 들어가지 않았다.

최근의 이론에 따르면, 잠두콩에 대한 피타고라스의 견해는 확고한 과학적 근거를 가지고 있다는 것인데, 그 중 하나가 5탄당경로와 관계가 있다. 전 세계의 4억 명 정도가 **잠두중독증(favism)**으로 고통을 받는다. 잠두중독증은 잠두콩을 섭취한 후 적혈구가 분해되는 특징이 있다. 이 용혈반응은 잠두콩에 비신(vicine)과 같은 배당체(glycoside)인 당 유도체가 있는데, 이 유도체는 환원제로 작용하여 적혈구 내의 산소를 과산화수소로 전환시키기 때문이다. 이 활성종은 적혈구의 원형질막에 영향을 미쳐 용형을 일으킨다.

잠두중독증으로 고통을 받는 사람은 충분한 양의 **글루타티온(glutathione)**의 환원 형태를 합성할 수 없기 때문에 과산화수소의 독성 효과를 견딜 수 없다. 글루타티온은 글루탐산, 시스테인, 글리신으로 구성된 트리펩타이드인데, 앞의 2개 아미노산 사이에는 특이한 연결을 가지고 있다. 산화된 형태에서 2개의 트리펩타이드는 이황화결합으로 연결되어 있다.

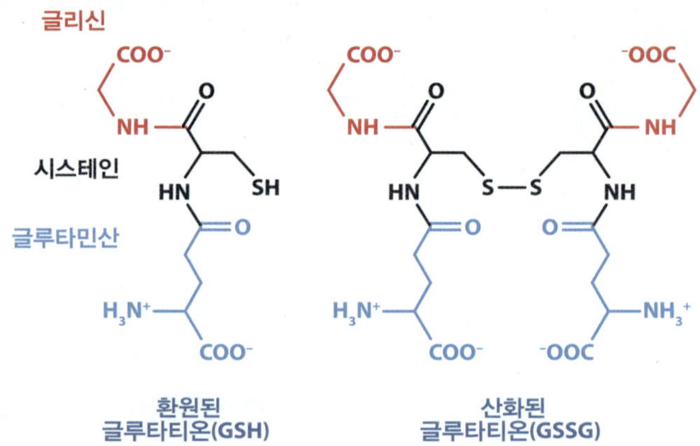

과산화수소는 다음 반응을 촉매하는 **글루타티온과산화효소(glutathione peroxidase)**에 의해 해독된다.

$$2GSH + H_2O_2 \rightarrow GSSG + 2H_2O$$

환원된 글루타티온의 재생은 **글루타티온환원효소(glutathione reductase)**가 관여한다.

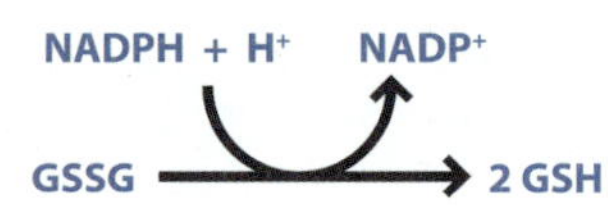

그러므로 항산화제로 환원형 글루타티온이 계속 작용하는 것은 적혈구에서 NADPH 공급에 의존한다. 극소수의 생화학 경로에서 NADPH를 생성하는데, 5탄당인산경로를 제외한 모든 경로는 미토콘드리아 안에서 일어난다. 적혈구는 미토콘드리아가 없어 NADPH의 공급을 5탄당인산경로에 전적으로 의존한다.

잠두중독증에 대한 생화학적 근거는 5탄당인산경로의 결함 때문에 적혈구에서 NADPH 공급이 고갈된 것이다. 잠두중독증은 특히 **글루코오스 6-인산탈수소효소(glucose 6-phosphate dehydrogenase, G6PD)** 결핍으로 일어나는데, 이 효소의 유전자가 돌연변이가 된 결과이다. 이 유전자는 X 염색체에 있어 이 질병은 X 염색체를 1개만 가지고 있는 남성 사이에 널리 퍼져 있다. 여성의 두 번째 X 염색체에 정상 유전자가 있으면 돌연변이 유전자의 활성이 어느 정도 보완이 돼서 약한 정도의 질병을 나타낸다.

이 질병은 지중해 지역에 널리 퍼져 있어 아마도 피타고라스와 그 지지자들은 잘 알고 있어 잠두콩 먹는 것을 금지하였다는 것이 가능한 설명일 것이다.

참고문헌

Beutler E (2008) Glucose-6-phosphate dehydrogenase deficiency: a historical perspective. *Blood* **111**, 16–24.

Gerich JE, Meyer C, Woerle HJ and Stumvoll M (2001) Renal gluconeogenesis: its importance in human glucose homeostasis. *Diabetes Care* **24**, 382–91.

Jensen TE and Richter EA (2012) Regulation of glucose and glycogen metabolism during and after exercise. *Journal of Physiology* **590**,1069–76.

Jitrapakdee S, St Maurice M, Rayment I, Cleland WW, Wallace JC and Attwood PV (2008) Structure, mechanism and regulation of pyruvate carboxylase. *Biochemical Journal* **413**, 369–87.

Nuttal FQ, Ngo A and Gannon MC (2008) Regulation of hepatic glucose production and the role of gluconeogenesis in humans: is the rate of gluconeogenesis constant? *Diabetes/Metabolism Research and Reviews* **24**, 438–58.

Patra KC and Hay N (2014) The pentose phosphate pathway and cancer. *Trends in Biochemical Sciences* **39**, 347–54.

Roach PJ, Depaoli-Roach AA, Hurley TD and Tagliabracci VS (2012) Glycogen and its metabolism: some new developments and old themes. *Biochemical Journal* **441**, 763–87.

Smythe C and Cohen P (1991) The discovery of glycogenin and the priming mechanism for glycogen biogenesis. *European Journal of Biochemistry* **200**, 625–31.

Stein RB and Blum JJ (1978) On the analysis of futile cycles in metabolism. *Journal of Theoretical Biology* **72**, 487–522.

Van Schaftingen E and Gerin I (2002) The glucose-6-phosphatase system. *Biochemical Journal* **362**, 513–52.

자가 평가 문제

객관식 문제

각 문제에 대한 정답은 한 개이며, 정답은 웹사이트 www.scionpublishing.com/biochemistry에서 찾을 수 있음.

1. 다음 중 글리코겐의 구조는?
- **(a)** α(1→6) 사슬과 α(1→4) 분기점
- **(b)** α(1→4) 사슬과 α(1→6) 분기점
- **(c)** α(1→4) 사슬과 α(1→6) 분기점
- **(d)** α(1→6) 사슬과 α(1→6) 분기점

2. 다음 중 글리코겐 합성을 위한 기질은?
- **(a)** ADP-글루코오스
- **(b)** UDP-글루코오스
- **(c)** ADP-갈락토오스
- **(d)** 글루코오스 1-인산

3. 다음 중 글리코제닌의 역할은?
- **(a)** 글리코겐 합성을 하는 효소이다.
- **(b)** 글리코겐 합성을 위한 프라이머를 만든다.
- **(c)** 글리코겐 분자에서 분기점을 만든다.
- **(d)** 과도하게 긴 가지를 분해하여 글리코겐 분자의 크기를 제한한다.

4. 다음 중 글리코겐 분자의 비환원말단에서 글루코오스 단위를 제거하는 효소는?
- **(a)** 글리코겐가인산분해효소
- **(b)** 글리코게니네이스(glycogeninase)
- **(c)** 포스포글루코오스 자리옮김효소
- **(d)** 글리코겐가지분해효소

5. 다음 중 혈당을 정상 범위로 유지한 호르몬은?
   (a) 인슐린과 에피네프린
   (b) 인슐린과 아드레날린
   (c) 인슐린과 글루카곤
   (d) 글루카곤과 에피네프린

6. 다음 중 글리코겐가인산분해효소에 대한 설명으로 옳지 않은 것은?
   (a) 인산기를 첨가하면 글리코겐가인산분해효소가 활성화된다.
   (b) 글리코겐가인산분해효소는 가인산분해효소인산화효소에 의해 활성화된다.
   (c) 글리코겐가인산분해효소는 단백질인산화효소 A에 의해 활성화된다.
   (d) 글리코겐가인산분해효소 *b*가 비활성화 형태이다.

7. 다음 중 β-아드레날린성 수용체 단백질에 대한 설명으로 옳지 않은 것은?
   (a) 인슐린의 수용체 단백질이다.
   (b) 작동인자 분자가 결합하면 형태 변화가 일어난다.
   (c) 아데닐산 고리화효소를 활성화시킨다.
   (d) 원형질막에 존재한다.

8. 다음 중 글리코겐 대사의 알로스테릭 조절에서 AMP의 역할은?
   (a) AMP는 글리코겐가인산분해효소 *a*를 촉진한다.
   (b) AMP는 글리코겐가인산분해효소 *b*를 촉진한다.
   (c) AMP는 글리코겐가인산분해효소 *b*를 억제한다.
   (d) AMP는 글리코겐합성효소 *b*를 촉진한다.

9. 다음 중 글리코겐 대사의 알로스테릭 조절에서 글루코오스 6-인산의 역할은?
   (a) 글루코오스 6-인산은 글리코겐가인산분해효소 *a*를 촉진한다.
   (b) 글루코오스 6-인산은 글리코겐가인산분해효소 *b*를 촉진한다.
   (c) 글루코오스 6-인산은 글리코겐가인산분해효소 *b*를 억제한다.
   (d) 글루코오스 6-인산은 글리코겐합성효소 *b*를 촉진한다.

10. 다음 중 글루코오스신생합성 동안 피루브산과 인산기로 포스포에놀피루브산의 합성을 촉매하는 효소는?
   (a) 피루브산인산화효소와 피루브산카르복실화효소
   (b) 피루브산인산화효소와 포스포에놀피루브산카르복시카이네이즈
   (c) 피루브산카르복실화효소와 포스포에놀피루브산 카르복시인산화효소
   (d) 피루브산인산화효소와 에놀분해효소

11. 다음 중 글루코오스신생합성 동안 피루브산과 인산기로 포스포에놀피루브산의 합성 동안 사용하는 미토콘드리아 전달 단백질은?
   (a) 말산-α-케토글루타르산 운반 단백질
   (b) 아스파르트산-글루탐산 운반 단백질
   (c) 옥살로아세트산 운반 단백질
   (d) 정답 없음

12. 다음 중 글루코오스신생합성으로 들어가기 전에 피루브산으로 전환되는 화합물은?
   (a) 락트산
   (b) 아미노산
   (c) 트리아실글리세롤
   (d) 글루코오스

13. 다음 중 글루코오스신생합성으로 들어가기 전에 옥살로아세트산으로 전환되는 화합물은?
   (a) 락트산
   (b) 아미노산
   (c) 트리아실글리세롤
   (d) 글루코오스

14. 다음 중 글루코오스신생합성의 조절에 관한 진술 중 옳은 것은?
   (a) 시트르산은 포스포프룩토오스 인산화효소를 촉진한다.
   (b) AMP는 포스포프룩토오스 인산화효소를 억제한다.
   (c) 프룩토오스 2,6-이인산은 포스포프룩토오스 인산화효소를 억제한다.
   (d) ATP는 포스포프룩토오스 인산화효소를 억제한다.

15. 다음 중 글루코오스신생합성의 조절에 관한 진술 중 옳지 않은 것은?
   (a) 시트르산은 프룩토오스 1,6-이인산 인산가수분해효소를 촉진한다.
   (b) AMP는 프룩토오스 1,6-이인산 인산가수분해효소를 억제한다.
   (c) 프룩토오스 2,6-이인산은 프룩토오스 1,6-이인산 인산가수분해효소를 억제한다.
   (d) ATP는 프룩토오스 1,6-이인산 인산가수분해효소를 억제한다.

16. 다음 중 5탄당인산경로의 다른 이름은?
   (a) 글루코오스신생합성
   (b) 포스포글루코산경로
   (c) 6탄당2인산 분로
   (d) 모두 정답

17. 다음 중 5탄당인산경로의 역할이 아닌 것은?
   (a) NADPH의 주요 공급원
   (b) 해당과정을 위한 글루코오스 주요 공급원
   (c) 리보오스 5-인산의 주요 공급원
   (d) 에리트로오스 5-인산의 주요 공급원

18. 다음 중 5탄당인산경로의 산화적 단계에 관여하지 않는 효소는?
   (a) 포스포펜토에피머레이스
   (b) 글루코오스 6-인산탈수소효소
   (c) 포스포펜토이성질체화효소
   (d) 락토네이스

19. 다음 중 5탄당인산경로의 비산화적 단계의 시작 화합물은?
   (a) 자일룰로오스 5-인산
   (b) 세도헵툴로오스 7-인산
   (c) 프룩토오스 6-인산
   (d) 리불로오스 5-인산

20. 다음 중 5탄당인산경로 때문에 잠두콩을 금지한 철학자는?
 (a) 소크라테스
 (b) 피타고라스
 (c) 아리스토텔레스
 (d) 잭 스패로우 선장

단답식 문제

아래 문제는 추가 자료 없이 답이 가능함.

1. 글리코겐 합성을 위한 경로를 설명하시오. 만들어진 글리코겐 분자의 크기를 제한하는 것은 무엇인가?

2. 글리코겐 분자가 어떻게 분해되어 단량체인 글루코오스가 해당과정으로 들어가는지 설명하시오.

3. 인슐린, 글루카곤, 에피네프린이 어떻게 글리코겐 대사를 조절하는지 설명하시오.

4. 글리코겐 대사가 알로스테릭 조절에 의해 어떻게 조절되는지 설명하시오.

5. '무익회로'가 무엇인지 설명하고, 세포가 무익회로를 피해야 하는 이유는 무엇인가?

6. 글루코오스신생합성의 요약을 그리고 왜 글루코오스신생합성이 종종 '해당과정의 반대반응'이라고 하는지 설명하시오.

7. 문제 6번의 요약에서 다양한 기질이 글루코오스신생합성으로 들어가는 위치를 표시하시오.

8. 글루코오스신생합성과 해당과정이 어떻게 조정되는지 설명하시오.

9. 5탄당인산경로의 여러 기능을 나열하시오.

10. 5탄당인산경로에서 산화적 단계와 비산화적 단계 사이의 뚜렷한 차이를 나타내는 단계를 설명하시오.

주관식 문제

아래 문제는 계산, 추가 자료, 인터넷 조사 등을 필요로 함.

1. 유전병인 폰기르케병(von Gierke's disease)은 글루코오스 6-인산 인산가수분해효소가 결핍되어 일어난다. 이 효소의 결핍이 환자에게 어떤 효과를 미치고, 어떤 증세를 예측할 수 있는가?

2. 글루코오스신생합성은 글루코오스의 D-거울상이성질체의 합성을 초래한다. 글루코오스신생합성에서 키랄성이 산물에 들어가는 단계를 확인하고, 이 산물의 D-거울상이성질체가 어떻게 만들어지는지 예측하시오.

3. 글루코오스신생합성에서 투입 단계를 확인하고 그 이유를 설명하시오.

4. 글루코오스 6-인산탈수소효소가 없는 사람은 말라리아에 저항성을 나타낸다. 이에 대한 이유를 설명하시오.

제12장
지질 대사

학습목표

이 장을 공부한 후:

- 아세틸 CoA(acetyl CoA)가 지방산 합성에 사용되기 위하여 미토콘드리아에서 세포질로 이동하는 과정을 설명할 수 있다.
- 16-탄소 지방산의 합성과정을 순차적으로 기술할 수 있다.
- 길이가 긴 지방산과 이중결합을 가진 지방산들의 합성과정을 설명할 수 있다.
- 동물 및 식물 세포에서 지방산 합성과정의 차이점을 이해할 수 있다.
- 지방산 합성의 주요 조절점으로써 말로닐 CoA(malonyl CoA) 합성의 역할을 인식한다.
- 트리아실글리세롤(triacylglycerol)의 합성과 분해과정을 이해한다.
- 트리아실글리세롤 분해과정이 지방 분해의 주요 조절점이라는 것을 이해한다.
- 지방산 분해 경로의 단계를 기술할 수 있다.
- 지방산 분해를 통한 에너지 수득을 이해한다.
- 퍼옥시좀(peroxisomes)에서 지방산 분해의 독특한 특징을 이해한다.
- 불포화 지방산과 탄소 수가 홀수인 지방산의 분해과정을 이해한다.
- 콜레스테롤의 생합성 과정을 설명할 수 있다.
- 생명체의 에너지 상태와 세포의 스테롤(sterol) 함량이 콜레스테롤 생합성에 미치는 영향을 이해한다.
- 주요 콜레스테롤 유도체들의 생합성 과정을 개략적으로 설명할 수 있다.

지질은 살아 있는 세포에서 여러 가지 중요한 기능을 한다. 지방산(fatty acid)과 트리아실글리세롤(triacylglycerol)은 동물의 주요 에너지 저장고이며, 글리세로인지질(glycerophospholipid), 콜레스테롤(cholesterol), 그 외 다양한 지질들은 세포막의 주요 구성성분이다. 콜레스테롤은 **글루코코르티코이드(glucocorticoid)**, **에스트로겐(estrogen)**, **프로게스토겐(progestogen)**을 포함한 **스테로이드 호르몬(steroid hormone)**의 전구체이기도 하다. 이 장에서, 우리는 다양한 종류의 지질이 어떻게 합성되는지를 살펴볼 것이다. 그리고 세포가 지방에 저장된 에너지를 어떻게 이용하는지도 상세히 살펴볼 것이다.

12.1 지방산과 트리아실글리세롤의 합성

5장에서, 지방산은 일반식이 R-COOH(여기에서, R은 5-36 탄소 단위의 탄화수소 사슬과 그에 부착된 수소)인 카르복실산(carboxylic acid)이라는 것을 이미 학습한 바 있다. 사슬 내의 대부분 탄소는 단일결합으로 연결되어 있지만, 특정 유형의 지방산에서는 하나 이상의 이중결합이 존재

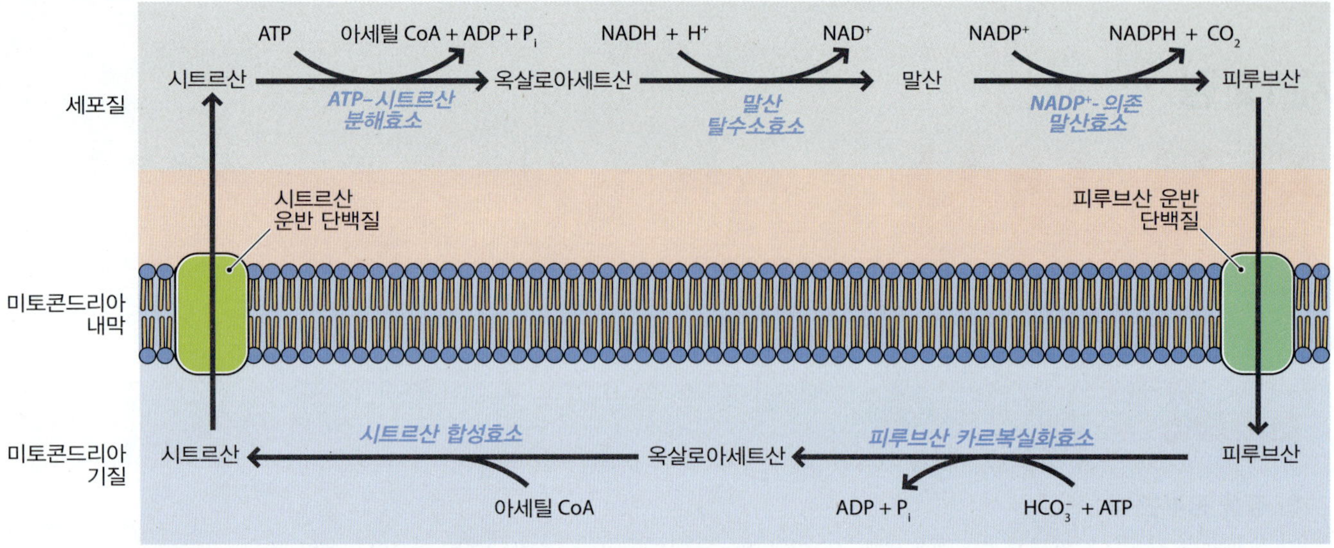

그림 12.1 미토콘드리아에서 세포질로 아세틸 CoA의 수송
아세틸 CoA 수송은 아세틸 CoA의 아세틸 그룹을 옥살로아세트산으로 이동시켜 시트르산을 형성시킴으로써 가능하다. 시트르산은 시트르산 수송 단백질을 통해 세포질로 이동한다. 아세틸 CoA는 시트르산을 다시 옥살로아세트산으로 전환시키는 과정에서 회수된다. 이 운반과정의 마지막 과정은 다시 옥살로아세트산을 미토콘드리아로 수송하여 미토콘드리아 내의 옥살로아세트산의 농도를 일정하게 유지시키는 것이다.

하기도 한다(그림 5.2 참조). 트리아실글리세롤은 글리세롤(glycerol) 분자에 부착된 3개의 지방산으로 구성된 지질이다. 지방산 사슬이 만들어지는 과정을 먼저 살펴보고, 그 다음 이 사슬들이 어떻게 글리세롤과 결합하여 트리아실글리세롤 분자를 만드는지 알아볼 것이다.

12.1.1 지방산 합성

지방산의 탄화수소 사슬은 아세틸 CoA가 제공하는 탄소 2개로된 아세틸 단위(acetyl unit)의 중합과정을 거쳐 만들어진다. 상세한 중합과정을 알아보기 전에 먼저 우리가 알고 있는 사실들에 대해서 몇 가지 따져볼 문제들이 있다: 아세틸 CoA는 미토콘드리아에서 생합성되는 반면, 지방산은 세포질에서 만들어진다. 따라서 우리는 아세틸 CoA를 미토콘드리아에서 세포질로 운반해야 한다. 하지만 아세틸 CoA 분자는 미토콘드리아 내막(inner mitochondrial membrane)을 통과할 수 없기 때문에 직접 이동하는 것이 불가능하다.

시트르산은 미토콘드리아 내막을 가로질러 아세틸 단위를 운반해 준다

아세틸 CoA는 피루브산 탈수소효소 복합체(pyruvate dehydrogenase complex)에 의해 피루브산으로부터 합성되며, 이 반응은 해당과정(glycolysis)과 TCA 회로를 연결해 준다(9.1.1절 참조). 피루브산 탈수소효소 복합체는 미토콘드리아 내에서 작용하는 반면, 지방산 합성은 세포질에서 일어난다. 지방산 자체는 미토콘드리아 내막을 통해 운반될 수 있지만 아세틸 CoA는 이 내막을 통과할 수 없다.

이 심각한 문제는 아세틸 CoA에 있는 아세틸 그룹(acetyl group)을 옥살로아세트산(oxaloacetate)으로 옮겨서 시트르산 형태로 전환함으로써 해결 가능하다(**그림 12.1**).

이 반응은 TCA 회로의 첫 번째 반응과 동일하지만, 합성된 시트르산은 에너지 생성에 활용되

그림 12.2 **말로닐 CoA의 합성**

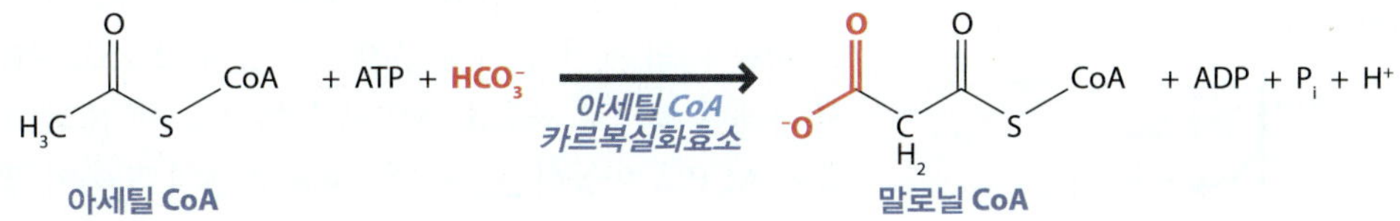

기보다는 미토콘드리아 내막에 위치한 **시트르산 운반 단백질(citrate carrier protein)**을 통해 미토콘드리아 밖으로 운반된다. 세포질로 운반된 뒤, 아세틸 그룹은 조효소 A(coenzyme A, CoA)에로 전달되어 아세틸 CoA를 재생시킨다. 보다 정확하게는 아세틸 그룹의 세포질 공급원을 만드는 것이다.

시트르산으로부터 아세틸 그룹이 떨어지면서 만들어진 옥살로아세트산은 다시 미토콘드리아로 이동해야 한다. 여기서 다시 한번 더 운반 문제가 발생하는데, 그 이유는 미토콘드리아 내막에는 옥살로아세트산 운반을 담당하는 단백질이 없기 때문이다. 따라서 옥살로아세트산은 말산 탈수소효소(malate dehydrogenase)에 의해 먼저 말산(malate)으로 전환된 다음, $NADP^+$ 의존 말산효소($NADP^+$-linked malate enzyme)에 의한 산화적 탈카르복실화 반응을 통하여 피루브산으로 전환된다. 그런데 말산과 피루브산을 모두 미토콘드리아 속으로 되돌려 놓을 수 있는 운반 단백질들이 있음에도 불구하고, 왜 말산이 피루브산으로 전환되는 두 번째 단계가 있는 것일까? 답은 바로 두 번째 반응으로부터 NADPH 분자가 생성되기 때문이다. 이것은 매우 중요한 과정인데, 아세틸 단위를 결합하여 지방산 사슬을 형성할 때 NADPH가 요구되기 때문이다. 말산의 산화적 탈카르복실화는 지방산 합성에 필요한 NADPH의 일부를 제공하는 역할을 하며, 나머지 필요한 NADPH는 5탄당인산 경로(pentose phosphate pathway)를 통하여 공급된다.

미토콘드리아에서는 소비된 옥살로아세트산을 보충할 필요가 있으므로, 미토콘드리아로 다시 들어온 피루브산을 **피루브산 카르복실화효소(pyruvate carboxylase)**에 의해 옥살로아세트산으로 전환한다. 이 반응에서 소비되는 카르복실(−COOH) 그룹은 용해된 중탄산이온(bicarbonate ion)으로부터 공급받는다.

지방산은 2-탄소 단위의 순차적 첨가에 의해 만들어진다

지방산 합성은 2-탄소 단위(two-carbon units)가 성장하는 탄화수소 사슬 끝에 반복적으로 첨가되는 과정이다. 이 과정은 **아세틸 CoA 카르복실화효소(acetyl CoA carboxylase)**에 의해 시작되며, 아세틸 CoA를 카르복실화시켜 말로닐 CoA(malonyl CoA)를 생성한다(**그림 12.2**). 이들 두 화합물의 아세틸 그룹과 말로닐 그룹은 **아실 운반 단백질(acyl carrier protein, ACP)**로 옮겨진다. 아실 운반 단백질은 작은 비효소적 단백질(non-enzymatic protein)이며, 이들은 포스포판테

그림 12.3 **포스포판테테인(강조된 부분)과 결합한 조효소 A의 구조**
포스포판테테인 보결분자단 또한 아실 운반체 단백질의 세린에 부착된다.

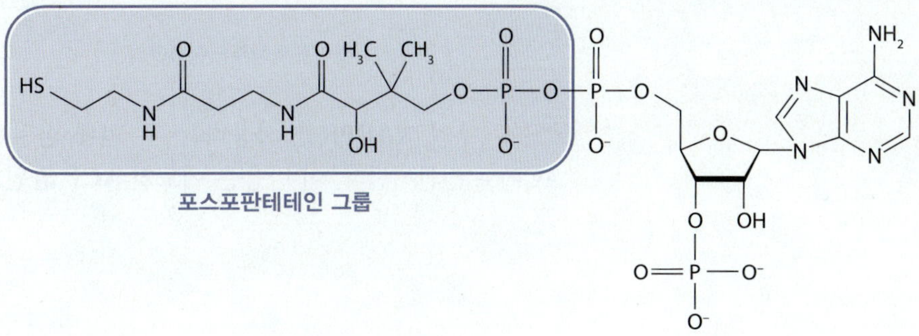

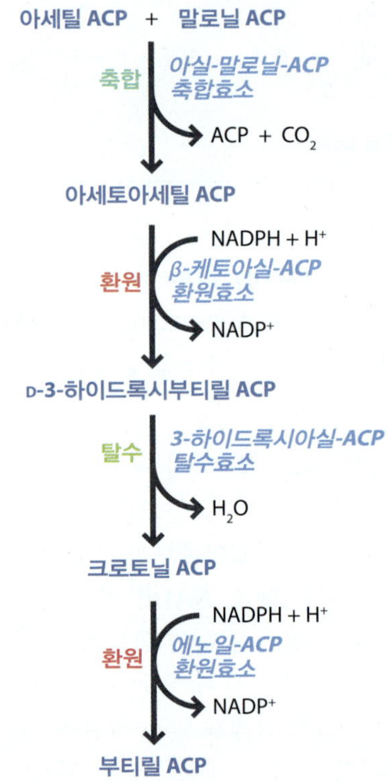

그림 12.4 지방산 합성 개요
각 2-탄소 단위는 축합, 환원, 탈수, 두 번째 환원과 같은 4가지 반응으로 구성된 대사 회로를 통하여 추가된다.

테인 보결분자단(phosphopantetheine prosthetic group)을 가진다. 이 보결분자단은 폴리펩타이드 사슬 내의 세린 잔기에 부착되어 있다. **포스포판테테인(phosphopantetheine)**은 비타민 B_5에서 유래한 것으로 조효소 A의 성분이기도 하다(**그림 12.3**). 정리하자면, 아세틸 그룹과 말로닐 그룹이 ACP로 이동하는 과정은 조효소 A의 도움이 필요하며, 조효소 A의 포스포판테테인 구조에서 분리된 아세틸 그룹과 말로닐 그룹은 ACP의 동일한 구조에 다시 부착되는 과정을 거친다. 이들의 전달은 각각 아세틸 아실전달효소(acetyl transacylase) 및 말로닐 아실전달효소(malonyl transacylase)에 의해 촉매되어 아세틸 ACP와 말로닐 ACP가 만들어진다.

그 다음, 합성 단계가 시작되는데, 2-탄소 단위를 추가하기 위해서는 매번 4단계 과정을 거친다(**그림 12.4**):

1단계. 아세틸 ACP와 말로닐 ACP는 서로 연결되어 아세토아세틸 ACP(acetoacetyl ACP)를 형성한다. 아세틸기에 부착된 ACP가 유리된다. 이것은 축합반응이다—두 분자가 결합하여 더 큰 분자를 형성하는 반응의 유형. 이 반응은 **아실-말로닐-ACP 축합효소(acyl-malonyl-ACP condensing enzyme)**에 의해 촉매된다.

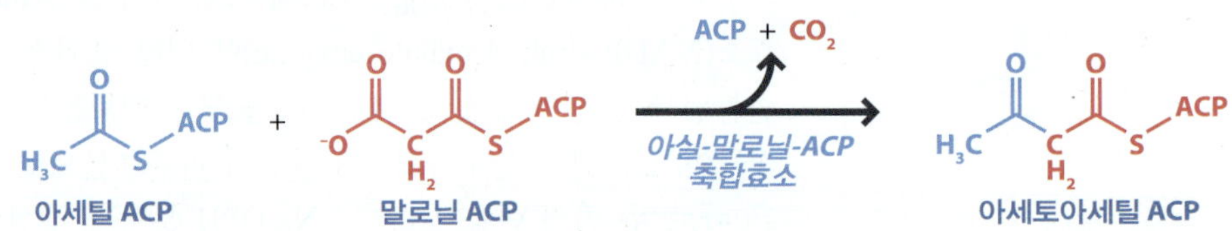

2단계. 아세토아세틸 ACP를 환원시켜 D-3-하이드록시부티릴 ACP(D-3-hydroxybutyryl ACP)를 수득한다. 이 반응은 NADPH를 필요로 하고 **베타-케토아실-ACP 환원효소(β-ketoacyl-ACP reductase)**에 의해 촉매된다.

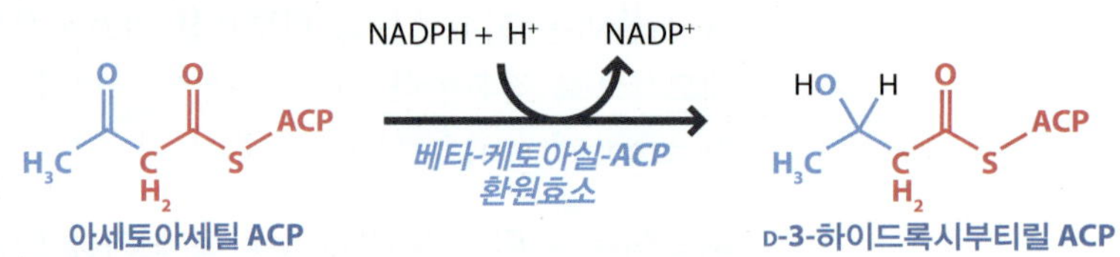

3단계. 탈수반응(물 제거)은 D-3-하이드록시부티릴 ACP를 크로토닐 ACP(crotonyl ACP)로 전환시킨다. 이 반응에 관여하는 효소는 **3-하이드록시아실-ACP 탈수효소(3-hydroxyacyl-ACP dehydratase)**이다.

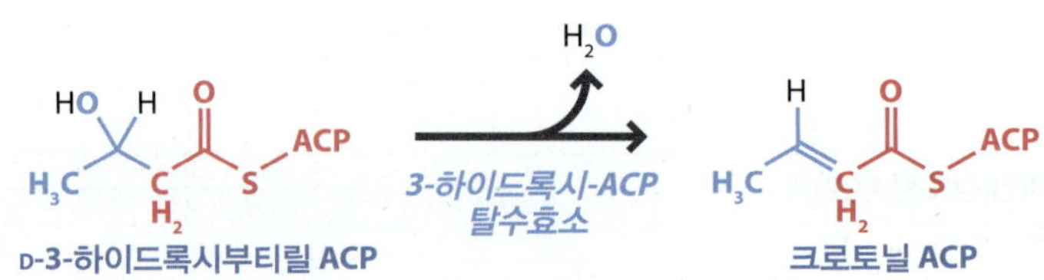

4단계. 추가 NADPH를 사용하는 두 번째 환원반응은 크로토닐 ACP를 부티릴 ACP(butyryl ACP)로 전환시킨다. 이 반응은 **에노일-ACP 환원효소(enoyl-ACP reductase)**에 의해 촉매된다.

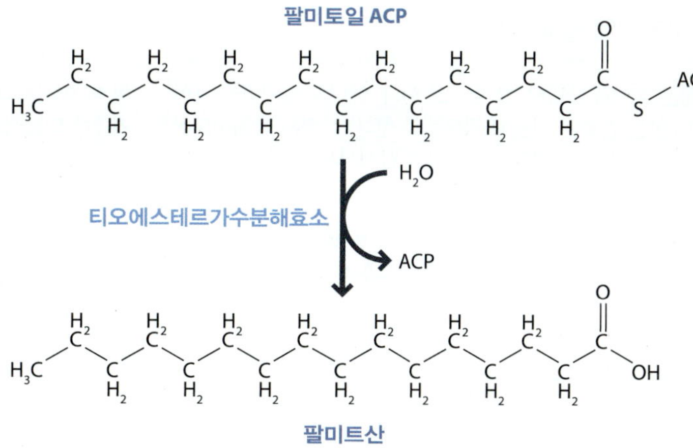

그림 12.5 티오에스테르가수분해효소에 의한 팔미토일 ACP로부터 팔미트산으로 전환

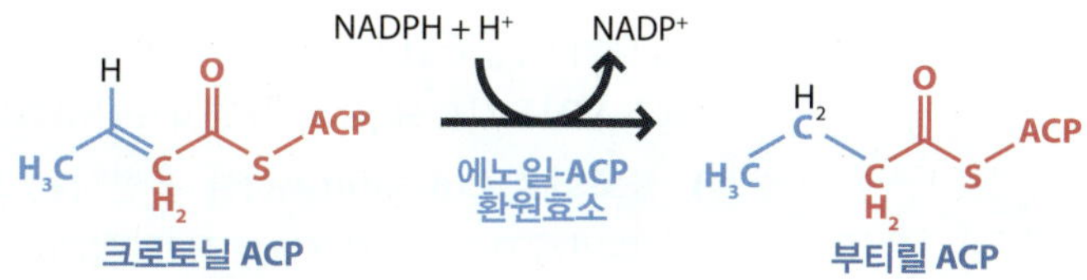

부티릴 ACP는 4-탄소 지방산이 ACP에 연결된 것이다. 따라서 이제 합성의 첫 번째 라운드를 마쳤다. 두 번째 라운드는 1단계와 똑같이 시작하지만, 이미 만들어진 부티릴 ACP가 아세틸 ACP를 대체한다. 따라서 두 번째 라운드는 6-탄소 지방산을 생성하며, 이는 다시 세 번째 라운드의 기질로 사용되고, 매 라운드마다 2-탄소 단위를 추가한다.

동물에서 합성 사이클은 16-탄소 지방산인 팔미트산(palmitic acid)이 형성될 때까지 계속된다: 여전히 ACP가 연결되어 있으므로 정확히 말하자면, 팔미토일 ACP(palmitoyl ACP)가 생합성될 때까지이다. 아실-말로닐-ACP 축합효소는 팔미토일 ACP를 기질로 사용할 수 없기 때문에, 이 단계에서 사슬의 신장은 멈춘다. 합성을 완료하기 위해 지방산은 **티오에스테르가수분해효소(thioesterase)**에 의해 운반 단백질인 ACP로부터 절단된다(**그림 12.5**).

팔미트산 이외의 지방산 합성

팔미트산은 살아 있는 세포에서 발견되는 유일한 지방산은 아니다. 서로 다른 사슬 길이를 갖는 많은 다른 유형의 지방산들이 존재하며, 일부는 탄소와 탄소 사이에 하나 이상의 이중결합을 가지기도 한다. 이와 같은 또 다른 유형의 지방산들은 어떻게 만들어졌을까?

주요 지방산의 대부분은 짝수 개의 탄소를 가지고 있지만, 일부는 홀수 개의 탄소를 가지고 있다. 이들은 여전히 2-탄소 단위를 순차적으로 첨가함으로써 형성되지만, 합성 첫 단계에서 사용되는 말로닐 ACP가 프로피오닐 ACP(propionyl ACP)로 대체된 것이다(**그림 12.6**). 프로피오닐 ACP는 말로닐 ACP보다 탄소 1개만큼 더 길다. 그래서 첫 번째 합성 단계의 결과물은 5-탄소 지방산이다. 이후에는 짝수 번호의 지방산 합성과 똑같은 방법으로, 15-탄소 펜타데실 ACP(pentadecyl ACP)가 생성될 때까지 합성은 계속된다. 펜타데실산(pentadecylic acid)은 팔미트산과 같은 방식으로 ACP로부터 절단된다.

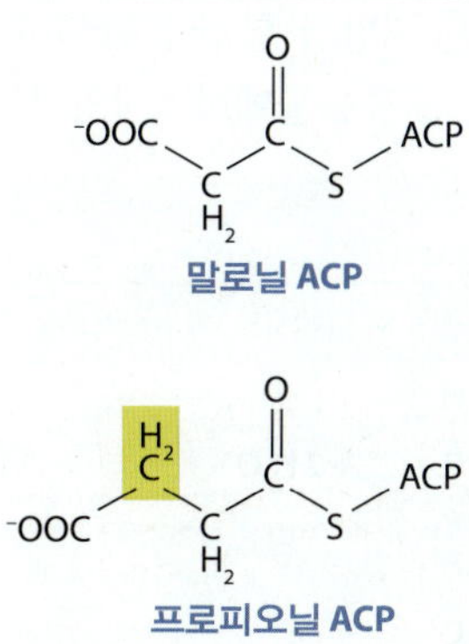

그림 12.6 말로닐 ACP와 프로피오닐 ACP의 차이

펜타데실산의 15-탄소 또는 팔미트산의 16-탄소보다 긴 사슬을 갖는 지방산은 활면 소포체(smooth endoplasmic reticulum)의 외부표면에 위치한 효소에 의해 합성된다. 이러한 유형의 합

Box 12.1 지방산 합성에 필요한 에너지

지방산 분자의 합성은 ATP와 NADPH를 필요로 한다. 에너지 요구량을 계산하기 위해서는 먼저 합성 경로를 면밀히 검토해야 한다. 1 분자의 팔미트산염(팔미트산 음이온)을 제조하기 위해서는 7회의 합성 사이클이 필요하다. 이 7회의 합성 사이클의 기본 방정식은 다음과 같다.

$$\text{아세틸 CoA} + 7\text{말로닐 CoA} + 14\text{NADPH} + 20H^+ \rightarrow \text{팔미트산염} + 7CO_2 + 14\text{NADP}^+ + 8\text{CoA} + 6H_2O$$

이 방정식을 더욱 포괄적으로 만들기 위해서는 7개 말로닐 CoA 분자가 어떻게 합성되는지도 고려해야 한다:

$$7\text{아세틸 CoA} + 7CO_2 + 7\text{ATP} \rightarrow 7\text{말로닐 CoA} + 7\text{ADP} + 7P_i + 14H^+$$

이 두 반응을 합쳐서 팔미트산염 한 분자 생합성을 위한 전체 방정식으로 표현하면 다음과 같다:

$$8\text{아세틸 CoA} + 7\text{ATP} + 14\text{NADPH} + 6H^+ \rightarrow \text{팔미트산염} + 14\text{NADP}^+ + 8\text{CoA} + 6H_2O + 7\text{ADP} + 7P_i$$

성을 개시하기 위해서는, 펜타데실산 또는 팔미트산은 ACP가 아닌 조효소 A에 부착되어, 말로닐 CoA로부터 아세틸 단위로 연장된다.

각각의 이중결합은 산화 반응에 의해 탄화수소 사슬 내로 도입되는데, 이 반응을 매개하는 효소는 **NADH-시토크롬 b_5 환원효소(NADH-cytochrome b_5 reductase)**, **시토크롬 b_5(cytochrome b_5)**, **불포화효소(desaturase)**를 포함하는 효소 복합체이다. 이 복합체는 활면소포체의 외부 표면상에 위치하고, 지방산 CoA 유도체(CoA가 지방산에 붙어 활성화된 형태)를 기질로 사용한다. 전자는 산화를 유도하기 위해 효소 복합체를 통하여 전달된다(그림 12.7). 포유동물은 Δ^4, Δ^5, Δ^6, Δ^9라고 하는 4가지의 다른 불포화효소를 가지는데, 이들은 지방산의 4, 5, 6, 9번째 탄소 다음에 이중결합을 추가할 수 있다. 이것은 포유류가 18:2($\Delta^{9,12}$), 18:3($\Delta^{9,12,15}$), 18:3($\Delta^{6,9,12}$)의 구조를 갖는 각각의 리놀레산 및 리놀렌산의 α- 및 γ- 형태를 생합성 할 수 없다는 것을 의미한다. 따라서 포유동물은 리놀레산과 리놀렌산을 음식을 통해 섭취해야 하는데, 그 이유는 이 지방산들은 다른 주요 지방산 합성을 위한 전구물질들이기 때문이다. 이들은 에이코사노이드(eicosanoid) 호르몬이 아라키돈산(arclidonic acid)으로부터 생합성되는데, 아라키돈산 생합성을 위한 전구체로서 상기 두 지방산이 사용된다(Box 5.2 참조). 아라키돈산의 화학식은 20:4($\Delta^{5,8,11,14}$)이고, 포유동물은 리놀레산에 또 다른 2-탄소 단위의 첨가 전후에 Δ^6 및 Δ^5 불포화효소의 산화반응을 통하여 이중결합을 추가함으로써 아라키돈산을 만들 수 있다.

동물은 펜타데실산의 15-탄소보다 짧은 사슬 길이를 갖는 지방산을 제조할 수 없다. 반면, 식물은 15-탄소 미만의 일부 지방산을 포함하여 더 다양한 지방산을 만들 수 있으며, 월계수 나무의 꼬투리와 코코넛과 팜 오일에서 발견되는 12-탄소의 라우린산(lauric acid), 육두구(nutmeg)에서 발견되는 14-탄소의 미리스틱산(myristic acid) 등이 그 예이다. 식물은 지방산 합성에 관여하는 효소의 배열의 차이 때문에 이와 같은 더 짧은 구조를 만들 수 있다. 포유동물에서 6개의 핵

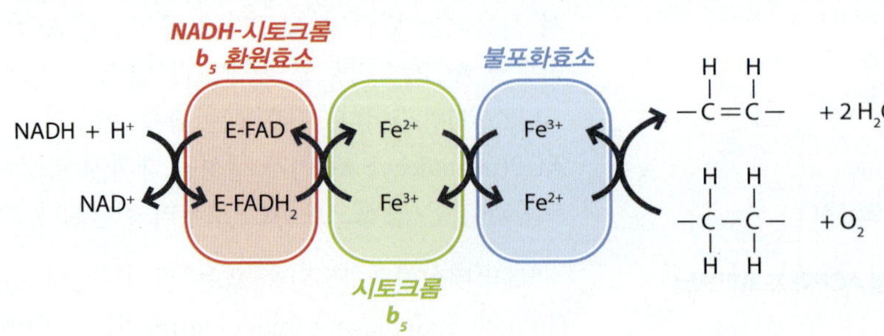

그림 12.7 지방산의 이중결합 도입
전자는 NADH에서 NADH-시토크롬 b_5 환원효소의 FAD로 이동한 다음 시토크롬 b_5의 헴으로 옮겨 Fe^{3+}를 Fe^{2+}로 환원시킨다. 이들은 불포화효소에 존재하는 Fe^{3+}를 Fe^{2+}로 환원시킨다. 최종적으로 불포화효소는 표적하는 결합을 산화시킨다.

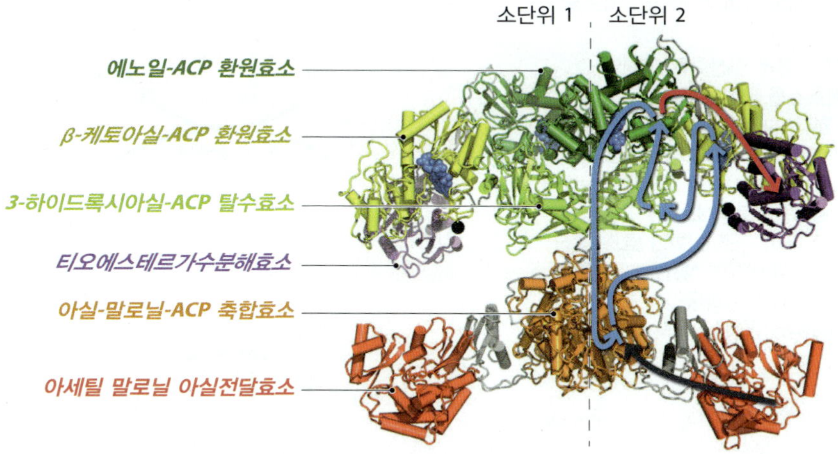

그림 12.8 포유류의 지방산 합성효소
단백질은 두 개의 동일한 구조의 소단위를 가진 이량체이다. 그림의 왼쪽에 지방산 합성에 관련된 6가지 효소 활성의 명칭과 대략적인 위치를 표시하였다. 효소 구조의 오른편에 있는 화살표는 소단위 내에서 성장하는 지방산의 이동경로를 대략적으로 나타내 준다. 아세틸 및 말로닐 단위의 아실화를 포함하는 초기 단계 반응은 오른쪽 하단에서 일어나고, 그 생성물은 축합효소 활성 쪽으로 전달된다(회색 화살표). 지방산 사슬의 길이가 신장되는 축합–환원–탈수–환원 반응은 파란색 화살표로 표시되어 있다. 일단 신장이 완료된 팔미토일 ACP는 티오에스테르가수분해효소 활성 방향으로 (적색 화살표) 운반되고 팔미트산 분자는 그의 ACP 운반체로부터 절단되어 떨어져 나온다. 실제, 경로는 여기에서 보이는 것과 정확히 일치하지는 않는다. 왜냐하면 개별 지방산의 합성은 서로 다른 소단위의 활성 사이의 왕복을 포함하기 때문이다. (AAAS로부터 허가를 받아 *Science* 2008; **321**: 1315로부터 재생산한 그림.)

심효소[아실전달효소(transacylases), 아실-말로닐-ACP 축합효소(acyl-malonyl-ACP condensing enzyme), 베타-케토아실-ACP 환원효소(β-ketoacyl-ACP reductase), 3-하이드록시아실 ACP 탈수효소(3-hydroxyacyl ACP dehydratase), 에노일-ACP 환원효소(enoyl-ACP reductase), 티오에스테르가수분해효소(thioesterase)] 활성은 하나의 다기능 단백질(multifunctional protein)에 포함되어 있다. **지방산 합성효소(fatty acid synthase)**라고 불리는 이 단백질 내에서 여섯 가지 효소에 대한 활성은 각각 폴리펩타이드 사슬의 다른 부위에서 나타난다(그림 12.8).

지방산 합성 동안, 탄화수소 사슬의 성장 말단은 하나의 활성 부위에서 다음 활성 부위로 이동된다. 이와 같은 위치 이동은 운반 단백질(carrier protein)의 포스포판테테인(phosphopantetheine) 그룹에 의해 형성된 팔의 유연성에 기반하는 것으로써 지방산은 포스포판테테인에 붙어 있다. 성장하는 지방산은 15- 또는 16-탄소에 도달할 때까지는 지방산 합성효소 복합체에서 떨어져 나오지 않으므로 더 짧은 지방산이 만들어지지 않는다. 식물에는 이와 같은 지방산 합성효소가 없으며, 느슨한 상호작용을 하는 여러 단백질들에 의해 이들 지방산 합성을 위한 활성이 제공된다. 따라서 성장하는 지방산은 느슨한 상호작용을 하는 개별 효소 사이를 왕래하면서 합성된다. 동물의 경우와 마찬가지로 이러한 효소는 길이 15- 또는 16-탄소까지만 지방산을 합성하지만, 성장하는 지방산 사슬이 단일 단백질 내에서 합성되지 않기 때문에 필요에 따라서는 짧은 사슬 분자가 신장과정에서 방출될 수도 있다.

말로닐 CoA의 합성은 지방산 합성의 주요 조절 단계이다

말로닐 CoA는 지방산 합성을 위한 전구체 역할 이외에 세포 내에서 거의 다른 역할을 하지 않기 때문에, 아세틸 CoA가 말로닐 CoA로 전환되는 과정을 조절함으로써 지방산 합성 경로를 조절한다는 것은 별로 놀라운 일이 아니다. 이것은 첫 번째 단계에 관여하는 효소를 조절함으로써 전

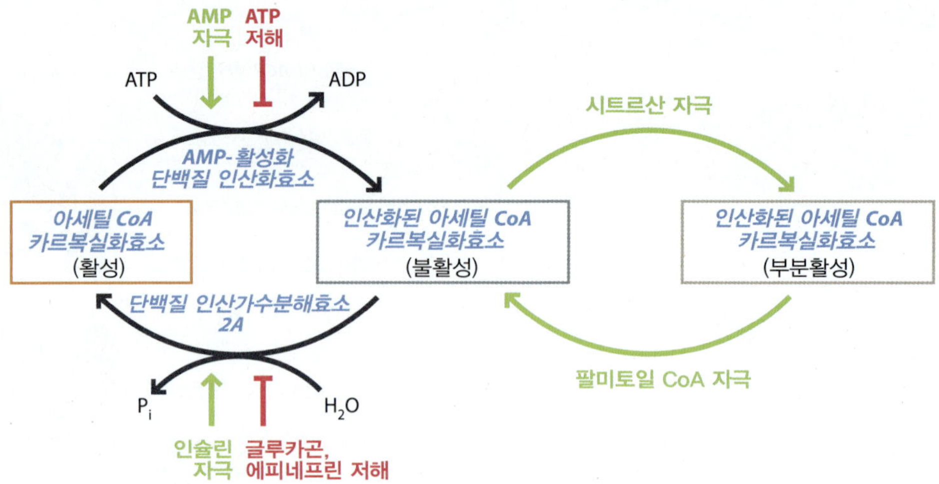

그림 12.9 아세틸 CoA 카르복실화효소의 조절

시트르산이 어떻게 인산화된 아세틸 CoA 카르복실화효소를 활성화시키는지는 잘 알려져 있지 않다. 하지만 실험에서 시트르산에 의한 활성화는 효소의 모양을 8개 구 모양(octameric spheres)에서 필라멘트(polymeric filament)형으로의 효소의 구조적 변화를 유발한다. 이 구조 변화가 효소 활성화에 따른 것인지 여부에 상관없이, 아직까지 그것이 활성화의 결과물인지 또는 실험적 인공물(artifact)인지는 아직 확립된 바 없다.

체 대사회로를 조절하는 좋은 예이며, 이 경우의 첫 번째 반응은 말로닐 CoA가 형성되는 반응이다. 이 조절 체계는 세포가 풍부한 에너지를 공급받을 때에만 지방산을 합성하게 하고, 이들 중 일부를 지방산과 트리아실글리세롤의 형태로 저장할 수 있게 해 준다.

세포 내의 잉여 ATP와 AMP 결핍이 충분한 에너지가 공급되었다는 신호가 된다. 이와 같은 조건에서는 아세틸 CoA를 말로닐 CoA로 전환시키는 아세틸 CoA 카르복실화효소(actyl CoA carboxylase)는 완전히 활성화된다. 반면, 세포 내의 ATP 농도가 감소하고 AMP가 증가하면 카르복실화효소는 높은 농도의 AMP에 의해 저해된다. 상기 조절은 카르복실화효소 폴리펩타이드 내의 세린 잔기를 인산화시키는 **AMP-활성화 단백질 인산화효소(AMP-activated protein kinase)**에 의해 촉매된다. 이 변형은 결국 카르복실화효소를 불활성화시킨다. 에너지 공급이 다시 증가하면, AMP의 농도가 감소하고 인산화효소는 높은 농도의 ATP에 의해 저해된다(**그림 12.9**). 따라서 카르복실화효소에 더 이상 인산화가 일어나지 않게 되고, 불활성화되었던 카르복실화효소의 세린잔기에 붙은 인산염은 **단백질 인산가수분해효소 2A(protein phosphatase 2A)**에 의해 제거되어 재활성화된다.

또한 인산화된 아세틸 CoA 카르복실화효소는 인산염을 제거하지 않고 부분적으로 재활성화 될 수도 있다. 이 효과는 시트르산에 의해서 활성화되는데, 시트르산은 TCA 회로의 시작인 아세틸 CoA로부터 직접 생합성된다. 따라서 세포 내에 높은 농도의 시트르산이 존재한다는 것은 지방산 합성에 사용될 수 있는 과량의 아세틸 CoA가 있다는 것을 의미한다. 반대로, 풍부한 양의 팔미토일 CoA는 세포 내의 지방산 농도가 높다는 것을 의미하고, 더 이상 지방산 합성이 필요하지 않음을 나타낸다. 따라서 팔미토일 CoA는 시트르산 효과와 반대로 작용하여 지방산 합성을 멈추게 한다.

아세틸 CoA 카르복실화효소의 인산화 상태는 혈당을 조절하여 신체 에너지 상태를 모니터하는 호르몬들인 글루카곤(glucagon), 에피네프린(epinephrine), 인슐린(insulin)에 더 큰 영향을 받는다. 글루카곤과 에피네프린은 단백질 인산가수분해효소 2A를 저해함으로써 낮은 에너지 수준에 반응하는데, 이는 카르복실화효소를 비활성 상태로 유지하여 지방산 합성이 일어나지 않도록 한다. 인슐린은 반대 효과를 가지는데, 혈당이 높을 때 인산가수분해효소를 활성화시켜 지방산 합성을 증가시키는 것으로 보인다.

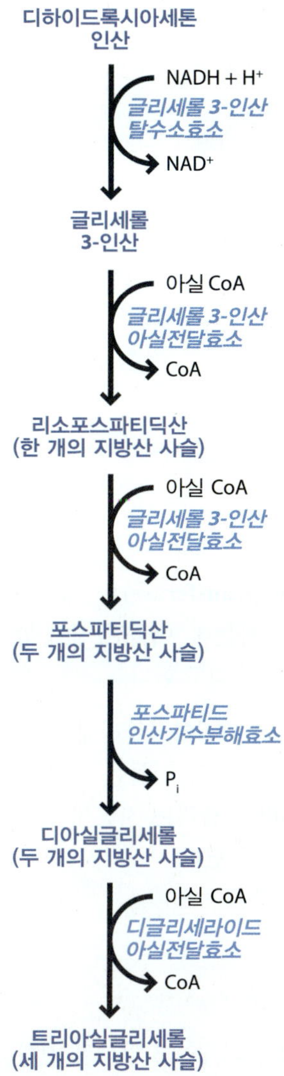

그림 12.10 트리아실글리세롤 합성의 개요

12.1.2 트리아실글리세롤 합성

트리아실글리세롤(triacylglycerol) 합성은 해당과정에서 생성된 중간산물 중 하나인 디하이드록시아세톤 인산(dihydroxyacetone phosphate)을 글리세롤 3-인산(glycerol 3-phosphate)으로 먼저 전환한 후, 아실 CoA 기질로부터 지방산 측쇄를 하나씩 연결하는 짧은 경로를 거치게 된다(**그림 12.10**).

1단계. 글리세롤 3-인산 탈수소효소(glycerol 3-phosphate dehydrogenase)는 디하이드록시아세톤 인산을 글리세롤 3-인산으로 환원시킨다.

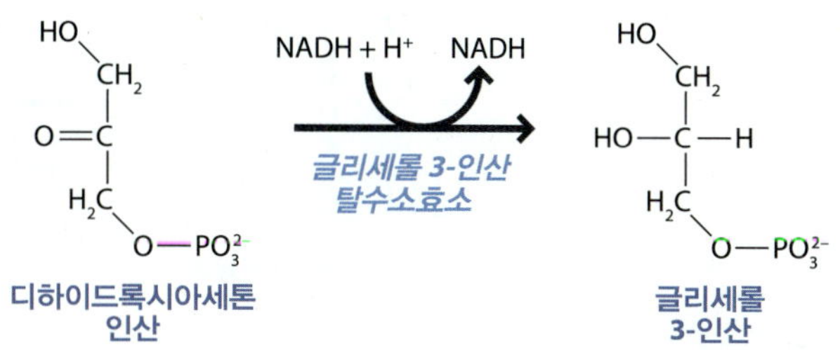

2단계. 조효소 A에 결합된 첫 번째 지방산은 글리세롤 3-인산(인산을 가진 탄소는 3번 탄소임)의 첫 번째 탄소로 옮겨진다. 이 반응을 매개하는 효소는 **글리세롤 3-인산 아실전달효소(glycerol 3-phosphate acyltransferase)**이며, 이 반응 결과물의 구조는 리소포스파티드산(lysophosphatidic acid)이라 불린다.

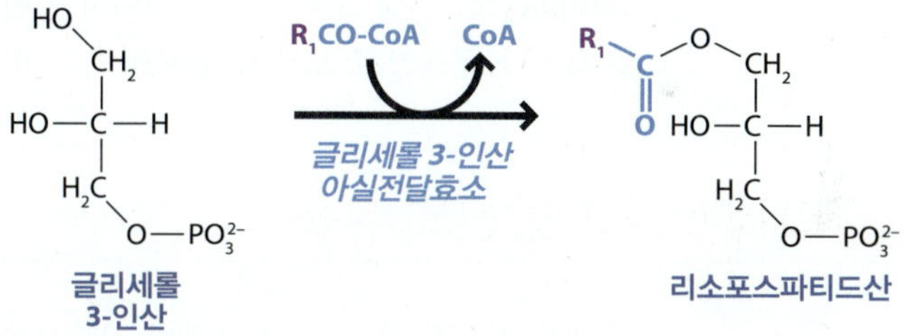

3단계. 두 번째 지방산은 두 번째 탄소에 붙어서 포스파티드산(phosphatidic acid)을 만든다. 다시 이것은 글리세롤 3-인산 아실전달효소에 의해 촉매된다.

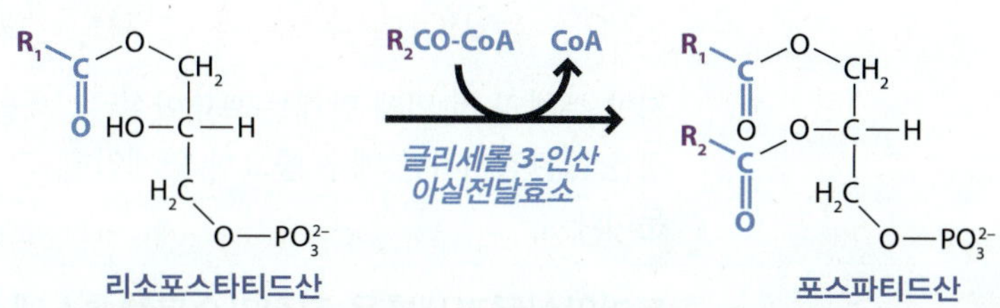

포스파티드산은 글리세로인지질(glycerophospholipid)의 단순한 유형이며, 막에서 발견되는 보다 복잡한 글리세로인지질을 합성하는 데 사용될 수 있다.

4단계. 포스파티드인산가수분해효소(phosphatidate phosphatase)는 3번 탄소의 인산기를 제거하여 디아실글리세롤(diacylglycerol)을 생성한다.

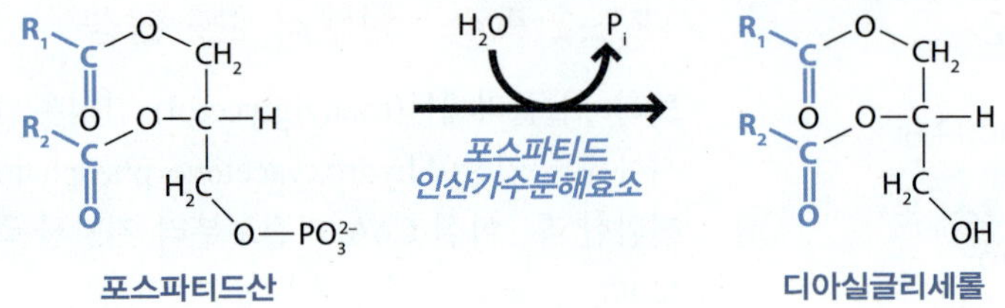

5단계. 이제 세 번째 지방산이 추가되어 공정을 완료한다.

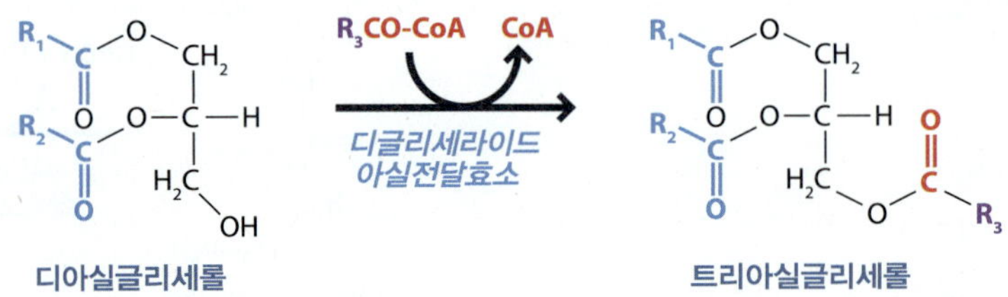

이 단계를 위한 효소인 **디글리세라이드 아실전달효소(diglyceride acyltransferase)**는 포스파티데이트 인산가수분해효소(phosphatidate phosphatase)와 복합체를 형성하는데, 이들 활성이 묶여 있는 복합체를 **트리글리세롤 합성효소(triacylglycerol synthetase)**라 부르기도 한다.

트리아실글리세롤 합성은 주로 간세포의 소포체 내에서 일어난다. 트리아실글리세롤은 단백질과 결합하여 **지질단백질 복합체(lipoprotein complexe)**를 형성하고, 이들은 **지방세포(adipocyte**; 지방 조직에서 발견되며 일반적으로 지방세포로 알려짐)라고 불리는 저장세포로 이동하거나 근육으로 보내져 분해를 통하여 에너지를 만드는 데 사용되기도 한다.

12.2 트리아실글리세롤과 지방산의 분해

우리는 아세틸 CoA 분자로부터 지방산이 생성되는 과정과 지방산이 글리세롤 3-인산과 결합하여 트리아실글리세롤로 합성되는 과정을 살펴보았다. 이제부터는 에너지를 생산하기 위하여 트리아실글리세롤과 지방산이 분해되는 과정인 **지방분해(lipolysis)**를 살펴보려고 한다.

12.2.1 트리아실글리세롤의 지방산과 글리세롤로의 분해

지방 분해의 첫 번째 단계는 트리아실글리세롤을 지방산과 글리세롤로 전환시키는 것이다. 이 과정은 직관적이지만 매우 중요한 단계인데, 그 이유는 전체 지방 분해 경로의 주요 조절점이기 때문이다.

트리아실글리세롤은 지질가수분해효소에 의해서 절단된다

트리아실글리세롤은 **지질가수분해효소(lipase)**에 의해서 절단되며, 지질가수분해효소는 글리세롤 구조에 붙어 있는 세 개의 지방산 사슬을 절단하는 역할을 한다(그림 12.11). 지질가수분해효소는 글리세롤의 각기 다른 탄소에 붙어 있는 지방산을 절단할 때 세 가지 탄소 각각에 특이성을 나타낸다. 따라서 하나의 트리아실글리세롤에서 세 가지 지방산을 모두 제거하려면 세 가지 효소를 조합해야 한다.

포유류의 경우는 췌장(pancreas)에서 생성된 지질가수분해효소가 장 내로 분비되어 식이 섭취 시 트리아실글리세롤로부터 지방산을 제거한다. 그런 다음 지방산은 소장 내부에 있는 세포에

Box 12.2 지질단백질

트리아실글리세롤, 인지질, 콜레스테롤(cholesterol)은 혈액 및 림프와 같은 수용액에서 비교적 불용성이다. 따라서 이들은 **지질단백질(lipoproteins)**이라고 불리는 다중 분자 구조의 형태로 신체의 필요한 곳으로 운반된다. 지질단백질은 미셀 형태의 입자(micelle-like particle)이며, 이 구조의 중심부 핵은 트리아실글리세롤과 콜레스테롤 분자로 이루어져 있어 소수성을 띤다. 이 소수성 핵을 둘러싸는 물질은 중간 중간 단백질들이 박혀 있는 양친매성 지질(amphiphilic lipid)로 되어 있다.

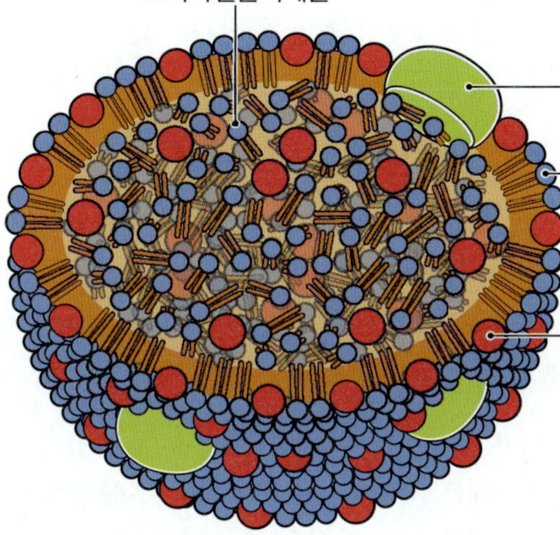

지질단백질의 단백질 성분들은 **아포지질단백질(apolipoprotein)** 또는 **아포단백질(apoprotein)**이라고 불리는데, 이들은 세포 표면 수용체에 의해 인식될 수 있기 때문에 지질단백질이 필요한 정확한 조직에 흡수될 수 있다.

지질단백질은 세 그룹으로 분류된다:

- **유미입자(chylomicrons)**는 분자량 400 kDa 이상의 가장 큰 지질단백질이다. 이들은 식이성 트리아실글리세롤과 콜레스테롤을 장내에서 다른 조직으로 운반한다. 장을 떠난 후 그들은 근육 및 지방조직으로 이동하며, 여기서 트리아실글리세롤은 **지질단백질 지질가수분해효소(lipoprotein lipase)**의 작용에 의해 지방산과 모노아실글리세롤로 분해된다. 이 효소는 근육 및 지방 세포의 바깥쪽에 위치하고 있으며, 유미입자 표면의 아포단백질 중 하나인 **apoC-II**에 의해 활성화된다. 지방산과 모노아실글리세롤은 조직에 흡수된 후, 에너지 생산에 이용되거나 저장을 목적으로 트리아실글리세롤로 다시 전환되기도 한다. 그들의 트리아실글리세롤 함량이 고갈됨에 따라, 유미입자는 수축하여 콜레스테롤이 풍부한 **유미입자 잔류물(chylomicron remnants)**을 형성한다. 이들은 간으로 수송되어 세포 표면 수용체에 결합함으로써 세포 내 섭취(endocytosis)에 의해 흡수된다.
- **초저밀도 지질단백질(very low density lipoprotein, VLDL), 중간밀도 지질단백질(intermediate density lipoprotein, IDL), 저밀도 지질단백질(low density lipoproteins, LDL)**은 모두 서로 관련이 있다. VLDL은 간에서 합성되어 지질을 근육 및 지방 조직으로 이동시킨다. 유미입자와 마찬가지로 VLDL의 트리아실글리세롤은 지질단백질 지질가수분해효소에 의해 분해되고, 이로부터 방출된 지방산은 근육 또는 지방 세포에서 흡수된다. VLDL 잔여물은 혈액에 IDL로 남아 있게 되고, 결국 아포단백질 함량을 잃게 되어 LDL이 된다. LDL은 다양한 유형의 세포들에 의해 흡수되어 **리소좀(lysosomes)**이라 불리는 세포소기관에 위치한 효소에 의해 분해된다.
- **고밀도 지질단백질(high density lipoproteins, HDL)**은 콜레스테롤을 간으로 다시 운반한다는 점에서 LDL의 기능과 반대 기능을 한다. HDL은 주로 다른 지질단백질의 분해과정에서 생성되는 지질과 아포단백질로부터 혈액에서 합성된다. HDL은 세포막에서 콜레스테롤을 추출하여 간으로 이동시켜 준다. 간은 잉여 콜레스테롤을 **담즙산(bile acid)**으로 처리한다(5.1.2절 및 12.3.2절 참조).

혈중 콜레스테롤 수치는 심혈관 질환과 연관이 있는데, 그 이유는 LDL로부터 혈관 내면으로 콜레스테롤과 다른 지질이 축적되면서 **죽상동맥경화증(atherosclerosis)** ['hardening of arteries'('동맥 경화')]이 촉진되기 때문이다. 백혈구가 콜레스테롤 침전물에 축적되면, 염증과 혈관 막힘을 유발할 수 있다. 관상동맥의 막힘은 **심근경색(myocardial infarction)**이나 **심장마비(heart attack)**로 이어질 수 있는데, 이는 서양 선진국들에서 발생하는 가장 흔한 사망 원인 중 하나이다. 대뇌 동맥의 혈전(blood clots)은 뇌졸중을 일으키는 반면, 사지 말초 혈관의 혈전은 괴사를 일으킬 수 있다. 따라서 혈액 내의 지질을 제거하는 '좋은' 콜레스테롤인 HDL과 달리, LDL은 '나쁜' 콜레스테롤로 간주된다.

흡수된다. 그러나 지방산은 이 조직에서 에너지원으로 활용되지 않고 다시 트리아실글리세롤로 전환되어 **유미입자(chylomicron)**라 불리는 거대한 지질단백질 형태로 림프계 및 혈류로 방출된다. 이들 새로 형성된 트리아실글리세롤은 이제 에너지 공급원으로써 이용되기 위해 근육세포로

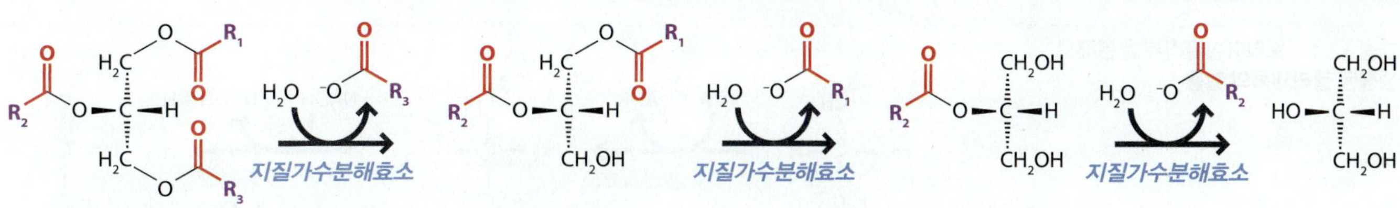

그림 12.11 지질가수분해효소에 의한 트리아실글리세롤 분해
R1, R2, R3은 지방산 탄화수소 사슬이다.

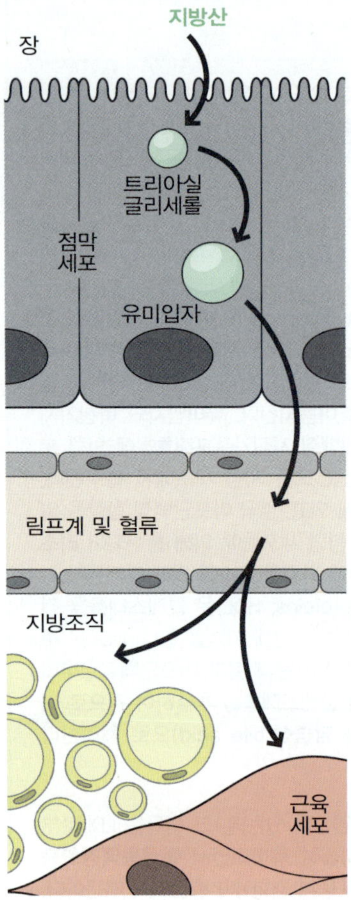

그림 12.12 장으로부터 근육과 지방조직으로 지방산의 수송
지방산은 장의 점막 세포에 흡수되어 트리아실글리세롤로 전환 후 유미입자로 포장되어 림프계와 혈류를 통해 근육세포와 지방조직으로 전달된다.

이동하거나 저장을 위한 지방조직으로 이동한다(**그림 12.12**).

지방조직의 지방세포에서 일어나는 트리아실글리세롤의 분해는 각기 다른 종류의 지질가수분해효소가 관여한다. 이들 지질가수분해효소의 작용으로 만들어진 지방산과 글리세롤은 혈류로 전달되어 근육과 다른 조직으로 전달된다. 이러한 조직 내에서 지방산은 **베타-산화(β-oxidation)**라고 불리는 에너지 생산과정을 통하여 추가로 분해되는데, 다음 절에서 그 과정을 상세히 살펴볼 것이다. 글리세롤은 간으로 이동하여 글리세롤 3-인산(glycerol 3-phosphate)으로 전환된 뒤, 디하이드록시아세톤 인산(dihydroxyacetone phosphate)으로 전환된다(**그림 12.13**). 이 경로의 두 단계는 각각 **글리세롤 인산화효소(glycerol kinase)**와 글리세롤 3-인산 탈수소효소(glycerol 3-phosphate dehydrogenase)에 의해 촉매되며, 두 번째 단계는 트리아실글리세롤 합성경로의 1단계 반응의 역반응이다. 디하이드록시아세톤 인산은 해당과정의 중간체이므로, 트리아실글리세롤의 지방산과 글리세롤 성분 모두는 에너지 생성에 사용된다.

트리아실글리세롤 절단은 지방분해의 주요 조절점이다

개별 지방산이 분해되는 과정인 베타-산화 경로에는 주요 조절점이 없기 때문에, 지방산 산화 속도는 지방산 가용률에 절대적으로 의존한다. 이는 특정 시간 동안 지질로부터 생성되는 에너지의 양은 트리아실글리세롤이 지방산으로 전환되는 속도에 의해 거의 전적으로 결정된다는 것을 의미한다. 따라서 지질가수분해효소가 전체 지방분해 경로를 조절하는 중요한 역할을 한다.

지방세포에서의 지질가수분해효소의 활성은 혈류 내의 다양한 호르몬 수준에 반응한다. 글루카곤(glucagon), 에피네프린(epinephrine), **노르에피네프린(norepinephrine)**, **부신피질자극호르몬(adrenocorticotropic hormone)**은 각각 지질가수분해효소 활성을 자극하여 지방산이 트리아실글리세롤에서 방출되는 속도를 증가시킨다. 인슐린은 지질가수분해효소를 억제하고 트리아실글리세롤 분해를 감소시키는 반대 효과를 가지고 있다. 이들 다섯 가지 호르몬 모두는 우리가 이미 살펴본 방식으로 작용한다: 이들은 지질가수분해효소 활성을 조절하는 단백질 인산화효소 활성을 간접적으로 조절한다(**그림 12.14**). 인산화된 지질가수분해효소는 활성화된 효소이고, 탈인산화된 것은 비활성이다. 글루카곤, 에피네프린, 노르에피네프린, 부신피질자극호르몬은 아데닐산 고리화효소(adenylate cyclase)를 활성화시켜 세포내 cAMP 농도를 증가시킴으로써 단백질 인산화효소를 자극한다. 증가된 cAMP에 반응하여 단백질 인산화효소는 지질가수분해효소를 인산화시켜 트리아실글리세롤 분해를 증가시킨다. 이 반응은 혈당 농도가 낮고 에너지가 필요할 때 일어난다. 한편, 인슐린은 지방 분해 속도를 감소시킴으로써 고혈당 수치에 반응한다. 따라서 인슐린은 아데닐산 고리화효소를 불활성화시켜 cAMP 농도가 낮아지게 함으로써 인산화효소의 스위치를 끈다. 또한 인슐린은 인산가수분해효소(phosphatase)를 자극하여 인산화효소에 의해 인산화된 인산을 제거하여 지질가수분해효소를 불활성화시킨다.

그림 12.13 트리아실글리세롤 분해로 생성된 글리세롤의 활용

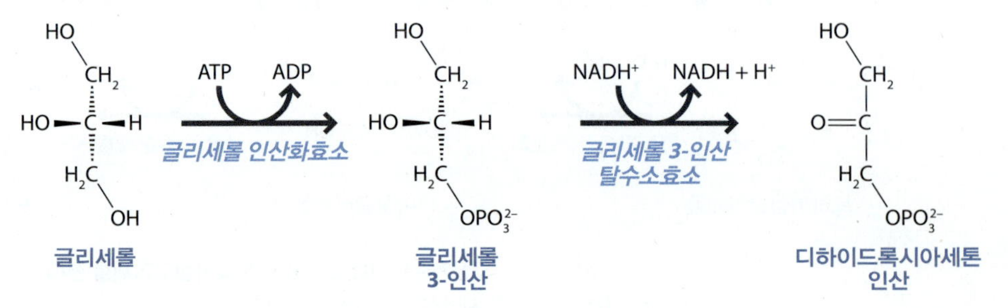

그림 12.14 **트리아실글리세롤 분해 억제**
약어: ACTH, 부신피질자극호르몬.

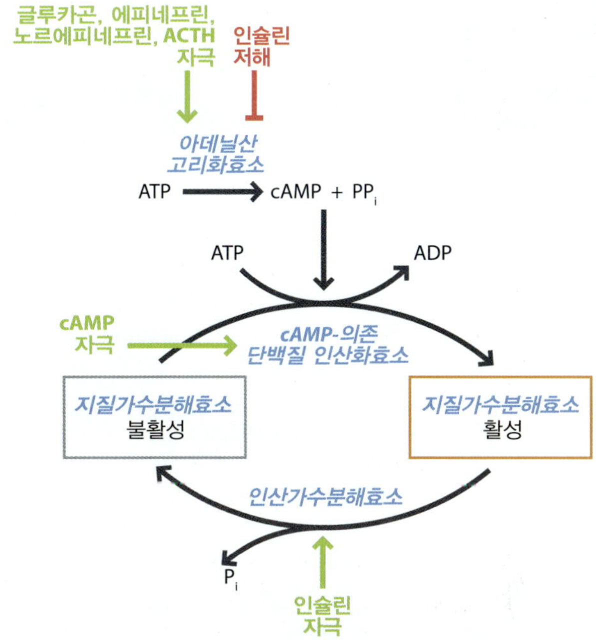

12.2.2 지방산의 분해

전통적으로 미토콘드리아 기질은 지방산 분해가 이뤄지는 장소로 여겨지고 있다. 이것은 1949년 유진 케네디(Eugene Kennedy)와 앨버트 레닌저(Albert Lehninger)가 수행한 중요한 실험의 결론이었기 때문이다. 현재 알려진 바로는 지방산 분해는 이들이 밝힌 것과 같이 미토콘드리아 기질에서도 일어나고, 일부 지방산 분해는 **퍼옥시좀(peroxisomes)**에서도 일어나는 것으로 알려져 있다. 이들은 단일 막으로 둘러싸인 소기관이며 모든 진핵세포의 세포질에서 발견된다. 퍼옥시좀은 1954년에 발견되었으며, 발견 후 몇 년 동안은 이들의 생화학적 역할을 명확히 찾아내지 못했었다. 오늘날은 이들이 지방산 분해에 일부 관여하는 것으로 알려져 있다. 사실, 식물과 일부 진핵세포에서는 지방산 분해가 퍼옥시좀에서만 독점적으로 일어난다—미토콘드리아는 전혀 관련이 없다. 사람과 같은 동물을 포함한 진핵세포에서 대부분 지방산은 미토콘드리아에서 분해되지만 긴 사슬 분자는 퍼옥시좀에서 먼저 짧은 단위로 분해된 뒤 완전 분해를 위하여 미토콘드리아로 이동된다.

먼저, 동물세포에서의 팔미트산 분해과정을 살펴봄으로써 지방산 분해에서의 미토콘드리아의 역할을 알아볼 것이다. 다음으로, 퍼옥시좀에서 일어나는 약간 다른 분해과정을 살펴볼 것이다. 합성과 마찬가지로, 이중결합을 포함한 지방산과 홀수 개의 탄소로 구성된 지방산의 분해도 고려해 볼 것이다.

지방산은 미토콘드리아로 수송되기 전에 아실 형태로 전환된다

혈류에서 흡수된 지방산은 분해에 앞서 조효소 A에 부착되어 아실 CoA 유도체를 형성한다(그림

그림 12.15 **지방산 분해 전 지방산을 CoA에 부착하는 과정**
'R'은 지방산 탄화수소 사슬을 나타낸다.

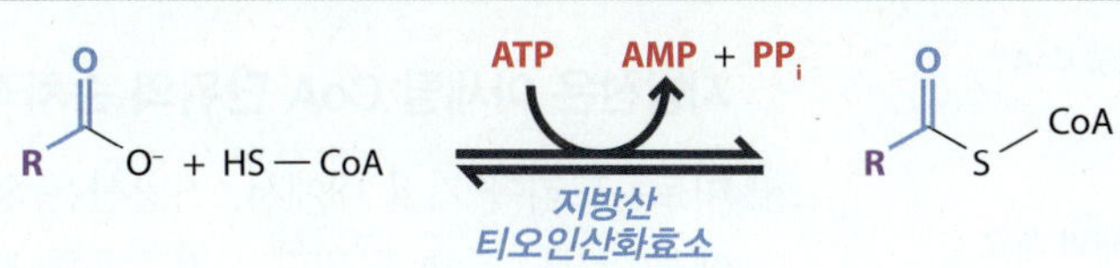

그림 12.16 카르니틴 유도체로서 미토콘드리아 내막을 가로지르는 지방산
이 과정은 불포화 지방산과 10-탄소보다 긴 포화 지방산에 대해서만 작용한다. 짧은 포화 지방산은 미토콘드리아 내막을 직접 통과할 수 있다.

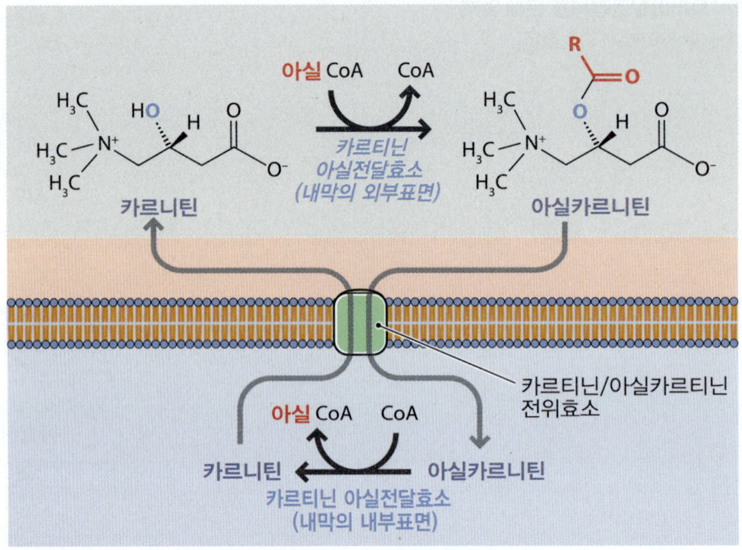

12.15). 이 반응에 관여하는 효소는 **지방산 티오인산화효소(fatty acid thiokinase)**이며, 반응에서는 ATP 분해에 의해 제공되는 에너지를 필요로 한다. 이 반응에서 ATP가 AMP로 전환되는 것에 주목할 필요가 있다. 즉, 지금까지 살펴본 ATP 요구 반응의 대부분은 단 하나의 인산을 절단하는 것이었는데, 이 반응에서는 두 개의 '고에너지' 결합이 절단된다는 것을 의미한다.

지방산 티오인산화효소는 미토콘드리아 외막에 붙어 있어서 '활성화된' 지방산이 미토콘드리아 표면에 형성되는데, 분해를 위해서는 미토콘드리아 내부로 이들을 운반해야 한다. 탄소 수가 10개 이하이고 이중결합이 없는 포화 지방산의 CoA 유도체들은 미토콘드리아 막을 통해 직접 미토콘드리아 기질로 이동할 수 있다. 반면, 더 긴 지방산 CoA 유도체들과 불포화 지방산은 길이에 상관없이 미토콘드리아 내막을 가로질러 갈 수 없다. 이 분자들의 수송을 위하여 CoA 그룹은 **카르니틴(carnitine)**으로 대체된다. 카르니틴은 리신과 메티오닌에서 유래한 작은 극성 분자로써, 체지방을 감소시키는 능력 때문에 보디빌딩용 보충제로써 명성을 얻었다. 사실, 카르니틴은 간과 신장에서 충분한 양이 합성되고 있을 뿐더러 붉은 고기 및 우유와 같은 천연 식이에 많이 함유되어 있기 때문에 운동 성능을 향상시킬 수 있는 보충제라는 주장을 뒷받침 할만한 증거는 전혀 없다.

지방산에 결합한 CoA를 카르니틴으로 대체시키는 반응은 **카르니틴 아실전달효소(carnitine acyltransferase)**에 의해 촉매되며, 이 효소는 미토콘드리아 내막의 바깥 표면에 위치한다(그림 12.16). 아실카르니틴 유도체는 세포막 단백질인 **카르니틴/아실카르니틴 전위효소(carnitine/acylcarnitine translocase)**에 의해 미토콘드리아 내막을 통해 수송되어, 아실카르니틴 분자를 미토콘드리아 기질로 운반할 수 있다. 일단 기질 안으로 들어가면, 미토콘드리아 내막의 안쪽에 부착된 카르니틴 아실전달효소의 두 번째 유형이 카르니틴 그룹을 다시 CoA로 대체하여 원래의 아실 CoA 분자를 재생성한다. 이 단계에서 방출된 카르니틴은 전위효소에 의해 미토콘드리아 내막을 가로질러 다시 밖으로 이동하여 또 다른 지방산 수송에 참여하게 된다.

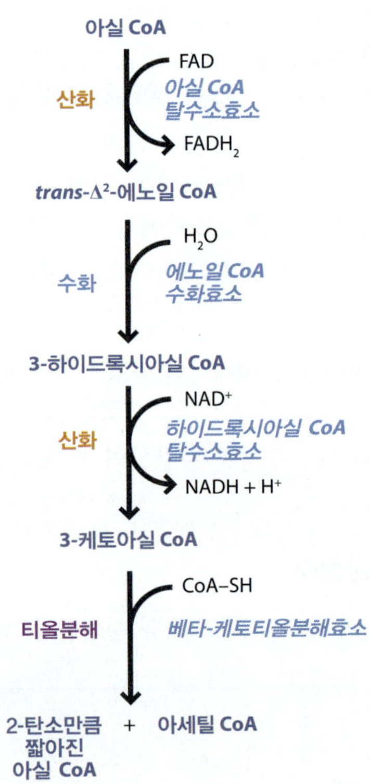

그림 12.17 지방산 분해의 개요

지방산은 아세틸 CoA 단위의 순차적 제거에 의해 분해된다

미토콘드리아 기질 내에서, 지방산은 일련의 반응을 거쳐 분해되며, 이는 탄화수소 사슬의 말단에서 아세틸 CoA 단위가 순차적으로 제거되는 결과를 초래한다. 이들 반응 중 두 반응이 산화반응인 것에 기인하여 전체 반응을 통칭하여 '베타-산화(β-oxidation)' 경로로 불린다. 아실 CoA 분자의 말단에서 아세틸 CoA 단위를 제거하는 데 필요한 단계는 다음과 같다(**그림 12.17**):

1단계. 2번 탄소 및 3번 탄소(각각 α 및 β 탄소)를 연결하는 단일결합은 이중결합으로 전환된다. 이것은 산화반응으로써 $FADH_2$ 분자를 생성하고, **아실 CoA 탈수소효소(acyl CoA dehydrogenase)**에 의해 촉매된다.

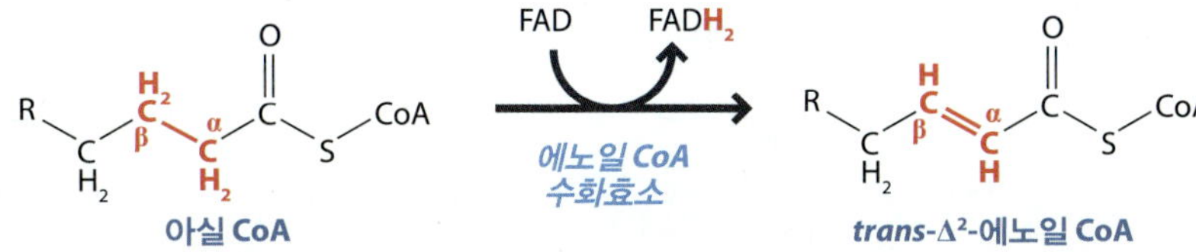

이 반응 결과, Δ^2 지방산이 생성된다. 화학적 측면에서, 지방산은 이제 일종의 에노일(enoyl) 화합물(**그림 12.18**)이므로 트랜스-Δ^2-에노일 CoA(trans-Δ^2-enoyl CoA)로 명명할 수 있다. 상이한 길이의 지방 아실 CoA 사슬(fatty acyl CoA chains)에 활성을 가지는 세 가지 유형의 아실 CoA 탈수소효소가 있다.

2단계. 하이드록실기(hydroxyl group)가 β 탄소에 추가되어 이중결합이 단일결합으로 전환된다. 물이 사용되는 수화반응(hydration reaction)이며, **에노일 CoA 수화효소(enoyl CoA hydratase)**에 의해 촉매된다. 이 반응의 생성물은 3-하이드록시아실 CoA(3-hydroxyacyl CoA)이다.

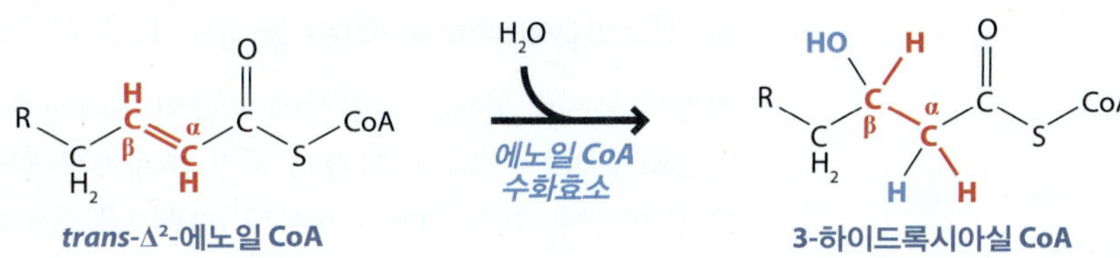

3단계. 두 번째 산화반응으로써 이 과정에서 NADH 한 분자가 생성되고 하이드록실기가 카르보닐기(carbonyl group)로 전환된다. 반응에 참여하는 효소는 **하이드록시아실 CoA 탈수소효소(hydroxyacyl CoA dehydrogenase)**이고, 생성물은 3-케토아실 CoA(3-ketoacyl CoA)이다.

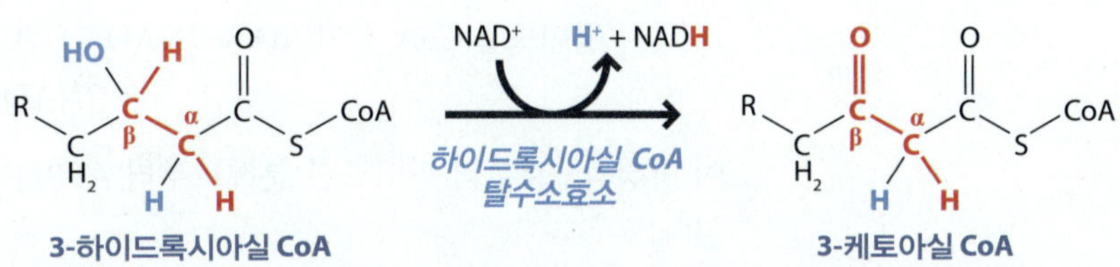

4단계. 마지막으로 α와 β 탄소를 연결하는 결합이 절단됨으로써 아세틸 CoA 단위를 제거하게 된다. 따라서 처음 이 일련의 반응에 들어간 아실 CoA보다 2-탄소 만큼 짧은 새로운 아실 CoA가 만들어진다. 새로운 아실 CoA를 만드는 과정에서 CoA 분자 하나가 필요하다. 이 반응을 촉매하는 효소는 **베타-케토티올분해효소(β-ketothiolase)**이다.

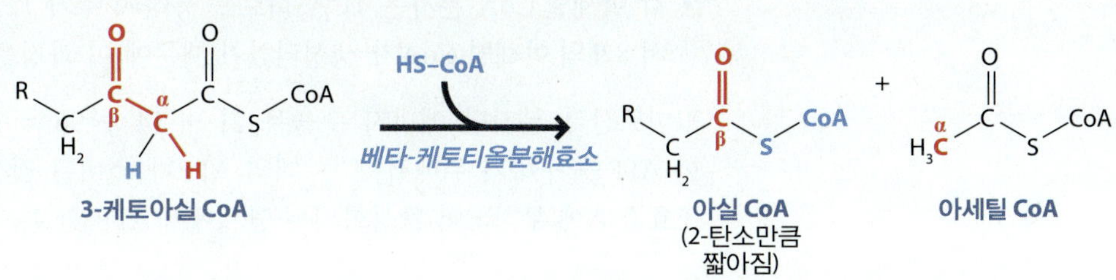

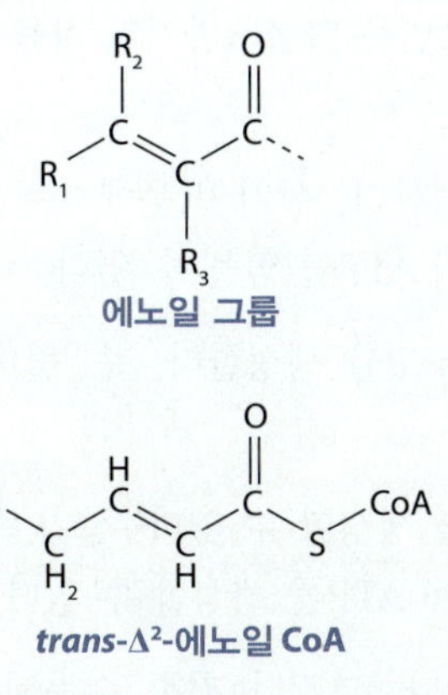

그림 12.18 산화된 지방산은 에노일 화합물이다.

Box 12.3 지방산 구조에 대한 그리스 표기법

용어 '베타-산화(β-oxidation)'는 절단된 결합이 탄화수소 사슬의 β 탄소 직전의 것임을 나타낸다. M:N($\Delta^{a,b,...}$) 표기법과 마찬가지로, 카르복실기 말단의 끝으로부터 지방산의 탄소 번호를 부여한다(그림 5.4 참조). M:N($\Delta^{a,b,...}$) 표기법에서, 번호 매기기(1번 탄소, 2번 탄소 등)는 카르복실기의 탄소를 포함하여 시작하지만, 그리스 표기법(α 탄소, β 탄소 등)은 관능기를 제외한 탄화수소 사슬에만 적용된다. 따라서 α 탄소는 사슬에서 2번 탄소, β 탄소는 3번 탄소가 된다.

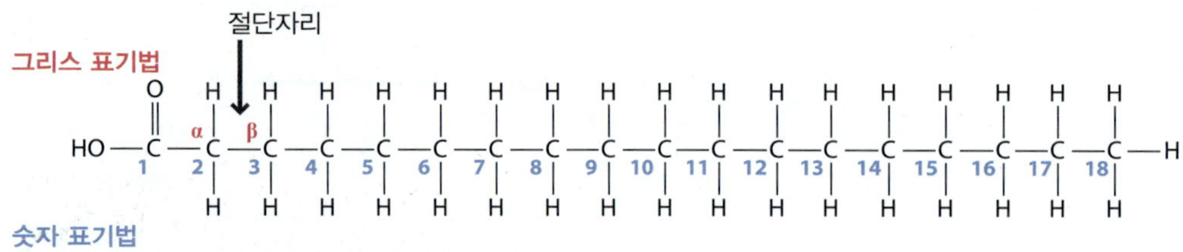

이것은 **티올분해** 반응(**thiolysis** reaction)이며, 절단은 CoA 분자 말단에 존재하는 티올(thiol; −SH)기에 의해 유도된다.

계속되는 반응 사이클은 추가 아세틸 CoA 단위를 계속해서 제거한다. 최종 사이클에서는 4-탄소 아실 CoA로 시작하여 아세틸 CoA 2 분자를 생성함으로써 지방산 분해를 완료하게 된다.

팔미트산(palmitic acid)의 분해로 129 ATP를 수득할 수 있다

지방산 분해의 목적은 지방산에 포함된 에너지를 필요한 조직에서 사용할 수 있도록 ATP 형태로 방출하게 하는 것이다. 따라서 지질 분해과정에서 생성 또는 소비되는 ATP를 따져 보는 것은 매우 중요하며, 최종 ATP는 생산된 ATP에서 소비된 ATP를 제하여 나타낼 수 있다. 더 긴 사슬 분자가 더 많은 아세틸 CoA 단위를 생성하므로, 짧은 사슬 분자보다 더 많은 에너지를 생산한다. 16-탄소로 구성된 불포화 지방산인 팔미트산의 분해로부터 생성되는 ATP와 소비되는 ATP를 살펴보자.

팔미트산의 베타-산화에 대한 전체 반응은 다음과 같다:

$$\text{팔미토일 CoA} + 7\text{FAD} + 7\text{NAD}^+ + 7\text{CoA} + 7\text{H}_2\text{O} \rightarrow 8\text{아세틸 CoA} + 7\text{FADH}_2 + 7\text{NADH} + 7\text{H}^+$$

이 방정식으로부터 팔미트산 분해로부터 ATP를 생산할 수 있는 방법은 다음 3가지인 것을 알 수 있다:

- NADH 분자는 전자전달사슬을 통하여 각각 3개의 ATP를 생성한다. 상기 반응에서는 7개의 NADH 분자가 생성되기 때문에 전자전달사슬을 통해 총 21개의 ATP를 얻을 수 있다.
- 7개의 $FADH_2$ 분자 또한 전자전달사슬을 통하여 각각 2개의 ATP를 생성한다. 즉, 팔미트산 분자당 총 14 ATP를 생산할 수 있다.
- 각 아세틸 CoA 분자는 TCA 회로를 통하여 추가 12개의 ATP를 생성할 수 있다. 상기 반응에서 8개의 아세틸 CoA가 생성되었기 때문에 이 과정을 거쳐 총 96 ATP를 생성할 수 있다.

팔미트산 1 분자당 에너지 수율은 21 + 14 + 96 = 131 ATP이다. 그러나 최종 수득된 정확한 ATP를 구하기 위해서는 두 개의 ATP가 소비된 것을 반영해야 한다. 이는 팔미트산 분자가 조효소 A에 부착되어 활성화되는 단계에서 ATP 한 분자를 사용했기 때문이다(그림 12.15 참조).

Box 12.4 글리옥실산 회로

동물에서 지방산 분해로 생성된 대부분의 아세틸 CoA는 에너지 생산을 위한 TCA 회로에 들어가거나, 콜레스테롤과 그 유도체 합성에 사용된다. 식물과 미생물은 아세틸 CoA의 이용에 있어서 더 큰 유연성을 가지는데, 글루코오스와 같은 6-탄소 및 4-탄소 당의 합성을 위한 기질로도 사용할 수 있다. 이 반응은 **글리옥살산 회로(glyoxylate cycle)**를 통하여 가능하며, 식물의 경우는 **글리옥시솜(glyoxysomes)**이라는 세포소기관에서 일어난다.

글리옥살산 회로는 TCA 회로와 비슷하지만 이소시트르산(isocitrate)에서 말산(malate)까지의 일련의 반응을 우회한다. TCA 회로에서는 아세틸 CoA를 CO_2로 전환시키는 두 번의 탈카르복시 반응이 포함된다. 하지만 글리옥살산 회로에서는 **이소시트르산 분해효소(isocitrate lyase)**과 **말산 합성효소(malate synthase)**가 촉매하는 두 개의 반응으로 대체된다. 이소시트르산 분해효소는 이소시트르산을 숙신산과 글리옥살산으로 전환시키는 반응을 촉매하며, 말산 합성효소는 또 다른 아세틸 CoA 한 분자와 글리옥실산을 결합하여 말산을 생합성한다.

따라서 글리옥살산 회로의 생성물은 숙신산이며, 단일 사이클의 전체 방정식은 다음과 같다:

$$2\text{아세틸 CoA} + NAD^+ + 2H_2O \rightarrow \text{숙신산} + 2CoA + NADH + 2H^+$$

숙신산은 다양한 탄수화물의 합성을 위한 기질로 사용될 수 있다. 한 가지 예는 TCA 회로를 통해 옥살로아세트산으로 전환된 다음 글루코오스신생합성(gluconeogenesis)을 거쳐 글루코오스로 전환되는 것이다. 이처럼 글리옥살산 회로를 가진 생명체(식물, 미생물)는 지방산을 글루코오스로 전환시킬 수 있음을 의미하지만, 동물에서는 불가능한 일이다.

식물에서 글리옥살산 회로의 주된 역할은 발아하는 종자에 저장된 지질의 일부를 탄수화물로 전환시키는 것이다. 따라서 매우 어린 묘목은 이들 탄수화물을 에너지 생산 및 셀룰로오스와 같은 구조 다당류의 합성에 사용한다. 오일의 탄소 함량이 탄수화물보다 높기 때문에 씨앗에 탄소를 오일 형태로 저장하는 것이 탄수화물로 저장하는 것보다 더 효율적이다. 많은 세균들은 아세트산을 아세틸 CoA로 전환시키는 능력을 가지고 있다. 이 능력을 글리옥살산 회로와 결합하면 아세트산을 유일한 탄소원으로 사용할 수 있다.

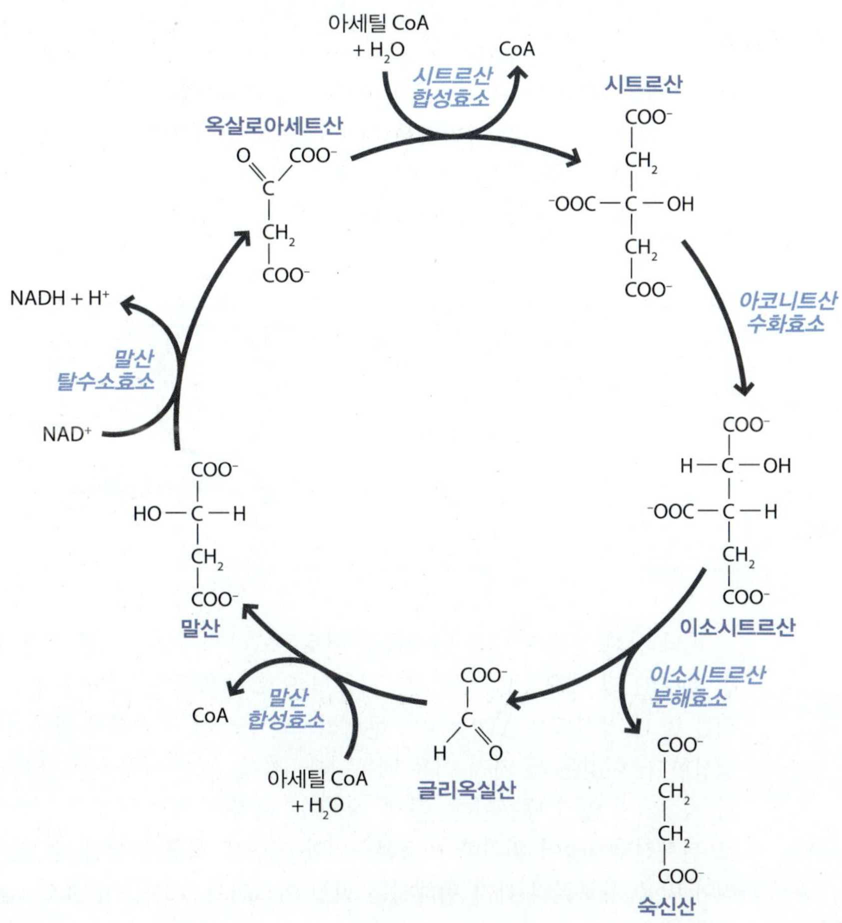

한 분자의 팔미트산을 활성화하기 위하여 ATP 한 분자를 사용했는데, 왜 최종 수확량에서 두 개의 ATP를 제하는 것일까? 이것은 활성화 반응을 살펴볼 때 언급했듯이 팔미토일 CoA가 합성될 때 사용된 ATP가 ADP가 아닌 AMP로 변환되기 때문이다. 따라서 ATP의 '고에너지' 결합 중 1개만 분해된 것이 아니라 2개가 분해되었기 때문이다.

따라서 팔미트산 1분자의 분해로부터 129 ATP 순수득을 기대할 수 있다. 더 긴 지방산은 더 많은 ATP를 제공해 줄 것이고, 짧은 지방산은 더 적은 ATP를 제공해줄 것이다. 대조적으로, 글루코오스 한 분자는 해당과정과 TCA 경로를 거쳐 38 ATP를 생성한다. 이것은 왜 지방이 동물에서 좋은 에너지 저장소인지 설명해 준다.

지방산은 퍼옥시좀에서 분해된다

이제부터는 지방산 분해에 관여하는 두 번째 장소인 퍼옥시좀을 좀 더 살펴보려고 한다. 퍼옥시좀에서 지방산 분해를 위한 과정은 미토콘드리아에서 작동하는 것과 매우 흡사하지만, 단 한 가지 중요한 차이점이 있다. 그것은 α-탄소와 β-탄소를 연결하는 단일결합이 이중결합으로 전환되는 베타-산화의 첫 번째 단계와 관련이 있다. 미토콘드리아에서의 이 첫 번째 산화반응은 아실 CoA 탈수소효소(acyl CoA dehydrogenase)에 의해 촉매되고 $FADH_2$ 한 분자가 생성되며, 더 나아가 $FADH_2$는 전자전달사슬을 통해 두 분자의 ATP를 생성할 수 있다. 퍼옥시좀에서의 이 산화반응은 다른 방식으로 이뤄진다. 아실 CoA 탈수소효소가 여전히 관련되어 있지만 퍼옥시좀에서는 이 효소가 전자를 FAD^+가 아니라 물에 전달하여 과산화수소로 전환시킨다(**그림 12.19**). **과산화수소분해효소(catalase)**라고 불리는 효소는 과산화수소를 다시 물과 산소로 전환시키는 과정에서 페놀과 알코올과 같은 다양한 독성 화합물의 산화반응을 일으킨다. 특히 간에서의 이러한 해독반응은 퍼옥시좀의 중요한 역할인 것으로 보인다.

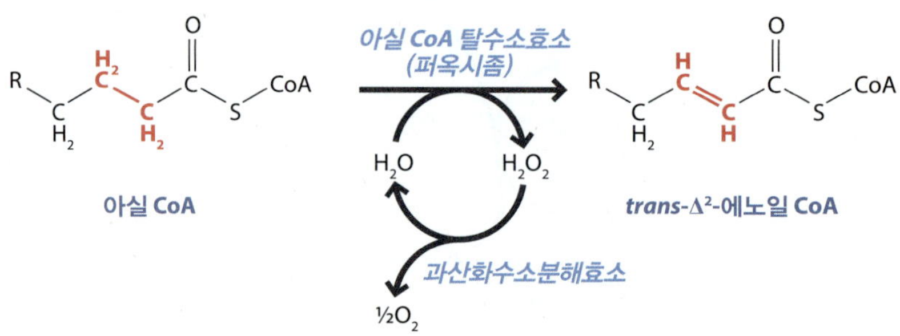

그림 12.19 퍼옥시좀에서의 베타-산화의 첫 번째 단계
퍼옥시좀의 아실 CoA 탈수소효소는 전자를 물로 이동시켜 과산화수소를 생성하며, 이 과산화수소는 과산화수소분해효소에 의해 물로 다시 변환된다. 표기법 '½O_2'는 단일 분자의 산소를 만들기 위해 두 분자의 과산화수소가 필요하다는 것을 나타낸다. 그러므로 과산화수소분해효소가 촉매하는 반응은 $2H_2O_2 \rightarrow 2H_2O + O_2$이다. 'R'은 지방산 탄화수소 사슬의 나머지를 나타낸다.

베타-산화 경로의 다음 단계들은 미토콘드리아와 퍼옥시좀 모두에서 동일하며, 그 결과 얻어진 NADH 및 아세틸 CoA는 퍼옥시좀 밖으로 배출된다. 그러나 퍼옥시좀에서의 베타-산화 한 바퀴를 돌 때 생산되는 ATP는 미토콘드리아의 동일한 조건에서 생산되는 ATP 분자보다 적은 양을 생산한다. 이것은 두 가지 이유 때문이다. 첫째, 초기 산화 단계에서의 반응 차이 때문에 $FADH_2$가 생성되지 않기 때문이다. 둘째, NADH 분자는 직접 미토콘드리아 내막을 통과할 수 없으므로 전자전달사슬이 위치한 미토콘드리아 기질에 직접 들어갈 수 없기 때문이다. 내부 미토콘드리아 막을 가로질러 가기 위해서는 말산-아스파트산 셔틀(malate-aspartate shuttle) 또는 글리세롤-3-인산 셔틀(glycerol 3-phosphate shuttle)을 사용해야 한다. 글리세롤-3-인산 셔틀을 사용하여 NADH를 운반하는 경우는 미토콘드리아 기질에서 $FADH_2$로 재생되므로, 세포질에서 존재하던 NADH보다 낮은 ATP를 생산하게 된다.

이 셔틀들은 **9.2.5절**에서 상세히 설명하였다.

효모나 식물과 같은 생명체에서는 모든 지방산 분해가 퍼옥시좀에서 일어난다. 동물에서는 긴 사슬 지방산만이 퍼옥시좀에서 처리되어 8-탄소 옥타닐 CoA(octanyl CoA) 분자로 분해되며, 이 분자들은 미토콘드리아로 옮겨져 완전히 분해된다. 일부 긴 사슬 지방산은 퍼옥시좀 막(peroxisome membrane)을 직접 통과하여 퍼옥시좀 내부에 있는 CoA에 부착된다. 나머지 긴 사슬 지방산들은 퍼옥시좀의 외부 표면에서 활성화되어(CoA 부착) 퍼옥시좀 막 수송 단백질(peroxisomal membrane transporter protein)을 통해 내부로 운반된다.

불포화 지방산과 탄소 수가 홀수인 지방산의 분해

지방산 합성의 경우와 같이 이중결합을 포함하거나 탄소원자 수가 홀수인 지방산의 분해를 위해서는 특별한 메커니즘이 필요하다.

불포화 지방산의 경우, 이중결합 위치에 도달하기 전까지는 포화지방산과 동일한 방법으로 분해가 된다. 다음 반응은 이중결합이 홀수 위치(예: Δ^5 또는 Δ^9) 또는 짝수 위치(예: Δ^4 또

Box 12.5 로렌조 오일의 생화학

연구 요약

로렌조 오일(Lorenzo's Oil)은 자신의 아들 로렌조(Lorenzo)가 고통받고 있는 질병에 대한 치료제를 찾는 아우구스토(Augusto)와 미카엘라 오돈(Michaela Odana)의 실화를 각색한 1992년도 영화이다. 그 질병은 **부신백질이영양증(adrenoleukodystrophy, ALD)**이었으며, 이는 ALDP로 불리는 퍼옥시좀 막 수송 단백질의 유전자 결손으로 인한 유전적 장애이다. 잠두중독증(favism)과 마찬가지로(Box 11.6 참조), 막 수송 단백질을 암호화하는 유전자가 X 염색체에 있으므로 ALD는 소녀보다 소년에게 더 심각한 영향을 미친다. 긴 사슬 지방산의 축적은 대부분의 조직에서 발견될 수 있지만, 해로운 영향은 뇌 및 부신피질에서 가장 현저하다.

'백질이영양증(leukodystrophy)'이라는 이름은 이 질병이 뉴런의 축삭돌기를 둘러싸고 있는 수초(myelin sheath)의 파괴를 초래한다는 것을 의미한다.

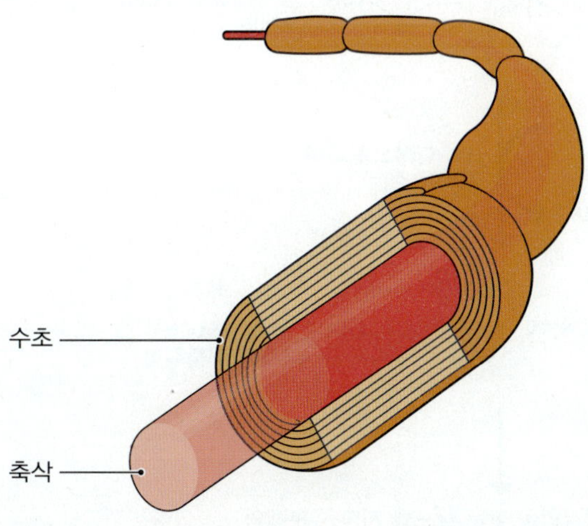

이와 같은 수초탈락(demyelination)은 영향을 받은 축삭돌기를 통한 신호전달의 붕괴를 가져오며, 초기에는 시력장애 및 근력약화와 같은 증상을 유발하지만 계속 진행될 경우 뇌 기능 상실과 사망을 초래한다.

로렌조 오일은 올레산과 에루스산의 4:1 혼합물이며, 아우구스토와 미카엘라 오돈이 ALD 및 수초탈락을 연구하는 과학자들과 광범위한 토론 끝에 공식화한 것이다. 각색된 영화에서는 관습적이고 꽉 막힌 의학계에 맞서 싸우는 오도네스로 표현하지만, 현실에서의 이들은 연구자들과 생산적인 공동 작업을 하였다. 특히, 이들은 전 세계 전문가들을 모으기 위해 학술회의 개최 자금을 지원했으며, 이 학술회의에서 토론을 통해 연구의 새로운 장을 열었다. 그 중 하나가 로렌조 오일의 섭취가 ALD에 대한 치료법을 제공할 가능성을 제시한 것이었다. 초기 결과는 유망했다. 로렌조의 혈청 내 긴 사슬 지방산 함량은 오일 혼합물로 처방한 후 정상 수준에 근접했다. 로렌조의 신경학적 퇴보는 느려졌지만 완전히 멈추지는 않았으며 2008년 30세의 나이로 사망했다. 로렌조 경우와 같이 어린 시절에 발병이 진단된 ALD의 정상 수명은 보통 3~10년이다.

로렌조 오일의 작용 기작은 명확치 않지만, 긴 사슬 지방산의 합성을 방해하는 것으로 여겨진다. 처방 후, 긴 사슬 지방산이 합성되지 않기 때문에 축적도 되지 않는다. 이것은 로렌조 오일이 유전적 결함은 가지고 있지만 ALD 증상이 아직 나타나지 않는 남자아이들에게 특히 가장 긍정적인 효과를 나타낸다는 점에 대한 이유를 잘 설명해 준다. 이 무증상 아이들의 경우, 오일을 섭취하면 ALD 증상을 나타낼 가능성이 약 절반 정도까지 줄어든다. 안타깝게도, 이미 증상이 발병된 어린이들에게는 로렌조 오일은 장기 혜택을 주지 못하는 것으로 보인다. 이상이 로렌조 오일이 처음 도입된 이래로 수행된 연구들의 결론이다.

ALD를 완화하기 위한 또 다른 치료법들은 현재도 계속 개발되어 보고되고 있다. 부신피질 파괴 증상만 보이는 환자의 경우는 호르몬 대체 요법으로 성공적으로 치료할 수 있다. 대뇌에서 발생한 경우는 조기에 진단되면 **조혈 줄기세포 이식(hematopoietic stem cell transplant)**으로 치료할 수 있다. 이 치료법에서는 환자의 조혈 줄기세포(모든 혈액 세포를 생산)를 비 ALD 기증자의 세포로 대체한다. 이식 후, 줄기세포는 분열하여 ALD 유전자가 결함 없는 혈액세포들로 분화됨에 따라서 긴 사슬 지방산을 분해할 수 있게 된다. 이 치료를 받은 환자들의 추적 검사에서 수초탈락은 더 이상 진행되지 않는 것으로 나타났으며, 결국 조혈 줄기세포 이식은 신경퇴행을 멈출 수 있다는 것을 보여주었다.

는 Δ^6)인지 여부에 따라 달라진다. 이중결합이 홀수 위치에 있으면, 베타-산화가 몇 바퀴 진행된 후에 결국 이 이중결합이 3번 탄소와 4번 탄소 사이에 위치하게 될 것이다(**그림 12.20**). 이 분자는 베타-산화의 1단계에서 아실 CoA 탈수소효소에 의해 대사되지 않는다. 대신, 이성질화효소(isomerase)가 이중결합을 현재 위치에서 한 자리만큼만 CoA 말단 쪽으로 이동시킴으로써 α 탄소와 β 탄소 사이에 이중결합이 위치하게 만든다. 이것은 통상적인 방법으로 처리되는 트랜스-Δ^2-에노일 CoA(trans-Δ^2-enoyl CoA)를 생성한다.

이중결합이 짝수 번째 위치에 있다면 약간 더 복잡한 과정이 필요하다. 연속적인 베타-산화 후, 이 이중결합은 4번 탄소와 5번 탄소 사이에 위치할 것이다(**그림 12.21**). 아실 CoA 탈수소효소는 이 분자를 산화시켜 2번 탄소와 3번 탄소 사이에 두 번째 이중결합을 도입하여 **$\Delta^{2,4}$-디에노일 CoA($\Delta^{2,4}$-dienoyl CoA)**를 생성한다. 두 개의 이중결합은 3번 탄소와 4번 탄소 사이에 위치하는 이중결합 하나로 전환되며, 이 환원반응은 $\Delta^{2,4}$-디에노일 CoA 환원효소에 의해 촉매된다. 이성질화효소는 이제 이 Δ^3-에노일 CoA를 Δ^2 분자로 전환할 수 있으며, 이제부터 베타-산화는 정상적으로 진행될 수 있다.

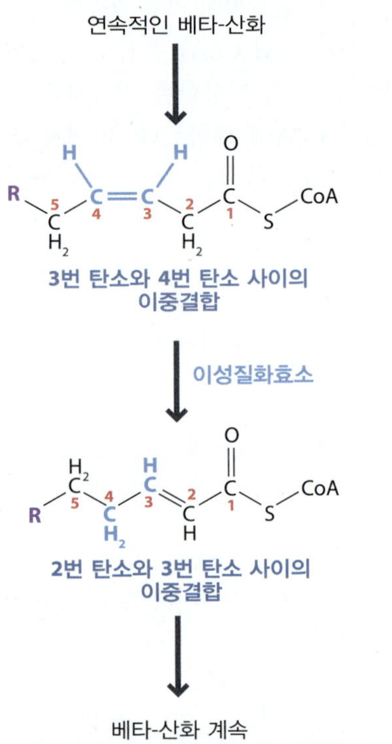

그림 12.20 홀수 위치에 이중결합을 갖는 불포화 지방산의 분해
'R'은 지방산 탄화수소 사슬의 나머지를 나타낸다.

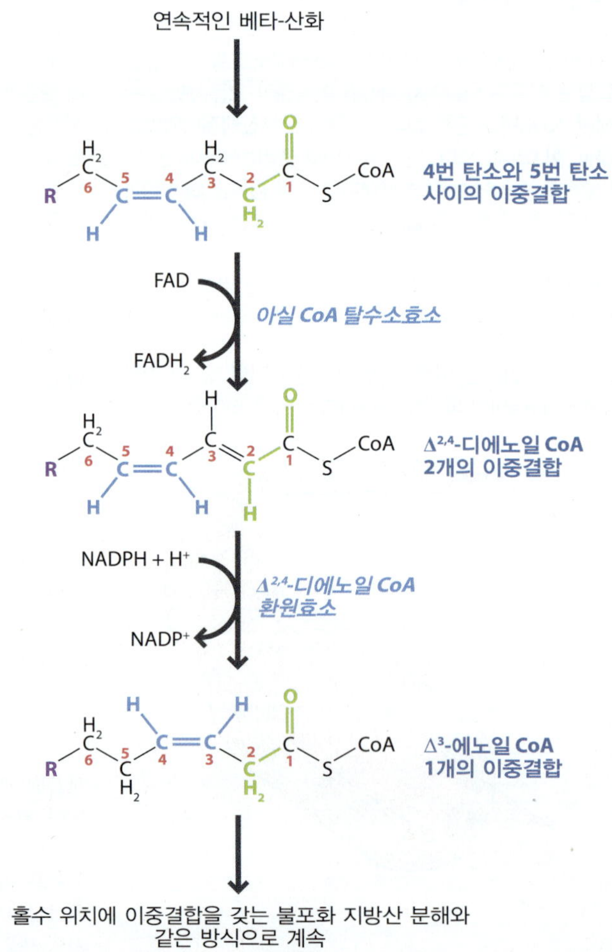

그림 12.21 짝수 위치에 이중결합을 갖는 불포화 지방산의 분해
여기에 나타낸 일련의 반응이 끝나면 그림 12.20과 같이 지방산의 분해가 계속된다. 'R'은 지방산 탄화수소 사슬의 나머지를 나타낸다.

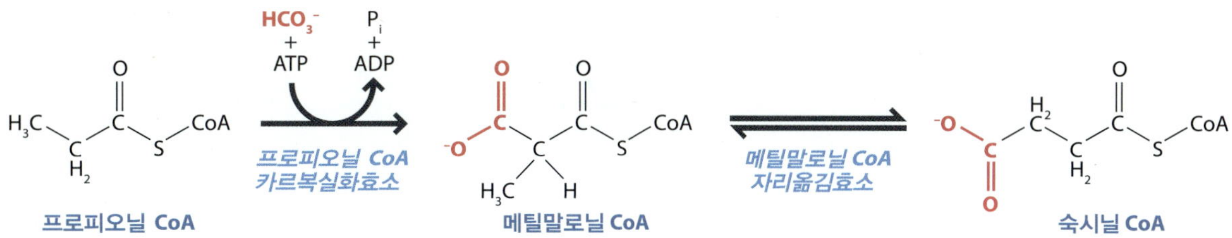

그림 12.22 **프로피오닐 CoA(propionyl CoA)의 숙시닐 CoA(succinyl CoA)로의 전환**

홀수 개의 탄소를 가진 지방산은 최종 단계에서 하나의 아세틸 CoA와 하나의 프로피오닐 CoA(propionyl CoA)가 생성될 때까지 베타-산화에 의해 분해된다. 프로피오닐 CoA는 TCA 회로의 중간 대사산물인 숙시닐 CoA(succinly CoA)로 더 대사될 수 있다(그림 12.22). 이 경로는 프로피오닐 CoA를 메틸말로닐 CoA(methylmalonyl CoA)로 전환시키는 **프로피오닐 CoA 카르복실화효소(propionyl CoA carboxylase)**와, 메틸말로닐 CoA를 숙시닐 CoA로 전환하는 효소인 **메틸말로닐 CoA 자리옮김효소(methylmalonyl CoA mutase)**가 관여한다.

12.3 콜레스테롤과 그 유도체들의 합성

지질 대사에서 마지막으로 다룰 주제는 콜레스테롤과 그 유도체들(비타민 D와 스테로이드 호르몬)의 합성이다.

12.3.1 콜레스테롤 합성

콜레스테롤은 세포막의 중요한 구성요소이다. 동물은 식이로부터 대부분의 콜레스테롤 요구량을 얻지만 간세포에서 생합성할 수도 있다.

콜레스테롤 분자는 4개의 탄화수소 고리로 구성되며, 6-탄소 고리 3개와 5-탄소 고리 1개를 포함하며, 5-탄소 고리에는 추가로 8-탄소로 구성된 탄화수소 머리 그룹이 붙어 있다(그림 5.17 참조). 놀랍게도, 이 복잡한 구조는 아세틸 CoA 분자를 연결함으로써 간단히 합성된다.

우리는 콜레스테롤 합성에 대한 전체 경로를 세 단계로 나누어 살펴볼 것이다. 첫 번째 단계는 **이소펜테닐 피로인산(isopentenyl pyrophosphate)**의 합성 단계이며, 이소펜테닐 피로인산은 스테롤 구조(sterol structure)의 기본 구성요소으로 작용한다. 두 번째 단계에서는 스쿠알렌(squalene)이 합성되는데, 스쿠알렌은 사슬형 분자이지만 고리화 반응을 통하여 스테롤 계통으로 전환 가능한 화합물이다. 세 번째 단계에서는 스쿠알렌의 고리화 반응이 일어나고 고리 구조 변경을 통하여 콜레스테롤이 생합성된다.

첫 번째 단계는 아세틸 CoA 분자 2개를 연결하여 **아세토아세틸 CoA(acetoacetyl CoA)**를 생성시키는 효소 **티올분해효소(thiolase)**의 촉매로 시작한다(그림 12.23A). 또 다른 한 분자의 아세틸 CoA는 아세토아세틸 CoA 한 분자와 결합하여 **3-하이드록시-3-메틸 글루타릴 CoA(3-hydroxy-3-methylglutaryl CoA; HMG CoA)**를 생성한다. **HMG CoA 환원효소(HMG CoA reductase)**에 의한 환원은 메발로네이트(mevalonate)를 생성하며, 이 반응은 두 분자의 NADPH를 필요로 하고 CoA를 방출한다(그림 12.23B). 결국, 메발로네이트는 ATP를 요구하는 연속된 반응 3개를 거쳐 이소펜테닐 피로인산으로 전환된다(그림 12.23C).

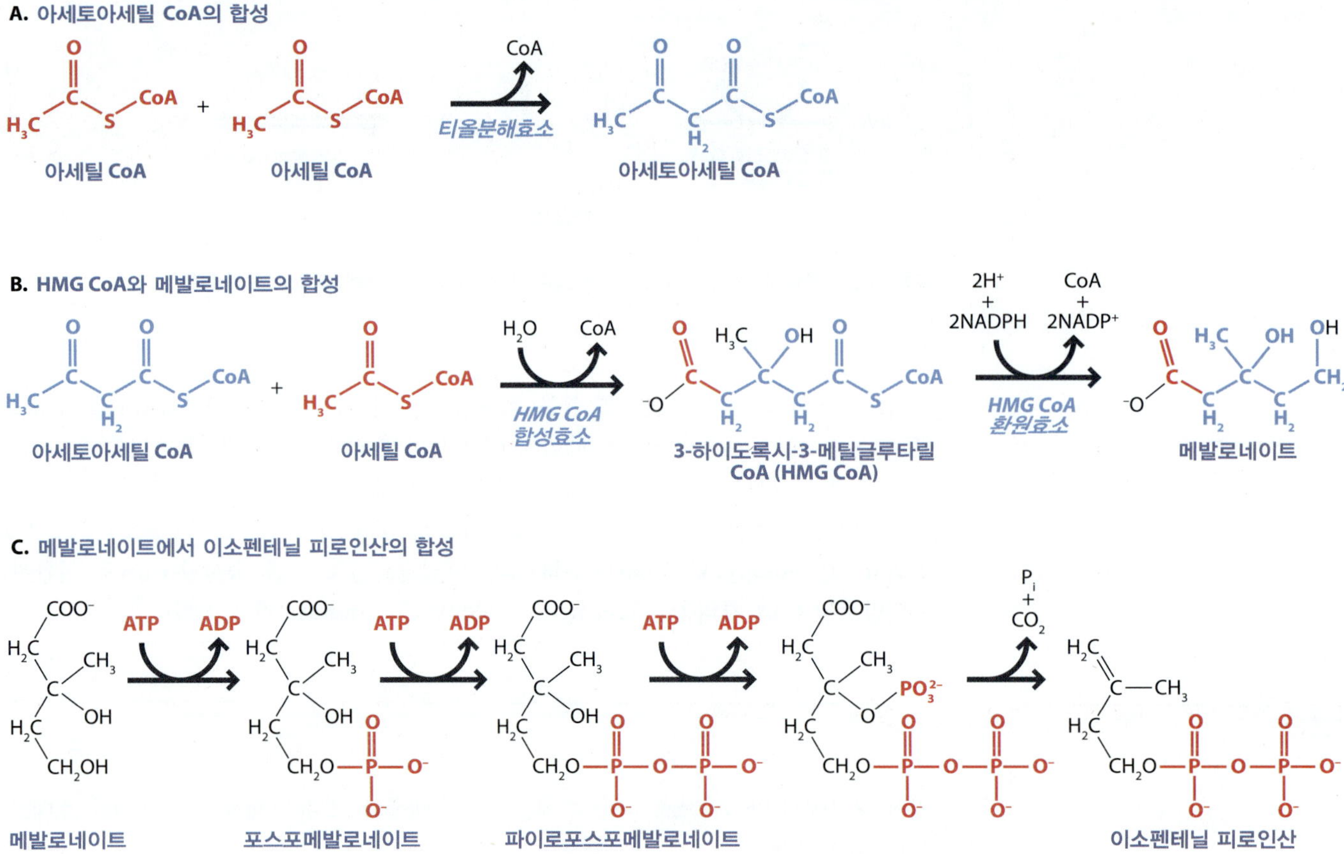

그림 12.23 콜레스테롤 합성 경로의 첫 단계
이 단계에서의 이소펜테닐 피로인산은 아세틸 CoA로부터 합성된다.

두 번째 단계에서는 이소펜테닐 피로인산 중 일부는 디메틸알릴 피로인산(dimethylallyl pyrophosphate)으로 이성화된다. 두 화합물(이소펜테닐 피로인산 및 디메틸알릴 피로인산)은 서로 결합하여 제라닐 피로인산(geranyl pyrophosphate)을 생성한 다음 또 다른 이소펜테닐 피로인산과 연결되어 파네실 피로인산(farnesyl pyrophosphate)을 생성한다(그림 12.24). 결국, 두 분자의 파네실 피로인산이 서로 결합하여 스쿠알렌으로 전환된다.

세 번째 단계에서는 스쿠알렌이 산화되어 **스쿠알렌 에폭사이드(squalene epoxide)**가 생성된다(그림 12.25). 이 분자는 고리화되어 **라노스테롤(lanosterol)**을 생성한다. 모든 스테롤들은 4개의 고리 구조를 가지는데, 이 4개의 고리 구조가 바로 라노스테롤이다. 라노스테롤은 다음과 같은 3가지 짧은 연속된 반응을 통하여 콜레스테롤로 전환된다: (a) 3개의 메틸기를 수소로 대체하고, (b) 하나의 이중결합을 단일결합으로 환원시키고, (c) 두 번째 이중결합의 위치를 이동시킨다.

이처럼 긴 대사회로의 조절은 HMG CoA 환원효소에 의한 HMG CoA의 메발로네이트로의 전환과정에서 일어난다. 이 효소의 활성은 생명체의 에너지 수준과 개별 세포의 스테롤 함량에 반응하여 다양한 방법으로 조절된다. 세포 내의 높은 AMP 수준은 에너지 고갈 상황을 나타내는데, 이때 HMG CoA 환원효소는 AMP-활성화 단백질 인산화효소(AMP-activated protein kinase)에 의해 수행되는 인산화를 통하여 불활성화된다(그림 12.26). 이 인산화효소는 지방산 합성을 조절하기 위해 아세틸 CoA 카르복실화효소(acetyl CoA carboxylase)를 인산화시키는 효소

그림 12.24 콜레스테롤 합성 경로의 두 번째 단계
이소펜테닐 피로인산은 스쿠알렌을 합성하는 일련의 반응에 대한 기질이다.

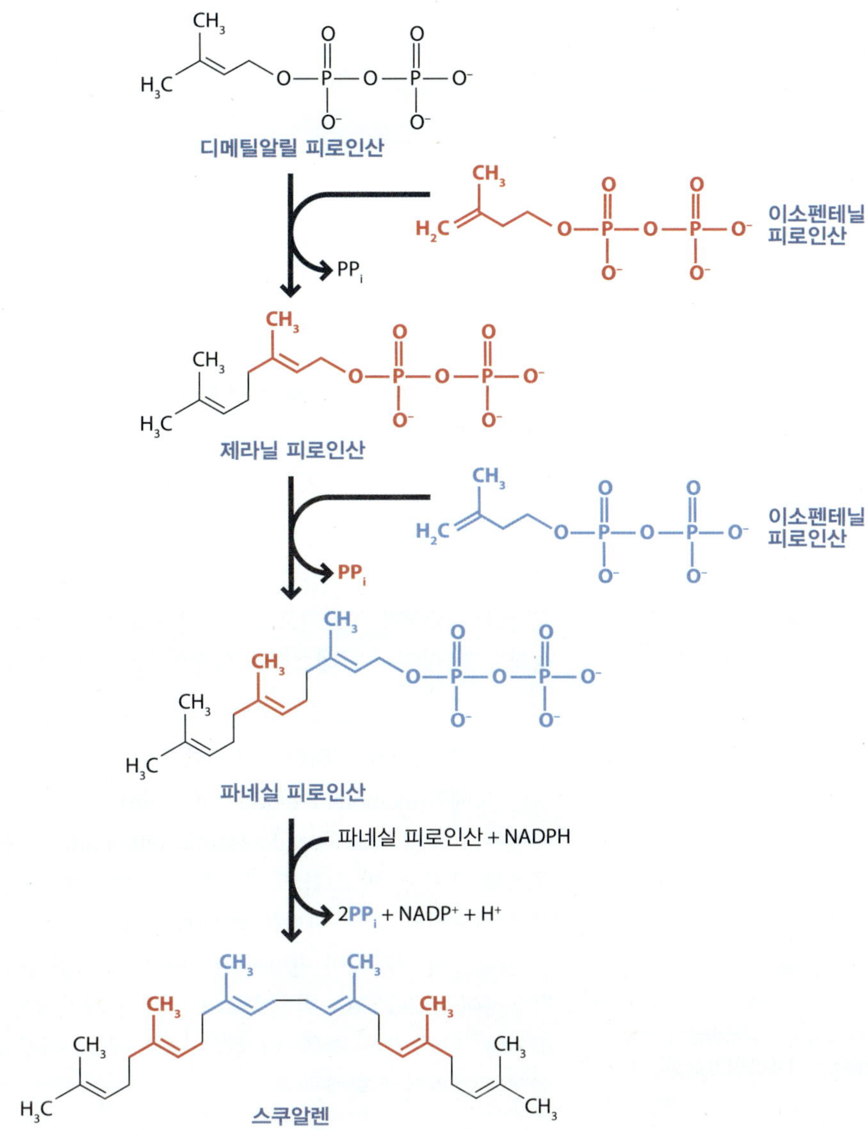

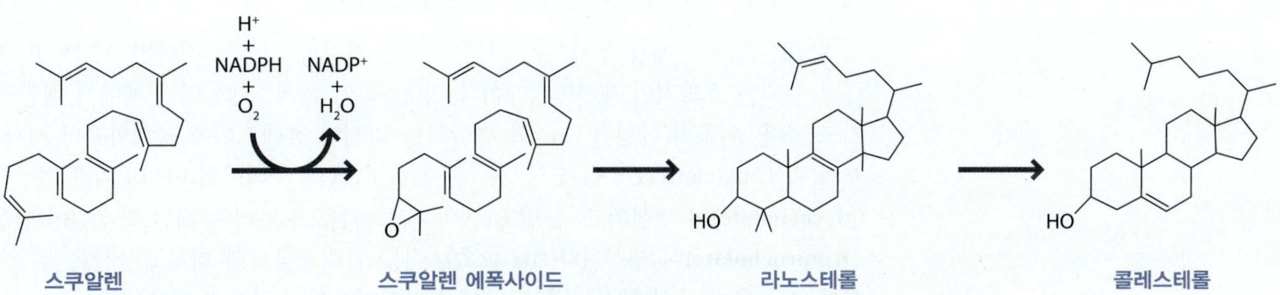

그림 12.25 콜레스테롤 합성 경로의 세 번째 단계
스쿠알렌은 고리화된 뒤 추가적인 변형을 거쳐 콜레스테롤로 전환된다.

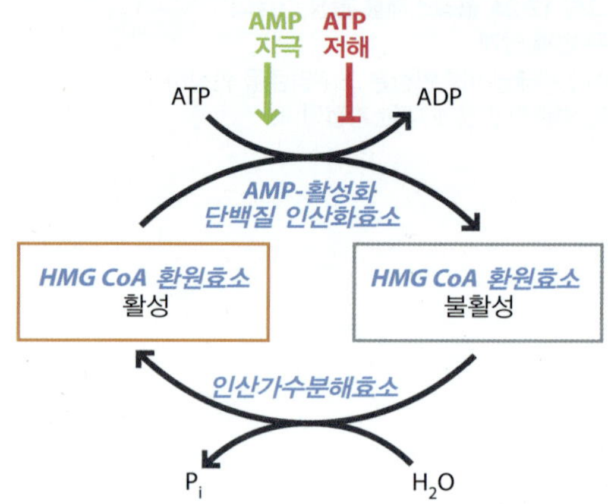

그림 12.26 인산화에 의한 HMG CoA 환원효소 활성의 조절

와 동일한 것이다. 따라서 AMP 수준이 높고 에너지 생성이 필요할 경우, 콜레스테롤 합성과 지방산 합성을 위한 두 경로 모두는 동시에 꺼짐으로써 조절된다. 에너지 요구가 충족되면, 증가된 양만큼의 ATP가 인산화효소를 억제하고 HMG CoA 환원효소는 인산가수분해효소에 의해 재활성화된다. 따라서 콜레스테롤 합성이 다시 시작된다.

콜레스테롤 및 다른 스테롤들 또한 HMG CoA 환원효소 활성을 억제한다. 이 조절과정은 효소 활동을 제어하기 위한 메커니즘으로 단백질의 분해를 포함한다. HMG CoA 환원효소는 막-결합 도메인(membrane-binding domain)과 촉매 도메인(catalytic domain)을 가진다. 막-결합 도메인은 효소를 소포체(endoplasmic reticulum)에 부착시키고 촉매 도메인은 세포질로 확장되는 구조를 가진다. 막-결합 도메인은 막의 스테롤 함량이 일정 수준에 도달하게 되었을 때 구조 변화를 일으킨다. 구조 변화는 리신(lysine) 잔기를 노출시키게 되고, **유비퀴틴(ubiquitin)**이라는 작은 단백질이 부착되어 변형이 진행된다. 유비퀴틴이 단백질에 부착되면 그 단백질의 분해 신호로 작용하여 HMG CoA 환원효소가 막에서 제거되어 결국 짧은 펩타이드와 개별 아미노산으로 분해된다. 이와 같은 경우, 단백질이 세포에 더 이상 존재하지 않는다는 단순한 이유 때문에 효소 활성이 감소하게 된다.

단백질 분해과정에서 유비퀴틴의 역할은 **17.2.2절**에서 상세히 설명할 것이다.

12.3.2 콜레스테롤 유도체의 합성

수많은 주요 스테롤과 스테로이드는 콜레스테롤 분자의 변형을 통하여 합성되는 콜레스테롤 유도체들이다. 지금부터는 콜레스테롤 유도체들 중 가장 중요한 담즙산, **비타민 D(vitamin D)**, 스테로이드 호르몬의 합성과정을 살펴보려고 한다.

담즙산은 양친매성 분자이기 때문에 식이 지질과 지용성 비타민 A, D, E, K를 용해시키는 데 사용되는 효과적인 계면활성제이다. 또한 과잉 콜레스테롤이 신체에서 배설되는 주요 형태이기도 하다. 이들의 합성은 CoA와 결합하는 과정인 콜레스테롤 활성화부터 시작하며, 이 과정에서 **콜릴 CoA(cholyl CoA)**가 생성된다. 콜릴 CoA와 글리신의 아미노기가 반응하면 **글리코콜산(glycocholate)**이 생성되고, 콜릴 CoA와 시스테인으로부터 유래한 타우린이 반응하면 **타우로콜산(taurocholate)**이 생성된다(그림 12.27). 이들 글리코콜산과 타우로콜산은 두 가지 주요 담즙산이다. 이들은 간에서 합성된 후 담낭에 저장되었다가 소장으로 방출된다.

비타민 D는 태양 광선의 자외선에 반응하여 피부에서 생합성된다. 7-디하이드로콜레스테롤(7-dehydrocholesterol)이라고 불리는 변형된 콜레스테롤은 광분해되어 6-탄소 고리 중 하나가 열

그림 12.27 담즙산 글리코콜산(glycocholate)와 타우로콜산(taurocholate)의 합성

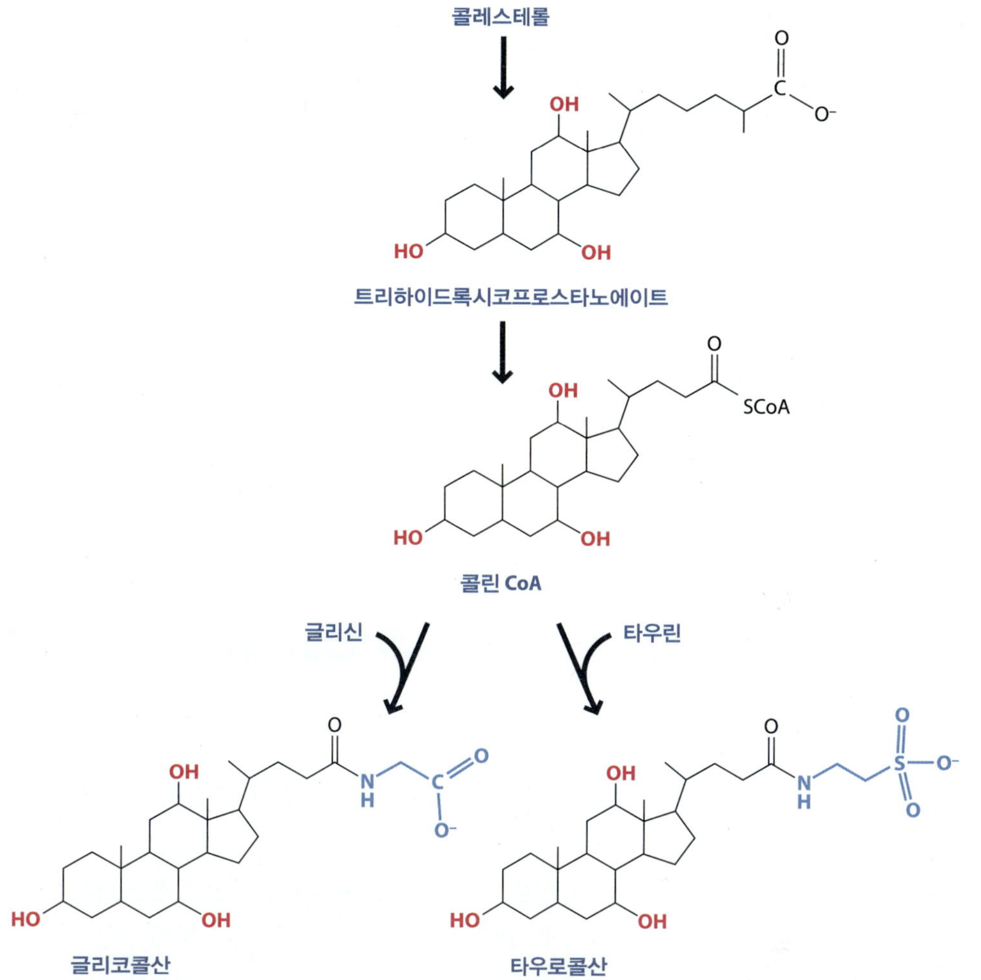

리게 된다(그림 12.28). 초기 생성물은 **전구비타민 D_3(previtamin D_3)**이며, 이들은 다시 이성질화 반응을 통하여 **비타민 D_3** 또는 **콜레칼시페롤(cholecalciferol)**로 전환된다. 그 후, 간 및 신장에서 수산화 반응이 일어나 **칼시트리올(calcitriol**; 1,25-dihydroxycholecalciferol)이 생성되며, 이는 활성 호르몬이다. 햇빛 노출이 적고 식이 비타민 D 섭취가 부족할 때 발생하는 비타민 D 결핍은 어린이의 **구루병(rickets)**과 성인의 **골연화증(osteomalacia)**을 유발한다. 두 질환 모두 뼈의 연화 또는 약화를 특징으로 한다.

마지막으로, 스테로이드 호르몬은 콜레스테롤로부터 얻을 수 있는 **프레그네놀론(pregnenolone)**으로부터 합성된다. 프레그네놀론의 변형으로부터 다양한 스테로이드 호르몬 패밀리들의 합성은 헴(heme)-함유 효소인 **시토크롬 P450** 그룹(**cytochrome P450** group)에 의해 촉매된다. 스테로이드 호르몬과 이들의 기능은 표 5.3에 정리되어 있으며, 이들 합성의 세부 과정은 다음과 같다(그림 12.29):

- **프로게스테론(progesterone)**은 프레그네놀론으로부터 다음과 같은 두 과정을 거쳐 합성된다: (a) 3번 탄소의 케토기의 산화, (b) 5번 탄소와 6번 탄소 사이의 이중결합이 4번 탄소와 5번 탄소 사이의 이중결합으로 전달.

그림 12.28 **비타민 D의 합성**

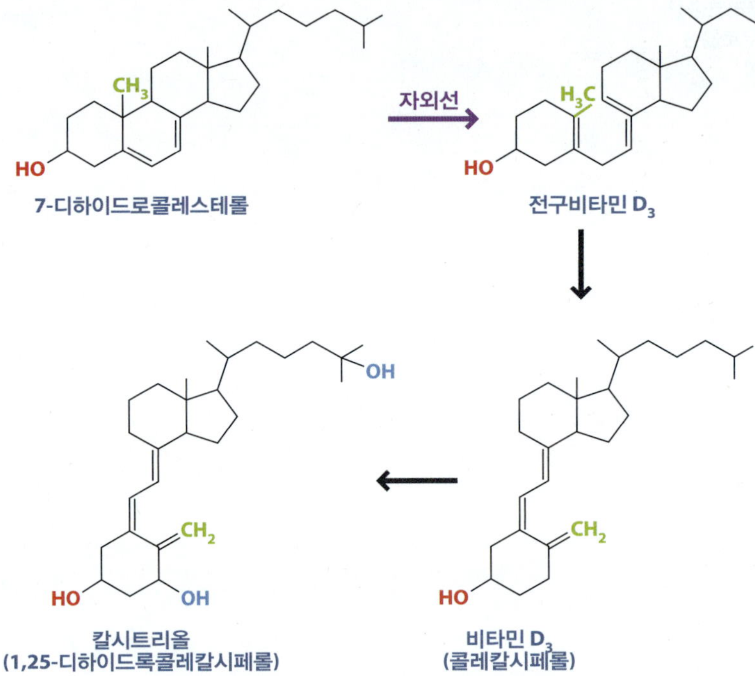

- **코티솔(cortisol)**은 프로게스테론의 11번 탄소, 17번 탄소, 21번 탄소의 수산화 반응으로 유래된 것.
- **알도스테론(aldosterone)** 또한 프로게스테론 유도체로써 11번 탄소와 21번 탄소의 수산화 반응, 18번 탄소의 메틸기의 산화에 의해 생성.
- **테스토스테론(testosterone)**은 프로게스테론으로부터 다음과 같은 반응으로부터 생성: (a) 17번 탄소의 수산화 반응, (b) 17번 탄소에 붙어 있는 측쇄(20번 탄소 및 21번 탄소) 제거, (c) 이상의 반응으로 안드로스텐디온(androstendione)이 합성되는데, 상기 측쇄제거 과정에서 형성된 17번 탄소의 케토 그룹 환원을 통하여 테스토스테론으로 전환.
- **에스트로겐(estrogen)**은 안드로스텐디온과 테스토스테론으로부터 다음과 같은 반응으로부터 유도: (a) 19번 탄소에서 메틸기를 제거, (b) A-고리에서 결합을 재배열, (c) 이 방법으로 안드로스텐디온을 변형하면 에스트론(estrone)이 생기고, 테스토스테론이 변형되면 **에스트라디올(estradiol)**이 됨.

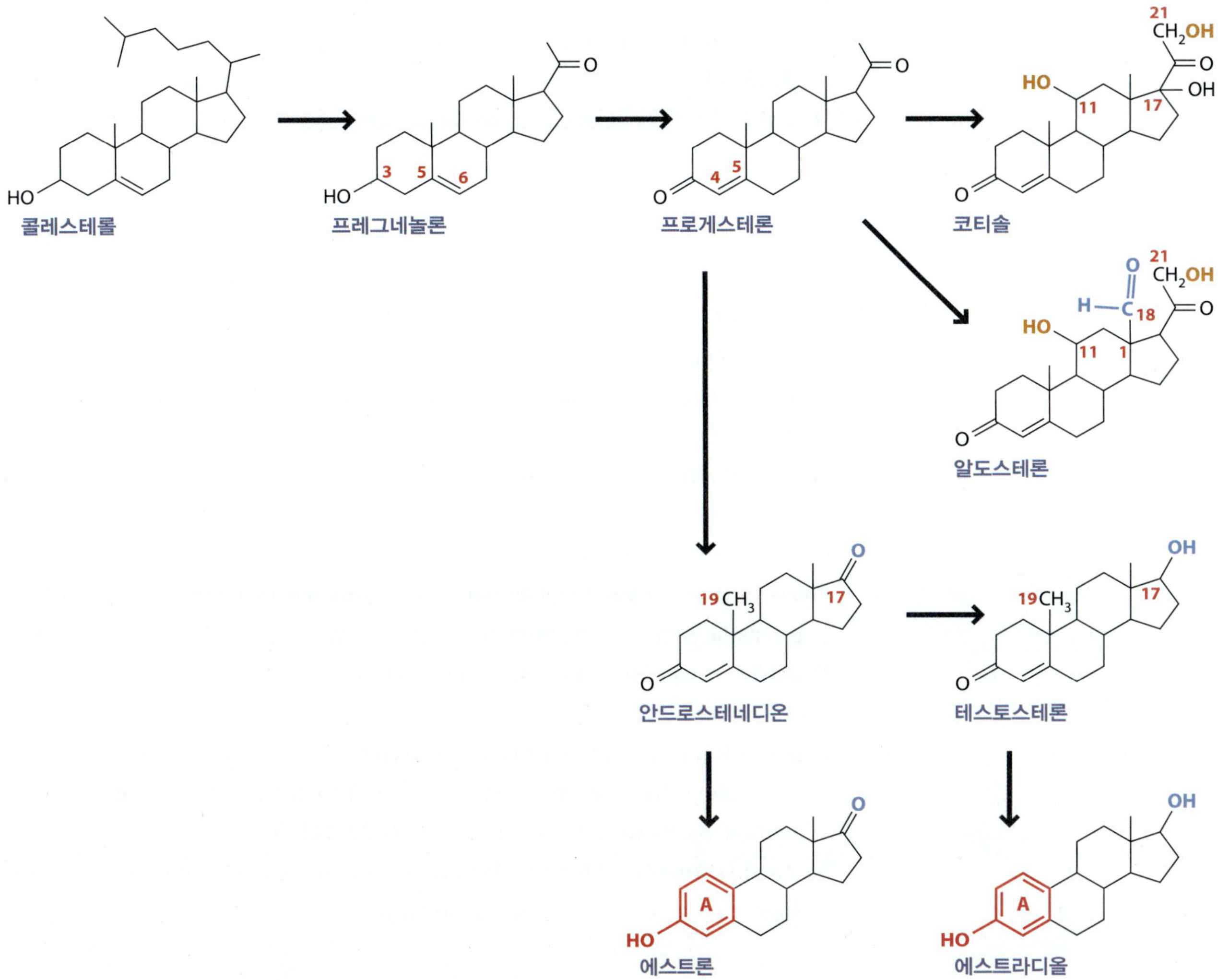

그림 12.29 스테로이드 호르몬의 합성
탄소 번호는 그림 5.16 참조.

참고문헌

Beld J, Lee DJ and Burkart MD (2015) Fatty acid biosynthesis revisited: structure elucidation and metabolic engineering. *Molecular BioSystematics* **11**, 38–59. ***Discusses approaches for engineering microorganisms for the commercial production of fatty acids for use as biofuel.***

Byers DM and Gong H (2007) Acyl carrier protein: structure–function relationships in a conserved multifunctional protein family. *Biochemistry and Cell Biology* **85**, 649–62.

Chiang JYL (2009) Bile acids: regulation of synthesis. *Journal of Lipid Research* **50**, 1955–66.

Coleman RA and Lee DP (2004) Enzymes of triacylglycerol synthesis and their regulation. *Progress in Lipid Research* **43**, 134–76.

Ghayee HK and Auchus RJ (2007) Basic concepts and recent developments in human steroid hormone biosynthesis. *Reviews in Endocrine and Metabolic Disorders* **8**, 289–300.

Houten SM, Violante S, Ventura FV and Wanders RJA (2016) The biochemistry and physiology of mitochondrial fatty acid β-oxidation and its genetic disorders. *Annual Review of Physiology* **78**, 23–44.

Ikonen E (2008) Cellular cholesterol trafficking and compartmentalization. *Nature Reviews Molecular Cell Biology* **9**, 125–38.

Johnson MNR, Londergan CH and Charkoudian LK (2014) Probing the phosphopantetheine arm conformations of acyl carrier proteins using vibrational spectroscopy. *Journal of the American Chemical Society* **136**, 11240–3.

Kornberg H (2000) Krebs and his trinity of cycles. *Nature Reviews Molecular Cell Biology* **1**, 225–8. ***The discovery of the glyoxylate cycle.***

Mansbach CM and Siddiqi SA (2010) The biogenesis of chylomicrons. *Annual Review of Physiology* **72**, 315–33.

Moser HW, Raymond GV, Lu S-E, *et al*. (2005) Follow-up of 89 asymptomatic patients with adrenoleukodystrophy treated with Lorenzo's Oil. *Archives of Neurology* **62**,1073–80. ***Showing the beneficial effects of Lorenzo's Oil for asymptomatic ALD patients.***

Poirier Y, Antonenkov VD, Glumoff T and Hiltunen JK (2006) Peroxisomal β-oxidation – a metabolic pathway with multiple functions. *Biochimica et Biophysica Acta* **1763**, 1413–26.

Wakil SJ, Stoops JK and Joshi VC (1983) Fatty acid synthesis and its regulation. *Annual Review of Biochemistry* **52**, 537–79.

Wanders RJ, van Grunsven EG and Jansen GA (2000) Lipid metabolism in peroxisomes: enzymology, functions and dysfunctions of the fatty acid alpha- and beta-oxidation systems in humans. *Biochemical Society Transactions* **28**, 141–9.

Ye J and DeBose-Boyd RA (2011) Regulation of cholesterol and fatty acid synthesis. *Cold Spring Harbor Perspectives in Biology* **3**, a004754.

자가 평가 문제

객관식 문제

각 문제에 대한 정답은 한 개이며, 정답은 웹사이트 www.scionpublishing.com/biochemistry에서 찾을 수 있음.

1. 지방산 합성 전, 아세틸 단위가 미토콘드리아 내막을 가로질러 왕래할 때 어떤 형태를 취하는가?
- **(a)** 시트르산
- **(b)** 옥살로아세트산
- **(c)** 말산
- **(d)** 피루브산

2. 아실 운반 단백질에 함유된 보결분자단 이름은?
- **(a)** 비타민 B_5(vitamin B_5)
- **(b)** 조효소 Q(coenzyme Q)
- **(c)** 포스포판테테인(phosphopantetheine)
- **(d)** 리보플라빈(riboflavin)

3. 포화 지방산을 생성하는 대사과정에 관여하지 않는 반응은?
- **(a)** 인산화(phosphorylation)
- **(b)** 환원(reduction)
- **(c)** 축합(condensation)
- **(d)** 탈수(dehydration)

4. 아실 운반 단백질로부터 완성된 지방산을 절단하는 효소의 이름은?
- **(a)** 에노일-ACP 환원효소(enoyl-ACP reductase)
- **(b)** 티오에스테르가수분해효소(thioesterase)
- **(c)** ACP 탈지질가수분해효소(ACP delipase)
- **(d)** 아실-말로닐-ACP 축합효소(acyl-malonyl-ACP condensing enzyme)

5. 탄소수가 홀수인 지방산 합성 동안 말로닐 ACP를 대체하는 화합물은?
   (a) 프로피오닐 ACP
   (b) 아세틸 ACP
   (c) 아세토아세틸 ACP
   (d) 팔미토일 ACP

6. 다음 중 지방산에 이중결합을 만들어주는 효소복합체는?
   (a) NADH-시토크롬 b_5 산화효소(oxidase), 시토크롬 b_5, 불포화효소
   (b) NADH-시토크롬 b_5 환원효소, 시토크롬 c, 불포화효소
   (c) NADH-시토크롬 b_5 산화효소, 시토크롬 c, 불포화효소
   (d) NADH-시토크롬 b_5 환원효소, 시토크롬 b_5, 불포화효소

7. 지방산 합성 조절을 설명한 다음 내용 중 옳지 않은 것은?
   (a) 말로닐 CoA의 합성은 주요 조절 단계이다.
   (b) 조절은 AMP-활성화 단백질 인산화효소에 의해 매개된다.
   (c) AMP가 지방산 합성을 자극한다.
   (d) 지방산 합성은 세포가 풍부한 에너지를 공급받을 때만 일어난다.

8. 다음 중 어떤 호르몬이 지방산 합성을 억제하는가?
   (a) 글루카곤과 인슐린
   (b) 인슐린과 에피네프린
   (c) 글루카곤과 에피네프린
   (d) 위의 어느 것도 아님

9. 지방조직에 지방을 저장하는 세포를 무엇이라고 부르는가?
   (a) 지방세포
   (b) 지질단백질
   (c) 근섬유분절
   (d) 애피도사이트

10. 트리아실글리세롤 분해와 관련하여 옳지 않은 것은?
    (a) 전체 지방분해 경로의 주요 조절점이다.
    (b) 이 과정을 베타-산화라고 한다.
    (c) 트리아실글리세롤은 지질가수분해효소에 의해 분해된다.
    (d) 각각 다른 특이성을 가진 세 가지 효소의 조합은 하나의 트리아실글리세롤에서 3가지 지방산 모두를 제거하는 데 필요하다.

11. 트리아실글리세롤 분해에 의해 방출된 글리세롤은 해당과정에서 어떤 중간 대사산물로 변환되는가?
    (a) 피루브산
    (b) 디하이드록시아세톤 인산
    (c) 포스포에놀피루브산
    (d) 글리세르알데하이드 3-인산

12. 호르몬의 어떤 그룹이 트리아실글리세롤 분해율을 증가시키는가?
    (a) 글루카곤, 인슐린, 노르에피네프린, 부신피질자극호르몬
    (b) 글루카곤, 인슐린, 부신피질자극호르몬
    (c) 인슐린, 노르에피네프린, 부신피질자극호르몬
    (d) 글루카곤, 에피네프린, 노르에피네프린, 부신피질자극호르몬

13. 지방산 분해를 위한 과정의 조효소 A에 지방산을 부착하는 반응에서의 에너지 공급 반응을 가장 잘 설명한 것은?
    (a) ATP의 ADP로 가수분해
    (b) ATP의 AMP로 가수분해
    (c) GTP의 GDP로 가수분해
    (d) 이 반응은 에너지를 필요로 하지 않는다.

14. 미토콘드리아 내막을 통과하기 위한 과정에서 지방산과 결합하고 있는 화합물의 이름은?
    (a) 카닌
    (b) 카프린
    (c) 카니스레오닌
    (d) 카르니틴

15. 포화 지방산을 분해하는 과정에 관여하지 않는 반응은?
    (a) 티올분해
    (b) 산화
    (c) 수화
    (d) 환원

16. 팔미트산의 완전 분해로 얼마나 많은 ATP를 수득할 수 있는가?
    (a) 38
    (b) 92
    (c) 120
    (d) 129

17. 퍼옥시좀의 지방산 분해에 관한 다음의 진술 중 옳지 않은 것은?
    (a) 과산화수소분해효소라 불리는 효소가 관련되어 있다.
    (b) 이 과정은 식물에서 일어나지 않는다.
    (c) 동물에서 긴 사슬 지방산만 퍼옥시좀에서 분해된다.
    (d) 최종 생산된 NADH 및 아세틸 CoA는 퍼옥시좀 밖으로 배출된다.

18. 다음 중 불포화 지방산의 분해와 관련하여 옳지 않은 것은?
    (a) 홀수 및 짝수 위치의 이중결합은 다른 방식으로 처리된다.
    (b) 아실 CoA 탈수소효소는 두 번째 이중결합을 도입할 수 있다.
    (c) 이중결합의 위치를 이동시키기 위해 이성질화 효소가 필요하다.
    (d) 불포화 지방산의 분해는 항상 프로피오닐 CoA를 생산한다.

19. 콜레스테롤 합성 경로의 시작 단계에서 어떤 효소가 아세틸 CoA 단위를 연결하는가?
    (a) 티올분해효소
    (b) HMG CoA 환원효소
    (c) 에놀분해효소
    (d) 아세토아세틸 CoA 신타제

20. 스테롤 계통 화합물을 형성하기 위하여 고리화되는 선형 분자의 이름은?
    (a) 라노스테롤
    (b) 스쿠알렌
    (c) 파네실 피로인산
    (d) HMG CoA

21. 콜레스테롤 합성의 조절 단계는?
   (a) 스테롤 고리의 형성
   (b) 아세토아세틸 CoA의 형성
   (c) 스쿠알렌을 라노스테롤로 전환
   (d) HMG CoA의 메발로네이트로의 전환

22. 콜레스테롤은 어떻게 HMG CoA 환원효소의 활성을 조절하는가?
   (a) HMG CoA 환원효소를 인산화시키는 단백질 인산화효소 A를 자극함으로써
   (b) 효소의 분해를 자극함으로써
   (c) 효소를 활성화시키는 구조 변화를 유도함으로써
   (d) 세포 내의 cAMP 양에 영향을 줌으로써

23. 다음 중 콜레스테롤 유도체가 아닌 것은?
   (a) 담즙산
   (b) 비타민 D
   (c) 스테로이드 호르몬
   (d) 헴

24. 스테로이드 호르몬이 아닌 화합물은?
   (a) 프로게스테론
   (b) 코티솔
   (c) 테스토스테론
   (d) 인슐린

단답식 문제

아래 문제는 추가 자료 없이 답이 가능함.

1. 지방산 합성 대사 시작될 때, 아세틸 CoA가 미토콘드리아에서 어떻게 밖으로 이동하는지 설명하시오.
2. 불포화 지방산을 합성하는 반응의 과정을 자세히 설명하시오. 이 과정은 동물과 식물에서 어떻게 다른가?
3. 동물에서 긴 사슬 지방산과 이중결합을 갖는 지방산이 어떻게 만들어지는지 설명하시오.
4. 지방산 합성이 조절되는 방법을 개략적으로 설명하시오.
5. 지질 분해가 어떻게 조절되는지 설명하시오.
6. 지방산이 분해되기 전에 미토콘드리아로 운반되는 방법을 설명하시오.
7. 지방산 분해를 위한 베타-산화 경로를 기술하시오.
8. 콜레스테롤 합성과정을 개략적으로 설명하시오.
9. 콜레스테롤 합성이 생명체의 전반적인 에너지 상태와 세포의 스테롤 함량에 어떻게 반응하는지 설명하시오.
10. 콜레스테롤의 주요 유도체가 합성되는 방법을 개략적으로 설명하시오.

주관식 문제

아래 문제는 계산, 추가 자료, 인터넷 조사 등을 필요로 함.

1. 이 장과 이전 장들의 정보를 바탕으로 인간의 에너지 저장과 활용에 대한 호르몬 제어를 보여주는 다이어그램을 그리시오.
2. 마라톤을 뛰기 직전에 고농도 수크로오스 음료의 섭취를 권장하지 않는 이유는 무엇인가?
3. 다음 지방산들의 베타-산화를 통하여 수득할 수 있는 총 ATP를 계산하시오: (A) 12:0 라우린산; (B) 18:0 스테아린산; (C) 24:0 리그노세린산.
4. 글리옥실산 회로는 식물 및 세균에서는 존재하지만, 일반적으로 동물에는 존재하지 않는 것으로 추정된다. 그러나 수년에 걸쳐 과학적 문헌에 이 회로가 일부 신생 쥐의 간과 같은 동물에서 나타날 수 있다는 보고가 가끔 있었다. 동물들이 글리옥실산 회로를 가지고 있다는 가설을 검증하기 위한 연구 프로젝트의 개요를 만들어 보시오.
5. 스타틴(statin)은 HMG CoA 환원효소의 억제제이다. 왜 다음과 같은 목적으로 스타틴이 이용되는지를 설명하시오: (A) 심혈관 질환의 위험을 줄이기 위해 사용, (B) 가족성 고콜레스테롤 혈증 치료제로 사용.

제13장

질소 대사

학습목표

이 장을 공부한 후:

- 무기 질소가 암모니아로 전환되는 질소고정 및 질산 환원 경로의 중요성을 이해할 수 있다.
- 질소고정 생물체의 주된 형태, 그리고 콩과식물과 근류균 사이에 일어나는 공생의 주요 특성을 설명할 수 있다.
- 질소고정화효소 복합체에 의해 질소가 고정되는 방식을 이해할 수 있다.
- 질산 환원 경로를 간략하게 이해할 수 있다.
- 비필수 아미노산과 필수 아미노산의 차이점, 그리고 그에 속하는 아미노산을 열거할 수 있다.
- 암모니아가 글루탐산과 글루타민으로 전환되는 방식에 대해 설명할 수 있다.
- 사람에서 나머지 9가지 비필수 아미노산의 합성경로를 상세히 알 수 있다.
- 세균에 의한 필수아미노산 합성경로를 간략하게 설명할 수 있게 된다.
- 일부 아미노산 합성경로의 분지점이 최종생성물에 의해 조절되는 방식을 이해할 수 있다.
- 핵산합성의 회수(salvage)경로와 신생(*de novo*)경로를 설명할 수 있다.
- 헴(heme)과 같은 테트라피롤류의 합성과정을 이해할 수 있다.
- 핵산과 테트라피롤류의 분해과정의 요점을 이해할 수 있다.
- 이들 화합물의 분해과정 중 아미노산의 질소 성분이 암모니아로 전환되는 과정을 설명할 수 있다.
- 아미노산의 탄소골격이 분해되는 과정을 알 수 있으며, 당생성성(glucogenic) 아미노산과 케톤체생성성(ketogenic) 아미노산의 차이를 알 수 있다.
- 상이한 생명체들이 과량의 암모니아를 처리하는 방식들을 알 수 있다.
- 요소회로의 단계를 이해하고 회로의 조절방식을 이해할 수 있다.
- 요소회로에서 사용되는 에너지의 일부가 TCA 회로와 연계되어 회수되는 방식을 알 수 있다.

질소함유 화합물은 그 생합성과 분해에 대해 우리가 연구해야 할 마지막 부류이다. 이들 생체분자 중 주된 것은 아미노산, 그리고 뉴클레오타이드에서 발견되는 퓨린과 피리미딘 염기, 엽록소 이외에 보조인자인 헴류를 포함하는 **테트라피롤(tetrapyrrole)** 화합물이다. 이번 장의 대부분을 이들 화합물이 합성되고 또 이들 화합물이 더 이상 필요하지 않을 때 분해되는 경로의 설명에 할애할 것이다. 그러나 이들은 우리가 고려해야 할 질소 대사의 유일한 측면은 아니다. 우리는 일부 식물과 미생물이 환경으로부터 무기 질소를 암모니아로 전환하는 과정도 다루어야 한다. 이들 과정은 아주 중요하며, 그 이유는 그들이 공급하는 암모니아는 생명체에 존재하는 모든 유기 질소함유 화합물을 합성하는 데 필요한 기질이기 때문이다.

13.1 무기 질소로부터 암모니아의 합성

이 책의 초반부에 성인의 원소 조성에 대해 다루었으며, 이들 원소 혼합물을 인기영화배우로 전환하는 데 무엇이 필요한지에 대해 물었다. 세 가지 가장 풍부한 원소(C, O, H)에 대한 해답의 일부는 이들 무기 원소를 탄수화물로 전환하는 광합성이다. 이들 탄수화물은 에너지원으로 작용할 뿐만 아니라 광합성 생물체와 이들을 소비하는 기타 생물체들에게 유기 탄소/산소/수소기를 공급하여 단백질과 지질, 핵산 등의 생체분자를 만들게 한다. 그러나 단백질과 핵산의 아미노산과 뉴클레오타이드 소단위도 인간 생화학에서 가장 풍부한 4번째 원소인 질소를 함유한다. 이 질소는 어떻게 얻는가?

답은 대부분의 식물과 많은 미생물은 무기 질소원으로부터 암모니아를 합성할 수 있다는 것이다. 암모니아에 들어 있는 질소는 다시 생명체가 필요로 하는 모든 유기 질소함유 화합물을 합성하는 데 사용된다. 탄소와 산소, 수소처럼 동물은 식물을 섭취함으로써 초기 질소동화에 필요한 질소를 얻는다.

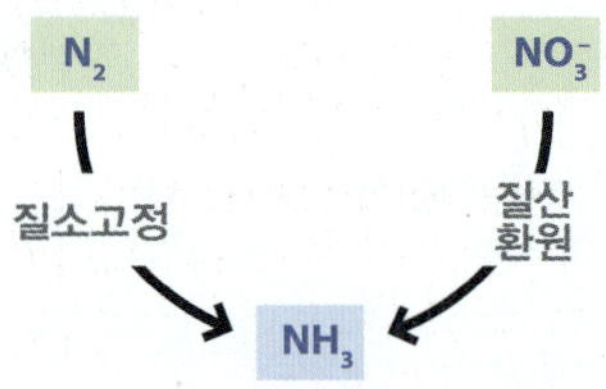

그림 13.1 무기 질소가 암모니아로 도입되는 두 가지 경로

무기 질소가 암모니아로 도입되는 경로에는 두 가지가 있다(그림 13.1);

- **질소고정(nitrogen fixation)**에서 무기 공급원은 대기 중의 질소 기체이다.
- **질산 환원(nitrate reduction)**에서 토양에 존재하는 무기 질산 이온이 이용된다.

질소고정은 이 두 경로 중 더 복잡하며, 먼저 설명할 것이다.

13.1.1 질소고정

질소고정은 **질소자급영양생물(diazotroph)**라는 소수의 세균과 고세균 종들만 수행한다. 이들 종의 대부분은 자유생활을 하며, 이는 미생물학적 의미로 어떤 형태의 공생관계도 형성하지 않고 다른 생물체와 무관하게 생활한다는 뜻이다. 이에 반해 소수의 질소고정균은 특정 형태의 식물 뿌리와 공생관계를 형성한다. 이 공생의 일부로, 식물은 세균의 질소고정활동에서 나오는 유기 질소화합물을 얻는다. 질소고정의 생화학을 배우기에 앞서 간단하게 공생의 세부사항에 대해 알아보자.

공생세균은 뿌리혹 안에서 질소를 고정한다

공생적 질소고정세균은 크게 두 부류로 나뉜다(그림 13.2);

- **뿌리혹세균(rhizobia)** 군은 *Rhizobium*, *Bradyrhizobium*, *Burkholderia*를 포함하여 여러 속의 것들이 있다.
- *Frankia*속에는 **방선균(actinomycete)** 형태, 즉 사상세균(filamentous bacterium)이 있다.

Frankia 질소자급영양생물은 연구가 비교적 덜 되었지만, 공생의 생리적, 생화학적 특성은 두 세균 부류 모두 아주 비슷하다. 주된 차이는 공생에 참여하는 식물이 다르다는 점이다. 근류균의 경우, 이들 식물은 거의 예외 없이 콩과(Fabaceae)에 속한다.

이들은 **콩과식물(legumes)**이며, 'legume'이란 용어는 보통 '질소를 고정하는'의 뜻이지만 실제로는 열매의 구조를 말하는 것이다. Fabaceae는 콩류 알팔파, 땅콩, 클로버 등의 중요 작물을 포함하고 있다. 한편 *Frankia*는 총체적으로 **뿌리방선균 식물(actinorhizal plant)**이라 부르는 8개 과의 식물(여기에는 오리나무와 베이베리(bayberry) 같은 수목과 관목도 포함한다)과 공생을 형성한다.

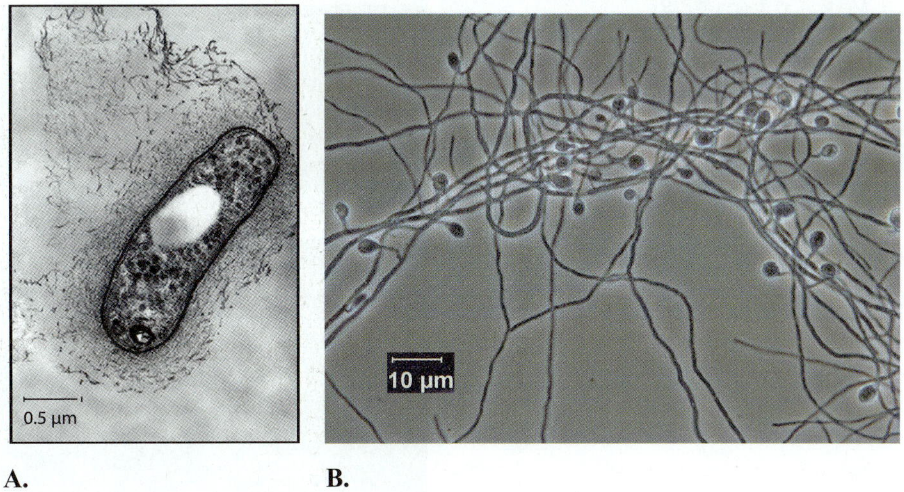

그림 13.2 **질소고정균의 두 종**
(A) *Rhizobium trifolii* – 사진제공. 미시건주립대의 Frank Dazzo 교수. (B) *Frankia* sp. – 사진제공. 코네티컷대학의 David Benson 교수.

질소고정균은 처음에는 토양 중에서 자유생활을 하지만, 적절한 숙주식물의 뿌리에서 분비되는 **플라보노이드(flavonoid)**라는 유기화합물을 감지한다. 질소고정균은 뿌리 속으로 침투하여 **nod 인자(nod factor**; 지방산 곁사슬을 지니는 짧은 올리고당류)를 분비하여 식물에게 자신들의 존재를 알린다. 이 양방향 신호로 두 공생상대는 공생개시를 준비하게 된다. 세균은 변형된 뿌리털을 통하거나 단순히 뿌리표면의 세포 사이의 간극 속으로 비집고 들어감으로써 식물뿌리 내부로 들어간다. 감염이 되면 세포분열이 유도되어 **뿌리혹(=근류, root nodule)**이라는 특수 구조가 형성되며 그 안에서 질소고정이 일어난다(그림 13.3).

Box 13.1 공생적 남세균에 의한 질소고정

여러 남세균(cyanobacteria)도 다양한 숙주 식물종과 공생적 질소고정에 관여하며, 잘 알려진 근류균과 콩과식물 간의 관계와는 다른 동반자 관계를 형성한다. 여기에 세 가지 특히 흥미로운 사례가 있다.

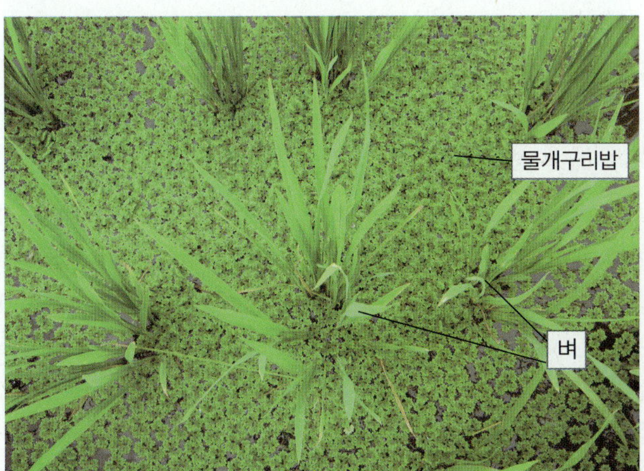

농촌종합개발기구 website에서 복제한 벼논 물개구리밥의 사진

- **물개구리밥(Azolla)**은 전 세계 많은 지역의 못과 작은 호수 표면에 서식하는 작은 수생 양치류이다. 물개구리밥은 *Anabaena*라는 질소고정을 하는 남세균과 공생하며, *Anabaena*는 사상으로 관찰되며 물개구리밥 잎의 내부 공간에 서식한다. 여러 서남아시아 지역에서 물개구리밥은 벼논에 '녹비(green manure)'로 시용된다. 일부 고정된 질소생성물은 벼 식물에 이용되어 작물의 생산성을 높인다.
- 몇몇 **지의류(lichens)**는 질소고정에 필요한 구성요소를 포함하고 있다. 모든 지의류는 공생적 생물체이며, 한 측은 곰팡이이며, 다른 한 측은 광합성 세균 또는 조류(algae)이다. 일부 종(*Lobaria*와 *Peltigeria* 등)은 3자(tripartite) 공생체이며, 질소고정을 하는 구슬말속(*Nostoc*) 같은 남세균을 3번째 공생자로 이용한다. 이런 형태의 지의류는 미국삼나무 숲과 같은 생태계에서 중요한 고정질소 공급원이다.
- 질소자급영양체인 *Rhopalodia gibba*는 한 단계 더 발전된 공생형태를 취한다. 이 단세포 생물은 질소를 고정하는 남세균에서 유래한 세포내 구조를 지닌다. 그 관계는 내부공생 형태이며, 미토콘드리아와 엽록체에서 나타나는 내부공생과 비슷하다.

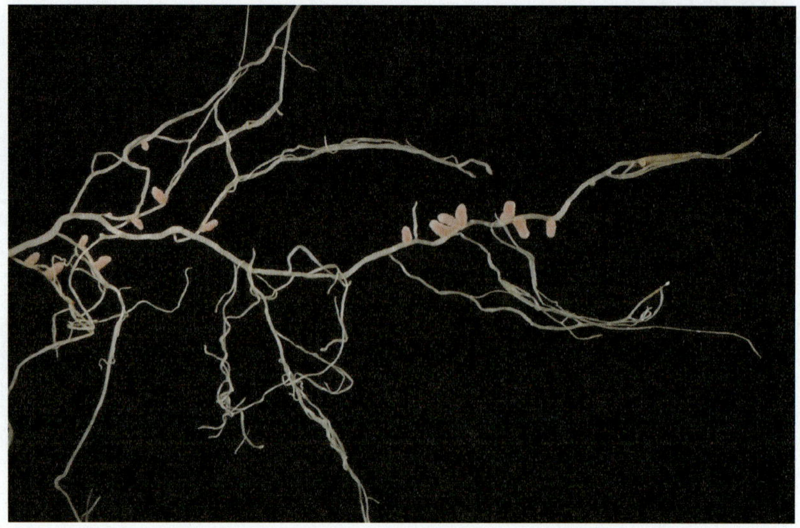

그림 13.3 ***Medicago italica*** **뿌리의 질소고정 뿌리혹**
뿌리혹은 leghemoglobin을 함유하므로 분홍빛을 띤다.

근류 내에서 세균은 식물세포로 들어가서 **박테로이드(bacteroid)**로 분화하며, 실제로 미토콘드리아와 크기가 비슷한 세포내 소기관이 된다. 식물은 박테로이드에 숙신산과 말산 같은 탄수화물을 제공하여 에너지원으로 사용하게 하며, 박테로이드는 식물에 암모니아를 제공한다. 이것은 **상리공생(mutualism)**이라는 공생형태의 한 예로서, 두 참여 종 모두에게 상호이익을 주는 호혜적 관계이다.

질소고정은 질소를 암모니아로 환원시킨다

질소고정은 대기 질소를 세포성 암모니아로 환원하는 과정이다. 이 반응에는 6개의 전자가 필요한데, N≡N이 순차적으로 HN=NH로, 또 H_2N-NH_2로, 최종적으로 2개의 NH_3 분자로 환원되기 때문이다. 이 환원반응은 두 가지 효소로 구성된 세균성 **질소고정효소 복합체(nitrogenase complex)**에 의해 일어난다.

- **환원효소(reductase)**는 2개의 동일한 소단위로 된 이량체이며, 각 소단위는 FeS 무리(cluster)를 지닌다. 이것은 우리가 전자전사슬을 공부할 때 처음 만났던 전자-결합 보결분자족과 같은 형태이다.
- **질소고정효소(nitrogenase)**는 α형 2개와 β형 2개로 된 4개의 소단위로 구성되어 있으며, 한 개의 **몰리브덴-철 중심(molybdenum-iron center, MoFe center)**을 지닌다. 이런 형태의 전자결합 보조인자는 우리가 이전에는 보지 못한 형태이다.

질소가 암모니아로 전환되는 데 필요한 전자는 광합성 과정 중 숙주 식물의 엽록체에서 생성된 환원형 페레독신(ferrodoxin)에 의해 제공된다. 전자는 하나씩 페레독신에서 환원효소의 FeS 무리로, 다시 질소고정효소의 MoFe 중심으로, 최종적으로 질소로 전달된다(**그림 13.4**). 환원효소와 질소고정효소 간의 전자전달에는 에너지가 필요하며, 그 에너지는 ATP의 가수분해로 얻어지고, 한 개의 전자를 전달하는데 두 개의 ATP가 필요하다. 비록 6개의 전자만이 질소 1분자를 2분자의 암모니아로 환원하는 데 필요하지만, 질소고정화효소 복합체는 약간 비효율적이며, 각 전환과정 중 평균적으로 2개의 전자를 낭비한다.

그림 13.4 **질소고정 중의 전자전달**

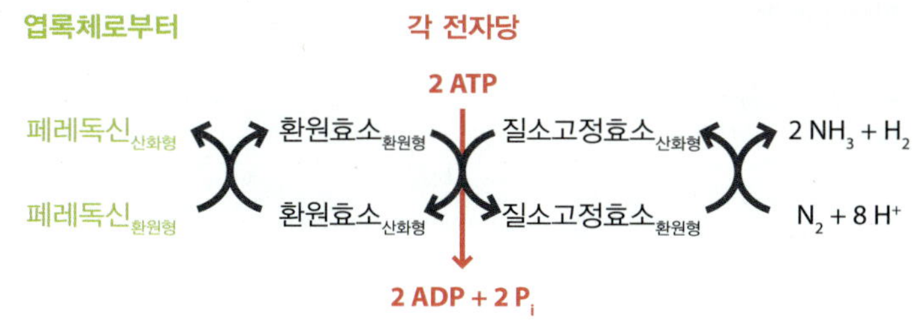

이것은 8개의 전자가 필요하며 따라서 16 ATP가 필요함을 의미한다. 전체반응은 대기 질소의 3중결합이 아주 안정하기 때문에 상당한 자유에너지 증가 반응이다. 질소가 암모니아로 환원되는 동일한 화학적 반응을 **하버 과정(Haber process)**이라 부르며, 질소와 수소 혼합물을 철 촉매와 함께 500°C에서 300기압(3.04×10^7 Pa)의 압력으로 가열해야 한다. 실험실에서는 환원반응을 일으키는데 이러한 극단적인 방법이 필요하지만, 그 반응이 생물학적 조건에서 가능하다는 것은 놀랄만한 일이다.

질소고정화효소 복합체는 산소에 의해 불가역적으로 불활성화되므로 산소로부터 보호되어야 한다. 필요한 보호조치는 **레그헤모글로빈(leghemoglobin)**에 의해 제공되며, 레그헤모글로빈은 혈액의 헤모글로빈과 구조가 아주 유사하지만 산소결합에 대한 친화성은 더 크다. 단백질 부분과 헴 보결분자단은 식물세포가 만든다. 레그헤모글로빈은 헤모글로빈처럼 붉은색을 띠며, 그 존재는 뿌리혹을 면도칼로 자를 때 보이거나, 간혹 자르지 않은 뿌리혹에서 보이는 분홍색깔로 알 수 있다(그림 13.3 참조).

13.1.2 질산 환원

질산 환원(nitrate reduction)은 무기 질소가 암모니아로 전환되는 두 번째 방법이다. 대부분의 식물과 여러 세균은 이 전환과정을 수행할 수 있다.

식물에서 질산 이용은 질산이 토양으로부터 뿌리 속으로 수송됨으로써 시작된다. 흡수된 질산은 지상부로 이동되며, 질산 환원은 지상부에서 주로 일어나며 뿌리에서는 상대적으로 미미하다. 환원경로는 두 단계이며, 첫 단계는 세포질에서 일어나며 질산(NO_3^-)을 아질산(NO_2^-)으로 전환하며, 두 번째 단계는 엽록체에서 일어나며 아질산을 암모니아로 환원한다(그림 13.5).

세포질에서 질산이 아질산으로 전환되는 과정은 **질산환원효소(nitrate reductase)**가 촉매하며, 이 효소는 두 개의 동일한 단백질 소단위 외에 FAD, 헴, Mo-함유 보조인자로 구성된다. 효소의 활성 부위에 있는 한 쌍의 메티오닌 아미노산은 보조인자의 몰리브덴과 질산 이온 간의 상호작용을 안정화시키며, 질산은 NADH 또는 NADPH에 의해 제공되는 전자를 사용하여 아질산으로 환원된다. 아질산은 다시 양성자-의존성 수송체를 통해 엽록체로 이동되며, 그 안에서 **아질산 환원효소(nitrite reductase)**에 의해 암모니아로 전환된다. 이는 단일 소단위 단백질이며 FeS 무리와 **시로헴(siroheme)** 보결분자단을 지니며, 시로헴은 여러 효소에서 발견되는 질소 및 황-함유 화합물의 환원에 관여하는 변형된 헴 형태이다. 질소고정에서처럼 여섯 개의 전자가 한 개의 아질산 이온을 암모니아로 완전히 환원하는 데 필요하다. 이들은 페로독신에 의해 공급되지만 질소 환원과는 달리 에너지 요구가 없으므로 ATP가 소비되지 않는다.

그림 13.5 식물에서 질산의 암모니아로 환원
질산 환원 단계에서는 NADH(그림에 나타냄) 또는 NADPH를 전자주개로 사용한다.

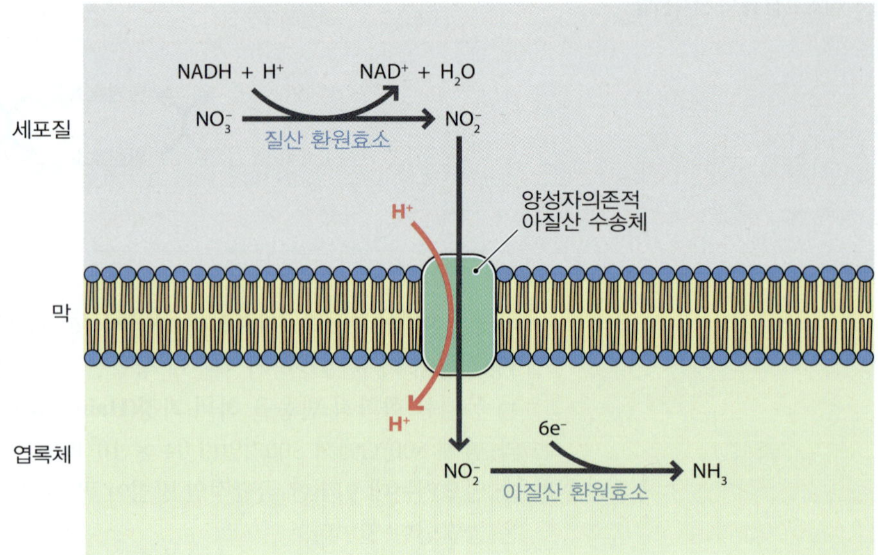

13.2 질소함유 생화학물질의 합성

질소고정과 질산 환원은 살아 있는 생물체에 암모니아원을 제공하며, 암모니아는 생활세포에서 모든 기타 질소함유 생화학물질을 합성하는 대사경로에 필요한 초기 기질로 작용한다. 다음 목표는 이들 화합물 중 가장 중요한 아미노산과 핵산염기, 테트라피롤류 합성경로에 대해 탐구하는 것이다.

13.2.1 아미노산 합성

인간세포는 단백질 합성에 사용되는 20종의 아미노산 중 11가지를 만드는 데 필요한 효소만을 가지고 있다. 나머지 9가지를 **필수 아미노산(essential amino acid)**이라 하는데 이들은 음식물로부터 섭취해야 하기 때문이다(표 13.1). 인간이 합성할 수 있는 11가지(비필수) 아미노산 중에서 10가지는 TCA 회로, 해당작용, 또는 5탄당인산경로의 중간 산물 중 하나에서 시작하는 비교적 짧은 경로를 통해 얻는다. 11번째인 티로신은 페닐알라닌으로부터 합성된다.

표 13.1 사람에게 필요한 필수 및 비필수 아미노산

필수 아미노산	비필수 아미노산
히스티딘	알라닌
이소류신	아르기닌
류신	아스파라긴
리신	아스파르트산
메티오닌	시스테인
페닐알라닌	글루탐산
트레오닌	글루타민
트립토판	글리신
발린	프롤린
	세린
	티로신

글루탐산과 글루타민은 α-케토글루타르산과 암모니아로부터 합성된다

먼저 글루탐산과 글루타민을 다루는데 그 이유는 이들 두 아미노산은 암모니아에서 직접 만들어지기 때문이다. 두 번째 기질은 TCA 회로의 중간 산물 중 하나인 α-케토글루타르산(α-ketoglutarate)이다. 그 경로는 두 단계이다:

1단계. **글루탐산탈수소효소(glutamate dehydrogenase)**는 α-케토글루타르산에 첨가되는 아미노기($-NH_2$)의 급원으로 암모니아를 사용한다. 그 결과 글루탐산이 생성된다. 그 반응은 환원반응이며 NADPH 1분자를 사용한다.

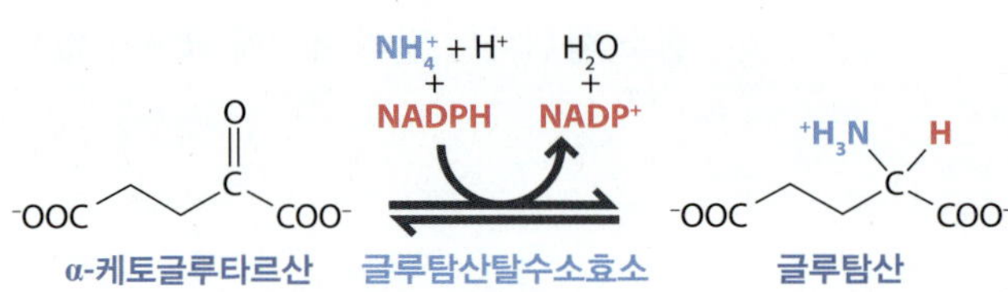

Box 13.2 글루탐산의 올바른 거울상 이성질체 합성

아미노산은 두 가지 다른 형태, 즉 L- 및 D-거울상이성질체로 존재하며, 서로 키랄성 α-탄소 주위의 원자들의 상대적 위치로 구별된다(그림 3.4 참조). 모든 아미노산과 마찬가지로, L-형 글루탐산은 세포 내에서 주된 형태이며 단백질 합성에서 사용되는 거울상 이성질체이다. 글루탐산 합성의 기질인 α-케토글루타르산은 키랄성이 아니므로 L- 및 D-형으로 존재하지 않는다. 그러므로 그 아미노산의 키랄성(chirality)은 α-케토글루타르산이 글루탐산으로 전환되는 과정 중 글루탐산탈수소효소에 의해 결정된다. 글루탐산탈수소효소는 어떻게 L-글루탐산만을 생성시킬 수 있을까?

글루탐산탈수소효소가 촉매하는 반응은 두 단계로 일어난다. 첫째, 암모니아 유래의 아미노기가 아미노산의 α-탄소가 될 탄소로 전달된다.

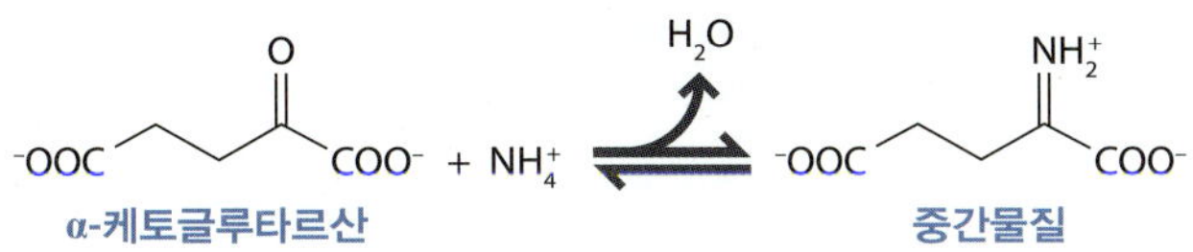

이 반응단계에서 우리가 주목하는 탄소는 여전히 키랄성이 아니다. 그러므로 주요 반응은 두 번째 단계이며, 이때 수소는 NADPH에서 α-탄소로 전달된다. 이 전달은 α-탄소 주위에 L-위치배열이 일어나는 방식으로 진행된다.

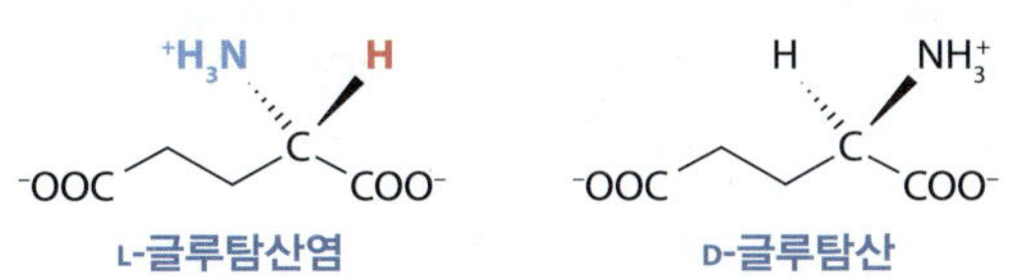

L-위치배열이 생성되도록 보장하는 중요한 인자는 글루탐산탈수소효소의 활성 부위 내에서 NADPH의 아민화된 중간물질에 대한 위치이다. 즉 NADPH로부터 α-탄소로 수소가 전달되어 L-위치배열을 생성하는 배향이어야 한다.

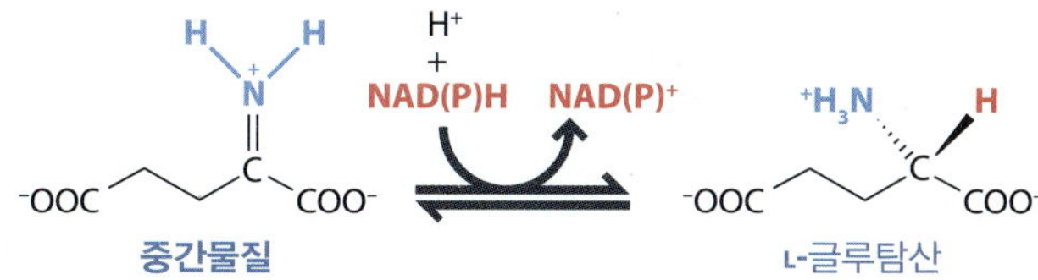

그러므로 활성 부위의 구조는 α-탄소 주위의 기들의 배향을 결정한다. 그 활성 부위의 구조 때문에 글루탐산탈수소효소는 L-글루탐산만을 합성할 수 있다.

α-탄소주위의 기 배향이 유지되는 것은 글루탐산이 글루타민합성효소에 의해 글루타민으로 전환될 때, 그리고 글루탐산이 프롤린과 아르기닌으로 대사될 때이다(그림 13.6 참조). 그러나 다른 아미노산의 α-탄소는 글루탐산으로부터 유래하지 않으며, 그 위치배열은 그들 합성경로의 적절한 단계에서 독립적으로 결정되어야 한다. 이 단계는 항상 아미노기가 (글루탐산으로부터) α-탄소로 제공되는 아미노기전달반응(transamination)이다(예: 세린형성 경로의 2번째 단계, 그림 13.7A). 이들 각 아미노기전달반응은 비슷한 효소가 촉매하며, 수소는 NADPH가 아니라 활성 부위에 위치하는 리신에 의해 제공된다. 이 리신은 기질에 대해서 α-탄소 주위에 항상 L-위치배열이 형성되도록 배향된다.

2단계. 글루타민합성효소(glutamine synthetase)는 두 번째 암모니아 분자를 사용하여 글루탐산에 아미노기를 첨가하고 글루타민을 생성한다. 에너지는 ATP로 제공된다.

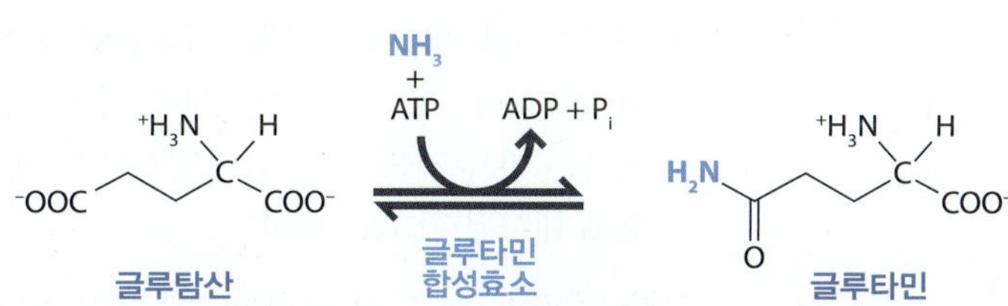

식물에서 글루탐산과 글루타민은 질소고정 및 질산 환원의 결과로 합성되며, 뿌리혹의 박테로이드 내에서, 그리고 뿌리혹 및 질산 환원 세포의 엽록체 내에서 합성된다. 사람과 기타 생명체는 글루탐산과 글루타민을 음식물이나 기타 질소화합물의 분해로 얻은 암모니아로부터 합성한다.

사람이 만드는 기타 9가지 아미노산 합성경로

이제 사람이 나머지 9가지 필수 아미노산을 합성하는 경로에 대해 살펴보자.

글루탐산은 2가지 다른 아미노산, 즉 프롤린과 아르기닌을 합성하는 출발점이다. 첫째, 글루탐산은 인산화 중간체를 거쳐 글루탐산 γ-세미알데하이드(glutamate γ-semialdehyde)로 환원된다. 글루탐산 γ-세미알데하이드는 두 경로 중 하나를 따른다.

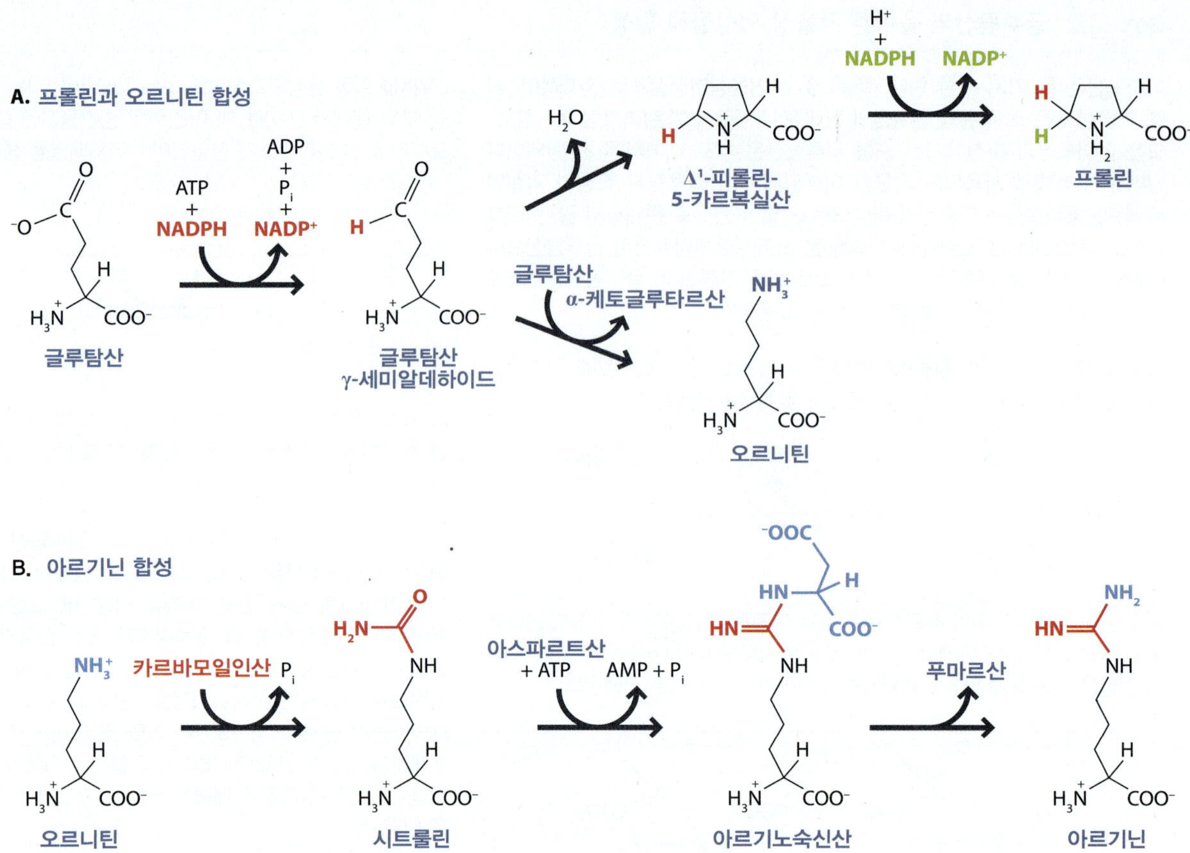

그림 13.6 (A) 프롤린과 오르니틴 및 (B) 아르기닌 합성

- 프롤린을 생성하기 위해 글루탐산 γ-세미알데하이드는 자발적으로 고리화되고 그 생성 화합물(Δ[1]-pyrroline 5-carboxylate)은 한 번 더 환원된다(그림 13.6A).
- 아르기닌을 생성하기 위해 글루탐산 γ-세미알데하이드는 아미노기전달반응에 의해 **오르니틴(ornithine)**으로 전환되며, 이때 카르보닐(−C=O)기는 아미노기(−NH_2)로 치환되고, 이 아미노기는 한 분자의 다른 글루탐산에서 제공된다. 오르니틴은 다시 짧은 경로를 통해 아르기닌으로 대사된다(그림 13.6B)

사람에 있어 글루탐산 γ-세미알데하이드의 아미노기전달반응이 아르기닌의 주요 급원인지에 대해서는 논란이 있다. 프롤린을 생성하는 고리화반응은 아주 신속하며, 이는 아미노기전달반응에 사용되는 글루탐산 γ-세미알데하이드가 많은 것 같지 않음을 의미한다. 다시 말하면 사람은 아르기닌을 요소회로로부터 얻을 수 있으며, 요소회로는 이번 장의 후반에 설명한다.

세린과 글리신, 시스테인은 각각 해당작용의 중간 산물인 3-포스포글리세르산(3-phosphoglycerate)에서 유래한다(그림 13.7). 여기에도 글루탐산으로부터의 아미노기전달반응이 관여하며, 세린이 먼저 생성된다. 세린의 −CH_2OH 잔기를 수소로 치환하면 글리신이 생성되며, 곁사슬의 −OH기를 −SH기로 치환하면 시스테인이 생성된다.

아미노기전달반응에서도 옥살로아세트산과 피루브산으로부터 단순한 한 단계 반응에 의해 각각 아스파르트산과 알라닌이 생성된다(그림 13.8). 아스파라긴은 아스파르트산으로부터 아미드화반응(amidation)에 의해 생성되며, 아미노기는 글루타민으로부터 제공된다.

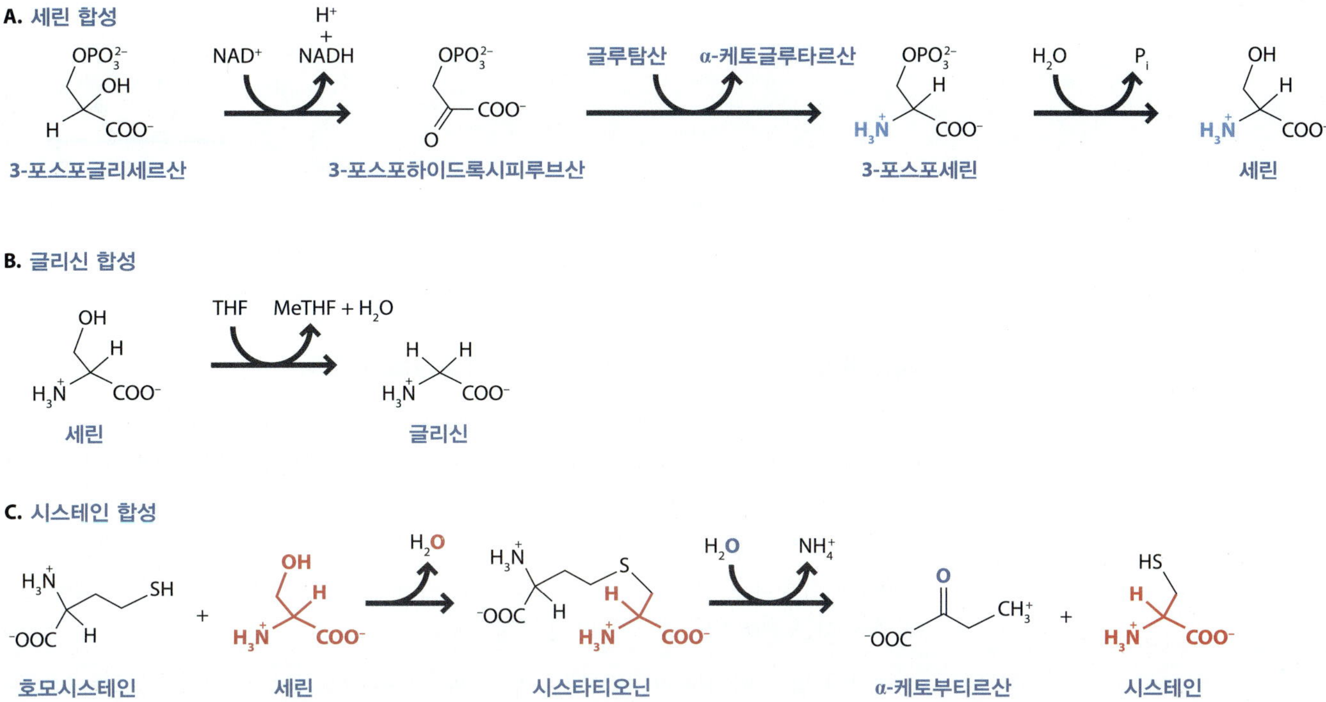

그림 13.7 (A) 세린과, (B) 글리신, (C) 시스테인 합성

약어: MeTHF, 메틸렌테트라하이드로폴산; THF는 여러 생화학에서 탄소기 주개 또는 받개 역할을 한다. 세린이 글리신으로 전환되는 과정 중에 THF는 세린으로부터 $-CH_2$기를 수용하고, 2개의 H^+ 이온을 방출한다. 이 반응으로 THF는 MeTHF로 전환된다.

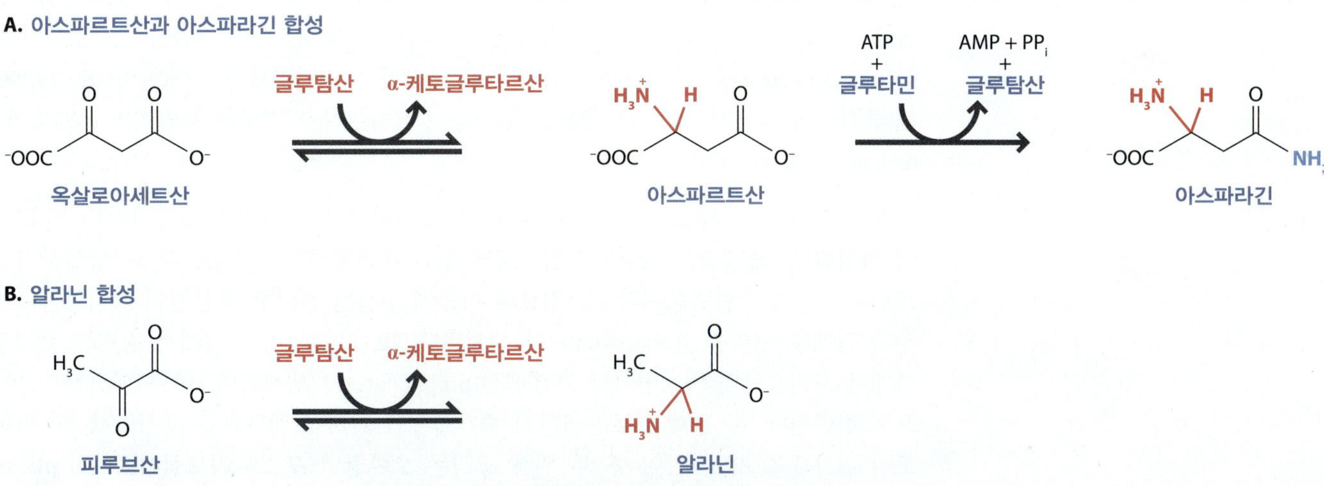

그림 13.8 (A) 아스파르트산과 아스파라긴, (B) 알라닌 합성

이렇게 해서 티로신만 남게 되었으며, 티로신은 페닐알라닌을 수산화(hydroxylation)하여 얻는다(**그림 13.9**). 사람은 페닐알라닌을 합성할 수 없으므로 티로신으로 전환되는 분자들은 음식물로부터 섭취하여야 한다. 그러므로 티로신은 필수 아미노산으로 분류되는데, 그 이유는 만약 음식물 중의 페닐알라닌 함량이 낮으면 그 사람은 티로신 결핍증상도 나타내기 때문이다.

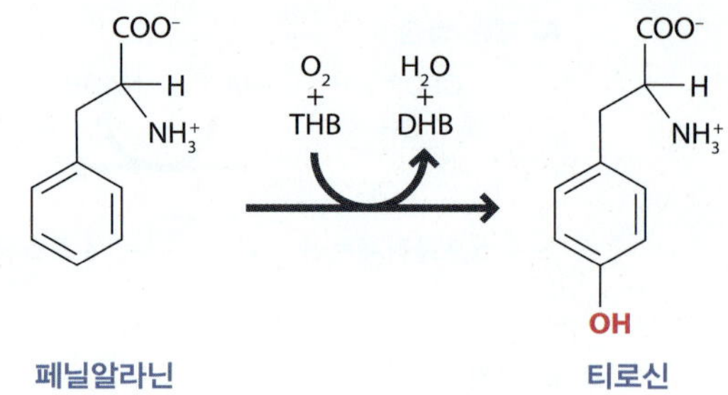

그림 13.9 페닐알라닌으로부터 티로신 합성
약어: DHB, dihydrobiopterin; THB, tetrahydrobiopterin. THB는 이 반응에서 H^+ 주개로 작용하는 보조인자이다.

사람이 합성하지 못하는 아미노산은 합성경로가 길다

사람에게는 음식물을 통해 섭취해야만 하는 9가지의 필수 아미노산이 있다(표 13.1 참조). 식물은 비율은 다르지만 20종의 아미노산을 전부 함유하고 있으며, 필수 아미노산의 일부는 달걀이나 물고기, 낙농제품으로부터도 얻을 수 있다. 사람이 합성할 수 없는 9종의 필수 아미노산은 모두 생합성 경로가 아주 길며, 그 경로는 아미노산에 따라 차이가 있다. 장내세균인 *Escherichia coli*에서 작용하는 경로에 대해 알아보겠다. 이 세균은 이들 반응의 분지 및 상호연관된 반응 계열을 밝히는 최초 연구에 사용된 생물체이다.

4가지 필수 아미노산(이소류신, 리신, 메티오닌, 트레오닌)은 아스파르트산으로부터 합성되며, 아스파르트산은 사람과 같이 장내세균은 옥살로아세트산을 아미노기전달하여 만든다. 두 단계를 거쳐 경로의 분지점이 되는 아스파르트산 β-세미알데하이드(aspartate β-semialdehyde)가 생성되며, 한 경로는 7개의 중간물질을 거쳐 리신을 생성하며, 다른 경로는 호모세린을 생성한다. 호모세린에서 경로는 다시 나뉘어 한쪽으로는 메티오닌을 다른 쪽으로는 트레오닌을 생성한다(그림 13.10A). 트레오닌이 탈아미노화(deamination)되면 α-케토부티르산(α-ketobutyrate)이 생성되며, α-케토부티르산은 5단계 경로의 출발점에서 피루브산과 결합하여 이소류신을 생성한다. 이들 5단계 경로를 촉매하는 5종의 효소는 두 분자의 피루브산의 결합을 시작으로 α-아세토락트산(α-acetolactate)을 생성하고 이어 발린을 생성하는 병렬경로도 촉매한다(그림 13.10B). 이 반응의 중간 산물은 4가지 추가반응으로 루신을 생성하는 분지경로의 출발점인 α-케토이소발레르산(α-ketoisovalerate)이다.

비슷하지만 덜 복잡한 분지경로로 3가지 방향족 아미노산인 페닐알라닌과 트립토판, 티로신이 합성된다. 출발점은 해당과정의 중간물질인 포스포에놀피루브산과 5탄당인산경로의 에리트로스-4-인산의 축합반응이다. 그 경로의 처음에 생성된 직선형 화합물의 고리화를 포함한 6가지 추가 단계로 코리슴산(chorismate)이 생성된다(그림 13.11). 이 지점에서 경로는 분지된다. 한 경로에서 코리슴산의 이성질화로 프레펜산(prephenate)이 생성되며, 이는 페닐알라닌이나 티로신으로 전환된다. 두 번째 경로는 5가지 중간물질을 거쳐 트립토판을 생성한다. 이 아미노산은 2-고리 곁사슬을 지니며, 이 중 두 번째 고리는 오탄당인 **포스포리보실피로인산(phosphoribosyl pyrophosphate, PRPP)**으로부터 만들어지며, PRPP는 1번 탄소에 이(d-)인산기가 결합되어 있고 5번 탄소에 일(mono-)인산기가 결합되어 있다(그림 13.12).

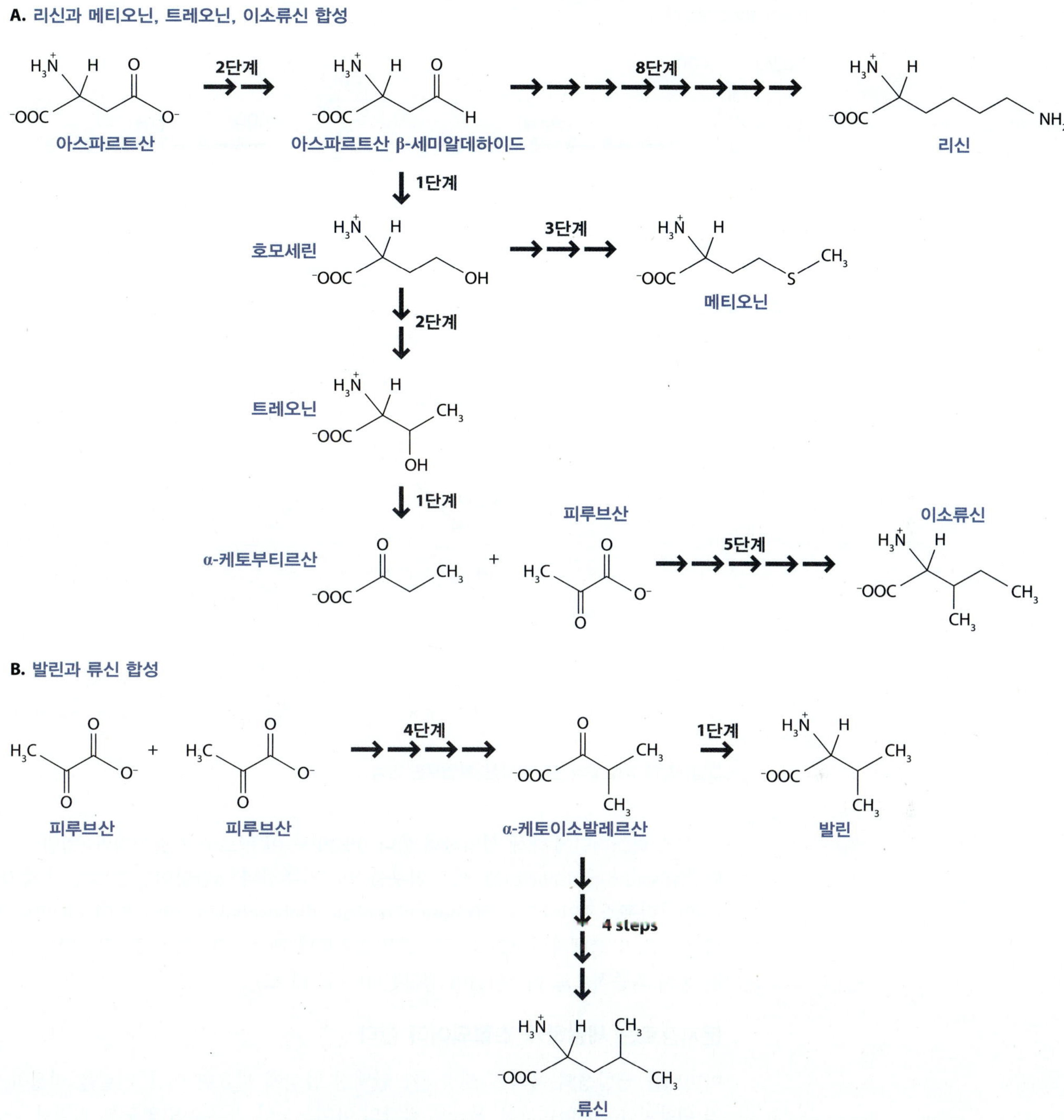

그림 13.10 (A) 리신과 메티오닌, 트레오닌, 이소류신 및 (B) 발린과 류신 합성

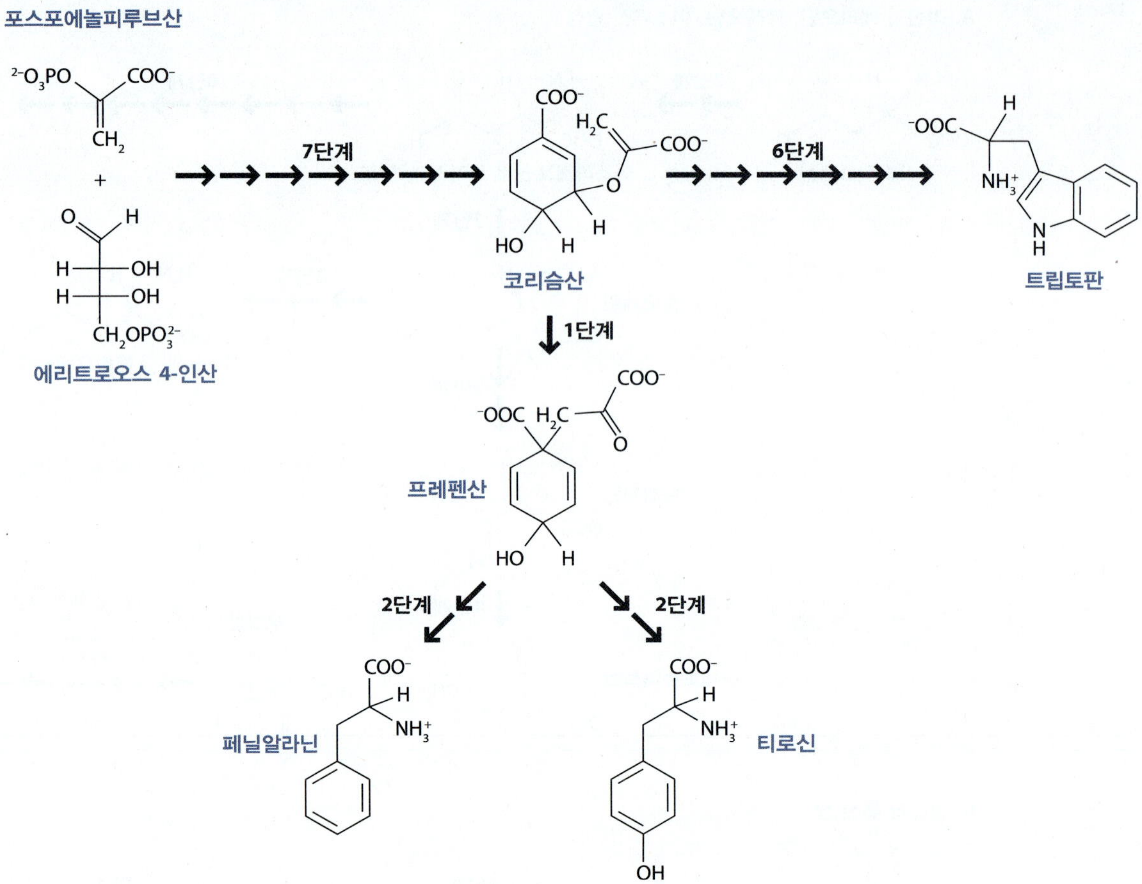

그림 13.11 **페닐알라닌과 티로신, 트립토판 합성**

이제 히스티딘에 대해 설명하려 한다. PRPP도 이 경로의 기질이지만, 일반적으로 리보오스-5-인산(ribose 5-phosphate)을 최초 전구물질로 간주한다. 5탄당인산경로의 이 중간물질은 리보오스-인산디포스포인산화효소(ribose-phosphate diphosphokinase)에 의해 PRPP로 전환된다. 각기 다른 효소가 촉매하며 ATP와 글루타민으로부터 에너지와 $-NH_2$를 공급받는 9단계의 추가반응을 통해 최종적으로 히스티딘이 생성된다(그림 13.12).

분지경로는 세밀하게 조절되어야 한다

아미노산 생합성의 목적은 생명체가 단백질 합성에 필요한 이들 기질을 적절히 공급받도록 하기 위함이다. 그 아미노산 공급은 각각의 아미노산이 과부족이 없도록 적정량 공급될 수 있도록

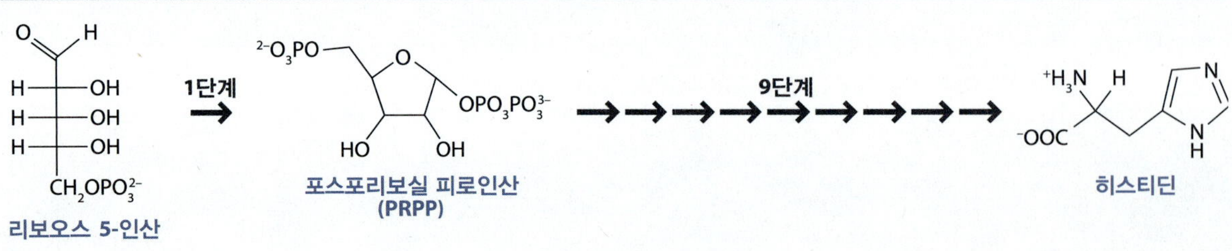

그림 13.12 **히스티딘 합성**

연구 요약

Box 13.3 방향족 아미노산 합성을 방해하는 제초제-저항성 유전자변형 작물

제초제는 잡초를 방제하고 작물 및 원예작물을 보호하기 위해 농부들과 원예업자들이 광범위하게 사용한다. 가장 널리 사용되는 제초제는 환경친화적 농약으로 간주되는 글라이포세이트(glyphosate)인데, 그 이유는 곤충과 동물에 무해하며 며칠 만에 무독성으로 분해되어 토양 중에서 잔류기간이 짧기 때문이다. 글라이포세이트는 에놀피루빌 시킴산 3-인산생성효소(enolpyruvyl shikimate 3-phosphate synthase, EPSPS)의 경쟁적 저해제이다. 이 효소는 포스포에놀피루브산과 에리트로오스 4-인산으로부터 코리슴산을 생성하는 경로의 마지막 이전 단계를 촉매한다. 그러므로 글라이포세이트를 처리하면 식물은 코리슴산을 합성할 수 없으며, 그 결과 페닐알라닌이나 티로신, 트립토판을 합성할 수 없다. 이들 아미노산이 없으면 식물은 죽는다.

비록 글라이포세이트는 곤충과 동물에는 무해하지만, 잡초뿐만 아니라 모든 식물을 죽이므로 작물에 대한 피해를 방지하기 위해 조심스럽게 처리해야 한다. 농부들에게 제초제 살포는 농작물 생산비를 현저하게 증가시킨다. 따라서 식물생명공학자들은 유전공학기술을 이용하여 글라이포세이트에 저항성을 나타내는 작물을 생산하기 위한 방법을 모색해 왔다.

먼저 유전공학기술을 이용하여 효소 EPSPS를 적정량 이상 생성하는 식물을 만들어 이들 식물이 유전자조작을 하지 않은 식물보다 다량의 글라이포세이트에 견딜 수 있기를 기대하였다. 그러나 이 방법은 성공하지 못했다. 비록 적정량의 최고 80배의 EPSPS를 생성하는 유전자변형 식물을 만들었지만, 그 결과로 증가된 글라이포세이트 저항성은 포장에서 제초제 살포로부터 이들 식물을 보호하기에 충분하지 못했다.

그러므로 EPSPS 효소가 글라이포세이트 저해에 저항성이 있으며, 따라서 그 EPSPS 유전자가 작물에 저항성을 부여하도록 사용될 수 있는 생물체에 대해 실험을 수행했다. 글라이포세이트 저항성을 나타내는 여러 세균과 돌연변이형 *Petunia* 유래의 효소를 시험한 후 *Agrobacterium* 균주 CP4 유래의 EPSPS 효소를 선발하였다. 이 효소는 촉매활성은 물론 제초제 저항성도 높았다. 19.3.1절에서 다룰 기술을 사용하여 *Agrobacterium* EPSPS 효소 유전자를 클로닝하고 대두식물에 도입하였다. 후에 제초제의 이름을 딴 "Roundup Ready"란 이름의 이 작물은 비형질전환 대두보다 3배나 저항성이 높았다. 대두와 옥수수의 Roundup Ready 품종은 미국과 전 세계 여러 국가에서 재배되고 있다.

Roundup Ready 식물은 글라이포세이트에 대한 저항을 나타내지만 글라이포세이트를 해독하지는 못한다. 이는 그 제초제가 식물조직에 축적될 수 있음을 의미한다. 글라이포세이트는 사람이나 기타 동물에 독성을 나타내지 않으므로 이런 작물을 식량이나 사료로 사용하는 것은 우려할 일이 아니지만, 제초제의 축적은 해당 작물의 생식을 교란할 수 있다. 따라서 유전공학적으로 글라이포세이트 저항성을 증가시키는 다른 방법을 찾아야 한다. 한 방법은 *Bacillusylicheniformis* 유래의 효소 글라이포세이트 *N*-아세틸기전달효소(glyphosate *N*-acetyltransferase, GAT)를 이용하는 것이다. 이 효소는 제초제 분자에 아세틸기를 부착함으로써 글라이포세이트의 독성을 없애는 것이다.

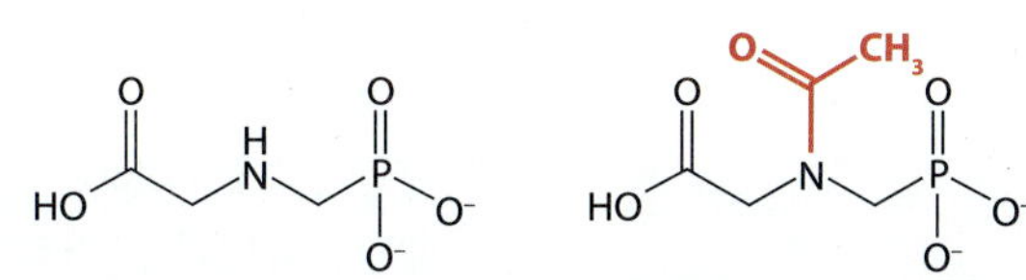

글라이포세이트 아세틸글라이포세이트

이 세균의 다른 균주는 다른 형태의 GAT들을 합성하지만, 이들 효소 중 어느 것도 유전자조작 작물에 삽입했을 때 유용할 정도로 크게 글라이포세이트의 독성을 없애지 못했다. 그러므로 **DNA 셔플링(DNA suffling)**이라는 기술을 사용하여 아주 활성이 높은 GAT 효소를 암호화하는 인공유전자를 만들었다. DNA 셔플링은 다른 세균종들로부터 유전자의 일부를 취해 이들을 재조합하여 새로운 유전자 변이체를 만드는 것이다. 새로운 변이체를 다시 시험하여 더 활성이 좋은 GAT 효소를 생성하는지를 확인한다. 이들 활성 효소들에 대한 유전자 셔플링을 한 번 더 수행한다. 11회 후 원래의 *B. licheniformis*에 존재하는 효소 활성의 10,000배가 되는 GAT를 나타내는 유전자를 얻었다.

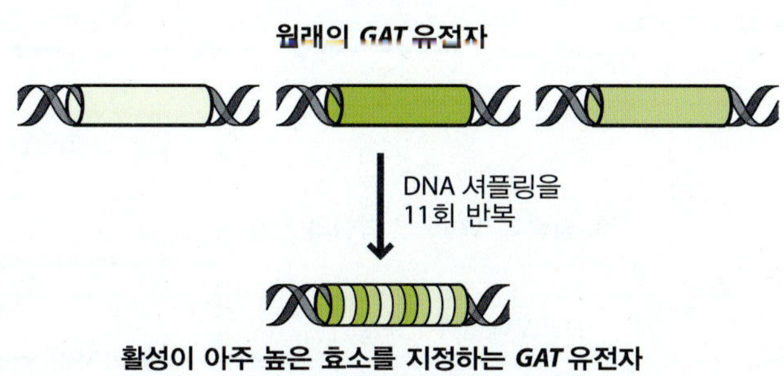

새로운 GAT 유전자를 옥수수에 도입하였다. 그 옥수수는 농부들이 대조 잡초에 정상적으로 사용하는 양보다 6배나 높은 양의 글라이포세이트에 저항성을 나타내면서도 작물의 생산성에는 감소가 없었다. 이 새로운 방식의 유전공학적 글라이포세이트 저항성은 지금 제초제-저항성 대두와 유채(평지의 한 품종)의 개발에 활용되고 있다.

세포 내에 존재하는 개별 효소의 양을 조절하는 유전자 발현 조절에 대해서는 **17장**에 기술한다.

균형이 잡혀야 한다. 이를 위해 대부분의 생명체는 생합성 경로의 주요 효소 합성과 이들 효소활성의 되먹임 억제(feedback inhibition)를 조절하는 정교한 조절 메커니즘을 사용한다. 효소합성 조절에 대해서는 이후의 장에서 공부할 것이다. 여기서는 되먹임 조절에 대해 알아보자.

다른 대사경로에서 봤듯이 보통 그 경로의 '수행' 단계의 첫 번째 효소가 조절된다. 이는 그 생성물의 합성 이외에는 사용되지 않는 중간 산물을 생성하는 첫 번째 단계이다. 그러므로 이 중간 산물 한 분자가 합성되면 생성물 한 분자가 만들어진다. 만약 트레오닌으로부터 아이소루신 합성의 예를 든다면, 그림 13.10A에서 이 경로의 첫 번째 수행 단계는 트레오닌에서 아미노기를 제거하여 α-케토글루타르산을 생성하는 것이며, 이 반응은 **트레오닌탈수효소(threonine dehydratase)**가 촉매한다. 이 효소는 알로스테릭 조절 메커니즘을 통해 이소류신에 의해 저해된다(**그림 13.13A**). 이소류신의 양이 많을수록 트레오닌탈수효소 활성의 저해정도가 커진다. 그러므로 이소류신은 자신의 합성경로를 되먹임 조절한다.

분지된 경로는 더 정교하게 조절되어야 한다. 방향족 아미노산 합성의 분지된 경로에서 예측대로 3가지 생성물, 즉 페닐알라닌, 트립토판, 티로신의 각각에 의해 각 아미노산을 합성하는 수행 단계가 되먹임 조절됨을 알 수 있다. 따라서 예를 들어 트립토판은 코리슴산으로부터 트립토판만을 생성하는 분지상의 효소들 중 첫 번째인 안트라닐산생성효소(anthranilate synthase)를 저해한다(**그림 13.13B**). 그러나 이들 3가지 되먹임 계는 각각 코리슴산의 아래 단계를 조절한다. 이는 페닐알라닌과 트립토판, 티로신이 과량일 때 코리슴산을 합성함에 있어 에너지와 기질이 낭비되지 않도록 해주는 메커니즘이 필요함을 의미한다. 따라서 이들 각 아미노산은 효소 **DAHP 생성효소**[2-keto-3-deoxy-D-arabinoheptulosonate-7-phosphate(DAHP) synthase]의 활성도 조절한다. 이 효소는 코리슴산을 생성하는 일부 경로의 수행 단계에서 포스포에놀피루브산과 에리트로오스-4-인산을 축합하여 DAHP를 생성을 촉매한다.

DAHP 생성효소를 조절하면 코리슴산 합성을 되먹임 억제할 수 있다. 그러나 그 아미노산 중

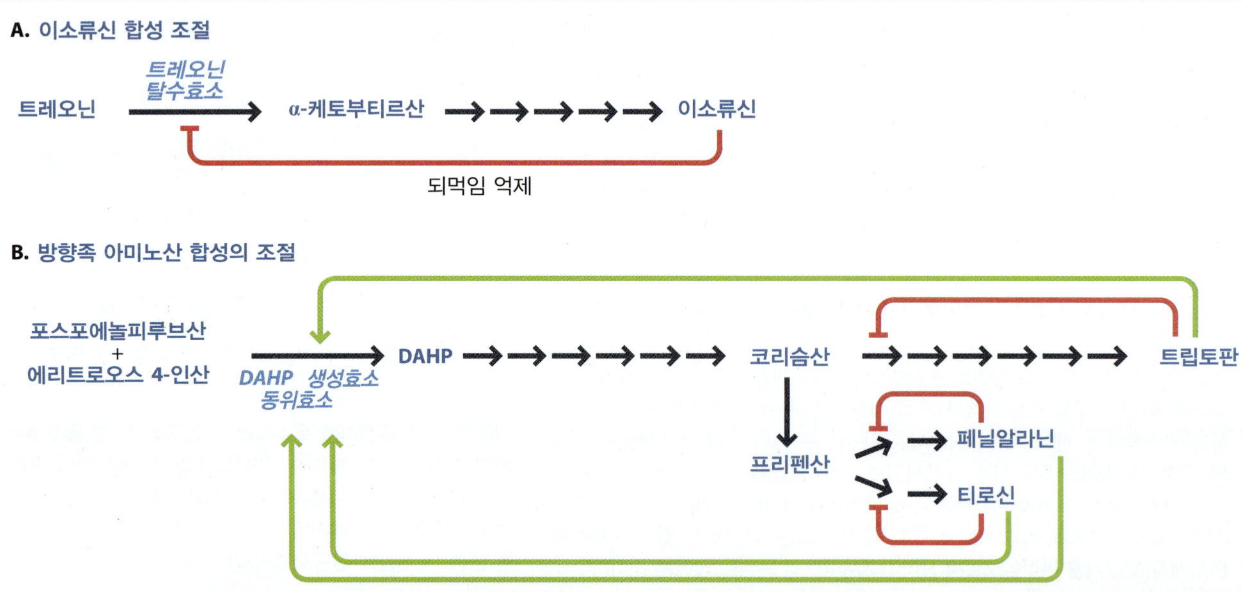

그림 13.13 아미노산 합성의 되먹임 조절
(A) 이소류신 합성 조절. (B) 방향족 아미노산 합성의 조절. (B)에서 적색 선은 되먹임 조절을 나타내며, 이들 각각의 3가지 아미노산은 그 합성경로의 수행단계에 작용하며, 녹색 선은 DAHP 생성효소의 동위효소를 조절함을 나타낸다.

의 하나가 과량이고 나머지 두 개가 부족하면 어떻게 될 것인가? 예를 들어 이제 과량의 페닐알라닌이 코리슴산 합성을 중단시키고 트립트판 결핍이 해소되지 않는 나쁜 상황에 처할 수 있다. 이 상황은 3종류의 DAHP 생성효소가 있기 때문에 피할 수 있다. 이들 동위효소는 아미노산 서열과 3차원 구조가 같으며, 각 효소는 포스포에놀피루브산과 에리트로오스-4-인산을 DAHP로 전환하는 동일한 반응을 촉매한다. 각 동위효소는 서로 다른 아미노산에 의해 되먹임 저해되며, 페닐알라닌은 DAHP 동위효소 중 하나의 활성을 조절하며, 트립토판은 두 번째 동위효소를, 티로신은 세 번째 동위효소를 조절한다. 이런 방식으로 이 분지계의 최종생성물인 3가지 아미노산은 각각 독자적으로 그 경로의 공통부분이 적절한 비율로 작동되도록 해 준다.

13.2.2 뉴클레오타이드 합성

뉴클레오타이드는 DNA와 RNA를 구성하는 단량체이며, 리보뉴클레오타이드(RNA 분자에서 나타나는 뉴클레오타이드)에는 여러 번 다루었던 에너지를 운반하는 ATP가 들어 있다. 뉴클레오타이드의 퓨린 또는 피리미딘은 질소원자를 일부 구성성분으로 함유하는 단일-또는 두-고리 구조이다. 그러므로 뉴클레오타이드는 질소를 함유하는 화합물이며 세포 내에 존재하는 유기질소 공급원으로부터 어떻게 합성되는지 알아야만 한다.

뉴클레오타이드 합성에는 두 가지 다른 경로가 있다. 첫 번째는 **회수경로(salvage pathway)** 이며, 이 경로로 분해되는 뉴클레오타이드에서 방출되는 퓨린과 피리미딘은 구제되고 재사용되어 새로운 뉴클레오타이드를 만든다. 새로운 뉴클레오타이드의 당-인산 부분은 PRPP라는 인산화된 오탄당에서 제공된다. PRPP의 1번 탄소에 있는 이인산이 퓨린 또는 피리미딘 염기로 치환되면 뉴클레오사이드 일인산이 생성된다(**그림 13.14**). 만약 이것이 AMP라면 효소 **아데닐산 인산화효소(adenylate kinase)**에 의해 ADP로 더욱 전환되며, 그 과정에서 ATP 한 분자를 사용한다. 그 결과 생성되는 두 분자의 ADP는 다시 해당과정 또는 전자전달사슬을 거쳐 인산화된다. ATP는 다른 뉴클레오사이드 일인산을 이인산 형태(예: GMP 또는 GDP)로 전환하는 데 사용되며, 이때 다른 효소, 즉 **뉴클레오사이드일인산인산화효소(nucleoside monophosphate kinase)**가 관여한다. 그 결과 생성되는 이인산은 세 번째 효소인 **뉴클레오사이드이인산인산화효소(nucleoside diphosphate kinase)**에 의해 인산화되어 삼인산이 된다. 이 효소는 어떤 뉴클레오사이드 삼인산도 인산기 주개로 사용할 수 있지만, ATP가 가장 빈번하게 사용되며, 그 이유는 단지 세포 내에 농도가 더 높기 때문이다. 이들 모든 반응은 PRPP에서 시작하기 때문에 리보뉴클레오타이드를 합성하며, 이 형태는 RNA에 존재하며 에너지 전달체로 작용한다. DNA의 구성성분인 디옥시뉴클레오타이드는 **리보뉴클레오타이드환원효소(ribonucleotide reductase)**에 의해 당 리보스의 2번 탄소가 환원된 리보뉴클레오타이드에서 생성된다.

리보뉴클레오타이드의 염기 성분은 **신생(*de novo*) 합성**으로도 얻을 수 있다. 이들 경로는 기존의 퓨린과 피리미딘 염기를 사용하는 대신 더 작은 전구물질로부터 만든다. 단일-고리 피리미딘인 사이토신과 우라실은 아스파르트산과 **카르바모일인산(carbamoyl phosphate)**에서 생성되며, 후자는 중탄산염(bicarbonate)과 글루타민의 아미노기, ATP의 인산기에서 합성된다(13.3.2절 참조). **아스파르트산카르바모일기전달효소(aspartate transcarbamoylase)**는 아스파르트산과 카르바모일인산을 결합하여 직쇄상 중간물질을 형성한 후 오로트산(orotate)을 생성한다(**그림 13.15**). 오로트산은 다시 PRPP에 결합하여 그 카르복실기가 수소로 치환되어 UMP를 형성한다. 인산화효소는 UMP를 UTP로 전환시킨다. UTP의 일부는 **시티딜산합성효소(cytidylate synthetase)**의 촉매에 의해 글루타민으로부터 아미노기가 첨가되어 CTP로 더욱 대사된다.

5가지의 뉴클레오타이드 염기의 구조는 **그림 4.3**을 참고하라.

두 고리 퓨린의 신생 합성에는 아스파르트산, 글리신, 포름산, 탄산염 이온에서 유래하는 탄소와 질소 원자가 사용된다. 이 경로는 길며, 신생 피리미딘 합성경로와는 달리 나중에 PRPP에

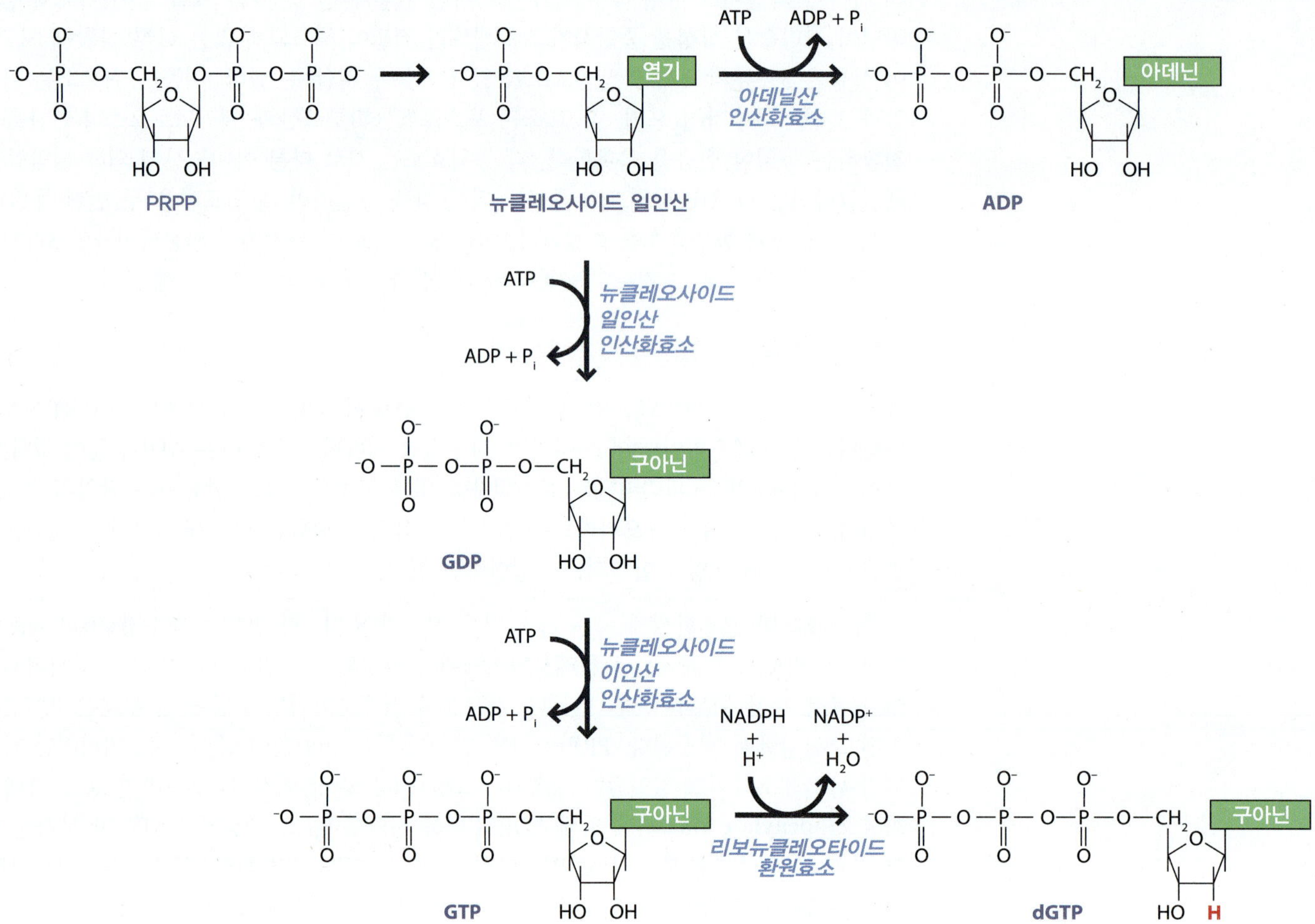

그림 13.14 뉴클레오타이드 합성의 회수경로
GMP가 GDP, GTP, dGTP로 전환되는 경로를 상세히 나타내었다. 시토신과 티민 뉴클레오타이드는 ATP와 dATP가 아데닐산인산화효소에 의해 ADP로부터 생성되는 것과 동일한 경로로 합성될 수 있다.

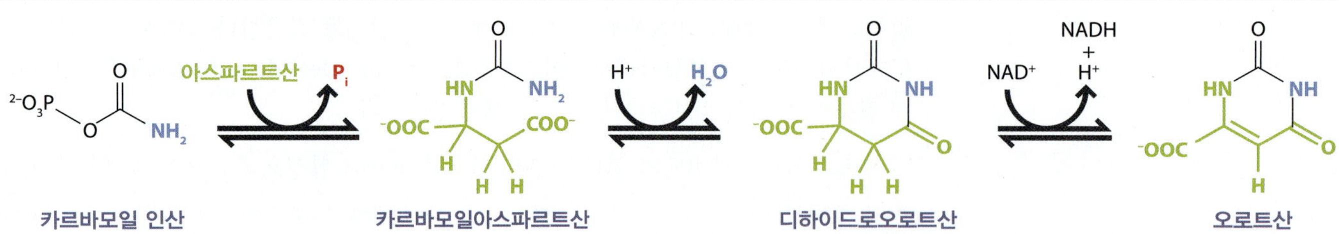

그림 13.15 피리미딘 뉴클레오타이드를 생성하는 새합성경로의 일부인 오로트산 합성

결합되는 완전한 고리구조가 형성되지 않는다. 대신 퓨린 고리는 PRPP 분자상에 단계적으로 결합된다.

고리가 완성되고 난 후 신생 합성에 의해 생성된 일부 리보뉴클레오타이드는 리보뉴클레오타이드 환원효소에 의해 구제경로에서 기술한 바와 같이 리보오스 당의 2번 탄소가 환원되어 각자의 디옥시리보뉴클레타이드형으로 전환된다. 다시 마지막 한 가지 단계는 이런 방식으로 합성되는 리보뉴클레오타이드 중에서 직접적으로 대응하는 디옥시뉴클레오타이드가 없는 티민-함유 디옥시뉴클레오타이드를 생성하는 데 필요하다. 이 마지막 단계는 메틸기를 우라실에 첨가하여 이 피리미딘을 티민으로 전환하는 **티미딜산생성효소(thymidylate synthase)**에 의해 일어난다.

13.2.3 테트라피롤 합성

테트라피롤(tetrapyrrole) 화합물에는 헤모글로빈과 시토크롬(cytochrome)계 효소를 포함한 여러 단백질의 보조인자인 헴과 역시 광합성 경로의 중심 구성요소인 엽록소가 있다. 테트라피롤은 4개의 피롤 단위를 지니는 모든 화합물을 말하며, 각 피롤 단위는 한 개의 질소와 4개의 탄소원자로 된 고리로 구성된다. 방금 언급한 테트라피롤에서 4개의 피롤 단위들이 고리를 형성하며, 중심 금속이온이 4개의 질소원자의 상호작용에 의해 고정된다. 헴에서 금속은 철이며, 엽록소에서는 마그네슘이다.

헴의 구조는 **그림 3.25**를, 엽록소의 구조는 **그림 10.5**를 참고하라.

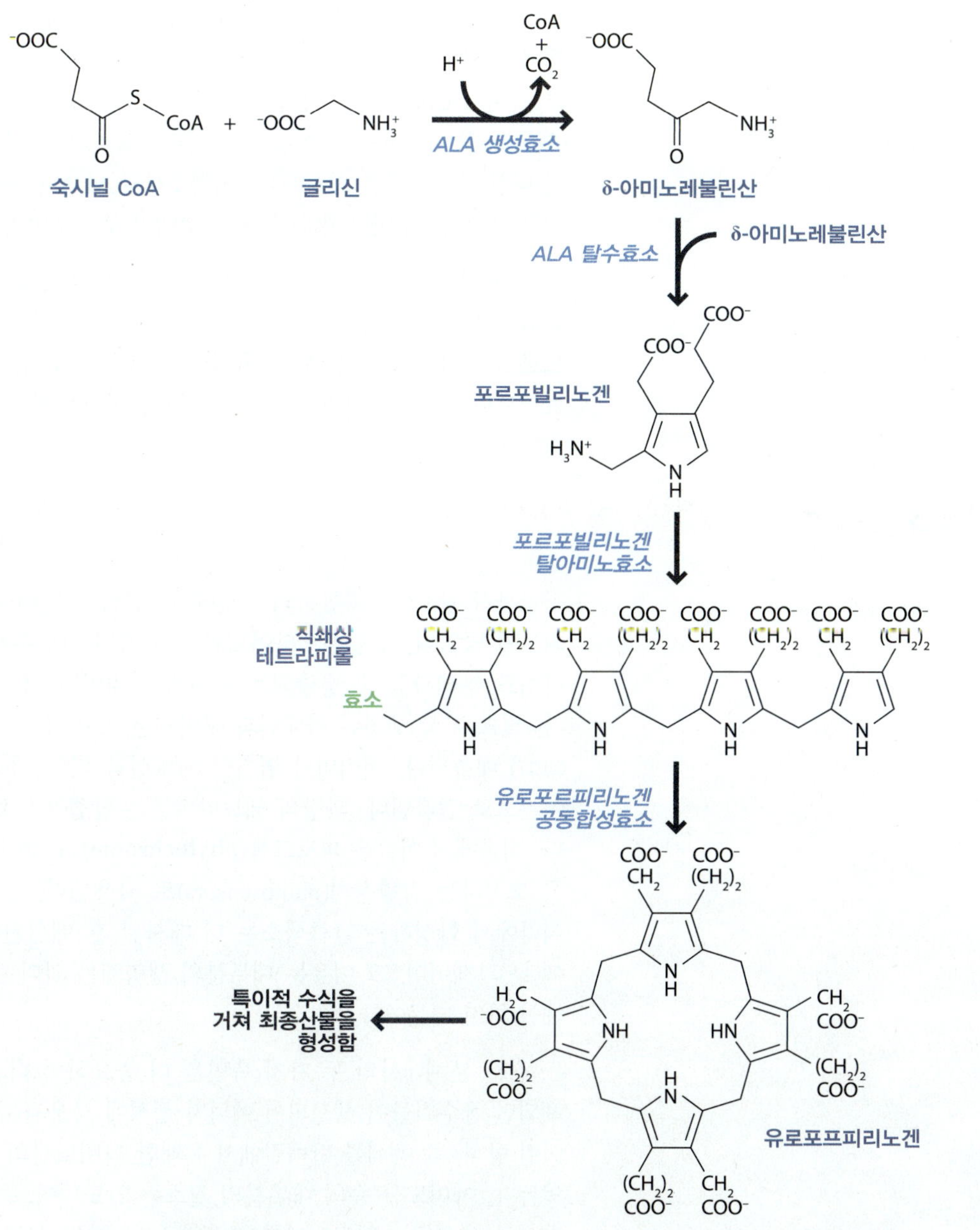

그림 13.16 테트라피롤 화합물의 합성
직쇄상 테트라피롤은 고리화되기 전까지는 포르포빌리노겐탈아미노효소에 결합되어 있지만, 고리화에는 공동합성효소(cosynthetase)의 활성도 필요하다.

Box 13.4 뉴클레오타이드 합성은 암의 화학요법에 필요한 목표이다

암치료에 가장 빈번하게 사용되는 화학요법 치료제 중 하나는 5-플루오로우라실(5-fluoruracil)이다. 이 화합물은 우라실 유도체이다.

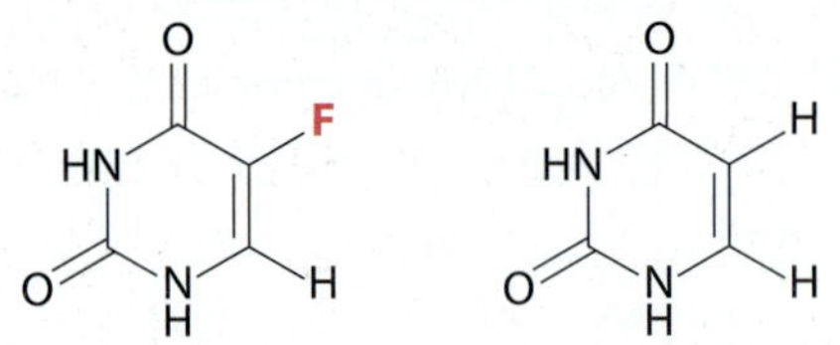

5-플루오로우라실 우라실

투약 후 5-우라실(5-uracil)은 디옥시뉴클레오타이드일인산(deoxynucleotide monophosphate)으로 대사된다. dUMP 유사체인 5-플루오로우라실 뉴클레오타이드는 티미딜산생성효소의 비가역적 저해제로 작용하여, 그 효소와 5,10-메틸렌테트라하이드로폴산(5,10-methylene tetrahydrofolate) 보조인자와 안정한 복합체를 형성한다. 그러므로 5-플루오로우라실을 처리하면 dTPP가 결핍되어 세포는 자신의 DNA를 복제 또는 수리할 수 없다. 이렇게 되면 소위 '티민부족사(thymineless death)'를 초래한다. 5-플루오로우라실은 보통 체계적으로 투여하지만, 건강한 조직은 대부분의 세포가 활발하게 분열하지 않기 때문에 상대적으로 손상을 덜 받는다. 따라서 그 약제는 암세포 조직에서 신속하게 분열하는 세포를 공격한다.

테트라피롤 합성경로는 두 단계이다. 첫 단계는 단일 피롤을 합성하며, 4개가 결합하여 2단계에서 테트라피롤을 생성한다. 동물에서, 피롤합성의 기질은 글리신(질소원자를 제공해준다)과 숙시닐 CoA이다. 이들은 **ALA 생성효소(ALA synthase)**에 의해 결합되어 δ-아미노레불린산(δ-aminolevulinate, ALA)을 생성한다(그림 13.16). 식물에서, 이 단계는 약간 다르며 기질로 글리신 대신 글루탐산을 사용한다. 이어 2개의 ALA 분자는 **ALA 탈수효소(ALA dehydratase)**에 의해 결합되며, 이 반응에 의해 피롤 형태인 포르포빌리노겐(porphobilinogen)을 형성한다.

두 번째 단계는 일련의 축합반응으로 시작되며, **포르포빌리노겐탈아미노효소(porphobilinogen deaminase)**의 촉매로 직쇄상 테트라피롤을 형성한 후 즉시 유로포르피리노겐(uroporphyrinogen)으로 고리화된다. 피롤 단위에 결합된 기들의 수식 및 철 또는 마그네슘 원자의 삽입에 의해 유로포르피리노겐을 헴 또는 엽록소로 전환함으로써 반응과정이 완료된다.

13.3 질소함유 화합물의 분해

지금까지 질소함유화합물의 합성에 대해서만 기술하였고 이들 화합물의 분해경로에 대해서는 살펴보지 않았다. 뉴클레오타이드와 테트라피롤의 분해 경로는 아주 복잡하지는 않다. 뉴클레오타이드 분해과정 중 방출되는 퓨린과 피리미딘 염기 중 상당부분은 회수경로를 통해 재사용된다. 필요 이상 생성된 아데닌과 구아닌은 퓨린의 다른 형태인 **요산(uric acid)**으로 전환되어(그림 13.17) 배출된다. 피리미딘 염기인 시토신과 티민, 우라실은 더 완전히 분해되어, 질소는 암모늄 이온으로 전환된다. 과량의 테트라피롤은 **담즙색소(bile pigments)**라는 직쇄상 화합물로 전환된다. 식물에서 이들은 **피토크롬(phytochrome)**과 같이 빛에 대한 식물의 생리적 및 생화학적 반응을 조정하는 감광장치(photosensors)로 사용된다. 동물은 적응성이 훨씬 떨어지며, 동물이 간과 지라에서 합성하는 담즙색소는 더 대사된 후 배설된다. 배설은 질소를 함유하는 화합물의 분해에 큰 과제이며, 그 이유는 대부분의 생명체는 과다한 질소를 저장하는 능력이 없어 단순히 제거해야 하기 때문이다.

질소 분해대사의 두 가지 측면은 더 중요하며 더 상세히 다뤄야만 한다. 첫째 아미노산이 분해되면 탄수화물이 생성되어 에너지 생성에 사용될 수 있다. 동물은 에너지 공급량의 10~15%를 이런 방식, 즉 음식물 단백질에서 유래한 아미노산의 분해를 통하거나 세포성 단백질을 분해하여 얻는다. 아미노산 속의 대부분의 질소는 암모니아로 방출되며, 피리미딘 분해에 의해 훨씬 더 소량으로 생성되는 암모니아를 보충해준다. 암모니아는 대부분의 생명체에 독성을 나타내므로 배

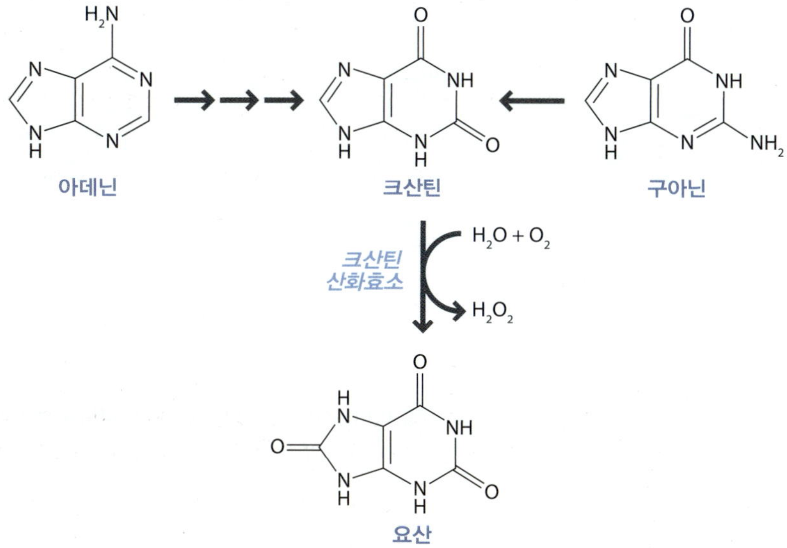

그림 13.17 아데닌과 구아닌의 요산으로서의 전환

설되어야 한다. 암모니아를 제독하고 배설하는 **요소회로(urea cycle)**는 우리가 공부해야 하는 질소 분해대사의 두 번째 측면이다.

13.3.1 아미노산의 분해

대부분의 아미노산 분해는 간에서 일어나며, 분지형 곁사슬을 지닌 3가지 아미노산, 즉 이소류신, 류신, 발린은 근육과 기타 에너지를 필요로 하는 조직에서 분해된다. 20종의 아미노산은 다양한 경로로 분해되며, 이 다양성은 아미노산들이 처음 합성되는 경로가 복잡함을 반영해 준다. 이제 두 가지 주요 주제, 즉 각 아미노산의 질소 구성성분의 제거와 운명, 그리고 그 결과로 생성되는 탄소골격이 이용되는 방식에 대해 다룬다.

아미노산 속의 질소는 암모니아로 방출된다

아미노산에 함유된 질소는 최종적으로 암모니아로 전환되어 방출된다. 이 질소는 모든 아미노산이 지니고 있는 아미노기는 물론 일부 아미노산이 곁사슬에 지니고 있는 질소를 함유하는 기를 말한다. 곁사슬 질소는 특이적 효소에 의해 방출된다. 예를 들어, **아스파라긴가수분해효소(asparaginase)**는 아스파라긴으로부터 아마이드기를 제거하여, 아스파르트산과 암모니아를 생성한다(그림 13.18). 아미노기는 아미노기전달 반응을 포함하는 더 일정한 과정에 의해 제거되며, 이 반응은 주로 포유동물의 간에서 일어난다. 각 아미노산의 이 아미노기전달 반응으로 아미노기는 α-케토글루타르산으로 전달되어 글루탐산이 생성된다.

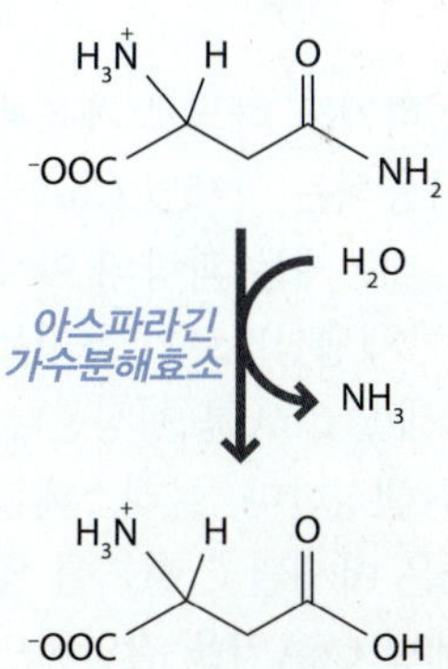

그림 13.18 아스파라긴가수분해효소에 의한 아스파라긴의 아미노기이탈반응

이들 아미노기 전달을 수행하는 **아미노기전달효소(transaminase)**에는 여러 가지가 있다. 이들 각각의 효소는 비타민 B_6에서 유래하는 **피리독살인산(pyridoxal phosphate)** 보조인자를 지닌다. 보조인자는 처음에 아미노기전달효소 폴리펩타이드 사슬의 리신의 아미노기에 결합되어 있다. 분해될 아미노산이 활성 부위에 들어가면 리신에 결합된 피리독살인산이 떨어져 나오면 그 아미노산이 아미노기를 통해 보조인자에 결합된다(그림 13.19). 이어 결합된 아미노산은 가수분해되어, 아미노기가 절단되어 아미노산의 나머지 부분을 α-케토산(α-keto acid)으로 방출한다.

이제 아미노기는 α-케토글루타르산으로 전달되며, 그 결과로 생성되는 글루탐산 분자는 떨어져 나오고 방출된 피리독살인산은 원래의 리신과 결합을 형성한다. 글루탐산은 다시 α-케토글루

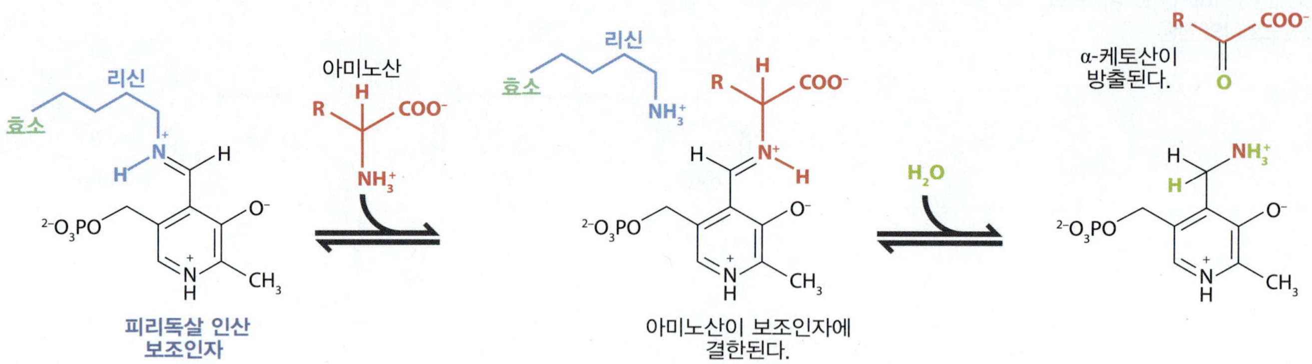

그림 13.19 아미노산의 탈아미노 반응에서 피리독살인산의 역할

타르산으로 산화되어 아미노기를 암모니아로 방출한다. 이것은 질소동화 첫 단계의 역반응이며(13.2.1절 참조), 동일한 효소, 즉 **글루탐산탈수소효소(glutamate dehydrogenase)**를 사용한다. 단 한 가지 차이점은 분해반응에서 그 효소는 1분자의 NADH를 생성하는 반면, 글루탐산 합성과정에서는 NADPH를 1분자를 사용한다. 이것은 아미노산 분해에서 중요한 조절점이다. 즉, 글루탐산탈수소효소는 ATP와 GTP에 의해 저해되고 ADP와 GDP에 의해 촉진된다. 이는 에너지원(ATP와 GTP)이 낮고, ADP와 GDP가 많으면, 글루탐산탈수소효소 활성이 증가함을 의미한다. 따라서 더 많은 아미노산이 산화되어 에너지원으로 사용될 탄소골격을 방출한다.

아미노산의 탄소골격은 TCA 회로에 들어가는 생성물로 분해된다

각 아미노산은 다양한 분해경로를 거치지만, 모두 단 6개의 최종생성물로 수렴되어 TCA 회로로 들어간다. 그 생성물은 피루브산과 옥살로아세트산, α-케토글루타르산, 숙시닐 CoA, 푸마르산, 아세틸 CoA이다(**그림 13.20**). 분해경로는 복잡하기 때문에 한 개의 아미노산이 이들 생성물 중 한 개 이상을 생성한다.

따라서 아미노산 분해의 생성물들은 TCA 회로에 들어가서 직접 에너지를 생성하거나, 또는 체내에 에너지보유량을 높이는 데 사용된다. 이는 최종생성물에 따라 두 가지 중 하나로 사용된다. 피루브산과 옥살로아세트산, α-케토글루타르산, 숙시닐 CoA, 푸마르산은 각각 글루코오스 신생합성 경로로 들어가서 최종적으로 글루코오스로 전환된다. 따라서 이러한 최종생성물을 형성하는 아미노산을 **당생성(glucogenic)** 아미노산이라 부른다.

아세틸 CoA를 생성하는 이들 아미노산은 **케톤체(ketone body)**를 합성하기도 하므로 **케톤체생성(ketogenic)** 아미노산이라 한다. 비록 지방산 분해가 케톤체 합성에 사용되는 아세틸 CoA의 주급원이긴 하지만, 이들 아미노산은 케톤체 합성에 중요한 역할을 한다. 케톤체는 과량의 아세틸 CoA로부터 **케톤체생성(ketogenesis)**이라는 과정에 의해 생성된다. 케톤체생성경로의 초기는 콜레스테롤합성과 유사하며 두 분자의 아세틸 CoA가 결합하여 아세토아세틸 CoA를 형성한다. 아세토아세틸 CoA는 다시 세 번째 아세틸 CoA와 결합하여 HMG CoA를 생성한다. 콜레스테롤 합성의 다음 단계는 HMG CoA의 환원이지만, 케톤체생성에서 이 화합물은 아세틸 CoA기를 잃고 아세토아세트산을 생성한다. 이것은 최초 기질 중의 하나가 아세토아세틸 CoA임을 감안하면 복잡한 과정처럼 보이지만, 이는 아세토아세틸 CoA로부터 CoA를 제거하는 유일한 생화학적 수단이다. 아세토아세트산의 일부는 D-3-하이드록시부티르산으로 효소적 전환되며, 일부는 (어떠한 효소의 관여없이) 자발적으로 탈탄산되어 아세톤을 생성한다(**그림 13.21**). 케톤체는 아세토아세트

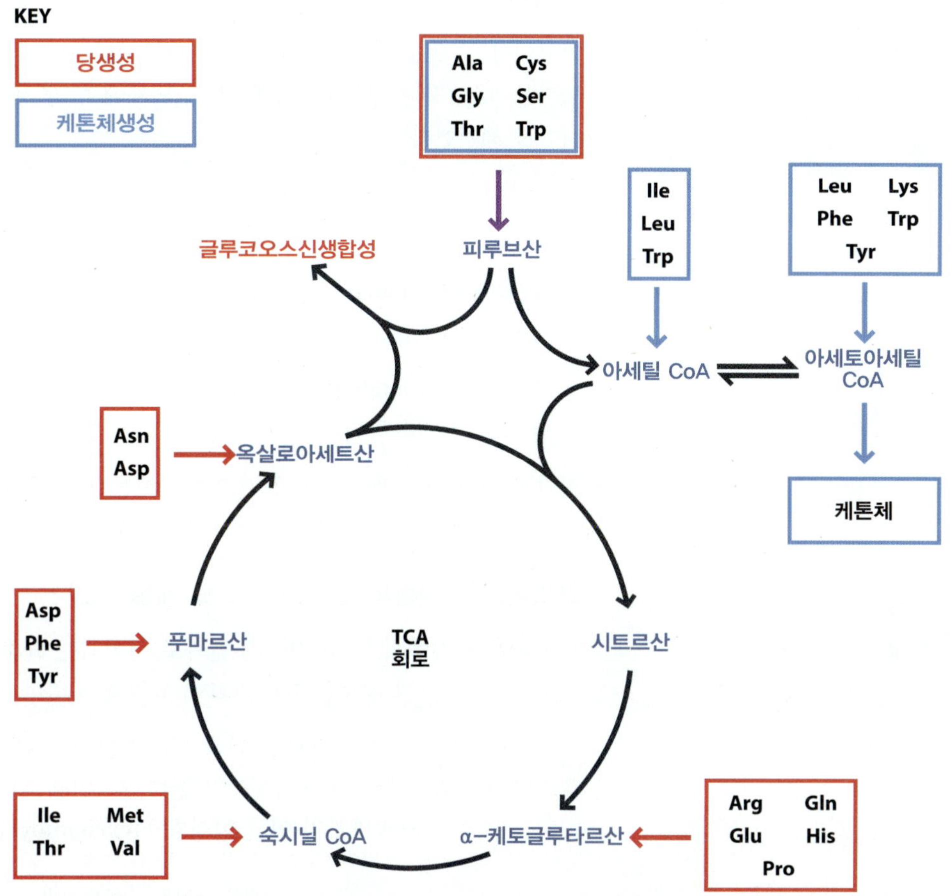

그림 13.20 아미노산 분해산물의 TCA 회로로의 도입

산과 D-3-하이드록시부티르산, 아세토의 혼합물이다. 간에서 합성된 후 케톤체는 심장과 뇌로 수송되어, 여기서 아세토아세트산과 D-3-하이드록시부티르산은 아세틸 CoA로 다시 전환된다. 아세틸 CoA는 TCA 회로로 들어가서 이들 조직에서 에너지를 생산한다. 실제로 심장은 에너지원으로 글루코오스보다는 케톤체를 선호한다.

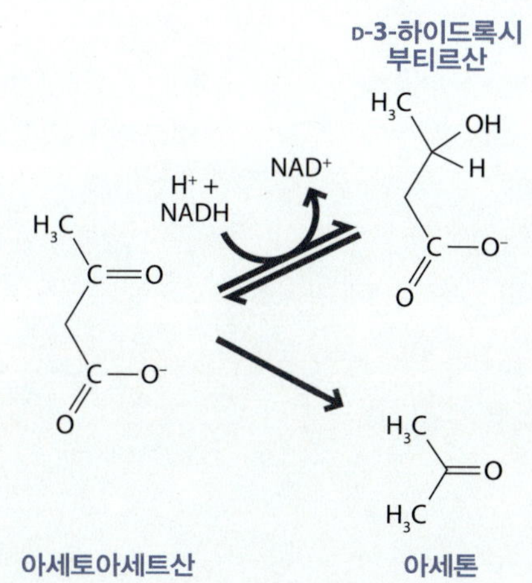

그림 13.21 케톤체의 구성요소

13.3.2 요소회로

암모니아는 질소 분해대사의 중요한 산물이다. 일부는 새로운 질소함유 화합물의 생합성에 사용되지만, 나머지는 배설되어야 한다. 생명체에 따라 세 가지 중 한 가지 방법으로 이 과량의 암모니아를 제거한다.

- **암모니아-배출(ammonotelic)** 종에는 많은 수생 척추동물이 있으며 이들 생명체는 단순히 그들이 서식하는 물속으로 암모니아를 배출한다.
- **요산-배출(uricotelic)** 생명체는 요산형태로 질소를 배출한다. 이들 종에는 새와 뱀, 육상서식 파충류, 곤충같은 절지동물이 있다.
- **요소-배출(ureotelic)** 생명체에는 포유동물과 양서류, 일부 물고기가 있으며 이들은 암모니아를 요소를 전환하여 오줌으로 배설한다.

사람과 기타 요소-배출 생명체가 암모니아를 요소로 배설하는 경로를 **요소회로(urea cycle)**라 한다. 이제 요소회로의 단계를 살펴보고 그 회로의 조절방식에 대해 알아보자.

요소회로는 과량의 질소를 요소로 배출시킨다

요소회로는 간에서 일어나며, 그 결과로 생성되는 요소는 혈류를 거쳐 콩팥으로 전달되어 오줌형태로 배설된다. 그 경로는 **그림 13.22**에 요약해 두었다. 각 단계는 다음과 같다.

1단계. 암모니아는 카르바모일 인산으로 전환된 후 요소회로로 들어가며, 이때 ATP로부터 탄산수소염 이온과 인산기가 첨가되어야 한다. 두 번째 ATP는 에너지 공급에 필요하다. 이 반응을 촉매하는 효소는 **카르바모일 인산 합성효소(carbamoyl phosphate synthetase)**이다.

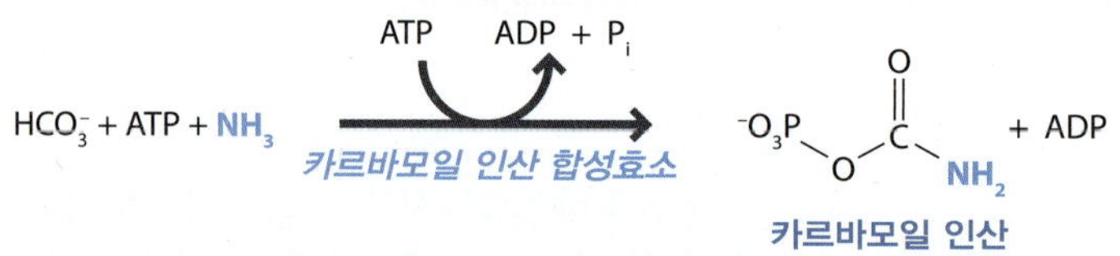

2단계. 카르바모일기는 **오르니틴 카르바모일전달효소(ornithine transcarbamoylase)**에 의해 오르니틴 분자로 전달되어 **시트룰린(citrulline)**을 생성한다.

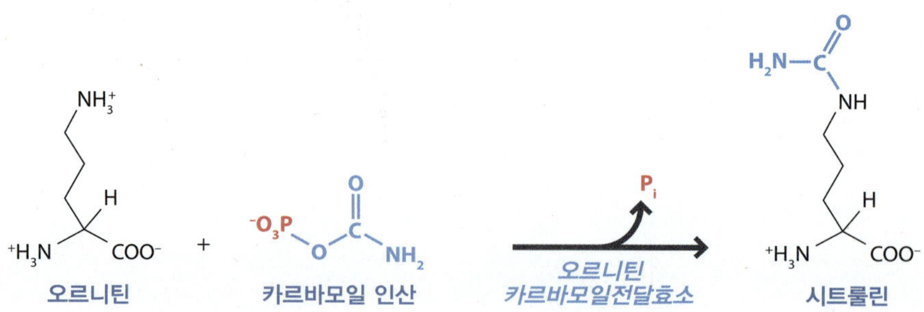

오르니틴과 시트룰린은 모두 아미노산이지만 어느 것도 단백질 합성에 쓰이지 않는다. **1단계**와 **2단계**는 미토콘드리아의 기질에서 일어나지만, 요소회로의 나머지는 세포질에서 일어난다. 따라서 시트룰린은 미토콘드리아 밖으로 수송된다.

그림 13.22 요소회로의 개략도

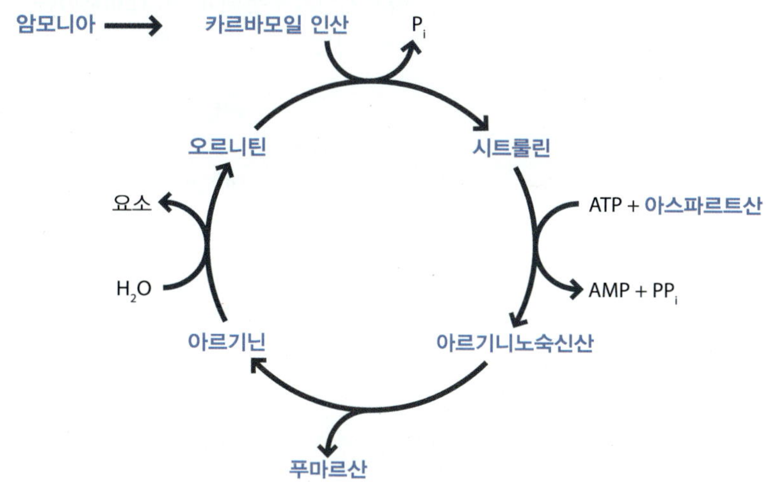

3단계. 시트룰린과 아스파르트산의 축합반응에 의해 아르기니노숙신산(argininosuccinate)이 생성된다. 이 반응에서 **아르기니노숙신산합성효소(argininosuccinate synthetase)**의 촉매로 1분자의 ATP가 AMP로 전환된다.

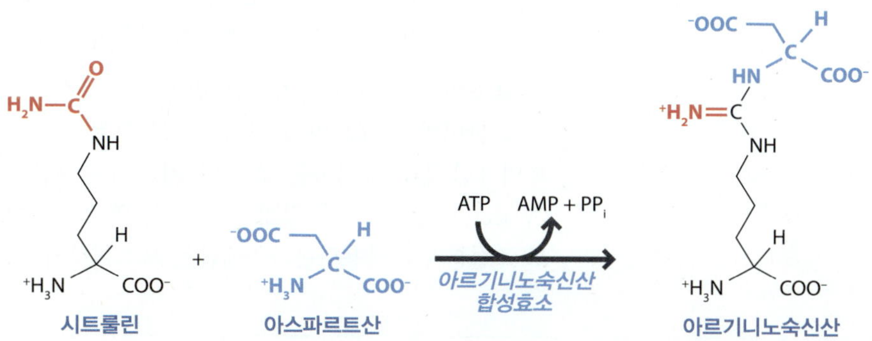

4단계. 아스파르트산의 탄소골격은 **아르기니노숙신산분해효소(argininosuccinase)**에 의해 아르기니노숙신산으로부터 제거된다. 생성물은 아르기닌과 푸마르산이다.

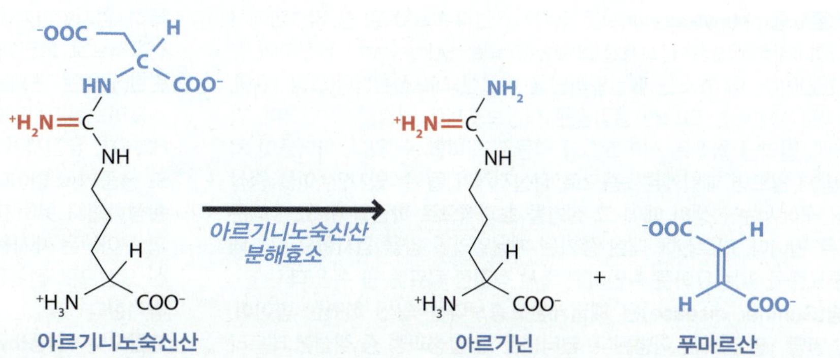

3단계와 **4단계**의 결과로 아스파르트산의 아미노기가 시트룰린으로 전달된다. 아스파르트산은 비질소성 다이카복실산인 푸마르산으로 전환되며, 시트룰린은 아르기닌으로 전환된다.

5단계. **아르기닌가수분해효소(arginase)**는 아르기닌을 절단하여 요소 1분자를 생성하고 회로의 처음에 사용되는 오르니틴을 재생한다.

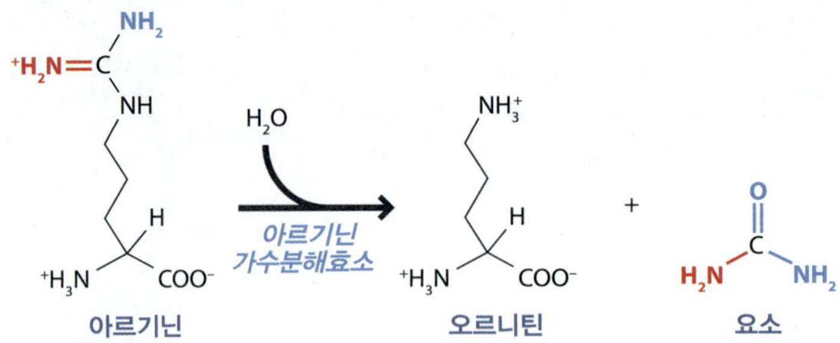

오르니틴은 미토콘드리아로 되돌아가 그 회로를 재개시킨다.

요소회로에서 3분자의 ATP가 소비되지만 에너지 지출은 4개의 ATP에 해당됨을 주목해야 한다. 왜냐하면 ATP 중 하나는 AMP로 전환되기 때문이다.

요소회로의 조절은 대사적 종착역이다

요소회로가 작동하는 속도는 음식물의 조성을 포함한 여러 인자에 의해 좌우된다. 단백질이 풍부한 음식물은 아미노산이 분해되어 그 탄소골격이 에너지생성에 사용될 때 생성되는 과량의 암모니아를 처리하기 위해 요소회로가 신속히 작동하여야 한다.

요소회로 활성의 장기적인 변동, 즉 음식물의 변화에 의해 수반되는 변동은 주로 그 회로에 관여하는 효소의 합성을 조절함으로써 야기된다. 조금 더 즉각적이고 단기적으로는 회로의 1단계를 촉매하는 효소인 카르바모일인산합성효소를 활성화하는 *N*-아세틸글루탐산(*N*-acetylglutamate)에 의해 조절된다. 왜 *N*-아세틸글루탐산이 요소회로의 중간 산물이 아님에도 조절분자로 작용하는가? 해답은 요소회로의 중간물질인 아르기닌이 아세틸 CoA와 글루탐산

Box 13.5 질소대사의 결함과 관련한 질병

여러 인간질병은 질소대사경로의 하나 또는 그 이상이 손상됨으로써 일어난다.

- **페닐케톤뇨증(phenylketonuria)**은 코카서스인의 10,000명 중 약 1명에서 일어나며 페닐알라닌수산화효소(phenyalanine hydroxylase) 유전자의 결함이 원인이다. 이 효소는 페닐알라닌을 티로신으로 전환한다(그림 13.9). 그 결과로 생성되는 티로신 결핍증은 식량보조제로 해결할 수 있으며, 과량의 페닐알라닌 축적은 식이조절과 약물로 회피할 수 있다. 아이들이 치료를 받지 않으면 페닐케톤뇨증으로 정신지체가 될 수 있지만, 이들 증상은 선진국에서는 신생아 때에 그 질병을 효과적으로 확인할 수 있기 때문에 드문 편이다. 티로신에 대한 증가된 페닐알라닌 양을 검사함으로써 페닐케톤뇨증을 앓는 유아를 확인하여 즉시 적절한 치료를 할 수 있다.
- **권터병(Gunther disease)**은 페닐케톤뇨증보다는 훨씬 희귀한 병이며, 1백만 명당 1명 정도만 이병된다. 권터병은 헴 합성과정 중 직선형 테트라피롤을 유로포르피리노겐으로 전환하는 효소인 유로포르피리노겐 보조합성효소(uroporphyrinogen cosynthetase) 유전자가 돌연변이되어 발병된다(그림 13.16). 그 결과 발생하는 헴 결핍증으로 빈혈이 생기지만 환자는 유로포르피리노겐 대신 합성되는 비정상적인 테트라피롤 화합물이 축적되어 피부이상도 발생한다.
- **통풍(gout)**은 혈중 요산 농도가 높아 발생한다. 요산결정이 관절과 힘줄 특히, 엄지발가락에 집적되면 통풍증상인 극심한 통증을 유발한다. 통풍은 전통적으로 고단백식품과 알코올의 과다섭취로 발생했지만, 음식물과 관련한 원인은 현재는 단순하게 단정지을 수 없다. 하이포크산틴-구아닌 포스포리보실기전달효소(hypoxanthin-guanine phosphoribosyl transferase, HGPRT) 유전자가 결여된 Lesch-Nyhan 증후군과 같은 여러 유전적 장애도 통풍의 소인이다. 이 효소는 퓨린구제경로에 관여한다. 만약 HGPRT가 활성화되지 못하면, 분해되고 있는 뉴클레오타이드에서 방출되는 아데닌과 구아닌은 재사용되지 못해 새로운 뉴클레오타이드를 만들지 못하며, 대신 요산으로 전환된다. 이 경로에서 발생하는 과량의 요산은 통풍 증상을 야기한다.
- **고암모니아혈증(hyperammonemia)**은 혈중 암모니아 농도가 높을 때 생긴다. 이 병은 보통 요소회로가 요소회로의 여러 효소 중 하나가, 유전적 결함 때문에 또는 간염감염과 같은 간질환의 부작용 때문에, 암모니아를 요소로 전환시키지 못할 때 발생한다. 고암모니아혈증은 뇌손상과 사망에 이르는 심각한 질환이다.

그림 13.23 요소회로의 조절에서 *N*-아세틸글루탐산의 역할
(A) 식물과 세균에서 *N*-아세틸글루탐산은 아르기닌을 합성하는 경로의 기질이며, 아르기닌은 되먹임 억제에 의해 *N*-아세틸글루탐산합성효소를 조절한다. (B) 포유동물과 기타 척추동물에서 *N*-아세틸글루탐산은 아르기닌으로 대사되지 않는다. 아르기닌은 여전히 *N*-아세틸글루탐산합성효소의 활성을 저해하는 것이 아니라 활성화한다. 이어 *N*-아세틸글루탐산은 카르바모일인산합성효소를 활성화한다. 아르기닌이 *N*-아세틸글루탐산합성효소의 저해제보다는 활성화제로 작용하게 되는 현상은 구명되지 않았다.

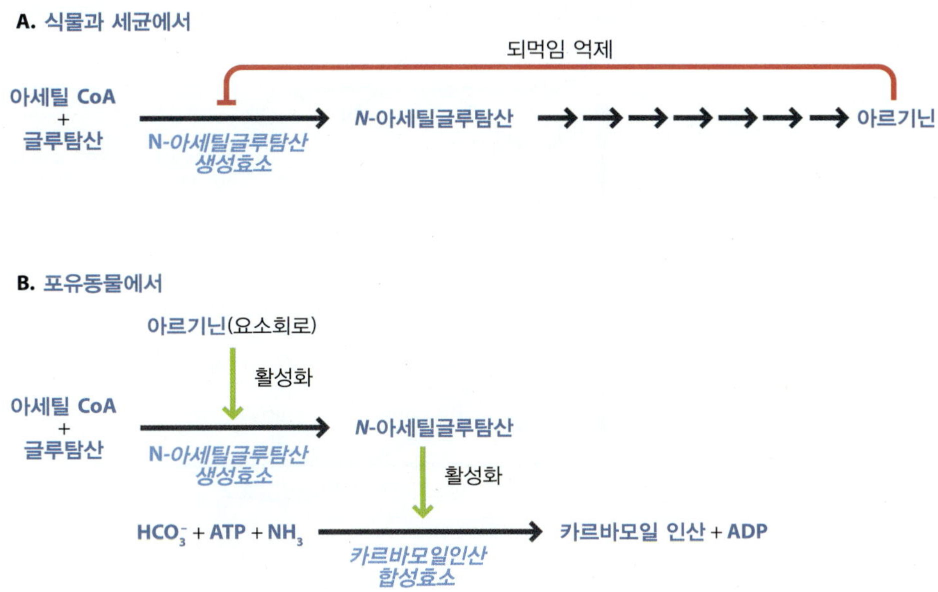

으로부터 *N*-아세틸글루탐산을 합성하는 효소인 ***N*-아세틸글루탐산생성효소(*N*-acetylglutamate synthase)**의 활성을 조절하기 때문이다. 포유동물에서 이것은 초기 진화기간의 유물이며, 그 시기에 아르기닌은 *N*-아세틸글루탐산이 합성됨으로써 시작되는 경로에 의해 글루탐산으로부터 합성될 수 있었다. 이 경로는 식물과 세균에서 아직도 작용하지만, 포유동물에서는 *N*-아세틸글루탐산으로 종결되는 종착점이다(**그림 13.23**). 이 화합물(*N*-acetylglutamate)은 현재 카르바모일인산합성효소를 조절하는 역할만 하며, 아르기닌에 의해 이 화합물의 합성이 촉진될 때 이 효소를 활성화한다. 과량의 아르기닌은 요소회로를 활성화하는 신호를 보낸다.

TCA 회로와 연결되면 요소회로에 사용된 에너지의 일부가 회수된다

요소회로의 중간물질 중의 하나는 푸마르산이며 TCA 경로에서 생성되기도 한다. 그러므로 푸마르산은 **아스파르트산-아르기니노숙신산 분로(aspartate-argininosuccinate shunt)**라고 부르는 연결고리의 역할을 하며, 두 회로를 연결시킨다. 이 연결고리의 결과 중 하나는 요소회로에서 사용된 일부 ATP 분자가 회수된다는 것이다.

요소와 TCA 회로는 물리적으로 분리되어 있다. 왜냐하면 TCA 회로는 미토콘드리아에서 일어나는 반면, 요소회로 중 최소한 푸마르산을 생성하는 회로는 세포질에서 일어나기 때문이다. 요소회로에서 생성되는 푸마르산은 세포질 동위효소인 푸마르산가수분해효소(fumarase)에 의해 말산(malate)으로 전환되며, 말산은 말산-아스파르트산 셔틀(malate-aspartate shuttle)계의 일부인 말산-α-케토글루타르산 운반체 단백질(malate-α-ketoglutarate carrier protein)에 의해 미토콘드리아내막을 통해 미토콘드리아 내부로 수송된다(**그림 13.24**).

말산-아스파르트산 셔틀은 **9.2.5절**에서 배웠다.

미토콘드리아내부에 들어가면 말산은 말산탈수소효소(malate dehydrogenase)에 의해 TCA 회로의 **8단계**에서 산화되어 옥살로아세트산과 NADH 1분자를 생성한다. 이어 이 NADH는 이용되어 전자전달사슬을 통해 3분자의 ATP를 생성한다. 우리는 이미 1회의 요소회로 과정 중에 4 ATP가 소비됨을 알고 있으므로, 아스파르트산-아르기니노숙신산 분로는 요소회로에서 소모된 에너지의 3/4을 회수한다.

분로를 완성하기 위해 세포질에서 제거된 푸마르산은 재공급되어야 한다. 이것은 아스파르트

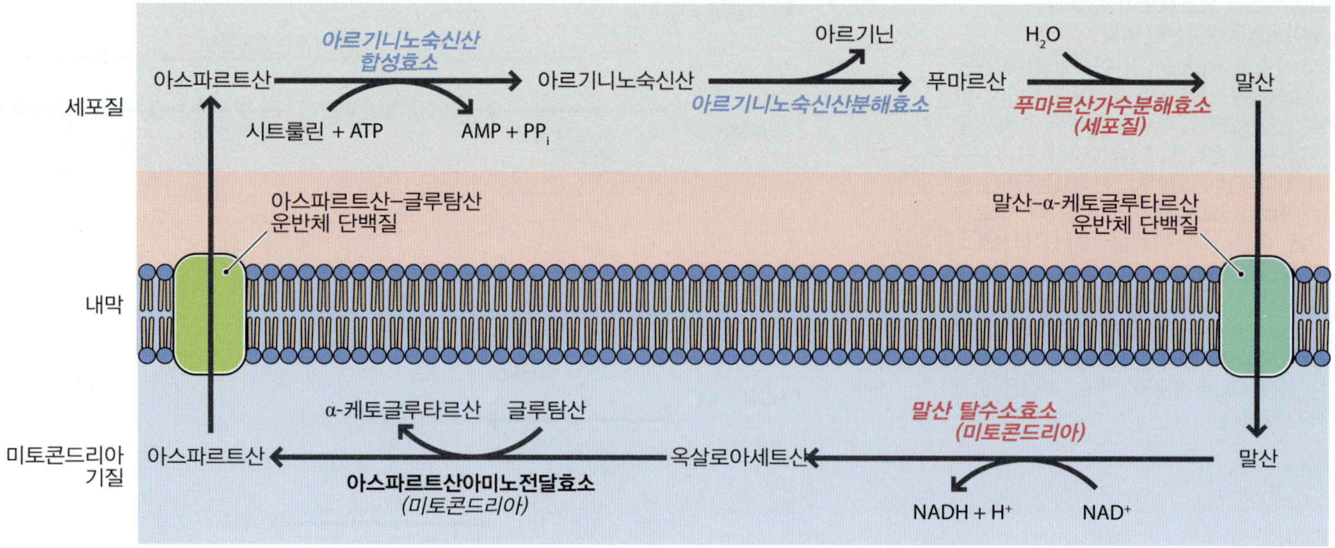

그림 13.24 요소회로와 TCA 회로를 연결하는 아스파르트산–아르기니노숙신산 분로
요소회로 단계에 관여하는 효소는 푸른색으로, TCA 회로에 관여하는 효소는 붉은색으로 나타내었다.

산 아미노기전달효소에 의해 옥살로아세트산을 아스파르트산으로 아미노기를 전달하고, 이 아스파르트산을 아스파르트산-글루탐산 운반체 단백질을 통과하여 미토콘드리아 외부로 보냄으로써 가능하다. 세포질에 들어온 아스파르트산은 요소회로의 3단계와 4단계에 관여하여 푸마르산을 재생한다.

참고문헌

Castle LA, Siehl DL and Gorton R (2004) Discovery and directed evolution of a glyphosate tolerance gene. *Science* **304**, 1151–4. ***Engineering the glyphosate N-acetyltransferase gene.***

Cheng Q (2008) Perspectives in biological nitrogen fixation research. *Journal of Integrative Plant Biology* **50**, 786–98.

Eliot AC and Kirsch JF (2004) Pyridoxal phosphate enzymes: mechanistic, structural, and evolutionary considerations. *Annual Review of Biochemistry* **73**, 383–415.

Holden HM, Thoden JB and Raushel FM (1999) Carbamoyl phosphate synthetase: an amazing biochemical odyssey from substrate to product. *Cellular and Molecular Life Sciences* **56**, 507–22.

Huang M and Graves LM (2003) *De novo* synthesis of pyrimidine nucleotides: emerging interfaces with signal transduction pathways. *Cellular and Molecular Life Sciences* **60**, 321–36.

Jackson MJ (1986) Mammalian urea cycle enzymes. *Annual Review of Genetics* **20**, 431–64.

Kornberg H (2000) Krebs and his trinity of cycles. *Nature Reviews Molecular Cell Biology* **1**, 225–8. ***The discovery of the urea cycle.***

Li M, Li C, Allen A, Stanley CA and Smith TJ (2012) The structure and allosteric regulation of mammalian glutamate dehydrogenase. *Archives of Biochemistry and Biophysics* **519**, 69–80.

Longley DB, Harkin DP and Johnston PG (2003) 5-Fluorouracil: mechanisms of action and clinical strategies. *Nature Reviews Cancer* **3**, 330–8.

Maeda H and Dudareva N (2012) The shikimate pathway and aromatic amino acid biosynthesis in plants. *Annual Review of Plant Biology* **63**, 73–105.

Morris SM (2002) Regulation of enzymes of the urea cycle and arginine metabolism. *Annual Review of Nutrition* **22**, 87–105.

Oldroyd GED, Murray JD, Poole PS and Downie JA (2011) The rules of engagement in the legume–rhizobial symbiosis. *Annual Review of Genetics* **45**, 119–44.

Pollegioni L, Schonbrunn E and Siehl D (2011) Molecular basis of glyphosate resistance – different approaches through protein engineering. *FEBS Journal*, **278**, 2753–66.

Seefeldt LC, Hoffman BM and Dean DR (2009) Mechanism of Mo-dependent nitrogenase. *Annual Review of Biochemistry* **78**, 701–22.

Tanaka R and Tanaka A (2007) Tetrapyrrole biosynthesis in higher plants. *Annual Review of Plant Biology* **58**, 321–46.

Umbarger HE (1978) Amino acid biosynthesis and its regulation. *Annual Review of Biochemistry* **47**, 533–606.

van Spronsen FJ (2010) Phenylketonuria: a 21st century perspective. *Nature Reviews Endocrinology* **6**, 509–14.

Xu Y-F, Létisse F, Absalan F, *et al.* (2013) Nucleotide degradation and ribose salvage in yeast. *Molecular Systems Biology* **9**, 665.

자가 평가 문제

객관식 문제

각 문제에 대한 정답은 한 개이며, 정답은 웹사이트 www.scionpublishing.com/biochemistry에서 찾을 수 있음.

1. 질소를 고정하는 종을 부르는 이름은 무엇인가?
- **(a)** 콩과식물
- **(b)** 질소자급영양체(diazotroph)
- **(c)** 질화세균
- **(d)** 공생체

2. 다음 생명체 군중 질소고정균에 속하지 않는 것은?
- **(a)** Mycobacteria
- **(b)** 근류균
- **(c)** *Frankia*
- **(d)** 남세균(cyanobacteria)

3. 다음 기술내용 중 질소고정과 관련하여 옳지 않은 것은?
- **(a)** 질소고정균은 적절한 숙주식물의 뿌리에서 분비하는 플라보노이드의 존재를 감지한다.
- **(b)** 질소고정균은 변형된 뿌리털을 통해 식물뿌리 내부로 들어간다.
- **(c)** 감염이 되면 세포분열이 일어나 뿌리혹이라 부르는 특수구조를 형성한다.
- **(d)** 뿌리혹 안에서 세균은 죽으며 질소고정화효소를 방출한다.

4. 다음 설명 중 질소고정화효소에 대해 설명한 것은?
- **(a)** 1개의 MoFe 중심을 지니는 2개의 α형과 2개의 β형으로 된 4개의 소단위
- **(b)** 1개의 FeS 뭉치를 지니는 2개의 α형과 2개의 β형으로 된 4개의 소단위
- **(c)** 1개의 MoFe 중심을 지니는 2개의 동일한 소단위
- **(d)** 1개의 FeS 뭉치를 지니는 2개의 동일한 소단위

5. 질소고정화효소 복합체는 무엇에 의해 산소로부터 보호되는가?
- **(a)** 레그헤모글로빈
- **(b)** 미오글로빈
- **(c)** 복합체에 함유된 헴 보결분자단
- **(d)** 과산화수소분해효소

6. 아질산환원효소의 보결분자단은?
- **(a)** 레그헤모글로빈
- **(b)** 헴
- **(c)** 포스포판테티온
- **(d)** 시로헴

7. 다음 중 비필수 아미노산이 아닌 것은?
- **(a)** 알라닌
- **(b)** 아르기닌
- **(c)** 히스티딘
- **(d)** 프롤린

8. 다음 중 필수 아미노산은?
(a) 시스테인 **(b)** 글루타민
(c) 글리신 **(d)** 트레오닌

9. 암모니아의 α-케토글루타르산과의 반응에 의해 형성되는 최종생성물은?
(a) 글루탐산 **(b)** 글루타민
(c) 아르기닌 **(d)** 오르니틴

10. 3-포스포글리세르산으로부터 유래하는 3가지 아미노산은?
(a) 아스파르트산, 아스파라긴, 알라닌
(b) 알라닌, 페닐알라닌, 티로신
(c) 루신, 이소류신, 발린
(d) 세린, 글리신, 시스테인

11. 피루브산의 아미노기전이 반응에 의해 생성되는 아미노산은?
(a) 알라닌 **(b)** 아르기닌
(c) 발린 **(d)** 트레오닌

12. 세균에서 페닐알라닌과 트립토판, 티로신 합성에 관한 설명 중 옳지 않은 것은?
(a) 출발점은 포스포에놀피루브산의 축합반응이다.
(b) 경로는 코리슴산에서 분지된다.
(c) 티로신은 페닐알라닌을 산화시켜 얻을 수 있다.
(d) 트립토판의 곁사슬은 포스포리보실피로인산에서 만들어진다.

13. 상이한 아미노산에 의해 알로스테릭 조절되는 DAHP 생성효소의 다른 형태는?
(a) 다중소단위 단백질 **(b)** regulons
(c) 동위효소 **(d)** 동급체

14. 뉴클레오타이드 합성의 구제경로에 관한 다음 설명 중 옳지 않은 것은?
(a) 새로운 뉴클레오타이드의 당-인산 성분은 포스포리보실피로인산에서 제공된다.
(b) AMP는 아데닐산 인산화효소에 의해 ADP로 전환된다.
(c) 디옥시리보뉴클레오타이드는 리보뉴클레오타이드 환원효소에 의해 환원되어 리보뉴클레오타이드에서 형성된다.
(d) GTP는 이 경로로 만들어지지 않는다.

15. 뉴클레오타이드 신생 합성에서 어느 화합물이 아스파르트산과 결합하여 시스테인과 우라실을 형성하는가?
(a) 카르바모일인산
(b) 오로트산
(c) 글루타민
(d) 포스포리보실피로인산

16. 다음 효소 중 테트라피롤 합성에 관여하지 않는 것은?
(a) ALA 생성효소
(b) ALA 탈수소효소
(c) 포르포빌리노겐탈아미노효소
(d) 아르기니노숙신산분해효소

17. 필요량보다 과잉의 아데닌과 구아닌은 어느 화합물로 전환되는가?
(a) 요소
(b) 요산
(c) 담즙색소
(d) 피토크롬

18. 과량의 테트라피롤은 어느 화합물로 전환되는가?
(a) 요소
(b) 요산
(c) 담즙색소
(d) 피토크롬

19. 아미노산 분해에 관여하는 아미노기전이효소가 지니지 않는 보조인자는 ?
(a) 시로헴
(b) 피리독살인산
(c) 포스포판테테인
(d) 헴

20. 다음 중 당생성 아미노산은?
(a) 루신
(b) 리신
(c) 메티오닌
(d) 전부

21. 다음 중 케톤체생성 아미노산은?
(a) 아르기닌
(b) 글루타민
(c) 히스티딘
(d) 류신

22. 과량의 암모니아를 서식지의 물속으로 배설하는 많은 수생 척추동물을 포함하는 종을 칭하는 이름은?
(a) 암모니아배출동물
(b) 질소자급영양성동물
(c) 요소생성동물
(d) 요산배출동물

23. 다음 중 요소회로의 중간물질이 아닌 것은?
(a) 시트룰린
(b) 아르기닌
(c) 옥살로아세트산
(d) 오르니틴

24. 요소회로와 TCA 회로를 연결해 주는 것은?
(a) 아스파르트산-아르기니노숙신산 분로
(b) *N*-아세틸글루탐산 분로
(c) 두 회로에 공통으로 옥살로아세트산이 관여함.
(d) 에너지원으로 요소를 이용함.

단답식 문제

아래 문제는 추가 자료 없이 답이 가능함.

1. 질소고정의 의미는 무엇인지 설명하고 질소를 고정하는 여러 생명체를 기술하라.
2. 세균의 질소고정화효소 복합체의 작용방식에 대해 기술하라.
3. 암모니아를 글루타민으로 전환하는 반응을 그려라.
4. 비필수 아미노산과 필수 아미노산의 차이점을 설명하고, 사람에서 합성되는 비필수 아미노산에 대해 기술하라.
5. 세균의 필수 아미노산 합성경로를 요약하고, 이들 경로의 조절의 주된 특징을 조명하라.
6. 뉴클레오타이드 합성에서의 구제경로와 신생경로를 구분하라.
7. 헴의 합성에 대해 요약하라.
8. 아미노산이 분해되는 과정 중 아미노기의 동향에 대해 기술하라.
9. 당생성 아미노산과 케톤체생성 아미노산을 구분하고, 이들 두 용어의 근거에 대해 설명하라.
10. 요소회로에 대해 글을 써보라.

주관식 문제

아래 문제는 계산, 추가 자료, 인터넷 조사 등을 필요로 함.

1. 헤모글로빈과 레그헤모글로빈과 같은 관련 화합물은 동물과 식물, 세균에 존재한다. 헤모글로빈을 보유하지 않는 유일한 생명체는 고세균이다. 이 정보에 근거하여 헤모글로빈의 초기진화에 관해 무엇을 추론할 수 있으며 헤모글로빈의 기원과 지구의 대기성분 변화는 어떤 관련이 있는가?
2. Lesch-Nyhan 증후군은 희귀병이지만 정신장애와 행동장애를 일으키는 심각한 유전적 결함이다. Lesch-Nyhan 증후군 환자는 혈액과 오줌 속의 요산과 포스포리보실 피로인산 수치가 높다. 이 증후군을 야기하는 가장 그럴듯한 생화학적 근거는 무엇인가?
3. 왜 일부 아미노산과 기타 저-탄수화물 음식물을 '케톤체 생성성'이라고 하는지 설명하라.
4. TCA 회로와 요소회로의 연결고리를 간혹 'Krebs bicycle'이라 한다. 그 이유는 요소회로는 1932년 Hans Krebs와 Kurt Henseleit이 처음 기술했기 때문이다. 5년 후 Krebs는 TCA 회로를 발견했고 흔히들 '크렙스회로'라고 불린다. Krebs bicycle을 나타내는 도식을 그리고 실제로 왜 2개가 아닌 3개의 회로를 가지는지 설명하라.
5. 이들 3 생화학 경로에 주석을 달아 여러 생성물이 그들의 합성에서 되먹임 억제를 하리라 예측되는 지점을 나타내어라. 여러 동위효소에 의해 촉매되리라 예측되는 모든 단계를 나타내어라.

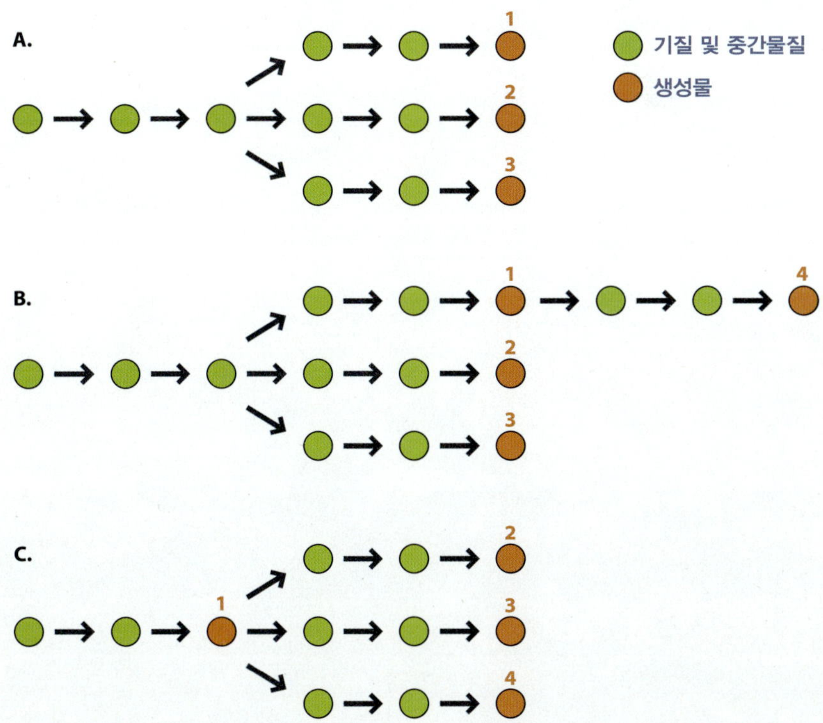

제14장

DNA 복제 및 수선

학습목표

이 장을 공부한 후:

- 복제에 있어서 하나의 이중나선 DNA가 정확한 2개의 DNA 복사물로 만들어지는 상보적 염기쌍의 핵심적 중요성을 이해하게 될 것이다.
- 대장균의 복제기점에서 어떻게 프라이머 전구 복합체가 조립되는지를 설명할 수 있다.
- 효모균과 인간에 존재하는 복제기점의 뚜렷한 특징을 알 수 있다.
- 복제 포크가 포함되지 않은 복제과정의 주요 기능을 이해할 수 있다.
- DNA 복제에 있어서 DNA 위상이성질화효소의 역할을 설명할 수 있다.
- 여러 종류의 DNA 중합효소들을 구별할 수 있으며 DNA 의존성 DNA 중합효소의 작동방법을 설명할 수 있다.
- DNA 분자의 지연가닥의 복제를 위한 5′→3′ DNA 합성의 의미를 이해한다.
- DNA 중합효소들은 왜 복제시 프라이머가 필수적이며, 대장균과 인간에 있어서의 프라이밍 문제를 어떻게 해결하는지를 알게 된다.
- 대장균과 인간에 있어서의 복제 포크에서 일어나는 과정들을 설명할 수 있으며, 특히 오카자키 조각들이 어떻게 결합되는지 알 수 있다.
- 대장균 게놈을 복제하는 2개의 리플리솜이 그 DNA 분자의 정의된 영역 내에서 만나는 이유를 알 수 있다.
- 어떻게 말단소체복원효소는 선형 DNA 분자가 복제될 때 발생할 수 있는 쇼트닝(DNA 크기 단축)을 무력화시킬 수 있는지 이해할 수 있다.
- DNA 수선이 왜 중요한지 이해한다.
- 불일치수선 시스템이 복제 오류를 수정하는 방법을 설명할 수 있으며, 특히 수선되어야 할 딸가닥 DNA가 어떻게 구분되는지 알 수 있다.
- 염기 및 뉴클레오타이드를 잘라내는 수선경로의 주요 특징을 파악한다.
- 깨지거나 잘라진 단일 및 이중나선 DNA가 어떻게 수선되었는지 설명할 수 있다.
- 복제후 수선과정의 예를 보여줄 수 있다.

앞서 언급한 장들은 세포 내에서 일어나는 신진대사 반응을 촉매하는 효소들의 중요한 역할에 대해서 설명하였다. 그러한 효소들의 정체성과 활동성들은 어떤 신진대사 반응이 일어날 수 있는지 그리고 그러한 반응들이 조절신호에 어떻게 반응하는지를 결정한다. 효소의 촉매 성질과 조절신호에 대한 반응의 중요한 특징은 아미노산 서열이다. 그러한 아미노산 서열은 효소의 활성 부위에 있는 화학물질 그룹의 정확한 배치와 조절분자들을 위한 결합 부위의 정확한 배치 등을 포함하는 효소의 3차원 구조를 지정하게 된다. 따라서 촉매활성과 조절반응은 효소의 아미노산 서열에 의해서 결정된다. 이러한 동일한 일반적인 원리는 또한 효소가 아닌 단백질에도 적용된다. 구조적, 운동, 운송, 저장, 보호 또는 조절 등의 기능을 포함하는 단백질의 생물학적 활성은 그 단백질의 아미노산 서열에 의해 정해진다.

세포가 특정 아미노산 서열을 가진 단백질을 만드는 메커니즘은 그러므로 생화학에서 중요성을 지닌다. 이것은 단지 단백질뿐만 아니라 핵산을 합성하는 데 필요한 정보가 세포의 DNA 분자에 의해 전달되기 때문에 단지 단백질뿐만 아니라 핵산을 포함하는 문제이다. 이 정보의 활용은 **유전자 발현(gene expression)**이라는 2단계 과정을 수반한다(**그림 14.1**). 유전자 발현의 첫 번째 단계에서, 유전자의 뉴클레오타이드 순서는 RNA 분자로 전사되고, 두 번째 단계에서는 RNA의 뉴클레오타이드 서열은 단백질을 만들게 되는 여러 개의 아미노산이 결합되는 순서를 지시한다.

우리는 각각 15장과 16장에서 RNA와 단백질의 합성을 공부할 것이다. 이를 공부하기 전에, 우리는 그들의 뉴클레오타이드 서열에 포함된 DNA 분자에 대한 우리의 관심을 집중시킬 것이다. 이 RNA와 단백질을 만드는 정보에 대해서 특히 집중하게 된다. 우리는 DNA 분자가 어떻게 복제되는지를 검사해야 한다. 또한 하나의 세포가 2개의 딸세포로 분열될 때 DNA가 화학적으로 손상된 경우 DNA 분자가 어떻게 수선(repair)되는지를 살펴보게 될 것이다.

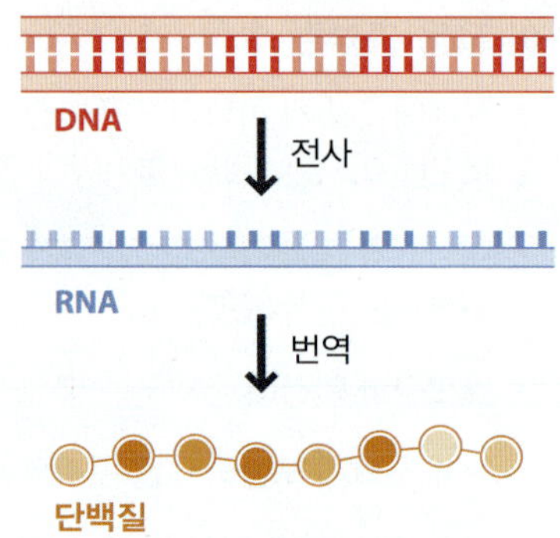

그림 14.1 유전자 발현의 개요
유전자 발현은 때로 'DNA가 RNA를 만들고, RNA가 단백질을 만들어 낸다'는 것으로 묘사되는 2단계 과정이다. 전사라고 불리는 유전자 발현의 첫 번째 단계에서, 유전자의 뉴클레오타이드 순서는 RNA 분자로 복사된다. 번역이라고 불리는 두 번째 단계에서, RNA의 뉴클레오타이드 서열은 하나의 단백질을 만드는 아미노산들의 결합 순서를 지시한다.

14.1 DNA 복제

DNA의 이중나선 구조가 생물학의 주요한 돌파구 중 하나로 간주되는 이유 중 하나는 이 구조가 1개의 DNA 분자가 2개의 동일한 사본으로 어떻게 복제될 수 있는지를 즉시 나타내기 때문이다. 1953년 4월 25일 네이처(*Nature*)에 출판된 이중나선을 묘사한 그들의 논문에서 왓슨과 크릭은 이렇게 썼다.

> "우리가 주창한 특정한 짝짓기가 즉각적으로 유전물질에 대한 그럴듯한 복사 메커니즘을 제시하고 있음을 우리는 주목하였습니다."

이 글은 생물학 문헌에서 가장 저평가된 것 중 하나로 간주되고 있는데, 이유인즉 그 당시에는 유전자가 스스로 자기 자신을 복사한다는 것은 평생토록 풀어야 할 가장 커다란 수수께끼 중 하나로 알려져 있었기 때문이다.

DNA 복제의 핵심은 나선형의 2개의 폴리뉴클레오타이드에서 서로 인접한 2개의 염기들 사이에서 나타나는 짝짓기(pairing)이다. 이 염기쌍을 안내하는 규칙은 항상 아데닌은 티민과 함께 쌍을 이루며, 시토신은 항상 구아닌과 쌍을 형성한다는 것이다. 이러한 염기쌍 때문에 이중나선에 존재하는 상보적인 2개의 폴리뉴클레오타이드의 염기서열은 서로 다른 염기서열을 지닌 폴리뉴클레오타이드와 상호작용하면서 상보적이 된다. 염기쌍의 2개의 폴리뉴클레오타이드로 인해 이중나선의 2개의 폴리뉴클레오타이드의 시퀀스는 서로 다른 폴리뉴클레오타이드의 순서로 상호작용한다. 이것은 차례로 두 폴리뉴클레오타이드를 분리한 다음, 분리된 폴리뉴클레오타이드를 주형으로 사용한 후에 2개의 정확한 폴리뉴클레오타이드를 만들어지는 것을 의미한다(**그림 14.2**).

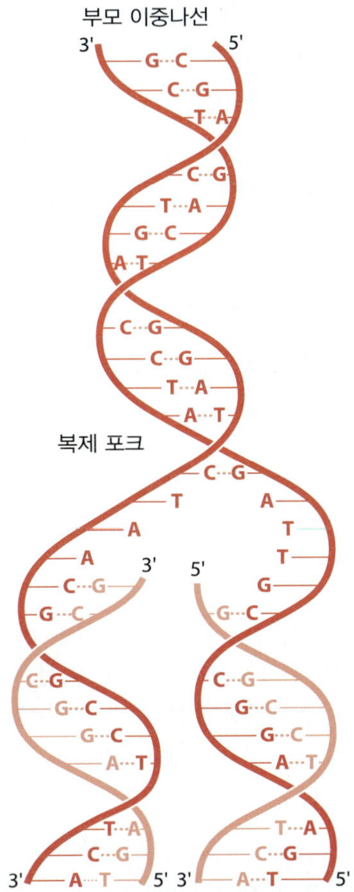

그림 14.2 왓슨과 크릭에 의해 예측된 DNA 복제

진한 빨간색으로 표시된 이중나선의 폴리뉴클레오타이드는 분홍색으로 표시된 새로운 가닥의 합성을 위한 주형(템플릿)으로 작용한다. 이러한 새 가닥의 염기서열은 염기쌍 법칙에 의해 설정된다. 그 결과 원래의 부모 이중나선은 똑같은 2개의 복사본을 만들게 된다. 이중나선의 부모가닥과 딸가닥 폴리뉴클레오타이드는 역평행한다. 즉, 서로 다른 방향으로 달린다는 뜻이며, 한 가닥은 5′→3′으로 진행하고 다른 가닥은 3′→ 5′ 방향으로 진행한다(4.1.2절 참조).

따라서 DNA 복제는 적어도 외형적으로는 우아한 과정이다. 구체적인 메커니즘은 물론 더 복잡하다. 우리는 그 과정을 세 가지 단계로 나눌 것이다.

- **개시 단계(initiation phase)**는 복제가 시작되는 DNA 분자 내의 지점에서 복제기계를 조립하는 단계이다.
- 새로운 폴리뉴클레오타이드가 합성되는 **신장 단계(elongation phase)**.
- **종료 단계(termination phase)**는 프로세스를 완료하는 과정이다.

14.1.1 DNA 복제 개시

DNA 분자가 복제될 때, 어떤 한정되지 않은 영역에서는 염기쌍이 형성되지 않는다. 염기쌍 구성의 파손은 복제기점이라는 분명한 위치에서 시작된다. **복제기점(origin of replication)**은 박테리아에서 가장 잘 이해되기 때문에 우리는 대장균과 함께 시작할 것이다.

대장균 DNA 분자는 단일 복제기점을 갖는다

대장균 게놈은 4.64 Mb의 원형 DNA 분자로 구성되어 있다. 이 DNA 분자는 약 245 bp를 아우르는 단일 복제기점을 가지고 있다. 이 지역의 DNA는 9개의 염기서열로 구성된 4개의 복사본을 포함하고 있는데 각각은 **DnaA 단백질(DnaA protein)**을 위한 결합 부위의 역할을 한다. 4개의 Dna A 단백질이 모두 결합된 후에, 총 30개의 단백질 배럴(barrel)을 형성한다(**그림 14.3**). 이 DNA는 비틀림 응력이 이중나선 부위로 유입되는 방식으로 배럴 주위에 감겨 있다. 결과적으로, 2개의 폴리뉴클레오타이드 사이의 수소결합이 붕괴되고 짧은 비염기쌍 부분이 열린다. 붕괴는 아데닌-티민 염기쌍이 고도로 존재하는 **AT-풍부영역(AT-rich)**이라고 불리는 한 복제기점의 일부에서 시작된다. 각 A-T 염기쌍은 단지 2개의 수소결합에 의해 결합된다는 것을 기억하라. 반면에 G-C는 3개의 수소결합을 가지고 있다. 따라서 이중나선의 AT-풍부영역은 GC-풍부영역 혹은 두 가지 유형(A-T, G-C)의 염기쌍이 동일한 양일 때보다 안정적이지 않으며, 따라서 DnaA 단백질의 배럴에 의해 가해지는 비틀림 응력에 의해서 보다 더 쉽게 붕괴된다.

DNA 나선이 열리면 복제기점 내에서 한 쌍의 **복제 포크(replication fork)**가 형성되는 일련의 이벤트가 시작된다. 복제 포크는 이중나선이 쌍을 형성하지 않는 두 개의 가닥으로 나뉘는 지점이며, 새로운 폴리뉴클레오타이드의 합성이 이루어지는 위치이다(**그림 14.4**). 복제 포크를 형성하는 첫 번째 단계는 두 개의 가닥으로 나뉘는 지점에 **프라이머 전구 복합체(prepriming complex)**가 부착하는 것이다. 각각의 프라이머 전구 복합체는 우선 6개의 DnaB 단백질과 6개의 DnaC 단백질로 구성되어 있지만, 후자는 일시적인 역할을 하며, 복합체가 형성되자마자 방출된다. 그것의 기능은 아마도 단순히 DnaB 단백질의 부착을 돕는 것일 것이다.

DnaB는 **나선효소(helicase)**로, 염기쌍을 깨버릴 수 있는 효소이다. 따라서 DnaB는 염기쌍을 해체하며 열려 있는 영역의 크기를 늘림으로써 복제 포크가 더 멀리 이동하게 한다. 염기가 쌍으로 구성되지 않은 폴리뉴클레오타이드는 **단일가닥 결합 단백질(single strand binding proteins, SSB)**로 코팅되게 하는 이중의 역할을 한다. SSB는 폴리뉴클레오타이드(단일가닥의 DNA)가 또다시 즉각적으로 서로 쌍을 이루는 것을 방해하며, 또한 선천적으로 대장균 세포에 존재하면서 단일가닥 DNA를 분해하는 핵산가수분해효소의 공격으로부터 폴리뉴클레오타이드를 보호한다.

이제, DNA 복제의 신장 단계에 관련된 효소들은 결합할 수 있다. 복제 포크가 복제기점에서부터 멀리 이동하기 시작하여 DNA 복사가 시작된다.

염기쌍의 구조물과 DNA 이중나선의 다른 중요한 특징은 **4.1.2절**을 보라.

그림 14.3 **대장균의 복제기점에서 DNA 나선의 열림**

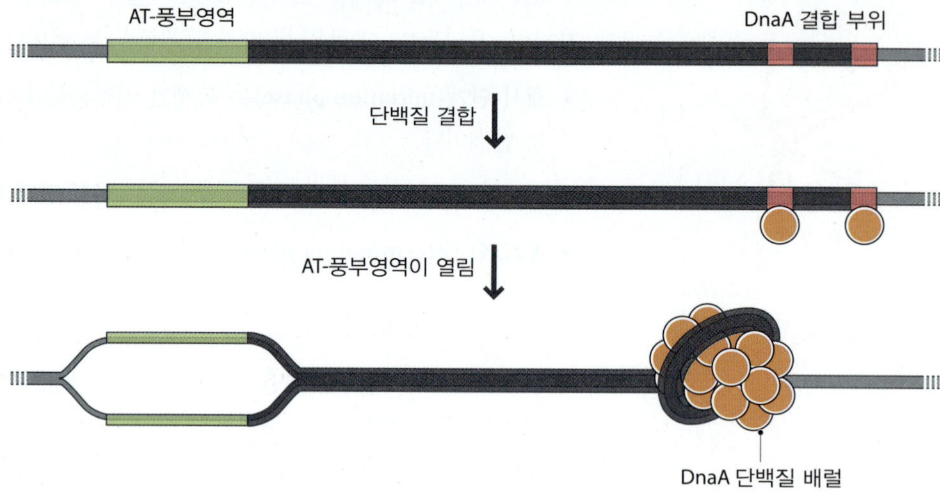

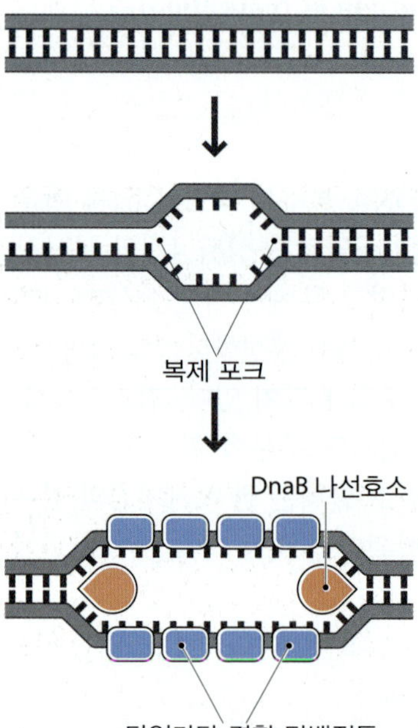

그림 14.4 **대장균에 대한 DNA 복제의 개시 단계 완료**
나선형의 개구부는 두 개의 복제 포크를 생성하며, 새로운 DNA 합성이 일어날 것이다. 단일가닥 결합 단백질들은 비염기쌍 폴리뉴클레오타이드에 부착하며, DnaB 헬리카아제는 염기쌍을 분리하면서 개구 부위를 연장시키고 따라서 복제 포크는 더 멀리 이동한다.

진핵세포 DNA는 다중 복제기점을 갖는다

대부분의 진핵생물 DNA 분자들은 원형이라기보다는 선형이다. 이러한 선형 DNA 분자들은 한쪽 끝에서 시작하여 다른 쪽으로 진행되는 단순한 프로세스에 의해서 복제되지 않는다. 대신에 그들은 내부에 다중의 복제기점을 가지고 있다. 복제기점의 빈도수는 생물종에 따라 다르다. 예를 들면, 효모균(*Saccharomyces cerevisiae*)은 약 400개의 복제기점을 가지고 있다. 이것은 각각의 복제 포크가 약 15,000 염기의 DNA를 복제한다는 것을 의미한다. 인간 DNA는 대략 복제기점당 80,000 염기를 복사하는 약 20,000개의 복제기점을 갖는다.

400개의 효모균 복제기점은 각각 유사한 200 bp의 DNA 서열을 포함하고 있는데, 이것은 6개의 단백질로 이루어진 한 세트가 결합하기 위한 부위로 이들은 함께 **복제기점 인식복합체(origin recognition complex)**를 형성한다. 이 단백질들은 박테리아의 DnaA 단백질과 똑같지는 않다. 왜냐하면 그들은 DNA에 영구적으로 결합되어 있기 때문에, 복제가 시작되지 않을 때에도 여전히 효모균의 복제기점에 얽매여 있다. 그들은 각각의 복제기점에서 출현하는 복제 포크를 만들기 위해 필요한 추가 단백질의 부착을 중재하는 것으로 여겨진다.

인간 게놈 내의 복제기점은 식별하기가 쉽지 않지만, 우리는 이것들이 모두 합쳐 약 20,000개가 있다고 믿고 있다. 인간과 다른 포유류에 존재하는 이러한 복제기점은 **개시영역(initiation regions)**이라 불리며, 특별히 잘 정의되지 않은 이름을 가리킨다. 사실, 일부 연구원들은 복제가 포유동물 세포핵의 특정 위치에 있는 단백질 구조에 의해서 개시된다고 믿고 있는데, 그것은 복제개시 영역과 함께 3차원적 핵 구조물에 있는 단백질 구조에 가깝게 배치된 DNA 일부분일 뿐이다.

어떤 원형 DNA 분자는 복제 포크 없이도 복제한다

복제 포크 쌍을 통해 DNA를 복사하는 것은 생명체에 있어서 가장 흔한 방법으로, 진핵생물의 DNA 분자와 원핵생물의 핵양체 DNA가 복제되는 메커니즘이다. 그렇지만 중요한 형태의 원형 DNA 분자에 의해 사용되는 2가지 대안이 있다.

이러한 비정상적인 복제모드 중 첫 번째는 **가닥 교체 복제(strand displacement replication)**라고 한다. 이 메커니즘은 몇몇 종류의 **플라스미드(plasmid)**(박테리아 세포에 있는 작은 원형 DNA 분자)에 의해 사용되는 것으로 알려져 있으며, 이는 또한 오랫동안 인간의 미토콘드리아 게놈을 복제하는 방법으로 믿어지고 있다. 이 DNA 분자에서, 복제가 시작되는 지점은 DNA 가

미토콘드리아 게놈은 **2.1.3절**에 서술되어 있다.

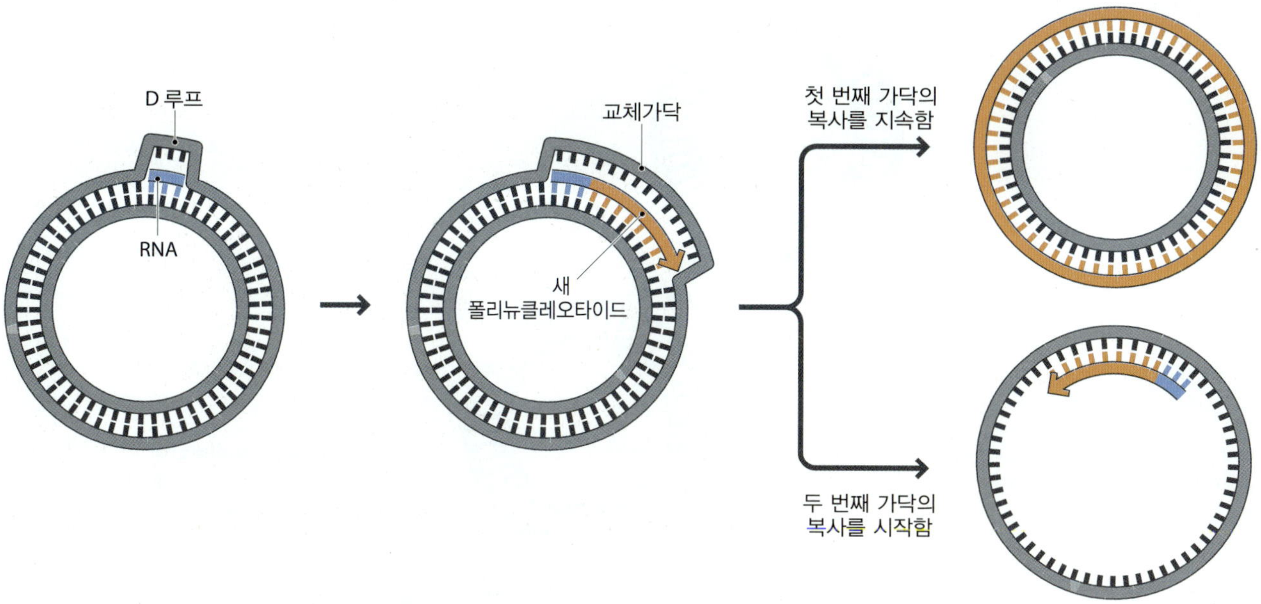

그림 14.5 가닥 교체복제

D 루프에는 첫 번째 새 폴리뉴클레오타이드(주황색으로 표시됨) 합성의 시작점으로 작용하는 짧은 RNA 분자(파란색으로 표시됨)가 포함된다. 이 폴리뉴클레오타이드는 원형분자의 한 가닥이 완전히 복사될 때까지 연장된다. 그 결과 오른쪽 상단에 이중가닥의 분자가 있다. 따라서 두 번째 가닥은 두 번째 새로운 폴리뉴클레오타이드 합성의 시작점으로 작용하는 두 번째 RNA 분자를 부착하여 복사된다(아래 오른쪽).

닥 중 하나와 염기쌍을 이루는 RNA 분자에 의해 이중나선이 붕괴되는 짧은 영역인 **D 루프(D loop)**로 알려져 있다. 복제가 시작되면 이 RNA 분자는 3′ 말단까지 DNA 뉴클레오타이드를 추가하면서 원형분자의 한 가닥이 완전히 복사될 때까지 진행된다(**그림 14.5**). 따라서 다른 가닥들은 두 번째로 새로운 폴리뉴클레오타이드 합성의 시작점으로 작용하는 두 번째 RNA 분자를 부착하여 복사된다.

표준적인 복제 포크 시스템과 비교해보면 교체복제(displacement replication)의 장점은 분명하지 않다. 이에 대조적으로, **회전 원 복제(rolling circle replication)**라고 불리는 두 번째 유형의 특이한 복제방법은 그 목적이 원형 DNA 분자를 다수의 복사본으로 빠르게 합성하고자 할 때 이득을 얻는다. 회전 원 복제는 부모 폴리뉴클레오타이드 중 하나에서 만들어지는 닉네임에서 시작되었다. 이 경우 3′ 말단 부분이 연장되면서 결과적으로 폴리뉴클레오타이드의 5′ 말단을 대체하게 된다. 계속되는 DNA 합성은 궁극적으로 분자의 완전한 복사판을 "굴러 떨어지게" 한다(**그림 14.6**). 그리고 더 나아가 더 많은 합성물이 결국은 머리와 꼬리 사이에 연결된 일련의 동일한 분자들을 초래한다. 이러한 분자들은 단일가닥으로는 직선이지만 상보가닥 합성에 의해 이중가닥 원형분자로 변환되고, 뒤이어 생겨나는 접합부의 교차점과 순환 부분의 갈라진 틈에 의해 이중가닥으로 변환된다. 회전 원 복제는 다양한 종류의 바이러스에 의해 사용되며, 박테리아 바이러스나 **람다(lambda)**라고 불리는 **박테리오파지(bacteriophage)**가 가장 좋은 예이다. 이 방법은 새로운 DNA 분자의 급속한 생성을 가능케 하며, 숙주세포를 감염시킨 후에 그 바이러스가 매우 빠르게 복제할 수 있게 도와준다.

14.1.2 DNA 복제의 신장 단계

이제 우리는 새로운 폴리뉴클레오타이드를 합성할 수 있는 복제 포크에서 일어나는 이벤트를 살

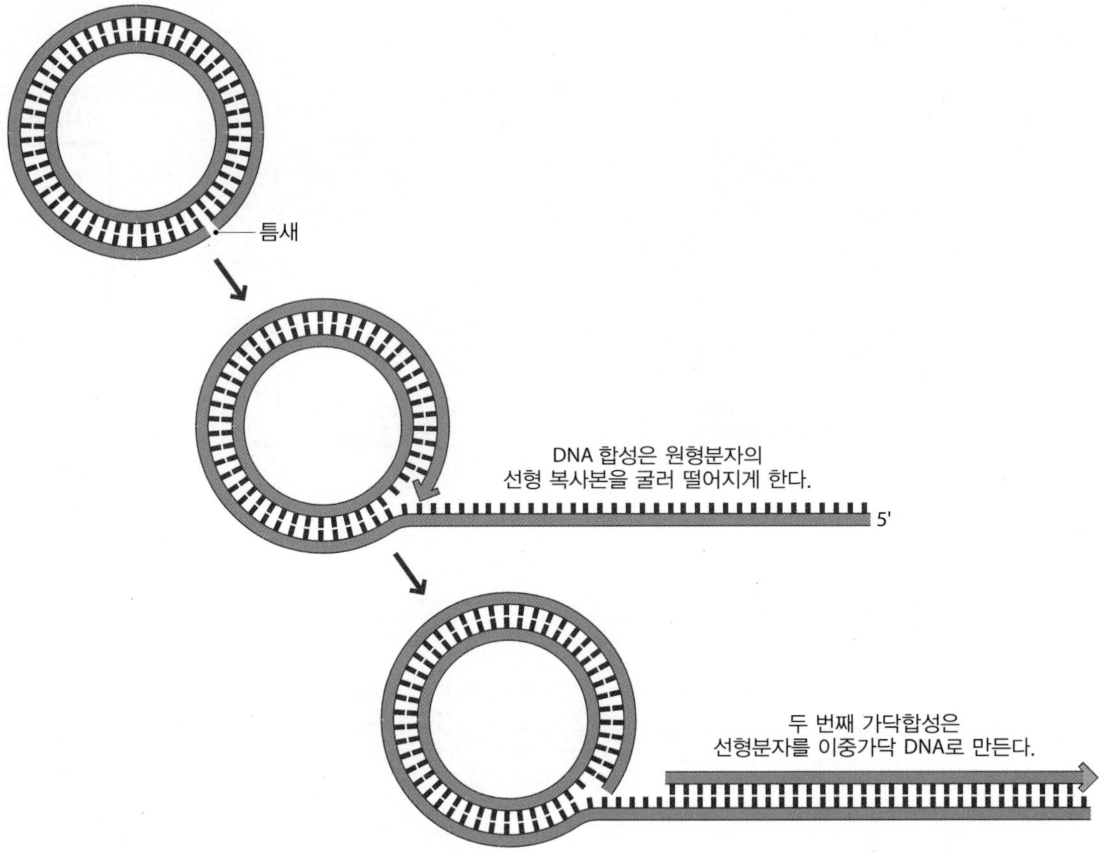

그림 14.6 **회전 원 복제(rolling circle replication)**
원형분자의 단일 선형 복사물의 합성과정이 보인다. 실제적으로 머리에서 꼬리로 연결된 일련의 선형 복사물은 원형의 분자를 벗겨낼 수 있다.

펴보게 될 것이다. 우리가 짚고 넘어가야 할 첫 번째 문제는 DNA 분자상에 짧은 거리만을 따라 진행할 수밖에 없는 복제 포크의 명백한 불가능성이다. 이는 DNA 분자의 **위상학적 문제(topological problem)**로 알려져 있다.

위상학적 문제는 DNA 위상이성질화효소에 의해서 해결된다

DNA 복제의 위상학적 문제는 이중나선 DNA가 나선형이기 때문에 2개의 폴리뉴클레오타이드가 서로 상처를 입고 서로 분리되고자 할 때 분리될 수 없다는 것을 의미한다. 하지만 만일 DNA 이중나선의 긴장이 풀려져야만 한다면 DNA 분자는 상당한 정도의 회전이 필요하게 된다. B-형태 이중나선 DNA는 10 bp마다 1회전을 한다. 이것은 2억 5000만 개의 염기쌍을 갖는 인간 1번 염색체의 DNA 분자가 2,500만 개의 회전을 필요로 한다는 것을 의미한다. 선형 DNA 분자의 풀림은 물리적으로 불가능한 것은 아니지만, 자유로운 이중가닥이 없는 원형 이중가닥은 전혀 회전할 수 없다. 그러나 원형의 DNA 분자들은 복제할 수 있다. 그렇다면 이러한 위상학적 문제는 어떻게 해결되었을까?

이 문제는 **DNA 위상이성질화효소(DNA topoisomerase)**라고 불리는 효소 그룹에 의해 해결되었다. 이러한 효소들은 이중나선에 있는 2개의 폴리뉴클레오타이드가 나선형으로 회전하지 않고 2개의 폴리뉴클레오타이드로 분리할 수 있게 해 준다. 두 가지 형태의 위상이성질화효소가 있

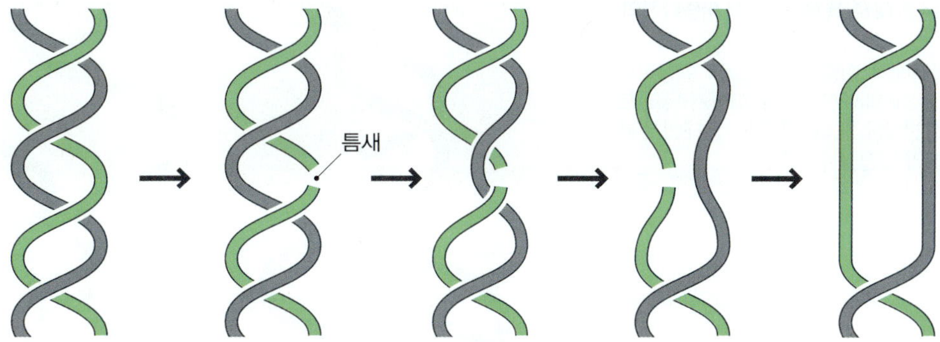

그림 14.7 I형 위상이성질화효소의 작용 모드

는데 이들은 서로 약간 다른 방식으로 이루어진다:

- **I형 DNA 위상이성질화효소(Type I DNA topoisomerase)**는 한 가닥 폴리뉴클레오타이드를 절단하고, 이렇게 만들어진 틈새를 통해 두 번째 폴리뉴클레오타이드를 전달한다. 그리고 절단된 가닥의 두 쪽 끝이 다시 연결된다(**그림 14.7**).
- **II형 DNA 위상이성질화효소(Type II DNA topoisomerase)**는 이중나선의 두 가닥 모두 파괴하고 나선의 두 번째 나선 구간을 통과하는 간격을 만들어 낸다. 일단 두 번째 조각이 통과되면, 두 개의 폴리뉴클레오타이드를 결합하여 간극을 채운다(**그림 14.8**).

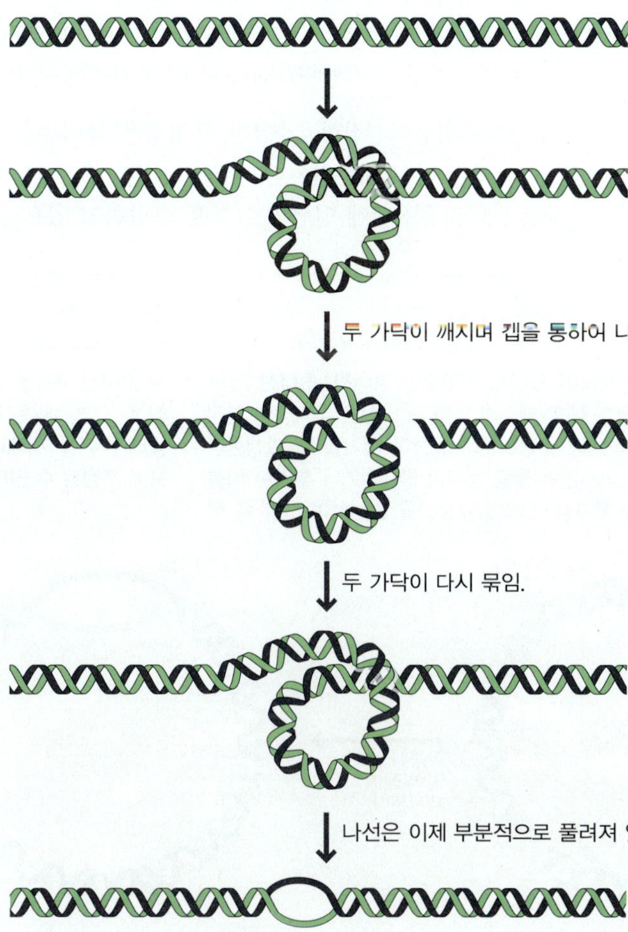

그림 14.8 II형 위상이성질화효소의 작용 모드

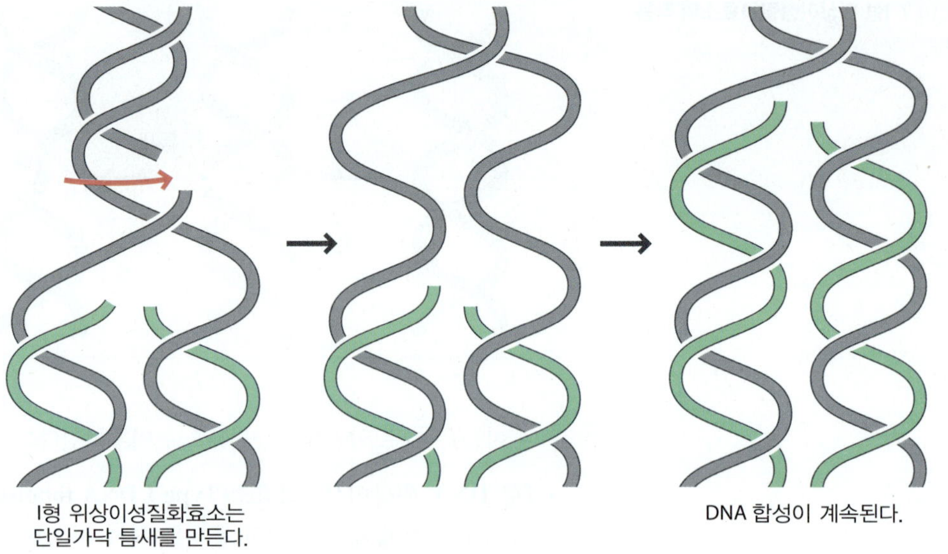

그림 14.9 DNA 복제과정에서 이중나선의 풀림
복제과정에서 이중나선은 DNA 위상이성질화효소에 의해 풀려진다. 따라서 복제 포크는 회전해야 할 나선이 없는 상태에서 분자를 따라 진행할 수 있다.

그들의 다양한 메커니즘에도 불구하고, I형과 II형은 동일한 최종 결과를 얻는다. 두 개의 폴리뉴클레오타이드가 나선을 회전하지 않고 분리될 수 있도록 해준다(**그림 14.9**). 그러나 반복적인 파괴와 재결합을 반복하는 반응은 긴 DNA 분자의 폴리뉴클레오타이드를 완전히 분리하는 데 필요했다. 이 효소들은 어떻게 두 쌍의 잘려진 끝이 서로 가까이에서 잘린 채로 남아 있으면서 재결합을 할 수 있을까? 해답의 일부는 각각 절단된 폴리뉴클레오타이드의 한쪽 끝이 효소의 활성부위에 있는 효소의 활성화된 아미노산(티로신)에 공유결합이 되어 있다는 것이다. 폴리뉴클레오타이드는 자유말단(free end)이 제자리에 위치하는 동안 제자리에 단단히 고정되어 있다.

위상이성질화효소 I형 및 II형은 폴리뉴클레오타이드-티로신 결합체의 정밀한 화학구조에 따라서 다시 세분화된다. 위상이성질화효소 IA와 IIA의 경우 연결은 잘려진 폴리뉴클레오타이드의 5′ 자유말단에 인산염 그룹을 포함하고 있으며, 위상이성질화효소 IB와 IIB의 경우 결합은 3′ 말

Box 14.1 초나선 DNA

위상이성질화효소들은 DNA 복제에 있어서 역할뿐만 아니라, **초나선 DNA (supercoiled DNA)**를 생성하는 데도 책임이 있다. 초나선은 추가적인 회전이 원형 DNA 분자(양성 초나선)에 발생하거나 회전이 제거될 때 발생한다(음성 초나선). 이중나선을 넘어서는 비틀림 응력이 발생하거나 부족한 비틀림 응력은 원형 DNA 분자를 자가감기(self winding)를 형성하여 보다 더 작은 초나선 구조를 형성한다. 초나선은 원형 DNA 분자가 작은 공간으로 포장될 수 있게 해 준다. 예를 들면, 대장균의 원형 DNA 분자는 대략 1.6 mm의 둘레(원주)를 가지고 있지만, 그 후에 초나선 DNA는 1 μm X 2 μm 크기의 세포에 포장될 수 있다(Box 4.5 참조).

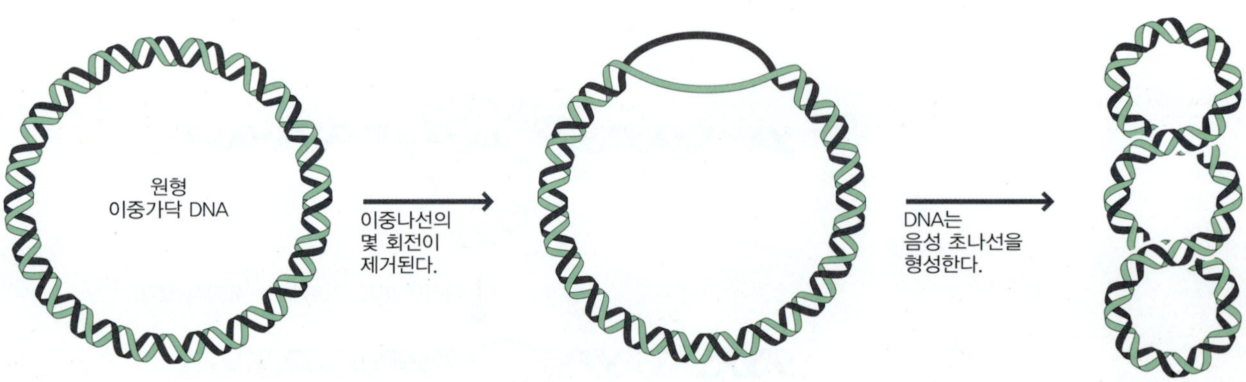

단에 있는 인산염 그룹을 통해서 이루어진다. 두 종류 모두 진핵생물에 존재하지만, 위상이성질화효소 IB와 IIB는 박테리아에서 매우 드물다. 대부분의 위상이성질화효소는 DNA를 이완시킬 수 있지만, 지라아제(gyrase)라고 불리는 원핵생물의 위상이성질화효소 IIA와 고세균의 역지라아제(reverse gyrase)는 역작용을 하면서 DNA 분자에 추가적인 회전을 가할 수 있다.

DNA 중합효소는 주형-의존성 DNA 합성을 한다

DNA 복제의 중심역할은 새로운 폴리뉴클레오타이드를 합성하는 효소들에 의해 수행된다. 기존 DNA 가닥을 주형(template)으로 사용하여 새로운 DNA 폴리뉴클레오타이드를 만드는 효소는 **DNA-의존성 DNA 중합효소(DNA-dependent DNA polymerase)**라고 불린다. 우리는 이를 단순히 'DNA 중합효소'라고 줄여서 이름을 부른다. 한편 RNA 분자를 이용해서 DNA 복사본을 만드는 **RNA-의존성 DNA 합성효소(RNA-dependent DNA polymerase)**가 존재하는데 이것은 특정한 종류의 바이러스의 복제과정에서 특히 중요하다.

DNA 중합효소에 의해서 촉매되는 반응은 그림 14.10에 상세히 나타나 있다. 각각의 뉴클레오타이드가 추가되는 동안에, α-인산 및 β-인산은 유입되는 뉴클레오타이드에서 세서되니, 증가하는 폴리뉴클레오타이드 3′ 말단에서 하이드록실기는 뉴클레오타이드의 3′-탄소에서 제거된다. 그 결과 각각의 인산디에스테르결합(phosphodiester bond) 형성시 피로인산 분자의 손실을 초래한다. 화학반응은 개별 뉴클레오타이드가 중합되는 순서를 지시하는 DNA 주형의 존재에 의해 유도된다. 즉, 염기 A(아데닌)는 염기 T(티민)와 쌍을 이루고 G(구아닌)는 C(시토신)와 쌍을 짓게 된다. 따라서 증가하는 가닥의 3′ 자유말단에 새 뉴클레오타이드가 더해지면서 새로운 폴리뉴클레오타이드는 차례차례 5′→3′ 방향으로 축적된다. 염기쌍을 기준으로 하려면, 상보적인 폴리뉴클레오타이드가 역평행(antiparallel)임을 명심해야 한다. 즉, 주형가닥은 3′→5′ 방향으로 읽어야 한다.

대장균과 같은 박테리아는 5개의 DNA 중합효소(I, II, III, IV, V)를 가지고 있다. **DNA 중합효소 III(DNA polymerase III)**는 DNA 복제 동안에 대부분의 주형-의존성 폴리뉴클레오타이드 합성을 책임지는 효소이다. DNA 중합효소 I은 덜 광범위하지만, 우리가 아래에서 볼 수 있듯이 여전히 중요한 기능을 수행하는 DNA 중합효소이다. 다른 3개의 DNA 중합효소는 손상된 DNA를 수선하는 데 사용된다. **DNA 중합효소 I(DNA polymerase I)**은 단지 하나의 폴리펩타이드로 구성되지만 DNA 중합효소 III는 대략 900 kDa의 분자량을 가지는 다수의 소단위로 구성된다. 소단위 α는 새로운 폴리뉴클레오타이드를 합성하는 역할을 담당하고 있으며, 다른 소단위들은 복제과정에서 보조적 역할을 한다. 예를 들면, 소단위 ε는 구체적으로 3′→5′ 핵산말단가수분해효소(exonuclease) 작용을 한다. 이것은 DNA 중합효소 III는 5′→3′ 방향으로 DNA를 합성하면서 반대 방향으로 DNA를 분해할 수 있다는 것을 의미한다. 이것은 **교정기능(proofreading function)**이라 불린다. 왜냐하면 이것은 DNA 중합효소 III가 부정확하게 삽입된 뉴클레오타이드를 제거함으로써 실수를 고칠 수 있기 때문이다(그림 14.11). DNA 중합효소 III의 또 다른 중요한 소단위 β이다. 이것은 DNA 중합효소 복합체를 주형가닥에 단단히 고정시키는 '미끄럼 고정' 역할을 하지만, 동시에 새로운 폴리뉴클레오타이드를 만들 때 그것을 따라 움직일 수 있게 해 준다.

진핵생물은 적어도 15개의 DNA 중합효소를 가지고 있는데, 그것들은 포유류들에서 그리스 문자로 표시한다. 주된 복제효소는 **DNA 중합효소 δ(DNA polymerase δ)**와 **DNA 중합효소 ε(DNA polymerase ε)**이라고 불리는데, **분열세포 핵 항원(proliferating cell nuclear antigen, PCNA)**이라 불리는 부속 단백질과 함께 작용한다. PCNA는 대장균의 DNA 중합효소 III의 소단위체 β와 동등한 기능을 담당하는데 이는 복사되고 있는 DNA에 단단히 결합하고 있다. **DNA**

그림 14.10 DNA-의존성 DNA 중합효소에 의해 촉매되는 반응

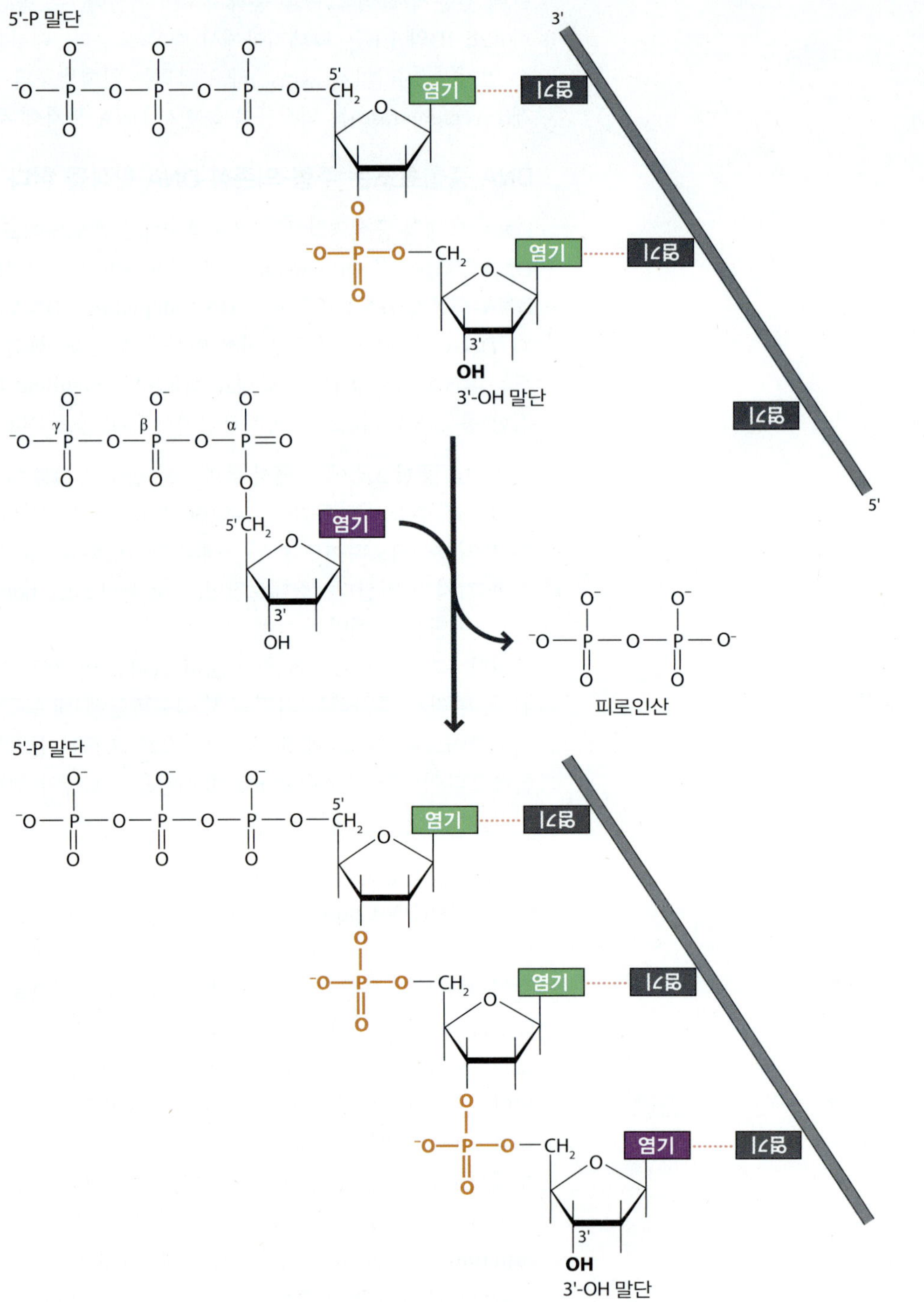

중합효소 α(DNA polymerase α)는 DNA 복제에 중요한 역할을 하며, **DNA 중합효소 γ(DNA polymerase γ)**는 미토콘드리아에 존재하는 DNA 분자를 복제하는 역할을 담당한다. 원핵생물 중합효소와 마찬가지로, 다른 진핵생물 DNA 중합효소의 대부분은 손상된 DNA의 수선에 관여한다.

DNA 중합효소는 복잡한 DNA 복제에 있어 한계를 가지고 있다

DNA 중합효소는 DNA 분자를 복제하기 위해 진화했지만, 이 효소들은 복제가 세포에서 일어나는

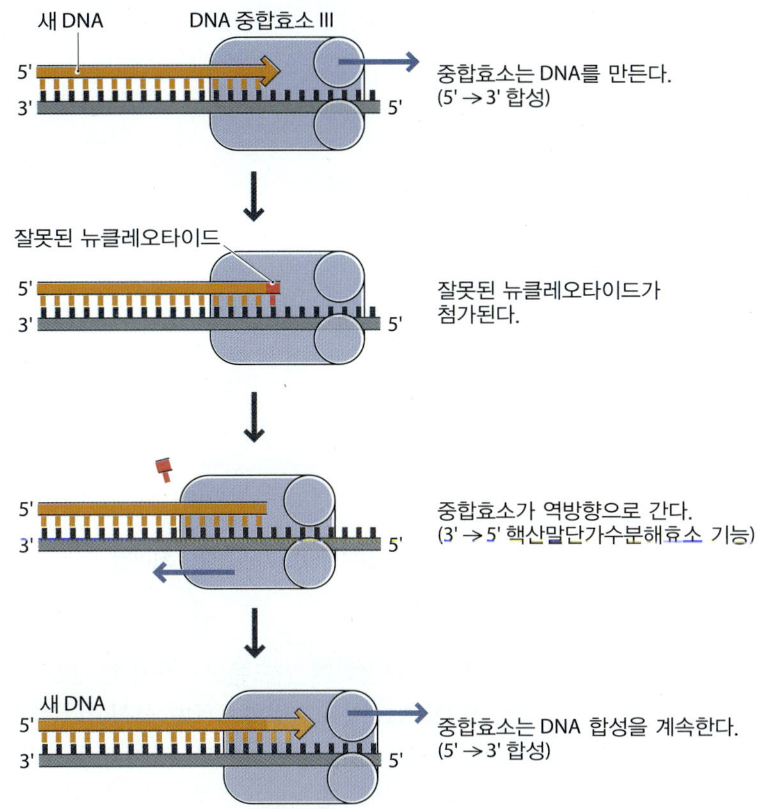

그림 14.11 DNA 복제 중 교정기능(proofreading)
3′→5′ 핵산말단가수분해효소(exonuclease) 작용은 DNA 중합효소 Ⅲ가 진행방향을 거꾸로 바꾸어 5′→3′ DNA 합성 중에 첨가한 잘못된 뉴클레오타이드를 제거한다.

Box 14.2 DNA 중합효소

DNA 중합효소는 DNA 분자를 만들기 위해 뉴클레오타이드를 중합할 수 있는 효소이다. 대부분의 DNA 중합효소는 DNA 의존성으로 기존의 DNA 폴리뉴클레오타이드를 사용하여 뉴클레오타이드를 순서적으로 중합한다. 어떤 생명체들은 RNA 의존성으로서 RNA 분자로부터 DNA 사본을 만들어 내고, **말단 디옥시뉴클레오타이드전달효소(terminal deoxynucleotidyl transferase)**라고 부르는 DNA 중합효소는 주형 비의존성으로 기존의 DNA 분자에 임의적으로 뉴클레오타이드를 추가한다.

DNA 중합효소는 다양한 효소집단을 형성한다. 그들은 공통된 진화기원으로부터 구조적 유사성을 가진 구성원들로 구성된 7개의 가족(family)으로 나눌 수 있다. 가족은 다음과 같다:

- **가족 A**는 박테리아의 DNA 중합효소 I과 진핵세포 DNA 중합효소 γ는 미토콘드리아 DNA를 복제하며, DNA 중합효소 θ는 염색체 DNA 분자의 이중가닥 깨짐을 수선한다.
- **가족 B**는 진핵세포에서 DNA 복제에 관여하는 주된 효소인 DNA 중합효소 α, δ, ε를 포함한다. 다른 구성원들은 박테리아 DNA 중합효소 Ⅱ와 진핵세포 DNA 중합효소 ζ로 이들의 주요 역할은 손상된 DNA를 복제한 것이다.
- **가족 C**는 박테리아의 주된 복제효소인 DNA 중합효소 Ⅲ뿐이다.
- **가족 D** 중합효소는 몇몇 원시세균종의 DNA 복제에 책임이 있다.
- **가족 X**는 진핵세포 DNA 수선용으로 DNA 중합효소 β, σ, λ 및 μ 등을 포함한다. DNA 중합효소 β는 염기절단 수선(base excision repair)에 관련되어 있으며(그림 14.26 참조), λ 및 μ는 DNA 분자의 이중가닥 깨짐을 수선한다. DNA 중합효소 σ의 기능은 잘 모른다. 가족 X는 또한 주형 비의존성 DNA 중합효소인 말단 디옥시뉴클레오타이드전달효소를 포함한다.
- **가족 Y**는 복제 신뢰성이 낮은 중합효소로서 오류발생을 쉽게 유발하는 방법으로 손상된 DNA 조각을 복제할 수 있다. 그 멤버들은 박테리아 DNA 중합효소 Ⅳ와 Ⅴ, 그리고 진핵세포 중합효소인 η 그리고 κ이다. 오류발생이 쉬운 복제는 합성된 가닥이 주형의 원래 염기서열을 직접적으로 보완하지 않기 때문에 돌연변이가 발생하는 결과를 초래한다. 하지만 만약 이것이 매우 손상된 DNA 분자를 복제할 확률이 높다면, 약간의 돌연변이가 허용될 수 있으며, 유일한 대안은 세포의 죽음이다.
- **가족 RT**는 **역전사효소(reverse transcriptase)**, 즉 RNA-의존성 DNA 중합효소이다. 이러한 효소들 중 다수는 후천성 인간 면역결핍바이러스(HIV)와 같은 **레트로바이러스(retrovirus)**의 복제에 관여하고 있다. 이 RNA 바이러스는 바이러스가 숙주세포를 감염한 후 역전사효소에 의해 DNA로 복사되는 바이러스 게놈의 RNA 버전을 함유하고 있다. 게놈의 DNA 복사본은 숙주세포 염색체 중 하나에 통합되어 있다. 염색체 DNA가 복제될 때 딸세포에게 전달된다. 레트로바이러스는 염색체에서 DNA 게놈을 절개하며, 복사된 RNA를 바이러스 입자에 포장하면 이 바이러스의 감염주기가 완성된다.

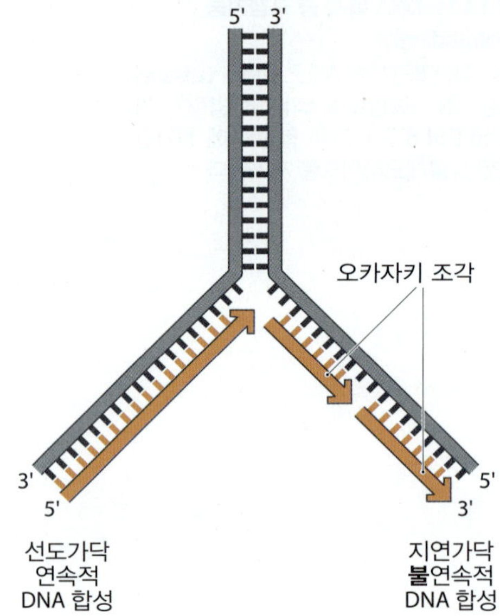

그림 14.12 선도가닥과 지연가닥의 차이점

방식을 복잡하게 만드는 두 가지 한계를 가지고 있다. 첫 번째는 DNA-의존성 DNA 중합효소가 DNA를 5′→3′ 방향으로만 합성한다는 것이다. 반대 방향인 3′→5′으로 DNA를 합성하는 효소는 결코 발견되지 않았고, 아마도 존재하지 않을 것이다. 이것은 DNA 중합효소가 폴리뉴클레오타이드를 합성할 때, 주형가닥이 3′→5′ 방향으로 읽히며, 합성가닥은 5′→3′ 방향으로 합성된다는 것을 의미한다. 따라서 이중나선의 2개의 폴리뉴클레오타이드가 하나는 한 방향으로 달리고 다른 하나는 다른 방향으로 역평행으로 달리기 때문에 문제가 발생한다. 따라서 원래의 이중나선의 부모가닥 중 하나는 복제 포크가 DNA 분자를 따라 진행될 때 연속적으로 합성될 수 있다(그림 14.12). 이것은 **선도가닥(leading strand)**이라고 불린다. 대조적으로, 우리가 **지연가닥(lagging strand)**이라고 부르는 상위 분자(부모가닥)의 두 번째 가닥은 연속적인 패션으로 복사될 수 없다. 그렇게 하려면 3′→5′ 방향에서 폴리뉴클레오타이드 합성이 필수적이다. 이 문제를 해결하려면, 지체되는 지연가닥은 그 장소에서 복제해야 한다. 각 부분은 복제 포크에 노출되는 지연가닥의 부분만 다룬다. 복제 포크가 부모 이중나선에서 진행될 때, 지연가닥의 두 번째 부분이 노출되고 복제된다. 결과적으로, 처음에는 길게 이어져 있는 것으로 알려진 그 복사본은 분리된 조각들로 만들어진 **오카자키 조각(Okazaki fragment)**들로 이루어져 있는데, 이것은 후에 발견자인 Reiji Okazaki와 Tsuneko Okazaki의 이름을 따서 명명되었다. 우리는 나중에 어떻게 이것들이 연속적인 폴리뉴클레오타이드를 만들어 내는지에 대해 나중에 보게 될 것이다.

복제과정에서 발생하는 두 번째 어려움은 **프라이머(primer)** 역할을 하는 짧은 이중가닥 영

그림 14.13 프라이머는 DNA 중합효소가 DNA 합성을 개시하는 데 필요하다.

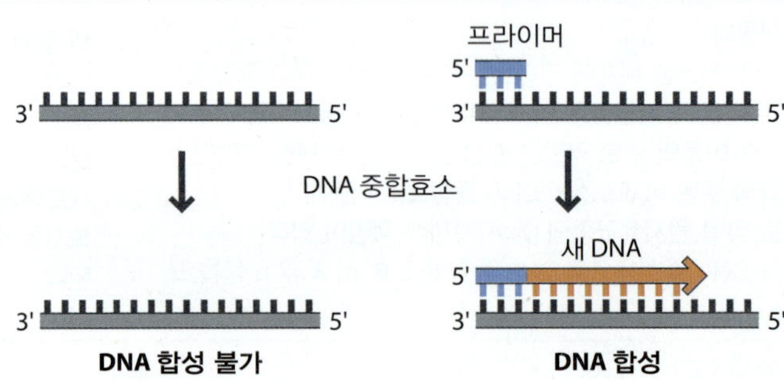

그림 14.14 DNA 합성시 프라이머 생성
(A) 박테리아. (B) 진핵세포.

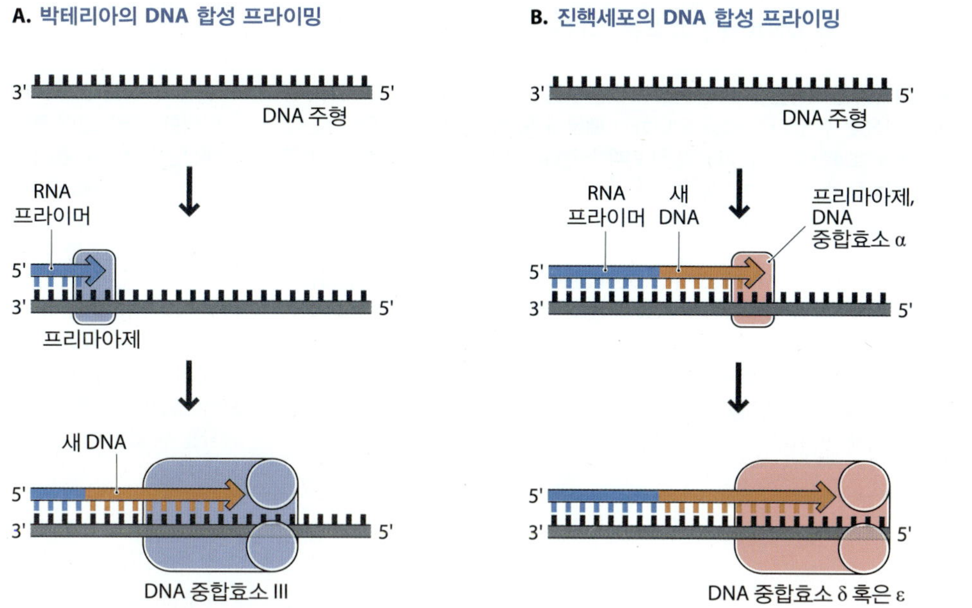

역이 이미 존재하지 않는 한, DNA 중합효소는 폴리뉴클레오타이드 합성을 시작하지 않는다는 것이다(**그림 14.13**). 이 프라이머는 어떻게 만들어졌을까? 해답은 그 프라이머는 **RNA 중합효소(RNA polymerase)**에 의해 합성된다는 것이다. 이것은 주형 의존성 RNA 합성을 하는 효소이다. 그리고 DNA 중합효소와는 달리, 그것은 기존의 폴리뉴클레오타이드를 확장할 수 있는 것이 아니라 '노출된(naked)' 주형을 만들기 시작한다. 박테리아에서, 이 RNA 중합효소는 **프리마아제(primase)**라고 불리는데, 이것은 길이가 4~15개 정도 되는 프라이머를 만들어낸다(**그림 14. 14A**). 일단 프라이머가 완성되면, 폴리뉴클레오타이드 합성은 DNA 중합효소 III에 의해 계속된다. 진핵세포에서는 프리마아제는 DNA 중합효소 α의 일부이다. 프리마아제는 8~12개 뉴클레오타이드의 RNA 프라이머를 만들며, DNA 중합효소 α는 약 20개의 뉴클레오타이드를 첨가하여 프라이머를 확장시킨다. 이 DNA 스트레치는 종종 몇 개의 리보핵산이 섞여 있다. RNA-DNA 프라이머가 완성된 후, 선도가닥에 있는 DNA 중합효소 ε은 DNA 합성을 계속하며 지연가닥에서는 DNA 중합효소 δ에 의해서 합성이 계속된다(**그림 14.14B**).

선도가닥에서는 프라이머의 합성은 한 번만 일어난다. 왜냐하면 선도가닥에서 일단 프라이머가 만들어지면 기존의 DNA 분자에 대한 복제가 완성될 때까지 연속적으로 선도가닥은 합성되기 때문이다. 혹은 다른 복제기점에서 다른 방향으로 이동 중에 있는 복제 포크를 만날 때까지 계속 복제할 수 있다. 대조적으로, 지연가닥에서는 프라이머 합성이 매번 시작될 때마다 새로운 오카자키 조각이 만들어져야만 한다. 대장균의 오카자키 조각들은 길이가 1,000~2,000 뉴클레오타이드이기 때문에, 세포의 DNA가 복제될 때마다 대략 4,000개의 프라이머의 합성이 필요하다. 진핵세포에서는 오카자키 조각은 더 짧기 때문에(약 200 뉴클레오타이드 이하) 프라이밍은 훨씬 더 자주 일어나야만 한다.

복제 포크에서 발생하는 이벤트

우리는 DNA 중합효소가 무엇을 하는지 조사하고, 할 수 없는지를 조사했다. 이제 우리는 복제 포크에서 일어나는 사건들에 관심을 돌릴 수 있다. 이것들은 이중가닥의 DNA 분자의 실질적 복제를 야기하는 사건들이다. 우리는 박테리아에서 이러한 사건들을 연구하는 것으로 시작할 것이며 진핵생물 복제의 특별한 특징들을 검토할 것이다.

Box 14.3 왜 DNA 중합효소는 프라이머를 필요로 하는가?

프라이머의 필요성은 DNA 중합효소가 온전히 단일가닥의 주형에서 DNA 합성을 시작할 수 없다는 것을 의미하기 때문에 복제과정을 복잡하게 만든다. RNA 중합효소는 새로운 가닥의 첫 번째 뉴클레오타이드를 '노출된(naked)' 주형에 배치할 수 있다. 그래서 효소가 이 기능을 수행하는 데 기계적으로 불가능하지 않다. 그런데 DNA 중합효소는 왜 이 능력을 발달시키지 않는가?

한 가지 제안은 프라이머의 요구 사항이 DNA 중합효소의 3′→5′ 핵산말단가수분해효소 작용에 의한 교정기능과 관련이 있다는 것이다. 교정기능은 증가하는 DNA 가닥의 3′ 말단에 삽입된 인산염이 더 이상 연장되기 전에 제거할 수 있게 하여 복제의 정확도를 증가시킨다. 따라서 DNA 합성은 중합효소가 각각의 뉴클레오타이드를 첨가한 후에 두 개의 반응을 실행할 수 있는 중합작용을 통해 단계별로 관찰될 수 있다.

- 만일 3′ 뉴클레오타이드가 주형과 염기쌍을 이루지 않는 경우(즉, 오류가 발생한 경우), 그때 중합효소는 뉴클레오타이드를 제거하기 위하여 3′→5′ 핵산말단가수분해효소 작용을 한다.
- 만일 3′ 뉴클레오타이드가 주형과 염기쌍을 이루는 경우(즉, 정확한 뉴클레오타이드가 삽입되면), 효소는 자신의 중합효소 활성을 이용하여 다음의 뉴클레오타이드를 추가한다.

이것은 이러한 교정기능 때문에 3′ 뉴클레오타이드가 주형과 염기쌍을 만들 경우에만, DNA 중합효소가 가닥 합성을 수행할 수 있다는 것을 의미한다. 주형이 완전히 단일가닥이라면 정의에 따라 거기에는 염기쌍으로 된 3′ 뉴클레오타이드가 있지 않다. 이것은 아마도 '노출된' 주형은 DNA 중합효소에 의해 복사될 수 없는 이유일 것이다.

대장균 복제기점에서 형성된 프라이머 전구 복합체는 프리마아제가 결합함으로써 **프리모솜(primosome)**으로 변환되는데, 이것은 선도가닥용 프라이머를 즉시 합성하게 된다. DNA 중합효소 III는 프라이머를 사용해 1,000~2,000개 뉴클레오타이드까지 확장함으로써 선도가닥 복사본을 만들기 시작한다. 프리마아제는 이제 복제 포크 근처에 있는 지연가닥의 RNA 프라이머를 만들고, 두 번째 DNA 중합효소 III는 첫 번째 오카자키 조각을 합성한다. 이것은 2개의 DNA 중합효소 III가 부모가닥 DNA 분자에 붙어 있는데 하나는 선도가닥을 복사하는 것이고 다른 하나는 지연가닥을 복사하는 것을 의미한다.

이 2개의 DNA 중합효소의 조합은 프리마아제와 함께 **리플리솜(replisome)**이라는 이름으로 불린다. 이 2개의 DNA 중합효소는 아마도 동일한 방향을 향하고 있는데, 이것은 두 가닥의 가닥이 DNA 분자를 따라 이동할 때 두 가닥의 DNA 합성이 병행되기 위해 루프를 형성해야 한다는 것이다(**그림 14.15**). 리플리솜이 DNA 분자를 따라서 이동함에 따라 DNA 위상이성질화효소가 선행하며 부모 DNA를 분리하며, DnaB 나선효소는 염기쌍을 부순다. 리플리솜이 또다시 1,000~2,000 염기쌍을 만든 후, 두 번째 오카자키 조각이 프라이밍 된다. 그리고 이러한 과정은 대장균의 DNA 분자가 복제될 때까지 계속 진행된다.

우리는 마지막 도전에 직면하게 된다. 리플리솜이 지나간 후에는 인접한 오카자키 조각들은

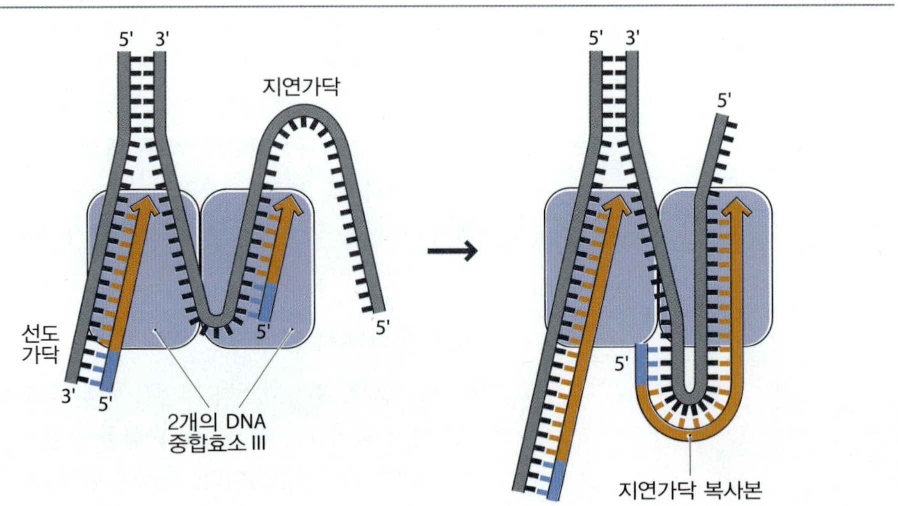

그림 14.15 선도가닥 및 지연가닥의 병렬 복제
그림에는 각각의 가닥마다 하나씩 2개의 DNA 중합효소 III가 있다. 중합효소가 지연가닥 루프(loop)에서 중합효소 복사본을 통과하는 것으로 여겨지고 있기 때문에, 2개의 중합효소가 부모의 DNA 분자를 따라 동일한 방향으로 움직이면서 동시에 병렬로 복제된다.

반드시 서로 연결되어야만 한다. 하지만 인접한 오카자키 조각의 각각의 쌍은 결합해야 할 지점에 자신의 RNA 프라이머를 아직도 지니고 있기 때문에 이것은 간단한 문제가 아니다. 프라이머는 각각의 오카자키 조각의 5′ 말단에 위치해 있으며 이는 5′→3′ 핵산말단가수분해효소 활성을 갖는 효소에 의해서 제거될 수 있다. 어떤 DNA 중합효소들은 그러한 기능을 갖고 있는데 DNA 중합효소 III는 그런 기능을 갖고 있지 않다. 따라서 DNA 중합효소 III는 DNA 사슬에 존재하는 다음번 오카자키 조각의 5′ 말단에 도달할 때까지 DNA 만드는 것을 계속한다**(그림 14.16A)**. DNA 중합효소 III는 그 후에 지연가닥으로부터 떨어져 나가고 5′→3′ 핵산말단가수분해효소 활성효소인 DNA 중합효소 I이 그 자리를 대신하게 된다. DNA 중합효소 I은 이 기능을 사용해서 방금 도달한 오카자키 조각의 프라이머를 제거하기 위해 이 기능을 사용하여, 노출된 지연가닥 영역 내로 인접한 오카자키 조각의 3′ 말단을 확장한다. 이제 2개의 오카자키 조각들은 끝 부분이 완전한 DNA로 구성되면서 합쳐진 것이 되었다. 오직 남아 있는 것은 실종된 인산디에스테르결합이 두 조각을 결합하는 **DNA 연결효소(DNA ligase)**에 의해서 회복되고 지연가닥에 존재하는 이 부분의 DNA 복제는 완성된다.

진핵세포에서, 지연가닥을 복제하는 효소는 DNA 중합효소 δ이며 DNA 중합효소 III와 마찬가지로 5′→3′ 핵산말단가수분해 활성이 없다. 불행하게도, 이 활성을 가지고 있는 진핵세포의 DNA 중합효소가 없기 때문에, 오카자키 조각상의 RNA 프라이머를 제거하는 다른 방법이 필요하다. 이 작업을 수행하는 효소는 '플랩 핵산내부가수분해효소(flap endonuclease, FEN1)'로 이것은 오카자키 조각의 RNA 프라이머에 접근하기 때문에, DNA 중합효소 δ와 연관되어 있다. 지연가닥의 프라이머를 보유하고 있는 염기쌍들은 나선효소에 의해서 파괴되며, 나선효소는 프라이머를 DNA 합성효소 δ가 인접한 오카자키 조각을 노출시킴에 따라 DNA 중합효소 δ에 의해 옆으로 밀리게 된다**(그림 14.16B)**. 그런 다음 만들어진 플랩은 FEN1에 의하여 절단된다. FEN1은 내부핵산가수분해효소로서 플랩의 염기에 존재하는 분지점에 있는 인산디에스테르결합을 절단 할

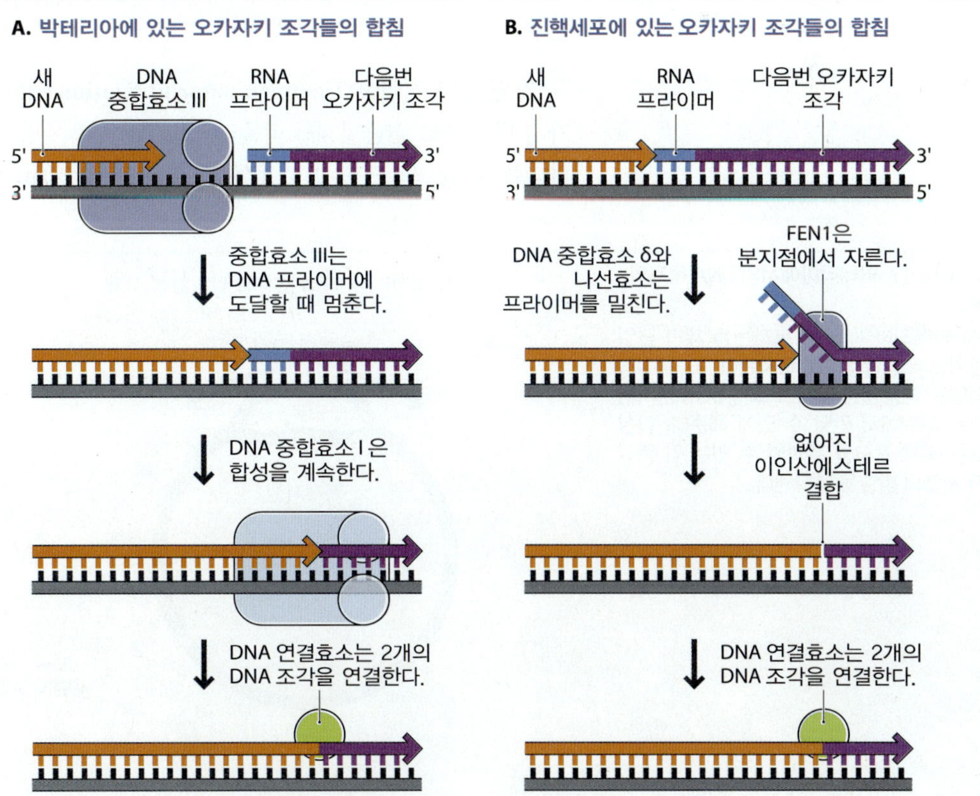

그림 14.16 (A) 박테리아와 (B) 진핵세포에 있는 오카자키 조각들의 합침

수 있다. 다시 한번, DNA 연결효소는 인접한 오카자키 조각들을 연결시킨다.

14.1.3 복제의 종료

복제는 부모 DNA 분자의 두 가닥이 완전히 복사되었을 때 끝난다. 복제과정에 관여하는 DNA 중합효소와 다른 단백질들은 분리되고 딸 DNA 분자들은 방출된다. 따라서 종료는 복잡하지 않은 사건이지만, 우리가 탐구해야 할 복제의 단계에는 두 가지 측면이 여전히 존재한다. 첫 번째는 박테리아에 의해 이용되는 우아한 메커니즘으로 이는 2개의 리플리솜이 원형 DNA 분자 주변의 적절한 장소에서 만나 서로 다른 방향으로 이동하는 것을 보장한다.

Tus 단백질은 복제 포크를 붙잡는다

박테리아에 존재하는 원형 DNA 분자는 단일 복제기점에서 양방향으로 복사된다(**그림 14.17A**). 만약 2개의 리플리솜이 동일한 속도로 DNA 분자 주위를 이동한다면, 그들은 복제기점과는 정반대의 위치에서 만나야만 한다. 하지만 하나 혹은 두 개의 리플리솜의 진행은 DNA 분자에서 일어나고 있는 다른 활동들, 예를 들면 유전자 발현과정이 시작될 때 유전자를 RNA로 복사하는 RNA 중합효소의 존재 등의 활동에 의해 방해받을 수 있다. DNA 합성은 RNA 합성 속도의 약 5배 정도로 진행된다. 그래서 리플리솜은 RNA 중합효소를 쉽게 추월할 수 있지만 이런 경우는 잘 일어나지 않는다. 대신에, RNA 중합효소가 RNA 분자를 완성하고 RNA 중합효소가 분리된 후에만, RNA 중합효소 뒤에서 리플리솜이 멈춘다고 생각한다.

만일 RNA 합성이 일어나는 여러 개의 장소에서 리플리솜이 만나기 때문에 하나의 리플리솜이 지연되는 경우, 다른 리플리솜을 사용하여 다른 복제를 수행하고 다른 리플리솜의 반대쪽에서 복제를 계속할 수 있다. 왜 이것이 바람직하지 않아야 하는지는 분명하지 않지만, 이런 경우 일어나지 않는다. 대신에, 리플리솜은 **종결자 서열(terminator sequence)**에 의해 제 기능을 못하게 되는 영역 내에 갇히게 된다. 대장균의 DNA 분자에는 이러한 종결자 서열이 10개가 있다(**그림 14.17B**).

각 종결자 서열은 **Tus(terminator utilization substance) 단백질**의 결합 부위 역할을 한다. 한 가지 방향으로 접근할 때, 리플리솜은 Tus 단백질을 우회할 수 있고 DNA를 따라 진행할 수 있다(**그림 14.18**). 또 다른 방향에서, 복제의 진행은 Tus 단백질에 의해 차단된다. 대장균 DNA분자

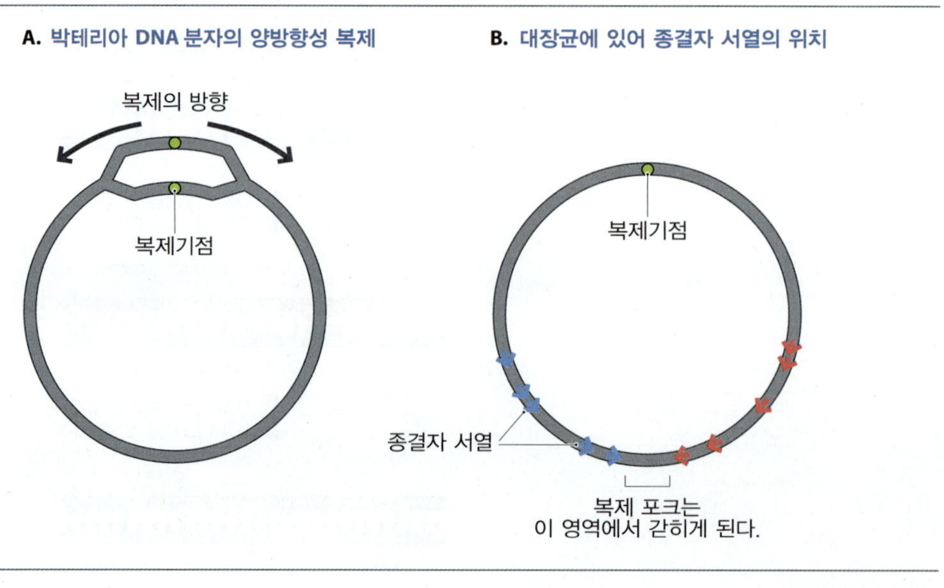

그림 14.17 박테리아에서의 DNA 복제의 종료
(A) 박테리아의 DNA 분자는 복제의 단일 출처에서 양방향으로 복사된다. (B) 종결자 서열은 양방향성 복제 포크가 DNA 분자의 작은 부위에서 만날 수 있게 해준다. 화살표는 복제 포크를 통과할 수 있는 각 종결자 서열의 방향을 나타낸다.

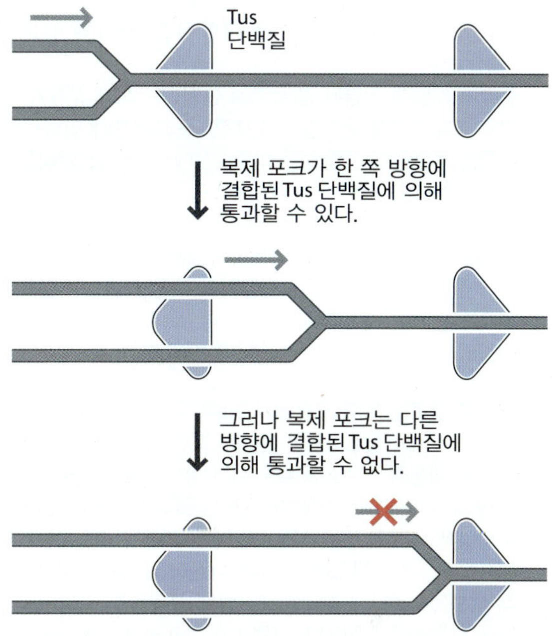

그림 14.18 Tus 단백질의 역할
종결자 서열에 부착된 Tus 단백질은 복제 포크가 한 방향에서 접근할 때 통과시켜 주지만, 다른 방향에서 접근할 때는 통과할 수 없게 해 준다.

에 있는 결합된 Tus 단백질의 방향들은 2개의 리플리솜이 상대적으로 짧은 영역 내에 갇히게 하는 것이다. 따라서 이러한 영역 내에서는 복제 종료가 항상 발생한다.

오카자키 조각들은 선형 DNA 분자의 끝부분에서 문제를 일으킨다

우리가 고려할 복제의 두 번째 단계는 진핵세포가 복제될 때마다 그들의 선형 DNA 분자들이 길이가 짧아지지 않도록 하는 방법이다. 최종의 오카자키 조각은 프라이밍될 수 없기 때문에 지연가닥의 극단적인 3′ 말단이 복사되지 않을 경우 DNA의 단축이 일어난다(**그림 14.19**). 인간 염색체의 지연가닥이 복제되는 동안에 이 오카자키 조각의 프라이머는 200 bp 떨어져서 합성된다. 만일

그림 14.19 선형 DNA 분자의 말단을 복제하는 동안 발생하는 문제
부모의 DNA 분자는 정상적인 방법으로 복제되지만, 마지막 오카자키 조각이 만들어지지 않았기 때문에 지연가닥 복사는 불완전하다. 결과적으로 생긴 딸 DNA 분자는 3′의 돌출부를 가지게 되며, 복제되었을 때는 원래의 부모 DNA 분자보다 손녀 DNA 분자는 더 짧아지게 된다.

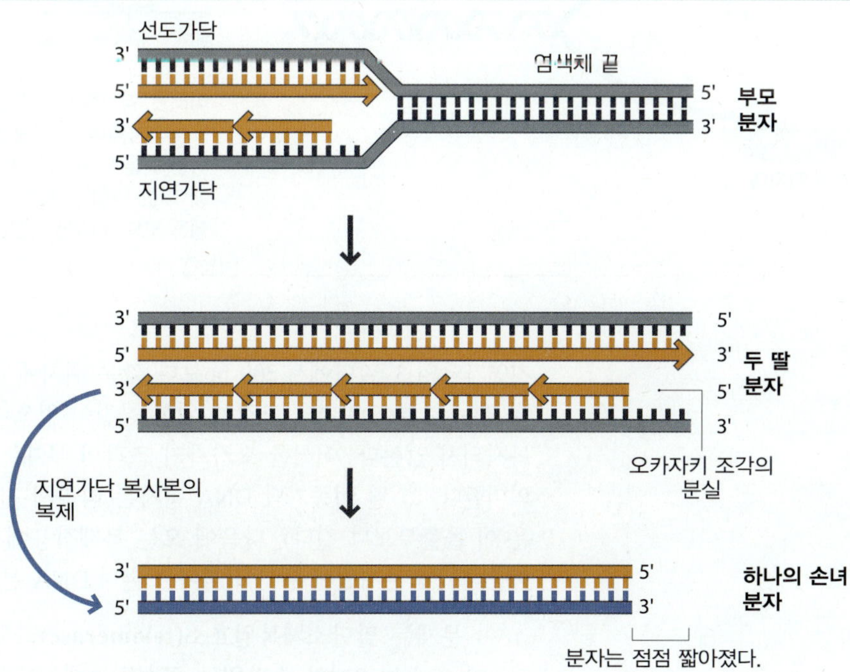

연구 요약

Box 14.4 Tus 단백질과 리플리솜 사이의 상호작용

종결자 서열에 연결된 경우, Tus 단백질은 복제 포크가 한 방향으로 이동할 경우 복제 포크를 통과할 수 있지만, 포크가 반대 방향으로 접근할 경우 진행 상황을 차단한다. 방향성은 이중나선에 대한 Tus 단백질의 방향으로 설정되지만, 단백질은 어떻게 리플리솜의 진행을 방해하는 것일까? 한 가지 가설은 Tus 단백질이 DnaB 나선효소와 상호작용하며, 이 DnaB 나선효소는 리플리솜 앞에서 먼저 염기쌍을 파괴하기 때문에 따라서 DNA 분자를 따라 움직이는 리플리솜의 진행과정을 직접적으로 책임진다. 이 모델에 따르면, DnaB 나선효소는 '허용' 방향에서 접근할 때 Tus 단백질을 우회할 수 있지만, 그것이 허용되지 않는 방향에서 접근할 때 방해가 된다.

최근의 연구는 복제 포크에서 Tus와 DnaB 나선효소 혹은 리플리솜의 다른 단백질 사이의 상호작용이 아니라 복제 포크에서 Tus와 폴리뉴클레오타이드 사이의 핵심적 상호작용임을 지지하는 다른 가능성을 뒷받침했다. 개별 복제 포크의 진행률은 리플리솜 단백질들이 부재하는 실험 시스템을 통하여 연구되었다. 이러한 단백질들이 없다면, 복제 포크는 DNA 이중나선을 따라 자연스럽게 움직이지 않을 것이다. 대신에 폴리뉴클레오타이드의 한쪽 끝에 자석 비드(bead)가 부착되고, 두 번째 폴리뉴클레오타이드의 끝은 고체 지지대에 부착하여 고정된다. 그런 다음 2개의 폴리뉴클레오타이드는 **자석 핀셋(magnetic tweezer)**으로 자석 비드를 조작함으로써 분리한다.

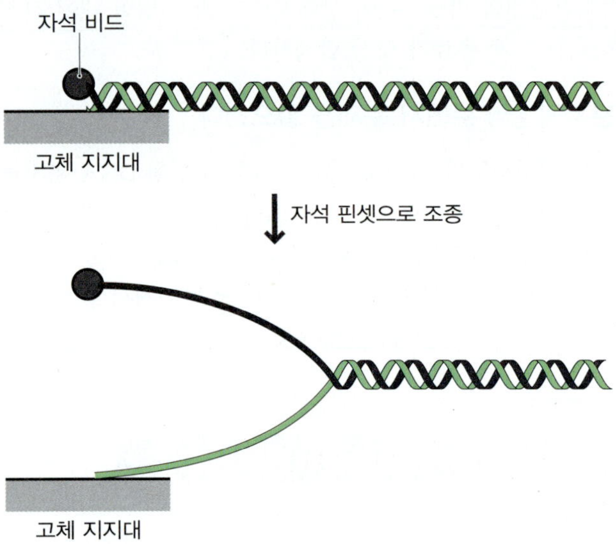

이 장치는 자기장과 자기장이 서로 다른 방식으로 움직일 수 있는 방식으로 움직일 수 있는 자석 세트를 구성할 수 있는 장치 세트로 구성되어 있다. 자석을 견고한 지지대로부터 멀리로 이동시킴으로써, DNA 나선은 열리게 되고 두 개의 폴리뉴클레오타이드를 더 멀리 떨어뜨려 나선을 따라 이동할 수 있는 포크를 만들어 낸다.

만약 DNA 분자가 이러한 Tus 단백질이 결합되어 있는 종결자 서열을 포함하는 방법으로 조작된다면 어떻게 될까? 종결자 서열의 방향이 허용 가능한 방향에서 이 Tus 단백질에 접근하는 경우, 포크의 움직임이 방해를 받지 않는다. 반면에 포크가 비허용적인 방향에서 접근할 때, 그것의 진행은 Tus 단백질에 의해 방해받는다.

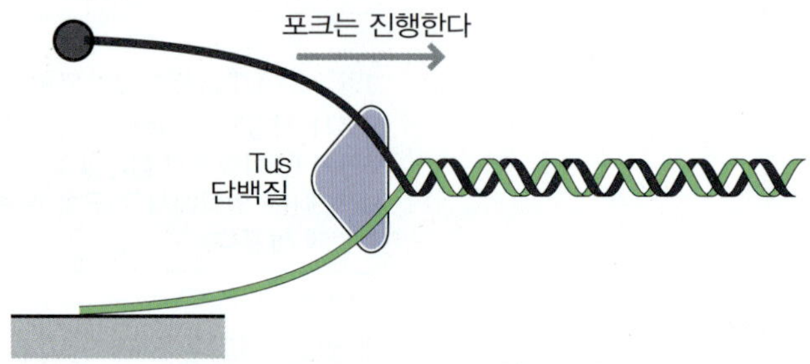

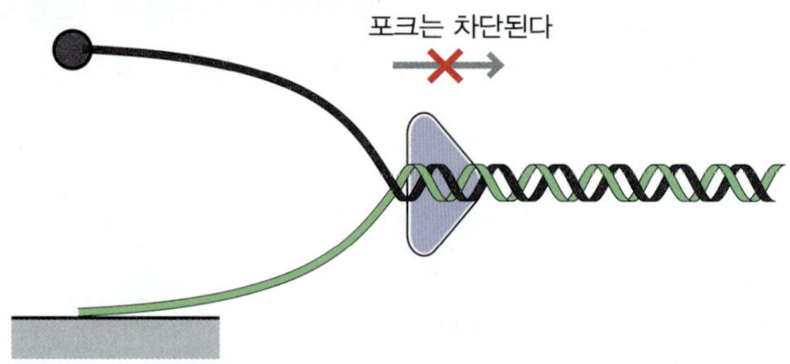

이러한 혁신적인 실험들은 Tus와 복제되는 DNA 사이의 상호작용은 적어도 Tus의 능력이 복제 포크의 진행을 차단하는 역할을 부분적으로나마 담당한다는 것을 암시한다. 이 결과는 Tus와 DnaB 사이의 단백질-단백질 상호작용에 대한 역할을 배제하지 않는다. 그러나 그들은 그러한 상호작용이 Tus의 행동 모드에 대한 완전한 설명이 되지는 않을 것이라는 것을 보여준다.

지연가닥의 3′ 말단에서 200 bp보다 짧은 위치에서 오카자키 조각이 시작된다면, 그때는 다음 옆에 있는 다른 오카자키 조각을 위한 공간이 없으며, 아래쪽으로 처진 지연가닥의 상당한 부분이 복사되지 않는다. 이러한 오카자키 조각의 부재는 지연가닥 복사물이 그것보다 더 짧다는 것을 의미한다. 그 딸 이중가닥 DNA 분자는 따라서 길이가 짧은 돌출부를 갖게 될 것이다(다른 가닥은 이 돌출부보다 길다). 다음에 오는 복제작용에서 짧은 가닥이 복사될 때, 이것은 원래의 부모 이중나선에 존재했던 부분이 결여된 손녀 DNA 분자를 만들게 될 것이다.

이 문제는 **말단소체복원효소(telomerase)**라고 불리는 특이한 효소의 작용에 의해 해결된다. 이 효소는 2개의 소단위로 구성되는데 그 중 하나는 RNA로 만들어졌기 때문에 특이하

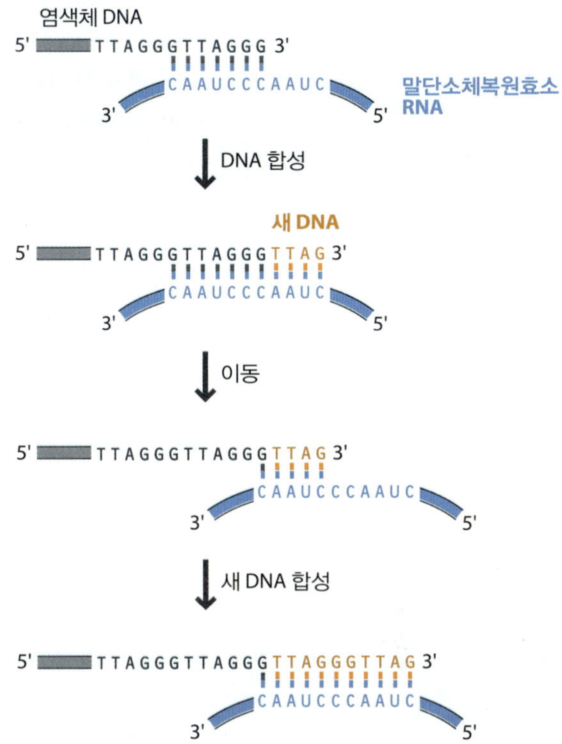

그림 14.20 말단소체복원효소에 의한 인간 염색체의 말단 확장
인간 염색체 DNA 분자의 3' 말단이 보인다. 이 염기서열은 5'–TTAGGG–3'의 반복 염기서열로 구성된다. 말단소체복원효소 RNA 염기쌍은 짧은 거리를 확장하는 DNA 분자의 끝단에 도달한다. 말단소체복원효소 RNA는 새로운 위치로 이동하고 DNA 분자는 몇 개의 뉴클레오타이드만큼 확장된다.

연구 요약

Box 14.5 말단소체복원효소와 암

건강한 성인의 경우, 말단소체복원효소는 **줄기세포(stem cell)**에서만 활성화된다. 이것들은 계속해서 지속적으로 평생 동안 분열되는 전구세포이다. 이들은 생명체의 수명을 유지하기 위해서 생물체의 장기와 조직을 보수하는 새로운 세포들을 만들어 낸다. 다른 세포의 경우, DNA 복제와 세포분열의 연속적인 주기(cycle)는 각각의 DNA 분자의 말단을 점진적으로 단축시킨다. 결국, 이 단축은 너무 심각해서 세포가 **노화(senescent)**되며, 남아 있는 부분이 없어지면서 추가적인 분열을 일으킬 수 없게 된다.

노화는 세포의 혈통이 깨지거나 재배열된 염색체와 같은 결점을 축적하는 것을 방해하는 보호 메커니즘으로 간주되는 것으로 여겨진다. 궁극적으로, 이러한 결함들은 세포들로 하여금 비정상적인 기능을 하게 만들 수 있다. 노화 과정은 위험 지점에 도달하기 전에 혈통이 종료되는 것을 보장함으로써 이를 방지한다.

암세포의 전형적인 특징은 세포가 노화되지 않고 지속적으로 분열한다는 점이다. 여러 종류의 암이 있을 때, 노화의 부재는 말단소체복원효소의 활성화와 연관이 있다. 암을 연구하는 과학자들은 그러므로 말단소체복원효소가 암을 퇴치하기 위해 고안한 약물의 표적이 될 수 있을지 궁금해 한다. 이 아이디어는 말단소체복원효소의 불활성화가 암세포의 노화를 유발하고 그들의 증식을 막을 수 있다는 것이다. 이러한 가능성을 시험하기 위해, 말단소체복원효소의 단백질 성분은 그들이 마주치는 말단소체복원효소를 결합하고 불활성화시키는 항체를 포함하는 백신을 준비하기 위해서 사용되었다. 임상실험 결과에 따르면 이러한 항말단소체복원효소 백신은 환자의 혈류로 순환하는 암세포의 수를 줄일 수 있어 암의 다른 부위로 전이될 가능성이 줄어든다. 다음번 질문은 이러한 백신들이 종양의 성장과 같은 또 다른 암 진행에 있어서 억제 효과를 가질 수 있는지 여부이다.

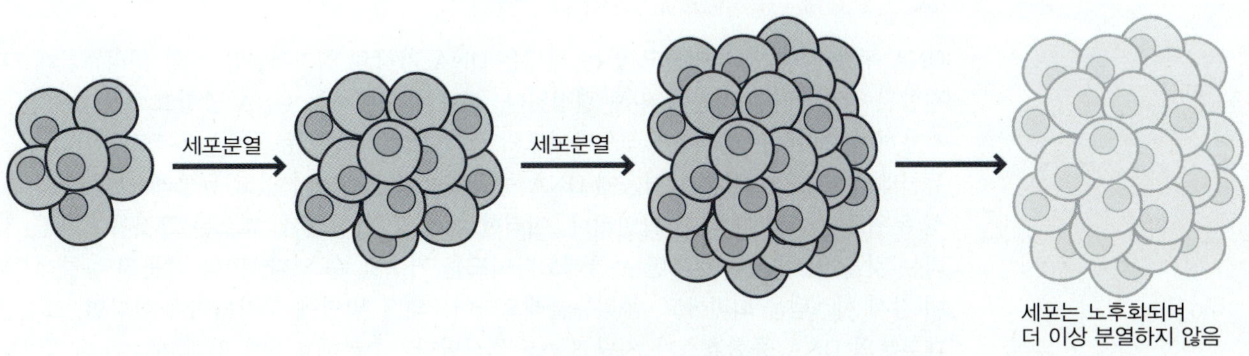

다. 인간에서 이 효소의 RNA 성분은 길이가 450개의 뉴클레오타이드이고, 5′ 말단 근처에 5′–CUAACCCUAAC–3′이라는 염기서열이 포함되어 있다. 이 염기서열의 중심 부분은 인간 염색체 DNA 분자의 각각의 끝에서 여러 차례 반복되는 DNA 염기서열인 5′–TTAGGG–3′과 상보적이다. 말단소체복원효소의 기능은 복제시 오카자키 조각이 누락된 것으로 인해 발생하는 DNA의 단축을 교정하는 것이다. 말단소체복원효소의 RNA는 딸 DNA 분자의 3′ 돌출부와 결합되어 있고, 이 효소는 몇 개의 뉴클레오타이드를 몇 개의 뉴클레오타이드로 돌출부를 확장할 수 있는 주형으로 작용한다(**그림 14.20**). 이 효소는 DNA를 따라서 RNA를 약간 더 먼 새로운 장소로 옮길 수 있고, 또 다른 짧은 크기의 DNA를 추가할 수도 있다. 이 과정은 최종 오카자키 조각이 합성될 수 있을 만큼 충분히 길게 만들어질 때까지 반복된다.

14.2 DNA 수선

유전자 발현 경로 동안에, 유전자의 뉴클레오타이드 순서는 RNA 분자에 처음으로 복사되고, 이 RNA의 염기서열은 단백질 내의 아미노산 배열을 지정한다(그림 14.1 참조). 우리는 이 과정의 세부사항들을 살펴보고, **유전암호(genetic code)**가 다음의 두 장에서 뉴클레오타이드 서열을 아미노산 서열로 변환하는 방법을 살펴볼 것이다. 그러나 DNA 분자가 정확히 복제되는 것이 얼마나 중요한지를 이해하기 위해서는 유전자 발현의 모든 세부 사항을 이해할 필요는 없다. 복제과정에서 딸 폴리뉴클레오타이드 중 하나의 염기에 변화가 생기면 단백질의 아미노산 서열이 바뀔 수 있다. 이러한 변화는 **돌연변이(mutation)**라고 불리며, 그것은 단백질의 활동을 변화시킬 수도 있고, 어쩌면 완전한 기능 상실까지도 일으킬 수 있다. 그 결과는 아마도 세포에 치명적일 수 있다.

유사한 문제가 발생한 경우, 하나 이상의 뉴클레오타이드의 구조를 변경하는 화학물질 또는 물리적 대체물질에 대한 노출로 인해 유전자의 뉴클레오타이드 염기서열이 변경된다. 이러한 물질들은 **돌연변이원(mutagen)**이라고 불리며, 몇몇은 환경에, 인공적인, 혹은 자연 그대로 존재하는 다양한 화학물질을 포함하고 있고, 햇빛 속에 존재하는 자외선(UV)을 비롯한 많은 종류의 방사선을 포함한다. 이온화 방사선과 같은 이러한 돌연변이원에 의해서 더 손상될수록 DNA 분자는 복제되는 것이 방해받거나 DNA 분자를 둘 이상의 조각들로 쪼갤 수 있는 화학적 변화가 발생한다.

DNA 복제나 돌연변이원의 작용으로 인한 실수의 바람직하지 않은 결과를 피하기 위해, 모든 생물체는 DNA 분자에서 일어나는 복제오류와 화학적 변화의 대부분을 수정하는 **DNA 수선(DNA repair)** 메커니즘을 가지고 있다. 이러한 수선 메커니즘은 이 장의 나머지 부분에 대한 주제이다.

14.2.1 DNA 복제오류 수정

DNA 복제 중에, 만들어지고 있는 새로운 DNA 가닥의 염기서열은 주형 폴리뉴클레오타이드와 결합된 상보적인 염기쌍에 의해 결정된다. 복제를 수행하는 DNA 중합효소는 다양한 접근법을 사용하여 증가하는 폴리뉴클레오타이드의 각 위치에 정확한 뉴클레오타이드가 삽입되도록 한다. 뉴클레오타이드의 정체는 처음에 DNA 중합효소에 결합되어 있고 뉴클레오타이드가 효소의 활성 부위로 옮겨질 때 다시 확인된다. 이러한 단계 중 하나에서, 효소는 그것이 올바른 것이 아니라는 것을 인식할 수 있다면 뉴클레오타이드를 거부할 수 있다. 만약 잘못된 뉴클레오타이드가 이 감시 시스템을 회피하고, 폴리뉴클레오타이드의 3′ 말단에 부착되어야 한다면, 그것은 여전히 대부분의 DNA 중합효소가 지닌 3′→5′ 핵산말단가수분해효소에 의해 제공된 교정기능에 의해 제거될 수 있다(그림 14.11 참조). 이러한 예방 조치에도 불구하고 몇 가지 오류가 발생한다. 그

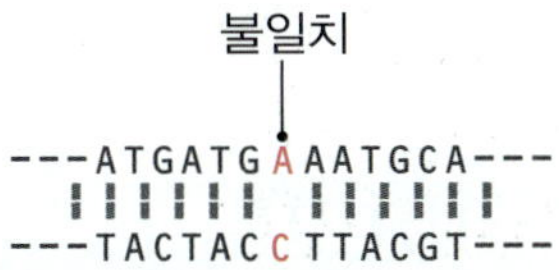

그림 14.21 **이중가닥 DNA 분자에 있는 불일치(mismatch)의 위치**

렇다고 하더라도 대부분의 세포에는 리플리솜이 이동한 후에 이러한 복제오류를 감지하고 수정할 수 있는 수선 시스템이 있기 때문에 전혀 희망이 없는 것은 아니다.

복제오류를 수정하려면, 부모가닥과 딸가닥은 구별되어야 한다

복제오류는 인접한 뉴클레오타이드가 상보적이지 않을 때 염기쌍이 없는 위치인 딸 DNA 분자에서 **불일치(mismatch)**를 유도한다(**그림 14.21**). 이러한 오류를 수정하기 위해 딸가닥의 뉴클레오타이드(복제 중에 합성된 새로운 폴리뉴클레오타이드)를 제거하고 정확한 뉴클레오타이드로 교체해야 한다. 이것은 부모 폴리뉴클레오타이드와 딸 폴리뉴클레오타이드가 구별되어야 한다는 것을 의미한다. 하지만 한 개의 DNA 가닥이 다른 가닥과 매우 똑같아 보이는데, 어떻게 그 딸 폴리뉴클레오타이드가 알아볼 수 있을까?

해답은 박테리아에서 DNA 분자의 뉴클레오타이드의 일부는 메틸기의 부착에 의해서 수식된다는 것이다. 대장균에는 이 메틸기를 DNA에 추가하는 2개의 효소가 존재한다(**그림 14.22**):

- **DNA 아데닌메틸화효소(DNA adenine methylase, Dam)**는 5′-GATC-3′ 염기서열에 있는 아데

그림 14.22 **메틸화효소 (A) Dam과 (B) Dcm에 의해 촉매되는 반응**

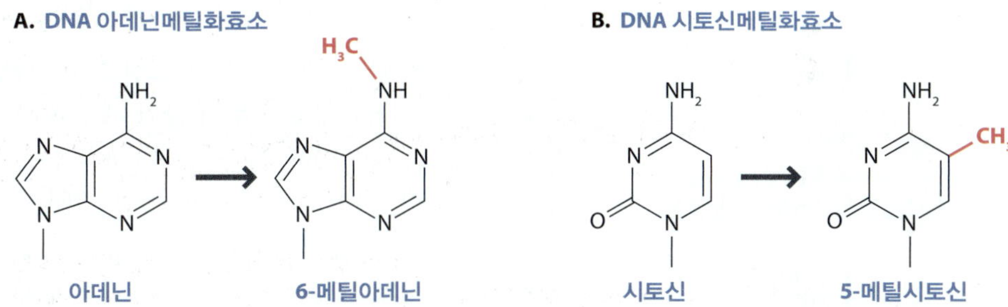

Box 14.6 염기 토토머리즘은 복제 오류를 발생시킬 수 있다

DNA 복제는 많은 DNA 중합효소가 가지고 있는 교정기능 때문에 부분적으로 매우 정확한 과정이다. 단, DNA 중합효소가 염기쌍 규칙을 올바르게 적용하는 경우에도 오류가 발생할 수 있다. 그 이유는 **토토머리즘(tautomerism)** 때문인데 토토머리즘은 각각의 뉴클레오타이드가 약간 다른 방식으로 결합되는 대안적인 이성질체 구조를 취하는 것으로 각 뉴클레오타이드 염기의 성질이다. 예를 들어, 티민은 케토(*keto*)와 엔올(*enol*) 형태라고 불리는 2개의 토토머를 가지고 있는데, 이것은 3번 질소와 4번 탄소 주위에 있는 원자의 위치에 따라 달라진다.

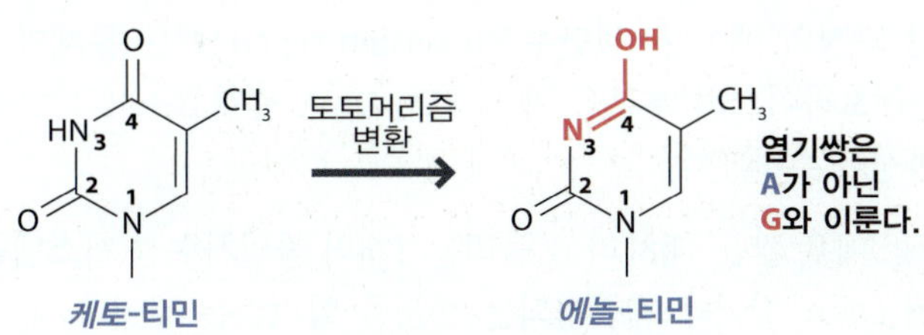

티민의 2개 토토머(케토형과 엔놀형)는 서로 상호전환할 수 있다. 이들의 균형은 케토 형태로 매우 편향되어 있지만, 주형 DNA에서 때때로 티민의 엔올 형태는 복제 포크가 지나가는 정확한 시간에 나타난다. 이것은 문제를 일으킨다. 왜냐하면 엔올형 티민은 아데닌보다는 구아닌과 염기쌍을 하기 때문이다. 따라서 딸 폴리뉴클레오타이드는 A가 되어야 하는 위치에 G가 존재하는 복제 오류를 가지게 된다. 동일한 문제점이 아데닌에서 발생하는데, 즉 매우 드물게 아데닌의 이미노(imino) 토토머는 시토신과 염기쌍을 형성하며, 엔올형의 구아닌은 티민과 염기쌍을 형성한다.

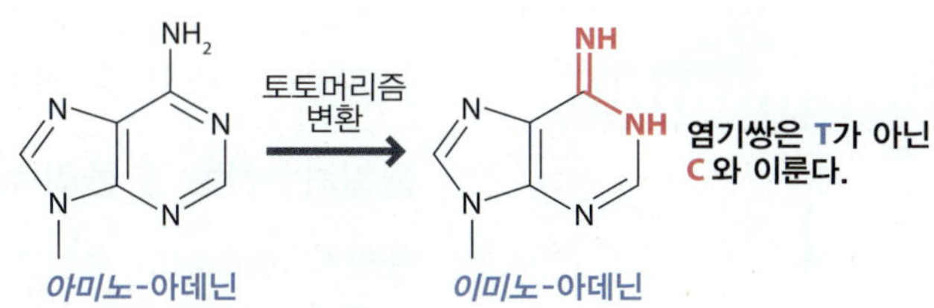

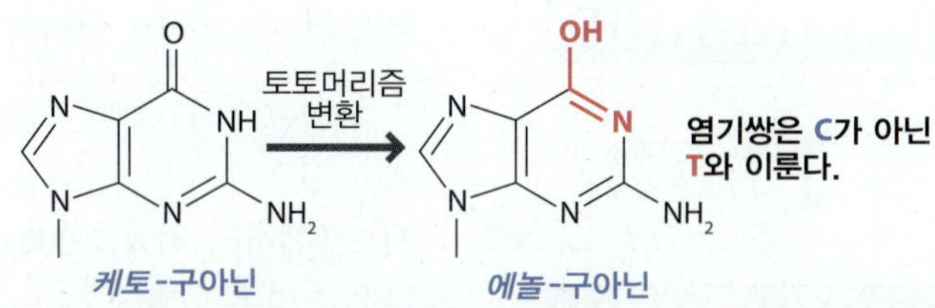

시토신 또한 아미노와 이미노 토토머를 가지고 있지만, 시토신 토토머리즘은 구아닌과 염기쌍을 하는 두 형태가 있기 때문에 복제오류가 발생하지 않는다.

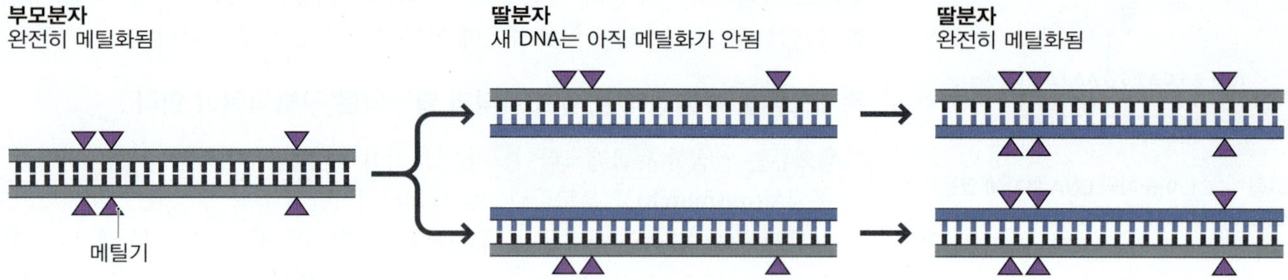

그림 14.23 복제 중에 박테리아 DNA의 메틸화 작용
새롭게 합성된 DNA의 메틸화는 복제 직후에 일어나지 않으며, 일치하지 않는 회복 단백질이 딸가닥을 인식하고 정확한 복제오류를 인지할 수 있는 기회를 제공한다.

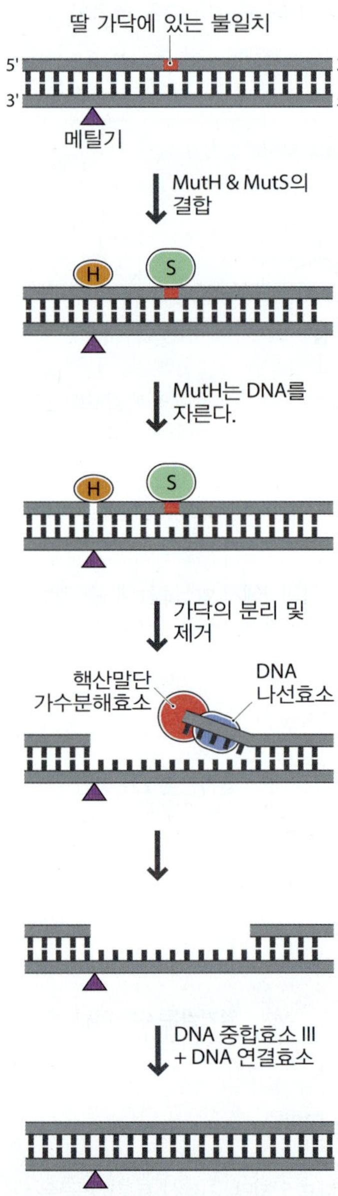

그림 14.24 대장균에 있어서 긴 패치의 불일치 수선

닌을 6-메틸아데닌으로 변환한다.

- **DNA 시토신메틸화효소(DNA cytosine methylase, Dcm)**는 5′−CCAGG−3′와 5′−CCTGG−3′에 있는 시토신을 5-메틸시토신으로 변환한다.

아데닌에서 6-메틸아데닌 또는 시토신에서 5-메틸시토신으로의 변환은 이러한 변화가 뉴클레오타이드의 염기쌍에 영향을 주지 않기 때문에 돌연변이를 유발하지 않는다. 한 가닥에 있는 6-메틸아데닌은 다른 가닥에 있는 티민과 여전히 쌍을 이루고, 5-메틸시토신은 여전히 구아닌과 염기쌍을 형성한다. 그러나 추가된 메틸기는 새로이 복제된 이중나선에 있는 부모가닥을 위한 표지(marker)로써 작용한다. 이것은 바로 합성 직후에 딸 가닥에 메틸화가 생략되어 있기 때문에, 리플리솜이 지나간 후에야 비로소 메틸기가 붙게 된다. 이것은 수선효소가 부모가닥과 딸가닥을 구별할 수 있게 하면서 불일치된 DNA를 검사할 수 있는 짧은 기회를 제공한다. 왜냐하면 전자(부모가닥)는 메틸화되어 있고 후자(딸가닥)는 아니기 때문이다(**그림 14.23**).

진핵생물에서 메틸화는 불일치수선을 하는 것과 동일한 방식으로 사용될지도 모른다. 하지만 이것은 확실하지 않다. 문제는 효모균과 초파리와 같은 일부 진핵생물에서는 DNA가 광범위하게 메틸화되지 않고, 표지되는 빈도(frequency)가 너무 낮아 DNA 분자의 모든 부분에서 부모 폴리뉴클레오타이드와 딸 폴리뉴클레오타이드를 구별하기 어렵다. 이러한 생물체에서 수선효소는 리플리솜과 매우 밀접하게 연관되어 있으므로 수선은 DNA 합성과 결합되어 일어나며 수선효소는 자동적으로 딸 폴리뉴클레오타이드에게만 작용한다.

불일치수선은 딸 폴리뉴클레오타이드의 잘못된 부분의 절단에 관여한다

불일치(mismatch) 수선은 절단수선 과정의 예이다. **절단수선(excision repair)**에는 문제가 되는 뉴클레오타이드가 함유된 폴리뉴클레오타이드의 부분을 제거하고, DNA 중합효소에 의한 올바른 뉴클레오타이드 염기서열의 재합성이 수반된다.

대장균은 '긴 패치', '짧은 패치' 및 '매우 짧은 패치'라고 불리는 3개의 불일치수선 시스템을 가지고 있으며, 이러한 이름은 절단될 DNA 길이와 재합성되는 부분을 알려주는 것이다. 긴 패치 시스템에서는 최대 2,000개의 뉴클레오타이드가 절단되고 재합성된다. 이 과정의 핵심요소들은 다음과 같은 역할을 하는 두 개의 Mut 단백질이다(**그림 14.24**):

- **MutS**는 불일치 위치에 대해 인식하고 결합한다.
- **MutH**는 메틸화되지 않은 5′−GATC−3′ 염기서열에 결합함으로써 딸 폴리뉴클레오타이드를 구분한다. 그런 다음 이 염기서열 내의 구아닌 뉴클레오타이드 옆에 있는 인산디에스테르결합

의 하나를 절단한다.

일단 절단이 이루어지면, DNA 나선효소 II는 부모가닥에 비교해서 딸 폴리뉴클레오타이드의 일부를 실수(error)를 포함한 염기쌍을 깨기 시작한다. 핵산말단가수분해효소는 나선효소 뒤에 있으므로, 가닥이 분리되면서 그것은 자유말단(free end)에서 뉴클레오타이드를 분해한다.

절단의 결과는 딸가닥에 틈새를 초래한다. 이 틈새는 DNA 중합효소 III에 의해 채워지고, 부모가닥과 염기쌍을 하는 염기를 사용하며 정확한 딸가닥 염기서열이 합성된다. 그 틈새가 채워진 후에 DNA 연결효소에 의해 최종적으로 인산디에스테르결합이 이루어진다.

14.2.2 손상된 뉴클레오타이드의 수선

화학물질에 대한 반응이나 물리적 돌연변이원에 대한 노출로 인해 손상된 뉴클레오타이드는 절단과정에 의해 수선될 수 있다. 여기에는 단 하나의 손상된 뉴클레오타이드 염기를 제거하고 교체하는 메커니즘과 더 길게 손상된 DNA를 제거하는 메커니즘이 포함된다.

염기절단은 각각 손상된 뉴클레오타이드를 수선하는 데 사용된다

염기절단(base excision)은, 예를 들어 탈아미노화나 알킬화에 의해 상대적으로 경미한 손상을 입은 뉴클레오타이드를 수선하는 데 사용된다. 환경에 존재하는 오염물질은 질소산화물로 생성되고 환기되지 않는 밀폐된 공간에서 축적될 수 있는 아산화질소를 포함한다. 아질산은 아데닌을 하이포잔틴, 시토신을 우라실로 그리고 구아닌을 잔틴으로 탈아미노화시킨다(**그림 14.25**). 티민은 아미노기가 없으므로 탈아미노화할 수 없다. 하이포잔틴 및 우라실은 손상된 뉴클레오타이드의 염기쌍 성질의 변화를 야기하며, 잔틴은 리플리솜의 경로를 방해하고 복제를 차단한다. 알킬화물질(alkylating agent)은 메틸 할라이드 화합물을 함유하고 있는데, 그 중 일부는 살충제로 사용되었다. 비록 뉴클레오타이드의 몇몇 위치에 메틸기를 첨가하는 것은 무해하지만, 다른 종류의 메틸화 분자들은 DNA 분자의 두 가닥 사이를 교차시키고 리플리솜의 진행을 막을 수 있다.

염기절단 과정은 DNA의 손상된 염기와 뉴클레오타이드의 당 성분 사이의 β-*N*-글리코시드

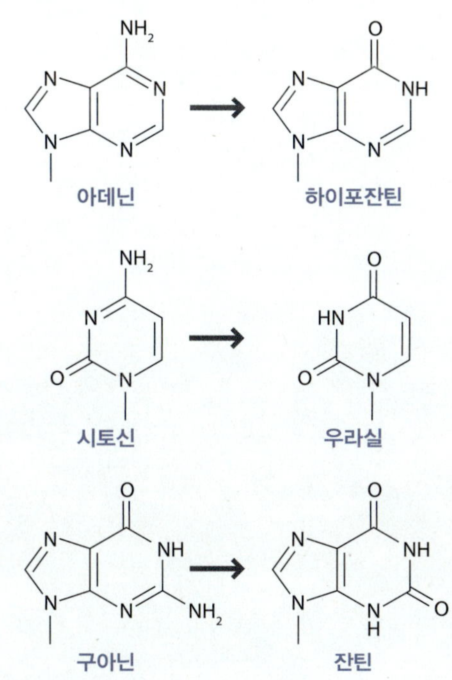

그림 14.25 아데닌, 시토신, 구아닌의 탈아미노기 산물

결합을 관장하는 **DNA 글리코실화효소(DNA glycosylase)**에 의해 개시된다(그림 14.26A). 다양한 종류의 DNA 글리코실화효소가 존재하는데, 세포내 각각 한정된 특수성을 지닌 글리코실화효소는 이 방법으로 수리할 수 있는 손상된 뉴클레오타이드의 범위를 결정한다. 대부분의 생물체들은 우라실, 하이포잔틴, 5-하이드록시시토신, 티민 글리콜과 같은 산화물(탈아미노 염기)과 그리고 3-메틸아데닌, 7-메틸구아닌 및 2-메틸시토신(메틸화 염기) 등을 처리할 수 있다.

분해효소는 산화 또는 가수분해 이외의 과정에 의해 화학결합을 깨뜨리는 효소이다(**7.1.3절** 참조).

DNA 글리코실화효소에 의해 손상된 염기제거는 **AP(apurinic, apyrimidinic)** 또는 **무염기 부위(baseless site)**를 만든다. 그런 다음, 리보오스(ribose)를 제거하여 AP 지역은 단일 뉴클레오타이드 틈새(gap)로 변환된다(그림 14.26B). 대부분의 경우, 이것은 **AP 핵산내부가수분해효소(AP endonuclease)**에 의해 이루어진다. 이 효소는 AP 지역의 5′ 쪽에 있는 인산디에스테르결합을 잘라낸다. AP 핵산내부가수분해효소는 리보오스를 잘라내면서 3′ 쪽에 있는 인산디에스테르결합을 절단할 수도 있다. 또는 이 단계는 또 다른 **포스포디에스테르분해효소(phosphodiesterase)**에 의해 수행될지도 모른다. 진핵세포에서는 DNA 중합효소 β가 가진 분해효소(lyase) 활성에 의해 수행된다.

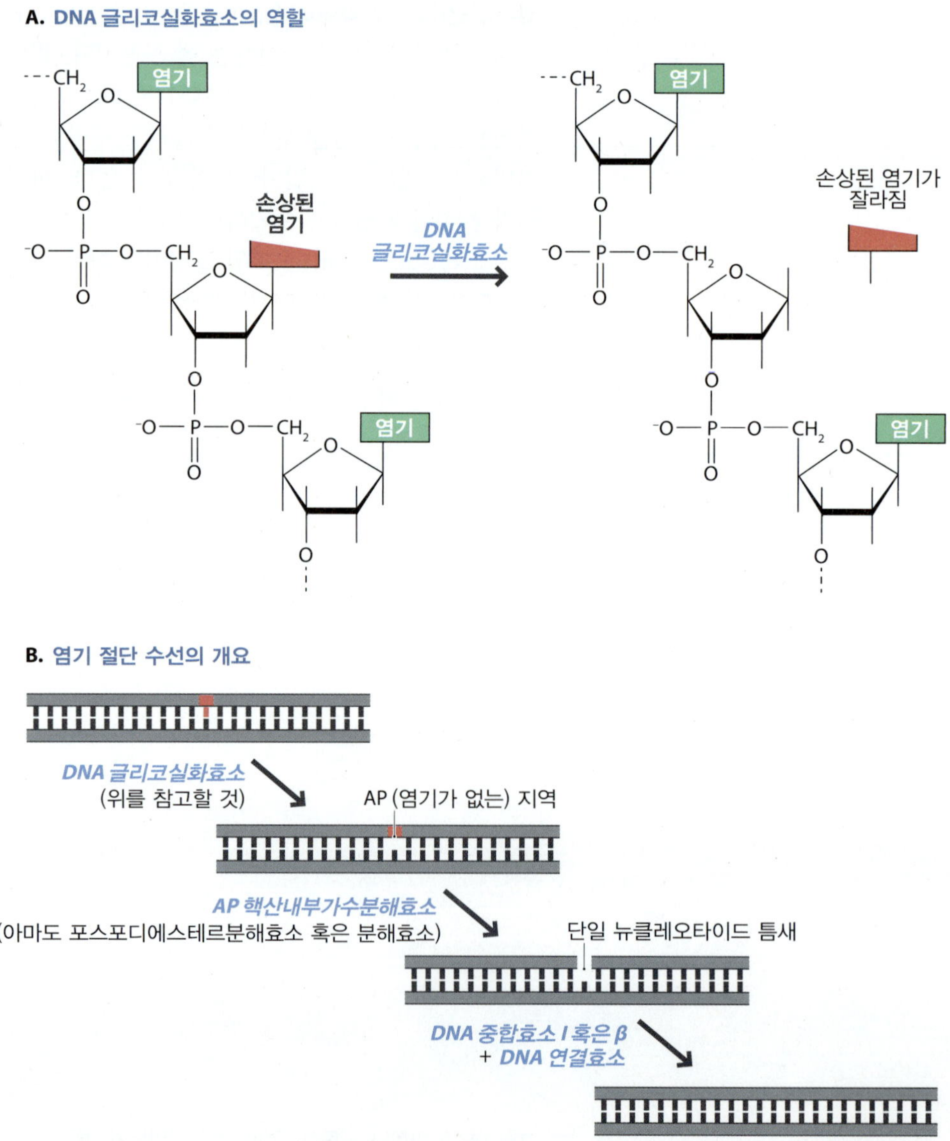

그림 14.26 염기의 절단수선
(A) DNA 글리코실화효소의 역할. (B) 염기 절단 수선 경로의 개요.

Box 14.7 시클로뷰틸 이량체의 광회복

자외선에 의해 초래되는 시클로뷰틸 이량체는 **광회복(photo-reactivation)**이라 불리는 빛-의존적인 시스템에 의해 직접적으로 수리할 수도 있다. 대장균에 있어서, 이 과정은 **DNA 광분해효소(DNA photolyase)**라고 불리는 효소가 관여한다. 이 효소는 시클로뷰틸 이량체와 결합하며 붙어 있으며, 300~500 nm 사이의 파장을 가진 빛의 자극을 받으면 300~500 nm 사이의 파장을 가진 빛을 발하며, 이량체를 원래의 뉴클레오타이드로 바꾼다. 거기에는 두 가지 유형이 있다. 한 가지 유형은 엽산을 보조인자로 가지며, 다른 유형은 플라빈 화합물을 함유하고 있다. 두 유형의 보조인자는 FADH를 $FADH_2$로 환원하는 데 사용되는 광에너지를 포집한다. 그런 다음 전자는 $FADH_2$에서 시클로뷰틸 이량체로 이송되어 후자가 다시 한 쌍의 티민으로 되돌아가게 한다.

광회복 반응은 광범위하지만 보편적인 수선 방법은 아니다. 그것은 많은 박테리아와 몇몇 진핵생물(척추동물)에 알려져 있지만, 사람이나 다른 태반류 포유동물에는 없다. 비슷한 유형의 광화학 반응은 **(6-4) 광생성물 광분해효소(photoproduct photolyase)**가 관여하고 (6-4) 병변의 수선 결과를 초래한다. 대장균과 인간은 이 효소를 가지고 있지 않다. 그러나 이 효소는 다양한 생명체에 존재한다.

또는 일부 DNA 글리코실화효소는 AP 부위의 3′ 쪽에 있음에도 불구하고 직접 상처를 내어 핵산내부가수분해효소의 필요성을 상쇄시킨다. 또 다시 당은 포스포디에스테르분해효소 또는 DNA 중합효소 β에 의해 제거된다. 그 후에, 단일 뉴클레오타이드 갭은 박테리아에 있는 DNA 중합효소 I과 진핵생물의 DNA 중합효소 β에 의해 채워진다. 마지막 인산디에스테르결합은 DNA 연결효소에 의해 추가된다.

더 광범위한 종류의 손상은 뉴클레오타이드 절제에 의해 수선된다

뉴클레오타이드 절제(nucleotide excision)는 자외선 복사에 노출 결과 만들어지는 **광산물(photoproduct)**을 포함하는 더 극단적인 형태의 DNA 손상을 위한 1차적인 수선 시스템이다. 가장 흔한 유형의 광산물은 **시클로뷰틸 이량체(cyclobutyl dimer)**인데, 이것은 인접한 피리미딘 염

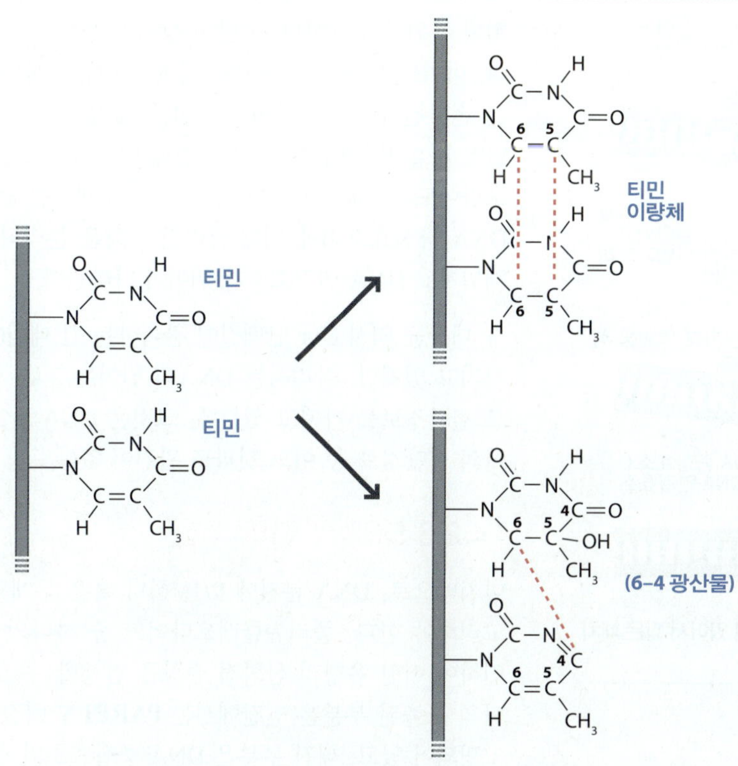

그림 14.27 DNA에 자외선을 노출하면 생성되는 광산물
2개의 인접한 티민 염기를 포함하는 폴리뉴클레오타이드의 부분이 보인다. 티민 이량체는 2개의 UV 유도 공유결합 고리를 포함하고 있으며, 6번 탄소 위치에 연결하고 다른 하나는 5번 탄소 위치를 연결한다. (6–4) 병변은 인접한 뉴클레오타이드의 4번 탄소와 6번 탄소 사이의 공유결합을 형성한다.

Box 14.8 DNA 수선의 결함은 수많은 중요한 인간 질병의 원인이 된다

DNA 수선은 염색체 DNA 분자의 무결성을 유지하는 데 필수적인 역할을 한다. 따라서 수많은 심각한 인간 질병이 하나 이상의 수선과정에서 결함으로 인해 발생하는 것은 놀랄 일이 아니다. 한 가지 예는 뉴클레오타이드 절제에 관련된 여러 가지 단백질에 영향을 주는 돌연변이에 의해 유발되는 돌연변이에 의해 유발되는 색소성 피부병이다. 이 질병의 증상 중 하나는 UV 방사선에 대한 과민증인데, 뉴클레오타이드 절제만이 인간세포에서 시클로뷰틸 이량체와 (6-4) 병변과 같은 UV-유도 손상을 치유할 수 있기 때문이다. 이는 색소성 피부병을 앓고 있는 환자들이 종종 피부암을 유발한다는 것을 의미한다.

선천적 유방암과 난소암은 DNA 수선의 붕괴로 인한 두 번째 질환이다. DNA 수선의 실패로 인하여 이러한 종류의 암은 두 개의 단백질, 즉 BRCA1과 BRCA2와 연관되어 있는데, 이 두 가지는 DNA 분자의 균열을 수선하는 데 관여하고 있다. 또한 BRCA 1은 불일치수선 과정에서도 역할을 수행한다.

DNA 수선의 결함과 관련된 기타 질병은 다음과 같다:

- 불일치수선 과정의 오작동에 기인하는 유전성 비용종증 대장암(HNPCC). HNPCC는 대장암, 자궁 내막암, 그리고 다양한 종류의 암의 발병 위험과 관련된 증상이다.
- 모세혈관 확장성 운동실조증. 모세혈관 확장성 운동실조증은 DNA 분자의 손상 부위가 나타나는 과정에서 발생한다. 모세혈관 확장성 운동실조증의 증상은 전리 방사선에 대한 민감성을 포함한다.
- 블룸 증후군과 베르너 증후군. DNA 나선효소 가계의 구성원들의 불활성화에 의해서 일어난다. 비혈관 증후군의 원인이 될 수도 있는 유전자 변형 가족 구성원들의 서로 다른 멤버들의 불활성화에 의해 야기되는 블룸 증후군과 베르너 증후군.
- 척추소뇌실조증. 단일가닥 깨짐을 수선하는 데 이용되는 경로의 결함으로 인해 생긴다.

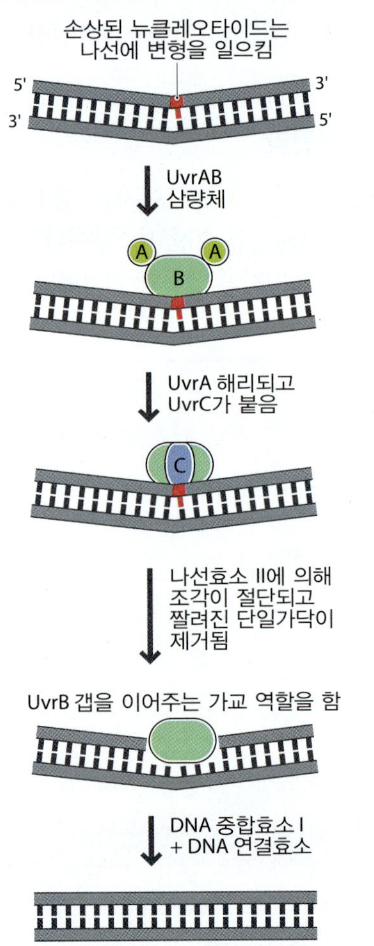

그림 14.28 대장균에 있어서 짧은 패치 뉴클레오타이드 절제

기의 이량화(dimerization)로 인한 것이다(그림 14.27A). 또 다른 종류의 UV-유도 광산물은 인접한 피리미딘 염기의 4번 탄소와 6번 탄소가 공유결합하게 되는 **(6-4) 병변(lesion)**이다(그림 14.27B).

뉴클레오타이드 절제 수선(nucleotide excision repair)은 특수 효소에 의해 손상된 DNA의 손상 부분을 인지하고, 폴리뉴클레오타이드 중 한 부분을 제거하고 재합성한다는 많은 점에서 DNA의 불일치수선과 비슷하다. 예를 들어, 대장균의 **짧은 패치(short patch)** 처리과정이 있는데 이는 폴리뉴클레오타이드가 존재하고 뒤이어 존재하는 '패치된' 부분이 상대적으로 12개의 뉴클레오타이드의 길이로 짧기 때문이다. 짧은 패치 수선은 손상된 DNA 부위에 2개의 UvrA 단백질과 하나의 UvrB 단백질이 삼량체를 이루면서 일어난다(그림 14.28). Uvr 단백질들은 개개의 형태의 손상을 구별하는 것으로 여겨지지 않지만, 2개의 염기가 이량체를 형성하면, 이중나선이 변형된 부위를 검색한다. 일단 손상이 발생하면, UvrA 단백질은 해리되고 UvrBC 이량체를 형성한다. 아마도 UvrC는 UvrB와 함께 폴리뉴클레오타이드의 손상된 부위를 절단한다. 첫 번째 절단은 손상된 뉴클레오타이드의 한 쪽에 있는 5번째 인산디에스테르결합에서 일어나며, 두 번째 절단은 다른 방향에 존재하는 8번째 인산디에스테르결합에서 일어난다. 결과적으로 12개의 뉴클레오타이드가 절단된다. 이 시점에서, 이 과정은 불일치수선(mismatch repair)과 매우 유사하다. 즉 DNA 나선효소 II에 의해 짤려진 조각은 분리되며, 만들어진 갭(gap)은 DNA 중합효소 I에 의해 채워지고 DNA 연결효소가 뒤이어 나타난다.

대장균 역시 Uvr 단백질이 관여하는 **긴 패치(long patch)** 뉴클레오타이드 절제 수선 시스템을 가지고 있지만, 잘려지는 DNA의 길이는 2 kb 이내이다. 진핵생물은 단지 하나의 뉴클레오타이드 절단경로를 가지고 있는데, 그것은 DNA의 24~29개의 뉴클레오타이드를 대체하지만 박테리아의 절단경로 중 어느 것과도 관련이 없다.

14.2.3 DNA 깨짐의 수선

마지막으로, DNA 분자에 있는 하나 혹은 두개의 폴리뉴클레오타이드가 깨지면 어떻게 되는지를 고려해야 한다. 폴리뉴클레오타이드 중 하나의 끊어진 틈으로 인해 발생하는 일부 파열은 이로 인하여 어떤 유형의 산화적 손상을 발생할 수 있다. 하지만 수리는 간단하다: 손상되지 않은 가닥의 노출된 부분은 인간에서는 **PARP1** 단백질이라고 불리는 보호적인 단일가닥 결합 단백질로 코팅되어 있고, 깨진 부분은 DNA 중합효소와 연결효소에 의해 채워진다(그림 14.29).

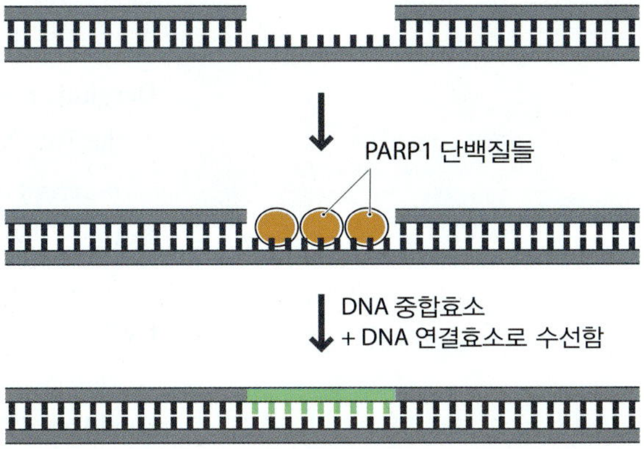

그림 14.29 **인간 DNA에 있어 단일가닥 절제의 수선**

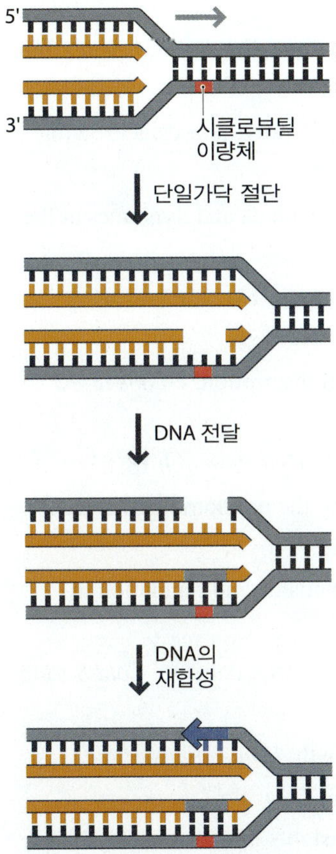

그림 14.30 **단일가닥 절제의 복제후 수선**
복제 중인 DNA에 시클로뷰틸 이량체의 존재에 의해서 깨짐을 야기한다.

이중가닥의 깨짐(break)은 이온화 방사선과 몇몇 화학적 돌연변이원에 노출되면서 일어나는데 파손은 DNA 복제 중에 발생할 수 있다. 이중가닥 깨짐은 단일가닥 절단보다 더 심각하다. 왜냐하면 그 깨짐을 DNA 분자를 2개의 분리된 조각으로 바꾸기 때문이다. 또한 이중가닥의 깨짐을 수선하기 위해서 2개의 개별 조각을 다시 결합시켜야 하기 때문이다. 이중가닥 절단을 수선하기 위한 한 가지 방법은 **비상동성 말단결합(nonhomologous end-joining, NHEJ)**에 의한 것이다. 이것은 'Ku'라고 불리는 한 쌍의 단백질을 포함하고 있는데, 이것은 DNA 끝에 연결되어 있는 것으로, 양쪽 끝을 결합시킨다. 각각의 개별적인 Ku 단백질은 서로에게 친화성을 가지고 있는데, 이것은 DNA 분자의 두 쪽 끝이 서로 근접하게 만나고 있고 DNA 연결효소에 의해서 함께 결합될 수 있다는 것을 의미한다.

또한 DNA 분자의 손상된 부분이 수선시스템을 회피하고 리플리솜을 만나게 될 경우에도 깨짐이 발생할 수 있다. 한 예로, 리플리솜은 시클로뷰틸 이량체를 포함하는 DNA 조각을 복사하려고 시도하는 경우가 있다. 시클로뷰틸 이량체를 만날 때, 부모가닥은 복사할 수 없고 DNA 중합효소는 복제과정을 다시 시작하는 가장 가까운 손상되지 않은 영역으로 점프한다. 그 결과 단일가닥 절단이 새로 합성된 폴리뉴클레오타이드 중 하나에 나타난다(그림 14.30). 이 절단된 부분은 중합효소에 의해서 채워질 수 없는데, 부모가닥이 여전히 손상되어 복사할 수 없기 때문이다. 대신에, 두 번째 딸가닥의 이중나선에 존재하는 DNA의 동등한 조각에서 그것을 동등한 DNA로 교체함으로써 메울 수 있다. 두 번째 나선에 있는 틈은 이 나선 안에 있는 손상되지 않은 딸 폴리뉴클레오타이드를 주형으로 사용하여 DNA 중합효소에 의해 보충된다. 이것은 전형적인 **복제후 수선(post-replicative repair)**과정의 일종이며, DNA 조각을 하나의 폴리뉴클레오타이드에서 다른 하나로 옮기는 것은 **재조합(recombination)**의 하나의 예이다.

참고문헌

Berghuis BA, Dulin D, Xu Z–Q, *et al.* (2015) Strand separation establishes a sustained lock at the Tus–*Ter* replication fork barrier. *Nature Chemical Biology* **11**, 579–85. ***Using molecular tweezers to study the interaction between Tus and the replisome.***

Burgers PMJ (2009) Polymerase dynamics at the eukaryotic DNA replication fork. *Journal of Biological Chemistry* **284**, 4041–5.

Cech TR (2004) Beginning to understand the end of the chromosome. *Cell* **116**, 273–9. ***Reviews all aspects of telomerase.***

David SS, O'Shea VL and Kundu S (2007) Base-excision repair of oxidative DNA damage. *Nature* **447**, 941–50.

Drake JW, Glickman BW and Ripley LS (1983) Updating the theory of mutation. *American Scientist* **71**, 621–30. ***A general review of mutation.***

Hearst JE (1995) The structure of photolyase: using photon energy for DNA repair. *Science* **268**, 1858–9.

Hübscher U, Nasheuer H-P and Syväoja JE (2000) Eukaryotic DNA polymerases: a growing family. *Trends in Biochemical Science* **25**, 143–7.

Johnson A and O'Donnell M (2005) Cellular DNA replicases: components and dynamics at the replication fork. *Annual Review of Biochemistry* **74**, 283–315.

Kornberg A (1960) Biologic synthesis of deoxyribonucleic acid. *Science* **131**, 1503–8. ***A description of DNA polymerase I.***

Lehmann AR (1995) Nucleotide excision repair and the link with transcription. *Trends in Biochemical Science* **20**, 402–5.

Li G-M (2008) Mechanisms and functions of DNA mismatch repair. *Cell Research* **18**, 85–98.

Lieber MR (2010) The mechanism of double-strand break repair by the nonhomologous DNA end-joining pathway. *Annual Review of Biochemistry* **79**, 181–211.

Mott ML and Berger JM (2007) DNA replication initiation: mechanisms and regulation in bacteria. *Nature Reviews Microbiology* **5**, 343–54.

O'Driscoll M (2012) Diseases associated with defective responses to DNA damage. *Cold Spring Harbor Perspectives in Biology* **4**, 411–35.

Okazaki T and Okazaki R (1969) Mechanisms of DNA chain growth. *Proceedings of the National Academy of Sciences USA* **64**, 1242–8. ***The discovery of Okazaki fragments.***

Pomerantz RT and O'Donnell M (2007) Replisome mechanics: insights into a twin polymerase machine. *Trends in Microbiology* **15**, 156–64.

Ruiz-Masó J, Machón C, Bordanaba-Ruiseco L, Espinosa M, Coll M and Del Solar G (2015) Plasmid rolling-circle replication. *Microbiology Spectrum* **3**(1):PLAS-0035-2014.

Shay JW and Wright WE (2006) Telomerase therapeutics for cancer: challenges and new directions. *Nature Reviews Drug Discovery* **5**, 577–84. ***Methods for inhibiting telomerase in order to treat cancer.***

Wang JC (2002) Cellular roles of DNA topoisomerases: a molecular perspective. *Nature Reviews Molecular Cell Biology* **3**, 430–40.

자가 평가 문제

객관식 문제

각 문제에 대한 정답은 한 개이며, 정답은 웹사이트 www.scionpublishing.com/biochemistry에서 찾을 수 있음.

1. 대장균의 복제기원은 대략 어느 정도의 폭을 갖는가?
(a) 25 bp
(b) 75 bp
(c) 150 bp
(d) 245 bp

2. 대장균의 복제기원에 따라 배럴 구조물을 형성하는 단백질은?
(a) DnaA
(b) DnaB
(c) SSBs
(d) Helicase

3. 대장균의 프라이머 전구 복합체는 초기에 어떤 단백질로 이루어져 있는가?
(a) DnaA 및 DnaB
(b) DnaB 및 DnaC
(c) DnaB 및 SSBs
(d) DnaC 및 SSBs

4. 나선효소의 기능은?
(a) 이중나선을 완화하기 위해
(b) 2개의 단일가닥이 염기쌍을 형성하는 것을 방지하기 위해
(c) 염기쌍을 분해하기
(d) DNA 합성을 프라이밍하기 위해

5. 인간의 DNA는 대략 얼마나 많은 복제기점을 가지고 있는가?
(a) 200
(b) 2,000
(c) 20,000
(d) 200,000

6. 다음 중 회전 원 복제와 관련하여 옳지 않은 것은?
(a) 인간의 미토콘드리아 유전체를 복제하기 위해 사용되는 프로세스이다.
(b) 상위 폴리뉴클레오타이드 중 하나에서 시작한다.
(c) 일련의 동일한 분자가 꼬리에 연결된 일련의 동일한 분자를 발생시킨다.
(d) 다양한 종류의 바이러스에 의해 사용된다.

7. DNA 위상이성질화효소의 기능은 무엇인가?
(a) 이중나선을 완화하기 위해
(b) 2개의 단일가닥이 염기쌍을 형성하는 것을 방지하기 위해
(c) 염기쌍의 분해
(d) DNA 합성을 프라이밍하기 위해

8. 대장균의 DNA 복제과정에서 대부분의 주형-의존성 폴리뉴클레오타이드 합성을 책임지는 효소는?
(a) DNA 중합효소 I
(b) DNA 중합효소 II
(c) DNA 중합효소 III
(d) DNA 중합효소 IV

9. DNA 중합효소의 교정기능은 어떤 활동을 사용하는가?
(a) 3'→5' 핵산말단가수분해효소
(b) 5'→3' 핵산말단가수분해효소
(c) 3'→5' 중합효소
(d) 5'→3' 중합효소

10. 다음 중 진핵세포 DNA 중합효소에 관하여 옳지 않은 것은?
(a) 주된 복제효소는 DNA 중합효소 δ와 DNA 중합효소 ε이다.
(b) DNA 중합효소 α는 DNA합성을 위한 프라이머를 합성한다.
(c) DNA 중합효소 γ는 미토콘드리아 DNA를 복제한다.
(d) DNA 중합효소 β는 지연가닥을 복제한다.

11. 대장균에서 DNA 복제를 위한 프라이머를 합성하는 효소는 무엇이라고 불리는가?
(a) DNA 중합효소 I
(b) DNA 중합효소 III
(c) 프리마아제
(d) RNase

12. 대장균에서 오카자키 조각은 얼마나 길까?
(a) 200개 이하의 뉴클레오타이드
(b) 200~300개 뉴클레오타이드
(c) 500~1,000개 뉴클레오타이드
(d) 1,000~2,000개 뉴클레오타이드

13. 인간에 있어서 오카자키 조각은 얼마나 길까?
(a) 200개 이하의 뉴클레오타이드
(b) 200~300개 뉴클레오타이드
(c) 500~1,000개 뉴클레오타이드
(d) 1,000~2,000개 뉴클레오타이드

14. 대장균의 오카자키 조각을 제거하는 효소는 무엇이라고 불리는가?
(a) DNA 중합효소 I
(b) DNA 중합효소 II
(c) DNA 중합효소 III
(d) DNA 연결효소

15. 다음 중 대장균에 대한 복제의 종료와 관련하여 옳지 않은 것은?
(a) 10개의 종결자 서열이 있다.
(b) 각각의 종결자 서열은 Tus 단백질의 결합 부위이다.
(c) Tus 단백질은 RNA 소단위를 포함한다.
(d) 한 방향으로 접근할 때, 리플리솜은 Tus 단백질을 우회할 수 있다.

16. 다음 중 말단소체복원효소의 특징이 아닌 것은?
(a) 2개의 서브 유닛이 있다.
(b) 550개의 뉴클레오타이드를 포함하는 RNA 소단위를 포함한다.
(c) 인간의 경우, 그것은 반복된 5′-TTAGGG-3′의 서열을 합성한다.
(d) 항암제의 가능한 대상으로 간주된다.

17. 어떤 종류의 DNA 수식이 불일치수선 과정에서 딸가닥을 인식할 수 있게 하는가?
(a) 아세틸화
(b) 메틸화
(c) 인산화
(d) 탈아미노화

18. 대장균에 있어서 어떤 수선과정에 MutS와 MutH가 관여하는가?
(a) 염기절단 수선
(b) 불일치 수선
(c) 뉴클레오타이드 절제 수선
(d) 이중가닥 깨짐의 수선

19. 아데닌의 탈아미노화는 무엇을 초래하는가?
(a) 잔틴
(b) 우라실
(c) 티민
(d) 하이포잔틴

20. 염기절단 수선에서 손상된 염기와 뉴클레오타이드의 당(리보오스) 사이의 β-*N*-글리코시드 결합을 잘라내는 효소는 무엇이라고 하는가?
(a) DNA 글리코실화효소
(b) DNA 글리코실화효소
(c) AP 핵산내부가수분해효소
(d) 인산디에스테르분해효소

21. 다음 중 광산물의 유형이 아닌 것은 무엇인가?
(a) DNA 광분해효소
(b) 티민 이량체
(c) 시클로뷰틸 이량체
(d) (6-4) 병변

22. 대장균의 UvrA와 UvrB은 어떤 종류의 수선과정이 포함되어 있는가?
(a) 염기절단 수선
(b) 불일치 수선
(c) 뉴클레오타이드 절제 수선
(d) 이중가닥 절단의 수선

23. 사람에 있어서 수선을 하기 전에 단일가닥으로 된 지역을 보호하는 단백질은?
(a) Ku 단백질
(b) NHEJ 단백질
(c) Mut 단백질
(d) PARP1 단백질

24. 재조합이 관여하는 단일가닥 절단을 위한 수선과정은?
(a) 복제후 수선
(b) 복제 수선
(c) 비상동 말단결합
(d) 부위 특이적 재조합

단답식 문제

아래 문제는 추가 자료 없이 답이 가능함.

1. 왜 왓슨과 크릭이 이중나선 구조가 DNA 복제의 모드를 명확하게 했다고 믿는 이유를 설명하시오.
2. 대장균, 효모균, 인간의 복제기점의 역할을 구별해 보시오.
3. DNA 복제에 있어서 DNA 위상이성질화효소의 역할은 무엇인가? 위상이성질화효소 I형과 II형의 동작 모드는 어떻게 다른가?
4. 왜 DNA 분자의 지연가닥들은 지역(section) 안에서 복제되어야 하는가? 그리고 대장균이나 인간세포에 있어서 이 지역들은 어떻게 결합되는가?
5. 대장균과 인간에게 있어서 프라이밍 문제는 어떻게 해결되는지 설명하시오.
6. 분자가 복제될 때마다 선형 DNA 분자의 말단이 점차적으로 짧아지는 이유를 설명하시오.
7. 모든 생물체가 DNA 수선과정을 필요로 하는 이유를 설명하시오.
8. 복제오류가 수정되는 방법을 설명하고, 이 수선과정이 어떻게 딸가닥에서만 수선되는지 설명하시오.
9. 염기와 뉴클레오타이드 절제에 있어서 수선경로를 구별해 보시오.
10. DNA 분자에서 단일가닥 절단을 수선하는 두 가지 경로를 설명하시오.

주관식 문제

아래 문제는 계산, 추가 자료, 인터넷 조사 등을 필요로 함.

1. DNA 복제는 각각의 딸 분자가 원래 분자와 하나의 합성된 가닥에서 파생된 폴리뉴클레오타이드를 포함하고 있기 때문에 반보존적인 것으로 묘사된다. 두 개의 다른 가능한 복제 모드는 하나의 딸 분자를 포함하고 있고, 다른 하나의 딸 분자가 새로 합성된 폴리뉴클레오타이드를 포함하고 있고, 각각의 딸 분자는 일부는 이미 합성 폴리뉴클레오타이드이며 일부는 새로 합성된 폴리뉴클레오타이드이다. 살아 있는 세포의 DNA 복제가 보존적인 복제과정이라기 보다 오히려 반보존적인 복제과정을 따른다는 것을 입증하는 실험을 고안해 보시오.
2. DNA 위상이성질화효소가 존재하지 않는다면 살아 있는 세포에 존재하는 DNA 분자를 복제하는 것이 가능할까?
3. 새로운 폴리뉴클레오타이드 합성을 시작하기 위해 왜 모든 DNA 중합효소가 프라이머를 필요로 하는 이유를 설명하기 위한 가설을 수립해 보시오. 당신의 가설을 시험해 볼 수 있는가?
4. 일부 진핵생물에서는 불일치 수선은 두 가닥의 메틸화 패턴이 없었음에도 불구하고 이중나선의 딸가닥을 인식할 수 있다. 메틸화가 없는 상태에서 딸가닥이 인식될 수 있는 메커니즘을 제안해 보시오. 당신은 당신의 가설을 어떻게 테스트할 것인가?
5. 왜 DNA 수선의 결함은 종종 암으로 이어지는가?

제 15 장

RNA 합성

학습목표

이 장을 공부한 후:

- 다양한 유형의 RNA와 세포 내에서의 역할을 설명할 수 있다.
- 전사 개시에 있어서 프로모터 염기서열의 역할을 이해한다.
- 박테리아와 진핵생물의 프로모터 사이의 차이점을 알 수 있다.
- 대장균에 있어서 전사가 어떻게 시작되는지 설명할 수 있다.
- 진핵생물에서 전사를 시작하는 동안 전사인자와 기타 관련 단백질의 역할을 설명할 수 있다.
- 대장균에서 RNA 중합효소에 의해 RNA가 어떻게 합성되는지 알 수 있다.
- 진핵세포에서 RNA 합성 중 전사 신장인자들의 역할을 이해한다.
- 진핵생물에 존재하는 캡(cap)의 구조와 작용을 알 수 있다.
- 대장균의 전사 종결에 있어서 줄기-고리 구조의 역할에 대한 이해를 할 수 있다.
- 대장균에 있어서 로(Rho)-의존성 전사 종결과 본질적 전사 종결의 차이를 설명할 수 있다.
- 진핵세포 mRNA 전사 종결시 폴리아데닐화의 역할을 이해한다.
- 어떻게 rRNA와 tRNA가 잘라지고 다듬어지는지를 설명할 수 있다.
- 불연속적 유전자의 주요 특징들과 GU–AG 인트론의 이어맞추기 경로를 설명할 수 있다.
- 자가촉매성 그룹 I 인트론이 어떻게 이어맞추기가 되는지 알 수 있다.
- 박테리아와 진핵생물에서 rRNA와 tRNA가 어떻게 화학적으로 변형되는지 설명할 수 있다.

다음 두 장에서는 DNA 분자의 뉴클레오타이드 염기서열이 RNA와 단백질 분자의 합성을 유도하는 방법에 대해 배워 나갈 것이다. 우리가 유전자 발현이라고 부르는 이 과정은 전통적으로 두 단계로 나누어져 있다(그림 14.1 참조). RNA 분자를 합성하는 첫 번째 단계는 **전사(transcription)**라고 불린다. 전사는 복사되는 유전자의 DNA 염기서열에 따른 염기쌍 법칙에 의해서 결정되는 RNA 분자의 뉴클레오타이드 서열이다. 몇몇 유전자들에게 RNA 전사체(transcript)는 유전자 발현의 최종 산물이다. 다른 경우, 전사체는 **번역(translation)**이라고 불리는 유전자 발현의 두 번째 단계를 지시하는 메시지이다. 번역하는 동안, 이 RNA 분자(**전령 RNA** 또는 **mRNA**라고 불리는)는 mRNA의 뉴클레오타이드 순서에 의해 결정되는 아미노산 서열을 갖는 단백질의 합성을 지시한다.

이 장에서 우리는 RNA 합성을 초래하는 유전자 발현의 첫 번째 단계를 살펴보게 될 것이다.

15.1 DNA에서 RNA로의 전사

DNA 복제와 마찬가지로, 그 과정은 논리적인 방식으로 가장 쉽게 처리할 수 있으며, 그 과정을 세 단계로 나눈다.

- **전사 개시** – 유전자의 시작부위에서 전사용 기구가 조립된다.
- **RNA 합성** – 전사체가 만들어진다.
- **전사 종료** – 전사과정을 완료하며 RNA 전사체를 방출한다.

전사에 있어서 우리는 또한 RNA 분자가 만들어진 후에 무슨 일이 일어나는지를 고려해야만 한다. 왜냐하면 전사에 있어서 많은 RNA 분자들은 세포 내에서 그들의 기능을 수행할 수 있기 전에 가공(processing) 이벤트를 겪기 때문이다. 이러한 이벤트에는 일부 조각의 제거 및 추가되는 화학물질 그룹의 부착이 포함된다. 우리는 이런 것들을 공부하기 전에, 전사에 의해 만들어진 다양한 종류의 RNA 분자를 구별해야 한다.

15.1.1 암호화 RNA와 비암호화 RNA

나중에 단백질로 번역된 mRNA는 **암호화 RNA(coding RNA)**라고 불리며, 전사되는 유전자는 **단백질-암호화 유전자(protein-coding gene)**라고 불린다. 따라서 우리는 mRNA를 가장 중요한 RNA의 형태로 볼 수 있지만, 실제로는 mRNA는 세포내 RNA의 극히 일부분에 불과하다. 대개는 전체 RNA 중 4% 이하일 뿐이다. 나머지는 **비암호화 RNA(noncoding RNA)**로 이루어져 있다. 이러한 RNA는 단백질로 번역되지 않지만, 여전히 중요한 역할을 한다.

이 책의 후반부에서 비암호화 RNA의 기능을 공부하게 될 것이다: rRNA(**16.2.1절**), tRNA(**16.1.2절**), snRNA(**15.2.2절**), snoRNA(**15.2.3절**) miRNA(**17.2.1절**)를 보라.

가장 흔한 비암호화 RNA는 **리보솜 RNA(ribosomal RNA)** 또는 **rRNA**이다. 인간에게는 오직 4개의 다른 rRNA 분자만이 존재하는데 각각은 수많은 복사본이 있으며, 그들은 활발하게 분열하는 세포에서 전체 RNA의 80% 이상을 차지한다. 리보솜 RNA는 **리보솜(ribosome)**의 구성요소로서 단백질 합성이 일어나는 구조물이다. 두 번째로 풍부한 비암호화 RNA는 tRNA라고 부르는 **운반 RNA(transfer RNA, tRNA)**이다. 이 tRNA들은 또한 단백질 합성에 관여하는 작은 분자들인데, 아미노산을 리보솜에 전달하고 이것들이 함께 지정된 순서대로 서로 연결되도록 하는 것이다. 즉 번역되는 mRNA의 염기서열에 의해서 그 순서가 지정된다. 대부분의 생물체들은 30~50개의 서로 다른 tRNA를 가지고 있다.

리보솜 RNA와 운반 RNA는 모든 생물체에 존재하는데 다른 종류의 비암호화 RNA는 오직 진핵생물에만 존재한다. 이들 중 가장 중요한 것은 다음과 같다.

- **작은 핵 RNA(small nuclear RNA, snRNA)**는 이름이 암시하듯이 핵에서 발견된다. 15~20개의 서로 다른 유형의 snRNA가 있는데, 이들은 RNA 가공에 관여하며, 특히 mRNA에서 **인트론(intron)**이라고 부르는 조각(segment)을 제거하는 데 관여한다.
- **작은 핵소체 RNA(small nucleolar RNA, snoRNA)**는 핵의 일부인 rRNA가 전사되는 핵소체(인)에서 발견된다. 이들 RNA는 또한 RNA 가공에 관여하고 있으며, 특히 RNA 분자에 추가적인 화학물질 그룹을 첨가한다.
- **마이크로 RNA(micro RNA, miRNA)** 및 **작은 간섭 RNA(small interfering RNA, siRNA)**는 유전자 발현의 제어에 관여하고 있다.

15.1.2 전사 개시

DNA 분자 내에서, DNA는 전사되는 유전자일 뿐이다. 유전자 사이의 영역인 **비암호화 DNA(intergenic DNA)**의 대부분은 결코 RNA로 복사되지 않는다(그림 15.1). 대장균 DNA 분자는 약 4,400개의 유전자를 가지고 있으며, 인간 게놈에는 25,000개 이상의 유전자가 존재한다. 이것은 모든 DNA 분자들이 전사가 시작되는 많은 위치가 있다는 것을 의미한다. 이런 위치는 유전자의 시작 부위의 앞쪽('상류부, upstream')에 있다. 우리가 해결해야 할 첫 번째 질문은 어떻게 효소들과 전사에 관련된 다른 단백질들이 이러한 출발점들을 식별하는가이다.

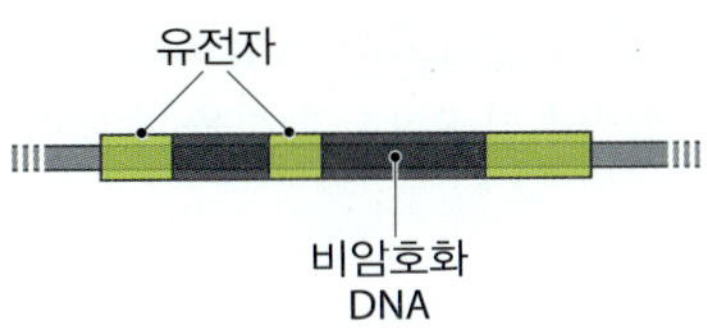

그림 15.1 비암호화 DNA(intergenic DNA)는 유전자 사이의 비전사 영역이다.

전사의 출발점은 프로모터 염기서열로 표시된다

전사가 시작되어야 하는 위치는 DNA의 다른 어떤 곳에서는 존재하지 않는 특별한 뉴클레오타이드 염기서열이 포함되어 있기 때문에 인식될 수 있다. 이러한 염기서열은 **프로모터(promoter)**라고 불린다.

프로모터는 초기에 대장균에서 1,000개 이상의 유전자 상류부(upstream)에 존재하는 염기서열을 비교함으로써 처음 발견되었다. 이 분석에 의하면 대장균 프로모터는 −35 상자와 −10 상자라는 두 개의 별도의 구성요소를 가지고 있음이 밝혀졌다(그림 15.2). 이러한 명칭은 RNA 합성이 시작되는 지점과 관련된 염기서열의 위치를 나타내며, 이 전사 시작점에 있는 뉴클레오타이드는 +1로 번호가 매겨진다. 따라서 −35 상자는 전사가 시작되는 위치에서 대략 35개의 뉴클레오타이드 상류부에 놓여 있다.

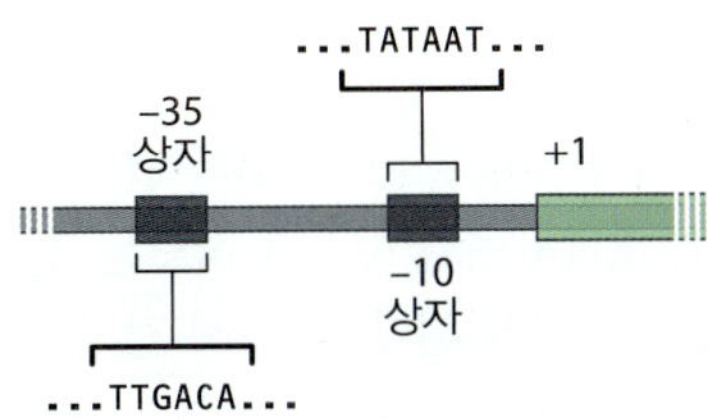

그림 15.2 대장균 프로모터의 2개의 구성요소

−35 상자의 염기서열은 5′−TTGACA−3′이고, 그 중 −10 상자는 5′−TATAAT−3′이다. 이것은 **공통서열(consensus sequence)**로 이들이 설명하는 것은 대장균에 존재한 모든 프로모터 서열의 '평균'을 의미한다. 특정한 유전자의 실제 상류부 서열은 약간의 변이가 존재한다(표 15.1). 이러한 변이는 프로모터의 효율성에 영향을 미치며, 효율성은 1초당 촉진되는 생산적인 전사 개시의 숫자로 정의된다. 생산적인 전사 개시란 완전한 길이의 전사체 합성을 의미한다. **'강력 프로모터(strong promoter)'**라고 부르는 가장 효과적인 프로모터들은 약한 프로모터보다 1,000배나 많은 생산적인 전사 개시를 일으킨다. 이것들을 전사 개시에 있어서 **기초 개시율(basal rate)**의 차이로 언급한다.

표 15.1 대장균의 프로모터 염기서열

유전자	단백질 산물	프로모터 서열	
		−35 상자	−10 상자
Consensus	−	5′−TTGACA−3′	5′−TATAAT−3′
argF	오르니틴 카르모바일전달효소	5′−TTGTGA−3′	5′−AATAAT−3′
can	탄산탈수효소	5′−TTTAAA−3′	5′−TATATT−3′
dnaB	DnaB 나선효소	5′−TCGTCA−3′	5′−TAAAGT−3′
gcd	글루코오스 탈수소효소	5′−ATGACG−3′	5′−TATAAT−3′
gltA	시트르산 생성효소	5′−TTGACA−3′	5′−TACAAA−3′
ligB	DNA 연결효소	5′−GTCACA−3′	5′−TAAAAG−3′

−35 상자와 −10 상자 사이의 간격은 중요하다. 왜냐하면 그 간격은 두 개의 모티프(−35 상자와 −10 상자)를 이중나선의 동일한 양면에 놓고, 전사를 수행하기 위하여 DNA에 결합되어 있는 **DNA-의존성 RNA 중합효소(DNA-dependent RNA polymerase)**와의 상호작용을 용이하게 한다. 한 개의 대장균은 약 7,000개의 RNA 중합효소를 가지고 있는데, 그 중 2,000~5,000개 RNA 중합효소는 활발히 전사를 하고 있다. 이 효소는 $\alpha_2\beta\beta'\sigma$이라고 명명된 다중소단위로서 각

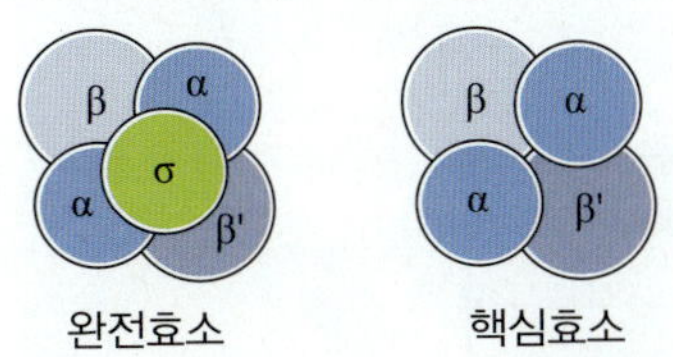

그림 15.3 대장균 RNA 중합효소의 완전효소와 핵심효소

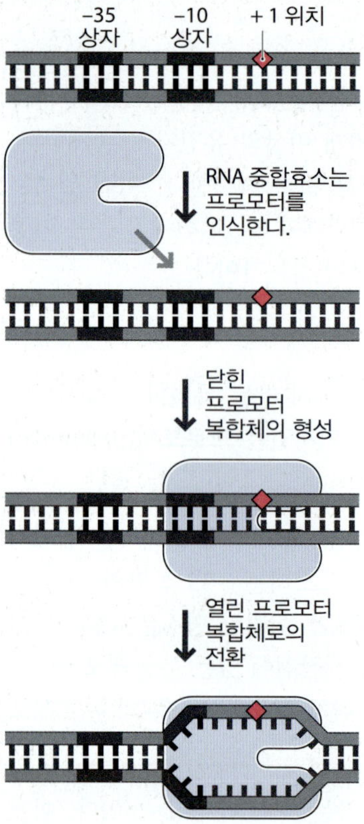

그림 15.4 대장균의 전사 개시
RNA 중합효소는 작게 그려져 있다. 실제로 그것은 DNA 분자의 80개 염기쌍을 덮고 있다.

각의 분자가 2개의 α 소단위와 하나의 β와 비슷한 β′ 및 σ 소단위로 구성되어 있다(그림 15.3). σ 소단위는 프로모터를 인식하는 책임을 지며, DNA에 결합된 직후에 효소로부터 해리가 된다. σ 소단위의 해리는 RNA 중합효소 **완전효소(holoenzyme,** $\alpha_2\beta\beta'\sigma$)를 RNA 중합효소 **핵심효소(core enzyme,** $\alpha_2\beta\beta'$)로 전환시킨다. RNA 중합효소 핵심효소($\alpha_2\beta\beta'$)는 실질적인 RNA 합성을 수행하게 된다.

RNA 중합효소의 부착은 σ 소단위와 프로모터의 −35 상자와 −10 상자 사이의 상호작용에 관련하며, **닫힌 프로모터 복합체(closed promoter complex)**를 만든다. RNA 중합효소는 80개의 염기쌍 영역(−35 상자의 상류부에서 −10 상자 하류부까지 포함하는)을 차지하고 있다(그림 15.4). 그 후 폐쇄된 복합체는 **열린 프로모터 복합체(open promoter complex)**로 변환되는데, 변환된 복합체는 약 13개의 염기쌍이 있는 영역에서 시작된 이중나선의 파손으로 −10 상자에서 전사 개시지역까지의 이중가닥 DNA는 열린다. −10 상자 공통서열(consensus sequence)은 전적으로 아데닌과 티민 뉴클레오타이드로 구성되어 있으며, 이는 각각 두 개의 수소결합으로 구성된 상대적으로 약한 염기쌍을 형성하고 있다. 따라서 이 영역은 GC 염기쌍이 존재하는 다른 부위보다 더 쉽게 열릴 수 있다.

열린 프로모터 복합체가 형성된 후에, RNA 중합효소는 DNA 하류부(downstream)를 전사하면서 프로모터로부터 멀어진다. 하지만 프로모터 영역을 떠나려는 RNA 중합효소의 시도는 실패한 것으로 보고, 합성된 직후 파괴되는 전사체들은 끝부분이 잘려 나가게 된다. 따라서 전사의 개시 단계의 완성은 RNA 중합효소가 DNA에 안정적인 결합할 때 일어나며, RNA 중합효소는 완전한 길이의 전사체를 합성하기 시작한다.

진핵생물의 프로모터들은 더 복잡한 구조물들을 가지고 있다

진핵생물은 서로 다른 종류의 유전자를 전사하는 책임을 갖는 3가지 종류의 RNA 중합효소를 가지고 있다(표 15.2). 단백질-암호화 유전자는 **RNA 중합효소 II(RNA polymerase II)**에 의해 전사된다. 이러한 유전자들의 프로모터들은 대장균의 프로모터들보다 더 복잡하다. RNA 중합효소 II가 부착하는 **핵심 프로모터(core promoter)**와 마찬가지로 프로모터는 추가적인 짧은 시퀀스를 포함하고 있으며, 이들은 때로는 전사 개시 위치에서 멀리 떨어져 있다(그림 15.5). 전사는 상류부(upstream) 요소가 없는 상태에서 시작할 수 있으나, 비효율적인 방법으로만 시작할 수 있다.

전사 개시에 있어서 상류부 구성요소의 역할에 대해서는 **17.1.2절**을 보라.

RNA 중합효소 II의 핵심 프로모터는 두 개의 주요 세그먼트로 구성된다:

- −25 또는 **TATA 상자(TATA box)**는 공통서열 5′−TATAWAAR−3′이다. 이 시퀀스에서 'W'는 동일한 위치에서 발생할 가능성이 있는 A 또는 T를 나타내며, 'R'은 퓨린, A 또는 G를 나타낸다.
- **개시자 서열[initiator(Inr) sequence]**은 뉴클레오타이드 +1에 위치해 있으며, 포유류의 개시자 서열은 5′−YCANTYY−3′이며, 여기서 'Y'는 피리미딘, C나 T이다. 'N'은 4개의 뉴클레오타이드 중 하나이다.

표 15.2 세 종류의 진핵생물 RNA 중합효소의 기능

중합효소	전사되는 유전자
RNA 중합효소 I	28S, 5.8S and 18S rRNA 유전자
RNA 중합효소 II	단백질-암호화 유전자, 대부분의 snRNA 유전자, miRNA 유전자
RNA 중합효소 III	5S rRNA, tRNAs 및 여러 가지 소형 RNA의 유전자

Box 15.1 RNA 중합효소 I과 RNA 중합효소 III의 프로모터

3가지 진핵생물 RNA 중합효소의 프로모터는 각각의 중합효소가 변환하는 특정한 유전자 세트를 인식할 수 있게 해 준다. 우리는 이미 RNA 중합효소 II 프로모터의 구조에 대해서 알아봤다. 여기서는 다른 두 개의 중합효소에 대한 프로모터들을 살펴본다. 척추동물의 경우 세부 사항은 다음과 같다.

- RNA 중합효소 I은 두 가지 구성요소를 갖는다. 전사 시작 시점을 아우르는 핵심 프로모터는 –45에서 +20 뉴클레오타이드 사이에 위치한다. 상류부 조절요소(upstream control element, UCE)는 상류부 쪽으로 100 bp 더 멀리에 있다. 두 염기서열 모두 상류부 결합인자(upstream binding factor, UBF)라고 불리는 작은 단백질에 의해 인식된다. 일단 DNA에 부착되면, UBF는 RNA 중합효소 I과 이 효소에 대한 전사복합체의 다른 성분들의 결합 부위로서 작용한다.

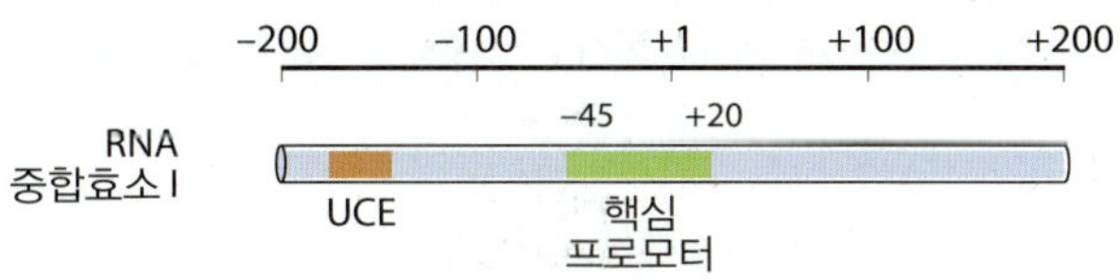

- RNA 중합효소 III의 프로모터들은 최소 3개의 범주로 세분화된다. 이 범주의 두 가지는 매우 특이한데, 그들이 전사해야 하는 프로모팅 유전자들 내부에 중요한 염기서열이 위치하고 있다는 점에서 특이하다. 이 염기서열은 50~100 bp를 아우르는데 하나나 두 개의 보존적 상자(conserved box)로 구성된다. RNA 중합효소 III의 3번째 범주는 RNA 중합효소 II와 유사하며, TATA 상자와 TATA 상자 가까이에 근접서열 요소(proximal sequence element, PSE)가 존재한다. PSE는 상류부 프로모터 요소의 범위인 –45와 –60 사이에 위치한다.

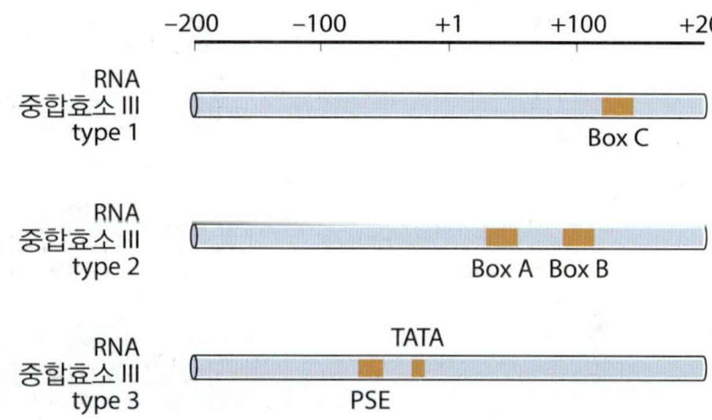

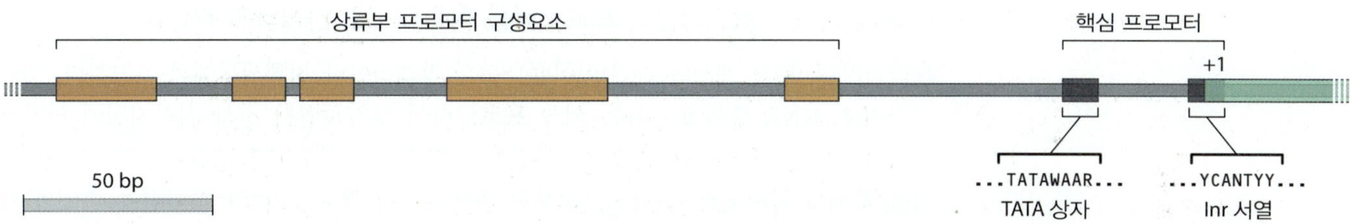

그림 15.5 RNA 중합효소 II의 전형적인 프로모터
핵심 프로모터는 TATA 상자와 Inr 서열이라는 2가지 구성성분으로 이루어져 있다. 이 2가지 구성성분의 공통서열은 한 세트를 이룬다. 약자: N은 4가지 뉴클레오타이드이며, R은 A나 G, W는 A나 T 그리고 Y는 C나 T를 의미한다.

RNA 중합효소 II에 의해 전사되는 몇몇 유전자들은 이 두 가지 핵심요소 중 오직 하나만을 가지고 있으며, 놀랍게도, 어떤 것은 아예 없는 것도 있다. 후자는 '비어 있는(null)' 유전자라고 불린다. 그것들은 TATA 및/또는 Inr 서열을 가진 유전자보다 더 큰 변수가 있기는 하지만 여전히 전사가 된다.

몇몇의 단백질-암호화 유전자에서는 2개 이상의 **대체 프로모터(alternative promoters)**가 있을 수 있기 때문에 추가적인 복잡성이 발생한다. 이것은 유전자의 전사가 2개 이상의 다른 장소에서 시작될 수 있다는 것을 의미하며 서로 다른 길이의 mRNA를 만들어 내게 된다. 인간의 디스트로핀(dystrophin) 단백질 유전자는 하나의 사례이다. 이 단백질은 디스트로핀 유전자의 돌연변이 때문에 발생하는 구조변화 때문에 광범위하게 연구되었으며, 듀켄씨근이영양증(Duchenne muscular dystrophy)이라고 불리는 질병을 유발할 수 있다. 디스트로핀 유전자는 인간 게놈 중에서 가장 큰 것으로, 무려 2.4 Mb의 DNA를 가지고 있다. 이 유전자는 다양한 개수의 아미노산을 가진 서로 다른 길이의 폴리펩타이드를 지정하는 적어도 7개의 서로 다른 프로모터를 가지고 있

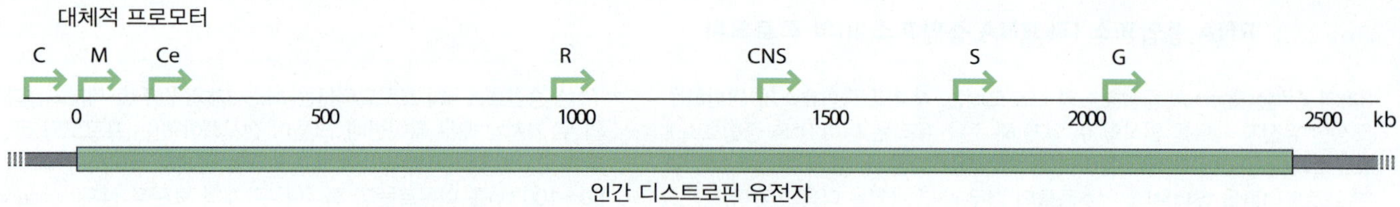

그림 15.6 인간 디스트로핀 유전자의 대체적 프로모터들
약자는 각각의 프로모터가 활성화되는 조직을 의미한다. C, 피질조직; M, 근육; Ce, 소뇌; R, 망막조직 CNS, 중추신경계(그리고 콩팥); S, 슈반세포; G, 일반(대부분의 조직).

다(**그림 15.6**). 이 대체적인 프로모터들은 두뇌, 근육, 망막과 같은 신체의 다른 부분에서 활발하게 활동하고 있으며, 이 다양한 조직에서 다양한 형태의 디스트로핀 단백질을 만들 수 있다. 이러한 변종의 생화학적 특성은 합성된 세포의 요구 조건과 일치한다.

어떤 유전자들은 대체적 프로모터를 특정한 발생 단계에서 단백질의 유사종(version)을 생성하거나 하나의 유전자가 단일 조직에서 동시에 2개 이상의 다른 단백질을 합성하기 위해 사용된다. 예를 들어, 10,500개 이상의 프로모터들이 인간 섬유아세포(fibroblast cell)에서 활동하고 있지만, 이들 프로모터는 단지 8,000개 이하의 유전자만을 전사를 지시한다. 따라서 이 세포들에 있는 상당수의 유전자들은 둘 이상의 프로모터들로부터 동시에 발현되고 있다.

RNA 중합효소 II는 자신의 프로모터를 직접적으로 인식하지 않는다

요약하자면, 전사 개시와 관련된 이벤트들은 박테리아나 진핵생물에서 동일하다. 박테리아와 마찬가지로, RNA 중합효소 II는 핵심 프로모터에 부착하면서 전사 시작지점에 염기쌍의 파손을 일으키며 이로 인해 닫힌 프로모터 복합체를 열린 복합체로 변환시킨다. 그러나 진핵생물들의 과정을 자세히 살펴보면 거기에는 중요한 차이점들이 있다. 이러한 차이점들 중에서 가장 중요한 것은 RNA 중합효소 II가 그 핵심 프로모터를 인식하지 못한다는 것이다. 대신에, 최초의 부착은 **TATA-결합 단백질(TATA-binding protein)** 혹은 TBP라고 하는데, 이 단백질은 이름에서 의미하는 것처럼 TATA 박스에 결합한다. TBP는 **전사인자 IID(transcription factor IID, TFIID)**라고 부르는 더 큰 단백질의 하나의 구성요소이며, TFIID는 **TBP-연관인자(TBP-associated factor, TAF)**이라고 불리는 최소 12개의 추가적인 소단위를 가지고 있다.

구조연구에 따르면 TBP는 RNA 중합효소 II가 부착된 플랫폼을 형성하는 말안장 모양(saddle-like shape)과 유사한 형태를 띠고 있다(**그림 15.7**). 이 플랫폼에 있는 RNA 중합효소의 정확한 위치는 두 개의 전사인자인 TFIIB와 TFIIF의 도움을 통해 얻을 수 있다. 일단 RNA 중합효소 II가 자리를 잡으면, 열린 프로모터 복합체가 형성된다. 이 단계는 TFIIE와 TFIIH를 필요로 하는데, 후자의 경우, 염기 시작부위 주변에 염기쌍을 파괴하는 나선효소가 존재하므로 이 지점에서 DNA 분자를 열 수 있다. 즉 RNA 중합효소 II가 활성화된 경우에만 RNA 합성이 시작될 수 있다. 이것은 특히 **C-말단 도메인(C-terminal domain, CTD)**이라 불리는 단백질 내에 있는 일련의 아미노산을 포함하는 효소의 가장 큰 소단위에 인산염 그룹을 첨가한다. 이러한 인산염이 부착된 후에, 중합효소는 개시복합체를 떠날 수 있으며, RNA 합성을 시작한다(**그림 15.8**).

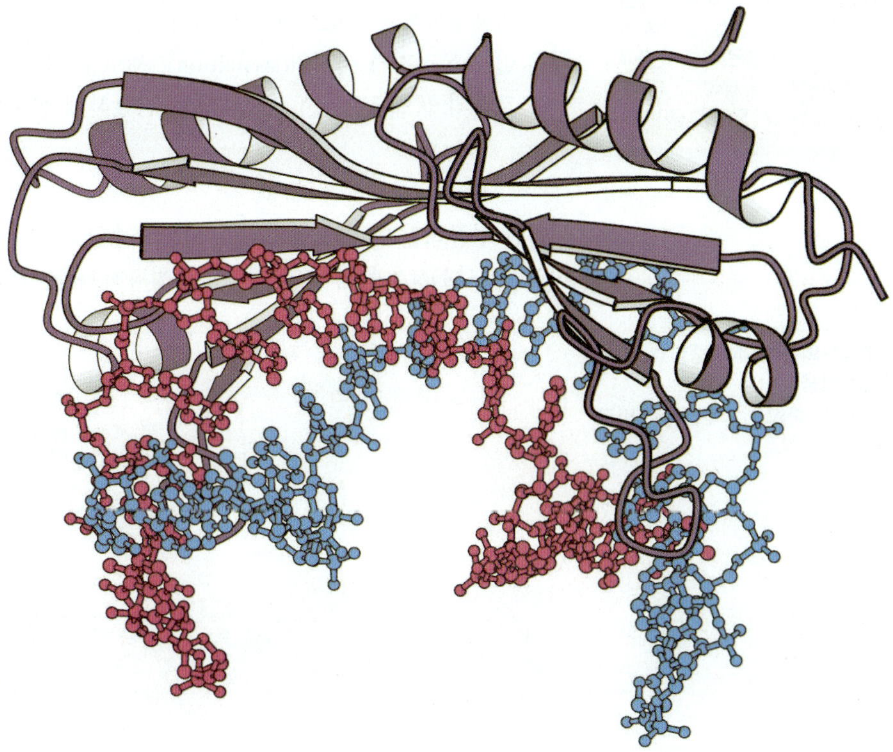

그림 15.7 DNA 분자에 TBP가 붙은 모습
TBP 단백질은 진홍색, DNA 분자의 양가닥은 파란색과 빨간색으로 보여준다. TBP는 RNA 중합효소 II가 부착하는 플랫폼을 형성한다.
Reproduced from *Biochemistry* 8th edition by Berg et al. (© 2015, WH Freeman and Company) and used with permission of the publisher.

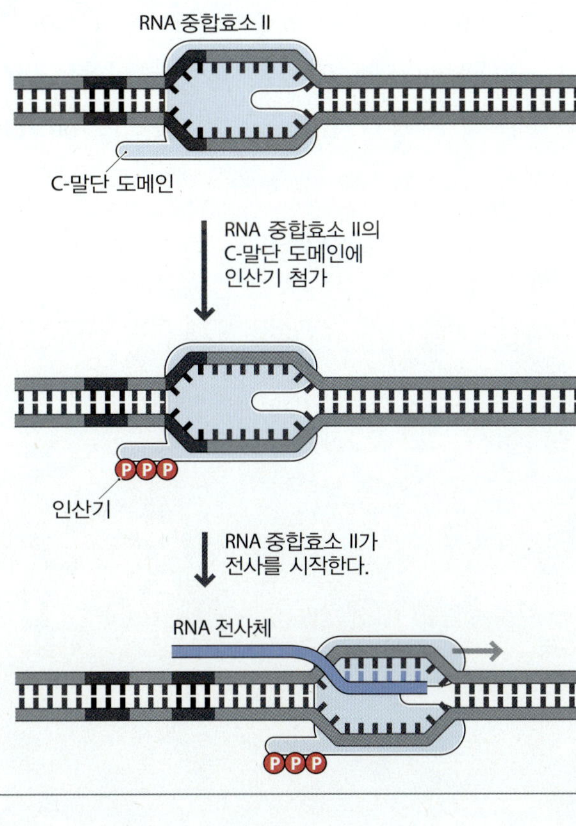

그림 15.8 C 말단 도메인의 인산화에 의한 RNA 중합효소 II의 활성화

진핵생물의 전사 개시에 있어서 이러한 추가적인 복잡성은 개별적인 유전자의 조절장치들에 있어서 많은 다른 유형에 반응하는 전사율을 가능케 한다. 이 조절과정을 **17.1.2절**에서 탐구할 것이다.

중합효소가 출발한 후에, 몇몇 전사인자들은 그 프로모터에게 여전히 부착되어 있다. 따라서 두 번째 RNA 중합효소 II는 완전히 새로운 개시복합체를 형성할 필요없이 부착할 수 있다. 이것은 일단 유전자가 켜지면(switch on), 새로운 신호가 유전자를 꺼 놓을 때까지(switch off) 전사체는 그것의 프로모터에서 상대적으로 편안하게 전사를 시작할 수 있다는 것을 의미한다.

15.1.3 전사의 RNA 합성 단계

일단 성공적인 개시가 달성되면, RNA 중합효소는 전사체를 합성하기 시작한다. 이 반응은 복제 과정에서 DNA 합성과 마찬가지로 성장하는 분자의 3′ 쪽 말단에 뉴클레오타이드를 첨가하고 각

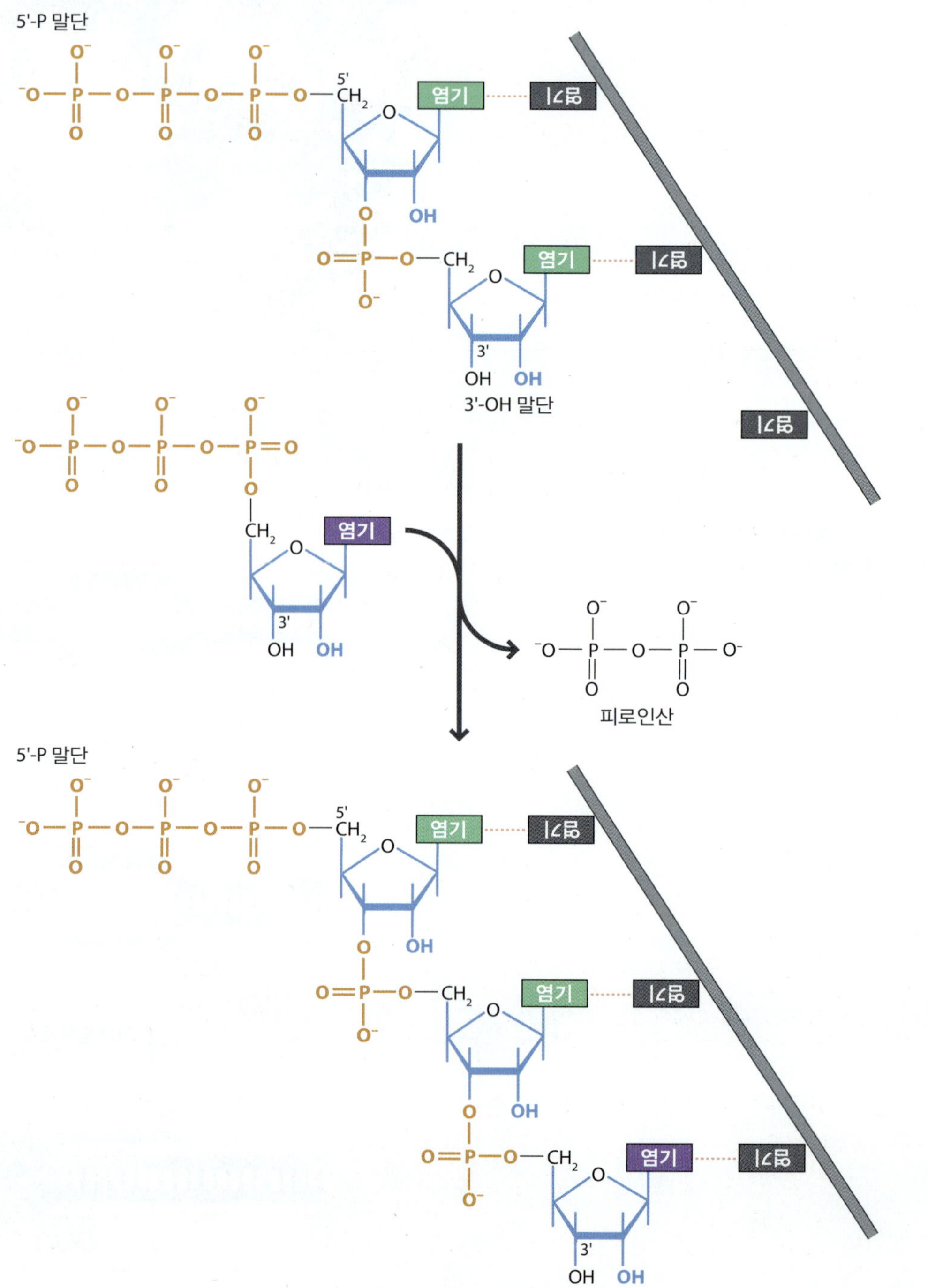

그림 15.9 DNA-의존성 RNA 중합효소에 의해 촉매되는 반응
DNA-의존성 DNA 중합효소의 반응과 비교해보라(그림 14.10 참조).

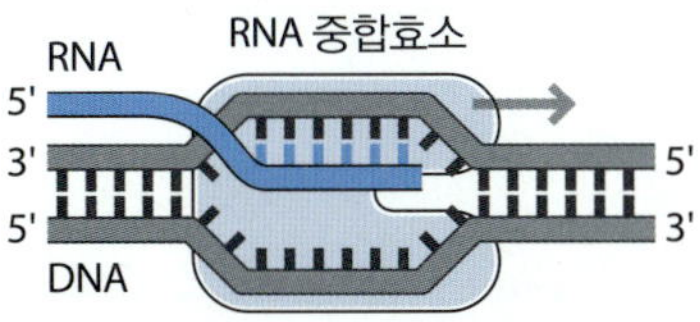

그림 15.10 대장균에서의 RNA 합성
화살표는 DNA를 따라 이동하는 중합효소의 진행방향을 의미한다.

각의 첨가반응은 피로인산을 방출하면서 RNA는 조립된다. 뉴클레오타이드 첨가의 순서는 염기로 구성된 DNA 폴리뉴클레오타이드를 주형으로 이용하는 염기쌍 법칙에 의해 결정된다(**그림 15.9**).

RNA가 합성됨에 따라서 전사방울이 DNA를 따라 움직인다

RNA 합성 중에서, 대장균 RNA 중합효소는 주형 DNA의 30~40 bp를 커버한다. 이 영역에는 12~14 bp의 **전사방울(transcription bubble)**이 포함되어 있다. DNA 염기쌍은 나선효소에 의해 일시적으로 분해된다. 전사방울 내에 증가하는 전사체는 약 8 bp RNA-DNA 염기쌍에 의해서 DNA 주형가닥에 붙어 있다(**그림 15.10**). 구조연구는 RNA 중합효소의 β와 β′ 소단위 사이에서 β′ 소단위의 감싸여져 있는 표면에 있는 홈통(trough) 안에 DNA 분자가 놓여 있다는 것을 보여주었다. RNA 합성의 활성 부위는 또한 이 두 개의 소단위 사이에 놓여 있다. RNA 전사체는 일부분은 β와 일부분은 β′ 소단위에 의해 형성된 채널을 통해 밀려나간다(**그림 15.11**).

박테리아 RNA 중합효소는 분당 수백 뉴클레오타이드의 속도로 RNA를 합성할 수 있다. 길이가 불과 수천 개인 대장균 유전자는 몇 분 안에 전사될 수 있다. RNA 중합효소 II는 분당 최대 2,000개의 뉴클레오타이드를 합성하지만, 많은 진핵생물들이 단일 RNA를 합성하는 데는 몇 시간이 걸린다. 박테리아보다 훨씬 긴 시간이 필요하다. 예를 들면, 인간 디스트로핀 유전자의 2,400 kb 전사체를 합성하는데 약 20시간이 걸린다.

전사는 일정한 속도로 진행되지 않는다. 대신에, 빠른 신장(elongation)의 기간은 아주 짧은 시간(milliseconds) 동안 일시적으로 정지된다. 이 정지된 시간 동안 중합효소의 활성 부위는 일시적으로 약간의 구조적인 재배열을 거친다. 중합효소는 또한 **역추적(backtracking)**이라고 불리는 증상인 몇 개의 뉴클레오타이드 정도 주형을 따라서 거꾸로 움직일 수도 있다. 이렇게 주형 DNA의 개별적인 특징에 의해, 일시적 중지 및 역추적은 임의로 발생한다. 이는 DNA 복제 중에 일어나는 교정과정(proofreading)과 동등한 역할로 볼 수 있으며, 따라서 RNA 합성 중 일어나는 오류가 정정된다. 그러나 오류 교정과정은 특히 효율적이지 않는데 그 이유는 RNA 중합효소가 매 10^4~10^5개의 뉴클레오타이드마다 정정되지 않는 오류를 만들기 때문이다. 이 비율은 대부분의 DNA 중합효소의 비율(10^9 뉴클레오타이드당 1개의 오류를 만드는)보다 훨씬 높은 것이다. 따라서 일부 전사체는 결함이 있으며 합성된 후에 곧 분해된다. 이것은 별로 문제가 되지 않는데, 왜냐하면 개개의 유전자에서 수많은 전사체가 만들어지기 때문에 항상 엄청난 양의 정상적인 오류가 없는 전사체가 존재하게 된다.

결함이 있는 RNA의 분해를 초래하는 자세한 과정은 **17.2.1절**을 보라.

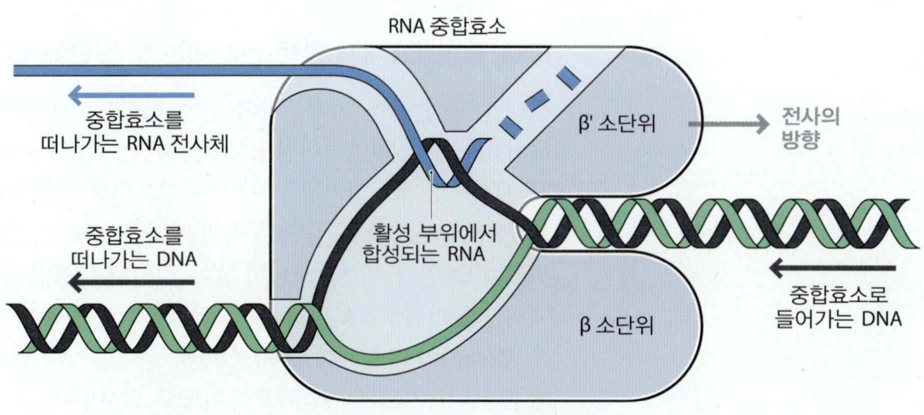

그림 15.11 대장균 RNA 중합효소에 의한 RNA 합성
RNA 중합효소의 β와 β′ 소단위는 연한 파란색, 이중나선은 초록색과 검은색, RNA 전사체는 파란색으로 표시되어 있다.

Box 15.2 리파마이신(rifamycin)은 박테리아 RNA 합성을 방해하는 중요한 항생제이다

박테리아 RNA 중합효소는 리팜피신과 리파부틴을 포함한 리파마이신 항생제군의 표적이다. 이 화합물들은 중합효소의 RNA 합성이 일어나는 활성 부위에 인접해 있는 β와 β′소단위 사이의 홈통에 바인딩된다. 이 항생제는 인산디에스테르 결합형성에 직접적으로 간섭하지는 않지만, 대신에 RNA 중합효소에서 RNA 전사체가 추출되는 채널에 물리적 방해를 일으킨다. 이 '공간적 폐쇄(steric occlusion)'의 결과로써 합성할 수 있는 RNA의 길이는 2~3개 뉴클레오타이드로 제한된다.

리파마이신은 많은 항생제의 원천인 토양 박테리아 악티노마이세스의 한 멤버인 *Amycolatopsis rifamycinica*균에 의해 합성된다. 몇몇 리파마이신들은 또한 화학적 합성에 의해 만들어진다. 이 항생제는 결핵과 나병의 원인이 되는 결핵균을 포함하는 마이코박테리아에 대해 특히 효과적이며, 재향군인회병(Legionnaires' disease)과 몇몇 종류의 뇌막염을 치료하는 데 사용될 수 있다.

모든 항생제와 마찬가지로, 리파마이신의 사용은 항생제 내성 박테리아의 축적을 방지하기 위해 매우 신중해야 한다. 이러한 저항성 변종은 RNA 중합효소의 β 소단위 유전자인 *rpoB* 유전자에서의 돌연변이 때문에 발생한다. 돌연변이 결과로 나타나는 β 소단위의 아미노산 변화는 RNA 중합효소의 촉매작용에 영향을 끼치지 않지만 β 소단위의 구조변화는 항생제가 더 이상 결합할 수 없는 방식으로 β 소단위의 구조를 변경한다.

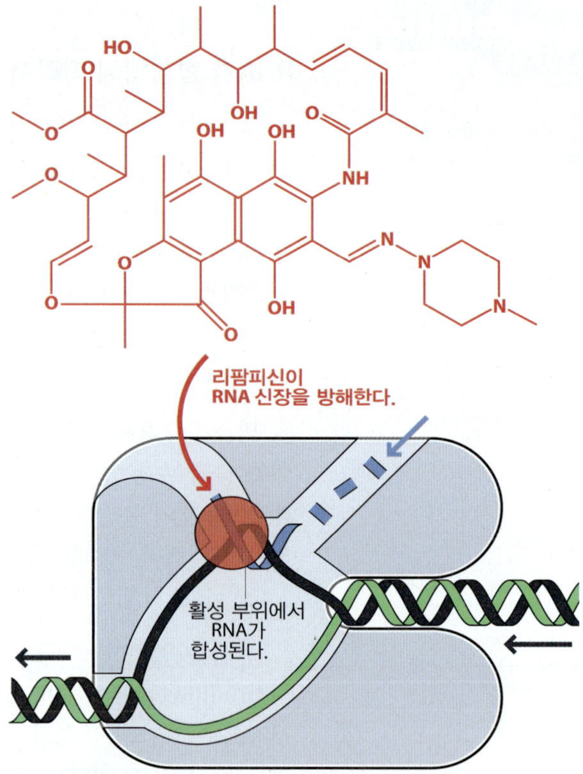

일부 진핵생물의 유진자의 거대한 길이는 전사복합체가 매우 안정적이어야 한다는 것을 의미한다. 그렇지 않았다면, 그것은 전사체가 완성되기 전에 깨어질 수도 있다. RNA 중합효소 II가 시험관 내(*in vitro*, 즉 실험실 조건)에서 RNA 합성을 수행할 때는 필수적인 안정성이 담보되지 않는데, 이때 중합효소의 중합률은 분당 300 뉴클레오타이드 이하로 감소하고 만들어지는 전사체의 길이는 상대적으로 짧기 때문이다. 진핵세포의 핵에서는, RNA 합성은 더 빠르고 결과적으로 시험관 내에서 얻을 수 있는 것보다 훨씬 더 길다. 그 이유는, 핵에서 RNA 중합효소 II의 결합은 신장인자(elongation factor)들에 의해 안정화되기 때문이다. 이 단백질들은 포유류 세포에는 적어도 13종이 있으며, 이 단백질들은 프로모터에서 멀어진 후 RNA 합성 완성될 때까지 중합효소와 함께 결합되어 있다.

RNA 중합효소 II가 만든 전사체는 5′ 말단에 캡 구조물을 가지고 있다

한 가지 측면에서, 박테리아와 진핵생물의 전사의 신장 단계는 근본적으로 다르다. 대장균 RNA 중합효소에 의해 만들어진 RNA 분자는 그들의 5′ 쪽 말단에 삼인산염을 가지고 있다. 이것은 전사 개시지점에서 염기쌍을 이루는 최초의 뉴클레오타이드의 5′ 쪽의 삼인산염이다(그림 15.9 참조). RNA 분자의 5′ 말단은 따라서 *ppp*N*p*N...., 으로 표시될 수 있다. 여기서 'N'은 뉴클레오타이드의 당-염기 부분요소이며 '*p*'는 인산염 그룹을 나타낸다. 반면, 진핵생물의 RNA 중합효소 II에서 만들어진 RNA 분자들은 그들의 5′ 말단에 더 복잡한 화학구조물을 가지고 있다. 이 구조물은 **캡(cap)**이라 불리며, 7-MeG*ppp*N*p*N....으로 표시된다. 캡에서의 '7-MeG'는 수식된 염기 7-메틸구아닌을 가지는 뉴클레오타이드로 묘사된다.

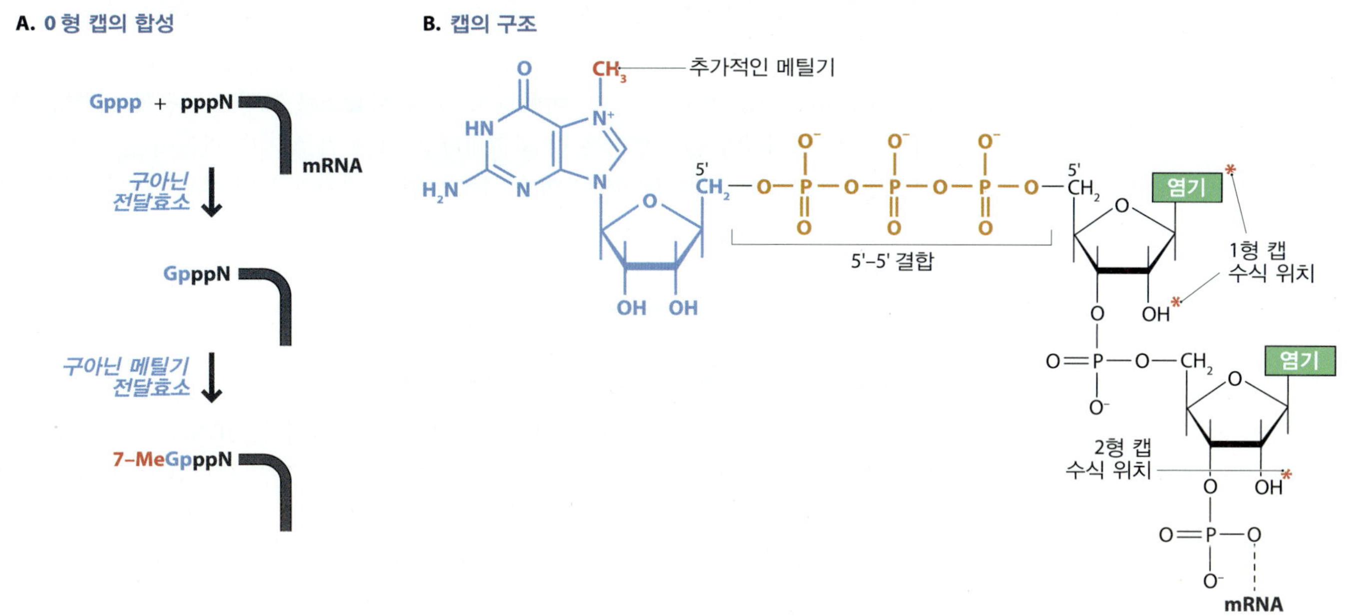

그림 15.12 진핵생물 mRNA의 캡 형성 과정
(A) 0형 캡의 합성. (B) 0형 캡의 세부 구조. 1형과 2형 구조를 형성하는 추가적인 수식 위치(*)가 보인다.

캡 구조는 중합효소가 프로모터 영역을 떠난 후에 RNA 분자의 5′ 말단에 결합되어 있지만, RNA가 30개의 뉴클레오타이드에 도달하기 전에 RNA 분자에 부착된다. 캡 만들기 과정을 시작하기 위해 **구아닌전달효소(guanyl transferase)**에 의해 GTP는 RNA의 맨 끝에 붙는다. 이 반응은 말단에 있는 뉴클레오타이드의 5′ 삼인산염과 유입되는 GTP의 삼인산염 사이에 일어난다. 말단 뉴클레오타이드의 γ 인산염은 β와 γ의 인산염과 같이 제거되며, 이는 5′-5′ 결합을 초래한다(그림 15.12A). 새로운 말단 구아노신은 퓨린고리의 7번 질소에 메틸기가 부착됨으로써 그 후에 7-메틸구아노신으로 변환된다. 이러한 수식과정은 **구아닌 메틸기전달효소(guanine methyltransferase)**에 의해 촉매된다. 이 2가지 캡 형성 효소들(구아닌전달효소, 구아닌 메틸기전달효소)은 RNA 중합효소에 부착되어 있으며, 따라서 그것들은 RNA 합성의 초기 단계에서 전사복합체들의 본질적인 요소들일 가능성이 있다.

7-MeG*ppp*N으로 묘사된 구조물은 일명 **0형 캡(type 0 cap)**이라 불린다. 효모 같은 단세포의 진핵생물은 0형 구조가 만들어질 때 캡 형성 반응이 멈춘다. 인간을 포함한 고등 진핵생물에서는, 적어도 두 개의 추가적인 단계가 항상 일어난다. 이 과정의 첫 번째에서 RNA의 두 번째 뉴클레오타이드는 메틸기와 함께 리보오스(ribose)의 2′-OH기를 교체함으로써 수정된다(그림 15.12B). 결과적인 구조물을 **1형 캡(type 1 cap)**이라고 부른다. 만약 이 두 번째 뉴클레오타이드가 아데노신이라면, 이 단계에서 메틸기는 퓨린의 6번 질소에 붙게 될 수도 있다. 따라서 1형 캡은 리보오스와 염기 메틸화에 관여하고 있다. 또한 리보오스의 2′-OH 메틸화는 세 번째 뉴클레오타이드 위치에서 발생할 수 있다. 이 반응은 **2형 캡(type 2 cap)**으로 나타난다.

단백질 합성에 있어서 캡 구조의 역할은 **6.2.2절**에 설명되어 있다.

RNA 중합효소 II에 의해 만들어진 전사체에 첨가된 캡 구조의 기능은 무엇일까? 이 전사체들의 대부분은 mRNA로 단백질-암호화 유전자의 사본이고 이러한 전사체들이 단백질 합성을 지시하는 데 사용될 때, 그 캡 구조는 역할을 한다.

15.1.4 전사의 종료

우리는 전사의 신장 단계 동안에서 RNA 중합효소가 자주 멈칫거리며, 아마도 역추적(backtracking)하는 것을 알 수 있었다. 아마도 RNA 중합효소가 그렇게 작용할 때 약간 후퇴할 것이다. 각각의 일시적인 멈춤 현상은 이 과정에서 RNA 분자를 계속 만들어 낼 것인지 아니면 전사 과정을 종료할지에 대한 것인지에 대한 선택을 하는 것이라고 믿는다. 선택은 지속적인 합성 또는 종료 중 어떤 것이 열역학적으로 더 유리한지에 달려 있다. 이것은 RNA 합성효소가 RNA 합성을 계속하기보다는 떨어져 나오는 것이 열역학적으로 더 유리한 DNA의 어떤 위치에 도달했을 때 종료가 일어나는 것을 의미한다.

줄기-고리 구조는 RNA 합성보다 해리에 유리하다

전사과정의 열역학을 변화시키는 요인들 중 하나는 만들어지는 RNA 분자의 구조이다. 특히, RNA가 줄기-고리 구조(그림 4.12 참조)를 형성할 수 있는 경우, 이러한 분자 내부의 염기쌍들은 전사체와 주형가닥 DNA의 조합 사이에 염기쌍을 선호할 수 있다. 이러한 상황이 발생할 경우, 전사의 종료를 초래하는 주형으로부터 RNA의 분리는 지속적인 RNA 합성보다 더 유리할 수 있다.

대장균 DNA 분자의 대부분은 전사의 종료를 일으키는 역반복된 염기서열을 포함하고 있으며, 이것은 RNA에 있어서 안정된 줄기-고리 구조로 접혀질 수 있다. 이러한 위치의 약 50% 정도에서 역반복 염기서열에 이어 바로 연속된 아데닌 뉴클레오타이드가 나타난다. 이러한 위치들은 **내재 종결자(intrinsic terminator)**로 불린다(그림 15.13A). 아데닌의 연속은 종료 위치에서 전사복합체의 안정성을 감소시키는 것으로 간주되는데, 그 이유는 줄기-고리 위치가 형성된 후에 RNA와 DNA 사이의 염기쌍의 대부분은 상대적으로 약한 A-U 타입이기 때문이다(그림 15.13B). 일부 연구는 RNA 줄기-고리가 RNA 중합효소 β 소단위의 외측 표면에 있는 플랩(뚜껑) 구조물과 접촉하는 것을 제시하고 있다. 이 플랩은 RNA가 중합효소로부터 나오는 통로의 출구 지점 근처에 인접해 있다(그림 15.14). 플랩의 움직임은 DNA-RNA 염기쌍의 파괴와 전사의 종료를 촉진하는 활성 부위 내에서 아미노산의 위치에 영향을 미치는 것으로 간주된다.

대장균 DNA의 다른 전사 종료 위치에서, 역반복 염기서열은 내재 종결에 관여하는 요인들

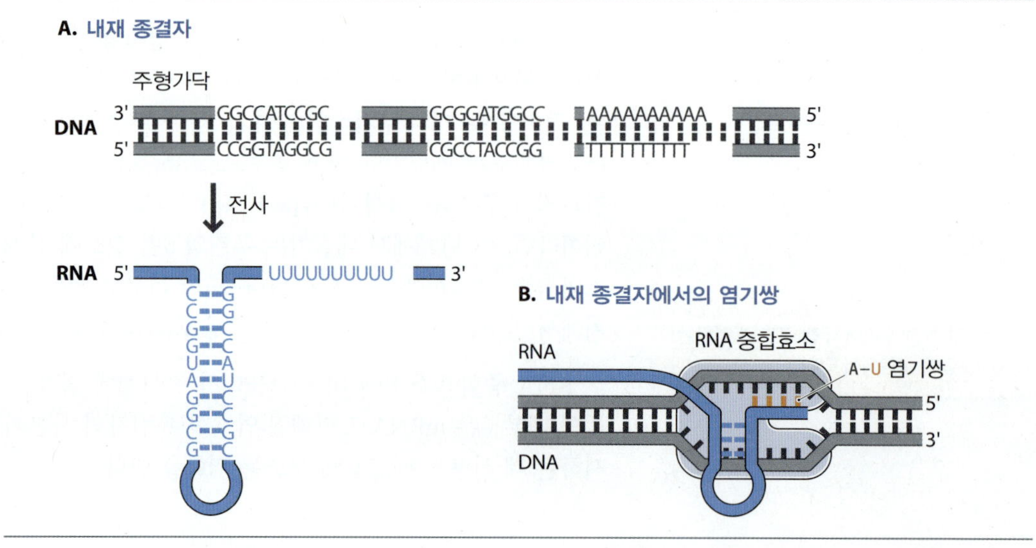

그림 15.13 대장균의 내재 종결자에서 전사의 종료

(A) 내재 종결자의 구조는 DNA 염기서열에 존재하는 역반복쌍이 어떻게 전사 중에 RNA에서 줄기-고리를 만들어 내는지를 보여준다. (B) 내재 종결자에서 염기쌍. RNA 줄기-고리의 형성은 비교적 약한 A-U 염기쌍에 의해서 전사체가 DNA에 붙어 있음을 의미한다.

그림 15.14 대장균 전사 종료에서 RNA 중합효소 플랩구조의 가능한 역할

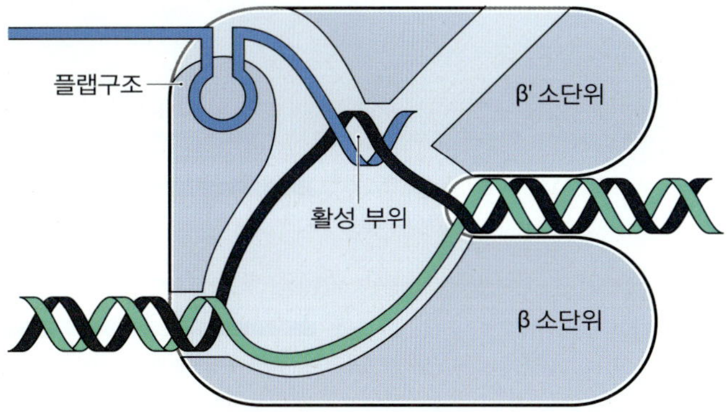

보다 덜 인정된 RNA 줄기-고리를 지시한다. 이러한 종결자들은 **Rho 의존성(Rho dependent)** 이라고 하며 내재 종결보다 매우 다른 방식으로 작용한다. 그들은 Rho라고 불리는 단백질의 활동을 요구하는데, 이것은 RNA가 합성되는 동안 RNA에 부착된다. 그 후 Rho 단백질은 전사체를 따라서 중합효소로 옮겨 간다(**그림 15.15**). 만약 중합효소가 Rho를 향해 추구하면서 계속 나아갈 수 있다면, 그 전사체는 계속해서 합성되지만, 일단 Rho가 따라잡으면 전사는 멈춘다. 왜냐하면 Rho는 나선효소이기 때문에 DNA 주형에 RNA를 고정시키는 염기쌍을 깨뜨리기 때문이다. Rho는 후자가 종료 위치에 도달할 수 있기 때문에, 후자가 최종적으로 종료되었을 때만 중합효소를 잡을 수 있을 것이다. 아마도 줄기-고리 구조물의 형성이 중합효소를 일시적으로 지연시키기 때문일 수 있다. 일단 붙잡히면, 중합효소는 떨어져 나가고 전사체는 방출된다.

진핵생물 mRNA 합성의 종료는 아데닐산중합반응과 병행한다

진핵생물에서, RNA 중합효소 II에 의한 전사의 종료는 RNA 줄기-고리 구조와 관련이 없다. 그러나 그 대신에 전사체에 **폴리(A) 꼬리[poly(A) tail]**를 덧붙인다. 폴리(A) 꼬리는 연속적으로 최대 250개의 아데닌 뉴클레오타이드를 가지고 있으며, RNA의 3′ 쪽 말단에 위치해 있다. 이러한 아데닌은 DNA에 의해 명시되지 않으며, **폴리(A) 중합효소[poly(A) polymerase]**라고 불리는 주

그림 15.15 대장균의 Rho-의존성 종결자에서 전사 종료

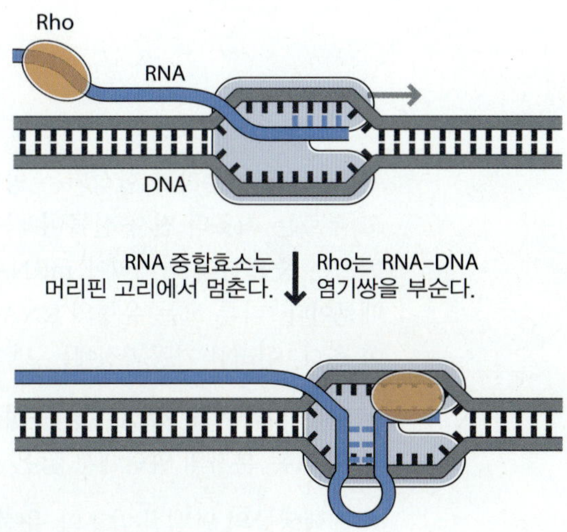

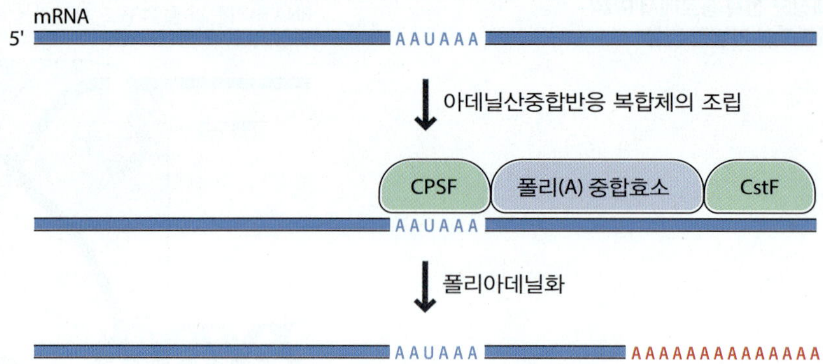

그림 15.16 진핵생물 mRNA의 아데닐산중합반응

형 비의존성-RNA 중합효소에 의해 전사체에 첨가된다.

폴리(A) 중합효소는 전사체의 극단적인 3′ 쪽 말단에서 작용하지는 않고, 폴리(A) 꼬리가 추가되는 새로운 3′ 말단을 생성하기 위해 절단되는 한 내부 위치에서 작용한다. 포유류에서, 이 절단(cut)이 만들어진 위치는 신호염기서열의 10~30개 뉴클레오타이드 하류부에 위치하고 있다. 이것은 거의 항상 5′-AAUAAA-3′이다(**그림 15.16**). 이 시퀀스는 **절단 및 폴리아데닐화 특이인자(cleavage and polyadenylation specificity factor, CPSF)**라고 불리는 다중소단위 단백질을 위한 결합 부위의 역할을 한다. 두 번째 단백질 복합체인 **절단 촉진인자(cleavage stimulation factor, CstF)**는 신호 시퀀스의 하류부(downstream)에 부착된다. 폴리(A) 중합효소는 뭉쳐진 CPSF와 CstF에 결합하여 폴리(A) 꼬리를 합성한다.

폴리아데닐화(polyadenylation)는 한때 '전사 후(post-transcriptional)' 과정으로 간주되었었다. 하지만 현재에는 이러한 폴리아데닐화는 RNA 중합효소 II에 의한 전사의 종료를 위한 메커니즘의 고유한 부분임을 알게 되었다. CPSF는 개시 단계 동안에 중합효소에 결합하여 주형을 따라 함께 어울리며 다닌다. 폴리(A) 신호 염기서열이 전사되자마자, CPSF는 중합효소를 떠나 RNA에 결합하면서 폴리아데닐화 반응을 개시한다. CPSF와 CstF 형태는 모두 RNA 중합효소 II의 C-말단 도메인과 접촉하며, 폴리(A) 신호 염기서열에 도달할 때 이러한 접점의 성질을 변화시킨다. 이러한 변화는 RNA 중합효소 II에 영향을 미치는 것으로 간주되므로, 지속적인 RNA 합성에 대한 종료가 선호된다. 결과적으로, 폴리(A) 신호 염기서열이 전사된 직후에 전사는 끝이 난다.

15.2 RNA 가공

우리는 RNA 분자가 합성되는 방법을 이해하였으며, 이제는 **1차 전사체(primary transcript)**라고 부르는 최초의 전사 산물이 기능적 RNA로 처리되는 방법을 연구할 수 있다. 이러한 가공 이벤트는 중요한데 박테리아 mRNA는 그것은 합성되자마자 기능을 하는 유일한 RNA 유형이기 때문이다. 다른 모든 유형의 RNA는 세포 내에서 그들의 역할을 수행하기 전에 가공과정을 겪어야 한다. 이러한 가공과정에는 세 가지 유형이 있다:

- 일부 비암호화 RNA는 기능성 분자를 방출하기 위해 특정 위치에서 절단되며, 다른 비암호 RNA는 분자의 말단에서 짧은 조각을 제거하여 처리할 수도 있다('말단 다듬기').
- 진핵생물의 단백질-암호화 유전자의 RNA 전사체는 여러 가지 비암호화 RNA뿐만 아니라 인

트론이라 불리는 내부 조각을 제거함으로써 가공된다.

- 리보솜 RNA과 운반 RNA는 특정 위치에서 새로운 화학물질 그룹을 추가하여 수식된다.

15.2.1 절단과 말단 다듬기를 통한 비암호화 RNA의 가공

먼저, 어떻게 하면 비암호화 RNA의 1차 전사체들이 내부 절단과 말단 다듬기(end-trimming)를 통하여 성숙한 분자로 변환되는지를 고려할 것이다. 이러한 사건들을 연구하는 데 있어 우리는 매우 중요한 한 요소를 염두에 두어야 한다. 이러한 모든 가공반응은 정확하게 수행되어야 한다. 절단은 올바른 위치에서 정확히 일어나야 하는데, 만들어진 RNA에 추가 염기서열이 존재하거나 어떤 조각(세그먼트)이 부족할 수 있기 때문이다. 만일 이러한 현상이 발생할 경우 세포에서 필수적인 기능을 수행하지 못할 수 있다.

리보솜 RNA는 긴 전구체 분자로 전사된다

박테리아는 길이가 2,904개, 1,541개, 120개의 뉴클레오타이드를 갖는 3개의 rRNA 분자를 합성한다. 전통적으로 이러한 rRNA들은 **밀도기울기 원심분리(density gradient centrifugation)**를 할 때 고밀도 용액을 통해 이동하는 비율을 측정하는 계수인 **침강계수(sedimentation coefficient)**에 의해 언급된다. 이 표기법에 따르면, 박테리아 rRNA들은 23S, 16S 그리고 5S이다.

박테리아 리보솜은 각각 23S, 16S 및 5S rRNA의 사본을 가지고 있다. 이것은 박테리아가 각각의 rRNA를 동일한 양으로 만들어야 한다는 것을 의미한다. 이는 단일 전사단위로 연결된 3개의 rRNA를 연결함으로써 달성할 수 있으며, 대장균 DNA 분자 주변에 분포된 7개의 복사본이 있다(**그림 15.17A**). 전사의 산물인 1차 전사체인 긴 RNA 전구체는 각각 짧은 간격으로 분리되어 있다. 이 **rRNA 전구체(pre-rRNA)**는 침강계수가 30S이며, 16S-23S-5S의 순서인 rRNA이다. 침강계수는 합산되지 않는데 질량뿐만 아니라 모양에 따라서 첨가되기 때문에, 그것은 3개 요소의 합과 다른 S값을 가지는 것이 가능하다.

Box 15.3 밀도기울기 원심분리법

밀도기울기 원심분리법은 고속 원심분리기가 처음 개발되었을 때인 1920년대에 세포구성물을 연구하기 위해 고안된 일련의 기법 중 하나이다. 이 절차를 시작하기 위해, 수크로오스용액은 원심분리관에 층화(layered)되어 용액은 점점 더 고농도 상태로 있고, 따라서 원심분리관의 하단은 더 고밀도가 된다. 세포추출물은 용액의 상단에 놓이며, 튜브는 500,000 g 또는 그 이상의 속도로 수 시간 동안 원심분리한다. 이러한 조건하에서, 밀도기울기를 통한 세포구성물들의 이동 속도는 **침강계수(sedimentation coefficient)**에 따라 달라지며, 이것은 그들의 분자 질량과 형태에 따라 달라진다. 침강계수는 1920년대 초에 최초로 원심분리기를 만든 스웨덴 화학자인 Svedberg를 기념하여 Svedberg(S) 값으로 나타낸다.

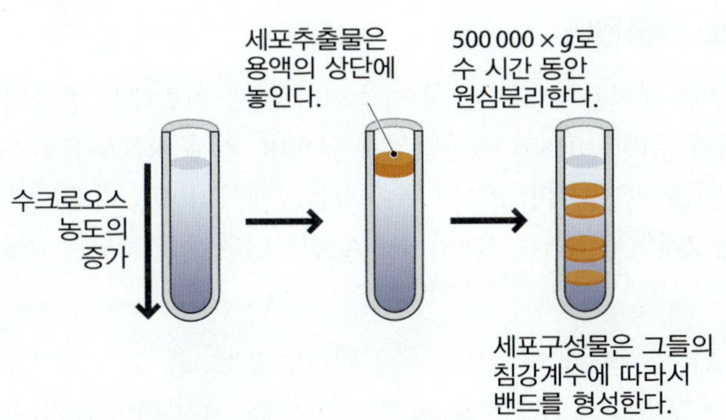

두 번째 유형의 밀도기울기 원심분리법(일명 등가밀도원심분리법)은 8M 염화세슘($CsCl_2$) 용액을 사용하는데 이는 S값을 측정하는 데 사용된 수크로오스용액보다 본질적으로 훨씬 더 밀도가 높다. 이 경우 시동용액은 균일하며 원심분리시 기울기가 만들어진다. 세포 구성물들은 원심분리관을 통해 아래쪽으로 이동하는데 DNA와 단백질 같은 분자들은 튜브 바닥에 도달하지 않는다. 대신에 DNA와 단백질들은 그들의 **부력밀도(buoyant density)**가 염화세슘 용액의 밀도와 일치하는 위치에 놓이게 된다. 이 기법은 다른 염기조성을 갖는 DNA 조각과 다른 형태를 갖는 DNA, 예를 들면 초나선형 DNA와 그렇지 않은 비초나선형 DNA 분자들을 분리할 수 있다.

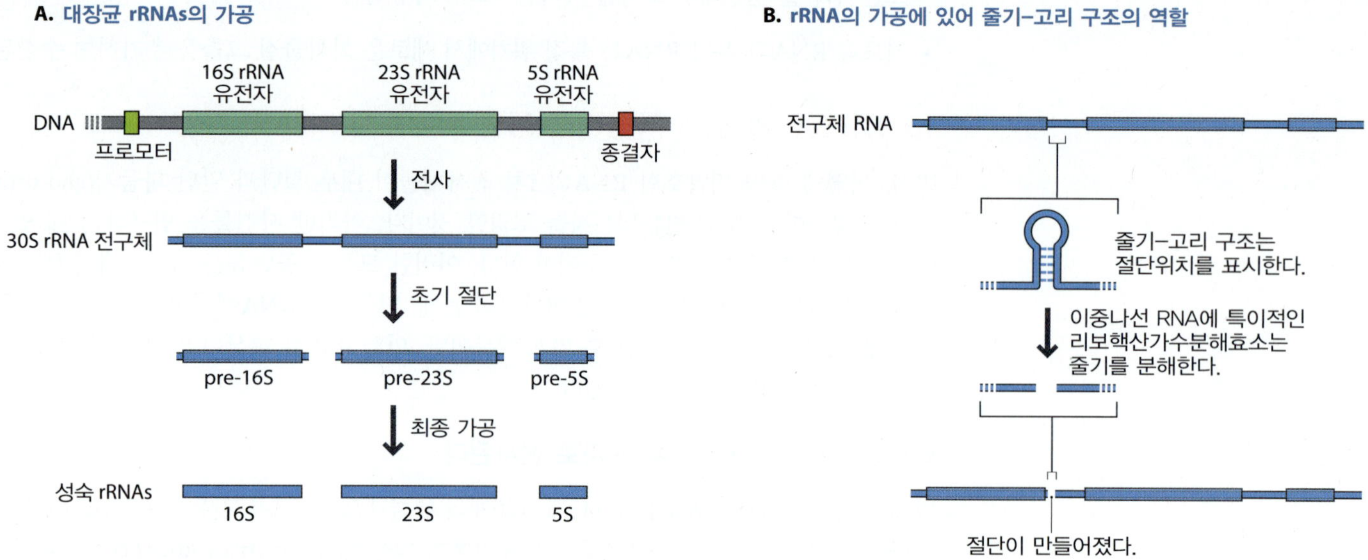

그림 15.17 대장균에서 rRNA의 가공
(A) 1차 rRNA 전사체는 생성된 분자의 말단 다듬기에 뒤이어 일련의 절단과정에 의하여 가공된다. (B) 절단이 만들어지는 위치는 줄기-고리 구조에 의해서 표시된다.

일련의 절단(cutting) 및 다듬기(trimming) 과정은 성숙된 rRNA를 생성한다. 절단은 여러 가지 내부리보핵산가수분해효소에 의해 만들어지는데, 대부분은 이중가닥 영역에서 특히 RNA 분자를 절단한다. 따라서 내부리보핵산가수분해효소는 rRNA 전구체를 분해작용을 통해 염기쌍으로 형성된 이중가닥 RNA 형태의 짧은 조각으로 잘라낸다(그림 15.17B). 염기쌍의 서열은 미리 결정된 rRNA 전구체 염기서열에 따라 결정되므로 이러한 절단은 올바른 위치에서 만들어진다. 성숙한 rRNA의 합성은 남겨진 끝을 다듬는 효소인 핵산말단가수분해효소에 의해 완성된다.

진핵생물에는 4개의 rRNA가 있는데, 각각 28S(4,718 뉴클레오타이드), 18S(1,874 뉴클레오타이드), 5.8S(160 뉴클레오타이드), 5S(120 뉴클레오타이드)가 있다. 박테리아와 마찬가지로, 각각의 리보솜은 각각의 rRNA 복사본을 포함하고 있지만, 진핵생물에서는 유별나게 외톨이인 5S rRNA를 제외하고 3개의 rRNA만이 하나의 유닛으로 합성된다. 23S, 18S, 5.8S 분자를 포함한 rRNA 전구체는 RNA 중합효소 I에 의해 전사되며, 박테리아 전구체에 대해 연구된 것과 매우 유사한 과정으로 절단되고 다듬어진다. 주된 전사단위의 일부분이 아닌 5S rRNA는 RNA 중합효소 III에 의해 전사된다.

운반 RNA 역시 절단 및 다듬기로 가공된다

운반 RNA(tRNA)는 처음에는 전구체 분자로 전사되는데 방출되기 위해 연속해서 절단되며 다듬어져야 한다. 대장균에는 여러 개의 분리된 tRNA 전사단위가 있으며, 일부 tRNA 유전자는 단 하나의 tRNA 유전자를 포함하고 있는 반면, 어떤 tRNA 유전자는 7개의 tRNA 유전자들이 다발 형태로 존재한다. 또한 1개 또는 2개의 tRNA는 7개의 rRNA 전사단위에 포함되는 16S 유전자와 23S 유전자 사이에 존재한다.

tRNA 클로버잎 구조는 **4.1.2절**을 보라.

각각의 **tRNA 전구체(pre-tRNA)**는 유사한 방식으로 가공된다(그림 15.18). 가공이 시작되기 전에, tRNA는 염기쌍으로 된 클로버잎 모양의 구조물로 바뀐다. 두 개의 추가적인 줄기-고리 구조가 또한 형성되며, tRNA 양쪽에 하나씩 있다. 가공은 리보핵산가수분해효소 E나 리보핵산가

리보핵산가수분해효소 P는 RNA로 이루어진 효소인 리보자임의 한 예이다(**7.1.1절** 참조).

그림 15.18 **대장균에서의 tRNA 전구체 가공**

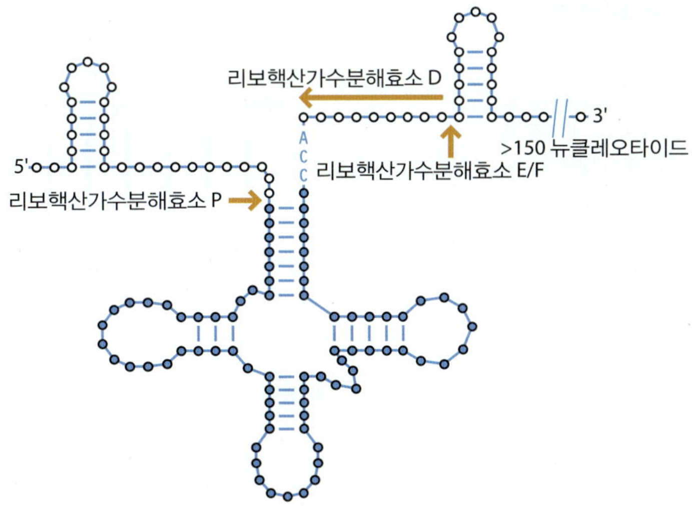

수분해효소 F의 분해작용으로 시작되며, 머리핀(hairpin)의 한 쪽 상류부에 새로운 3′ 말단을 만들게 된다. 핵산말단가수분해효소인 리보핵산가수분해효소 D는 새로운 3′ 말단에서 7개의 뉴클레오타이드를 잘라낸 다음 쉬는 동안, 리보핵산가수분해효소 P는 클로버잎 구조의 시작 부위에서 절단을 하면서 성숙 tRNA의 5′ 말단을 만든다. 리보핵산가수분해효소 D는 두 개의 뉴클레오타이드를 제거하고, 성숙한 분자의 3′ 쪽 말단을 생성한다.

모든 tRNA 끝부분은 3개의 뉴클레오타이드 5′-CCA-3′로 끝난다. 어떤 tRNA는 이 말단 염기서열이 tRNA 전구체에 존재하는데 이것은 리보핵산가수분해효소 D에 의해 제거되지 않는다. 그러나 이 염기서열이 없는 어떤 것들은 리보핵산가수분해효소의 작용에 의해서 제거된다. 만일 가공 중에 비존재하거나 제거된 경우에는 하나 이상의 주형-비의존성 RNA 중합효소들, 예를 들면 **tRNA 뉴클레오타이드전달효소(tRNA nucleotidyl transferase)**에 의해 그 염기서열은 추가되어져야 한다.

15.2.2 진핵생물 mRNA 전구체에서 인트론의 제거

다음으로 우리는 주로 RNA 가공의 가장 중요한 범주로 여겨지는 것에 주목한다. 이것은 진핵생물에서 단백질-암호화 유전자의 1차 전사체로부터 **인트론(intron)**을 제거하는 것이다.

많은 진핵생물 유전자들은 불연속적이다

고전적인 관점에서는 유전자란 유전자의 염기서열과 유전자에 의해 지정된 폴리펩타이드의 아미노산 서열 사이의 **직선대응적(colinear)** 관계에 있는 DNA의 단일한 연속적 조각이다(그림 15.19A). 1950년대와 1960년대 동안, 유전학자들은 유전자와 단백질이 직선대응하다는 것을 입증하기 위해 여러 가지 실험을 시도했다. 대장균을 가지고 최종적으로 성공적인 실험을 했을 때, 결과는 이러한 가정이 항상 정확하다는 것을 확인해 주는 것으로 나타났다. 그러므로 1970년대 후반에 진핵생물의 많은 유전자들이 이와는 달리 상응하는 단백질과 직선대응하지 않음을 알아낸 것은 정말로 놀랄 만한 일이었다.

직선대응성(colinearity)을 가지지 않은 특정한 유전자는 **불연속 유전자(discontinuous gene)**라고 불린다. 불연속 유전자(분할 또는 모자이크 유전자라고도 함)에서 쪼개진 부분의 폴리펩타이드의 아미노산 서열을 지정하는 DNA는 **엑손(exon)** 또는 **발현서열(expressed sequence)**이라고 부른다(그림 15.19B). 그리고 엑손과 엑손 사이의 DNA는 **개재서열(intervening sequence)** 또는

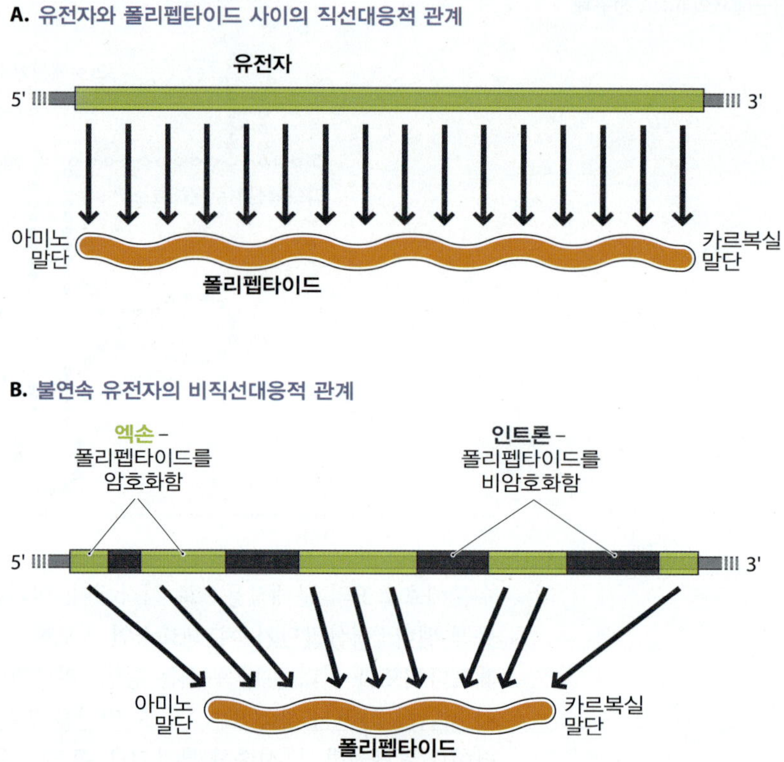

그림 15.19 유전자와 그의 폴리펩타이드 사이의 관계
(A) 유전자와 그의 폴리펩타이드 사이의 직선대응적 관계는 유전자에 있는 일련의 뉴클레오타이드가 아미노기말단에서 카르복실말단 방향으로 읽혀지는 폴리펩타이드의 아미노산 서열과 직접적인 관계를 가지며 5′→ 3′ 방향으로 읽는다. (B) 비직선대응적 관계는 불연속 유전자에서 나타난다.

인트론(intron)이라고 불린다. 인트론은 여전히 A, C, G, 그리고 T로 만들어지지만, 인트론 안의 DNA 서열은 유전자에 의해 암호화된 단백질의 아미노산 서열에 의미를 주지는 않는다. 불연속 유전자는 진핵생물에서 흔히 나타난다. 모든 인간 유전자의 95% 이상이 적어도 1개의 인트론을 가지고 있으며, 평균치는 9개이다.

인트론이 효모와 같은 하등 진핵생물에서 드물다는 사실 이외에 단백질 암호화 유전자의 인트론 분포를 위한 규칙은 거의 없다. 효모 유전체(genome)의 6,000개 유전자는 총 239개의 인트론을 포함하고 있으나, 많은 개별 포유류 유전자는 50개 이상의 인트론을 포함하고 있다. 많은 불연속 유전자들에서, 인트론은 엑손보다 훨씬 길다. 가장 긴 유전자에서, 인트론은 유전자 길이의 90% 이상을 차지한다.

> 이어맞추기는 반드시 정확해야 한다. 왜냐하면 단 1개의 뉴클레오타이드의 손실이 단백질을 만드는 mRNA의 유전암호를 파괴시키기 때문이다. 이에 대한 것은 **16.1.1절**에 있는 유전암호를 공부할 때 좀 더 확실하게 된다.

전사 중에 유전자의 모든 조각들(엑손과 인트론)은 mRNA 전구체로 전사된다(**그림 15.20**). 이 RNA 분자가 폴리펩타이드 합성에 사용될 수 있기 전에, 인트론은 반드시 제거되어야 하고, 엑손

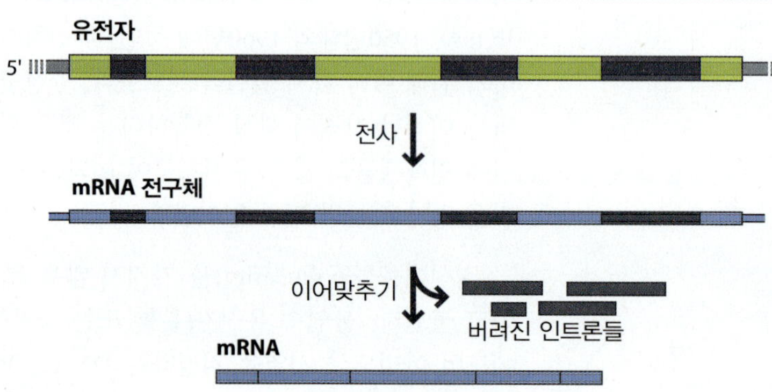

그림 15.20 불연속 유전자에서 전사되는 tRNA 전구체는 기능적 mRNA가 되기 위해서 반드시 이어맞추기가 되어야 한다.

은 함께 연결되어 있어야 한다. **이어맞추기(splicing)**라고 부르는 이러한 과정은 절대적인 정밀도를 가지고 수행되어야 한다. 만약 절단이 실질적인 엑손-인트론의 경계 위치에서 단 1개의 뉴클레오타이드로부터 멀리서 이루어진다면, 그 결과 만들어진 mRNA는 비기능적이 될 것이다.

이어맞추기 동안에 정밀도는 특수한 염기서열의 위치에 의해 보장된다

mRNA 전구체의 인트론이 절단될 필요가 있을 때 엑손-인트론 경계 위치에서 고도의 정밀도를 보장하는 특수 염기서열의 존재가 필요하다. 대부분의 mRNA 전구체 인트론 염기서열의 첫 2개의 뉴클레오타이드는 5′−GU−3′이며 마지막 2개는 5′−AG−3′이다(**그림 15.21**). 따라서 이들을 **GU-AG 인트론(GU-AG intron)**이라고 부른다.

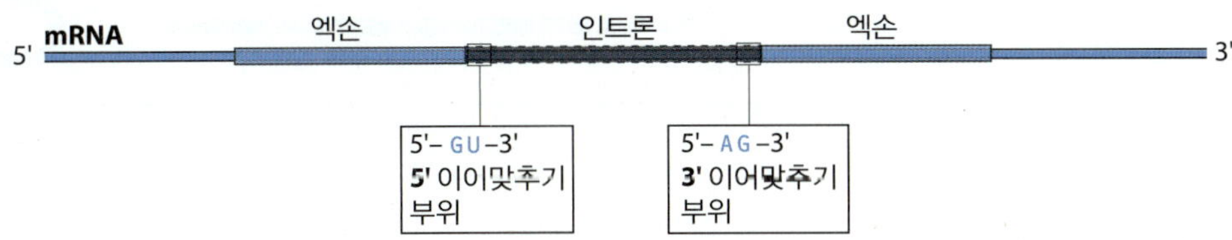

그림 15.21 mRNA 전구체에서 5′−GU−3′ 및 5′−AG−3′의 위치

보존 부위인 GU와 AG 모티프는 최초의 인트론이 연구된 직후에 알려졌다. 인트론 염기서열이 데이터베이스에 축적되기 시작함에 따라, GU와 AG 모티프는 실제로 모든 인트론의 상류부 및 하류부 경계에 존재하는 더 긴 보존부위 염기서열(conserved sequence)의 내부 뉴클레오타이드임을 알게 되었다. 대장균의 프로모터 서열과 마찬가지로, 이러한 염기서열은 모든 인트론에서 동일하지 않으며 따라서 공통서열(consensus sequence)로 대신한다. 상류부 이어맞추기 부위는 **5′ 이어맞추기 부위(5′ splice site)** 혹은 **공여자 부위(donor site)**라고 하며 공통 염기서열은 5′−AG↓GUAAGU−3′이며 ↓는 절단이 일어나는 부위로 이어맞추기 동안에 인트론의 끝에서 만들어진다. 하류부 이어맞추기 부위는 **3′ 이어맞추기 부위(3′ splice site)** 혹은 **수여자 부위(acceptor site)**라고 하며 공통서열(이에 대한 합의는 다소 덜 정의되어 있다)은 5′−PyPyPyPyPyPyNCAG↓−3′ 이다. 이 표기법에서 'Py'은 RNA(C또는 U)에서 발견되는 2개의 피리미딘 뉴클레오타이드 중 하나이며 'N'은 4개의 뉴클레오타이드 중 하나이다.

척추동물에서, 5′ 쪽과 3′ 쪽의 이어맞추기 부위의 모티프는 인트론 안에 존재하는 유일한 보존부위 서열이다. 그러나 인트론 염기서열의 3′ 쪽 말단에 위치한 시토신과 우라실 뉴클레오타이드는 아주 높은 비율로 존재하는데 이것을 **폴리피리미딘 지역(polypyrimidine tract)**이라 한다. 효모세포 안에는, 5′−UACUAAC−3′ 서열이 존재하는데, 이것은 효모 유전체의 서로 다른 모든 인트론에 있으며 3′ 이어맞추기 부위의 상류부 18개와 140개의 뉴클레오타이드 사이에 위치해 있다.

이어맞추기는 위상적인 문제들 때문에 난해하다

생화학 반응으로 간주될 때, 인트론 이어맞추기는 간단한 2단계 과정이다(**그림 15.22**).

- 첫 번째 단계에서, 5′의 이어맞추기 부위는 인트론 서열 내의 아데노신 뉴클레오타이드의 2′-OH 그룹에 의해 촉진된 **에스테르교환반응(transesterification)**에 의해 절단된다. 효모(yeast)에서 이 뉴클레오타이드는 5′−UACUAAC−3′ 서열의 마지막 A이다. 5′ 이어맞추기 부위에서 인산디에스테르결합의 절단은 내부 아데노신과 함께 인트론(5′−GU−3′ 모티프의 G)의 첫 번째 뉴클레오타이드와 연결하는 새로운 5′−2′ 인산디에스테르결합의 형성을 수반한다. 인트론은 그 자체로 올가미(lariat) 구조물을 형성하기 위해 다시 고리를 형성한다.

그림 15.22 **인트론 이어맞추기의 개요**

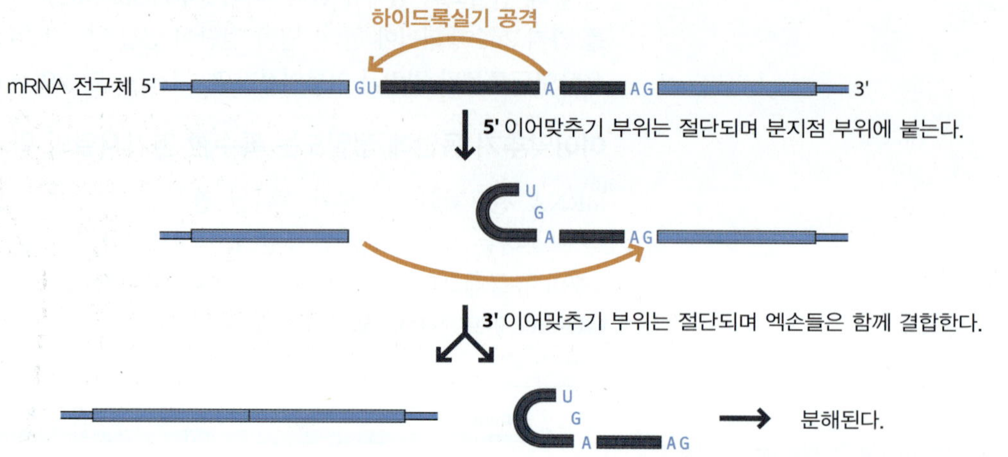

- 두 번째 단계에서는, 3′의 이어맞추기 부위가 에스테르교환반응에 의해 절단된다. 이 반응은 상류부 엑손 끝에 존재하는 3′-OH기에 의해 촉진된다. 이 하이드록실기는 3′ 이어맞추기 부위의 인산디에스테르결합을 공격하여, 그 결합을 절단하고 올가미 구조물로 인트론을 방출한다. 상류부 엑손 끝에 존재하는 3′ 말단은 새로이 형성된 하류부 엑손 끝에 존재하는 5′ 말단에 붙으면서 이어맞추기 과정이 완성된다.

이어맞추기에 있어서 난제는 위상적인 문제들로부터 기인한다. 일부 인트론은 수천 개의 뉴클레오타이드를 가지고 있으며, 이는 두 개의 이어맞추기 부위가 mRNA가 직선형 체인의 형태로 형성된 경우에 두 개의 이어맞추기 부위가 100 nm 이상일 수 있다는 것을 의미한다. 따라서 이어맞추기 부위를 근접하는 데 필요한 수단이 절실하게 요구된다. 이것은 **작은 핵 리보뉴클레오단백질(small nuclear ribonucleoprotein, snRNP)**이라고 불리는 5개의 구조물의 결합작용에 의해 달성된다. 각각의 snRNP에는 여러 개의 단백질과 비암호화 snRNA 중 하나가 들어 있다. 척추동물에는 U1, U2, U4, U5, U6의 다양한 snRNA들이 있다. 이들은 길이가 짧고 우라실(uracil)이 풍부한 분자이며, 길이가 106~185개 뉴클레오타이드이다. 다른 부속 단백질들과 함께, snRNP는 mRNA의 특정한 위치에 붙어 있으며, 일련의 복합체를 형성한다. 가장 중요한 것은 **이어맞추기소체(spliceosome)**로 이것은 실제적으로 이어맞추기 반응이 일어나는 구조물이다.

A 복합체(complex A, 그림 15.23)가 형성됨에 따라 이어맞추기가 시작된다. 이 복합체는 U1-snRNP를 가지는데 이는 5′ 이어맞추기 부위에 부분적으로 RNA-RNA 염기쌍에 의해 붙어 있다. U2-snRNP는 분지점 부위(branch site)에 붙어 있는데 아마도 염기쌍에 의해 붙어 있지 않고 분지

Box 15.4 에스테르교환반응 — 화학의 원리

에스테르교환반응(transesterification)은 에스테르와 알코올 사이의 반응이다. 에스테르교환반응 동안에 두 개의 반응물을 교환한다.

인트론 이어맞추기소체의 첫 번째 단계에서, 알코올기는 분지점 부위에 있는 아데노신의 2′ 탄소에 하이드록실기를 제공하며, 에스테르기는 5′ 이어맞추기 부위에 있는 인산디에스테르결합의 구성요소이다. 두 번째 단계에서, 알코올은 상류부 엑손의 끝에 있는 3′-하이드록실기이며 에스테르는 3′ 이어맞추기 부위에 있는 인산디에스테르결합이다.

그림 15.23 인트론 이어맞추기를 초래하는 일련의 과정들

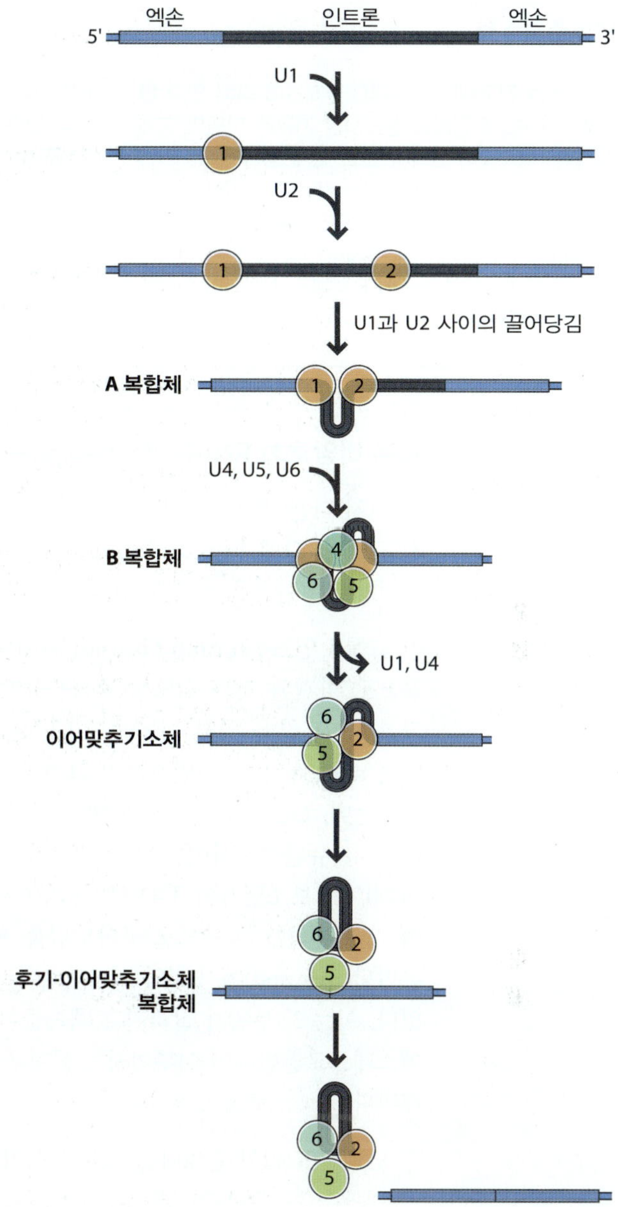

점 부위와 U2-snRNP와 관련된 하나의 단백질 사이의 상호작용에 의해 붙어 있다. U1-snRNP와 U2-snRNP는 서로에 대해 선호도를 갖는데 이러한 관계는 5′ 이어맞추기 부위로 분지점 부위를 향해 서로를 끌어온다. 그러면 U4-, U5- 및 U6-snRNP가 인트론에 붙게 될 때 **B 복합체(complex B)**가 형성된다. 그들이 도착하게 되면 3′ 이어맞추기 부위를 5′ 부위와 분지점 부위에 가까이에 가져다주는 추가적인 상호작용을 한다. 그러면 U1- 및 U4-snRNP는 떠나게 되고 이어맞추기소체이 형성된다. 인트론의 3가지 주요 위치는 현재 근접하고 있으며, 절단과 결합반응은 U2- 및 U6-snRNP에 의해 촉매된다. 이어맞추기 반응의 초기 산물은 이어맞추기가 된 mRNA와 인트론 올가미(intron lariat)로 분리되는 **후기 이어맞추기소체 복합체(post-spliceosome complex)**이며, 후자(intron lariat)는 여전히 U2-, U5- 및 U6-snRNP에 붙어 있다.

Box 15.5 작은 이어맞추기소체

진핵생물에 있는 소수의 mRNA 전구체는 GU–AG 클래스에 속해 있지 않다. 이러한 인트론은 원래 AU–AC 유형이라 불리지만 지금은 이들의 경계 염기서열에 기초하여, 더 많은 예시들이 알려져 있고, 경계 염기서열은 가변적이며 모든 것이 다 AU와 AC 모티프를 포함하지는 않는다. 이어맞추기 반응의 기본적인 생화학은 두 가지 GU–AG와 AU–AC 인트론에 있어 동일하지만 후자는 두 개의 에스테르교환반응에 의해서 시작된다. 첫 번째 반응은 5′–UCCUUAAC–3′의 마지막 아데노신의 2′–OH에 의해서 시작되며 이러한 유형의 인트론에 있어서 거의 불변한다.

비록 생화학이 똑같을지라도, 특별한 염기서열은 AU–AC 인트론의 특징이며 다른 종류의 snRNP가 필요하다는 것을 의미한다. U5–snRNP는 두 종류의 인트론의 이어맞추기 메커니즘에 관여한다. AU–AC 인트론의 경우, U1- 및 U2-snRNP의 역할은 상대적으로 U11- 및 U12-snRNP가 차지하고 U4- 및 U6-snRNP는 U4atac- 및 U6atac-snRNP로 대체된다.

왜냐하면 그들은 너무 흔치 않기 때문에 AU–AC 인트론을 위한 이어맞추기 복합체를 **'작은 이어맞추기소체(minor spliceosome)'**이라고 부른다.

일부 비암호화 RNA는 자가촉매되는 다른 종류의 인트론을 포함하고 있다

몇 가지 다른 유형의 인트론이 있는데, 이 중 몇몇 GU–AG 인트론은 상당히 다른 특징들을 가지고 있다. **그룹 I(group I)**이라 불리는 하나의 패밀리(family)는 이 유형의 인트론들은 그들만의 이어맞추기 반응을 촉매할 수 있기 때문에 특히 흥미롭다.

그룹 I 인트론(group I intron)은 미토콘드리아와 엽록체 내의 DNA 분자에 가장 흔하지만 처음으로 발견된 것은 섬모성 원생동물인 꼬마 선충(*Tetrahymena*)의 핵 rRNA에 위치해 있었다. 그룹 I 인트론을 위한 이어맞추기 반응의 근본적인 생화학은 2개의 에스테르교환반응과 관련이 있는 mRNA 전구체 인트론의 그것과 유사하다. 첫 번째로, 5′의 이어맞추기 부위의 절단을 야기하는데, GU-AG 인트론과 마찬가지로 인트론 내의 뉴클레오타이드에 의해서 유도되지 않으나 자유 뉴클레오사이드, 뉴클레오타이드, 구아노신, GMP, GDP나 GTP 등으로 유도된다(**그림 15.24**). 이 보조인자의 3′-OH는 5′의 이어맞추기 부위에서 인산에스테르결합을 공격하고 잘라내며, 인트론의 5′ 말단으로 구아노신을 전송한다. 두 번째 에스테르교환반응은 상류부 엑손의 자유말단(free end)에서 3′의 이어맞추기 부위에서 인산에스테르결합을 공격하는 3′-OH와 연관이 있다. 이는 3′ 부위가 잘라지고 엑손들이 연결될 수 있게 해준다. 이때 인트론은 아마도 추가적인 에스테르교환반응이 이루어지는 선형구조로 방출되며, 분해과정의 일부로서 원형의 생성물을 초래한다.

단백질이 없이 일어나는 그룹 I 이어맞추기 반응의 이 놀라운 특징은 따라서 자가촉매적이며

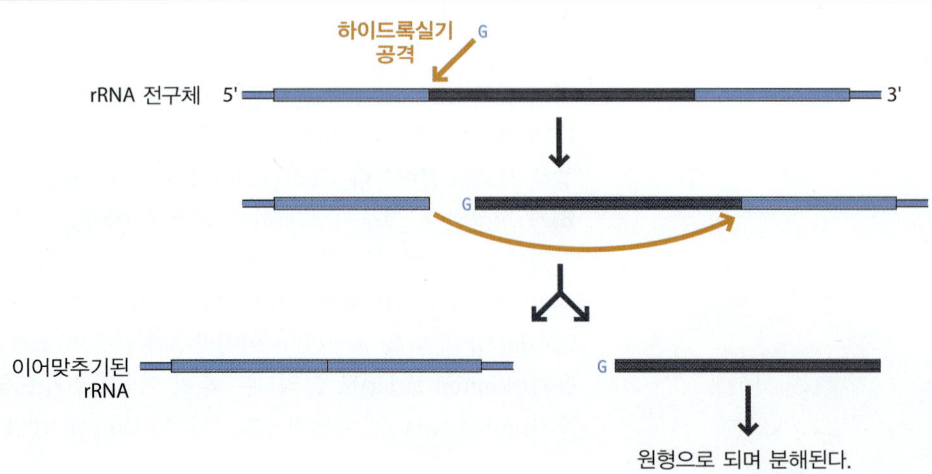

그림 15.24 자가촉매성 그룹 I 인트론의 이어맞추기 반응
이어맞추기 반응을 시작하는 'G'는 구아노신, GMP, GDP 혹은 GTP일 수 있다.

RNA 자체가 효소활성을 가지는 것을 전제로 하여 자가촉매작용을 한다. 이것은 1980년대 초반에 발견된 RNA 효소 혹은 **리보자임(ribozyme)**이 발견된 첫 번째 사례이다. 그룹 I 인트론의 **자가 이어맞추기(self-splicing)** 작용은 RNA에 의해 만들어지는 염기쌍 구조에 의존한다. 이 구조물은 9개의 주요 염기쌍 영역으로 구성되어 있는데, 이 중 2개는 리보자임의 활성 부위에 한 쌍의 영역을 형성한다. 이 2개의 이어맞추기 부위는 2차구조(secondary structure)의 다른 부분에 일어나는 상호작용에 의해 가까이 운반된다. 비록 이 RNA 구조는 이어맞추기를 하기에 충분하지만, 몇몇 그룹 I 인트론에서는 리보자임의 안정성이 그것에 결합된 비촉매성 단백질에 의해 강화된다.

Box 15.6 대체 이어맞추기

인트론이 처음 발견되었을 때, 불연속 유전자가 하나의 **이어맞추기 경로(splicing pathway)**를 가지고 있는 것으로 생각되었는데, 이것은 모든 엑손이 하나의 mRNA로 결합하는 것이다. 우리는 이제 몇몇 불연속 유전자가 2개 이상의 **대체 이어맞추기(alternative splicing)** 경로를 가지고 있다는 것을 알고 있다. 이것은 mRNA 전구체가 일련의 다양한 방법으로 다양한 엑손의 조합으로 가공될 수 있는 것을 알려주며, 이러한 mRNA들은 서로 다른 단백질을 합성할 것이다.

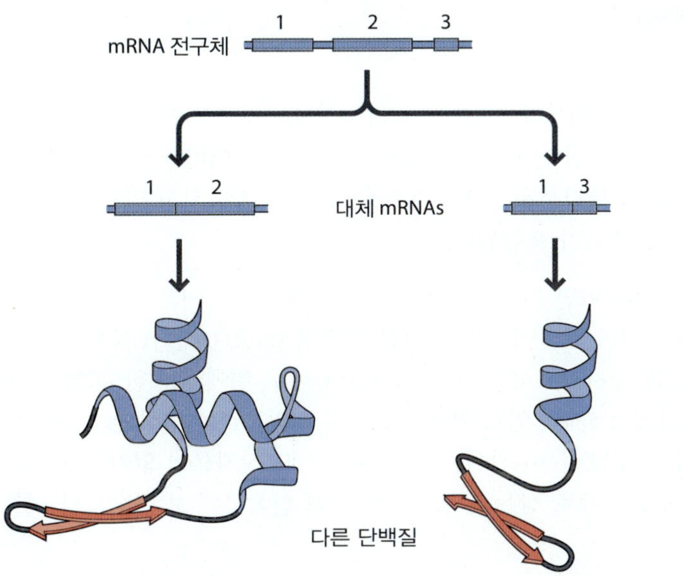

일부 진핵생물에서는 대체 이어맞추기가 드물지만 척추동물들에서는 상대적으로 흔하며, 인간 단백질-암호화 유전자의 전체의 약 75%는 2개 이상의 이어맞추기 경로가 뒤따르게 된다. 하나의 예는 사람들이 2개의 이어맞추기 경로를 가지면서 서로 다른 단백질을 만들어 내는 인긴 칼시도닌/CGRP 유전자에 의해서 제공된다. 이것들 중 첫 번째는 갑상샘에서 만들어지는 짧은 펩타이드 호르몬이며 부갑상샘 호르몬과 병행하여 혈류의 칼슘이온 농도를 조절하는 칼시토닌(calcitonin)이다. 유전자의 두 번째 산물은 감각 신경세포에서 활동하고 통증반응에 관여하는 신경 전달물질인 칼시토닌 유전자 관련 펩타이드(CGRP)이다. 칼시토닌/CGRP 유전자는 6개의 엑손을 가지고 있다:

- 엑손1은 전사 시작 부위와 유전자의 실질적 시작 부위 사이의 mRNA 부분을 다룬다.
- 엑손 2와 3은 **신호펩타이드(signal peptide)**를 지정한다. 이것은 단백질이 소포체 내에 침투할 수 있도록 해 주는 아미노산의 짧은 순서이다. 소포체 안에 들어가면, 신호펩타이드는 절단되고 단백질은 세포에서 분비되기 전에 골지체로 이동한다. 16.4절에서 이것과 이 단백질 표적화(protein targeting)의 다른 측면들을 공부할 것이다.
- 엑손 4는 칼시토닌 단백질의 나머지 부분에 대해 암호화한다.
- 엑손 5와 6은 CGRP를 암호화한다.

칼시토닌/CGRP 유전자의 mRNA 전구체는 2개의 조직 특유의 이어맞추기 경로를 따른다. 갑상샘에서, 엑손 1–2–3–4는 신호펩타이드와 펩타이드 호르몬을 함유한 칼시토닌의 전구체를 제공하기 위해 함께 이어맞추기 된다. 신경조직에서, 엑손 1–2–3–5–6은 CGRP 신경전달 물질에 대한 mRNA를 제공하기 위해 결합된다.

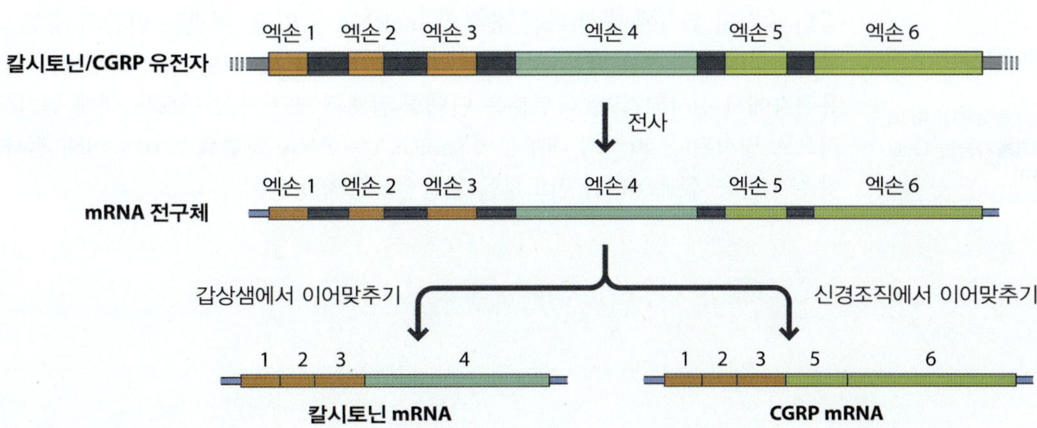

15.2.3 비암호화 RNA의 화학적 수식

이러한 화학적 수식에 대해서는 **4.1.3절**에서 배웠다.

절단 및 결합에 의해 가공되는 것뿐만 아니라, 일부 비암호화 RNA도 화학적으로 변형된다. 우리는 이미 이러한 화학적 수식의 성질과 tRNA 분자에 대한 그들의 영향을 살펴보았다. 이제는 rRNA 전구체 가공 중에 발생하는 이벤트에 대해 살펴본다.

운반 RNA(tRNA)는 다양한 화학적 수식을 보여주지만, 이러한 변화의 대부분은 우라실을 슈도우라실로 바꾸는 것이며(그림 4.15 참조), 혹은 2′ 탄소에 붙어 있는 하이드록실기의 수소를 메틸기로 대체하는 2′-*O*-메틸화이다(**그림 15.25**). 4개의 인간 rRNA는 95번 위치에서 슈도우라실화가 되며 106번 위치는 메틸화가 된다. 달리 말하자면, 매 35개 뉴클레오타이드마다 하나의 수식이 일어난다. 이러한 수정 사항들은 각각 특정한 위치에 존재하며, 그 rRNA의 모든 복사본들에서 항상 동일한 위치에 있다.

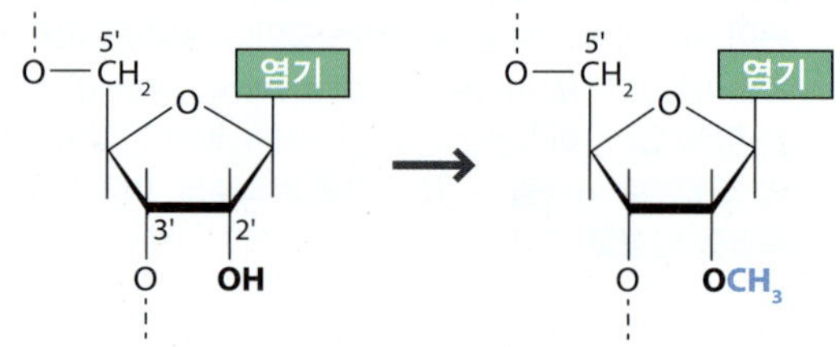

그림 15.25 뉴클레오타이드의 2′-*O*-메틸화

박테리아에서, rRNA는 수정될 뉴클레오타이드를 포함하는 RNA 영역의 염기서열 및 염기쌍 구조를 직접 인식하는 효소에 의해 수정된다. 진핵생물에서 수식 위치는 어떠한 염기서열이나 구조적 유사성을 나타내지 않으며 위치 특정성을 보장하기 위해 보다 정교한 과정 필요하다. 이 과정에는 작은 핵소체 RNA 또는 snoRNA가 포함된다.

작은 핵소체 RNA는 수식이 일어나야만 하는 rRNA의 영역과 염기쌍을 이룬다. 발견된 첫 번째 snoRNA는 메틸화 반응을 일으키는 것들이었다. 이러한 각각의 snoRNA는 rRNA와 함께 염기쌍을 형성한다. 이 쌍은 항상 D 상자라고 불리는 염기서열의 바로 위에 위치한다(**그림 15.26**). 수식될 뉴클레오타이드는 D 상자에서 5개의 염기 위치만큼 떨어져 염기쌍을 형성한다. 우라실에서 슈도우라실로의 전환은 역시 snoRNA들이 관여한다. 이것들은 D 상자들이 없지만, rRNA의 정확한 뉴클레오타이드에서 수식을 목표로 삼는 수식효소에 의해 인식되는 보존적 모티프를 여전히 가지고 있다.

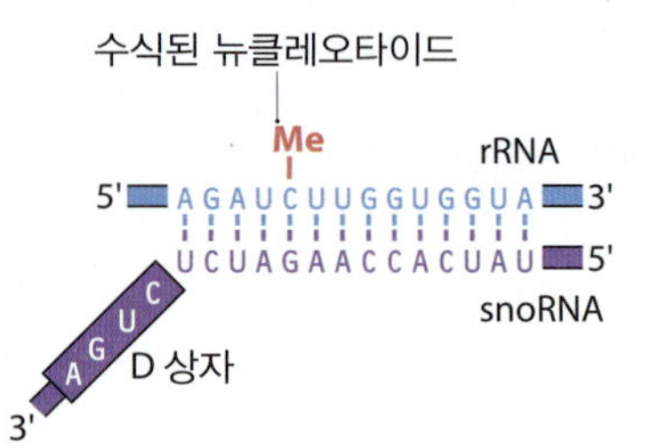

그림 15.26 rRNA 메틸화에 있어서 snoRNA의 역할
rRNA와 snoRNA 사이의 상호작용이 RNA 폴리뉴클레오타이드에서 허용가능한 G–U 염기쌍과 관련됨을 주목하라.

함께 다룰 수 있을 정도로 가까운 곳에 있는 몇 개의 부위를 제외하고는 rRNA 전구체에는 각각의 수식된 위치에 대해 다른 종류의 snoRNA가 있다. 이것은 인간의 경우 대략 200개의 서로 다른 snoRNA를 만든다는 것을 의미한다. 이들 중 몇몇은 RNA 중합효소 III에 의한 snoRNA 유전자에서 전사되지만, 대부분은 단백질-암호화 유전자의 인트론 내에 염기서열에 의해서 구체적으로 명시된다. 따라서 대부분의 snoRNA는 RNA 중합효소 II에 의해 전사되며, 이들을 이어맞추기 반응 후에 이러한 인트론을 절단함으로써 방출된다.

참고문헌

Banerjee S, Chalissery J, Bandey I and Sen R (2006) Rho-dependent transcription termination: more questions than answers. *Journal of Microbiology* **44**, 11–22.

Bujard H (1980) The interaction of *E. coli* RNA polymerase with promoters. *Trends in Biochemical Sciences* **5**, 274–8.

Buratowski S (2009) Progression through the RNA polymerase II CTD cycle. *Molecular Cell* **36**, 541–6. ***Describes the role of the C-terminal domain of RNA polymerase II during transcription.***

Cech TR (1990) Self-splicing of group I introns. *Annual Review of Biochemistry* **59**, 543–68. ***Review of self-splicing introns.***

Cougot N, van Dijk E, Babajko S and Séraphin B (2004) 'Cap-tabolism'. *Trends in Biochemical Science* **29**, 436–44. ***mRNA capping.***

Green MR (2000) TBP-associated factors (TAF_{II}s): multiple, selective transcriptional mediators in common complexes. *Trends in Biochemical Science* **25**, 59–63.

Kandah E, Trowitzsch S, Gupta K, Haffke M and Berger I (2014) More pieces to the puzzle: recent structural insights into class II transcription initiation. *Current Opinions in Structural Biology* **24**, 91–7.

Klug A (2001) A marvellous machine for making messages. *Science* **292**, 1844–6. ***Description of the bacterial RNA polymerase.***

Manley JL and Takagaki Y (1996) The end of the message – another link between yeast and mammals. *Science* **274**, 1481–2. ***Polyadenylation.***

Matera AG and Wang Z (2014) A day in the life of the spliceosome. *Nature Reviews Molecular Cell Biology* **15,** 108–21.

Padgett RA, Grabowski PJ, Konarska MM and Sharp PA (1985) Splicing messenger RNA precursors: branch sites and lariat RNAs. *Trends in Biochemical Sciences*, **10**, 154–7. ***A good summary of the basic details of intron splicing.***

Saecker RM, Record MY and deHaseth PL (2011) Mechanism of bacterial transcription initiation: RNA polymerase–promoter binding, isomerization to initiation-competent open complexes, and initiation of RNA synthesis. *Journal of Molecular Biology* **412**, 754–71.

Tollervey D (1996) Small nucleolar RNAs guide ribosomal RNA methylation. *Science* **273**, 1056–7.

Tora L and Timmers HT (2010) The TATA box regulates TATA-binding protein (TBP) dynamics *in vivo*. *Trends in Biochemical Science* **35**, 309–14. ***Details of the recognition of the TATA box by TBP.***

Toulokhonov I, Artsimovitch I and Landick R (2001) Allosteric control of RNA polymerase by a site that contacts nascent RNA hairpins. *Science* **292,** 730–3. ***A model for termination of transcription in bacteria involving the flap structure on the outer surface of the RNA polymerase.***

Travers AA and Burgess RR (1969) Cyclic re-use of the RNA polymerase sigma factor. *Nature* **222**, 537–40. ***The first demonstration of the role of the σ subunit.***

Venema J and Tollervey D (1999) Ribosome synthesis in *Saccharomyces cerevisiae*. *Annual Review of Genetics* **33**, 261–311. ***Extensive details on rRNA processing.***

Wahl MC, Will CL and Lührmann R (2009) The spliceosome: design principles of a dynamic RNP machine. *Cell* **136**, 701–18. ***Review of intron splicing with focus on the role of the spliceosome.***

자기 평가 문제

객관식 문제

각 문제에 대한 정답은 한 개이며, 정답은 웹사이트 www.scionpublishing.com/biochemistry에서 찾을 수 있음.

1. 다음 중 비암호화 RNA 유형이 아닌 것은?
(a) rRNA
(b) tRNA
(c) miRNA
(d) mRNA

2. 다음 중 대장균 프로모터 −35 상자에 대한 공통서열은?
(a) 5′−TTGACA−3′
(b) 5′−TGGACA−3′
(c) 5′−TTGACA−3′
(d) 5′−TAGACA−3′

3. 다음 중 대장균 프로모터 −10 상자에 대한 공통서열은?
(a) 5′−TATTAT−3′
(b) 5′−TAAAAT−3′
(c) 5′−TATAAT−3′
(d) 5′−TTTAAT−3′

4. 대장균 RNA 중합효소의 구조는 어떻게 묘사되는가?
(a) $\alpha_2\beta\beta'\sigma$
(b) $\alpha\beta_2\beta'\sigma$
(c) $\alpha_2\beta_2\sigma$
(d) $\alpha\beta\beta'\sigma$

5. 다음 중 대장균의 전사 개시에 관해서 옳지 않은 것은?
(a) RNA 중합효소의 결합은 σ 소단위와 프로모터의 −35 및 −10 상자 사이의 상호작용을 포함한다.
(b) RNA 중합효소는 약 20개의 염기쌍의 영역을 포함한다.
(c) 닫힌 복합체가 먼저 형성되며 이후 열린 프로모터 복합체로 전환된다.
(d) σ 소단위는 프로모터 서열을 인식하고, DNA에 연결된 직후에 효소로부터 분리된다.

6. RNA 중합효소 II에는 어떤 종류의 유전자가 있는가?
(a) 단백질-암호화 유전자로 대부분의 snRNA 유전자, miRNA 유전자
(b) 28S, 5.8S 및 18S RNA 유전자
(c) 5S rRNA, tRNA, 다양한 소형 RNA 유전자
(d) 상기한 모든 유전자

7. 진핵생물 단백질-암호화 유전자의 프로모터 뉴클레오타이드 +1에 위치한 서열의 명칭은?
(a) 개시 암호
(b) TATA 상자
(c) 대체 프로모터
(d) 개시자 염기서열

8. 진핵생물 단백질-암호화 유전자에서 프로모터의 TATA 박스에 결합하는 단백질의 이름은?
(a) TBP
(b) TAF
(c) CTD
(d) RNA 중합효소 II

9. RNA 중합효소 II는 어떻게 활성화되었는가?
(a) 가장 작은 소단위의 C-말단에 대한 인산기의 첨가
(b) σ 소단위의 해리
(c) 가장 큰 소단위의 C-말단 영역에 대한 인산기의 첨가
(d) 중재자 단백질의 해리

10. 대장균의 전사방울이 얼마나 큰가?
(a) 8~10 bp
(b) 12~24 bp
(c) 20~24 bp
(d) 80 bp

11. RNA 중합효소 II는 RNA를 얼마나 빨리 합성하는가?
(a) 분당 최대 1,000개의 뉴클레오타이드
(b) 분당 최대 2,000개 뉴클레오타이드
(c) 분당 10,000개 뉴클레오타이드 이상
(d) 분당 50,000개 뉴클레오타이드 이상

12. 다음 중 캡 구조에 관한 올바른 설명은?
(a) 구아닌 메틸기전달효소에 의해 RNA의 마지막 5′ 말단에 GTP가 부착된다.
(b) RNA가 길이가 30개의 뉴클레오타이드 길이로 도달한 후에 캡 형성이 발생한다.
(c) 초기 반응은 말단 뉴클레오타이드의 5′ 삼인산염과 유입되는 GTP의 삼인산염 사이에 있다.
(d) 캡은 5-메틸구아노신을 포함한다.

13. 대장균의 내재 종결자는 전형적으로 어떤 특징을 가지고 있는가?
(a) 역반복 염기서열
(b) 아데닌 뉴클레오타이드의 고갈
(c) RNA 사본 내의 줄기-고리 구조를 형성할 수 있는 염기서열
(d) 상기한 모든 항목

14. Rho 의존성 종결자에 있는 Rho는?
(a) 나선효소 단백질
(b) RNA 중합효소의 소단위
(c) 줄기-고리 구조물
(d) 위상이성질화효소

15. 다음 중 진핵생물 mRNA의 아데닐산중합반응에 관해 옳지 않은 것은?
(a) 폴리(A) 꼬리는 RNA의 5′ 말단에 놓인 최대 250개의 아데닌 뉴클레오타이드이다.
(b) 폴리(A) 중합효소에 의해 이러한 아데닌이 첨가된다.
(c) 아데닐산중합반응 이전에 mRNA가 절단된다.
(d) CPSF와 CstF 단백질은 아데닐산중합반응와 연관되어 있다.

16. 대장균의 rRNA 전구체의 침강계수는 얼마인가?
(a) 5S
(b) 18S
(c) 23S
(d) 30S

17. 대장균의 tRNA 가공과정에서, 어떤 효소가 성숙 tRNA의 5′ 쪽을 절단하는가?
(a) 리보핵산가수분해효소 D
(b) 리보핵산가수분해효소 E
(c) 리보핵산가수분해효소 F
(d) 리보핵산가수분해효소 P

18. 불연속 유전자에서 단백질의 아미노산 서열에 기여하지 않는 조각은?
(a) 엑손
(b) 엑스트론
(c) 인톤
(d) 인트론

19. GU–AG 인트론의 5′ 이어맞추기 부위의 공통서열은?
(a) 5′–AGG↓UAAGU–3′
(b) 5′–AG↓GUAAGU–3′
(c) 5′–AGGUAAGU↓–3′
(d) 5′–↓AGGUAAGU–3′

20. GU–AG 인트론의 이어맞추기 반응 중에 발생하는 생화학 반응은?
(a) 전환반응
(b) 산화반응
(c) 에스테르교환반응
(d) 트랜스산화반응

21. 다음 중 GU–AG 인트론에 대한 이어맞추기 반응이 일어나는 구조물은?
(a) 이어맞추기소체
(b) 인트론
(c) snRNP
(d) 리보솜

22. 다음 중 그룹 I 인트론의 이어맞추기와 관련하여 옳지 않은 것은?
(a) 2개의 에스테르교환반응에 관련되어 있다.
(b) 5′ 이어맞추기 부위의 절단은 인트론 내부의 뉴클레오타이드에 의해 유도된다.
(c) 인트론의 RNA는 촉매활성을 가지고 있다.
(d) 인트론은 선형구조로 방출된다.

23. 어떤 화학적 변형이 대부분의 rRNA에 가장 흔한 두 가지 유형인가?
(a) 우라실이 4-티오우라실로의 변환 및 2′-*O*-메틸화
(b) 우라실이 4-티오우라실로의 변환 및 3′-*O*-메틸화로의 우라실 변환
(c) 우라실이 슈도우라실로의 변환 및 2′-*O*-메틸화
(d) 우라실이 슈도우라실로의 변환 및 3′-*O*-메틸화

24. 대부분의 인간의 snoRNA는 어떻게 합성되는가?
(a) RNA 중합효소 I에 의한 전사
(b) RNA 중합효소 II에 의한 전사
(c) RNA 중합효소 III에 의한 전사
(d) 이어맞추기된 인트론의 절단에 의해

단답식 문제

아래 문제는 추가 자료 없이 답이 가능함.

1. 진핵세포에서 발견되는 다양한 종류의 비암호화 RNA의 기능을 개략적으로 설명하시오.
2. 대장균 프로모터의 구조와 역할을 묘사하시오.
3. 대장균의 전사 개시를 묘사하는 일련의 도표를 그리시오. 이 과정에서 RNA 중합효소의 σ 소단위 역할을 주의깊게 구분하시오.
4. 진핵생물에 있어서 단백질-암호화 유전자의 프로모터 구조는 대장균의 프로모터와 어떻게 다른가?
5. 대장균 RNA 중합효소에 의한 RNA 전사체의 신장(elongation) 동안에 β와 β′ 소단위의 역할에 대해 설명하시오. 이 플랩의 구조는 무엇이며, 이 구조물은 전사하는 동안 어떤 역할을 한다고 생각하는가?
6. 다이어그램을 사용하여 캡과 폴리(A) 꼬리가 진핵생물 mRNA에 추가되는 방법을 설명하시오.
7. 대장균에 있어서 전사 종료를 위한 본질적 방법과 Rho 의존성 방법을 구별해 보시오.
8. rRNA 및 tRNA 전사체를 가공하는 동안 발생하는 절단 및 다듬기 이벤트를 개략적으로 기술하시오.
9. GU–AG 인트론 대한 이어맞추기 과정에 대해서 상세히 설명하시오.
10. 비암호화 RNA를 가공하는 데 있어 snoRNA의 역할을 설명하시오.

주관식 문제

아래 문제는 계산, 추가 자료, 인터넷 조사 등을 필요로 함.

1. 진핵생물이 3종류의 RNA 중합효소를 가지고 있는 이유를 설명하는 가설을 세우라. 당신의 가설을 시험해 볼 수 있는가?
2. 최근의 생각들은 전사를 불연속적인 과정으로 보고 있다. 중합효소는 규칙에 따라 주기적으로 가다 서다를 반복하며 더 많은 뉴클레오타이드를 전사하거나, 주형에서 해리하면서 지속적인 신장(elongation) 사이에서 '선택' 한다. 어떤 선택을 하는가는 어떤 대안이 열역학적으로 더 유리한지에 달려 있다. 이러한 전사의 내용을 평가해 보시오.
3. 불연속 유전자는 고등생물에서 흔하지만 사실상 세균에서는 발견되지 않는다. 이에 대한 가능한 이유에 대해 토론하시오.
4. AU–AC 인트론의 연구에 있어서 어떤 점들이 GU–AG 인트론의 세부 정보에 대한 통찰력을 제공했는가?
5. tRNA와 rRNA 분자가 화학적으로 변형된 이유에 대해 논하시오.

제16장

단백질 합성

학습목표

이 장을 공부한 후:

- 일부 종에 존재하는 암호의 변이를 포함하는 유전암호의 주요 특징들을 이해한다.
- 어떻게 아미노산이 운반 RNA(tRNA)에 부착되고 이 과정에서 어떻게 오류가 방지되는지를 알게 된다.
- 아미노산이 처음 tRNA에 부착되는 곳이 그 tRNA에 의해서 특정된 자리가 아닌 비정상적인 형태의 아미노아실화를 서술할 수 있다.
- 유전암호를 해독할 때 코돈-역코돈의 상호작용의 중요성을 인식하고, 이 과정에서 tRNA 동요(wobble)에 대하여 이해한다.
- 세균과 진핵생물의 리보솜의 구성요소를 서술할 수 있다.
- 어떻게 리보솜의 3차원 구조가 단백질 합성과정에서 리보솜의 역할과 연관되어 있는가를 알게 된다.
- 진핵생물과 대장균에서 번역의 개시과정 동안에 일어나는 사건들을 서술할 수 있고, 특히 다양한 개시인자들의 역할을 알 수 있다.
- 대장균과 진핵생물에서 번역의 신장 단계 동안에 일어나는 사건들을 서술할 수 있다.
- 어떻게 대장균과 진핵생물에서 번역과정이 종료되는지를 이해한다.
- 단백질 절단에 의해서 가공되는 단백질의 보기를 제시할 수 있다.
- 다양한 단백질에 만들어지는 화학적 변형의 보기를 제시할 수 있다.
- 신호전달경로와 히스톤에 의한 유전자 발현의 조절에서 단백질의 화학적 변형의 역할을 이해한다.
- 단백질 표적화에서 분류 서열의 역할을 이해한다.
- 분비되는 단백질의 세포외 배출(exocytosis) 경로를 서술할 수 있고, 다양한 세포막과 리소좀(lysosome)으로 목적된 단백질을 위한 경로로부터의 변경되는 경로를 알게 된다.

유전자 발현 경로의 두 번째 단계에서 전령 RNA(mRNA)가 단백질 합성을 지휘한다. 이 과정을 **번역(translation)**이라고 한다. 왜냐하면 mRNA 뉴클레오타이드 서열이 합성되는 단백질의 아미노산 서열로 번역되기 때문이다. 여기에 우리가 꼭 공부해야 하는 다른 네 가지의 단백질 합성의 부분이 있다.

- 첫째, **유전암호(genetic code)**를 이해해야 한다. 이것은 뉴클레오타이드 서열이 아미노산 서열로 어떻게 바뀌게 되는가를 정하는 규칙이기 때문이다. 우리는 유전암호의 특징과 유전암호에 의한 규칙이 개별 mRNA의 번역과정 동안 시행되는 방식 두 가지를 조사해야 한다.
- 둘째, 어떻게 아미노산이 폴리펩타이드 사슬로 조립되는가를 알기 위해서 단백질 합성과정의 역학을 조사해야 한다.
- 셋째, 일부 단백질의 기능적인 버전을 합성하는 데 필요한 **번역후 과정(post-translational processing)**의 사건들을 공부해야 한다. 이러한 사건들은 폴리펩타이드 사슬의 한쪽 혹은 양

쪽 말단의 제거와 큰 단백질의 작은 조각으로의 절단과 특정한 아미노산의 화학적 변형을 포함한다.

- 마지막으로 어떻게 **단백질 표적화(protein targeting)**에 의해서 단백질이 조립된 자리에서 세포내 그 기능을 행사하는 자리로 전달되는가를 이해해야 한다.

16.1 유전암호

유전암호는 mRNA 뉴클레오타이드 서열이 단백질의 아미노산 서열을 정하는 방식을 지배하는 일련의 규칙이다. 먼저, 유전암호의 특징을 공부하고 다음으로 어떻게 코드의 규칙이 mRNA의 번역과정 동안 시행되는가를 살펴보아야 한다.

16.1.1 유전암호의 특징

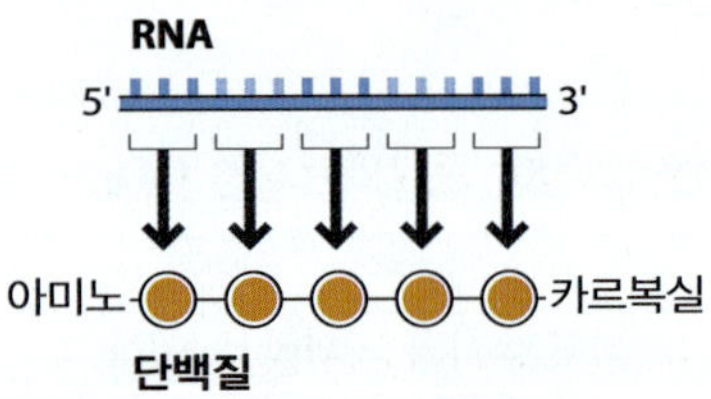

그림 16.1 mRNA와 단백질의 관계
각각의 인접한 세 개의 뉴클레오타이드는 단백질 하나의 아미노산을 정하는 코돈이다.

1960년대 초기 생화학자들이 몰두하여 밝히고자 한 연구 중 하나는 유전암호를 해독하는 것이었다. 이 일은 하나의 유전자와 그것이 정하는 단백질 사이에는 선형 관계가 있다는 것을 확립하였는데, 이것은 유전자의 뉴클레오타이드의 순서가 대응되는 단백질의 아미노산의 순서와 상관관계가 있다는 것을 의미한다(그림 15.19 참조). 다른 실험으로부터 전령 RNA(mRNA)에 있는 세 개의 연속되는 뉴클레오타이드가 암호 문자, 즉 **코돈(codon)**을 형성하고, 각 코돈이 결과적으로 만들어지는 단백질에 있는 단일 아미노산을 정한다는 것을 보였다(**그림 16.1**). 점차 각각의 세자리 코돈의 의미가 밝혀지고 마침내 1966에 대장균에 작동하는 유전암호가 완전히 풀렸을 때 이 연구 프로그램이 종결되었다.

유전암호는 반복적이고 구두점 코돈을 포함한다

네 개의 글자를 바탕으로 한 3자 암호(triplet code)는 4^3 = 64개의 조합을 가진다(AAA, AAT, TAT, GCA 등등). 유전암호에 의하여 정해지는 20개의 아미노산이 있으므로 우리는 암호가 **포용성(degenerate)**이 있어야 함을 예측할 수 있는데, 이것은 몇몇 아미노산은 하나 이상의 코돈에 의해서 정해진다는 것을 의미한다. 사실 그러하다. 20개의 아미노산 중에 18개는 하나 이상의 코돈을 가지고 있다. 예외적으로 메티오닌(methionine)은 AUG, 트립토판(tryptophan)은 UGG 하나의 코돈으로만 정해졌다(**그림 16.2**). 대부분의 동의 코돈을 군으로 묶을 수 있다. 예를 들어 GGA, GGU, GGG, GGC는 모두 글리신(glycine)의 코드인데 효과적으로 글리신의 코드는 GGN으로 표시할 수 있다. 여기서 N은 네 개의 뉴클레오타이드 가운데 어느 것이든 가능하다는 의미이다. 동의 코돈 사이의 이러한 유사성은 단백질 합성과정 동안에 암호가 해독되는 과정에 적절하다. 이는 우리가 이 장에서 운반 RNA(tRNA)의 역할을 조사할 때 보게 될 것이다.

64개의 3자 암호 가운데 4개는 **구두점 코돈(punctuation codon)**이다. 이 코돈들은 단백질로 번역되는 뉴클레오타이드 서열의 시작과 끝을 가리킨다. 이 코돈들은 아미노산 서열을 암호화하는 mRNA의 부분, 즉 **개방 해독 틀(open reading frame, ORF)**이 mRNA의 첫 번째 뉴클레오타이드로 시작하지 않으며 마지막 뉴클레타이드로 끝나지 않는다는 것을 의미한다(**그림 16.3**). 암호화되지 않는 **선도자 영역(leader segment)**, 즉 **5′과 3′-비번역 부위(5′- and 3′-untranslated regions, UTR)**으로 시작하고 끝부분에 암호화되지 않는 비번역 부분(trailer segment) 3′-UTR가 각각 존재한다. 그러므로 **개시(initiation)**와 **종결 코돈(termination codon)**이 ORF의 시작과 끝을 표시하는 데 필요하다.

3자 암호 코돈 AUG는 대부분의 mRNA의 개시 코돈이다. 이 3자 암호는 메티오닌을 의미하

그림 16.2 유전암호

코돈	아미노산	코돈	아미노산	코돈	아미노산	코돈	아미노산
UUU	phe	UCU	ser	UAU	tyr	UGU	cys
UUC		UCC		UAC		UGC	
UUA	leu	UCA		UAA	stop	UGA	stop
UUG		UCG		UAG		UGG	trp
CUU	leu	CCU	pro	CAU	his	CGU	arg
CUC		CCC		CAC		CGC	
CUA		CCA		CAA	gln	CGA	
CUG		CCG		CAG		CGG	
AUU	ile	ACU	thr	AAU	asn	AGU	ser
AUC		ACC		AAC		AGC	
AUA		ACA		AAA	lys	AGA	arg
AUG	met	ACG		AAG		AGG	
GUU	val	GCU	ala	GAU	asp	GGU	gly
GUC		GCC		GAC		GGC	
GUA		GCA		GAA	glu	GGA	
GUG		GCG		GAG		GGG	

는데 단백질이 만들어진 다음에 메티오닌이 제거될 수 있지만 대부분의 새롭게 합성되는 폴리펩타이드 사슬은 이 아미노산을 아미노말단에 가지고 있다. 메티오닌은 단 하나의 코돈이 있으며 폴리펩타이드에 위치하는 메티오닌은 AUG 코돈으로 또한 정해진다. 이 장에서 나중에 mRNA가 번역될 때 어떻게 개시 코돈이 내부 AUG와 구별되는가를 보게 될 것이다.

세 개의 3자 암호 UAA, UAG, UGA는 종결 코돈으로 작용한다. 이 가운데 반드시 하나는 ORF의 끝에 존재하는데 이 자리에서 번역이 멈추어야 한다. 대장균에서 이 세 개의 코돈이 아미노산을 정하지 않는 유일한 3자 암호이다.

유전암호에 변이가 있다

1960년대에 대장균의 유전암호를 연구할 때, 암호는 모든 개체에서 같은 것으로 가정되었다. 어떻게 암호가 변화할 수 있을지를 상상하는 것은 어려웠다. 왜냐하면 어떠한 하나의 암호에 새로운 의미를 부여하는 것은 개체에 있는 단백질의 아미노산 서열이 광범위하게 파괴되는 결과가 되기 때문이다. 그래서 진화의 아주 초기 단계에서 유전암호는 확립되어 고정되었고 오늘날의 모든 종에서 같을 것으로 생각되었다.

이 가정이 맞지 않다는 것이 밝혀졌다. 그림 16.2에서 보이는 암호는 다수의 개체에서 대부분의 유전자에 대해서는 맞지만, 결코 일반적이지는 않다. 미토콘드리아에 존재하는 짧은 DNA 분자들이 처음 연구되었을 때 유전암호의 변이가 처음으로 발견되었다. 인간의 미토콘드리아 DNA에 존재하는 몇 개의 유전자는 ORF의 끝을 정하지 않는 UGA 코돈을 가지고 있다는 것이 밝혀졌다. 이 유전자에서 UGA는 트립토판을 암호화한다. 인간 미토콘드리아의 뉴클레오타이드 서열을 대응되는 단백질의 아미노산 서열과 비교했을 때 표준적인 유전암호로부터 벗어나는 세 개의 다른 암호가 또한 발견되었다. 보통 아르기닌으로 암호화되는 AGA, AGG는 종결 코돈이고, 이소류신으로 암호화되는 AUA는 메티오닌을 암호화한다(표 16.1). 비슷하게 다른 종의 미토콘

그림 16.3 mRNA의 구조. 구두점 코돈의 위치를 보여준다.

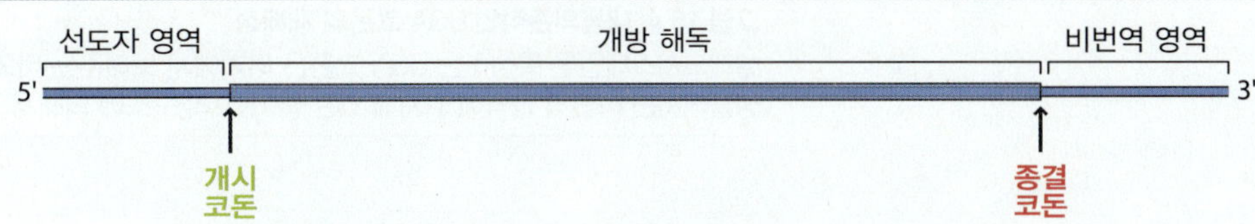

표 16.1 인간 미토콘드리아에서 보이는 표준 유전암호로부터의 이탈

코돈	해독해야 할 코드	실제 해독되는 코드
UGA	중지	트립토판
AGA, AGG	아르기닌	중지
AUA	이소류신	메티오닌

드리아 유전자에서 다른 변이가 있는 것이 알려져 있으며 효모와 원생동물 같은 단일세포 진핵생물의 핵 유전체에서도 발견되었다. 원핵생물체에서는 이러한 변이가 덜 일반적이지만, 미구균(*Micrococcus*)과 마이코플라즈마(*Mycoplasma*) 종에서 그 보기가 알려져 있다.

두 번째 형태의 유전자 변이는 **서열 의존적 코돈 전환(context-dependent codon reassignment)**이다. 이것은 단백질이 셀레노시스테인(selenocysteine) 혹은 피롤리신(pyrrolysine)을 포함하고 있을 때 일어난다(그림 3.10 참조). 이 두 개의 흔치않은 아미노산은 20개의 표준 아미노산의 일원이 아니지만 몇 몇 단백질에서는 발견된다. 피롤리신을 포함하는 단백질은 드물고 아마도 고세균에서만 존재하고 있으며 세균에서는 아주 적은 수로 존재하지만, 셀레노시스테인을 가지고 있는 단백질은 많은 개체에서 널리 퍼져 있다(**표 16.2**). 예를 들면 산화 손상에 대하여 포유류 세포를 보호하는 데 도움을 주는 **글루타티온산화효소(gluthatione peroxidase)**는 UGA에 의해서 암호화되는 셀레노시스테인을 가지고 있다. 이 코드는 종결을 암호화하는 코드로도 사용되어 이중적 의미를 가지고 있다. 셀레노시스테인을 특정하는 UGA는 원핵생물의 코돈의 아랫부분(downstream)에 위치하거나 진핵생물의 코돈의 끝부분에 위치하는 mRNA의 줄기-고리(stem-loop) 구조의 존재에 의하여 구별된다(**그림 16.4**). 셀레노시스테인 코돈은 줄기-고리와 이러한 mRNA의 번역에 관여하는 특별한 단백질의 상호작용에 의하여 인지된다. 다른 종결 코돈 UAG에 의하여 특정되는 피롤리신도 비슷한 시스템이 작동한다.

표 16.2 셀레노시스테인을 가지는 단백질의 예

개체	단백질	단백질 기능
포유동물	Glutathione peroxidase	H_2O_2의 H_2O로의 전환(Box 11.6 참조)
	Thioredoxin reductase	환원 후에 thioredoxin의 재생, 즉 캘빈회로의 조절 동안(그림 10.17 참조)
	Iodothyronine deiodinase	갑상선 호르몬의 활성과 비활성
세균	Formate dehydrogenase	개미산의 이산화탄소로의 산화
	Glycine reductase	기질수준의 인산화에 연관된 글리신의 환원적 디아민화
	Proline reductase	기질수준의 인산화에 연관된 프롤린의 환원
고세균	Formylmethanofuran dehydrogenase	메탄생성경로의 일부로서 이산화탄소의 환원으로 인한 메탄의 이산화탄소 전환

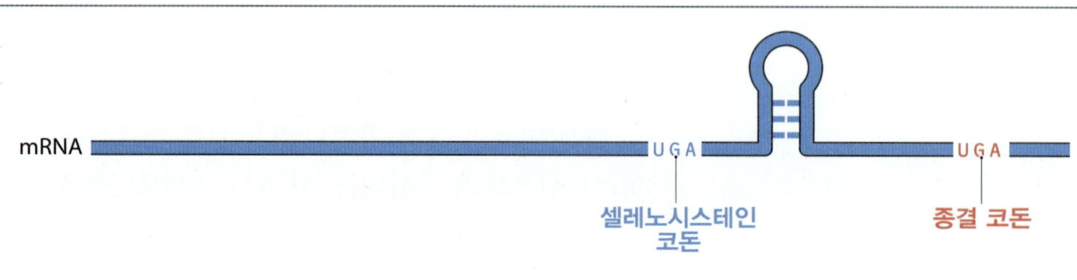

그림 16.4 내용의존적인 UGA 코돈의 재배정
셀레노시스테인을 특정하는 UGA 코돈은 여기에서 보여주는 바와 같이 원핵생물에서는 mRNA 코돈의 아래쪽에, 진핵생물에서는 비번역 영역에 위치해 있는 줄기-고리 구조에 의해서 구별된다.

16.1.2 유전암호가 단백질 합성 동안에 어떻게 집행되는가

우리는 tRNA 구조를 **4.1.2절**에서 살펴보았다.

지금 우리는 유전암호의 특징을 이해했으므로 다음으로 mRNA가 폴리펩타이드로 번역될 때 어떻게 유전암호에 있는 규칙들이 시행되는가에 대한 중요한 질문을 할 수 있다. 이러한 시행과정에서 중요 참가자는 tRNA이고 이 tRNA는 읽히는 mRNA와 합성되는 단백질 사이의 물리적 연결을 형성한다(**그림 16.5**).

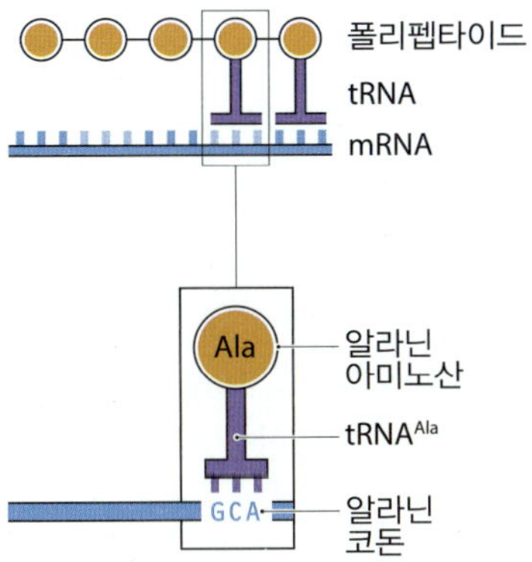

그림 16.5 단백질 합성에서 tRNA의 역할
tRNA 이름 붙일 때 사용되는 용어를 Box 16.1에서 보아라.

각각의 3자 코돈은 tRNA에 의해서 인지되고, tRNA는 자라나는 폴리펩타이드 사슬에 적당한 아미노산을 전달한다. 어떻게 tRNA가 작용하는지를 이해하기 위해서는 두 가지 주제를 공부해야 한다.

- **아미노아실화(aminoacylation)**: 맞는 아미노산이 tRNA에 부착되는 과정
- **코돈-역코돈 인식**: tRNA와 mRNA 코돈의 상호작용

아미노아실화의 특이성은 아미노아실-tRNA 합성효소에 의하여 보장된다

아미노아실화는 **아미노아실-tRNA 합성효소(amonoacyl-tRNA synthetase)**에 의하여 촉매된다. 아미노아실화는 아미노산이 tRNA의 수용체 팔(acceptor arm)로 불리는 클로버잎 구조에 있는 3′ 말단 부위 뉴클레오타이드에 연결되는 반응이다(**그림 16.6**). 이 3′ 말단 뉴클레오타이드는 항상 아데닌이며 아미노아실화는 두 단계의 과정으로 일어난다.

1단계. 활성화된 아미노아실-AMP(amonoacyl-AMP) 중간체(**그림 16.7**)가 아미노산과 ATP 사이의 반응으로 형성된다.

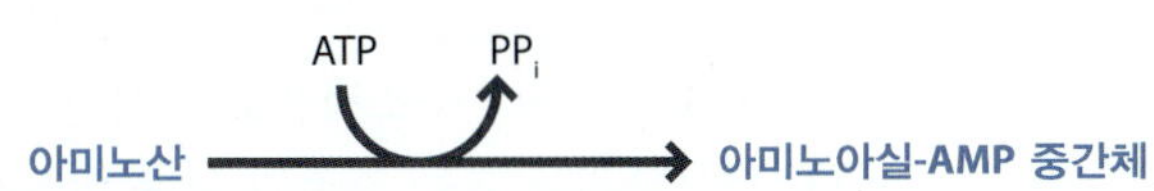

그림 16.6 tRNA에 아미노산의 부착
tRNA의 클로버잎 구조를 보여준다. 염기 짝짓기된 다른 부분의 구조 이름이 표시되었다. 이 보기에서 아미노산은 말단 뉴클레오디이드의 2′ OH에 아미노산이 부착되어 있다. 이 연결은 1형 아미노아실-tRNA 합성효소에 의하여 만들어진다. 2형 아미노아실-tRNA 합성효소는 아미노산을 3′-OH 기를 부착한다.

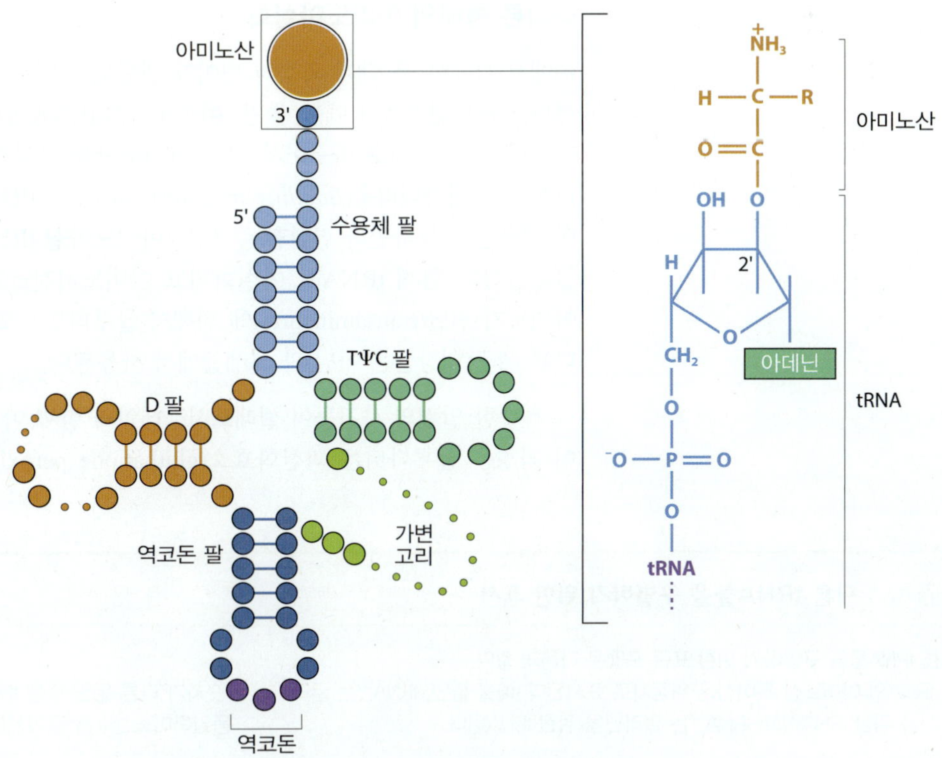

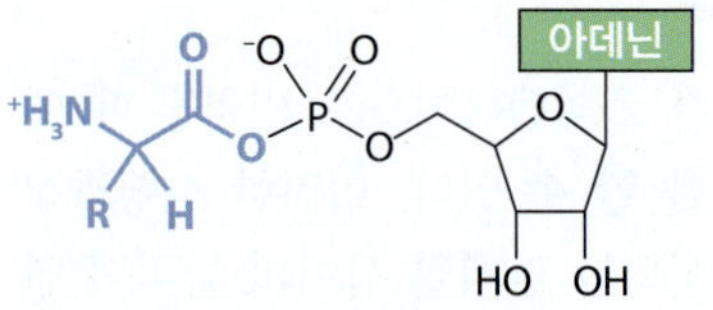

그림 16.7 아미노아실화 반응에서 중간체로 만들어진 아미노아실-AMP 화합물 아미노산을 파란색으로 보여준다.

> tRNA 구조에서 클로버잎은 2차원적 표시인 것을 기억하라. 실제로 각 tRNA는 **그림 4.14**에 보이는 것과 같이 더 단단한 3차원적 모양을 취한다.

2단계. 아미노산이 tRNA에 전달되고 AMP는 방출된다.

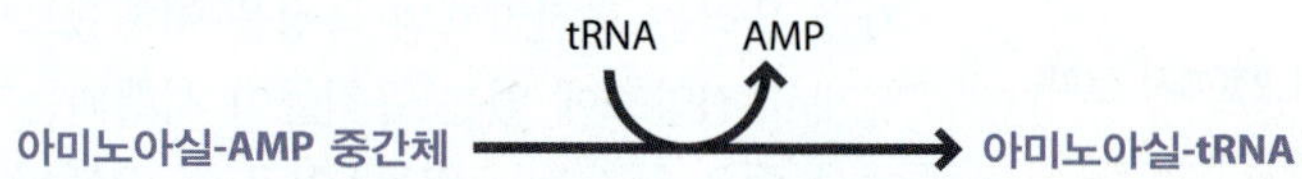

세균은 30~45개의 다른 tRNA와 진핵생물은 50개까지의 tRNA를 가진다. 20개의 아미노산이 있으므로 몇 tRNA 그룹은 동일한 아미노산에 대하여 특정적이 되어야 하고 이 그룹들은 **동일아미노산수용 tRNA(isoaccepting tRNA)**로 불린다. 그러나 대부분의 개체들은 하나의 아미노산에 특정적인 20개의 아미노아실-tRNA 합성효소를 가지고 있다. 이것은 동일아미노산수용 tRNA 그룹들이 단일 효소에 의하여 아미노아실화가 된다는 것을 의미한다.

놀랍게도, 20개의 아미노아실-tRNA 합성효소는 하나의 단일효소군을 만들지 않으며 대신에 두 개의 구별되는 다른 생화학적 특성을 가지는 아미노아실-tRNA 합성효소로 나누어진다. 첫 번째 군(class I)은 아미노산을 tRNA 뉴클레오타이드 끝 2′-OH 그룹에 아미노산을 부착하고 두 번째 군(class II)은 아미노산을 3′-OH 그룹에 부착한다.

유전암호가 시행되기 위해서는 올바른 아미노산이 맞는 tRNA에 부착되어야 한다. 요구되는 정확도는 아미노아실-tRNA 합성효소와 tRNA 역코돈 고리와 수용체 팔 사이의 상호작용과 또한 D와 TψC 팔(D, TψC arm)에 있는 개별적 뉴클레오타이드 사이의 광범위한 상호작용에 의하여 이루어진다. 효소와 아미노산 사이의 상호작용은 아미노산이 tRNA에 비해서 아주 작기 때문에 덜 포괄적이다. 이것은 이소류신과 발린처럼 구조적으로 유사한 아미노산을 구별하는 데 문제가 있을 수 있음을 의미한다. 그러므로 대부분의 아미노산에 대하여 아주 낮은 비율로 오류가 일어난다. 그러나 구조적으로 유사한 경우에 대하여 80가지 중에 한 가지의 비율로 자주 일어나다. 대부분의 오류는 효소의 다른 tRNA와의 접촉이 관여되는 아미노아실화와 구별되는 편집과정에 의해서 보정된다.

색다른 형태의 아미노아실화

위에서 서술한 두 단계 과정의 변이가 관련되어 있는 몇 가지 색다른 아미노아실화 형태가 알려졌다. 가장 일반적인 예를 들면, 아미노아실-tRNA 합성효소가 처음으로 맞지 않는 아미노산을 부착하고 두 번째로 바꾸어서 맞는 아미노산을 부착할 때 화학반응을 분리하는 것이다. 이것은 바실러스 메가테리움(*Bacillus megateruium*)에서 $tRNA^{Gln}$ 분자가 아미노아실화되는 방법이다. 이 세균은 글루타민과 결합할 수 있는 아미노아실-tRNA 합성효소를 가지고 있지 않으며 대신에 글루탐산과 함께 tRNA가 아실화되고 아미노기전달효소(aminotransferase)에 의해서 촉매되는 아미노기 전달(transamination)에 의해서 글루타민으로 전환된다(**그림 16.8A**). 똑같은 과정이 여러 다른 세균(대장균은 아님)과 고세균에서 사용된다.

비슷한 일련의 사건들이 셀레노시스테인과 함께 아미노아실화된 tRNA의 합성으로 결과된다. 이 과정은 글루타티온 과산화효소(gluthatione peroxidase)와 같은 셀레노단백질(selenoprotein)

Box 16.1 다른 tRNA들을 구별하기 위한 표시

다른 tRNA들을 구별하기 위한 표준 포맷은 다음과 같다.

- tRNA의 아미노산 특이성은 위첨자로 표시된다. 예를 들면, $tRNA^{Gly}$는 글리신을 위한 tRNA이고, $tRNA^{Ala}$는 알라닌을 위한 tRNA이다.
- 숫자가 다른 동일 수용 tRNA를 구별하는 데 사용된다. 예를 들면, 두 개의 동일아미노산수용 글리신을 위한 tRNA는 $tRNA^{Gly1}$, $tRNA^{Gly2}$로 쓴다

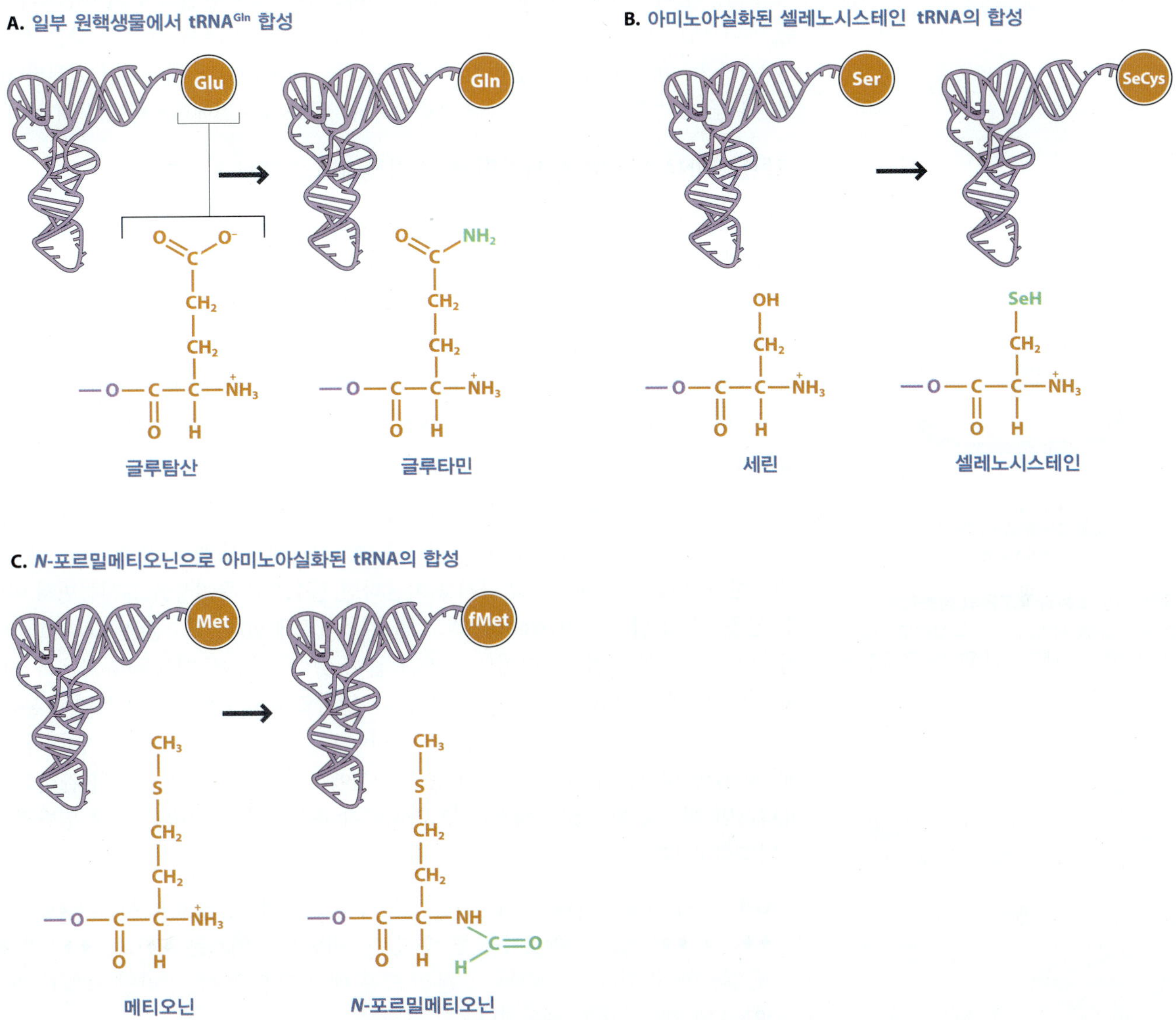

그림 16.8 색다른 아미노아실화의 형태
(A) 일부 원핵생물의 tRAN^{Gln}의(글루타민과 아미노아실화된 tRNA) 합성. (B) 셀레노시스테인(SeCys)으로 아미노아실화된 tRNA의 합성. (C) *N*-포르밀메티오닌(fMet)으로 아미노아실화된 tRNA의 합성. 아미노이실-tRNA의 3차원 배치 형태를 이 그림에서 보여주었다.

이 만들어질 때 UGA의 내용의존적 암호해독을 위해서는 필요하다. 이러한 코돈들은 셀레노시스테인에 특이적인 특별한 tRNA에 의하여 인지된다. 그러나 셀레노시스테인을 tRNA에 부착할 수 있는 아미노아실-tRNA 합성효소가 존재하지 않는다. 대신에 tRNA가 세릴-tRNA 합성효소에 의해서 세린과 함께 아미노아실화된다. 세린이 다음으로 셀레노시스테인이 되기 위해서 세린의 –OH기가 –SeH로 치환된다(**그림 16.8B**).

피롤리신은 단백질에 내용 의존적 코돈 부과에 의해서 끼워지는 두 번째의 색다른 아미노산이다. 그러나 피롤리신을 이용하는 개체는 색다른 아미노아실화 과정을 요구하지는 않는다. 왜냐하면 특정한 아미노아실-tRNA 합성효소를 가지고 있고 직접적으로 tRNA에 이 아미노산을 부착한다. 그러나 대부분의 세균에서 일어나는 하나의 다른 색다른 아미노아실화 과정이 있다. 이 과정은 AUG 개시 코돈을 인지하는 tRNA가 관련되며 이 tRNA가 AUG로 암호화된 메티오닌으로 아미노아실화하게 된다. 메티오닌이 tRNA에 부착된 다음 *N*-포르밀메티오닌(*N*-formylmethionine)을 생산하기 위해서 포르밀기(-CHO)가 첨가되어 변형된다(그림 16.8C). 우리는 나중에 번역의 시작에서 그 역할을 조사할 때 *N*-포르밀메티오닌에 다시 돌아올 것이다.

코돈은 tRNA와 mRNA 사이의 염기 짝짓기에 의해서 읽힌다

tRNA에 맞는 아미노산을 부착하는 것이 유전암호의 규칙이 시행되는 첫 번째 과정이다. 이 과정을 완성하기 위해서 tRNA는 아미노산을 특정하는 코돈을 인지하고 특정 아미노산을 부착하고 옮기는 것이다.

코돈의 인식에는 tRNA의 역코돈 고리에 위치하는 **역코돈(anticodon)**이라 불리는 뉴클레오타이드 3자가 관련되어 있다(그림 16.6 참조). 역코돈은 코돈에 상보적이어서 염기 짝짓기에 의해서 부착된다(그림 16.9). 그러므로 특별한 tRNA에 있는 역코돈이 tRNA가 옮기는 아미노산의 코돈에 상보적이기 때문에 유전암호의 규칙이 시행된다.

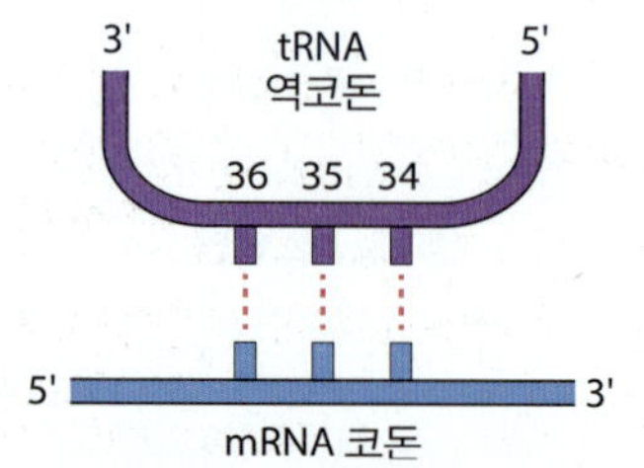

그림 16.9 코돈과 역코돈의 상호작용
숫자는 tRNA 서열에 있는 뉴클레오타이드의 위치를 나타내고, 1번 위치는 5′ 끝부분이 된다.

아미노산을 특정하는 61개의 코돈이 있지만 진핵생물에는 50여 가지의 다른 tRNA와 세균에서는 더 적은 수의 tRNA가 있다. 그러므로 tRNA는 반드시 한 가지 이상의 코돈을 인지할 수 있어야 한다. 만약에 유전암호의 규칙을 따른다면 필수적인 특이성을 유지하면서 어떻게 이렇게 할 수 있을까? 그 답은 **동요(wobble)**라고 불리는 과정에 있다. 역코돈은 RNA 고리에 포함되어 있기 때문에 3자의 뉴클레오타이드는 약간 굽어 있다. 이것은 역코돈이 코돈과 전체적으로 일정하게 맞추어질 수 없다는 것을 의미한다. 그 결과로 비표준적인 염기 짝이 코돈의 세 번째 뉴클레오타이드와 역코돈의 첫 번째 뉴클레오타이드 사이(그림 16.9의 34 위치) '동요 위치(wobble position)'에 형성될 수 있다. 그러나 동요 위치에서 염기 짝짓기의 규칙이 완전히 유연하지 않다. 왜냐하면 비정상적인 염기 짝짓기 몇 가지만이 허용되기 때문이다. 가장 일반적인 예는 다음과 같다(그림 16.10).

- **G-U 염기 짝짓기.** G를 C와 함께 U와 짝짓도록 허용함으로써 서열 ◆◆G를 가진 역코돈이 ◆◆C와 ◆◆U 둘 다 짝짓기를 할 수 있다. 비슷하게 역코돈 ◆◆U는 ◆◆A와 ◆◆G 둘 다 짝짓기를 할 수 있다. 그 결과로 코돈의 모든 네 가지 일원(즉, 알라닌 코드 GCN)이 단 두 개의 tRNA에 의하여 암호 해독된다.
- tRNA에 존재하는 변형된 뉴클레오타이드 가운데 한 가지인 **이노신(inosine)을 가진 역코돈.** 이노신은 A, C, U와 염기 짝짓기를 할 수 있다. 역코돈 UAI(I는 이노신)는 그러므로 AUA, AUC, AUU와 짝을 맺을 수 있고 이 세 가지 모두 하나의 tRNA에 의하여 이소류신의 코돈으로 허용된다.

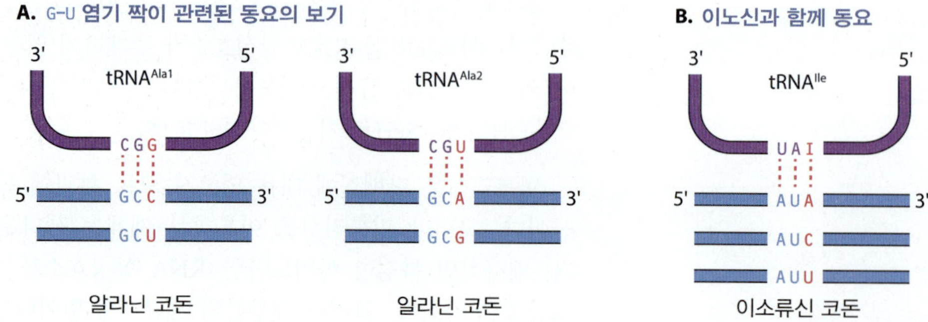

그림 16.10 동요의 보기
(A) G-U 염기 짝이 연관된 동요. 이 두 개의 보기에서 동요는 알라닌을 위한 네 개의 코돈이 단지 두 개의 tRNA에 의하여 해독될 수 있도록 한다. (B) 이노신이 연관된 동요는 세 개의 이소류신 코돈이 단일 tRNA에 의해서 읽힐 수 있게 한다. 이 각 그림에서 동요 위치의 뉴클레오타이드는 빨간색으로 강조하였다.

Box 16.2 동요와 대체 개시 코돈

그림 16.10에서 보여준 동요의 예는 폴리펩타이드 사슬이 신장될 때 일어날 수 있는 염기 짝짓기 규칙의 유연성을 보여준다. 16.2.1절에서 보는 것과 같이 폴리펩타이드 합성과정 동안에 각각의 연이은 아미노아실-tRNA는 A자리로 알려진 리보솜의 부분에 들어간다. tRNA의 역코돈과 mRNA의 코돈 사이에 동요가 이 A 자리 안에서 일어난다.

각 리보솜은 또한 두 번째 tRNA-결합 포켓을 가지고 있는데, 이는 P 자리라고 불린다. 그러나 그 자리에 바로 들어갈 수 있는 유일한 tRNA는 진핵생물에서는 메티오닌을 운반하는 개시 tRNA이고, 세균에서는 *N*-포르밀메티오닌을 운반하는 tRNA이다. A 자리와 P 자리의 기하학적 위치는 다르고, P 자리에는 tRNA의 역코돈과 mRNA의 개시 코돈 사이 접촉의 성격은 더욱 극단적인 형태의 동요가 가능하다는 것이다. 실험에 의하여 진핵생물의 개시 tRNA는 세 개 가운데 두 개의 뉴클레오타이드가 올바른 AUG 서열에 해당되는 어떤 버전의 개시 코돈을 인식할 수 있다. 이것은 AUG에 더하여 아홉 개의 다른 3자 암호(CUG, GUG, UUG, AAG, ACG, AGG, AUA, AUC, AUU)가 개시 코돈으로 사용될 수 있다는 것을 의미한다. 물론, CUG는 번역 개시에서 가장 효율적인 변이이고 AAG와 AGG는 가장 덜 효율적이다.

비록 아홉 개의 대체 3자 암호가 실험에서 다른 효율성의 정도를 가진 개시 코돈으로 사용될 수 있지만, 대체 개시 코돈들이 진핵생물에서 아주 드물게 사용되는 것으로 보인다. 포유동물에서 단지 20여 가지의 유전자가 비AUG 개시 코돈을 가지는 것으로 알려져 있다. 대부분의 이러한 유전자는 또한 몇 개의 뉴클레오타이드 아래에 진짜 AUG 개시 코돈을 가지고 있고, 비표준적인 코돈이 자주 사용되지 않는다. 세균에서는 비AUG 개시 코돈이 더 일반적이고 대략 20%의 모든 세균의 유전자는 GUG, 혹은 UUG를 사용한다. 비표준적인 3자 암호는 종종 그 유전자를 위한 유일한 개시 코돈이 된다.

동요는 하나의 tRNA가 둘 혹은 세 가지 코돈을 읽을 수 있도록 하여 세포에서 필요한 rRNA의 숫자를 줄일 수 있게 한다. 이것은 세균이 30가지의 적은 수의 tRNA를 가지고 mRNA의 암호해독을 할 수 있다는 것을 의미한다. 진핵생물도 동요를 이용하지만 제한적인 방법으로 하고 있다. 예를 들면, 인간의 게놈에는 48개의 tRNA가 있고 이 가운데 16개가 두 가지 코돈의 암호해독을 위해서 동요를 사용한다. 나머지 32개의 tRNA는 단지 하나의 3자 암호 코돈에 특이성을 가진다. 다른 게놈에서는 더 극적인 형태의 동요가 사용된다. 포유류의 미토콘드리아 mRNA의 번역에는 단지 22가지의 tRNA가 필요하다. 역코돈의 동요 자리에 있는 tRNA 뉴클레오타이드는 가상적으로 반복적이다. 이는 같은 tRNA에 의하여 인지되는 모든 네 개의 코돈을 가능하게 하여 어떤 뉴클레오타이드와 함께 염기 짝짓기를 할 수 있기 때문이다. 이 현상을 **초동요(superwobble)**라고 한다.

16.2 단백질 합성의 기작

mRNA가 폴리펩타이드 사슬로 번역되는 실제의 과정으로 넘어간다. 단백질 합성은 **리보솜(ribosome)**이라고 불리는 구조에서 일어난다. 그러므로 어떻게 단백질이 만들어지는가를 이해하기 위해서는 리보솜이 무엇이며 무엇을 하는가를 이해해야 한다.

16.2.1 리보솜

리보솜은 원래 단백질 합성에서 수동적인 것으로 여겨졌으며 단순히 mRNA가 폴리펩타이드로 번역되는 구조체로 작용한다고 생각되었다. 이러한 관점이 시간이 지나면서 바뀌어 리보솜이 단백질 합성에서 두 가지 중요한 일을 한다고 알게 되었다.

- 리보솜은 mRNA, 아미노아실-tRNA, 그리고 다른 관련 인자들을 서로 서로 상대적으로 올바른 위치에 두어 단백질 합성을 조정한다.
- 리보솜의 구성요소들을 적어도 단백질 합성과정에서 일어나는 화학적 반응을 촉매한다.

이러한 두 가지 역할 모두는 리보솜의 구조에 의존한다. 그러므로 어떻게 단백질이 합성되는가에 대한 조사는 리보솜 구조의 공부로 시작되어야 한다.

리보솜은 tRNA와 단백질로 만들어져 있다

대장균에는 약 20,000개의 리보솜이 세포질 속에 존재한다. 평균적으로 사람의 세포에는 백만 개 이상의 리보솜이 있는데 일부는 세포질에 자유롭게 있으며 일부는 소포체의 바깥 표면에 부착되어 있다. 리보솜은 20세기 초반에 처음 광학현미경으로 겨우 보일 정도의 아주 작은 입자로 관찰되었다. 1940년대와 1950년대에 전자현미경이 발달되었을 때 리보솜이 크기가 세균에서 29 nm×21 nm 진핵생물에서 평균적으로 32 nm×22 nm로 타원형의 모양을 가지는 있음을 볼 수 있었다.

밀도 기울기 원심분리와 침강 계수의 측정이 Box 15.3에 서술되었다.

초기 리보솜의 상세한 구조에 대한 이해는 밀도 기울기 원심분리에 의한 입자의 분석에 의해서 진전되었다. 이러한 연구는 진핵세포의 리보솜은 침강계수 80S를 가지고 있으며, 세균의 리보솜은 작은 크기를 반영하듯이 침강계수 70S를 가지고 있음을 보여주었다. 각각의 형태의 리보솜은 더 작은 구성요소로 나누어질 수 있다(**그림 16.11**).

- 하나의 리보솜은 두 개의 소단위로 이루어진다. 진핵세포에는 60S와 40S의 소단위와, 세균에는 50S와 30S 소단위가 있다. 침강계수는 더해지는 것이 아니므로 이 두 개의 소단위의 합은 온전한 리보솜의 S 값보다 클 수 있다.
- 큰 소단위에는 진핵세포에서 세 개의 rRNA(28S, 5.8S, 5S rRNA)를 가지고 있으나 세균에서는 단 두 개가 있다(23S, 5S rRNA).
- 작은 소단위는 두 종류의 개체에서 단 하나의 rRNA를 가지고 있다. 진핵세포에는 18S, 세균에는 16S rRNA가 있다.
- 두 개의 소단위는 여러 가지 **리보솜 단백질(ribosomal protein)**을 가지고 있다. 진핵세포에서 큰 소단위는 50개, 작은 소단위는 33개의 단백질이 있고, 세균에는 큰 소단위에 34개, 작은 소단위에 21개의 단백질이 있다. 작은 소단위의 리보솜 단백질은 S1, S2 등으로 불리며 큰 소단

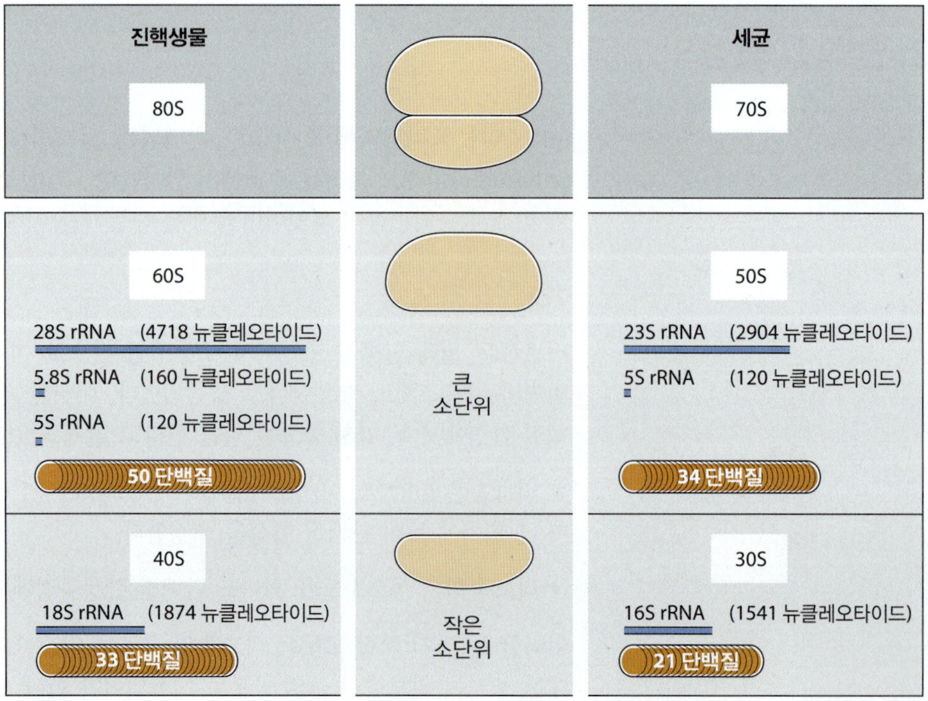

그림 16.11 진핵생물과 세균의 리보솜 구성요소
다른 종에서 리보솜 단백질의 개수에 일부 변이가 있다. 사람과 대장균의 리보솜이 상세하게 기술되었다.

위 단백질은 L1, L2 등으로 불린다. 리보솜 하나에 단지 각 단백질 하나씩만 존재한다. 예외적으로 L7, L12는 이량체로 존재한다.

리보솜의 3차원 구조 연구

리보솜의 구성요소로부터 단백질 합성에서 리보솜의 역할을 규정하는 구조적인 특징을 이해할 수는 없다. 3차원 구조를 형성하기 위해서는 어떻게 이러한 구성요소들이 함께 조립되는지를 알아야 할 필요가 있다.

어떻게 리보솜의 rRNA와 단백질 구성요소들이 조립되는가에 대한 이해를 향한 첫 번째 발자국은 rRNA의 뉴클레오타이드 서열을 조사하고 어떻게 각각의 분자들이 분자 내부의 염기 짝짓기를 통하여 접혀지는가를 예측함으로써 이루어졌다. 이 일로부터 rRNA 각 형태는 내부의 염기 짝짓기에 참여하지 않는 작은 부분을 가진 다양한 줄기-고리로 이루어져 있는 작은 조밀한 구조의 형태를 취한다는 것을 볼 수 있었다. 다음 단계에는 리보솜 단백질이 염기 짝짓기한 rRNA 구조에서 결합하는 부위를 찾는 것이었다. 이러한 실험으로부터 대부분의 리보솜 단백질들은 2차원적인 형태의 rRNA에서 먼 거리로 떨어져 있는 것으로 보이는 rRNA 부분 조각 접촉하는 것이 알려졌다. 분명하게 염기 짝짓기된 rRNA는 리보솜 3차원 구조 안의 특정한 자리에 접촉하고 있는 리보솜 단백질과 함께 더 복잡한 3차원 구조로 접혀진다.

X선 회절에 대한 자세한 것은 **18.1.3절**을 보라.

오랫동안 리보솜의 2차원적 형태에서 3차원적 형태로의 진전은 느렸다. 리보솜은 아주 작아서 전자현미경의 해상도에 아주 가까운 크기이고 또한 초창기 전자현미경 기술로 분명하지 않은 이미지를 분석하여 대략적인 3차원 구조가 얻어졌다. 전자현미경이 점차적으로 더 정밀해짐에 따라 리보솜의 전체적인 구조가 아주 상세하게 밝혀졌지만, 큰 진전은 분리 정제된 리보솜을 연구하기 위해서 **X선 회절 분석(X-ray diffraction analysis)**이 사용되었을 때 이루어졌다. 지금 이러한 분석의 결과로부터 부착된 mRNA와 rRNA를 포함하는 전체 리보솜의 상세한 구조가 알려졌다(**그림 16.12A**).

이 구조적인 모든 연구로부터 단백질 합성의 기작에 대하여 알 수 있을까? 두 개의 리보솜 소단위 사이의 결합이 일시적이라는 것을 알고 있으며, 단백질 합성에 적극적으로 참여하지 않을 때는 리보솜은 세포질에서 소단위로 분리되어 있고 새로운 번역에 사용되기를 기다리고 있다. 세균에는 두 소단위의 부착은 아미노아실-tRNA가 부착되는 두 개의 자리가 형성되는 결과가 된다. 이 자리들을 **P 자리(P site)** 혹은 **펩티딜자리(peptidyl site)** 그리고 **A 자리(A site)** 혹은 **아미노아실자리**로 불린다. P 자리는 아미노아실화된 tRNA가 자리잡고 있는데 tRNA의 아미노산은

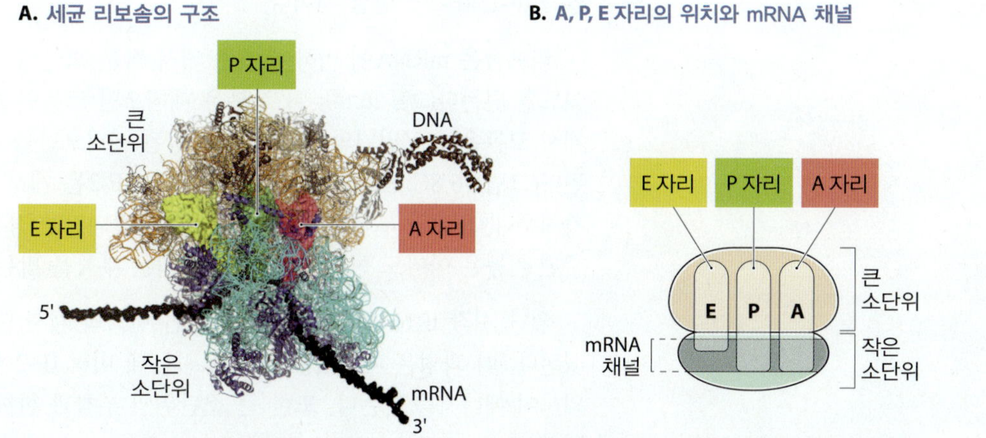

그림 16.12 세균 리보솜의 자세한 구조
(a) mRNA 번역과정의 리보솜 구조. A, P, E 자리에 있는 tRNA는 빨간색, 녹색, 노란색으로 표시되었다. (B) mRNA가 지나는 채널과 A, P, E 자리의 상대적 위치를 보여주는 도표.
그림 (A)는 최신의 리보솜 구조로 번역 기작을 보여주는 *Nature*, 461 : 1234-42, TM Schmeing and V Ramakrishnan에 발표된 그림을 Macmillan publishers Ltd.으로부터 허락을 받은 것임.

자라나는 폴리펩타이드 사슬의 끝에 부착되어 있다. 그리고 A 자리에는 다음에 사용될 아미노산을 운반하는 아미노아실화된 tRNA가 들어간다. 또한 세 번째 자리인 **E 자리** 혹은 **출구자리(exit site)**가 있는데 이 자리에서 아미노산이 폴리펩타이드 사슬에 전달된 뒤에 tRNA가 떠나게 된다(그림 16.12B). X-선 회절분석에 의해서 밝혀진 구조에서 이러한 자리들이 큰 소단위와 작은 소단위 사이에 존재하는 구멍에 위치해 있음을 볼 수 있고 코돈 역코돈 상호작용이 작은 소단위와 큰 소단위의 아미노아실화된 tRNA의 끝에 연관되어 있음을 볼 수 있다. 통로를 통과하는 mRNA 가닥은 주로 작은 소단위에 의해서 형성된다.

구조적인 연구 결과는 단백질 합성의 동력학적인 면을 보여주었다. mRNA가 번역됨에 따라서 리보솜은 폴리펩타이드 사슬을 따라서 움직여야 하는데 한 번에 세 개의 뉴클레오타이드, 즉 각 코돈이 두 소단위 사이에 바른 자리에서 하나씩 하나씩 놓인다. 이것을 **자리옮김(translocation)**이라고 부른다. 전자현미경을 통하여 번역 중간 단계의 리보솜은 mRNA를 따라서 움직이기 위해서 덜 단단한 구조 형태로 있으며 두 소단위는 반대방향으로 약간 회전한다는 것을 보여주었다. 이 움직임은 이 두 소단위 사이의 공간을 열리게 하고 리보솜이 mRNA를 따라서 미끄러져 움직이게 한다.

16.2.2 폴리펩타이드 사슬로의 mRNA 번역

우리는 지금부터 mRNA의 폴리펩타이드로의 번역에 관련된 일련의 사건들을 따라 살펴볼 것이다. 이 사건들은 세균과 진핵생물에서 유사하다, 상세하게 보면 다르지만 시작 단계 동안 그 차이가 가장 두드러진다.

세균에서 리보솜은 직접 개시 코돈 위로 조립한다

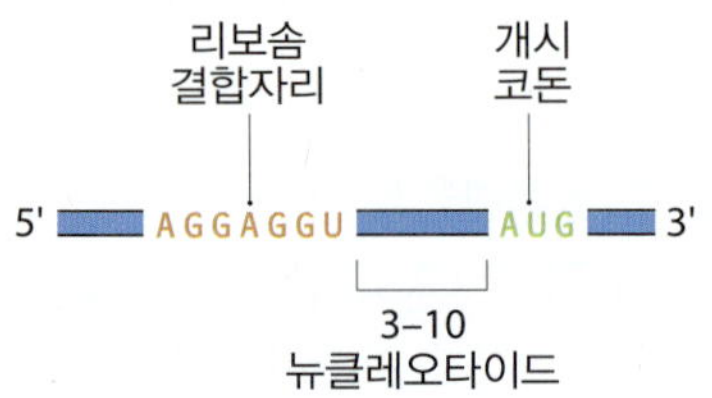

그림 16.13 세균의 리보솜 결합자리

세균에서 mRNA의 번역은 **샤인-달가르노(Shine-Dalgarno) 서열**로 알려진 **리보솜 결합자리(ribosome binding site)**에 리보솜 작은 소단위가 부착되는 것으로 시작한다. 리보솜 결합자리의 서열은 mRNA 안의 짧은 서열로 개시 코돈의 위쪽 3~10 뉴클레오타이드 위에 위치해 있다(그림 16.13). 이 공통된 대장균의 리보솜 결합을 위한 자리의 일치되는 서열은 5′−AGGAGGU−3′ 이다. 그렇지만 개개의 유전자 위쪽에서 발견되는 실제의 서열에서 변화가 있기는 하다(표 16.3). 리보솜 결합자리는 리보솜 작은 소단위에 존재하는 rRNA인 16S rRNA의 3′ 말단 부위에 상보적이다. 그러므로 rRNA와 mRNA 사이의 염기 짝짓기가 리보솜 결합자리에 작은 소단위의 초기 부착이 관련되어 있다고 생각되었다. 작은 소단위의 부착은 개시인자 IF-3의 도움을 받는다. **개시인자(initiation factor)**는 보조적인 단백질로 리보솜의 영구적인 구성요소는 아니지만 그 기능을 수행하기 위해서 적절한 시간에 리보솜에 부착한다(표 16.4). 우리는 조금 뒤에 다른 세균의 개시인자 IF-1, IF-2를 만날 것이다.

리보솜은 mRNA에 비하여 아주 커서 작은 소단위의 부착이 있은 후에 수천 개의 뉴클레오타이드를 덮는다(그림 16.14). 이 부분은 메티오닌 코돈인 AUG로 알고 있는 개시 코돈을 포함한다. 개시 코돈은 포르밀기의 부착으로 변형된 메티오닌을 옮기는 특별한 개시 tRNA에 의하여 인지된다(그림 16.8C 참조). 두 번째 개시인자 IF-2는 개시 tRNA와 GTP를 리보솜의 작은 소단위에 가져온다. IF-2의 부착은 IF-1에 의하여 촉진되지만 정확한 IF-1의 역할은 분명하지 않다. IF-1의 주된 기능은 아마도 큰 소단위의 너무 이른 부착을 막는 것이다.

일단 시작 tRNA가 제자리를 잡으면 번역의 개시 단계가 리보솜의 큰 소단위의 부착으로 완성된다. 이 과정은 에너지를 필요로 하는데 미리 IF-2에 의해서 가져온 GTP 분자의 가수분해에 의하여 에너지를 얻는다. 또한 큰 소단위의 부착과 함께 세 개의 개시인자를 방출하는 것이 동반된다.

표 16.3 대장균의 리보솜 결합 서열의 보기

유전자	코드	리보솜 결합 서열	개시 코돈에 이르는 뉴클레오타이드 개수
대장균 공통서열	–	5′–AGGAGGU–3′	3~10
락토오스 오페론	락토오스 사용 효소	5′–AGGA–3′	7
galE	육탄당 1-인산 유리딜전달효소	5′–GGAG–3′	6
rplJ	리보솜 단백질 L10	5′–AGGAG–3′	8

표 16.4 세균과 진핵생물에서의 개시 인자의 기능

인자	기능
세균	
IF-1	분명하지 않음. 아마도 IF-2가 개시 복합체에 들어감을 도우고 큰 소단위의 미성숙 부착을 막음.
IF-2	개시인자 tRNA^{Met}를 개시복합체에서 올바른 위치로 가게하고 큰 소단위가 부착하는 데 필요한 에너지를 얻기 위해서 GTP를 가수분해함.
IF-3	리보솜의 큰 소단위와 작은 소단위의 재결합을 매개함.
진핵생물	
eIF-1	개시전 복합체의 구성요소; 개시 코돈의 인지에서 주 역할
eIF-1A	개시전 복합체의 구성요소; 스캐닝과 개시 코돈의 인지를 도움
eIF-2	개시전 복합체의 세 가지 구성요소 복합체 안에서 개시 tRNA^{Met}에 부착
eIF-2B	eIF-2-GTP 복합체 재생성
eIF-3	개시전 복합체의 구성요소; eIF-4G와 직접적 접촉과 캡 결합 복합체와 연결을 형성함.
eIF-4A	캡 결합 복합체의 구성요소; mRNA에서 분자 내부의 염기 짝짓기를 부수어 스캔을 도와줌.
eIF-4B	스캐닝을 도우고, 아마도 분자 내부의 염기 짝짓기를 부수는 나선효소로 작용
eIF-4E	캡 결합 복합체의 구성요소; 아마도 mRNA 5′ 끝에 있는 캡 구조와 직접 접촉하는 요소
eIF-4F	캡 결합 복합체의 구성요소, mRNA 5′ 끝에 있는 캡 구조와 직접 접촉하는 eIF-4a, eIF-4ed와 eIF-4G를 구성하는 요소
eIF-4G	캡 결합 복합체의 구성요소; 개시전 복합체에 있는 캡 결합 복합체와 eIF-3 사이에 연결 다리 형성; 적어도 어떤 개체에서는, eIF-4G는 poly(A) 꼬리와 다아데닌 결합 단백질(polyadenylate-binding protein)을 통하여 결합함.
eIF-4H	포유류에서, eIF-4B와 유사하게 스캐닝을 도움
eIF-5B	GTP를 개시 복합체에 가져오고 다른 개시인자들이 개시 완료된 곳에서 방출하는 것을 도움.
eIF-6	리보솜의 큰 소단위와 결합; 세포질에서 큰 소단위가 작은 소단위 부착되는 것을 막음.

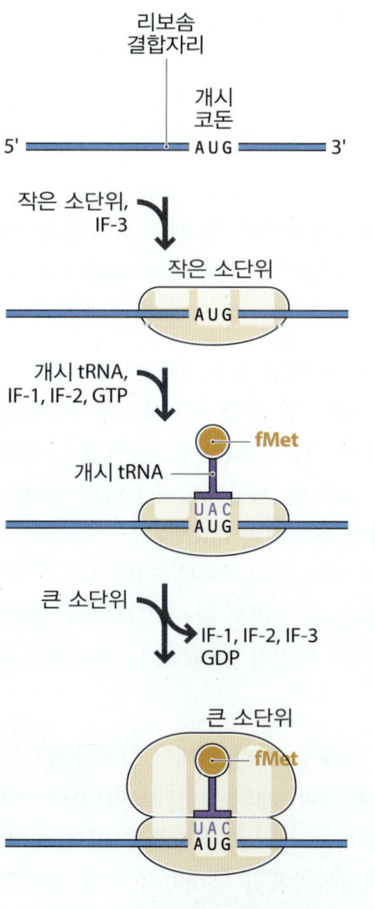

그림 16.14 대장균에서의 번역 개시

진핵생물에서 작은 소단위는 개시 코돈을 찾기 위해서 mRNA를 따라서 살핀다

진핵생물에서 리보솜 작은 소단위는 mRNA 속에 있는 개시인자 위치를 찾기 위해서 급진적인 다른 방법을 사용한다. 개시인자에 직접적인 부착보다는 작은 소단위는 mRNA의 5′ 말단에 부착하고 개시 코돈을 찾을 때까지 mRNA을 따라서 살펴나간다. 그렇게 함으로써 작은 소단위는 자주 개시 코돈이 아닌 AUG 3자 암호를 지나간다. 올바른 AUG을 인지할 수 있는데 이는 개시 코돈과 그럴싸한 AUG 3자 암호를 구별할 수 있는 짧은 서열 5′–ACCAUGG–3′을 포함하고 있기 때문이다. 이 서열을 **코작공통배열(Kozak consensus)**이라고 불린다.

전체적인 윤곽에서는 간단하지만 진핵생물에서 시작 과정은 복잡하다. 아마도 이는 개개의 mRNA로부터 얼마나 빨리 폴리펩타이드 사슬이 번역되는가를 결정하는 주요한 조절 시점이 되기 때문이다. 첫 번째 과정은 구성하는 **개시전 복합체(pre-initiation complex)**를 조립하는 과정이 관련되어 있다(그림 16.15A).

- 리보솜의 작은 소단위
- 시작 tRNA와 GTP에 결합되어 있는 개시인자 eIF-2(표 16.4 참조)로 구성된 3차원 복합체. 세균에서 시작 tRNA는 내부 AUG 코돈을 인지하는 보통의 tRNAMet와 구별된다. 그러나 세균과 달리 개시 tRNA는 *N*-포르밀 형태가 아닌 일반적인 메티오닌을 옮긴다.

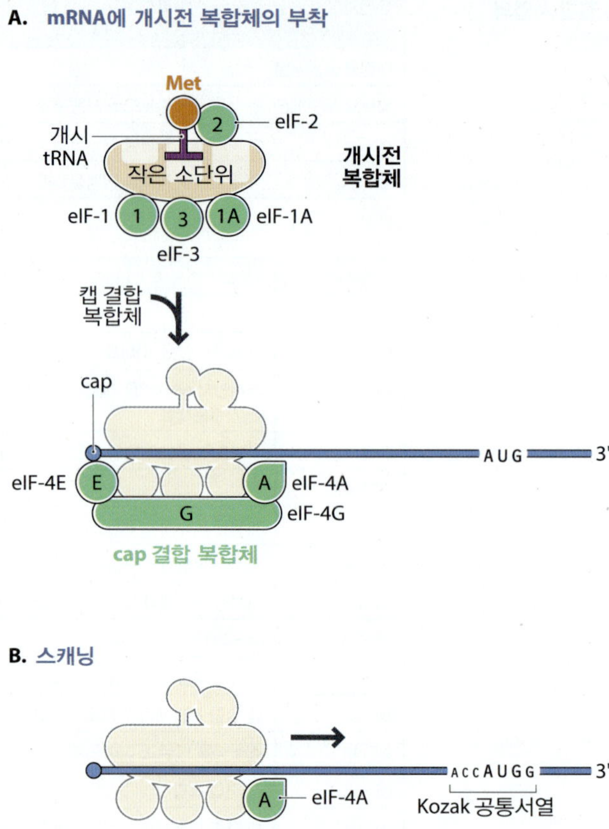

그림 16.15 진핵생물 번역의 개시
(A) mRNA에 개시전 복합체의 부착. (B) 개시 코돈을 찾는 개시 복합체의 스캐닝. 명확하게 하기 위해서 복합체가 개시 코돈에 도착할 때까지 가수분해되지 않는 개시 복합체의 부분인 GTP와 일부 개시인자들을 보이지 않았다.

- 세 개의 추가적인 개시인자 eIF-1, eIF-1A, eIF-3.

캡 구조의 설명을 **15.1.3절**에서 보라.

조립 후에 개시전 복합체는 mRNA의 5′ 말단에 부착한다. 진핵생물에서 mRNA는 RNA 중합효소 II로 구성되어 있다는 것을 기억하라. 이것은 각각의 mRNA가 5′ 말단에 캡(cap) 구조를 가지고 있음을 의미한다. 이 캡은 개시전 복합체가 세포질에 있는 다른 RNA 형태와 mRNA를 구별할 수 있게 하는 인지신호인 것으로 보인다.

개시전 복합체의 캡 구조에 부착하기 위해서는 멀리 떨어진 3′ 말단에 위치하는 폴리(A) 꼬리에 의한 영향을 받는 개시인자 eIF-4A, eIF-4E, eIF-4G로 구성된 **캡 결합 복합체(cap binding complex, eIF-4F)**가 필요하다. 이 상호작용은 폴리(A) 꼬리에 부착된 **폴리아데닐산결합 단백질(polyadenylate-binding protein, PADP)**에 의하여 매개된다. 효모와 식물체에서 PADP가 eIF-4G와 결합체를 형성한다는 것을 보았다. 이 결합체가 형성되기 위해서는 mRNA가 구부러져야 한다. 인공적인 캡이 없는 mRNA를 가지고 PADP 상호작용이 개시전 복합체를 mRNA의 5′ 말단에 부착하는 데 충분하지만 정상적인 상황에서 캡 구조와 폴리(A) 꼬리는 같이 작용한다. 폴리(A) 꼬리는 중요한 조절 역할을 가지고 있다. 이는 꼬리의 길이가 특별한 mRNA가 초당 번역되는 횟수와 상관관계가 있기 때문이다.

mRNA 부착 후에 **개시복합체(initiation complex)**는 개시 코돈을 찾기 위해서 살펴나가기를 시작한다(**그림 16.15B**). 진핵생물의 mRNA의 선두 부분은 길이가 수천 개의 뉴클레오타이드가 있을 수 있고 자주 줄기-고리와 다른 염기 짝짓기된 구조를 형성하는 부분을 포함하고 있다. 이러한 부분들은 아마도 나선효소인 eIF-4A에 의하여 열려지고 개시복합체가 방해받지 않고 지나가도록 mRNA에 있는 염기 짝짓기를 깰 수 있다. 살펴나가는 데 필요한 에너지는 ATP 분해에 의

Box 16.3 내부의 리보솜 출입 자리-스캔이 없는 진핵생물의 번역 개시

여러 해 동안 스캐닝시스템(scanning system)이 진핵생물의 mRNA의 번역이 시작될 수 있는 유일한 과정이라고 생각해 왔다. 피코르나바이러스가 새로운 형태의 번역개시 기작을 사용한다는 것이 알려진 이후에 이 생각은 1980년대 후반에 맞지 않음이 밝혀졌다. 이 '작은-RNA 바이러스'는 RNA 게놈을 가진 작은 바이러스이다. 세포에 감염한 후에 RNA는 mRNA로 작용하는 일부의 산물과 함께 복제된다. 이 mRNA는 캡이 없지만 대신에 **내부 리보솜 출입 자리(internal ribosoome entry sites, IRES)**를 가지고 있다. 이 IRES는 세균의 리보솜 결합자리와 그 기능에 유사하고 숙주의 리보솜 작은 소단위가 직접 IRES에 부착한다. IRES에 부착되는데는 아주 적은 수의 표준 진핵생물 개시인자가 필요하지만 **IRES 트랜스 작용인자(ITAFs)**에 의하여 도움을 받는다. 이 ITAFs는 감염되지 않은 세포에서 다양한 기능을 가진 RNA 결합 단백질이며 바이러스가 그 자신의 목적을 위해서 감염 후에 불러온다.

바이러스의 자기 단백질은 단백질분해효소의 활성을 가지는 세 개의 단백질을 포함한다. 이 단백질분해효소는 세포의 단백질을 절단하고 불활성화하여 숙주세포의 생화학을 망가뜨린다. 단백질분해효소의 표적은 스캔 과정에서 중심적인 개시인자 eIF-4G를 포함한다. IRES가 mRNA에 존재한다는 것은 피코르나바이러스가 숙주세포에서 그 자신의 mRNA 번역에 영향을 주지 않고 단백질 합성을 막을 수 있다는 것을 의미한다.

일부의 포유동물 mRNA는 또한 IRES를 가지고 있고 스캔에 의존하지 않는 과정에 의하여 번역될 수 있다. 어떻게 많은 유전자가 이러한 방법으로 발현되는가를 확실하게 증명하기에는 어려움이 있다. 왜냐하면 IRES는 변화가 있는 서열을 가지고 있기 때문이다. 이것은 mRNA의 뉴클레오타이드 서열을 단순히 조사함으로써 인지하는 것이 어렵다는 것을 의미한다. IRES를 가지는 것으로 알려진 많은 mRNA는 영양분의 제한 혹은 잘 접히지 않은 단백질의 축적과 같은 스트레스에 대응하는 세포의 반응에 연관되어 있는 유전자의 전체이다. 17.1.3절에서 보게 되는 것과 같이 스트레스 반응의 한 요소는 전체적인 단백질 합성의 억제 조절이다. 이것은 eIF-2의 인산화로 인하여 개시인자가 기능적인 복합체를 형성하지 못하게 하여 달성된다. 뚜껑 의존적 단백질 합성은 그러므로 억제되고 IRES 매개 mRNA의 번역에 의하여 스트레스 반응의 합성을 향한 세포의 자원들이 사용된다.

해서 제공되며 필요한 ATP의 양은 개시복합체가 개시 코돈에 도달하기 전에 깨어져야 하는 내부의 염기 짝의 숫자에 따라 달라진다.

개시 코돈의 인지는 eIF-1에 의해서 매개되며 그 결과로 개시복합체가 닫힌 형태로 전환된다. 단힌 형태는 시작 tRNA의 역코돈이 개시 코돈이 염기 짝짓기가 된 mRNA에 더 단단히 부착된 형태이다. 살피는 형태에서 닫힌 형태로의 변화는 에너지를 필요로 하는데 이것은 원래의 3차원 복합체에 존재하는 GTP의 분해에 의하여 얻어진다.

일단 단힌 형태의 개시복합체가 형성되면 우리는 번역의 마지막 단계로 옮겨갈 수 있다. 이 마지막 단계에서 세균에서와 같이 리보솜의 큰 소단위가 부착되고 여러 가지 개시인자들이 방출된다. 이 과정에서 eIF-5B에 의하여 가져온 두 번째 GTP 분자가 분해된다.

폴리펩타이드 사슬의 합성

번역의 개시 단계는 리보솜의 큰 소단위가 작은 소단위에 부착하여 완전한 리보솜을 만들어 개시 코돈 위에 위치할 때 완성된다. 그 다음에 일어나는 일들은 세균과 진핵생물에서 아주 유사하다. 이러난 과정을 이해하는 데 중요한 것은 리보솜의 두 소단위의 사이에 위치해 있는 펩티딜화와 아미노아실화 자리의 역할에 있다.

먼저, 진핵생물에서는 메티오닌, 세균에서는 *N*-포르밀메티오닌을 운반하는 개시 tRNA가 P 자리를 차지하고 개시 코돈에 염기 짝짓기를 한다(**그림 16.16A**). 이 단계에서 A 자리는 비어 있다. 그러나 A 자리는 개방형 해독틀의 두 번째 코돈을 덮고 있다. A 자리는 대장균에서 GTP 분자를 운반하는 **신장인자(elongation factor)** EF-1A에 의하여 가져온 적당한 아미노아실-tRNA로 채워진다(**표 16.5**). EF-1A의 역할 중의 하나는 A 자리에 들어가는 tRNA가 올바른 아미노산을 운반하는 것인 것을 확실하게 하는 것이다. 만약에 아미노아실화 과정이 잘못되고 tRNA가 틀린 아미노산을 운반한다면 EF-1A는 또한 tRNA를 방출할 수 있다. tRNA의 반대쪽 끝에서 코돈과 역코돈 상호작용의 특이성이 tRNA, mRNA와 작은 소단위 rRNA 사이에 형성되는 접촉에 의하여 확실히 된다. 이러한 접촉은 3자 암호의 염기 짝짓기와 형성되는 코돈과 역코돈 상호작용과 하나 혹은 그 이상의 잘못된 짝짓기를 구별할 수 있다. 잘못된 짝짓기는 틀린 tRNA가 존재한다는

그림 16.16 대장균에서 번역의 신장 단계 이 보기에서 폴리펩타이드 사슬의 두 번째 아미노산은 ACA가 암호화한 트레오닌이다.

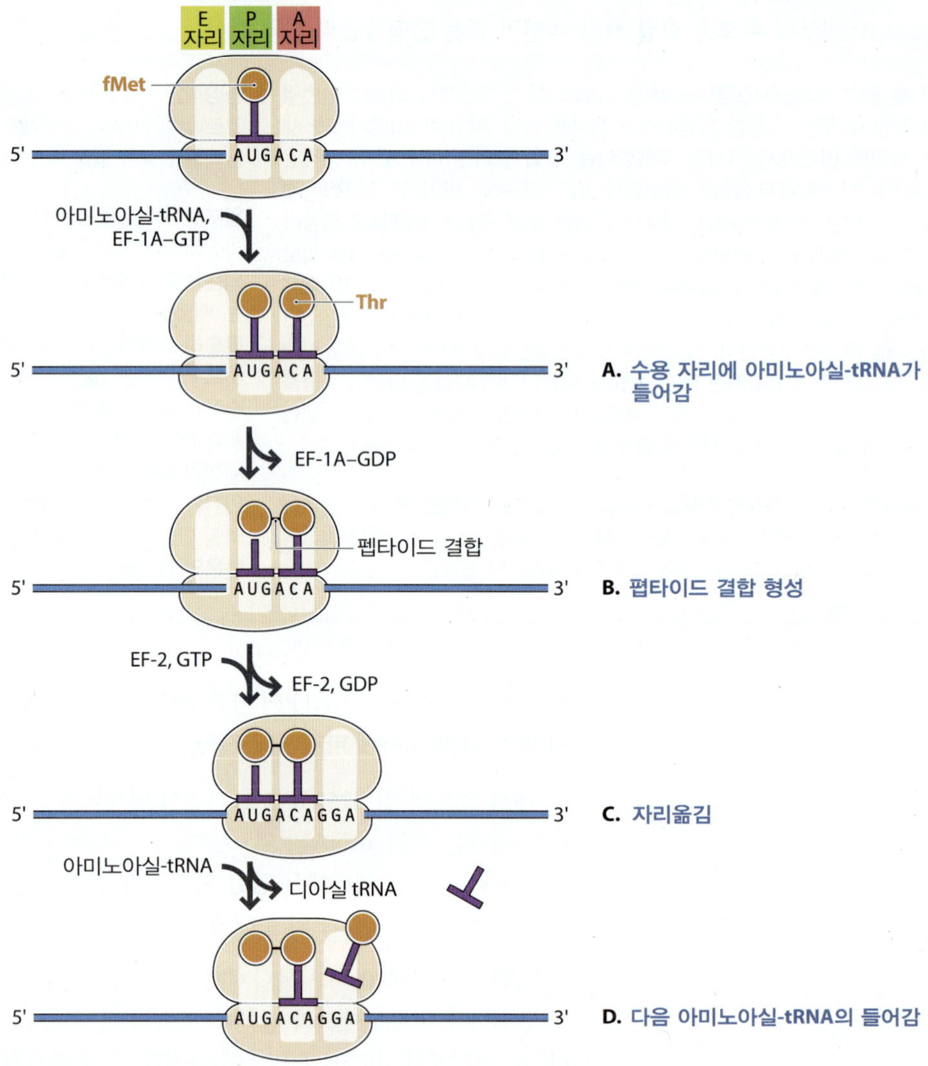

표 16.5 세균과 진핵생물 신장인자의 기능

인자	기능
세균	
EF-1A	다음 아미노아실-tRNA를 리보솜의 A 자리로 향하게 한다.
EF-1B	**뉴클레오타이드 교환인자**로 작용한다. EF-1A에 부착된 GTP가 가수분해된 후에 EF-1B가 GDP를 새로운 GTP로 교체한다.
EF-2	자리옮김을 매개한다.
진핵생물	
eEF-1	다음 아미노아실-tRNA를 리보솜의 A 자리로 향하게 한다. eEF-1이 리보솜을 떠나기 전에 가수분해되는 GTP를 재생하는 데 필요한 뉴클레오타이드 교환 기능을 eEF-1의 소단위가 제공한다.
eEF-2	자리옮김을 매개한다.
세균의 신장인자는 최근에 이름이 다시 붙여졌다. 옛 이름은 EF-Tu, EF-Ts와 EF-G로 각각 EF-1A, EF-1B와 EF-2에 해당된다.	

것을 신호 전달한다. 일단 올바른 아미노아실-tRNA가 코돈에 염기 짝짓기되면 EF-1A에 부착된 GTP가 분해되고, 신장인자는 구조적 변화가 일어나 리보솜을 떠나게 된다. 세포질에는 EF-1B가 GDP를 다시 GTP로 전환하여 활성을 가진 EF-1A를 다시 만들게 된다.

EF-1A의 이탈은 올바른 아미노아실-tRNA가 A 자리에 들어갔다는 리보솜에 신호를 준다. 지금, 첫 번째 펩타이드 결합이 형성될 수 있다(**그림 16.16B**). 이 단계는 개시 tRNA로부터 아미노산을 놓아주고 이 아미노산과 A 자리에 부착되어 있는 아미노산 사이에 펩타이드 결합을 형성하는 **펩타이드기전달효소(peptidyl transferase)**에 의하여 촉매된다. 세균과 진핵생물에서 펩타이드기전달효소는 리보자임(ribozyme)-RNA 효소이다. 펩타이드 결합을 위한 촉매 활성은 단백질에 의하여 제공되는 것이 아니고, RNA에 의하여 제공된다. 이 경우 리보솜의 큰 소단위에 있는 가장 큰 rRNA에 의하여 제공된다.

지금까지 서술한 이러한 일들의 결과는 개방형 해독틀의 첫 두 개 코돈의 서열에 해당되는 디펩타이드(dipeptide)이다. 이 디펩타이드는 tRNA의 A 자리에 부착되어 있다. 다음 단계는 자리옮김이다.(**그림 16.16C**). 리보솜은 mRNA를 따라서 세 개의 뉴클레오타이드를 움직인다. 그렇게 함으로써 세 가지 일이 동시에 일어난다.

- 디펩타이드-tRNA는 A 자리에서 P 자리로 움직인다.
- 탈아실화된 개시 tRNA는 P 자리에서 E 자리로 움직인다.
- A 자리는 ORF에 있는 다음 코돈 위로 위치한다.

번역에는 GTP 한 분자의 분해가 필요하며 이는 EF-2에 의하여 매개된다. 이 결과로 A 자리는 비어 있게 되고 새로운 아미노아실-tRNA가 들어올 수 있게 되어 다음의 코돈에 염기 짝짓기를 하게 된다. 그렇게 됨으로써, E 자리에 있는 탈아실화된 tRNA는 리보솜에서 방출된다(**그림 16.16D**). 신장 주기가 반복되고 ORF의 끝에 이를 때까지 계속된다.

여러 번의 신장 주기 후에 리보솜은 개시 코돈으로부터 움직여 나오고 두 번째 리보솜이 부착하여 단백질의 다른 복사본 합성을 시작할 수 있다. 이 결과로 생기는 구조를 **폴리리보솜 혹은 폴리솜(polyribosome 혹은 polysome)**이라고 하며, 이는 여러 개의 리보솜에서 한 번에 번역이 일어난 mRNA이다.

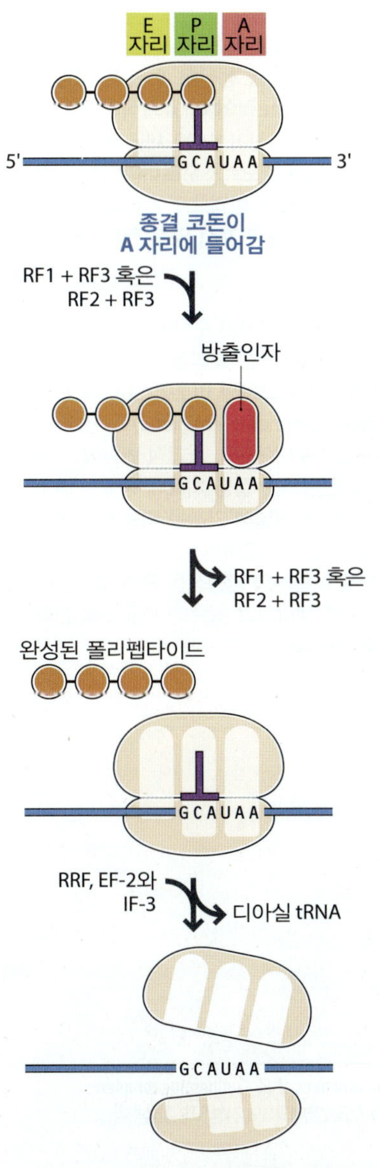

그림 16.17 대장균에서 번역의 종결
이 보기에서 폴리펩타이드 사슬의 최종 아미노산은 GCA가 암호화한 알라닌이고 종결 코돈은 UAA이다.

폴리펩타이드 합성의 종결

신장 주기가 리보솜이 ORF의 끝에 있는 종결 코돈에 이를 때까지 계속된다. 어떤 종결 코돈과 염기 짝짓기를 할 수 있는 역코돈을 가진 tRNA는 없다. 대신에 단백질 **방출인자(release factor)**가 A 자리에 들어간다(**그림 16.17**). 세균은 세 개의 방출인자를 가지고 있다:

- RF-1, 종결 코돈 UAA와 UAG를 인지한다.
- RF-2, UAA와 UGA를 인지한다.
- RF-3, 종결 후에 리보솜으로부터 RF-1과 RF-2의 방출을 자극한다. 이 반응에서 GTP 분해에 의한 에너지가 필요하다.

진핵생물은 단지 두 개의 방출인자를 가지고 있다. eRF-1은 모든 세 개의 종결 코돈을 인지하고 eRF-3는 세균의 RF-3와 같은 역할을 한다. 비록 eRF-1이 단백질이지만 그 모양은 tRNA와 아주 비슷하다. 이는 방출인자는 tRNA를 흉내내어 A 자리에 들어갈 수 있음을 암시한다. 이것은 매력적인 모델이지만 다른 연구에 따르면 방출인자는 리보솜과 결합했을 때 tRNA 모양과 덜 비슷한 형태를 취한다는 것이 제시되었다.

A 자리에 방출인자가 들어가면 폴리펩타이드의 합성이 종결되고 폴리펩타이드가 리보솜에서 떨어진다. 이 단계에서 리보솜은 아직 mRNA에 붙어 있다. 세균에서는 번역이 완성되기 위해서는 **리보솜 재생인자(ribosome recycling factor, RRF)**라고 불리는 부가적인 단백질이 필요하다. eRF-1처럼 RRF는 tRNA 같은 구조를 가지고 있지만 P 자리 혹은 A 자리에 들어가는지는 알려져 있지 않다. 그 작용모드가 무엇이든 그 결과는 mRNA와 최종 아실화가 되지 않은 tRNA의

연구 요약

Box 16.4 세균의 리보솜을 표적으로 하는 항생제

오늘날 우리에게 가능한 가장 중요한 많은 항생제는 세균의 리보솜에 결합하고 한 단계 혹은 여러 단계의 단백질 합성을 억제함으로써 그 작용을 한다. 물론, 단백질을 만드는 능력은 모든 살아 있는 세포의 기본적인 요구사항이므로 리보솜을 표적으로 하는 항생제는 세균의 성장 억제에 효과적이고 가능하면 세균을 죽일 수 있게 한다. 진핵생물과 세균에서의 리보솜 구조의 차이 때문에 많은 이러한 항생제들은 진핵생물의 리보솜에 부착할 수 없다. 그러므로 사람에게는 제한적인 독성효과를 가지고 있다. 폴리펩타이드의 합성에서 신장 단계에 영향을 미치는 이러한 항생제의 경우에 특히 이것이 사실이다. 이러한 항생제에는 다음이 포함된다.

- 스트렙토마이신과 테트라사이클린, 이들은 아미노아실화된 tRNA가 A 자리에 들어가는 것을 막는다.
- 클로람페니콜과 푸로마이신, 이들은 펩타이드 결합 형성을 방해한다.
- 아미노갱글리코시드 항생제(예: 네오마이신, 하이그로마이신 B)와 에리트로마이신, 이들은 자리옮김을 간섭한다.

아빌라마이신, 에데인, 에베미마이신과 같은 항생제는 또한 번역의 개시를 표적으로 하지만 이들은 덜 사용된다. 왜냐하면 이 항생들은 환자에게 독성을 보이는 부작용을 있기 때문이다. 번역의 연장과 종결 단계를 망가뜨리는 푸시딕산과 펩타이드 결합 형성과 리보솜 재사용을 억제하는 블라스티시딘 S와 같은 몇 가지의 항생제들은 더 일반적인 효과를 가지고 있다.

항생제는 단백질 합성의 연구에서 중요한 역할을 하였다. 1960년대에 생화학자들은 시험관에서 단백질 합성을 수행할 수 있는 세포 추출물을 준비하는 방법을 배웠다. 보통 이러한 **무세포번역(cell-free translation)** 시스템은 발아하는 밀 씨앗 혹은 토끼의 망상적혈구 세포로부터 준비되었다. 이 두 시스템은 예외적으로 단백질 합성에서 잘 작용한다. 시험관에서 뉴클레오타이드 소단위로부터 합성될 수 있는 mRNA의 첨가는 무세포시스템을 활성화시키고 폴리펩타이드 사슬이 만들어진다. 항생체의 첨가는 반대 효과를 가져와 여러 단계 혹은 한 단계의 단백질 합성을 억제함으로써 mRNA의 번역을 멈추게 된다. 어떤 순간에 멈추어진 리보솜를 조사하면 번역의 과정을 밝힐 수 있다. 예를 들면, 푸시딕산은 번역 단계에서 중간에 멈추어진 리보솜을 얻는 데 사용된다. 리보솜의 X선 회절 분석에 의하여 단백질 합성에서 중요한 순간의 정확한 신장인자 EF-2의 위치가 밝혀졌다.

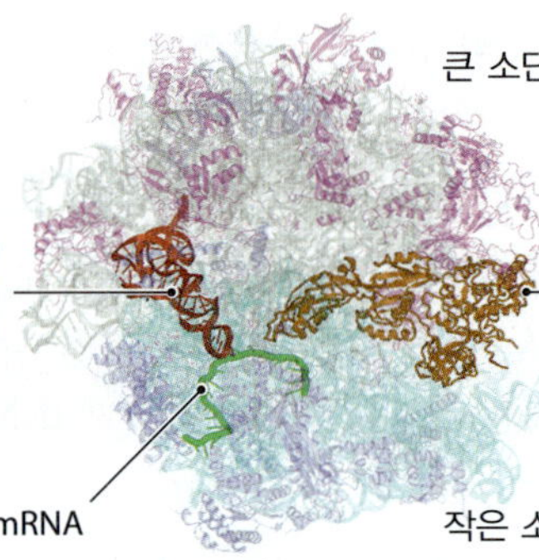

비록 항생제가 연구에서 중요하지만, 가장 큰 가치는 물론 세균의 감염을 멈추는 능력에 있다. 20세기 말은 항생제의 황금기라고 묘사되는데 20세기의 초에 수백만 명을 죽인 많은 질병이 항생제의 사용을 통하여 조절될 수 있게 되었다. 임상의들은 지금 많은 세균이 항생제에 대한 저항성을 발달시키고 감염 질환들이 더욱더 다시 일반적이 되기 때문에 이 시기가 끝나고 있다고 걱정하고 있다. 종종 저항성은 rRNA 혹은 리보솜 단백질을 위한 세균의 유전자의 돌연변이 때문에 일어나고, 이러한 돌연변이로 인하여 항생제의 결합을 막아 리보솜의 단백질 합성 수행 능력에 영향을 미치지 않기 때문이다. 저항성을 갖게 되는 다른 경로는 항생제가 세균에 의해서 취득되는 것을 막거나 혹은 세포 안으로 들어오기 전이나 후에 항생제를 분해할 수 있는 효소의 활성을 증가시키는 것이 있다.

세균의 저항성에 대응하기 위한 노력으로 합성 항생제의 디자인, 새로운 자연적인 항생제의 발굴이 포함된다. 더욱더 항생제를 생산할 수 있는 토양미생물이 시험되고 그 특성 조사를 통하여 후자의 노력이 더 효과적이라고 할 수 있다. 최근에 새로운 항생제 오르소포르미마이신이 4400 세균과 450 곰팡이로부터 준비된 추출물 선별 후에 분리되었다. 오르소포르미마이신은 분명하게 다른 알려진 화합물에는 볼 수 없는 새로운 방법으로 자리옮김을 억제하는데, 아마도 병을 유발하는 세균이 저항성을 가지지 않는 진짜 새로운 항생제가 될 수 있을 것 같다.

새로운 자연적인 항생제를 찾는 대체 방법은 화학적인 수단에 의한 새로운 화합물을 만드는 것이다. 이것은 증가된 효율을 가진 준합성 유도체를 주기 위해서 자연적인 항생제에 화학적 변화를 도입함으로써 이루어진다. 예를 들면, 솔리스로마이신은 **준합성 항생제(semi-synthetic antibiotic)**로 1949년에 발견된 첫 번째 자연적인 항생제인 에리스로마이신의 화학적 변형에 의해서 얻어졌고, 호흡기 감염과 성교에 의해 전달되는 질병 치료에 중요해졌다. 이 항생제는 폴리펩타이드 사슬이 나오는 탈출 터널에 가까운 리보솜의 바깥 표면에 결합함으로써 자리옮김과 간섭한다. 솔리스로마이신의 탄소 11과 12에 부착된 새로운 곁사슬은 리보솜-항생제 복합체의 안정성을 증가시키는 리보솜과의 부가적인 접촉을 형성하는 것으로 생각되고 있으며 세균에서 진화된 역에리스로마이신 돌연변이를 부수어 버린다.

Science, 2013; **340**: 1236086; J. Zhou *et al*. Crystal structures of EF-G–ribosome complexes trapped in intermediate states of translocation, AAAS로부터 허가받아 재생함.

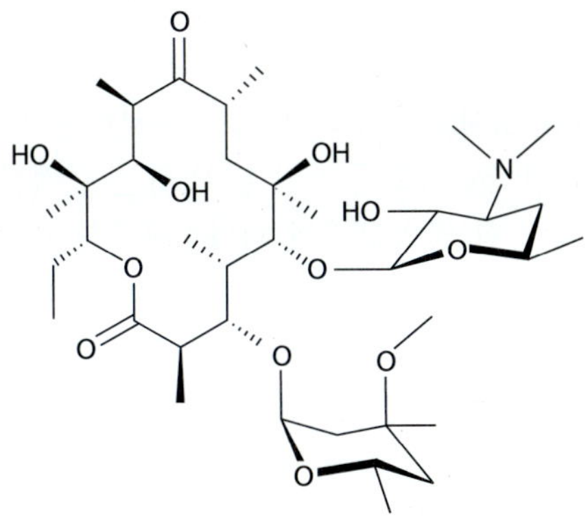

에리트로마이신

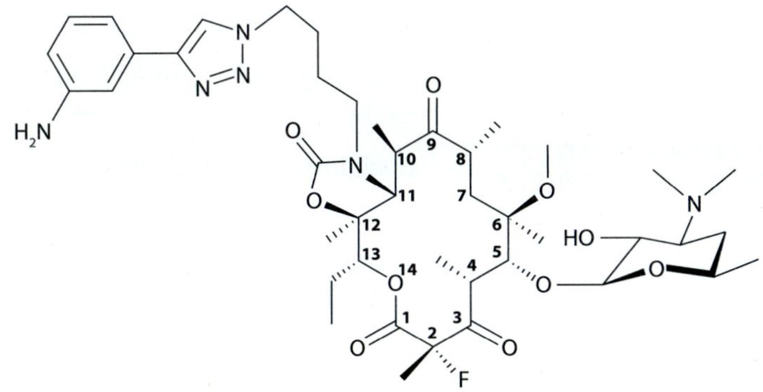

솔리트로마이신

존재하는 항생제를 바탕으로 한 반합성 접근과 함께 자연계에서 아직 발견되지 않은 특성을 가진 온전히 새로운 항생제를 디자인하기 위해서 리보솜의 구조와 상세한 단백질 합성 기작의 지식을 이용하려는 시도가 진행되고 있다. 리보솜의 E 자리를 통한 tRNA 방출을 방해함으로써 진핵생물의 단백질 합성을 저해하는 사이클로헥사마이드(syclohexImide)와 같이 세균에서 동일한 작용을 하는 항생제를 디자인하는 것이 특히 흥미롭다. 박테리아 단백질 합성에서 이 단계를 저해할 수 있는 자연적인 항생제를 아직까지 발견하지 못했다. 그래서 이와 같은 필요한 특성을 가진 합성 화합물은 현존하는 세균의 저항 기작을 회피할 수 있을지도 모른다.

방출과 함께 리보솜이 소단위로 분리되는 것이다. 이 과정에는 EF-2에 의해서 촉매되는 GTP 분해에 의해서 제공되는 에너지가 필요하며 또한 소단위가 다시 결합하는 것을 막기 위해서 개시인자 IF-3가 필요하다. 진핵생물에서 RRF와 동일체는 아직 알려져 있지 않으며 진핵생물에서 리보솜의 분리에는 방출인자와 다른 보조 단백질들의 결합된 활성이 필요할 것으로 생각된다.

16.3 단백질 번역후 가공과정

번역의 초기 산물은 선형의 접히지 않은 폴리펩타이드 사슬이다. 활성화되기 위해서는 단백질은 올바른 3차원 구조를 취해야 한다. 어떤 경우에는 단백질은 부가적인 과정을 거쳐야 한다. 이러한 과정에는 다음의 한 가지 혹은 두 가지 모두가 포함된다.

- **단백질가수분해 분할**, 이것은 폴리펩타이드 사슬의 한 끝 혹은 두 끝 모두의 조각을 제거하는 결과 혹은 폴리펩타이드 사슬을 모두 혹은 일부가 활성을 가지는 몇 개의 다른 조각으로 잘려지는 결과가 된다.
- 폴리펩타이드 사슬의 개개의 아미노산의 **화학적인 변형**.

가공과정은 폴리펩타이드 사슬이 접힐 때 일어나고 이 경우에 이 과정은 단백질이 바른 3차구조를 가지는 것이 필요하다. 그 대신에 아마도 단백질의 불활성 형태를 활성화하기 위해서 혹은 다른 방법으로 그 기능을 변형시키기 위해서 완전히 접힌 단백질이 가공과정을 거치게 되는 것 같다.

16.3.1 단백질 가수분해에 의한 가공과정

단백질가수분해 분할은 진핵생물에서 일어나는 공통된 번역후 가공과정이지만, 세균에서는 덜 자주 일어난다. 불활성화된 전구체로부터 활성화된 단백질의 형성과 일부 혹은 전부가 활성화된 단백질이 되는 **다단백질** 사슬 조각으로의 분할은 단백질의 기능에 있다.

단백질가수분해 분할에 의한 단백질의 활성화

분할에 의한 가공은 단백질을 생산하는 세포에는 유해한 활성을 가진 분비되는 단백질의 경우에는 일반적이다. 이러한 단백질들은 불활성화된 형태로 합성되고 나중에 분비된 후에 활성화된다. 그래서 세포는 해를 입지 않는다. 예를 들면, 벌 독소에 가장 많이 있는 단백질인 멜리틴(melittin)은 길이가 26개의 아미노산으로 되어 있고 한 쌍의 짧은 알파나선구조를 가진 3차원 구조를 가지고 있다(그림 16.18A). 이 단백질은 여러 세포 단백질을 억제하지만 그 독의 활성은 트리아실글리세롤 분해과정 동안에 글리세롤의 2번 탄소의 지방산을 제거하는 효소인 인지질가수분해효소 A2(phospholipase A2)의 자극에 의해서 활성화된다. 인지질가수분해효소 과활성의 결과로 막의 분쇄와 세포 용해가 일어나고 이로 인하여 전형적인 벌에 쏘이면 나타나는 증상이 생기게 된다.

인지질가수분해효소 A2는 **그림 12.11**에 보는 바와 같이 트리아실글리세롤 분해 경로 세 번째 단계를 촉매한다.

아주 자연적으로 벌은 멜리틴을 생산하는 자기 자신의 세포에서는 이러한 유해한 효과를 피하고 싶어 한다. 그러므로 이 단백질은 프로멜리틴이라고 불리는 불활성한 전구체로 생산되고 이 전구체는 부가적인 22개의 아미노산을 아미노 말단에 가지고 있으며 이 추가적인 서열의 존재로 인하여 단백질이 활성화된 형태로 변하는 것을 막아준다. 이 추가적인 서열은 벌의 독소샘 세포 밖에 있는 단백질분해효소에 의해서 제거된다. 이 단백질분해효소는 특별하게 단백질 서열 X-Y(여기서 X는 알라닌, 아스팜산, 글루탐산이고, Y는 알라닌 혹은 프롤린이다)를 가지는 아미노말단의 디펩타이드를 제거한다. 이 서열은 직렬로 연결된 11개의 디펩타이드로 구성되어 있으며 성숙한 활성화된 멜리틴 요소에 다다를 때까지 디펩타이드가 하나씩 잘려진다(그림 16.18B). 멜리틴 서열은 디펩타이드 모티프가 없어서 단백질분해효소가 작용되지 않는다.

단백질 분해에 의한 가공은 또한 많은 호르몬의 불활성화된 전구체를 활성화된 단백질로 바꾸는 데 사용된다. 예를 들면, 우리는 인슐린 합성을 살펴보게 되는데 인슐린은 척추동물 췌장의 랑게르한스섬에서 만들어지는데 혈당 수준을 조절하는 책임이 있다. 인슐린은 길이가 105개의 아미노산으로 이루어진 인슐린 전구물(preproinsulin)로 합성된다(그림 16.19). 아미노 말단의 24개의 아미노산은 **신호 펩타이드(signal peptide)**로 아주 소수성의 조각으로 조면소포체(rough endoplasmic reticulum)로 전달되도록 한다. 단백질이 막을 통과하면 소포체의 세포질그물내강으로 이동하고 그 신호가 잘려진다. 이 장에는 단백질 신호 찾아가기에서 신호 펩타이드를 상세하게 살펴볼 것이다.

일단 소포체의 안쪽에서 신호 펩타이드의 분할로부터 얻어진 프로인슐린 분자는 활성화된 인슐린의 3차원 구조를 닮은 3차원 구조를 취하게 된다. 이 과정에서 세 개의 이황화결합이 만들어진다. 이 접힌 프로호르몬은 골지체로 운반되고 그곳에서 **프로호르몬 전환효소(prohormone**

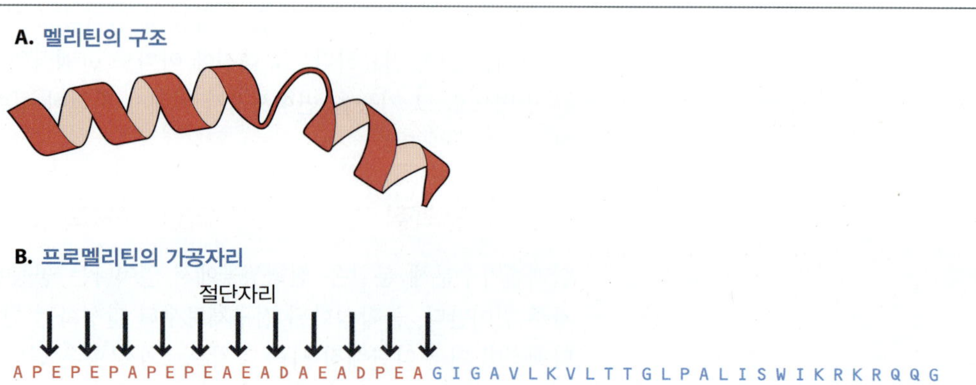

그림 16.18 멜리틴의 번역후 가공과정
(A) 멜리틴의 3차 구조. (B) 전구체 프로멜리틴의 가공. (B) 부분에서 전구체 아미노산 서열을 빨간색으로 멜리틴의 서열은 파란색으로 표시하였다.

그림 16.19 **인슐린 전구물의 가공**

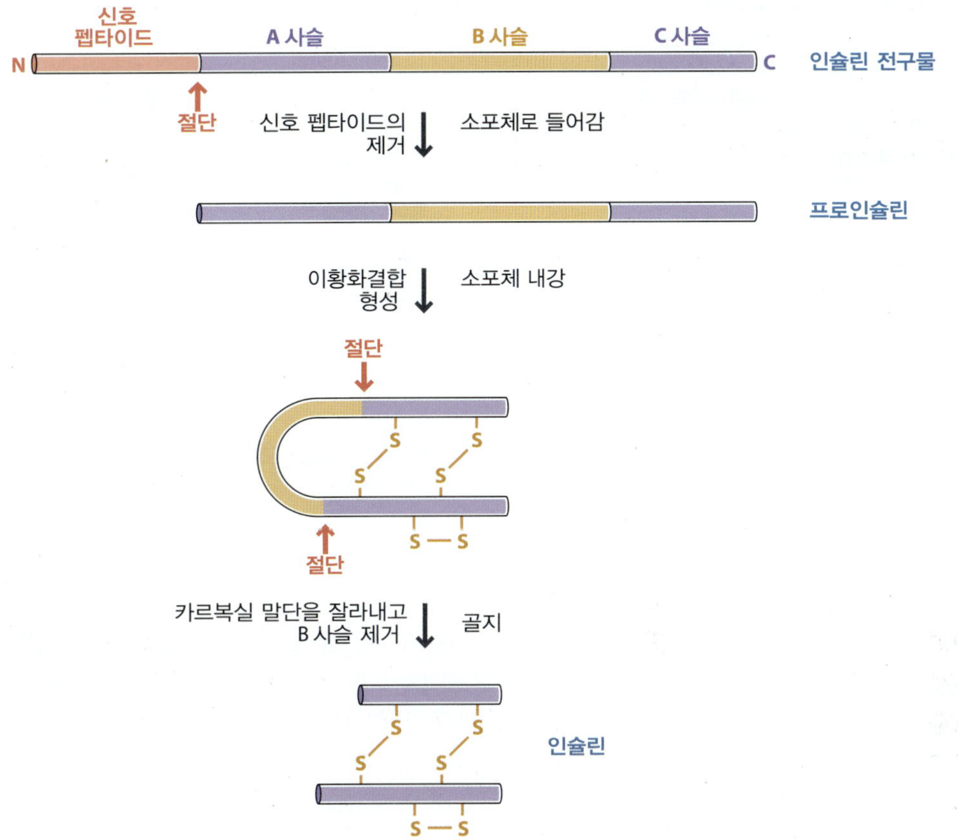

convertase)로 불리는 두 개의 단백질가수분해효소를 만나게 된다. 이 효소들은 C 단백질이라고 불리는 중간의 조각을 잘라내고 단백질의 A, B 사슬로 불리는 세 개 중 두 개의 이황화결합에 의해서 연결된 두 개의 활성화된 부분을 남기게 된다. 가장 마지막 가공 단계에서 두 개의 추가적인 아미노산이 카르복시말단펩타이드가수분해효소 E 단백질에 의해서 A와 B 사슬의 카르복실 말단으로부터 세서된다.

세 번째 중요한 예는 소화효소인 **트립신(trypsin)**과 **키모트립신(chymotrypsin)**이다. 이 두 효소는 모두 음식물에 있는 단백질을 분해하는 단백질분해효소이다. 두 효소 모두 췌장에서 트립시노겐과 키모트립시노겐으로 불리는 불활성화된 전구체로 합성되어 십이지장으로 분비된다. 십이장의 점막 세포에 의해서 분비되는 **장펩타이드가수분해효소(enteropeptidase)**에 의해서 트립시노겐의 처음 15개의 아미노산이 제거되고 활성화된 트립신으로 전환된다. 다음에 트립신은 키모트립신의 같은 위치를 잘라내어 활성화된 키모트립신을 만든다. 이러한 가공은 십이지장에서만 일어난다. 왜냐하면 췌장에서 활성화된 효소가 있게 되면 췌장 세포의 손상이 일어나 **췌장 자기소화(pancreatic self-digestion)**가 일어나기 때문이다.

다단백질에 의한 단백질 분해 가공과정

다단백질(polyprotein)은 일련의 성숙한 단백질이 머리-꼬리가 연결된 형태로 있는 긴 폴리펩타이드 사슬이다. 다단백질의 절단으로 각 단백질이 분리되어 서로 다른 기능을 가지게 된다.

다단백질은 진핵생물에서 일반적이다. 진핵생물을 감염하는 몇몇 형태의 바이러스들은 일련의 각 유전자보다 덜 공간을 차지하는 하나의 프로모터와 종결 서열을 가지는 단일 다단백질 유

그림 16.20 HIV-1의 Gag 다단백질
다단백질에 포함된 4개 단백질의 구조를 보여준다. 다단백질이 절단된 후에는 어떤 기능을 가지지 않은 것으로 보이는 SP1과 SP2는 간격 펩타이드이다.
그림은 Macmillan publishers Ltd: *Nature Reviews Microbiology*, **13**: 484-96, EO Freed, HIV-1 assembly, release and maturation의 허가와 함께 재생되었다.

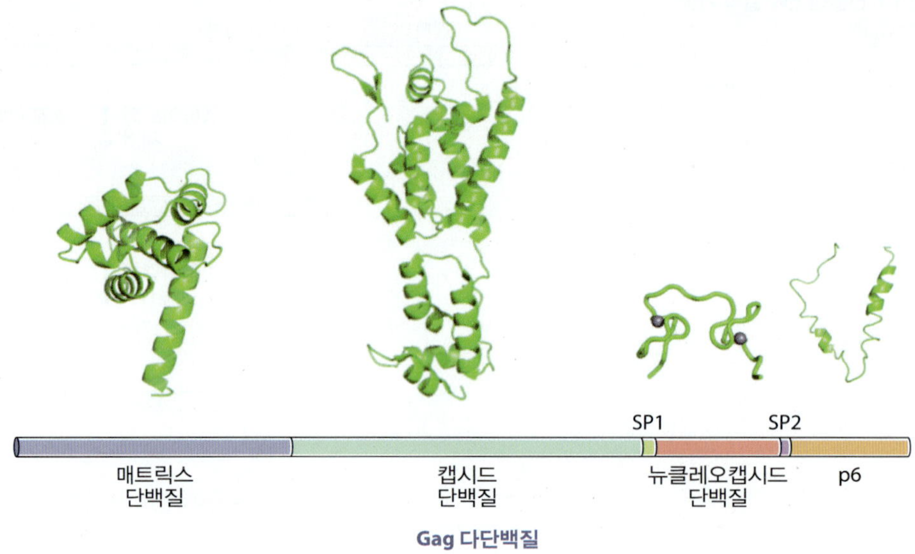

전자로 그 게놈의 크기를 줄이는 한 방법으로 다단백질을 사용한다. 인간 면역결핍 바이러스 HIV-1는 그 한 예이다. 복제과정에서 HIV-1는 분자량 55 kDa인 Gag 다단백질을 합성하고 다단백질은 네 개의 단백질로 잘려진다. 가장 큰 사슬은 길이가 231 아미노산으로 두 개의 작은 간격(spacer) 펩타이드를 가지고 있다(**그림 16.20**). 네 개의 단백질 중 세 개는 HIV 캡시드의 구조 요소를 형성하고 네 번째 p6는 바이러스 입자가 세포로부터 방출되는 과정에 관련되어 있다. HIV-1은 또한 160 kDa의 큰 다단백질 Gag-Pol을 합성한다. 이름이 가리키듯이 Gag-Pol은 Gag 확장버전의 단백질이며 Gag와 Gag-Pol의 다단백질을 자르는 단백질가수분해효소와 HIV 게놈의 복제에 관련된 두 개의 효소로 가공되는 부가적인 조각을 가지고 있다. 새롭게 만들어지는 바이러스 입자에 이 단백질가수분해효소 몇 분자가 같이 저장된다. 그러므로 다음 바이러스 복제 단계 동안에 합성되는 다단백질을 자를 수 있게 한다.

다단백질은 또한 척추동물에서 펩타이드 호르몬의 합성에 관여한다. 예를 들면, 프로피오멜

Box 16.5 Gag와 Gag-Pol 다단백질의 합성

Gag와 Gag-Pol 다단백질은 대략 20 대 1의 비율로 만들어진다. 이는 HIV 복제를 위해 Gag와 Pol로부터 유도되는 성숙한 단백질의 상대적인 요구를 반영한다. Gag 다단백질에 포함되는 캡시드 단백질이 Pol에 포함되는 복제효소보다 더 많이 필요하다. Pol 신장이 Gag-Pol mRNA로부터 번역되어지기 위해서 Gag 다단백질을 만드는 리보솜은 Gag 서열의 끝에서 **틀이동(frameshift)**을 거쳐야 한다. 이것에는 리보솜이 Gag 다단백질의 종결 코돈에 접근함에 따라서 한 뉴클레오타이드 뒤로 움직이는 것이 관여되어 있다. 결과적으로 새로운 코돈의 세트가 읽히고 Pol 서열이 된다.

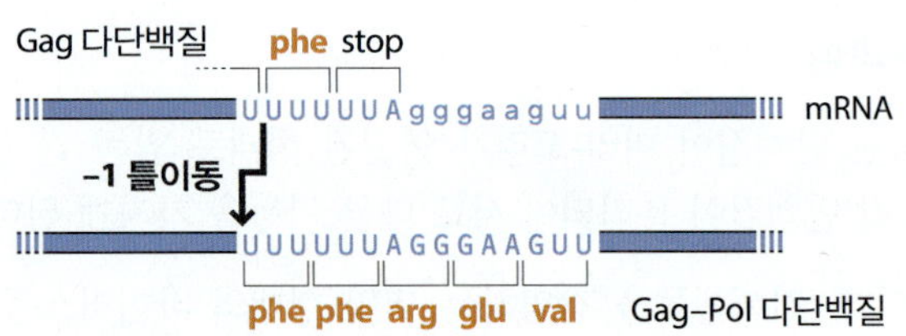

자발적인 틀이동은 어떤 mRNA의 번역 동안에 일어날 수 있고 보통은 이것은 틀이동 후에 합성되는 폴리펩타이드의 일부분이 틀린 아미노산 서열을 가질 수 있기 때문에 해롭다. 자발적인 틀이동의 빈도는 아주 낮고 이 방법으로 만들어지는 비정상적인 단백질은 세포에 의해서 단순하게 분해된다. Gag-Pol mRNA와 함께 일어나는 **예정된 틀이동(programmed frameshifting)**은 줄기-고리의 존재 혹은 틀이동 자리의 바로 아래에 있는 염기 짝짓기된 구조에 의하여 유도된다. 염기 짝짓기한 구조는 아마도 리보솜의 전진을 느리게 하거나 혹은 틀이동을 조절하는 단백질의 결합자리로서 작용하여 틀이동의 빈도를 증가시킨다. 예정된 틀이동은 다른 형태의 바이러스 단백질의 합성과정 동안에도 일어난다. 그리고 세균과 진핵생물에서도 또한 알려져 있다.

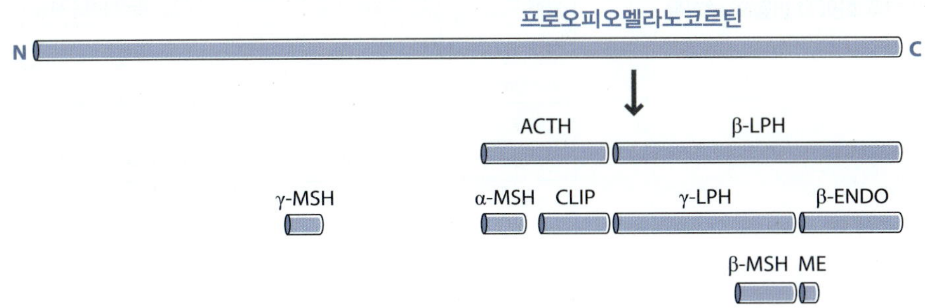

그림 16.21 프로오피오멜라노코르틴 다단백질의 가공

약어: ACTH, adrenocorticotropic hormone; CLIP, corticotropin-like intermediary peptide; ENDO, endorphin; LPH, lipotropin; ME, met-enkephalin; MSH, melanotropin. 두 개의 부가적인 펩타이드를 보여주지 않는다. 하나는 γ-MSH에 이르는 가공 사건에서 중간체이다. 그리고 다른 하나의 기능은 알려져 있지 않다. 비록 met-enkephalin이 여기 보인대로 프로오피오멜라노코르틴의 가공에 의하여 이론적으로 얻어질 수 있지만 사람에서 만들어지는 대부분의 met-enkephalin은 아마도 proenkephalin으로 불리는 다른 펩타이드 호르몬 전구체로부터 얻어진다.

라노코르틴(propiomelanocortin) 단백질은 초기에 267 아미노산의 전구체로 합성되어 단백질의 세포질에서 분비소낭에 전달될 때 26개의 신호 펩타이드가 제거된다. 이 단백질은 프로호르몬 전환효소에 의하여 인지되는 다양한 내부의 절단자리를 가지고 있다. 그러나 이 모든 자리가 모든 조직에서 잘려지는 것은 아니며 존재하는 전환효소의 정체에 의존하여 조합과 그 산물이 만들어진다(**그림 16.21**). 예를 들면, 뇌하수체 전엽의 부신피질호르몬 분비 세포에서 뇌하수체호르몬과 리포트로핀이 생산된다. 뇌하수체 중엽의 멜라닌 친화성 세포에는 다른 절단자리가 사용되어 멜리닌친화성 호르몬이 생성된다. 이 모두 합하여 11개의 다른 펩타이드가 프로피오멜라노코르틴 단백질의 가수분해 절단의 양상에 따라 만들어진다.

16.3.2 단백질 화학적 변형

앞서 본 것처럼 20개의 아미노산은 유전암호에 의하여 정해지고, 셀레노시스테인과 피롤리신은 보통 종결 코돈으로 작용하는 UGA와 UAG 각각이 내용 의존적 재지정에 의하여 번역 동안에 폴리펩타이드 사슬에 포함될 수 있다. 그러나 이 22개의 아미노산이 결코 단백질에서 발견되는 유일한 아미노산은 아니다. 이것은 번역후 화학적 변형 때문이며 이로 인하여 원래의 폴리펩타이드 사슬에 있는 아미노산 한 가지 이상이 새로운 화학적 그룹을 첨가함으로써 더 복잡한 구조로 전환된다. 더 단순한 형태의 변형이 모든 개체에서 일어나지만 더 복잡한 것은 세균에서는 드물게 일어난다.

화학적 변형은 종종 조절 역할을 한다

가장 단순한 형태의 화학적 변형은 아미노산의 곁사슬에 작은 화학적 그룹(즉 아세틸, 메틸, 혹은 인산기)을 첨가하거나 폴리펩타이드에 말단 아미노산의 아미노기 혹은 카르복실기에 첨가하는 것을 포함한다. 150여 개 이상의 변형된 아미노산이 다른 단백질에 있다는 것이 문서화되어 있다(**표 16.6**).

어떤 경우에는 변형된 아미노산이 효소의 활성자리에 위치해 있고, 변형은 효소에 의해서 촉매되는 생화학적 반응 중에 사용되는 새로운 기능을 가진 활성자리를 제공한다. 우리는 광합성의 암반응 동안에 이산화탄소의 고정을 공부할 때 활성자리에 있는 아미노산이 변형된 예를 마주하게 된다. 이산화탄소 고정은 리불로오스 이인산 카르복실화효소(ribulose bisphosphate carboxylase, Rubisco)에 의해서 촉매된다. 루비스코(rubisco)의 활성자리는 카르복실기 첨가에

10.3.1절에서는 루비스코 활성에서 카르바모일-리신의 역할을 공부했다.

표 16.6 번역후 화학적 변형의 보기들

변형	변형되는 아미노산들	보기
작은 화학적 그룹의 첨가		
아세틸화	리신	히스톤
메틸화	리신	히스톤
인산화	세린, 트레오닌, 티로신	신호전달에 관련된 단백질
수산화	프롤린, 리신	콜라겐
N-포르밀화	아미노말단 글리신	멜리틴
당 곁사슬의 첨가(6.1.3절 참조)		
O-연결 글리코실화	세린, 트레오닌	많은 막단백질과 분비되는 단백질
N-연결 글리코실화	아스파라긴	많은 막단백질과 분비되는 단백질
지질 곁사슬의 첨가		
아실화	세린, 트레오닌, 시스테인	많은 막단백질
N-미리스톨화	*N*-아미노말단 글리신	신호전달에 관련된 인산화효소 단백질들
바이오틴의 첨가		
바이오티닐화	리신	다양한 카르복실화효소 단백질

의해서 변형된 리신이 카르바모일 유도체를 제공한다. 이 변형된 리신은 마그네슘이온과 결합하고, 이것은 이산화탄소 고정이 일어나도록 올바른 상대적 위치에 반응물을 놓게 되는 중심적인 역할을 한다. 이 특별한 아미노산 변형은 루비스코의 활성을 위해서는 필수적이다. 이에 더하여 이것은 낮은 빛의 조건에서 루비스코의 활성을 막기 위해서 변형되지 않은 리신에 리불로오스 1,5-이인산을 비생산적으로 결합시키는 것으로 효소활성을 조절하는 수단을 제공한다.

화학적 변형은 또한 신호전달경로에서 중요한 조절 역할을 한다. 종종 조절 신호의 전달은 연속적인 효소의 변형을 포함하고 보통 단백질 인산화효소 A와 같은 인산화효소에 의하여 표적 단백질에 인산기를 부착한다. 신호전달경로에 의하여 에피네프린과 인슐린이 글리코겐 합성과 분해에 영향을 미치는 것(그림 11.7, 11.8 참조)과 MAP 인산화효소 경로(그림 5.28 참조)는 좋은 보기가 된다. 인산화는 때로는 또한 막관통수용체 인산화효소(transmembrane receptor kinase)에

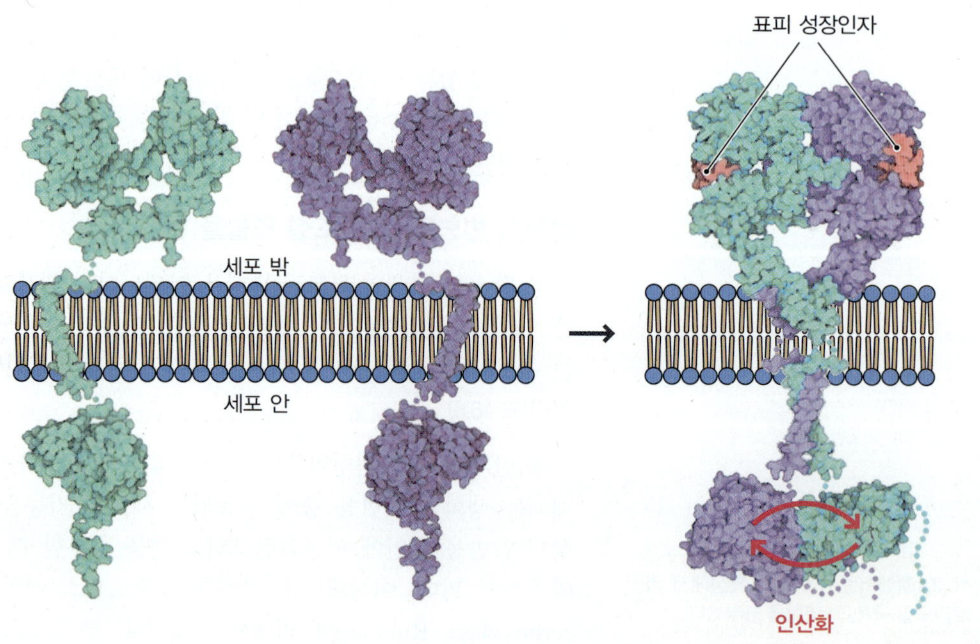

그림 16.22 이량체화에 의하여 EGFR의 자가인산화가 된다.
이량체화는 표피 성장인자가 각 수용체 분자에 부착하면 유도된다.

의한 신호경로의 유도에 역할을 한다. 표피 성장인자 수용체(epidermal growth factor receptor, EGFR)가 한 예이다. 표피 성장인자(epidermal growth factor)의 수용체 외부 표면에 부착으로 인하여 두 개의 수용체 일량체가 함께 와서 이량체를 형성하게 한다(그림 16.22). 이량체의 형성에 의하여 각 일량체는 그 파트너를 인산화시키고 이 결과로 수용체의 내부 측면에 있는 몇 개의 티로신 아미노산에 인산기가 첨가된다. 이 인산기의 존재는 세포 내의 수용체에 부착하는 단백질에 의해서 인식되고 신호전달 연쇄반응(signal transduction cascade)을 개시하게 된다. EGFR의 경우에 세포의 성장과 확산의 결과가 생긴다. 자가인산화 활성 때문에 EGFR은 **수용체 티로신 인산화효소(receptor tyrosine kinase)**로 불린다.

히스톤의 화학적 변형은 유전자 발현에 영향을 준다

히스톤 단백질은 화학적 변형의 조절 효과의 특별히 복잡한 예를 제공한다. 히스톤은 진핵생물에서 가장 낮은 수준의 DNA 포장을 형성하기 위해서 DNA와 결합하는 구조인 뉴클레오솜의 구성요소이다. 각 뉴클레오솜 사이의 상호작용이 다음 단계의 포장(30 nm 크로마틴 섬유)에 연관되어 있다. 이러한 뉴클레오솜의 상호작용은 뉴클레오솜의 바깥으로 돌출한 히스톤 단백질의 아미노말단에 있는 아미노산에 의하여 표시되는 화학적 변형의 양상에 의존한다(그림 4.19 참조).

뉴클레오솜과 30 nm 크로마틴 섬유의 구조를 위해서는 **4.2.1절**을 보아라.

이러한 변형이 가장 잘 연구된 것은 리신 아세틸화이다. 이것은 개개의 뉴클레오솜 사이의 친화력을 약화시킨다. 고도로 포장된 DNA에 있는 히스톤은 일반적으로 아세틸화되어 있지 않지만 덜 포장된 부분의 리신들은 아세틸화되어 있다. 히스톤이 아세틸화되든 되어 있지 않은가는 두 형태의 효소 사이의 균형에 의존한다. 이 두 효소는 히스톤에 아세틸기를 첨가하는 **히스톤 아세틸전달효소(histone acetyltransferases, HATs)**와 아세틸기를 제거하는 **히스톤 아세틸제거효소(histone deacetylases, HDACs)**이다. DNA 한 부분을 포장된 형태로 전환하는 것은 유전자가 켜지고 꺼지는 방법 중의 한 가지이고, 히스톤 탈아세틸화는 이 과정에서 중요한 역할을 할 것으로 생각되고 있다.

히스톤의 다른 변형에는 리신과 아르기닌의 메틸화와 세린의 인산화, 그리고 **유비퀴틴(ubiqutin)**으로 불리는 작은 공통된(ubiquitous) 단백질을 카르복실말단에 있는 리신에 첨가하는 것이 포함된다. 네 개의 핵심 히스톤(H2A, H2B, H3, H4)의 아미노말단과 카르복실말단 부분에

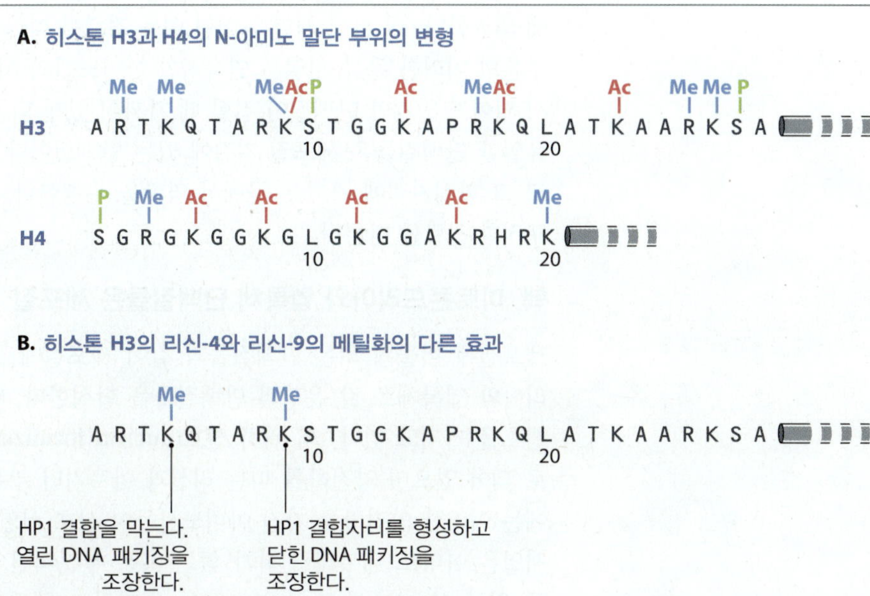

그림 16.23 히스톤 변형
(A) 포유류의 히스톤 H3과 H4의 N-아미노말단 부분에 일어나는 것으로 알려진 변형. 약어: AC, 아세틸화; Me, 메틸화; P, 인산화.
(B) 히스톤 H3의 리신 4와 9 메틸화의 다른 효과.

있는 29개의 자리가 한 형태나 그 이상의 화학적 변형에 속한다고 알려져 있다(그림 16.23A). 이러한 변형은 서로 상호작용하여 특별한 DNA 부분에 의하여 취해지는 포장의 정도를 결정한다. 예를 들면, 히스톤 H3의 리신-9(아미노말단으로부터 아홉 번째의 아미노산인 리신) 메틸화는 DNA 포장을 유도하는 HP1 단백질의 결합자리를 형성한다. 그러나 리신-4에 부착된 둘 혹은 세 개의 메틸기의 존재에 의해서 이 일이 봉쇄된다(그림 16.23B). 그러므로 리신-4의 메틸화는 더 많은 열린 포장을 증진시키고 DNA 부분에 있는 유전자가 발현될 수 있도록 한다. 가능한 히스톤 변형의 종류와 일어날 수 있는 다른 상호작용은 **히스톤 암호(histone code)**가 있고 이것에 의해서 화학적 변형의 양상이 어떤 유전자가 특정한 시간에 발현되는가를 특정한다는 것을 제시한다.

16.4 단백질 표적화

단백질이 합성된 후에 단백질은 세포에서 그 기능을 수행하는 장소로 가는 길을 찾아야 한다. 진핵생물에서 단백질들은 조면소포체의 바깥 표면에 부착되거나 세포질 기질에서 자유롭게 떠다니는 리보솜에 의해서 합성된다. 어떤 단백질들은 세포질에 남아 있지만 또 어떤 단백질들은 미토콘드리아나 엽록체로 이동되어야 한다. 이동되는 어떤 단백질은 이 소기관 안에 있는 기질 속으로 다른 것은 이 소기관을 둘러싸는 막에 삽입된다. 다른 단백질들은 핵, 리소좀 혹은 페록시솜과 같은 소기관의 안쪽으로 이동되어야 하고 여전히 다른 단백질들은 핵막이나 원형질막에 삽입될 것이다. 마지막으로 분비되는 단백질은 세포 바깥으로 이동되어야 한다. 비슷한 일들이 세균에도 적용된다. 하지만 덜 복잡하여서 단백질이 이동될 필요가 있는 목적지가 더 적다.

단백질 표적화(protein targeting) 용어는 단백질들이 정확한 목적지에 도착할 수 있는 다양한 과정들을 서술하는 데 사용된다. 이 과정들은 유전자로부터 기능적인 단백질에 이르는 긴 경로의 마지막 단계를 구성한다.

16.4.1 단백질 표적화에서 분류 서열의 역할

진핵생물의 단백질 신호 찾아가기의 기작은 일련의 다른 단백질들이 이동되는 곳인 다양한 세포 내 혹은 세포외 위치로 이르게 하는 일련의 이동 경로로 이루어진다. 개개의 단백질이 어떤 이동 경로를 따르는가는 단백질에 존재하는 하나 혹은 여러 개의 **분류 서열(sorting sequence)**의 정체에 의존한다. 이 분류 서열은 어떤 이동 경로를 따라야 하는가를 결정하는 아미노산 서열이다. 대부분의 이러한 분류 서열은 연속적인 아미노산의 서열이다. 그러나 일부는 폴리펩타이드 사슬에서 떨어져 있지만 단백질이 접힐 때 가까이 있게 되는 모티프로 구성되어 있다. 분류 서열이 없는 유일한 단백질들은 세포질 기질에 있는 단백질이다. 이들은 원형질의 리보솜에 의해서 만들어지고 그 합성자리에 가까운 곳에서 역할을 수행한다. 모든 다른 단백질들은 하나 혹은 그 이상의 표적화 경로를 따른다.

핵, 미토콘드리아와 엽록체 단백질들은 세포질 기질에서 합성된다

세포질에 머물게 되는 단백질들과 같이 세포질에 존재하는 리보솜은 최종적으로 핵, 미토콘드리아와 엽록체로 갈 운명의 단백질들을 합성한다. 핵으로 이동되어야 하는 단백질들은 핵 위치 신호를 가지고 있다. **핵 위치 신호(nuclear localization signal)**는 길이가 6~20개의 아미노산으로 되어 있으며 양전하를 띠는 리신과 아르기닌 부분을 가지고 있다. 짧은 버전의 핵 위치 신호에는 이러한 양전하를 가진 아미노산들이 신호 서열 전체에 퍼져 있다. 그러나 긴 예에서는 신호 서열은 아마도 내부의 전하가 없는 혹은 부분적인 전하를 가진 부분을 가지고 있다(그림 16.24). 핵 위치 신호는 핵 막공 복합체를 통과하고 핵질로 단백질을 옮기는 데 도움을 주는 **임포틴**

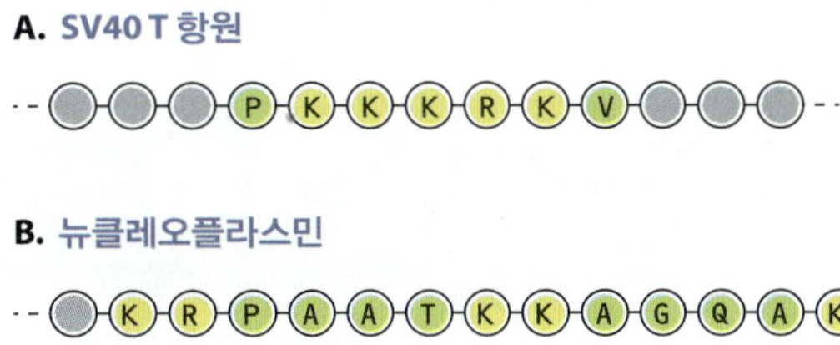

그림 16.24 핵 위치 신호 (A) SV40 T 항원, (B) 뉴클레오플라스민
SV40T 항원은 세포가 SV40 바이러스 감염 후에 핵으로 이동되는 항원이다. 뉴클레오플라스민은 샤페론 단백질로 핵에서 뉴클레오솜과 리보솜 조립을 포함하는 다양한 역할을 한다. 양전하를 띠는 아미노산을 노란색으로 표시하여 보여준다.

(importin) 단백질에 의하여 인식된다.

세포질 리보솜은 또한 미토콘드리아로 이동되는 단백질도 만든다. 미토콘드리아로 들어가는 단백질의 주요 접근 통로는 **외막 수송단백질(translocator outer membrane, TOM)**과 **내막 수송단백질(translocator inner membrane, TIM)복합체**이다. 그러나 미토콘드리온은 외막과 내막 막간공간, 미토콘드리아 기질에 위치하는 단백질을 위하여 다른 표적화 경로가 필요하기 때문에 하나의 단일 목적지로 볼 수 없다. 같은 목적지에 대체 경로가 존재하는 것이 더해져서 더욱더 복잡하다. 예를 들면, 외막 단백질이 세포질로부터 직접 삽입되거나 막간 공간으로 이동되어서 삽입될 수도 있다. 미토콘드리아 단백질이 따르는 경로는 가지고 있는 분류 서열의 정체에 따라 결정된다. 외막 혹은 막간공간으로 목적된 단백질들은 여러 가지 형태의 내부 분류 서열을 가지고 있다. 그러나 미토콘드리아 내막에 삽입되거나 혹은 미토콘드리아 기질을 지나 삽입되는 단백질들은 **미토콘드리아 표적화 서열(mitochondrial targeting sequence)**이라고 불리는 아미노말단의 분류 서열을 가지고 있다. 이 서열은 보통 10~70개 아미노산 길이이고 단백질의 표면에 있는 알파나선 구조의 한 형태인 **양친매성 나선(amphipathic helix)**을 형성하는 무극성과 양전하를 가진 아미노산의 혼합으로 이루어져 있다. 무극성 아미노산들은 단백질과 접촉하는 나선의 측면에 있고, 전하를 띠고 있는 아미노산들은 다른 측면에서 수용액 환경에 노출되어 있다(그림 16.25). 내막이나 기질로의 이동은 단백질이 완전히 접히기 전에 일어난다. 단백질이 아직 세포질에 있는 동안 Hsp70 샤페론 단백질이 부착하여 단백질 접힘을 막고 동시에 표적화 서열이 잘리게 된다.

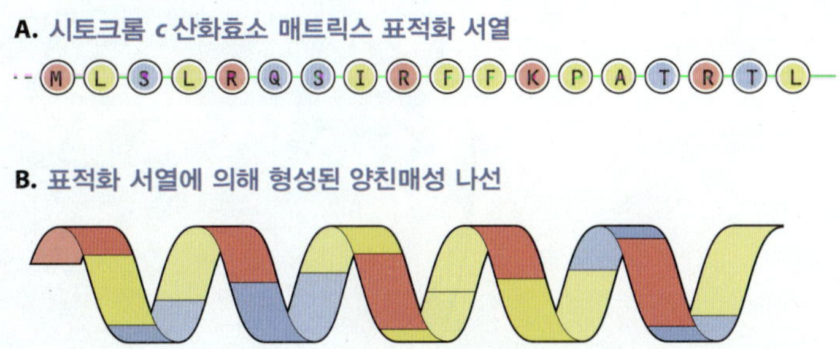

그림 16.25 시토크롬 *c* 산화효소의 매트릭스 표적화 서열
(A) 매트릭스 표적화 서열에 있는 아미노산. (B) 매트릭스 표적화 서열에 의해서 형성된 알파나선. 전하를 가진 아미노산은 빨간색, 무극성 아미노산은 노란색으로, 다른 아미노산은 파란색으로 표시되었다. 전하를 가진 아미노산은 주로 나선의 측면에 있고 무극성 아미노산은 반대쪽 측면에 있다.

분류 서열의 조합에 따라서 미토콘드리아 단백질들은 최종 위치에 가는 몇 가지 경로 중의 하나를 따라간다(그림 16.26).

- 미토콘드리아 외막으로 가는 단백질들은 TOM 복합체에 들어가려고 시도할 때 멈추어지고 바로 외막으로 방향이 바꾸게 하거나 외막으로 삽입되기 전에 TOM을 통하여 막간 공간으로 통과한다.
- 어떤 막간 공간 단백질들은 바로 TOM을 통과한 후에 바로 목적지로 움직인다. 다른 단백질들은 기질을 가로질러서 일부분이 막간 공간으로 돌출되는 방법으로 내막에 삽입된다. 이 조

그림 16.26 **미토콘드리아 단백질의 표적화**

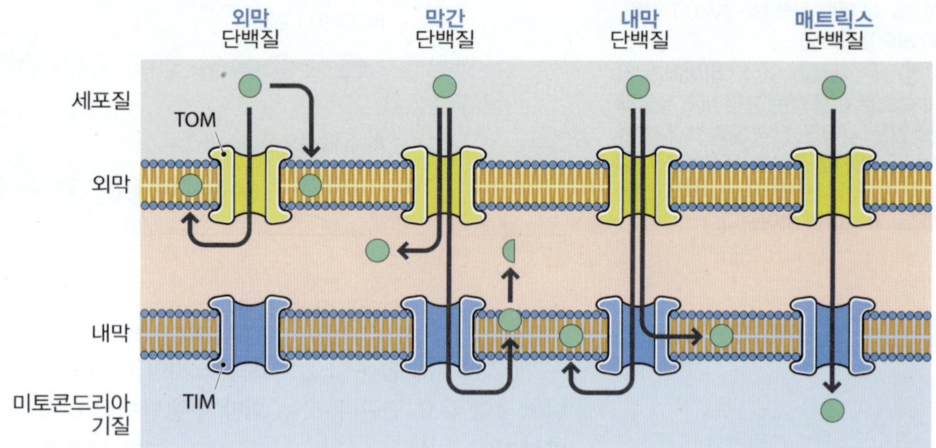

각은 기능적인 단백질이 되기 위해서 절단된다.

- 미토콘드리아 내막으로 가는 단백질들은 TIM 복합체 중의 하나에 의하여 막에 통합되거나 미토콘드리아 기질에 들어가서 거꾸로 내막에 삽입된다.
- 기질 단백질들은 TOM과 TIM 복합체 둘 모두를 통하여 통과한다.

엽록체 단백질들은 비슷한 방법으로 그 목적지에 이동된다. 분류 서열은 **수송분류 펩타이드(transit peptide)**라고 불리는데 스트로마, 내막, 외막, 막간공간으로 가는 경로를 특정하는 단백질에 의하여 수행되는 특별한 조합이다. 이에 더하여 단백질을 틸라코이드로 이동시키는 **내강 표적화 서열(luminal targeting sequence)**이 있다.

그림 16.27 **세포외 배출 경로**

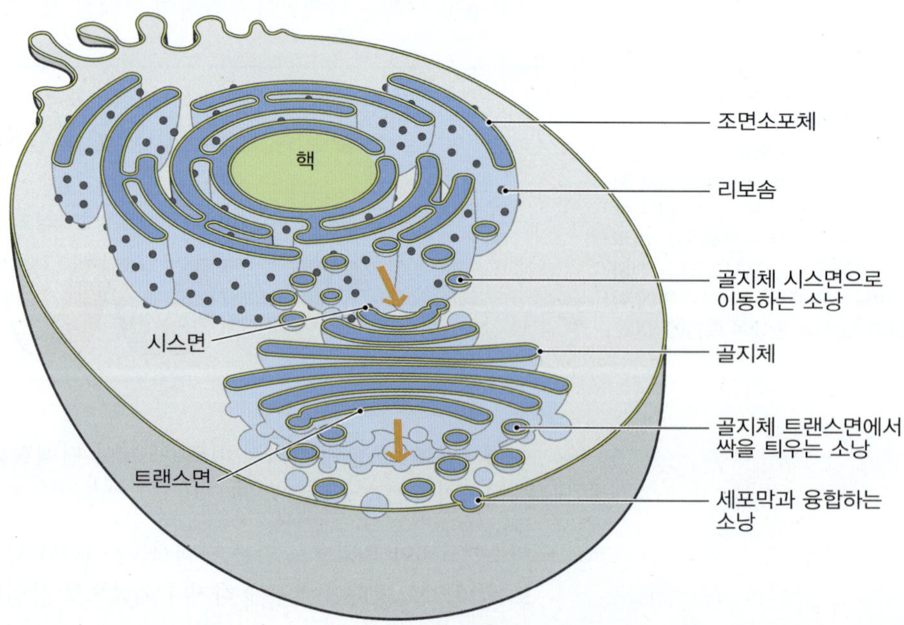

분비되는 단백질은 조면소포체에서 만들어진다

세포에서 분비되는 단백질은 조면소포체의 외부 표면에 위치해 있는 리보솜에 의해서 합성된다. 이 단백질의 이동 기작은 **세포외 배출(exocytosis)**라고 불리는 다음의 경로를 가진다(그림 16.27).

- 단백질은 합성되면서 소포체막을 통과하여 내강으로 들어간다.
- 소포체에서 시스 골지체(*cis* Golgi apparatus)로 단백질을 운반하는 소낭(vesicle)이 갈라져 나온다.
- 다음으로 단백질이 시스터나에서 시스터나로 전달되어 트랜스 골지체로 옮겨진다. 많은 분비 단백질들은 이 단계에서 글리코실화된다.
- 트랜스 골지에서 세포막으로 가는 단백질을 실어 나르는 또 하나의 다른 소낭이 갈라져 나온다.
- 세포막과 소낭의 융합으로 단백질을 세포 바깥으로 전달한다.

세포외 배출 경로에 들어가기 위해서는 단백질은 반드시 **신호 펩타이드(signal peptide)**라고 불리는 분류 서열을 가지고 다녀야 한다. 이것은 보통 5~30개의 아미노산의 아미노말단 서열인데 중앙 부분에 소수성 아미노산이 많이 있고 알파나선 형태를 만들 수 있다. 보통 이 나선 부분의 앞쪽에는 연속적인 양전하를 가진 아미노산들이 있다. 신호 펩타이드는 단백질을 폴리펩타이

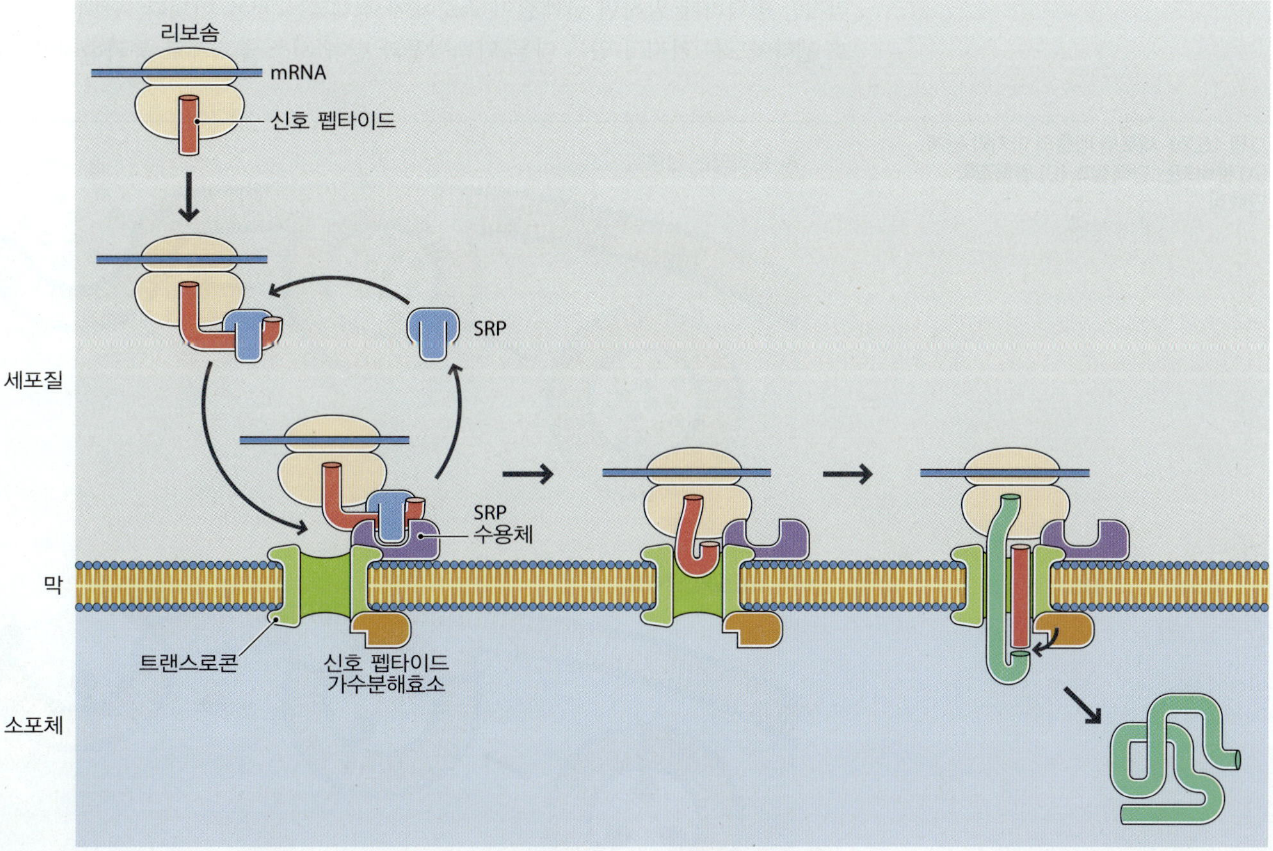

그림 16.28 소포체로 단백질의 전달
합성되는 단백질의 신호 펩타이드 요소는 빨간색으로 이 단백질의 나머지 부분은 초록색으로 표시하여 보여준다.

드 사슬이 합성되는 동안 막 통과가 이루어지도록 소포체막을 통과하는 경로로 방향을 정한다.

초기에는 리보솜은 세포질에서 자유롭게 있지만 신호 펩타이드를 포함하는 폴리펩타이드의 아미노말단이 번역되면 곧바로 소포체로 방향을 정하게 된다(그림 16.28). 소포체로의 전달은 **신호 인식 입자(signal recognition particle, SRP)**에 의해서 매개된다. SRP는 하나의 짧은 비암호화 RNA 분자와 여섯 개의 단백질로 구성되어 있다. SRP가 신호 펩타이드에 부착되면 이로 인해 번역이 잠시 멈추게 되고 리보솜을 소포체 표면에 위치해 있는 **SRP 수용체(SRP receptor)**로 방향을 정하게 한다. 신호 펩타이드는 **트랜스로콘(translocon)**으로 불리는 막에 있는 구멍에 들어간다. 번역이 계속 되어 폴리펩타이드 가닥이 트랜스로콘을 통하여 소포체의 내강으로 통과해 간다. 신호 펩타이드는 다음에 신호 펩타이드는 내막 표면에 있는 **신호 펩타이드가수분해효소(signal peptidase)**에 의해서 절단되고 폴리펩타이드 사슬이 접힘을 시작한다.

세포외 배출로부터 목적지 변경은 단백질을 다른 목적지로 가게 한다

만약 분비되는 한 단백질이 가지고 있는 단 하나의 분류 서열이 신호 펩타이드라고 하면 그 단백질은 계속하여 세포외 배출 경로를 통하여 세포 바깥으로 가게 된다. 만약에 다른 분류 서열이 존재하면 단백질은 이 경로로부터 목적지를 변경하여 다른 대체 위치로 갈 수 있다. 예를 들면, 폴리펩타이드 사슬의 카르복실 말단에 체류 신호(retention signal)가 존재하면 단백질은 소포체에 위치하게 되는 결과가 일어난다. 만약에 이 체류 신호가 리신-아스파르트산-글루탐산-류신 서열이면 그 단백질은 소포체의 내강에 위치한다. 이것을 **KDEL 서열(KDEL sequence)**이라고 한다. 변형된 KDEL 서열은 단백질을 소포체막으로 가도록 방향을 정한다. 비록 체류 신호라고 불리지만 엄격하게 말하면 단백질이 소포체에 정체되는 것은 아니다. 단백질들은 아미노말단의 신호 펩타이드를 가지고 있는 다른 단백질들과 함께 시스 골지체로 통과하지만 KDEL 서열을 인지

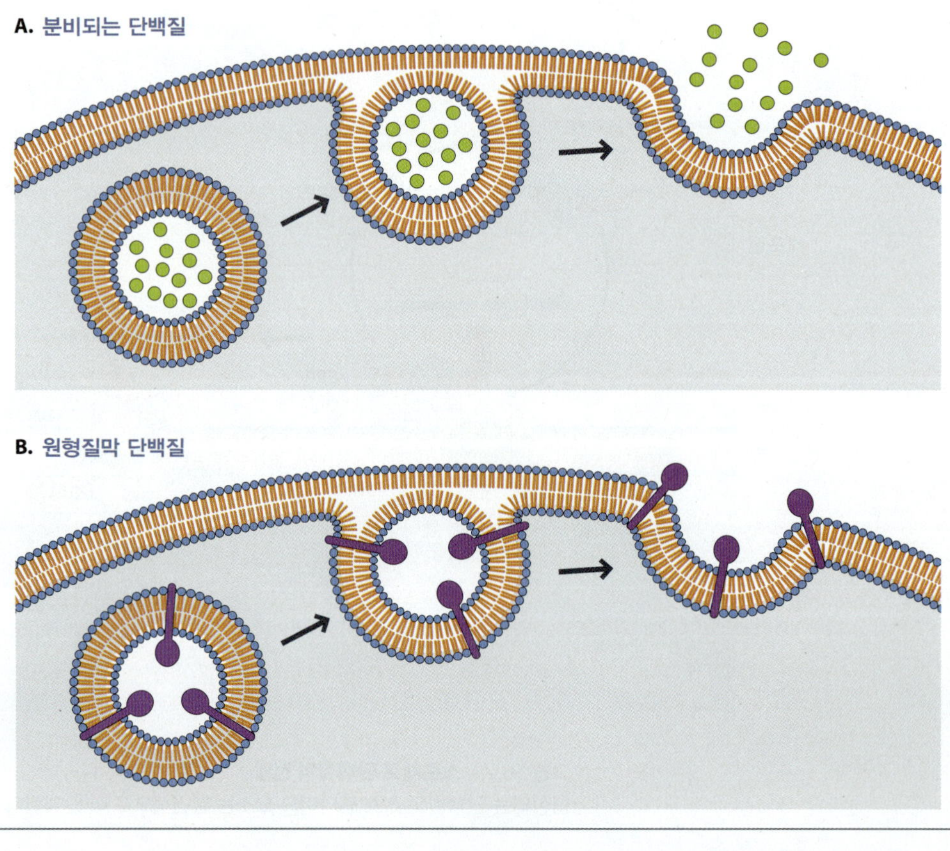

그림 16.29 세포외 배출의 마지막 단계. (A) 분비되는 단백질과 (B) 원형질막 단백질

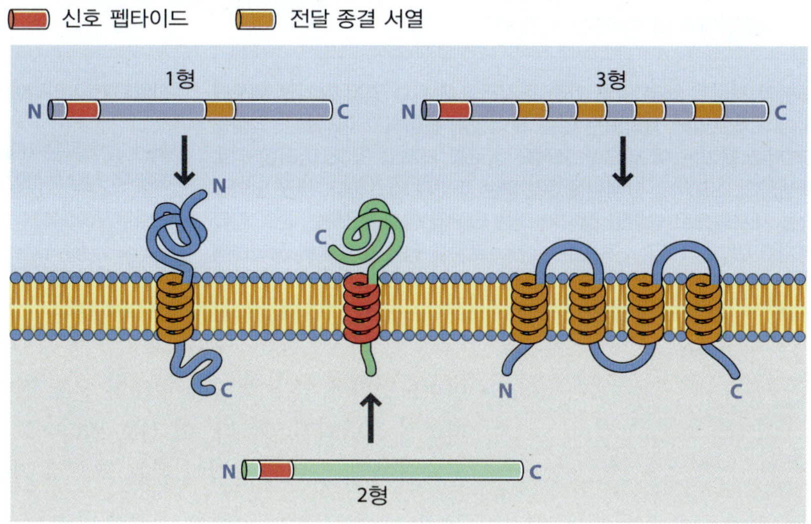

그림 16.30 소포체막으로 가는 단백질의 표적화
1형, 2형, 3형 막 단백질의 신호 펩타이드와 전달 종결 서열을 보여준다. 엑소시토시스 경로를 따른 후에 이 단백질들은 원형질막의 일부분이 된다.

하는 단백질에 의하여 분류되어 다시 소포체로 돌아가게 된다.

많은 단백질들이 특별하게 세포 표면 수용체와 운반 단백질들이 세포막에 위치해 있다. 이 단백질들은 합성되어 트랜스로콘을 통과할 때 소포체막에 삽입된다. 그리고 막에 부착되어 세포외 배출 경로를 따라가지만 골지체로부터 운반하는 소낭이 세포막과 융합할 때 분비되지는 않는다. 대신에 단백질이 세포막의 부분이 된다(그림 16.29). 이 단백질들은 다양한 분류 서열을 소유하고 있는데 각각은 세포막 안에서 다른 형태의 위치를 정하는 특이성이 있다(그림 16.30).

- **이동 종결 서열(stop-transfer sequence)**로 불리는 내부 소수성 부분의 존재로 인하여 소포체 막을 가로지르는 폴리펩타이드 사슬의 전달이 멈추게 되고 닻으로 작용하여 단백질이 위치를 잡고 있게 한다. 이 단백질들은 **I형 막단백질(Type I menbrane protein)**로 불린다. 이 단백질들은 막을 한 번 지나가는 내재성 막단백질(integral membrane protein)이다.
- 다른 단백질들은 다수의 이동 종결 서열을 가지고 있다. 이것은 단백질이 한 번 이상 막을 통과하는 결과가 된다. 이러한 단백질을 **III형 막단백질(Type III menbrane protein)**로 불린다.

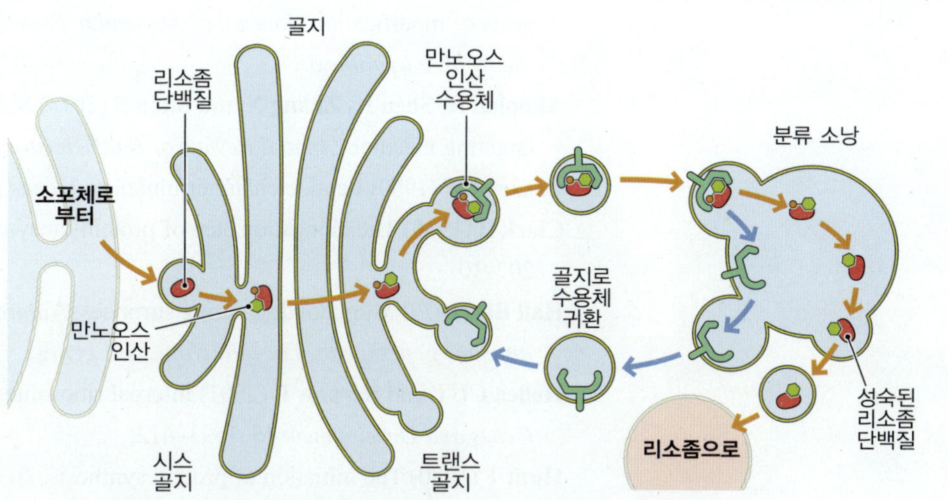

그림 16.31 리소좀에 가는 단백질의 표적화

Box 16.6 세균에서의 단백질 표적화

비록 대부분의 세균은 내부 막을 가진 소기관을 가지고 있지 않지만 세포에서 분비되거나 세포막에 삽입되는 많은 단백질을 합성하고 이러한 단백질들을 그 목적지로 옮기는 데 필요한 표적화 경로를 가지고 있다. 이러한 경로들은 진핵생물의 소포체로 단백질을 운반하는 과정과 비슷하다. 세균 단백질은 리보솜을 세포막으로 방향을 정하게 하는 SRP와 상호작용하는 신호 펩타이드를 가지고 있다. 그리고 단백질은 트랜스로콘을 경유하여 막을 통과하여 전달되거나 만약에 적당한 분류 서열이 있다면 세포막으로 가서 삽입된다.

어떤 단백질은 세포막의 바로 바깥에 있는 세균의 세포벽이 목표다. 이 단백질들은 카로복실말단에 막을 통과하면 잘려나가는 분류 서열을 가지고 있다.

- 아미노말단에 있는 특별한 형태의 신호 펩타이드는 신호 가수분해효소에 의해 인지되지 않고 따라서 절단되지 않는다. 이 신호 펩타이드는 **II형 막단백질(Type II menbrane protein)**을 소포체의 내막 표면에 붙잡아 두는 닻으로 작용한다.

마지막으로 우리는 다양한 쓰레기 화합물을 분해하는데 관련된 소기관인 리소좀(lysosome)으로 향하는 단백질의 표적화를 볼 것이다. 리소좀에 포함되어 있는 분해효소들은 소포체로 초기에 전달되는 결과를 가져오는 신호 펩타이드를 가지고 있다. 그리고 단백질들이 하나 혹은 그 이상의 아스파라긴 아미노산에 만노오스 6-인산 단위를 부착하는 장소인 골지체로 운반되어진다. 이 꼬리표가 달린 단백질은 트랜스 골지체의 내막 표면에 위치해 있는 **만노오스 6-인산 수용체(mannose 6-phosphate receptor)** 단백질에 의해서 인지된다(그림 16.31). 골지의 이 부분으로 갈라져 나오는 소낭들은 운반하는 내용물이 산성인 **분류 소낭(sorting vesicle)**과 융합한다. 낮은 수소이온 농도는 만노오스 6-인산 수용체로부터 단백질들이 떨어져 나오게 자극하고 인산가수분해효소 만노오스 6-인산 꼬리표에서 인산기를 제거한다. 일련의 소낭들은 다시 갈라져 나와 수용체들을 골지로 다시 돌아가게 한다. 그리고 다른 소낭들은 리소좀 단백질들을 리소좀으로 운반한다. 그래서 이것은 약간 다른 형태의 단백질 표적화 시스템이며 여기에서 분류 서열은 단백질에 포함된 아미노산 서열이 아니고 번역후 화학적 변형에 의해서 단백질에 부착되는 만노오스 6-인산 꼬리표가 분류 서열이 된다.

참고문헌

Agris PF, Vendeix FAP and Graham WD (2007) tRNA's wobble decoding of the genome: 40 years of modification. *Journal of Molecular Biology* **366**, 1–13. ***Review of the development of the wobble hypothesis.***

Akopian D, Shen K, Zhang X and Shan S (2013) Signal recognition particle: an essential protein targeting machine. *Annual Review of Biochemistry* **82**, 693–721.

Caskey CT (1980) Peptide chain termination. *Trends in Biochemical Science*s **5**, 234–7.

Clark B (1980) The elongation step of protein biosynthesis. *Trends in Biochemical Sciences* **5**, 207–10.

Hall BD (1979) Mitochondria spring surprises. *Nature* **282**, 129–30. ***Reviews the first reports of unusual genetic codes in mitochondrial genes.***

Hellen CUT and Sarnow P (2001) Internal ribosome entry sites in eukaryotic mRNA molecules. *Genes and Development* **15**, 1593–612.

Hunt T (1980) The initiation of protein synthesis. *Trends in Biochemical Sciences* **5**, 178–81.

Jacks T, Power MD, Masiarz FR, Luciw FR, Barr PJ and Varmus HE (1988) Characterization of ribosomal frameshifting in HIV-1 *gag-pol* expression. *Nature* **331**, 280–3.

Jackson RJ, Hellen CUT and Pestova TV (2010) The mechanism of eukaryotic translation initiation and principles of its regulation. *Nature Reviews Molecular Cell Biology* **11**, 113–27.

Jenuwein T and Allis CD (2001) Translating the histone code. *Science* **293**, 1074–80.

Kapp LD and Lorsch JR (2004) The molecular mechanics of eukaryotic translation. *Annual Review of Biochemistry* **73**, 657–704.

Ling J, Reynolds N and Ibba M (2009) Aminoacyl-tRNA synthesis and translational quality control. *Annual Review of Microbiology* **63**, 61–76. ***The role of aminoacyl-tRNA synthetases with focus on how accuracy of aminoacylation is ensured.***

RajBhandary UL (1997) Once there were twenty. *Proceedings of the National Academy of Sciences USA* **94, 11761–3.** ***Summarizes unusual types of aminoacylation.***

Schmeing TM and Ramakrishnan V (2009) What recent ribosome structures have revealed about the mechanism of translation. *Nature* **461**, 1234–42.

Smith AI and Funder JW (1988) Proopiomelanocortin processing in the pituitary, central nervous system, and peripheral tissues. *Endocrine Reviews* **9**, 159–79.

Stojanovski D, Bohnert M, Pfanner N and van der Laan M (2015) Mechanisms of protein sorting in mitochondria. *Cold Spring Harbor Perspectives in Biology* **4**:a011320.

Wilson DN (2014) Ribosome-targeting antibiotics and mechanisms of bacterial resistance. *Nature Reviews Microbiology* **12**, 35–48.

Wilson DN and Cate JHD (2015) The structure and function of the eukaryotic ribosome. *Cold Spring Harbor Perspectives in Biology* **4**:a011536.

Zhou J, Lancaster L, Donohue JP and Noller HF (2013) Crystal structures of EF-G–ribosome complexes trapped in intermediate states of translocation. *Science* **340**(6140):1236086.

자가 평가 문제

객관식 문제

각 문제에 대한 정답은 한 개이며, 정답은 웹사이트 www.scionpublishing.com/biochemistry에서 찾을 수 있음.

1. 유전암호에 대하여 같은 의미, 즉 포용성('degenerate')라고 하는 용어는 무엇을 의미하는가?
- **(a)** 코돈이 둘 혹은 그 이상의 의미를 가진다.
- **(b)** 암호가 일반적이다.
- **(c)** 하나 이상의 코돈에 의해서 정해지는 어떤 아미노산들
- **(d)** 암호가 구두점 코돈을 가지고 있다.

2. 다음의 어떤 조합이 표준 유전암호에서 종결 코돈인가?
- **(a)** UAA, UAG, UGA
- **(b)** UAA, UAG, UAC
- **(c)** UAG, UGA UGG
- **(d)** UGA, UGC, UGG

3. 다음에서 어떤 것이 인간 미토콘드리아에서 의미있는 비표준 코돈인가?
- **(a)** UGA 트립토판 코돈
- **(b)** AGA 종결 코돈
- **(c)** CCA 종결 코돈
- **(d)** AUA 메티오닌 코돈

4. 1등급 아미노아실-tRNA 합성효소는 아미노산을 tRNA의 말단 뉴클레오타이드 위의 어떤 탄소에 연결하는가?
- **(a)** 2′
- **(b)** 3′
- **(c)** 4′
- **(d)** 5′

5. 바실러스 메가테리움에서 $tRNA^{Gln}$ 분자는 초기에 무엇에 의해서 아미노아실화되는가?
   (a) 세린
   (b) 메티오닌
   (c) 글루탐산
   (d) 글루타민

6. 동요현상(wobble) 때문에 역코돈 UAI(I는 이노신)는 어떤 코돈과 염기 짝짓기를 할 수 있는가?
   (a) AUA, AUC, AUG
   (b) AUC, AUG, AUU
   (c) AUA, AUG, AUU
   (d) AUA, AUC, AUU

7. 다음 어떤 것이 대장균의 리보솜의 큰 소단위의 구성요소를 서술하는가?
   (a) 3 rRNA, 50개 단백질
   (b) 1 rRNA, 21개 단백질
   (c) 2 rRNA, 34개 단백질
   (d) 1 rRNA, 33개 단백질

8. 세균의 리보솜에서 E 자리의 기능은?
   (a) 자라나는 폴리펩타이드 사슬의 말단에 부착된 아미노산을 가졌던 아미노아실-tRNA가 차지한다.
   (b) 사용된 다음 아미노산을 가진 아미노아실-tRNA가 들어간다.
   (c) 아미노산이 폴리펩타이드 사슬에 부착된 후에 떠나는 tRNA가 있는 자리이다.
   (d) 펩타이드 결합이 만들어지는 자리이다.

9. 대장균 리보솜 결합자리의 공통 서열은?
   (a) AGGGGGU
   (b) AGGAGGU
   (c) TATAAT
   (d) AGCGCGCA

10. 리보솜의 큰 소단위와 작은 소단위의 결합을 매개하는 대장균의 개시인자는 무엇인가?
   (a) IF-i
   (b) IF-2
   (c) IF-3
   (d) IF-4

11. 진핵생물 번역 개시에 관하여 옳지 않은 것은?
   (a) 개시전 복합체가 mRNA의 캡 구조에 결합한다.
   (b) 캡 결합 복합체는 eIF-4A, eIF-4E와 eIF-4G로 구성되어 있다.
   (c) 스캐닝 동안에 줄기-고리 구조는 eIF-4A에 의하여 열린다.
   (d) 개시 코돈의 인지는 eIF-2에 의해서 매개된다.

12. 다음에서 대장균의 폴리펩타이드 합성과정 동안에 신장인자 EF-1A의 역할에 관한 것은 어떤 것인가?
   (a) 뉴클레오타이드 교환인자로 작용한다.
   (b) 자리옮김을 매개한다.
   (c) 다음 아미노아실-tRNA를 리보솜의 A 자리에 방향을 정한다.
   (d) 펩타이드 결합을 합성한다.

13. 대장균 리보솜 재생인자의 역할은 무엇인가?
   (a) 리보솜을 번역이 완료된 후에 소단위로 떨어지게 한다.
   (b) 리보솜 분리를 위하여 GTP 가수분해에 필요하다.
   (c) 만들어지는 폴리펩타이드 사슬의 마지막 펩타이드 결합 합성
   (d) 리보솜을 새로운 mRNA에 전달

14. 멜리틴의 가공과정에서 단백질가수분해효소는 절단에 의하여 몇 개의 아미노산을 가지고 있는 펩타이드를 만드는가?
   (a) 2
   (b) 3
   (c) 5
   (d) 9

15. 프로호르몬을 가공하는 펩타이드내부가수분해효소는 무엇인가?
   (a) 제한 펩타이드내부가수분해효소
   (b) 다단백질
   (c) 프로호르몬 전환효소(convertase)
   (d) 장펩타이드가수분해효소

16. 어떤 가공과정이 HIV-1의 Gag 다단백질보다 Gag-Pol의 합성에 관련되어 있는가?
   (a) Gag 서열의 말단에 리보솜이 틀변이를 일으킨다.
   (b) HIV-1 mRNA가 절단된다.
   (c) mRNA에서 줄기-고리가 만들어진다.
   (d) Gag-Pol 단백질이 펩타이드내부가수분해효소에 의해서 잘려진다.

17. 다음의 어떤 것이 프로피오멜라노코르틴의 가공과정에 의해서 얻어지는가?
   (a) 지질단백질
   (b) 엔돌핀
   (c) 부신피질자극호르몬
   (d) 갑상샘자극호르몬

18. 표피 성장인자 수용체는?
   (a) 프로호르몬 전환효소
   (b) 수용체 티로신 인산화효소
   (c) 히스톤 아세틸전달효소
   (d) 히스톤 탈아실화효소

19. 유비퀴틴은 히스톤 단백질의 어떤 아미노산에 부착되는가?
   (a) 카르복실 말단의 리신
   (b) 아미노말단의 리신
   (c) 아미노말단의 리신과 세린
   (d) 아미노말단의 리신과 아르기닌

20. 핵으로 운반되는 단백질에 있는 핵 위치 신호에 관하여 옳지 않은 것은?
- **(a)** 6~20개의 아미노산 길이
- **(b)** 양전하를 가지는 리신과 아르기닌 아미노산의 높은 비율
- **(c)** 핵 막을 통과하면서 잘려나간다.
- **(d)** 임포틴 단백질에 의해서 인지된다.

21. TOM 복합체(translocator outer membrane complexes)는 어디에 있는가?
- **(a)** 미토콘드리아 외막
- **(b)** 세포막
- **(c)** 소포체
- **(d)** 핵막

22. 소포체에서 단백질의 전달을 도와주는 비코드 RNA 분자와 6개 단백질로 이루어진 구조의 이름은?
- **(a)** 신호 인지 입자(SRP)
- **(b)** SRP 수용체
- **(c)** 트랜스로콘
- **(d)** 신호 가수분해효소

23. KDEL 신호의 역할은?
- **(a)** 단백질을 세포막으로 가도록 방향을 정한다.
- **(b)** SRP 수용체를 위한 인지 신호
- **(c)** 단백질을 소포체의 막으로 가도록 방향을 정한다.
- **(d)** 단백질을 미토콘드리아 막으로 가도록 방향을 정한다.

24. 단백질을 리소좀으로 가도록 방향을 정하는 신호는?
- **(a)** 신호 펩타이드
- **(b)** 만노오스 6-인산
- **(c)** 유비퀴틴
- **(d)** 이동 종결 서열

단답식 문제

아래 문제는 추가 자료 없이 답이 가능함.

1. 확실한 유전 시스템에서 일어나는 변이를 포함하는 유전암호의 특징을 서술하라.

2. 아미노아실화의 의미는 무엇인가 그리고 어떻게 이 과정의 정확도가 보장되는가?

3. 왜 대부분의 종이 64개보다 적은 수의 tRNA를 가지고 있는지를 설명하라.

4. 현재 리보솜의 구조 지식과 어떻게 이 구조가 단백질 합성에서 리보솜의 역할과 관련되어 있는가를 요약하여라.

5. (A) 대장균과 (B) 진핵생물에서 mRNA 번역의 개시에 대하여 상세하게 설명하여라. 여기서 어떻게 개시 코돈이 위치해 있고 개시 인자들의 역할에 주목하여 설명하여라.

6. 대장균과 진핵생물에서 번역의 종결과정에 일어나는 사건들을 비교하여라

7. 대장균 mRNA의 어떤 번역 단계에서 에너지가 필요하며 어떻게 에너지가 제공되는가?

8. (A) 단백질가수분해 분할과 (B) 화학적 변형에 의하여 가공되는 단백질의 보기를 들어라.

9. 단백질 표적화에서 분류 서열의 역할을 서술하라.

10. 리소좀 단백질 표적화 경로에 대하여 상세히 설명하여라.

주관식 문제

아래 문제는 계산, 추가 자료, 인터넷 조사 등을 필요로 함.

1. 대부분의 개체는 구별되는 코돈 편향성을 유전자에 보인다. 예를 들면, 루신은 유전암호에서(TTA, TTG, CTT CTC, CTA, CTG) 6개의 코돈으로 정해진다. 그러나 인간의 유전자에서 루신은 대부분 자주 CTG로 코드되고 TTA 혹은 CTA로 드물게 정해진다. 상대적으로 선화하지 않는 코돈의 높은 수를 가지고 있는 유전자는 아마도 상대적으로 느린 속도로 발현되는 것으로 제시되어왔다. 이 가설의 배경에 대한 생각을 설명하고 그 영향을 토론하라.

2. 유전암호에 의하여 정해지는 20개의 아미노산은 생체 세포에서 발견되는 유일한 것은 아니다. 왜 이 20개의 아미노산이 유전암호에 의하여 정해지는 유일한 것인지를 설명하는 가설을 고안하여라. 이 가설을 시험할 수 있을까?

3. 동요현상(wobble)과 유전암호의 포용성(degenerate) 사이의 연관성을 토론하여라.

4. 왜 DNA 폴리뉴클레오타이가 mRNA의 중간적인 역할 없이 직접 단백질로 번역되지 않는 생물학적 이유는 없어 보인다. 진핵생물 세포가 mRNA의 존재로 인하여 얻게 되는 이득은 무엇인가?

5. 왜 진핵생물의 mRNA의 poly(A) 꼬리가 mRNA의 번역 개시에 관련되어 있는 이유에 대하여 추측하여라.

제17장

유전자 발현 조절

학습목표

이 장을 공부한 후:

- 단백질체(proteome)의 재구성, 분화, 발달 과정에서 유전자 발현 조절의 중요성을 인식한다.
- 세균의 전사 개시(transcription initiation) 조절에서 대체 σ 소단위의 역할을 이해한다.
- 대장균에서 락토오스 오페론(lactose operon)의 발현이 락토오스 억제인자(lactose repressor)와 이화산물 활성 단백질(catabolite activator protein)에 의해 조절되는 기작을 설명할 수 있다.
- 진핵세포에서 조절 단백질이 전사 개시를 조절하는 방법을 설명할 수 있으며, 특히 매개체 단백질(mediator protein)의 역할을 이해한다.
- 진핵세포에서 신호전달 경로(signal transduction pathways)와 스테로이드 호르몬(steroid hormones)이 유전자 발현을 조절하는 기작을 설명할 수 있다.
- 대장균에서 트립토판 오페론의 발현이 감쇠작용(attenuation)에 의해 조절되는 기작을 이해한다.
- 세균과 진핵세포에서 번역(translation)의 통괄 조절(global regulation)과 전사물 특이 조절(transcript-specific regulation) 기작을 이해한다.
- 유전자 경로의 조절에 있어서 mRNA와 단백질 회전율(turnover)의 중요성을 인식한다.
- 세균과 진핵세포에서 비특이적 mRNA 회전율(nonspecific mRNA turnover)을 상세한 과정과 함께 기술할 수 있다.
- 진핵세포의 침묵 복합체(silencing complex)가 특정 mRNA를 분해하는 과정과 기작을 이해한다.
- 단백질의 분해에서 유비퀴틴(ubiquitin)과 단백질분해효소복합체(proteasome)의 역할을 기술할 수 있다.

세포 내의 수많은 유전자들 중 오직 소수만이 항상 활성을 가진다. **항존유전자(housekeeping gene)**로 불리는 이들은 세포가 항상 필요로 하는 mRNA나 단백질을 암호화한다. 예를 들어, 대부분 세포는 지속적으로 리보솜을 합성하므로 rRNA와 리보솜을 암호화하는 유전자의 전사가 계속 요구된다. 이와 유사하게, RNA 중합효소를 암호화하는 유전자 또는 해당과정(glycolysis)과 같은 기본 대사경로에 관여하는 유전자는 거의 모든 세포에서 항상 활성화 되어있다.

그 외의 다른 유전자 산물들은 보다 특수한 역할을 가지며, 이들 유전자는 특수한 상황에서만 발현된다. 이들 유전자 산물이 필요치 않을 때는 이들의 발현은 꺼져 있다. 따라서 생명체는 특정 유전자 산물이 필요할 때, 이를 활성화하기 위한 유전자 발현 조절 시스템을 가지고 있다. 또한, 유전자 산물이 합성되는 속도를 정확하게 세포가 요구하는 조건과 일치시키기 위해서, 이들 켜지는 유전자의 발현 수준은 적절히 조절될 수도 있다.

유전자 발현이 조절될 수 있다는 개념은 단순하지만, 다음과 같은 광범위한 의미를 갖는다(**그림 17.1**):

- 유전자 발현의 조절은 변화하는 조건에 반응하여 세포내 단백질 집합체인 **단백질체(proteome)**를 재구성할 수 있게 한다. 심지어 가장 단순한 단세포 생물조차도 환경의 변화를 고려하여 단백질체를 재구성할 수 있다. 이는 세포가 보유하고 있는 효소의 종류들로 대표할 수 있는 생화학적 능력을 영양공급과 지배적 물리/화학 조건과 같은 외부환경 변화에 반응하여 계속 조율함을 의미한다. 다세포 생물의 세포도 외부환경 변화에 똑같이 반응하며, 유일한 차이점은 주요 자극으로써 영양소 외에도 호르몬과 성장인자들을 포함하는 것이다.
- 때로는 특정 유전자들의 불활성화를 통하여 특수한 생리활성을 위한 세포 **분화(differentiation)**를 유도한다. 이 경우는 이들 유전자 불활성만이 이들 세포의 특수한 생리활성을 켜는데 관여한다. 이것은 보통 다양한 세포유형(인간에서 250종 이상)들이 모여서 구성된 조직과 기관을 가지는 다세포 생물의 분화와 연관되어 있다. 분화는 수많은 단세포 생물에서도 발생하는데, 바실러스(*Bacillus*) 같은 세균의 포자세포 형성이 한 예이다.
- 유전자 발현 조절은 생명체 **발달(development)**의 기초가 되기도 한다. 복잡한 다세포 구조 및 전체 생명체의 조립은 다른 세포에서의 유전자 발현과의 조율이 필요할 뿐만 아니라, 단일 세포 또는 이와 관련된 세포 그룹 차원에서 유전자 발현 패턴이 시간에 따라 변할 것을 요구한다.

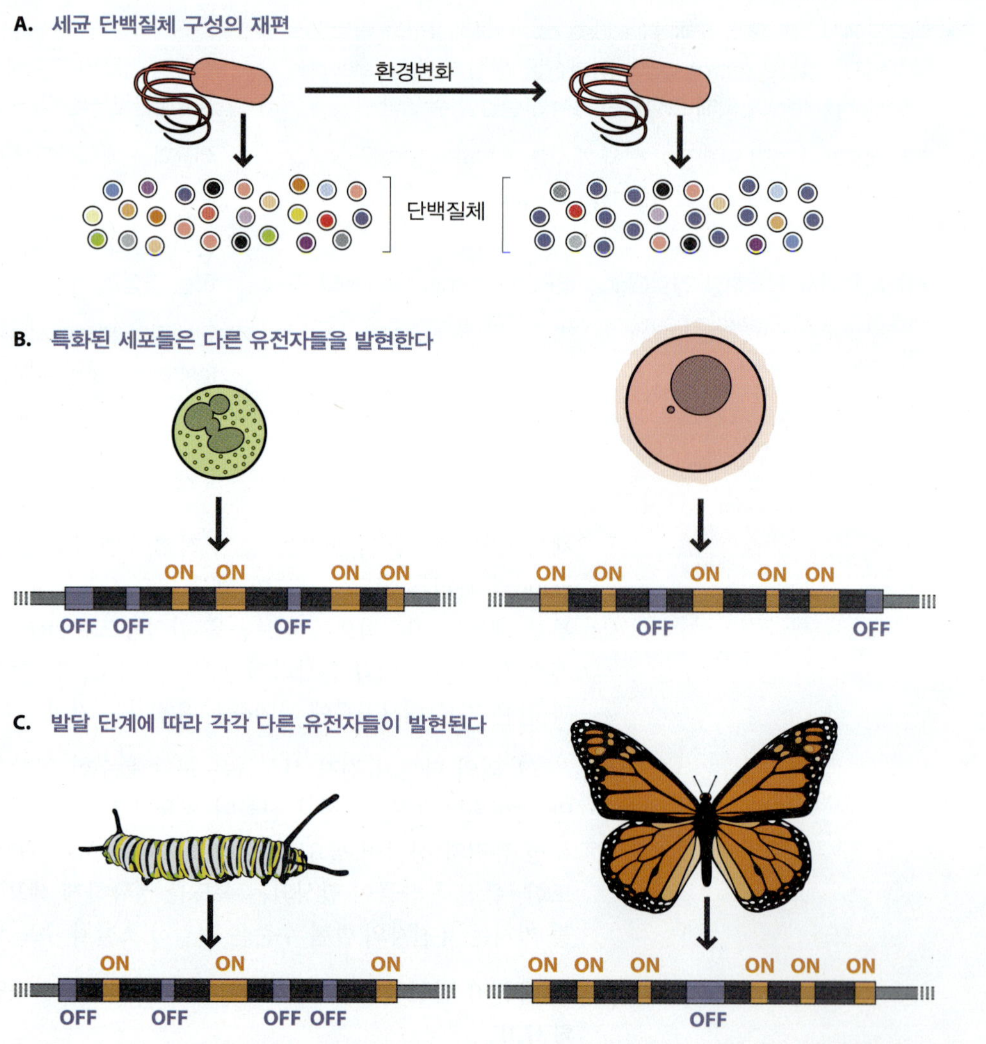

그림 17.1 유전자 발현 조절의 결과
(A) 세균과 진핵세포들은 변화하는 환경에 반응하여 그들의 세포 내의 단백질체(proteome)의 구성을 재편할 수 있다. 본 예제에서는, 환경 변화로 인하여 청색 단백질에 대한 유전자 발현이 상향 조절되었다. (B) 특화된 세포들은 다른 유전자들을 발현한다. (C) 생명체의 발달 단계에 따라 각각 다른 유전자들이 발현된다.

각각의 생명체는 유전자 발현 조절을 위하여 수많은 다른 전략들을 사용하며, 유전자로부터 단백질을 합성하는 경로의 생화학 반응 조절 예들은 생명체 전반에 걸쳐 퍼져 있다. 이 장에서는 이러한 제어 메커니즘 중 가장 중요한 것 몇 가지를 살펴볼 것이다.

17.1 유전자 발현 경로의 조절

유전자 발현 경로에서 많은 단계들이 조절의 대상이 될 수 있지만, 특히 중요한 단계가 있다. 그것은 유전자가 전사를 시작하기 위한 단계로서 mRNA 중합효소(mRNA polymerase)가 DNA에 붙는 단계이다. 유전자가 켜질 것인지 꺼질 것인지를 결정하는 것은 전사 개시(transcription initiation) 단계에서 일어난다. 전사 개시 이후에도 켜진 유전자의 발현 수준은 변화시킬 수 있지만, 유전자 발현 경로에서 전사 개시 단계가 1차적인 조절점이라 할 수 있기에 상세히 살펴보려고 한다.

17.1.1 세균에서 전사 개시의 조절

먼저 대장균(*Escherichia coli*)과 같은 세균에서 전사 개시가 어떻게 조절되는지 살펴보자. 이것은 진핵세포에서 일어나는 더 복잡한 조절과정을 접하기 전에 주요 핵심 원리를 확립할 수 있는 기회를 줄 것이다.

세균에서 전사 개시는 두 가지 방법으로 조절된다:

- RNA 중합효소를 구성하는 소단위를 바꿈으로써.
- RNA 중합효소를 유전자 상류에 결합하게 할 것인지 아닌지를 결정하는 조절 단백질을 통해.

대체 σ 소단위들은 다른 유전자 발현 패턴을 초래한다

세균의 RNA 중합효소는 $\alpha_2\beta\beta'\sigma$로 구성된 다중소단위(multisubunit) 구조를 가지며, σ 소단위는 프로모터(promoter) 서열을 인식하는 역할을 한다. 프로모터 서열은 전사 개시를 위해 효소가 DNA에 부착하는 자리로서 유전자 상류에 위치하는 일련의 짧은 뉴클레오타이드(nucleotide)이다. 이러한 중요한 상호작용들 중 하나는 RNA 중합효소가 프로모터 자리에 결합하는 것으로써, 구체적으로는 프로모터의 −35 박스와 RNA 중합효소의 σ 소단위가 결합하는 것이다. σ 소단위는 20개 아미노산으로 구성된 **나선-회전-나선 모티프(helix-turn-helix motif)**를 가지는 구조이다. 이름에서 알 수 있듯이 이 모티프는 β-턴으로 분리된 두 개의 σ-나선 구조로 이루어져 있다(**그림 17.2**). 나선 중 하나는 **인식 나선(recognition helix)**이라 불리며, σ 소단위 표면에 위치하고 DNA 분자의 큰 홈(major groove) 안에 들어갈 수 있는 방향으로 존재한다. DNA 분자의 큰 홈에서 인식 나선은 뉴클레오타이드의 퓨린/피리미딘 염기(base)에 존재하는 원자와 접촉한다. 이러한 특이성으로 인하여, σ 소단위는 뉴클레오타이드의 특정 조합으로 이루어진 서열에만 결합할 수 있는데, 다시 말하자면 프로모터의 −35 박스의 서열에만 결합할 수 있다. 따라서 σ 소단위는 **서열 특이 DNA 결합 단백질(sequence-specific DNA-binding protein)**이며, 이러한 서열 특이성으로 인하여 RNA 중합효소를 유전자의 상류에 위치한 프로모터에 자리하게 한다.

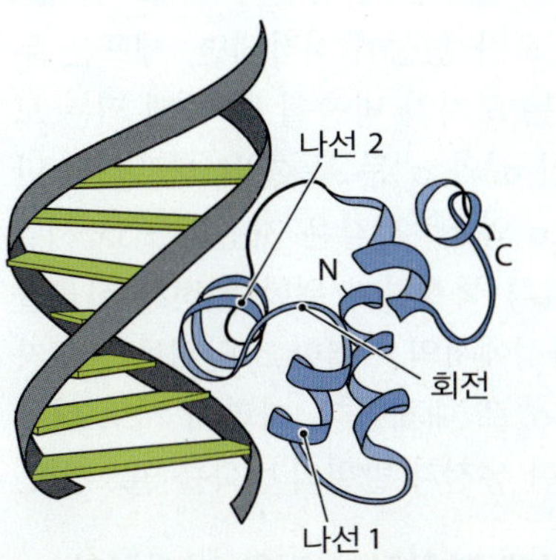

그림 17.2 나선-회전-나선 모티프
그림은 DNA 이중나선의 큰 홈과 상호작용하고 있는 DNA 결합 단백질의 나선-회전-나선 모티프(파란색으로 표시)의 배치를 보여준다.

대장균에서는 서열 5′−TTGACA−3′을 −35 상자로 인식하는 표준 σ 소단위를 σ^{70}이라 명명하며, 숫자 70은 분자량 70 kDa을 나타낸다. 대장균은 다양한 다른 σ 소단위를 만들 수 있는데, 각 소단위들은 각각 다른 −35 서열에 특이적이다. 예를 들어, σ^{32} 소단위는 세균이 열 충격에 노출되었을 때 합성된다. 이 소단위는 세균이 고온에 노출되었을 때 필요한 DNA 수리 효소뿐만 아니라, 열 분해로부터 단백질을 보호하기 위한 특별한 샤프롱을 암호화하는 유전자의 상류에서 발

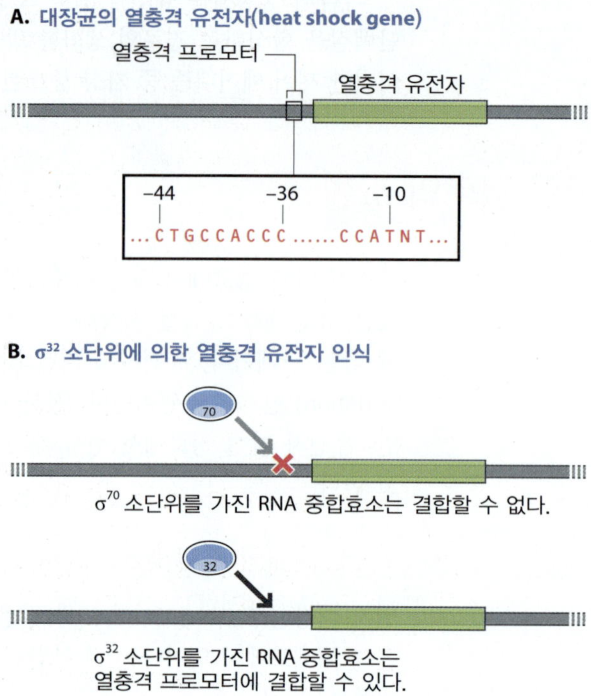

그림 17.3 대장균에서 σ^{32} 소단위에 의한 유전자 발현 조절
(A) 대장균의 열충격 반응(heat shock response)에 관여하는 유전자들의 상류에 있는 프로모터(promoter)의 서열. (B) 열충격 프로모터는 σ^{70} 소단위를 가진 정상적인 대장균 RNA 중합효소(RNA polymerase)에 의해서 인식되지 않지만, σ^{32} 소단위를 가진 RNA 중합효소에 의해서 인식된다.

견되는 −35 서열을 인식한다(**그림 17.3**). 따라서 세균은 σ 소단위 교체와 같은 RNA 중합효소의 간단한 구조 변경만으로 모든 유전자들을 켤 수 있다. 특정 σ 소단위는 영양결핍 및 질소 제한 조건 동안 이용되며, 이러한 특정 조건 하에서 필요한 유전자 산물을 만들기 위한 유전자들을 발현시키기 위한 스위치를 켠다.

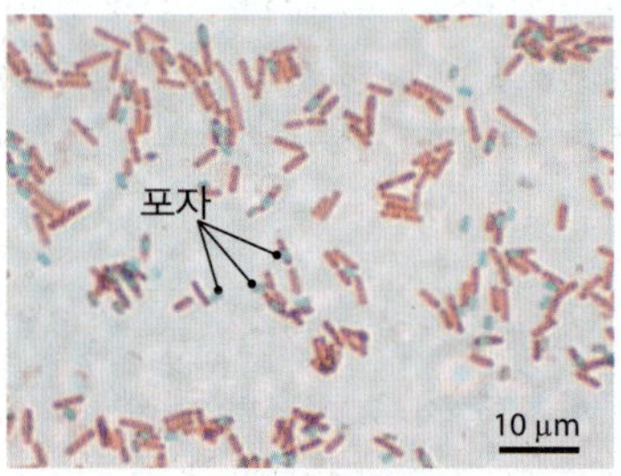

그림 17.4 포자형성 세균인 *B. subtilis*
Wikimedia.org로부터 CC BY-SA 3.0 라이센스로 재생산된 이미지.

이러한 유형의 유전자 조절은 바실러스(*Bacillus*) 속에서 일어나는 세포분화 과정의 기초가 된다. 불리한 환경이 되면, 이 세균은 물리/화학적으로 극한 환경에 대응하기 위하여 매우 강한 포자를 형성함으로써 수 년 동안 생존할 수 있고, 이들은 다시 환경 조건이 호의적으로 변화될 때 발아하게 된다(**그림 17.4**). 이처럼 정상적인 성장 조건에서 포자 형성 조건으로의 전환은 분화 경로(differentiation pathway)의 포자형성과 같은 특정 단계에서 요구되는 유전자의 발현을 켤 수 있는 σ 소단위에 의하여 제어된다. 포자를 형성하지 않는 시기인 경우, 바실러스 서브틸리스(*Bacillus subtilis*)의 표준 σ 소단위들인 σ^A와 σ^H가 존재한다. 포자 형성이 시작되면, 세포는 두 개의 구획으로 나뉘며, 그 중 하나는 포자가 되고 나머지 하나는 포자가 방출될 때 죽게 되는 모세포가 된다(**그림 17.5**). 이 시기에서는, 정상 세포의 σ 소단위인 σ^A와 σ^H는 두 개의 새로운 소단위로 대체되며, 전포자의 σ^F와 모세포의 σ^E가 그것이다. 이들 σ^F와 σ^E 각각은 자신의 −35 서열을 인식하며, 이 인식 서열들은 포자 또는 모세포의 발달을 각각 특정하기 위한 유전자 산물들을 암호화하는 유전자들의 상류에 위치한다. 포자형성 후기 과정에서의 이러한 소단위들은 포자와 모세포 형성 단계에서 필요한 유전자 발현을 위하여 σ^G와 σ^K로 대체된다. 따라서 서로 다른 σ 소단위들은 세균을 포자로 분화함에 있어서 시간에 따라 필요한 유전자 발현의 변화를 일으킨다.

억제인자(repressor) 단백질은 RNA 중합효소가 프로모터에 부착하는 것을 방지한다

RNA 중합효소의 σ 소단위 교체를 통한 유전자 세트의 발현 조절 방법은 환경 변화에 반응하기 좋은 수단을 제공하지만, 이 조절 방법은 켜짐/꺼짐 사이의 점진적 조절은 허용하지 않는다. 특정 σ 소단위가 인식하는 프로모터를 가진 유전자는 적극 전사되는 반면, 인식되지 않는 프로모터

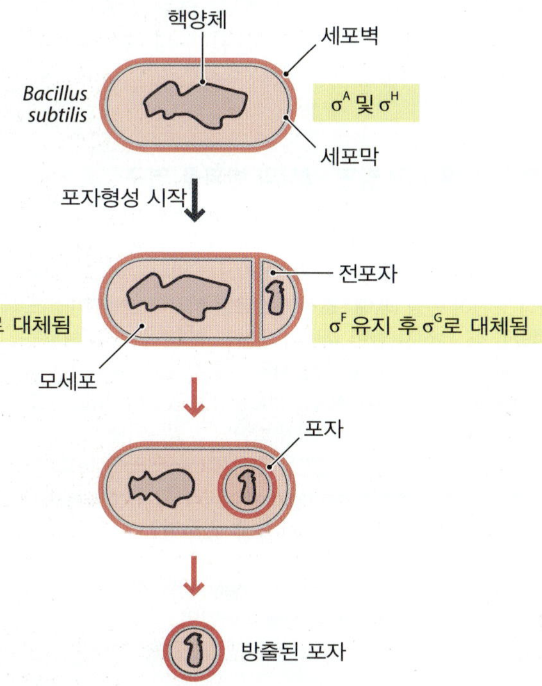

그림 17.5 *B. subtilis*가 포자를 형성하는 동안 대체 σ 소단위들의 역할

를 가진 다른 모든 유전자들의 발현은 침묵한다. 개별 유전자 발현 수준이 현재 환경 조건과 정확히 일치시키기 위해 필요한 미세 조절은 다른 방식으로 제공되며, 유전자의 전사 개시에 영향을 미치는 조절 단백질들이 그 역할을 한다.

이러한 유형의 조절 단백질의 존재는 1961년 두 명의 프랑스 유전학자 프랑수아 자코브(François Jacob)와 자크 모노(Jacques Monod)에 의해 처음 제안되었으며, 일련의 유전실험 연구로 이어졌다. 자코브와 모노는 대장균의 락토오스 오페론(lactose operon)의 조절을 연구하였다. 락토오스 오페론은 세균이 락토오스(lactose)를 에너지원으로 사용하는 데 필요한 세 가지 효소를 암호화하는 세 개의 유전자로 구성된 하나의 세트다. 이 세 가지 효소는 다음과 같다(**그림 17.6**):

- **락토오스 투과효소(lactose permease)**는 내부 세포막에 위치하고 유당을 세포 내로 운반한다.
- **베타-갈락토오스가수분해효소(β-galactosidase)**는 락토오스를 글루코오스와 갈락토오스로 갈

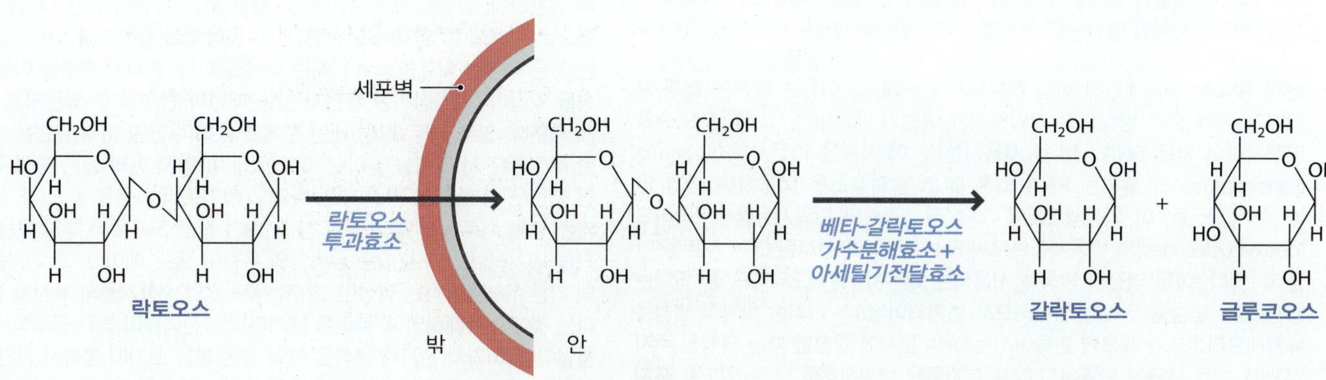

그림 17.6 **대장균에 의한 락토오스의 이용**

라주는 촉매이다. 글루코오스 분자는 직접 해당경로로 들어가고, 갈락토오스는 글루코오스로 전환된 후에 해당경로에 들어갈 수 있다.

연구 요약

Box 17.1 전사체학 – 유전자 발현 양상의 변화를 연구

유전자 발현을 조절하는 과정을 이해하는 것 외에도, 종종 그 과정의 결과물을 연구하는 것도 중요하다. 즉, 특정 시간 및 조직에서 발현되는 유전자를 알아내는 것, 생리적 조건이 변할 때(예: 조직이 호르몬 자극에 반응할 때) 또는 조직이 병에 걸렸을 때 유전자 발현 패턴이 어떻게 변화하는지를 살피는 것은 유용한 정보를 제공한다. 활성화된 유전자와 그렇지 않은 유전자 사이의 주요 차이점은 활성화된 유전자는 RNA로 전사된다는 것이다. 따라서 조직의 RNA 함량을 검사하는 것은 어떤 유전자가 발현되고 있는지를 확인하는 가장 직접적인 방법입니다. 조직의 RNA 함량을 **전사체(transcriptome)**라 하고, 이를 연구하는 학문을 **전사체학(transcriptomics)**이라 한다. 전사체학은 무엇을 포함하고, 이들이 우리에게 무엇을 말해 줄 수 있을까?

전사체는 일반적으로 **미세배열 분석**(microarray analysis)을 통하여 연구하고 있다. 미세배열은 대량의 DNA 분자가 잘 정렬된 배열의 점으로 찍혀 있는 작은 유리 조각이다.

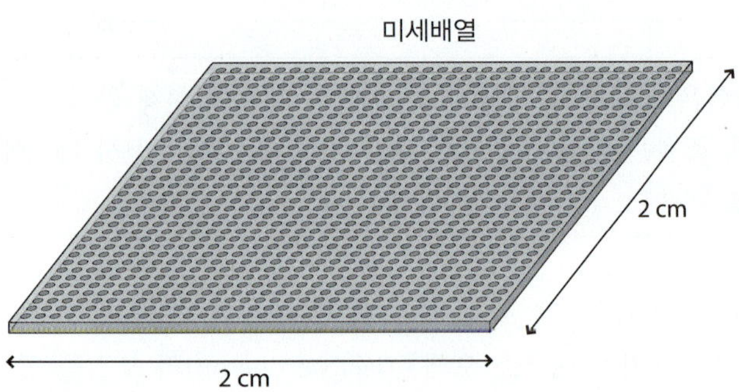

일반적으로 미세배열에 배열되는 DNA 분자는 100~150개의 뉴클레오타이드 길이의 단일가닥 올리고뉴클레오타이드이며, 각각은 화학 합성에 의해 만들어진 후, 미세배열의 적절한 위치에 자리하게 된다. 최신 기술을 이용하면 50만 개의 점을 단일 미세배열에 집어넣을 수 있으며, 각 점들은 특정 올리고뉴클레오타이드의 사본을 여러 개 반복해서 포함하고 있다.

배열 내의 올리고뉴클레오타이드의 서열은 전사체를 연구하고자 하는 생명체의 유전자 서열과 일치한다. 이것은 각 올리고뉴클레오타이드가 표적 유전자의 RNA 전사체와 염기쌍을 형성할 수 있음을 의미한다.

실제, RNA는 미세배열에 직접 적용되지 않는데, 그 이유는 RNA는 쉽게 분해되고 위와 같은 방식으로 작업하기가 어렵기 때문이다. 그 대신, RNA를 역전사하여 만든 DNA 사본을 사용하는데, 이 사본은 역전사효소(reverse transcriptase)라 불리는 RNA 의존 DNA 중합효소를 이용하여 쉽게 만들 수 있다. 즉, 이 역전사효소를 RNA 및 4종류의 디옥시뉴클레오타이드(deoxynucleotides)와 반응시킴으로써 RNA로부터 역전사된 DNA 사본을 만들 수 있다. 이들 역전사 반응에 사용되는 디옥시뉴클레오타이드 중 하나는 형광 신호 방출을 위하여 화학적으로 변형되어 있다. 이러한 화학적 변형은 뉴클레오타이드가 새롭게 만들어지는 DNA 분자에 결합할 때는 영향을 주지 않지만, 이들 새롭게 만들어진 DNA 분자들은 형광신호를 낼 수 있도록 **표지된다(labeled)** – 즉, 이들은 형광 신호를 방출한다.

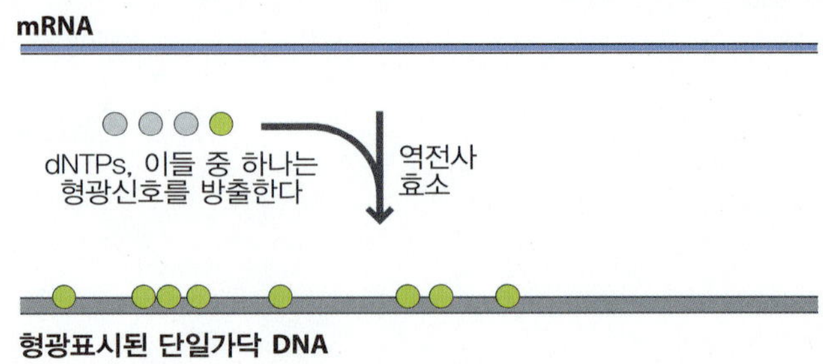

이제 표지된 DNA는 미세배열에 적용된다. 표지된 DNA 분자와 염기쌍을 이루고 있는 올리고뉴클레오타이드의 위치(즉, 미세배열의 배열에서 연구 중인 조직에서 발현된 표적 유전자의 위치)는 이제 형광 검출기로 미세배열을 스캐닝함으로써 밝혀질 수 있다. 풍부한 RNA가 더 강렬한 형광 신호를 발생시키기 때문에, 전사체 내에서의 서로 다른 RNA의 상대적 양도 계산해 낼 수 있다.

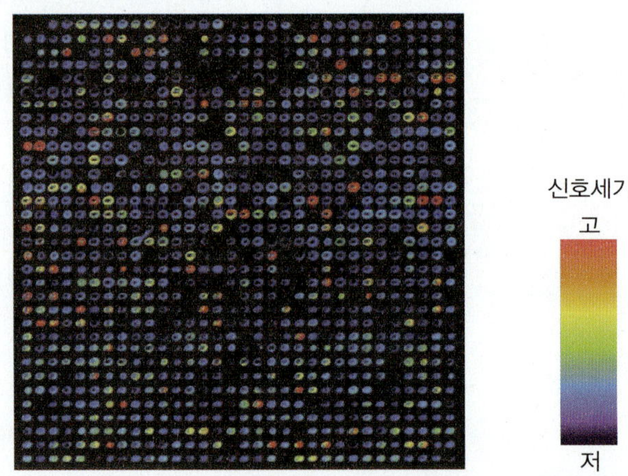

미세배열 분석 및 전사체 연구를 위한 기타 방법들은 암(cancer) 연구에 특히 유용하다. 결장암 또는 유방암과 같은 모든 유형의 암은 다양한 하위 유형으로 구성되며, 환자에게 어떤 하위 유형으로 발현되어 있는지를 알아내는 것은 적절한 치료법을 확인하는 데 중요하다. 전사체 연구는 이들 하위 유형들 각각이 어떤 상이한 유전자 발현 패턴과 연관될 수 있는지를 알 수 있게 해준다. 일부 경우, 발현 패턴 분석을 통하여 단일 하위 유형을 진단 가능한 특정 유전자 조합을 찾아낼 수 있었다. 따라서 이와 같은 특정 유전자 발현 패턴은 상기 특정 암에 대한 바이오 마커로써 사용될 수 있다. 바이오 마커는 암을 치료할 확률이 높은 경우, 조기 진단 도구로써 특히 유용하다. '트리플 네거티브'라고 불리는 유방암의 유형이 좋은 예이다. 그 이름은 유방암의 다른 유형들에서는 활성인 3가지 세포 표면 수용체들의 유전자 발현이 없다는 것에서 유래하였다. 트리플 네거티브는 전이율이 높은 공격적 유형의 유방암이다. 따라서 전사체 분석은 이와 같은 암을 초기에 정확히 진단함으로써 치료가 가능한 빨리 시작될 수 있도록 해주는 중요한 역할을 할 수 있다.

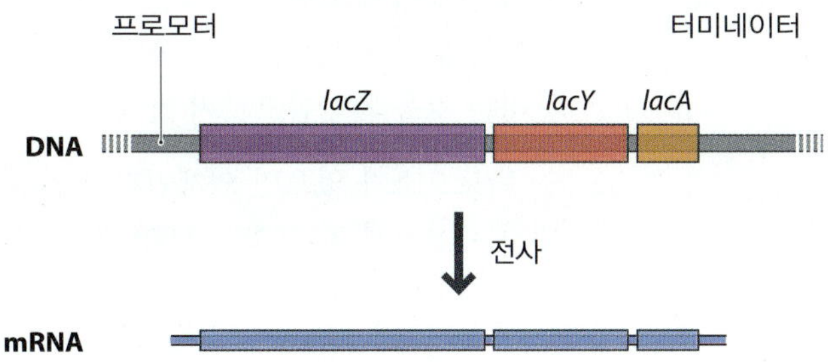

그림 17.7 락토오스 오페론의 3개 유전자는 단일 mRNA로 전사된다. 유전자 이름은: *lacZ*, 베타-갈락토오스가수분해효소(β-galactosidase); *lacY*, 락토오스 투과효소(lactose permease); *lacA*, 베타-갈락토시드 아세틸기전달효소(β-galactoside transacetylase).

- **베타-갈락토시드 아세틸기전달효소(β-galactoside transacetylase)** 효소 작용은 아세틸기를 아세틸 CoA(acetyl CoA)에서 베타-갈락토시드(β-galactoside) 분자로 이동시키는 것이다. 베타-갈락토시드는 락토오스가 속하는 화합물의 광범위한 그룹이며, 이들 중 많은 것들은 락토오스 오페론의 효소에 의해 대사 될 수 있다. 락토오스 대사에서 갈락토시드 아세틸기전달효소의 정확한 역할은 아직 밝혀지지 않았다.

락토오스가 없는 조건이라면, 각 효소마다 5개 정도씩만 세포에 존재하지만, 세균이 락토오스를 만나게 되면 이 숫자가 5,000 이상으로 급격히 증가한다. 세 가지 효소의 유도는 상호 대등하며, 이것은 각각이 동시에 같은 수만큼 유도된다는 것을 의미한다. 그 이유는 3개의 효소에 대한 유전자가 동일한 하나의 프로모터의 제어를 받고, 하나의 단일 전사 단위(즉, 하나의 mRNA)에 함께 위치하기 때문이다. 따라서 3개의 유전자는 하나의 mRNA로 전사된다(**그림 17.7**). 세 유전자의 발현은 모두 단일 프로모터에서 조절되기 때문에, 그 프로모터를 조절함으로써 세 가지 효소를 동시에 조절 가능하다.

락토오스 오페론의 프로모터에 인접한 것은 작동자(operator)라 불리는 제2서열이며, 오페론의 발현 조절을 매개한다(**그림 17.8A**). 작동자는 **락토오스 억제인자(lactose repressor)**라 불리는

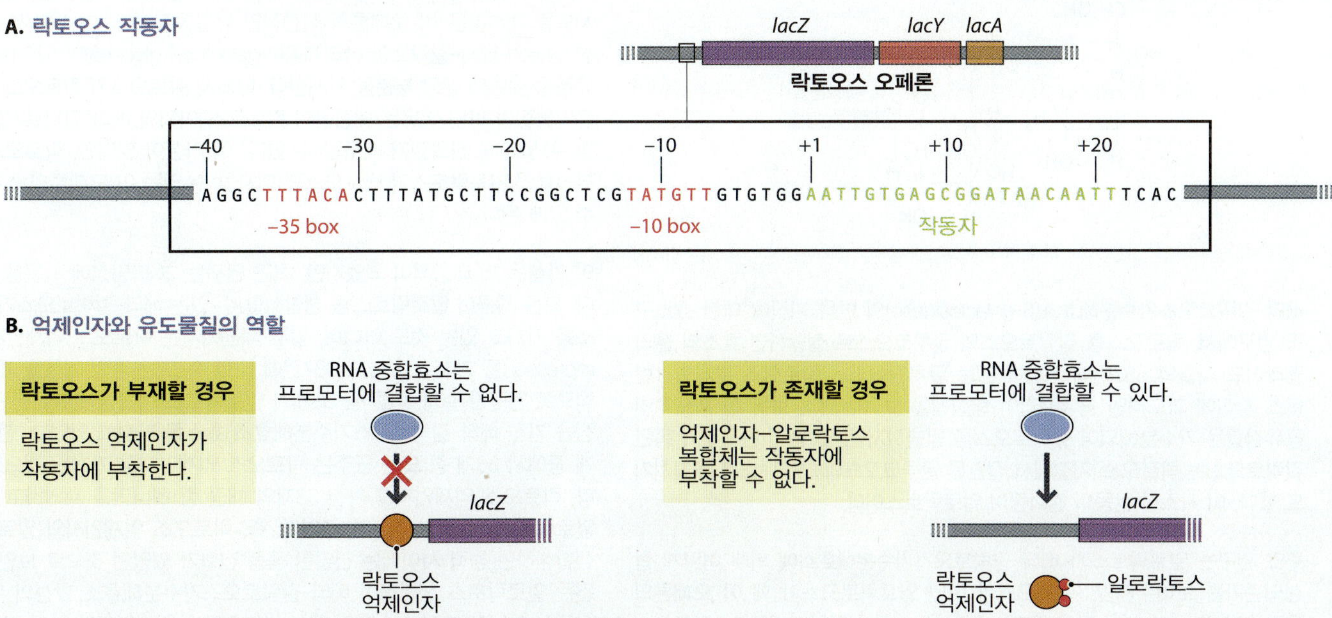

그림 17.8 대장균의 락토오스 오페론의 규칙
(A) 작동자 서열은 락토오스 오페론의 프로모터 바로 다음에 있다. (B) 락토오스 오페론의 프로모터에 대한 RNA 중합효소의 접근을 조절하는데 락토오스 억제인자 단백질과 유도물질인 알로락토스의 역할.

조절 단백질의 결합자리이다. 억제인자가 작동자 자리에 부착되어 있으면, RNA 중합효소가 프로모터에 결합하는 것을 방해하게 된다. 이것은 단순히 RNA 중합효소가 DNA의 프로모터에 접근하는 것을 차단함으로써 발생하는 현상이다.

락토오스가 없으면 억제인자가 작동자와 결합하게 되어, 세 개의 락토오스 유전자의 발현 스위치는 꺼지게 된다(**그림 17.8B**). 세균이 탄소원으로서 락토오스를 만나게 되면, 억제인자가 작동자로부터 분리되고 유전자의 발현 스위치가 켜진다. 억제인자는 락토오스의 존재에 어떻게 반응하는 것일까? 처음에는 소량의 락토오스가 세포 내로 옮겨져 항상 존재하는 몇 안되는 효소 분자에 의해 대사된다. 락토오스가 글루코오스와 갈락토오스로 전환됨과 동시에 베타-갈락토오스 가수분해효소(β-galactosidase)는 락토오스의 이성질체인 **알로락토스(allolactose)**를 생성한다. 알로락토스는 락토오스 오페론의 **유발물질(inducer)**이다. 이들이 존재하면, 락토오스 억제인자에 결합하여 억제인자가 DNA 결합 부위로써 작동자를 인식하지 못하게 하는 약간의 구조적 변화를 일으킨다. 따라서 알로락토오스-억제인자 복합체는 작동자 자리에 결합할 수 없기 때문에, RNA 중합효소가 프로모터에 접근하는 것을 허용한다.

락토오스의 공급이 끝나서 억제인자에 결합할 수 있는 알로락토스가 남아 있지 않을 때, 억제인자는 작동자 자리에 다시 부착함으로써 전사를 방지한다. 따라서 락토오스는 간접적으로 신진대사에 필요한 유전자의 발현을 조절한다.

Box 17.2 알로락토스(allolactose)의 역설

'왜 락토오스가 아닌 알로락토스가 락토오스 오페론의 유발물질인가?'에 대한 이유는 대장균의 락토오스 이용에 대한 내용이 처음 발표된 1960년대 이래로 생화학자들에 의해 논의되었다. 알로락토스는 락토오스와 마찬가지로 갈락토오스와 글루코오스로 구성된 이당류이긴 하나, 베타(1→4) 결합보다는 베타(1→6)결합을 가지는 이당류이다.

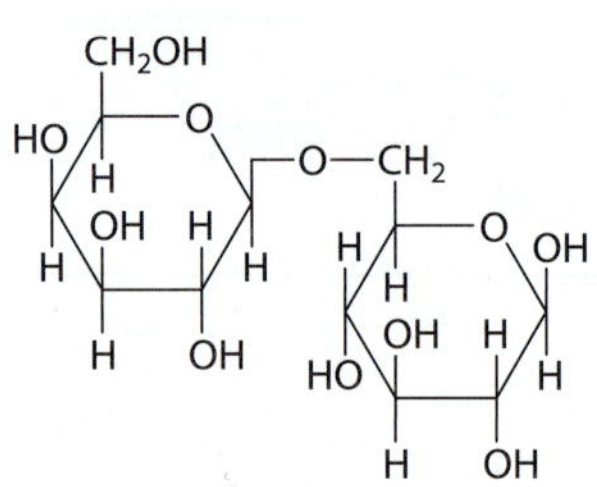

알로락토스

베타-갈락토오스가수분해효소(β-galactosidase)의 반응 기작에 대한 효소구조 연구에서, 락토오스를 갈락토오스와 글루코오스로 절단하면 효소의 폴리펩타이드 사슬의 537번째 위치에 있는 글루탐산과 갈락토오스 분자의 1번 탄소 사이에 과도적인 공유결합이 형성됨을 보여주었다. 보통 이 과도적인 공유결합은 가수분해되어 갈락토오스를 방출하지만, 몇 번의 반응주기 동안 갈락토오스는 락토오스 기질에서 절단된 글루코오스의 6번 탄소로 옮겨지기도 했다. 이 사소한 반응의 결과물이 알로락토스이다.

구조 연구는 알로락토스가 베타-갈락토오스가수분해효소에 의해 어떻게 합성되는가를 보여주지만, '락토오스가 아닌 알로락토스가 왜 이 오페론의 유발물질인가?'에 대한 답을 주지는 않는다. 이를 설명하기 위하여, 락토오스 오페론의 기능이 락토오스 이용으로 간주된다 할지라도 이것이 이 오페론의 주요 역할이 아닐 수 있다는 가설을 포함하여 몇 가지 가설이 제시되었다. 논쟁은 자연환경(포유류의 장)에서 대장균이 락토오스를 접할 기회가 거의 없다는 것이다. 그 이유는 장 내에서 우유는 유일한 락토오스의 원천일 뿐더러, 인간을 포함한 대부분 포유류들은 젖먹이 시기 동안만 우유를 섭취하기 때문이다. 베타-갈락토시드는 갈락토오스가 베타-글리코시드 결합(β-glycosidic bond)에 의해 이어오는 두 번째 화합물에 연결되어 이루어진 임의의 분자이다. 베타-갈락토오스가수분해효소에 의해 기질로서 사용되는 베타-갈락토시드들 대부분은 이 오페론의 직접적인 유발물질이다. 그 예로써 식물막 구성 성분인 베타-갈락토실 글리세롤(β-galactosyl glycerol)이 있으며, 이는 포유동물 식이의 상당 부분을 차지한다. 따라서 락토오스가 락토오스 오페론의 유발물질이 아닌 이유는 대장균이 락토오스 이외의 베타-갈락토시드를 이용할 수 있도록 진화했기 때문일 수 있다. 이 가설이 맞다면, 락토오스 분해의 부산물인 알로락토스가 락토오스를 대사할 수 있는 이 오페론의 스위치를 켤 수 있게 된다.

이 가설은 꽤 대중적이 되었지만, 최근 연구는 그 타당성에 의문을 제기하였다. 모든 세균이 알로락토스를 생합성할 수 있는 베타-갈락토오스가수분해효소를 가지고 있는 것도 아니며, 일부 세균에서는 락토오스 억제인자(lactose repressor)를 가지고 있다. 1,087건에 대한 속 또는 종의 계통을 계통발생학적으로 연구한 결과, 이들 중 53개가 알로락토스 생합성에 필요한 구조적 특징을 가진 베타-갈락토오스가수분해효소 효소를 가지고 있었고, 전체 1,087개 중에서 33개 종 또는 균주는 락토오스 억제인자를 가지는 것으로 밝혀졌다. 락토오스 억제인자를 가진 33개의 세균 중 하나만을 제외하고 나머지는 알로락토스의 생합성이 가능하였다. 즉, 락토오스 억제인자와 알로락토스를 생합성하는 능력 사이에는 긴밀한 공동 진화가 있었던 것으로 보인다. 이 발견은 알로락토스 생합성이 베타-갈락토오스가수분해효소 활성의 우연한 부산물이 아니라 조절 시스템의 핵심 부분으로써 억제인자와 함께 진화해 왔음을 시사한다. 알로락토스의 역설에 관한 논쟁은 아직 끝나지 않고 있다.

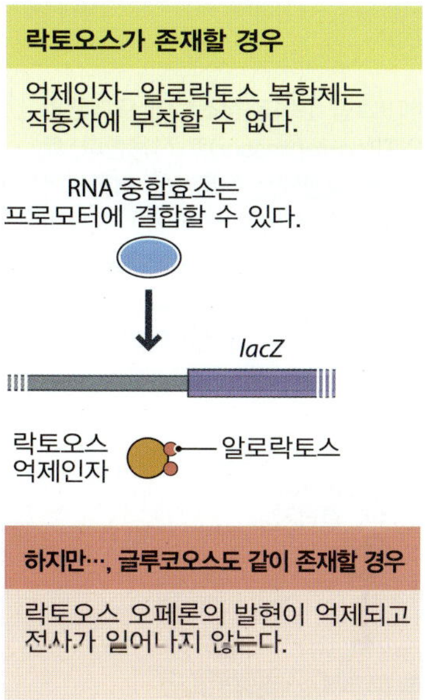

그림 17.9 글루코오스가 존재하면 락토오스가 공급되더라도 락토오스 오페론은 꺼진다.

글루코오스는 락토오스 오페론의 양성 조절자 역할을 한다

우리는 이미 대사반응에서 기질 및 생성물 모두에 의해서 반응이 조절될 수 있다는 개념을 학습하였다. 또한 대사회로를 따라 대사산물의 흐름을 자극하는 기질과 그 흐름을 억제하는 생성물이 있다는 것도 알고 있다. 락토오스 오페론의 조절 또한 동일한 논리를 따른다. 지금까지 보았듯이, 락토오스는 락토오스 오페론에 특정된 대사 경로의 기질로써 이들 3가지 유전자의 발현을 자극한다. 이제부터 학습하고자 하는 것은 락토오스 오페론의 발현 억제제(inhibitor)이자, 락토오스 대사회로의 대사산물 중 하나인 글루코오스의 보완적 역할이다. 이 보완적 효과는 세균이 에너지 필요량을 충족시킬 만큼 충분한 글루코오스를 가지고 있을 경우, 가용한 락토오스가 충분한 환경일지라도 락토오스 오페론의 발현을 켜지 않는다는 것을 의미한다(**그림 17.9**).

글루코오스는 **이화대사산물 활성화 단백질(catabolite activator protein, CAP)**이라 불리는 조절 단백질을 통해 간접적으로 락토오스 오페론의 발현을 억제한다. 락토오스 억제인자와 마찬가지로, CAP은 오페론의 프로모터에 인접한 위치에서 DNA에 부착하는 DNA 결합 단백질이다. 억제인자와 달리, CAP의 부착은 RNA 중합효소가 프로모터에 접근하는 것을 막지 못한다. 대신, CAP은 RNA 중합효소의 소단위와 상호작용하여 RNA 중합효소가 프로모터에 결합하는 것을 촉진하여, 폐쇄된 프로모터 복합체를 형성하게 한다. 따라서 CAP은 DNA에 결합함으로써 락토오스 오페론의 전사 개시를 자극하는 역할을 한다.

글루코오스는 CAP 부착을 방해하여 락토오스 오페론 전사에 부정적인 영향을 미친다. CAP이 없는 경우라면, 락토오스가 존재하고 억제인자가 분리되어 있을지라도 전사 개시가 거의 일어나지 않는다. 글루코오스는 세포 안으로 운반되는 과정의 연쇄반응을 통해 그 영향력을 발휘하기 시작한다. 글루코오스가 내부 세포막(inner cell membrane)을 가로질러 통과하는 과정은 막-결합 단백질(membrane-bound protein)인 $\mathbf{IIA^{Glc}}$라고 불리는 단백질의 탈인산화를 초래한다(**그림 17.10**). 탈인산화된 IIA^{Glc}는 ATP를 cAMP로 전환시키는 아데닐산 고리화효소(adenylate cyclase)

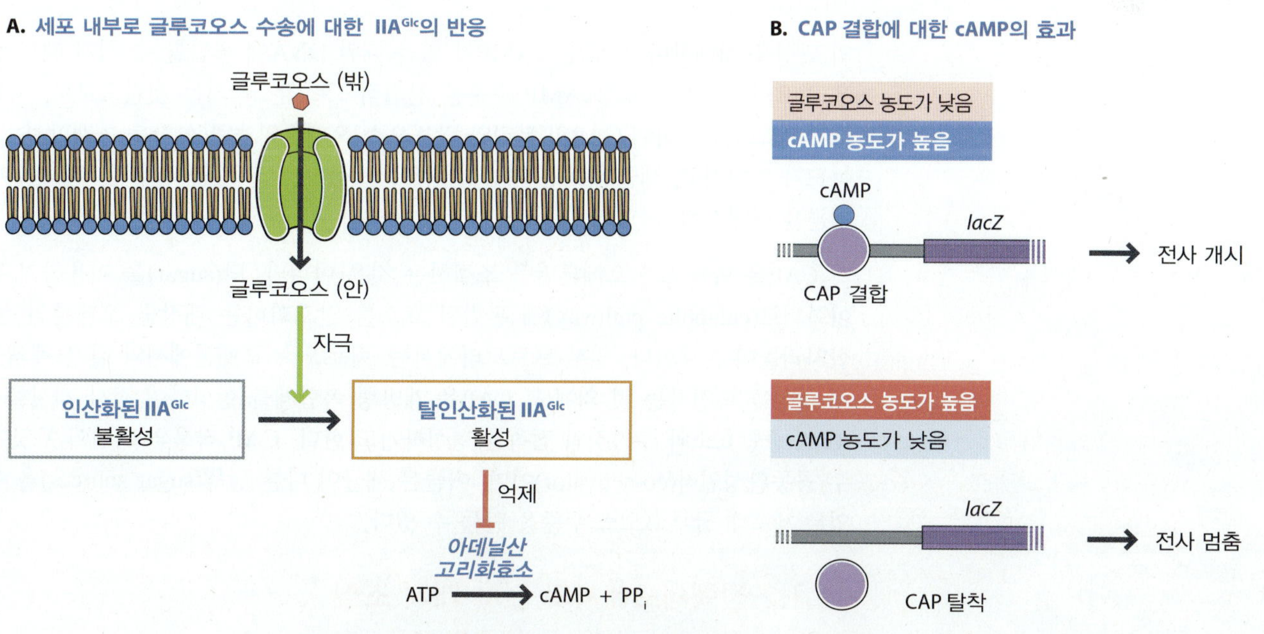

그림 17.10 세균에서 글루코오스는 CAP이 DNA와 결합하는 것에 영향을 미친다.
(A) 세포 내부로의 글루코오스 수송은 IIA^{Glc}의 탈인산화 및 아데닐산 고리화효소 활성의 억제를 초래한다. (B) cAMP는 CAP의 결합에 영향을 미친다.

Box 17.3 억제 가능한 오페론

락토오스 오페론은 **유도 오페론(inducible operon)**의 대표적 예이며, 조절 가능한 분자에 의해 전사 스위치가 켜지며, 이 경우 조절 가능한 분자는 알로락토스이다. 보통 유발물질(inducer)은 오페론에 의해 만들어지는 효소의 기질(substrate) 또는 기질 유사체(substrate analog)이다.

각각의 오페론들은 억제인자(repressor) 단백질들을 가지며, 이 단백질들은 해당 오페론에 의해 조절되는 대사회로상의 기질과는 반응하지 않지만, 생산물과 반응을 하기도 한다. 트립토판 오페론(tryptophan operon)을 예를 들어 살펴보자면, 코리슴산을 트립토판(tryptophan)으로 전환하는 대사회로에는 5개 유전자가 암호화하는 효소들이 필요하다(그림 17.15 참조). 이 오페론의 조절분자는 트립토판이며, 이는 **공동억제인자(co-repressor)**로 작용한다. 트립토판이 트립토판 억제인자에 부착되면, 이들 복합체는 작동자에 결합하여 RNA 중합효소가 부착하는 것을 방해한다. 트립토판 농도가 낮으면, 공동억제인자(트립토판)가 억제인자에서 분리되어 RNA 중합효소가 오페론을 전사할 수 있게 한다. 따라서 트립토판 오페론은 트립토판이 존재할 경우 전사 스위치가 꺼지고, 트립토판이 필요할 때 스위치가 켜진다. 이것이 **억제 오페론(repressible operons)**의 예이다.

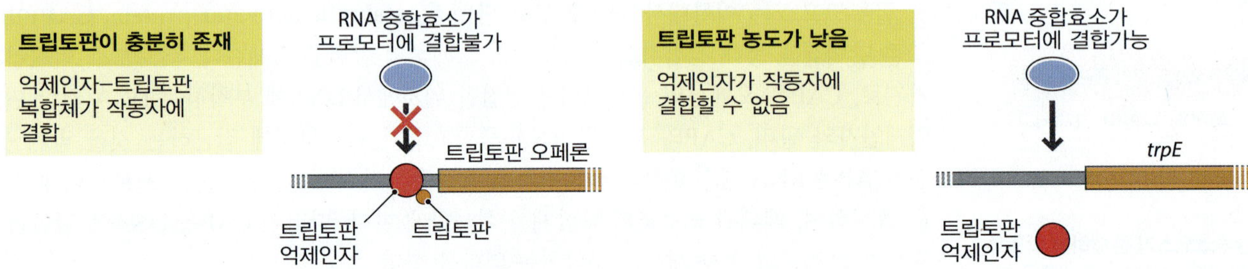

락토오스 및 트립토판 억제인자들 사이에 또 다른 흥미로운 차이점이 있다. 락토오스 억제인자는 오직 락토오스 오페론의 발현만을 조절하는 반면, 트립토판 오페론의 억제인자는 대장균 게놈상에서 또 다른 결합자리를 가진다. 이 억제인자는 트립토판 오페론뿐만 아니라 페닐알라닌, 티로신, 트립토판의 합성 경로의 초기 단계에서 포스포에놀피루브산(phosphoenolpyruvate) 및 에리트로오스 4-인산(erythrose 4-phosphate)의 축합반응을 촉매하는 효소인 DAHP 생성효소(DAHP synthase)를 암호화하는 *aroH* 유전자의 발현을 조절한다(그림 13.11 참조). DAHP 생성효소는 3개의 동위효소로 존재하며, 각각은 이 대사회로의 생산물인 3개의 아미노산 중 하나에 의해 되먹임 억제(feedback inhibition)를 받는다(그림 13.13B). 당연히, *aroH* 유전자는 트립토판에 의해 조절되는 동위효소를 암호화한다. 따라서 여기에서 우리는 다음 두 가지 조절 기작의 상호작용을 볼 수 있다: (1) 대사 초기 단계에 관여하는 효소를 트립토판을 통하여 되먹임 억제하는 기작과, (2) 트립토판 억제인자를 이용하여 이 단계를 촉매하는 효소의 합성을 조절하는 기작.

의 활성을 저해한다. CAP은 cAMP가 있을 때만 DNA에 결합할 수 있기 때문에 상기 사실은 매우 중요하다. 세포 내의 cAMP 수준을 간접적으로 감소시키는 것만으로도, 세포 내에 존재하는 글루코오스를 통하여 CAP의 분리와 락토오스 오페론의 불활성화를 초래할 수 있다. 글루코오스 농도가 떨어지고, 세균이 이용 가능한 락토오스를 가지고 있을 경우만, CAP을 다시 부착하여 오페론을 발현시킬 수 있다.

CAP은 락토오스 오페론만을 조절하는 것은 아니다. 당(sugar)을 이용하기 위한 경로와 같은 이화회로(catabolic pathway)에 관련된 효소를 암호화하는 대장균 오페론의 상류에도 CAP 결합자리들이 존재한다. 일부 프로모터에서는, 락토오스 오페론에서와 같은 폐쇄형 프로모터 복합체 형성을 촉진하는 것 외에도, CAP은 개방형 복합체를 형성하여 전사 개시를 촉진하기 위하여 RNA 중합효소와 추가적인 접촉을 형성하기도 한다. CAP 작용의 기전이 무엇이든, cAMP는 필수 공동활성인자(co-activator)이며, 이들은 세균이 다른 당원(sugar sources)을 이용하게끔 할 수 있는 세포내 글루코오스 수준을 만들 수 있다.

17.1.2 진핵세포에서의 전사 개시 조절

우리는 앞서 살펴본 락토오스 억제인자와 CAP(catabolite activator protein)을 통하여, 유전자 발현은 하나 이상의 조절 단백질들(regulatory proteins)에 의해 조절된다는 핵심 개념을 익힐 수 있었으며, 조절 단백질들은 DNA에 결합함으로써 RNA 중합효소가 프로모터를 인식하여 전사 개

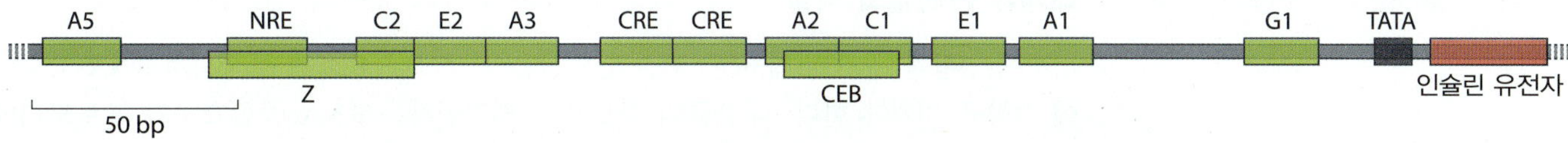

그림 17.11 인간 인슐린 유전자의 프로모터에 있는 단백질 결합자리들
14개의 결합자리가 표시되어 있다. 이들은 기저 및 세포 특이적 프로모터 요소(basal and cell-specific promoter elements)를 포함하며, 후자는 본문에 언급된 두 개의 CRE 자리를 포함한다.

시하는 과정에 부정적 영향을 미친다는 것을 배웠다. 이 개념은 세균뿐만 아니라 진핵세포에도 그대로 적용된다.

진핵세포 프로모터는 다양한 조절 단백질 결합자리들을 가진다

유전자 발현의 조절에서, 세균과 진핵세포의 주된 차이점은 진핵세포 유전자가 보다 다양한 조절 신호에 반응한다는 것이다. 이것은 대부분 진핵세포 유전자의 프로모터 영역이 일련의 조절 단백질 결합자리들을 포함한다는 것을 의미하며, 이 조절자리들은 유전자 발현에 영향을 주는 다양한 요인들에 대한 유전자의 발현을 함께 조절한다. 사람의 인슐린 유전자가 좋은 예이다. 이 유전자의 TATA 박스(TATA box)에 인접한 350 bp 길이의 DNA에는 적어도 14개의 서로 다른 단백질 결합자리가 존재한다(**그림 17.11**).

진핵세포에서 유전자 상류에 있는 결합자리의 기능을 확인하는 것은 상당히 도전적인 일이지만, 우리는 이들 상류 결합자리를 크게 두 개의 그룹으로 나눌 수 있다. 이들 중 첫 번째는 **기본 프로모터 요소(basal promoter elements)**이다. 이 자리는 세포의 내/외부의 어떤 신호에도 반응하지 않는 대신, 유전자 전사의 기본 속도를 결정한다. 이 기본 속도는 유전자 발현이 다른 조절을 받지 않을 때, 단위 시간당 전사 개시의 수를 나타낸다. 따라서 기본 프로모터 요소에 결합하는 단백질은 유전자 발현이 켜졌을 때, 상향/하향 조절을 받지 않는다면, 특정 속도로 전사가 일어나는 것을 보장한다.

기본 요소들뿐만 아니라, 많은 진핵세포 유전자는 **세포 특이적 프로모터 요소(cell-specific promoter elements)**을 가지고 있어서, 유전자가 올바른 조직에서 발현되고 적절한 조절신호에 반응하도록 해준다. 인슐린 프로모터의 두 가지 예는 **cAMP 반응 요소(cAMP response elements, CRE)**의 쌍으로써, 이들은 **cAMP 반응 요소 결합 단백질[cAMP response element binding(CREB) protein]**의 결합자리들이며, 이들은 세포 내의 cAMP 농도에 반응한다. 또한 이들은 인슐린 유전자로부터 멀리 떨어져 위치한다 할지라도, 레티노익산(retinoic acid)과 갑상선 호르몬(thyroid hormone)에 반응하는 두 개의 자리도 있으며, 이들은 전사 시작 부위에서 약 1,000 bp 상류에 위치하는 'ink' 박스[insulin kilobase upstream(ink) box] 안에 위치한다.

일부 세포 특이적 요소들은 하나 또는 소수의 유전자에만 특이하지만, 나머지들은 특정 조건하에서 동시에 요구되는 산물의 생산에 필요한 유전자들 그룹의 발현을 조절하는 데 도움을 준다. 인간에 있어서 후자의 예는 열충격 단백질(heat shock protein) HSP70에 의해 인식되는 열충격 모듈이다. HSP70은 열충격과 같은 스트레스에 의한 세포 손상을 감지하는 것으로 생각된다. 이러한 손상을 감지하면, HSP70은 손상복구와 스트레스로부터 세포를 보호하는 데 도움을 주는 산물들을 암호화하는 유전자들의 프로모터에 있는 **열충격 모듈(heat shock module)**에 결합한다. 또한 특정 발생 단계에서 활성 인 유전자의 발현을 매개하는 **발생 프로모터 요소(developmental promoter elements)**도 있다.

매개체 단백질의 역할

전사에 영향을 주기 위해서는, 조절 단백질을 프로모터 요소에 부착시켜 RNA 중합효소의 활성에 영향을 미쳐야 한다. 대장균의 락토오스 억제인자는 RNA 중합효소가 프로모터에 접근하는 것을 막는 직접적인 방법을 사용함으로써 전사에 영향을 줄 수 있음을 보여준다. CAP(catabolite activator protein)은 두 번째 가능성을 보여주는 것으로, 여기에서 조절 단백질과 RNA 중합효소 사이의 직접 접촉은 전사의 개시를 촉진시킨다.

대부분의 진핵세포 조절 단백질은 **활성화 도메인(activation domain)**을 가지고 있으며, 유전자의 전사 개시에 관여하는 RNA 중합효소 II 등을 포함한 단백질 복합체와 접촉한다. 구조 연구에 따르면, 활성화 도메인은 다양하지만 대부분 아래 세 가지 분류 중 하나에 속한다:

- **산성 도메인(acidic domain)**, 이들은 아스파르트산 및 글루탐산이 비교적 풍부하다. 이것은 활성화 도메인의 가장 일반적인 범주이다.
- **글루타민 풍부 도메인(glutamine-rich domain)**.
- **프롤린 풍부 도메인(proline-rich domain)**, 이들은 가장 일반적이지 않은 범주이다.

활성화 도메인과 RNA 중합효소 복합체 사이의 접촉은 직접적이지 않다. 대신 **매개체(mediator)**라고 불리는 중개 단백질을 매개로 한다. 매개체 단백질(mediator protein)은 효모 사카로마이세스 세레비시아(*Saccharomyces cerevisiae*)에서 처음 확인되었다. 이 종에서 매개체는 25개 소단위들로 구성되어 있으며, 머리, 중간, 꼬리가 있는 구조를 형성한다. 꼬리는 조절 단백질의 활성화 도메인과 접촉하고 중간 및 머리 섹션은 RNA 중합효소 복합체와 상호작용한다(**그림 17.12**). 인간의 매개체는 30개 이상의 소단위로 되어 있어서 더 크지만, 조절 단백질과 RNA 중합효소 사이의 연결 고리로서의 작용 기전은 동일하다.

매개체가 전사 개시에 어떻게 영향을 미치는가? RNA 중합효소 II는 활성화되어 있어야만 RNA 전사체를 합성할 수 있다는 것을 기억하자. 활성화는 RNA 중합효소의 가장 큰 소단위의 C-말단 도메인(C-terminal domain, CTD)에 인산 그룹을 첨가하는 것을 포함한다. 한때, 매개체가 C-말단 도메인을 인산화시키는 것으로 생각되었지만, 사실은 이 인산화효소(kinase) 활성은 TFIIH의 소단위 중 하나인 Kin28 단백질에 의해 제공된다. 매개체가 간접적인 방법으로 이 인산

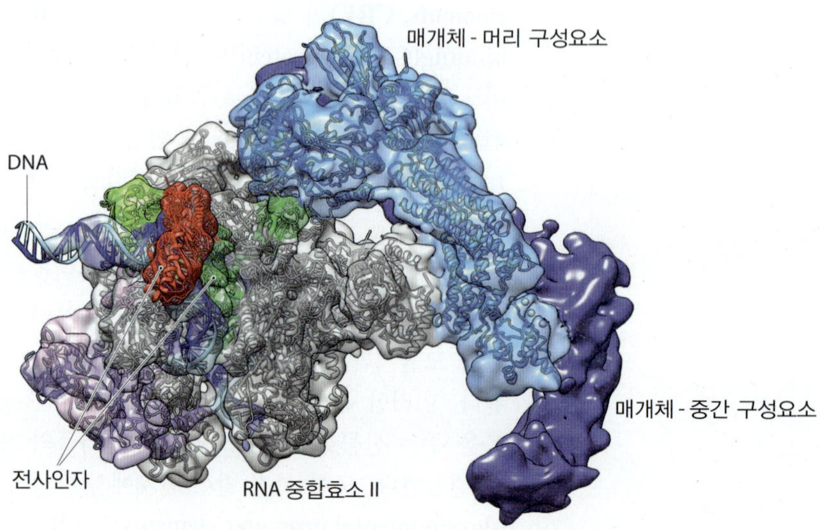

그림 17.12 전사 개시 복합체에 부착된 효모의 매개체 단백질
매개체 단백질의 머리와 중간 구성요소는 하늘색과 진한 파란색으로 각각 표시하였다. RNA 중합효소는 은색이며, 전사인자는 적색, 녹색, 자주색으로 표시하였다. Macmillan Publishers Ltd: *Nature*, **518**: 376; C. Plaschka et al. Architecture of the RNA polymerase II–mediator core initiation complex, © 2015.

화 반응에 영향을 줄 가능성은 여전히 남아 있다. 사실, 중개자는 RNA 중합효소 복합체와 여러 가지 다른 접촉을 하는데, 이들이 전사 개시에 미치는 영향은 아마도 다양할 것이다. 예를 들어, TATA 박스 결합 단백질(TATA box binding protein, TBP)이 TATA 박스(TATA box)에 부착될 때 이들이 존재하며, 이들은 RNA 중합효소 복합체의 나머지가 구성되는 플랫폼의 일부를 형성할 수도 있다.

조절 단백질은 세포 외부 신호에 반응한다

신호전달 경로의 중요한 예로써 MAP 인산화효소 경로(**5.2.2절**)와 에피네프린 및 인슐린에 의한 글리코겐 합성과 분해에 영향을 주는 경로(**11.1.2절**)를 이미 학습한 바 있다.

우리는 이미 호르몬, 성장인자, 그 외 조절분자의 형성과 같은 세포 외부 신호가 진핵세포의 생화학 활성에 영향을 줄 수 있는 다양한 방법들을 살펴보았다. 유전자 발현은 이들 세포 외부 신호들에 반응하는 생화학 활성들 중 하나이다. 우리가 이미 학습한 많은 신호 전달 경로는 효소의 활성화/비활성화뿐만 아니라 유전자 발현 패턴에도 영향을 미친다. 예를 들어, MAP 인산화효소

Box 17.4 아연 집게

핵 수용체 상과(superfamily)는 그들이 조절하는 유전자의 상류 특정 부위 DNA에 직접 결합하는 조절 단백질을 포함한다. 세균의 RNA 중합효소 σ 소단위와 다른 수많은 DNA 결합 단백질과는 달리, 핵 수용체는 나선-회전-나선(helix-turn-helix) 구조를 통하여 DNA에 부착하지는 않는다. 대신, 이러한 핵 수용체 단백질들은 **아연 집게(zinc finger)**라고 불리는 다른 유형의 DNA 결합 모티프(DNA binding motif)를 가진다. 세균에서 이러한 구조는 매우 드물지만, 진핵세포에서는 매우 보편적이다. 포유류 세포에 의해 만들어지는 단백질의 최대 1%는 아연 집게를 가지고 있을 가능성이 있다.

아연 집게는 여러 다른 유형이 존재한다. 가장 일반적인 것 중 하나는 12개 정도의 아미노산으로 구성된 **Cys_2His_2** 구조이며, 전체 아미노산 중 2개는 시스테인이고 2개는 히스티딘이다. 이 12개의 아미노산은 단백질의 표면에서 돌출된 짧은 두 개의 β-시트와 하나의 α-나선으로 이루어진 '집게'를 형성한다. 이 구조체의 이름에 언급된 아연원자는 β-시트와 α-나선을 잡아주며, 각각 두 개씩의 시스테인 및 히스티딘과 배위결합한다.

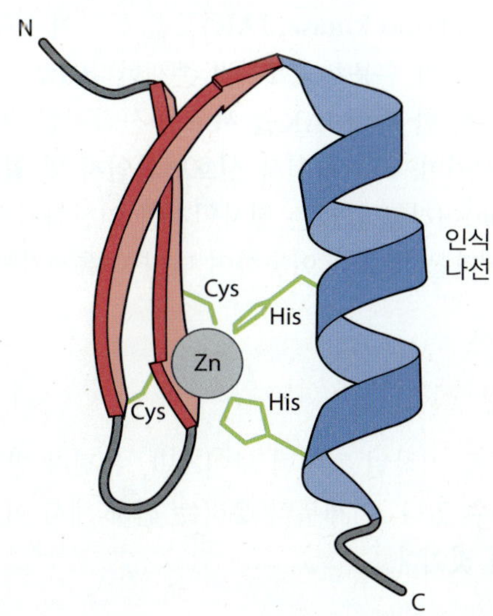

아연 집게의 전반적인 구조는 α-나선이 DNA 분자의 큰 홈 내에서 접촉할 수 있으며, 이들의 정확한 위치는 β-시트(DNA의 당-인산 골격과 상호작용함) 및 아연원자(서로에 대해 적절한 위치에서 β-시트 및 α-나선을 잡음)에 의해서 결정된다. 그러므로 Cys_2His_2 핑거의 α-나선은 인식 나선이며, 나선-회전-나선 구조의 두 번째 나선과 유사하다.

다른 유형의 아연 집게는 다른 구조들을 가지고 있다. 핵 수용체 단백질에 존재하는 것들은 **높은 음자리표 집게(treble clef finger)**의 한 유형이다. 이들은 β-시트가 없고, 대신 두 개의 α-나선 구조와 일련의 루프로 이루어져 있으며, 전체 구조에 두 개의 아연원자를 포함하며, 각각의 아연원자들은 4개씩의 시스테인과의 접촉을 통하여 고정되어 있다. Cys_2His_2 핑거와 마찬가지로, 나선 중 하나는 DNA 분자의 큰 홈 내에 위치할 수 있는 인식 나선이다.

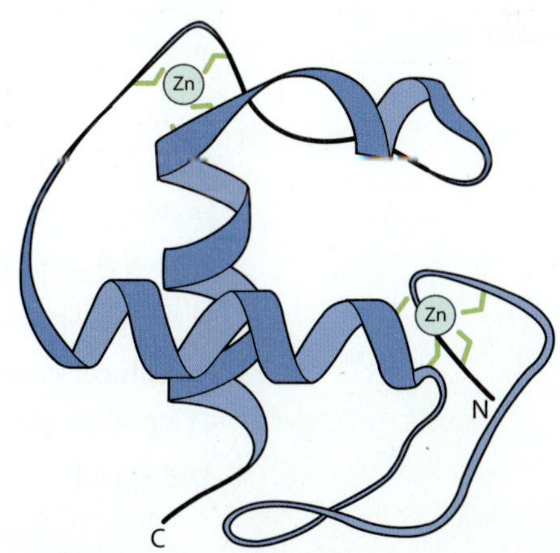

대부분의 DNA 결합 단백질은 DNA 분자의 특정 서열을 인식하고 부착할 수 있다. 이 특이성은 그들이 발현에 영향을 주는 유전자가 게놈상에서 어디에 있던 그 유전자 인근에 결합하는 것을 보장한다. 아연 집게(또는 다른 유형의 DNA 결합 도메인)의 구조가 서열 특이성을 어떻게 부여하는지는 알려지지 않았지만, 이 특이성은 인식 나선에 있는 아미노산들의 위치선정에 기인하는 것으로 추측하고 있다. 뉴클레오타이드 서열은 DNA의 큰 홈 내에 있는 원자의 배열로부터 인식될 수 있으며, 접촉은 아마도 이 원자들과 상기 결합 단백질의 인식 나선에 위치한 접촉 상대들 사이에서 이루어질 것으로 예상한다.

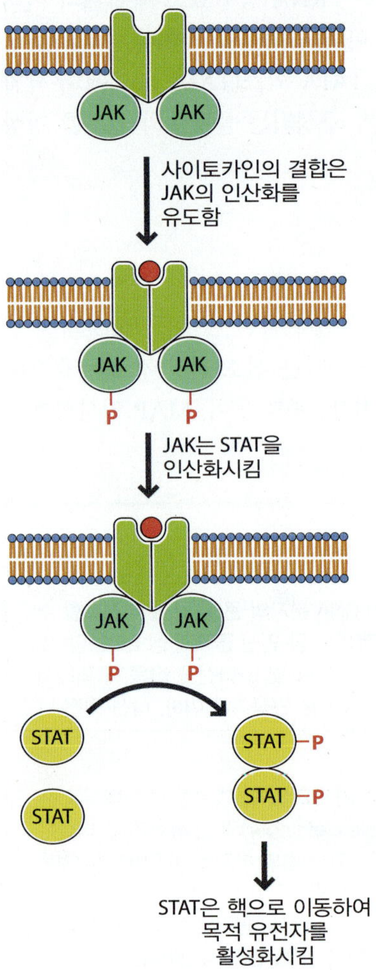

그림 17.13 JAK-STAT 경로

(MAP kinase) 경로는 전사 조절에 관련된 여러 유형의 단백질들을 인산화시킨다. 인산화는 이들 단백질들을 활성화시키는 과정이며, 이들을 DNA 결합 부위에 부착시켜 목적 유전자의 발현에 영향을 미치기 위해서는 인산화를 통한 이들 단백질의 활성화가 필요하다. 2차 신호전달물질(second messenger) 또한 유전자 조절 효과를 가지며, cAMP의 예를 보면, cAMP는 CREB 단백질을 통해 많은 유전자들의 발현을 조절할 뿐만 아니라 인슐린 유전자의 발현 또한 조절한다.

우리가 지금까지 알아본 신호전달 경로는 세포 밖 신호물질에서 시작하여 유전자 발현을 조절하는 단백질까지 여러 단계로 구성되어 있었다. 한편, 일부 세포 밖 신호물질들은 유전자 발현 조절과 더욱 직접적인 연관을 가지기도 한다. 그 좋은 예가 **스테로이드 호르몬(steroid hormones)**이다. 성 호르몬[여성 성 발달을 위한 에스트로겐(estrogens), 남성 성 발달을 위한 테스토스테론(testosterone)과 같은 안드로겐(androgen)], 글루코코르티코이드(glucocorticoid) 및 미네랄코르티코이드(mineralocorticoid) 호르몬[각각의 예로써 코티솔(cortisol)과 알도스테론(aldosterone)이 있음] 등이 스테로이드 호르몬에 속한다(그림 12.29 참조). 스테로이드는 세포 표면 단백질을 통해 신호를 전달하는 대신, 이들 자체가 소수성이어서 세포막을 직접 통과하여 세포 내부로 들어갈 수 있다. 세포 내부에 들어가면 각 호르몬은 특정 **스테로이드 수용체(steroid receptor)** 단백질에 결합한다. 호르몬-수용체 복합체(hormone-receptor complex)는 핵으로 이동하여 조절 단백질로서 작용하며, 이들은 표적 유전자의 프로모터 부위에 있는 **호르몬 반응 요소(hormone response elements)**에 부착한다.

모든 스테로이드 수용체들은 유사한 구조를 가진다. 함께 작용하는 호르몬이 스테로이드가 아니라 할지라도, 이러한 유사성에 대한 인식은 **핵 수용체 상과(nuclear receptor superfamily)**이자 수용체 단백질 분류의 두 번째 세트가 동일한 일반 클래스에 속한다는 사실에서 알 수 있다. 이들의 이름에서 알 수 있듯이, 이 수용체는 세포질이 아니라 핵에 위치하고 있다. 레티노산(retinoic acid)과 갑상샘 호르몬(thyroid hormone)에 대한 수용체들이 여기에 속하며, 이들은 인슐린 유전자의 발현 및 뼈의 발달 조절에 관여하는 비타민 D_3의 조절에 관여한다.

세포 성장과 분열을 조절하는 세포 외 단백질인 인터루킨(interleukin)과 인터페론(interferon)과 같은 사이토카인(cytokines) 또한 긴 경로를 통한 신호전달 없이 유전자 발현에 영향을 줄 수 있다. 사이토카인은 세포막을 통과할 수 없으므로 세포 표면 수용체에 결합하여 세포 내부에 영향을 준다. 이러한 일들은 **야누스 인산화효소(Janus kinase, JAK)**들을 통하여 이루어지며, JAK는 사이토카인 수용체와 연관된 내부 단백질로써 수용체당 2개씩 존재한다(그림 17.13). 사이토카인의 결합은 수용체의 구조적 변화를 유도하여 한 쌍의 JAK를 서로 인산화시킬 수 있을 만큼 가깝게 이동시킨다. 인산화는 JAK를 활성화시키며, **STAT(전사 신호변환인자 및 활성인자, signal transducers and activators of transcription)**이라고 불리는 전사인자를 인산화시킨다. 인산화는 STAT 쌍을 만들어 이량체(dimer)를 형성한 다음 핵으로 이동하여 다양한 유전자들의 발현을 활성화시킨다.

17.1.3 전사 개시 후의 유전자 발현 조절

전사 개시가 유전자의 발현을 위한 핵심 조절 기작인 것처럼 보이지만, 유전자 발현에 있어서는 거의 모든 단계별로 조절이 일어난다고 볼 수 있다. 이제부터 우리는 전사 개시 이후에 일어나는 유전자 발현 조절 기작 두 가지를 더 살펴볼 것이다.

세균은 전사 종결을 조절할 수 있다

진핵세포에서의 전사는 핵에서 일어나고 번역은 세포질에서 일어나기 때문에 두 과정을 함께 연결하는 것은 불가능하다. RNA 전사물(RNA transcript)이 온전히 합성된 후, 이들을 번역하기

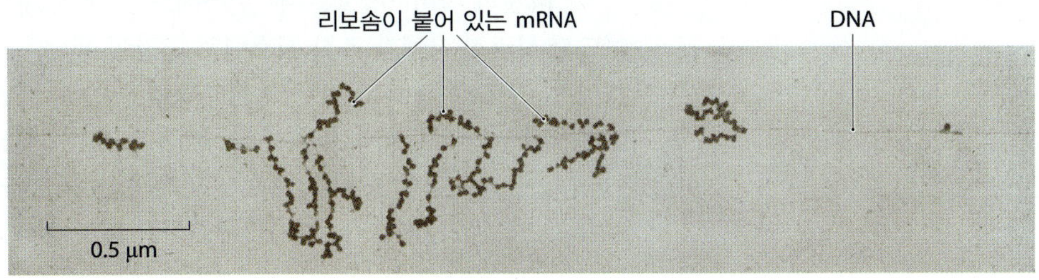

그림 17.14 세균에서는 전사와 번역이 연결되어 있다.
이 전자현미경 사진은 대장균 DNA로부터 전사되고 있는 여러 mRNA를 보여주고 있다. 이들 각각의 mRNA에는 리보솜이 붙어 있으며, 리보솜은 작은 검은 점과 같이 보인다. 따라서 아직 완전히 전사되지 않은 mRNA인데도 불구하고 번역이 되고 있음을 보여준다. 사진은 AAAS의 허가를 받아 다음의 참고문헌에서 가져왔음: *Science*, 1970; 169: 392; O.L. Miller et al. Visualization of bacterial genes in action.

위해서는 세포질로 운반되어야 한다. 한편, 세균은 막에 둘러싸인 핵을 가지고 있지 않기 때문에, 세포질이라는 동일한 공간 내에서 전사와 번역 두 과정을 이행해야 한다. 따라서 RNA 중합효소에 의해 mRNA가 전사되고 있는 중에도 리보솜(ribosome)이 mRNA에 부착되어 번역이 진행될 수도 있다(**그림 17.14**). 이와 같이 일부 세균에서 전사와 번역을 연동시키는 것은 **감쇠(attenuation)**와 같은 고도의 조절 기작을 사용하기 위한 목적을 가지고 있으며, 감쇠는 오페론의 과발현 수준을 매우 정교하게 조절할 수 있도록 해주는 기작이다.

트립토판 생합성 경로는 **13.2.1절**에서 학습한다.

감쇠는 아미노산 생합성에 관여하는 효소를 암호화하는 오페론의 발현 조절에 주로 사용된다. 대장균의 트립토판 오페론(tryptophan operon)이 좋은 예이며, 이 오페론은 5개의 유전자로 구성되어 있고, 이들이 암호화하는 효소들은 코리슴산(chorismate)을 트립토판으로 전환시키는 데 필요한 것들이다(**그림 17.15**). 다섯 개 유전자의 앞에는 짧은 개방 해독틀(open reading frame, ORF)이 위치하며, 이 ORF가 암호화하는 펩타이드는 두 개의 트립토판을 포함하는 14개의 아미노산으로 구성되어 있다.

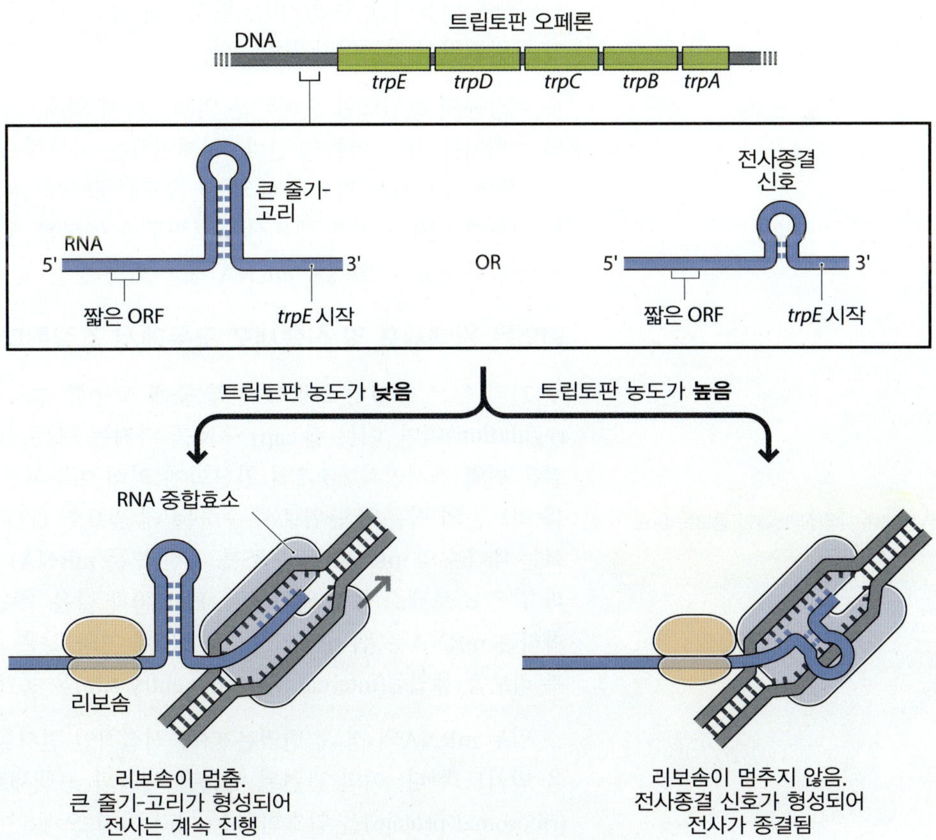

그림 17.15 대장균 트립토판 오페론의 감쇠 조절

이 14개의 아미노산으로 된 펩타이드는 세포 내에서 특별한 기능을 하지는 않지만, 그 펩타이드 합성과정 자체가 조절 시스템의 근간이 된다. 그 ORF로부터 만들어지는 mRNA는 즉시 두 개의 줄기-고리(stem-loop) 구조를 형성할 수 있는 영역을 가지지만, 동시에 둘 다 형성될 수는 없는 구조이다. 두 개의 줄기-고리 중 작은 것은 전사종결 신호로 작용하지만, 전사물의 시작 부위 가까이에 위치한 큰 줄기-고리는 더 많은 염기쌍을 가지고 있기 때문에 더 안정적인 구조이다. 이와 같은 기본 정보들을 잘 기억하면서 아래 감쇠 과정의 각 단계들을 이해해 보자:

- 전사가 시작되고 RNA 중합효소는 ORF 부위를 mRNA로 전사를 시작한다.
- mRNA에 리보솜이 붙어 펩타이드(두 개의 트립토판을 포함하는 14 아미노산으로 구성)로 번역하기 시작한다.
- mRNA에 있는 ORF 정보를 번역하기 위해 리보솜은 두 개의 트립토판이 필요하다. 세포질에 트립토판 농도가 낮으면, 리보솜은 트립토판이 구해져 올 때까지 번역을 더 진행하지 못하고 그 자리에 멈추게 될 것이고, 이용 가능한 트립토판 분자 2개가 우연히 리보솜 부근으로 확산될 때까지 기다릴 것이다. 리보솜이 이런 식으로 일시 멈춤하고 있음으로써 RNA 중합효소를 따라가지 못하면 큰 줄기-고리가 형성되고 전사는 트립토판 오페론의 5개 유전자까지 계속 진행된다.
- 만약 세포질에 트립토판 농도가 높으면 리보솜이 mRNA의 ORF 부위를 지체없이 번역하게 될 것이고, RNA 중합효소와 보조를 맞춰서 연속적으로 번역을 진행한다. 이럴 경우, 큰 줄기-고리는 만들어지지 않게 되고 전사종결 신호인 작은 줄기-고리를 형성하게 된다. 따라서 전사는 ORF 부위를 지나가지 못하고 멈추게 된다.

즉, 요약하자면, 세포질에 트립토판 농도가 낮으면 감쇠로 인하여 오페론이 전사되어 더 많은 트립토판이 만들어질 수 있지만, 트립토판 농도가 높으면 감쇠로 인해 전사가 조기 종료되므로 추가 트립토판이 만들어지지 않는다.

대장균의 트립토판 오페론은 억제인자에 의해서도 조절되는데, 트립토판이 존재할 때 오페론의 스위치를 끄는 역할을 한다. 억제인자는 기본적으로 오페론을 켜고 끄는 스위치이고, 감쇠는 오페론의 스위치가 켜졌을 때 발현 속도를 조절하는 역할을 하는 것으로 생각된다. 따라서 감쇠를 이용한 미세 조절은 세포질의 트립토판 농도를 적절한 수준으로 유지하기에 필요한 만큼만의 효소를 확보할 수 있게끔 mRNA 양을 보장해 준다.

번역은 원핵세포 및 진핵세포 모두에서 조절된다

두 가지 다른 유형의 조절이 번역 중에 작동할 수도 있다. 이들 중 첫 번째는 **통괄 조절(global regulation)**이며, 이는 캡(cap) 구조를 가지는 모든 진핵세포의 mRNA에 영향을 미친다. 통괄 조절은 번역 개시인자 eIF-2의 인산화에 의해 이루어진다. 인산화된 형태의 eIF-2는 개시자 tRNA를 리보솜의 작은 소단위로 수송하는 데 필요한 GTP 분자에 결합할 수 없게 된다. eIF-2의 인산화는 대다수의 mRNA(캡 구조를 가진 모든 mRNA)의 번역이 하향 조절되는 열충격(heat shock)과 같은 스트레스 동안 일어난다. HSP70과 같은 특수 열충격 단백질(heat shock protein)을 암호화하는 mRNA는 캡 구조가 없기 때문에 이와 같은 유형의 조절에 영향을 받지 않으며, 대신 내부 리보솜 유입점(internal ribosome entry site)을 통해 번역된다.

내부 리보솜 유입점에 대한 정보는 Box 16.3을 참조하라.

일부 mRNA의 경우, 번역은 더욱 직접적인 **전사물 특이 조절(transcript-specific regulation)**을 받기도 한다. 이와 관련된 예들은 세균과 진핵세포 모두에 있다. 대장균에서, 리보솜 단백질(ribosomal protein)을 암호화하는 여러 가지 오페론에 대한 mRNA의 번역은 세포 내의 하나 이

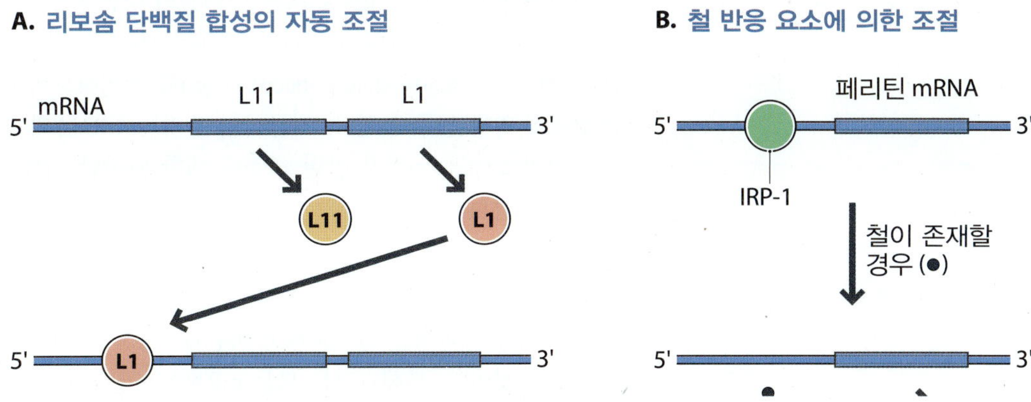

그림 17.16 번역에서 전사물 특이 조절의 두 가지 예
(A) 세균에서의 리보솜 단백질 합성 조절. (B) 포유류에서의 페리틴 단백질 합성 조절.

상의 그들 단백질의 양에 의해 조절된다. mRNA의 선도 영역(leader region)은 리보솜 단백질에 대한 결합자리를 가지고 있으며, 이들이 서로 결합하게 되면 리보솜의 부착을 차단하여 번역을 방해한다. L11-L1 오페론은 L1에 의해 이와 같은 방식으로 조절되며, L1은 오페론에 의해 암호화되는 두 개의 리보솜 단백질 중 두 번째 것이다(그림 17.16A). L1은 리보솜의 큰 소단위(large subunit)의 23S rRNA에 있는 결합자리에 부착하여 리보솜을 구성하거나, mRNA에 결합하여 번역을 차단할 수도 있다. rRNA에 부착하는 것이 보다 안정적이며, 이러한 부착할 수 있는 자리가 하나라도 있을 경우에는 rRNA에 부착하는 것을 선호한다. rRNA에 있는 부착자리가 모두 채워져 L1이 부착할 자리가 없어지면, 잉여 L1은 mRNA와 결합하여 번역을 막음으로써 L1과 L11의 추가 합성을 중단시킨다. 다른 mRNA들이 관여하는 유사한 조절을 통하여 각 리보솜 단백질의 합성은 세포 내의 유리(free) rRNA의 양에 따라 조율되도록 되어 있다.

포유류에서의 전사 특이적 번역 조절의 예는 철 저장 단백질인 페리틴(ferritin)을 암호화하는 mRNA가 대표적이다(그림 17.16B). 세포 내의 철 농도가 낮으면, 조절 단백질인 IRP-1이 페리틴 mRNA의 **철 반응 요소(iron response element)** 위치에 붙어 리보솜의 움직임을 막게 된다. IRP-1은 그 자체가 철결합 단백질이며, 철원자와 결합하면 구조적 변화가 일어나고, 구조변화가 일어난 IRP-1은 더 이상 철 반응 요소를 인식하지 못한다. 즉, 철 존재 시 IRP-1이 mRNA로부터 분리되어 mRNA가 번역될 수 있어서 세포 내의 페리틴 양이 증가한다는 것을 의미한다. 이 조절 시스템은 세포 내에 가용한 철이 있는 특정 시점에 철을 저장하기에 충분한 양의 페리틴을 확보할 수 있도록 적절히 조절해줄 수 있다.

17.2 mRNA와 단백질의 분해

유전자 발현 스위치가 꺼져서 이들이 암화화하는 mRNA와 단백질이 세포에 없다면, 그 유전자 발현 스위치를 켜면 분명히 세포 내의 mRNA와 단백질 농도가 증가하게 되는 것은 명백하다. 따라서 유전자 발현의 상향 조절(up-regulation)은 mRNA와 단백질의 양을 상향 조절하는 결과가 된다. 하지만 만약 유전자 발현을 다시 끄게 되면 어떤 현상이 일어날까? 당연히 유전자 발현의 하향 조절(down-regulation)은 세포 내의 mRNA와 단백질의 양을 하향 조절하는 결과를 초래할 것이라고 예상할 것이다. 하지만 이와 같은 예상이 맞으려면 기존에 세포 내에 존재하던 mRNA와 단백질이 분해된다면 가능한 일이다. 만약 그렇지 않다면 단백질 활성은 여전히 남아 있게 된다.

따라서 세포 내의 mRNA 또는 단백질의 양은 이들을 만드는 합성 속도(단위 시간당 합성된 분자 수)와 분해 속도(단위 시간당 분해된 분자 수) 사이의 균형의 결과물인 것이다. 이 균형은 정상상태 농도(steady state concentration)를 형성하도록 하고, 합성 또는 분해 속도의 변화는 정상 상태에 영향을 주게 된다. 지금까지 우리는 mRNA와 단백질의 합성 속도를 조절하기 위한 기작을 살펴보았다. 유전자 발현 조절에 대한 완전한 이해를 위해서는 mRNA와 단백질이 분해되는 과정도 살펴봐야 한다.

17.2.1 RNA 분해

먼저 RNA 분해과정을 살펴보려고 하는데, 비특이적 RNA 순환율(nonspecific RNA turnover)부터 살펴볼 것이다. 분해과정은 모든 mRNA와 일부 비암호화 RNA(noncoding RNA)에서 일어나는 현상이며, 개별 유전자 전사물을 특이적으로 구별하지는 않는다.

비특이적 mRNA 순환율 과정은 다음과 같다

세균에서의 비특이적 mRNA 분해는 아래 성분들을 포함하는 다단백질 구조인 **분해소체(degradosome)**에 의해 수행된다:

- **폴리뉴클레오타이드 가인산분해효소(polynucleotide phosphorylase, PNPase)**: mRNA의 3′ 말단에서 순차적으로 뉴클레오타이드를 제거하지만, 진정한 핵산가수분해효소(nuclease)와 달리 무기 인산염을 기질로써 필요로 한다.
- **RNase E**: RNA 분자의 중간을 절단하는 핵산내부가수분해효소(endonuclease)의 한 종류이다.

그림 17.17 세균의 분해소체에 의한 mRNA 분해 기작 가설

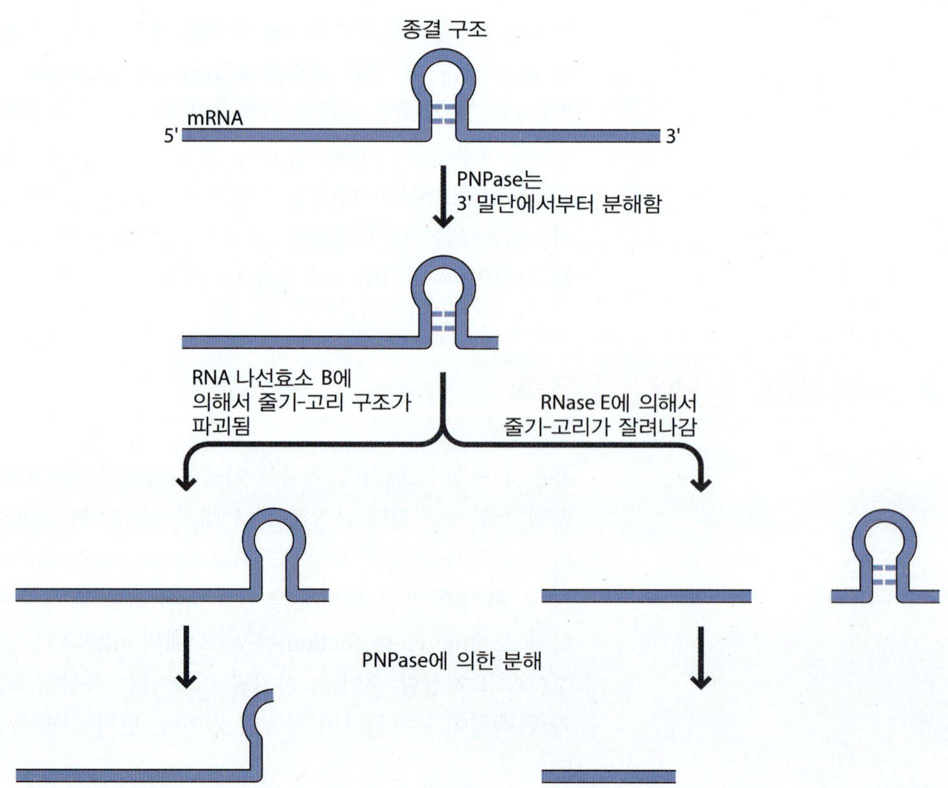

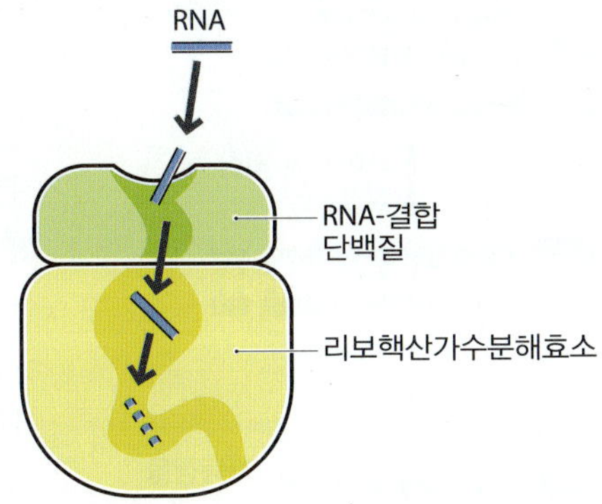

그림 17.18 진핵세포의 엑소좀 복합체에서 RNA 분해 모델
먼저, RNA는 엑소좀 상단의 RNA 결합 단백질에 의해 포착된다. 그리고, 리보핵산가수분해효소 고리 내의 통로로 연결된다. 결국, RNA는 핵산말단가수분해효소(exonuclease) 및 핵산내부가수분해효소(endonuclease) 활성을 통하여 분해된다.

- **RNA 나선효소 B(RNA helicase B)**: RNA의 줄기-고리 구조의 줄기 부분을 구성하는 이중나선 구조를 풀어 분해를 돕는 역할을 한다.

세균에서 RNA를 5′에서 3′ 방향으로 분해할 수 있는 효소는 아직까지 확인된 바 없다. 따라서 이것은 세균 RNA의 주된 분해과정은 PNPase와 같은 효소에 의해서 3′ 말단에서부터 뉴클레오타이드가 제거되는 기작임을 말해 준다. 대부분의 세균 mRNA들은 3′ 말단 근처에 줄기-고리 구조를 가지고 있으며, 전사 종결에 관여하는 동일한 구조가 PNPase의 진행을 차단한다(**그림 17.17**). 따라서 이와 같은 줄기-고리 구조는 PNPase가 도착하기 전에 RNA 나선효소에 의해 파괴되거나 줄기-고리를 포함하는 영역이 RNase E에 의해 절단되는 것으로 추정된다. 두 가지 방법 중 어떤 방법이든 PNPase가 RNA의 나머지 부분에 접근할 수 있다.

진핵세포에서는 **엑소좀 복합체(exosome complex)**로 불리는 분해소체(degradosome)와 동일한 구조의 복합체를 가지고 있다. 엑소좀은 6개 단백질의 고리로 구성되어 있으며, 각각 단백질은 고리의 상단에 부착된 3개의 RNA 결합 단백질과 함께 리보핵산가수분해효소(ribonuclease) 활성을 가진다. 다른 리보뉴클레아제는 과도적으로 엑소좀과 결합한다. 분해 대상 RNA들은 먼저 결합 단백질에 의해 포착된 다음 고리의 중간에 있는 채널을 통해 흘러들어가서, 결국 고리 단백질의 리보핵산가수분해효소 활성에 노출되는 것으로 생각된다(**그림 17.18**).

엑소좀은 세포질과 핵 모두에 존재한다. 핵 내에 엑소좀이 존재한다는 것은 이들이 잘못된 전사 및 가공으로 오류가 만들어진 RNA의 분해에도 참여한다는 것을 보여준다. 이러한 오류는 **mRNA 감시 기작(mRNA surveillance mechanism)**에 의해서 감지된다. 이 기작은 DNA가 잘못 복제되었을 때, 또는 예상치 못한 위치에 종결 코돈이 있을 때 발생할 수 있는 종결 코돈이 없는 mRNA를 식별하는 역할을 한다(종결 코돈이 없다는 것은 인트론 이어맞추기 과정에서 엑손이 잘못 조합된다는 것을 의미한다). 이와 같은 감시 기작은 mRNA의 오류를 검사하고 비정상적인 전사물을 엑소좀 또는 다른 분해 경로로 유도하는 단백질 복합체를 포함하고 있다.

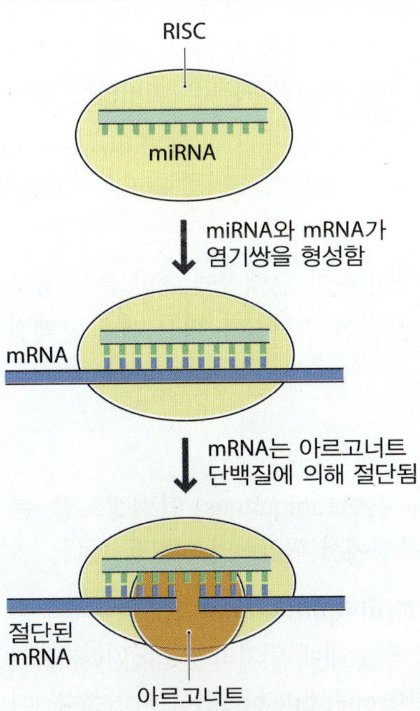

그림 17.19 RISC에서 아르고너트 단백질에 의한 mRNA의 절단

진핵세포의 침묵 복합체는 특정 mRNA를 분해한다

몇 년 전까지 만해도, 생화학자들은 개별 mRNA 분해과정에 대한 정보를 거의 가지고 있지 않았다(mRNA turnover가 유전자 조절에 중요한 역할을 하기 위해서는 이 과정이 필요하다). 이와 관련된 획기적인 성과는 **RNA 유도 침묵 복합체(RNA-induced silencing complex, RISC)**의 발견과 함께 도출되었다. 이들은 단백질-RNA 복합체(protein-RNA complex) 구조를 가지며, 진핵세포에서만 알려져 있다. 이들 복합체는 개별 mRNA를 절단하여 불활성화시키는 역할을 한다. mRNA는 RISC의 RNA 부위와 함께 염기쌍을 형성함으로써 결합하게 되는데, RISC의 RNA 부위는 **마이크로 RNA(microRNA, miRNA)**로 불리는 20-25 뉴클레오타이드로 되어 있다. 결

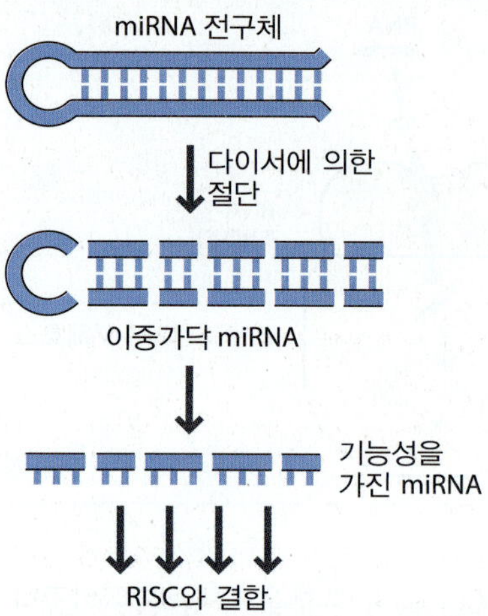

그림 17.20 다이서(Dicer)에 의한 miRNA 전구체의 가공

국, mRNA는 **아르고너트 단백질(argonaute protein)**이라 불리는 내부 리보핵산가수분해효소(endoribonuclease)에 의해 절단된다(**그림 17.19**).

따라서 RISC의 작용 기작은 간단명료하다. 여기에서, 한 가지 중요한 질문은 어떻게 RISC가 분해 대상인 mRNA에 상보적인 서열을 가진 miRNA를 가지는가이다. 마이크로 RNA는 RNA 중합효소 II(RNA polymerase II)에 의해서 그들의 유전자들로부터 전사되며, 처음에는 6개의 성숙한 miRNA 분자를 포함할 수 있는 수백 개의 뉴클레오타이드 길이의 전구체 분자 형태를 이룬다. 각각의 miRNA는 줄기-고리 구조의 스템을 형성하는 전구체의 한 부분으로써 위치한다(**그림 17.20**). 줄기-고리는 이중가닥 RNA를 절단하는 리보핵산가수분해효소인 **다이서(Dicer)**에 의해 전구체로부터 절단되고, 이중가닥 버전의 miRNA는 추가적인 절단에 의해 방출된다. 각 이중가닥 miRNA의 한 가닥은 분해되고, 남은 다른 한 가닥은 RISC와 결합하게 된다. 일부 miRNA는 약간 다른 방법으로 확보되는데, 전구체 miRNA를 암호화하는 유전자의 전사가 아니라, 단백질 암호화 유전자의 mRNA로부터 잘라낸 인트론으로부터 얻어지기도 한다. 인트론 RNA의 일부는 줄기-고리 구조를 형성하기 위하여 접혀지고, 이 구조는 앞서 설명한 것과 같이 다이서에 의해 가공된다.

인간의 세포는 약 1,000개의 miRNA를 만들 수 있지만, 이들은 10,000개 이상의 유전자로부터 만들어진 mRNA들을 표적할 수 있다. 그 이유는 서로 다른 유전자들의 mRNA가 동일한 miRNA 결합 서열을 공유하거나, 아마도 mRNA가 RISC에 포착되는 과정에서 miRNA와 mRNA 사이의 정확한 일치가 필요하지 않을 수도 있기 때문이다. 일부 miRNA 유전자는 miRNA의 표적이 되는 mRNA가 암호화하는 단백질을 발현하는 유전자 근처에 위치해 있다. 이러한 경우, 동일한 조절 단백질이 mRNA 및 miRNA 합성을 모두 조절할 수 있다. 이것은 miRNA의 합성을 통하여 단백질 암호화 유전자 발현 억제의 직접 조율을 용인하는 것으로 볼 수 있다. 따라서 이와 같은 경우는 전사조절을 통한 mRNA 합성의 스위치가 꺼지는 즉시 mRNA들은 분해될 것이다. 그러나 많은 다른 경우는 miRNA와 단백질을 암호화하는 유전자는 같은 위치에 있지 않으며, 이러한 경우의 mRNA 합성 및 분해의 조율 방식은 명확지 않다. 이와 관련하여서는 매년 중요한 새로운 발견이 이루어지는 생화학 분야이기에, 이러한 의문은 머지않아 풀릴 것으로 예상한다.

17.2.2 단백질의 분해

우리는 잘못 접힌 단백질(misfolded protein)과 기능적으로 수명이 다한 단백질에 대한 분해 경로는 잘 알고 있다. 지금부터는 이러한 분해과정이 어떻게 유전자 발현 스위치가 꺼진 개별 단백질로 향할 수 있는지를 알아보고자 한다.

분해될 단백질은 유비퀴틴으로 표지된다

인간의 **유비퀴틴(ubiquitin)**은 76개 아미노산으로 구성된 '아주 흔한'(ubiquitous) 단백질로써, 분해시킬 단백질의 꼬리표 역할을 담당하기 때문에 단백질 분해과정에서 핵심적인 역할을 한다.

유비퀴틴이 분해대상 단백질에 부착되는 과정을 **유비퀴틴화(ubiquitination)**라고 부른다. 이는 유비퀴틴의 C-말단 아미노산의 카르복실기와 분해 대상 단백질 내에 위치하는 리신(lysine)의 측쇄에 존재하는 아미노기 사이에 형성되는 **이소펩타이드 결합(isopeptide bond)**을 야기한다. 이 결합 형성에서, 유비퀴틴의 C-말단 아미노산은 대부분의 종에서 글리신(glycine)이다(**그림 17.21**). 유비퀴틴화는 3단계 과정으로 구성되어 있는데, 첫 번째는 ATP 가수분해를 동반한 에너지 의존적 반응이며, 이 과정을 거쳐 유비퀴틴이 활성화 단백질에 결합된다. 그런 다음, 유비퀴틴은 다시 접합효소(conjugating enzyme)로 옮겨지고, 마지막 단계에서는 **유비퀴틴 연결효소(ubiquitin**

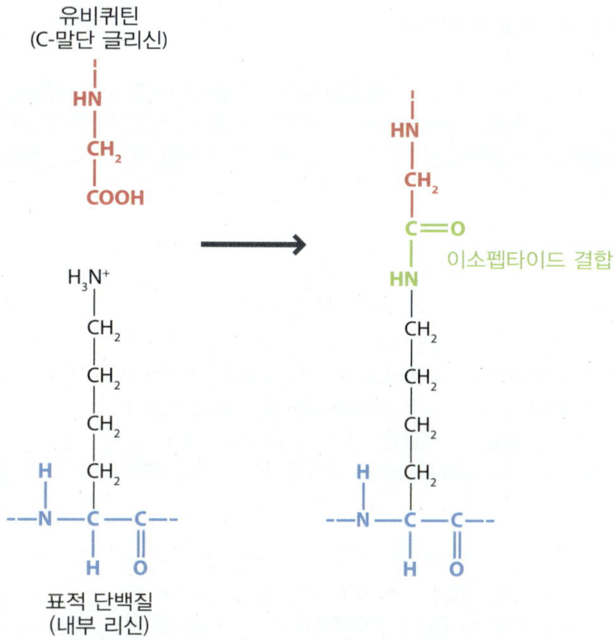

그림 17.21 **표적 단백질에 있는 리신 잔기에 유비퀴틴의 부착**

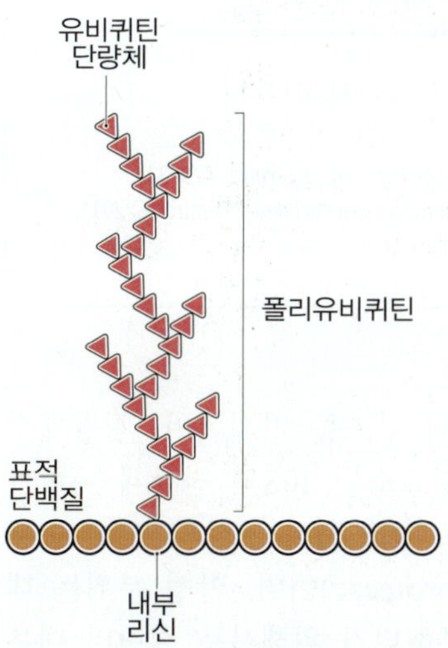

그림 17.22 **분해 대상 단백질에 부착된 폴리유비퀴틴 사슬(polyubiquitin chain)**

ligase)가 유비퀴틴을 표적 단백질로 옮긴다.

유비퀴틴화는 분해 대상 단백질을 표지하는 것 외에도 많은 기능을 한다. 유비퀴틴화는 새로운 위치로 단백질을 이동시키는 신호가 될 수 있으며, 게놈의 특정 구획을 침묵 또는 활성화시키는 수단으로써 히스톤 단백질에 가해지는 화학적 변형 중 하나이기도 하다. 이와 같은 유비퀴틴화의 또 다른 역할은 유비퀴틴이 표적 단백질에 부착되면서 형성된 구조의 성질에 따라 구별되는 것이다. 분해 표지자 역할을 하기 위해서는 연결된 유비퀴틴 사슬들이 표적 단백질에 형성되어야 한다. 이들 폴리유비퀴틴 사슬(polyubiquitin chain) 각각은 연속된 유비퀴틴을 함유하고 있으며, 한 사슬 안에 있는 유비퀴틴은 이전 단위의 리신 중 하나에 부착되어 있다(**그림 17.22**). 각각의 유비퀴틴은 7개의 리신을 가지고 있기 때문에, 매우 다양하고 복잡한 폴리유비퀴틴 사슬을 조립할 수 있다. 단백질 분해와 관련된 대부분의 폴리유비퀴틴 사슬에서, 그 연결은 두 번째와 여섯 번째 리신이 관여하며, 유비퀴틴 단량체 내의 전체 아미노산 순서로써는 11번째와 48번째 위치에 해당한다.

유비퀴틴화 과정에서 분해 대상 단백질을 어떻게 정확히 찾아낼 수 있을까? 그 답은 유비퀴틴을 표적 단백질에 부착시키는 효소의 특이성과 관련이 있는 것으로 보인다. 대부분의 종은 단 하나의 활성화 단백질만 보유하고 있는 반면, 여러 종류의 접합효소들과 여러 종류의 유비퀴틴 연결효소를 가지고 있다. 예를 들어, 인간에는 35개의 접합효소와 수백 개의 연결효소가 존재한다. 다양한 조합의 접합효소-연결효소 쌍(conjugating enzyme-ligase pairs)은 상이한 단백질 및 이들 단백질 상에 구축된 사슬의 성질에 대한 특이성을 가질 것으로 생각하고 있다. 즉, 세포내 또는 외부 신호에 대한 반응으로써 접합효소-연결효소의 각각 다른 조합을 통한 활성화가 특정 단백질과 특정 그룹의 단백질을 특이적으로 분해하는 열쇠일 것으로 보고 있다.

단백질분해효소복합체는 단백질 분해를 담당한다

유비퀴틴화는 분해를 위해 단백질을 표지하지만, 실제 단백질 자체가 파괴되지는 않는다. 표지된 단백질이 분해되기 위해서는 **단백질분해효소복합체(proteasome)**로 옮겨져야 한다.

Box 17.5 단백질 및 mRNA의 반감기

단백질과 mRNA들은 기존의 분자가 분해되고 새로운 분자가 합성되어 세포에서 계속 순환하고 있다. 분해 속도는 새로운 합성이 없다고 가정할 때, 개별 단백질 또는 mRNA의 양이 초기 값의 절반으로 떨어지는 데 필요한 시간, 즉 **반감기(half-lives)**로 나타낼 수 있다.

반감기는 **파동 표지(pulse labeling)**으로 측정할 수 있다. 연구 대상 세포에는 질소의 '무거운' ^{15}N 동위원소를 포함하는 아미노산이나 ^{35}S 원자를 갖는 방사성 4-티오우라실(4-thiouracil)과 같은 표지된 기질들을 잠깐 제공하여 단백질 또는 mRNA를 생합성시킨다. 이와 같은 파동 표지 기간 동안 합성된 단백질과 mRNA는 표지된 아미노산이나 뉴클레오타이드를 포함할 것이지만, 전후에 만들어진 것들은 그렇지 않을 것이다. 따라서 파동 표지 동안 만들어진 분자의 분해 속도는 주기가 끝난 후, 적당한 시간적 간격을 두고 벌크 단백질 또는 mRNA를 추출하여 이들 내에 존재하는 표지된 것들의 양을 정량함으로써 측정 가능하다.

이 유형의 연구에 따르면, 대부분의 세균 단백질과 mRNA들은 단 몇 분의 반감기를 가지는 것으로 보이며, 이는 활발히 성장하는 세균에서는 유전자 발현 패턴의 변화가 급격하다는 것을 보여준다. 진핵세포의 이들 분자는 좀 더 오래 지속되며(그림 참조), 쥐의 섬유아세포(mouse fibroblast cell)에서 중간 반감기(median half-lives)는 단백질은 46시간, mRNA는 9시간이다.

이러한 막대그래프는 상이한 단백질들 또는 mRNA들 사이에서의 분해 속도는 현저한 차이가 있음을 보여준다. 일반적으로, 개별 분자의 반감기에 영향을 미치는 요인에 대한 정보는 알려진 것이 거의 없다. 단백질 서열 중 프롤린, 글루탐산, 세린, 트레오닌이 풍부한 단백질은 종종 반감기가 짧은 것으로 알려져 있다. 이 **PEST 서열(PEST sequence)**(상기 4개의 아미노산에 대한 단일 문자 약어의 이름을 따서 명명)은 유비퀴틴화 과정과 상호작용하여 빠른 분해를 위한 표적화될 수 있을 것으로 여겨지고 있다. mRNA의 폴리(A) 꼬리[poly(A) tail] 길이가 분해에 영향을 미치는 기전이 설명되지는 않았지만, 진핵세포의 mRNA 분해는 폴리(A) 꼬리의 길이와 관련이 있는 것으로 생각되어 왔다. 하나의 가능성은 수명이 긴 mRNA들은 폴리(A) 꼬리와 염기쌍을 형성할 수 있는 내부 우라실이 풍부한 서열을 가지므로써, 3′→5′ 핵산말단가수분해효소에 의한 분해를 방해하는 줄기-고리를 형성한다는 것이다.

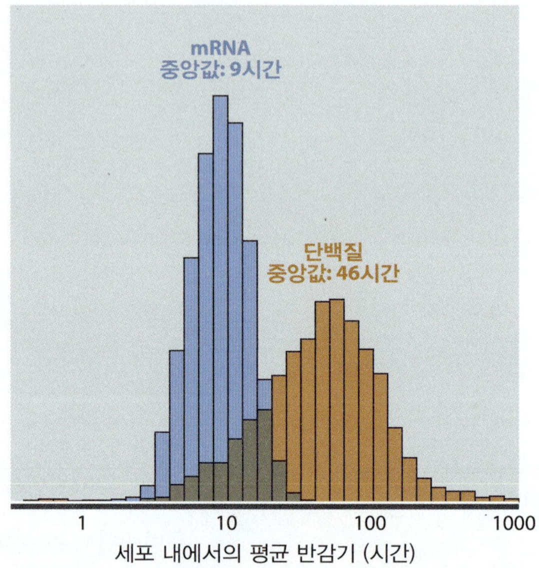

Macmillan Publishers Ltd로부터 허가를 받아 재생산된 그림임: *Nature*, **473**: 337; B. Schwanhäusser *et al*. Global quantification of mammalian gene expression control, © 2011.

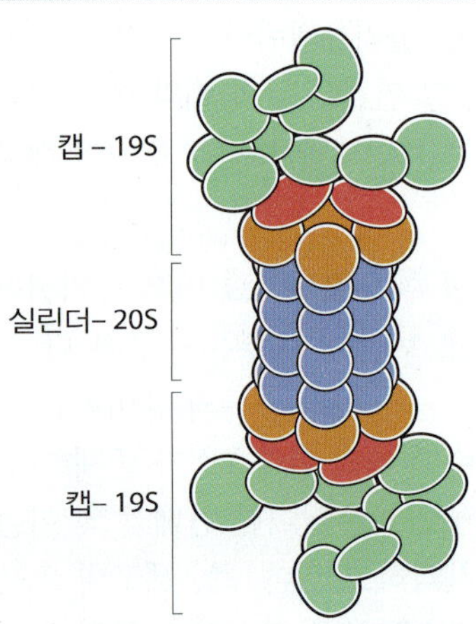

그림 17.23 진핵세포의 단백질분해효소 복합체(proteasome)
두 개의 캡(cap)을 구성하는 단백질들은 녹색, 주황색, 적색으로 표시하였고, 실린더를 형성하는 단백질은 파란색으로 표시하였다.

진핵생물에서 단백질분해효소복합체는 거대한 다중소단위 구조를 가지이며, 침강계수(sedimentation coefficient)는 26S이다(**그림 17.23**). 핵심 구성요소는 20S의 침강계수를 가진 중앙 실린더이며, 이들은 4개의 고리(각각 7개의 단백질로 이뤄짐)로 구성되어 있다. 내부 고리에 존재하는 두 개의 단백질은 단백질가수분해효소(protease)이며, 활성 부위는 내부 고리 표면에 위치한다. 이것은 유비퀴틴화된 단백질이 분해되기 위해서는 실린더 내부에 들어가야 한다는 것을 의미한다. 두 개의 바깥 고리를 구성하는 단백질은 단백질가수분해효소 활성을 가지지 않고, 유비퀴틴화된 단백질이 단백질분해효소복합체 실린더로 들어가는 것을 도와준다. 그들은 실린더의 각 끝에 위치한 한쌍의 캡(cap) 구조와 함께 이 작업을 수행한다. 캡 구조를 가지는 구성요소는 19S의 침강계수를 가지며, 19개의 단백질로 구성되어 있다. 이들은 표지된 단백질이 통째로 프로테아좀에 들어가는 것을 매개한다. 한편, 단지 7개의 단백질로 구성된 작은 11S 캡은 짧은 펩타이드의 분해에 관여한다.

유비퀴틴화된 단백질은 단백질분해효소복합체의 19S 캡 구조와 직접 상호작용할 수도 있고, 또는 **유비퀴틴 수용체 단백질(ubiquitin–receptor protein)**을 통해 이뤄질 수도 있다. 단백질분해효소복합체에 들어가기 전에, 분해될 단백질은 적어도 부분적으로 접혀 있지 않아야 하며, 유비퀴틴 꼬리표는 제거되어야 한다. 이러한 과정은 ATP 가수분해를 통해 얻어지는 에너지가 필요하며, 캡에 존재하는 단백질에 이 ATP 가수분해 반응을 촉매한다. 분해될 단백질은 단백질분해효소

소복합체로 옮겨져 펩타이드로 분해되며, 일반적으로 4~10개의 아미노산 정도 길이로 분해된다. 이들은 세포질로 다시 방출되어 다른 단백질가수분해효소에 의해 개별 아미노산으로 분해된다.

초창기, 단백질 분해를 위한 유비퀴틴과 단백질분해효소복합체 시스템은 진핵세포에서 먼저 발견되었지만, 최근에는 유사한 시스템이 적어도 일부 세균과 고세균에도 존재한다는 것이 알려져 있다. 세균의 분해 꼬리표(degradation tag)는 64개 아미노산으로 구성된 '유비퀴틴 유사 단백질(ubiquitin-like protein)'이며, 이는 진핵세포 유비퀴틴화와 유사한 방식으로 표적 단백질의 리신 잔기에 붙는다. 고세균은 또한 진핵세포 유형과 거의 동일한 크기의 단백질분해효소복합체를 가지고 있지만, 이들은 덜 복잡하며 단지 두 종류 단백질의 다중 복제물들로 구성되어 있다. 반면, 세균 단백질분해효소복합체는 크기가 작고, 진핵세포와 고세균 모두에는 존재하는 캡 구조가 결여되어 있다.

참고문헌

Harrison SC and Aggarwal AK (1990) DNA recognition by proteins with the helix–turn–helix motif. *Annual Review of Biochemistry* **59**, 933–69.

Henkin TM (1996) Control of transcription termination in prokaryotes. *Annual Review of Genetics* **30**, 35–57. ***A detailed account of attenuation.***

Horvath CM (2000) STAT proteins and transcriptional responses to extracellular signals. *Trends in Biochemical Sciences* **25**, 496–502.

Kim Y-J and Lis JT (2005) Interactions between subunits of *Drosophila* mediator and activator proteins. *Trends in Biochemical Science* **30**, 245–9.

Lopez D, Vlamakis H and Kolter R (2008) Generation of multiple cell types in *Bacillus subtilis*. *FEMS Microbiology Letters* **33**, 152–63. ***Describes how different s subunits are involved in sporulation.***

Losick RL and Sonenshein AL (2001) Turning gene regulation on its head. *Science* **293**, 2018–9. ***Describes the attenuation system.***

Mackay JP and Crossley M (1998) Zinc fingers are sticking together. *Trends in Biochemical Science* **23**, 1–4.

Melloui D, Marshak S and Cerasi E (2002) Regulation of insulin gene transcription. *Diabetologia* **45**, 309–26.

Pratt AJ and MacRae IJ (2009) The RNA-induced silencing complex: a versatile gene-silencing machine. *Journal of Biological Chemistry* **264**, 17687–901.

Ptashne M and Gilbert W (1970) Genetic repressors. *Scientific American*, **222**(6), 36–44. ***The mode of action of repressors and the methods used in isolation of the proteins.***

Tsai M-J and O'Malley BW (1994) Molecular mechanisms of action of steroid/thyroid receptor superfamily members. *Annual Review of Biochemistry* **63**, 451–86. ***Control of gene expression by steroid hormones.***

Vanacova S and Stefl R (2007) The exosome and RNA quality control in the nucleus. *EMBO Reports* **8**, 651–7.

Varshavsky A (1997) The ubiquitin system. *Trends in Biochemical Science* **22**, 383–7.

Voges D, Zwickl P and Baumeister W (1999) The 26S proteasome: a molecular machine designed for controlled proteolysis. *Annual Review of Biochemistry* **68,** 1015–68.

Wek RC, Jiang H-Y and Anthony TG (2006) Coping with stress: eIF2 kinases and translational control. *Biochemical Society Transactions* **34**(1), 7–11. ***Global control of translation.***

Wheatley RW, Lo S, Jancewicz LJ, Dugdale ML and Huber RE (2013) Structural explanation for allolactose (*lac* operon inducer) synthesis by *lacZ* β-galactosidase and the evolutionary relationship between allolactose synthesis and the *lac* repressor. *Journal of Biological Chemistry* **288**, 12993–3005.

Zubay G, Schwartz D and Beckwith J (1970) Mechanisms of activation of catabolite-sensitive genes: a positive control system. *Proceedings of the National Academy of Sciences USA*, **66**, 104–10. ***An early description of the CAP system.***

자가 평가 문제

객관식 문제

각 문제에 대한 정답은 한 개이며, 정답은 웹사이트 www.scionpublishing.com/biochemistry에서 찾을 수 있음.

1. 대장균 RNA 중합효소의 σ 소단위는 어떤 종류의 DNA 결합 구조인가?
- **(a)** 나선-나선-회전
- **(b)** 나선-회전-나선
- **(c)** 아연 집게
- **(d)** 열충격 도메인

2. 대장균 RNA 중합효소의 표준 σ 소단위인 것은?
- **(a)** σ^{32}
- **(b)** σ^{70}
- **(c)** σ^{76}
- **(d)** σ^{90}

3. 대장균의 경우, 열충격 환경일 때 사용되는 RNA 중합효소의 σ 소단위인 것은?
- **(a)** σ^{32}
- **(b)** σ^{70}
- **(c)** σ^{76}
- **(d)** σ^{90}

4. 포자 형성 동안 대체용 σ 소단위를 사용하는 세균은?
- **(a)** 대장균(*Escherichia coli*)
- **(b)** 바실러스속(*Bacillus* species)
- **(c)** 결핵균(*Mycobacterium tuberculosis*)
- **(d)** 스포로박테리아(*Sporobacteria*)

5. 대장균 락토오스 투과효소의 역할은?
- **(a)** 락토오스 오페론 유발물질
- **(b)** 글루코오스가 락토오스 오페론의 전사에 미치는 영향을 중재
- **(c)** 락토오스를 갈락토오스와 글루코오스로 나눔
- **(d)** 락토오스를 세포 내로 운반

6. 락토오스가 존재할 경우의 상황을 설명하는 것은?
- **(a)** 억제인자는 유발물질에 결합하여 락토오스 오페론의 전사를 막는다.
- **(b)** 억제인자는 유발물질에 결합하지 않고 락토오스 오페론의 전사를 막는다.
- **(c)** 억제인자는 유발물질에 결합하여 락토오스 오페론의 전사를 허용한다.
- **(d)** 억제인자는 유발물질에 결합하지 않고 락토오스 오페론의 전사를 허용한다.

7. 억제인자 결합자리는?
- **(a)** 프로모터
- **(b)** 작동자
- **(c)** CAP 결합자리
- **(d)** 오페론

8. 대장균의 IIA^{Glc} 단백질의 역할은?
- **(a)** 락토오스 오페론 유발물질
- **(b)** 글루코오스가 락토오스 오페론의 전사에 미치는 영향을 중재한다.
- **(c)** 락토오스를 갈락토오스와 글루코오스로 나눈다.
- **(d)** 락토오스를 세포 내로 운반한다.

9. 다음 중 글루코오스와 락토오스가 동시에 존재할 때의 상황을 서술한 것은?
- **(a)** CAP과 억제인자 결합, 락토오스 오페론이 전사됨
- **(b)** CAP과 억제인자 결합, 락토오스 오페론은 전사되지 않음
- **(c)** CAP도 억제인자도 결합하지 않고, 락토오스 오페론은 전사되지 않음
- **(d)** CAP은 있지만 억제인자 결합이 없고, 락토오스 오페론은 전사되지 않음

10. 진핵세포 단백질 암호화 유전자의 상류에서 가끔 발견되는 기본 프로모터 요소는 무엇인가?
- **(a)** 매개체 단백질 결합자리
- **(b)** cAMP 반응요소 결합(CREB) 단백질에 대한 결합자리
- **(c)** 상향 또는 하향 조절을 받지 않을 때 유전자의 전사 속도를 결정하는 자리
- **(d)** 열충격 모듈의 일부

11. 다음 중 활성 도메인 유형이 아닌 것은?
- **(a)** 산성 도메인
- **(b)** 염기성 도메인
- **(c)** 글루타민-풍부 도메인
- **(d)** 프롤린-풍부 도메인

12. 매개체 단백질과 관련하여 옳지 않은 것은?
- **(a)** 효모 *Saccharomyces cerevisiae*에서 최초로 동정되었다.
- **(b)** 매개체 단백질의 꼬리가 조절 단백질의 활성화 도메인과 접촉한다.
- **(c)** 중간 및 머리 부분은 중합효소 복합체와 상호작용한다.
- **(d)** 인간의 경우에서는 25개 소단위로 구성된다.

13. 다음 중 스테로이드 호르몬이 아닌 것은?
- **(a)** 에스트로겐
- **(b)** 안드로겐
- **(c)** 미네랄로코르티코이드(mineralocorticoid) 호르몬
- **(d)** 부신피질자극호르몬

14. 대장균 트립토판 오페론의 감쇠 조절과 관련하여, 트립토판이 존재할 때의 상황을 기술한 것은?
- **(a)** 리보솜 멈춤, 전사 종결자 구조 형성, 전사 종결
- **(b)** 리보솜은 멈춤, 전사 종결자 구조는 형성되지 않음, 전사 종결
- **(c)** 리보솜은 멈추지 않음, 전사 종결자 구조 형성, 전사 종결
- **(d)** 리보솜은 멈추지 않음, 전사 종결자 구조가 형성되지 않음, 전사 종결

15. 진핵세포 번역의 통괄 조절은 아래 어떤 개시인자의 인산화에 의해 매개되는가?
- **(a)** eIF-2
- **(b)** eIF-3
- **(c)** eIF-4
- **(d)** eIF-4A

16. 다음 중 포유동물에서 전사 특이적 페리틴(ferritin) 합성 조절을 설명하는 것은?
- **(a)** 철분 농도가 낮을 때, 조절 단백질인 IRP-1은 페리틴 mRNA의 기본 프로모터 요소에 붙는다.
- **(b)** IRP-1은 철결합 단백질로서, 철 원자가 결합하여 구조적 변화를 일으킴으로써 단백질이 기본 프로모터 요소를 인식한다.
- **(c)** 철분 존재하에서, IRP-1은 mRNA로부터 분리된다.
- **(d)** IRP-1의 분리는 페리틴 mRNA의 번역을 방해한다.

17. 다음 중 세균의 분해소체(degradosome)의 구성요소가 아닌 것은?
- **(a)** 폴리뉴클레오타이드 가인산분해효소
- **(b)** RNase E
- **(c)** RNase P
- **(d)** RNA 나선효소 B

18. 진핵세포에서 세균의 분해소체와 같은 역할을 하는 것은?
- **(a)** RNA 유도성 침묵 복합체
- **(b)** 단백질분해효소복합체
- **(c)** mRNA 감시 입자
- **(d)** 엑소좀

19. RNA 유도성 침묵 복합체에서 mRNA를 절단하는 내부 리보핵산 가수분해효소는?
- **(a)** RNase E
- **(b)** 아르고너트(argonaute)
- **(c)** RNase P
- **(d)** 다이서(Dicer)

21. 인간 세포는 대략 얼마나 많은 miRNA를 만드는가?
- **(a)** 1,000
- **(b)** 5,000
- **(c)** 10,000
- **(d)** 50,000

22. 생쥐의 섬유아세포에서 진핵세포 단백질의 평균 반감기는 얼마인가?
- **(a)** 45분
- **(b)** 9시간
- **(c)** 24시간
- **(d)** 46시간

23. 유비퀴틴화(ubiquitination)와 관련하여 옳지 않은 것은?
- **(a)** 단백질에 유비퀴틴을 부착하는 것은 이소펩타이드 결합을 통해 이루어진다.
- **(b)** 그 결합은 유비퀴틴의 N-말단 아미노산을 포함하는데, 대부분의 종에서 글리신이다.
- **(c)** 유비퀴틴은 처음에 활성화 단백질에 결합한다.
- **(d)** 유비퀴틴 연결효소(ubiquitin ligase)가 유비퀴틴을 표적 단백질로 옮긴다.

24. 유비퀴틴 분자에는 리신이 몇 개 있는가?
- **(a)** 1
- **(b)** 5
- **(c)** 7
- **(d)** 10

단답식 문제

아래 문제는 추가 자료 없이 답이 가능함.

1. 생명체에서의 유전자 발현 조절을 설명하시오.
2. 대장균에서 어떻게 대체 σ 소단위들을 이용하여 유전자 발현을 조절하는지 예를 들어 설명하시오.
3. (A) 락토오스 억제인자 및 (B) 이화대사산물 활성화 단백질(CAP)에 의한 대장균 락토오스 오페론의 조절을 상세히 설명하시오.
4. 진핵세포에서 단백질을 암호화하는 유전자의 프로모터에서 발견할 수 있는 여러 가지 유형의 조절 서열들을 정리해 보시오.
5. 진핵세포의 유전자 발현에서 매개체 단백질의 역할은 무엇인지 설명하시오.
6. 인간 세포에서 스테로이드 호르몬이 어떻게 유전자 발현을 조절하는지 설명하시오.
7. 진핵세포에서 번역에 대한 통괄 조절(global regulation)과 전사물 특이 조절(transcript-specific regulation)의 예를 들어 보시오.
8. 대장균 및 진핵세포에서의 비특이적 mRNA 분해에 대한 경로를 개략적으로 설명하시오.
9. 진핵세포의 mRNA 분해에서 miRNA의 역할을 자세히 설명하시오.
10. 단백질 분해에서 유비퀴틴과 단백질분해효소복합체의 역할을 설명하시오.

주관식 문제

아래 문제는 계산, 추가 자료, 인터넷 조사 등을 필요로 함.

1. 특정 종류의 바이러스들은 감염 직후 숙주 유전자의 전사를 중단시킨다. 대신, 세포 내의 모든 RNA 중합효소가 바이러스 유전자들의 전사를 시작한다. 이러한 현상을 가능케 하는 원리가 무엇일지를 제안해 보시오.
2. 오페론은 관련 유전자들의 발현을 조절하기 위한 매우 편리한 시스템이다. 지금까지 진핵세포에서는 발견된 적 없는 오페론이 세균에서 흔한 이유가 무엇인지 토론하시오.
3. 대장균의 트립토판 오페론은 억제인자 단백질 및 감쇠에 의해 조절된다. 아미노산 생합성효소를 암호화하는 다른 오페론들은 감쇠에 의해서만 제어된다. 이를 논의하시오.
4. 대장균은 진핵세포의 전사 개시 조절에 대하여 어떤 범위까지 좋은 모델인가? 진핵세포에서 동등하게 일어나는 조절을 이해하기 위한 과정에서, 대장균의 외삽법이 어떻게 도움이 되었는지, 도움이 되지 않았는지에 대한 구체적인 예를 들어 당신의 의견을 정당화하시오.
5. 폴리(A) 꼬리의 길이가 진핵세포 mRNA의 반감기에 어떻게 영향을 미칠 수 있을까?

제18장

단백질, 지질, 탄수화물의 연구

학습목표

이 장을 공부한 후:

- 다중클론항체와 단일클론항체의 차이점을 이해하게 된다.
- 면역분석(immunoassay)에서 항원-항체 침전반응(precipitin reaction)이 어떻게 이용되는지, 또한 다양한 유형의 면역분석법을 설명할 수 있게 된다.
- 효소면역분석이 어떻게 수행되는지 이해하고 이 기법의 장점을 알게 된다.
- 단백질 프로파일링에 앞서 단백질 분리에 이용되는 다양한 방법을 설명할 수 있다.
- 단백질 프로파일링에서 질량분석법의 역할을 이해하게 된다.
- 두 개 단백질체(proteome)의 구성요소를 비교하기 위해 어떻게 ICAT(Isotope-coded affinity tag)를 사용하는지 설명할 수 있다.
- 단백질의 2차구조 구성을 연구하기 위한 원편광이색성(circular dichroism)의 원리를 이해하게 된다.
- 핵자기공명(nuclear magnetic resonance, NMR) 스펙트럼이 어떻게 생성되는지 알고 단백질 구조 연구에서 NMR의 강점과 한계를 인식하게 된다.
- X선 회절(X-ray diffracction) 패턴을 이용하여 단백질의 상세 구조를 결정하는 방법을 이해한다.
- 가스크로마토그래피의 원리와 이 방법을 이용한 지질 분리 방법을 설명할 수 있다.
- 질량분석법을 이용하여 지질의 구조를 연구하는 방법을 알게 된다.
- 면역학적 방법, 렉틴(lectin) 및 글리칸(glycan) 서열결정이 탄수화물 구조 연구에 어떻게 사용되는지 이해하게 된다.

이 책의 마지막 부분에서 생체분자를 연구하기 위해 개발된 여러 가지 방법 중에서 가장 중요한 것을 살펴볼 것이다. 이 방법들은 생화학 이해의 발전을 위한 기초를 제공하며, 생물학 분야의 연구자들이 사용할 필요가 있는 방법들이다.

이 장에서는 단백질, 지질 및 탄수화물을 연구하는 방법을 탐구하고, 다음 장에서는 DNA와 RNA를 위해 특별히 고안된 방법을 살펴볼 것이다. 단백질, 지질 및 탄수화물 세 가지 유형의 생체분자의 연구를 위한 접근법에는 많은 공통점이 있기 때문에 이들 세 가지 유형의 생체분자를 하나의 장으로 결합할 수 있다. 반면에 DNA와 RNA를 위해서는 주로 뉴클레오타이드 서열 분석에 초점을 맞춘 특정 기술이 있다.

18.1 단백질 연구 방법

단백질 연구에는 여러 가지 방법이 있으며, 이를 설명할 때 우리는 기술의 다양성에만 빠져버리지 않도록 주의해야 한다. 이를 피하기 위해 세 가지 질문을 할 것이다:

- 세포나 조직에서 특정 단백질의 존재 여부를 어떻게 확인할 것인가?
- 세포 또는 조직에 존재하는 모든 개별 단백질을 어떻게 확인할 수 있을 것인가?
- 단백질의 구조는 어떻게 해결할 것인가?

이들 질문에 대한 답을 검토함으로써 단백질을 연구하는 방법에 익숙해진다.

18.1.1 특정 단백질의 존재 여부를 확인하는 방법

첫째로, 세포와 조직 추출물의 단백질 혼합물에서 특정의 개별 단백질의 존재를 확인하기 위해 사용되는 방법을 살펴본다. 이들 대부분의 방법은 **면역학적 방법(immunological method)**이다.

면역학적 방법은 항원–항체반응을 이용한다

면역반응(immune response)은 **항원(antigen)**이라고 불리는 해로운 물질로부터 동물을 보호하기 위해 생리적으로 이용되는 과정이다. 매우 간단하게 말하면, 항원은 면역반응을 유발하는 물질이다. 면역반응의 일부는 혈액 및 림프계에 존재하는 B림프구에 의한 **항체(antibody)** 생성이다. 항체는 항원에 특이적으로 결합하여 면역계의 다른 구성요소에 의한 항원 파괴를 유도하는 **면역글로불린(immunoglobulin)**이라고 불리는 단백질의 한 종류이다(그림 18.1A). 예를 들어, 침입하는 세균 표면의 항체 부착은 박테리아 세포막을 파괴하는 효소 및 다른 단백질들로 이루어진 **보체계(complement system)**을 활성화시켜 병원균을 죽인다.

많은 단백질은 항원으로 작용하는데, 특히 몸에 이질적인 것이어서 동물이 합성하는 정상적인 단백질 집합의 일부로 인식되지 않는 것은 항원으로 작용한다. 이것은 생화학자들이 단백질 검출을 위한 면역학적 방법 고안에 이용하는 면역계의 한 측면이다. 정제된 단백질 샘플을 토끼와 같

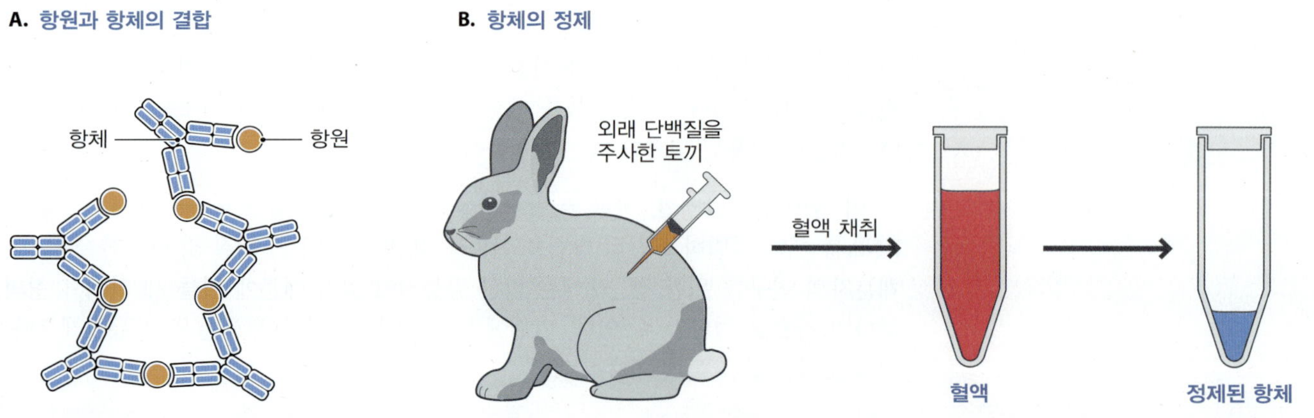

그림 18.1 항체
(A) 항원과 항체의 결합. (B) 항체는 외래 단백질을 주사한 토끼로부터 채취한 혈액 시료에서 정제할 수 있다.

Box 18.1 면역글로불린 및 항체 다양성

면역글로불린(immunoglobulin)은 B림프구에서 합성되어 원형질막의 외부 표면에 부착되거나 혈류로 분비된다. 각각의 면역글로불린은 4개의 폴리펩타이드로 이루어진 4합체이다. 두 개의 큰 분자를 **무거운 사슬(heavy chain)**이라 하고, 2개의 작은 **가벼운 사슬(light chain)**은 각각 무거운 사슬에 이황화 결합(disulfide bond)으로 연결되어 있다. 이들 무거운 사슬과 가벼운 사슬들이 서로 결합하여 포크 모양의 구조를 형성한다.

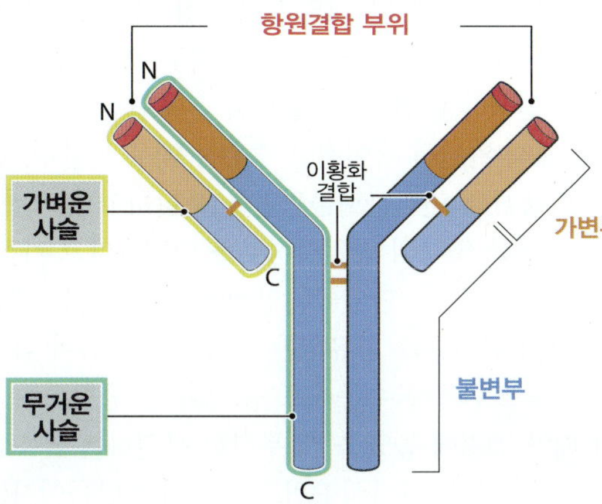

마주치는 모든 항원에 대해 각각 다른 면역글로불린 단백질이 합성된다. 면역글로불린에 특이적인 항원결합 특성을 제공하는 **가변부(variable region)**는 무거운 사슬과 가벼운 사슬의 N-말단 영역에 위치한다. 각 사슬의 나머지 부분은 특정 유형의 모든 면역글로불린에서 유사한 아미노산 서열을 갖는 **불변부(constant region)**를 형성한다.

다른 종류의 면역글로불린을 구별하는 각기 다른 형태의 무거운 사슬이 있다. 인간에서 주요 5가지 종류의 면역글로불린은 다음과 같다:

- **면역글로불린 M(immunoglobulin M, IgM)**은 사람의 혈액에서 5량체로 존재하며, 새로운 항원을 마주칠 때 첫 번째로 합성되는 항체의 종류이다. 이 면역글로불린 종류는 박테리아나 다른 병원체의 항원결정부(epitope)에 단단히 결합한다. 이것은 보체계를 작동시키며, 또한 **식균작용(phagocytosis)** 과정으로 병원체를 삼키고 분해하는 대식세포를 활성화시킨다. IgM 분자는 μ 형태의 무거운 사슬을 가진다.
- **면역글로불린 G(immunoglobulin G, IgG)**는 γ 형태의 무거운 사슬을 가지고 있다. IgG에는 IgG_1, IgG_2, IgG_3 등을 만드는 몇 가지 세부 종류의 무거운 사슬들이 있다. IgG는 면역반응의 후기 단계에서 합성되며 또한 어머니가 태아와 신생아를 위한 면역보호를 제공하는 특유의 역할을 가진다. 이것은 태반을 통과할 수 있는 유일한 면역글로불린 종류이며, 또한 모유로도 분비된다.
- **면역글로불린 A(immunoglobulin A, IgA)**는 α 형태의 무거운 사슬을 가진다. 이것은 눈물과 타액에서의 주요 항체 종류이다.
- **면역글로불린 E(immunoglobulin E, IgE)**와 **면역글로불린 D(immunoglobulin D, IgD)**의 역할은 비교적 덜 명확하게 알려져 있다. IgE는 ε 형태의 무거운 사슬을 가지며 말라리아의 원인균인 *Plasmodium falciparum*과 같은 진핵세포 기생충으로부터의 보호에 중요할 수 있고, IgD는 δ 형태의 무거운 사슬을 가진다.

가벼운 사슬에는 κ와 λ라는 두 가지 종류가 있다. 모든 면역글로불린 분자의 가벼운 사슬은 2개의 κ, 2개의 λ, 또는 각각 1개씩을 가지는 조합이다.

인간은 각기 다른 항원결정부에 특이적인 약 10^8개의 다른 면역글로불린을 만들 수 있다. 이 엄청난 수준의 가변성은 무거운 사슬과 가벼운 사슬 폴리펩타이드의 mRNA가 특이한 방식으로 합성되기 때문에 가능하다. 척추동물 유전체에는 무거운 사슬 또는 가벼운 사슬에 대한 온전한 유전자가 없다. 대신, 각 무거운 사슬은 4개의 유전자조각(gene segment)들로 지정되어 있는데, 불변부에 대해 1개의 유전자조각(C_H)이, 그리고 가변부의 각기 다른 부분에 대해 3개의 유전자조각(V_H, D_H 및 J_H)이 지정되어 있다. 각 유전자조각에는 여러 개의 사본이 있으며, 이들은 각각 약간씩 다른 아미노산 서열을 암호화한다. 두 단계로 이루어진 과정은 이러한 유전자조각을 서로 조합하여 온전한 구성으로 된 무거운 사슬 mRNA를 생성한다:

- 첫째로, 가변 영역 전체를 암호화하는 엑손은 하나의 V_H 유전자조각을 D_H 중 하나와 J_H 중 하나와 연결시키는 DNA 재조합으로 조립한다.

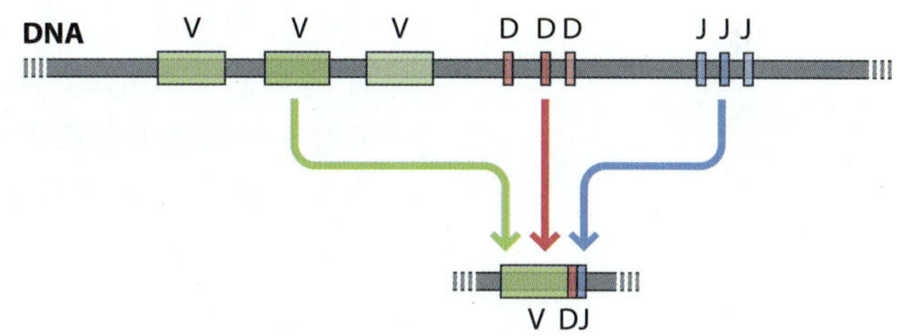

- 두 번째 단계에서, 이 V–D–J 엑손은 전사되고 이어맞추기(splicing)에 의해 C_H 전사물에 연결된다.

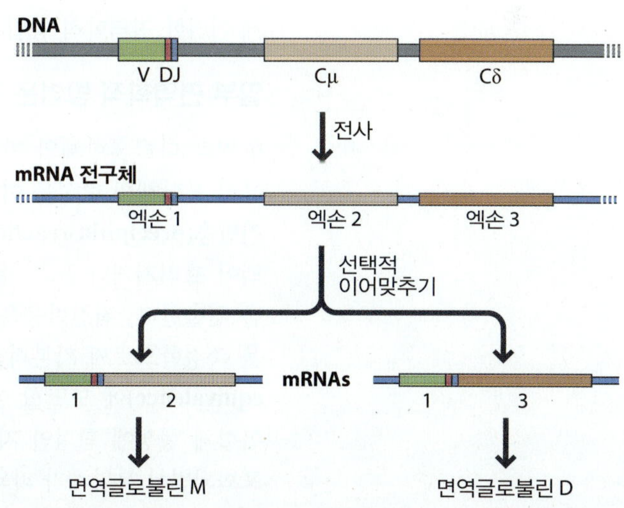

이 과정은 이제 번역되는 무거운 사슬에 대한 온전한 mRNA를 만든 것이다. 가벼운 사슬의 mRNA도 유사한 방식으로 생산되며, 유일한 차이점은 가벼운 사슬은 J 조각을 갖지 않는다는 것이다.

은 실험동물의 혈류에 주입하면 동물의 면역계는 그 단백질에 특이적으로 결합하는 항체를 합성하여 반응한다(그림 18.1B). 토끼의 혈류에 존재하는 항체의 양은 며칠 동안 충분히 많게 유지되며 상당한 양의 항체가 정제될 수 있다. 정제 후의 항체는 원래 동물에 주입하였던 단백질에 결합할 수 있는 능력을 유지한다.

대부분의 단백질은 복잡한 구조를 가지고 있어서 한 가지 항체뿐만 아니라 단백질의 표면에 있는 다른 부분의 **항원결정부(epitope)**를 인식하는 여러 가지 다른 항체들의 합성을 자극한다. 반응하는 면역글로불린의 집합체를 **다클론항체(polyclonal antibody)**라고 한다. 개별 단백질에서 볼 때, 한 개의 면역글로불린은 그 단백질의 고유한 한 개의 항원결정부를 인식한다. 대부분의 다클론항체는 이런 수준의 특이성을 가진 면역글로불린을 적어도 일부 포함하지만, 다른 단백질 간에 공유되는 공통적인 항원결정부를 인식하는 면역글로불린들도 포함한다. 즉, 다클론성 항체가 항체 생성을 유도했던 그 단백질에 대해 완전히 특이적인 경우는 매우 드물다. 반면에 **단일클론항체(monoclonal antibody)**는 단 한 종류의 면역글로불린만을 포함하고 있으며, 이 면역글로불린이 다른 항원에는 존재하지 않는 독특한 하나의 항원결정부를 인식한다고 가정하면, 표적 항원에 대해 완전히 특이적인 것이 된다. 일반적으로 단일클론항체를 토끼보다는 생쥐에서 제작한다. 항원을 생쥐에 주입한 후, 발달 중인 B림프구를 함유하는 비장을 적출하여 림프구를 생쥐 골수종세포(myeloma cell)와 혼합한다. 림프구와 골수종세포 중 일부는 융합하여 면역글로불린을 만드는 B림프구의 능력과 적절한 배양 배지에 놓았을 때 무한히 분열하는 골수종 세포의 능력을 함께 가진 **혼성세포(hybridoma)**를 생성한다. 따라서 B림프구에 의해 만들어지는 항체를 대량으로 확보하기 위해 각각의 혼성세포를 배양한다. 항체는 하나의 항원결정부를 인식하고 하나의 혼성세포 클론으로부터 제조되기 때문에 '단일클론성'이다.

항체와 항원 사이의 반응을 검출하는 방식 면에서 주로 다른 다양한 면역학적 방법들이 개발되었다. 이러한 방법 중 일부는 정성적으로 표적 단백질이 존재하는지 여부를 나타낸다. **면역분석법(immunoassays)**이라고 하는 다른 방법들은 다른 정밀도로 항원량을 정량화할 수 있다. 이제 이러한 면역학적 방법 중 가장 중요한 것을 검토할 것이다.

일부 면역학적 방법은 항원항체 복합체의 침전에 기초한다

항원과 다클론항체의 반응은 일반적으로 용액에서 침전되는 항체-항원 연결망으로 구성된 불용성 복합체의 형성을 야기한다. 다수의 면역학적 방법들은 항원의 존재를 검출하기 위해 이 **침전반응(precipitin reaction)**을 이용한다. 가장 간단한 방법으로, 실험은 용액에서 수행하고, 용액이 흐려지거나 또는 용액을 원심분리한 후에 불용성 펠릿의 존재를 눈으로 확인하여 침전을 검출한다. 침전반응은 항체량을 일정하게 유지시키고 항원량을 증가시키면서 일어나는 침전을 측정함으로써 기본적인 면역분석법으로 사용될 수 있다. 항원량을 늘리면 **등가 구역(zone of equivalence)**에 도달할 때까지 더 많은 침전이 발생한다. 이곳은 항원과 항체의 상대적인 양이 복합체 형성에 최적인 지점이다(그림 18.2). 항원량이 더 증가하면 항체의 결합 부위가 항원으로 포화되면서 복합체가 파괴되어 더 적은 양의 침전이 관찰된다.

침전시험(precipitation test)은 용액에서보다 일반적으로 얇은 평판 아가로오스 겔에서 수행된다. **오우크테를로니 기술(Ouchterlony technique)**에서, 항체와 항원 샘플을 겔 상에서 서로 1 cm 정도씩 떨어져 있는 웰(well)에 넣는다(그림 18.3). 두 용액은 웰 밖으로 확산되어 겔에 농도기울기를 형성하고 결국 서로 겹쳐진다. 침전물은 2가지가 중첩되는 농도기울기 내의 등가 구역에서 형성된다. 침전물은 종종 눈으로 볼 수도 있고, 또는 단백질 염색제인 쿠마시블루(Coomassie

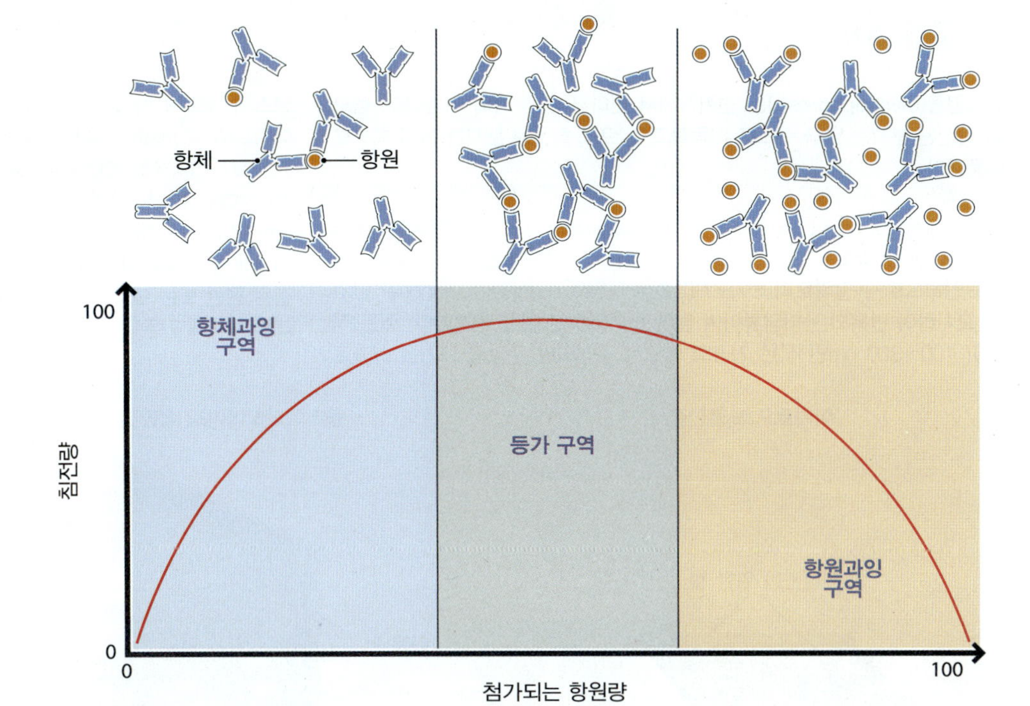

그림 18.2 침전반응
그래프는 항체량을 일정하게 유지하면서 항원량을 증가시킬 때 침전에 대한 효과를 보여준다.

blue)로 겔을 염색하여 침전선을 확인할 수도 있다.

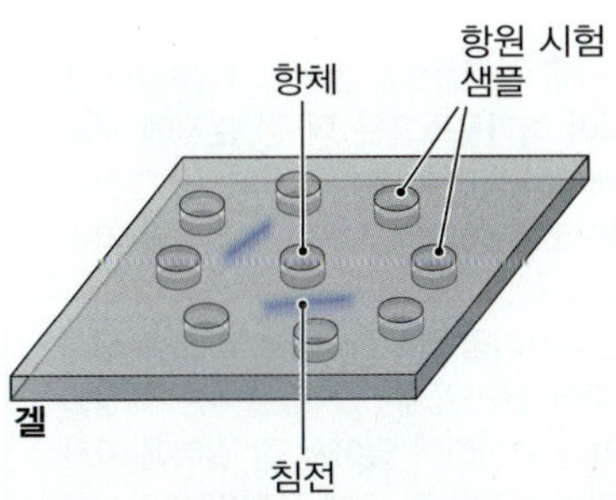

그림 18.3 오우크테를로니 기술의 한 종류
항체는 중앙 웰에 넣고 바깥을 두르는 웰에는 시험 용액을 채운다. 쿠마시블루로 염색한 후 2개의 침전반응을 볼 수 있는데, 이 결과는 아래 및 외쪽 상단의 웰에 있는 시료가 항체와 교차반응을 하는 항원을 포함하고 있음을 나타낸다. 다른 샘플들에서는 침전반응이 없는 것은 이용된 항체에 의해 인식되는 항원이 없음을 나타낸다.

오우크테를로니 기술에서 항원과 항체가 자연적 확산에 의해 겔을 통과하여 느리기 때문에 농도기울기가 형성되는 데 수 시간 또는 며칠이 걸릴 수 있다. **면역전기영동(immunoelectrophoresis)** 기술은 항원과 항체가 겔을 통해 이동하는 속도를 증가시켜 실험과정을 빠르게 하도록 고안되었다. 대부분의 단백질은 pH 8.0에서 음의 순전하(net charge)를 가지기 때문에 전기장에 놓이면 양극 쪽으로 이동하며 이동 속도는 크기와 전하에 따라 다르다. 면역글로불린 분자는 일반적이지 않게 중성 전하를 띠고 있는데, 겔 상에서 고정된 채로 머물러 있기보다는 **전기장내 삼투(electroendosmosis)**에 의해 반대 방향인 음극 쪽으로 이동한다. 이 과정은 겔의 아가로오스 분자가 전기장에 노출되면 약간 음전기를 띠기 때문에 일어난다. 고정된 아가로오스 분자는 양극 쪽으로 움직일 수 없다. 대신에, 음전기 전하는 양으로 하전되어 음극 쪽으로 흐르는 물분자에 의해 상쇄된다. 항체 분자는 이 흐름에 따라 운반되어 겔에서 항체의 농도기울기를 만든다. **교차 면역전기영동법(crossover immunoelectrophoresis, CIP 또는 CIEP)**에서 항원과 항체를 측면에 전극이 배치된 겔의 웰(well)에 넣는다(**그림 18.4**). 전류가 켜지면 항원과 항체 분자가 서로를 향해 이동한다. 항원 단백질은 하나의 밴드로 겔에서 이동하지만 항체는 농도기울기를 형성한다. 항체 농도기울기 내의 등가 구역에서 침전이 일어난다. 면역전기영동은 오우크테를로니 방법보다 훨씬 빠르며 더 민감한 방법이다. 이것은 항원이 농도기울기 형성으로 희석되는 것이 아니고 단일 밴드로 이동함으로써 높은 항원 농도를 유지하기 때문이다.

Box 18.2 전기영동

전기영동(electrophoresis)은 전기장에서 전하를 띤 분자의 이동이다. 음으로 하전된 분자는 양극 쪽으로 이동하고, 양으로 하전된 분자는 음극 쪽으로 이동한다.

생화학에서 전기영동은 보통 **아가로오스(agarose)** 또는 **폴리아크릴아미드(polyacrylamide)**로 만든 겔에서 수행된다. 아가로오스는 D-갈락토오스와 3,6-안히드로-L-갈락토피라노오스(3,6-anhydro-L-galactopyranose) 단위가 교차하여 반복되는 다당류이며 물에서 가열하면 겔을 형성한다. 겔은 직경이 100~300 nm인 작은 기공의 망으로 구성되며 구멍의 크기는 아가로오스의 농도에 따라 달라진다. 폴리아크릴아미드는 *N,N'*-메틸렌비스아크릴아미드(*N,N'*-methylenebisacrylamide, 보통 '비스'라고 불린다; CH_2=CH–CO–NH–CH_2–NH–CO–CH=CH_2) 단위로 가교결합된 아크릴아미드 단량체(CH_2=CH–CO–NH_2)의 중합체로 만들어져 겔을 형성하며 직경이 20~150 nm인 더 작은 기공 크기를 갖는다. 아가로오스 겔은 유리 또는 플라스틱 지지대에 평판겔로 제작하던지 또는 모세관 안에 제작한다. 폴리아크릴아미드 겔은 평판 또는 모세관 형태로 제작되는데, 평판겔은 일반적으로 두 개의 유리판 사이에 만든다.

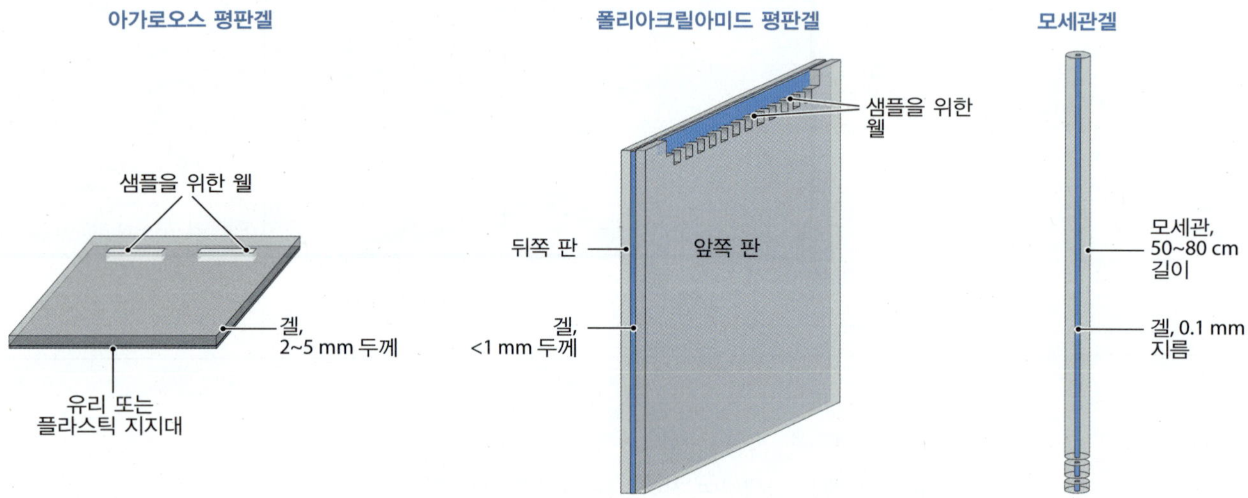

전기영동이 수행되는 경우, 이동 속도에 영향을 미치는 요인은 분자의 모양과 전하이다. **겔전기영동(gel electrophoresis)**은 분자를 분리하기 위해 다양한 화학적 및 물리적 특성을 사용하게 한다. 면역전기영동뿐만 아니라 단백질 및 DNA 연구에 이용되는 세 가지 다른 중요한 겔전기영동 유형이 있다:

- 분자량에 따라 단백질을 분리하기 위해 SDS(sodium dodecyl sulfate)가 포함된 폴리아크릴아미드겔을 사용한다. SDS는 단백질을 변성시키고 음으로 하전된 분자로 단백질을 둘러싸는 이온 세제이다. 전류가 가해지면 단백질은 크기에 따른 속도로 양극 쪽으로 이동한다. 가장 작은 단백질은 보다 큰 단백질보다 더 빨리 겔의 기공을 통해 이동할 수 있기 때문에 가장 빠르게 이동한다. 이 기법을 **SDS폴리아크릴아미드겔전기영동(SDS-polyacrylamide gel electrophoresis, SDS-PAGE)**이라 한다. 분리할 수 있는 단백질의 범위는 기공 크기에 달려 있으며, 작은 단백질을 분리하기 위해서는 작은 기공 크기의 겔이 필요하다. 기공 크기는 단량체(아크릴아미드 + 비스)의 총 농도와 아크릴아미드 대 비스의 비율로 정해지므로, 특정 기공 크기의 겔은 다른 요구 사항에 맞게 맞춤식으로 만들 수 있다.
- DNA 분자도 또한 분자량에 따라 분리될 수 있는데, 폴리아크릴아미드겔은 약 1000 bp까지의 분자에 사용되며 아가로스겔은 더 긴 분자에 사용된다. SDS를 추가할 필요가 없는데, 왜냐하면 DNA 분자는 이미 각 인산디에스테르결합 내에 O^- 그룹이 존재하므로 길이에 비례하는 음전하를 띠기 때문이다.
- SDS로 처리되지 않은 단백질은 **등전점전기영동(isoelectric focusing)**이라는 방법으로 자연 전하량 차이에 따라 분리될 수 있다. 겔에는 **고정화 pH 기울기(immobilized pH gradient)**가 형성되어 있어서 겔 길이에 따라 pH가 점차 변화한다. pH 기울기는 겔이 제조될 때 겔에 포함되는 약산성 또는 염기성 화합물의 차등적 농도에 의해 만들어진다. 이런 유형의 겔에서는 단백질은 자기의 등전점에 해당되는 pH 지점으로 이동하는데, 이 위치의 pH에서 단백질의 순전하는 0이 되는 곳이다.

효소면역분석법은 민감하고 정량적이다

생성된 항원항체 복합체의 양은 항원의 농도에 따라 증가하지만, 정량적인 침전시험은 반응이 용액에서 수행될 때만 측정할 수 있다. 즉, 오우크테를로니 기법과 다른 여러 면역전기영동법은 주로 단백질 항원의 존재 여부 확인을 가능하게 하지만, 샘플의 항원량에 대해서는 근사치의 정보만 제공하는 정성적인 방법임을 의미한다. 진정의 정량적인 면역분석법은 항원과 항체 사이의 반

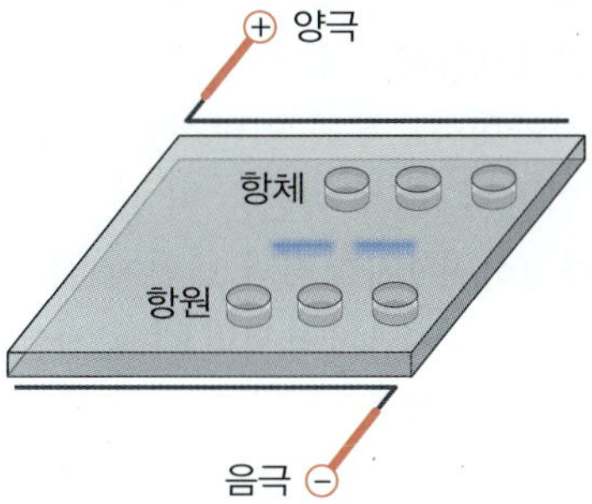

그림 18.4 교차 면역전기영동
두 개의 침전반응이 보이는데, 이는 항체와 교차반응을 하는 항원을 포함하고 있는 두 개의 웰을 가리킨다.

응을 측정하는 다양한 방법을 기반으로 한다.

가장 일반적으로 사용되는 면역분석법은 **ELISA(enzyme-linked immunosorbent assay)**로 준비가 쉽고 빠른 결과를 얻을 수 있다. 이 방법에서, 효소의 활성이 쉽게 분석될 수 있는 **리포터 효소(reporter enzyme)**에 항체가 결합되어 있다. 겨자무과산화효소(horseradish peroxidase, HRP)는 그 활성을 간단한 발색 시험으로 관찰할 수 있기 때문에 좋은 리포터 효소의 예이다. 이 효소는 테트라메틸벤지딘(tetramethylbenzidine)과 같은 인공 물질을 포함하여 다양한 기질을 산화시킬 수 있다. 이 물질은 효소에 의해 청색 생성물로 변환된다(그림 18.5). 그러므로 존재하는 HRP의 양을 색 변화 분석을 통하여 측정할 수 있다.

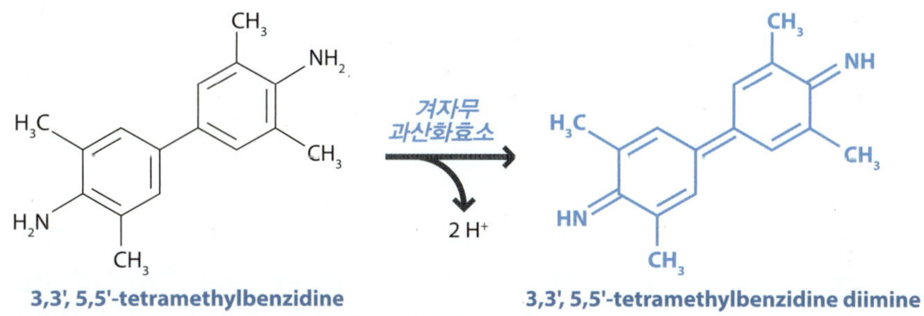

그림 18.5 HRP 발색 시험의 화학적인 기초

ELISA를 수행하기 위해, 항원을 먼저 미세적정판(microtiter plate)의 웰 벽에 흡착시킨다. 직접 ELISA법에서는 항체-HRP 결합체를 웰에 첨가하여 항원에 결합하게 한다(그림 18.6A). 결합되지 않은 항체를 씻어 내고 결합된 HRP 활성을 분석하여 항원항체 복합체의 양을 측정한다.

다른 방법으로, ELISA는 간접적인 방법으로 수행될 수도 있다. 항원은 미세적정판 웰 내에 흡착되지만, 항원을 검출하는 데 사용되는 **1차항체(primary antibody)**는 HRP에 자체로 결합되지 않는다. 대신, 형성된 항원항체 복합체의 양은 HRP에 결합된 **2차항체(secondary antibody)**를 첨가함으로써 측정하는데, 2차항체로 항원이 아니라 1차항체를 인식한다(그림 18.6B). 2차항체는 1차항체가 제조된 것과 다른 종의 동물에 1차항체를 주입하여 제조한다. 예를 들어 1차항체를 토끼에서 제작하였으면 1차항체 샘플을 염소에 주입하여 2차항체를 얻을 수 있다. 염소의 면역계는 1차항체를 외래 단백질의 항원으로 인식하여 2차항체를 생성하여 결합시킨다.

간접 ELISA 방법은 노동 집약적인데, 그렇다면 이 방법이 상당한 장점이 있을까? 하나의 이

그림 18.6 (A) 직접 및 (B) 간접 ELISA 방법

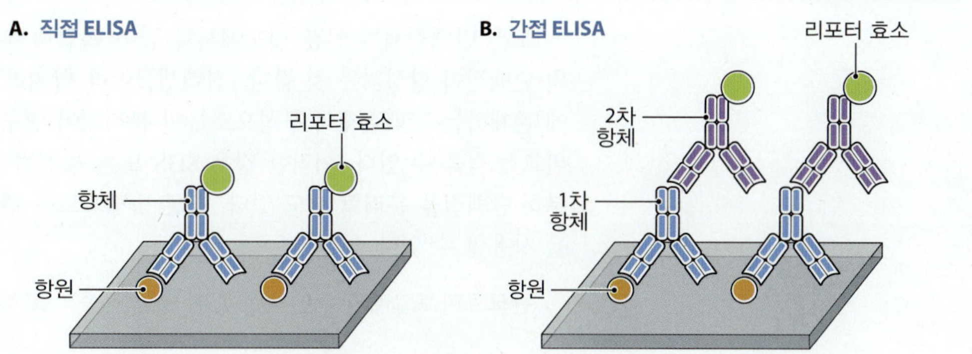

점은 리포터 효소가 결합된 2차항체가 많은 다른 ELISA에서 사용될 수 있다는 것이다. 이 2차항체는 단순히 '항 토끼면역글로불린'이므로, 토끼에서 얻은 다양한 1차항체와 함께 사용할 수 있다. 이것은 실험실 연구자가 1차항체를 준비하기만 하면 되고, 시약회사로부터 일반적인 HRP-결합 2차항체를 구입하여 사용할 수 있다는 점이다. 간접적인 방법의 두 번째 이점은 더 높은 감도를 가능하게 한다는 것이다. 이것은 2차항체가 다클론이라고 가정하면 1차항체의 표면에 있는 다른 항원결정부를 인식하기 때문이다. 그 결과, 한 분자 이상의 2차항체가 1차항체의 각 분자에 결합할 것이다. 2차항체가 리포터 효소를 가지기 때문에, 이러한 다중결합은 더 큰 신호를 발생시켜 민감도를 증가시킨다.

18.1.2 단백질체(proteome) 연구

단백질체는 세포나 조직에 존재하는 단백질들의 집합을 기술하는 용어이다. 단백질체의 구성은 세포의 생화학적 능력을 나타내므로, 단백질체의 구성요소와 개별 단백질의 상대적 양을 확인하는 것은 많은 연구 프로젝트의 핵심 목표가 된다.

단백질체를 연구하는 데 사용되는 방법론을 **단백질체학(proteomics)**이라고 한다. 넓은 의미에서 단백질체학은 하나의 단백질체에서 단백질들을 확인하는 데 사용되는 방법뿐만 아니라 개별 단백질의 기능, 세포 내에서의 분포, 서로 다른 단백질간의 상호작용을 이해하는 데 목적이 있는 고급 기술을 포함한다. 우리가 공부할 연구방법은 특히 단백질체의 구성요소를 확인하는 데 사용되며 **단백질 프로파일링(protein profiling)** 또는 **발현단백질체학(expression proteomics)**이라고 한다.

단백질체의 단백질은 동정 전에 분리되어야 한다

단백질 프로파일링은 2단계로 수행된다:

- 첫 번째 단계에서는 단백질체의 개별 단백질들을 서로 분리한다.
- 두 번째 단계에서는 개별 단백질들을 동정한다.

인간의 일부 조직은 2만여 가지의 서로 다른 단백질들이 포함되어 있기 때문에 단백질체 요소를 분리하는 것은 어려운 일이 될 수 있다. 실제로, 가장 복잡한 단백질체의 경우, 모든 단백질의 완전한 분리는 가능하지 않을 것 같다. 가장 일반적으로 사용되는 분리 기술은 폴리아크릴아미드겔에서의 **2차원 전기영동(two-dimensional electrophoresis)**이다. 첫 번째 차원에서 단백질은 등전점전기영동에 의해 순전하에 따라 분리되고, 두 번째 차원에서는 SDS-PAGE에 의해 분자량에 따라 분리된다(**그림 18.7**). 전기영동 후 단백질 염료로 겔을 염색하면 복잡한 반점(spot) 패턴이 나타나며, 이들 각각은 다른 단백질을 나타낸다. 이런 2차원적 접근법은 하나의 겔에서 수천 개의 단백질을 분리할 수 있다.

모든 단백질체가 인간 세포에서와 같이 복잡하지는 않다. 세균에서는 언제나 1000가지 미만의 단백질이 합성되는 것 같다. 진핵생물이라 할지라도, 특히 특정 세포 분획(예: 미토콘드리아)에 존재하는 단백질체의 구성요소들이 분리되어 연구되는 경우, 분리되어야 하는 단백질의 수는 비교적 적을 수 있다. 이러한 경우 SDS 또는 등전점전기영동 겔에서의 1차원 전기영동으로도 충분히 단백질을 분리할 수도 있다. 다른 방법으로는 **관크로마토그래피(column chromatography)**를 사용할 수 있다.

관크로마토그래피는 단백질 혼합물을 일종의 고체 매트릭스가 충진된 관을 포함한다. 혼합물

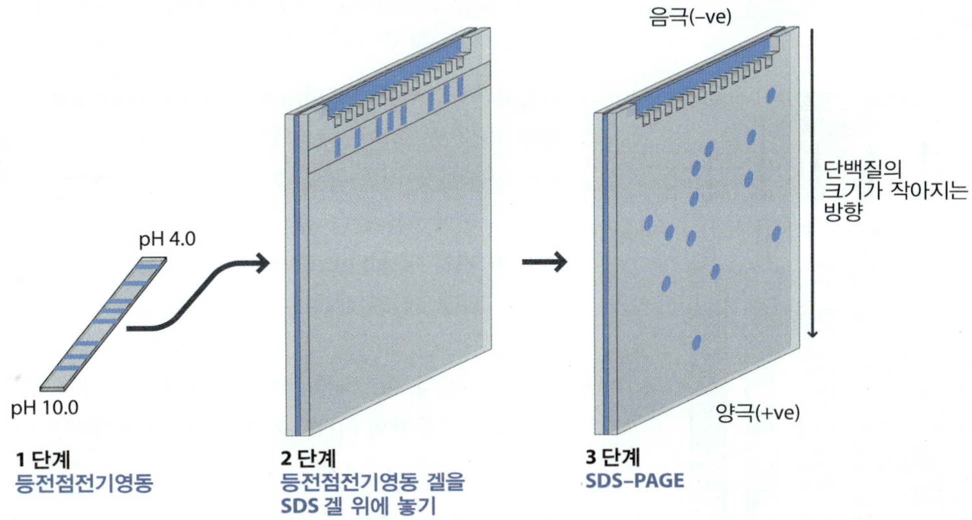

그림 18.7 **2차원 폴리아크릴아미드겔 전기영동(2D-PAGE)**

내의 단백질들은 매트릭스를 다른 속도로 통과 이동하므로 여러 밴드로 분리된다. 관에서 나오는 용액은 일련의 분획으로 수집되며 각각 개개의 단백질은 다른 분획에 존재한다(**그림 18.8**).

몇 가지 종류의 관크로마토그래피가 개발되었으며, 각각의 종류는 시료 혼합물의 단백질들을 분리하기 위해 다른 과정을 이용한다. 가장 중요한 세 가지 방법은 다음과 같다:

- **겔여과크로마토그래피(gel filtration chromatography).** 이러한 유형의 크로마토그래피에서 관은 일반적으로 덱스트란, 폴리아크릴아미드 또는 아가로오스로 만들어진 작은 다공성 구슬(bead)로 채워진다. 단백질이 관을 통과하는 동안, 단백질은 구슬의 기공으로 들어가고 또 빠져나가기를 반복한다. 더 작은 단백질은 기공에 더 쉽게 또 더 많이 들어가기 때문에 관을 통과하는 시간이 길어진다. 실제로는, 작은 분자는 더 많은 양의 이동상과 접촉할 수 있으며 (Box 18.3 참조), 이는 용출되기 전에 더 오랫동안 관에 머물러 있음을 의미한다. 구슬에 들어

Box 18.3 크로마토그래피

크로마토그래피는 **이동상(mobile phase)**과 **고정상(stationary phase)** 사이의 차등 분배(differential partition)를 기반으로 화합물을 분리하는 방법의 모음이다:

- 이동상은 일반적으로 시료 화합물이 용해된 액체 또는 화합물이 기화된 기체이다.
- 고정상은 이동상이 통과하는 관 또는 모세관에 담겨 있는 고체의 매트릭스이거나 고체 매트릭스에 흡착된 액체이다.

그러나 생화학에서 중요한 또 다른 형태의 크로마토그래피 방법들이 있으며, 이들은 고정상이 여과지인 **종이크로마토그래피(paper chromatography)**와 플라스틱판 위에 막층을 이루는 고체물질을 고정상으로 가지는 **박층크로마토그래피(thin layer chromatography, TLC)**를 포함한다.

관크로마토그래피에서, 이동상은 펌프로 크로마토그래피 관 안으로 유입되거나 중력에 의해 관을 통해 이동한다. 이동상에 포함된 화합물은 고정상과 상호작용하는데, 상호작용의 세기는 각 화합물의 물리화학적인 특성에 의존한다. 본문에 기술된 세 가지 유형의 관크로마토그래피에서, 차등 분배는 분자의 크기(겔여과), 전하(이온교환) 또는 소수성 정도(역상)에 의한 것이다. 이 장의 뒷부분에서 공부할 가스크로마토그래피(gas chromatography)에서, 분배는 기체의 이동상과 액체의 고정상 사이에 있으며, 분리는 이 둘 사이에서 화합물의 상대적 휘발성/용해도에 기초한다.

물질과 고정상과의 상호작용의 정도를 **분배계수(partition coefficient)**라고 한다. 비록 '분배계수'는 크로마토그래피의 핵심 용어이지만, 기체상과 액상 사이에서 또는 두 개의 혼합되지 않는 액상(예: 수용액과 유기용매) 사이의 화합물 분배에만 관련되므로 생화학에서 사용되는 여러 종류의 크로마토그래피 경우에는 적합하지는 않다.

혼합물이 크로마토그래피 관을 통과할 때(또는 여과지를 따라 또는 얇은 판막을 따라 통과할 때), 개별 화합물은 그들의 분배계수에 의존하는 속도로 매트릭스에 의해 흡착되고 또 방출된다. 이것은 일부 화합물은 상대적으로 빠르게 관을 통과하고 다른 화합물은 더 천천히 통과한다는 것을 의미한다. 따라서 화합물은 서로 다른 시간에 관에서 용출되는 밴드를 형성하며 이동상의 개별 분획으로 수집될 수 있다(그림 18.8 참조).

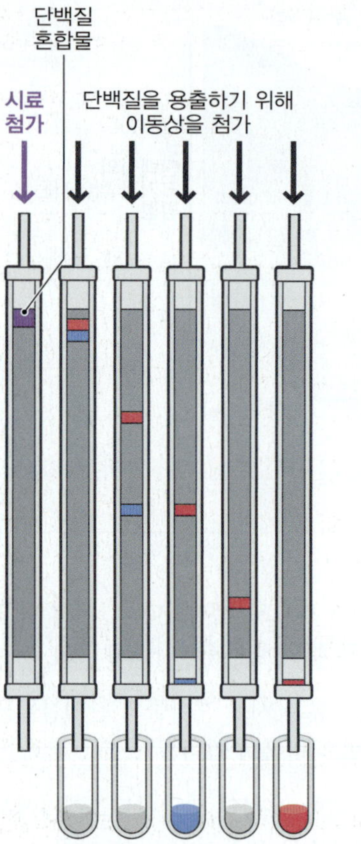

그림 18.8 관크로마토그래피
이 그림은 혼합물이 단지 두 개의 단백질만 포함하는 단순한 상황을 보여준다. 실제로는 시작 시료에 여러 가지의 단백질이 포함된다면 수십 또는 수백 개의 분획을 수집할 수 있다.

갈 수 없는 큰 단백질은 더 빠르게 관을 통과한다. 따라서 혼합물의 단백질은 크기에 따라 분리되는데, 가장 큰 것은 첫 번째로 관에서 용출되고, 가장 작은 것은 마지막으로 용출된다.

- **이온교환크로마토그래피(ion exchange chromatography)**. 이 기술은 단백질들을 그들의 순전하에 따라 분리한다. 매트릭스는 양전하 또는 음전하를 띠는 폴리스티렌 구슬로 구성된다. 구슬이 양전하를 띠면 음의 순전하를 갖는 단백질이 구슬에 결합하고, 그 반대의 경우도 마찬가지이다. 단백질은 관을 통과하는 완충액에 포함된 염 농도를 점차적으로 증가시킴으로써 얻어지는 **염 기울기(salt gradient)**에 따라 용출될 수 있다. 하전된 염이온은 구슬과의 결합에 대해 단백질과 경쟁하기 때문에 낮은 염 농도에서는 작은 전하를 띠는 단백질이 용출되고 높은 염 농도에서는 큰 전하를 갖는 단백질이 용출된다. 따라서 염의 농도기울기는 단백질을 순전하에 따라 분리한다. 또 다른 방법으로 pH 기울기가 사용될 수 있다. 단백질의 순전하는 pH에 의존하므로 이동상의 pH를 점차적으로 변화시키면 다른 순전하를 가진 단백질은 달리 용출되어 서로 분리된다.
- **역상크로마토그래피(reverse phase chromatography)**. 매트릭스는 탄화수소와 같은 비극성 화학 작용기로 표면이 덮인 실리카 또는 다른 입자이다. 이동상은 물과 메탄올 또는 아세토니트릴(acetonitrile)과 같은 유기용매의 혼합물이다. 대부분의 단백질은 비극성 매트릭스와 결합하는 소수성 영역을 단백질 표면에 가지고 있지만 액상의 유기물 함량이 증가함에 따라 부착의 안정성이 감소한다. 따라서 이동상의 유기 및 수성 성분의 비율을 점진적으로 변화시키면 단백질 표면의 소수성 정도에 따라 단백질이 용출된다.

관크로마토그래피는 내경이 1 mm 미만인 모세관에서 수행될 수 있으며, 펌프를 사용하여 고압으로 액상을 주입한다. 이를 **고성능액체크로마토그래피(high performance liquid chromatography, HPLC)**라고 하며, 각각의 단백질간 고해상도를 구현하도록 고안되었다(**그림 18.9**). 때로는 서로 다른 유형의 관이 서로 연결되어 있어서, 한 관의 연속적인 분획은 두 번째 관으로 유입되는데, 이렇게 하여 다른 분리과정을 이용하는 추가적인 분리 단계를 수행한다. 이런 식으로, 아주 복잡한 단백질 혼합물은 완전히 분리될 수 있다.

질량분석법은 분리된 단백질을 동정하는 데 사용한다

단백질 프로파일링의 두 번째 단계는 시료 단백질 혼합물로부터 분리된 개별 단백질을 동정하는 것이다. 이것은 세 단계 과정으로 달성한다.

- 각 단백질에 정해진 위치에서 폴리펩타이드 사슬을 절단하는 단백질가수분해효소(protease)를 처리한다. 트립신(trypsin)을 종종 사용하며, 이는 아르기닌 또는 리신 잔기 직후의 펩타이드결

그림 18.9 고성능액체크로마토그래피(HPLC)
이 그림은 전형적인 HPLC 장치를 보여준다. 단백질 혼합물을 시스템에 주입하고 이동상 용액과 함께 관으로 펌핑한다. 관으로부터 단백질이 빠져나오는 것은 보통 210~220 nm에서의 UV 흡광도 측정으로 감지한다. 여러 분획들이 수집된다. 이것들은 같은 부피이거나, 또는 검출기의 데이터로 분획과정을 제어하여 각 단백질 피크가 최소 부피의 단일 분획으로 수집되도록 사용할 수 있다.

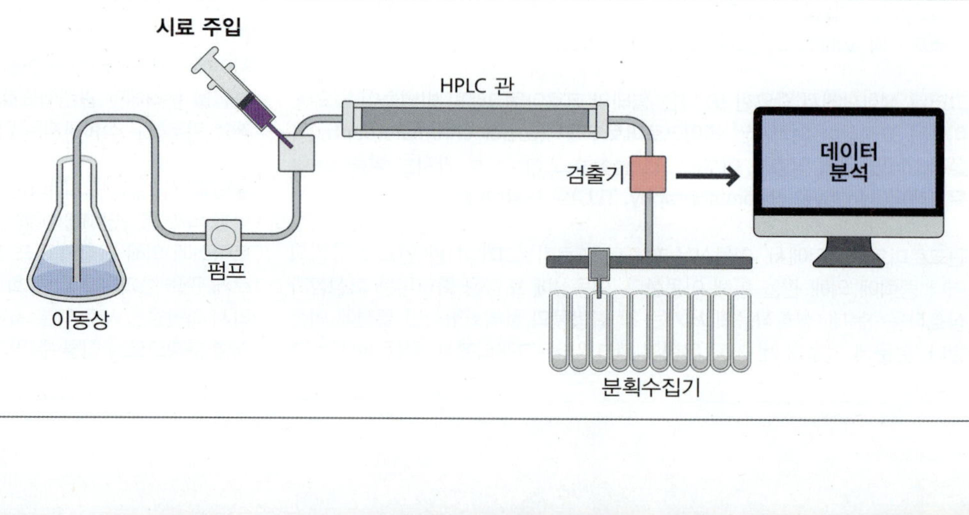

합을 절단한다. 대부분 단백질의 경우에서, 이 처리로 5~75개의 아미노산 잔기로 이루어진 펩타이드 혼합물이 생성된다.

- 각 펩타이드의 분자량을 결정한다.
- 각 펩타이드의 분자량을 이미 알려진 단백질들의 아미노산 서열을 포함하는 데이터베이스와 비교한다. 단백질가수분해효소의 특이성 때문에, 아미노산 서열이 알려진 임의의 단백질 절단으로 생성된 펩타이드들의 분자량을 예측할 수 있다. 따라서 얻어진 실제 펩타이드와 데이터베이스에 나열된 예측 펩타이드가 일치하면 단백질을 동정할 수 있다. 개별 아미노산의 인산화와 같은 번역후 변형된 펩타이드의 질량에 대한 영향도 예측할 수 있다. 이것은 동정과정이 신호전달경로(signal transduction pathway)에서 단백질이 활성화된 것과 활성화되지 않은 것을 구별하기에도 충분할 정도로 정확하다는 것을 의미한다.

이 과정의 첫 번째와 마지막 단계는 생화학 연구자에게 너무 많은 도전을 제시하지는 않는다. 단백질가수분해효소로 단백질을 쉽게 절단할 수 있으며, 또한 온라인 검색 도구 덕분에 펩타이드의 분자량 결정결과를 알려진 모든 단백질의 단백질가수분해효소 처리로 예측되는 분자량과 비교하는 것도 쉽다.

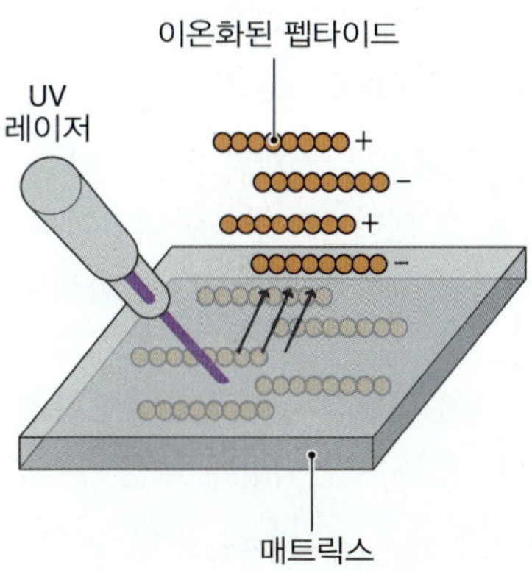

그림 18.10 MALDI에 의한 펩타이드의 이온화

이 과정의 두 번째 단계가 더 힘들다. 사실 이것은 **펩타이드질량지문(peptide mass fingerprinting, PMF)**이라는 기술이 개발된 2000년대 중반까지는 매우 어려운 문제였다. 이 기술은 **매트릭스보조 레이저 탈착 이온화 비행시간(matrix-assisted laser desorption ionization time of flight, MALDI-TOF)**라고 불리는 일종의 **질량분석법(mass spectrometry, MS)**을 포함한다. 질량분석법은 어떤 화합물의 분자가 고에너지장에 노출되었을 때 생성되는 이온화된 형태의 **질량/전하비**(m/z로 표시)로부터 그 화합물을 동정하는 방법이다. 일부 종류의 질량분석법에서, 이온화 방법은 상대적으로 강력하여 연구대상 분자의 절편화를 초래한다. 그런데 이 현상은 그런대로 괜찮은 것으로 받아들여진다. 왜냐하면 특정 화합물은 특정 방식으로 조각나기 때문에 **조각 이온(fragment ion)**의 특성 분석은 시료 화합물을 동정하는 데 필요한 정보를 제공하기 때문이다. 펩타이드질량지문을 위해서는 펩타이드가 더 이상 분해하지 않아야 하므로, '부드러운' 이온화 방법인 MALDI를 사용한다. 펩타이드 혼합물을 유기 결정질 매트릭스(종종 시나핀산(sinapinic acid)이라고 불리는 페닐프로파노이드(phenylpropanoid) 화합물이 사용됨)에 흡수시켜 UV 레이저로 들뜬상태로 만든다. 이 들뜬상태는 초기에 매트릭스를 이온화시켜서 양성자가 펩타이드 분자에 제공되거나 펩타이드 분자로부터 제거된 상태로 **분자 이온(molecular ion)** $[M+H]^+$ 및 $[M-H]^-$을 각각 생성한다(여기서 'M'은 시료의 펩타이드들 중 하나임; **그림 18.10**).

이온화 과정은 또한 펩타이드의 기화를 초래하며, 이는 전기장에 의해 질량분석계의 튜브를 따라 가속된다(**그림 18.11**). 이온의 '비행 시간'(탐지기에 도달하는 데 걸리는 시간)은 질량/전하비에 따른다. 전하가 항상 +1 또는 −1이기 때문에 비행 시간은 쉽게 질량으로 변환되어, 특정 펩타이드의 구성을 동정하기 위해 데이터베이스를 검색하는 데 사용되는 정보를 제공한다. 비행 경로는 이온화 소스에서 탐지기로 직접 향할 수 있지만, 종종 이온은 탐지기 쪽으로 이온 빔을 반사하는 **반사이온거울(reflectron)**로 향하게 된다. 정해진 크기의 기계에 더 긴 비행 경로를 만들 수 있게 함으로써, 반사이온거울은 유사한 질량의 펩타이드 사이의 차별성을 더욱 증가시킨다.

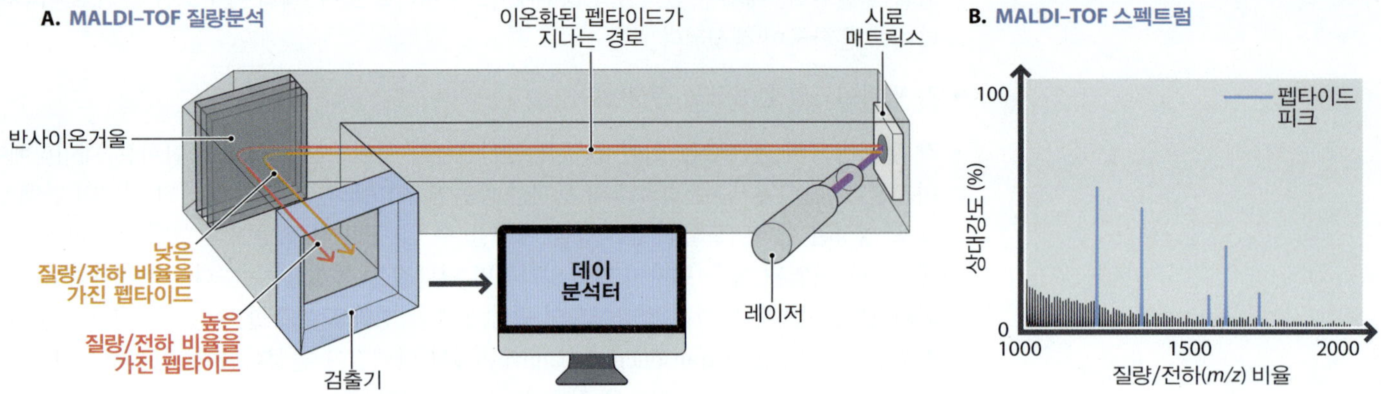

그림 18.11 MALDI-TOF 질량분석법
(A) 반사이온거울을 포함하는 전형적인 MALDI-TOF 질량분석계의 구조. (B) MALDI-TOF 스펙트럼이며, m/z 비율이 x 축으로부터 판독될 수 있는 펩타이드 피크를 보여준다.

두 개의 단백질체의 조성을 직접 비교할 수 있다

연구자가 보통 얻고자 하는 정보는 단백질체의 모든 단백질의 정체가 아니라 두 개의 다른 단백질체의 단백질 구성에서의 차이점이다. 암과 같은 질병에 반응하여 조직의 생화학이 어떻게 변화하는지 이해하는 것이 연구의 전반적인 목적이면 이런 분석은 특히 중요하다.

특정 단백질이 하나의 단백질체에서는 풍부하지만 다른 단백질체에서는 존재하지 않는다면, 그 차이는 2차원 전기영동 후 염색한 겔을 관찰함으로써 간단히 볼 수 있다. 그러나 단백질의 아주 작은 상대적인 양의 변화는 조직의 생화학적 성질에 상당한 변화를 일으킬 수 있으나, 염색된 겔을 눈으로 검사할 때 명확하게 확인하지 못할 수 있다. 이런 소규모 수준의 변화를 감지하기 위해서는 보다 정교한 단백질체 검사 방법을 사용해야 한다. 한 가지 방법은 **동위원소부호화친화성꼬리표(isotope-coded affinity tag, ICAT)**를 사용하는 것이다. 이들은 단백질에 붙을 수 있는 화학 작용기이다. 하나의 시스템에서, 꼬리표(tags)는 2가지의 형태로 만들어지는 탄화수소 사슬이며, 이들은 서로 동일하지만 한 가지는 ^{12}C 동위원소를 포함하고 다른 하나는 ^{13}C를 포함한다(**그림 18.12**). 이 꼬리표는 폴리펩타이드의 시스테인 아미노산 잔기에 붙일 수 있다.

두 단백질체 사이의 차이를 정량화하기 위해 ICAT를 어떻게 사용할까? 단백질체의 단백질을 일반적인 방법으로 분리하고 각 단백질체의 동등량의 단백질을 취하여 단백질가수분해효소로 처리한다. 한 세트의 펩타이드는 ^{12}C 꼬리표로 표지하고 다른 세트는 ^{13}C 꼬리표로 표지한다. 일부는 시스테인 아미노산이 없기 때문에 모든 펩타이드가 표지될 수 있는 것은 아니다. 표지된 것들

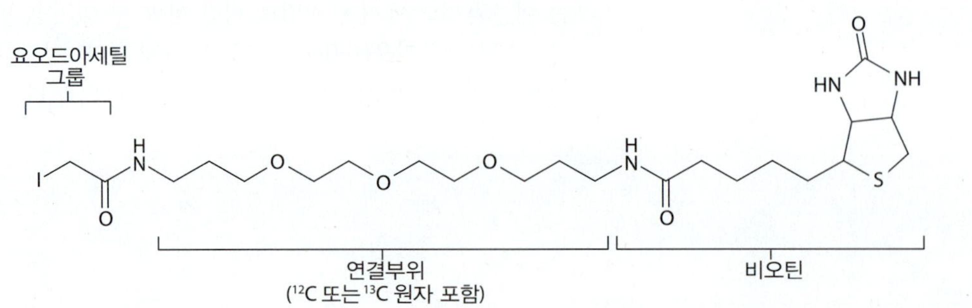

그림 18.12 단백질체 연구를 위한 전형적인 ICAT
요오드아세틸(iodoacetyl) 그룹은 시스테인 잔기와 반응하여 펩타이드와의 결합을 형성한다. 연결부위는 ^{12}C 또는 ^{13}C 원자를 포함하므로 동위원소 부호화 기능을 제공한다. 말단의 비오틴 그룹은 친화성 크로마토그래피(affinity chromatography)를 통해 표지된 펩타이드가 비표지 펩타이드로부터 분리되도록 한다.

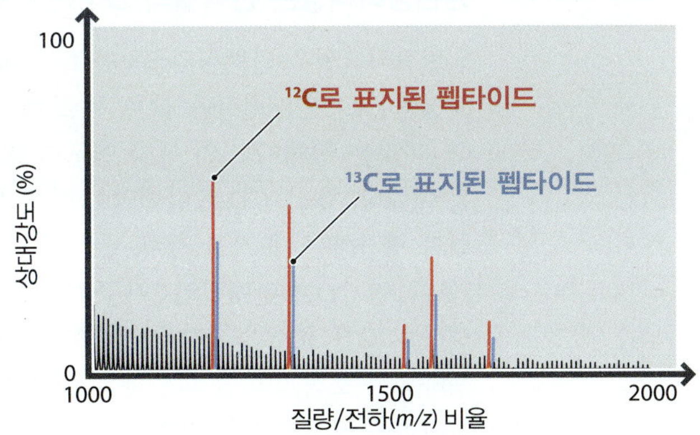

그림 18.13 ICAT를 이용한 두 단백질체 비교
MALDI–TOF 스펙트럼에서, ^{12}C 원자를 포함하는 펩타이드로부터 생성된 피크는 적색으로 표시되었고, ^{13}C를 포함하는 펩타이드로부터의 피크는 청색으로 표시되어 있다. ^{12}C-ICAT로 표지된 단백질체에서 연구 중인 단백질은 약 1.5배 더 많다.

은 정제되고 표지되지 않은 것들은 버린다. 이 작업을 수행하는 데는 여러 가지 방법이 있지만, 보통 꼬리표에는 말단 **비오틴(biotin)** 그룹을 가진다. 비오틴은 **아비딘(avidin**; 계란 흰자위 단백질)이라는 단백질에 단단히 결합하므로, 매트릭스에 아비딘을 결합시킨 크로마토그래피 관에 펩타이드를 통과시키면 꼬리표 없는 펩타이드로부터 꼬리표 있는 펩타이드를 분리할 수 있다. 꼬리표가 붙은 펩타이드의 비오틴 그룹은 매트릭스의 아비딘에 결합하므로 이 펩타이드는 관에 남겨지고 꼬리표가 붙지 않은 펩타이드는 처음부터 똑바로 끝까지 흘러 나간다. 그런 다음 온도를 증가시켜 아비딘-비오틴 복합체를 분리하여 꼬리표가 부착된 펩타이드를 관으로부터 얻을 수 있다. ^{12}C와 ^{13}C 꼬리표는 질량이 다르기 때문에 ^{12}C 꼬리표로 표지된 펩타이드의 m/z 비율은 ^{13}C 꼬리표로 표지된 동일한 펩타이드의 m/z 비율과 다르다.

따라서 두 단백질체의 펩타이드를 함께 질량분석계를 통과시킨다. 한 쌍의 동일한 펩타이드(각 단백질체로부터 하나씩)는 고유의 m/z 비율(**그림 18.13**) 때문에 결과의 질량 스펙트럼에서 약간씩 다른 위치를 차지한다. 피크 높이의 비교는 각 펩타이드의 상대적 존재량을 추정할 수 있게 한다.

18.1.3 단백질의 구조 연구

이 책 전체에서 단백질의 생화학적 활성이 3차원적 구조에 의해 결정되는 방식의 많은 예를 설명하였다. 단백질의 콜라겐 섬유가 이 단백질이 뼈와 힘줄에서 구조적 역할을 하는 방법, 리보핵산가수분해효소(ribonuclease, RNase)와 같은 구형 단백질이 변성되었을 때 어떻게 활성이 손실되는지, 어떻게 입체구조가 재형성될 때 활성이 회복되는지, 또한 효소의 활성부위의 정확한 형태가 어떻게 특정 효소의 생화학 반응을 촉매하는 능력을 갖게 하는지를 설명하였다. 따라서 단백질의 구조를 결정하는 방법이 생화학자들이 이용할 수 있는 가장 중요한 연구 도구 중 하나라는 것은 놀랄 일이 아니다.

단백질 구조 정보를 얻는데 사용되는 세 가지 방법을 공부할 것이다.

- **원편광이색성(circular dichroism, CD)**이 있는데, 이것으로 단백질의 서로 다른 2차구조의 상대적 양을 확인할 수 있다.
- **핵자기공명분광법[nuclear magnetic resonance(NMR) spectroscopy]**으로써, 이것은 작은 단백질의 상세한 구조를 제공할 수 있다.
- **X선 결정학(X-ray crystallography)**이 있는데, 이는 결정화될 수 있는 거의 모든 단백질의 구조를 해결할 수 있다.

원편광이색성은 단백질의 2차구조 조성을 추정할 수 있게 해준다

원편광이색성은 단백질의 3차구조에 대한 자세한 설명을 제공할 수 없지만 대신에 α-나선구조, β-병풍구조 및 β-회전과 같은 서로 다른 2차구조 구성요소의 상대적 양을 추정할 수 있게 해준다. 이것은 전체 구조의 특성 연구의 첫 번째 단계로 유용할 수 있지만, 이것이 CD의 주요 용도는 아니다. 대신, CD는 단백질이 다른 물리적 또는 화학적 조건에 노출될 때 발생하는 구조적 변화를 평가하는 데 가장 자주 사용한다. 중요한 예는 단백질 접힘(protein folding)의 연구에 있다. 왜냐하면 CD는 단백질의 2차구조의 점진적인 형성을 추적할 수 있게 해주기 때문이다. 원편광이색성은 또한 효소가 기질에 결합할 때 또는 억제제가 효소에 결합할 때와 같은 효소반응 동안 발생하는 구조적 변화를 확인하는 데 사용할 수 있다. 역동적인 변화를 나타내는 CD의 능력은 생화학 연구에서 중요한 기술이다.

키랄성 탄소(chiral carbond)의 정의는 **3.1.2절**을 보라.

CD에서 얻은 데이터는 단백질 구조 내의 키랄중심(chiral center)과 관련 있다. 여기에는 아미노산의 α-탄소뿐만 아니라 단백질에서 발견되는 다른 구조들, 예를 들어 이황화결합 및 방향족 곁사슬의 일부가 포함되며, 이들은 키랄 특성으로 다른 입체구조를 취할 수 있다. 원편광이색성은 키랄중심들의 존재를 식별할 뿐만 아니라, 또한 이들 서로의 상대적인 위치에 대한 정보를 제공한다. 예를 들어, α-나선의 α-탄소를 β-병풍구조 또는 β-회전의 탄소와 구별할 수 있다. 따라서 이런 서로 다른 입체구조의 상대적 양을 추정할 수 있다.

키랄중심의 핵심적 특성은 광학활성(optical activity)을 나타내는 것이다. 원편광이색성은 단백질과 같은 분자 내의 키랄중심이 원편광(circularly polarized light)에 미치는 영향을 나타낸다. 그것의 정체성과 환경에 따라, 키랄중심은 서로 다른 파장의 시계 방향 및/또는 반시계 방향의 편광을 흡수할 것이다. CD 분광계(CD spectrometer)는 이 흡광을 측정하는데, 원편광의 빔이 단백질 용액 통과에 의해 어떻게 영향을 받는지 분석함으로써 개별 키랄중심이 아닌 단백질 전체의 것을 측정한다(**그림 18.14A**). 펩타이드결합으로 연결된 α-탄소의 경우, 주 흡수는 스펙트럼의 자외선 영역에 있는 160~240 nm 사이의 파장에서 발생한다. 이 영역 내에서, α-나선, β-병풍구조 및 불규칙코일로부터 얻은 결과 CD 스펙트럼은 특징적이다(**그림 18.14B**). 물론 대부분의 단백질은 이러한 서로 다른 구조의 혼합물을 포함하므로, 얻은 스펙트럼은 다양한 α-나선, β-병풍구조 및 불규칙코일의 합쳐진 흡광도를 나타낸다. 따라서 스펙트럼의 해석을 위해서는 다양한 기여를 분리하고 단백질의 2차구조 조성을 밝혀주는 '디콘볼루션(deconvolution)' 소프트웨어가 필요하다.

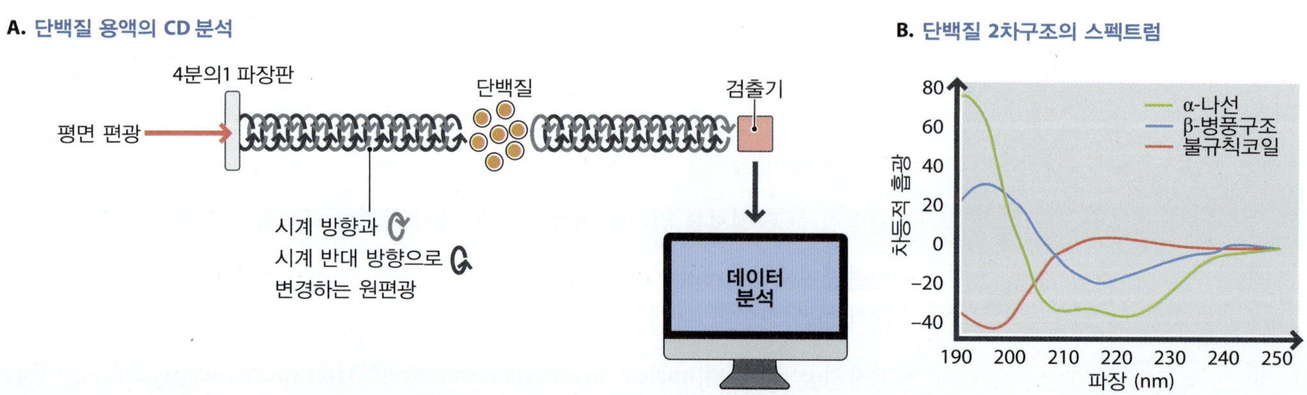

그림 18.14 원편광이색성
(A) 단백질 용액의 CD 분석을 위한 전형적인 장치. (B) α-나선, β-병풍구조 및 불규칙코일로부터 얻은 차등적 흡광(differential absorption) 스펙트럼.

Box 18.4 원편광

빛은 모든 형태의 전자기방사선(electromagnetic radiation)과 마찬가지로 서로 직각으로 진동하는 두 개의 전기장과 또 다른 전자장으로 구성된다. 이것을 **횡파(transverse wave)**라고 한다. 자연광에서 다른 광자의 전기장은 다른 방향으로 진동하는데, 이는 빛이 **비편광빛(unpolarized light)**이라는 것을 의미한다. 일부 유형의 광학 필터(어떤 종류의 선글라스 렌즈 포함)는 전기장이 단일 벡터를 따라 진동하는 광파의 통과만 허용한다. 이것을 **평면 편광(plane polarized light)**이라 한다.

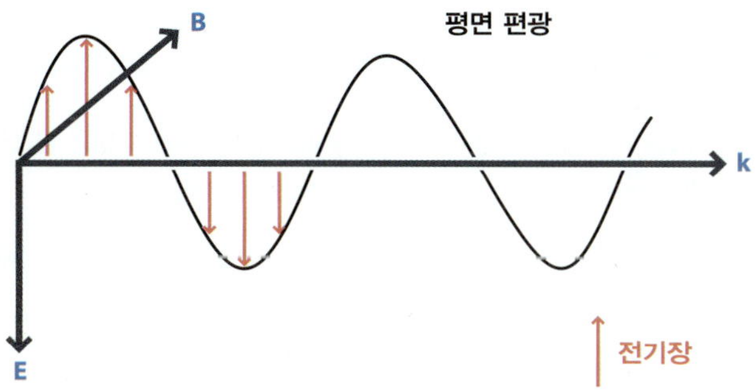

생화학에서 아미노산과 같은 광학 활성 화합물의 D- 및 L-이성질체를 구별하기 위해 평면 편광을 이용한다(그림 3.5 참조).

원편광(circularly polarized light)에서, 전기장은 시계 방향 또는 시계 반대 방향으로 회전하는 원형 벡터를 따른다.

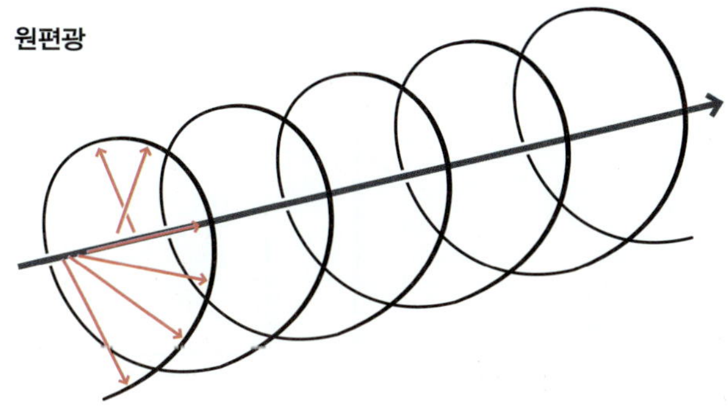

평면 편광을 사분의 일파장판(quarter-wave plate)이라고 불리는 장치를 통과시켜 원편광을 만들 수 있다.

작은 단백질의 구조 연구를 위해 NMR 분광법을 이용한다

핵자기공명(NMR) 분광법은 단백질의 구조적 특성 분석에 사용할 수 있는 두 번째 중요한 방법이다. CD와 마찬가지로 연구대상 단백질은 용액상태이므로 NMR을 사용하여 단백질 접힘과 같은 역동적인 현상을 연구할 수 있다. CD를 사용하는 것보다 구조적 분해능이 훨씬 뛰어나므로, 화학 작용기를 정확하게 배치하고 3차구조를 자세하게 설명할 수 있다. 그러나 이것의 주된 단점은 NMR이 상대적으로 작은 단백질에만 적합하다는 것이다.

NMR의 기본 원리는 원자핵의 회전이 자기모멘트(magnetic moment)를 생성한다는 것이다. 이 자기 효과는 회전하는 핵이 전자기장에 놓였을 때 두 방향 중 하나를 취할 수 있다는 것을 의미한다(**그림 18.15**). 이러한 방향을 α 및 β라고 하며, α-스핀(α-spin) 상태는 자기장과 정렬되어 있어서 자기장에 반대로 정렬된 β-스핀 상태보다 약간 낮은 에너지 지수를 갖는다. NMR 분광계는 개별 핵에 대한 α와 β-스핀 상태 사이의 에너지 차이를 측정한다. 이 차이를 **공명 주파수(resonance frequency)**라고 한다. 핵 각각 종류(예: ^{1}H, ^{13}C, ^{15}N)는 자체의 고유한 공명 주파수를 갖지만 측정된 주파수는 표준값과 약간 다르다(일반적으로 10 ppm 미만). 이 **화학 이동(chemical shift)**은 회전하는 핵 근처의 전자가 어느 정도까지 자기장으로부터 핵을 가리기 때문에 발생한다. 따라서 화학 이동의 본질은 핵 환경을 추정하여 단백질의 구조를 구축하는 데 필요한 데이터를 산출할 수 있게 한다. 일부 유형의 분석법(COSY 및 TOCSY라고 함)은 회전하는 핵에 화학결합으로 연결된 원자를 식별할 수 있게 해주는 반면, 다른 분석법(예: NOESY)은 회전핵에 공간적으로 가까운 원자를 동정할 수 있지만 직접 연결된 원자는 식별하지 못한다.

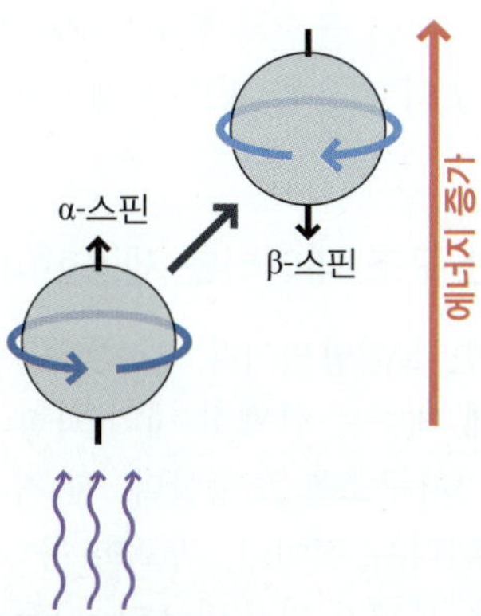

그림 18.15 NMR의 근본
회전하는 핵은 적용된 전자기장에서 두 가지 방향 중 하나를 취할 수 있다.

NMR에 적합하려면 핵에 홀수의 양성자 또는 중성자가 있어야 한다. 그렇지 않으면 전자기장에 놓였을 때 회전하지 않는다. 이것은 양성자와 중성자의 합이 홀수 개의 핵에서만 NMR이 사용될 수 있음을 의미한다. 단백질 구조 연구에서, ^{1}H 핵이 처음에 표적화되며, 모든 수소원자의 화학적 환경을 확인하는 것을 목표로 한다. 결과 데이터에 종종 탄소 및/또는 질소원자의 일부가 희귀 동위원소인 ^{13}C와 ^{15}N으로 대체된 단백질의 분석이 추가된다. 단백질 구조가 너무 복잡하지

Box 18.5 NMR 스펙트럼의 해석

NMR 데이터가 해석되는 방식을 설명하기 위해 화학식이 $C_4H_8O_2$로 알려져 있는 화합물에 대해 ^1H 스펙트럼을 얻은 간단한 예를 통해 설명할 것이다.

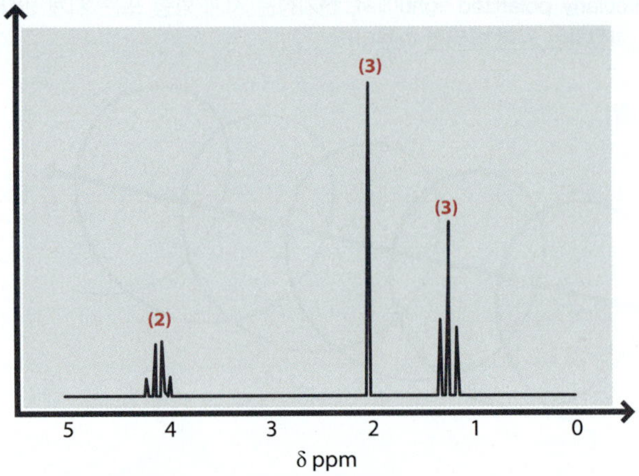

www.chemguide.co.uk로부터의 그림을 수정한 것임.

이것은 ^1H 스펙트럼이므로 각 피크는 하나 이상의 수소원자를 나타낸다. *x*축 상의 피크 위치는 그 수소원자에 의한 화학 이동의 정도를 나타내며, ppm(parts per million)으로 표시한다. 1 ppm의 화학 이동은 공명 주파수가 표준값보다 1백만 분의 1 미만인 수소원자에 의해 표시된다.

스펙트럼은 다음과 같이 단계적으로 분석한다:

- 피크의 3 무리가 있는데, 이 화합물의 수소원자가 3가지 '환경'에 있음을 의미한다. 화학식으로부터 각 환경은 하나 이상의 수소가 결합된 각기 다른 탄소원자임을 알 수 있다. 이것은 탄소 중 하나가 직접 부착된 수소원자가 없다는 것을 의미한다.
- 각 무리에서의 피크들의 높이를 합하면, 스펙트럼에 빨간색 숫자로 표시한 것처럼 합해진 피크 높이가 2:3:3의 비율을 갖는다. 이 비율은 각 환경에서의 수소원자 수와 관련이 있다. 총 8개의 수소원자가 있기 때문에, 하나의 $-CH_2$ 그룹과 2개의 $-CH_3$ 그룹이 있다고 결론을 내릴 수 있다.
- 무리의 피크 수는 인접한 탄소원자에 결합한 수소원자 수보다 하나 많다. 따라서:
  - 4.1 ppm의 $-CH_2$는 4개의 피크를 가지므로 3개의 수소를 갖는 탄소, 즉 $-CH_3$ 그룹에 인접하다.
  - 1.3 ppm의 $-CH_3$ 그룹에는 3개의 피크가 있으므로 $-CH_2$와 인접해 있다. 따라서 1.3 및 4.1 ppm 무리는 에틸 그룹인 $-CH_2CH_3$임을 확인할 수 있다.
  - 2.0 ppm의 $-CH_3$ 그룹은 피크가 하나뿐이므로 수소가 붙은 탄소에 인접하지 않는다.

그러므로 이 화합물은 에틸아세트산(ethyl acetate)이라고 결론지을 수 있다:

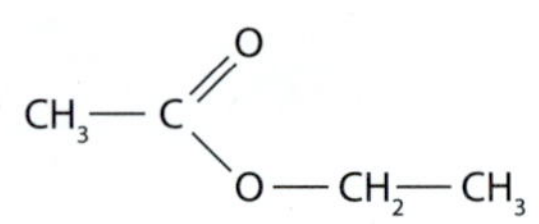

에틸아세트산은 분명히 단백질보다 훨씬 간단한 화학구조를 가지고 있다. 전형적인 단백질의 NMR에 의해 생성된 스펙트럼은 훨씬 더 복잡하며, 더 많은 피크들의 무리들을 가지며, 각 수소의 화학 이동은 흔히 하나 이상의 '환경'에 의해 영향을 받는다. 이러한 환경에는 $-CH_2$ 및 $-CH_3$ 이외의 수소 함유 그룹인 수산기와 아미노기 등도 포함되므로 스펙트럼이 더욱 복잡해진다. 이러한 복잡성에도 불구하고 NMR은 최대 1,000 kDa 크기의 단백질 및 기타 생체분자의 구조 연구에 필수적인 도구로 발전하였다.

않는다면, 이러한 분석 결과들을 종합한 데이터는 단백질 구조를 이해하기에 충분하다. 두 개 또는 그 이상의 핵이 우연히 매우 유사한 화학 이동을 가질 때 문제가 발생한다. 이 경우 두 핵의 환경을 구별하기 어려울 수 있으며 구조 정보를 잃어버린다. 단백질이 클수록 핵의 쌍과 그룹이 유사한 화학 이동을 가질 확률이 커지고, 따라서 NMR이 3차구조의 유용한 정보를 제공하지 못할 확률이 커진다.

X선 결정학은 결정화될 수 있는 모든 단백질에 대한 정확한 구조 데이터를 제공한다

X선 결정학은 단백질의 구조 연구에 사용할 수 있는 가장 강력한 실험방법이다. 이 방법은 아미노산 곁사슬의 위치와 폴리펩타이드 사슬의 정확한 형태를 알게 해주는 단백질 내의 화학 그룹들의 상대 위치에 대한 상세한 정보를 제공하고, 따라서 상세한 3차구조를 도출한다. 한 가지 한계는 이 방법으로 구조를 연구하기 전에 단백질을 결정화해야 한다는 점이다. 과포화 용액으로부터 양질의 결정을 얻을 수 있기 때문에 많은 단백질에서 이것은 문제가 되지 않는다. 다른 단백질, 특히 외부의 소수성 영역을 갖는 막단백질(membrane protein)은 결정화가 어렵거나 심지어 불가능하다. 단백질 결정을 준비함으로써 기질 또는 억제제 결합에 의해 야기되는 단백질의 구조적 변화를 평가할 수는 있다. 그러나 CD 또는 NMR과 같은 용액 기반 기술로 가능한 동적 연구는 X선 결정학으로는 단백질이 결정화되기 때문에 수행하기 어렵다.

그림 18.16 X선 회절
(A) 연구 중인 단백질의 결정체를 통해 X선을 통과시켜 X선 회절 패턴을 생성. (B) 리보핵산가수분해효소의 결정체로 얻어진 회절 패턴.

A. 회절 패턴 생성 **B. 리보핵산가수분해효소의 X선 회절 패턴**

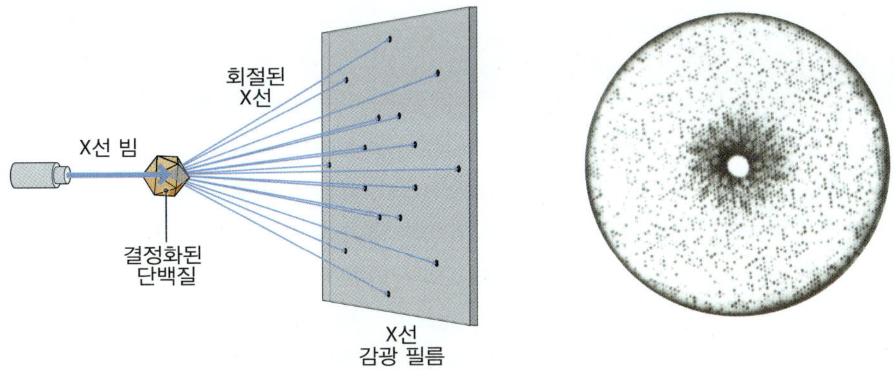

X선 결정학은 X선이 결정체 또는 규칙적으로 정렬된 화학구조를 통과하는 동안 발생하는 X선의 굴절인 **X선 회절(X-ray diffraction)**을 기반으로 한다. X선은 0.01~10 nm의 매우 짧은 파장을 가지며 화학구조에서 원자 사이의 간격과 유사하다. X선 빔이 결정체로 향하게 되면, X선의 일부는 그대로 통과하지만, 다른 일부는 그들이 들어간 각도와 다른 각도로 결정체로부터 회절되어 나온다(**그림 18.16**). 결정체 내의 단백질 분자는 규칙적인 배열로 위치하는데, 이는 다른 X선이 유사한 방식으로 회절된다는 것을 의미한다. X선 감광성 사진 필름이나 전자 검출기가 결정체에서 빠져나온 빔을 가로질러 배치되면, **X선 회절 패턴**이라고 하는 일련의 반점이 나타난다. 반점의 강도 및 상대적 위치는 X선 굴절각을 추론하는 데 사용할 수 있으며, 이러한 데이터로부터 단백질 구조를 추정할 수 있다.

상상할 수 있듯이, X선 결정학의 도전은 단백질만큼 큰 분자에서 얻은 회절 패턴의 복잡성에 있다. 컴퓨터의 도움이 있지만 분석은 어렵고 시간이 오래 걸린다. 목표는 X선 회절 형태의 반점 강도와 상대적 위치를 **전자밀도지도(electron density map)**로 변환하는 것이다(**그림 18.17**). 단백질의 경우, 전자밀도지도는 접힌 폴리펩타이드의 입체구조를 나타낸다. 또한 전자밀도지도가 충분히 상세하면, 개별 아미노산의 곁사슬을 동정하고 서로에 대한 방향을 확인할 수 있다. 이것은 더 나아가 수소결합과 같은 상호작용을 예상할 수 있게 한다. 아주 성공적인 프로젝트에서 0.1 nm의 분해능(resolution)이 가능한데, 이것은 단백질에서 단지 0.1 nm 떨어져 있는 구조를 구별할 수 있다는 것을 의미한다. 단백질에서 대부분의 탄소-탄소 결합의 길이가 0.1~0.2 nm이며,

그림 18.17 전자밀도지도
(A) 리보핵산가수분해효소의 전자밀도지도의 일부분. (B) 티로신 곁사슬을 나타내는 0.2 nm 분해능을 가진 전자밀도지도의 해석.

A. 리보핵산가수분해효소의 전자밀도지도의 일부분 **B. 티로신 곁사슬을 나타내는 0.2 nm 분해능을 가진 전자밀도지도의 해석**

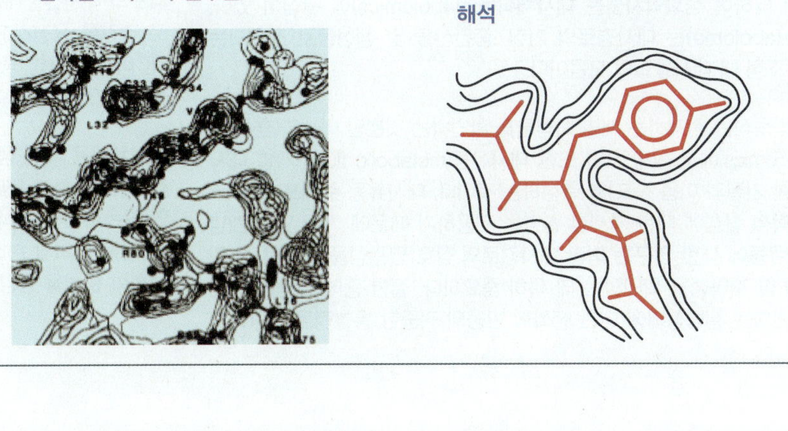

탄소-수소결합은 0.08~0.12 nm이다. 이것은 0.1 nm 분해능을 통해서 단백질의 매우 상세한 3차원 구조모델을 구성할 수 있음을 의미한다.

18.2 지질과 탄수화물 연구

지질과 탄수화물의 연구 방법은 항상 생화학에서 중요하다. 최근 몇 년 동안, 이 방법은 개별적인 생체분자 연구보다는 세포 전체의 생화학적 성분의 특성을 규명하는 대규모 연구에 점점 더 집중하게 됨에 따라 추가적인 중요성을 갖게 되었다. 이런 연구의 한 예로 단백질체학이 있는데, 이는 세포의 생화학적 능력을 이해하고 그 능력이 질병과 같은 문제에 어떻게 반응하는지 연구하기 위해 세포의 단백질 내용물 전체를 조사한다. 따라서 단백질체학이 제공하는 정보를 보완하기 위해 지질과 탄수화물 전체 함유물을 특성 규명하는 방법도 필요하다. 이러한 방법을 각각 **지질체학(lipidomics)** 및 **당질체학(glycomics)**이라고 한다. 이 장의 나머지 부분에서는 이 두 영역 연구의 기초가 되는 기법을 살펴본다.

18.2.1 지질 연구 방법

지질을 연구하기 위한 여러 방법이 개발되었지만 현대 연구에서 가장 유용한 방법은 지질 혼합물에서 각각의 지질 성분을 동정하고 정량화할 수 있는 방법이다. 이것은 다음과 같이 달성한다:

- 지질을 혼합물로부터 크로마토그래피로 분리한다.
- 질량분석법으로 각각의 지질을 동정한다.

그러므로 접근법은 단백질 프로파일링에서 사용된 것과 유사하지만, 단백질과 매우 다른 지질이기 때문에 세부사항은 다르다.

가스크로마토그래피는 흔히 지질을 분리하는 데 사용된다

지방산이나 스테롤(sterol) 연구에서, 분리 단계는 보통 **가스크로마토그래피(gas chromatography)**로 수행한다. 수소 또는 헬륨을 주로 사용하는 운반기체에서 지질을 휘발시킨다. 이 운반기체는 크로마토그래피 관을 따라 이동하는 이동상이다. 관은 매우 얇고(직경 0.1~0.7 mm) 길이가 100 m까지 될 수 있다. 관의 내부 표면은 고정상인 폴리실록산(polysiloxane)과 같은 유

Box 18.6 대사체학

유전체학(유전체 연구), 전사체학(세포 또는 조직의 RNA 전체 연구), 단백질체학(단백질 전체 연구), 지질체학(지질 전체 연구) 및 당질체학(탄수화물 전체 연구)에 더하여 생화학자들은 **대사체학(metabolomics)**에 관심이 있다. **대사체(metabolome)**는 대사경로의 기질, 중간산물 및 생성물로 정의되는 세포 또는 조직 내 대사물질의 모음이다.

대사체학의 목적은 존재하는 개별 화합물을 확인하는 것뿐만 아니라(흔히 다른 유형의 'omics'에서 그렇듯이) 또한 **대사유동(metabolic flux**; 개별 대사경로를 통한 기질의 이동 속도)을 측정하는 것이다. 대사유동은 세포 또는 조직의 생화학적 활성에 대한 자세한 설명을 제공하기 때문에 가치 있는 개념이다. 대사유동에 대한 연구는 여러 대사경로의 상호 연관성을 탐구할 수 있게 하며, 또한 제어점을 확인하는 데 특히 중요하다. 질병 중에 발생하는 대사유동의 변화는 질병상태에 대한 생화학 반응의 귀중한 통찰력을 제공하고 질병 치료법 개발에 도움이 될 수 있다.

세포의 대사산물에는 여러 가지 서로 다른 유형의 화합물이 포함되어 있으므로 각각을 동정하고 정량화하기 위해서는 다양한 검출 방법을 사용해야 한다. 이러한 방법 중 가장 중요한 것은 가스크로마토그래피와 HPLC이며, 연질 및 경질 이온화 기술을 모두 사용하는 질량분석법과 접속할 수 있다.

대사체학은 개별 생명체에 대한 연구뿐만 아니라 환경시료에 대한 적용이 점점 더 증가하고 있다. 예를 들어, 식물의 뿌리 주위의 토양에 대한 대사학적 연구는 토양에 서식하는 박테리아 및 다른 생명체의 생화학적 활성을 나타내며 식물에 의해 분비되는 모든 삼출물(exudate)을 확인할 수도 있다. 이러한 생화학 활성을 영양소 순환 및 식물 생산성과 같은 지표와 연관시킬 수 있다.

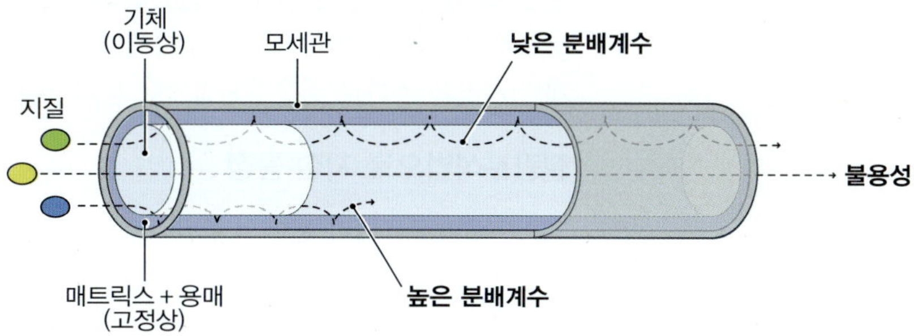

그림 18.18 가스크로마토그래피
세 개의 지질이 모세관을 통해 통과하는 것을 볼 수 있다. 하나의 지질(노란색)은 고정상에 불용성이므로 관을 그대로 통과한다. 나머지 두 지질은 고정상으로의 반복적인 흡착에 의해 지연되며, 그 이동 속도는 분배계수에 따라 다르며 낮은 분배계수의 지질(녹색)은 더 빠르게 흐른다.

기용매로 코팅되어 있는데, 이것은 불활성 실리카 매트릭스 내에 고정되어 있다(**그림 18.18**).

지질이 관을 통과하는 속도는 분배계수에 달려 있으며, 이 분배계수는 크로마토그래피 관의 액체상에서의 지질 용해도와 기체상에서의 지질 휘발성에 의존한다. 지질이 액체상에 녹지 않는다면 지질은 관을 곧바로 통과한다. 다른 지질은 반복적으로 액체상에 흡착하고 또 기체상으로 다시 방출된다. 분배계수에 의해 결정되는 이 순환적 동력은 각 화합물이 관을 얼마나 빨리 통과하는지를 결정한다. 따라서 지질혼합물 내의 각각의 화합물은 분배계수에 따라 분리되어 정제된 분획으로 관 끝에서 흘러나온다.

크로마토그래피 관을 통한 각각 지질의 이동 속도는 온도에도 의존한다. 온도가 점진적으로 증가하면(예: 분당 5°C의 속도로 40°C에서 300°C로 증가) 복잡한 혼합물의 최상의 분리능을 얻을 수 있다. 실험 시작 시 온도가 상대적으로 낮으면, 관을 통과하는 지질은 개별 화합물이 분석될 수 있는 충분한 시간 동안 유지된다. 온도가 상승함에 따라 느리게 움직이는 지질의 이동 속도가 빨라지기 때문에, 적절한 시간 내에 정제 분획을 회수할 수 있다. 그러므로 크게 다른 분배계수를 갖는 범위의 지질들은 1회 실험으로 분리될 수 있다.

크로마토그래피 관으로부터 지질의 순차적 용출을 **크로마토그램(chromatogram)**으로 그리며, 피크 높이는 혼합물 시료에서 개별 화합물의 상대적 함량 비율을 나타낸다(**그림 18.19**). 각각의 지질은 고유한 체류시간(retention time)을 가지므로 크로마토그램으로 혼합물 시료의 성분을 동

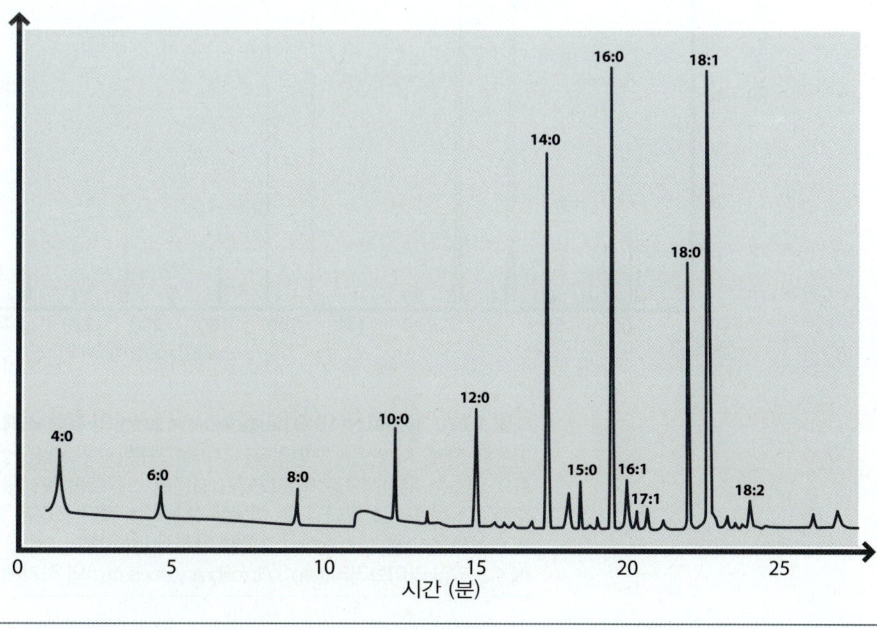

그림 18.19 우유 지방산의 가스크로마토그램
각 피크에 해당하는 지방산의 종류는 명명법(5.1.1절 참조)에 따라 표시하였다. AOCS 지질 라이브러리(http://lipidlibrary.aocs.org)의 허가에 따라 이미지를 다시 그렸음.

정할 수 있다. 그러나 실제로는 보통 혼합물이 간단하고 이미 조성이 대략적으로 알려진 경우에 동정이 가능하다. 만약 크로마토그램만으로 화합물을 동정하기 위한 정보가 충분하지 않을 경우 개별 지질을 추가로 질량분석법으로 분석한다.

질량분석법으로 지질 동정

가스크로마토그래피 관에서 흘러나오는 지질은 보통 전자 충격(electron bombardment)에 의해 이온화되어 M^+ 분자 이온을 생성한다. 일부 지질분자는 전자빔에 의해 분해되어 예측 가능한 구조의 조각 이온들을 만든다. 따라서 분자 이온과 그 단편 이온의 *m/z* 값은 특유의 **질량 스펙트럼(mass spectrum)**을 나타내며, 이로부터 그 화합물을 동정할 수 있다(**그림 18.20**). 그러나 전자 이온화(electron ionization)에서 때때로 일어나는 것처럼 분자 이온이 존재하지 않을 정도까지 지질이 작게 부서지면 화합물 동정이 어려울 수 있다. 따라서 보다 약한 화학 이온화(chemical ionization) 과정도 이용한다. 이것은 지질을 이온화된 기체 플라스마(보통 메탄, 암모니아 또는 이소부텐)와 혼합하여 $[M+H]^+$ 분자 이온을 발생시키며 분절이 크게 줄어든다.

질량분석계의 구성에는 몇 가지 유형이 있으며, *m/z* 값에 따라 분자를 분리하는 계측기 부분의 배치형태가 다르다. 지질 연구에서 가장 많이 사용되는 두 가지 유형은 다음과 같다(**그림 18.21**):

- **자기 섹터 질량분석계(magnet sector mass spectrometer):** 이것의 질량 계측기(mass analyzer)

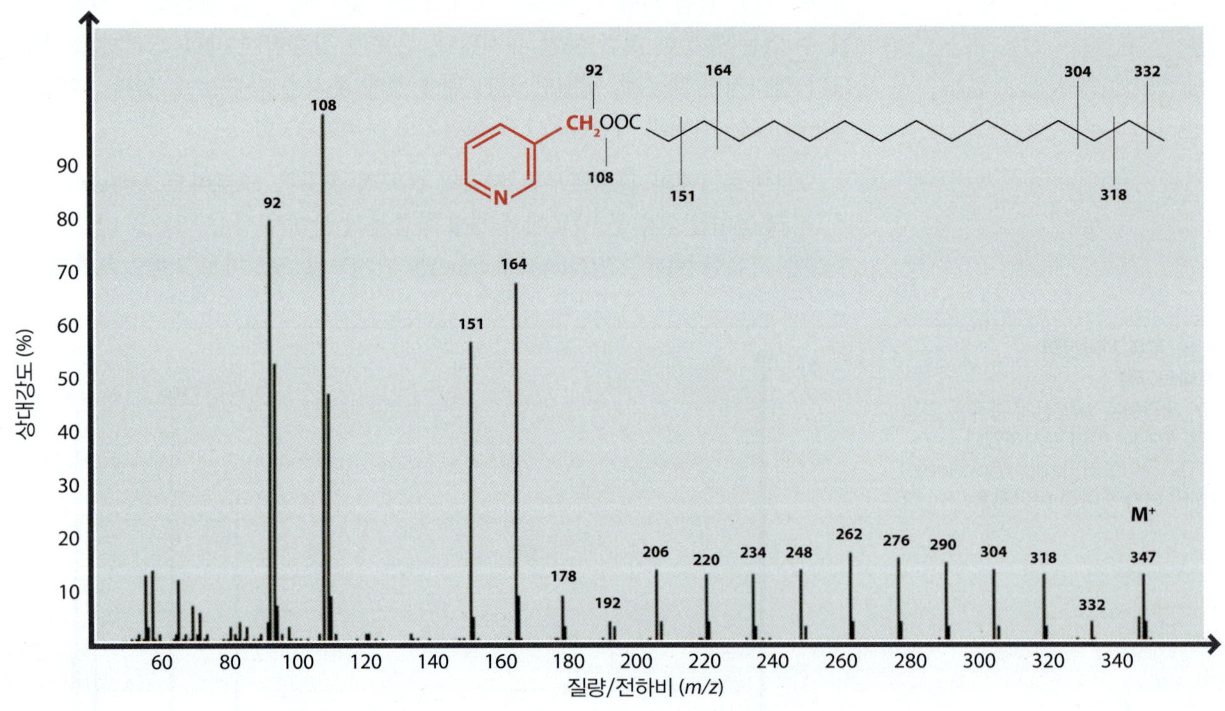

그림 18.20 팔미트산(16:0 hexadecanic acid)의 질량 스펙트럼
이온화 전에, 지방산은 3-피리딜카르비놀 그룹(pyridylcarbinol,적색으로 표시됨)의 부착에 의해 유도체화되었다. 이 그룹의 질소는 우선적으로 이온화되기 때문에 스펙트럼 해석을 위한 기준을 제공한다. 각 피크에 *m/z* 값을 표시하고 M^+ 분자 이온을 표시하였다. 단편 이온을 생성하는 절단 지점을 분자 구조에 표시하였다. 178~290의 *m/z* 값을 갖는 일련의 이온들은 다른 수의 $-CH_2$ 그룹을 가진 단편들이다.
AOCS 지질 라이브러리(http://lipidlibrary.aocs.org)의 허가에 따라 이미지를 다시 그렸음.

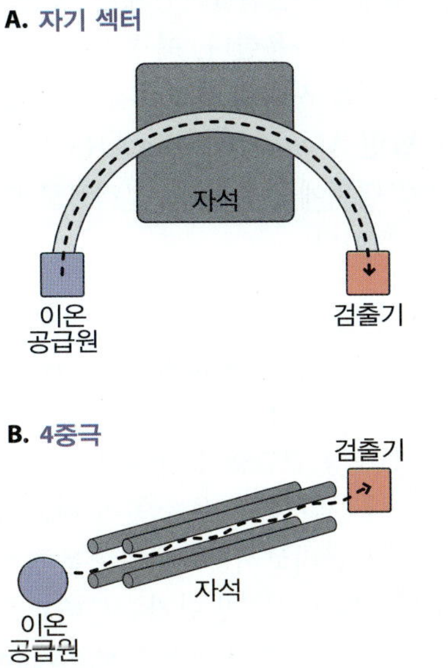

그림 18.21 자기 섹터(A) 및 4중극 질량 계측기(B)의 구조

는 이온화된 분자가 통과하는 단일 또는 일련의 자석이다. 자석은 각 이온이 계측기의 벽에 부딪치지 않도록 곡선 궤도를 따라 가도록 자석이 배열되어 있다. 자기장이 이온을 편향시키는 정도는 이온의 *m/z* 값에 따라 달라지므로 대부분의 이온은 벽에 부딪치고 약간의 이온만이 자석을 통과하여 탐지기로 흐른다. 따라서 자기장을 특정 *m/z*의 이온만이 탐지기에 도달하도록 설정하거나, 자기장을 점진적으로 변경하여 *m/z* 값이 다른 이온들을 단일 실행 중에 다른 시간에 수집할 수 있다.

- **4중극 질량분석계(quadrupole mass spectrometer):** 이것의 질량 계측기에는 이온이 통과해야 하는 중심 채널을 둘러싸고 서로 평행하게 놓인 4개의 자성 막대가 있다. 전기적으로 진동하는 자기장을 막대에 가해 복잡한 방식으로 이온을 편향시키므로 4중극을 통과할 때 이온 궤도가 흔들거린다. 또한 특정 *m/z* 값의 이온만 흘러나와 탐지될 수 있도록 자기장를 설정하거나, 자기장을 점진적으로 변경하여 모든 이온을 탐지할 수 있다.

위에서 설명한 방법은 지방산 및 스테롤에 적합하지만 다른 유형의 지질을 분석할 때는 보통 변형이 필요하다. 이러한 변형의 첫 번째 단계는 가스크로마토그래피 단계를 HPLC로 대체하는 것이다. 그림 18.9에서 HPLC의 기본 원리는 볼 수 있듯이, 이동상은 액체이고 고정상은 흔히 실리카 고체인 점을 제외하고는 가스크로마토그래피와 동일하다. HPLC에서는, 분리될 화합물을 단순히 액체상에 용해시키고, 크로마토그래피는 실온에서 수행한다. 따라서 이 방법은 트리아실글리세롤, 글리세로인지질, 스핑고지질 및 에이코사노이드(eicosanoid)에 더 적합한데, 이들은 휘발하기에는 너무 친수성이며 불안정하여 고온에서 크로마토그래피를 할 수 없다.

불안정한 지질의 경우 분자가 매우 작은 단편 이온으로 쪼개지는 것을 방지하기 위해 이온화 방법을 수정해야 한다. 전자빔에 직접 노출시키거나 화학적 이온화에 의해 이온을 생성하는 대신, **전자분무이온화(electrospray ionization)**라고 하는 보다 약한 방법을 사용한다. 이것은 HPLC에서 흘러나오는 용액에 높은 전압을 가하는 것으로, 증발하는 물방울의 하전된 에어로졸을 생성하고, 그 안에 용해되어 있는 분자에 전하를 전달한다.

밀접히 연관성 있는 화합물 사이의 식별력을 높이기 위해 질량분석 단계를 수정할 수도 있다. **직렬질량분석법(tandem mass spectrometry)**에서 질량분석계는 두 개 이상의 질량 계측기가 직렬로 연결되어 있다. 연결된 계측기는 자기 섹터 질량분석계 다음에 4중극(quadrupole) 계측기가 뒤따르는 것같이 보통 다른 형식의 것으로 연결되어 있다. 매회의 새로운 질량분석에 앞서서 이온의 추가 단편화를 거쳐 시작 분자의 구조에 대한 추가 정보를 제공한다. 따라서 복잡한 분자 또는 밀접하게 연관된 화합물군의 구성분자를 동정할 수 있다.

18.2.2 탄수화물 연구

단당류 사이의 구조적 유사성이 화합물 식별을 복잡하게 하기 때문에, 탄수화물은 연구하기에 가장 어려운 유형의 생체분자이다. 식품 산업에서 수크로오스의 중요성은 개별 탄수화물의 동정법과 정량법 개발을 위한 초기의 자극제 역할을 하였다. 최근에, 이러한 방법들은 단백질에 부착된 글리칸(glycan)의 구성 및 구조를 동정하는 보다 정교한 방법으로 보완되었다. 이들 방법론은 세포 또는 조직 내의 당 전체를 기술하려는 당질체학의 기초를 형성한다.

대부분의 탄수화물은 단백질과 같은 방식으로 항원 특성을 나타내기 때문에 면역학적 방법을 사용하여 탄수화물을 확인할 수 있다. 탄수화물의 항원 특성은 오랫동안 인정되어 왔으며 고전적인 혈액형 검사 시스템에 이용해오고 있다. 예를 들어, A, B 및 O 혈액형은 적혈구의 표면에 존재하는 단백질에 부착된 항원성 글리칸의 종류로 구별한다. A형에서 당 단위 중 하나가 *N*-아세틸갈락토사민이고, B형은 D-갈락토오스이며, O형에서는 이 특정 당 단위가 없다(**그림 18.22**). 탄

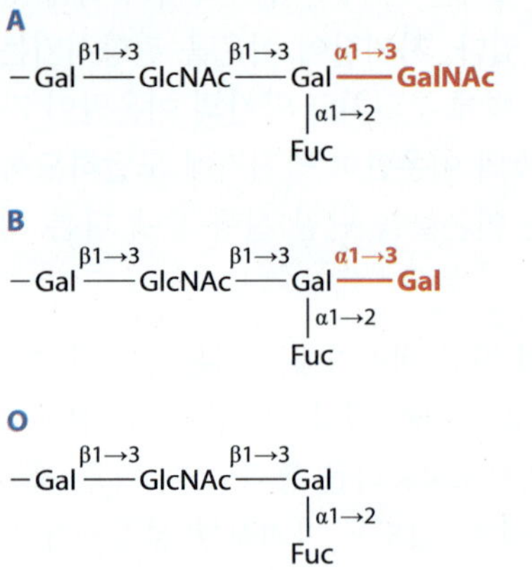

그림 18.22 A, B 및 O 혈액형의 글리칸 세 가지 항원을 구별 짓는 당 단위를 강조 표시하였다.
약어: Gal, 갈락토오스; GalNAc, *N*-아세틸갈락토사민; GlcNAc, *N*-아세틸글루코사민; Fuc, 푸코오스.

수화물의 면역학적 반응성은 개별 탄수화물에 특이적인 다클론항체 및 단일클론항체가 생성될 수 있음을 의미하며, 이들 항체는 침전반응 시험 및 ELISA 시스템에 사용한다. 특정의 단당류 결합 특성을 갖는 **렉틴(lectin)**과 동,식물 단백질에도 유사한 접근법을 사용할 수 있다. 예를 들어 작두콩(jack bean, *Canavalis ensiformis*)에서 추출한 **콘카나발린 A(concanavalin A)**는 *N*-연결이 아닌 *O*-연결 글리칸에서 말단의 α-글루코오스와 α-만노오스 단위에 결합한다. 그러므로 다양한 특이성을 가진 렉틴은 글리칸의 조성을 조사하는 데 매우 유용하다.

글리칸 구조는 이들 올리고당을 단백질로부터 유리해내어 보다 상세하게 연구할 수 있다. *O*- 및 *N*-연결 글리칸은 히드라진으로 처리하여 방출되며, *O*-연결 글리칸은 수소화붕소 이온으로 특이적으로 제거할 수 있다. 생성된 글리칸 혼합물을 HPLC로 분리하고, 개별적으로 질량분석 또는 NMR로 조사하여 구조를 확인한다. 또한 글리칸 내의 특정 결합을 분해시키는 다양한 글리코시드가수분해효소(glycosidase)가 있다. 이들은 말단 당을 제거하는 효소인 글리코시드말단가수분해효소(exoglycosidase)와 내부 절단을 하는 효소인 글리코시드내부가수분해효소(endoglycosidase)를 포함한다. 상이한 특이성을 갖는 일련의 글리코시드말단가수분해효소로 글리칸을 처리하면 단당의 연결 순서를 확인할 수 있다. 이 절차를 **글리칸 서열분석(glycan sequencing)**이라고 한다.

참고문헌

Alt FW, Blackwell TK and Yancopoulos GD (1987) Development of the primary antibody repertoire. *Science* **238**, 1079–87. ***Generation of immunoglobulin diversity.***

Beger RD (2013) A review of the applications of metabolomics in cancer. *Metabolites* **3**, 552–74.

Blanksby SJ and Mitchell TW (2010) Advances in mass spectrometry for lipidomics. *Annual Review of Analytical Chemistry* **3**, 433–65.

Cavanagh J, Fairbrother WJ, Palmer AG and Skelton, NJ (1995) *Protein NMR Spectroscopy: Principles and Practice*. Academic Press, London.

de St Groth SF and Scheidegger D (1980) Production of monoclonal antibodies: strategy and tactics. *Journal of Immunological Methods* **35**, 1–21.

Fenn JB, Mann M, Meng CK, Wong SF and Whitehouse CM (1990) Electrospray ionization – principles and practice. *Mass Spectrometry Reviews* **9**, 37–70.

Garman EF (2014) Developments in X-ray crystallographic structure determination of biological macromolecules. *Science* **343**, 1102–8.

Görg A, Weiss W and Dunn MJ (2004) Current two-dimensional electrophoresis technology for proteomics. *Proteomics* **4**, 3665–85.

Gygi SP, Rist B, Gerber SA, Turecek F, Gelb MH and Aebersold R (1999) Quantitative analysis of complex protein mixtures using isotope-coded affinity tags. *Nature Biotechnology* **17**, 994–9.

Lequin RM (2005) Enzyme immunoassay (EIA) / enzyme-linked immunosorbent assay (ELISA). *Clinical Chemistry* **24**, 15–18.

Murphy RC, Fiedler J and Hevko J (2001) Analysis of non-volatile lipids by mass spectrometry. *Chemical Reviews* **101**, 479–526.

Phizicky E, Bastiaens PIH, Zhu H, Snyder M and Fields S (2003) Protein analysis on a proteomics scale. *Nature* **422**, 208–15. ***Reviews all aspects of proteomics.***

Raman R, Raguram S, Venkataraman G, Paulson JC and Sasisekharan R (2005) Glycomics: an integrated systems approach to structure–function relationships of glycans. *Nature Methods* **2**, 817–24.

Ranjbar B and Gill P (2009) Circular dichroism techniques: biomolecular and nanostructural analyses – a review. *Chemical Biology and Drug Design* **74**, 101–20.

Shevchenko A and Simons K (2010) Lipidomics: coming to grips with lipid diversity. *Nature Reviews Molecular Biology* **11**, 593–8.

Walton HF (1976) Ion exchange and liquid column chromatography. *Analytical Chemistry* **48**, 52R–66R.

자가 평가 문제

객관식 문제

각 문제에 대한 정답은 한 개이며, 정답은 웹사이트 www.scionpublishing.com/biochemistry에서 찾을 수 있음.

1. 항체는 어떤 세포에 의해 합성되는가?
(a) B림프구
(b) 골수종세포
(c) 적혈구
(d) 대식세포

2. 사람의 혈액에 5량체로 존재하는 면역글로불린의 종류는?
(a) 면역글로불린 A
(b) 면역글로불린 E
(c) 면역글로불린 G
(d) 면역글로불린 M

3. 항원에 의해 인식되는 항원 표면의 특징을 무엇이라 하는가?
(a) 보체
(b) 항원결정부
(c) 가벼운 사슬
(d) 혼성세포

4. 침전반응에서 항원항체복합체 형성에 최적인 항원 · 항체 비율을 가진 위치를 무엇이라고 부르는가?
(a) 등가 구역
(b) 보체
(c) 침전 구역
(d) 오우크테를로니 지점

5. 겔에서 면역글로불린 분자가 음극 쪽으로 움직이는 과정은?
(a) 전기영동
(b) 확산
(c) 전기장 내 삼투
(d) 분배

6. ELISA와 관련하여 옳지 않은 것은?
(a) 면역전기영동보다 정량적이지 않다.
(b) 항체 중 하나는 리포터 효소와 결합되어 있다.
(c) 면역전기영동보다 더 빠르다.
(d) 1차 및 2차항체와의 간접 과정으로 수행할 수 있다.

7. 다음 중 단백질 프로파일링에 사용되지 않는 방법은?
(a) 2차원 전기영동
(b) 관크로마토그래피
(c) 가스크로마토그래피
(d) 질량분석

8. 작은 다공성 구슬이 매트릭스로 사용되는 것은 어떤 크로마토그래피인가?
(a) 역상
(b) 겔여과
(c) 가스
(d) 이온교환

9. 양전하 또는 음전하를 갖는 폴리스티렌 구슬이 매트릭스로 사용되는 것은 어떤 크로마토그래피인가?
(a) 역상
(b) 겔여과
(c) 가스
(d) 이온교환

10. 탄화수소와 같은 비극성 화학 그룹으로 덮여 있는 실리카 또는 다른 입자들이 매트릭스로 사용되는 것은 어떤 크로마토그래피인가?
(a) 역상
(b) 겔여과
(c) 가스
(d) 이온교환

11. 동위원소부호화친화성꼬리표(ICAT)의 사용과 관련하여 옳지 않은 것은?
(a) ICAT는 단백질에 부착될 수 있는 화학 그룹이다.
(b) 하나의 시스템에서, ICAT 쌍은 ^{12}C 및 ^{13}C 표지에 의해 구별된다.
(c) 일반적으로 ICAT는 말단 비오틴 그룹을 가진다.
(d) ^{12}C로 표지된 ICAT는 ^{13}C 표지보다 높은 *m/z* 비율의 펩타이드를 만든다.

12. 원편광이색성에 의해 결정할 수 없는 것은?
(a) 단백질에서 다른 종류의 2차구조 성분의 상대적인 양
(b) 키랄중심들 서로에 대한 상대적인 위치
(c) 효소 반응 동안 일어나는 구조 변화
(d) α-나선의 아미노산 배열

13. NMR 스펙트럼 생성에 사용할 수 없는 이온은?
(a) ^{1}H
(b) ^{12}C
(c) ^{13}C
(d) ^{15}N

14. 다음 중 NMR 유형이 아닌 것은?
(a) COSY
(b) NOESY
(c) NOSEY
(d) TOCSY

15. 다음 중 단백질의 X선 결정학 연구로 달성할 수 없는 것은?
(a) 화학 그룹의 상대적 위치
(b) 폴리펩타이드 사슬의 입체구조
(c) 아미노산 곁사슬의 위치
(d) 실시간으로 단백질 접힘 추적

16. 가장 성공적인 X선 결정학 연구에서 어느 정도의 해상도를 얻을 수 있는가?
(a) 0.1 nm
(b) 0.5 nm
(c) 1.0 nm
(d) 10 nm

17. 개별 경로를 통한 기질의 이동 속도를 무엇이라 하는가?
(a) 대사유동
(b) 대사체학
(c) 대사조절
(d) 대사분배

18. 가스크로마토그래피에서 고정상은?
(a) 가스
(b) 관의 내부 표면상의 고체 매트릭스
(c) 액체
(d) 위의 어느 것도 아님

19. 화학 이온화는 어떤 종류의 분자 이온을 만드는가?
(a) $[M+H]^+$
(b) $[M+H]^-$
(c) $[M-H]^+$
(d) $[M-H]^-$

20. 다음 중 4중극 질량분석계의 특징이 아닌 것은?
(a) 진동 전기장
(b) 4중극을 통과할 때 이온들의 '흔들리기'
(c) 전기장을 점진적으로 변경하여 다른 *m/z* 비율의 이온을 검출할 수 있음
(d) 질량 계측기는 단일 자석임

21. HPLC와 관련하여 불안정한 지질에 사용되는 약한 이온화 과정의 유형은?
(a) 전자분무이온화
(b) 화학 이온화
(c) 전자 이온화
(d) 레이저 보조 이온화

22. A, B 및 O 혈액형을 각각 구별하는 항원 글리칸의 당 단위의 특성으로 옳게 연결된 것은?
(a) A형, D-갈락토오스; B형, *N*-아세틸갈락토사민; O형, 없음
(b) A형, *N*-아세틸갈락토사민; B, D-갈락토오스; O형, 없음
(c) A형, *N*-아세틸갈락토사민; B, D-글루코오스; O형, 없음
(d) A형, D-글루코오스; B, D-갈락토오스; O형, 없음

23. 어떤 당에 콘카나발린 A가 결합하는가?
(a) *O*-연결 및 *N*-연결된 글리칸에서 α-글루코오스 및 α-만노오스 단위
(b) *N*-연결된 글리칸에서 말단의 α-글루코오스 및 α-만노오스 단위
(c) *O*-연결된 글리칸에서 말단의 α-글루코오스 및 α-만노오스 단위
(d) 위의 어느 것도 아님

24. 다음 중 어느 것이 *O*-연결된 글리칸을 특이적으로 제거하는가?
(a) 수산화물
(b) 수소화붕소 이온
(c) 히드라진
(d) 글리코시드내부가수분해효소

단답식 문제

아래 문제는 추가 자료 없이 답이 가능함.

1. 다클론항체와 단일클론항체 사이의 중요한 차이를 기술하시오. 단일클론항체는 어떻게 제작하는가?
2. 단백질 혼합물에서 특정 단백질의 존재를 확인하기 위한 항원-항체 침전법 사용의 과정과 개요를 서술하시오.
3. 'ELISA'란 무엇이며, 겔에서 수행되는 면역분석법보다 이 방법이 더 민감하고 정확한 이유는 무엇인지 설명하시오.
4. 단백질 프로파일링 전에 수행되는 다양한 단백질 분리법을 설명하시오.
5. 단백질 프로파일링에 사용되는 질량분석법에 대해 자세히 설명하시오. 답안에 두 가지 단백질체의 구성을 비교하는 방법의 요약을 포함시키시오.
6. 원편광이색성의 기초는 무엇이며, 이 방법은 단백질 구조에 대해 무엇을 말해줄 수 있는가?
7. 단백질 구조 연구에서 (A) NMR 및 (B) X선 결정학의 장단점을 설명하시오.
8. 질량분석법으로 분석하기 전에 지질 이온화를 위해 사용하는 여러 방법을 구분하여 설명하시오.
9. 다이어그램을 사용하여 일반적인 (A) 자기 섹터 및 (B) 4중극 질량분석계의 구조를 설명하시오. 직렬질량분석이란 무엇인가?
10. 당질체(glycome) 연구 방법을 요약하시오.

주관식 문제

아래 문제는 계산, 추가 자료, 인터넷 조사 등을 필요로 함.

1. 면역분석법(18.1.1절에 설명됨)의 각각 유형에 대한 다클론항체와 단일클론항체의 상대적인 장점은 무엇인가?
2. 한 단백질체로부터 한 가지의 단백질을 정제하였고, 트립신으로 분해한 결과로 얻은 6가지의 펩타이드를 MALDI-TOF로 분자량을 측정하였다. 5가지의 펩타이드는 데이터베이스의 단백질과 정확히 일치하지만 6번째 펩타이드의 질량은 정확하지 않은 것처럼 보인다. 단백질 서열에 따르면 이 펩타이드는 SLYSSTIDK이며 질량은 994이어야 한다. MALDI-TOF로 확인한 이 펩타이드의 질량은 1072이다. 이 펩타이드의 예상 질량과 실제 질량 사이의 불일치에 대한 가능한 설명은 무엇인가?
3. NMR로 얻을 수 있는 분석능은 사용된 자석의 자기장 강도와 직접 관련이 있다. 이 관계가 지난 20여 년 동안 NMR의 발전에 어떻게 영향을 미쳤는지 탐구하고, 이 방법의 미래 가능성에 대해 추측해 보시오.
4. DNA는 결정체를 형성하지 않지만, X선 회절 분석은 2중나선 구조의 발견으로 이끈 작업에서 매우 중요하였다. X선 회절 분석을 어떻게 DNA와 함께 사용할 수 있는지 설명하시오.
5. 어떤 지방산이 3-피리딜카르비놀 그룹의 부착에 의해 유도체화되었고, 전자 충격에 의해 이온화되었다. 실험결과로 생성된 질량스펙트럼은 아래와 같다. 이 지질의 구조는 무엇인가?

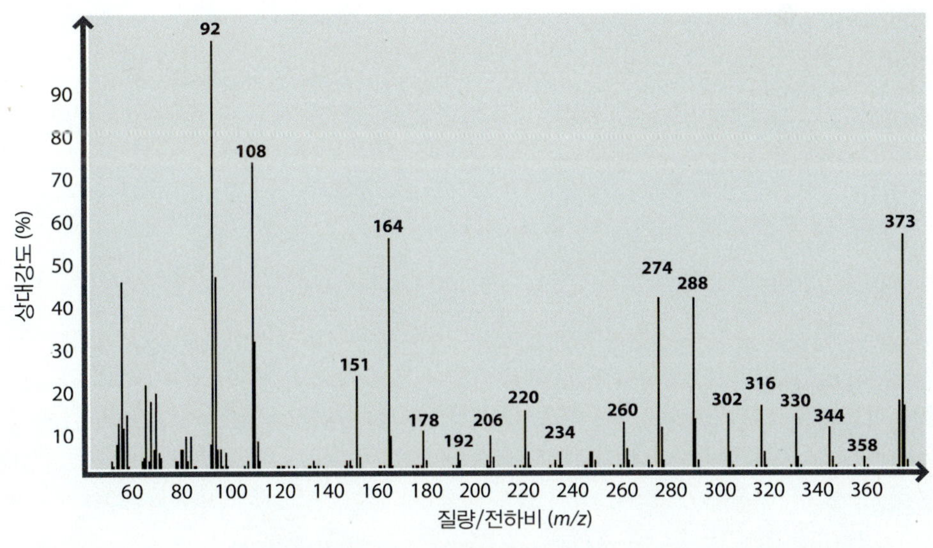

Adapted from *Biological Mass Spectrometry* 1982, **9**, 33 with permission from John Wiley and Sons.

제19장

DAN와 RNA 연구

학습목표

이 장을 공부한 후:

- DNA와 RNA 분자를 조작하는 데 사용되는 여러 종류의 핵산가수분해효소(nuclease)에 대하여 기술할 수 있다.
- 제한 핵산내부가수분해효소(restriction endonuclease)의 주요 특징을 상세히 설명할 수 있다.
- DNA 연결효소(ligase)가 어떻게 DNA 분자를 결합시키는지 알게 될 것이다.
- 중합효소 연쇄반응(polymerase chain reaction)과 실시간 PCR인 정량적 PCR에 대해 자세히 설명할 수 있다.
- 생화학 연구에서 PCR이 중요하게 된 이유를 이해하게 될 것이다.
- DNA 염기서열결정(DNA sequencing)에 사용하는 사슬종료법(chain termination)과 피로염기서열결정법(pyrosequencing)을 설명할 수 있다.
- 차세대 염기서열결정 방법의 특징을 알게 될 것이다.
- DNA 클로닝 과정을 개략적으로 설명하고 DNA가 어떻게 pUC8 클로닝 벡터(vector)에 복제되는지 자세히 설명할 수 있다.
- DNA가 다양한 유형의 진핵생물에 클로닝되는 여러 가지 방식을 요약할 수 있다.
- 재조합 단백질(recombinant protein)의 합성에 사용되는 클로닝 벡터의 특징을 이해하게 될 것이다.
- 세균(bacteria)이 항상 재조합 단백질 합성을 위한 이상적인 숙주가 되는 것은 아니라는 이유를 알게 될 것이다.
- 재조합 단백질 생산을 위한 다양한 진핵세포의 장점과 한계를 이해하게 될 것이다.

생화학자와 유전학자들은 DNA와 RNA 분자의 연구 방법을 발전시키는 데 뛰어난 역량을 발휘해 왔다. 개별 유전자의 발현 양상을 조사, 조작하고 한 유기체에서 다른 유기체로 유전자를 전달하고, 한 유전자의 염기서열을 특정한 방식으로 변경하는 수많은 기술이 개발되어 있다. 무엇보다도 일반적으로 '염기서열결정법(sequencing)'이라고 지칭되는 DNA와 RNA 분자의 뉴클레오타이드 순서를 결정하는 데 필요한 기술은 1970년대 최초의 실용적인 방법이 고안된 이후 꾸준히 개선되고 있다.

이 장에서는 생화학자에게 가장 중요한 DNA와 RNA를 연구하는 방법을 알아볼 것이다. 먼저 생화학자들이 시험관 내에서 DNA와 RNA 분자를 조작하기 위해 정제효소를 사용하는 방법을 살펴본다. 이러한 조작은 DNA와 RNA 분자의 연구에 사용되는 많은 기술의 기초가 된다. 그런 다음, DNA와 RNA의 염기서열을 어떻게 결정하는지, 그리고 그 염기서열을 어떻게 해석하는지 검토할 것이다. 마지막으로 한 종에서 다른 종으로 유전자를 전달하는 데 사용되는 **DNA 클로닝(DNA cloning)** 방법과 인간 인슐린과 같은 중요한 단백질 약제를 유전적으로 조작된 미생물을 이용하여 합성될 수 있도록 하는 DNA 클로닝 방법을 살펴본다.

19.1 정제효소를 이용한 DNA와 RNA 조작

DNA와 RNA 연구에 이용되는 많은 기술이 정제효소를 이용한다. 세포 안에서 이러한 효소는 DNA 복제와 복구 등의 과정에 참여한다. 정제효소는 적절한 기질이 공급되면 계속 정상적인 반응을 수행한다. 이들 효소의 촉매작용으로 일어나는 반응은 대체로 간단하지만 표준 화학 방법으로 이러한 반응을 일으키는 일은 절대 불가능하다. 따라서 정제효소는 DNA와 RNA 연구에 사용되는 방법의 필수적이고 핵심적인 구성요소이다. 우리는 먼저 이 생화학 연구 분야에서 사용되는 다양한 유형의 효소에 대해 알아보게 될 것이다. 그런 다음 DNA와 RNA를 조작하는 데 사용되는 한 가지 특정한 방법인 **중합효소연쇄반응(polymerase chain reaction, PCR)**을 자세히 살펴본다. PCR은 단순히 DNA나 RNA 분자 조각의 다중 복제물을 합성하는 반응이지만, 생화학을 비롯한 많은 생물학 연구 분야에서 아주 중요하게 되었다.

19.1.1 DNA와 RNA 연구에 사용되는 효소 유형

DNA와 RNA 연구에 사용되는 가장 중요한 세 가지 효소 유형은 다음과 같다.

- **핵산가수분해효소(nuclease)** – 핵산분자를 절단하거나, 줄이거나, 분해하는 효소.
- **연결효소(ligase)** – 핵산분자를 연결해준다.
- **중합효소(polymerase)** – 분자의 사본을 만든다.

핵산가수분해효소는 DNA와 RNA 분자를 절단하는 데 사용된다

핵산가수분해효소는 폴리뉴클레오타이드에서 한 뉴클레오타이드를 다음 뉴클레오타이드와 연결하는 인산디에스테르(phosphodiester) 결합을 끊음으로써 DNA 또는 RNA 분자를 분해한다. 핵산가수분해효소에는 두 종류가 있다(그림 19.1).

- **핵산말단가수분해효소(exonuclease)**는 분자의 말단에서 뉴클레오타이드를 한 번에 하나씩 제거한다.
- **핵산내부가수분해효소(endonuclease)**는 한 분자 안에서 내부 인산디에스테르결합을 끊는다.

일부 핵산가수분해효소는 이중가닥 핵산분자의 한 가닥만을 분해하고 다른 효소는 두 가닥을 모두 분해한다. 진균류 *Aspergillus oryzae*에서 만들어지는 S1 핵산내부가수분해효소는 단일가닥 디옥시리보핵산가수분해효소(deoxyribonuclease)의 예인데 그것은 이것이 단일가닥 DNA

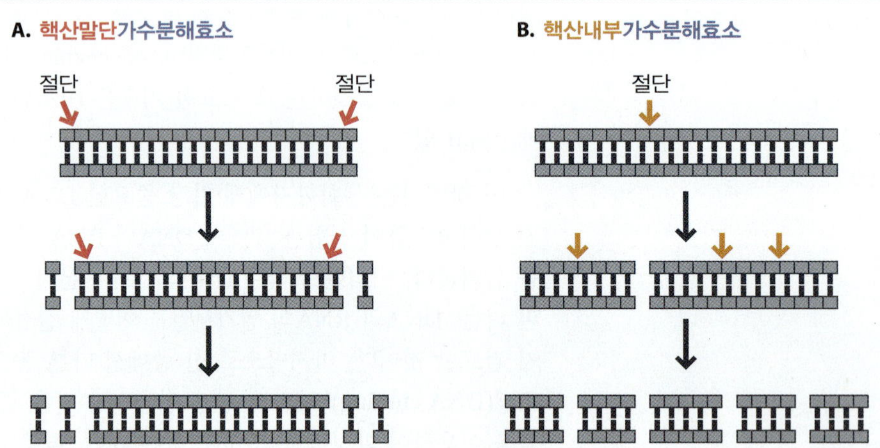

그림 19.1 두 가지 다른 유형의 핵산가수분해효소를 촉매로 하여 일어나는 반응 (A) DNA 분자의 말단에서 뉴클레오타이드를 제거하는 핵산말단가수분해효소. (B) 내부의 인산디에스테르결합을 끊는 핵산내부가수분해효소.

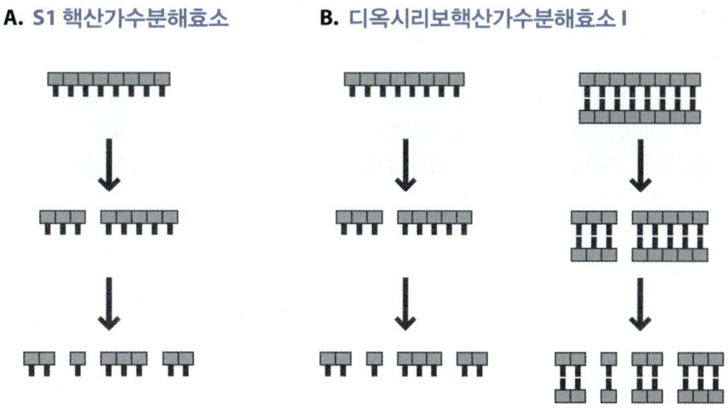

그림 19.2 다른 유형의 핵산내부가수분해효소에 의한 촉매반응
(A) 단일가닥 DNA만을 자르는 S1 핵산가수분해효소. (B) 단일가닥과 이중가닥 DNA 모두를 절단하는 DNA 분해효소 I.

만을 절단한다는 것을 뜻한다(그림 19.2). 반대로 소의 췌장에서 만들어지는 디옥시리보핵산가수분해효소 I(DNase I)은 단일가닥과 이중가닥 DNA 분자를 모두 절단한다.

디옥시리보핵산가수분해효소 I은 DNA 내부의 모든 인산디에스테르결합을 절단하므로 장시간 처리하면 DNA는 모노뉴클레오타이드(mononucleotide)와 매우 짧은 올리고뉴클레오타이드(oligonucleotide)의 혼합물이 된다. 그러나 단백질이 DNA에 붙어 있으면 단편은 분해되지 않는다. 이것은 핵산내부가수분해효소가 DNA를 잘라내려면 그것에 접근해야 하는데, 단백질에 의해 가려지지 않은 인산디에스테르결합만을 공격할 수 있기 때문이다. 따라서 핵산가수분해효소는 단백질 부착 후 노출된 DNA 부분을 분해하지만 보호된 단편은 분해하지 않는다. 보호된 단편은 핵산가수분해효소를 불활성화한 후 결합 단백질을 제거하면 손상되지 않은 채로 복구할 수 있다. '핵산가수분해효소 보호(nuclease protection)'라고 하는 이 과정은 염색질에서 DNA가 뉴클레오솜과 결합하는 방식을 공부할 때 만난 적이 있다(그림 4.16 참조). 핵산가수분해효소 보호 실험 역시 유전자 발현을 조절하기 위해 DNA에 부착하는 단백질의 결합 부위를 밝히는 데 중요한 방법이 되었다.

지금까지 우리는 DNA에 작용하는 핵산가수분해효소를 고찰해 보았지만 그와 비슷한 정제 리보핵산가수분해효소(ribonuclease) 세트도 이용 가능하다. 이것은 단일가닥 RNA를 분해하지만 염기쌍을 이루고 있는 부위에는 영향을 미치지 않는 핵산내부가수분해효소인 대장균의 RNase I을 포함한다. 따라서 RNase I은 하나 이상의 머리핀 구조(stem-loop structure)를 가진 분자에서 이중가닥 영역을 확인하는 데 사용할 수 있다(그림 19.3). RNase V1과 같은 다른 리보핵산내부가수분해효소(endoribonuclease)는 이중가닥 RNA만 절단한다.

제한효소는 염기서열 특이적 DNA 핵산내부가수분해효소이다

가장 유용한 유형의 핵산가수분해효소는 특정 염기서열에서만 이중가닥의 DNA 분자를 절단하는 유형일 것이다. DNA 염기서열을 알고 있다면 DNA 분자 내의 절단 부위를 예측할 수 있

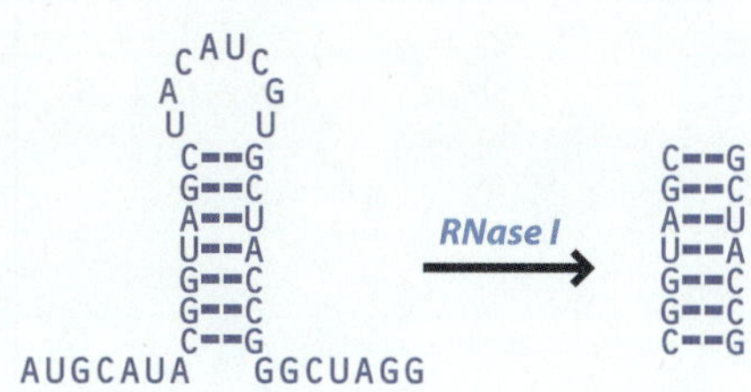

그림 19.3 RNase I은 단일가닥 RNA를 분해하므로 RNA 분자에서 이중가닥 부위를 확인하는 데 사용할 수 있다.

Box 19.1 '제한(restriction)'이란 무엇인가?

제한 핵산내부가수분해효소에서 '제한'이라는 용어는 무엇을 의미하는가? 1950년대 초반, 일부 세균이 박테리오파지에 감염되지 않는다는 사실이 발견되었다. 이 과정은 '숙주 의존성 제한(host-controlled restriction)'이라고 불렸는데 그것은 세균(숙주)이 박테리오파지의 성장을 제한할 수 있음을 나타내기 위해 붙인 말이다. 그 후에 밝혀진 사실은 세균이 박테리오파지 DNA를 복제하여 새로운 파지 입자를 생산하도록 하는 시간을 갖기 전에 박테리오파지 DNA를 절단하는 효소를 합성하면 숙주 의존성 제한이 일어난다는 점이었다. 이 절단 효소를 '제한 핵산내부가수분해효소'라 불렀다. 제한 핵산내부가수분해효소에 대한 더 자세한 연구가 이루어지자 특정 DNA 염기서열에 대한 그것의 특이성이 밝혀졌다. 이 특이성은 오늘날 DNA 클로닝과 시험관 내 DNA 분자 조작을 포함한 다른 여러 방법에 제한 핵산내부가수분해효소를 매우 유용하게 만든 속성이다.

다. 따라서 특정 염기서열을 인식하는 한 개 이상의 핵산내부가수분해효소는 DNA 분자의 한정된 부분, 그러니까 개별 유전자를 잘라내는 데 사용될 수 있다. **제한 핵산내부가수분해효소(restriction endonuclease)**에는 이런 능력이 있어서 이것이 생화학 연구에서 가장 널리 사용되는 핵산가수분해효소가 된 것은 놀라운 일이 아니다.

엄밀히 말하면, 제한 핵산내부가수분해효소는 특정 염기서열과만 결합한다. 이 효소의 유형 I과 유형 III의 경우, 효소와 결합한 인접 부위 안에서 절단이 무작위로 이루어진다(그림 19.4). 이것은 유용한 특성이지만 제한효소 유형 II의 기능 방식만큼 유용하지는 않다. 제한 핵산내부가수분해효소 유형 II는 항상 인식 부위나 그와 아주 가까운 데서 같은 곳을 절단한다. 예를 들면 대장균에서 얻은 *Eco*RI이라고 불리는 유형 II 효소는 6개의 뉴클레오타이드(hexanucleotide) GAATTC만 절단한다.

약 4,000개의 유형 II 제한효소가 알려져 있고, 인식 염기서열이 다른 수백 종의 제한효소를 상업적 공급업체에서 구하여 실험에 사용할 수 있다. *Eco*RI과 같은 일부 효소는 헥사뉴클레오타이드 표적 부위를 가지고 있지만, 다른 것들은 더 짧거나 더 긴 염기서열을 인식한다(표 19.1). 일부는 퇴화된 인식 염기서열을 가지고 있는데, 이것은 관련 부위의 어느 곳이든 절단한다는 것을 뜻한다. 한 예로 GANTC를 인식하는 *Hin*fI이 있는데, 여기서 'N'은 모든 뉴클레오타이드를 나타내므로 GAATC, GACTC, GAGTC, GATTC를 절단한다.

제한효소는 두 가지 방법으로 이중가닥 DNA를 절단한다(그림 19.5).

표 19.1 가장 많이 사용되는 몇 가지 제한 핵산내부가수분해효소의 인식 염기서열

제한효소	유기체	인식서열	점착성 혹은 비점착성 말단
*Eco*RI	*Escherichia coli*	GAATTC	점착성
*Bam*HI	*Bacillus amyloliquefaciens*	GGATCC	점착성
*Bgl*II	*Bacillus globigii*	AGATCT	점착성
*Pvu*I	*Proteus vulgaris*	CGATCG	점착성
*Pvu*II	*Proteus vulgaris*	CAGCTG	비점착성
*Hin*dIII	*Haemophilus influenzae* R_d	AAGCTT	점착성
*Hin*fI	*Haemophilus influenzae* R_f	GANTC	점착성
*Sau*3A	*Staphylococcus aureus*	GATC	점착성
*Alu*I	*Arthrobacter luteus*	AGCT	비점착성
*Hae*III	*Haemophilus aegyptius*	GGCC	비점착성
*Not*I	*Nocardia otitidis-caviarum*	GCGGCCGC	점착성
*Sfi*I	*Streptomyces fimbriatus*	GGCCNNNNNGGCC	점착성

인식 염기서열은 5′에서 3′ 방향으로 주어진 한 가닥의 서열이다. 'N'은 모든 뉴클레오타이드를 가리킨다. 거의 모든 인식 염기서열은 앞뒤 어느 쪽으로 읽어도 같다는 점을 주목해야 한다. 예를 들면, 두 가닥 서열은 반대 방향으로 읽어도 염기서열은 같다.

```
        5′-GAATTC-3′
EcoRI      ||||||
        3′-CTTAAG-5′
```

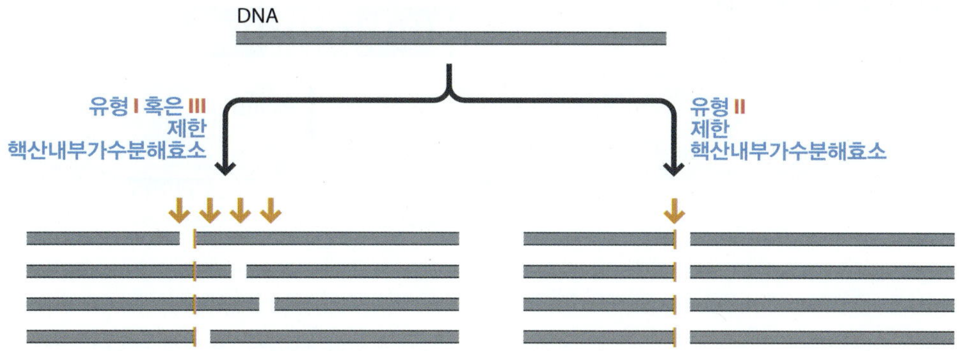

그림 19.4 서로 다른 제한 핵산내부 가수분해효소로 이루어진 여러 절단 유형 주황색 선은 인식 염기서열의 위치를 나타낸다.

- 어떤 제한효소는 이중가닥을 절단하여 단순한 **비점착성 말단(blunt** or **flush end)**을 만든다.
- 다른 제한효소는 2개의 DNA 가닥을 서로 다른 위치, 보통 2개 혹은 4개의 간격을 두고 절단하여 DNA 단편의 양끝이 짧은 단일가닥 돌출 부분을 갖도록 한다. 이것을 **점착성 말단(sticky** or **cohesive end)**이라고 하는데, 이 두 말단 사이의 염기쌍 형성으로 DNA 분자를 다시 붙일 수 있기 때문이다. 일부 점착성 말단을 만드는 제한효소는 5′ 돌출 부분(예: *Bam*HI, *Sau*3AI, *Hin*fI)을, 다른 효소는 3′ 돌출 부분(예: *Pst*I)을 만든다.

점착성 말단 효소에 의해 남겨진 돌출 부분은 종종 인식 서열보다 짧다. 예를 들면, *Bam*HI은 GGATCC를 인식하지만 GATC 돌출 부분만을 남긴다(그림 19.5B 참조). 이것은 다른 인식 염기서열을 갖는 2개 이상의 효소가 동일한 점착성 말단을 생성할 수 있음을 의미한다. 예를 들어, *Bgl*II 역시 GATC 돌출 부분을 생성하지만, 그 인식 염기서열인 AGATCT는 *Bam*HI의 그것과 다르다. 세 번째 효소인 *Bcl*I은 TGATCA를 인식하지만, *Sau*3AI처럼 *Bam*HI, *Bgl*II와 동일한 돌출 부분을 만든다. *Sau*3AI의 인식 염기서열은 단지 4개의 뉴클레오타이드(tetranucleotide), GATC로만 이루어져 있다(그림 19.6). DNA 클로닝에 대해 배우는 이 장의 후반부에서는 서로 다른 인식

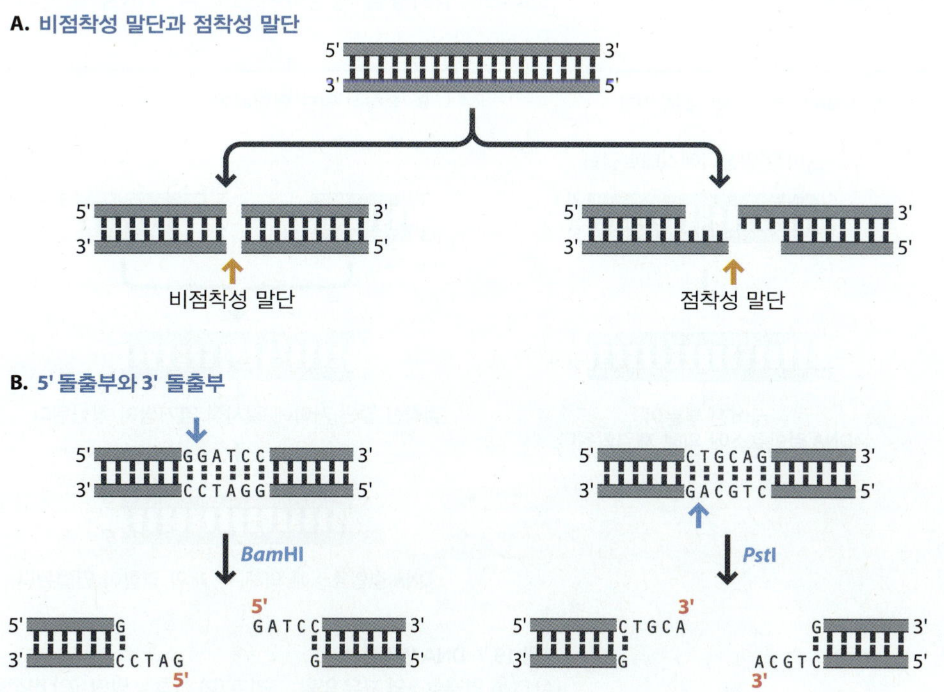

그림 19.5 유형 II 제한 핵산내부가수분해효소에 의해 만들어지는 다른 종류의 절단 (A) 비점착성 말단과 점착성 말단의 차이. (B) 두 가지 유형의 점착성 말단: 5′ 돌출부를 가진 점착성 말단과 3′ 돌출부를 가진 점착성 말단.

그림 19.6 **다른 인식 서열을 가진 제한효소도 동일한 점착성 말단을 생성할 수 있다.**

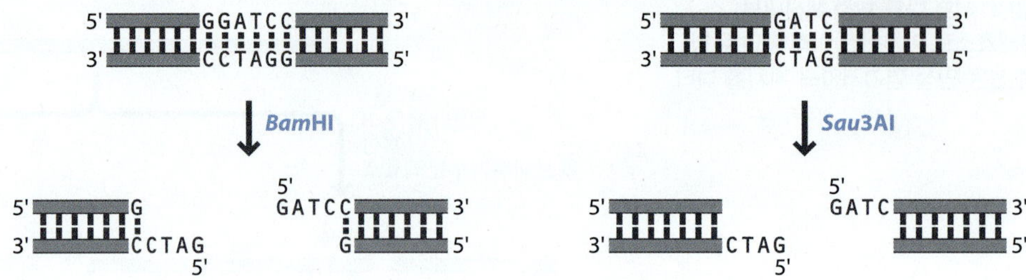

염기서열을 갖는 효소가 동일한 점착성 말단을 갖는 단편을 생성하는 능력이 DNA 연구에 얼마나 중요한지를 보게 될 것이다.

DNA 연결효소는 분자를 결합한다

제한 핵산내부가수분해효소에 의해 생성된 DNA 단편은 DNA 연결효소에 의해 다시 결합되거나 새로운 단편에 결합될 수 있다. 이 반응에는 에너지가 필요한데 이 에너지는 사용 중인 연결효소의 유형에 따라 반응 혼합물에 ATP나 NAD를 첨가함으로써 얻어진다.

가장 널리 사용되는 DNA 연결효소는 T4라는 바이러스에 감염된 대장균 세포에서 얻어진다. 이 연결효소의 고유 역할은 바이러스 DNA의 복제과정에서 오카자키 조각(Okazaki fragment)을 서로 결합하는 일이다. 이 고유 역할을 통해, 함께 연결될 두 분자는 복제되고 있는 DNA의 주형 가닥과 염기쌍을 형성한다. 즉, 두 끝이 서로 가깝게 자리잡는다(**그림 19.7**). 점착성 말단을 가진 두 개의 단편이 결합할 때도 마찬가지이다. 단편은 처음에는 반응 혼합물에 분산되어 있다가 임의의 확산에 의해 결합하게 되지만, 일단 그렇게 되면 두 개의 돌출 부분은 일시적으로 염기쌍을 형성할 가능성이 있다. 이 염기쌍 형성은 연결효소가 접합부에 부착하여 두 개의 단편을 연결하는 인산디에스테르결합을 형성하기에 충분한 시간 동안 지속된다.

비점착성 말단 분자 간의 연결은 훨씬 비효율적이다. 돌출부가 없는 비점착성 말단은 일시적으로라도 염기쌍을 형성하지 못한다. DNA 분자의 연결은 연결효소가 반응 혼합물에서 확산에

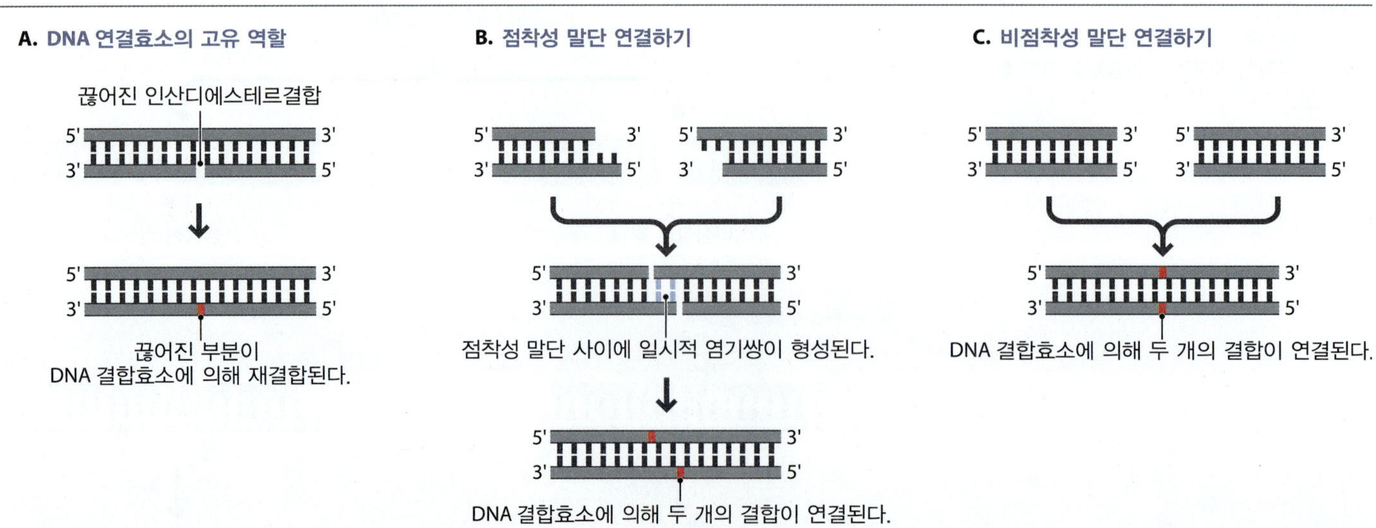

그림 19.7 DNA 연결효소
(A) DNA 연결효소의 고유 역할, 그리고 (B) 점착성 말단, (C) 비점착성 말단을 결합하기 위한 DNA 연결효소의 사용.

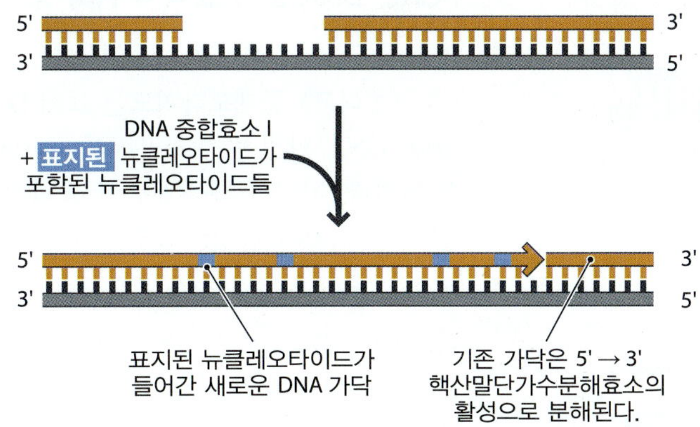

그림 19.8 DNA 중합효소 I을 이용한 DNA 표지가닥의 합성

의해서 우연히 가까이 있게 된 2개의 말단에 근접했을 때만 일어난다. 이런 일이 발생할 가능성을 높이려면 고농도의 DNA를 사용해야 한다.

중합효소는 DNA 분자의 사본을 만드는 데 사용된다

중합효소는 DNA와 RNA를 조작하는 데 사용되는 세 번째 종류의 효소이다. 중합효소의 촉매작용으로 이루어지는 DNA 합성은 PCR과 대부분의 염기서열을 결정하는 데 사용되는 기술의 기초가 된다.

14.1.2절에서는 DNA 복제에서 DNA 중합효소 I과 다른 DNA 중합효소가 담당하는 역할을 알아보았다.

이 유형의 효소 가운데 가장 널리 사용되는 것은 세균의 DNA 중합효소 I이다. 이 효소는 DNA를 합성할 수 있을 뿐만 아니라 5′→ 3′ 핵산말단가수분해효소 활성도 지니고 있다. 이것이 갖는 의미는 효소가 주로 이중가닥 DNA 분자의 짧은 단일가닥 부분에 붙은 다음, 완전히 새로운 가닥을 합성할 수 있으며 그 과정에서 기존의 가닥을 분해한다는 사실이다. 이 반응은 DNA 분자에 표지 뉴클레오타이드를 혼입하기 위해 사용된다. 그럼으로써 DNA는 표지를 갖게 되고, 이후 실험을 통해 추적할 수 있다(그림 19.8).

DNA 중합효소 I은 보통 대장균에서 얻어지지만, PCR을 포함하는 일부 기술에는 특별한 종류의 효소가 필요하다. 이 특별한 효소는 온천에 사는 세균인 *Thermus aquaticus*에서 얻어진다. 이 세균의 DNA 중합효소뿐만 아니라 이 세균의 많은 효소는 열 안정성을 지녀 열처리로 쉽게 변성되지 않는다. 최적 작용 온도는 70~80℃이다. *Thermus aquaticus*의 DNA 중합효소 I은 ***Taq* 중합효소(*Taq* polymerase**, *Thermus aquaticus*에서 따온 *Taq*)라고 한다.

RNA 조작에 중요한 다른 종류의 중합효소는 **역전사효소(reverse transcriptase)**이다. 이 효소는 유전체가 RNA로 이루어진 일부 유형의 바이러스 복제에 관여한다. 이 바이러스 유전체가 복제되는 동안 RNA는 DNA로 복사된다. 이 특성은 실험실에서 RNA 분자의 DNA 사본을 만드는 데 이용되며[**상보 DNA(complementary DNA)** 또는 **cDNA**], 이 절차는 **cDNA 합성(cDNA synthesis)**으로 알려져 있다.

19.1.2 중합효소 연쇄반응

PCR은 DNA 분자의 어떤 단편이든 최대 약 40 kb 길이까지 반복적으로 복사하여 많은 양을 얻을 수 있게 해 준다. 먼저 이 과정이 어떻게 이루어지는지 살펴본 다음, 하나의 아주 단순한 기술이 왜 생화학뿐만 아니라 생물학의 많은 분야에서 그처럼 중요한 위치를 차지하게 되었는지 살펴본다.

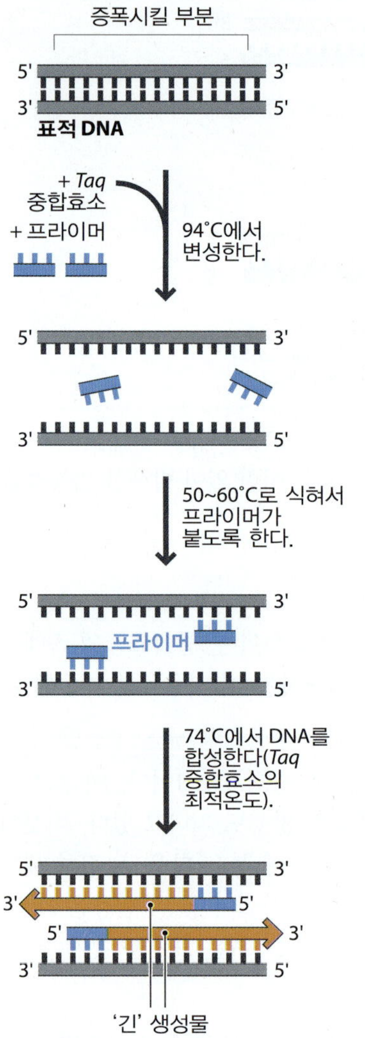

그림 19.9 PCR의 첫 단계

PCR은 DNA 분자 표적 부위의 많은 사본을 만들어 준다

PCR의 두 주요 구성요소는 열에 안정적인 *Taq* 중합효소와 한 쌍의 짧은 올리고뉴클레오타이드이다. 올리고뉴클레오타이드는 표적 DNA 분자와 결합한다. 이중 나선의 각 가닥에 하나씩 결합한다. DNA 합성 반응에 프라이머(primer)로 작용하는 이 올리고뉴클레오타이드는 증폭될 영역을 정한다. 따라서 복사해야 할 표적 DNA의 양쪽 끝 부분과 상보적이어야 한다. 이들 프라이머는 화학적 DNA 합성으로 얻어진다.

반응을 일으키기 위해 DNA에 *Taq* 중합효소, 2개의 프라이머, 뉴클레오타이드를 넣고 섞는다. 혼합물을 작은 플라스틱 시험관이나 미세정량판(microtiter plate)의 웰(well)에 넣고, 설정 온도에서 가열과 냉각 프로그래밍이 가능한 장치인 **열순환기(thermal cycler)** 안에 넣으면 반응이 일어날 수 있다. 혼합물을 94°C로 가열하면 반응이 일어나기 시작한다. 이 온도에서 이중 나선의 두 폴리뉴클레오타이드 사이의 수소결합이 끊어지므로 DNA는 단일가닥 분자로 변성된다(**그림 19.9**). 그러면 온도를 50~60°C로 낮추어 프라이머가 결합 위치에 부착되도록 한다. 그런 다음 *Taq* 중합효소를 위해 최적 범위에 해당하는 74°C로 올려 DNA 합성이 이루어지도록 한다. PCR의 이 첫 번째 단계에서 한 세트의 '긴 생성물(long products)'이 표적 DNA의 각 가닥으로부터 합성된다. 이들 긴 생성물은 동일한 5′ 말단을 갖지만 3′ 말단은 DNA 합성이 우연히 종결되는 위치에서 무작위로 정해진다.

그런 다음에는 변성-결합(annealing)-합성의 주기가 반복된다(**그림 19.10**). 긴 생성물은 변성되어 네 가닥이 되고 다시 복제되어 4개의 이중가닥 분자를 만들어내게 되는데 그 가운데 두 개는 첫 번째 주기의 긴 생성물과 동일하고, 두 개는 완전히 새로운 DNA로 만들어진다. 세 번째 주기에서 새로운 DNA는 '짧은 생성물(short product)'을 생성하며, 그것들의 5′ 말단과 3′ 말단은 모두 프라이머가 결합한 위치이다. 뒤이은 주기에서 짧은 생성물의 수는 반응 성분 중 하나가 고갈될 때까지 기하급수적으로 축적된다(각 주기마다 두 배가 되면서). 30주기가 반복되고 나면 각 반응 시작에 사용된 DNA 분자로부터 1억 3천만 개 이상의 짧은 생성물이 만들어진다는 것을 의미한다. 이것은 몇 나노그램 혹은 그보다 적은 표적 DNA로부터 몇 마이크로그램의 PCR 생성물이 만들어지는 것과 같다.

따라서 PCR은 프라이머에 의해 표시된 DNA 단편을 기하급수적으로 복사하는 결과를 낳는다. 또한 이것은 RNA에 역전사효소를 처리하여 cDNA로 전환된 RNA 분자의 단편을 증폭하는 데에도 사용된다.

PCR에는 두 가지 제약이 있다. 첫째, 복사할 DNA나 RNA 단편의 양쪽 끝의 염기서열이 알려져 있어야 한다. 이 정보는 표적 분자의 적절한 위치에 붙을 올리고뉴클레오타이드 프라이머를 합성하는 데 필요하다. 염기서열이 알려지지 않았거나 예측할 수 없다면, PCR은 그 분자를 연구하는 데 사용할 수 없다.

두 번째 제약은 증폭될 수 있는 DNA의 길이와 관련이 있다. 이것은 *Taq* 중합효소의 **진행도(processivity)**에 의해 결정된다. 진행도란 효소가 주형 DNA로부터 분리되기 전에 중합되는 뉴클레오타이드의 평균 개수를 의미한다. 한 번의 PCR을 통해, 5 kb의 DNA를 상당히 효율적으로 복사할 수 있고, 특수한 기술을 사용하면 최대 40 kb까지 복사할 수 있다. 그러나 많은 진핵생물의 유전자가 40 kb보다 길기 때문에 단 하나의 PCR 생성물로 증폭하기보다는 일련의 단편들로 증폭되어야 할 것이다.

PCR의 진행은 실시간으로 추적될 수 있다

PCR이 끝나면 반응 혼합물의 샘플은 아가로오스 겔 전기영동(agarose gel electrophoresis)으로

그림 19.10 첫 번째 짧은 생성물이 합성되는 PCR의 두 번째와 세 번째 주기

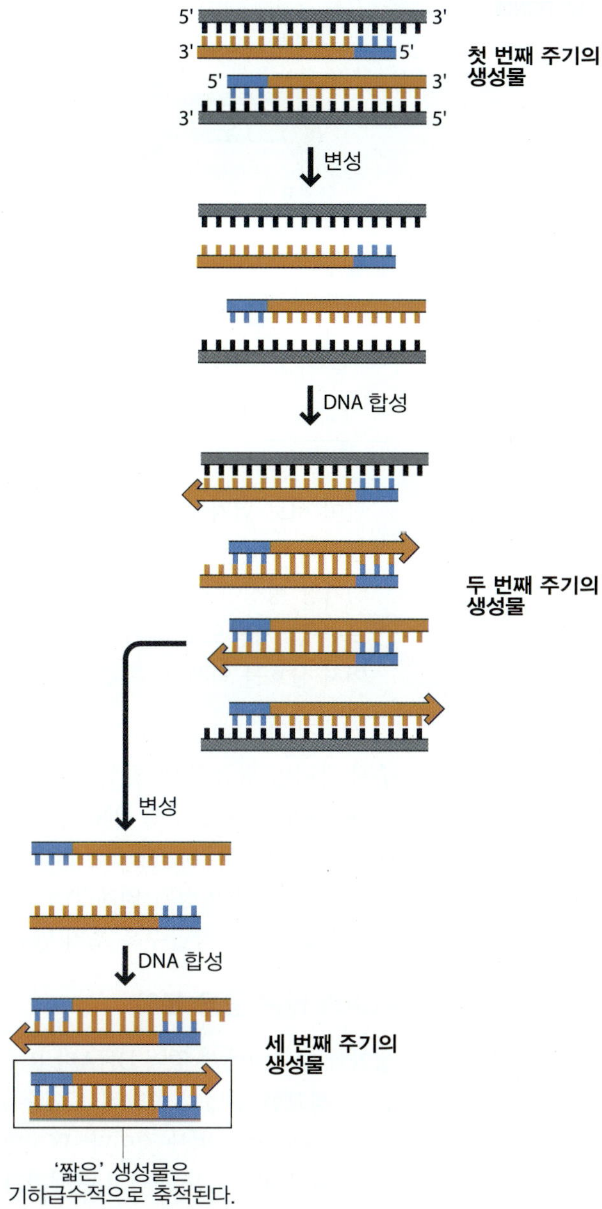

검사할 수 있으며, DNA 결합색소로 염색하면 증폭된 단편이 분리된 밴드로 보일 만큼 충분한 DNA가 생성되었음을 알 수 있다.

다른 방식으로 반응이 진행되는 과정을 따라갈 수도 있다. 이 형식은 반응이 실시간으로 추적되기 때문에 **실시간 PCR(real-time PCR)**이라고 한다. 실시간 PCR에는 두 가지 방식이 있다.

- 이중가닥 DNA와 결합하면 형광 신호를 내는 화합물을 PCR 반응 혼합물에 넣어준다. PCR이 진행되는 동안 점점 더 많은 DNA가 합성됨에 따라 형광 신호의 양이 증가한다.
- **리포터 탐침자(reporter probe)**라고 하는 짧은 올리고뉴클레오타이드가 사용될 수 있다. 리포터 탐침자의 염기서열이 PCR 산물의 한 가닥과 염기쌍을 형성하도록 설계한다. 형광화합물을 올리고뉴클레오타이드의 한쪽 끝에 붙이고, 형광신호를 억제하는 두 번째 그룹을 다른 쪽 끝에 붙인다. 올리고뉴클레오타이드의 설계는 형광억제제를 형광화합물 옆에 두고 두 개의 말

그림 19.11 **한 유형의 실시간 PCR에 사용되는 리포터 탐침자**

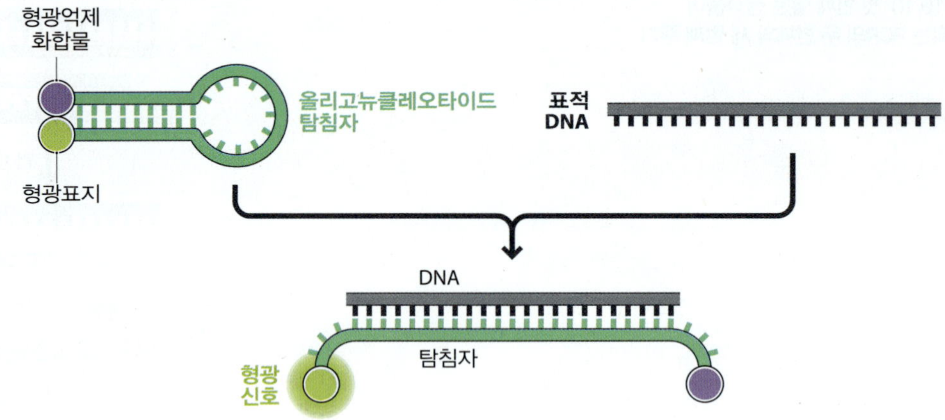

단이 서로 염기쌍을 이루는 방식으로 한다(**그림 19.11**). 이것은 올리고뉴클레오타이드가 용액에 유리되어 있을 때는 어떠한 형광도 방출하지 않는다는 것을 의미한다. 그러나 PCR 산물과의 염기쌍 형성이 에너지의 면에서 더 유리하기 때문에, 올리고뉴클레오타이드는 PCR 산물이 있으면 한 가닥으로 되어 그것과 결합한다. 그러면 형광억제제는 형광화합물에서 너무 멀리 떨어져 신호를 억제할 수 없다. 따라서 PCR이 진행됨에 따라 형광의 양이 증가한다.

실시간 PCR은 일반적으로 **정량적 PCR(quantitiative PCR, qPCR)**이라고도 한다. 이는 각 주기 말미의 형광 양이 합성된 PCR 산물의 양을 나타내기 때문이다. 이 양은 또한 PCR을 시작할 때 얼마나 많은 주형 DNA가 있었느냐에 달려 있다. 따라서 PCR 시작 시의 양은 시작 시의 DNA 양을 알고 있는 대조군 PCR과 비교하여 정량화할 수 있다. 일반적으로 이 비교는 형광신호의 양이 미리 설정된 임계값에 도달하는 PCR의 단계를 확인함으로써 이루어진다(**그림 19.12**). 임계값에 빨리 도착할수록 초기 반응 혼합물의 DNA 양이 더 많다.

PCR의 많은 응용 분야

생화학 연구자에게 있어 DNA나 RNA 분자의 단편을 증폭하는 능력은 핵산 연구에 사용되는 한층 더 정교한 방법의 출발점을 이룬다. 이 장의 뒷부분에서는 PCR이 어떻게 DNA 염기서열결정에 이용되는지 살펴볼 것이다. PCR은 또한 유전자의 코돈을 특정 방식으로 변형할 수 있기 때문에, 변형된 아미노산 서열의 단백질과 새로운 생화학 특성을 갖는 단백질을 합성할 수 있다.

그림 19.12 **실시간 PCR에 의한 DNA의 정량화**

그래프는 각각 시작 DNA 양이 다른 세 가지 PCR이 진행되는 동안 이루어지는 DNA의 합성을 나타낸다. PCR 동안, 생성물은 기하급수적으로 축적되고, 임의의 특정 주기에서 존재하는 DNA 양은 시작 DNA의 양에 비례한다. 따라서 파란색 곡선은 시작 DNA가 가장 많은 PCR이고, 녹색 곡선은 시작 DNA가 가장 적은 PCR이다. 이 두 PCR의 시작 DNA의 양을 알고 있다면, 테스트 PCR(적색 곡선)의 양을 이들 대조군과 비교하여 정량할 수 있다. 비교는 DNA 합성이 그래프에서 수평선으로 표시된 임계값 이상으로 이동하는 주기를 식별하여 이루어진다.

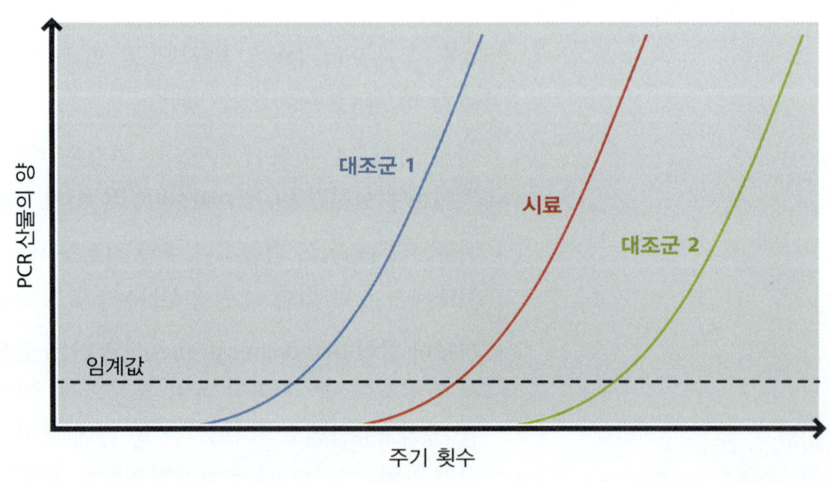

Box 19.2 PCR을 이용한 유전자의 코돈 바꾸기

유전자의 염기서열을 바꾸기 위해 PCR을 사용할 경우에는 두 쌍의 프라이머가 필요하다. 한 쌍의 프라이머는 유전자 서열과 완벽하게 일치해야 하며, 다른 한 쌍은 바꾸고자 하는 뉴클레오타이드가 포함되어 있어야 한다.

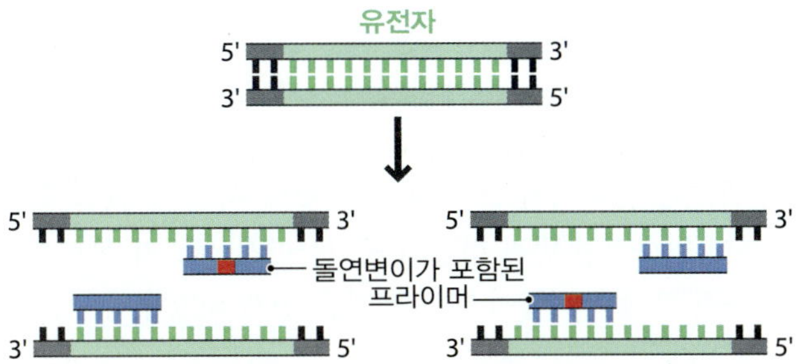

PCR 후, 프라이머에 포함된 바뀐 염기서열은 아래와 같이 두 증폭 산물 각각에 존재할 것이다.

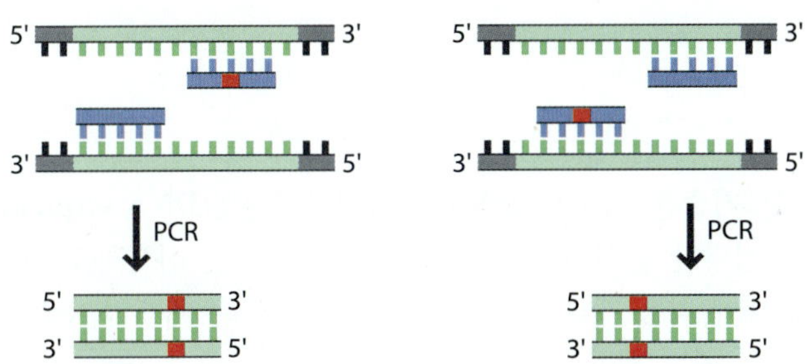

이제 두 PCR 산물을 혼합해서 최종 PCR 주기를 수행한다. 이 최종 주기에서 두 생성물의 상보적 가닥은 서로 결합된 다음, 중합효소에 의해 신장됨으로써 변화된 염기서열을 포함하는 전체 길이의 DNA 분자를 생성한다.

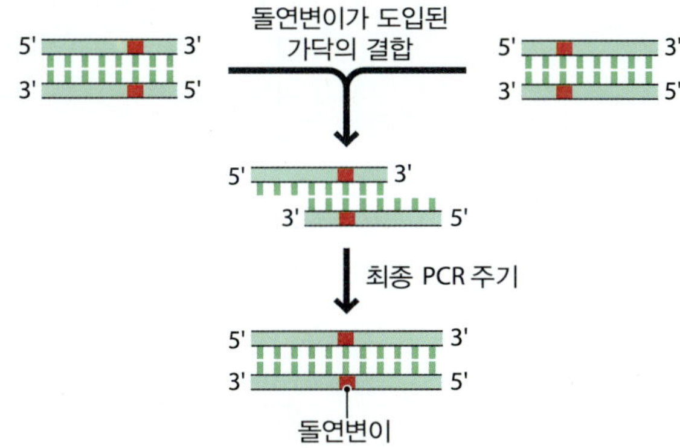

이 기술은 **시험관내 돌연변이유발**(*in vitro* **mutagenesis**) 방법의 한 유형이다. 시험관에서 수행되기 때문에 '*in vitro*'라는 말이 붙고, 결과적으로 DNA 분자에 돌연변이가 도입되기 때문에 '돌연변이유발'이라고 부른다. 돌연변이는 어느 위치에도 일어날 수 있으므로 유전자의 어떤 코돈도 원하는 대로 바꿀 수 있다. 시험관내 돌연변이유발은 생화학에서 많은 응용 분야가 있다. 예를 들면,

- 이 장의 뒷부분(19.3.1절)에서 설명하는 바와 같이 변형된 유전자는 클로닝 방법으로 숙주 생물에 다시 넣어줄 수 있다. 그러면 유전자에 의해 암호화된 단백질의 기능에 미치는 돌연변이의 영향을 연구할 수 있을 것이다.
- 변형된 유전자는 대장균에 클로닝할 수 있으며 이때의 생성물은 재조합 단백질이다(19.3.2절). 이 단백질은 정제할 수 있으며 그 구조와 활성에 미치는 돌연변이의 영향을 조사할 수 있다.

시험관내 돌연변이유발 방법은 또한 생명공학적 목적을 위해 새로운 효소의 개발을 목표로 하는 단백질 공학에 기초를 두고 있다. 단백질 공학의 한 예는 Box 7.5에서 이미 살펴본 바 있다. 거기에서 우리는 열 안정성 효소가 바이오 연료를 생산하는 데 어떻게 이용되고 있는지 알아보았다. 단백질 공학이 또 달리 응용되는 곳은 생물학적 세제의 개발 분야이다. 이들 세제는 서브틸리신(subtilisin)과 같은 단백질가수분해효소(protease)를 함유하고 있는데, 서브틸리신은 음식 찌꺼기와 세척 중인 물질에 들어 있는 단백질을 분해한다. 생물학적 세척력을 향상시키기 위해 시험관내 돌연변이유발 방법이 세탁기에서 발생하는 열과 표백(산화) 스트레스에 대해 더 큰 내성을 갖는 변형된 유형의 서브틸리신을 만들어 내는 데 사용되어 왔다.

또한 PCR은 현대 사회에서 중요한 생화학 응용 분야의 근간을 이루고 있다. 임상 환경에서 PCR은 환자나 심지어 태어나지 않은 어린이의 특정 질병에 대한 소인을 진단하는 유전선별검사(genetic screening)에 이용된다. 예를 들면 인간 글로빈 유전자에 대한 PCR은 혈액 질환인 지중해 빈혈(thalassemia)을 일으킬 수 있는 돌연변이의 존재 여부를 검사하는 데 사용된다. 이 PCR을 위한 프라이머는 인간 글로빈 유전자의 염기서열이 알려져 있고, 인간 집단에서 변하지 않는 영역이 밝혀져 있기 때문에 쉽게 설계할 수 있다. 프라이머가 변하지 않은 영역에 부착되도록 설계하면, 두 프라이머 사이의 염기서열이 개인에 따라 다를지라도 PCR은 어떤 인간 DNA 샘플과도 작동할 것이다. PCR 생성물은 지중해 빈혈의 돌연변이가 있는지 조사하기 위해 염기서열결정을 한다.

PCR의 또 다른 임상적 응용은 바이러스 감염을 조기 발견하는 데 이루어지고 있다. 결과가 양성이면 샘플에 바이러스가 포함되어 있고 샘플을 제공한 사람이 질병의 발병을 예방하기 위해 치료를 받아야 한다는 것을 의미한다. PCR은 매우 민감하며, 시작 반응 혼합물에 표적 DNA가 단 한 개만 존재하더라도 생성물이 만들어질 수 있다. 이 기술은 감염 초기 단계에서 바이러스를 발견할 수 있으므로 치료의 성공 가능성을 높인다. qPCR을 사용하면 감염의 진행과정에 대한 정보를 얻을 수 있으며, 바이러스가 더 이상 발견되지 않으면 환자는 '이상 없음' 판정을 받는다

PCR은 법의학에서도 매우 중요하게 되었다. 모발과 건조한 혈흔에 있는 소량의 DNA를 복제하여 **유전자 분석표(genetic profile)**를 만들 수 있다. 개개인의 유전자 분석표는 독특하기 때문에 용의자와 범죄 현장의 샘플을 PCR하여 얻은 분석표가 일치하면 범죄자임을 확신할 수 있다. 최근 몇 년 동안 연구자들은 PCR의 감도를 증가시켜 점점 더 적은 양의 시작 DNA를 검출할 수 있는 방법을 터득하게 되었다. 그리하여 역사적인 범죄 현장의 증거물에서 유전자 분석표를 얻어 1990년 대 이전의 '미해결 사건들'도 유죄 판결로 이끌어 내는 성과를 얻게 되었다.

유사한 기법이 멸종된 인간의 뼈와 같은 고고학 자료에 있는 **고대 DNA(ancient DNA)**를 연구하기 위해 사용되고 있다. PCR은 네안데르탈인 유전체의 염기서열을 얻을 수 있게 함으로써 호모 사피엔스의 진화의 기원에 대한 정보를 제공해 주었다. 이 연구는 우리 종의 일부가 네안데르탈인과 40,000년도 더 전에 이종교배 하였음을 밝혀 주었다.

19.2 DNA 염기서열결정

핵산 연구에 사용되는 가장 중요한 기술은 아마도 **DNA 염기서열결정법(DNA sequencing)**, 곧 DNA 분자의 뉴클레오타이드의 정확한 순서를 확인하는 방법일 것이다. 신속하고 효율적인 DNA 염기서열 분석 방법은 1970년대에 처음 개발되었다. 처음에 이 기술은 개개의 유전자에 적용되었다. 그러나 1990년대 초반 이후에는 점차 더 많은 전체 유전체의 염기서열이 밝혀졌다. 2000년대 중반에 들어서 **차세대 염기서열결정법(next generation sequencing)**이라 불리는 새로운 자동화된 방법이 창안되어 대규모 염기서열 분석이 아주 쉬워졌다. 우리가 먼저 살펴보게 될 것은 재래식 방법으로 이들 방법은 실험실에서 짧은 DNA 단편의 염기서열을 얻어내는 데 여전히 사용되고 있다. 그 다음 우리가 살펴볼 것은 차세대 염기서열결정법에서 사용되는 한층 더 전문적인 접근법들이다.

19.2.1 DNA 염기서열결정 방법

DNA 염기서열결정에 사용되어 온 재래식 접근법은 **사슬종료법(chain termination method)**이라고 불린다. 이 방법은 1970년대에 프레더릭 생어(Frederick Sanger)와 그의 동료에 의해 고안되었으며 오늘날에도 널리 사용되고 있다.

사슬종료 염기서열결정은 변형된 뉴클레오타이드를 이용한다

사슬종료 염기서열결정은 여러 방식으로 이루어질 수 있지만, 가장 자주 사용되는 방법으로 PCR과 매우 유사한 반응이 있다. 내열성 DNA 중합효소가 사용되며, 온도를 바꿔가며 조절하여 반응 단계를 통제함으로써 두 가닥 DNA의 분리, 프라이머의 부착, DNA 합성과정이 계속 되풀이 되도록 한다. 그러나 PCR과 비교하면 두 가지 중요한 차이점이 있다.

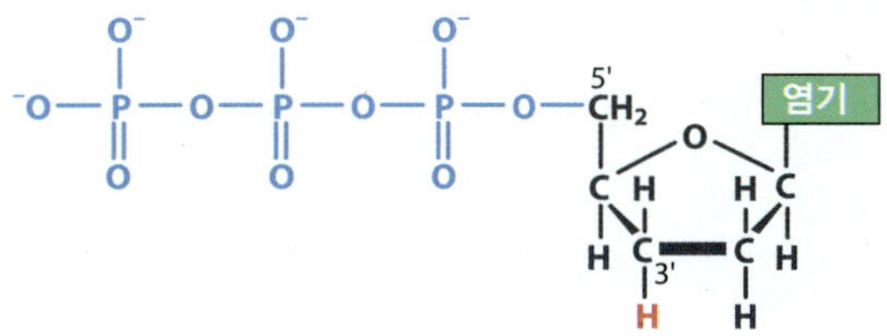

그림 19.13 dNTP의 –OH기가 –H로 치환된 위치를 나타내는 디디옥시뉴클레오타이드의 구조

- 하나의 프라이머만 사용된다. 이것은 반응의 결과로 표적 DNA의 한 가닥만이 여러 번 복제됨을 의미한다.
- 이 반응에는 DNA 합성에 필요한 일반적인 뉴클레오타이드(dATP, dCTP, dGTP, dTTP)뿐만 아니라 2′,3′-디디옥시뉴클레오타이드, 혹은 간단히 **디디옥시뉴클레오타이드(dideoxynucleotide, ddNTP)**라고 불리는 4개의 변형된 화합물이 포함되어 있다.

디디옥시뉴클레오타이드는 사슬 형성을 종료시키는 뉴클레오타이드이다. DNA가 합성되는 동안, 뉴클레오타이드가 부가되기 위해서는 사슬에 있는 마지막 뉴클레오타이드의 3′-수산기와 새로운 뉴클레오타이드의 5′-인산기 사이에 인산디에스테르결합이 형성되어야 한다(그림 14.10 참조). 디디옥시뉴클레오타이드는 정상적인 5′-인산기를 가지고 있으므로 길어지는 폴리뉴클레오타이드의 끝에 부가될 수 있지만 다음에 들어올 뉴클레오타이드와의 결합에 필요한 3′-수산기를 가지고 있지 않다(그림 19.13). 이것은 디디옥시뉴클레오타이드가 일단 자리를 잡으면 DNA 가닥이 더 이상 합성이 되지 않는다는 것을 뜻한다. 다시 말해 사슬 형성 종료 상태가 된다.

사슬종료 염기서열결정 반응에 디디옥시뉴클레오타이드가 존재하더라도, 정상적인 뉴클레오타이드는 지나치게 많다. 이것은 DNA 합성 반응이 시작 직후 곧바로 멈추는 게 아니라, 디디옥시뉴클레오타이드가 부가되어 사슬종료가 일어나기 전에 수백 단계까지 계속될 수 있음을 뜻한다. 유사 PCR의 각 주기는 새로운 사슬종료 분자 세트를 생성한다. 따라서 실험이 끝나면 길이가 다른 단일가닥의 혼합물이 생성되며 각각은 디디옥시뉴클레오타이드로 끝나게 된다.

이것이 주형 DNA의 염기서열을 알아내는 데 어떻게 도움이 될까? 중요한 점은 말단의 디디옥시뉴클레오타이드가 확인될 경우 주형 DNA의 그 위치에 뉴클레오타이드가 존재한다는 사실을 말해 준다는 것이다. 예를 들면, 말단의 디디옥시뉴클레오타이드가 ddA이면 주형 DNA의 해당 위치에는 T가 있어야 한다(그림 19.14). 주형 DNA의 염기서열을 알아내기 위해서는 다음의 두 가지 작업을 수행해야 한다.

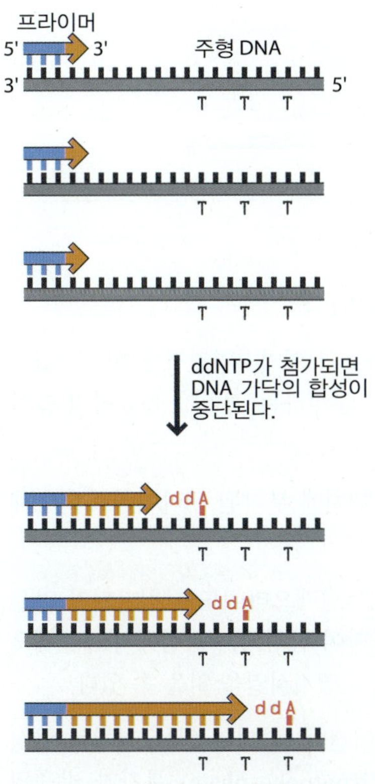

그림 19.14 사슬종료 염기서열결정 실험에서 디디옥시뉴클레오타이드가 맡는 역할

- 첫째, 가장 짧은 것이 먼저 오고, 가장 긴 것이 나중에 오도록 길이에 따라 사슬종결가닥을 분리한다. 이 작업은 폴리아크릴아미드 겔의 가느다란 모세관을 통한 전기영동으로 이루어질 수 있다. 적절한 조건 하에서는 하나의 뉴클레오타이드만으로도 길이가 다른 폴리뉴클레오타이드가 분리될 수 있다.
- 둘째, 사슬이 종료된 가닥의 끝에 각각 어떤 디디옥시뉴클레오타이드가 존재하는지 확인한다. 이것은 기질로 사용된 4개의 디디옥시뉴클레오타이드가 각각 다른 형광마커로 표지되어 있다면 확인될 수 있다.

따라서 염기서열은 모세관 겔을 따라 통과하면서 각 사슬종료가닥에 의해 방출된 신호를 확인하는 형광검출기로 판독된다(그림 19.15). 실제로 한 번의 실험으로 최대 1,000개의 뉴클레오타이드를 읽을 수 있다.

그림 19.15 사슬종료 실험으로 생성된 염기서열 읽기
(A) 각각의 사슬종결가닥에 붙어 있는 형광 마커의 도움을 받아 사슬종결가닥을 식별하기. (B) 영상 장치로 출력한 것. 염기서열은 일련의 피크로 표시되는데 각 피크는 뉴클레오타이드 위치를 나타낸다. 이 예에서 녹색 피크는 A, 파란색은 C, 갈색은 G, 빨간색은 T이다.

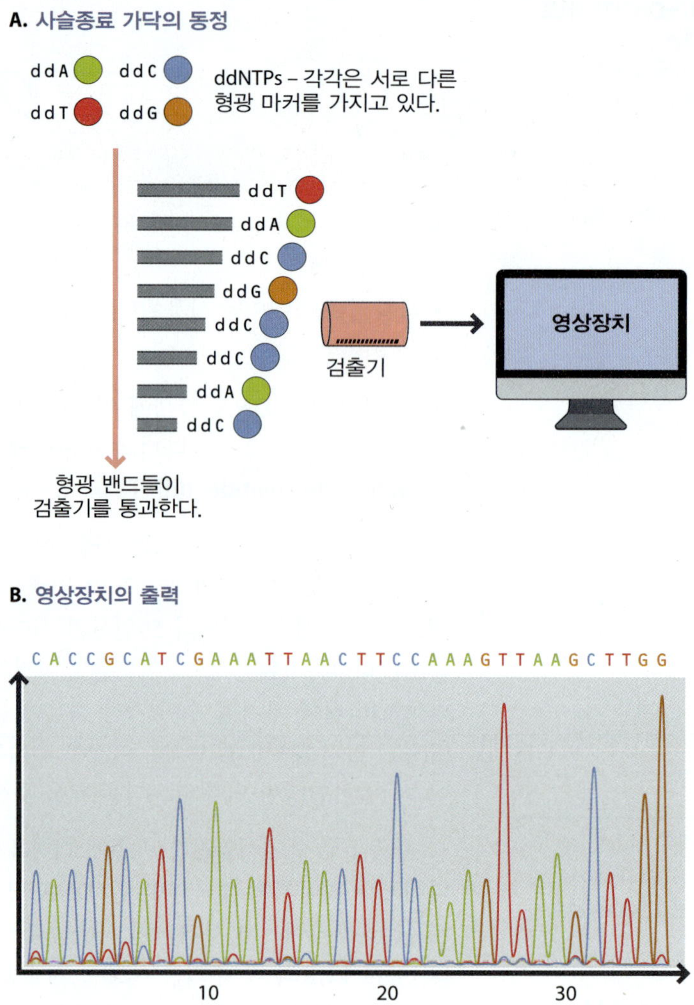

피로염기서열결정법으로 DNA 염기서열을 직접 판독할 수 있다

피로염기서열결정법(pyrosequencing)은 짧은 DNA 분자 단편들의 염기서열결정을 할 수 있는 대안적 방법이다. 이 방법의 장점은 전기영동이나 다른 단편을 분리하는 절차가 필요하지 않아 사슬종료 염기서열결정법보다 빠르다는 것이다.

피로염기서열결정법은 사슬종료법처럼 주형 분자의 정해진 위치에 부착된 프라이머로부터 새로운 DNA 가닥의 합성과정을 포함한다.

사슬종료 염기서열결정법과는 달리, 주형 DNA는 디디옥시뉴클레오타이드가 첨가되지 않은 정상적인 방식으로 DNA 중합효소에 의해 복제된다. 새로운 가닥이 합성되는 과정에서 뉴클레오타이드가 삽입되는 순서를 알 수 있다. 따라서 반응이 진행되면서 염기서열을 읽을 수 있다.

이 직접적인 염기서열 판독은 다음과 같은 방식으로 이루어진다. 알려져 있는 것처럼 합성되고 있는 DNA 가닥에 뉴클레오타이드를 첨가하면 피로인산(pyrophosphate) 분자가 방출된다. 피로염기서열결정을 하는 동안, 피로인산은 **ATP 술포릴제거효소(ATP sulfylase)**가 촉매로 작용하는 반응에서 아데노신 5′-인산술폰산과 결합하여 ATP를 생성한다(**그림 19.16**). 이 ATP는 두 번째 효소인 **루시페린산화효소(luciferase)**에 의해 **루시페린(luciferin)**을 산화하는 데 사

연구 요약

Box 19.3 네안데르탈인과 현대인 사이에 이종교배가 이루어졌을까?

차세대 염기서열결정법의 위대한 업적 중 하나는 시베리아 알타이산 동굴의 작은 뼛조각에 보존되어 있던 고대 DNA에서 얻은 네안데르탈인 유전체의 완전한 염기서열을 밝힌 일이다. 네안데르탈인은 200,000년에서 30,000년 전에 유럽과 아시아의 일부 지역에서 살았던 멸종된 인간이다. 이 기간의 대부분, 우리의 조상이었던 '해부학적으로 현대인' 곧 '호모 사피엔스 사피엔스(*Homo sapiens sapiens*)'는 아프리카에 제한되어 살았지만, 약 70,000년 전 아프리카를 벗어나 이주를 시작하였고 결국 지구 전체로 퍼져 나갔다. 약 45,000년 전 현대 인류는 유럽에 도달하여 약 15,000년 동안 네안데르탈인과 공존했다.

유럽은 큰 곳이고 당시의 인구는 상대적으로 적었기 때문에 네안데르탈인과 현대인이 서로 마주칠 기회는 드물었을 것이다. 네안데르탈인은 차가운 기후에 적응해 살았고 현대인은 따뜻한 기후에 적응해 살았기 때문에 더욱 그렇다. 그렇다고 해서 인류학자들은 네안데르탈인과 현대인이 서로 관계를 맺었을 가능성을 단적으로 부정할 수는 없었다. 네안데르탈인은 호모 사피엔스의 아종이기 때문에 이종교배가 가능했을 수도 있다.

현대인과 네안데르탈인의 유전체를 비교해 보면 이들 사이에 일부 이종교배가 있었음을 짐작할 수 있다. 현대 유럽인의 유전체는 현대 아프리카인보다 네안데르탈인의 유전체와 조금 더 비슷하다. 이것은 일부 네안데르탈인 DNA가 현대 유럽인의 유전체에 들어갔음을 시사한다. 이종교배가 없었다면 현대 유럽인과 아프리카인은 네안데르탈인과 비교해서 구별할 수 없어야 한다.

이종교배가 일어났다면 네안데르탈인에서 진화한 유전자 변이체가 현대 초기 유럽인에게 직접 옮겨졌을 수 있다. 네안데르탈인이 상대적으로 혹독한 유럽 기후에 적응하였기 때문에 그 유전자 변이체가 현대인으로 하여금 마지막 빙하기를 이겨내고 결국 유럽에서 번성하도록 도운 단백질을 만들어냈던 것일까? 유전학자들은 네안데르탈인과 전 세계 다른 지역의 현대인에 존재하는 유전자 변이를 상세히 비교함으로써 이 흥미로운 질문을 탐구하기 시작했다. 현대 유럽인이 가진 특정 유형의 케라틴 단백질은 네안데르탈인으로부터 유전된 것으로 보이는데, 아마도 이것이 머리카락과 피부를 변화시켜 현대 유럽인이 추운 날씨에 더 잘 견딜 수 있도록 해주었는지 모른다. 그러나 네안데르탈인 유산의 다른 측면은 덜 유리했을 수도 있다. 가령 현대인이 물려받은 유전자 변이의 일부는 크론병, 간경화, 자가면역질환인 루푸스와 같은 질환과 관련되어 있다.

네안데르탈인과 거의 같은 시기에 북아시아에 살았던 두 번째 유형의 멸종된 인간인 데니소바인(Denisovans)도 이종교배를 통해 현대인의 유전체에 기여했다는 사실 역시 명백해지고 있다. 가장 최근의 추정은 아프리카 밖의 현대인 DNA의 1.5~2.1%가 네안데르탈인에 근원을 두고 있으며 오세아니아 현주민의 유전체 중 3.0~6.0%가 데니소바인에서 유래한다는 것이다. 네안데르탈인과 데니소바인, 그리고 데니소바인과 멸종된 다른 미확인 인간 유형 사이의 이종교배 증거도 있다.

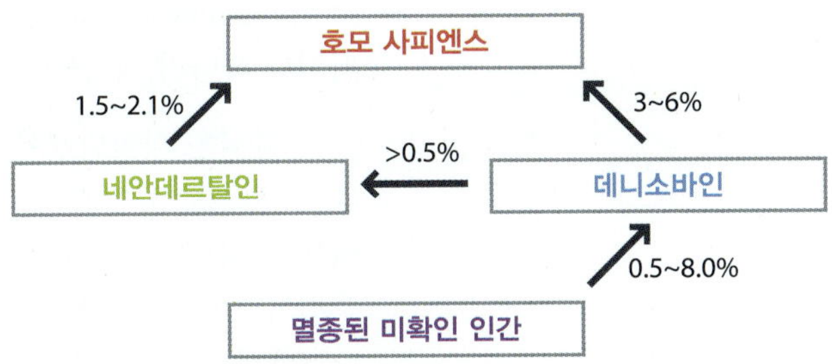

그림 19.16 피로염기서열결정법의 화학적 기초

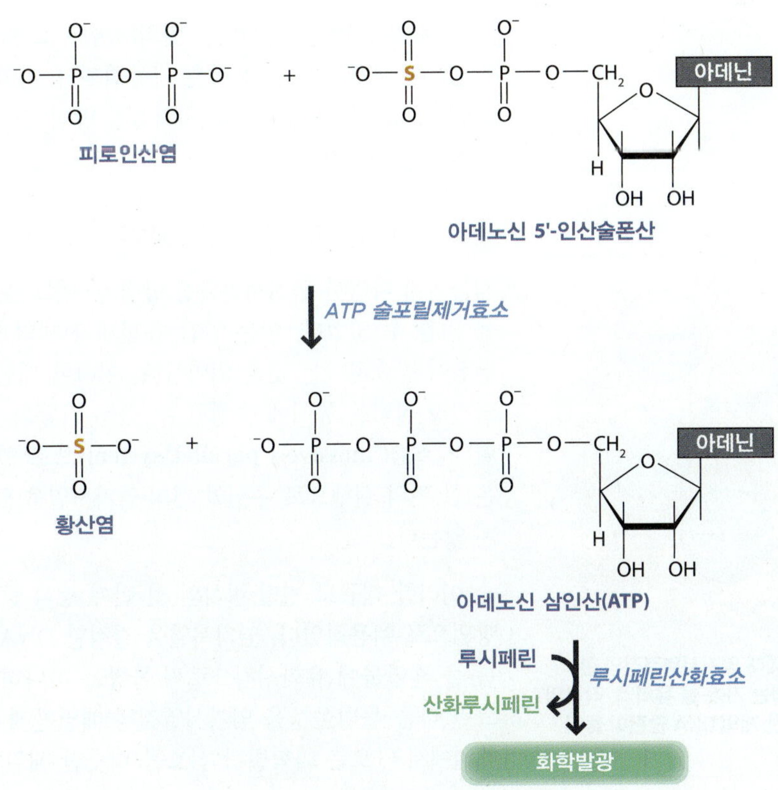

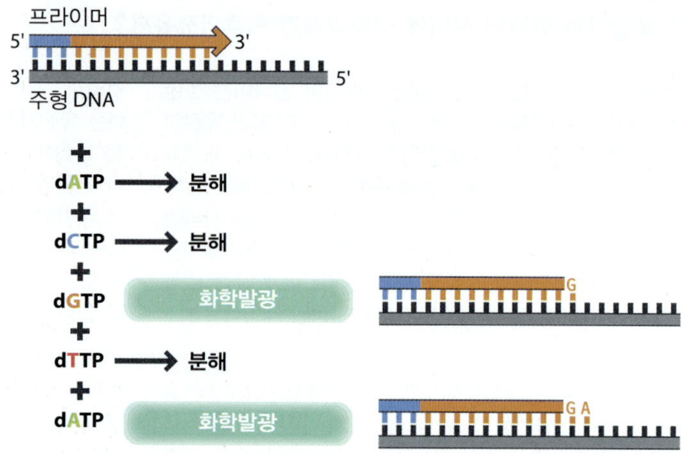

그림 19.17 피로염기서열결정법
이 예에서 통합되지 않을 경우, 뉴클레오타이드가수분해효소에 의해 분해되는 4개의 뉴클레오타이드를 돌아가며 차례로 첨가하면 염기서열이 GA임을 알 수 있다.

용된다. 이것은 단일 화합물이 아니라 일군의 유기분자이며, 이들 중 하나가 산화되면 화학발광(chemiluminescence)을 한다. 이 연쇄반응의 결과로, 증가 중인 폴리뉴클레오타이드에 뉴클레오타이드 하나가 첨가될 때마다, 화학발광의 섬광이 발생한다.

반복되는 화학발광은 어떻게 염기서열을 알아내는 데 도움이 될까? 뉴클레오타이드를 A, C, G, T 순으로 돌아가며 차례로 첨가한다는 것이 답이다(그림 19.17). 반응 혼합물에는 **뉴클레오타이드가수분해효소(nucleotidase)**도 들어 있는데, 이는 뉴클레오타이드가 폴리뉴클레오타이드에 혼입되지 않으면 다음 뉴클레오타이드가 첨가되기 전에 빠르게 분해된다는 사실을 뜻한다. 각 단계에서, 특정 뉴클레오타이드를 추가하면 화학발광 신호가 발생하는데 이는 주형 DNA 내의 그 위치에 뉴클레오타이드가 존재함을 말해준다. 이 기술은 복잡하게 여겨지지만 반응 혼합물에 반복적인 일련의 첨가가 필요할 뿐이며 쉽게 자동화되는 조작이다.

피로염기서열결정법은 한 번의 실험으로 최대 700 bp의 염기서열을 읽을 수 있는데 사슬종료 방법에는 뒤떨어진다. 장점은 자동화의 용이성에 있으며, 이로 인해 이 방법이 2000년대 중반에 고안된 최초의 '차세대' 염기서열결정 방법 중의 하나로 사용되게 되었다. 이 새로운 접근 방법에 관심을 돌려보자.

19.2.2 차세대 염기서열결정 방법

최근까지 다양한 염기서열결정 방법 중 어느 것도 한 번의 실험으로 약 1,000 bp 이상의 염기서열을 읽을 수 없었다. 이는 인간 유전체 전체의 염기서열을 결정하기 위하여서는 300만 번 이상의 실험이 필요하다는 것을 의미한다. 이러한 제한 때문에 염기서열결정 기술의 개발은 많은 염기서열결정 실험을 동시에 수행할 수 있는 자동화 시스템의 설계에 초점이 맞추어지고 있다['**대량 병렬' 시스템('massively parallel' system)**으로 알려져 있음]. 이 자동화 시스템 중 가장 성공한 것은 한 번의 실행으로 수십억 개의 염기서열을 얻을 수 있으며 각 실행을 완료하는 데 하루가 걸리지 않는다.

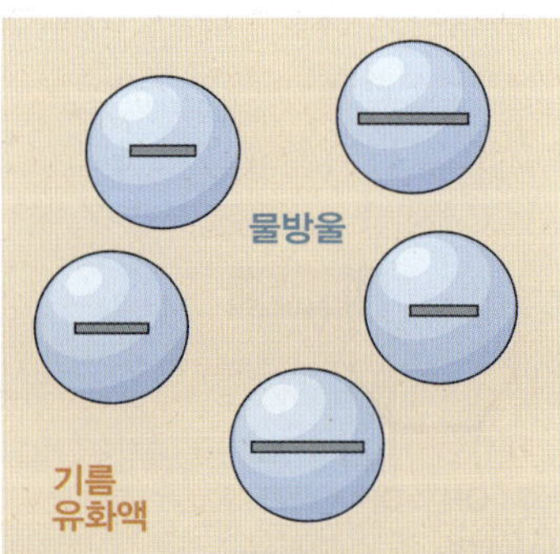

그림 19.18 차세대 염기서열결정의 한 방법으로 사용되는 기름-물 유화액. 각각의 물방울에는 단 한 개의 DNA 단편이 들어 있다.

이러한 대규모 병렬 형식의 첫 번째 형식 중 하나는 피로염기서열결정법을 기본 염기서열결정 방법으로 이용하였다. 염기서열을 결정할 DNA를 길이 300에서 500 bp 사이의 단편으로 잘라 기름-물 혼합물에 유화시킴으로써 물방울 하나하나에 서로 다른 단편이 들어 있게 한다(그림 19.18). 그런 다음 물방울들을 염기서열결정 배열판에 올려놓고, 평행 피로염기서열결정 실험을 하여 각 배열에서 나오는 화학발광 신호를 비슷한 배열의 소형 검출기로 탐지한다.

또 다른 차세대 방법도 사슬종료 염기서열결정법과 유사하게 접근한다. 반응 혼합물에는 **종결자-염료 뉴클레오타이드(terminator-dye nucleotide)**가 들어 있는데 그것은 3번 탄소에 차단기가 부착되어 있고 형광 표지도 지니고 있다(그림 19.19). 사슬종료 염기서열결정법과는 달리, 여기에는 이들 변형된 뉴클레오타이드만 존재하므로, 최초의 뉴클레오타이드가 부가될 때 DNA 가닥의 합성은 중단된다. 그러나 차단기와 형광 표지는 모두 제거가 가능하다. 따라서 일단 형광 표지가 확인되면, 4개의 뉴클레오타이드 중 어느 것이 결합되었는지 알 수 있으며, 차단기와 형광 표지는 분리된다. 그러고 나면 다음 뉴클레오타이드가 DNA 가닥에 추가될 수 있고, 확인과 분리의 주기가 반복된다. 이 시스템은 슬라이드 위에 고정된 다수의 반응이 대규모 병렬 형식으로 작동한다.

DNA 염기서열결정법에 관련된 용어에서 차세대 방법이란 용어는 이제 '2세대'와 '3세대' 시스템이란 용어로 대체되고 있는 중이다. 여기에는 30,000개 이상의 뉴클레오타이드를 단일 연속 염기서열로 판독할 수 있는 방법도 포함되어 있는데 이는 실질적으로 어떤 다른 방법으로 판독할

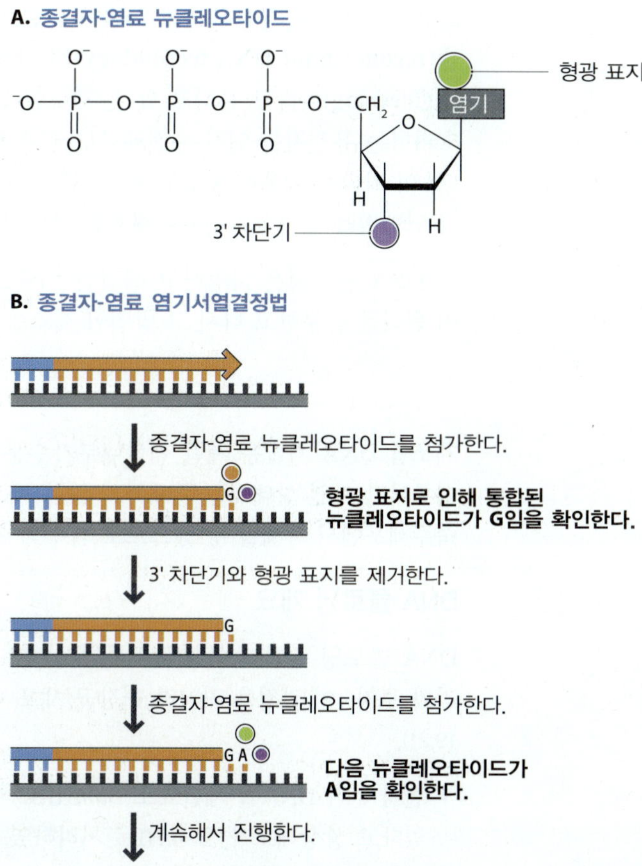

그림 19.19 종결자-염료 염기서열결정법
(A) 종결자-염료 뉴클레오타이드의 구조. (B) 종결자-염료 염기서열결정 실험의 일부.

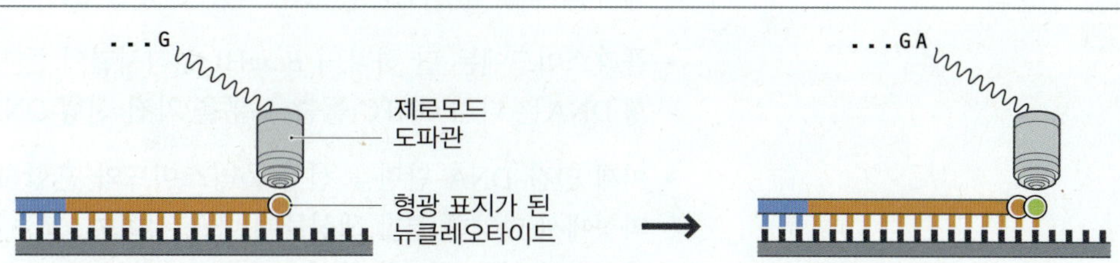

그림 19.20 단일 분자 실시간 DNA 염기서열결정법
각 뉴클레오타이드가 첨가되는 부분은 제로모드 도파관으로 탐지된다.

수 있는 것보다 더 길다. 이 절차는 **단일 분자 실시간 염기서열결정법(single molecule real-time sequencing)**이라고 불리고 있다. **제로모드 도파관(zero-mode waveguide)**이라고 하는 정교한 광학 장치가 단일 주형 DNA의 복제를 관찰하는 데 사용된다(그림 19.20).

모든 뉴클레오타이드 부가과정은 부착된 형광 표지의 도움을 받아 식별된다. 광학 시스템이 매우 정밀하기 때문에 뉴클레오타이드의 3번 탄소를 차단할 필요가 없다. 형광 신호가 탐지되면 표지는 뉴클레오타이드 결합 직후에 제거되므로 DNA 가닥의 합성이 중단 없이 진행될 수 있다. 이것은 중합효소의 진행도가 판독 가능한 염기서열의 길이를 제한하는 주된 요소가 된다는 것을 의미한다.

19.3 DNA 클로닝

DNA 클로닝은 제한 핵산내부가수분해효소와 DNA 연결효소와 같은 정제효소를 처음으로 사용할 수 있게 된 1970년대에 고안되었다. 제어된 방식으로 DNA 분자를 절단한 다음, 순서를 바꿔 단편을 결합하거나 완전히 다른 종의 DNA 단편과 결합하는 능력이 **재조합 DNA 기술(recombinant DNA technology)**의 개발을 이끌었고, 이것이 일반적으로 **유전공학(genetic engineering)**이라고 불리고 있다. 재조합 DNA 기술의 응용 분야에는 중요한 단백질 약제를 암호화하는 유전자를 인간 유전체로부터 세균이나 효모와 같은 미생물로 전달하는 기술도 들어 있다. 이 기술을 이용하여 당뇨병과 성장 장애와 같은 질환 치료에 필요한 인슐린, 성장인자 및 기타 단백질을 공급할 수 있는 **재조합 단백질(recombinant protein)**을 다량으로 합성할 수 있다.

DNA 클로닝은 다양하고 복잡한 기술로 진화해 왔지만 기초가 되는 원리는 매우 간단하다. 이 원리를 공부하고 나서 그 방법이 재조합 단백질 합성에 어떻게 이용되는지 살펴보자.

19.3.1 DNA 클로닝 방법

재조합 DNA 기술은 제한 핵산내부가수분해효소와 DNA 연결효소를 사용하여 DNA 조각들로 이루어진 자연 상태에는 존재하지 않는 재조합 분자를 만든다. DNA 클로닝에서 재조합 분자는 숙주세포에서 복제할 수 있으므로 다수의 복제물이 만들어진다.

DNA 클로닝 개요

DNA 클로닝 실험이 어떻게 이루어지는지 그 실례를 보기 위해 일련의 전형적인 조작과정을 따라가 보자. 이 과정을 거치면 대장균 세포 내에서 복제할 수 있는 재조합 분자가 만들어진다(그림 19.21).

- 먼저 인간 DNA를 제한효소 *Bam*HI로 처리하여 얻은 하나의 단편에 인간 유전자 하나가 들어 있다고 상상해보자. *Bam*HI로 처리하였으므로 이 단편은 GATC 돌출 부분을 갖게 된다.
- 이번에는 대장균에서 **플라스미드(plasmid)**를 정제했다고 상상해보자. 플라스미드는 세균 안에서 복제가 이루어질 수 있는 작은 원형 DNA 분자이다.
- 플라스미드에는 단 하나의 *Bam*HI 인식서열이 들어 있다. 그것을 이 제한효소로 절단하면 원형 DNA는 다시 GATC 돌출 부분을 가진 선형 DNA 분자로 바뀐다.
- 이제 인간 DNA 단편을 선형 플라스미드와 혼합하고 거기에 DNA 연결효소를 첨가한다. 이 과정에서 다양한 결합 생성물이 나올 것이며, 그중 일부는 *Bam*HI 제한 부위에 인간 유전자가 삽입되어 있는 **재조합 플라스미드(recombinant plsmid)**, 곧 원형 플라스미드를 구성하는 분

그림 19.21 유전자 클로닝의 개요

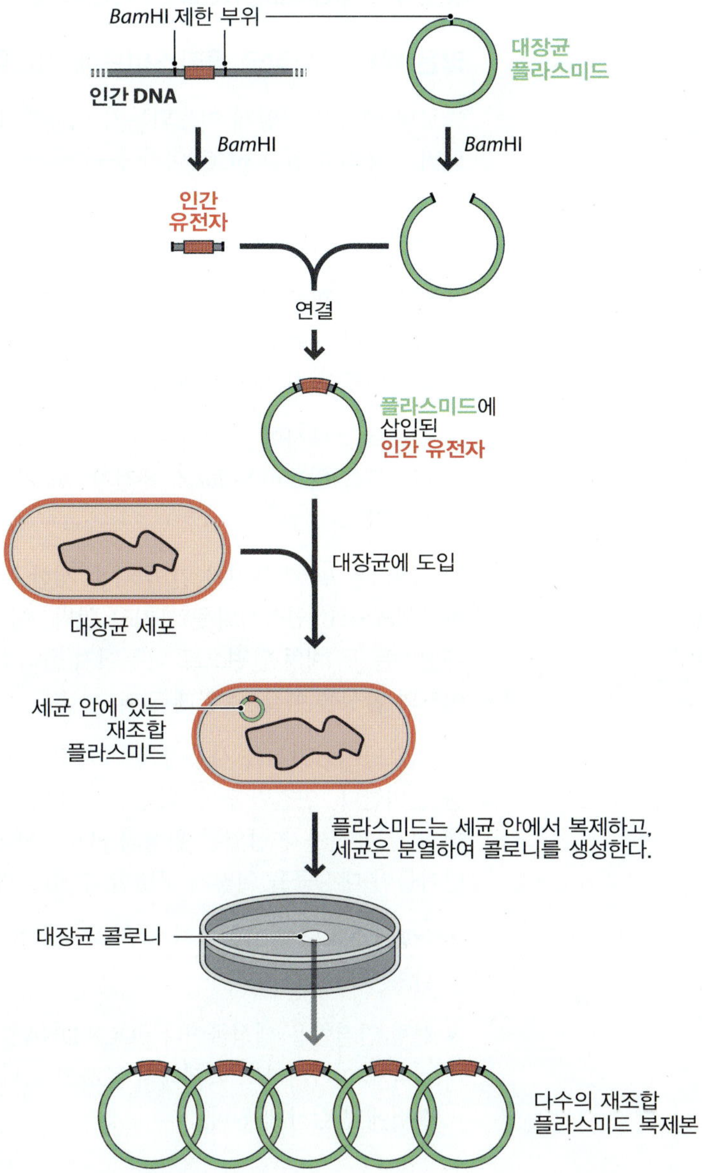

자일 것이다.

- 다음에는 재조합 플라스미드를 대장균 세포에 다시 넣는다. 일단 세포 안에 들어가면, 플라스미드는 정상적인 **복제 수(copy number)**에 이를 때까지 계속 복제된다. 대부분의 플라스미드의 세포당 복제 수는 40~50개이다.
- 대장균 세포가 분열하면, 두 개의 딸세포는 각각 재조합 플라스미드의 일부 복제물을 물려받게 된다. 물려받은 플라스미드는 각각의 딸세포 안에서 다시 복제 수에 도달할 때까지 복제가 이루어진다.
- 세포분열과 플라스미드의 복제과정을 여러 차례 거치게 되면 재조합 대장균의 콜로니가 생성되는데, 이때 각각의 세균은 인간 유전자를 운반하는 다수의 플라스미드 복제본을 포함한다. 인간 유전자는 그렇게 복제된다.

지금까지 수행한 실험에서 플라스미드는 클로닝 벡터로 작용하고 있다. 우리의 다음 과제는 클로닝 벡터(cloning vector)의 특성을 좀 더 자세히 이해하는 일이다.

많은 벡터는 대장균 플라스미드에 기초를 두고 있다

클로닝 벡터가 어떻게 이용되는지 이해하기 위하여, 1980년대 초 처음 고안된 이래 오늘날에도 널리 사용되고 있는 pUC8이라 불리는 가장 단순한 대장균 플라스미드 벡터 가운데 하나를 살펴보기로 하자. 이 벡터는 자연적으로 발생한 3개의 플라스미드로부터 얻은 제한 단편들을 한데 묶어 두 개의 대장균 유전자를 운반하는 2.7 kb의 원형 DNA 분자로 만들어졌다(그림 19.22).

- 대장균이 항생제 암피실린의 독성 효과를 견딜 수 있게 하는 **β-락탐분해효소(β-lactamase)**를 암호화하는 유전자. 이 유전자는 pUC8의 **선택 표지(selectable marker)** 역할을 한다. 이 플라스미드를 가진 세균은 배양액에 암피실린을 넣어서 '선택'할 수 있다.
- 락토오스 대사에 관여하는 효소 가운데 하나인 β-갈락토오스가수분해효소의 앞부분 90개 아미노산을 암호하는 *lacZ'* 유전자. *lacZ'* 유전자에 의해 번역되는 효소 부분을 α-펩타이드라고 부른다.

pUC8은 *lacZ'* 유전자 안의 다른 제한 핵산내부가수분해효소의 고유 부위 곁에 자리 잡은 단 하나의*Bam*HI 인식서열을 가지고 있다. 이들 부위 중 어느 곳에 새로운 DNA가 삽입되면 *lacZ'* 유전자는 두 개의 단편으로 나누어져 플라스미드는 더 이상 β-갈락토오스가수분해효소의 α-펩타이드의 합성을 이끌 수 없게 된다.

클로닝에 pUC8을 사용하기 위해 인간 DNA 단편과 선형 벡터가 들어 있는 연결반응 혼합물을 준비한다. 연결반응 후 다양한 DNA 분자들이 생성된다는 사실을 기억하라. 우리는 이 가운데 인간 유전자가 삽입된 원형의 pUC8 벡터에만 관심을 둘 것이다. 우리는 이 특별한 생성물을 받아들인 대장균을 어떻게 구별할 수 있을까? 답은 다음과 같다.

- 어떤 DNA도 받아들이지 않은 세균은 β-락탐분해효소 유전자를 얻지 못하므로 암피실린에 민감할 것이다.
- 선형 연결반응 생성물이나 pUC8 DNA를 포함하지 않은 원형 생성물은 세균에 들어가지 못하거나 들어가더라도 복제되지 못하고 분해된다. 이 생성물을 조금이라도 받아들인 세균은 암피실린에 민감하게 된다.

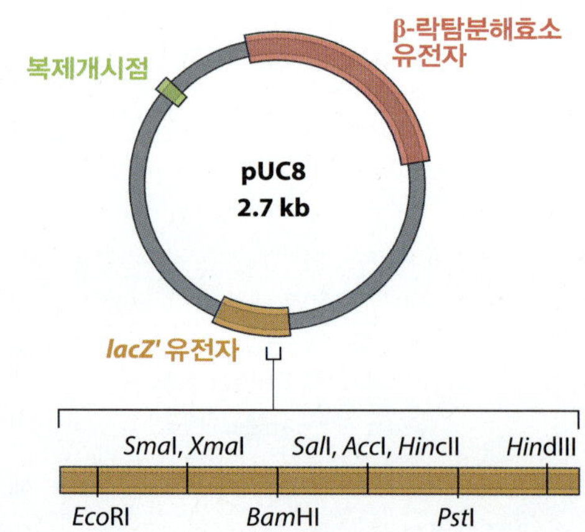

그림 19.22 pUC8 클로닝 벡터
이 지도는 β-락탐분해효소 유전자, *lacZ'* 유전자, 복제개시점(ori) 및 *lacZ'* 유전자 안에 있는 제한효소 집단의 위치를 나타낸다.

그림 19.23 **재조합 pUC8 플라스미드의 식별**

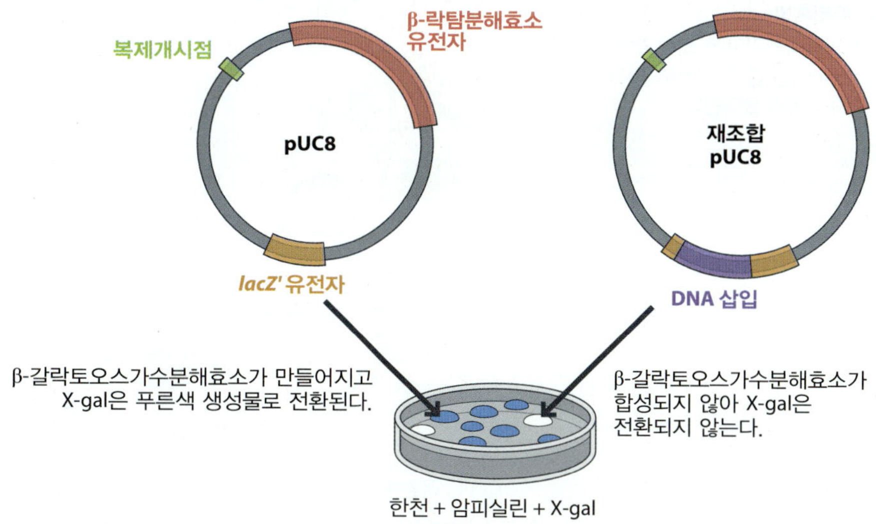

- 연결효소에 의해 원형이 되었지만 인간 유전자가 삽입되지 않은 pUC8 분자를 받아들인 세균은 기능을 하는 β-락탐분해효소와 *lacZ'* 유전자를 갖게 된다. 이 세균은 암피실린에 내성을 가지며 락토오스를 분해할 수 있다.
- 삽입된 인간 유전자를 운반하는 원형 pUC8 분자를 받아들인 세균은 기능을 하는 β-락탐분해효소 유전자 하나와 활성이 없는 *lacZ'* 유전자 하나를 갖게 된다. 이 세균은 암피실린에는 내성이 있지만 락토오스는 분해하지 못한다.

미생물학자에게 이 서로 다른 시나리오를 구분하는 일은 전혀 문제가 되지 않는다. 세균을 암피실린과 X-gal(5-bromo-4-chloro-3-indolyl-β-D-galactopyranoside)이라 불리는 락토오스 유사체가 들어 있는 한천 배지에 도말하면, β-갈락토오스가수분해효소는 X-gal을 푸른색 생성물로 바꾼다(**그림 19.23**). pUC8 플라스미드를 가지고 있어 암피실린에 내성이 있는 세균만이 이 배지에서 자랄 수 있다. 인간 유전자가 삽입되지 않은 pUC8 플라스미드를 함유한 세균은 X-gal을 푸른색 생성물로 전환시켜 한천 배지 위에 청색 콜로니를 형성할 것이다. 재조합 플라스미드, 곧 복제된 인간 유전자를 지닌 플라스미드가 들어 있는 세균은 β-갈락토시데이스를 합성할 수 없기 때문에 그냥 흰색 상태로 남아 있게 된다. 멸균한 와이어 루프를 사용하여 한천 배지에서 흰색 콜로니를 옮긴다. 그렇게 하여 인간 유전자 복제가 이루어진다.

유전자는 진핵생물에서도 복제할 수 있다

세균만이 우리가 DNA 클로닝으로 새로운 유전자를 그 안에 집어넣을 수 있는 유일한 유기체는 아니다. 대부분의 진핵생물 안에서 외래 DNA를 증식시킬 수 있는 벡터 역시 개발되어왔다.

진핵생물에는 자연적으로 발생하는 플라스미드가 드물지만, 플라스미드가 자연적으로 발생하는 진핵생물 종에서는 그것이 클로닝 시스템의 기초로 이용되어 왔다. 한 예를 들자면 효모 *Saccharomyces cerevisiae*의 경우가 그렇다. 이것의 몇몇 균주는 **2 μm 고리(2 μm circle)**라 불리는 작은 플라스미드를 가지고 있다. **효모 에피솜 플라스미드(yeast episomal plasmid)**라 불리는 클로닝 벡터들이 2 μm 고리에 몇 개의 유전자를 넣는 방법으로 개발되었다. 이 유전자는 선별용 한천 배지에 도말하여 벡터를 운반하는 효모 세포가 식별될 수 있도록 해주는 유전자이다. 여기에서 사용되는 전략은 우리가 pUC8을 이용해 대장균에서 복제를 하기 위해 따랐던 전략과 비슷하다.

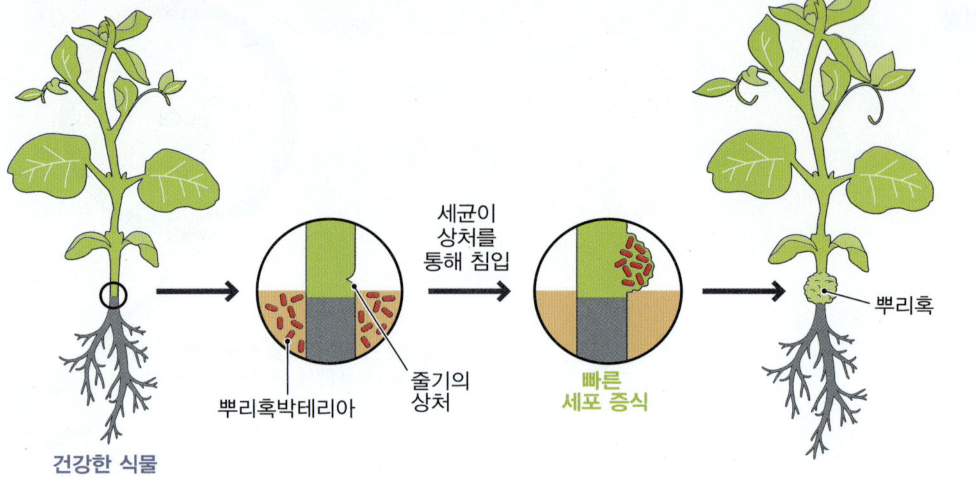

그림 19.24 뿌리혹병
이 질병은 뿌리혹박테리아에 의해 발생한다. *A. tumefaciens*는 줄기 기저부 가까이의 상처를 통해 식물로 들어간다.

이 유형의 벡터 이름에 들어 있는 '에피솜'이라는 말은 pUC8과 대부분의 다른 세균 플라스미드 벡터의 경우처럼 독자적인 원형 DNA를 복제한다는 것을 나타낸다. 이 에피솜 증식 방법은 한 가지 단점을 가지고 있는데, 특히 세포내 벡터의 자연 복제수가 매우 낮은 경우에 그렇다. 딸 효모 세포가 모세포로부터 출아할 때 우연에 의해 플라스미드의 복제본을 담고 있지 않을 가능성이 있다. 이것은 시간이 지나면서 복제된 유전자를 포함하는 세포 수가 감소할 수 있음을 뜻할 수 있다. **효모편입형 플라스미드(yeast integrative plasmid)**라고 불리는 *S. cerevisiae*와 함께 사용되는 두 번째 유형의 벡터는 효모 염색체의 하나에 통합됨으로써 이 불안정성 문제를 피하도록 설계되었다. 일단 염색체에 통합되면, 복제된 DNA는 효모 유전체의 영구적인 부분이 되어 세포 분열이 여러 번 일어난 후에도 사라질 가능성은 거의 없다.

염색체 DNA로의 통합은 식물에 사용되는 클로닝 시스템의 특징이기도 하다. 식물의 클로닝

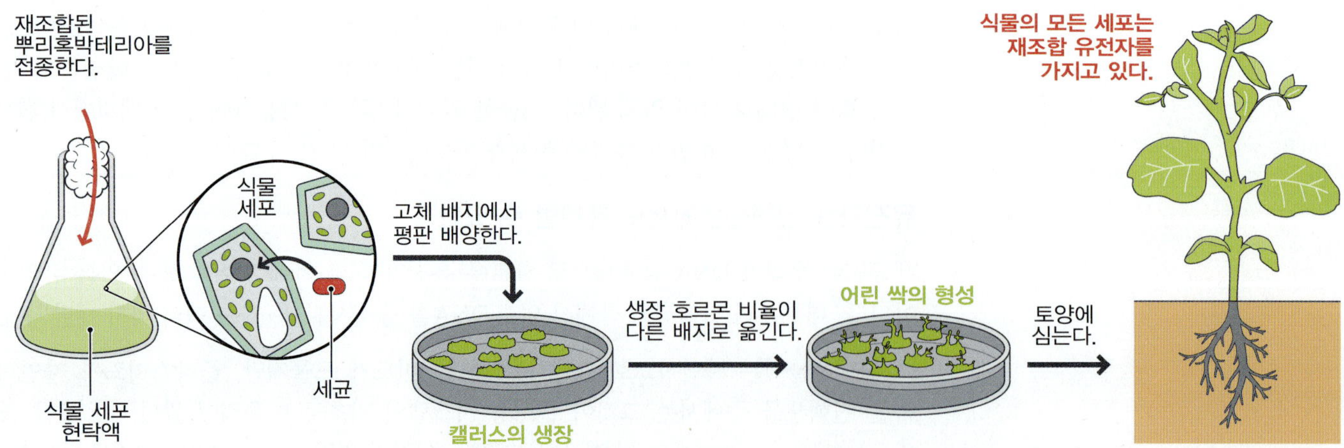

그림 19.25 Ti 플라스미드를 이용한 클로닝
재조합된 뿌리혹박테리아를 식물 세포 현탁액에 접종한다. 이들은 우리가 복제하고자 하는 유전자가 삽입된 Ti 플라스미드를 가진 세균이다. 식물 세포를 한천 배지에 평판 배양하여 그곳에서 미분화 식물 세포가 자라서 미분화 식물 조직 덩어리인 캘러스(callus)를 생산하도록 한다. 캘러스를 생장 호르몬 비율이 다른 배지에 다시 배양하면 토양에 심을 수 있는 작은 싹이 형성된다. 만들어진 각 식물은 최초의 현탁 배양액에 있던 단일 세포의 자손이므로 식물의 각 세포는 유전자가 삽입된 Ti 플라스미드를 가지고 있다.

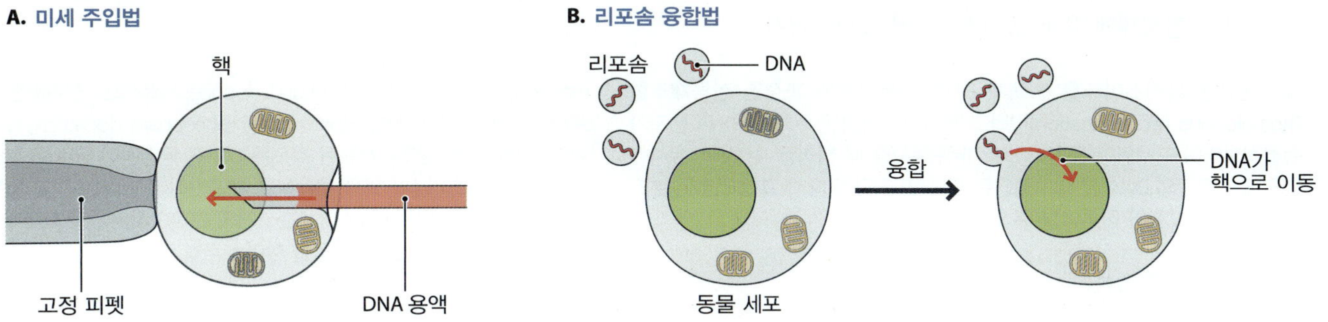

그림 19.26 동물 세포에 DNA를 도입하는 두 가지 방법
(A) 핵에 DNA를 미세 주입하기. (B) DNA를 포함한 리포솜과 원형질막의 융합.

벡터는 **Ti 플라스미드(Ti plasmid)**로부터 유도된다. 이것은 사실 토양에 사는 뿌리혹박테리아(*Agrobacterium tumefaciens*)의 세균성 플라스미드로 식물 줄기를 감염시켜 뿌리혹병(근두암종병)이라는 질병을 일으킨다(그림 19.24). 감염이 되는 동안 Ti 플라스미드의 일부가 식물의 염색체에 통합된다.

이 단편은 식물 세포 안에서 발현되어 세균에 이로운 다양한 생리 변화를 유도하는 많은 유전자를 가지고 있다. Ti 플라스미드에 기반을 둔 식물 클로닝 벡터는 이 자연적인 유전공학 시스템을 이용한다. 그러나 자연 감염 방식은 복제된 DNA가 식물 줄기의 감염 부위 주변 세포로만 전달될 수 있기 때문에 사용되지 않는다. 대신 이 벡터는 배양된 식물 세포에 사용된다. 그런 다음 플라스미드를 받아들인 세포는 식물체 재분화에 사용된다. 이 방법으로 모든 세포에 복제된 DNA를 가진 식물을 얻을 수 있다(그림 19.25).

동물에는 플라스미드가 드물기 때문에 변형 바이러스 유전체가 클로닝 벡터로 사용된다. 인간 세포에는 **아데노바이러스(adenoviruse)**가 사용되어 왔다. 이것들은 염색체에 통합되지 않지만, 감염된 세포의 핵 안에 반영구적으로 머물며 세포분열 과정에서 사라질 가능성이 낮다. **아데노 연관 바이러스(adeno-associated viruse)**는 명칭이 아데노바이러스와는 상당히 다르지만 자신의 DNA를 염색체에 삽입하기 때문에 역시 벡터로 사용된다. 벡터 없이 유전자를 복제하는 것도 가능하다. 그것은 동물 세포에서 자주 사용되는 방법이다. DNA를 세포핵에 직접 미세 주입할 수 있으며, 그렇게 하면 일부 DNA가 유전체에 통합된다(그림 19.26A). 다른 방법도 있다. 막으로 둘러싸인 소포, 이를 **리포솜(liposome)**이라 하는데 이것들 안에 DNA를 넣을 수 있다. 그러면 이들은 표적 세포의 원형질막과 융합된다(그림 19.26B). 일반적으로 리포솜 융합을 통해 세포로 운반되는 DNA는 안정적이지 못하지만, 며칠 또는 몇 주 동안 유지될 수는 있다.

19.3.2 재조합 단백질을 얻기 위한 DNA 클로닝의 이용

DNA 클로닝을 응용하는 많은 방법 가운데 하나는 재조합 단백질을 생산하는 데 이용하는 것이다. 재조합 단백질이란 복제 유전자 발현으로 얻는 단백질을 말한다. 실험실에서 구조 연구를 위해 사용되는 인간과 다른 동물 단백질 샘플들은 대장균, 혹은 효모와 같은 진핵미생물에 클로닝된 유전자로부터 합성되는 수가 많다. 이들 미생물은 액체 배양 용기에서 고밀도로 자랄 수 있기 때문에, 인간이나 동물 조직에서 직접 정제하여 얻을 수 있는 것보다 더 많은 양의 단백질을 얻을 수 있다. 산업 현장에서 수천 리터의 거대 배양 시스템이 상업적 목적으로 인슐린과 같은 재조합 단백질 약제를 생산하는 데 사용되고 있다.

Box 19.4 염색체에 효모 플라스미드를 통합시키기

효모편입형 플라스미드를 염색체 DNA에 통합하는 과정을 **상동재조합(homologous recombination)**이라고 한다. 이 과정은 두 개의 DNA 분자가 뉴클레오타이드 서열이 동일하거나 아주 유사할 때 일어날 수 있다. 유사한 영역에서 각각의 DNA 분자가 절단된 후 잘린 가닥이 다시 결합되면 두 분자 사이에 DNA 교환이 이루어질 수 있다.

한 분자가 선형이고 다른 분자가 원형이면 상동재조합 과정의 결과로 원형 분자가 선형 분자에 통합된다. 이와 같은 일은 원형의 효모 플라스미드가 효모 염색체의 하나에서 나온 한 개의 선형 DNA 분자와 재결합할 때 일어난다.

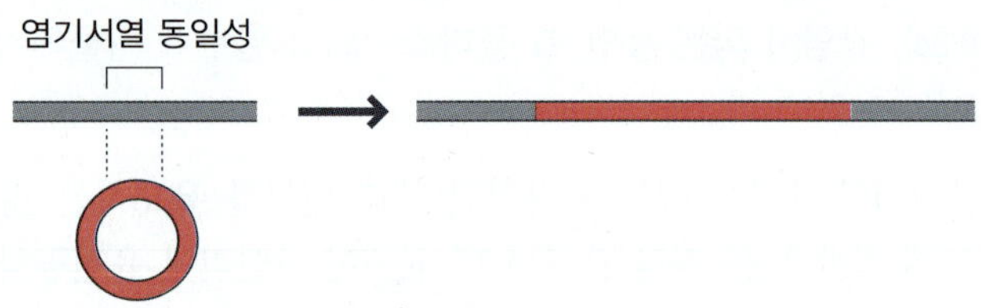

효모 편입형 플라스미드와 염색체 DNA 사이의 유사 영역은 플라스미드에 삽입된 효모 유전자에 의해 만들어진다. 널리 쓰이는 이 유형의 벡터 YIp5의 경우, 효모 유전자는 *URA3*이다. 이 효모 유전자는 피리미딘 뉴클레오타이드의 신생합성(de novo synthesis) 과정 동안 오로티딘 모노인산(orotidine monophosphate)을 우리딘인산(uridine phosphate)으로 전환하는 효소인 오로티딘-5′-인산 탈탄산효소(orotidine-5′-phosphate decarboxylase)를 암호화한다(13.2.2절 참조). 사용된 효모는 *URA3* 돌연변이 균주로 활성이 없다. 이는 세포가 살아남기 위해 우라실을 제공받아야 한다는 것을 뜻한다. 상동재조합이 일어난 뒤, 염색체 DNA는 2개의 *URA3* 사본을 가지게 되는데 하나는 활성이 없고, 하나는 제 기능을 한다.

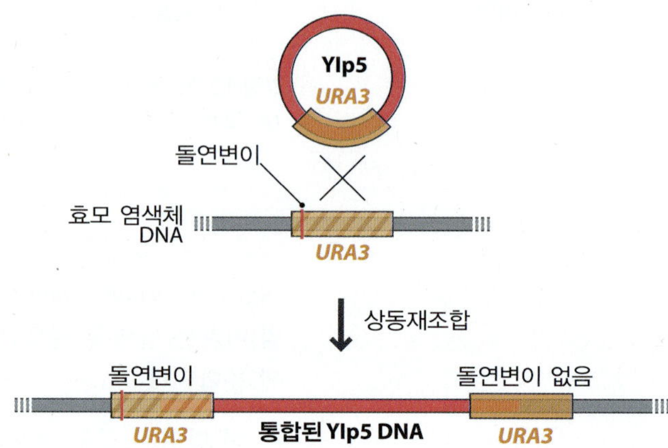

따라서 *URA3*의 플라스미드 복사본은 이중 역할을 한다. 재조합을 가능하게 할 뿐만 아니라 플라스미드를 함유하는 효모 세포의 선택표지로도 작용한다. 우라실이 없는 한천 배지에 효모 세포를 도말하면 선택이 가능하다. 배지에 우라실이 없으면, 플라스미드로부터 제공받는 기능을 하는 *URA3* 유전자를 가진 효모 세포만이 피리미딘 뉴클레오타이드를 만들 수 있으며, 이 플라스미드를 함유한 효모 세포만이 분열하여 콜로니를 생성할 수 있다.

재조합 단백질을 생산하기 위해서는 DNA 클로닝 과정을 약간 수정하는 일이 필요하며, 생성된 단백질이 천연 단백질과 같은 활성을 갖도록 하는 데는 얼마간의 어려움이 따른다. 이 장의 마무리 부분에서는 이 문제를 고찰해 본다.

재조합 단백질 생산을 위해서는 특별한 유형의 클로닝 벡터가 필요하다

단순히 클로닝 벡터에 동물 유전자를 삽입하고 이를 대장균에 옮기는 것만으로는 재조합 단백질 합성이 이루어지지 않는다. 이는 자연 숙주에서 유전자 발현을 이끄는 동물 유전자 상류에 위치

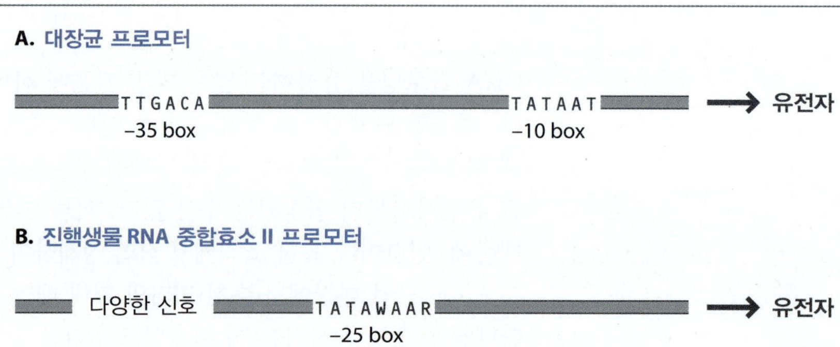

그림 19.27 **대장균과 진핵생물 단백질 암호화 유전자의 프로모터 비교**
약어: 'R'은 A 혹은 G이고 'W'는 A 혹은 T이다.

한 프로모터 염기서열이 대장균 RNA 중합효소에 의해 인식되지 못하기 때문이다. 이 문제를 잘 이해하려면, 대장균과 진핵생물에서 단백질을 암호화하는 유전자의 프로모터 영역의 공통 서열을 비교해 보면 된다(**그림 19.27**). 이들 사이에 유사점이 있지만, 대장균 RNA 중합효소가 진핵생물 프로모터에 부착할 가능성은 낮다. 그 때문에 대부분의 동물 유전자는 대장균에서 작동하지 않는다.

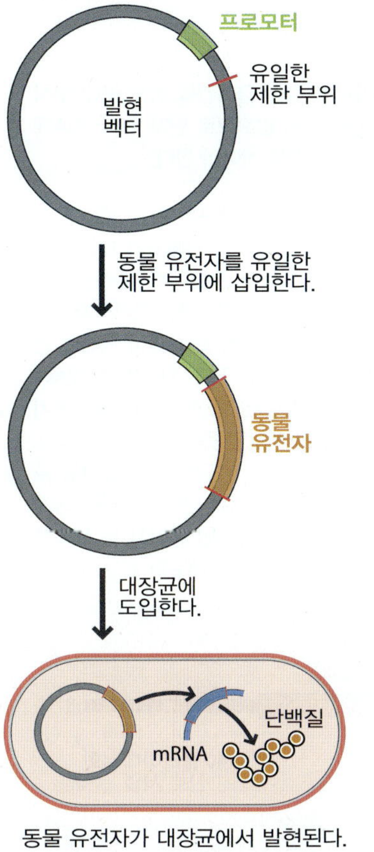

그림 19.28 대장균에서 동물 단백질 합성을 이끌기 위해 발현벡터를 사용하기

이 문제를 해결하기 위해서는 특별한 유형의 클로닝 벡터가 사용된다. 이들 **발현벡터(expression vector)** 중 하나에서, 동물 유전자가 삽입되는 제한효소 부위는 대장균 프로모터 서열의 바로 아래쪽에 위치한다(**그림 19.28**). 동물 유전자는 조심스럽게 조작되어야 하므로, 그 자체의 프로모터는 개방 번역틀(open reading frame)의 어떤 코돈도 제거하지 않고 잘라내야 한다. 그러나 이 일은 그리 어렵지 않게 해낼 수 있다. 유전 공학자가 이용할 수 있는 핵산가수분해효소의 범위가 넓기 때문이다. 정확하게 수행하기만 하면, 최종 생성물로 대장균 프로모터와 관련된 적절한 위치에서 벡터에 삽입된 동물 유전자를 얻을 수 있다.

대장균 프로모터는 조심스럽게 선택해야 한다. 우리는 되도록 많은 단백질을 생산하고 싶겠지만, 세균이 생물이라는 사실에서 비롯하는 실질적 한계가 있다. 단백질이 세균에 유해할 수 있다. 그럴 경우 합성을 제한해서 독성 수준에 도달하지 않도록 해야 한다. 단백질이 해로운 영향을 미치지 않더라도, 높은 수준의 전사가 계속되면 플라스미드 복제가 방해받을 수 있다. 이것은 복제된 유전자가 모든 딸 세포에 유전되지 않을 수도 있음을 뜻한다. 단백질을 만들 수 있는 전반적인 배양 능력도 그에 따라 감소하게 될 것이다.

이상적인 프로모터는 전사 속도를 높일 수 있으면서도 제어가 가능하여 필요할 경우 전사 속도를 더 낮게 설정할 수도 있는 프로모터이다. 락토오스 오페론의 프로모터는 이러한 기준을 충족시켜 자주 사용된다. 이것은 강력한 프로모터로서 전사 속도가 높고 제어도 가능하다. 자연계에서는 락토오스 오페론이 일반적으로 억제 단백질이 작동자(opertator)에 부착하여 프로모터로의 접근을 차단하고 있으므로, RNA 중합효소가 결합할 수 없기 때문에 꺼져 있음을 기억해야 한다(그림 17.8 참조). 유도제를 첨가할 경우, 억제인자가 떨어져 나와 전사가 일어날 수 있다. 락토오스 프로모터와 인접한 작동부위 서열을 발현벡터로 옮겨도 이 제어 시스템은 영향을 받지 않는다. 다시 말해, 복제된 동물 유전자의 발현은 똑같은 조절 체제의 규제를 받는다. 유도제를 배지에 첨가하기 전까지는 발현이 일어나지 않는다.

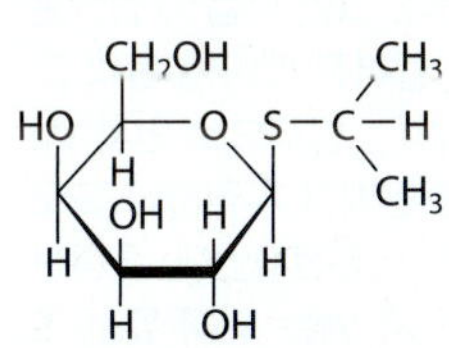

그림 19.29 이소프로필-β-D-티오갈락토시드 Box 17.2에 나타낸 알로락토오스의 구조와 이 구조를 비교하라.

락토오스 프로모터의 천연 유도물질은 알로락토오스(allolactose)이다. 이 화합물은 그다지 안정적이지 못해서, 복제된 유전자가 꺼지는 것(switch off)을 막으려면 지속적으로 새로운 알로락토오스를 첨가해야 할 필요가 있을 수 있다. 그래서 대신 이소필-β-D-티오칼락토시드(isopropyl-β-D-thiogalactoside, IPTG)와 같은 인공 유도물질을 사용한다(**그림 19.29**). IPTG는 β-갈락토시드(β-galactoside)로서, 알로락토오스의 구조와 다르지만 억제인자와 결합할 수 있다. 이것은 알로락토오스보다 훨씬 안정적이므로 동물 유전자의 발현을 유지하기 위해 지속적인 보충이 필요 없다.

세균이 항상 재조합 단백질 생산을 위한 최상의 숙주는 아니다

진핵세포와 세균 프로모터 서열의 차이가 세균을 재조합 단백질 합성을 위한 숙주로 사용할 때 해결해야 할 유일한 문제는 아니다. 대부분의 동물 단백질은 세균 단백질보다 크고 더 정교한 3차구조를 가지고 있다. 이 단백질들 대다수는 대장균에서 정확하게 접히지 않고, 부분적으로만 접힌 구조로 축적되어 세균 안에 **봉입체(inclusion body)**라고 불리는 반고체 응집물을 형성할 수 있다. 봉입체는 세균 추출물로부터 회수할 수 있고, 단백질은 가용성이 될 수 있지만, 단백질을 올바르게 접힌 형태로 바꾸는 것은 일반적으로 불가능하다. 두 번째 문제는 세균이 동물 단백질에 나타나는 번역후 화학적 변형의 일부를 수행할 능력이 없다는 것이다. 특히, 글리코실화

연구 요약

Box 19.5 재조합 인자 VIII 단백질의 합성

재조합 단백질 생산에 내재된 문제는 인간 항혈우병인자 VIII(factor VIII)의 재조합 단백질 합성을 가능하게 한 연구에서 분명히 알 수 있다. 이 단백질은 혈액 응고에 중추적인 역할을 하는데, 가장 흔한 형태의 혈우병에 결함이 있다. 최근까지, 혈우병 치료를 위한 유일한 방법은 헌혈자가 제공한 혈액에서 얻은 정제된 인자 VIII 단백질을 주사하는 것이었다. 그런데 인자 VIII의 정제는 과정이 복잡하고 치료 비용도 비싸다. 더 중요한 문제는 정제 방법으로 혈액에 존재할 수 있는 바이러스 입자를 철저하게 제거하지 못할 경우 이 방법으로 얻은 인자 VIII 자체가 위험하다는 점이다. 간염과 인간 면역 결핍 바이러스는 인자 VIII 주사를 통해 혈우병 환자에게 전달되어 왔다. 세균 혹은 진핵숙주에서 합성된 재조합 인자 VIII의 두 가지 큰 이점은 따라서 낮은 생산 비용과 바이러스 오염으로부터 안전하다는 점에 있다.

인자 VIII 유전자는 186 kb 이상으로 매우 크다. 그리고 많은 인간 유전자처럼 불연속적이고 26개의 엑손과 25개의 인트론을 가지고 있다. 인트론의 존재는 문제가 된다. 왜냐하면 대장균 유전자는 불연속적이지 않고, 세균은 mRNA 전구체 전사체(pre-mRNA transcript)에서 인트론을 제거하는 데 필요한 RNA와 단백질을 가지고 있지 않기 때문이다. 그러나 이 문제는 역전사효소를 사용하여 인자 VIII mRNA의 상보적인 DNA(cDNA) 사본을 마련함으로써 해결될 수 있다. 이어맞추기 후 mRNA는 인트론을 포함하지 않으므로, cDNA는 세균 유전자와 구조가 유사한 일련의 연속적 코돈이 된다.

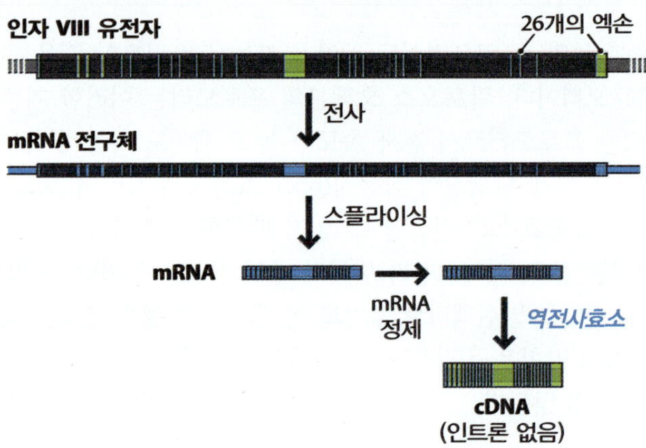

이 접근법은 인트론을 포함한 많은 진핵생물 유전자의 '세균용(bacteria-ready)' 복사물을 제공하는 데 사용되어 왔으며 재조합 단백질의 합성에도 종종 성공을 거두고 있다. 그러나 이러한 성공은 단백질이 활성화되기 위해 긴 가공과정을 필요로 하지 않고 특히 글리코실화될 필요가 없는 경우에만 가능하다. 인체에서는 인자 VIII의 초기 번역 산물이 2개의 단편으로 쪼개져 이량체 단백질을 생성하고, 이것이 이어서 *N*-결합 글리칸을 여섯 곳에 부착하게 한다. 이러한 과정은 대장균에서 일어나지 않으므로 인자 VIII cDNA에서는 활성 단백질이 생성되지 않는다. 대체 숙주를 찾아야 한다.

이상적인 대안은 포유동물의 세포 배양이다. 포유류 세포는 인간 세포가 아니어도 인간 단백질을 정확하게 가공할 수 있으리라고 기대되기 때문이다. 현재 동물 세포의 대규모 배양 시스템 이용도 가능하다. 포유류 세포는 성장 속도와 최대 세포 밀도가 세균이나 효모보다 훨씬 낮아 생산 가능한 재조합 단백질의 양에 한계가 있지만, 포유류 세포 배양이 단백질을 활성 형태로 얻는 유일한 방법이라면 수확량이 적더라도 감수할 수 있다. 처음의 실험들에서는 햄스터 세포가 사용되었는데, 소량의 인자 VIII만 합성되었다. 아마 초기 번역 생성물 전부가 정확하게 가공되지 않았기 때문인 듯하다. 두 번째 시도에서는, 인자 VIII cDNA를 두 개의 단편으로 나누어, 한 단편은 큰 소단위 폴리펩타이드를 암호화하고, 두 번째 단편은 작은 소단위 단편을 암호화하게 하였다. cDNA는 Ag 프로모터(닭 β-액틴과 토끼 β-글로빈 유전자 두 프로모터의 혼성)의 하류에서, 그리고 SV40 바이러스의 폴리아데닐화 신호의 상류에서 발현벡터에 연결하였다.

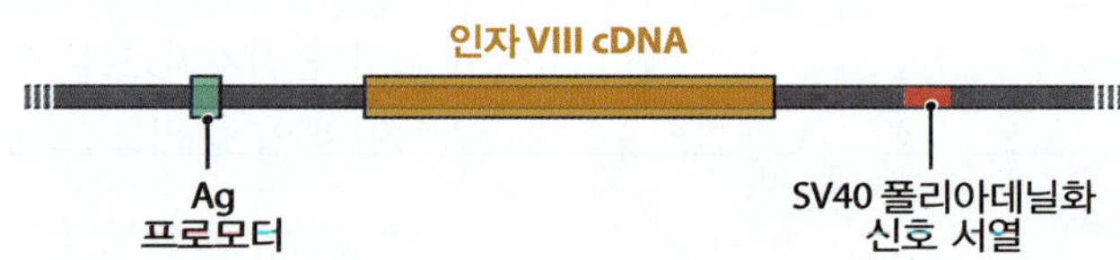

햄스터 세포주에 클로닝한 후, 이들 새로운 구축물은 처음 실험들에서 얻었던 것보다 10배나 많은 인자 VIII 단백질의 합성을 이끌었다. 중요한 것은 이 단백질이 기능면에서 천연 단백질과 구별할 수 없었다는 점이다.

더 최근에 이르러서는, 인자 VIII 합성을 위한 새로운 접근법이 도입되었다. 이 접근법은 **제약농(pharming)**이라고 불리는데 여기에는 가축에서 단백질을 생산하는 방법이 포함된다. 제약농은 가령 미세주입(microinjection) 같은 방법으로 수정란 세포에 유전자를 넣음으로써 이루어진다. 그런 다음 수정란은 대리모에 이식된다. 난자 세포가 분열하고 그 결과 만들어진 배아는 몸의 모든 세포에 복제 유전자를 포함한 동물로 성장한다. 제약농 방식으로 인자 VIII를 얻기 위해, 완전한 인간 cDNA가 돼지의 유청산성 단백질 유전자의 프로모터에 연결되었다. 이것은 유선 조직에서만 활성화되는 유전자인데, 유청산성 단백질은 돼지 젖의 주요 성분이다. 따라서 인간 인자 VIII는 돼지 유선 조직에 의해 합성되고 돼지가 생산하는 젖에서 정제될 수 있다. 이 방식으로 만들어진 인자 VIII는 천연 인간 단백질과 정확히 같아 보이며 혈액 응고 분석에서 완벽하게 기능을 한다.

(glycosylation)는 세균에서 극히 드물고 대장균에서 합성된 재조합 단백질은 절대로 올바르게 글리코실화되지 않는다. 글리코실화 과정이 없어도 단백질 기능이 손상되지 않을 수 있다. 그러나 단백질의 안정성을 감소시킬 수 있으며, 이 단백질이 의약품으로 사용되어 환자의 혈류에 주사되면 알레르기 반응이 일어날 수 있다.

이러한 이유로 진핵숙주에서 재조합 단백질을 생산하는 방법이 연구되어왔다. 효모와 사상진균과 같은 세균성 진핵생물은 매력적인 대안들이다. 이것들에서 얻을 수 있는 세포 밀도는 낮지만 세균처럼 배양해서 키울 수 있기 때문이다. 발현벡터는 여전히 필요한데 이는 동물 유전자를

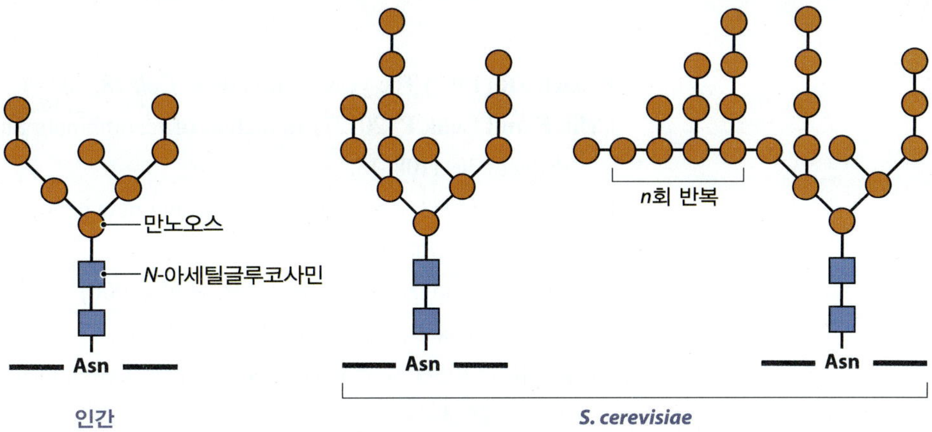

그림 19.30 인간과 *S. cerevisiae*의 *N*-연결 글리칸
전형적인 '만노오스가 많은(high-mannose)' 글리칸의 구조를 나타낸다. 오른쪽의 구조는 과도하게 글리코실화된 글리칸으로 때로 이런 글리칸이 수백 개의 만노오스 단위를 포함할 수 있는 *S. cerevisiae*에 의해 생성된다.

위한 프로모터와 다른 발현 신호가 일반적으로 이러한 하등 진핵생물에서 효율적으로 작동하지 않기 때문이다. *Saccharomyces cerevisiae*가 자주 사용되고 있다. 이는 에피솜과 통합 플라스미드에 기반을 둔 잘 발달된 클로닝 시스템 때문이기도 하고, 이 효모가 의약품이나 식품에 사용하는 단백질을 생산하는 데 안전한 생물로 받아들여지기 때문이기도 하다. 갈락토오스 에피머화효소(galactose epimerase)를 암호화하는 유전자의 GAL 프로모터는 배지에 있는 갈락토오스 양으로 조절이 가능하여 자주 단백질 발현을 위해 사용된다.

*S. cerevisiae*는 비교적 많은 양의 재조합 동물 단백질을 만들어내고, 이 단백질은 보통 올바르게 접혀지지만, 이 효모에서의 클로닝은 글리코실화 문제를 완전히 해결하지 못한다. 재조합 단백질은 천연 동물 단백질에 들어 있는 당보다 더 많은 당이 들어 있는 글리칸을 가지고 있어서 종종 과도한 글리코실화를 일으킨다(**그림 19.30**). 효모의 두 번째 종인 *Pichia pastoris*는 글리코실화를 더욱 정확하게 수행한다. 이 효모에 의해 생성된 글리칸은 천연 동물 단백질과 동일하지는 않지만, 이 단백질이 알레르기 반응을 일으키지 않을 정도로 매우 비슷하다. *Pichia pastoris*는 총 세포 단백질의 30%까지 다량의 재조합 단백질을 합성할 수 있으며, 이 단백질의 대부분은 증식 배지로 분비된다. 증식 배지로부터 단백질을 정제하면 세포 추출물에서 정제하는 것보다 훨씬 쉽고 저렴하다. 이 종이 가지고 있는 메탄올에 의해 유도되는 알코올산화효소(alcohol oxidase) 프로모터가 종종 복제 유전자의 발현을 유도하는 데 사용된다.

단백질 생산을 위한 숙주로서 진핵미생물을 사용하는 데 진전이 있었음에도 불구하고, 여전히 동물 세포에서만 만들어질 수 있는 단백질들이 있다. 특히 복잡하고 필수적인 글리코실화 구조를 가진 단백질들이 그렇다. 인간이나 햄스터의 포유동물 세포주가 종종 사용되고 있는데, 이는 프로모터 구조와 단백질 가공에는 별 문제가 없음을 뜻한다. 발현벡터는 생산량을 최대화하고 단백질 합성을 조절할 수 있도록 하기 위해서만 필요하다. 이것이 활성 단백질의 합성을 위해서는 가장 믿을 만한 방법이기는 하지만, 동시에 비용이 가장 많이 든다는 점이 있다. 배양 시스템이 미생물보다 복잡하고, 단백질 생산량이 낮기 때문이다. 품질 관리 기준도 더 엄격해야 한다. 배양액이 바이러스로 오염되어 최종 단백질 조제물에 옮아가지 않도록 각별한 주의가 이루어져야 하기 때문이다.

참고문헌

Broach JR (1982) The yeast 2 μm circle. *Cell* **28**, 203–4.

Çelik E and Çelik P (2012) Production of recombinant proteins by yeast cells. *Biotechnology Advances* **30**, 1108–18.

Chilton MD (1983) A vector for introducing new genes into plants. *Scientific American* 248(June), 50–9. ***The Ti plasmid.***

Colosimo A, Goncz KK, Holmes AR, *et al.* (2000) Transfer and expression of foreign genes in mammalian cells. *Biotechniques* **29**, 314–21.

Crystal RG (2014) Adenovirus: the first effective *in vivo* gene delivery vector. *Human Gene Therapy* **25**, 3–11.

Higuchi R, Dollinger G, Walsh PS and Griffith R (1992) Simultaneous amplification and detection of specific DNA sequences. *Biotechnology* **10**, 413–17. ***The first description of real-time PCR.***

Huang C-J, Lin H and Yang X (2012) Industrial production of recombinant therapeutics in *Escherichia coli* and its recent advancements. *Journal of Industrial Microbiology and Biotechnology* **39**, 383–99.

Kaufman RJ, Wasley LC and Dorner AJ (1988) Synthesis, processing, and secretion of recombinant human factor VIII expressed in mammalian cells. *Journal of Biological Chemistry* **263**, 6352–62.

Lee L-Y and Gelvin SB (2008) T-DNA binary vectors and systems. *Plant Physiology* **146**, 325–32.

Päcurar DI, Thordal-Christensen H, Päcurer ML, Pamfil D, Botez C and Bellini C (2011) *Agrobacterium tumefaciens*: from crown gall tumors to genetic transformation. *Physiological and Molecular Plant Pathology* **76**, 76–81.

Paleyanda RK, Velander WH, Lee TK, *et al.* (1997) Transgenic pigs produce functional human factor VIII in milk. *Nature Biotechnology* **15**, 971–5.

Parent SA, Fenimore CM and Bostian KA (1985) Vector systems for the expression, analysis and cloning of DNA sequences in *S. cerevisiae*. *Yeast* **1**, 83–138.

Pingoud A, Fuxreiter M, Pingoud V and Wende W (2005) Type II restriction endonucleases: structure and mechanism. *Cellular and Molecular Life Sciences* **62**, 685–707.

Ronaghi M, Uhlén M and Nyrén P (1998) A sequencing method based on real-time pyrophosphate. *Science* **281**, 363–5. ***Pyrosequencing.***

Saiki RK, Gelfand DH, Stoffel S, *et al.* (1988) Primer-directed enzymatic amplification of DNA with a thermostable DNA polymerase. *Science* **239**, 487–91. ***The first description of PCR with Taq polymerase.***

Sanger F, Nicklen S and Coulson AR (1977) DNA sequencing with chain-terminating inhibitors. *Proceedings of the National Academy of Sciences of the USA* **74**, 5463–7.

Smith HO and Wilcox KW (1970) A restriction enzyme from *Haemophilus influenzae*. *Journal of Molecular Biology* **51**, 379–91. ***One of the first full descriptions of a restriction endonuclease.***

van Dijk EL, Auger H, Jaszczyszyn Y and Thermes C (2014) Ten years of next-generation sequencing technology. *Trends in Genetics* **30**, 418–26.

Zhu J (2012) Mammalian cell protein expression for biopharmaceutical production. *Biotechnology Advances* **30**, 1158–70.

자기 평가 문제

객관식 문제

각 문제에 대한 정답은 한 개이며, 정답은 웹사이트 www.scionpublishing.com/biochemistry에서 찾을 수 있음.

1. S1 핵산내부가수분해효소의 활성이란?
- **(a)** 단일가닥과 이중가닥 DNA 폴리뉴클레오타이드를 자른다.
- **(b)** 단일가닥과 이중가닥 DNA와 RNA 폴리뉴클레오타이드를 자른다.
- **(c)** 단일가닥 DNA 폴리뉴클레오타이드만 자른다.
- **(d)** 이중가닥 DNA 폴리뉴클레오타이드만 자른다.

2. RNase V1의 활성이란?
- **(a)** 단일가닥과 이중가닥 DNA 폴리뉴클레오타이드를 자른다.
- **(b)** 단일가닥과 이중가닥 DNA와 RNA 폴리뉴클레오타이드를 자른다.
- **(c)** 이중가닥 RNA 폴리뉴클레오타이드만 자른다.
- **(d)** 단일가닥 DNA 폴리뉴클레오타이드만 자른다.

3. 어떤 제한 핵산내부가수분해효소가 3′ 돌출부를 남기는가?
- **(a)** *Hin*fI
- **(b)** *Pvu*II
- **(c)** *Bam*HI
- **(d)** *Pst*I

4. 어떤 제한 핵산내부가수분해효소가 3′ 비점착성 말단을 남기는가?
- **(a)** *Hin*fI
- **(b)** *Pvu*II
- **(c)** *Bam*HI
- **(d)** *Pst*I

5. 퇴화된 인식 염기서열을 가지고 있는 제한 핵산내부가수분해효소는?
- **(a)** *Hin*fI
- **(b)** *Pvu*II
- **(c)** *Bam*HI
- **(d)** *Pst*I

6. DNA 연결효소에 의한 비점착성 말단 연결 빈도는 어떻게 증가하는가?
- **(a)** ATP를 넣어줌으로써
- **(b)** 온도를 높여줌으로써
- **(c)** DNA 농도를 높여줌으로써
- **(d)** 침전제를 넣어줌으로써

7. 상보적 DNA는 어느 DNA 중합효소에 의해 합성되는가?
- **(a)** DNA 중합효소 I
- **(b)** *Taq* 중합효소
- **(c)** cDNA 합성효소
- **(d)** 역전사효소

8. PCR에서 증폭될 표적 DNA 영역을 정하는 것은?
- **(a)** DNA 합성에 허용되는 시간
- **(b)** 짧은 생성물과 긴 생성물의 비율
- **(c)** 리포터 탐침자의 정보
- **(d)** 프라이머의 결합 위치

9. 실시간 PCR에 사용되는 리포터 탐침자에 관한 설명으로 옳지 않은 것은?
- **(a)** 형광화학 그룹은 탐침자의 한쪽 끝에 붙어 있다.
- **(b)** 탐침자의 염기서열은 PCR 산물의 한 가닥과 염기쌍을 이룰 수 있도록 설계된다.
- **(c)** 용액에서 올리고뉴클레오타이드가 유리되면 형광을 방출한다.
- **(d)** PCR이 진행됨에 따라 형광의 양이 증가한다.

10. DNA 염기서열결정법에 사용되는 사슬종료 뉴클레오타이드는?
- **(a)** 2′,3′-디디옥시뉴클레오타이드
- **(b)** 3′,4′-디디옥시뉴클레오타이드
- **(c)** 2′,4′-디디옥시뉴클레오타이드
- **(d)** 2′,5′-디디옥시뉴클레오타이드

11. 한 번의 사슬종료 염기서열결정 실험에서 몇 개의 뉴클레오타이드를 읽을 수 있는가?
- **(a)** 최대 100
- **(b)** 최대 1,000
- **(c)** 최소 1,000
- **(d)** 5,000 이상

12. 다음 효소들 가운데 피로염기서열결정법에 사용되지 않는 것은?
- **(a)** ATP 술포릴제거효소
- **(b)** DNA 연결효소
- **(c)** 루시페린산화효소
- **(d)** 뉴클레오타이드가수분해효소

13. 다음 중 차세대 염기서열결정법에 사용되지 않는 것은?
- **(a)** 종결자-염료 뉴클레오타이드
- **(b)** 기름-물 유화액
- **(c)** 대량 병렬 배열
- **(d)** 모세관 겔 전기영동

14. pUC8 플라스미드에 존재하는 어떤 효소의 유전자가 암피실린에 대한 내성을 나타내는가?
(a) β-갈락토오스가수분해효소
(b) β-락탐분해효소
(c) 오로티딘-5′-인산 탈탄산효소
(d) *lacZ′* 유전자

15. pUC8을 사용할 때 재조합 플라스미드를 가지고 있는 세균은 어떻게 인식되는가?
(a) 암피실린에 민감하고 락토오스를 분해할 수 있다.
(b) 암피실린에 내성이 있으며 락토오스를 분해할 수 있다.
(c) 암피실린에 민감하고 락토오스를 분해할 수 없다.
(d) 암피실린에 내성이 있으며 락토오스를 분해할 수 없다.

16. 효모 벡터가 염색체 DNA에 통합되는 과정을 무엇이라고 하는가?
(a) 에피솜 전이
(b) 상동재조합
(c) 비상동적 재조합
(d) 형질전환

17. Ti 플라스미드는 어떤 유형의 생물에 유전자를 복제하는 데 사용되는가?
(a) 효모
(b) 식물
(c) 곤충
(d) 동물 세포

18. 다음 중 재조합 단백질 생산에 사용되는 벡터는?
(a) 통합 플라스미드
(b) Ti 벡터
(c) 발현벡터
(d) 에피솜

19. 대장균에서 재조합 단백질을 만들 때 높은 수준의 전사가 바람직하지 않은 이유는?
(a) 기질이 너무 빨리 소모된다.
(b) 만들어진 단백질은 인간에게 사용하기에 안전하다고 등록되지 않을 것이다.
(c) 높은 수준의 전사는 플라스미드 복제를 방해할 수 있다.
(d) 세균이 돌연변이가 될 것이다.

20. 다음 중 재조합 단백질 생산에 사용되는 락토오스 오페론의 유도제는?
(a) 알로락토오스
(b) 락토오스
(c) 5-브로모-4-클로로-3-인도릴-β-D-갈락토시드
(d) 이소프로필-β-D-갈락토시드

21. 대장균 세포에 축적되는 부분적으로 접힌 재조합 단백질의 반고체 응집물은?
(a) 봉입체
(b) 반점
(c) 단백질 결정체
(d) 축적된 지점들

22. 동물 유전자를 대장균에 복제할 때 cDNA가 재조합 단백질 생산에 사용되는 이유는?
(a) cDNA가 더 짧아서 전사를 더 빨리할 수 있다.
(b) cDNA는 글리코실화를 억제하지 않는다.
(c) cDNA 발현은 배지에 유도제를 첨가하여 조절할 수 있다.
(d) cDNA는 인트론이 없다.

23. *Pichia pastoris*가 재조합 단백질 생산에 사용되는 경우, 다음 중 어느 화학 물질이 알코올 산화효소 프로모터를 유도하는 데 사용되는가?
(a) 메탄올
(b) 에탄올
(c) 부탄올
(d) 아세톤

24. 어떤 유전자의 프로모터가 돼지 유선 조직에서 인자 VIII 합성을 유도하기 위해 사용되어 왔는가?
(a) 닭 β-액틴
(b) SV40 바이러스
(c) 갈락토오스 에피머화효소
(d) 유청산성 단백질

단답식 문제

아래 문제는 추가 자료 없이 답이 가능함.

1. 핵산가수분해효소가 DNA와 RNA를 자를 수 있는 다양한 방식을 나타내는 일련의 그림을 그리시오.

2. 제한 핵산내부가수분해효소의 중요한 특징을 예를 들어 기술하시오.

3. DNA와 RNA 분자 연구에 사용되는 여러 유형의 DNA 중합효소의 역할을 개략적으로 기술하시오.

4. PCR 반응 동안 일어나는 과정을 보여주는 일련의 그림을, 긴 생성물과 짧은 생성물의 합성을 잘 구분하여 그리시오. 실시간 PCR을 수행하기 위해 이 절차에 어떤 수정이 가해졌는가?

5. DNA 염기서열 분석을 위한 사슬종료법을 기술하시오.
6. 피로염기서열결정법과 종결자-염료법이 차세대 염기서열결정법에서 어떻게 사용되는지 설명하시오.
7. 유전자가 어떻게 복제되는지 개요도를 그리시오.
8. pUC8이 대장균에서 동물 유전자를 복제하는 데 사용되는 방식에 대해 자세히 기술하시오.
9. (A) *S. cerevisiae*, (B) 식물, (C) 동물 세포에 사용되는 클로닝 벡터의 주요 특징을 개략적으로 기술하시오.
10. 대장균이 항상 재조합 단백질 생산을 위한 이상적인 숙주가 아닌 이유와 그 대안은 무엇인지 기술하시오.

주관식 문제

아래 문제는 계산, 추가 자료, 인터넷 조사 등을 필요로 함.

1. 길이가 48.5 kb인 선형 DNA 분자에 3개의 제한효소를 단독으로 또는 섞어서 처리하였다. 그 결과로 얻은 단편의 수와 길이는 다음과 같다.

효소	단편의 개수	크기(kb)
XbaI	2	24.0, 24.5
XhoI	2	15.0, 33.5
KpnI	3	1.5, 17.0, 30.0
XbaI + *XhoI*	3	9.0, 15.0, 24.5
XbaI + *KpnI*	4	1.5, 5.0, 17.0, 24.0

제공된 정보를 토대로 DNA 분자에서 이 세 가지 핵산내부가수분해효소의 절단 부위의 위치를 알아보아라. 분명하게 배치될 수 없는 절단 부위가 있는가? 그렇다면 '제한효소 지도'를 완성하기 위해 필요한 추가 정보는 무엇인가?

2. 20, 25, 30주기의 PCR 후에 존재할 수 있는 짧은 생성물과 긴 생성물의 개수를 계산하시오.

3. 155 bp의 DNA 분자를 무작위로 잘라서 단편들이 겹치도록 한 다음, 염기서열을 결정하였다.
읽힌 염기서열은 다음과 같다.
CATGCGCCGATCGAGCGAGC
GCGAGCATCTACTACGTACGTA
CATCGATGCTACTACGTACAGGC
GATGCTACGATGCTGCATGCG
GTACAGGCATGCGCCGATCGAG
CGAGCACTACGATCGATCATCG
TACGTACGTAGCATGCATCGT
CATGCGCCGATCGAGCGAG
ATCGATGCATCGATGCTAC
TACGTAGCATCTACGTACGTAG

읽힌 쌍들 사이의 겹친 부분을 검색하여 원래 분자의 염기서열을 재구성할 수 있는가? 못한다면 어떤 문제가 생긴 것이며 이 문제는 어떻게 풀 수 있을까? [이 예에서는 시작 분자와 읽힌 부분이 매우 짧지만, 연습에서는 100 kb 이상인 진핵생물의 긴 DNA 단편을 1,000 bp까지 읽는 염기서열 분석을 할 때 발생하는 문제가 다시 발생한다는 점에 주목하라.]

4. DNA가 pUC8에 클로닝될 때, 재조합 세균(삽입된 DNA 단편을 운반하는 원형 pUC8 분자를 가지고 있는)은 암피실린과 X-gal이라 불리는 락토오스 유사체가 들어 있는 한천 배지에 도말함으로써 확인된다. pBR322으로 불리는 오래된 유형의 클로닝 벡터도 암피실린 저항성 유전자를 가지고 있지만 *lacZ'* 유전자는 가지고 있지 않았다. 그 대신 pBR322에 존재하는 테트라사이클린 내성 유전자가 DNA에 삽입되었다. 재조합 pBR322 플라스미드를 받아들인 세균과, 새로운 DNA가 삽입되지 않은 원형 플라스미드를 받아들인 세균을 구별하는 데 필요한 과정을 기술하시오.

5. 재조합 단백질을 얻는 수단으로 제약농을 개발함으로써 제기되는 윤리적 문제에 대해 논하시오.

용어 해설 Glossary

1,2-diacylglycerol (DAG) [1,2-디아실글리세롤]: Ca^{2+}이 세포 속으로 들어가면서 시작되는 둘째 전령물질 신호경로의 성분.

2 ㎛ circle [2 ㎛ 고리]: 빵효모(*Saccharomyces cerevisiae*)에서 발견되는 플라스미드로서 다양한 클로닝벡터의 주형으로 사용됨.

2,4-dinitrophenol [2,4-디니트로페놀]: 전자전달사슬의 짝풀림제.

3′ or 3′-OH terminus [3′ 말단, 3′-OH 말단]: 당의 3-탄소에 부착된 하이드록실기와 함께 끝을 이루는 폴리뉴클레오타이드의 말단.

3-hydroxy-3-methylglutaryl CoA (HMG CoA) [3-하이드록시-3-메틸글루타릴 CoA]: 스테롤 합성의 중간대사물질.

3-hydroxyacyl-ACP dehydratase [3-하이드록시아실-ACP 탈수효소]: 지방산 합성경로의 3단계에서 D-3-하이드록시부티릴 ACP를 크로토닐-ACP로 전환시키는 효소.

3′ splice site [3′ 이어맞추기 부위]: 인트론의 3′ 끝에 위치한 이어맞추기 부위.

3′-untranslated region [3′-비해독 부위]: mRNA에서 사슬잇기 종료코돈 아래쪽에 위치하는 번역되지 않는 부위.

3′,5′-cyclic AMP (cAMP) [3′,5′-고리 AMP]: 5′ 탄소와 3′ 탄소를 연결하여 분자내 포스포다이에스터 결합을 이루는 AMP의 변형체.

5′ or 5′-P terminus [5′ 말단, 5′-P 말단]: 당의 5′-탄소에 부착된 이- 또는 삼인산염으로 종결되는 폴리뉴클레오타이드의 끝.

5′ splice site [5′ 이어맞추기 부위]: 인트론의 5′ 끝에 있는 이어맞추기 부위.

5′-untranslated region [5′-비해독 부위]: 개시 코돈의 위쪽에 있는 mRNA의 비번역 부위.

6-phosphogluconate dehydrogenase [6-포스포글루콘산 탈수소효소]: 5탄당인산 경로의 3단계에서 6-포스포글루콘산을 리불로오스 5-인산으로 전환시키는 효소.

(6-4) lesion [(6-4) 병변]: 자외선 조사에 의해 형성된 폴리뉴클레오타이드에서 인접한 2개의 피리미딘 염기 사이의 이합체.

(6-4) photoproduct photolyase [(6-4) 광생성물 광분해효소]: 광재활성화 복구에 관여하는 효소.

30 nm fiber [30 nm 미세섬유]: 약 30 nm 직경의 섬유에서 나선형 배열이 가능한 뉴클레오솜으로 이루어진 염색질로서 그다지 압축되지 않은 형태임.

A-form [A형]: 세포 DNA에서 존재는 하지만 흔하지 않은 이중나선의 구조적 형태.

Acceptor control [수용체 조절]: ADP 이용도에 의한 전자수송사슬의 조절.

Acceptor site [수여자 부위]: 인트론 3′ 끝의 이어맞추기 부위.

Accessory pigment [보조 색소]: 광합성 생명체의 비엽록소 광수확 색소.

Acetoacetyl CoA [아세토아세틸 CoA]: 스테롤 화합물과 케톤체의 합성에서 생성되는 중간대사산물.

Acetyl CoA [아세틸 CoA]: 피루브산염 분해에서 즉시 생성되는 대사산물로서 TCA 회로에서 기질로 작용함.

Acetyl CoA carboxylase [아세틸 CoA 카르복실화효소]: 지방산 합성의 초기에 아세틸 CoA를 말로닐 CoA로 전환시키는 효소.

Acetyl transferase [아세틸기 전달효소]: 지방산 합성에서 아세틸 단위를 아세틸 CoA에서 ACP로 전달하는 효소.

Acetylcholinesterase [아세틸콜린에스터분해효소]: 신경세포에서 아세틸콜린을 분해하는 효소.

Acid [산]: 추가되는 H^+ 이온을 수용액으로 방출하여 용액의 하이드로늄 이온 농도를 증가시키는 화합물.

Acidic domain [산성 도메인]: 활성화 영역의 한 종류.

Aconitase [아코니트산 수화효소]: TCA 회로의 2단계에서 시트르산을 이소시트르산으로 전환시키는 효소.

Actinomycetes [방선균]: 섬유모양 세균의 한 종류.

Actinorhizal plant [뿌리방선균 식물]: 질소고정 속씨식물의 한 종류.

Action potential [활동전위]: 축삭을 따라 신경자극을 전달하는 탈분극의 파동.

Activated carrier molecule [활성 수송분자]: 자유에너지의 일시적 저장체로 작용하는 분자.

Activation domain [활성화 도메인]: 개시 복합체와 접촉하는 활성체의 한 부분.

Activation energy ($\Delta G^{\ddagger}$) [활성화 에너지]: 반응에서 기질의 에너지 함량과 전이상태 사이의 에너지 차이.

Active site [활성 부위]: 기질이 결합하고 생화학 반응이 일어나는 효소의 특정한 자리.

Active transport [능동수송]: 에너지가 필요한 과정을 통해 막을 통과하는 분자나 이온의 이동.

Acyl carrier protein (ACP) [아실 운반단백질]: 지방산을 합성하는 작은 단백질.

Acyl CoA dehydrogenase [아실 CoA 탈수소효소]: 지방산 분해경로의 1단계에서 아실 CoA를 트랜스-Δ^2-에노일 CoA로 전환시키고, 일부의 불포화지방산이 분해될 때 Δ^4-다이에노일 CoA를 $\Delta^{2,4}$-디에노일 CoA로 전환시키는 효소.

Acyl-malonyl-ACP condensing enzyme [아실-말로닐-ACP 축합효소]: 지방산 합성경로의 1단계에서 아세틸 ACP와 말로닐 ACP를 아세토아세틸 ACP로 전환시키는 효소.

Adenine [아데닌]: DNA와 RNA에 존재하는 퓨린 염기의 한 종류.

Adeno-associated virus [아데노연관 바이러스]: 아데노바이러스와 직접적인 관련이 없지만 이것에 감염된 조직에서 종종 같이 발견되는 바이러스인데, 이 바이러스가 복제주기를 완성하기 위해 아데노바이러스가 합성한 일부 단백질을 사용하기 때문에 이렇게 명명됨.

Adenosine 5′-triphosphate (ATP) [아데노신 5′-삼인산]: (1) RNA 합성의 기질; (2) 활성 운반 분자로 작용하는 뉴클레오타이드.

Adenovirus [아데노바이러스]: 동물 바이러스로서 포유동물 세포의 유전자 클로닝에 사용되는 파생 바이러스.

Adenylate kinase [아데닐산 인산화효소]: 두 분자의 ADP를 한 분자의 ATP와 한 분자의 AMP로 전환시키는 효소.

Adipocyte [지방세포]: 지방조직에 존재하는 지방 저장세포.

ADP-glucose [ADP-글루코오스]: 글루코오스의 활성형.

Adrenaline [아드레날린]: 에피네프린의 다른 이름.

Adrenocorticotropic hormone [부신피질자극호르몬]: 뇌하수체 전엽에서 합성되는 호르몬으로서 다양한 생리적 및 생화학적 활성을 조절함.

Adrenoleukodystrophy (ALD) [부신백질이영양증]: 긴사슬지방산이 분해되는 과산화소체로 긴사슬지방산을 운반하지 못하는 유전적 장애.

Agarose [아가로오스]: D-갈락토오스와 3,6-안하이드로-L-갈락토피라노오스 단위가 반복된 다당류으로서 아가로오스 용액을 가열하면 겔이 형성됨.

ALA dehydratase [ALA 탈수효소]: 테트라피롤이 합성될 때 2분자의 δ-아미노레불린산염을 1분자의 포르포빌리노겐으로 전환시키는 효소.

ALA synthase [ALA 생성효소]: 테트라피롤 합성에서 글리신과 숙시닐 CoA를 δ-아미노레불린산으로 전환시키는 효소.

Alcohol decarboxylase [알코올 카복실기제거효소]: 알코올 발효 2단계에서 아세트알데하이드를 에탄올로 전환시키는 효소.

Alcoholic fermentation [알코올 발효]: 피루브산을 에탄올로 전환시키는 혐기성 상태에서 NADH를 재생하는 생화학적 경로.

Aldehyde [알데하이드]: 작용기가 −CHO 구조인 유기 화합물.

Aldohexose [알도헥소오스]: 6개의 탄소 원자로 이루어진 알데하이드당.

Aldolase [알돌분해효소]: 당분해 경로의 4단계에서 프룩토오스 1,6-이인산을 글리세르알데하이드 3-인산과 디하이드록시아세톤인산으로 전환시키는 효소.

Aldopentose [알도펜토오스]: 5개의 탄소 원자로 이루어진 알데하이드당.

Aldose [알도오스]: 말단 탄소가 포밀기의 일부분을 이루는 당.

Aldosterone [알도스테론]: 혈장 이온 농도와 혈압을 조절하는 스테로이드 호르몬.

Aldotetrose [알도테트로오스]: 4개의 탄소 원자로 이루어진 알데하이드당.

Aldotriose [알도트리오스]: 3개의 탄소 원자로 이루어진 알데하이드당.

ALDP [ALDP]: 긴사슬지방산을 분해되기 전에 퍼옥시좀으로 운반하는 막단백질.

Allolactose [알로락토스]: 락토오스 오페론의 유도인자.

Allosteric enzyme [알로스테릭 효소, 다른자리조절 효소]: 활성자리가 아닌 다른 부위에 결합하는 다른자리 작동인자에 의해 활성에 영향을 받는 모든 효소.

Allosteric inhibition [알로스테릭 억제]: 비경쟁적이고 가역적인 억제.

Allosteric site [알로스테릭 부위]: 비경쟁적이고 가역적인 억제를 받는 효소의 결합자리.

α(1→6) glucosidase [α(1→6) 글루코시드가수분해효소]: 글리코겐과 같은 가지달린 다당의 α(1→6) 당화결합을 자르는 활성을 가진 효소.

αα motif [αα 모티프]: 2개의 α-나선의 곁사슬들이 서로 엇갈리는 방식으로 역평행 방향으로 나란히 놓여 있는 단백질 구조요소.

α-amylase [α-녹말가수분해효소]: 3개 이상의 글루코오스 단위를 갖고 있는 다당류에서 α(1→4) 결합의 내부가수분해를 촉진하는 침에 존재하는 효소.

α-helix [α-나선]: 단백질 2차구조의 흔한 형태.

α-ketoglutarate dehydrogenase [α-케토글루타르산 탈수소효소]: TCA 회로의 4단계에서 α-케토글루타르산을 숙시닐 CoA로 전환시키는 효소.

Alternative promoter [대체 프로모터]: 같은 유전자에 작용하는 여러 다른 프로모터 중의 하나.

Alternative splicing [대체 이어맞추기]: 엑손들의 여러 가지의 다른 결합에 의해 같은 mRNA 전구체에서 생성되는 여러 개의 mRNA.

Amino acid [아미노산]: 폴리펩타이드를 구성하는 단일체 중의 하나.

Amino terminus [아미노 말단]: 자유 아미노기가 위치하는 폴리펩타이드의 끝 부분.

Aminoacyl site or A site [아미노아실 자리, A 자리]: (단백질) 번역할 때 아미노아실-tRNA가 부착하는 리보솜의 특정 자리.

Aminoacyl tRNA-synthetase [아미노아실 tRNA-합성효소]: 여러 종류의 tRNA의 아미노아실화를 촉진하는 효소.

Aminoacylation [아미노아실화]: tRNA의 받개 팔에 아미노산을 부착시키는 반응.

Ammonotelic [암모니아배출종]: 자신이 사는 물속으로 암모니아를 배출하는 종(species).

AMP-activated protein kinase [AMP-활성화 단백질 인산화효소]: 지방산 합성을 제어하는 조절 과정의 일부로서 아세틸 CoA 카르복실화효소를 인산화시킴으로써 비활성화시키는 효소.

Amphipathic helix [양친매성 나선]: 단백질의 표면에 위치하는 α-나선의 한 종류.

Amphiphile [양친매성체]: 친수성과 소수성을 둘 다 가진 화합물.

Amphoteric [양쪽성]: 약산과 약염기 둘 다로 작용하는 화합물.

Amylase [아밀라아제]: 특징이 밝혀져야 할 첫 번째 효소 활성; 녹말분해효소는 녹말을 당으로 분해시키는 반응을 촉진함.

Amylopectin [아밀로펙틴]: 녹말의 구성 성분; α(1→4) 사슬과 α(1→6) 분기점으로 구성된 가지형 구조.

Amyloplast [녹말체]: 식물에서 저장용 녹말 합성이 일어나는 엽록체와 관련된 구조.

Amylose [아밀로오스]: 녹말의 구성 성분; α(1→4) 글리코시드화결합에 의해 연결된 D-글루코오스 단위의 선형 중합체.

Anabolism [동화작용]: 작은 분자에서 더 큰 분자를 만드는 생화학 반응.

Ancient DNA [고대 DNA]: 고고학적 표본이나 화석 표본에 보존된 DNA.

Anomer [아노머]: 광학 성질이 약간 다르지만 화학적으로 같은 두 가지 이상의 화합물.

Anoxygenic photosynthesis [산소비생성 광합성]: 전자 주개로 물을 사용하지 않아서 산소를 생성하지 않는 세균의 광합성.

Antenna complex [안테나 복합체]: 빛 에너지를 포획하여 반응중심으로 수송하는 광계의 일부.

Antibiotic [항생제]: 세균의 증식을 억제하거나 박멸하는 화합물.

Antibody [항체]: 항원에 결합하는 면역글로불린 단백질; 면역 반응의 일부로서 항체결합은 면역계의 다른 성분에 의한 항원의 파괴를 초래함.

Anticodon [역코돈]: mRNA 분자의 코돈과 염기쌍을 이루며, tRNA 분자의 34–36 위치에 존재하는 뉴클레오타이드 세짝.

Antigen [항원]: 면역 반응을 유발하는 물질.

Antiparallel [역평행]: 이중나선에서 폴리뉴클레오타이드의 배열을 말하며, 이것은 반대 방향으로 진행함.

Antiparallel β-sheet [역평행 β-병풍]: 인접한 가닥들이 서로 반대 방향으로 진행하는 β-병풍.

Antiporter [역수송체]: 농도 기울기에 역행하는 분자 또는 이온의 수송과 이와 반대 방향으로 기울기에 따르는 두 번째 이온의 이동을 동시에 결합시키는 능동수송 단백질.

AP endonuclease [AP 핵산내부가수분해효소]: 염기 절제복구에 관련된 효소.

AP site [AP 자리]: 뉴클레오타이드의 염기 성분이 없는 DNA 분자상의 자리.

apoC-II [apoC-II]: 유미입자의 표면에 존재하는 단백질 중의 하나; 지질단백질 지질가수분해효소 활성화제.

Apoenzyme [아포효소]: 보조인자가 첨가되어야 활성화될 수 있는 비활성 효소.

Apoprotein or Apolipoprotein [아포단백질, 아포지질단백질]: 지질단백질의 단백질 성분.

Archaea [고세균]: 원핵생물의 두 가지 주요 종류 중의 하나.

Arginase [아르기닌분해효소]: 요소 회로의 5단계에서 아르기닌을 오르니틴과 요소로 전환시키는 효소.

Argininosuccinase [아르기니노숙신산분해효소]: 요소회로의 4단계에서 아르기니노석신산염을 아르기닌과 푸마르산염으로 전환시키는 효소.

Argininosuccinate synthetase [아르기니노숙신산 합성효소]: 요소회로의 3단계에서 시트룰린과 아스파르트산을 아르기니노숙신산으로 전환시키는 효소.

Argonaute [아고노트]: RNA-유도 침묵 복합체(RISC)에서 mRNA를 절단하는 핵산내부가수분해효소.

Ascorbic acid [아스코르브산]: 아교질 합성에 관여하는 효소를 포함하는 여러 효소의 보조인자인 비타민 C.

Asparaginase [아스파라긴분해효소]: 아스파라긴을 아스파르트산과 암모니아로 전환시키면서 분해하는 효소.

Aspartate transaminase [아스파르트산 아미노기전달효소]: 말산-아스파르트산 왕복의 구성 성분.

Aspartate transcarbamoylase [아스파르트산 카르바모일기전달효소]: 시토신과 우라실의 신생합성 과정에서 아스파르트산과 카르바모일인산으로부터 오로트산까지 생성되는 일련의 중간체로 전환시키는 효소.

Aspartate-argininosuccinate shunt [아스파르트산-아르기니노숙신산 분로]: TCA 회로와 요소 회로 사이의 연결.

AT rich [AT 풍부영역]: 아데닌-티민 염기쌍의 비율이 높은 DNA 서열.

Atherosclerosis [죽상동맥경화증]: 콜레스테롤과 기타 지질이 저밀도지질단백질에서 혈관 내벽에 침착하여 발병이 촉진되는 것으로 알려진, 즉 흔히 '동맥이 딱딱해지는 상태'로 알려진 의학적 상태.

Atomic number [원자번호]: 원소의 핵에 들어 있는 양성자의 수.

ATP sulfurylase [ATP 술포릴제거효소]: 아데노신 5′-인산술폰산에 피로인산염을 첨가하여 ATP를 만드는 효소.

ATP-binding cassette (ABC) transporter [ABC 수송체]: 막을 가로질러 여러 가지 작은 분자들을 수송하는 P형 펌프군.

Attenuation [감쇠]: 세포의 아미노산 농도에 따라 아미노산 생합성 오페론의 발현을 조절할 때 일부 세균들이 사용하는 조절 과정.

Autoinducer [자가유도물질]: 세균의 정족수 감지에 관여하는 신호전달물질.

Autotroph [독립영양생물]: 무기 화합물을 에너지를 함유한 유기 화합물로 전환하기 위해 빛 또는 화학 에너지를 사용할 수 있는 생명체.

Avidin [아비딘]: 비오틴에 높은 친화력을 갖고 있어 비오틴이 결합된 탐침을 검출할 때 사용되는 단백질.

Azolla [물개구리밥]: 물에 사는 작은 질소고정 고사리류.

B-form [B형]: 살아 있는 세포에서 DNA 이중나선의 가장 일반적인 구조적 형대.

Bacilli [막대균]: 막대 모양의 세포를 갖고 있는 원핵생물.

Backtracking [역추적]: DNA 주형가닥을 따라 RNA 중합효소가 짧은 거리를 되돌아가는 현상.

Bacteria [세균]: 원핵생물의 두 주요 종류 중의 하나.

Bacteriochlorophyll [세균엽록소]: 광합성 세균에서 집광색소로 작용하는 엽록소에 관련된 포르피린.

Bacteriophage or phage [박테리오파지, 세균용해바이러스]: 숙주가 세균인 바이러스.

Bacteroid [박테로이드]: 뿌리 결절 속의 질소고정 세균이 분화한 세균 종류.

Basal promoter element [기본 프로모터 요소]: 많은 진핵생물 프로모터에 존재하는 서열 구조요소로서 기본적인 수준의 전사 개시를 설정함.

Basal rate of transcription [기초 개시율]: 특정 프로모터에서 단위 시간당 일어나는 전사물 생산의 개시 횟수.

Base excision repair [염기절단수선]: 비정상 염기의 절제와 교체를 동반하는 DNA 수선 과정.

Base pair [염기쌍]: 두 개의 상보적인 뉴클레오타이드에 의해 형성된 수소결합 구조. 하나의 염기쌍은 겹가닥 DNA 분자의 가장 짧은 길이 단위임.

Base pairing [염기쌍 형성]: 하나의 폴리뉴클레오타이드를 다른 폴리뉴클레오타이드에 부착하거나 폴리뉴클레오타이드의 한 부분을 같은 폴리뉴클레오타이드의 다른 부분에 염기쌍으로 결합시키는 것.

Base stacking [염기 중첩]: 이중가닥 DNA 분자의 안쪽에서 뉴클레오타이드 염기쌍을 평행하게 연속적으로 연결하는 것.

Baseless site [무염기 부위]: 뉴클레오타이드에 염기 성분이 없는 DNA 분자의 위치.

Base [염기]: 1) 용액의 하이드로늄 이온 농도를 감소시키는 화합물. 2) 뉴클레오타이드의 퓨린 또는 피리미딘 성분.

Beads-on-a-string [구슬-끈]: DNA 줄의 뉴클레오솜 구슬을 구성하는 염색질의 풀린 형태.

β-adrenergic receptor [β-아드레날린성 수용체]: 에피네프린에 대한 세포 표면 수용체 단백질.

β-carotene [β-카로틴]: 식물에서 발견되는 보조 광수확 색소.

β-galactosidase [β-갈락토오스가수분해효소]: 락토오스를 글루코오스와 갈락토오스로 분해하는 반응을 촉진하는 효소.

β-galactoside transacetylase [β-길락토시드 아세틸기전달효소]: 아세틸 CoA에서 β-갈락토시드 분자로 아세틸기의 전달을 촉진하는 효소.

β-ketoacyl-ACP reductase [β-케토아실-ACP 환원효소]: 지방산 합성 경로의 2단계에서 아세토아세틸 ACP를 D-3-하이드록시부티릴 ACP로 전환시키는 효소.

β-ketothiolase [β-케토티올분해효소]: 지방산 분해 경로의 4단계에서 3-케토아실 CoA를 아실 CoA와 아세틸 CoA로 전환시키는 효소.

β-lactamase [β-락탐분해효소]: 항생제 저항 세균에서 발견되는 항생제를 분해하여 불활성화시키는 여러 종류의 효소. 또한 암피실린 내성을 부여하는 유전자로서 많은 클로닝 벡터의 선별 표지자로 사용됨.

β-*N*-glycosidic bond [β-*N*-글리코시드결합]: 뉴클레오타이드의 염기와 당 사이의 결합.

β-oxidation [β-산화]: 지방산의 분해 경로.

β-sheet [β-병풍]: 단백질 2차구조의 일반적인 형태.

βαβ loop [βαβ 고리]: α-나선에 의해 분리된, 두 개의 평행가닥을 가진 β-판으로 구성된 단백질 구조요소.

Bilayer [이중층]: 분자의 이중층.

Bile acid [담즙산]: 곁사슬이 카르복실기로 끝나는 스테롤; 간에서 생성되는 콜레스테롤의 분해 물질.

Bile pigment [담즙 색소]: 더욱 대사되어 배설되는 테트라피롤 유도체.

Binding-charge mechanism [결합-전하 메커니즘]: ATP 합성이 복합체의 β 소단위의 입체형태 변화에 의해 유도되는데, 이것은 F_oF_1 ATP 분해효소 작용 기전의 모형으로서 이 입체형태의 변화는 γ 소단위의 회전에 의해 발생함.

Binomial nomenclature [이명법]: 속과 종의 두 부분으로 이루어진 생물명에 대한 라틴어 명명법.

Biochemistry [생화학]: 살아 있는 세포의 화학적 과정과 그 화학 반응에 관여하는 화합물을 연구하는 학문.

Biofilm [생물막]: 물속의 유기물을 바탕질로 사용하여 고체 표면에 붙는 세균 군집체.

Bioinformatician [생물정보학자]: 생물학 연구에 주로 컴퓨터 기법을 이용하는 생물정보학을 전문으로 연구하는 과학자.

Biological chemistry [생물화학]: 생화학의 다른 이름.

Biological information [생물학적 정보]: 생물체의 유전체에 들어 있으며 그 생물체의 발생과 유지를 지시하는 정보.

Biology [생물학]: 생물을 연구하는 학문.

Biotin [비오틴]: 비타민 B_7; 여러 카르복실화효소의 보조단.

Blunt end [비점착 말단]: 단일가닥의 연장이 없이 같은 뉴클레오타이드 위치에서 두 가닥이 종결되는 DNA 분자의 끝 부분.

Bond energy [결합에너지]: 공유결합 세기로서 결합을 끊을 때 필요한 에너지 양의 크기.

Bundle sheath cell [유관속초 세포]: 캘빈회로가 존재하는 C4 식물의 특수 세포.

Buoyant density [부력밀도]: 염이나 당 수용액에 현탁된 분자나 입자에 의해 유지되는 밀도.

C-terminal domain (CTD) [C-말단 도메인]: RNA 중합효소 II의 가장 큰 소단위의 구성 성분으로서 중합효소의 활성화에 중요함.

C3 plant [C3 식물]: RuBisCO(리불로오스 1,5-이인산 카르복실화효소/산화효소)가 초기에 탄소를 고정하여 삼탄소(C3) 화합물인 3-포스포글리세르산을 생성하는 식물종.

C4 plant [C4 식물]: 유관속초 세포로 구성된 특수 조직에서 캘빈회로 반응을 수행하는 식물군으로서 이산화탄소가 초기에 사탄소(C4) 화합물인 옥살로아세트산으로 고정되기 때문에 그렇게 명명됨.

Calcitriol [칼시트리올]: 비타민 D; 다양한 생리학적 및 생화학적 역할을 하는 스테로이드 유도체 계열.

Calmodulin [칼모듈린]: Ca^{2+} 이온에 의해 활성화되는 단백질로서 세포의 다양한 효소들을 조절함.

Calvin cycle [캘빈회로]: 광합성 암반응의 일부로서 3분자의 이산화탄소로부터 1분자의 글리세르알데하이드 3-인산을 합성하는 반응 회로.

CAM plant [CAM 식물]: 밤에 이산화탄소를 말산으로 고정시키고 낮에 캘빈회로의 반응을 수행하는 열대식물 종의 계열. (CAM = Crassulacean acid metabolism).

cAMP [cAMP]: 분자내 인산디에스테르 결합이 5′ 탄소와 3′ 탄소를 연결하는 AMP의 변형.

cAMP response element (CRE) [cAMP 반응요소]: CREB 단백질이 결합하는 자리로서 일부 진핵생물의 단백질-암호화 유전자의 상류에 위치함.

cAMP response element binding (CREB) protein [cAMP 반응요소 결합 단백질]: 세포의 cAMP 농도에 반응하여 표적 유전자의 발현 수준을 제어하는 조절 단백질.

Cap structure [캡 구조]: 대부분의 진핵생물 mRNA 분자의 5′ 끝에 생긴 화학적 변형.

Cap-binding complex [캡결합 복합체]: 진핵생물에서 번역의 스캐닝 단계가 시작될 때 캡 구조에 초기부착을 하는 복합체.

Capsid [캡시드]: 바이러스의 DNA 유전체나 RNA 유전체를 둘러싸고 있는 단백질 껍질.

Carbamoyl [카르바모일]: 카르복실기가 붙은 리신처럼 카르보닐기에 결합된 아미노기를 갖고 있는 화합물을 의미함.

Carbamoyl phosphate [카르바모일인산]: 시토신과 우라실의 신생합성에 필요한 전구체.

Carbamoyl phosphate synthetase [카르바모일인산 합성효소]: 요소 회로의 1단계에서 탄산수소를 카르바모일인산로 전환시키는 효소.

Carbohydrate [탄수화물]: 탄소, 수소, 산소로 이루어진 화합물로서 수소와 산소의 비율이 2:1임; 일반적으로 당 화합물을 가리키는 용어.

Carbon fixation [탄소고정]: 광합성의 암반응에서 일어나는 것처럼 무기 형태의 탄소를 유기 형태의 탄소로 전환시키는 것.

Carboxyl terminus [카르복실 말단]: 자유 카르복실기가 부착된 폴리펩타이드의 말단.

Carboxysome [카르복시솜]: 루비스코(RuBisCO)가 들어 있는 남세균의 구조물.

Carnitine [카르니틴]: 미토콘드리아 내막을 통과하기 전에 긴사슬- 및 불포화지방산에 부착하는 작은 극성 분자.

Carnitine acyltransferase [카르니틴 아실전달효소]: 미토콘드리아 내막을 통과하기 전에 카르니틴을 긴사슬- 및 불포화지방산에 부착시키는 효소.

Carnitine/acylcarnitine translocase [카르니틴/아실카르니틴 전위효소]: 아실카르니틴 분자를 미토콘드리아 내막을 통해 수송하는 내재 막단백질.

Carotenoid [카로티노이드]: 몇 가지의 보조 광수확 색소를 포함하는 지질군.

Catabolism [이화작용]: 에너지를 생성하기 위해 화합물 분해에 집중된 대사의 일부.

Catabolite activator protein (CAP) [이화대사산물 활성화 단백질]: 세균 유전체의 여러 자리에 결합하여 촉진자의 하류에서 전사 개시를 활성화시키는 조절 단백질.

Catalase [과산화수소분해효소]: 과산화수소를 물과 산소로 전환시키는 효소로서 때때로 페놀과 알코올과 같은 화합물의 해독과도 연관성이 있음.

Catalyst [촉매]: 화학 반응의 속도를 증가시키지만 그 반응에 의해 변형되지 않는 화합물.

cDNA synthesis [cDNA 합성]: RNA가 단일가닥 또는 이중가닥 DNA 분자로 전환되는 반응.

Cell envelope [세포피막]: 형질막(모든 종에서), 세포벽(대부분의 종에서), 외막(일부 종에서) 등을 포함하는 세균 세포를 둘러싸는 구조물.

Cell membrane [세포막]: 원핵세포 또는 진핵세포를 둘러싸는 막.

Cell wall [세포벽]: 일부 생명체에서 세포 원형질막의 외부 표면를 둘러싸는 구조물로서 일반적으로 단단한 다당류층으로 구성됨.

Cell-free translation system [무세포 번역 체계]: 단백질 합성에 필요한 모든 성분(즉, 리보솜 소단위, tRNA, 아미노산, 효소와 보조인자)이 들어 있으며, mRNA 분자를 첨가했을 때 번역할 수 있는 세포 추출물.

Cell-specific promoter element [세포 특이적 프로모터 요소]: 단 한 종류의 조직에서 발현되는 진핵생물 유전자의 프로모터에 존재하는 서열 구조요소.

Cellular respiration [세포호흡]: 미토콘드리아에서 일어나는 생화학 반응으로 산소를 사용하고 이산화탄소를 생성함.

Cellulose [셀룰로오스]: 식물에서 발견되며 전체가 D-글루코오스 단위로 만들어진 동질다당류 구조물.

Cerebroside [세레브로시드]: 머리 부분이 단순당으로 이루어진 스핑고지질.

cGMP [cGMP]: 분자 내 인산디에스테르 결합이 5′ 탄소와 3′ 탄소를 연결하는 GMP의 변형.

Chain termination sequencing [사슬종료 서열결정]: 특정 뉴클레오타이드 위치에서 종료되는 폴리뉴클레오타이드 사슬의 효소적 합성을 포함하는 DNA 서열결정법.

Chaperonin [샤페로닌]: 다른 단백질의 접힘을 도와주는 구조를 만드는 다중소단위 단백질.

Chemical shift [화학 이동]: 핵 부근에 전자가 존재함으로써 발생하는 핵의 공명 주파수의 변화.

Chemiosmotic theory [화학삼투설]: ATP 합성은 미토콘드리아 내막을 통과하는 양성자의 양에 의해 좌우된다는 이론.

Chief cell [주세포]: 펩신을 분비하는 위 속면의 세포.

Chitin [키틴]: 전체 구조가 *N*-아세틸글루코사민 단위로 이루어진 동질다당류로서 일부 절지동물에서 발견됨.

Chlorophyll [엽록소]: 식물 엽록체의 주요 집광색소로 작용하는 화합물군.

Chloroplast [엽록체]: 특정 진핵생물 세포에서 발견되는 광합성 소기관.

Cholecalciferol [콜레칼시페롤]: 비타민 D_3; 비타민 D군 화합물 중의 하나.

Cholesterol [콜레스테롤]: 동물성 스테롤로서 일부 막의 구성 성분.

Cholic acid [콜산]: 가장 간단한 형태의 담즙산.

Cholyl CoA [콜릴 CoA]: 담즙산 합성의 중간대사산물.

Chorismate [코리슴산]: 방향족 아미노산 합성 경로의 기질로서 트립토판까지 만들어지는 반응과 페닐알라닌 및 타이로신까지 만들어지는 반응이 갈라지는 분지점이 됨.

Chromatin [염색질]: 염색체에서 발견되는 DNA와 히스톤 단백질의 복합체.

Chromatogram [크로마토그램]: 크로마토그래피 실험에서 화합물의 시간에 따른 용출을 그래프로 나타낸 것.

Chromatophore [1) 색소체, 2) 색소운반막]: 색소체 또는 색소 생성 세포. 2) 광합성의 명반응이 일어나는 자색 세균의 함입된 원형질막.

Chromosome [염색체]: 진핵생물의 핵 유전체의 일부를 포함하는 DNA-단백질 구조 중의 하나. 정확도가 좀 떨어지지만 다른 뜻으로 원핵생물 유전체를 포함하고 있는 DNA 분자.

Chromosome territory [염색체 영역]: 단일 염색체가 차지하는 핵 공간.

Chylomicron [유미입자]: 식이 트리아실글리세롤과 콜레스테롤을 창자에서 다른 조직으로 수송하는 가장 큰 형태의 지질단백질.

Chylomicron remnant [유미입자 잔류물]: 원래의 암죽미립의 트리아실글리세롤 내용물이 분해된 후에 남아 있는 콜레스테롤이 풍부한 유미입자 찌꺼기.

Chymotrypsin [키모트립신]: 이자에서 분비되고 샘창자에서 단백질 분해에 관여하는 단백질분해효소.

Circular dichroism [원편광 이색성]: 분자의 구조에 대한 정보를 얻는 방법의 기초로 사용되는 시계 방향 또는 반시계 방향의 편광 차이의 흡수.

Circularly polarized light [원편광]: 전기장이 원형 벡터를 따르는 빛을 말함.

Cisterna [시스터네]: 골지체를 구성하는 여러 겹의 막 모양 판.

Citrate carrier [시트르산 운반체]: 미토콘드리아 내막을 통해 시트르산을 운반하는 단백질.

Citrate synthase [시트르산 합성효소]: TCA 회로의 1단계에서 옥살로아세트산과 아세틸 CoA를 시트르산으로 전환시키는 효소.

Citric acid cycle [시트르산 회로]: TCA 회로의 또 다른 이름.

Citrulline [시트룰린]: 요소 회로의 중간대사산물.

Cleavage and polyadenylation specificity factor (CPSF) [절단 및 폴리아데닐화 특이 인자]: 진핵생물 mRNA에 폴리아데닐화 반응이 일어날 때 보조적인 역할을 하는 단백질.

Cleavage stimulation factor (CstF) [절단 촉진인자]: 진핵생물 mRNA에 폴리아데닐화 반응이 일어날 때 보조적인 역할을 하는 단백질.

Cloning vector [클로닝 벡터]: 숙주세포 속에서 복제할 수 있는 DNA 분자로서 다른 DNA 절편을 클로닝할 때 사용할 수 있음.

Closed promoter complex [닫힌 프로모터 복합체]: 전사 개시 복합체 조립의 초기 단계에서 만들어지는 구조. 닫힌 프로모터 복합체는 프로모터에 부착된 RNA 중합효소와 보조 단백질로 구성되며, 이 복합체가 작용을 시작하면 염기쌍이 깨져 DNA 가닥이 열리게 됨.

Cloverleaf [클로버 잎]: tRNA 분자의 2차원적 구조를 표현하는 것.

Co-repressor [공동억제인자]: 비특이적으로 DNA에 결합하거나 단백질-단백질 상호작용을 통해 전사 개시를 억제하는 단백질.

Cocci [구균]: 공모양 세포로 이루어진 원핵생물.

Coding RNA [암호화 RNA]: 단백질을 암호화한 RNA 분자; mRNA.

Codon [코돈]: 한 개의 아미노산을 암호화하는 뉴클레오타이드 세짝.

Codon-anticodon recognition [코돈-역코돈 인식]: mRNA 분자의 코돈과 이에 대한 tRNA의 역코돈 사이의 상호작용.

Coenzyme [조효소]: 효소 반응에 보조인자로 작용하는 유기 화합물.

Coenzyme A [조효소 A]: 에너지 생성이나 지질 대사에 관여하는 여러 효소들의 보조인자.

Coenzyme Q (CoQ) [조효소 Q]: 전자전달사슬에서, 복합체 I 또는 II에서 복합체 III로 전자를 전달하는 중간대사산물인 운반체 분자; 유비퀴논으로도 불림.

Cofactor [보조인자]: 효소가 생화학 반응을 수행할 때 효소에 필요한 이온 또는 분자.

Cohesive end [점착성 말단]: 단일가닥 확장이 있는 겹가닥 DNA 분자의 끝 부분.

Coiled coil [꼬인 코일]: 두 개 이상의 α-나선이 서로 다시 꼬여서 초나선 구조를 형성하는 단백질 구조.

Colinearity [직선대응성]: 엑손의 뉴클레오타이드 서열과 그 엑손에 의해 결정되는 단백질 구역의 아미노산 서열 사이의 관계.

Collagen fingerprinting [콜라겐 지문]: 뼈 조각으로부터 종을 확인하기 위해 아교질 구조를 사용하는 방법.

Column chromatography [관 크로마토그래피]: 금속관, 유리관, 플라스틱관 등에 채워진 입자를 사용하여 수행되는 색층분석법.

Commitment step [투입 단계]: 효소가 촉매작용을 하는 경로에서 돌이킬 수 없는 첫 번째 단계로서 그 경로에 특징적인 중간대사산물을 생성함.

Competitive reversible inhibition [경쟁적 가역적 억제]: 효소의 활성자리로 들어가기 위해 기질과 경쟁하는 가역적인 억제.

Complement system [보체계]: 면역 반응의 일부로서 세균 세포막을 파괴하여 세균의 죽음을 유도하는 효소와 기타 단백질 체계.

Complementary [상보-]: 염기쌍을 이루어 이중가닥 분자를 만들 수 있는 두 개의 폴리뉴클레오타이드.

Complementary DNA (cDNA) [상보 DNA]: mRNA 분자에 대한 이중가닥 DNA 복사본.

Complex A [A 복합체]: 이어맞추기 과정에서 생성되는 mRNA와 U1- 및 U2-snRNP로 구성된 중간대사산물.

Complex B [B 복합체]: 이어맞추기 과정에서 생성되는 mRNA 및 U1-, U2-, U4-, U5-, U6-snRNP 등으로 구성된 중간대사산물.

Complex triacylglycerol [복합 트리아실글리세롤]: 3개의 지방산 사슬 중에 최소 2개가 다른 트리아실글리세롤.

Concanavalin A [콘카나발린 A]: *O*-연결 글리칸에서 말단 α-글루코오스와 α-만노오스 단위에 결합하는 렉틴.

Concerted model [협조 모델]: 효소 소단위 중의 하나에 기질 분자가 결합했을 때 모든 소단위가 새로운 형태로 즉각적으로 전환되도록 유도하는 협동적인 기질결합 모형.

Condensation [축합]: 물 분자의 방출을 포함하는 화학 반응.

Conjugation [접합]: 일반적으로 한 세포에서 다른 세포로 DNA가 이동되는 것과 관련된 두 세균 사이의 물리적 접촉.

Consensus sequence [공통 서열]: 동일하지는 않지만 높은 빈도로 존재하는 서열을 기술하는 데 사용되는 뉴클레오타이드 서열. 공통서열의 각 위치는 실제 서열에서 그 위치에서 가장 자주 발견되는 뉴클레오타이드를 나타냄.

Context-dependent codon reassignment [서열 의존적 코돈 전환]: 코돈을 둘러싼 DNA 서열이 그 코돈의 내용을 변화시키는 상황.

COOH- or C terminus [COOH-, C 말단]: 자유 카르복실기를 갖고 있는 폴리펩타이드의 끝 부분.

Cooperative substrate binding [협동적 기질결합]: 효소의 하나의 활성자리에 기질 분자가 결합하여 다른 활성자리의 기질결합이 촉진되는 입체형태의 변화를 유도하는 상황.

Coordinate bond [배위결합]: 금속단백질에서 형성되는 것처럼 금속 이온과 아미노산 곁사슬 사이에서 공유 전자쌍의 두 전자가 같은 원자에서 나오는 공유결합.

Coordination center [배위중심]: 배위권 내의 금속 이온.

Coordination sphere [배위권]: 금속 이온과 이것이 연결된 아미노산 곁사슬을 포함하는 금속단백질 내의 구조.

Copy number [복제 수]: 단일 세포에 포함된 플라스미드의 분자 수.

$CoQH_2$-cytochrome *c* reductase complex [$CoQH_2$-시토크롬 *c* 환원효소 복합체]: 전자전달사슬의 복합체 III.

Core enzyme [핵심효소]: 효소가 핵심 활동을 수행할 때 필요한 소단위; 특히 RNA 합성을 수행하지만 촉진자 위치가 효율적이지 않은 대장균 RNA 중합효소 형태인 소단위 구성체 $\alpha_2\beta\beta'$.

Core octamer [핵심 8량체]: DNA가 감고 있는 각각의 H2A, H2B, H3, H4 히스톤의 두 소단위로 구성된 핵단위체의 중심 구조 성분.

Core promoter [핵심 프로모터]: 개시 복합체가 조립되는 진핵생물 촉진자 내의 부위.

Cori cycle [코리 회로]: 간의 피루브산과 글루코오스의 재생에 연결된 근육세포의 당분해와 락트산 생성의 조합.

Cortisol [코티솔]: 혈당 농도, 면역계통, 뼈 성장 등을 조절하는 스테로이드 호르몬.

Covalent bond [공유결합]: 두 원자가 전자를 공유할 때 형성되는 결합.

Cristae [크리스테]: 미토콘드리아 내막의 주름.

Crossover immunoelectrophoresis (CIP or CIEP) [교차 면역전기영동법]: 면역전기영동 기술.

Cyanide-resistant respiration [시안화물 저항 호흡]: 전자가 유비퀴논에서 산소로 직접 전달되는 전자전달사슬의 한 형태.

Cyanobacteria [남세균]: 광합성 세균의 한 종류.

Cyclase [고리화효소]: ATP 또는 GTP로부터 각각 cAMP 또는 cGMP를 합성하는 효소.

Cyclic photophosphorylation [순환적 광인산화]: 광합성 전자전달사슬의 변형된 형태로서 플라스토시아닌의 전자가 P700 반응중심을 바닥 상태로 되돌릴 때 사용됨.

Cyclobutyl dimer [시클로뷰틸 이량체]: 자외선 조사에 의해 형성되며, 폴리뉴클레오타이드에서 2개의 인접한 피리미딘 염기 사이에 생기는 이량체.

Cys_2His_2 structure [Cys_2His_2 구조]: 아연-집게 DNA 결합 영역의 한 종류.

Cystic fibrosis transmembrane regulator (CFTR) [낭포성섬유증 막관통 조절자]: ABC 수송체로서 세포 밖으로 Cl^- 이온을 수송하는 역할을 담당하는데, 결함이 생기면 낭성섬유증이 발생함.

Cytidylate synthetase [사이티딜산 합성효소]: 뉴클레오타이드 새합성 과정에서 UTP를 CTP로 전환시키는 효소.

Cytochrome [시토크롬]: 하나 이상의 헴 보조단을 포함하고 있어 전자 운반체의 역할을 하는 단백질.

Cytochrome b_5 [시토크롬 b_5]: 지방산 합성 과정에서 탄화수소 사슬에 이중결합을 만드는 효소 복합체의 한 부분.

Cytochrome b_6f complex [시토크롬 b_6f 복합체]: 2개의 철 함유 시토크롬과 철-황 단백질을 포함하는 복합체; 광합성 전자전달사슬의 구성 성분.

Cytochrome *c* [시토크롬 *c*]: 전자전달사슬의 복합체 III에서 복합체 IV로 전자를 수송하는 중간 운반체 분자.

Cytochrome *c* oxidase complex [시토크롬 *c* 산화효소 복합체]: 전자수송사슬의 복합체 IV.

Cytochrome P450 [시토크롬 P450]: 스테로이드 호르몬 합성에 관련된 헴을 함유하는 효소군.

Cytokine [사이토카인]: 세포 신호전달에 관여하는 단백질.

Cytoplasm [세포질]: 세포의 내부 바탕질을 구성하는 물질.

Cytosine [시토신]: DNA와 RNA에서 발견되는 피리미딘 염기 중의 하나.

D loop [D 루프]: 한 가닥의 DNA 또는 RNA 분자가 DNA 이중나선을 침범할 때 형성되는 구조로서 나선 속의 폴리뉴클레오타이드 중의 하나와 염기쌍을 이루는 부위가 생겨남.

DAHP synthase [DAHP 생성효소]: 포스포에놀피루브산염과 4-인산에리트로오스를 DAHP로 전환시키는 효소로서 코리슴산이 합성되는 경로의 제한 단계가 됨.

Dalton [달톤]: 분자 질량의 측정 단위로서 1달톤은 ^{12}C 단일원자 질량의 12분의 1임.

Dark reaction [암반응]: ATP와 NADPH의 에너지를 사용하여 이산화탄소와 물로부터 탄수화물을 합성하는 광합성의 일부분.

De novo nucleotide synthesis [뉴클레오타이드 신생합성]: 더 작은 물질로부터의 뉴클레오타이드 염기의 합성.

De novo synthesis [신생합성]: 단순 분자로부터 복합 분자의 합성.

Decyclase [고리분해효소]: 각각의 cAMP 또는 cGMP로부터 ATP 또는 GTP를 합성하는 효소.

Degenerate [포용성]: 대부분의 아미노산에 대한 유전암호가 하나 이상의 코돈을 가지고 있다는 사실을 가리킴.

Degradosome [분해소체]: 세균 mRNA의 분해를 담당하는 다중효소 복합체.

$\Delta^{2,4}$-dienoyl CoA reductase [$\Delta^{2,4}$-디에노일 CoA 환원효소]: 일부의 불포화 지방산이 분해될 때 $\Delta^{2,4}$-디에노일 CoA를 Δ^3-디에노일 CoA로 전환시키는 효소.

Denaturation [변성]: 단백질과 핵산의 2차구조 이상의 상위 구조를 유지하는 수소결합과 같은 비공유 상호작용의 화학적 또는 물리적 수단에 의한 분해.

Density gradient centrifugation [밀도기울기 원심분리]: 세포 분획을 밀도가 높은 용액에서 기울기 형태로 원심분리를 하여 개별 성분들을 분리하는 기술들의 한 형태.

Deoxyribonucleic acid [디옥시리보핵산]: 살아 있는 세포의 두 종류의 핵산 중의 하나; 모든 세포 생명체와 많은 바이러스의 유전물질.

Desaturase [불포화효소]: 지방산 합성에서 탄화수소 사슬에 이중결합을 만드는 효소 복합체의 한 부분.

Detergent [계면활성제]: 소수성 꼬리부분와 강한 친수성 머리부분을 가진 지방산 유도체를 포함하며, 질 이중층을 파괴할 수 있는 표면활성제 작용을 가진 화합물의 광범위한 형태.

Development [발생]: 세포 또는 생명체의 일생 동안 일어나는 일시적이고 영구적인 일련의 조화.

Developmental promoter element [발생 프로모터 요소]: 특정 발생 단계에서 활성형 유전자의 발현을 조절하는 단백질에 결합하는 진핵생물 프로모터 내의 서열.

Diabetes mellitus [당뇨병]: 비정상적으로 높은 혈당 농도가 특징인 질병군.

Dialysis [투석]: 화합물의 차별적인 막 통과력에 기초한 액체에서의 화합물의 분리.

Diastereomer [부분입체이성질체]: 한 쌍 이상의 키랄 탄소를 갖는 화합물.

Diazotroph [질소자급영양생물]: 질소고정을 수행할 수 있는 생명체.

Dicer [다이서]: miRNA 전구물질 분자의 다듬음에 관여하며, 이중가닥 RNA를 절단하는 리보핵산가수분해효소.

Dideoxynucleotide (ddNTP) [디디옥시뉴클레오타이드]: 합성 중인 폴리뉴클레오타이드 속으로 혼입될 때 3′ 하이드록실기가 결핍되어 있기 때문에 더 이상의 사슬 연장을 불가능하게 만드는 변형 뉴클레오타이드.

Differentiation [분화]: 세포가 특수화된 생화학적 또는 생리학적 역할을 도입하는 것.

Diglyceride acyltransferase [디글리세라이드 아실전달효소]: 트리아실글리세롤 합성 경로의 5단계에서 디아실글리세롤을 트리아실글리세롤로 전환시키는 효소.

Dihydrolipoyl dehydrogenase [디하이드로리포일 탈수소효소]: 피루브산염 탈수소효소 복합체의 일부.

Dihydrolipoyl transacetylase [디하이드로리포일 아세틸기전달효소]: 피루브산염 탈수소효소 복합체의 일부.

Dipole [쌍극자]: 일정하지 않은 전자구름을 가진 원자로서 한쪽이 약간 양전위이고 다른 한쪽이 약간 음전위임.

Direct electron transfer [직접 전자전달]: 저에너지 전자에 대한 대가로 고에너지 전자가 인접한 엽록소로 전달되는 광계의 에너지 전달.

Directed evolution [방향성 진화]: 향상된 특성을 지닌 새로운 단백질을 얻기 위해 사용되는 일련의 실험 기술.

Disaccharide [이당류]: 두 개의 단당류가 연결된 당.

Discontinuous gene [불연속 유전자]: 엑손과 인트론으로 분리되는 유전자.

Disulfide bond [이황화결합]: 두 개의 시스테인 아미노산 사이에 형성되는 공유결합.

DNA [DNA]: 살아 있는 세포에 들어 있는 핵산의 두 종류 중의 하나인 디옥시리보핵산; 세포로 이루어진 모든 생명체와 많은 바이러스의 유전물질.

DNA adenine methylase (Dam) [DNA 아데닌 메틸화효소]: 대장균 DNA의 메틸화에 관여하는 효소.

DNA cloning [DNA 클로닝]: 클로닝 벡터에 DNA 조각을 삽입하고 이어서 숙주 생명체에서 재조합 DNA 분자를 증식시킴.

DNA cytosine methylase (Dcm) [DNA 시토신 메틸화효소]: 대장균 DNA의 메틸화에 관여하는 효소.

DNA glycosylase [DNA 글리코실화효소]: 염기 절제와 짝짜이 복구 과정의 일부로서 염기와 뉴클레오타이드의 당 성분 사이의 β-*N*-글리코시드화결합을 절단하는 효소.

DNA ligase [DNA 연결효소]: DNA 복제, 복구, 재조합 과정의 일부로서 포스포디에스테르 결합을 생성하는 효소.

DNA photolyase [DNA 광분해효소]: 광회복에 관여하는 세균의 효소.

DNA polymerase [DNA 중합효소]: DNA를 합성하는 효소.

DNA polymerase I [DNA 중합효소 I]: 유전체 복제가 진행될 때 오카자키 조각의 합성을 완료하고 일부 형태의 DNA 복구에 관여하는 세균의 효소.

DNA polymerase III [DNA 중합효소 III]: 세균의 주요 DNA 복제효소.

DNA polymerase α [DNA 중합효소 α]: 진핵생물에서 DNA 복제를 하는 효소.

DNA polymerase β [DNA 중합효소 β]: 진핵생물에서 DNA 복구의 일부 유형에 관여하는 효소.

DNA polymerase γ [DNA 중합효소 γ]: 사립체 DNA 분자를 복제하는 효소.

DNA polymerase δ [DNA 중합효소 δ]: 진핵생물에서 뒤처지는 DNA 가닥을 복제하는 효소.

DNA polymerase ε [DNA 중합효소 ε]: 진핵생물에서 앞서는 DNA 가닥을 복제하는 효소.

DNA repair [DNA 수선]: 복제 오류와 돌연변이 유발인자의 영향으로 발생하는 돌연변이를 교정하는 생화학적 과정.

DNA sequencing [DNA 염기서열결정]: DNA 분자의 뉴클레오타이드의 순서를 분석하는 기술.

DNA shuffling [DNA 셔플링]: DNA 서열의 지향 진화를 유발하는 PCR 기반의 기법.

DNA topoisomerase [DNA 위상이성질화효소]: 하나 또는 두 개의 폴리뉴클레오타이드의 파손 및 재결합에 의해 이중나선으로부터 회전을 도입하거나 제거하는 효소.

DNA-dependent DNA polymerase [DNA-의존성 DNA 중합효소]: DNA 주형의 DNA 사본을 만드는 효소.

DNA-dependent RNA polymerase [DNA-의존성 RNA 중합효소]: DNA 주형의 RNA 사본을 만드는 효소.

DnaA protein [DnaA 단백질]: 세균의 복제기점에 부착하여 이 부위에서 염기쌍을 파괴하는 것을 돕는 단백질.

Domain [도메인]: 단백질의 3차구조 내의 독특한 부분. 또한 생명체의 세 가지 주요 집단 중의 하나인 세균, 고세균, 진핵생물을 가리키는 말.

Donor site [공여자 부위]: 인트론의 5′ 쪽 끝 부분에 있는 이어맞추기 부위.

Double bond [이중결합]: 두 쌍의 전자를 공유하는 두 개의 원자에 의해 만들어지는 공유결합.

Double helix [이중나선]: 세포 DNA의 자연적인 형태로서 염기쌍으로 이루어진 이중가닥 구조.

Double membrane [이중 막]: 두 개의 막으로서 하나에 대해 다른 하나는 안쪽에 있음.

EC number [EC 번호]: 국제 생화학 및 분자생물학 국제연합(IUPAC)에서 정한 명명법에 따라 효소의 활성을 설명하는 네 부분으로 구성된 번호.

Effector [작동인자]: 효소에 결합하여 그 효소의 활성을 조절하는 작은 분자.

Eicosanoid [아이코사노이드]: 아라키돈산에서 유도된 화합물로서 호르몬과 유사한 활성을 갖고 있음.

Electrochemical gradient [전기화학 기울기]: 전기화학 전위의 기울기로서 일반적으로 막 안팎의 이온 농도의 차이에 의해 발생함.

Electroendosmosis [전기장내 삼투]: 전기장에 의해 유도된, 겔 완충액과 같은 액체의 흐름(=electroosmosis).

Electron density map [전자밀도 지도]: X선 회절 형태에서 추론된, 분자 내 여러 위치의 전자밀도를 나타낸 도표.

Electron transport chain [전자전달사슬]: 전자를 주개 화합물에서 받개 화합물로 전달하는 산화환원 반응을 수행하는 화합물 사슬로서 일반적으로 막을 통과하는 양성자의 흐름과 짝을 이룸.

Electrophoresis [전기영동]: 전기장에서 전하를 띤 분자의 흐름.

Electrospray ionization [전기분무 이온화]: 불안정한 지질의 질량 분광 분석에 사용되는 부드러운 이온화 방법.

Electrostatic bond [정전기결합]: 양전하와 음전하를 띤 화학 작용기들 사이의 상호작용.

ELISA (enzyme-linked immunosorbent assay) [ELISA]: 효소결합 면역흡착 측정(법).

Elongation factor [신장인자]: 전사 또는 번역의 연장 단계에서 보조적인 역할을 하는 단백질.

Enantiomer [거울상이성질체]: 구조가 서로 거울상인 이성질체.

Endergonic [자유에너지증가반응-]: 에너지가 필요한 화학 반응.

Endonuclease [핵산내부가수분해효소]: 핵산 분자 내의 인산디에스테르 결합을 끊는 효소.

Endoplasmic reticulum [소포체]: 진핵세포의 세포질에 퍼져 있는 막 형태의 판과 관으로 이루어지는 그물.

Endosymbiont theory [세포공생기원설]: 진핵세포의 미토콘드리아와 엽록체가 공생 원핵생물에서 파생되었다는 이론.

Energetics [에너지학]: 화학 반응의 에너지 전환에 대한 연구.

Energy coupling [에너지 짝지음]: 에너지증가반응과 에너지를 생성하는 두 번째 반응의 짝지음.

Enolase [에놀분해효소]: 해당경로의 9단계에서 2-포스포글리세르산을 포스포에놀피루브산으로 전환시키는 효소.

Enoyl CoA hydratase [에노일 CoA 수화효소]: 지방산 분해 경로의 2단계에서 트랜스-Δ^2-에노일 CoA를 3-하이드록시 아실 CoA로 전환시키는 효소.

Enoyl-ACP reductase [에노일-ACP 환원효소]: 지방산 합성 경로의 4단계에서 크로토닐 ACP를 부티릴 ACP로 전환시키는 효소.

Enteropeptidase [장펩타이드가수분해효소]: 트립시노겐을 트립신으로, 키모트립시노겐을 키모트립신으로 전환시키는 단백질분해효소.

Entropy [엔트로피]: 어떤 계의 무질서 정도를 측정한 값.

Enzyme [효소]: 생화학 반응을 촉진하는 단백질 또는 흔하지는 않지만 RNA도 해당됨.

Enzyme kinetics [효소 반응속도론]: 효소 촉매 반응에 대한 학문으로서 특히 기질 농도와 반응 속도 사이의 관계에 중점을 둠.

Epimer [에피머]: 하나의 키랄 탄소에서 형성되는 구조가 다른 부분입체이성질체.

Epinephrine [에피네프린]: 부신에서 생성되는 호르몬(아드레날린이라고도 함)으로서 '싸우거나 도망가기 반응'의 일부로 다양한 세포 활동을 제어함.

Epitope [항원결정부]: 항체에 의해 인식되는 항원의 특징적인 표면 자리.

Erythrocyte transporter protein [적혈구 수송체 단백질]: 포유류의 적혈구로 포도당을 수송하는 단일수송체 단백질.

Essential amino acid [필수아미노산]: 한 생물종에서 합성되지 않아서 음식으로부터 섭취해야만 하는 아미노산.

Estradiol [에스트라디올]: 여성의 생식 주기를 제어하는 스테로이드 호르몬.

Estrogen [에스트로겐]: 여성의 성적 발달을 제어하는 스테로이드 호르몬 종류.

Estrone [에스트론]: 여성의 생식 주기를 제어하는 스테로이드 호르몬.

Eukaryote [진핵생물]: 세포가 막결합 핵을 포함하는 생물체.

Excision repair [절단 수선]: 폴리뉴클레오타이드 부위를 절제하고 재합성하여 다양한 종류의 DNA 손상을 교정하는 DNA 복구 과정.

Excited [들뜬]: 전자에 의한 에너지 증가를 일컬음.

Exciton transfer [들뜬자 이동]: 에너지 양자가 하나의 엽록소 분자에서 다른 엽록소 분자로 전달되고, 이어서 받개 엽록소가 들뜨게 되고 주개 엽록소가 바닥 상태로 되돌아가는 광계의 에너지 전달.

Exergonic [자유에너지감소반응-]: 에너지를 방출하는 화학 반응.

Exit or E site [출구자리, E 자리]: 아실기 제거 직후에 tRNA가 이동하는 리보솜 내의 위치.

Exocytosis [세포외 배출]: 분비된 단백질의 수송 과정.

Exon [엑손]: 불연속 유전자 내의 부호화 영역.

Exonuclease [핵산말단가수분해효소]: 핵산 분자의 한쪽 또는 양쪽 끝에서 뉴클레오타이드를 제거하는 효소.

Exosome complex [엑소솜 복합체]: 리보핵산분해효소 활성을 갖는 6개 단백질의 고리로서 3개의 RNA 결합 단백질이 고리의 위쪽에 붙어 있으며 진핵생물의 RNA 분해에 관여함.

Expressed sequence [발현 서열]: 엑손.

Expression proteomics [발현 단백질체학]: 단백질체에서 단백질을 확인할 때 사용하는 방법론.

Expression vector [발현 벡터]: 벡터에 삽입된 외래 유전자가 숙주 생명체에서 발현되도록 설계된 클로닝 벡터.

Extracellular space [세포바깥공간]: 조직 속의 세포 사이의 물질.

Extremophile [극한생물]: 물리적 또는 화학적 상태가 일반 생물이 살 수 없는 극한적인 환경에서도 살 수 있는 생명체.

F_oF_1 ATPase [F_oF_1 ATP분해효소]: 미토콘드리아 내막에 위치하고 ATP를 합성하기 위해 막을 통과하는 전기화학적 전위를 이용하는 다중 소단위 단백질.

Facilitated diffusion [촉진 확산]: 단백질이 분자의 농도가 높은 막의 한 쪽에서 분자를 농도가 낮은 반대쪽으로 이동시키는 수송 과정.

Facultative anaerobe [조건 혐기성생물]: ATP를 만들기 위해 산소를 사용할 수 있지만 산소가 없는 상태에서도 성장할 수 있는 생명체.

Fatty acid [지방산]: 수소 원자와 말단 카복실기가 부착한 4–36개의 탄소 원자가 결합된 단순 탄화수소 사슬.

Fatty acid synthase [지방산 합성효소]: 포유동물에서 지방산 합성을 담당하는 다기능 효소.

Fatty acid thiokinase [지방산 티오인산화효소]: 지방산을 분해하기 전에 지방산을 아실 CoA 분자로 전환시키는 효소.

Favism [잠두중독증]: 글루코오스 6-인산 탈수소효소의 결핍이 유발됨.

Feedback regulation [되먹임 조절]: 최종 생성물이 그것이 생성되는 경로의 초기 단계를 촉진하는 효소 중의 하나에 가역적 억제제로 작용함으로써 자체 합성속도를 제어하는 체계.

FEN1 [FEN1]: 진핵생물에서 뒤처지는 가닥의 복제에 관여하는 '플랩 핵산내부가수분해효소'.

Ferrodoxin [페레독신]: FeS 단백질; 광합성 전자전달사슬의 구성 성분.

Ferrodoxin-thioredoxin reductase [페레독신-티오레독신 환원효소]: 티오레독신을 환원형으로 전환시키는 효소.

Fibrous protein [섬유형 단백질]: 예로서 아교질처럼 3차구조로 접혀 있지 않는 단백질.

Filamentous [미세섬유상]: 기본단위체가 나선으로 배열되어 막대 모양의 구조를 만드는 세균용해바이러스 또는 바이러스 껍질.

Fimbria [핌브리아]: 세균이 고체 표면에 부착할 수 있도록 하는 세균 표면에 존재하는 구조.

Fischer projection [피셔 투영도]: 탄소 원자 주위의 화학 작용기의 사면체 배열의 2차원적 그림.

Flagella [편모]: 일부 세포가 운동 능력을 갖도록 하는 구조물.

Flavin adenine dinucleotide (FAD) [플라빈 아데닌 디뉴클레오타이드]: 에너지 생성에 관여하는 여러 효소들의 보조인자.

Flavin mononucleotide (FMN) [플라빈 모노뉴클레오타이드]: 에너지 생성에 관여하는 여러 효소들의 보조인자.

Flavonoid [플라보노이드]: 질소고정 세균을 유인하는 물질로 작용하며 식물 뿌리에 의해 분비되는 유기 화합물.

Fluid mosaic model [유동모자이크모형]: 막을 2차원 유동체로 생각하는 모형.

Flush end [비점착 말단]: 단일가닥 확장이 없고 두 가닥이 같은 뉴클레오타이드 위치에서 종결되는 DNA 분자의 말단.

Folding funnel [접힘 깔때기]: 단백질이 점차적으로 최종 구조로 만들어지는 일련의 과정들을 설명하기 위해 사용되는 개념.

Folding pathway [접힘 경로]: 부분적으로 접힌 중간체를 포함하는 일련의 과정으로서 접히지 않은 단백질이 결국 올바른 3차구조를 갖추게 됨.

Food chain [먹이 사슬]: 먹이 그물 내의 생명체들이 에너지 획득을 하는 경로를 묘사하는 선형 계열로서 광합성 생물종이나 다른 종류의 독립영양생물에서 시작하여 최고의 포식자로 끝남.

Food web [먹이 그물]: 생태계 내의 생물종이 직접적으로 또는 간접적으로 빛 또는 화학에너지를 획득하는 방법을 설명하는 연결망.

Forward reaction [정반응]: 가역 반응의 방향 중의 하나.

Fragment ion [조각 이온]: 질량 분광법의 이온화 단계에서 분자가 조각날 때 나오는 이온.

Frameshift [틀이동]: 리보솜이 유전자 속에 위치하는 한 해독틀에서 다른 해독틀로 움직이는 위치 이동.

Free energy [자유에너지]: 일로 전환될 수 있는 계에 포획된 에너지의 양.

Fructokinase [프룩토오스인산화효소]: 프룩토오스 1-인산 경로의 1단계에서 프룩토오스를 프룩토오스 1-인산으로 전환시키는 효소.

Fructose 1-phosphate aldolase [프룩토오스 1-인산 알돌화효소]: 프룩토오스 1-인산 경로의 2단계에서 프룩토오스 1-인산을 글리세르알데하이드와 디하이드록시아세톤인산으로 전환시키는 효소.

Fructose 1-phosphate pathway [프룩토오스 1-인산 경로]: 간 세포에서 사용하는 당분해 과정에 프룩토오스가 들어가는 경로.

Fructose 1,6-bisphosphatase [프룩토오스 1,6-이인산 인산가수분해효소]: 수크로오스 합성과 글루코오스신생합성에서 프룩토오스 1,6-이인산을 프룩토오스 6-인산으로 전환시키는 효소.

Fructose bisphosphatase 2 [프룩토오스 이인산분해효소 2]: 프룩토오스 2,6-이인신을 프룩토오스 6-인신으로 전환시키는 효소로서 당분해의 기질 수준 조절에 관여함.

Fucoxanthin [푸코잔틴]: 갈색 조류에서 발견되는 빛을 흡수하는 색소.

Fumarase [푸마르산 수화효소]: TCA 회로의 7단계에서 푸마르산을 말산으로 전환시키는 효소.

Furanose [푸라노오스]: 리보오스와 같은 5탄당의 고리형.

Futile cycle [무익 회로]: 두 개의 대사 경로가 역방향으로 진행되는 회로로서 기질이 생성물로 전환된 다음 다시 기질로 되돌아가 에너지 낭비가 발생함.

G-protein [G-단백질]: GDP 또는 GTP의 분자와 결합하는 작은 단백질로서 GDP를 GTP로 대체하여 단백질을 활성화시킴.

G-protein coupled receptor [G-단백질 연결 수용체]: 세포 속의 G 단백질을 활성화시켜 세포바깥 신호에 반응하는 세포 표면 수용체 단백질.

Galactokinase [갈락토오스인산화효소]: 갈락토오스-글루코오스 상호전환 경로의 1단계에서 갈락토오스 1-인산으로 전환시키는 효소.

Galactose 1-phosphate uridylyl transferase [갈락토오스 1-인산 유리딜기 전달효소]: 갈락토오스-글루코오스 상호전환 경로의 2단계에서 유리딘기를 UDP-글루코오스에서 갈락토오스 1-인산으로 전달하는 효소.

Galactose-glucose interconversion pathway [갈락토오스-글루코오스 상호전환 경로]: 키랄 탄소 주변의 작용기의 재배치에 의해 갈락토오스를 글루코오스로 전환시키는 경로.

Ganglioside [강글리오시드]: 복잡한 당 머리 작용기를 가진 스핑고지질.

Gas chromatography [가스 크로마토그래피]: 이동상이 기체 상태이고, 정지상이 고체 바탕질에 흡수된 액체인 색층분석법.

Gel electrophoresis [겔 전기영동]: 비슷한 전기 전하의 분자가 크기에 따라 분리될 수 있도록 겔에서 시행되는 전기영동.

Gel-filtration chromatography [겔 여과 크로마토그래피]: 화합물을 크기에 따라 분리하는 다공성 구슬을 사용하는 관 크로마토그래피의 한 종류.

Gene expression [유전자 발현]: 유전자에 의해 운반되는 생물학 정보가 표출되어 세포가 이용할 수 있게 되는 일련의 과정.

Gene therapy [유전자치료]: 유전자 또는 다른 DNA 서열을 질병 치료에 사용하는 임상 요법.

Genetic code [유전암호]: 단백질 합성에서 어떤 뉴클레오타이드 세 세트가 어떤 아미노산의 부호를 갖고 있는지를 결정하는 규칙.

Genetic engineering [유전공학]: 새로운 유전자 또는 새로운 유전자 조합을 포함하는 DNA 분자를 생산할 때 사용하는 실험적 기법의 사용.

Genetic profile [유전자 분석표]: 일련의 미소부수체 유전자 자리에 대한 PCR 생성물을 전기영동했을 때 나타나는 띠의 형태.

Genome [유전체]: 세포에 들어 있는 전체 DNA 분자.

Genus [속]: 분류체계에서 종과 과 사이의 등급.

Gibbs free energy (*G*) [깁스 자유에너지]: 일정한 온도와 부피에서 일로 전환될 수 있는 계에 들어 있는 에너지 양의 측도.

Global regulation [통괄 조절]: 다양한 신호에 반응하여 일어나는 단백질 합성의 일반적인 하향조절.

Globular protein [구형 단백질]: 폴리펩타이드 사슬이 3차구조로 접힌 단백질.

Glucagon [글루카곤]: 이자에서 합성되는 호르몬으로서 혈류 속의 글루코오스 농도를 높임.

Glucocorticoid [글루코코르티코이드]: 스테로이드 호르몬의 한 종류.

Glucogenic [당생성-]: 분해산물로 글루코오스를 합성할 수 있는 아미노산.

Glucokinase [글루코오스인산화효소]: 간 세포에서 글루코오스를 글루코오스 6-인산으로 전환시키는 효소.

Gluconeogenesis [글루코오스신생합성]: 피루브산염을 글루코오스로 전환시키는 경로.

Glucose [글루코오스]: 육탄당의 단당 화합물.

Glucose 6-phosphatase [글루코오스 6-인산 인산가수분해효소]: 간에서 글루코오스 6-인산을 글루코오스로 전환시키는 효소.

Glucose 6-phosphate dehydrogenase [글루코오스 6-인산 탈수소효소]: 글루코오스 6-인산을 5탄당인산경로의 1단계에서 6-포스포글루코노-δ-락톤으로 전환시키는 효소.

Glucose 6-phosphate dehydrogenase deficiency [글루코오스 6-인산 탈수소효소 결핍증]: 누에콩 중독증으로 알려진 유전병.

Glutamate dehydrogenase [글루탐산 탈수소효소]: 글루탐산 및 글루타민 합성 경로의 1단계에서 α-케토글루타르산을 글루탐산으로 전환시키는 효소로서 또한 아미노산 분해에서 역반응도 가능함.

Glutamine synthase [글루타민 합성효소]: 글루탐산 및 글루타민 합성 경로의 2단계에서 글루탐산을 글루타민으로 전환시키는 효소.

Glutamine-rich domain [글루타민 풍부 도메인]: 활성화 영역의 한 종류.

Glutathione [글루타티온]: 글루탐산, 시스테인, 글리신으로 구성된 트리펩타이드로서 처음 두 아미노산이 독특하게 결합되어 있음.

Glutathione peroxidase [글루타티온 과산화효소]: 환원형 글루타티온을 산화형으로 전환시키는 동시에 짝을 지어 과산화수소를 물로 전환시키는 효소.

Glutathione reductase [글루타티온 환원효소]: 산화형에서 환원형으로 글루타티온을 재생시키는 효소.

Glycan [글리칸]: 당단백질에서 단일 글리코시드화 자리에 결합되어 있는 올리고당.

Glycan sequencing [글리칸 서열분석]: 글리칸에서 당의 서열을 결정하기 위해 다양한 특이성을 지닌 일련의 글리코시드말단가수분해효소로 글리칸을 처리하는 것.

Glyceraldehyde 3-phosphate dehydrogenase [글리세르알데하이드 3-인산 탈수소효소]: 당분해 경로의 6단계에서 글리세르알데하이드 3-인산을 1,3-비스포스포글리세르산으로 전환시키고, 또한 캘빈회로의 3단계에서 역반응을 수행하는 효소.

Glycerol 3-phosphate acyltransferase [글리세롤 3-인산 아실전달효소]: 트리아실글리세롤 합성 경로에서 글리세롤 3-인산에 첫 번째 및 두 번째 지방산 사슬을 첨가하는 효소.

Glycerol 3-phosphate dehydrogenase [글리세롤 3-인산 탈수소효소]: 트리아실글리세롤 합성 경로의 1단계에서 디하이드록시아세톤인산을 글리세롤 3-인산으로 전환시키는 효소로서 또한 글리세롤 3-인산 셔틀의 일부로도 사용됨.

Glycerol 3-phosphate shuttle [글리세롤 3-인산 셔틀]: 세포질 NADH가 미토콘드리아 ATP 합성에 사용될 수 있도록 만드는 과정.

Glycerol kinase [글리세롤 인산화효소]: 간에서 글리세롤을 글리세롤 3-인산으로 전환시킨 후 이어서 디하이드록시아세톤인산으로 전환시키는 효소.

Glycerophospholipid [글리세로인지질]: 트리아실글리세롤과 유사한 지질로서 포스포디에스터 결합으로 글리세롤 성분에 부착한 친수성 작용기로 대체된 지방산 중의 하나를 갖고 있음.

Glycocholate [글리코콜산]: 담즙산의 한 종류로서 음식의 지방을 유화시키는 데 도움을 주는 콜산의 유도체.

Glycogen [글리코겐]: 동물에서 발견되며 전체가 D-글루코오스 단위로 만들어진 저장형 동질다당류.

Glycogen branching enzyme [글리코겐 가지형성효소]: 글리코겐 분자의 갈래 지점에서 α(1→6) 연결을 만드는 효소.

Glycogen debranching enzyme [글리코겐 가지분해효소]: 글리코겐 분자의 갈래 부위에서 글루코오스 단위를 제거하는 효소.

Glycogen phosphorylase [글리코겐 가인산분해효소]: 글리코겐 분자의 비환원 말단에서 글루코오스 단위를 하나씩 제거하는 효소.

Glycogen synthase [글리코겐 합성효소]: 점점 커지는 당원 분자의 비환원 말단에 활성형 글루코오스 단위를 추가하는 효소.

Glycogenin [글리코제닌]: 당원 합성을 촉진하는 시동체 및 효소.

Glycolipid [당지질]: 당화된 지질.

Glycolysis [해당과정]: 한 개의 글루코오스 분자가 두 개의 피루브산염 분자로 분해될 때 에너지가 생성되는 분해대사 과정.

Glycome [당질체]: 세포 또는 조직의 전체 탄수화물 함량.

Glycoprotein [당단백질]: 글리코시드화된 단백질.

Glycosaminoglycan [글리코사미노글리칸]: 세포외 기질의 다당류.

Glycosidase [글리코시드가수분해효소]: 글시코시드 결합을 파괴하는 효소.

Glycosylation [글리코실화]: 짧은사슬 당이 단백질에 부착하는 것.

Glyoxylate cycle [글리옥실산 회로]: 식물과 미생물에서 일어나는 생화학 반응의 회로로서 TCA 회로와 유사하지만 이소시트르산에서 말산까지의 반응을 우회함.

Glyoxysome [글리옥시솜]: 글리옥실산 회로가 돌아가는 식물 세포소기관.

Golgi apparatus [골지체]: 단백질 가공에 관여하는 진핵생물 세포소기관.

Gout [통풍]: 혈액의 과도한 요산에 의해 발생한 병적 상태.

Grana [그라나]: 엽록체의 스트로마 내에 쌓여 있는 틸라코이드.

Green bacteria [녹색 세균]: 광합성을 하는 세균군.

GroEL/GroES complex [GroEL/GroES 복합체]: 샤페로닌의 한 종류.

Group I intron [그룹 I 인트론]: 주로 세포소기관 유전자에서 발견되는 인트론의 한 종류.

GU-AG intron [GU-AG 인트론]: 진핵생물의 핵 유전자에서 가장 흔한 종류의 인트론. 인트론의 처음 두 개의 뉴클레오타이드는 5′-GU-3′이고 마지막 두 개는 5′-AG-3′임.

Guanine [구아닌]: DNA와 RNA에서 발견되는 퓨린 염기 중의 하나.

Guanine methyltransferase [구아닌 메틸기전달효소]: 캡 만들기 반응에서 진핵생물 mRNA의 5′ 말단에 메틸기를 부착시키는 효소.

Guanylyl transferase [구아닐 전달효소]: 캡 만들기 반응이 시작될 때 진핵생물 mRNA의 5′ 말단에 GTP를 부착시키는 효소.

Günther disease [건터병]: 유로포르피리노겐 보조합성효소의 결함으로 발생하는 병(=CEP).

Haber process [하버 과정]: 질소를 암모니아로 환원시키는 비생물학적 과정.

Half-life [반감기]: 시료의 원자 또는 분자의 절반이 붕괴되거나 분해되는 데 걸리는 시간.

Hammerhead [망치머리형]: 일부의 바이러스모양체와 바이로이드에서 발견되는 리보자임 활성을 갖는 RNA 구조.

Head-and-tail [머리와 꼬리]: 핵산을 함유하는 이십면체 머리로 구성된 세균용해바이러스 캡시드와 핵산이 숙주세포로 들어가는 것을 용이하게 하는 실모양의 꼬리.

Heart attack [심장마비]: 혈관 내면에 콜레스테롤이 축적되어 발생하는 의학적 증상.

Heat shock module [열충격 모듈]: 열 손상으로부터 세포를 보호하는 유전자의 상류에 있는 조절 서열.

Heavy chain [무거운 사슬]: 면역글로불린 분자에서 두 개의 큰 폴리펩타이드.

Helicase [나선효소]: 이중가닥 DNA 분자에서 염기쌍을 파괴하는 효소.

Helix-turn-helix motif [나선회전나선 모티프]: 단백질을 DNA 분자에 부착시키는 공통적인 구조요소.

Hematopoietic stem cell transplant [조혈 줄기세포 이식]: 조혈 줄기세포를 제공자 세포로 대체하여 어떤 종류의 유전질환 치료에 사용됨.

Heteropolysaccharide [이질다당류]: 모든 단당류 단위가 혼합된 다당류.

Hexokinase [육탄당인산화효소]: 해당과정의 1단계에서 글루코오스를 글루코오스 6-인산으로 전환시키는 효소.

Hexose monophosphate shunt [6탄당1인산 분로]: 5탄당인산경로의 또 다른 이름.

High density lipoprotein (HDL) [고밀도 지질단백질]: 콜레스테롤을 혈액에서 간으로 수송하는 지단백질.

High performance liquid chromatography (HPLC) [고성능 액체 크로마토그래피]: 내경이 1 mm 미만인 모세관에서 수행되는 관 크로마토그래피로서 고압으로 액상을 펴냄.

Histone [히스톤]: 뉴클레오솜(nucleosome)에서 발견되는 염기성 단백질 중의 하나.

Histone acetyltransferase (HAT) [히스톤 아세틸전달효소]: 아세틸기를 핵심 히스톤에 붙이는 효소.

Histone code [히스톤 암호]: 히스톤 단백질의 화학적 변형의 형태가 특정 시기에 발현되는 일단의 유전자를 명시함으로써 다양한 세포 활동에 영향을 미친다는 가설.

Histone deacetylase (HDAC) [히스톤 아세틸제거효소]: 핵심 히스톤에서 아세틸기를 제거하는 효소.

HMG CoA reductase [HMG CoA 환원효소]: 콜레스테롤 합성 경로에서 HMG CoA 분자를 메발론산으로 전환시키는 효소.

Holoenzyme [완전효소]: 효소와 보조인자 사이의 복합체로서 또한 핵심효소와 보조 단백질 소단위 사이의 복합체를 나타내는 데 사용되며, 특히 촉진자 서열을 인식할 수 있는 대장균 RNA 중합효소인 소단위 성분 $\alpha_2\beta\beta'\sigma$ 형태를 말함.

Homologous enzymes [상동효소]: 동일한 기능을 가진 두 개 이상의 효소.

Homologous recombination [상동재조합]: 두 개의 상동성 이중가닥 DNA 분자, 즉 광범위한 뉴클레오타이드 서열 유사성을 공유하는 DNA 분자 사이의 재조합.

Homopolysaccharide [동질다당류]: 모든 단당류 단위가 동일한 다당.

Hormone [호르몬]: 동물의 순환계통으로 분비되고 멀리 떨어진 조직의 생화학적 활성에 영향을 미치는 신호전달 분자.

Hormone response element [호르몬 반응 요소]: 스테로이드 호르몬의 조절 효과를 매개하는 유전자의 촉진자 영역 내에 들어 있는 뉴클레오타이드 서열.

Housekeeping gene [항존유전자]: 다세포 생명체의 모든 세포 또는 적어도 대부분의 세포에서 지속적으로 발현되는 단백질을 부호화하는 유전자.

Hsp70 protein [Hsp70 단백질]: 다른 단백질의 소수성 영역에 결합하여 접힘을 도와주는 단백질군.

Hyaluronic acid [히알루론산]: *N*-아세틸글루코사민과 D-글루쿠론산 단위가 교대로 이루어진 이질다당류.

Hybridoma [혼성세포]: 림프구와 마우스 흑색종 세포를 융합한 세포로서 단일클론 항체를 합성함.

Hydrocarbon [탄화수소]: 전체가 탄소 및 수소 원자로 구성된 유기 화합물.

Hydrogen bond [수소결합]: 극성 작용기의 약한 전기양성 수소 원자와 전기음성 원자 사이에 형성되는 상호작용.

Hydrolase [가수분해효소]: 화학결합이 물의 작용에 의해 파괴되는 가수분해 반응을 수행하는 효소.

Hydronium ion [하이드로늄 이온]: H_3O^+, 양성자와 물 분자의 조합으로 이루어진 생성물.

Hydrophilic [친수성]: 물에 끌어 당겨져 용해되기 쉬운 화학 작용기 또는 분자.

Hydrophobic [소수성]: 물에 의해 튕겨지는 불용성 화학 작용기 또는 분자.

Hydroxyacyl CoA dehydrogenase [하이드록시아실 CoA 탈수소효소]: 지방산 분해 경로의 3단계에서 3-하이드록시아실 CoA를 3-케토아실 CoA로 전환시키는 효소.

Hyperammonemia [고암모니아혈증]: 요소 회로의 결함에 의해 혈액에 과도한 암모니아가 존재할 때 발생하는 의학적 상태.

Hyperglycemia [고혈당증]: 혈당치가 비정상적으로 높아질 때 발생하는 상황.

Hypoglycemia [저혈당증]: 혈당치가 비정상적으로 낮아질 때 발생하는 상황.

Icosahedral [이십면체-]: 핵산을 둘러싸는 3차원 기하학적 구조로 배열된 세균용해바이러스 또는 바이러스 캡시드.

IIA^{Glc} [IIA^{Glc}]: 글루코오스가 흡수될 때 탈 탈인산화되고 글루코오스 이용도와 세포 cAMP 농도 사이의 연결을 중재하는 세균의 막결합 단백질.

Immobilized pH gradient [고정화 pH 기울기]: 약산성 또는 약염기성 화합물의 분별 농도에 의해 확립된 전기영동 겔의 pH 기울기로서 등전점에 사용됨.

Immunoassay [면역분석법]: 시료에 존재하는 항원의 양을 정량하기 위해 항체를 사용하는 검사.

Immunoelectrophoresis [면역전기영동]: 면역분석이 전기장에 놓인 겔에서 수행될 때 사용되는 처리 방법.

Immunoglobulin [면역글로불린]: 항체로 작용하는 단백질군.

Immunoglobulin A [면역글로불린 A]: 눈물과 타액에 존재하는 주요 면역 글로불린의 일종.

Immunoglobulin D [면역글로불린 D]: 면역계통에서 특정이 아닌 일반적인 역할을 하는 면역글로불린의 일종.

Immunoglobulin E [면역글로불린 E]: 기생충으로부터의 보호 역할을 하는 면역글로불린의 일종.

Immunoglobulin G [면역글로불린 G]: 면역 반응의 후기 단계에서 합성되고 또한 태아 및 신생아를 위한 면역학적 보호를 제공하는 면역글로불린의 일종.

Immunoglobulin M [면역글로불린 M]: 새로운 항원이 발견될 때 합성되는 항체의 첫 번째 종류로서 보체계와 대식세포의 활성인자임.

Immunological method [면역학적 방법]: 정제된 항체를 사용하는 실험적 방법.

Importin [임포틴]: 핵공 복합체와 핵질로 다른 단백질을 전달하는 것을 도와주는 단백질.

***In vitro* mutagenesis** [시험관내 돌연변이유발]: 미리 결정된 DNA 분자의 위치에서 특정 돌연변이를 일으킬 때 사용되는 여러 기술 중의 하나.

Inclusion body [봉입체]: 세포 속의 존재하는 결정 또는 반결정 침착물로서 종종 상당량의 불용성 단백질을 포함함.

Induced fit model [유도적합 모델]: 효소 결합자리를 유연한 구조로 간주하는 효소 활성에 대한 모형으로서 기질이 결합할 때 모양이 변함.

Inducer [유발물질]: 억제인자 단백질에 결합하여 억제인자가 작동자에 부착하는 것을 방지함으로써 유전자 또는 오페론의 발현을 유도하는 분자.

Inducible operon [유도 오페론]: 억제인자가 DNA 결합자리에 부착하는 것을 막는 유도인자 분자에 의해 작동되는 오페론.

Inhibitor [억제제]: 효소의 활성을 방해하여 촉매 속도를 감소시키는 화합물.

Initial velocity (V_0) [초기 속도]: 효소 촉진 반응의 초기 선형 속도.

Initiation codon [개시 코돈]: 유전자의 암호화 영역의 시작 부분에 존재하며, 절대적인 것은 아니지만 보통 5′-AUG-3′으로 알려진 코돈.

Initiation complex [개시 복합체]: 전사를 개시하는 단백질의 복합체 또는 번역을 시작하는 복합체.

Initiation factor [개시인자]: 번역 개시에서 부수적인 역할을 하는 단백질.

Initiation region [개시 영역]: 명확하게 정해지지 않은 위치에서 복제가 개시되는 진핵세포 염색체 DNA의 영역.

Initiator (Inr) sequence [개시자(Inr) 서열]: RNA 중합효소 II 핵심촉진자의 한 부분.

Inner mitochondrial membrane [미토콘드리아 내막]: 미토콘드리아 이중막의 안쪽 막.

Inosine [이노신]: 아데노신의 변형된 형태로서 때로는 역코돈의 동요 위치에서 발견됨.

Inositol-1,4,5-trisphosphate (Ins(1,4,5)P_3) [이노시톨-1,4,5-삼인산]: 세포 속으로 들어가는 Ca^{2+}의 흐름에 의해 시작된 2차전령 신호전달 경로의 구성요소.

Insulin [인슐린]: 이자에서 합성되는 호르몬으로서 혈류의 글루코오스 농도를 낮춤.

Insulin-responsive protein kinase [인슐린 반응 단백질 인산화효소]: 세포 바깥의 인슐린 농도에 반응하여 단백질 인산가수분해효소를 활성화시키는 간 세포의 효소.

Integral membrane protein [내재성 막단백질]: 막에 단단히 부착을 하고 있으며, 지질 이중층을 파괴함으로써 제거될 수 있는 단백질.

Intergenic DNA [비암호화 DNA]: 유전자를 포함하지 않는 유전체 영역으로서 인접 유전자 사이의 뉴클레오타이드 서열.

Intermediate density lipoproteins (IDL) [중간밀도 지질단백질]: 혈액에 존재하는 매우 낮은 밀도의 지질단백질 유도체.

Intermembrane space [막사이 공간]: 미토콘드리아의 내막과 외막 사이의 공간.

Internal ribosome entry site (IRES) [내부 리보솜 진입 자리]: 일부 진핵세포 mRNA의 내부 위치에서 리보솜의 조립을 가능하게 하는 뉴클레오타이드 서열.

Interphase [간기]: 세포분열 사이의 기간.

Intervening sequence [개재서열]: 인트론.

Intrinsic terminator [내재 종결자]: Rho가 관여하지 않고 전사의 종료가 일어나는 세균 DNA의 위치.

Intron [인트론]: 불연속 유전자 내의 비암호 영역.

Ion [이온]: 전하를 띤 원자 또는 분자.

Ion exchange chromatography [이온교환 크로마토그래피]: 알짜 전하에 따라 화합물을 분리하는, 전하를 띤 염주를 사용하는 관 색층분석법의 한 종류.

Ionization [이온화]: 전하를 띠지 않은 원자 또는 분자를 전하를 띤 형태로 전환시키는 것.

Ionophore [이온운반체]: 결합된 양성자를 막을 통과시킬 수 있는 지용성 화합물.

IRES trans-acting factor (ITAF) [IRES 트랜스 작용인자]: 다양한 기능을 가진 세포질 RNA 결합 단백질로서 감염성 바이러스가 내부 리보솜 진입 자리에서 단백질 합성의 개시를 돕는 데 사용됨.

Iron response element [철 반응 요소]: 철의 흡수 또는 저장에 관여하는 유전자의 상류 조절서열.

Iron-sulfur cluster or FeS cluster [철-황 무리, FeS 무리]: 무기황 원자 및 시스테인 곁사슬의 황과 배위하는 철 원자의 무리.

Iron-sulfur protein or FeS protein [철-황 단백질, FeS 단백질]: 철-황 무리를 포함하는 단백질.

Irreversible inhibitor [비가역 억제제]: 효소의 활성에 영원한 영향을 주는 억제제.

Isoaccepting tRNA [동일아미노산수용 tRNA]: 같은 아미노산으로 아미노아실화된 2개 이상의 tRNA.

Isocitrate dehydrogenase [이소시트르산 탈수소효소]: TCA 회로의 3단계에서 아이소시트르산을 α-케토글루탐산으로 전환시키는 효소.

Isocitrate lyase [이소시트르산 분해효소]: 이소시트르산을 숙신산으로 전환시키고 글리옥실산 회로에서 글리옥실산을 글리옥실화하는 효소.

Isoelectric focusing [등전점전기영동]: 등전점에 따라 단백질을 분리하는 겔 전기영동 기술.

Isoelectric point [등전점]: 분자가 알짜전하를 띠지 않는 pH.

Isomerase [이성질화효소]: 분자 내에서 원자를 재배열하는 효소.

Isomerization [이성질화]: 분자 내의 원자의 재배열.

Isomer [이성질체]: 화학 조성은 같지만 구조가 다른 두 분자.

Isopentenyl pyrophosphate [이소펜테닐 피로인산]: 스테롤 화합물의 합성 중간체.

Isopeptide bond [이소펩타이드 결합]: 한 단백질의 C-말단 아미노산의 카르복실기와 두 번째 단백질의 리신 곁사슬에 존재하는 아미노기 사이의 결합.

Isoprene [이소프렌]: 작은 탄화수소로서 테르펜의 단위체 단위.

Isotope [동위원소]: 양성자의 수가 동일하지만 중성자의 수가 다른 원소.

Isotope-coded affinity tag (ICAT) [동위원소부호화 친화성꼬리표]: 정상 수소와 중수소 원자를 포함하는 꼬리표로서 질량분석기로 분석하기 전에 개별 단백질체를 표지하는 데 사용됨.

Isozyme [동위효소]: 동일한 생화학 반응을 촉진하는 서로 밀접한 관련성을 갖고 있지만 전혀 다른 2개의 효소.

Janus kinase (JAK) [야누스 인산화효소]: STAT를 포함하는 몇 가지의 신호전달의 형태에서 중개역할을 하는 인산화효소.

Joule [줄]: 적용 지점에서 힘의 방향으로 1미터 거리를 이동할 때 1 뉴턴의 힘으로 수행되는 일.

KDEL sequence [KDEL 서열]: 단백질을 소포체의 속공간으로 향하게 하는 분류 서열.

Ketogenesis [케톤체생성]: 케톤체의 합성.

Ketogenic amino acid [케톤체합성 아미노산]: 분해 생성물이 케톤체 합성에 사용되는 아미노산.

Ketohexose [케토헥소스오스]: 6개의 탄소 원자를 가진 케토오스.

Ketone [케톤]: 2개의 탄화수소기에 연결된 카르보닐기를 함유한 유기화합물.

Ketone body [케톤체]: 간에서 지방산과 일부 아미노산의 분해생성물로부터 생성된 아세토아세트산, D-3-하이드록시뷰티르산, 아세톤 등의 혼합물.

Ketopentose [케토펜토오스]: 5개의 탄소 원자를 가진 케토오스.

Ketose [케토오스]: 말단 탄소가 카르보닐기의 일부를 형성하는 당.

Ketotetrose [케토테트로오스]: 4개의 탄소 원자를 가진 케토오스.

Ketotriose [케토트리오스]: 3개의 탄소 원자를 가진 케토오스.

kiloDalton [킬로달톤]: 1000달톤.

kilojoules per mole ($kJ\text{-}mol^{-1}$) [몰당 킬로줄]: 물질의 양당 에너지 양에 대한 SI 단위.

K_m or Michaelis constant [K_m, 미카엘리스 상수]: 효소 촉매반응의 속도가 최대값의 절반일 때의 기질 농도; 기질에 대한 효소의 친화도를 측정한 값.

Kozak consensus [코작 공통서열]: 진핵생물 mRNA의 개시 코돈을 주변의 염기서열.

Krebs cycle [크렙스회로]: TCA 회로의 다른 이름.

Labeling [표지]: 핵산 분자에 표지자 뉴클레오타이드가 혼입되는 것. 표지자는 종종 방사성 또는 형광성 표지자인 경우가 많음.

Lactate dehydrogenase [락트산 탈수소효소]: 피루브산염을 젖산염으로 전환시키는 효소.

Lactonase [락톤분해효소]: 5탄당인산 경로의 2단계에서 6-포스포글루코노-D-락톤을 6-포스포글루콘산으로 전환시키는 효소.

Lactose operon [락토오스 오페론]: 대장균이 락토오스를 사용할 때 관여하는 효소들을 부호화하는 3개의 유전자 무리.

Lactose permease [락토오스 투과효소]: 락토오스를 세균 세포로 운반하는 단백질.

Lactose repressor [락토오스 억제인자]: 젖당의 유무의 환경에 반응하여 젖당 오페론의 전사를 조절하는 조절단백질.

Lactose tolerance or lactose persistence [락토오스 내성 혹은 락토오스 소화효소 지속성]: 이유식 후의 락토오스분해효소의 지속적인 생산, 즉 락토오스를 소화하는 능력을 뜻함.

Lagging strand [지연가닥]: 유전체 복제에서 불연속 형태로 복사되는 이중나선의 가닥.

Lambda [람다]: 대장균을 감염시키는 세균용해바이러스로서 파생형은 클로닝 벡터로 사용됨.

Lanosterol [라노스테롤]: 스테롤 화합물의 합성 중간대사산물.

Latex [라텍스]: 손상에 대한 반응으로 분비되는 나무 삼출액.

Leader segment [선도자 영역]: 개시 코돈의 상류에 있는 mRNA의 비번역 부위.

Leading strand [선도가닥]: 유전체 복제에서 연속적으로 복사되는 이중나선의 가닥.

Lectin [렉틴]: 특정 단당류에 결합하는 특성을 갖는 식물 또는 동물 단백질.

Leghemoglobin [레그헤모글로빈]: 콩과식물의 뿌리혹에 존재하는 단백질로서 산소에 대한 높은 친화성을 갖고 있기 때문에 산소에 의한 억제로부터 질소고정효소를 보호함.

Legume [콩과식물]: 질소고정 식물 무리.

Levinthal's paradox [레빈탈의 역설]: 단순한 무작위 검색만으로는 정확한 단백질의 3차구조를 찾을 수 없다는 이론.

Lichen [지의류]: 곰팡이, 광합성 세균, 조류, 일부 질소고정 남세균 등을 포함하는 공생 생명체.

Life sciences [생명과학]: 생물학의 다른 이름; 살아 있는 생명체에 대한 연구.

Ligase [연결효소]: 분자를 서로 연결시키는 효소.

Light chain [가벼운 사슬]: 면역글로불린 분자에 있는 2개의 더 짧은 폴리펩타이드.

Light harvesting [광수확]: 광합성 생명체가 햇빛으로부터 얻는 에너지 흡수.

Light reaction [명반응]: 햇빛 에너지를 사용하여 ATP와 NADPH를 만드는 광합성의 일부분.

Lineweaver-Burk plot [라인웨버-버크 도면]: 효소 촉매 반응에서 기질 농도와 초기 속도 사이의 관계를 나타내는 그래프.

Linker DNA [연결 DNA]: 핵단위체를 연결하는 DNA로서 염색질 구조의 '실에 꿴 구슬' 모형의 '실'에 해당하는 DNA 가닥.

Linker histone [연결 히스톤]: 뉴클레오솜 핵심 8량체의 바깥쪽에 위치하는 H1과 같은 히스톤.

Lipase [지질가수분해효소]: 트리아실글리세롤 분해에서 지방산 사슬을 제거하는 효소.

Lipid [지질]: 지방, 기름, 왁스, 스테로이드, 다양한 수지 등을 포함하는 여러 종류의 화합물.

Lipid raft [지질 뗏목]: 서로 함께 작용하는 단백질 무리를 한 자리에 배치할 수 있는 비교적 안정한 막의 영역.

Lipid-linked protein [지질 연결 단백질]: 막지질과 공유결합을 이루는 표재성 막단백질.

Lipidome [지질체]: 세포 또는 조직에 들어 있는 전체 지질 내용물.

Lipolysis [지방분해]: 트리아실글리세롤과 지방산이 분해되는 과정.

Lipoprotein [지질단백질]: 공모양의 지질 단일층에 다양한 단백질이 박혀 있는 미포 모양의 입자로서 그 안쪽에 트리아실글리세롤과 콜레스테롤 분자들로 구성된 소수성 핵심이 들어 있음.

Lipoprotein lipase [지질단백질 지질가수분해효소]: 근육과 지방조직에서 지질단백질의 트리아실글리세롤 내용물을 분해하는 효소.

Liposome [리포솜]: 내부의 수용성 구획을 둘러싸는 지질 이중층으로 구성된 작은 소포; 때로는 동물세포나 식물세포에 DNA를 도입할 때 사용됨.

Lock and key model [자물쇠-열쇠 모델]: 효소가 표면에 결합 주머니를 갖고 있다고 생각하는 효소 활성을 위한 모형으로서 이 모양은 기질의 모양과 정확히 일치함.

Long patch [긴 패치]: 대장균의 뉴클레오타이드 절제 복구 과정으로 최대 2 kb의 DNA를 잘라내고 재합성을 함.

Low density lipoprotein (LDL) [저밀도 지질단백질]: 아포단백질이 결핍된 중간밀도 지질단백질의 유도체.

Luciferase [루시페린산화효소]: 루시페린을 산화시켜 화학발광을 일으키는 효소.

Luciferin [루시페린]: 여러 종류의 유기화합물로서 산화되면 화학발광을 일으킴.

Luminal targeting sequence [내강 표적화 서열]: 단백질을 엽록체 속의 틸라코이드 쪽으로 향하게 하는 추림 순서.

Lyase [분해효소]: 산화나 가수분해와 다른 과정으로 화학결합을 자르는 효소.

Lysosome [리소좀]: 저밀도 지질단백질의 내용물을 비롯한 다양한 화합물의 분해를 담당하는 세포소기관.

Macromolecule [거대분자]: 1 kDa을 초과하는 질량을 갖는 생물학적 큰 분자.

Magnetic sector mass spectrometer [자기 섹터 질량분석계]: 이온화된 분자가 통과하는 단일 또는 일련의 자석인 질량분석기가 내장된 질량분광계.

Magnetic tweezer [자석 핀셋]: 일련의 자석으로 구성된 장치로서 자기 구술이 제어된 방식에 의해 움직이는 방법으로 위치 및 자장 강도가 변경될 수 있음.

Major groove [큰 홈]: DNA의 두 개의 고랑 중 큰 것을 말하며 B형 DNA 표면 주위를 나선형으로 감싸고 있음.

Malate dehydrogenase [말산 탈수소효소]: TCA 회로의 8단계에서 말산을 옥살로아세트산으로 전환시키는 효소이며, 또한 말산-아스파르트산 왕복회로 일부로서 역반응을 수행함.

Malate synthase [말산 합성효소]: 글리옥실산 회로에서 글리옥실산과 아세틸 CoA를 말산으로 전환시키는 효소.

Malate-aspartate shuttle [말산-아스파르트산 셔틀]: 세포질 NADH를 미토콘드리아 ATP 합성에 사용할 수 있도록 하는 과정.

Malonyl transferase [말로닐기전달효소]: 지방산 합성에서 말로닐 CoA의 말로닐 단위를 ACP로 전환시키는 효소.

Mannose 6-phosphate receptor [만노오스 6-인산 수용체]: 골지체의 트랜스 쪽에서 시스터네의 내부 표면에 위치한 단백질로서 만노오스 6-인산으로 표지된 단백질을 인식함.

MAP kinase system [MAP 인산화효소 시스템]: 신호전달 경로 중의 하나.

Mass number [질량수]: 핵에서 양성자와 중성자의 총 수.

Mass spectrometry [질량분석법]: 이온이 질량/전하(m/z) 비에 따라 분리되는 분석 기술.

Mass spectrum [질량 스펙트럼]: 질량분광분석법 실험으로 분리된 이온의 m/z 값을 나타내는 그래프.

Mass-to-charge ratio [질량/전하 비율]: 질량분석법에 의한 이온 분리의 기본 값.

Massively parallel system [대량 병렬처리 시스템]: 많은 개별 서열들이 병렬로 생성되는 높은 처리량의 DNA 서열분석 방식.

Matrix-assisted laser desorption ionization time of flight (MALDI-TOF) [매질보조 레이저 탈착 이온화 비행시간]: 단백질체학에서 사용되는 질량 분광분석법의 한 유형.

Mediator [매개체]: 다양한 활성자와 RNA 중합효소 II의 가장 큰 소단위의 C-말단 영역 사이에서 접촉이 일어난 단백질 복합체.

Membrane potential [막 전위]: 막을 가로지르는 전기 전하.

Mesophyll cells [엽육세포]: 광합성의 명반응이 일어나는 세포를 포함하는 잎 세포.

Mesosome [메소솜]: 원핵세포의 형질막이 안쪽으로 함입된 구조.

Messenger RNA (mRNA) [전령 RNA]: 단백질 부호를 가진 유전자의 전사물.

Metabolism [대사]: 살아 있는 생물에서 일어나는 화학반응.

Metabolome [대사체]: 특정 조건하에서 세포 내에 존재하는 완전한 전체 대사물질.

Metalloenzyme [금속효소]: 금속 이온을 포함하는 효소.

Metalloprotein [금속단백질]: 금속 이온을 포함하는 단백질.

Methylmalonyl CoA mutase [메틸말로닐 CoA 자리옮김효소]: 홀수 지방산이 분해될 때 메틸말로닐 CoA를 석시닐 CoA로 전환시키는 효소.

Micelle [미셀]: 친수성 기가 물에 노출되고 소수성 기가 구조물 속에 묻혀 있는 양친매성 분자로 이루어진 둥근 모양의 응집체.

Michaelis-Menten equation [미카엘리스-멘텐 등식]: 기질 농도와 효소촉매 반응의 V_{max} 및 K_m 사이의 관계를 나타내는 식.

Micro RNA (miRNA) [마이크로 RNA]: 진핵생물에서 유전자 발현 조절에 관여하는 짧은 RNA.

Microarray analysis [미세배열 분석법]: 전사체 연구에서 수많은 DNA 분자가 정렬된 배열의 반점으로 나타나는 작은 유리조각인 미세배열을 이용하는 분석법.

Microbiome [미생물체]: 인체 표면 또는 내부에 사는 미생물.

Minor groove [작은 홈]: B형 DNA의 표면 주위에 나선형을 이루는 두 고랑 중 작은 것.

Minor spliceosome [작은 이어맞추기소체]: AU-AC 인트론에 대한 이어맞추기소체.

Mismatch [불일치]: 비상보적 뉴클레오타이드에 의해 염기쌍이 형성되지 않은 이중가닥 DNA 또는 RNA 분자의 배열. 특히, 복제 오류에 의해 염기쌍이 형성되지 않은 배열.

Mitochondrial matrix [미토콘드리아 기질]: 미토콘드리아 내막으로 둘러싸인 미토콘드리아의 중심부.

Mitochondrial pyruvate carrier [미토콘드리아 피루브산 운반체]: 미토콘드리아 내막을 통해 피루브산을 운반하는 내재성 막단백질.

Mitochondrial shuttle [미토콘드리아 셔틀]: 화학물질이 미토콘드리아 내막을 통과할 수 있게 해주는 수송단백질.

Mitochondrial targeting sequence [미토콘드리아 표적화 서열]: 단백질을 미토콘드리아 기질 쪽으로 향하게 하는 10−70개의 아미노산 분류서열.

Mitochondrion [미토콘드리온]: 미토콘드리아의 단수형. 진핵세포의 에너지 생성 소기관.

Mobile phase [이동상]: 크로마토그래피의 이동상으로서 일반적으로 화합물이 용해된 액체 또는 증발된 기체.

Model organism [모형 생물체]: 연구하기가 상대적으로 쉬운 생명체로서 연구하기가 어려운 2차생명체 생물학에 관련된 정보를 얻는 데 사용할 수 있음.

Model-building [모형구축]: 축척모형을 만들어 가능성 있는 생물분자의 구조에 대해 평가되는 실험적 접근법.

Molecular chaperone [분자샤페론]: 다른 단백질이 접히는 것을 도와주는 단백질.

Molecular ion [분자 이온]: 질량분석 이전에 화합물의 연성 이온화에 의해 생성된 이온.

Molecular mass [분자 질량]: 해당 분자를 구성하는 개별 원자의 질량의 합으로 계산되는 분자의 질량.

Molten globule [용융소구체]: 폴리펩타이드가 조밀한 구조로 급속히 축소됨으로써 형성되는 단백질 접힘의 중간체. 완성된 최종 단백질보다 약간 큰 부피를 가짐.

Molybdenum-iron center (MoFe center) [몰리브덴-철 중심]: 전자결합 보조인자.

Monoclonal antibody [단일클론항체]: 면역세포의 클론에 의해 만들어진 단일 항원결정 부위를 인식하는 단일 형태의 면역글로불린.

Monomer [단량체]: 중합체 사슬의 단위.

Monosaccharide [단당(류)]: 각각의 당 화합물로서 다당(류)의 단일체 단위.

Motif [모티프]: 단백질 2차구조의 단위 조합.

Motor protein [운동단백질]: 생명체가 움직일 수 있는 방식으로 모양을 바꿀 수 있는 단백질.

mRNA surveillance [mRNA 감시]: 진핵생물의 RNA 분해 과정.

Multicellular [다세포]: 많은 세포로 구성된 생명체.

Mutagen [돌연변이원]: DNA 분자에서 돌연변이를 유발할 수 있는 화학적 또는 물리적 작용제.

Mutarotation [변광회전]: 두 고리배열이성질체 사이의 상호전환.

Mutation [돌연변이]: DNA 분자의 뉴클레오타이드 서열의 변형.

MutH [MutH]: 세균의 불일치 수선 체계의 구성요소 중의 하나.

MutS [MutH]: 세균의 불일치 수선 체계의 구성요소 중의 하나.

Mutualism [상리공생]: 참여하는 종 사이의 상호이익에 관한 협력적 관계.

Myocardial infarction [심근경색]: 혈관 내면에 콜레스테롤이 침착하여 발생되는 심장발작.

***N*-acetylglutamate synthase** [*N*-아세틸글루탐산 생성효소]: 아세틸 CoA와 글루탐산으로부터 *N*-아세틸글루탐산을 합성하는 효소로서 요소회로의 조절에 관여함.

***N*-linked glycosylation** [*N*-연결 글리코실화]: 폴리펩타이드의 아스파라긴에 당 단위가 부착하는 반응.

Na^+/Ca^{2+} exchange protein [Na^+/Ca^{2+} 교환 단백질]: 세포에서 Ca^{2+} 이온의 유출과 관련된 역수송체.

Na^+/glucose transporter [Na^+/포도당 수송체]: 창자 세포에서 포도당 흡수에 관여하는 동방향수송.

Na^+/K^+ ATPase [Na^+/K^+ ATP가수분해효소]: P형 펌프로서 포유류 세포 내에 높은 포타슘 이온과 낮은 소듐 이온 농도를 유지시킴.

NADH-CoQ reductase complex [NADH-CoQ 환원효소 복합체]: 전자전달사슬의 복합체 I.

NADH-cytochrome b_5 reductase [NADH-시토크롬 b_5 환원효소]: 지방산 합성에서 탄화수소 사슬에 이중결합을 만드는 효소복합체의 일부.

NADP reductase [NADP 환원효소]: $NADP^+$를 NADPH로 전환시키는 효소. 광합성 전자전달사슬의 구성요소.

NADP-linked malate dehydrogenase [NADP-말산 탈수소효소]: C4 및 CAM 식물에서 옥살로아세트산을 말산으로 전환시키는 효소.

NADP-linked malate enzyme [NADP-말산효소]: 말산을 C4 식물의 유관속초 세포에서 피루브산과 이산화탄소로 전환시키는 효소.

Negative allosteric control [음성 알로스테릭 조절]: 작동인자 분자의 결합에 의한 효소 활성의 억제.

Neuron [뉴런]: 신경세포.

Next generation sequencing [차세대 염기서열결정법]: 각각의 대량 병렬 전략을 포함하는 DNA 서열분석법의 모음.

NH_2– (N terminus) [NH_2– (N 말단)]: 유리 아미노기를 갖는 폴리펩타이드의 끝 부분.

Niacin [니아신]: 비타민 B_3로서 보조인자 NAD^+와 $NADP^+$의 전구체.

Nicotinamide adenine dinucleotide (NAD^+) [니코틴아마이드 아데닌 디뉴클레오타이드]: 에너지 생성에 관여하는 여러 효소의 보조인자.

Nicotinamide adenine dinucleotide phosphate ($NADP^+$) [니코틴아마이드 아데닌 디뉴클레오타이드 인산]: 합성대사 반응에 관여하는 여러 효소의 보조인자.

Nitrate reductase [질산 환원효소]: 질산을 아질산으로 전환시키는 효소.

Nitrate reduction [질산 환원]: 질산을 암모니아로 바꾸는 생물학적 전환반응.

Nitrite reductase [아질산 환원효소]: 아질산을 암모니아로 전환시키는 효소.

Nitrogen fixation [질소고정]: 대기 중의 질소를 암모니아로 바꾸는 생물학적 전환반응.

Nitrogenase complex [질소고정효소 복합체]: 질소를 암모니아로 환원시키는 두 효소 복합체.

Nod factor [Nod 인자]: 질소고정 세균에 의해 분비되고 적당한 숙주식물에 의해 검출되는 지방산 결사슬을 갖는 짧은 올리고당(Nod=nodulation, 뿌리혹형성).

Noncoding RNA [비암호화 RNA]: 단백질 암호를 갖지 않은 RNA 분자.

Non-competitive reversible inhibition [비경쟁적 가역적 억제]: 효소의 활성자리에 들어갈 때 기질과 경쟁하지 않는 가역적 저해제.

Nonhomologous end-joining (NHEJ) [비상동성 말단결합]: DNA 분자의 이중가닥 절단을 복구하는 과정.

Non-photochemical energy quenching [비광화학에너지 소멸]: 들뜬 엽록소 분자에서 소멸 화합물로 이동하는 에너지 전달로서 에너지가 열로 소실됨.

Norepinephrine [노르에피네프린]: 다양한 생리적 및 생화학적 활성을 제어하는 호르몬.

Nuclear envelope [핵막]: 진핵세포의 핵을 둘러싸고 있는 이중막.

Nuclear localization signal [핵위치 신호]: 단백질을 핵쪽으로 향하게 하는 6–20개의 아미노산 선별서열.

Nuclear magnetic resonance (NMR) spectroscopy [핵자기공명 분광법]: 핵을 회전시켜 생성된 자기 모멘트를 기반으로 분자의 구조를 연구하는 방법.

Nuclear receptor superfamily [핵수용체 상과]: 호르몬에 의해 유전체 활성이 조절될 때 중간 단계로서 그 호르몬들과 결합하는 수용체 단백질 무리.

Nuclease [핵산가수분해효소]: 핵산 분자를 분해하는 효소.

Nuclease protection [핵산분해효소 보호]: DNA 또는 RNA 분자에 결합한 단백질의 위치를 결정하기 위해 핵산분해효소의 분해작용을 이용하는 기술.

Nucleic acid [핵산]: 진핵세포의 핵으로부터 분리된 산성 화합물을 설명하기 위해 처음으로 사용된 용어. 지금은 DNA 및 RNA와 같은 뉴클레오타이드 단일체를 포함하는 중합체 분자를 기술할 때 특별히 사용됨.

Nucleoid [핵양체]: 원핵세포의 DNA 함유 부위.

Nucleolus [인]: rRNA 합성이 일어나는 진핵세포 핵의 한 부위.

Nucleoplasm [핵질]: 진핵세포의 세포질과 동일한 개념이지만 핵 속에 존재함.

Nucleoside [뉴클레오사이드]: 5-탄소 당에 부착된 퓨린 또는 피리미딘 염기.

Nucleoside diphosphate kinase [뉴클레오사이드이인산 인산화효소]: 뉴클레오타이드 합성을 위한 회수경로에서 뉴클레오사이드이인산을 삼인산염 형태로 전환시키는 효소.

Nucleoside monophosphate kinase [뉴클레오사이드일인산 인산화효소]: 뉴클레오타이드 합성을 위한 회수경로에서 AMP를 제외한 일인산뉴클레오사이드를 이인산염 형태로 전환시키는 효소.

Nucleosome [뉴클레오솜]: 염색질의 기본 구조단위인 히스톤과 DNA의 복합체.

Nucleotidase [뉴클레오타이드가수분해효소]: 뉴클레오타이드를 뉴클레오사이드와 인산기로 전환시키는 효소.

Nucleotide [뉴클레오타이드]: 5-탄소 당에 부착된 퓨린 또는 피리미딘 염기에 일인산-, 이인산-, 삼인산염이 부착한 화합물; DNA와 RNA의 단일체 단위.

Nucleotide exchange factor [뉴클레오타이드 교환인자]: 다른 단백질에 결합된 뉴클레오타이드이인산을 뉴클레오타이드삼인산으로 대체시키는 단백질.

Nucleotide excision repair [뉴클레오타이드 절단수선]: 폴리뉴클레오타이드 부위를 절제한 후 재합성하여 다양한 유형의 DNA 손상을 교정하는 복구 과정.

Nucleus [핵]: 염색체가 들어 있는 진핵세포의 막결합 구조.

***O*-glycosidic bond** [*O*-글리코시드결합]: 이당, 올리고당, 다당 등에서 두 개의 단당단위 사이의 연결.

***O*-linked glycosylation** [*O*-연결 글리코실화]: 폴리펩타이드의 세린 또는 트레오닌에 연결되는 당 단위의 부착.

Obligate aerobe [절대호기성 생물]: 생존을 위해 산소가 필수적인 생명체.

Obligate anaerobe [절대혐기성 생물]: 산소를 전혀 사용하지 않는 생명체.

Okazaki fragment [오카자키 조각]: 이중나선의 앞서는 가닥이 복제될 때 합성된 RNA시동 DNA의 짧은 조각.

Oligopeptide [올리고펩타이드]: 아미노산으로 이루어진 작은 중합체.

Oligosaccharide [올리고당]: 짧은 중합체 당 화합물.

Omega system [오메가 체계]: 지방산에 대한 명명 규칙.

Open promoter complex [열린 프로모터 복합체]: DNA가 염기쌍 파괴에 의해 열린 후, RNA 중합효소와 보조단백질로 이루어진 전사 개시 복합체가 조립될 때 형성된 구조.

Open reading frame [개방 해독틀]: 개시 코돈으로 시작하여 종결 코돈으로 끝나는 일련의 코돈. 단백질로 번역되는 단백질 암호화 유전자의 일부.

Operator [작동자]: 유전자 또는 오페론의 전사를 막기 위해 억제인자 단백질이 결합하는 뉴클레오타이드 서열.

Optical isomers [광학 이성질체]: 서로 거울상 구조를 가진 이성질체.

Optical tweezers [광학 족집게]: 개별 분자를 조작할 때 사용할 수 있는 레이저 장치.

Orbital [궤도]: 특정 전자가 발견될 수 있는 원자핵 주변의 공간 부위.

Organelle [소기관]: 진핵세포 속의 막결합 구조물.

Origin of replication [복제기점]: DNA 분자에 존재하는 복제가 시작되는 자리.

Origin recognition complex [복제기점 인식 복합체]: 효모 DNA에서 복제기점에 결합하는 일련의 단백질.

Ornithine [오르니틴]: 요소 회로의 중간대사물질로서 글루탐산으로부터 아르기닌을 합성함.

Ornithine transcarbamoylase [오르니틴 카르바모일전달효소]: 요소 회로의 2단계에서 카르바모일인산과 오르니틴을 시트룰린으로 전환시키는 효소.

Osteomalacia [골연화증]: 성인의 비타민 D 결핍으로서 뼈가 부드럽거나 약해짐.

Ouchterlony technique [오우크테를로니 기술]: 겔기반 면역분석법.

Outer mitochondrial membrane [미토콘드리아 외막]: 미토콘드리아 두 막의 바깥쪽 막.

Oxaloacetate [옥살로아세트산]: TCA 회로의 기질 및 생성물 중 하나인 4-탄소 디카르복실산.

Oxidative decarboxylation [산화적 탈카르복실화]: 기질의 산화(전자쌍 소실)와 탈카르복실화(CO_2 소실)가 동시에 일어나는 반응.

Oxidative phosphorylation [산화적 인산화]: 전자전달사슬을 통해 ADP와 무기인산으로부터 ATP를 생성하는 반응.

Oxidoreductases [산화-환원효소]: 산화 또는 환원 반응을 촉진하는 효소.

P680 [P680]: 광계 II의 반응중심.

P700 [P700]: 광계 I의 반응중심.

P-type pump [P-유형 펌프]: ATP 가수분해에 의해 방출된 인산과 일시적으로 결합하는 ATP 의존 수송단백질.

Pancreatic self-digestion [췌장 자기소화]: 트립신과 키모트립신이 췌장에서 분비되기 전에 활성화될 때 일어나는 상황.

Pantothenic acid [판토텐산]: 비타민 B_5로서 보조인자인 보조효소 A의 전구체.

Paper chromatography [종이 크로마토그래피]: 고정상이 거름종이 띠판인 색층분석기를 이용한 분석법.

Parallel β-sheet [평행 β-병풍]: 모든 가닥이 같은 방향으로 움직이는 β-판 구조.

PARP1 [PARP1]: DNA 분자에서 단일가닥 절단의 복구를 도와주는 보호적 단일가닥 결합 단백질.

Partition coefficient [분배 계수]: 크로마토그래피 과정에서 물질이 고정상과 상호작용을 하는 정도.

Pentose [오탄당]: 5개의 탄소 원자를 포함하는 당.

Pentose phosphate pathway [5탄당인산경로]: NADPH를 생성하는 일련의 생화학 반응.

Peptide [펩타이드]: 짧은 폴리펩타이드로서 길이가 아미노산 50개 미만임.

Peptide bond [펩타이드 결합]: 폴리펩타이드에서 인접한 아미노산 사이의 화학적 연결.

Peptide group [펩타이드기]: 2개의 α-탄소와 이들 사이의 C, O, N, H 등의 원자를 포함하는 2개의 아미노산 사이의 연결 부분.

Peptide mass fingerprinting [펩타이드 질량 지문]: 서열특이 단백질분해효소로 처리하여 생성된 펩타이드의 질량분광 특성을 조사하여 단백질을 동정하는 기술.

Peptidoglycan [펩티도글리칸]: 세균 세포벽의 주요 구성 성분인 단백질-탄수화물 바탕질.

Peptidyl or P site [펩티딜 자리, P 자리]: 번역하는 동안 길어지는 폴리펩타이드에 부착된 tRNA에 의해 점유된 리보솜의 자리.

Peptidyl transferase [펩타이드기전달효소]: 번역하는 동안 펩타이드 결합을 만드는 효소.

Peripheral membrane protein [주변성 막단백질]: 막과 비교적 느슨한 결합을 이루고 지질 이중층을 파괴하지 않고 제거할 수 있는 단백질.

PEST sequence [PEST 서열]: 단백질의 분해에 영향을 미치는 아미노산 서열로서 그 단백질 내에 들어 있음.

pH [pH]: 용액의 하이드로늄 이온 농도의 역수 측정값.

pH optimum [최적 pH]: 화학반응에 최적인 pH.

Phagocytosis [식균작용]: 대식세포에 의한 세균 또는 다른 병원균의 삼킴 및 분해.

Pharming [제약농]: 농장 동물의 유전자를 변형시켜 동물이 재조합 의약 단백질을 합성하는 분야로서 종종 우유에서 생산함.

Phenylketonuria [페닐케톤뇨증]: 페닐알라닌 수산화효소의 유전자 결핍에 의해 발생하는 병.

Phosphatase [인산가수분해효소]: 다른 효소의 인산기를 제거하는 효소.

Phosphatidate phosphatase [포스파티드인산가수분해효소]: 트리아실글리세롤 합성경로의 4단계에서 포스파티드산을 디아실글리세롤로 전환시키는 효소.

Phosphatidic acid [포스파티드산]: 머리 부위가 수소 원자인 글리세로인지질.

Phosphatidylglycerol [포스파티딜글리세롤]: 머리 부위가 글리세롤인 글리세로인지질.

Phosphatidylinositol-4,5-bisphosphate (PtdIns(4,5)P_2) [포스파티딜이노시톨-4,5-비스인산]: 세포막의 지질 성분으로서 신호전달 경로에서 2차 전령으로 작용함.

Phosphatidylserine [포스파티딜세린]: 머리 부위가 세린인 글리세로인지질.

Phosphodiester bond [인산디에스테르 결합]: 폴리뉴클레오타이드에서 인접한 뉴클레오타이드 사이의 화학적 연결.

Phosphodiesterase [인산디에스테르분해효소]: 인산디에스테르 결합을 파괴할 수 있는 효소.

Phosphoenolpyruvate carboxylase [포스포에놀피루브산 카르복실화효소]: C4 및 CAM 식물에서 이산화탄소와 포스포에놀피루브산을 옥살로아세트산으로 전환시키는 효소.

Phosphoenolpyruvate carboxykinase [포스포에놀피루브산 카르복시인산화효소]: 글루코오스신생합성 과정에서 옥살로아세트산을 포스포에놀피루브산으로 전환시키는 효소.

Phosphofructokinase [포스포프룩토오스인산화효소]: 당분해 과정의 3단계에서 프룩토오스 6-인산을 프룩토오스 1,6-이인산으로 전환시키는 효소.

Phosphofructokinase 2 [포스포프룩토오스인산화효소 2]: 해당과정에서 프룩토오스 6-인산으로부터 프룩토오스 2,6-이인산을 합성하는 효소로서 이 프룩토오스 2,6-이인산은 당분해 과정에 대한 기질수준 조절에 관여함.

Phosphoglucoisomerase [포스포글루코오스 이성질화효소]: 당분해 과정의 2단계에서 글루코오스 6-인산을 프룩토오스 6-인산으로 전환시키는 효소.

Phosphoglucomutase [포스포글루코오스자리옮김효소]: 갈락토오스-글루코오스 상호전환 경로의 4단계에서 글루코오스 1-인산을 글루코오스 6-인산으로 전환시키고, 또한 당원분해 과정에서 추가로 수크로오스 합성 과정에서 역반응을 수행하는 효소.

Phosphogluconate pathway [포스포글루콘산 경로]: 5탄당인산경로의 또 다른 이름.

Phosphoglycerate kinase [포스포글리세르산 인산화효소]: 당분해 과정의 7단계에서 1,3-비스포스포글리세르산을 3-포스포글리세르산으로 전환시키고, 또한 캘빈회로 2단계에서 역반응을 촉진하는 효소.

Phosphoglycerate mutase [포스포글리세르산 자리옮김효소]: 당분해 경로의 8단계에서 3-포스포글리세르산을 2-포스포글리세르산으로 전환시키는 효소.

Phosphopantetheine [포스포판테테인]: 비타민 B_5에서 유래한 보조단.

Phosphopentose epimerase [포스포펜토오스 위치배열이성질화효소]: 5탄당인산경로의 5단계에서 리불로오스 5-인산을 자일룰로오스 5-인산으로 전환시키는 효소.

Phosphopentose isomerase [포스포펜토오스 이성질화효소]: 5탄당인산 경로의 4단계에서 리불로오스 5-인산을 리보오스 5-인산으로 전환시키는 효소.

Phosphoribosyl pyrophosphate (PRPP) [포스포리보실 피로인산]: 1-탄소에 이인산과 5-탄소에 일인산을 부착한 리보오스로서 방향족 아미노산의 합성의 중간대사물질임.

Phosphorylase kinase [가인산분해효소 인산화효소]: 인산기를 첨가하여 당원 가인산분해효소 *b*를 당원 가인산분해효소 *a*로 전환시키는 당원 가인산분해효소를 활성화시키는 효소.

Photophosphorylation [광인산화]: 빛에 의한 ATP의 합성.

Photoproduct [광산물]: DNA를 자외선 조사로 처리하여 변형된 뉴클레오타이드.

Photoprotection [광보호]: 높은 광도에서 광계가 손상되는 것을 방지하는 과정.

Photoreactivation [광회복]: 사이클로부틸 이합체와 (6–4) 광생성물이 광활성화 효소에 의해 교정되는 DNA 복구 과정.

Photorespiration [광호흡]: 2-포스포글리콜산을 3-포스포글리세르산으로 전환시켜 캘빈회로를 억제하는 2-포스포글리콜산의 축적을 방지하는 일련의 반응.

Photosynthesis [광합성]: 햇빛을 화학에너지로 전환하는 일련의 반응으로 화학에너지가 녹말과 같은 탄수화물에 저장됨.

Photosystem [광계]: 광합성 생물체에서 빛을 수확하는 여러 소단위 단백질 복합체.

Photosystem I [광계 I]: 고등식물의 두 광계 중 하나.

Photosystem II [광계 II]: 고등식물의 두 광계 중 하나.

Phycobilins [피코빌린]: 많은 광합성 세균에서 발견되는 빛을 수확하는 색소군.

Phytochrome [피토크롬]: 포유동물의 담즙 색소와 동등한 식물 색소로서 빛에 대한 식물의 생리적 및 생화학적 반응을 조절함.

pI [pI]: 등전점으로서 분자가 알짜 전하를 갖지 않는 pH.

Pili [선모]: 일부 세균의 표면에 존재하는 미세섬유 구조로서 접합하는 동안 DNA가 통과하는 통로로 추정됨.

pK_a [pK_a]: 화합물의 산 해리상수(K_a)를 대수적으로 측정한 값으로서 용액에서 화합물의 산성 강도를 나타냄. pK_a는 이온화될 수 있는 화학 작용기의 하전 및 비하전 상태와 동일한 수의 분자가 존재하는 pH임.

Plane-polarized light [평면 편광]: 전기장이 단일벡터(평면)를 따라 진동하는 빛을 말함.

Plasma membrane [원형질막]: 원핵세포 또는 진핵세포를 둘러싸는 막.

Plasmid [플라스미드]: 일반적으로 세균과 다른 종류의 세포에서 주로 발견되는 숙주 염색체와 독립된 원형의 DNA 조각.

Plastocyanin (PC) [플라스토시아닌]: 구리함유 단백질로서 광합성 전자전달사슬의 구성 성분.

Plastoquinone (PQ) [플라스토퀴논]: 광합성 전자전달사슬의 구성 성분인 변형된 벤젠고리를 포함하는 지용성 화합물.

Polarity [극성]: 전자가 화학 작용기 주위에 골고루 분포되어 있지 않은 경우에 발생하는 상황.

Poly(A) polymerase [폴리(A) 중합효소]: 폴리(A) 꼬리를 진핵세포 mRNA의 3′-끝에 부착시키는 효소.

Poly(A) tail [폴리(A) 꼬리]: 진핵생물 mRNA의 3′-끝에 부착된 일련의 A 뉴클레오타이드.

Polyacrylamide [폴리아크릴아마이드]: *N*,*N*′-메틸렌비스아크릴아미드 단위로 교차결합된 아크릴아미드 단일체로 이루어진 겔.

Polyadenylate-binding protein (PADP) [폴리아데닐산 결합 단백질]: 진핵생물 mRNA의 폴리아데닐화 과정에서 다중(A) 중합효소를 돕고 합성 후 꼬리를 유지하는 역할을 하는 단백질.

Polyclonal antibody [다클론항체]: 여러 항원결정 부위를 인식하는 면역글로불린의 혼합물.

Polymer [중합체]: 동일하거나 매우 유사한 화학 단위의 사슬로 구성된 화합물.

Polymerase chain reaction (PCR) [중합효소 연쇄반응]: 표적 DNA 서열을 중합효소로 증폭하여 DNA 분자의 여러 사본을 생성하는 기법.

Polynucleotide [폴리뉴클레오타이드]: 단일가닥 DNA 또는 RNA 분자.

Polynucleotide phosphorylase (PNPase) [폴리뉴클레오타이드 가인산분해효소]: 분해소체의 구성 성분.

Polypeptide [폴리펩타이드]: 아미노산으로 이루어진 중합체.

Polyprotein [다단백질]: 성숙 단백질을 방출하기 위해 단백질분해 절단에 의해 처리되는 일련의 연결 단백질로 구성된 번역물.

Polypyrimidine tract [폴리피리미딘 지역]: GU-AG 인트론의 3′-말단 근처에 있는 피리미딘이 풍부한 부위.

Polyribosome [폴리리보솜]: 동시에 하나 이상의 리보솜에 의해 번역되는 mRNA 분자.

Polysaccharide [다당(류)]: 단당(류)로 이루어진 중합체.

Polysome [폴리솜]: 동시에 하나 이상의 리보솜에 의해 번역되는 mRNA 분자(= polyribosome).

Pore complex [핵공 복합체]: 핵막을 횡단하는 작은 통로.

Porin [포린]: 막관통 통로를 형성하는 통 모양의 구조를 가진 막관통 단백질.

Porphobilinogen deaminase [포르포빌리노겐 탈아미노효소]: 테트라피롤 합성에서 4개의 포르포빌리노겐 분자를 유로포르피리노겐으로 전환시키는 효소.

Porphyrin [포르피린]: 헴(heme)과 엽록소를 포함하는 화합물.

Positive allosteric control [양성 알로스테릭 조절]: 작동인자 분자의 결합에 의한 효소 활성의 자극.

Post-replicative repair [복제후 수선]: 복제 과정의 이상으로 발생하는 딸 DNA 분자의 파손에 대한 수선 과정.

Post-spliceosome complex [후기 이어맞추기소체 복합체]: mRNA 이어맞추기 반응의 초기 생성물.

Post-translational processing [번역후 과정]: mRNA의 번역에 의해 단백질이 합성된 후에 일어나는 단백질의 물리적 또는 화학적 변형.

Pre-initiation complex [개시전 복합체]: 리보솜의 작은 소단위를 포함하는 구조로서 개시 tRNA와 단백질 합성에서 mRNA와 초기 결합을 형성하는 부수적인 인자를 합친 구조.

Pre-mRNA [mRNA 전구체]: 진핵생물 mRNA에서 이어맞추기가 일어나기 전의 구조.

Pre-rRNA [rRNA 전구체]: rRNA 분자를 지정하고 있는 유전자 또는 유전자군의 1차 전사체.

Pre-tRNA [tRNA 전구체]: tRNA 분자를 지정하고는 유전자 또는 유전자군의 1차 전사체.

Precipitin reaction [침전 반응]: 용액에서 시행되는 면역분석법.

Pregnenolone [프레그네놀론]: 스테로이드 호르몬 합성을 위한 전구체.

Prepriming complex [프라이머 전구 복합체]: 세균에서 복제가 시작될 때 형성된 단백질의 복합체.

Previtamin D_3 [전구비타민 D_3]: 비타민 D 합성의 중간대사산물.

Primary antibody [1차 항체]: 간접 ELISA법에서 항원을 검출할 때 사용되는 항체.

Primary producers [1차 생산자]: 무기 화합물을 에너지함유 유기 화합물로 전환할 때 빛 또는 화학 에너지를 사용할 수 있는 생명체.

Primary structure [1차구조]: 폴리펩타이드의 아미노산 서열.

Primary transcript [1차 전사체]: 유전자 또는 유전자군의 전사의 초기 생성물로서 그 다음에 완성 전사물을 생성하기 위해 다듬어짐.

Primase [프리마아제]: 세균의 DNA가 복제될 때 RNA 프라이머를 합성하는 RNA 중합효소.

Primer [프라이머, 시동체]: 긴 중합체의 합성을 개시하는 짧은 길이의 연결된 단일체로서 이것은 DNA와 일부 다당의 합성에 중요함.

Primosome [프리모솜]: 유전체 복제에 관여하는 단백질 복합체.

Prion [프리온]: 순전히 단백질로 구성된 특이한 감염성 병원체.

Processivity [진행도]: 주형으로부터 해리되기 전에 DNA 중합효소에 의해 수행되는 DNA 합성의 양을 말함.

Product [생성물]: 화학 반응에 의해 생성된 화합물.

Progesterone [프로게스테론]: 임신, 생리, 배아발생 등의 조절에 관여하는 스테로이드 호르몬.

Progestogens [프로게스토겐]: 스테로이드 호르몬의 한 부류.

Programmed frameshifting [예정된 틀이동]: 유전자 내에서 하나의 해독틀에서 다른 해독틀로 위치를 이동하는 리보솜의 제어된 움직임.

Prohormone convertases [프로호르몬 전환효소]: 프로호르몬을 활성형 호르몬으로 전환시키기 위해 프로호르몬을 분해하는 펩타이드내부가수분해효소.

Prokaryote [원핵생물]: 세포에 뚜렷한 핵이 없는 생명체.

Proline-rich domain [프롤린 풍부 도메인]: 활성화 영역의 한 종류.

Promoter [프로모터]: 유전자의 상류에 있는 뉴클레오타이드 서열로서 RNA 중합효소 결합에 대한 신호로 작용함.

Proofreading [교정]: 효소가 잘못 혼입된 뉴클레오타이드를 대체하는 일부 DNA 중합효소에 의해 진행되는 3′→5′ 핵산말단분해효소 활성.

Propionyl CoA carboxylase [프로피오닐 CoA 카르복실화효소]: 홀수탄소 지방산이 분해될 때 프로피오닐 CoA를 메틸말로닐 CoA로 전환시키는 효소.

Prostaglandin [프로스타글란딘]: 아이코사노이드의 한 종류.

Prosthetic group [보결 분자단]: 효소와 영구적 또는 반영구적 결합을 이루는 유기 또는 무기 보조인자.

Proteasome [단백질분해효소복합체]: 다른 단백질의 분해에 관여하는 다중소단위 단백질 구조.

Protein [단백질]: 하나 이상의 폴리펩타이드를 포함하는 생체분자.

Protein engineering [단백질 공학]: 단백질 분자를 의도한 대로 변형시키는 다양한 기법으로서 종종 산업 공정에 사용되는 효소의 특성을 향상시킴.

Protein kinase A [단백질 인산화효소 A]: 일련의 표적 효소의 인산화에 의한 세포내 cAMP 농도의 증가에 반응하는 효소군.

Protein phosphatase [단백질 인산가수분해효소]: 예로서 글리코겐 대사를 조절하는 글리코겐 가인산분해효소와 글리코겐 합성효소와 같은 다른 단백질의 인산기를 제거하는 효소.

Protein phosphatase 2A [단백질 인산가수분해효소 2A]: 지방산 합성을 조절하는 아세틸 CoA 카르복실화효소를 탈인산화함으로써 활성화시키는 효소.

Protein profiling [단백질 프로파일링]: 단백질체에서 단백질을 확인할 때 사용하는 방법론.

Protein targeting [단백질 표적화]: 세포 내에서 단백질이 조립된 위치에서 기능을 수행하는 표적지로 이동하는 과정.

Protein-coding gene [단백질-암호화 유전자]: mRNA로 전사되는 유전자.

Proteome [단백질체]: 살아 있는 세포에서 합성된 단백질 모음.

Proteomics [단백질체학]: 단백질체를 연구할 때 사용되는 기술 모음.

Protomer [프로토머]: 바이러스의 단백질 껍질을 만들기 위해 결합하는 폴리펩타이드 소단위 중의 하나.

Pseudomurein [슈도뮤레인]: 고세균의 세포벽에서 발견되는 변형된 다당.

Pulse labeling [파동 표지]: 실험이 진행되는 동안 정해진 기간에 표지화를 수행하는 짧은 기간.

Punctuation codon [구두점 코돈]: 유전자의 시작 또는 끝을 지정하는 코돈.

Purine [퓨린]: 뉴클레오타이드에서 발견되는 질소 염기의 두 가지 유형 중 하나.

Purple bacteria [자색 세균]: 광합성 세균군.

Pyridoxal phosphate [피리독살인산]: 비타민 B_6 유도체로서 아미노기전달효소의 보조인자.

Pyrimidine [피리미딘]: 뉴클레오타이드에서 발견되는 질소 염기의 두 가지 유형 중 하나.

Pyrosequencing [피로염기서열결정법]: 길어지는 폴리뉴클레오타이드 끝에 뉴클레오타이드를 첨가하여 방출된 피로인산염을 화학발광으로 전환시켜 직접 검출하는 DNA 염기서열분석법.

Pyruvate [피루브산]: 당분해 과정의 산물인 삼탄당.

Pyruvate carboxylase [피루브산 카르복실화효소]: 글루코오스신생합성 과정과 아세틸 CoA가 미토콘드리아에서 세포질로 이동할 때 피루브산을 옥살로아세트산으로 전환시키는 효소.

Pyruvate decarboxylase [피루브산 탈카르복실화효소]: 알코올 발효 1단계에서 피루브산염을 아세트알데하이드로 전환시키는 효소.

Pyruvate dehydrogenase [피루브산 탈수소효소]: 피루브산염을 아세트산염으로 전환시키는 효소로서 이때 이산화탄소가 방출되며, 이 효소는 피루브산 탈수소효소 복합체의 일부임.

Pyruvate dehydrogenase complex [피루브산 탈수소효소 복합체]: 피루브산을 아세틸 CoA로 전환시키는 세 가지 효소의 복합체.

Pyruvate dehydrogenase kinase [피루브산 탈수소효소 인산화효소]: 피루브산 탈수소효소 복합체를 인산화시켜 불활성화시키는 효소.

Pyruvate dehydrogenase phosphatase [피루브산 탈수소효소 인산가수분해효소]: 피루브산 탈수소효소 복합체를 탈인산화시켜 활성화시키는 효소.

Pyruvate kinase [피루브산 인산화효소]: 해당과정 경로의 10단계에서 포스포에놀피루브산을 피루브산으로 전환시키는 효소.

Pyruvate-P_i dikinase [피루브산-P_i 이중인산화효소]: C4 식물의 엽육세포에서 피루브산을 포스포에놀피루브산으로 전환시키는 효소.

Quadrupole mass spectrometer [사중극 질량 분석계]: 질량 분석기가 이온이 통과해야 하는 중심 채널을 둘러싼 채 서로 평행하게 놓인 4개의 자기봉을 갖고 있는 질량 분광계.

Quantitative PCR (qPCR) [정량적 PCR]: 알려진 양의 개시 DNA를 PCR했을 때 합성된 양과 비교하여 시료를 PCR했을 때 합성된 생성물의 양을 정량화하는 방법.

Quaternary structure [4차구조]: 다중소단위 폴리펩타이드를 형성하는 여러 폴리펩타이드 사이의 연관성.

Quorum sensing [정족수 감지]: 박테리아가 서로 통신하는 과정.

R group [R기]: 아미노산 구조의 가변적인 작용기.

Ramachandran plot [라마찬드란 도면]: 폴리펩타이드 내에서 일어날 수 있는 *psi*와 *phi* 결합 각도에 대한 가능한 조합을 나타내는 도표.

Rate constant [속도 상수]: 효소-촉매 반응에서 각각의 개별 단계와 관련된 속도의 상수.

Reaction center [반응중심]: 햇빛의 에너지가 전달되는 광계의 중심 구성요소.

Reactive oxygen species [활성산소종]: 세포막을 손상시키고 효소를 불활성화시킴으로써 세포 기능을 손상시킬 수 있는 산화제.

Real-time PCR [실시간 PCR]: PCR이 일련의 주기를 거치면서 합성되는 생성물의 양을 알 수 있는 표준 PCR 기술의 변형.

Receptor protein [수용체 단백질]: 외부 신호에 반응하여 세포 내에서 생화학적 변화를 일으키는 세포막에 위치한 단백질.

Receptor tyrosine kinase [수용체 티로신 인산화효소]: 세포 밖의 신호에 반응하여 다른 단백질의 하나 이상의 티로신 아미노산들을 인산화시키는 막단백질로서 다른 단백질은 수용체의 두 번째 사본일 수도 있음.

Recognition helix [인식 나선]: DNA 결합 단백질의 α-나선으로서 표적 뉴클레오타이드 서열을 인식함.

Recombinant DNA technology [재조합 DNA 기술]: 재조합 DNA 분자의 제작, 연구, 사용 등에 관련된 기술.

Recombinant plasmid [재조합 플라스미드]: 유전공학 기술에 의해 새로운 DNA 조각이 삽입된 플라스미드.

Recombinant protein [재조합 단백질]: 복제된 유전자가 발현되어 재조합 세포에서 합성된 단백질.

Recombination [재조합]: DNA 분자의 대규모 재배치.

Redox potential [산화-환원 전위]: 전자에 대한 화합물의 친화도를 측정한 값.

Redox reaction [산화-환원 반응]: 산화와 환원이 연결된 반응으로 첫 번째 화합물의 산소 손실과 두 번째 화합물의 산소의 증가가 일어남.

Reducing sugar [환원당]: 직선 형태의 당에서 말단 알데하이드가 존재하여 환원 활성을 갖는 당.

Reflectron [반사이온거울]: 일부 형태의 질량 분광계에 사용되는 이온거울. 또한 이온 거울이 들어 있는 질량 분광계를 지칭하기도 함.

Regulatory protein [조절 단백질]: 대사경로를 통한 대사산물의 흐름을 포함하여 하나 이상의 세포 활성을 조절하는 단백질.

Release factor [방출 인자]: 번역 종료시 부수적인 역할을 하는 단백질.

Replication fork [복제 포크]: DNA 복제가 일어날 수 있도록 열려 있는 두 가닥 DNA 분자의 구역.

Replisome [리플리솜]: 유전체 복제에 관련된 단백질의 복합체.

Reporter enzyme [리포터 효소]: 활성이 쉽게 측정될 수 있는 효소(예를 들어, 항체와 연결되어 면역분석에 사용될 수 있는 효소).

Reporter probe [리포터 탐침자]: 표적 DNA와 혼성화될 때 형광 신호를 주는 짧은 길이의 올리고뉴클레오타이드.

Repressible operon [억제 오페론]: 보조억제자 분자와 함께 작용하는 억제자에 의해 스위치가 꺼지는 오페론.

Resonance [공명]: 분자 내의 인접한 원자들 사이의 전자 재분배.

Resonance energy transfer [공명 에너지 전달]: 하나의 엽록소 분자에서 다른 엽록소 분자로 에너지 양자가 이동하고, 받개 엽록소가 흥분되고 주개 엽록소가 바닥 상태로 돌아오는 광계에서 일어나는 에너지 전달.

Resonance frequency [공명 주파수]: 핵의 α와 β 스핀 상태 사이의 에너지 차이.

Respirasome [레스피라솜]: 중간 운반체 분자를 포함하고 있는 전자전달사슬의 복합체 I, II, IV의 집합체로서 미토콘드리아 내막에 존재함.

Respiration [호흡]: 미토콘드리아에서 일어나는 생화학 반응으로서 산소를 사용하고 이산화탄소를 생성함.

Respiratory control [호흡 조절]: ADP 이용도에 의한 전자전달사슬의 조절.

Restriction endonuclease [제한 핵산내부가수분해효소]: 한정된 수를 가진 특정 뉴클레오타이드 서열에서만 DNA 분자를 절단하는 핵산내부가수분해효소.

Retention signal [체류 신호]: 단백질을 세포질그물로 향하게 하는 분류 서열.

Retrovirus [레트로바이러스]: RNA 유전체를 지닌 바이러스로서 이것의 DNA 복사본은 숙주세포의 유전체에 통합됨.

Reverse phase chromatography [역상 크로마토그래피]: 화합물의 표면 소수성에 따라 화합물을 분리하는 비극성 구슬을 사용하는 관 크로마토그래피의 한 유형.

Reverse reaction [역반응]: 가역 반응의 방향 중 하나.

Reverse transcriptase [역전사효소]: RNA 의존 DNA 중합효소로서 단일가닥 RNA의 주형에 상보적인 DNA 분자를 합성할 수 있음.

Reversible inhibitor [가역적 억제제]: 효소의 활성에 비영구적인 효과를 나타내는 억제제.

Rhizobia [뿌리혹세균]: 질소고정 세균군의 하나.

Rho [Rho]: 일부 세균 유전자의 전사 종결에 관여하는 단백질.

Rho-dependent terminator [Rho 의존 종결자]: 세균 DNA에서 Rho의 관여로 전사의 종결이 일어나는 위치.

Riboflavin [리보플라빈]: 비타민 B_2로서 보조인자 FAD와 FMN의 전구체.

Ribonuclease A [리보핵산가수분해효소 A]: 내부 인산디에스테르 결합 중 하나를 절단하여 중합체 RNA 분자를 2개의 더 짧은 분자로 전환시키는 촉매작용을 하는 효소.

Ribonuclease P [리보핵산가수분해효소 P]: 촉매 활성을 가진 리보자임인 tRNA 전구체 다듬기에 관여하는 효소.

Ribonucleic acid [리보핵산]: 살아 있는 세포의 두 가지 핵산 형태 중의 하나로서 일부 바이러스에서는 유전물질임.

Ribonucleotide reductase [리보뉴클레오타이드 환원효소]: 뉴클레오타이드 합성을 위한 회수경로에서 리보뉴클레오타이드를 데옥시리보뉴클레오타이드로 전환시키는 효소.

Ribosomal or rRNA [리보솜 RNA, rRNA]: 리보솜의 구성요소인 RNA 분자.

Ribosomal protein [리보솜 단백질]: 리보솜의 단백질 성분 중 하나.

Ribosome [리보솜]: 번역이 일어나는 단백질-RNA 복합체 중 하나.

Ribosome binding site [리보솜 결합자리]: 세균의 번역 개시에서 리보솜의 작은 소단위가 부착하는 자리로 작용하는 뉴클레오타이드 서열.

Ribosome recycling factor (RRF) [리보솜 재생인자]: 세균에서 단백질 합성의 끝 단계에서 리보소체의 해체를 담당하는 단백질.

Ribozyme [리보자임]: 촉매 활성을 갖고 있는 RNA 분자.

Ribulose 5-phosphate kinase [리불로오스 5-인산 인산화효소]: 캘빈회로의 5단계에서 리불로오스 5-인산을 리불로오스 1,5-이인산으로 전환시키는 효소.

Ribulose bisphosphate carboxylase or Rubisco [리불로오스 이인산 카르복실화효소, Rubisco]: 광합성의 암반응에서 한 분자의 이산화탄소와 한 분자의 리불로오스 1,5-이인산을 결합시켜 두 분자의 3-포스포글리세르산을 생성하는 효소.

Rickets [구루병]: 뼈의 연화 또는 약화를 특징으로 하는 어린이의 비타민 D 결핍증.

RNA [RNA]: 리보핵산으로서 살아 있는 세포에서 두 가지 형태의 핵산 중 하나이며 일부 바이러스에서는 유전물질임.

RNA enzyme [RNA 효소]: 촉매 활성을 갖고 있는 RNA 분자.

RNA helicase B [RNA 나선효소 B]: 분해소체의 성분.

RNA polymerase [RNA 중합효소]: RNA를 합성하는 효소.

RNA polymerase II [RNA 중합효소 II]: 단백질 암호화 유전자, 대부분의 snRNA 유전자, miRNA 유전자들을 전사하는 진핵생물 RNA 중합효소.

RNA world [RNA 세계]: 모든 생물학적 반응이 RNA를 중심으로 하는 초기의 진화 시기.

RNA-dependent DNA polymerase [RNA-의존성 DNA 중합효소]: RNA 주형의 DNA 사본을 만드는 효소로서 역전사 효소 중의 하나.

RNA-induced silencing complex (RISC) [RNA 유도 침묵복합체]: 표적 mRNA를 절단하여 불활성화시키는 진핵생물의 단백질-RNA 구조.

RNase E [RNase E]: 분해소체의 성분.

Rolling circle replication [회전 원 복제]: 원형의 주형 분자에서 떨어져 나오는 폴리뉴클레오타이드를 계속적으로 합성하는 복제 과정.

Root nodule [뿌리혹]: 질소고정이 이루어지는 구조.

Rough endoplasmic reticulum [조면소포체]: 바깥 면에 리보솜을 가진 세포질그물.

Rubisco activase [루비스코 활성화효소]: 빛 강도에 반응하여 리불로오스 이인산 카르복실화효소 활성의 조절에 관여하는 효소.

***S*-adenosyl methionine (SAM)** [*S*-아데노실메티오닌]: 여러 가지 생화학 반응에서 메틸기 주개 역할을 하는 보조인자.

Salt gradient [염 기울기]: 이온교환 크로마토그래피에서 알짜 전하에 따라 화합물을 용출할 때 사용되는 점차적으로 증가하는 염의 농도.

Salvage pathway [회수 경로]: 분해되는 뉴클레오타이드에서 방출된 퓨린 및 피리미딘을 재사용하여 새로운 뉴클레오타이드를 합성하는 경로.

Saponification [비누화]: 트리아실글리세롤을 알칼리로 가열하여 비누를 만드는 과정.

Sarcoplasmic reticulum [근소포체]: 신경자극에 반응하여 Ca^{2+} 이온을 방출하는 근육 세포의 특수한 활면 소포체.

Satellite RNA [위성 RNA]: 길이가 약 320–400 뉴클레오타이드인 감염성 RNA 분자로서 자신의 캡시드 단백질을 부호화하고 있지 않으며, 그 대신 도움 바이러스의 캡시드 내에서 세포에서 세포로 이동함.

Saturated fatty acid [포화지방산]: C=C 이중결합이 없는 지방산.

Scanning [스캐닝]: 진핵세포 번역의 개시에 사용되는 체계로서 개시전 복합체가 mRNA의 5′-말단의 모자 구조에 부착한 다음 개시 코돈에 도달할 때까지 이 분자를 따라가면서 서열을 인식함.

SDS-polyacrylamide gel electrophoresis (SDS-PAGE) [SDS-폴리아크릴아미드 겔 전기영동]: 분자량에 따라 폴리펩타이드를 분리할 때 사용되는 황산도데실소듐(SDS)이 들어 있는 폴리아크릴아미드 겔에서 시행하는 전기영동.

Second messenger [2차전달자]: 특정한 형태의 신호전달 경로에 존재하는 매개체.

Secondary antibody [2차 항체]: 1차 항체를 인식하고 간접 ELISA법에서 리포터 효소에 접합하는 항체.

Secondary structure [2차 구조]: 폴리펩타이드 내의 다른 부분에서 만들어질 수 있는 나선, 병풍, 굽이 등을 포함하는 일련의 입체구조.

Sedimentation coefficient [침강 계수]: 진한 용액에서 원심분리를 할 때 분자 또는 구조물의 이동 속도를 표현하는 데 사용되는 값.

Selectable marker [선택 표지]: 벡터에 의해 운반되고, 벡터 또는 벡터에서 유래된 재조합 DNA 분자를 함유하는 세포에 인식할 수 있는 특성을 부여하는 유전자.

Selective barrier [선택적 장벽]: 모든 분자를 통과시키지 않지만 일부 분자를 통과시킬 수 있는 장벽으로서 생체막이 그 예가 됨.

Self-splicing [자가 이어맞추기]: 어떤 단백질도 없는 상태에서 그룹 I 인트론이 이어맞추기를 할 수 있는 능력을 말하며, 이것은 인트론의 RNA가 촉매 활성을 갖고 있다는 것을 나타냄.

Semi-synthetic antibiotic [부분합성 항생제]: 천연 항생제를 화학적으로 변형시켜 만든 항생제.

Sequence [서열]: 중합체를 구성하는 단위체들의 배열순서(예: 폴리펩타이드의 아미노산의 배열순서).

Sequence-specific DNA-binding protein [서열특이 DNA 결합 단백질]: DNA 분자의 특정 서열을 인식하고 결합하는 단백질로서 종종 인접 유전자의 전사 속도에 영향을 줌.

Sequential model [순차모델]: 효소 소단위 중 하나에 기질 분자가 결합함으로써 인접 소단위가 새로운 입체형태로 전환되는 협동적 기질결합 모형.

Seven-transmembrane-helix or 7TM protein [7-막관통 나선, 7TM 단백질]: 통 모양의 구조를 형성하는 일곱 개의 α-나선을 가진 막관통 단백질의 한 종류(예: 글루카곤 수용체 단백질).

Shine-Dalgarno sequence [샤인-달가르노 서열]: 대장균 유전자의 상류에 있는 리보솜 결합자리.

Short patch repair [짧은 패치 수선]: 대장균의 뉴클레오타이드 절제 수선 과정으로서 DNA에서 약 12개 뉴클레오타이드의 절제 및 재합성이 일어남.

Signal peptidase [신호 펩타이드분해효소]: 단백질에서 신호 펩타이드를 제거하는 효소.

Signal peptide or signal sequence [신호 펩타이드, 신호서열]: 소포체 막을 통과하도록 단백질의 방향을 유도하는 5–30개의 아미노산 분류 서열.

Signal recognition particle (SRP) [신호인식 입자]: 소포체 속으로 단백질이 이동하는 것을 돕는 RNA-단백질 복합체.

Signal transducers and activators of transcription (STAT) [전사 신호 변환인자 및 활성인자]: 전사인자를 활성화시켜 세포표면 수용체에 세포 밖의 신호전달 화합물을 결합시키는 역할을 하는 단백질.

Signal transduction [신호 전달]: 외부 신호에 반응하는 세포표면 수용체를 통해 일어나는 세포 활성의 제어.

Simple triacylglycerol [단순 트리아실글리세롤]: 세 개의 지방산 사슬이 동일한 트리아실글리세롤.

Single bond [단일결합]: 한 쌍의 전자를 공유하는 두 개의 원자에 의해 이루어지는 공유결합.

Single molecule real-time sequencing [단일 분자 실시간 염기서열결정법]: 향상된 광학체계를 사용하여 길어지는 폴리뉴클레오타이드에 각각의 뉴클레오타이드가 첨가되는 것을 관찰하는 3세대 DNA 염기서열분석 방법.

Single strand binding protein (SSB) [단일가닥 결합 단백질]: 복제기점 부위에서 단일가닥 DNA에 붙어 있는 단백질로서 복제되기 전에 두 가닥 사이에 염기쌍이 형성되는 것을 방지함.

Singlet oxygen [단일상태산소]: O*로 표시되는 산소의 들뜬 상태로서 과산화수소와 같은 반응성 산소종을 발생시킬 수 있음.

Siroheme [시로헴]: 질소와 황을 함유하는 화합물의 환원에 작용하는 몇 가지 효소가 보조인자로 사용하는 변형 헴.

Small interfering RNA (siRNA) [작은 간섭 RNA]: 유전자 발현 제어에 관여하는 짧은 길이의 진핵생물 RNA 분자.

Small nuclear ribonucleoprotein (snRNP) [작은 핵 리보뉴클레오단백질]: 단백질과 복합체를 이루는 하나 이상의 snRNA 분자를 포함하는, GU-AG 및 AU-AC 인트론의 이어맞추기와 다른 RNA 다듬기 과정에 관련된 구조.

Small nuclear RNA (snRNA) [작은 핵 RNA]: GU-AG 및 AU-AC 인트론의 이어맞추기와 다른 RNA 다듬기 과정에 관련된 짧은 진핵생물 RNA 분자의 일종.

Small nucleolar RNA (snoRNA) [작은 핵소체 RNA]: rRNA의 화학적 변형에 관련된 짧은 진핵생물 RNA 분자의 일종.

Smooth endoplasmic reticulum [활면소포체]: 바깥 표면에 리보솜이 붙어 있지 않은 소포체.

Sorting sequence [분류서열]: 단백질이 따라가야만 하는 수송경로를 지정하는 아미노산 서열.

Sorting vesicle [분류 소낭]: 단백질의 리소솜 표적화에 관여하는 소포.

Sphingolipid [스핑고지질]: 스핑고신을 기본으로 하는 양친매성 지질.

Sphingosine [스핑고신]: 내부 하이드록실기를 갖고 있는 긴 사슬 탄화수소 유도체.

Spirilla [나선균]: 나선 모양의 세포를 가진 원핵생물.

Spliceosome [이어맞추기소체]: GU-AG 또는 AU-AC 인트론의 이어맞추기에 관여하는 단백질-RNA 복합체.

Splicing [이어맞추기, 스플라이싱]: 불연속 유전자의 1차 전사체에서 인트론을 제거하는 과정.

Splicing pathway [이어맞추기 경로]: 불연속적인 pre-mRNA를 기능성 mRNA로 전환시키는 일련의 과정.

Squalene epoxide [스쿠알렌 에폭사이드]: 스테롤 화합물 합성의 중간대사산물.

SRP receptor [SRP 수용체]: 소포체의 표면에 위치한 단백질로서 단백질을 소포체 속으로 전달하는 것을 도와줌.

Standard free energy change ($\Delta G^{0\prime}$) [표준 자유에너지 변화]: 각 반응물이 같은 몰량으로 존재하는 pH 7.0에서 표준상태에서 일어나는 반응에 대한 ΔG의 측정값.

Standard redox potential ($E_0{}'$) [표준 산화-환원 전위]: 표준상태에서 화합물의 산화환원 전위를 볼트로 표시한 측정값.

Starch [녹말]: 식물에서 발견되며, 전체가 D-글루코오스 단위로 만들어진 저장형 동질다당류.

Starch branching enzyme [녹말 분지효소]: 녹말의 아밀로펙틴 성분의 가지 구조에서 α(1→6) 연결을 만드는 효소.

Starch synthase [녹말 합성효소]: 길어지는 녹말 분자의 끝에 ADP-글루코오스 분자를 첨가하는 효소.

Stationary phase [고정상]: 크로마토그래피 분석 체계에서 움직이지 않는 상태로서 일반적으로 고체 매질 또는 고체 매질에 흡착된 액체를 말함.

Steady state [안정 상태]: 효소-기질 복합체의 합성 속도가 분리 속도와 같을 때 일어나는 상태.

Stem cell [줄기세포]: 생명체의 일생 동안 지속적으로 분열하고 하나 이상의 특수세포 형태로 분화할 수 있는 전구 세포.

Stem-loop [줄기-고리]: 염기쌍 줄기와 비염기쌍 고리로 구성된 머리핀 구조로서 폴리뉴클레오타이드에서 형성될 수 있음.

Stereomer [입체이성질체]: 원자가 동일한 순서로 함께 연결되어 있는 이성질체로서 키랄 탄소와 같은 하나 이상의 비대칭 중심 주위의 원자 배열이 다름.

Steric effect [입체효과]: 두 원자가 서로 너무 가까워지는 것을 막아 모든 분자가 취할 수 있는 가능한 형태를 제한하는 효과.

Steroid [스테로이드]: C_3 탄소에 부착된 하이드록실기가 다른 화학 작용기로 대체된 스테롤 유도체.

Steroid hormone [스테로이드 호르몬]: 호르몬 작용을 갖는 스테로이드.

Steroid receptor [스테로이드 수용체]: 세포 속으로 들어온 스테로이드 호르몬에 결합하는 단백질로서 유전체 활성 조절의 중간 단계임.

Sterol [스테롤]: 스쿠알렌의 고리화에 의해 형성된 지질.

Sticky end [점착성 말단]: 두 가닥 중 한 가닥이 길어져 있는 두 가닥 DNA 분자의 끝 부분.

Stigmasterol [스티그마스테롤]: 식물 스테롤.

Stoichiometry [화학양론]: 화학 반응에서 각 생성물의 분자 수와 비교할 때 사용되는 각 반응물의 분자 수.

Stop-transfer sequence [이동 종결 서열]: I형 막단백질에 의해 만들어지는 분류 서열.

Stored starch synthesis [저장 녹말 합성]: 녹말체에서 일어나는 장수 녹말 저장체의 합성.

Strand displacement replication [가닥 교체 복제]: 나선의 한 가닥을 연속적으로 복제하는 복제 형태로서 첫 번째 딸 가닥이 합성된 후 변위되고 이어서 복사되는 두 번째 가닥이 완료됨.

Stroma [스트로마]: 엽록체 속의 내부 영역.

Strong promoter [강력 프로모터]: 비교적 빠른 속도로 RNA 전사체의 합성을 유도할 수 있는 효율적인 프로모터.

Substrate [기질]: 화학반응 중에 소비되는 화합물.

Substrate-level phosphorylation [기질수준 인산화]: 인산화된 중간대사물질의 인산염을 사용하여 ADP를 ATP로 (또는 GDP를 GTP로) 전환시키는 반응으로서 중간대사물질은 이 반응에서 기질 중 하나임.

Subviral particle [소바이러스 입자]: 단백질 또는 핵산으로 구성된 몇 가지 유형의 감염성 입자로서 바이러스로 분류하기에는 불충분한 복합체로 간주됨.

Succinate dehydrogenase [숙신산 탈수소효소]: TCA 회로의 6단계에서 숙신산을 푸마르산으로 전환시키는 효소.

Succinate-CoQ reductase complex [숙신산-CoQ 환원효소 복합체]: 전자전달사슬의 복합체 II.

Succinyl CoA synthetase [숙시닐 CoA 합성효소]: 숙시닐 CoA를 TCA 회로의 5단계에서 숙신산으로 전환시키는 효소.

Sucrose phosphate phosphatase [수크로오스인산 인산가수분해효소]: 설탕 합성에서 수크로오스 6-인산을 수크로오스로 전환시키는 효소.

Sucrose phosphate synthase [수크로오스인산 합성효소]: 수크로오스 합성에서 프룩토오스 6-인산을 수크로오스 6-인산으로 전환시키는 효소.

Sugar [당]: 단당 또는 그 밖의 짧은 사슬 탄수화물.

Sugar pucker [당 주름]: 당 고리 구조의 또 다른 입체형태.

Supercoiled DNA or supercoiling [초나선 DNA, 초나선]: 이중나선이 과도하게 감기거나 덜 감겨져 과도나선 꼬임이 일어나는 입체형태 상태.

Superhelix [초나선]: 나선형 고분자에 의해 형성된 나선 구조.

Superwobble [초요동]: 척추동물의 미토콘드리아에서 일어나는 극한 형태의 흔들림.

Symporter [공동수송체]: 농도 기울기에 따른 이동에 역행하는 분자 또는 이온의 동반 수송을 담당하는 활성형 수송단백질로서 같은 방향으로 두 번째 이온을 기울기 아래로 이동시킴.

Synapse [시냅스, 연접]: 인접한 두 개의 신경세포 사이의 접합 부위에 있는 공간.

Tandem mass spectrometry [직렬질량분석법]: 두 개 이상의 질량분석기를 직렬로 연결하여 사용하는 질량분석법.

Taq polymerase [Taq 중합효소]: PCR에 사용되는 열안정 DNA 중합효소.

TATA box [TATA 상자]: RNA 중합효소 II 핵심 촉진자의 구성요소.

TATA-binding protein or TBP [TATA 결합 단백질, TBP]: RNA 중합효소 II 프로모터의 TATA 상자를 인식하는 전사인자 TFIID의 구성요소.

Taurocholate [타우로콜레이트]: 담즙산의 한 종류로서 음식의 지방을 유화시키는 데 도움을 주는 콜산의 유도체.

Tautomerism [토토머리즘, 상호변이성]: 한 구조 이성질체에서 다른 구조 이성질체로 자발적으로 변화하는 분자의 성질.

TBP-associated factor or TAF [TBP 연관인자, TAF]: 전사인자 TFIID의 여러 요소 중 하나로서 TATA 상자를 인식할 때 부수적인 역할을 함.

Telomerase [말단소체복원효소]: 말단소체 반복서열을 합성하여 진핵생물 염색체의 끝부분을 유지시키는 효소.

Temperature optimum [최적 온도]: 화학반응에 최적인 온도.

Template-dependent DNA synthesis [주형-의존적 DNA 합성]: 주형의 서열에 따라 DNA를 합성하는 효소.

Terminal deoxynucleotidyl transferase [말단 디옥시뉴클레오타이드전달효소]: DNA 분자의 3′ 끝에 하나 이상의 뉴클레오타이드를 추가시키는 효소.

Termination codon [종결 코돈]: mRNA의 번역이 중단되어야 하는 위치를 표시하는 3개의 코돈 중 하나.

Terminator sequence [종결자 서열]: DNA 복제의 종결과 관련된, 세균 유전체에 존재하는 여러 서열 중 하나.

Terminator-dye nucleotide [종결자-염료 뉴클레오타이드]: 3′-차단기를 갖는 형광표지 뉴클레오타이드로서 길어지는 폴리뉴클레오타이드에 혼입될 때 더 이상의 사슬연장을 방지함.

Terpene [테르펜]: 이소프렌으로 불리는 작은 탄화수소를 기본으로 하는 지질 화합물의 다양한 무리.

Tertiary structure [3차구조]: 단백질의 전반적인 3차원 구조.

Testosterone [테스토스테론]: 뼈와 근육의 합성의 조절에 관여하는 스테로이드 호르몬.

Tetraloop [테트라루프]: 줄기에 4개의 염기쌍이 있는 줄기-고리 구조.

Tetrapyrrole [테트라피롤]: 4개의 피롤 단위를 가진 화합물.

Thermal cycler [열 순환기]: 미리 설정된 온도 사이의 반응을 가열 및 냉각시키는 설정이 가능한 장치.

Thermogenin [터모제닌]: 갈색 지방세포의 미토콘드리아 내막에 존재하는 양성자 수송단백질로서 전자전달사슬의 짝풀림제로 작용함.

Thermostable enzyme [열안정 효소]: 상대적으로 높은 온도에서 활성을 유지할 수 있는 효소.

Thin layer chromatography [박층 크로마토그래피]: 고정상이 플라스틱 판에 층을 이루고 있는 고체물질인 색층분석기.

Thioesterase [티오에스테르가수분해효소]: ACP로부터 완성된 지방산을 절단하는 효소.

Thiolase [티올분해효소]: 콜레스테롤 합성 경로에서 2개의 아세틸 CoA 분자를 아세토아세틸 CoA로 전환시키는 효소.

Thiolysis [티올분해]: 결합 절단이 티올기에 의해 유도되는 화학 반응.

Thioredoxin [티오레독신]: 여러 세포의 산화환원 반응에 관여하는 작은 단백질로서 특히 이황화결합의 절단을 일으키는 단백질.

Threonine dehydratase [트레오닌 탈수효소]: 이소류신 합성 경로의 제한 단계에서 트레오닌을 α-케토뷰티르산으로 전환시키는 효소.

Thrombin [트롬빈]: 혈액 응고에 관여하는 단백질.

Thromboxane [트롬복산]: 아이코사노이드의 한 유형.

Thylakoid space [틸라코이드 공간]: 틸라코이드의 내부 영역.

Thylakoids [틸라코이드]: 엽록체의 기질 내에서 서로 연결된 막 구조.

Thymidylate synthase [티미딜산 생성효소]: 뉴클레오타이드 신생합성에서 우라실을 티민으로 전환시키는 효소.

Thymine [티민]: DNA에서 발견되는 피리미딘 염기 중 하나.

Ti plasmid [Ti 플라스미드]: 뿌리혹박테리아(*Agrobacterium tumefaciens*) 세포에서 발견되는 거대 플라스미드로서 특정 식물종에서 뿌리혹병을 형성할 수 있음.

Topological problem [위상학적 문제]: DNA 복제가 일어나기 위해서는 이중나선을 풀어야 하는 필요성과 그 결과 DNA 분자가 회선을 일으켜야 하는 어려움을 말함.

Trailer segment [비번역 부분]: 종결 코돈의 아래쪽에 있는 mRNA의 비번역 영역.

Transaldolase [알돌전달효소]: 5탄당인산 경로의 7단계에서 글리세르알데하이드 3-인산과 세도헵툴로오스 7-인산을 프룩토오스 6-인산과 에리트로스 4-인산으로 전환시키는 효소.

Transaminase [아미노기전달효소]: 아미노기전달 반응을 촉진하는 효소.

Transamination [아미노기전달]: 한 화합물에서 다른 화합물로 아미노기를 전달하는 반응.

Transcript [전사물]: 유전자의 RNA 사본.

Transcript-specific regulation [전사물 특이 조절]: 단일 전사물 또는 관련 단백질을 암호화하고 있는 작은 전사물에 작용하여 단백질 합성을 제어하는 조절 기전.

Transcription [전사]: 유전자로부터 RNA 사본의 합성.

Transcription bubble [전사 방울]: RNA 중합효소에 의해 유지되는 이중나선의 비염기쌍 부위로서 이곳에서 전사가 일어남.

Transcription factor IID or TFIID [전사인자 IID, TFIID]: TATA 결합 단백질을 포함한 단백질 복합체로서 RNA 중합효소 II에 의해 전사된 유전자의 핵심 프로모터를 인식함.

Transcriptome [전사체]: 세포 또는 조직의 RNA 분자의 집합체.

Transcriptomics [전사체학]: 다양한 방법으로 전사체를 연구하는 학문.

Transesterification [에스테르교환반응]: 에스테르와 알코올 사이에서 일어나는 반응 중 하나.

Transfer RNA or tNA [운반 RNA, tRNA]: 번역에서 접합자 역할을 하며 유전부호를 해독하는 작은 RNA 분자.

Transferase [전달효소]: 한 분자에서 다른 분자로 작용기를 전달하는 효소.

Transient or transitory starch synthesis [일시적 녹말 합성]: 엽록체에서 일어나는 짧은 수명을 가진 녹말 분자의 합성.

Transit peptide [수송분류 펩타이드]: 엽록체에서 서로 다른 구획으로 단백질을 향하게 하는 분류 서열.

Transition state [전이 상태]: 한 체계가 가장 높은 자유에너지 함량을 갖는 반응 경로의 지점.

Transketolase [케톨전달효소]: 5탄당인산 경로의 6단계(또는 8단계)에서 자일룰로오스 5-인산 및 리보오스 5-인산(또는 에리트로오스 4-인산)을 글리세르알데하이드 3-인산 및 세도헵툴로오스 7-인산(프룩토오스 6-인산)으로 전환시키는 효소.

Translation [번역]: 유전부호의 규칙에 따라 mRNA의 뉴클레오타이드 서열에 의해 아미노산 서열이 결정되는 폴리펩타이드의 합성.

Translocation [자리옮김]: 번역이 일어나는 동안 mRNA 분자에 따른 리보솜의 움직임.

Translocator inner membrane (TIM) complex [내막 수송단백질 복합체]: 단백질이 미토콘드리아로 들어가는 접근 지점.

Translocator outer membrane (TOM) complex [외막 수송단백질 복합체]: 단백질이 미토콘드리아로 들어가는 접근 지점.

Transmembrane protein [막관통 단백질]: 전체 지질 이중층에 걸치고 있는 고정막 난백질.

Transverse wave [횡파]: 빛 및 다른 유형의 전자기 방사와 같은 파형으로서 여기에서 진동은 이동 및 에너지전달 방향에 대해 직각으로 일어남.

Treble clef finger [높은음자리표 집게]: β-판 구성요소가 없는 아연-집게 구조.

Triacylglycerol or triacylglyceride [트리아실글리세롤, 트리아실글리세라이드]: 글리세롤 분자에 3개의 지방산이 결합되어 있는 지질.

Triacylglycerol synthetase [트리아실글리세롤 합성효소]: 디글리세라이드 아실전달효소와 포스파티드 인산가수분해효소로 형성된 복합체 효소로서 트리아실글리세롤 합성 경로의 4, 5단계를 촉진시킴.

Tricarboxylic (TCA) cycle [트리카르복실산(TCA) 회로]: 당분해 결과로 생성된 피루브산 분자의 분해가 일어나는 반응 회로.

Triose kinase [삼탄당 인산화효소]: 프룩토오스 1-인산 경로의 3단계에서 글리세르알데하이드를 글리세르알데하이드 3-인산으로 전환시키는 효소.

Triose phosphate isomerase [삼탄당인산 이성질화효소]: 해당과정 경로의 5단계에서 디하이드록시아세톤인산을 글리세르알데하이드 3-인산으로 전환시키는 효소.

Triple helix [삼중나선]: 세 가닥 초나선.

tRNA nucleotidyltransferase [tRNA 뉴클레오타이드전달효소]: tRNA 분자의 3′ 끝에 세짝 5′-CCA-3′의 전사후 부착을 담당하는 효소.

Troponin [트로포닌]: 근육 수축에 관련된 단백질.

Trypsin [트립신]: 췌장에서 합성되는 단백질분해효소로서 식이 단백질 분해에 도움을 줌.

Tryptophan synthase [트립토판 합성효소]: 아미노산 트립토판의 합성 경로에서 마지막 두 단계를 촉진하는 효소로서 인돌-3-글리세롤 인산을 인돌로 전환시킨 후 트립토판으로 전환시키는 효소.

Tus (terminator utilization substance) protein [Tus(종결자 결합물질) 단백질]: 세균 종결서열에 결합하여 DNA 복제의 종결을 유도하는 단백질.

Two-dimensional electrophoresis [2차원 전기영동]: 특히 단백질체 연구에 사용되는 단백질 분리 방법.

Type 0 cap [0형 캡]: mRNA의 5′ 끝에 부착된 7- 메틸구아노신으로 이루어진 기본적인 모자 구조.

Type 1 cap [1형 캡]: 기본 5′-말단 모자와 2번째 뉴클레오타이드 리보오스의 추가적인 메틸화를 포함하는 모자 구조.

Type 2 cap [2형 캡]: 기본 5′-말단 모자와 2번째 및 3번째 뉴클레오타이드 리보오스의 메틸화를 포함하는 모자 구조.

Type I DNA topoisomerase [I형 DNA 위상이성질화효소]: 이중가닥 DNA 분자에서 단일가닥을 끊는 DNA 위상이성질화효소.

Type I membrane protein [I형 막단백질]: 막에 한 번 걸쳐 있는 고정막 단백질.

Type II DNA topoisomerase [II형 DNA 위상이성질화효소]: 이중가닥 DNA 분자에서 이중가닥을 끊는 DNA 위상이성질화효소.

Type II membrane protein [II형 막단백질]: 세포질그물의 안쪽 표면에 단백질을 고정시키는 신호 펩타이드를 갖고 있는 단백질.

Type III membrane protein [III형 막단백질]: 막에 한 번 이상 걸쳐 있는 고정막 단백질.

Ubiquinol (CoQH2) [유비퀴놀]: 유비퀴논의 환원형.

Ubiquinone [유비퀴논]: 전자전달사슬에서 복합체 I 또는 II에서 복합체 III로의 전자 이동을 위한 중간 운반체 분자로서 코엔자임 Q(CoQ)라고도 함.

Ubiquitin [유비퀴틴]: 76-아미노산 단백질로서 2번째 단백질에 부착하면 단백질 분해를 유도하는 꼬리표 역할을 함.

Ubiquitin ligase [유비퀴틴 연결효소]: 분해 대상으로 표적이 된 단백질에 유비퀴틴 분자를 부착시키는 효소.

Ubiquitin-receptor protein [유비퀴틴-수용체 단백질]: 유비퀴틴화 단백질이 단백질분해효소복합체로 이동하는 것을 도와주는 단백질분해효소복합체의 캡 구조에 관련된 단백질.

Ubiquitination [유비퀴틴화]: 단백질에 유비퀴틴이 결합하는 현상.

UDP-galactose 4-epimerase [UDP-갈락토오스 4-에피머화효소]: 갈락토오스-글루코오스 상호전환 경로의 3단계에서 UDP-갈락토오스를 UDP-글루코오스로 전환시키는 효소.

UDP-glucose pyrophosphorylase [UDP-글루코오스 피로인산가수분해효소]: 수크로오스 합성에서 글루코오스 1-인산을 UDP-글루코오스로 전환시키는 효소.

Uncoupler [짝풀림제]: ATP 생성 반응에서 NADH와 $FADH_2$의 산화 짝지음을 풀어 전자전달사슬을 방해하는 화합물.

Unicellular organism [단세포 생명체]: 단 하나의 세포로 구성된 생명체.

Uniporter [단일수송체]: 막을 가로질러 분자 또는 이온을 이동시키는 촉진확산을 이용하는 수송 단백질.

Unpolarized light [비편광 빛]: 자연광을 의미하며, 다른 광자의 전기장은 다른 방향으로 진동함.

Unsaturated fatty acid [불포화 지방산]: 하나 이상의 C=C 이중결합을 갖는 지방산.

Uracil [우라실]: RNA에서 발견되는 피리미딘 염기 중 하나.

Urea cycle [요소 회로]: 암모니아를 요소로 전환시키는 경로로서 인간과 그 밖의 요소배출 생명체가 사용함.

Urease [요소가수분해효소]: 요소를 이산화탄소와 암모니아로 전환시키는 효소로서 첫 번째로 정제된 효소임.

Ureotelic [요소배출]: 암모니아를 요소로 전환시키는 종으로서 요소는 소변으로 배설됨.

Uric acid [요산]: 아데닌과 구아닌에서 유도되는 퓨린으로서 소변으로 배설됨.

Uricotelic [요산배출]: 요산 형태로 질소를 배출하는 종.

Valency [원자가]: 원자가 만들 수 있는 단일결합의 수를 일컫는 단순한 용어로서 특히 원자가 화합물을 형성할 때 결합하거나 치환할 수 있는 수소의 원자 수를 말함.

van der Waals forces [반데르발스 힘]: 두 쌍극자 원자 사이의 당김힘에 관여하는 약한 상호작용.

Very low density lipoprotein (VLDL) [초저밀도 지질단백질]: 간에서 합성되는 지질단백질로서 다양한 지질을 근육 및 지방조직으로 운반함.

Vesicle [소낭, 소포]: 막으로 이루어진 작은 방울.

Viroid [바이로이드]: 240–375 뉴클레오타이드 길이의 감염성 RNA 분자로서 유전자를 갖고 있지 않고 캡시드화되지 않으며 세포에서 세포로 알몸 DNA 상태로 퍼짐.

Virus [바이러스]: 복제하기 위해 숙주세포에 기생해야 하는, 단백질과 핵산으로 구성된 감염성 입자.

Virusoid [바이루소이드]: 길이가 약 320–400 뉴클레오타이드인 감염성 RNA 분자로서 자체 캡시드 단백질을 부호화하고 있지 않으며 대신 도움바이러스의 캡시드 내에서 세포에서 세포로 이동함.

Vitamin D [비타민 D]: 다양한 생리학적 및 생화학적 역할을 하는 스테로이드 유도체.

Vitamin D_3 [비타민 D_3]: 비타민 D 계열의 화합물 중 하나.

V_{max} [V_{max}]: 효소-촉매 반응의 최대 속도.

Voltage-gated ion channel [전압-작동 이온통로]: 막을 가로지르는 전기전하에 반응하여 그 입체형태가 바뀔 수 있는 막관통 단백질.

Vulcanization [가황]: 고무의 개별 중합체 사이에 교차결합이 형성되는 화학 공정.

Wobble [동요]: 단일 tRNA가 하나 이상의 코돈을 해독할 수 있는 변화 과정.

X-ray crystallography [X선 결정학]: 결정 또는 다른 규칙적으로 정렬된 화학 구조를 통과할 때 발생하는 X선의 굴절을 기반으로 분자의 구조를 연구하는 방법.

X-ray diffraction [X선 회절]: 결정 또는 다른 규칙적으로 정렬된 화학 구조를 통과할 때 발생하는 X선의 굴절.

X-ray diffraction analysis [X선 회절 분석]: 큰 분자의 3차원 구조를 결정하는 수단으로 X선 회절형태를 이용한 분석.

X-ray diffraction pattern [X선 회절 형태]: 결정을 통해 X선을 회절시킨 후의 형태.

Xanthophyll [잔토필]: 식물에서 발견되는 보조 광수확 색소.

Xanthophyll cycle [잔토필 회로]: 특정 카로티노이드를 화학적으로 변형시켜 에너지 약화 특성을 갖는 유도체를 생성하는 일련의 생화학 반응.

Yeast episomal plasmid (YEp) [효모 에피솜 플라스미드]: 2 μm 플라스미드 복제개시점을 갖는 효모 유전자 운반체.

Yeast integrative plasmid (YIp) [효모 편입형 플라스미드]: 복제를 위해 숙주 염색체로 통합되는 것에 의존하는 효모 유전자 운반체.

Z scheme [Z 체계]: 광합성 전자전달사슬을 따라 일어나는 산화환원 전위의 변화를 나타내는 그래프.

Z-DNA [Z-DNA]: 두 개의 폴리뉴클레오타이드가 왼손잡이 나선으로 감겨져 있는 DNA의 입체형태.

Zero-mode waveguide [제로모드 도파관]: 개별 분자를 관찰할 수 있는 나노 구조.

Zinc finger [아연 집게]: 단백질을 DNA 분자에 부착시키는 일반적인 구조요소.

Zone of equivalence [동가 구역]: 항원과 항체의 상대적 양이 복합체 형성에 최적인 지점.

Zwitterion [양성 이온]: 순전하를 띠지 않지만 음이온 기와 양이온 기를 모두 갖는 분자.

찾아보기 Index

영문 찾아보기

A

B

D

E

F

G

H

T

한글 찾아보기